生物多样性本底调查技术规范与滇黔桂 26县调查示范研究

薛达元　武建勇　著

中国环境出版社・北京

图书在版编目(CIP)数据

生物多样性本底调查技术规范与滇黔桂 26 县调查示范研究 / 薛达元，武建勇著. —北京：中国环境出版社，2015.12
ISBN 978-7-5111-2616-0

Ⅰ. ①生… Ⅱ. ①薛…②武… Ⅲ. ①县—生物多样性—本底调查—方案设计—研究—中国 Ⅳ. ①Q16

中国版本图书馆 CIP 数据核字（2015）第 266984 号

出 版 人 王新程
责任编辑 张维平
封面设计 彭 杉

出版发行 中国环境出版社
（100062 北京市东城区广渠门内大街 16 号）
网 址：http://www.cesp.com.cn
电子邮箱：bjgl@cesp.com.cn
联系电话：010-67112765（编辑管理部）
010-67112738（管理图书出版中心）
发行热线：010-67125803，010-67113405（传真）

印 刷 北京中科印刷有限公司
经 销 各地新华书店
版 次 2016 年 2 月第 1 版
印 次 2016 年 2 月第 1 次印刷
开 本 787×1092 1/16
印 张 35.5
字 数 800 千字
定 价 148.00 元

前 言

生物多样性通常包括生态系统、种间和种内3个层次的多样性。生物多样性是人类社会可持续发展的重要物质基础。随着社会经济的快速发展，资源过度利用、气候变化、外来物种入侵等对生物多样性造成严重威胁。生物多样性丧失已经成为全球重要环境问题之一，引起国际社会的广泛关注，保护生物多样性是当今世界最为关注的课题之一。

随着生物多样性受威胁程度逐渐被认识，在全球范围内的保护行动也不断增加。2002年召开的《生物多样性公约》缔约方大会第六次会议（COP6），确定了“到2010年大幅度降低生物多样性丧失的速度”的目标，为了实现这一目标，世界上许多国家和国际组织对生物多样性及相关问题进行了研究，也采取了许多保护生物多样性的行动。

查明国家生物多样性本底并建立适当的动态监测机制是生物多样性保护的一项重要的基础工作，也是《生物多样性公约》第7条（查明与监测）的基本要求。为了有效地保护生物多样性，需要可靠的生物多样性分布信息。调查获取详细、准确的生物多样性分布数据，是客观评估生物多样性现状，制定科学的生物多样性保护方案，开展相应的保护政策研究的前提基础。

中国是全球12个生物多样性最丰富的国家之一，同时，也是生物多样性受威胁最严重的国家之一。为了加强生物物种资源的保护，2004年国务院办公厅下发了《关于加强生物物种资源保护与管理的通知》（简称《通知》），《通知》要求加强物种资源调查，做好生物物种资源编目工作，制定生物物种资源保护利用规划，加强生物物种资源的管理工作。

应《通知》要求，2004年起，由原国家环保总局牵头，会同农业、林业、科技、教育、中医药、中科院等部门实施了“全国生物物种资源联合执法检查和调查项目”。项目第一个阶段（2004—2009年）对物种资源分布丰富、集中、薄弱地区开展了重点物种及遗传资源调查，截至2009年底，项目取得了重大成果，实现了项目初期设定的目标。

但是，重点物种资源的调查并不能满足查明生物多样性本底的需求。2010年，国务院批准实施的《中国生物多样性保护战略与行动计划（2011—2030年）》（简称《战略与行动计划》）对生物多样性调查工作提出了新任务与新要求。在优先领域三，行动7中提出开展生物物种资源和生态系统本底调查，包括开展生物多样性保护优先区域的生物多样性本底综合调查，建立国家和地方物种本底编目数据库等。同时设定了到2015年，完成8~10个生物多样性保护优先区的生物多样性本底调查与评估；到2020年，全面完成生物多样性保护优先区的本底调查与评估工作的战略目标。

因此，项目第二阶段（2010—2011 年），在环境保护部“生物多样性保护专项（原全国生物物种资源联合执法检查和调查项目）”有限的资金支持下，首先集中力量对《战略与行动计划》划定的陆地生物多样性保护优先区域中生物多样性较为丰富的横断山南段区、桂西南山地区和南岭地区优先区域中滇黔桂三省（区）26 县（市、区）系统地开展了县域生物多样性综合调查与评估试点示范，为开展更大规模的本底调查与评估奠定示范基础。

本书主要是对项目第二阶段（2010—2011 年）成果的总结。全书共包括 8 章内容，第 1 章是对中国生物多样性调查工作的梳理，总结了中国生物多样性调查进展，分析了生物多样性调查的战略需求；第 2 章主要针对生物多样性调查战略需求，制定了生物多样性调查方案；第 3 章主要是针对欲开展的工作，编制了不同层次的调查规范；第 4 章至第 8 章主要介绍了不同优先区的生物多样性调查成果，包括县域生物多样性现状、区域生物多样性丧失与流失案例、管理存在的问题和提出的针对性建议和对策。

项目得到了环境保护部生物多样性保护专项的支持，在此特别感谢环境保护部自然与生态保护司。在项目实施过程中，环境保护部南京环境科学研究所和中央民族大学主要负责制定调查方案、研制调查技术规范，协助自然生态保护司组织项目的实施；中国科学院昆明植物研究所、中国科学院动物研究所、北京林业大学、中国中医科学院中药研究所、西南林业大学、西北师范大学、华中师范大学、云南大学等单位承担了主要任务，还有很多单位参与了项目的实施；云南省环境保护厅、广西壮族自治区环境保护厅、贵州省环境保护厅在地方给予了极大的协助，在此感谢各单位相关人员付出的辛勤劳动。

其中，中国科学院昆明植物所彭华研究员、税玉民研究员，西南林业大学杜凡教授，云南大学王跃华教授，北京林业大学张启翔教授、王建中教授，中国中医科学院中药研究所黄璐琦研究员，华中师范大学雷耘教授率领的团队分别承担了三省（区）植物物种资源调查工作；中国科学院昆明动物研究所蒋学龙研究员、杨晓君研究员，云南大学江望高教授，西南林业大学韩联宪教授，西北师范大学龚大洁教授率领的团队分别承担了三省（区）动物物种资源调查工作；中国科学院昆明植物所杨祝良研究员和刘培贵研究员率领的团队承担了云南省 18 县（市、区）的大型真菌物种资源调查工作。除此之外，还有众多其他单位的科研人员参与了调查工作。

本书是在吸收和整合前人研究成果的基础上进一步开展调查研究的成果。由于项目实施周期短等因素的限制，本书中数据质量仍存在不足之处，同时由于水平有限，在编写过程中难免存在缺点和错误，恳请广大读者不吝指正。

作者
2015 年 10 月

目 录

上篇 调查技术规范与方案制订

下篇 示范调查成果与对策研究

上　篇
调查技术规范与方案制订

第 1 章
中国生物多样性调查研究现状[①]

1.1 中国生物多样性调查研究进展

生物多样性调查是监测、评估等其他一系列保护工作的前提基础，特别是摸清本国生物多样性家底，可为保护和持续利用生物多样性提供科学基础。同时，查明国家生物多样性本底并建立适当的动态监测机制是生物多样性保护的一项重要的基础工作，也是《生物多样性公约》第 7 条（查明与监测）的基本要求（薛达元，2011）。

中国是世界上生物多样性最丰富的国家之一，拥有森林、灌丛、草甸、草原、荒漠、湿地等地球陆地生态系统，以及黄海、东海、南海、黑潮流域等海洋生态系统，包括 10 个植被型组，29 个植被型，560 余个群系；拥有高等植物 34 984 种，居世界第三位；脊椎动物 6 445 种，占世界总种数的 13.7%；已查明真菌种类约 1 万种，占世界总种数的 14%；据不完全统计，有栽培作物 1 339 种，家养动物品种 576 个（吴征镒，1980；中国生物多样性保护战略与行动计划编写组，2011）。中国是世界上植被类型最齐全的国家之一，生态系统类型独特，物种特有性高，具有高利用价值的遗传资源丰富，中国的生物多样性在全球生物区系中占有重要位置。

然而，中国生物多样性保护工作起步较晚，但在近 20 多年，生物多样性保护工作引起党中央、国务院的高度重视。国务院于 1987 年公布的中国第一部自然保护方面的纲领性文件《中国自然保护纲要》，把生物多样性保护问题纳入其中，规定了我国生物多样保护的总体战略和基本原则；“八五”期间，政府把生物多样性保护技术前期研究列为国家科技攻关课题，并把生物多样性保护生态学的基础研究项目作为国家科委“八五”重大基础性研究项目；为更好地履行《生物多样性公约》，中国政府于 1994 年 6 月正式发布了《中国生物多样性保护行动计划》，标志着中国的生物多样性保护工作全面展开；《中国 21 世纪议程——中国 21 世纪人口、环境与发展白皮书》（1994 年）把生物多样性保护作为独立的一章，并把生物多样性保护列入第一批优先项目计划中；国务院于 1996 年发布的《关

---

① 本章内容由环境保护部南京环境科学研究所薛达元研究员和武建勇副研究员负责编写。

于加强环境保护的决定》，也明确提出积极保护生物多样性、发展自然保护区的要求；“十一五”期间，国家出台的《全国生态保护“十一五”规划》对生物多样性保护提出了明确要求，强调要切实做好保护生物多样性工作（刘张璐等，2010；薛达元，包浩生，1997）。

特别是鉴于我国生物物种资源丧失和流失问题还很突出，为全面加强生物物种资源的保护和管理，国务院办公厅于 2004 年 3 月发布了《关于加强生物物种资源保护和管理的通知》，《通知》要求开展生物物种资源调查，做好生物物种资源编目工作，制定生物物种资源保护利用规划，加强生物物种资源保护基础能力建设等（李振龙，2004）。2007 年底，经国务院批准，编制发布了《全国生物物种资源保护与利用规划纲要》，该《纲要》在分析了我国 12 个领域的物种资源现状、存在问题、目标任务、保护与利用措施的基础上，提出加强物种资源保护与管理的 10 项行动，其中行动 7——开展全国生物物种资源和生态系统本底调查。

2010 年 9 月，国务院审议批准的《中国生物多样性保护战略与行动计划（2011—2030 年）》（简称《战略与行动计划》）对全国生物多样性本底调查又提出了新的目标和战略任务。《战略与行动计划》将作为今后 20 年乃至更长时期的行动纲领，指导全国的生物多样性保护和可持续利用工作（薛达元，2011；张风春等，2010）。《战略与行动计划》不仅对中国未来生物多样性保护提出要求，也对中国的生物多样性调查工作提出了新的要求，制定了今后五年、十年和二十年的近期、中期和远期生物多样性保护与可持续利用的战略目标。近期目标（到 2015 年）的具体指标包括完成 8～10 个生物多样性保护优先区域的本地调查与评估；中期目标（到 2020 年）的具体指标包括生物多样性保护优先区域的本地调查与评估全面完成。《战略与行动计划》根据总体目标和战略任务，综合确定了我国生物多样性保护的 10 个优先领域及 30 个优先行动。在优先领域三：开展生物多样性调查、评估和监测中的具体行动包括开展生物物种资源和生态系统本底调查、开展生物多样性综合评估。

在国家相关政策指引和社会各界的大力支持下，经过各级政府、部门的共同努力，我国生物多样性保护事业取得了长足发展，生物多样性调查作为生物多样性保护的一项根本性的基础工作也取得了重要进展。

1.1.1 国家重点野生动植物物种资源调查

（1）国家重点保护野生植物物种资源调查

20 世纪 90 年代，国家林业局（原国家林业部）组织全国技术力量对 189 种（含变种）国家重点保护植物进行了调查，基本摸清了 189 种国家重点保护野生植物的种群数量、分布面积、生境、所处群落类型、乔木树种蓄积量以及保护利用等状况，发现了多个重要物种的新分布点（区），建立了 189 个被调查物种的资源数据库（国家林业局，2009a）。调查结果表明，盐桦（*Betula halophila*）、金平桦（*Betula jinpingensis*）、秤锤树（*Sinojachia xylocarpa*）3 树种调查未找到；原产地野生仅存 1～10 株的木本植物有 12 种；原产地野生仅存 11～100 株的木本植物有 9 种；仅存 50 000 株以下的国家重点保护野生植物共 85 种，国家重点保护野生植物保护工作形势严峻（顾云春，2001）。同时，尝试采用国际通用的世界自然保护联盟（IUCN）关于物种濒危等级划分标准，依据调查结果，确定了各物种的濒危等级。

（2）国家重点野生动物物种资源调查

20 世纪 90 年代，从保护的急迫需要出发，以国家重点保护野生动物、《濒危野生动植物种国际贸易公约》附录物种、我国加入的其他公约或协定中规定保护的物种、国家保护的有益的或者有重要经济和科学研究价值的野生动物、环境指示种及生态关键种为依据，国家林业局（原国家林业部）组织专家历时 10 年对选择确定的 252 种野生动物（包括两栖类 3 目 4 科 13 种，爬行类 4 目 9 科 26 种，鸟类 12 目 22 科 135 种，兽类 7 目 20 科 78 种）进行了种群数量、分布、栖息地状况及主要受威胁因素的调查。首次掌握了 191 个物种的基础数据和 61 个物种的种群动态，基本掌握了野生动物驯养繁育状况，绘制了野生动物分布图，建立了野生动物资源数据库。此外，对分布范围狭窄而集中、习性特殊、数量稀少、样带调查不能达到要求的种类或常规调查难以实施的地区，进行了专项调查，其中，国家林业局直接组织了鹤类、黑嘴鸥、大鸨、盘羊、麝类、虎、扬子鳄 7 项专项调查，各地结合实际情况，共组织了 200 多项专项调查。调查成果为有效保护、合理利用、科学管理我国野生动物资源提供了科学依据，为国家制定有关决策、履行国际公约或协定、开展国际交流与科学研究奠定了基础（国家林业局，2011b）。

1.1.2　重点地区农作物种质资源调查

农作物种质资源是粮食与农业植物种质资源的重要组成部分，广义的农作物包括粮食、经济、园艺、饲草、绿肥、林木、药材、花草等一切人类栽培的植物（刘旭等，2008）。我国大规模的作物种质资源的考察收集开始于 20 世纪 70 年代后期，在之后的 20 年里组织了 30 余项大中型考察，挖掘出一批抗性强、品质好、质量高的优良遗传资源（侯向阳，高卫东，1999）。早在 20 世纪中叶，世界各国就已经开始进行植物（包括作物和森林植物）种质资源的收集和保存工作（林富荣，顾万春，2004）。中国是花卉资源的大国，自 20 世纪 70 年代初期，花卉种质资源工作受到重视，花卉工作者对我国的野生花卉资源进行了广泛的调查研究，包括辽宁、浙江、陕西、河北、内蒙古、新疆等省区的区域性野生花卉资源调查及一些专类或专科、专属植物资源调查，如攀援植物、小型盆花、水生花卉、高山花卉、虎耳草科、毛茛科观赏植物等，基本弄清了我国观赏植物资源的家底，引种筛选了一大批有前景的园林绿化植物种类、花卉育种材料和新型的花卉作物，一些野生花卉已经批量生产或建成专类花卉种质资源圃（潘会堂，张启翔，2000）。

2002—2009 年，农业部组织对列入《国家重点保护野生植物名录》中的农业野生近缘植物的 191 个植物物种进行了调查，在广泛收集各物种已有的记载资料基础上，调查这些物种在各地的分布状况，以便掌握这些作物野生近缘植物的濒危状况。基本查清了这些物种的分布区域（到县级）、生态环境、植被状况、伴生植物、形态特征、保护价值、濒危状况等基本状况。经过整理和分析，编写了《国家重点保护野生植物要略》（王述民等，2011）。

1.1.3　重点地区野生物种资源调查

2004—2011 年，环境保护部（原国家环保总局）分两个阶段组织不同部门专家学者陆续开展的全国重点生物物种资源调查工作已取得重大成果。第一阶段（2004—2009 年）主要开展了重点类型的遗传资源（包括物种）的调查和典型地区的重要物种资源调查；第二阶段（2010—2011 年）针对《中国生物多样性保护战略与行动计划（2011—2030 年）》划定的 35 个生物多样性保护优先区中生物多样性较为丰富的区域首先开展了以县域为单元的生物多样性本底综合调查与评估示范研究。

（1）西南喀斯特地区野生动植物物种资源调查

根据国家级和地方重点保护以及珍稀濒危植物名录，结合多年实际调查结果，在环境保护部生物多样性保护专项经费的支持下，中国科学院植物研究所依据重要性和受威胁状况、珍稀、濒危、特有及国家重点保护名录、分类地位清楚等原则，从滇黔桂石灰岩区系中 7 000 余种种子植物中对 220 种植物在滇黔桂喀斯特地区 50 多个县市范围内的种群数量、地理分布、生境状况、利用状况和濒危状况等方面进行了调查，并对国家保护花卉物种资源的市场贸易情况进行了广泛调查。调查结果表明，极危（CR）和濒危（EN）等级的物种比例较大，有 207 种属于濒危植物，其中属于极危（CR）的有 49 种，属于濒危（EN）的有 100 种，属于易危（VU）的有 58 种，濒危比例高达 97.6%；极小种群的物种较多，物种丧失与流失情况严重。

此外，湖北大学和华中师范大学等单位对湖北省分布的《国家重点保护野生植物名录》（第一批）和《中国珍稀濒危保护植物名录》中近 80 种植物的分布、种群等进行了示范调查，并提出了保护建议与对策；中科院动物研究所对西南热带喀斯特地区和西南温带-亚热带喀斯特代表区域进行了野生动物物种资源实地调查，综合 49 841 条文献记录、61 973 条标本记录完成了西南喀斯特地区 1 204 种陆生脊椎动物的编目。

（2）重点地区淡水生物物种资源调查

调查了三峡库区鱼类等水生生物资源的分布与种群量，并分析了蓄水后主要鱼类资源的变化；对怒江中上游、澜沧江、新疆塔里木河、额尔齐斯河和乌伦古湖，以及松花江、嫩江干支流及附属水体水生生物资源的调查，摸清了上述水体水生生物的本底现状，基于文献调研和专家意见，提出各流域的优先保护物种名录。

（3）重点地区海洋生物物种资源调查

中国科学院青岛海洋生物研究室自 1950 年成立以来，对中国海洋生物多样性开展了大规模的系统性的研究，1997—2000 年开展的中国海洋专属经济区大陆框架环境和资源调查，出版了专著报告多卷；2003 年国务院批准立项，国家海洋局实施了“我国近海海洋综合调查与评价”（908 专项），参与了海洋生物的调查；2004 年参加了“国际海洋生物普查”计划，取得了显著进展。经过半个多世纪的努力，迄今已有千篇论文和约 200 部专著出版

（刘瑞玉，2011）。

环境保护部生物多样性保护专项对莱州湾生物物种资源现状进行了系统调查，根据调查结果计算了莱州湾主要生物物种现存生物量，评估了莱州湾主要生物物种资源状况，编制了莱州湾优先保护物种名录，分析了关键物种的致危机制，并提出了相应保护策略；对北部湾（广西段和广东段）潮间带海洋生物物种资源进行了调查和样品采集，基本摸清了北部湾（广西段和广东段）潮间带水生生物物种资源的家底，编制了水生生物物种名录，根据北部湾（广西段和广东段）潮间带生物物种资源调查结果，结合主要生物的生物学特性以及环境、化学和人类活动等因素，分析了关键物种的濒危机制，提出了相应保护策略。

（4）县域生物多样性本底综合调查与评估示范研究

2010—2011 年，环境保护部南京环境科学研究所协助环境保护部自然生态保护司组织中科院、林业、中医药、教育等部门的数十家单位、上百人的专家队伍，集中力量对横断山南段优先区的部分地区（云南滇西北地区）、桂西南山地优先区部分地区（桂西南）和南岭地区优先区部分地区（贵州黔东南地区）等三处优先区 26 县（市、区）首次系统地开展了以县域为单元的生物多样性本底综合调查与评估。

根据本次实地调查结果，参考历年馆藏标本记录、重要分类学文献记载等，系统整理完成了 26 县（市、区）县域动植物物种编目，建立了相应的数据库；详细分析在物种资源区系调查和社会经济及市场调查中发现的有关物种受威胁状况和因素，特别是通过典型案例的研究和调查数据的支撑，揭示物种资源丧失和流失的数量、途径和经济损害等，挖掘了在法规、政策和管理方面的漏洞与问题，提出加强保护与管理的建议。

1.2　中国生物多样调查面临的困境

国内外生物学家早在 200 多年前就开始了对我国的生物区系调查与标本采集。对我国生物多样性全面的调查主要在 20 世纪 50 年代陆续展开。20 世纪 60—70 年代，中国组织了大规模的全国植被及各类自然生态系统的调查，于 1980 年编辑出版了《中国植被》。同时，从 1979 年起，陆续出版了《中国自然地理》丛书，包括植物地理、海洋地理、地貌地理等；80 年代出版了《中国湖泊资源》《中国沼泽》《中国的河流》等；1990 年又出版了《中国的草原》和《中国的森林》；部分省区还陆续出版了各自的植被志，如《广东植被》（1976）、《内蒙古植被》（1985）、《青海植被》（1987）、《云南植被》（1987）、《宁夏植被》（1988）和《西藏植被》（1989）等。

20 世纪 50 年代以来，中国科学院和各个有关部门组织了一系列的大规模区域性生物资源的综合考察，包括对华南热带亚热带、云南热带、新疆、“三北”地区、青藏高原、横断山脉、南岭、武陵山等陆地生态系统及生物资源的综合考察；西南、西北高原湖泊、长江、珠江、黄河、黑龙江等淡水生物系统及生物资源的综合考察；“全国中草药材资源普查”等。

在调查的基础上，出版了《中国植物志》《中国动物志》《中国孢子植物志》《中国经济植物志》《中国经济动物志》《中国鸟类大纲》《全国中草药彩色图谱》等，有 20 多个省（区）编辑出版了地方植物志。

在农作物种质资源调查方面也取得重要进展，已完成 40 万余份作物种质资源的农艺性状鉴定、整理编目和入库工作，并已编辑出版了水稻、大豆、小麦等 10 多种作物的品种志或品种资源目录，还编辑出版了《中国猪品种志》《中国牛品种志》《中国羊品种志》《中国家禽品种志》《中国马驴品种志》，各省也分别编辑出版了农作物和畜禽地方品种志书。

我国大规模的物种资源调查主要发生在 20 世纪 60—70 年代，80 年代以后，物种资源及遗传资源的调查主要集中在特别区域或特别类型的物种或遗传资源调查，而全国范围大规模的物种资源综合调查尚未开展。如 20 世纪 90 年代，国家林业局组织开展了全国野生植物和野生动物资源的调查，主要集中在对列入国家重点保护名录的数百个物种进行种群现状的调查。农业部在 20 世纪 90 年代完成了大巴山（含川西南）和黔南桂西山区作物种质资源考察，以及三峡库区和“京九”开发山区作物种质资源考察。

2004 年起，由原国家环保总局组织开展的“全国生物物种资源联合执法检查和调查”项目算是我国近 20 年最具规模、系统的生物多样调查工作。项目第一阶段（2004—2009 年）组织全国 100 多所高校和科研院所的 1 000 多名研究人员陆续对重点地区和重点物种及遗传资源开展了调查工作，调查资源类型包括农作物及家畜家禽种质资源和水生生物、观赏植物、药用植物、野生动植物、微生物等；项目第二阶段（2010—2011 年）组织数十家单位数百名研究人员对《中国生物多样性保护战略与行动计划（2011—2030 年）》确定的生物多样性优先区中的云南、广西、贵州三省（区）26 县（市、区）进行了县域生物多样性综合调查，为开展大规模的生物多样性普查提供了很好的示范效果。

虽然近年来林业等部门也组织过动植物资源调查，但仅限于国家立法保护的数百个珍稀濒危物种。然而，中国大致拥有高等植物约 35 000 种，脊椎动物 6 000 多种，还有数以万计的无脊椎动物和微生物没有被记录认识，同时绝大多数物种的分布和种群情况没有得到调查。即使云南滇西北地区已做过多次调查，在近年由环境保护部组织的生物多样性综合示范调查中，仍然发现了怒江金丝猴在中国的新分布和脊椎动物新种——林猬和 10 多种植物新种和 1 个新属以及 20 多个大型真菌的新种和新分布；近年在编制高等植物红色名录的过程中，发现 5 000 多个植物种因缺乏数据，难以评估。这些都说明我国绝大部分地区的物种资源本底情况仍然不太清楚。

综上所述，中国是生物多样性大国，自然地理条件复杂。虽然过去进行了大量生物多样性调查工作，但由于财力、物力等条件限制，过去调查工作针对类群或薄弱区域开展，对于掌握全国或区域生物多样性本底还有一定距离。而且，除 20 世纪五六十年代开展了一些区域性的生物多样性综合考察外，近半个多世纪我国还未针对生物多样性本底不清的问题开展全面的生物多样性本底调查工作，未能为国家、地方各级政府及相关部门的生物多样性保护与管理工作提供有效支撑。研究发现我国绝大多数省份标本采集严重不足，常见种类标本多，发现年复一年采自同一个产地的标本，很多标本由同一个或许多不同的采集者沿固定路线所采集，重复性强，缺乏代表性（杨永，2012）。同时，近几十年的调查仅仅限于个别地区或少数物种类群，甚至一些调查数据、标本、资料还集中在个人手里，缺乏全国范围内系统而全面的调查和对现有零散调查成果的系统整合，很多物种分布数据没有掌握，本底不是很清楚。

环境保护部作为生物多样性综合管理部门，急需会同各部门，动员全国力量开展生物多样性本底调查，为国家和地方各级政府及部门生物多样性保护提供支撑。本工作是要从国家层面组织，多部门参与，贯穿于国家和地方各级政府部门，需要生物多样性主管部门延续性的组织与领导。

1.3 中国生物多样性调查与评估战略需求

要保护好生物多样性，就必须进行全面而深入的调查研究，长期、持续和更广泛的生物多样调查和监测将成为生物多样性保护的重要工作方面（曲建升等，2009）。过去几十年各相关部门在相关领域不同程度地开展了生物多样性调查，但综观我国过去的物种资源调查，由于经费和人力资源十分有限，调查范围仅仅限于个别地区或少数物种类群，对全国缺乏系统和全面的调查，很多物种分布数据没有掌握，本底不是很清楚。如我国半数以上的自然保护区没有完整的物种编目，基础数据的缺乏（包括物种数目、种群大小、分布等）直接影响到对物种的有效保护与管理（Sang，2011）。由于生物多样性监测数据的缺乏，目前我国生物多样性评价大多以省（市、区）为单元（朱万泽等，2009）。而发达国家的物种资源调查常常是以经纬度范围、采用拉网式的普查，如瑞典是以 25 km^2 为一方格，德国是以 100 km^2 为一方格。物种本底数据是科学保护与决策的基础（Vellak，2010；Ornellas，2011）。发达国家这种细致的本底调查方法，对物种资源的长期监测很有意义，值得我们借鉴。

2010 年 9 月 15 日，国务院第 126 次常务会议审议批准了《中国生物多样性保护战略与行动计划（2011—2030 年）》，该《战略与行动计划》在其优先领域三，系统地提出开展生物多样性的调查、评估与监测，并提出具体优先行动。因此，建议中国在未来的生物多样性保护工作中，优先开展以下工作。

生物多样性保护已成为国际环境保护的热点。《生物多样性公约》第 7 条要求各缔约国查明生物多样性各组成部分，包括生态系统多样性、物种多样性和基因（遗传）多样性。发达国家通常采用经纬度网格方式，定期对其国家的生态系统、物种和遗传资源进行深度普查、定位和编目，以全面掌握生物多样性本底。然而，我国不仅在物种层次数据不足，在生态系统和基因层次更是本底不清。

保护生物多样性的科学基础是对生物多样性本底数据的充分了解。只有在对生态系统、物种和遗传资源充分了解的基础上，才能准确地评估一个地区的生物多样性现状，监测生物多样性的动态变化，规划生物多样性的保护，并且可持续地利用生物多样性的各个组成部分，为发展地方经济和提供生态服务做出贡献。

因此，为了尽快摸清我国生物多样性的家底，需要集中 10 年左右时间，利用全国不同专业背景的专家资源，在充分资金的支持下，在全国范围内开展大规模的生物多样性普查工作。

1.3.1 开展生物多样性本底调查

生物多样性本底调查是对生物多样性现状进行客观评估、有效监测等的基础。由于生物多样性监测数据的缺乏，目前我国生物多样性评价大多以省（市、区）为单元（朱万泽等，2009）。要保护好生物多样性，就必须进行全面而深入的调查研究，长期、持续和更广泛的生物多样性调查和监测将成为生物多样性保护的重要工作方面（曲建升等，2009）。很多发达国家已经完成以经纬度范围、采用拉网式的物种资源普查，如瑞典是以 25 km^2 为一方格，德国是以 100 km^2 为一方格。这种方式不仅能够掌握生物多样性本底，还有利于长期监测。

2010 年 9 月 15 日，国务院第 126 次常务会议审议批准了《中国生物多样性保护战略与行动计划（2011—2030）》，该《战略与行动计划》在其优先领域三，系统地提出开展生物多样性的调查、评估与监测。鉴于中国的实际情况，2010—2011 年，环保部组织开展了云南、贵州、广西三省（区）26 县（市、区）县域生物多样性综合示范调查，取得了成功经验（于胜祥等，2014）。因此，建议我国投入大量资金，开展以县域为单元的生物多样性本底调查，建立以县域为单元的生物多样性数据库。在开展生物多样性普查的同时，选择符合条件的样点，建立固定样线（方、点等），作为生物多样性监测的永久观察点，进行定期观察，获得动态数据，形成地区乃至全国的生物多样性监测网络体系。这种普查是以县域为具体单元，采用全球定位系统（GPS）定位，查清每个县域内分布的物种资源及其种群数量，进而通过建立数据库和监测体系，动态掌握物种资源的变化趋势。

1.3.2 加强物种资源保护与监测

进一步加强物种资源及其生境的保护。而且需要更多关注珍稀濒危物种以外的其他物种，有重点地建立一批以保护物种资源及其生境的自然保护区，完善物种资源就地保护网络，同时深化自然保护区的管理质量。

在现有植物园、树木园、动物园的基础上，合理规划建立全国物种资源迁地保护计划。对农业生物的种质资源和重要基因资源则采取迁地保护为主、就地保护为辅的战略，在现有的农作物种质资源库的基础上，深化种质资源保护的质量和有效性，发展试管苗库保存等新技术。

加强对生物多样性的监测，尤其是对重要物种资源的监测。在现有各部门分散监测设施和网络的基础上，打造一个内容综合、部门协调一致和高水平的物种监测网络，包括对珍稀濒危物种其个体、种群、资源量和威胁因素的监测，以及对非法贸易的监测等。要将3S技术（地球定位系统、地理信息系统和遥感）等新技术用于物种资源的监测和评估。

建立外来入侵种、有害病原微生物及动物疫源疫病的监测预警体系，以便及时获得关键信息，从源头控制有害病原微生物及动物疫源疫病的发生和蔓延，确保动物种群安全和人体健康安全。

加强生物多样性保护与应对气候变化间的协同增效。研究和模拟预测代表性物种对气候变化的响应，以及濒危物种与气候变化的响应关系。在履行国际公约过程中，要加强《生物多样性公约》与《联合国气候变化框架公约》之间的协同增效。

1.3.3　加强物种资源管理的立法与执法

在过去20多年间，中国有关生物多样性保护的立法取得了较快进展，但与生物多样性管理的实际需求还相距较远，立法中存在着许多亟待完善的问题，主要表现在：① 现有法规多以规范物种资源利用和管理，而对资源保护、防止流失的内容比较薄弱；② 法规实施不力，缺乏制度和监督机制；③ 地方性立法薄弱，缺乏地方特色；④ 缺少公平惠益分享机制。

为了完善中国生物多样性保护的法规体系，当前特别需要重新审视不同法规之间的关系，确立生物多样性保护的立法体系框架。主要任务有：① 要梳理现有法规有关生物多样性保护的内容，调整各法规之间的冲突和不一致的内容；② 根据现有法规，从立法体系上考虑需要补充和完善的法规，并体现在法律、条例和部门规章及地方法规多个层次的系统性；③ 对遗传资源及相关传统知识获取与惠益分享、外来入侵种防治、气候变化影响等新的领域需要进行立法研究和相关理论探讨。

为控制遗传资源的流失，当前要特别抓紧建立“遗传资源及相关传统知识获取与惠益分享”的法规制度。要制定相关法规和制度，对资源获取实施“事先知情同意程序”，在共同商定的条件下，对资源利用产生的惠益实现公平惠益分享，同时加强对进出境物种资源及其利用情况的跟踪与核查。

与此同时，要加强现有法规的执法力度，提高对珍稀濒危物种国际非法贸易的打击力度，特别是加强对我国西南地区野生兰花的非法贸易的市场管理和边境口岸走私活动的打击。要加强对公众的宣传教育，提高公众保护物种资源的意识。特别是要加强对科技人员的宣传教育，防止在对外合作研究中物种资源的流失。

第2章

生物多样性本底调查方案设计①

2.1 实施方案

2.1.1 目标

利用 2010—2011 年两年时间，组织中央和地方研究院（所）及高等院校专家，集中力量对列入《中国生物多样性保护战略与行动计划（2011—2030 年）》生物多样性保护优先区生物多样性极其丰富的横断山南段地区、桂西南山地区、南岭地区中的云南、广西和贵州三省（区）26 县（市、区）的生物多样性本底开展综合调查与评估示范。查明三省（区）各优先区的县域生物多样性本底现状，同时揭示本地区生物多样性利用保护过程中存在的问题及原因，为在区域、省和国家层面制定生物多样性保护与利用规划提供基础数据，特别是为今后开展全国所有 32 个陆地及内陆水域生物多样性优先区本底调查和评估提供技术示范，最终分阶段完成全国县域生物多样性本底调查与评估。根据生物多样性普查结果，评估分析生物多样性现状和受威胁因素，研究制定生物多样性保护规划和保护措施。同时，开展生物多样性相关传统知识的调查与编目，建立传统知识国家数字图书馆，为遗传资源及相关传统知识的获取、利用与惠益分享提供技术支撑。

2.1.2 主要任务

2.1.2.1 生物多样性本底调查

（1）生态系统调查

生态系统层次的调查包括地面调查和遥感调查两部分内容。

① 地面调查。以《中国植被》中的群系为具体单位，通过踏查、样方等方法，调查每一县域内生态系统（以群系为单位）的类型、组成、分布、威胁因素等，记录建群种、优

① 本章内容由环境保护部南京环境科学研究所薛达元研究员和武建勇副研究员负责编写。

势种、伴生种等群落组成和特征以及盖度、多度、频度等信息。植被的调查包括样方调查（详细调查）和样线调查（简单调查）两种方法。样方调查的深度要能够满足说明该群落的结构特征及详细的物种组成；样线调查的深度以满足判断该样线上出现的群落（群系）的类型即可。

② 遥感调查。全国范围生态系统多样性本底遥感调查。以 8 m 和 16 m 多光谱卫星遥感数据为主要数据源，开展全国范围生态系统多样性本底调查，获取全国主要生态系统类型的空间分布、数量、景观特征，建立全国生态系统多样性本底调查数据库，并与已获取的 2010 年全国生态系统本底数据进行动态变化分析，全面掌握 10 年来全国范围生态系统状况及变化情况，为生物多样性保护的宏观决策和管理提供支撑。

陆地生物多样性保护优先区生态系统本底遥感调查。以优于 2 m 的卫星遥感融合数据为主要数据源，在重点区域采用无人机航拍手段，开展全国 32 个陆地生物多样性保护优先区生态系统本底调查，获取和采集区域生态系统空间分布、数量、景观特征以及生态系统内部格局、主要物种生境、人类活动状况等信息，形成科学、完整的陆地生物多样性保护优先区生态系统空间调查数据集，为物种多样性、遗传资源调查及生物多样性综合评估提供支持。

生态系统本底遥感调查空间信息平台构建。在全国和区域生态系统本底调查基础上，整合和集成调查空间数据成果，形成全国和区域两个维度、多源多尺度、空间连续的空间信息平台，实现对生态系统本底遥感调查空间数据的综合管理、动态查询、快速获取和综合应用，并与国家生物多样性数据库及信息平台建立实时、有效的数据共享和应用机制，为生物多样性保护与管理提供遥感空间数据支撑。

（2）物种资源调查

1）对每一县域内所有分布的野生高等植物资源，包括种子植物、蕨类植物和苔藓植物，进行网格布点式本底普查，特别关注珍稀濒危植物种、建群种和经济植物等重要物种。并以采集标本、GPS 定位和拍摄照片的方式，力求记录每一县域内分布的所有野生高等植物名称、原产地、分布区、种群大小等。

2）对每一县域内分布的野生动物资源进行系统的普查，包括两栖类、爬行类、鸟类和兽类等陆生脊椎动物，特别关注对珍稀濒危动物和野生经济动物的调查，并适当关注对经济昆虫（如蝴蝶类）和蜘蛛类等陆生无脊椎动物。

3）对每一县域内湖泊、河流和湿地中的水生生物资源进行系统的普查，包括水生高等植物、藻类、浮游生物、底栖生物、鱼类及其他水生动物等。

4）对于微生物资源的调查，主要任务是针对大型真菌的资源调查，特别是关注食用菌等具有经济用途的微生物资源调查。在条件许可的情况下，可适当增加对地衣等低等物种资源的调查。

物种编目以县为单位，每一物种都须有凭证，包括标本、照片或可靠文献资料来源。① 标本包括：本课题组本次或近 5 年在该县域采集的标本、馆藏该县域分布的标本、本课题组以外人员于该县采集的未入库标本（如某研究组自己保存的标本）；② 照片：本课题组本次或近年调查拍摄，或他人近年拍摄的能准确确定种名的照片；③ 文献：主要指国内外权威的分类学文献，如志书、分类学报等；④ 记名或目击：在实地调查中，对于一些常见且在野外可以确定种名的物种，可不采集标本，只记录种名，或非本人亲眼所见，但准确度比较大的情况下，可记入。

（3）遗传资源调查

调查每一县域内植物遗传资源（包括农作物种质资源、牧草种质资源、林木种质资源、花卉种质资源、药用植物种质资源等）、动物遗传资源（包括畜、禽、水产品种质资源等）、微生物遗传资源的种类组成、分布、数量和受威胁因素等。

（4）传统知识调查

对每一县域内的生物多样性相关传统知识（包括传统选育农业遗传资源相关知识、传统医药相关知识、与生物资源可持续利用相关的传统技术及生产生活方式、与生物多样性相关的传统文化、传统生物地理标志产品相关知识等）进行调查、编目，查明开发利用与保护状况，构建与生物多样性相关传统知识国家数字图书馆，丰富和完善我国传统知识信息体系。

2.1.2.2 生物多样性现状综合评估

在对全国生物多样性本底现状和保护现状全面调查的基础上，研究物种区系特征和生态系统重要功能，评估生态系统服务价值和生物物种及遗传资源的重要经济、社会和文化价值，分析县域生物多样性组成、保护空缺、存在问题、威胁因素和保护需求等，提出生物多样性保护相关规划、政策与有效管理模式等。

2.1.2.3 构建全国生物多样性数据库和信息平台

依托先进信息技术开发建设服务于生物多样性普查的数据采集与传输交换系统。整合集成县域普查数据，构建全国生物多样性数据库和国家、省两级生物多样性信息平台，实现生物多样性信息资源的管理、共享与开发应用，为生物多样性保护和管理提供数据与平台支撑。

2.1.2.4 成果集成与报告

依据调查结果，编制以县域为单元的样点或路线布设图、物种编目数据库、固定样线（方）数据（地标位置、原始数据表和综合分析数据表等）、统一编号的标本和照片以及县域调查报告。调查与研究报告应从结果分析、研究评估、典型案例、对策与建议四大部分来报告区域生物多样性本底现状。

在各县和各省生物多样性评估的基础上，形成全国生物多样性现状评估报告，每年定期向国务院提交报告，并通过固定机制，每年定期向公众发布“中国生物多样性年度评估报告”或“中国生物多样性白皮书”。

2.2 技术要求

2.2.1 生态系统调查

（1）地面调查

生态系统地面调查包括样方调查（详细调查）和样线调查（简单调查）两种方法。样方调查的深度要能够满足说明该群落的结构特征及详细的物种组成；样线调查的深度以满足判断该样线上出现的群落（群系）的类型即可。

① 样线调查

通过路线踏查，依据《中国植被》分类原则，记录样线上所出现植被的具体群系类型、分布、受威胁因素，对于农田、城镇等人工生态系统以外的野生植被类型，详细记录各类植被类型的群系主要组成物种的种类、高度、盖度等信息。

② 样方调查

为了深入说明县域群落的结构特征及详细的物种组成，按照优势度（即株丛数或盖度）的大小，依次记录样方内物种种类、胸径、高度、株（丛）数等，在内业中，整理、统计、汇总成为每个群系组的综合样方（表 2-1）。

③ 固定样方

根据实际情况，在每个县调查的样方中，选出一定数量的样方作为固定样方为生物多样性长期动态监测提供基线数据和依据。

固定样方的选择原则：a. 交通条件要较为方便，便于今后定期复测；b. 样方的群落要有代表性或典型性；c. 样方要有安全性，最好设置在保护区内，或划为生态公益林的范围内（请当地林业部门或护林员协助确定）。

作为固定样方，要详细记录其所在地点的地名、GPS 位置、记录样方周边明显地物因子（显著的地形、地貌、生境等特征），拍摄样方生境和位置照片，样方的 4 个角要钉结实的木桩标记，并在最近的合适的树干上标记红色油漆，或砍树皮等，以便今后易于复查。

（2）遥感调查

以优于 2 m 的卫星遥感融合数据为主要数据源，开展全国 32 个陆地生物多样性保护优先区县域生态系统本底调查，获取和采集区域生态系统空间分布、数量、景观特征以及生态系统内部格局、主要物种生境、人类活动状况等信息，形成科学、完整的陆地生物多样性保护优先区生态系统空间调查数据集，与生态系统地面调查结果进行比对，为生态系统类型的调查提供技术支持。

表 2-1 群系名录

区域：______ ________省 ______市（州）_____ 县（市、区） 制表人：______ 整理日期：______

<table>
<tr><th rowspan="2">植被型</th><th rowspan="2">植被亚型</th><th rowspan="2">群系</th><th colspan="2">优势种</th><th colspan="2">建群种</th><th colspan="2">主要伴生种</th><th rowspan="2">分布方式</th><th rowspan="2">海拔/m</th><th rowspan="2">分布</th></tr>
<tr><th>种类</th><th>盖度/%</th><th>种类</th><th>盖度/%</th><th>种类</th><th>盖度/%</th></tr>
<tr><td rowspan="10"></td><td rowspan="5"></td><td rowspan="5"></td><td></td><td></td><td></td><td></td><td></td><td></td><td rowspan="5"></td><td rowspan="5"></td><td rowspan="5"></td></tr>
<tr><td></td><td></td><td></td><td></td><td></td><td></td></tr>
<tr><td></td><td></td><td></td><td></td><td></td><td></td></tr>
<tr><td></td><td></td><td></td><td></td><td></td><td></td></tr>
<tr><td>…</td><td></td><td></td><td></td><td></td><td></td></tr>
<tr><td rowspan="5">……</td><td rowspan="5">…</td><td></td><td></td><td></td><td></td><td></td><td></td><td rowspan="5"></td><td rowspan="5"></td><td rowspan="5"></td></tr>
<tr><td></td><td></td><td></td><td></td><td></td><td></td></tr>
<tr><td></td><td></td><td></td><td></td><td></td><td></td></tr>
<tr><td></td><td></td><td></td><td></td><td></td><td></td></tr>
<tr><td>…</td><td></td><td></td><td></td><td></td><td></td></tr>
<tr><td rowspan="10">……</td><td rowspan="5"></td><td rowspan="5"></td><td></td><td></td><td></td><td></td><td></td><td></td><td rowspan="5"></td><td rowspan="5"></td><td rowspan="5"></td></tr>
<tr><td></td><td></td><td></td><td></td><td></td><td></td></tr>
<tr><td></td><td></td><td></td><td></td><td></td><td></td></tr>
<tr><td></td><td></td><td></td><td></td><td></td><td></td></tr>
<tr><td>…</td><td></td><td></td><td></td><td></td><td></td></tr>
<tr><td rowspan="5">……</td><td rowspan="5">…</td><td></td><td></td><td></td><td></td><td></td><td></td><td rowspan="5"></td><td rowspan="5"></td><td rowspan="5"></td></tr>
<tr><td></td><td></td><td></td><td></td><td></td><td></td></tr>
<tr><td></td><td></td><td></td><td></td><td></td><td></td></tr>
<tr><td></td><td></td><td></td><td></td><td></td><td></td></tr>
<tr><td>…</td><td></td><td></td><td></td><td></td><td></td></tr>
</table>

说明：① 分布方式：连续分布，片状分布，零星分布；② 海拔：海拔范围；③ 分布：以乡镇及以下行政或自然地理单元为单位描述。

2.2.2 物种资源调查

（1）物种资源本底现状调查

以采集标本、现场记录、照片拍摄等方式，对县域内所有分布的物种资源，包括裸子植物、被子植物、蕨类植物和苔藓植物，进行拉网式本底普查，查明每一县域内分布的所有物种资源种类、分布、原产地和种群量等，调查中要进行 GPS 定位和拍摄照片，特别关注珍稀濒危物种、建群种物种、旗舰物种和经济物种。

（2）以保护与管理为导向的案例调查

在本底调查的同时，需要注重调查生物多样性受威胁的状况及其社会经济因素，调查物种资源流失和丧失的状况及其管理和执法过程中的漏洞。并通过案例分析，深入分析和研究出现这些问题的原因和深层次因素，为政府主管部门加强生物多样性保护和管理决策提供技术支持。

调查物种及遗传资源通过非法贸易、自由市场、边境走私和对外合作带出等流失的现状与途径，由于地方经济发展和资源开发对生物多样性造成的问题和压力，分析当地社会经济发展与生物多样性保护之间的矛盾协调。

（3）重要物种丧失监测

在实地调查中，发现具有重要经济价值、已经被开发利用、珍稀濒危的重要物种，在调查样线上的不同分布点，通过样方调查的方法，详细记录个数数量。在数据汇总时选择典型种类用于长期监测，通过动态记录、照片、影像资料等评估重要物种资源的开发利用现状。

2.2.3　任务与要求

2.2.3.1　野外调查

（1）样点布设

本调查在目标县域内按乡镇进行布设调查样点。可根据生物多样性丰富程度、已经工作基础，每个乡镇布设 1 至多个样点，平均每个乡镇至少 3 个点，即县域样点数不低于乡镇数的 3 倍。然后，再在每个点根据实际情况再进行样线调查，每个点设置 2 至多条样线，样线长度不定。

（2）标本采集

每个物种采集 4 份标本（常见种，可不采集标本，只记录和拍摄照片）。

（3）照片拍摄

每个物种拍摄照片 3～5 张（生境照、植株照、包括花或果及重要鉴定特征的特写照）。

2.2.3.2　室内整理

（1）标本鉴定

依据《中国植物志》、*Flora of China* 一些的权威专业志书和分类学杂志等开展物种鉴定。

（2）物种编目

编目以县为单位，参考中国生物物种名录完成县域物种编目。每一物种都须有凭证，包括标本、照片或可靠文献资料等数据来源凭证（见表 2-2、表 2-3、表 2-4）。

表 2-2 植物物种名录

优先区：＿＿＿＿＿ ＿＿＿＿省 ＿＿＿＿市（州）＿＿＿＿＿ 县　　　制表人：＿＿＿＿＿　　　日期：＿＿＿＿＿

中文名	拉丁学名	俗名	习性	分布	生境	海拔/m	原产	特有性	多度	用途	民族用途	受威胁现状	受威胁因素	保护等级										保护现状	来源及凭证							备注
														国家保护		省级保护			CITES 附录		红色名录				实地调查				资料			
														I	II	一级	二级	三级	附录 I	附录 II	CR	EN	VU		本次标本	5 年内标本	照片	记名	标本	照片	文献	

说明：(1) 中文名：采用《中国植物志》、地方植物志等权威书籍上使用的名称，科名单独起行；

(2) 拉丁学名：完整地拼写格式，科名单独起行；

(3) 俗名：地方名；

(4) 习性：乔木 T，灌木 S，藤本 W，草本 H，附生 Ad，寄生 Au；

(5) 分布：乡一级；

(6) 生境：① 林下，② 林缘，③ 灌丛，④ 草地（丛），⑤ 荒漠，⑥ 沼泽，⑦ 人工植被，⑧ 水沟边，⑨ 峭壁或岩石缝，⑩ 村舍或路旁；

(7) 海拔：填写海拔范围；

(8) 原产：是，否；如果否，写出原产国或来源国；

(9) 特有性：中国特有 N，省级特有 P，狭域特有 C（三县或三县以下分布）；

(10) 多度：① 常见，② 少见，③ 偶见，④ 罕见；

(11) 用途：① 材用，② 药用，③ 园林绿化，④ 食用，⑤ 鞣质与染料，⑥ 油料，⑦ 香料，⑧ 蜜源，⑨ 纤维，⑩ 其他；

(12) 民族用途：① 食用，② 医用，③ 中药文化，④ 其他；

(13) 受威胁现状：① 极度，② 重度，③ 轻度，④ 正常；

(14) 受威胁因素（针对极度、重度甚至轻度受威胁物种填写）：① 生境退化或丧失（农牧业发展、矿产等资源开发、工程建设、土地利用等），② 过度采挖（食用、药材、园艺、燃料等），③ 自然灾害（洪涝、旱灾、火灾、泥石流等），④ 本地物种影响（病虫害、缺乏传粉者等），⑤ 环境污染（大气污染、土壤和水污染等），⑥ 其他人为干扰（科学研究、旅游等），⑦ 内在因素（分布受限、生长缓慢、种群波动等），⑧ 外来入侵种影响，⑨ 其他；

(15) 保护等级：依据《国家重点保护野生植物名录》（第一批），《濒危野生动植物种国际贸易公约》（附录Ⅰ，Ⅱ），省级保护名录，植物红色名录（环境保护部和中国科学院，2013）濒危等级，极危（CR），濒危（EN），易危（VU），相应选项填“√”；

(16) 保护现状（针对保护等级中物种）：① 保护区内，② 迁地保护，③ 未保护；

(17) 凭证：实地调查（本次标本、5 年内标本、照片、记名）和资料（历史标本、历史照片、文献），标本、照片栏填 1～3 个最近年份采集或拍摄的标本或照片凭证号，[格式为：“采集号或照片号（藏处），年份”]，藏处写标本馆代码或简写存放处，年份为采集或拍摄年份，文献栏填写相应文献序号，记名栏填“√”。

表 2-3　动物物种名录

区域：＿＿＿＿＿　＿＿＿＿省＿＿＿＿市（州）＿＿＿＿县　　制表人：＿＿＿＿＿　　日期：＿＿＿＿＿

中文名	拉丁学名	俗名	习性	分布	生境	海拔/m	原产	特有性	多度	用途	民族用途	受威胁现状	受威胁因素	保护等级								保护现状	来源及凭证							备注
														国家保护		省级保护	CITES 附录		红色名录				实地调查				资料			
														I	II		附录 I	附录 II	CR	EN	VU		本次标本	5 年内标本	照片	目击	标本	照片	文献	

说明：（1）中文名：采用《中国动物志》、地方动物志等权威书籍上使用的名称，科及以上分类阶元名单独起行；

（2）拉丁学名：完整地拼写格式，科及以上分类阶元名单独起行；

（3）俗名：地方名；

（4）习性：依据不同类群填写，A. 兽类：① 陆栖，② 树栖，③ 穴居，④ 飞行；B. 鸟类：① 鸣禽，② 攀禽，③ 陆禽，④ 猛禽，⑤ 涉禽，⑥ 游禽；C. 两栖类：① 水栖，② 陆栖，③ 树栖，④ 穴居；D. 爬行类：① 陆栖，② 陆栖-静水型，③ 陆栖-流水型，④ 陆栖-树栖型，⑤ 穴居；

（5）分布：乡一级；

（6）生境：A. 兽类：① 针叶林，② 阔叶林，③ 农田，④ 草地（丛），⑤ 荒漠，⑥ 沼泽，⑦ 人工植被，⑧ 村舍，⑨ 峭壁或岩石缝，⑩ 其他；B. 鸟类：① 树冠，② 林缘，③ 灌丛，④ 草地（丛），⑤ 峭壁或岩石，⑥ 水沟边，⑦ 湿地，⑧ 居民区，⑨ 湖泊，⑩ 其他；C. 两栖爬行类：① 林中，② 林缘，③ 灌丛，④ 草地（丛），⑤ 农田，⑥ 沼泽，⑦ 溪流，⑧ 村舍或民宅，⑨ 临时水域，⑩ 其他；D. 昆虫：① 林中，② 林缘，③ 灌丛，④ 草地（丛），⑤ 其他；

（7）海拔：填写海拔范围；

（8）原产：是，否；如果否，写出原产国或来源国；

（9）特有性：中国特有 N，省级特有 P，狭域特有 C；

（10）多度：① 常见，② 少见，③ 偶见，④ 罕见；

（11）用途：① 肉用，② 羽用，③ 皮用，④ 药用，⑤ 观赏，⑥ 其他；

（12）民族用途：① 装饰与服饰，② 药用，③ 中药文化，④ 宗教，⑤ 工具，⑥ 其他；

（13）受威胁现状：① 极度，② 重度，③ 轻度，④ 正常；

（14）受威胁因素（针对极度、重度甚至轻度受威胁物种填写）：① 生境破碎化，② 捕猎，③ 贸易，④ 内在因素，⑨ 其他；

（15）保护等级：依据《国家重点保护野生动物名录》，《濒危野生动植物种国际贸易公约》（附录Ⅰ，Ⅱ），省级保护名录，动物红色名录（环境保护部和中国科学院，2014）濒危等级，极危（CR），濒危（EN），易危（VU），相应选项填“√”；

（16）保护现状（针对保护等级中物种）：① 保护区内，② 迁地保护，③ 未保护；

（17）凭证：实地调查（标本、照片、目击）和资料（历史标本、历史照片、文献），标本、照片栏填 1～3 个最近年份采集或拍摄的标本或照片凭证号，[格式为：“采集号或照片号（藏处），年份”，藏处写标本馆代码或简写存放处，年份为采集或拍摄年份，文献栏填写相应文献序号，目击栏填“√”。

表 2-4 大型真菌物种名录

优先区：________ ________省 ________市（州）________县 制表人：________ 日期：________

中文名	拉丁学名	俗名	习性	分布	生境	海拔/m	多度	用途	民族用途	受威胁现状	受威胁因素	保护现状	来源及凭证							备注
													实地调查				资料			
													本次标本	5 年内标本	照片	记名	标本	照片	文献	

说明：（1）中文名：采用《中国真菌志》和地方真菌志等权威书籍上使用的名称，科名单独起行；

（2）拉丁学名：完整地拼写格式，科名单独起行；

（3）俗名：地方名；

（4）习性：共生（E）、腐生（S）、寄生（P）；

（5）分布：乡一级；

（6）生境：① 林下，② 林缘，③ 灌丛，④ 草地（丛），⑤ 荒漠，⑥ 沼泽，⑦ 人工植被，⑧ 水沟边，⑨ 峭壁或岩石缝，⑩ 村舍或路旁；

（7）海拔：填写海拔范围；

（8）多度：① 常见，② 少见，③ 偶见，④ 罕见；

（9）用途：① 药用，② 食用，③ 暂未被利用，④ 其他；

（10）民族用途：① 食用，② 医用，③ 中药文化，④ 其他；

（11）受威胁现状：① 极度，② 重度，③ 轻度，④ 正常；

（12）受威胁因素（针对极度、重度甚至轻度受威胁物种填写）：① 生境退化或丧失（农牧业发展、矿产等资源开发、工程建设、土地利用等），② 过度采挖（食用、药材、园艺、燃料等），③ 自然灾害（洪涝、旱灾、火灾、泥石流等），④ 本地物种影响（病虫害、缺乏传粉者等），⑤ 环境污染（大气污染、土壤和水污染等），⑥ 其他人为干扰（科学研究、旅游等），⑦ 内在因素（分布受限、生长缓慢、种群波动等），⑧ 外来入侵种影响，⑨ 其他；

（13）保护现状（针对保护等级中物种）：① 保护区内，② 迁地保护，③ 未保护；

（14）凭证：实地调查（本次标本、5 年内标本、照片、记名）和资料（历史标本、历史照片、文献），标本、照片栏填 1～3 个最近年份采集或拍摄的标本或照片凭证号，[格式为：“采集号或照片号（藏处），年份”]，藏处写标本馆代码或简写存放处，年份为采集或拍摄年份，文献栏填写相应文献序号，记名栏填“√”。

① 标本：包括本课题组本次或近 5 年在该县域采集的标本、馆藏该县域分布的标本、本课题组以外人员于该县采集的未入库标本（如某研究组自己保存的标本）；

② 照片：包括本课题组本次或近年调查拍摄，或他人近年拍摄的能准确确定种名的照片；

③ 文献资料：主要指国内外权威的分类学文献，如志书、分类学报等；

④ 记名：在实地调查中，对于一些常见且在野外可以确定种名的物种，可不采集标本，只记录种名。

（3）构建分布数据库

整理物种编目凭证，构建物种分布数据库（见表 2-5）。物种编目数据库分布数据以乡镇为单位，每个物种在乡镇内的分布点尽可能全面、分散，避免分布记录数据过于集中，每个分布点尽可能至少要有 1 条分布数据记录。

表 2-5　物种分布数据库（Excel 或 Access 格式）

优先区域：________ ________省 ________市（州）________ 县　制表人：________　日期：______

中文科名	拉丁科名	中文种名	拉丁种名	乡（镇）	乡（镇）以下分布点	经度	纬度	备注

注：在乡（镇）以下的同一分布数据，只记录一笔最新数据即可，确保分布数据代表每一物种最多的分布点。

（1）乡（镇）：填写乡（镇）名称；

（2）乡（镇）以下分布点：填写同一笔数据乡（镇）以下的分布点；

（3）最近年份采集或拍摄的标本或照片凭证号，[格式为：“采集号或照片号（藏处），年份”]，藏处写标本馆代码或简写存放处，年份为采集或拍摄年份；填写相应文献序号（附文献目录）。

（4）重要物种资源监测

每个县选择 5～10 种常用的具有重要经济价值的珍稀濒危物种作为长期监测的目标物种。本次调查数据可作为长期动态监测的基线数据（见表 2-6）。

表 2-6　重要物种监测综合汇总表

优先区域：________　________省 _____市（州）_____ 县____乡（镇） 制表人：_____ 日期：______

样线号：____________路线：____

生境：_____________________________干扰：______________群落结构及组成：_________________

编号		记录点		编号		记录点	
经纬度	E	N		经纬度	E	N	
海拔/m				海拔/m			
中文名				中文名			
俗名				俗名			
拉丁学名				拉丁学名			
习性				习性			
物候				物候			
调查面积	________m×______m			调查面积	________m×______m		
数量（株/从数）				数量（株/从数）			
照片编号				照片编号			
说明				说明			

2.3　组织实施

项目组织了植物调查组、动物调查组、大型真菌调查组对选定优先区域内的云南（德钦、香格里拉、维西、贡山、福贡、泸水、兰坪、大理、宾川、剑川、鹤庆、洱源、云龙、古城、宁蒗、玉龙、腾冲、隆阳）、广西（靖西、那坡、龙州、宁明）和贵州（三都、丹寨、从江、榕江）三省（区）26 个县（市、区）（图 2-1）县域生物多样性本底开展了实地调查，结合资料记载（包括标本和权威文献资料），参照《中国植被》的分类原则和分类系统，建立了以群系为基本单位的县域植被类型群系名录；根据编目规范，系统整理编目了县域各类物种资源，分析县域生物多样性区系组成；通过典型案例调查与研究，剖析了生物物种资源丧失与流失现状及受威胁因素；建立相应名录库、图片库、标本库、文档库、多媒体库等不同数据结构的数据库集合。综合研究结果，完成了县域生物多样性本底调查与评估报告，并提出了针对性的保护建议和对策，为国家和地方政府及相关部门对生物多样性本底的掌握，促进对生物多样性的保护和管理决策提供了重要的支撑。调查成果从县域的植被类型组成、物种资源现状以及所包含的中国与地方特有种、珍稀濒危物种、国家与地方保护物种种类与保护现状以及资源类群组成等方面进行了总结分析，并以典型案例的形式分析了县域生物物种资源丧失和流失现状，针对物种资源管理方面存在的问题，提出了保护管理建议与对策。

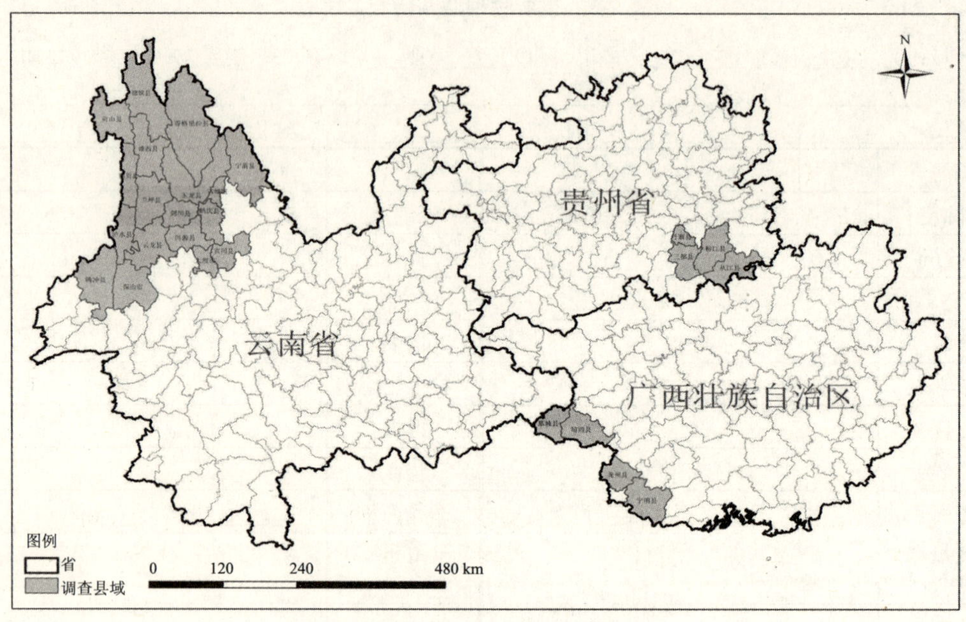

图 2-1 县域生物多样性本底调查范围

第3章

生物多样性调查技术规范①

3.1 总则

1 范围

本部分规定了野生植物物种资源调查任务以及调查程序和质量管理，包括工作准备、外业调查、内业整理、质量检查和成果归档等技术要求。

2 规范性引用文件

《自然保护区生物多样性监测技术规范》（2008）

《林木种质资源调查技术规程》（试行）（2008）

《内蒙古自治区林木种质资源普查技术方法》（试行）（2008）

《生物多样性调查与评价》（2007）

《农作物种质资源收集技术规程》（2007）

3 调查任务

查清《中国生物多样性保护战略与行动计划（2011—2030年）》中32个陆地生物多样性优先区域县域的生态系统类型组成、动植物和大型真菌物种资源的种类、分布、数量、受威胁因素等，以及我国重要河流、湖泊的水生生物物种资源现状，客观反映中国生物物种资源数量、利用和保护现状，分析与评价生物物种资源的数量削减动态及原因，提出生物物种资源利用与保护建议。进而通过建立县域生物多样性及物种资源数据库和监测体系，动态掌握行政区域内生物多样性和物种资源的变化趋势。

① 本章内容由环境保护部南京环境科学研究所薛达元研究员和武建勇副研究员负责编写。

4 调查的基本程序

4.1 调查准备

4.1.1 明确调查目的与任务

接受调查项目后，承担单位应根据任务书或合同书的要求，在调查工作开始前，明确调查目的与任务，确定项目负责人。

4.1.2 确立调查区域

根据调查目的、任务以及调查对象，明确调查工作所涉及的区域或范围，据此收集相关资料。

4.1.3 收集、分析与调查任务有关的文献、资料

针对要进行调查的区域，收集整理现有相关资料，包括历史调查资料、行政区划、自然地理位置、地形地貌、土壤、气候、植被、农林业以及当地的社会人文、经济状况和影响生物物种生存的建筑设施等。根据所收集资料，分析了解调查区域的相关情况，为调查方案和调查计划的编写奠定基础。

4.1.4 组织调查队伍，确定调查技术负责人

充分了解参加人员的专业背景，结合调查地区的实际情况，选择参加人员，确保其有能力、真实、准确地完成某一地区或某一类群物种资源调查的相关工作。调查组人员组成要做到量少而精干，专业配置合理，分工明确，并确定调查组技术负责人。

4.1.5 编写调查方案或计划

包括：（1）任务及其来源；（2）技术方案设计；（3）人员组织；（4）时间进度安排；（5）安全与保障措施；（6）经费预算；（7）其他。

4.2 野外作业

4.2.1 调查范围的确定

根据调查对象、任务，结合实际情况，确定开展实地调查的范围。

4.2.2 调查线路、样地与样点的布设

根据已确定的对象、内容以及调查区域的地形、地貌、海拔、生境等确定调查线路或调查点，调查路线或点的设立应注意代表性、随机性、整体性及可行性结合；样地的布局要尽可能全面，分布在整个调查地区内的各代表性地段，避免在一些地区产生漏空。

4.2.3 调查方法选择

根据调查对象、内容和调查地区具体情况，选择合适的调查方法。在调查时认真详细填写预先制定的各类表格。

4.2.4 调查时间和频次

根据调查对象的特性等，选择合适的调查时间，并确定调查次数。

4.2.5 标本采集与记录

野外考察时，对所有调查物种要做好记录（包括文字、影像和 GPS 记录）、收集标本

作为可靠凭据，特别是对那些现场无法鉴定的物种要尽可能采集完整的标本并作好标记，以备室内鉴定之用。记录时应尽可能记录各物种所有能观察到的形态、生物学现状和生态环境信息等。

4.2.6　野外工作记录及考察日记

野外工作时应记录野外工作的时间、地点、考察路线、行程，工作经验和体会以及遇到的问题等。

4.2.7　补点调查

在标本采集的过程中，因时间或其他条件的限制，在调查不完整的区域，需根据需要，再进行调查区域的补充调查。

4.3　内业工作

4.3.1　标本整理和鉴定

生物物种资源调查的一项重要内容就是物种的鉴定，标本要鉴定到种，鉴定后的标本应妥善保存备查。标本的鉴定可参照《中国植物志》《中国动物志》、*The Dictionary of the Fungi*（10th，2008）等一些权威性书籍，也可参考一些与调查区域有关的物种区系或专项研究方面的文献资料。

4.3.2　资料报表的编制、绘图

依据上述标本鉴定结果，结合其他可靠的文献记载，按照规定格式制定县域物种名录，重要物种要绘制物种资源的分布图。

4.3.3　调查成果报告的编写

调查任务完成后，必须及时整理调查成果，并以标准格式报送有关部门。报告应包括考察的时间、内容、方法和对地区物种资源的现状评价等，以全面、客观、真实地反映地区的物种资源状况和保护价值。文字应力求简洁、清晰和准确。

5　质量管理

5.1　质量检查

5.1.1　监督检查

项目组织部门和机构将组织各种类型的质量核查，对调查工作进行检查和监督，以及时发现调查工作中存在的问题，并采取措施及时纠正。检查内容主要包括：调查项目的任务设计及其实施进展；外业调查方法、内容等方面的正确性；调查表格填写是否符合要求，计算是否准确；图、表、文字资料是否一致。不可随意改动外业调查的基本数据和文字资料。

5.1.2　工作汇报

工作汇报包括阶段汇报、中期汇报、结题汇报，为项目能按时顺利完成，各课题负责人要严格按照任务书的进程，进行书面汇报和口头汇报。阶段汇报主要是以简报等形式汇报每一阶段的任务完成情况及存在的问题等；项目完成过半时，进行中期总结汇报；在项目全部完成后，进行成果汇总和结题汇报，并按时提交成果报告及相关数据。

5.2 项目验收

5.2.1 验收内容

（1）调查成果；

（2）经费决算。

5.2.2 验收依据

验收依据任务书或合同书、项目管理办法所作的规定。

5.2.3 验收办法

由调查任务下达单位或委托单位派人组织验收，形成由验收专家签字的书面验收结论。与验收依据有明显差距的成果不予验收，责令限期修改、提高完善，并重新组织验收。

5.2.4 验收时间

所有工作结束后，编写调查成果报告之前。

5.2.5 验收报告

验收报告内容应包括：

（1）任务及其来源；

（2）调查区域的自然概况；

（3）组织与实施；

（4）调查点（线）的布设；

（5）调查方法和时间；

（6）调查结果整理与分析；

（7）任务完成情况；

（8）重要成果。

5.2.6 调查成果报告的编写

按任务书规定的时限完成调查成果报告的编写。成果报告应按照任务书或合同书、调查规范、计划的规定，对已有文献资料和本次实地调查所获得的资料进行深入分析研究，要做到内容全面、重点突出、论据充分、文字精练，必要时配加图表。

5.3 调查资料和成果归档

5.3.1 归档内容

（1）任务书或合同书、调查计划以及上级有关文件；

（2）外业调查原始资料及验收结论；

（3）调查资料报表；

（4）调查成果报告；

（5）成果验收结论；

（6）经费结算报告。

5.3.2 归档要求

按照国家档案法和本部门档案管理规定，将档案材料系统整理，确保材料内容齐全，经项目负责人审查签字，由档案管理部门负责人验收后在合适的条件下保存。

5.3.3 归档时间

调查成果完成后的两个月内完成。

3.2 生态系统调查技术规范

1 目的

通过实地调查，结合文献资料记载，查明县域内所有植被的类型组成、分布、优势度状况以及受威胁因素等，摸清以县域内以群系为基本单元的生态系统多样性组成，评估县域内生态系统多样性现状，建立以县域为单元的生态系统多样性数据库；开展样方调查，分析县域内群落特征，并选择典型地段设置固定样方用于长期动态监测。

2 调查对象

优先区内目标县域内以群系为单元的所有生态系统类型组成。

3 调查方法与内容

植被的调查包括样方调查（详细调查）和样线调查（简单调查）两种方法。样方调查的深度要能够满足说明该群落的结构特征及详细的物种组成；样线调查的深度以满足判断该样线上出现的群落（群系）的类型即可。

3.1 样线调查

（1）调查内容

通过路线踏查，依据《中国植被》分类原则，记录样线上所出现植被的具体群系类型、分布、受威胁因素，对于农田、城镇等人工生态系统以外的野生植被类型，详细记录各类植被类型的群系主要组成物种的种类、高度、盖度等信息（表 3-1）。

（2）抽样强度

根据目标县域内植被类型的丰富程度、县域面积等实际情况，以乡镇为单元进行抽样，每个乡镇调查 2 条以上样线，每个县布设的样线总数不少于乡镇数量的 4 倍，样线长度不限，以查明县域内植被群系类型和分布界线为准。样线调查的深度以满足判断该样线上出现的群落（群系）的类型即可。

3.2 样方调查

（1）调查内容

为了深入说明县域群落的结构特征及详细的物种组成，按照优势度（即株丛数或盖度）的大小，参考基本样方调查表（表 3-2），依次记录样方内物种种类、胸径、高度、株（丛）数等，在内业中，按照综合样方表（表 3-3），整理、统计、汇总成为每个群系组的综合样方。

表 3-1 植被群落（群系）简易记录表

（不作样方调查，不拉样方边线，仅记录群系类型及主要物种）

优先区：__________ ______________省_______________市（州）______________县

_______________乡（镇）_________________ 村（小地名） 日期：__________

GPS：______________ 坡向：_______ 坡度：______ ° 坡位：_____ 海拔：_____m

群落生境特点：_____________________________调查人：__________________

群系类型及优势度（连片、片段、零星）：____________________________________

乔木层盖度 %，及主要种类

序号	中文名	拉丁名	盖度/%	高度/m	备注（标本号/照片号等）

灌木层盖度 %，及主要种类

序号	中文名	拉丁名	盖度/%	高度/m	备注（标本号/照片号等）

草本层盖度 %，及主要种类

序号	中文名	拉丁名	盖度/%	高度/m	备注（标本号/照片号等）

表 3-2　植被类型基本样方调查表

优先区：________ ________省________ 市（州）________
________县________乡（镇）________村（小地名）日期：________
样方号：________ GPS：________ 坡向：________
坡度：________° 坡位：________ 海拔：________m
样方面积：________m^2 小样方面积：________m^2 生境特点：________ 干扰：________
乔木层盖度________% 灌木层盖度________% 草本层盖度________% 地表枯枝层厚度________cm
地表苔藓盖度________% 树干苔藓盖度________%
群落类型及组成：________ 调查人：________ 第________页

序号	中名（俗名）	性状	数量（株/丛数）	盖度/%	高度/m	胸径/cm	物候	生活力（优/中/差）	生态位	受威胁因素	备注（标本号/照片号/样方中的小样方号等）

注：（1）小样方：灌木层/草本层的调查在样方中按梅花形方式设置小样方进行，小样方面积 1～2×1～2m^2；（2）群落类型：计乔木、灌木、草本层主要的物种组成；（3）性状：乔木、灌木、草本、藤本、附生、寄生；（4）数量：乔木记录株数，灌木/草本记录丛数；（5）胸径：乔木树干 1.3m 处，灌木/草本不计胸径；（6）物候：叶、花、果、落叶等；（7）生活力：优、中、差；（8）生态位：优势种、建群种、寄主等；（9）受威胁因素：① 生境退化或丧失（农牧业发展、矿产等资源开发、工程建设、土地利用等），② 过度采挖（食用、药材、园艺、燃料等），③ 自然灾害（洪涝、旱灾、火灾、泥石流等），④ 本地物种影响（病虫害、缺乏传粉者等），⑤ 环境污染（大气污染、土壤和水污染等），⑥ 其他人为干扰（科学研究、旅游等），⑦ 内在因素（分布受限、生长缓慢、种群波动等），⑧ 外来入侵种影响，⑨ 其他。

表 3-3 植被类型（群系组）综合样方表

优先区：________ ________省________市（州）________县

群落类型（群系组）：________________

（在基本样方基础上，将相同群系组的样方综合成“综合样方表”，同一个群系组不少于 3 个样方，当多于 3 个样方时，请自行增加综合样方表头的列数）

样方号/海拔	/海拔 m	/海拔 m	/海拔 m
调查地点			
GPS E/W	E /W	E /W	E /W
样方面积/时间	m^2/	m^2/	m^2/
坡向/坡度/坡位	/ /	/ /	/ /
生境特征			
地表特征			
干扰情况			
乔/灌/草盖度	乔 %/灌 %/草 %	乔 %/灌 %/草 %	乔 %/灌 %/草 %
调查人			

表 3-3-1 乔木层

序号	中文名	拉丁名	总株数	盖度/%（范围）	高度/m（范围）	胸径/cm（范围）	频度	重要值
⋮								

表 3-3-2 灌木层

序号	中文名	拉丁名	盖度/%（范围）	高度/m（范围）	频度	重要值
⋮						

表 3-3-3 草本层

序号	中文名	拉丁名	盖度/%（范围）	高度/m（范围）	频度	重要值
⋮						

表 3-3-4 层间植物

序号	中文名	拉丁名	盖度/%（范围）	高度/m（范围）	频度	重要值
⋮						

（2）抽样强度

根据群系所在区域的立地条件和群系面积等，每个群系类型选择典型地段设置 1～3 个样方。

（3）选择原则

① 重要性原则，选择县域内主要的植被类型；

② 特殊性原则，选择特殊而典型的植被类型；

③ 代表性原则，样方的布点要按照不同的区域、生境、植被类型进行选择，要有代表性。

（4）样方大小

- 森林群落样方面积设 20 m×20 m；
- 灌木群落样方面积设 10 m×10 m；
- 草本群落样方面积设 2 m×2 m。

3.3 固定样方

（1）目的

根据实际情况，在每个县调查的样方中，选出一定数量的样方作为固定样方为生物多样性长期动态监测提供基线数据和依据。

（2）选择原则

① 交通条件要较为方便，便于今后定期复测；

② 样方的群落要有代表性或典型性；

③ 样方要有安全性，最好设置在保护区内，或划为生态公益林的范围内。

（3）设置要求

作为固定样方，要详细记录其所在地点的地名、GPS 位置、记录样方周边明显地物因子（显著的地形、地貌、生境等特征），拍摄样方生境和位置照片，样方的 4 个角要钉结实的木桩标记，并在最近的合适的树干上标记红色油漆，或砍树皮等，以便今后易于寻找复查。

3.3 物种资源调查技术规范

第一部分 植物物种资源调查

1 范围

本部分规定了野生高等植物物种资源调查的内容、方法、数据处理和结果分析及调查程序、质量管理、成果验收、资料归档等技术要求。

本部分适用于以县域为调查单元的野生高等植物物种资源调查。

2 规范性引用文件

《自然保护区生物多样性监测技术规范》(2008)

《林木种质资源调查技术规程》(试行)(2008)

《内蒙古自治区林木种质资源普查技术方法》(试行)(2008)

《生物多样性调查与评价》(2007)

《农作物种质资源收集技术规程》(2007)

《中国生物多样性保护战略与行动计划》(2011—2030 年)

3 范畴和术语

3.1 植被型

是指建群种生活型相同或相近、对水热因子需求相近的植物群落，是指被分类单位中最重要的高级分类单位。

3.2 植被亚型

在植被型内根据优势层片或指示层片的差异进一步划分的类型。

3.3 群系

是指建群种或共建种相同或相近的植物群落，是植被分类单位中最基本的中级单位。

3.4 野生高等植物物种资源

本部分中的野生植物物种资源是指栽培植物和外来物种以外的我国有自然分布的高等植物（包括水生植物）。

3.5 样地

是调查前所确定的进行详细调查研究的地段。

3.6 样方

是指在调查样地中设立的具有一定面积大小及形状的研究地块。

3.7 样线（带）法

是指调查者按一定路线行走，调查记录路线左右一定范围内出现的物种，路线宽度可确定也可不确定。

3.8 样方法

指在样地上设立一定数量的样方，对样方中的物种进行全面调查研究的方法。

3.9 全查法

直接调查统计调查区域内物种的全部个体，实测其分布面积，真实地反映资源量的客观情况。

4　调查的基本程序

4.1　调查准备

4.1.1　明确调查目的与任务

接受调查项目后，承担单位应根据任务书或合同书的要求，在调查工作开始前，明确调查目的与任务，确定项目负责人。

4.1.2　确定调查区域

根据调查目的、任务以及调查对象，明确调查工作所涉及的区域或范围，据此收集相关资料。

4.1.3　收集、分析与调查任务有关的文献、资料

针对要进行调查的区域，收集整理现有相关资料，包括历史调查资料、行政区划、自然地理位置、地形地貌、土壤、气候、植被、农林业以及当地的社会人文、经济状况和影响生物物种生存的建筑设施等。根据所收集资料，分析了解调查区域的相关情况，为调查方案和调查计划的编写奠定基础。

4.1.4　组织调查队伍，确定调查技术负责人

充分了解参加人员的专业背景，结合调查地区的实际情况，选择参加人员，确保其有能力、真实、准确地完成某一地区或某一类群物种资源调查的相关工作。调查组人员组成要做到量少而精干，专业配置合理，分工明确，并确定调查组技术负责人。

4.1.5　编写调查方案或计划

包括：（1）任务及其来源；（2）技术方案设计；（3）人员组织；（4）时间进度安排；（5）安全与保障措施；（6）经费预算；（7）其他。

4.2　野外作业

4.2.1　调查范围的确定

根据调查对象、任务，结合实际情况，确定开展实地调查的范围。

4.2.2　调查线路、样地与样点的布设

根据已确定的对象、内容以及调查区域的地形、地貌、海拔、生境等确定调查线路或调查点，调查路线或点的设立应注意代表性、随机性、整体性及可行性结合；样地的布局要尽可能全面，分布在整个调查地区内的各代表性地段，避免在一些地区产生漏空。

4.2.3　调查方法选择

根据调查对象、内容和调查地区具体情况，选择合适的调查方法。在调查时认真详细填写预先制定的各类表格。

4.2.4　调查时间和频次

根据调查对象的特性等，选择合适的调查时间，并确定调查次数。

4.2.5　标本采集与记录

野外考察时，对所有调查物种要做好记录（包括文字、影像和 GPS 记录）、收集标本作为

可靠凭据，特别是对那些现场无法鉴定的物种要尽可能采集完整的标本并作好标记，以备室内鉴定之用。记录时应尽可能记录各物种所有能观察到的形态、生物学现状和生态环境信息等。

4.2.6 工具与器材

（1）器材：手提电脑、数码相机、GPS 定位仪、坡度坡向仪、望远镜、轮尺、皮尺、土壤刀、计算器等；

（2）表格与文具：调查用表、调查用图、铅笔、粉笔或蜡笔、油性笔、记录本、文具盒、工作包等；

（3）标本采集及处理设备：采集桶（袋）、标本夹、高枝剪、放大镜、标本烘烤架、吹风机、吸水纸、台纸、透明纸、浸制试剂等；

（4）其他：药品、防护服、安全用具等。

4.2.7 野外工作记录及考察日记

野外工作时应记录野外工作的时间、地点、考察路线、行程，工作经验和体会以及遇到的问题等。

4.2.8 补点调查

在标本采集的过程中，因时间或其他条件的限制，在调查不完整的区域，需根据需要，再进行调查区域的补充调查。

4.3 内业工作

4.3.1 标本整理和鉴定

生物物种资源调查的一项重要内容就是物种的鉴定，标本要鉴定到种，鉴定后的标本应妥善保存备查。标本的鉴定可参照《中国植物志》、*Flora of China*《中国生物物种名录》等一些权威性书籍及资料，也可参考一些与调查区域有关的物种区系或专项研究方面的文献资料。

4.3.2 资料报表的编制、绘图

依据上述标本鉴定结果，结合其他可靠的文献记载，按照规定格式制定县域物种名录，绘制调查路线布设步和重要物种分布图。

4.3.3 调查成果报告的编写

调查任务完成后，必须及时整理调查成果，并以标准格式报送有关部门。报告应包括考察的时间、内容、方法和对地区物种资源的现状评价等，以全面、客观、真实地反映地区的物种资源状况和保护价值。文字应力求简洁、清晰和准确。

5 野外调查

5.1 调查对象

调查县域内植被类型和野生高等植物。

5.2 调查要求

（1）调查时间

分别在不同季节开展调查工作，且考虑选择大部分植物种类开花或结实阶段进行调查。

（2）调查频次

同一个地区，应该在不同的季节开展调查（2 次及以上），最大限度地将该区域的植物种类及相关内容调查详尽。

（3）样地（点）布设

样地的布局要尽可能全面，要分布在整个调查地区内的各代表性地段及代表类群，避免在一些地区产生漏空，要注意代表性、随机性、整体性及可行性结合。

（4）样方设置

根据地形地貌布设样方并进行调查记录，样方面积依据物种多样性来确定。一般森林样方面积设为（20～30）m×（20～30）m，然后再在样方的四个角和对角线交叉点设立灌木和草本小样方；灌木类型的样方面积通常设为（5～10）m×（5～10）m；草本样方的面积通常设为（1～2）m×（1～2）m。注意到被调查区域的不同地段的生境差异，如：山脊、沟谷、坡向、海拔等。

样方数量一般面积 5～50 hm^2 设 2～3 个样方，50～500 hm^2 设 5 个，面积＞500 hm^2 的每增 100 hm^2 增设一个，但总样方数最多控制在 10 个以内。

在苔藓植物调查中，应保持样方形状相同，样方大小取决于不同的情况。如调查密集地着生于某一块孤立的岩石或树干表面的苔藓植物群落时，可采用 0.01～0.25 m^2 的小样方，再将其划分为大小相等的小网格；调查某一类植被类型或小生境中的苔藓植物，则可取面积大一些的样方，如可以 100 m^2 或 400 m^2 为一个样方，再将其划分为 100 个或 400 个 1 m×1 m 的小样方网格，对每个样方网格内的苔藓植物进行调查。

5.3 调查内容

（1）种类；

（2）分布：经纬度、海拔；

（3）数量：种群数量、个体数目、分布面积；

（4）生长状况；

（5）生境状况：群落、坡度、坡向、土壤、土地利用等；

（6）开发利用状况：采挖方式、年采挖量及用途、栽培及市场销售情况等；

（7）受威胁因素；

（8）保护管理现状（是否受保护、何种保护形式等）。

5.4 调查方法

（1）样方法

对于物种丰富、分布范围相对集中、分布面积较大，或欲作为永久监测样地的地段可采取本方法。

（2）样线（带）法

对于物种不十分丰富、分布范围相对分散，种群数量较多的区域宜采用本方法。

（3）全查法

对于物种稀少，分布面积小，种群数量相对较少的区域，宜采用本方法。

（4）访谈及市场调查法

对调查区域内的野生植物栽培场圃及贸易场所进行走访和调查，调查内容包括种类、来源、流向和用途、年度贸易量，以及经营个人和商户的背景信息等。

5.5 标本采集与鉴定

在调查过程中要按照要求采集标本，以保证所调查物种具有凭证，同时也可以增加标本保藏数量。在采集过程中要详细记录与物种相关的形态特征、生境等方面信息（自制表格）。

标本鉴定要依据《中国植物志》、*Flora of China* 及其他权威书籍或资料。同时，尽可能邀请专门的分类学家帮助完成。

5.6 调查结果整理与分析

（1）区系组成（种及种以上高级分类阶元的丰富度）；

（2）珍稀濒危、特有性分析；

（3）用途及经济价值类型资源分析；

（4）重要物种资源概述；

（5）生境状况评价：分布特征、干扰状况、土壤、植被、土地利用等；

（6）用途及开发利用状况：利用方式、历史、利用程度等；

（7）受威胁现状及因素分析；

（8）保护管理现状：是否受保护、何种保护形式（保护等级、迁地保护、就地保护）等；

（9）研究现状及空缺分析；

（10）开发利用及保护建议等。

附录：调查数据处理

1. 出现频率计算

$$W_1 = n_1/n$$

式中：W_1——某物种出现频率；

n_1——目的物种分布的样方（带）数；

n ——总样方（带）数。

2. 分布面积计算

$$A_1=AW_1$$

式中：A ——调查区域总面积；

A_1——某物种分布面积。

3. 资源量计算

$$N=A_1\sum N_i/\sum S_i$$

式中：N_i ——某物种在第 i 个样方（带）内分布量；

S_i ——某物种在第 i 个样方（带）面积；

N ——某物种资源总量。

表 3-4　野生植物物种资源样线（带）调查表

优先区：__________ __________省__________市（州）__________县__________乡（镇）__________村（小地名）日期：__________

样线（带）号：__________样线（带）长度：__________m 宽度：__________m 路线：__________

起点：E__________ N __________终点：E__________ N __________海拔：____/____m 生境：__________

干扰方式：__________干扰程度：__________

群落结构及组成：__________调查人：__________　　第______页

编号	种名	俗名	拉丁学名	数量	物候期	生态位置	受威胁因素	经纬度	备注（标本号、照片号等）

注：（1）群落类型：乔木、灌木、草本层主要的物种组成；（2）生境：石/土山、沟谷、山脊、村边、路旁等；（3）：干扰方式：直接写出干扰因素，如① 林火，② 过度放牧，③ 采挖，④ 林业生产，⑤ 采矿，⑥ 基本建设，⑦ 病虫害等；（4）干扰程度：高、中、低、无；（5）层次：乔木层、灌木层、草本层；（6）数量：乔木记录株数，灌木、草本记录丛数；（7）物候期：花蕾、花期、果期；（8）生态位置：建群种、优势种、寄主等；（9）生活力：优、中、差；（10）受威胁因素：① 生境退化或丧失（农牧业发展、矿产等资源开发、工程建设、土地利用等），② 过度采挖（食用、药材、园艺、燃料等），③ 自然灾害（洪涝、旱灾、火灾、泥石流等），④ 本地物种影响（病虫害、缺乏传粉者等），⑤ 环境污染（大气污染、土壤和水污染等），⑥ 其他人为干扰（科学研究、旅游等），⑦ 内在因素（分布受限、生长缓慢、种群波动等），⑧ 外来入侵种影响，⑨ 其他。

表 3-5 重要物种路线样方调查表

优先区：________ ________省________ 市（州）__________ 县__________乡（镇）________________ 村（小地名）日期：________________

样线（带）号：__________路线：____生境：____

干扰方式：_____________干扰程度：_________群落结构及组成：________________调查人：__________________________ 第__________页

目标物种编号		地点			目标物种编号		地点		
经纬度	N	E	海拔		经纬度	N	E	海拔	
中文名		俗名			中文名		俗名		
拉丁学名					拉丁学名				
生态位置					生态位置				
习性		物候期			习性		物候期		
样方大小		生活力			样方大小		生活力		
数量（株/从数）					数量（株/从数）				
受威胁因素					受威胁因素				
照片编号					照片编号				
历史记录					历史记录				
说明					说明				

注：（1）群落类型：乔木、灌木、草本层主要的物种组成；（2）生境：石/土山、沟谷、山脊、村边、路旁等；（3）：干扰方式：直接写出干扰因素，如① 林火，② 过渡放牧，③ 采挖，④ 林业生产，⑤ 采矿，⑥ 基本建设，⑦ 病虫害等；（4）干扰程度：高、中、低、无；（5）数量：乔木记录株数，灌木、草本记录丛数；（6）物候期：花蕾、花期、果期；（7）生态位置：建群种、优势种、寄主等；（8）生活力：优、中、差；（9）受威胁因素：① 生境退化或丧失（农牧业发展、矿产等资源开发、工程建设、土地利用等），② 过度采挖（食用、药材、园艺、燃料等），③ 自然灾害（洪涝、旱灾、火灾、泥石流等），④ 本地物种影响（病虫害、缺乏传粉者等），⑤ 环境污染（大气污染、土壤和水污染等），⑥ 其他人为干扰（科学研究、旅游等），⑦ 内在因素（分布受限、生长缓慢、种群波动等），⑧ 外来入侵种影响，⑨ 其他。

表 3-6　植物物种资源访谈调查表

优先区：__________　__________省__________市（州）________县________乡（镇）________村　日期：________

被访谈人姓名：________性别：______职业：__________民族：______文化水平：________年龄：________

调查人：__________访谈地点：____________访谈时间：__________　第______页

物种名称	俗名	拉丁学名	分布面积/km^2	用途	利用方式	物候		生境	保护管理现状	备注
						花期	果期			

注：（1）分布面积：写出分布大概面积；（2）用途：药用、观赏、食用等；（3）利用方式：民间、企业等；（4）物候：开花、结果时间；（5）生境：路边、林下、山坡等；（6）保护管理现状：是否在保护区内。

表 3-7　植物物种资源贸易市场调查表

优先区：________ ________省____________ 市（州）__________ 县__________乡（镇）____________ 村　日期：__________

市场名称：____________被调查摊位：__________摊位性质：__________被调查人：________________联系方式：____________

调查人：____________________访谈地点：________________________ 访谈时间：________________ 第________页

物种名称	俗名	拉丁学名	来源	性质	状态	价格	年出售量	年销售量变化/原因	备注

注：（1）摊位性质：临时、永久等；（2）来源：摊主采集、转手倒卖等；（3）性质：野生、栽培；（4）状态：干、湿；（5）价格：元/kg（根、把）；（6）年出售量：kg（根、把）/a；（7）年销售量变化：减少、一样、增加/资源量减少、购买人减少等。

第二部分　动物物种资源调查

（一）兽类物种资源调查

1　范围

本部分规定了兽类物种资源调查的内容、方法、数据处理和结果分析等技术要求。

本部分适用于县域为调查单元的兽类物种资源调查。

2　规范性引用文件

《自然保护区生物多样性监测技术规范》（2008）

《生物多样性调查与评价》（2007）

3　范畴和术语

3.1　样地

是调查前所确定的进行样方等方法对其详细调查研究的地段。

3.2　样方

是指在样地内设立的具有一定面积大小和形状的研究地块。

3.3　样线（带）法

是指调查者按一定路线行走，调查记录路线左右一定范围内出现的物种，样带法分定宽和不定宽，即路线宽度可确定也可不确定。

3.4　样方法

指在样地上设立一定数量的样方，对样方中的物种进行全面调查研究的方法。

3.5　样点法

是一种特殊的样线法（调查者行走速度为零的样线法）。即在兽类经常出没的地方选择一固定点，进行观察记录。

3.6　铗日法

对于小型兽类常用此法，在选定样地中或单位面积内放置100个鼠铗过一夜（或一昼夜）后进行整理统计，布铗形式应该一致。

3.7　标记—重捕法

标记—回捕法又称标记—重捕法，是在确定的样地内安置鼠笼捕捉活鼠标记后释放，待过一段时间后再进行捕捉，然后按回捕到“标记鼠”的百分比来推算样地内实有鼠数。标记—回捕法可以按照一段时间间隔多次进行。

3.8　踪迹判断法

根据兽类活动时留下的踪迹——足印、粪便、体毛、爪印、食痕、睡窝、洞穴等来判定留下的踪迹物种、个体大小、家域面积大小、数量、昼行或夜行、季节性迁移和生境偏好等。

3.9 洞口统计法

在选定的样地中，识别、清查鼠类的有效洞口，再通过安置鼠铁或挖掘鼠洞内全部鼠类来确定系数，来换算样地单位面积的鼠类数目。

3.10 直观调查法

对于猿猴、松鼠、旱獭等少量昼行类群，按一定的路线或方向无声缓慢行进，直接观察记录视线范围内的各兽类及其活动情况。

3.11 鸣叫调查法

此法主要是针对长臂猿的种群调查，每天早晨记录长臂猿的晨鸣时间、位点等，连续监听一周以上记录，据此来推算种群及个体数量。

4 工具与器材

GPS 定位仪、望远镜、数码相机、地形图、地图、鼠夹、头灯或手电筒、诱捕笼、录音设备、绘图笔、记步器、石膏粉及个人用品等。

5 兽类物种资源调查

5.1 调查对象

调查区域内所有兽类物种。

5.2 调查要求

（1）调查时间

兽类调查要选择在全年不同的季节进行调查。

（2）调查频次

在一个样点最好能进行 2 次以上的调查。

（3）样区选择

样区的选择应该覆盖各种栖息地类型，每种生境确定不同数量的调查点和线。

5.3 调查内容

（1）种类；

（2）分布；

（3）种群数量：种群密度、栖息地面积等；

（4）兽类种群结构；

（5）栖居生境类型及质量；

（6）重要经济用途；

（7）利用现状；

（8）重要经济种类的人工养（繁）殖现状；

（9）受威胁现状及因素；

（10）保护现状。

5.4　调查方法

（1）样线调查法

按一定的路线，沿途通过驱赶等方法，沿途观察动物活动或存留足迹、粪便、爪印等，准确记录出现的动物种类和数量。

（2）样点调查法

根据当地村民提供的兽类可能出没的盐碱塘、野生动物的经常饮水处、有规律性的必经通道等场所进行定点定时观察兽类动物的实体和相关踪迹，特别要区分动物的不同个体和踪迹的新旧。

（3）踪迹判断法

很难直接观察到野生兽类动物实体或不能采集标本时，根据兽类活动时留下的踪迹——足印、粪便、体毛、爪印、食痕、睡窝、洞穴等来判定所属物种、个体相对大小、雌雄性别、家域面积大小、大致数量、昼行或夜行、季节性迁移和生境偏好等。

（4）铗捕调查法

a. 铗日法

对于小型兽类常用此法，在选定的样地中放置 100 个鼠铗，过一夜后进行整理统计，布铗形式应该一致（通常铗距 5 m、行距 50 m，50 铗为一行，长方形或正方形）。

b. 标记—回捕法

捕捉到活鼠，标记后释放，待过 4～5 d 再进行重复捕捉，再按回捕到“标记鼠”的百分比来推算样地实有鼠数。

（5）洞口统计法

在选定的样地中，识别、清查鼠类的有效洞口，再通过安置鼠铗或挖掘鼠洞内全部鼠类来确定系数，来换算样地单位面积的鼠类数目。

（6）直观调查法

对于猿猴、松鼠、旱獭等少量昼行类群，按一定的路线或方向无声缓慢行进，直接观察记录视线范围内的各种动物及其活动情况。

（7）鸣叫调查法

此法用于长臂猿的种群调查，每天早晨记录长臂猿的晨鸣时间、位点等，连续监听一周以上记录，据此来推算种群及个体数量。

（8）访问调查法

通过与当地熟悉情况的猎手、放牧者等进行交谈，了解本地区的野生兽类物种和数量等信息。

5.5　标本收集与鉴定

在调查过程中，注意收集兽类实体标本及其他资料留作凭证，以备核查。

标本鉴定要依据《中国动物志》等权威书籍，尽可能邀请专门的分类学家帮助完成。

5.6 调查结果整理与分析

5.6.1 物种综合评价

（1）区系分析

调查地区兽类物种资源状况，分析各分类阶元的数量组成；分析珍稀濒危、特有、CITES 附录等物种组成。

（2）动物地理区划分析

分析统计区系成分组成，如东洋种、古北种、广布种等。

5.6.2 重要物种资源概述

（1）种类名称（中文名、俗名、拉丁名）；

（2）分布；

（3）数量、种群密度及栖息面积；

（4）栖居生境及质量；

（5）重要经济用途及利用现状；

（6）受威胁因素；

（7）保护现状；

（8）利用与保护建议。

附录：调查数据处理

1．样线法数据处理

$$M_i = \frac{N_i}{2 \times L \times \sum_{j=1}^{n} D_j / n}$$

式中，M_i——动物 i 在调查区域内密度；

N_i——动物 i 在整个观察样线中所有的记录数；

L ——整个样线的长度；

D_j——动物 i 第 j 个个体距样线中线的垂直距离；

n ——动物 i 在整个样线中出现的次数。

2．样带法数据处理

$$D=\sum N_i/\sum 2L_iW_i$$

式中，D ——种群密度；

N_i——第 i 条样带上发现的个体数；

L_i——第 i 条样带的长度；

W_i——第 i 条样带的单侧宽度。

3．样点法数据处理

$$W=\sum N_i/\sum \pi R_i^2$$

式中，W ——种群密度；

N_i——第 i 个样点个体数；

R_i——第 i 个样点的观察半径。

4．样方法数据处理

a. 种群密度计算：

$$d_i=n/s$$

式中，n——样方内记录的个体数；

s——样方面积。

b. 平均密度：

$$D=\sum d_i/N$$

式中，d_i——第 i 样方的密度，i=1，2，3，…，N；

N ——样方总数。

5．标记—回捕法数据处理

$$X=M_1（N+M_2）/M_2$$

式中，X ——样地内鼠类种群大小估计数；

M_1——首次捕捉的标记释放鼠类；

M_2——第二次回捕到的标记鼠数；

N ——第二次回捕到未标记鼠数。

6．洞口统计法数据处理

洞口系数=样地内总鼠数/样地内洞口数

单位面积鼠只数=单位面积洞口数/洞口系数

7. 灵长类直接计数法数据处理

首先根据野外调查记录，求出该物种每群的平均个体数：

$$X=1/m\times\sum X_i \quad i=1，2，3，\cdots，m$$

式中，m ——抽样调查群数；

X_i——第 i 群的数量。

以 α 的可靠性进行估计，在 t 分布表中查取 ta 值，再求取每群平均个体的误差限：

$$\varDelta（X）=t_{1-\alpha}\sqrt{1/m(m-1)}\times（\sum X_i^2-mX^2）$$

调查精度为：$P=1-\varDelta（X）/X$

最后得出该物种在调查区域内资源量为：

$$N=M\times[X\pm\varDelta（X）]$$

式中，M——该物种的总群数。

8. 大型兽类粪便调查法数据处理

$$W=X\sum M_i\,R/\sum S_i\,Y=X\sum DR/Y$$

式中，X ——分布面积；

M_i——第 i 号样带内的粪堆数；

S_i——第 i 号样带面积；

D ——粪堆密度；

R ——粪堆消失率（粪堆消失数/天数）；

Y ——粪堆新增率（排粪堆数/天数/头）。

表 3-8　兽类动物样线（带）调查记录表

优先区：＿＿＿＿＿　＿＿＿＿＿省＿＿＿＿市（州）＿＿＿＿＿县＿＿＿＿＿乡（镇）＿＿＿＿＿＿＿＿＿村（小地名）

路线：＿＿＿＿＿＿＿＿＿经纬度：起点：E＿＿＿＿＿N＿＿＿＿＿终点：E＿＿＿＿＿N＿＿＿＿＿海拔幅度：＿＿＿～＿＿＿m

植被类型：＿＿＿＿＿＿＿＿＿＿＿＿＿＿＿＿坡向：＿＿＿＿坡度：＿＿＿＿坡位：＿＿＿＿日期：＿＿＿＿＿＿＿＿

起止时间：＿＿＿时＿＿＿分　至＿＿＿时＿＿＿分　天气：＿＿＿＿＿＿＿样线长：＿＿＿m 调查者：＿＿＿＿＿　　第＿＿＿页

兽种名	拉丁学名	实　体			间接证据			生境	海拔/m	坐标位置	备注
		性别	成幼	数量	证据类型	数量	描述与测量				

注：（1）性别：雌、雄；（2）证据类型：足印、粪便、食痕、擦痕、爪印、毛发、鸣声；（3）生境：① 针叶林，② 阔叶林，③ 农田，④ 草地（丛），⑤ 荒漠，⑥ 沼泽，⑦ 人工植被，⑧ 村舍，⑨ 峭壁或岩石缝，⑩ 其他。

表 3-9　兽类动物样方调查记录表

优先区：＿＿＿＿＿　＿＿＿＿省＿＿＿＿市（州）＿＿＿＿县＿＿＿＿乡（镇）＿＿＿＿＿＿村（小地名）

路线：＿＿＿＿＿＿经纬度：起点：E＿＿＿＿N＿＿＿＿终点：E＿＿＿＿N＿＿＿＿海拔幅度：＿＿～＿＿m

植被类型：＿＿＿＿＿＿＿＿＿＿坡向：＿＿＿坡度：＿＿＿坡位：＿＿＿日期：＿＿＿＿＿

起止时间：＿＿时＿＿分　至＿＿时＿＿分　天气：＿＿＿＿＿样线长：＿＿m 调查者：＿＿＿＿　第＿＿页

兽种名	拉丁学名	实体			间接证据			生境	海拔/m	坐标位置	备注
		性别	成幼	数量	证据类型	数量	描述与测量				

注：（1）性别：雌、雄；（2）证据类型：足印、粪便、食痕、擦痕、爪印、毛发、鸣声；（3）生境：① 针叶林，② 阔叶林，③ 农田，④ 草地（丛），⑤ 荒漠，⑥ 沼泽，⑦ 人工植被，⑧ 村舍，⑨ 峭壁或岩石缝，⑩ 其他。

表 3-10　野外兽类足迹记录式样

优先区：______ 调查者姓名：______ 物种名：______ 地点/位置：______

地表状态：______ 栖息地景观：______ 海拔高度：______m　　日期：______

检查要点：左/右，前/后，足印/足链，步态，尺寸，其他提示：

足印和足链标尺测量及标注（测量单位：______）

绘制草图：　　　　文字描述：

足印基本测量统计表（测量单位：　　　　）

编号	左/右	前足长/宽	后足长/宽	步距	跨距	群距	群间距	爪印长	趾垫长	蹄间距	角度
平均											
备注											

表 3-11　兽类动物踪迹观察结果记录表

优先区：________　________省________市（州）________县________乡（镇）________村

地点：________________　调查人：________　第______页

日期	种名	踪迹	地表状态	踪迹方位	踪迹方向	海拔/m	坡向	坡度	踪迹景观	备注

表 3-12　兽类物种问卷调查表

优先区：__________ __________省__________市（州）__________县（市）__________乡（镇）__________村（小地名）

访问地点：__________ 访问时间：__________访查人姓名：__________ 第__________页

被访人情况：

编号	姓名	性别	民族	年龄	文化程度	职业	备注

被访内容：

编号	物种名			访查物种凭据						主要特征	遇见率	分布年	分布生境
	中文名	俗名	民族名	实体	皮毛	头骨	角	足	其他				

注：被访人应与被访内容对应；遇见率：稀有、偶见、常见、丰富、已知消失、历史记录。

（二）鸟类物种资源调查

1 范围

本部分规定了鸟类物种资源调查的内容、方法、数据处理和结果分析等技术要求。

本部分适用于县域为调查单元的鸟类物种资源的调查。

2 规范性引用文件

《自然保护区生物多样性监测技术规范》(2008)

《生物多样性调查与评价》(2007)

3 范畴和术语

3.1 样地

是调查前所确定的进行详细调查研究的地段。

3.2 样方

是指在样地内设立的具有一定面积大小和形状的研究地块。

3.3 样线（带）法

是指调查者按一定路线行走，调查记录路线左右一定范围内出现的物种，路线宽度可确定也可不确定。

3.4 样方法

指在样地上设立一定数量的样方，对样方中的物种进行全面调查研究的方法。

3.5 样点法

在一些不便行走的地区，可以在视野开阔的地区选择一个固定点，观察记录周围的鸟类种类和数量等。

3.6 访谈调查法

根据事先设计好的调查表，通过对相关人员访谈，填写相关信息。

4 工具及器材

GPS 定位仪、望远镜、数码相机、地形图、地图、头灯或手电筒、鸟网、绘图笔、记步器、石膏粉及个人用品等。

5 鸟类物种资源调查

5.1 调查对象

调查区域内所有鸟类物种。

5.2　调查要求

（1）调查时间

鸟类调查要选择在合适的不同季节进行调查，在我国越冬的候鸟在冬季调查，在我国繁殖的候鸟在夏季调查，其他鸟类和兽类应在全年的不同季节调查。

（2）调查频次

在一个样点最好能进行 2 次以上的调查。

（3）样区选择

样区的选择应该覆盖各种栖息地类型，每种生境确定不同数量的调查点和线。

（4）抽样强度

通常要求实际调查面积不应少于调查对象栖息面积的 10%。

5.3　调查内容

（1）种类；

（2）分布；

（3）种群数量（种群密度、栖息地面积等）；

（4）栖居生境及质量；

（5）重要经济用途；

（6）利用现状；

（7）重要经济种类的人工养（繁）殖；

（8）受威胁现状及因素；

（9）保护现状。

5.4　调查方法

（1）样线（带）调查法

每条样线要进行 2 次以上调查取样，每种栖息地或生境类型一般需要 1 000m 或更长的样线。

（2）样点调查法

在一些不便于行走的调查区，如崎岖山地、湖泊、水库、沼泽、海岸、湿地等，宜采用本方法。

（3）网捕调查法

对于一些在森林地表茂密灌丛中活动的鸟类，如丽鸫科的所有种类，鸫科的地鸫类，莺科的地莺类，画眉科的鹪鹛等，宜采用本方法。

（4）访问调查法

对于鸟类被利用现状调查宜采用本方法。

5.5　标本收集与鉴定

在调查过程中，要注意收集标本及其他相关资料作为可靠凭证，以备核查。

标本鉴定要尽可能请专门的分类学家协助完成。

5.6 调查结果整理与分析

5.6.1 区系分析

统计分析调查地区内鸟类的种类组成及所属目、科、属的多样性。分析调查区域的鸟类区系组成，计算出东洋区、古北区和广布鸟种数各自所占繁殖鸟总种数的百分比；分析珍稀濒危、重点保护、CETIS 附录中鸟类组成。

5.6.2 居留类型分析

统计分析所记录到的鸟类分别属于哪种居留类型，如留鸟、夏候鸟、冬候鸟、旅鸟、还是迷鸟。

5.6.3 不同生境的代表种类分析

分析调查区域不同生境类型的代表性鸟类，如游禽、涉禽、陆禽、猛禽、攀禽、鸣禽。

5.6.4 重要物种资源概述

（1）种类名称：中文名、俗名、拉丁名；

（2）分布；

（3）数量、种群密度及栖息面积；

（4）栖居生境及质量；

（5）重要经济用途；

（6）利用现状；

（7）受威胁现状及因素；

（8）保护现状；

（9）利用与保护建议。

附录：调查数据处理

1. 样线法数据处理

$$M_i=N_i/（2\times L\times\sum D_j/N_i）$$

式中，M_i——动物 i 在调查区域内密度；

N_i——动物 i 在整个观察样线中所有的记录数；

L ——整个样线的长度；

D_j——动物 i 第 j 个个体距样线中线的垂直距离。

2. 样带法数据处理

$$D=\sum N_i/\sum 2L_iW_i$$

式中，D ——种群密度；

N_i——第 i 条样带上发现的个体数；

L_i——第 i 条样带的长度；

W_i——第 i 条样带的单侧宽度。

3．样点法数据处理

$$W=\sum N_i/\sum \pi R_i^2$$

式中，W ——种群密度；

N_i——第 i 个样点个体数；

R_i——第 i 个样点的观察半径。

4．样方法数据处理

a. 种群密度计算：

$$d_i = n/s$$

式中：n——样方内记录的个体数；

s——样方面积。

b. 平均密度：

$$D=\sum d_i/N$$

式中：d_i——第 i 样方的密度，i=1，2，3，…，N，N 为样方总数。

表 3-13　样线（带）法鸟类调查记录表

优先区：________ ________省________ 市（州）_______ 县______乡（镇）_________ 村（小地点）

经纬度：起点 N____E____ 终点N____ E ____ 海拔幅度：____/____m 天气：_____能见度：______

区域生境：________________________________样带长：_________m，宽：________________m

记录时间：______________时________分　至____________ 时________分 日期：______________

地点：_________________调查人：___________________________________　　第__________页

时间	种类名称	拉丁学名	数量	观察距离	栖息生境	备注

注：（1）时间栏记录观察到该种鸟的时分，如“7：25”；（2）观察距离：每次鸟群中心个体到观察样线中心线的垂直距离；（3）栖息生境：①树冠，②林缘，③灌丛，④草地（丛），⑤峭壁或岩石，⑥水沟边，⑦湿地，⑧居民区，⑨湖泊，⑩其他。

表3-14 样点法鸟类调查记录表

优先区：________ _____省____ 市（州）____ 县______乡（镇）_____ 村 地点：________
生境类型：______________ 海拔：_____m 天气：________ 视野距离：______m
调查人：_____________日期：________起止时间：____时____分至____时____分 第_____页

时间	种类名称	拉丁学名	数量	观察距离	活动生境	备注

注：（1）时间栏记录观察到该种鸟的时分，如“7：25”；（2）数量为每次观察到并在一起活动的个体数量，如能辨别雌雄成幼，记录时尽可能详细；（3）观察距离为每次鸟群中心个体到观察样线中心线的垂直距离；（4）活动生境：① 树冠，② 林缘，③ 灌丛，④ 草地（丛），⑤ 峭壁或岩石，⑥ 水沟边，⑦ 湿地，⑧ 居民区，⑨ 湖泊，⑩ 其他。

表3-15 鸟类访问调查表

优先区：______ _______省_____ 市（州）____ 县_______乡（镇）_____ 村 日期：_______
调查人：_________访谈地点：____________ 访谈时间：_____________ 第_______页
被访谈人姓名：_______性别：___年龄：_____职业：______文化程度：_____ 民族：_____

种类名称	俗名	拉丁学名	用途	利用现状	人工繁殖情况	保护现状	流失现状	备注

注：（1）用途：食用、观赏、羽用等；（2）利用现状：大量、少量、偶尔等；（3）人工繁殖情况：现状与规模；（4）保护现状：采取的保护措施；（5）流失现状：包括流失途径、流向国家及用途等。

（三）两栖爬行类物种资源调查

1 范围

本部分规定了两栖爬行类物种资源调查的内容、方法、数据处理和结果分析等技术要求。

本部分适用于县域为调查单元的两栖爬行类物种资源的调查。

2 规范性引用文件

《自然保护区生物多样性监测技术规范》（2008）

《生物多样性调查与评价》（2007）

3 范畴和术语

3.1 样地

是调查前所确定的进行详细调查研究的区域。

3.2 样线（带）法

是指调查者按一定路线行走，调查记录路线左右一定范围内出现的物种，路线宽度可确定也可不确定。

3.3 全体计数法

在调查区域内调查记录肉眼看到的物种种类和个体数量。

3.4 鸣声计数法

利用录音工具进行定点连续声音监测，通常记录好几个晚上鸣声，在实验室配合定时器选取录音片断，辨别其种类和数量。

3.5 卵块或窝巢计数法

记录野外观察到的卵（或蛋）的堆数，根据产卵（或蛋）的物种的产卵（或蛋）的量及频次，估算相应种类的种群数量。

3.6 陷阱法

利用食物或激素作为引诱，将目标生物引入陷阱，或用木板、瓷砖、瓦片、塑胶布等安置在适当地点以提供给两栖爬行类当作躲避或栖息场所，然后在适当的时间内翻开检查。

3.7 访谈调查

根据事先设计好的调查表，通过对相关单位及科研人员访谈，填写相关信息。

4 工具及器材

GPS 定位仪、数码相机、地形图、地图、毒瓶、头灯或手电筒、蛇叉、广口瓶、解剖镜、录音设备、绘图笔、记步器、石膏粉及个人用品等。

5 两栖爬行类动物资源调查

5.1 调查对象

调查区域内所有两栖爬行类物种。

5.2 调查要求

（1）调查时间

两栖爬行类应选择在繁殖季节进行调查。

（2）调查频次

在一个样点最好能进行 2 次以上的调查，特别是两栖爬行类的繁殖季节相对集中，宜以天为频度展开观察，维持至繁殖行为结束。

（3）样区选择

样区的选择应该覆盖各种栖息地类型，每种生境确定不同数量的调查点和线。

5.3 调查内容

（1）种类；

（2）分布；

（3）种群数量（种群密度、栖息地面积等）；

（4）栖居生境类型及质量；

（5）重要经济用途；

（6）利用现状；

（7）重要经济种类的人工养殖情况；

（8）受威胁现状及因素；

（9）保护现状。

5.4 调查方法

（1）全部计数法

将调查样区内所有种类和数量都统计出来。

（2）样线（带）法

此方法适于大范围内估计物种种群密度，可以以一定的路线长度为基础，也可以以一定的调查时间为基础。

（3）鸣声计数法

这种定点声音监测法通常会连续记录好几个晚上，所以会配合定时器做片断选取。

（4）卵块或窝巢计数法

对于一些繁殖时间和繁殖地点相对固定的两栖爬行类，宜采用本方法。

（5）陷阱法

根据调查对象的生态习性来选择设施。

（6）访问调查法

对于一些特殊种类可采取本方法。

5.5 标本收集与鉴定

在调查过程中主要收集标本及其他相关资料，保留可靠凭证，以备核查。

标本鉴定要依据《中国动物志》等权威书籍，同时，请专门的分类学家帮助完成。

5.6 调查结果整理与分析

5.6.1 组成分析

统计分析该地区两栖爬行类各目、科、属所属物种数目占总种数的比例及各高级分类阶元的组成。

5.6.2 区划类型的分析

对调查区域的两栖爬行类进行地理区划分析，分析该地区物种所占分区的多样性及每个分区中物种比例。

5.6.3 重要物种资源概述

（1）种类名称：中文名、俗名、拉丁名；

（2）分布；

（3）数量、种群密度及栖息面积；

（4）栖居生境及质量；

（5）重要经济用途及利用现状；

（6）受威胁现状及因素；

（7）保护现状；

（8）利用与保护建议。

附录：调查数据处理

1. 样线法数据处理

$$M_i=N_i/（2\times L\times\sum D_j/N_i）$$

式中，M_i——动物 i 在调查区域内密度；

N_i——动物 i 在整个观察样线中所有的记录数；

L ——整个样线的长度；

D_j——动物 i 第 j 个个体距样线中线的垂直距离。

表 3-16 两栖爬行动物野外样线（带）调查记录表

优先区：______ ______省_____市（州）_____县_____乡（镇）_____村 日期：_____ 时间：_____

经纬度：起点 N_______ E_______ 终点 N_______ E_______ 海拔：______m 调查人：______

小地形：_______ 植被类型：__________ 天气状况：当时：______ 当天：_____ 近期：______

调查方式及标准：________________________________ 第_______页

编号	动物名称		记录方式	性别	数量	海拔	习性及特征	小生境	栖息地	人为干扰		备注
	中文名	俗名								性质	状况	

注：（1）记录方式：成体、幼体、蝌蚪、卵、鸣声等；（2）小生境：林缘、林中空地、林分、灌丛、农地、民宅、河流、溪流、自然湖泊、沼泽、临时水域、人工湖泊、草丛；（3）栖息地：山坡、地面、水中（石上、石下、水面、水中）、水边（石上、土上、泥中）、树上（草、低矮树叶、树枝、高树叶）；（4）人为干扰：性质（砍伐、采集、偷猎、放牧）、状况（频繁、一般、少、无）。

表 3-17　两栖爬行动物野外样方调查记录表

优先区：______ _______省_______ 市（州）_____ 县_____乡（镇）_____ 村 日期：______ 时间：_______
经纬度：起点 N_______ E_________终点 N___________E_________海拔：__________m 调查人：__________
小地形：___________植被类型：____________天气状况：当时：_________当天：________近期：________
调查方式及标准：____ 第____________页

编号	动物名称		记录方式	性别	数量	海拔	习性及特征	小生境	栖息地	人为干扰		备注
	中文名	俗名								性质	状况	

注：（1）记录方式：成体、幼体、蝌蚪、卵、鸣声等；（2）小生境：林缘、林中空地、林分、灌丛、农地、民宅、河流、溪流、自然湖泊、沼泽、临时水域、人工湖泊、草丛；（3）栖息地：山坡、地面、水中（石上、石下、水面、水中）、水边（石上、土上、泥中）、树上（草、低矮树叶、树枝、高树叶）；（4）人为干扰：性质（砍伐、采集、偷猎、放牧）、状况（频繁、一般、少、无）。

表 3-18　两栖爬行类动物访问调查记录表

优先区：__________ __________省__________市（州）________县___________乡（镇）_______________村
访谈时间：____________________访谈地点：__________________访谈人：_________________ 第______页
被访谈人情况：姓名__________ 性别_____年龄_______文化程度______民族_______职业_______________

种名		访查种凭据				主要特征	地点	生境	年份	现状	利用情况	备注
中文名	俗名	实体	皮张	龟壳/壳板	其他							

注：（1）现状：稀有、偶见、常见、丰富、已知消失、历史纪录；（2）利用情况：大量、少量、偶尔等。

第三部分 大型真菌物种资源调查

1 范围

本部分规定了大型真菌资源调查的内容、方法、数据处理和结果编写等技术要求。

本部分适用于环保部门组织，协同农业、林业、教育、中医药、中科院等部门以县域为调查单元，对不同生态区、行政区大型真菌资源的调查。

2 规范性引用文件

《自然保护区生物多样性监测技术规范》（2008）

《生物多样性调查与评价》（2007）

3 范畴和术语

3.1 大型真菌

指能产生大型子实体的真菌。

3.2 大型真菌物种资源

指大型真菌分类单元。

3.3 样线法

是指沿已有的路径或选择适宜的路线进行调查记录物种的方法。

3.4 样方法

指在样地上设立一定数量的样方，对样方中的物种进行全面调查研究的方法。

3.5 访谈（问）法

通过对农户、当地科技人员、相关专家等知情人访问或座谈等形式填写设计好的访谈表来掌握物种的相关信息。

4 工具与器材

GPS 定位仪、采集刀（铲）、提篮、纸袋、塑胶袋、记录本、记录笔、烤箱、标签、数码相机以及个人用品等。

5 大型真菌资源调查

5.1 调查对象

选定调查区域内的所有大型真菌。

5.2 调查要求

大型真菌的调查一般在雨水丰富的季节开展，最好在雨季初期、中期和末期各开展调查一次。根据资料的查阅，首先了解地区生态系统类型，再确定要调查的区域，按一定的方法进行调查记录。大型真菌的鉴定需要专业人士根据其宏观和微观特征并参考其生态习性、产地环境等进行。

5.3　调查内容

（1）种类；

（2）生境；

（3）营养类型；

（4）分布；

（5）利用现状；

（6）市场流通情况；

（7）受威胁现状及因素；

（8）保护现状。

5.4　调查方法

（1）样线（带）法

在调查区域，依据生境类型选择调查路线，鉴定和记录所发现的各种大型真菌及相关信息。

（2）样方调查

在调查区域内，根据生境设立面积大小为 10m×2m 的样方，鉴定、记录样地内所有大型真菌个体及相关信息。

（3）访谈和市场调查

为弥补野外调查的不足，通过访谈的形式，对采集、利用真菌资源有经验的农户、当地有关技术人员和专家进行访问，走访当地市场，了解该地出产的和自由市场上出售的各种野生食用菌和药用菌情况，包括大型真菌的种类、采收时间、主要用途、年总产量、出口情况、销售收入、资源状况、资源遭受破坏情况和受保护措施等。

5.5　标本采集与鉴定

调查中记载大型真菌的宏观特征（包括菌盖及其边缘、菌肉、菌褶（管、孔）、菌环、菌柄、菌托、孢子印等）、生态习性（基物、分布、生长季节特点等）及生态环境（地形、植被、温湿度、海拔等），拍摄生境及特征数码照片；室内观察记载微观特征（包括各部位菌丝特征，担子、担孢子及无性孢子特征，附属器官特征如刚毛、菌髓、囊状体等），参照 *The Dictionary of the Fungi*（10th，2008）中相应属的文献及其他文献进行鉴定。

5.6　调查结果整理与分析

（1）种类组成

对调查到的大型真菌种类进行整理、归类，了解其种类组成，分析大型真菌物种多样性。

（2）分布特点

分析调查地区具有优势或特色的大型真菌，了解各种大型真菌的分布特点及与特定植被或生境的关系。

（3）营养类型

按共生型真菌、腐生型真菌、土生型真菌和寄生型真菌等类型，分析各种类型真菌所占比例。

5.7 重要种类资源评价

（1）种类名称：中文名、拉丁名，以及部分种类的俗名；

（2）系统位置；

（3）数量及分布；

（4）用途；

（5）资源量；

（6）开发利用现状；

（7）开发利用和保护建议。

附录 调查数据处理

1．出现频度计算

$$W_i=n_i/n$$

其中：W_i——i 物种出现频度；

N_i——i 物种分布的样方（带）数；

n——总样方（带）数。

2．分布面积计算

$$A_i=AW_i$$

其中：A——调查区域总面积；

A_i——i 物种分布面积。

3．资源量（产量）计算

$$N=A_i\sum N_j/\sum S_j$$

其中：N_j——i 物种在第 j 个样方（带）内分布量；

S_j——i 物种在第 j 个样方（带）面积；

N——i 物种在调查区域内资源总量。

表 3-19　大型真菌调查记录表

优先区：________ ________省_____市（州）______县______乡（镇）_____________村（小地点）
调查方法：样线（带）法□ 长：___m 宽：___m 样方法□ 大小：___m×___m 样线（带、方）号：_______
海拔：________m 经纬度：起点 N_______S_______终点 N_______S_______路线：__________________
调查人：______________天气：___________植被类型：______________________________ 第_____页

序号	中文名	拉丁学名	数量	小生境	营养类型						基质	生态条件	备注
					木生	土生	粪生	菌根	虫生	其他			

注：（1）小生境：林下、沟边、路边、山坡等；（2）基质：树基、树干、树枝、叶面、树桩、腐木、岩面、石隙、洞隙、土坡、岩面薄土、腐生、寄生；（3）生态条件：干燥、湿润、浸水、流水、林荫、散光、直射光。

表 3-20　大型真菌访谈调查表

优先区：________ ______省 ________市（州）__________县_________乡（镇）______________村
访谈地点：__________被访谈人姓名：________性别：____年龄：______职业：_______文化程度：______
民族：__________ 访谈人：______________________访谈时间：___________________ 第________页

中文名及俗名	拉丁学名	丰富程度	采收季节	年采摘量	价格	去向	用途	备注

注：（1）丰富程度：多、少、偶见；（2）年采摘量：t/a，用两位小数表示；（3）价格：元/kg，用两位小数表示；（4）去向：企业、市场自卖等；（5）用途：食用、药用和其他。

表 3-21　大型真菌市场调查表

优先区：________ ________省________市（州）________县________乡（镇）________村

被访企业名称：________规模：________被访人姓名：________职责：________联系电话：________

访谈人：________访谈时间：________　第________页

中文名	俗名	拉丁学名	来源	价格	年收购量	用途	备注

注：（1）来源：野生、栽培；（2）价格：元/kg，用两位小数表示；（3）年收购量：t/a，用两位小数表示；（4）用途：食用、药用和其他。

3.4　遗传资源调查技术规范

第一部分　作物品种资源调查

1　范围

本部分规定了农作物及其野生近缘物种资源调查的内容、方法、数据处理和结果编写等技术要求。

本部分适用于环保组织，协同农业、林业、教育、中医药、中科院等部门以自然地理或行政区域为调查单元，对农作物及其野生近缘物种资源的调查。

2　规范性引用文件

《农业野生植物调查技术规范》（2008）

《农作物种质资源收集技术规程》（2007）

3　范畴和术语

3.1　农作物

指农业生产中栽培物种。此部分仅指大田作物，包括粮食作物、经济作物、油料作物等。园艺作物、药用作物等不包括在内。

3.2　农作物野生近缘物种

指与农业生产有关的大宗或主要栽培植物及其野生种或半野生种。

3.3　样地

是调查前所确定的进行详细调查研究的区域。

3.4　样线（带）法

是指调查者按一定路线行走，调查记录路线两侧一定范围内出现的物种，路线宽度可确定也可不确定。

3.5　样方

指在调查样地中设立的具有一定面积大小及形状的研究地块。

3.6　样方法

指在样地上设立一定数量的样方，对样方中的物种进行全面调查研究的方法。

3.7　全查法

直接调查统计调查区域内所有物种的全部个体，实测其分布面积等相关信息，真实地反映资源量的客观情况。

3.8　访谈调查

设计相应的调查表，深入当地有关部门进行统计、座谈了解农作物相关信息。

4　工具与器材

（1）器材：GPS 定位仪、数码相机、电脑、钢尺、皮尺、土壤刀、计算器、望远镜等。

（2）表格与文具：调查用表、调查用图、铅笔、粉笔或蜡笔、文具盒、工作包等。

（3）标本采集与处理设备：采集桶（袋）、标本夹、剪刀、放大镜、吸水纸、台纸、透明纸、浸制试剂等。

（4）其他：药品、防护服、安全用具等。

5　农作物及野生近缘物种资源调查

5.1　调查对象

调查区域内各类作物的野生种、半野生种、栽培种及其品种。

5.2　调查要求

（1）调查场所

调查场所应包括田间、农贸市场、村寨及其周边的山坡、水体等可能有作物及其近缘野生植物分布的地区。

（2）调查时间

选择作物开花或结实期进行调查，有些作物最好分开花期和成熟期两次进行。

（3）调查频次

同一个地区，应该在不同的季节开展调查（2 次以上），最大限度地将该区域的植物种类及相关内容调查详尽。

（4）取样策略

对一个作物的品种或一定地理分布范围内（代表一个居群）的作物野生近缘植物取样时，使样本具有代表性和包含尽可能多的遗传变异。居群内取样数量根据作物类型和繁殖方式而定，总体原则是，异花授粉植物每个居群（或品种）取样应从尽可能多的不同植株上采集，植株之间的距离应尽可能远；自花授粉植物每个居群（或品种）取样的植株数以 20～30 株为宜，距离依居群大小或品种种植面积而定。

实地测量要注意考虑阴坡、阳坡、土壤类型、植被、温度、海拔对测量结果的影响。

5.3 调查内容

（1）名称；

（2）数量：种群数量及大小、分布面积或栽培面积；

（3）资源类型：野生、半野生、地方品种、选育品种、品系、遗传材料、其他；

（4）分布：地点、经纬度及海拔高度；

（5）生境：植被、气候、土壤、地形、小环境；

（6）植株形态特征和生物学特性；

（7）农艺性状，包括生育特性（生育日数、成熟早晚等）和经济性状[如种子的千（百）粒重、单株穗（荚）数、每穗（荚）粒数等]；

（8）抗性：抗病、抗虫、抗旱等；

（9）栽培利用情况：耕作技术、栽培历史、栽培面积和比重、生产评价等；

（10）受危害状况及因素；

（11）保护状况：保护等级、就地保护、迁地保护等；

（12）种质资源收集保存情况；

（13）潜在价值。

5.4 调查方法

（1）样线（带）法

依据群落类型、海拔、地势等，设置样线（带）对其范围内的所有农作物野生近缘植物进行调查记录。

（2）样方法

依据群落类型、海拔、地势等，设置样方对其范围的所有农作物野生近缘植物进行调查记录。

（3）全查法

对于分布面积小的种类，采用直接计数的方法统计其种群数量，并记录相关信息。

（4）访谈法

以村、乡镇为单位，调查、统计、记录农作物及其野生近缘植物的相关信息。

5.5　标本采集与鉴定

在调查过程中尽可能采集标本，以保证所调查物种具有凭证，同时也可以增加标本保藏数量。在采集过程中要详细记录与物种相关的形态特征、生境等方面信息（自制表格）。

5.6　调查结果整理与分析

5.6.1　资源综合评价

（1）多样性分析；

（2）优势及特色。

5.6.2　农作物及其野生近缘植物物种资源概述

（1）名称：中文名、俗名、拉丁名；

（2）习性；

（3）资源类型：野生、半野生、地方品种、选育品种、品系、遗传材料、其他；

（4）分布：个体或种群；

（5）数量：种群数量及大小、分布面积或栽培面积；

（6）形态特征或生物学特性描述；

（7）生境评价；

（8）农艺性状；

（9）栽培生产利用现状：耕作技术、栽培历史、栽培面积和比重、生产评价等；

（10）受威胁现状及因子：自然因素、人为因素等；

（11）保护现状；

（12）种质收集、保存、利用情况；

（13）开发利用及保护建议。

附录：调查数据处理

1. 出现频率计算

$$W_1=n_1/n$$

式中：W_1——某物种出现频率；

n_1——目的物种分布的样方（带）数；

n——总样方（带）数。

2. 分布面积计算

$$A_1=AW_1$$

式中：A ——调查区域总面积；

A_1——某物种分布面积。

3．资源量计算

$$N=A_1\sum N_i/\sum S_i$$

式中：N_i——某物种在第 i 个样方（带）内分布量；

S_i——某物种在第 i 个样方（带）面积；

N ——某物种资源总量。

表 3-22　农作物野生近缘植物野外调查表

优先区：______ _____省______市（州）_______县_______乡（镇）________村　表格编号：________

经纬度：起点 N__________S__________终点 N__________S__________海拔高度：________________m

植被：_________________群落组成：___________________调查人___________调查日期___________

调查方法：全查□　样带法□ 样带长______________________m，宽________________m;

样方法□　样方大小_____________m×_____________m　样方（带）编号：____________________

编号	物种名称	拉丁学名	习性	物候	数量	生境	特性	受威胁因素	备注
1									
2									
3									
4									
5									
6									
7									
8									
9									
10									
11									
12									
13									
14									
15									

注：（1）生境：农田、路旁、沟边、水塘沼泽地、上坡上、山脚、河谷、丘陵地、乔木林下、灌木林下、竹林下等；（2）特性：抗病、抗旱、高产等；（3）受威胁因素：生境破坏、过度利用、病虫害等。

表 3-23　农作物品种调查表

优先区：________　________省______市（州）______县____________乡（镇）　编号________

访问对象____________________单位______________________职业______________________

联系方式____________________访问时间____________访问人______________________

作物名称	俗名	用途	栽培历史/年	栽培面积/亩	农业生产比重	产量/（千克/亩）	生产评价	种质收集保存情况	备注

注：（1）用途：油料、饲草等；（2）栽培面积：用两位小数表示；（3）农业生产比重：在整个本地区整个农作物种植总数的比例，用两位小数表示；（4）产量：用两位小数表示；（5）生产评价：适应性、管理难易等。

表 3-24　农作物物种名录

优先区：__________　______省______市（州）______县　统计人 ____________　日期__________

科/中文名	俗名	拉丁名	习性	资源来源	利用现状	分布	备注

注：资源来源：野生、引进、地方品种等。

第二部分　畜禽品种资源

1　范围

本部分规定了畜禽动物资源调查的内容、方法、数据处理和结果编写等技术要求。

本部分适用于环保部门组织，协同农业、林业、教育、中医药、中科院等部门以自然地理或行政区域为调查单元，对畜禽动物资源的调查。

2　规范性引用文件

《畜禽遗传资源调查技术手册》(2006)

3　范畴和术语

3.1　畜禽资源

指家养动物的地方品种、培育品种和引进品种。

3.2　统计调查法

将所设计的表格，发放到相关单位，由相关负责人填写，或深入产地实地（区）调查了解物种资源现状。

3.3　现场调查

深入养殖场、农户等地，对畜禽遗传资源进行实地调查，并进行相关指标测量。

3.4　访谈（问）法

通过对农户、当地科技人员、相关专家等知情人访问或座谈等形式填写设计好访谈表来掌握物种的相关信息。

4　工具与器材

GPS 定位仪、数码相机、地形图、地图、测量工具、记录表格及个人用品等。

5　畜禽动物资源调查

5.1　调查对象

调查对象包括国家畜禽遗传资源管理委员会审定通过的《中国畜禽遗传资源名录》中品种；2002 年以后经过国家畜禽品种审定委员会审定的畜禽新品种（配套系）；经国务院行业主管部门（如农业部）批准的引进品种；新发现但尚未鉴定、认定的地方品种或遗传资源。

5.2　调查要求

（1）抽样要求

抽样时先随机选择一个调查点，再按照半距起点，对称等距抽样即梅花形抽取，确保调查点有代表性。

（2）样本量的确定

根据抽样调查的经验和畜牧业调查的总体要求，对乡镇按照 30 个以下村民小组的乡镇抽取 2 个样本；在 30～80 个村民小组的乡镇抽取 3 个样本；在 80 个以上村民小组的乡镇抽取 4 个样本。

（3）实地测量

指标测量一般按大家畜公畜 5 个，母畜 30 个；小家畜公畜 30 个，母畜 40 个进行测量。

5.3　调查内容

调查内容中的各项指标要严格按照《畜禽遗传资源调查技术手册》和《畜禽培育及引入品种、配套系调查提纲》中规定标准进行。

（1）一般情况：品种名称、经济类型、中心产区及分布、原产区自然条件等；

（2）品种来源及发展：品种来源、群体数量、规模及近年来（10～20 年）的消长动态、濒危程度等；

（3）体型外貌描述：包括被毛、肤色、蹄色、被毛形态、整体结构及分布、头部特征、前中后躯特征、喙及冠型等；

（4）体尺体重体高、体高、体长、胸围、管围、胸宽、龙骨长、体重等。

（5）生产性能：包括产肉性能、泌乳性能和品质、产蛋性能、生长发育及饲料利用性能等。

（6）繁殖性能：包括性成熟、初配年龄、发情季节及周期、产仔数等；

（7）饲养管理：包括饲养方式、舍饲补饲情况、是否温顺易管理等；

（8）有关品种的附加信息：包括生化和分子遗传测定情况，保种区（场）建设和利用情况，品种登记制度建立和执行情况等；

（9）对品种的评估：包括该品种的主要遗传特点和优缺点，可供研究和开发利用的主要方向等。

5.4　调查方法

（1）面上调查

将所设计的表格，发放到相关畜牧兽医站（处），由相关负责人填写名称、数量等相关内容。

（2）现场调查

根据了解的大概数量和分布，采取中心产区和分布区不同密度抽样的典型调查方法，深入品种的原产地、主产区以及保种场等，实地调查了解品种的名称、数量、当地有无品种杂交，杂交的范围和时限等。

5.5　标本收集与鉴定

在调查工作中，要注意收集图片及影像等相关资料作为凭证，以备核查。

5.6　调查结果整理与分析

5.6.1　总体分析

（1）多样性分析；

（2）优势特色。

5.6.2　种类及品种概述

（1）畜禽种类、数量、中心产区；

（2）品种来源、发展简史；

（3）利用现状；

（4）受威胁情况；

（5）近 10～20 年的消长动态；

（6）国际引种交换情况；

（7）保护建议。

表 3-25　畜禽品种资源调查表

优先区：__________ __________省________ 市（州）__________ 县________________乡（镇）
________________________ 村（小地点）调查日期：________________编号：________________
调查地点：______________规模：________联系人：________联系方式：________调查人：________
产区自然条件：地貌__________海拔_______m　气候类型__________气温_________℃　平均_____℃
年降雨量____________________无霜期______________________水源水质____________________
物种名称：______________学名：______________科：______________属：______________

品种名称	来源	用途	总数	保种群数量		品系数	种群年龄结构			年增数量	受威胁因素	备注
				公	母		岁	岁	＞ 岁			

注：（1）调查地点：保育场（区）、农户等；（2）来源：固有、引进驯化及近代育成；（3）用途：肉用型、蛋用型、兼用型、药用型、观赏型等；（4）气候类型：区域气候因子的综合特征，如：亚热带季风性湿润气候等；（5）受威胁因素：引入品种排挤等。

表 3-26　畜禽遗传资源调查统计表

优先区：＿＿＿＿＿＿　＿＿＿＿＿省＿＿＿＿＿＿＿市（州）＿＿＿＿＿＿＿＿＿县

统计人＿＿＿＿＿＿＿＿　日期＿＿＿＿＿＿＿＿　表格编号：＿＿＿＿＿＿＿＿

品种名称	中心产区或主要分布区及数量		纯种保存现状		繁殖现状		近 10～20 年消长情况	混杂情况	备注
	中心产区或分布区	数量	种畜禽场数量	保纯种数量	扩繁场数量	年增种畜禽数量			

3.5　传统知识调查技术规范

1　总则

1.1　编制目的

为履行《生物多样性公约》和《获取遗传资源和公正和公平分享其利用所产生惠益的名古屋议定书》，实施《中国生物多样性保护战略与行动计划（2011—2030 年）》、《国家知识产权战略纲要》和《全国生物物种资源保护与利用规划纲要（2006—2020 年）》中提出的“研究建立生物遗传资源获取与惠益共享制度”，促进我国地方社区特别是少数民族地方社区拥有的与生物多样性保护和生物遗传资源可持续利用相关传统知识的保护、传承、利用以及公平分享惠益，指导相关传统知识的分类、调查和编目，制定本规定。

1.2　适用范围

本规定规范了生物多样性相关传统知识的定义、分类体系、调查和编目的技术要求，适用于中华人民共和国境内生物多样性相关传统知识的调查与编目活动。

1.3 规范性引用文件

本规定引用了下列文件或其中的内容。凡是未注日期的引用文件，其最新版本适用于本规定。

《生物多样性公约》(1993 年生效)

《获取遗传资源和公正和公平分享其利用所产生惠益的名古屋议定书》(2010 年 10 月通过)

GB/T 3304 中国各民族名称的罗马字母拼写法和代码

1.4 术语和定义

下列术语和定义适用于本规定。

(1) 生物多样性 biological diversity

指动物、植物、微生物及其所组成的生态系统的多样性和变异性，包括遗传多样性、物种多样性和生态系统多样性三个层次。

(2) 生物遗传资源 bio-genetic resources

生物遗传资源是生物多样性的重要组成部分，指具有实际或潜在价值的动植物和微生物种以及种以下的分类单位及其含有生物遗传功能的遗传材料。本规定所指生物遗传资源还包括衍生物，即“由生物或遗传资源的遗传表现形式或新陈代谢产生的、自然生成的生物化学化合物，即使其不具备遗传功能单元。”

(3) 生物多样性相关传统知识 traditional knowledge relating to biological diversity

指各族人民及地方社区在长期的传统生产生活实践中创造、传承和发展的，有利于生物多样性保护和可持续利用的知识、创新和做法。

(4) 惠益共享 benefits sharing

指生物遗传资源及相关传统知识的提供者与使用者遵循事先知情同意原则和共同商定原则，公平公正地分享因利用生物遗传资源及相关传统知识所产生的惠益。惠益有货币和非货币两种形式。

2 生物多样性相关传统知识分类

根据传统知识的属性和用途，将传统知识划分为 5 类 30 项。分类细则见附录 A。

2.1 传统选育农业遗传资源的相关知识

指各族人民和地方社区在长期的农业（包括农业、林业、畜牧业、渔业和其他相关产业，下同）生产中以传统方式培育和驯化农作物、畜、禽、林木、花卉、水生生物、陆生野生动植物和微生物遗传资源所创造和积累的相关知识。主要包括：

(1) 传统选育农作物遗传资源的相关知识；

(2) 传统选育家养动物遗传资源的相关知识；

(3) 传统选育水生生物遗传资源的相关知识；

(4) 传统选育林木遗传资源的相关知识；

（5）传统选育观赏植物遗传资源的相关知识；

（6）传统选育野生植物遗传资源的相关知识；

（7）传统选育陆生野生动物遗传资源的相关知识；

（8）传统选育微生物遗传资源的相关知识。

2.2　传统医药相关知识

指各族人民和地方社区在与自然和疾病斗争的长期实践中以传统方式利用药用生物资源所创造、传承和累积的医药学知识、技术及创新，主要包括：

（1）传统药用生物资源引种、驯化、栽培和保育知识；

（2）传统医药理论知识；

（3）传统疗法；

（4）药材加工炮制技术；

（5）传统方剂；

（6）传统养生保健和疾病预防知识；

（7）其他传统医药知识。

2.3　与生物资源可持续利用相关的传统技术及生产生活方式

指各族人民和地方社区在长期的生产生活实践中所创造的传统实用技术，以及基于这些技术而形成的传统生产与生活方式。这类传统技术及生产生活方式对于保护生物多样性和持续利用生物资源具有良好的实用效果。主要包括：

（1）传统农业生产技术；

（2）传统印纺工艺与技术；

（3）传统食品加工技术；

（4）传统规划设计与建筑工艺；

（5）其他传统技术。

2.4　与生物多样性相关的传统文化

指各族人民和地方社区在长期生产生活中形成的有利于生物多样性保护和可持续利用的宗教信仰、传统节庆、习惯法等。主要包括：

（1）宗教信仰与生态伦理；

（2）传统节庆；

（3）习惯法；

（4）传统文学艺术；

（5）传统饮食文化；

（6）其他传统文化。

2.5　传统生物地理标志产品相关知识

指各族人民和地方社区选育、生产、加工和销售当地特有或原产生物遗传资源的知识、技术和工艺，融合特有或原产生物遗传资源、传统工艺和民族文化于一体。主要包括：

（1）食品类标志产品相关知识；

（2）药品类标志产品相关知识；

（3）工艺类标志产品相关知识；

（4）其他地理标志产品相关知识。

3 生物多样性相关传统知识调查

3.1 调查内容

（1）传统知识概况

传统知识的名称（中文名、民族名等），传统知识所在地区和社区的文化、社会和环境的背景信息，传统知识持有方、使用方和其他主要利益相关方的基本信息，被访者的相关信息等。

（2）传统知识的内涵与特征

与传统知识相关遗传资源的生物学和生态学性状（科学特征），经济利用价值（经济特征），社会、宗教和文化方面的特征（社会特征）；传统知识与持有民族及其地方社区的独特联系（民族特征）。

（3）传统知识产生历史、价值与利用效益

传统知识产生历史，发展历程，价值，以及传统知识历史和现时的利用情况及产生的经济、社会和环境效益。

（4）传统知识受威胁因素

传统知识受威胁的因素包括外来文化渗透，人口与贫困化，国家政策影响，生态破坏、环境污染与外来物种入侵，民族自身发展与认知，宗教因素，城镇扩张，等等。

（5）传统知识获取与惠益分享

传统知识受剽窃和流失情况，包括流失途径与造成的损失（经济、社会和文化等方面），现有获取程序与方式，惠益分享的安排与实践，具体案例等。

（6）保护和传承措施

法律法规的完善，产业开发，技术创新，宗教及民族文化保护工程和设施，科学研究，宣传与教育，公众参与，国际合作，具体案例等。

3.2 调查方法

（1）文献研究

文献主要包括：公开发表的论文、专著、研究报告、专利说明书等；馆藏机构保藏的资料、信息与实物；政府主管部门的统计资料与信息；地方民间组织或社会团体保存的资料与信息；以及相关数字平台保存的信息等。应谨慎地甄别和遴选真实、客观、有效的网络资料和网络信息。

（2）实地调查

收集当地村寨的农业生态系统、农业遗传资源、传统医药、传统技术、生产与生活方式、习惯法、传统习俗、节日庆典活动、宗教与祭祀仪式、标志产品等信息和实物资料。常用的实地调查方法有关键人物访谈、问卷调查、参与式调查等。

1）关键人物访谈

关键人物指传统知识持有者、使用者以及其他利益相关方，如乡土专家、村干部、宗族长老（寨老、头人、龙头等）、非物质文化遗产传承人、传统医生及患者、志书编写人员、文化艺人、科技人员等。

访谈可以是开放式、结构式或半结构式的。开放式访谈即提出一个范围较大的话题，由调查对象自由陈述；结构式访谈是按照既定提纲逐个提出问题，请受访者依次回答；半结构访谈指事先制定访谈提纲，再结合实际情况灵活地调整提问的内容、方式和顺序。

在征得访谈对象事先知情同意时，可以采用录音和录像等方式记录。访谈要记录受访者的个人信息，以便回访。

2）问卷调查

问卷调查法是一种以书面形式提出问题而搜集资料的方法。问卷一般包括卷首语、问题和选项等。内容要通俗、简明、具体，表述准确，避免使用否定句式。

3）参与式调查

研究人员通过现场观察，参与传统知识的表达、实践和反馈，最好能与当地人共同生产生活一段时间，从而加深对传统知识内涵的理解，更准确地把握传统知识。参与式调查可以与访谈、问卷等获取的信息相互印证，交叉检验。

（3）样本采集、记录、鉴定与保存

传统知识的样本包括凭证标本、方剂、技术体系、生产过程、习惯法、产品等，可以标本、笔录、影音等形式采集。相关生物资源应尽可能采集、制作凭证标本，详细记录当地名称、生物学特征、生境、地理信息、功能用途、使用者等信息。样本采集须征得持有传统知识的个人或地方社区的事先知情同意，必要时需与他们签订采集协议，并详细记录样本采集时间、地点、采集者等信息。

传统知识样本的鉴定需依靠植物志、动物志、民族志、医药志、地方志等工具书，以及植物园、动物园、博物馆、标本馆、传统医药馆、种质资源库（圃）等机构及其权威专家。

样本（如文件、数据、信息、标本、声像等）要采取严格的管理措施，以编目方式分类归档保存；对于不宜公开的信息（如密传医方）要采取保密措施；调查人的工作日志和受访者的通讯信息也要妥善保管。

3.3 调查步骤

（1）准备阶段

根据调查目的和任务，确定调查区域和具体地点。收集有关调查地的生物志、地方志、医药志、影音资料、馆藏标本、数据库、文学作品、网络信息等，初步了解当地的自然地理、气候、社会经济、历史文化和民风民俗。

根据调查目的和内容编制工作方案或计划、访谈提纲、调查表格和问卷。购置记录本、标本夹、录音笔、数码相机、摄像机、急救箱及药品等工具和设备。

培训调查人员，讲解调查目的、方法与技术、科学研究伦理及野外安全等方面的知识。方法与技术培训应侧重于实用性和可操作性；科学研究伦理着重讲授民族习俗、宗教、禁忌、习惯法、伦理道德、知识产权等知识；野外安全培训应包括急救常识、安全意识与预防意外伤害等内容。

（2）实地调查阶段

实地调查阶段需要乡土专家、族长、寨老、村干部等的协助，必要时可聘请当地人作为翻译和向导；在他们的帮助下，优化调查范围、线路和地点。

在调查过程中，应根据事先制订的工作方案或计划，灵活调整访谈提纲，详细询问，认真填写调查表格或问卷，完整采集相关生物资源的凭证标本（如植物标本应尽可能地采集全草）。要充分利用影音设备记录调查过程。

填写调查日志，记录野外工作的时间、地点、考察路线、行程、受访人信息、工作体会和存在的问题等。

（3）数据整理

及时整理和分析收集到的资料、信息和数据。相关生物资源的凭证标本应鉴定后妥善保存，编号备查。经整理和分析后的数据、信息、资料和标本应按照一定的格式编目（见本规范第 4 章），录入传统知识数据库或编入研究报告，如有需要可绘制图表。

3.4 知识产权

持有传统知识的个体或地方社区是传统知识的创造者、传承者和发展者，应享有传统知识的知识产权；而调查者由于对传统知识样本的采集、加工、编目等工作作出贡献，也应享有相应的权利。

4 生物多样性相关传统知识编目

传统知识以词条方式编目，主要包括以下七个方面的信息（词条编目内容条目列于附录 B）：

4.1 标题

包括传统知识的民族名，中文名，系统编号，状态属性，用户等级等。

（1）传统知识名称

国别/一级（省区级）/二级（县级及以上）/民族及其地方社区/类别（5 大类别）/知识名称（简化的词条名称）

例如：中国/云南省/德宏傣族景颇族自治州/德昂族/传统利用药用生物资源的相关知识/芦子

（2）传统知识编号

国别-民族-分类编码

① 国别：CN（中国）

② 民族：采用国家标准 GB/T 3304（表 1）两位字母代码

数字代码	民族名称	字母代码	数字代码	民族名称	字母代码
01	汉族	HA	29	柯尔克孜族	KG
02	蒙古族	MG	30	土族	TU
03	回族	HU	31	达斡尔族	DU
04	藏族	ZA	32	仫佬族	ML
05	维吾尔族	UG	33	羌族	QI
06	苗族	MH	34	布朗族	BL
07	彝族	YI	35	撒拉族	SL
08	壮族	ZH	36	毛南族	MN
09	布依族	BY	37	仡佬族	GL
10	朝鲜族	CS	38	锡伯族	XB
11	满族	MA	39	阿昌族	AC
12	侗族	DO	40	普米族	PM
13	瑶族	YA	41	塔吉克族	TA
14	白族	BA	42	怒族	NU
15	土家族	TJ	43	乌孜别克族	UZ
16	哈尼族	HN	44	俄罗斯族	RS
17	哈萨克族	KZ	45	鄂温克族	EW
18	傣族	DA	46	德昂族	DE
19	黎族	LI	47	保安族	BN
20	傈僳族	LS	48	裕固族	YG
21	佤族	VA	49	京族	GI
22	畲族	SH	50	塔塔尔族	TT
23	高山族	GS	51	独龙族	DR
24	拉祜族	LH	52	鄂伦春族	OR
25	水族	SU	53	赫哲族	HZ
26	东乡族	DX	54	门巴族	MB
27	纳西族	NX	55	珞巴族	LB
28	景颇族	JP	56	基诺族	JN

③ 分类编码：由传统知识分类代码（附录 A）和词条编号，以 “3+3” 位阿拉伯数字编码组成。

例如：CN　JP　120　001

中国　景颇族　家养动物　滇南小耳猪

（3）传统知识属性

分为四类：个人或家族拥有的保密知识；集体知识；公开知识；法律保护的知识。

例如：法律保护的知识（《中华人民共和国药典》2010 年版）

（4）用户等级（数据库权限）

根据面向的对象和传统知识涉密情况，将用户等级分为四类：公众、科研管理、专利审核和后台。各类用户的授权也有差异。数据库应兼顾保密与信息共享。

例如：公众类用户仅能获取最基本的信息。

4.2　知识详述

包括背景信息，基本描述，传统知识特征，时空分布，相关联的其他信息等。

（1）背景信息

词条背景信息，如生物学性状、民族生物学描述等。

（2）基本描述

物种信息（依次）：拉丁名-中文接受名-中文别名-民族名；传统知识内容的基本描述：即该传统知识的说明书（技术方案）或摘要，是编目的核心内容，要求在 300 字以内高度概括传统知识的各项信息。亦可插入相关的图片信息。

（3）传统知识特征

传统知识的鉴定特征，即：该传统知识与其他传统知识的区分特征，特别是与特定民族、特定文化、特定资源和特定地区相关的特征。

（4）时空分布

口述时间：最早（BC/AD）；最晚（BC/AD）实证时间：最早（BC/AD）；最晚（BC/AD）空间分布：知识在该民族中的分布或使用范围。

（5）其他信息

相关联的其他传统知识、知识产权和民族等。

4.3　所有者

指传统知识的持有者，包括个人、家族、社区、群体、单位、地方政府或中央政府等主体。

（1）家族或个人：包括代表人姓名、性别、地址、民族，以及范围。

（2）社区或群体：包括社区或群体名称、代表人姓名、性别、地址和民族。

（3）单位：包括法律授予的持有单位名称、代表人姓名、单位地址。

（4）中央或地方政府：包括中央或地方主管部门、代表人姓名、单位地址。

4.4　获取与惠益分享情况

包括传统知识相关的国际公认证书（包括知识产权证书），获取程序，共同商定的条件（如合同、协议等），惠益分享安排，现有法律要求，其他要求（如国家政策）等。

4.5　保护与利用

指传统知识保护与利用现状，包括传承和研发利用现状；受威胁状况及因素分析，保护与传承措施，案例介绍与分析。

4.6　评价

按照一定的标准、程序和方法，评估传统知识的经济意义、文化意义、生态意义、濒危水平和总体情况（附录 C）。

4.7　凭证资料

包括传统知识及相关遗传资源的标本、图片、相关数据库、影音资料、参考文献引文，以及其他相关资料。凭证资料以附件保存，便于查证。

附录 A　生物多样性相关传统知识分类细则

（共 5 类 30 项）

A.1　传统选育农业遗传资源的相关知识

（1）传统选育农作物遗传资源的相关知识（分类代码 110，下同）：包括传统选育粮食作物、经济作物、蔬菜类、果树类（水果）、绿肥、牧草，以及其他作物品种资源的相关知识；

（2）传统选育家养动物遗传资源的相关知识（120）：包括传统选育鸡、鸭、鹅、猪、牛、羊、马、驴、兔、蜂及其他动物品种资源的相关知识；

（3）传统选育水生生物遗传资源的相关知识（130/135）：包括传统选育淡水生物（130）（鱼类、蟹虾类、贝类及其他物种及其品种资源）和海水生物（135）（鱼类、蟹虾类、贝类及其他物种及其品种资源）的相关知识；

（4）传统选育林木遗传资源的相关知识（140）：包括传统选育木材、果树、资源树种（油脂、香精等用途）、绿化树种等林木及其品种资源的相关知识；

（5）传统选育观赏植物遗传资源的相关知识（150）：包括传统选育观赏植物物种及其品种资源的相关知识；

（6）传统选育野生植物遗传资源的相关知识（160）：包括传统选育野生植物物种资源及其遗传资源的相关知识；

（7）传统选育陆生野生动物遗传资源的相关知识（170）：包括传统选育无脊椎动物（昆虫等）、两栖类、爬行类、鸟类、哺乳类等陆生野生动物物种资源及其遗传资源的相关知识；

（8）传统选育微生物遗传资源的相关知识（180）：包括传统选育大型真菌及其他微生物的知识。

A.2 传统医药相关知识

（1）传统药用生物资源引种、驯化、栽培和保育知识（210）：草本、木本、竹藤类、树脂类、菌藻类、昆虫类、脊椎动物类以及其他药用生物资源引种、驯化、栽培和保育的知识；

（2）传统医药理论知识（220）：包括基础医学理论、药物理论、方剂理论、疾病与诊疗理论等；

（3）传统疗法（230）：包括针灸、艾灸、推拿、按摩、熏蒸、拔罐、心理疗法及其他特色疗法；

（4）药材加工炮制技术（240）：包括蒸、煮、浸、炖、炒、炙、煎、煅、炼、烧、研、挫、捣等；

（5）传统方剂（250）：包括中医传统经典方剂、老字号传统配方、民族药方、民间单验方等；

（6）传统养生保健和疾病预防知识（260）：包括养生方法、保健方法和疾病预防知识；

（7）其他传统医药知识（270）。

A.3 与生物资源可持续利用相关的传统技术及生产生活方式

（1）传统农业生产技术（310）：包括农业、林业、牧业、渔业、其他副业等方面的制度和技术；

（2）传统印纺工艺与技术（320）：包括纺织、印染、皮革加工、刺绣、其他手工业工艺与技术；

（3）传统食品加工技术（330）：包括植物类、动物类和微生物类食品和饮料的加工技术及其他；

（4）传统规划设计与建筑工艺（340）：包括建筑技术、村镇规划、庭院设计及其他；

（5）其他传统技术（350）：包括生产生活工具制造等其他与生物多样性相关的应用技术。

A.4 与生物多样性相关的传统文化

（1）宗教信仰与生态伦理（410）：包括与生物多样性相关的原始信仰、宗教教义、生态伦理及其他；

（2）传统节庆（420）：包括节日庆典、婚丧典礼、宗教仪式及其他；

（3）习惯法（430）：包括宗族制度、社区规范、乡规民约及其他；

（4）传统文学艺术（440）：包括歌曲、舞蹈、文学、诗歌、绘画及其他；

（5）传统饮食文化（450）：包括酒文化、茶文化、食文化（饮食民俗、饮食文艺等）；

（6）其他传统文化（460）。

A.5 传统生物地理标志产品相关知识

（1）食品类标志产品相关知识（510）：包括粮食、油料、瓜果、蔬菜、茶叶、畜产品、禽产品、水产品、昆虫产品、野味产品、菌类及其他食品类相关的知识、技术和工艺；

（2）药品类标志产品相关知识（520）：包括地方特色传统医药产品相关的知识、技术和工艺；

（3）工艺类标志产品相关知识（530）：包括工艺美术类产品、化石类产品和动植物染织类产品等；

（4）其他地理标志产品相关知识（540）。

附录 B　生物多样性相关传统知识词条条目

（1）名称

（2）原产地

（3）背景信息

（4）基本描述

（5）传统知识特征

（6）持有方

（7）时空分布

（8）保护与利用现状

（9）主要威胁因素

（10）案例分析

（11）动态趋势

（12）重要性评价

（13）获取与惠益分享情况

（14）凭证资料

附录 C　生物多样性相关传统知识分值评价标准

C.1　经济意义（1～5 分）

（1）无明显实际经济价值；

（2）有一定经济价值，但市场有限；

（3）有经济价值，且市场可开拓；

（4）有较大经济价值，市场也较大；

（5）有极大的经济价值和市场化潜力。

C.2　文化意义（1～5 分）

（1）不是必需的，也没有多少文化认同；

（2）虽然不是必需的，但已经成为重要的部分；

（3）是文化的必要部分，但是意义并不突出；

（4）是公认的民族传统知识，成为民族认同的一部分；

（5）是必需的核心部分，是民族认同的关键内容。

C.3 生态意义（1～5 分）

（1）无显著生态意义；

（2）具有一定生态意义，但可替代；

（3）拥有明显的生态意义，有独特生态作用；

（4）具备重要的生态意义，是关键性的传统知识；

（5）生态意义至关重大，不可替代。

C.4 濒危等级（1～5 分）

（1）广泛分布且普遍应用，无须特殊保护；

（2）分布和使用范围明显缩小，可能需要保护；

（3）还在使用，但有濒危迹象，必须进行保护；

（4）关键传统知识的掌握人数少于 10 人，或已是濒危物种急需保护；

（5）无传承人的关键传统知识，亟待保护或已是濒危物种急需保护。

C.5 加和总评（4～20 分）

前述四项之和，以加权值衡量传统知识的重要性，便于了解传统知识的差异。

下 篇
示范调查成果与对策研究

第 4 章 横断山南段优先区县域生物多样性调查与评估成果

滇西北地区是《中国生物多样性保护战略与行动计划（2011—2030 年）》32 个陆地生物多样性保护优先区的一部分，也是我国乃至全世界生物多样性最丰富和最独特的地区之一。滇西北在自然区域上属于喜马拉雅山系东部的横断山脉纵谷区，行政区域包括迪庆州、怒江州、大理州、丽江市和保山市共 5 州（市）的 18 个县（市、区）。这一地区地形地貌特殊，气候复杂多样，拥有中国近 1/3 的高等植物和动物种数，属中国三大特有物种起源和分化中心区域，分布着丰富而多样化的基因资源和动植物类群，保存有大量古老的生物类群，是中国原生生态系统保留最完好、垂直生态系统最完整以及全球温带生态系统最具代表性的地区。

4.1 云龙县生物多样性现状①

4.1.1 自然概况

云龙是滇西古县之一，地处滇西地槽之中，属青藏滇缅印尼巨型“歹”字形构造体系的中部，大地构造走向呈近南北或北北西向。曾为南方丝绸之路博南古道上的重要驿站，位于大理白族自治州西部，地处滇西澜沧江纵谷区，东经 98°52′～99°46′，北纬 25°28′～26°23′，是大理州、保山市、怒江州的结合部。

云龙立体气候明显，生物资源丰富多样。全县森林覆盖率为 46%，活立木蓄积量达 2 162 万 m^3，拥有经济林果 25 万亩，大栗树茶、麦地湾梨、无核柿子和旧州优质米、云龙葵油等优质产品声名远扬。泡核桃种植面积 7.5 万亩，年产量近 3 000 t。农产品以水稻、玉米、小麦、豆类为主，年产优质稻近万吨，白花芸豆 3 000 多 t。人均粮食占有量为全州第一。云龙有丰富的中药材、野生菌类、山茅野菜，并享有“山珍奇货之乡”的美誉。

云龙县主要居住有白、傈僳、汉、彝族、苗、阿昌、回族等民族。少数民族人口 176 119 人，占总人口数的 87.1%；以白族人数最多，分布于全县各地，在白族居住区域杂居其他民族，形成了大杂居、小聚居的分布局面，傈僳族多数是杂居白族中，只有彝族是以十多

① 云龙县植被类型与植物多样性由中科院昆明植物研究所彭华研究员组织调查和提供数据；动物多样性由中科院昆明动物研究所蒋学龙研究员组织调查和提供数据；大型真菌多样性由中科院昆明植物研究所刘培贵研究员组织调查和提供数据。

户为一村居住在半山腰。

4.1.2 组织实施

植物调查组不同季节主要对云龙县天池省级自然保护区、漕涧林场以及澜沧江、沘沘江河谷等地进行了多次植物物种资源野外调查，累计调查 135 d，布设样方 30 个，样线 24 条，共采集植物标本 1697 号；动物调查组根据具体类群分为两栖爬行、鸟类和兽类组织调查队伍，分别在不同的季节对云龙县城周边及其槽涧、旧城、关坪、宝丰、表村、天池、团结、天池、漕涧、旧州镇和龙马山等地进行了野外调查，共采集两栖类动物标本 203 号、爬行类动物标本 28 号、鸟类标本 248 号、集兽类标本 402 号；大型真菌调查组对云龙县不同生态系统、不同植被类型中的大型真菌进行调查、采集，重视空缺地区和薄弱地区的调查，此次调查共采集标本 144 份。

4.1.3 主要成果

（1）植被类型组成

按照《云南植被》（吴征镒、朱彦丞主编，1987）和《中国植被》（中国植被编辑委员会，1980）关于植被分类的原则和系统，以本次调查及本研究组 2006 年在天池保护区的调查为基础，将云龙县的植被划分为 8 个植被型、13 个植被亚型、16 个群系组、24 个群系（表 4-1）。

表 4-1　云龙县植被分类系统

<table>
<tr><th>植被型</th><th>植被亚型</th><th>群系组</th><th>群系</th></tr>
<tr><td rowspan="5">1 常绿阔叶林</td><td>1 半湿润常绿阔叶林</td><td>1 栲类、青冈林</td><td>1 元江栲林</td></tr>
<tr><td rowspan="3">2 中山湿性常绿阔叶林</td><td rowspan="3">2 石栎、青冈林</td><td>2 多变石栎林*</td></tr>
<tr><td>3 白穗石栎林</td></tr>
<tr><td>4 滇青冈林*</td></tr>
<tr><td>3 山顶苔藓矮林</td><td>3 杜鹃、乌饭矮林</td><td>5 杜鹃、乌饭矮林</td></tr>
<tr><td rowspan="2">2 暖性针叶林</td><td rowspan="2">4 暖温性针叶林</td><td>4 云南松林</td><td>6 云南松林*</td></tr>
<tr><td>5 华山松林</td><td>7 华山松林*</td></tr>
<tr><td rowspan="3">3 落叶阔叶林</td><td rowspan="3">5 暖性落叶阔叶林</td><td>6 桤木林</td><td>8 旱冬瓜林</td></tr>
<tr><td>7 樱桃林</td><td>9 锥腺樱桃林*</td></tr>
<tr><td>8 落叶栎林</td><td>10 槲栎林*</td></tr>
<tr><td rowspan="4">4 温性针叶林</td><td>6 温凉性针叶林</td><td>9 铁杉林</td><td>11 云南铁杉林*</td></tr>
<tr><td rowspan="3">7 寒温性针叶林</td><td rowspan="2">10 云、冷杉林</td><td>12 苍山冷杉林</td></tr>
<tr><td>13 丽江云杉林</td></tr>
<tr><td>11 落叶松林</td><td>14 怒江红杉林</td></tr>
<tr><td rowspan="2">5 硬叶常绿阔叶林</td><td rowspan="2">8 寒温山地硬叶常绿栎林</td><td rowspan="2">12 栎林</td><td>15 黄背栎林</td></tr>
<tr><td>16 长穗高山栎林</td></tr>
<tr><td rowspan="2">6 灌丛</td><td rowspan="2">9 寒温灌丛</td><td>13 硬叶栎类类灌丛</td><td>17 萌生栎类灌丛</td></tr>
<tr><td>14 杜鹃灌丛</td><td>18 银叶杜鹃灌丛*</td></tr>
<tr><td rowspan="3">7 草甸</td><td rowspan="3">10 寒温草甸</td><td rowspan="3">15 杂草类草甸</td><td>19 青茅草甸</td></tr>
<tr><td>20 海仙花草甸*</td></tr>
<tr><td>21 发草草甸*</td></tr>
<tr><td rowspan="3">8 高原湖泊水生植被</td><td rowspan="2">11 挺水植物</td><td rowspan="2">16 挺水植物</td><td>22 水葱群系</td></tr>
<tr><td>23 圆叶节节菜群系</td></tr>
<tr><td>12 浮叶植物</td><td>17 浮叶植物</td><td>24 荇菜群系</td></tr>
</table>

注：加*号的为本项目实地进行样方调查的植被类型。

（2）植物物种多样性

➢ 物种组成

通过两年的野外调查对所采到的 1697 号标本系统鉴定，以及对昆明植物研究所标本馆（KUN）和国内其他标本馆馆藏采自云龙县内的标本系统查阅，同时结合相关的文献资料，编写了云龙县高等植物物种名录。到目前为止，本名录共记载高等植物 196 科 738 属 1 670 种（含种下等级），其中苔藓植物 36 科 74 属 102 种，蕨类植物 29 科 62 属 149 种，裸子植物 5 科 12 属 26 种，被子植物 126 科 591 属 1 393 种。

表 4-2 云龙县维管植物物种组成

植物类群			科	属	种
苔藓植物			36	74	102
蕨类植物			29	61	149
种子植物	裸子植物		5	12	26
	被子植物	双子叶植物	113	485	1 196
		单子叶植物	13	106	197
		被子植物小计	126	591	1 393
	种子植物小计		131	603	1 419
维管植物小计			160	664	1 568
高等植物合计			196	738	1 670

苔藓植物中，含 10 种以上的科只有丛藓科（Pottiaceae，10 属 13 种），含 6 种以上的科还有蔓藓科（Meteoriaceae，5 属 7 种）、真藓科（Bryaceae，4 属 7 种）；超过 3 种的属有光萼苔属（*Porella*，4 种）、真藓属（*Bryum*，3 种）、对齿藓属（*Didymodon*，3 种）、绢藓属（*Entodon*，3 种）、耳叶苔属（*Frullania*，3 种）和羽藓属（*Thuidium*，3 种），2 种以上的属共有 21 个。

蕨类植物中，超过 4 属的科有水龙骨科（Polypodiacea，10 属 35 种）、鳞毛蕨科（Dryopteridaceae，7 属 43 种）、蹄盖蕨科（Athyriaceae，4 属 6 种）、金星蕨科（Thelypteridaceae，4 属 5 种）和中国蕨科（Sinopteridaceae，4 属 7 种）；在 10 种以下的科有鳞毛蕨科（Dryopteridaceae，43 种）、水龙骨科（Polypodiaceae，35 种）和凤尾蕨科（Pteridaceae，11 种）；超过 10 种的属有鳞毛蕨属（*Dryopteris*，22 种）、瓦韦属（*Lepisorus*，15 种）和耳蕨属（*Polystichum*，14 种），超过 2 种的属共 22 个。

种子植物中，含 30 种以上的科计有 9 科，占本区全部科的 6.87%；这些科包含 230 属，占本区全部属数的 38.14%；含有 561 种，占本区全部种数的 39.51%。种数超过 8 种的属有 27 属，分别所属 22 个科，占全部属数的 4.48%；这 27 个属共包含 290 种，占全部种数的 20.42%；包含种数最多的是杜鹃属（34 种），其次是悬钩子属（19 种）、蓼属（18 种），都是典型北温带分布的大属或全球广布的大属，并且多为高山分布的类群。

➢　特有种类

据《云南植物志》记载云龙县有中国特有种 603 种，其中云南省特有种 158 种，主要包括野靛棵（*Mananthes patentiflroa*）、云南马蓝（*Pteracanthus yunnanensis*）、贡山猕猴桃（*Actinidia pilosula*）、多姿柳叶藓（*Amblystegium serpens*）、鸡骨常山（*Alstonia yunnanensis*）、腋花山橙（*Melodinus axillaris*）、岩生南星（*Arisaema saxatile*）、双耳南星（*Arisaema wattii*）、尾叶梁王茶（*Nothopanax delavayi* var. *longicaudatus*）、红河鹅掌柴（*Schefflera hoi*）、瑞丽鹅掌柴（*Schefflera shweliensis*）、云南匙羹藤（*Gymnema yunnanense*）、球兰（*Hoya carnosa*）、无鳞轴鳞蕨（*Dryopsis sphaeropteroides*）、滇水凤仙（*Impatiens uliginosa*）；云龙县特有种 2 种，即可爱杜鹃（*Rhododendron gratum*）和云龙报春（*Primula prevernalis*）。

➢　珍稀濒危保护种类

据《国家重点野生保护植物名录（第一批）》（国务院，1999）、《云南省第一批省级重点保护野生植物名录》（1989）、濒危野生动植物种国际贸易公约（CITES）附录Ⅰ、附录Ⅱ和附录 III（2007）及《IUCN 红色名录》（2008）等名录，云龙县共发现珍稀濒危保护植物 31 种，隶属 10 科 26 属，以裸子植物、兰科植物居多。其中，国家重点保护野生植物 12 种，云南省重点保护野生植物 2 种。

表 4-3　云龙县珍稀濒危保护植物

序号	中文名	拉丁学名	国家保护	省级保护	CITES 附录	红色名录
1	须弥红豆杉	*Taxus wallichiana* var. *wallichiana*	国家Ⅰ级			EN
2	红豆杉	*T. wallichiana* var. *chinensis*	国家Ⅰ级			EN
3	南方红豆杉	*T. wallichiana* var. *mairei*	国家Ⅰ级			CR
4	云南榧树	*Torreya yunnanensis*	国家Ⅱ级			VU
5	油麦吊云杉	*Picea brachytyla* var. *complanata*	国家Ⅱ级			
6	贡山三尖杉	*Cephalotaxus lanceolata*	国家Ⅱ级			
7	长喙厚朴	*Magnolia rostrata*	国家Ⅱ级			
8	西康玉兰	*Magnolia wilsonii*	国家Ⅱ级			
9	葶花	*Skapanthus oreophilus*	国家Ⅱ级			
10	异颖草	*Deyeuxia petelotii*	国家Ⅱ级			
11	新樟	*Neocinnamomum delavayi*	国家Ⅱ级			
12	十齿花	*Dipentodon sinicus*	国家Ⅱ级			
13	长梗润楠	*Machilus longipedicellata*		省Ⅲ级		
14	云南枫杨	*Pterocarya delavayi*		省Ⅲ级		
15	篦子三尖杉	*Cephalotaxus oliveri*				CR
16	秃杉	*Taiwania flousiana*				EN
17	长喙厚朴	*Magnolia rostrata*				EN
18	长距玉凤花	*Habenaria davidii*			附录Ⅱ	
19	独蒜兰	*Pleione bulbocodioides*			附录Ⅱ	
20	山珊瑚兰	*Galeola faberi*			附录Ⅱ	
21	黄花独蒜兰	*Pleione forrestii*			附录Ⅱ	

序号	中文名	拉丁学名	国家保护	省级保护	CITES 附录	红色名录
22	小白芨	*Bletilla striata*			附录II	
23	肾唇虾脊兰	*Calanthe brevicornu*			附录II	
24	密花虾脊兰	*Calanthe densiflora*			附录II	
25	头蕊兰	*Cephalanthera longifolia*			附录II	
26	长距石斛	*Dendrobium longicornum*			附录II	
27	小斑叶兰	*Goodyera repens*			附录II	
28	沼兰	*Malaxis monophyllos*			附录II	
29	广布红门兰	*Orchis chusua*			附录II	
30	舌唇兰	*Platanthera japonica*			附录II	
31	缘毛鸟足兰	*Satyrium ciliatum*			附录II	

➢ 资源类群

云龙已开发利用的和潜在的资源植物极为丰富，特别是天池自然保护区高海拔地带植被保存较好，许多植物资源在此得以保存。

① 材用植物

龙马雪山和天池自然保护区、志本山保存了较好的森林，森林中蓄积量最大的属云南松（*Pinus yunnanensis*），其树干通直，木质轻软细密，是优质造纸、人造板原料，并供建筑、家具等用材。

② 药用植物

云龙县药用植物资源不太多，其药用植物主要有紫菀类（*Aster* sp.）、千里光类（*Senecio* sp.）、天名精类（*Carpesium* sp.）等，具体产云龙的如有耳叶紫菀（*Aster auriculatus*）、千里光（*Senecio scandens*）、菊状千里光（*Senecio laetus*）、花叶滇苦菜（*Sonchus asper*）、金挖耳（*Carpesium divaricatum*）、粗齿天名精（*Carpesium trachelifolium*）等多种草本植物。如羊齿天门冬（*Asparagus filicinus*）、滇厚朴（*Ehretia corylifolia*）、土牛膝（*Achyranthes asper*）、红花五味子（*Schisandra rubiflora*）、川滇柴胡（*Bupleurum candollei*）、小柴胡（*Bupleurum hamiltonii*）、丁座草（*Boschniakia himalaica*）等。

表 4-4　本次实地调查到的药用植物

编号	种名	拉丁学名	分布	利用情况
1	大麻	*Cannabis sativa*	云龙县天池	偶尔
2	糯米团	*Memorialis hirta*	云龙县天池	偶尔
3	筒鞘蛇菰	*Balanophora involucrata*	云龙县天池	偶尔
4	多蕊蛇菰	*Balanophora polyandra*	云龙县天池	偶尔
5	金荞麦	*Fagopyrum dibotrys*	云龙县天池	少量
6	荞麦	*Fagopyrum esculentum*	云龙县天池	少量
7	土牛膝	*Achyranthes asper*	云龙县天池	少量
8	大花五味子	*Schisandra grandiflora*	云龙县天池	少量

编号	种名	拉丁学名	分布	利用情况
9	滇藏五味子	*Schisandra neglecta*	云龙县天池	少量
10	大叶小檗	*Berberis ferdinandi-coburgii*	云龙县天池	少量
11	雪山小檗	*Berberis delavayi*	云龙县漕涧镇志奔山	偶尔
12	长小叶十大功劳	*Mahonia lomariifolia*	云龙县天池	少量
13	紫果猕猴桃	*Actinidia purpurea*	云龙县天池	少量
14	扭果紫金龙	*Dactylicapnos torulosa*	云龙县漕涧镇志奔山	偶尔
15	多茎景天	*Sedum multicaule*	云龙县天池	偶尔
16	溪畔落新妇	*Astilbe rivularis*	云龙县漕涧镇志奔山	少量
17	千里香	*Murraya paniculata*	云龙县功果镇	少量
18	木半夏	*Elaeagnus multiflora*	云龙县天池	少量
19	野黄瓜	*Cucumis hystrix*	云龙县漕涧镇志奔山	少量
20	香薷	*Elsholtzia ciliata*	云龙县漕涧镇志奔山	少量
21	淡黄香薷	*Elsholtzia luteola*	云龙县漕涧镇志奔山	少量
22	野拔子	*Elsholtzia rugulosa*	云龙县天池	少量
23	小球穗香薷	*Elsholtzia strobilifera* var. *exigus*	云龙县漕涧镇志奔山	少量
24	腺花香茶菜	*Rabdosia adenantha*	云龙县功果镇	少量
25	香科科	*Teucrium simplex*	云龙县天池	偶尔
26	痢止蒿	*Ajuga forrestii*	云龙县漕涧镇志奔山	少量
27	异叶香薷	*Elsholtzia heterophylla*	云龙县漕涧镇志奔山	少量
28	夏枯草	*Prunella vulgaris*	云龙县天池	大量
29	线纹香茶菜	*Rabdosia lophanthoides*	云龙县天池 .	少量
30	变色马蓝	*Pteracanthus versicolor*	云龙县天池	少量
31	和尚菜	*Adenocaulon himalaicum*	云龙县天池	少量
32	菊状千里光	*Senecio laetus*	云龙县天池	偶尔
33	千里光	*Senecio scandens*	云龙县漕涧镇志奔山	少量
34	蒲儿根	*Sinosenecio oldhamianus*	云龙县天池	偶尔
35	窄瓣鹿药	*Maianthemum tatsienense*	云龙县天池	少量
36	黄独	*Dioscorea bulbifera*	云龙县功果镇	偶尔
37	一把伞南星	*Arisaema erubescens*	云龙县天池	少量
38	大花菟丝子	*Cuscuta reflexa*	云龙县旧周沘泚江村旁	偶尔

③ 园林绿化植物

云龙是滇西茶马古道驿站，诺邓千年古镇。一些乔木植物是优良的庭院绿化树种，如华山松（*Pinus armandii*）高大挺拔，针叶苍翠，冠形优美，生长迅速，在园林中可用作园景树、庭院树、行道树及林带树、也可用于丛植、群植，还是高山风景区之优良风景林树种。

④ 食用植物

云龙也有不少的食用植物，如杜鹃花科的大白花杜鹃（*Rhododendron decorum*）的花瓣、五加科的楤木（*Aralia chinensis*）和香椿（*Toona sinensis*）的嫩芽，均为当地特色的时令蔬菜。而疏毛猕猴桃（*Actinidia pilosula*）、乌鸦果（*Vaccinium fragile*）、树生越橘（*Vaccinium dendrocharis*）、猫儿屎（*Decaisnea fargesii*）、木半夏（*Elaeagnus multiflora*）、头状四照花（*Dendrobenthamia capitata*）、黄毛草莓（*Fragaria nilgerrensis*）、各类悬钩子（*Rubus* sp.）等多种植物的果实则是既美味又健康的水果；荞麦（*Fagopyrum esculentum*）、大麻（*Cannabis sativa*）的种子也可供食用。此外，当地的五味子资源丰富，当地人将其开发成了五味子酒、五味子鸡等多种特色食品。

⑤ 鞣质与染料

云龙有不少鞣质资源类植物，常见的有七叶鬼灯檠（*Rodgersia aesculifolia*）、西南委陵菜（*Potentilla fulgens*）、悬钩子蔷薇（*Rosa rubus*）、山杨（*Populus davidiana*）、爬藤榕（*Ficus sarmentosa* var. *impressa*）、构树（*Broussonetia papyrifera*）、云南双盾木（*Dipelta yunnanensis*）、水红木（*Viburnum cylindricum*）、长圆叶梾木（*Cornus oblonga*）、泡花树（*Meliosma cuneifolia*）、青冈（*Cyclobalanopsis glauca*）、滇青冈（*Cyclobalanopsis glaucoides*）、板栗（*Castanea mollissima*）、栓皮栎（*Quercus variabilis*）、麻栎（*Quercus acutissima*）、锥栗（*Castanea henryi*）、滇石栎（*Lithocarpus dealbatus*）、密花树（*Rapanea neriffolia*）、滇鼠刺（*Itea yunnanensis*）、楝（*Melia azedarach*）等。染料资源类植物则相对较少，其中，最常见的种类当属唇形科的紫苏（*Perilla frutescens*），爵床科的野靛棵（*Mananthes patentiflroa*）作为紫色和青色染料而被广泛使用。

⑥ 油料植物

不少植物的种子可以榨油，这类植物主要有楔叶独行菜（*Lepidium cuneiforme*）、总苞葶苈（*Draba involucrata*）、滇葶苈（*Draba yunnanensis*）、弹裂碎米荠（*Cardamin eimpatiens*）、遏蓝菜（*Thlaspi arvense*）、沼泽蔊菜（*Rorippa palustris*）、灯台树（*Bothrocaryum controversum*）、接骨木（*Sambucus williamsii*）、珍珠荚蒾（*Viburnum foetidum* var. *ceanothoides*）、水红木（*Viburnum cylindricum*）、中华青荚叶（*Helwingia chinensis*）、毛梾（*Cornus walteri*）、云南榧树（*Torreya yunnanensis*）、华山松（*Pinus armandii*）、高山三尖杉（*Cephalotaxus fortunei*）、流苏树（*Conanthus retusus*）、木姜子（*Litsea pungens*）、阴香（*Cinnamomum burmannii*）、新樟（*Neocinnamomum delavayi*）、大麻（*Cannabis sativa*）、楝（*Melia azedarach*）等。此外，盐肤木（*Rhus chinensis*）的心材和树皮也可提取燃料。

⑦ 香料植物

香料植物主要属于唇形科，如野拔子（*Elsholtzia rugulosa*）、紫苏（*Perilla frutescens*）、罗勒（*Ocimum basilicum*）、留兰香（*Mentha spicata*）、薄荷（*Mentha haplocalyx*）、藿香（*Agastache rugosa*）等，以及樟科，如木姜子（*Litsea pungens*）、阴香（*Cinnamomum burmannii*）、新樟（*Neocinnamomum delavayi*）、滇润楠（*Machilus yunnanensis*）。此外，还有一些其他科的植物，如悬钩子蔷薇（*Rosa rubus*）、长圆叶梾木（*Cornus oblonga*）、云南松（*Pinus yunnanensis*）、云南铁杉（*Tsuga dumosa*）、华山松（*Pinus armandii*）、地檀香

（*Gaultheria forrestii*）、滇白珠（*Gaultheria leucocarpa*）、芳香白珠（*Gaultheria fragrantissima*）、清香木（*Pistacia weinmannifolia*）、络石（*Trachelospermum jasminoides*）、密蒙花（*Buddleja officinalis*）等。

⑧ 蜜源植物

资源丰富的杜鹃花属（*Rhododendron* sp.）植物、报春花属（*Primula* sp.）植物，以及醉鱼草科的密蒙花（*Buddleja officinalis*）、缘叶醉鱼草（*Buddleja heliophila*）、多花醉鱼草（*Buddleja myriantha*）、长穗醉鱼草（*Buddleja macrostachya*），蔷薇科的云南绣线菊（*Spiraea yunnanensis*）、藏南绣线菊（*Spiraea bella*），木樨科的紫药女贞（*Ligustrum delavayanum*）、女贞（*Ligustrum lucidum*）、小蜡（*Ligustrum sinense*）、桂花（*Osmanthus fragrans*）、管花木樨（*Osmanthus delavayi*），菊科的菊状千里光（*Senecio laetus*）、千里光（*Senecio scandens*）、蒲儿根（*Sinosenecio oldhamianus*）、大花毛鳞菊（*Chaetoseris grandiflora*），以及西域蜡瓣花（*Corylopsis himalayana*）、柳叶菜（*Epilobium hirsutum*）、锥腺樱花（*Cerasus conadenia*）、毛叶吊钟花（*Enkianthus deflexus*）、美丽马醉木（*Pieris formosa*）、泸水山梅花（*Philadelphus lushuiensis*）、云南山梅花（*Philadelphus delavayi*）等多种植物，花期长，花密集成较大花序，可以作为优良的蜜源植物。

⑨ 纤维植物

植物中不少植物的茎皮或植株含有较多的纤维，可以用作纤维原料。其中，兰坪常见的有白瑞香（*Daphne papyracea*）、长瓣瑞香（*Daphne longilabata*）、刺蒴麻（*Triumfetta rhomboidea*）、桦叶荚蒾（*Viburnum betulifolium*）、小果垂枝柏（*Sabina recurva* var. *coxii*）、流苏树（*Chionanthus retusus*）、长叶苎麻（*Boehmeria penduliflora*）、苎麻（*Boehmeria nivea*）、长叶水麻（*Debregeasia longifolia*）、水麻（*Debregeasia orientalis*）、珠芽艾麻（*Laportea bulbifera*）、艾麻（*Laportea macrostachya*）、糯米团（*Memorialis hirta*）、红雾水葛（*Pouzolzia sanguinea*）、络石（*Trachelospermum jasminoides*）、密蒙花（*Buddleja officinalis*）、大麻（*Cannabis sativa*）、楝（*Melia azedarach*）等。

⑩ 其他类型资源植物

除了上面提及的 9 大类植物外，还有些植物，它们不归属于上述 9 大类，而是其他类型的资源植物。如树脂或树胶类植物：云南松（*Pinus yunnanensis*）、云南铁杉（*Tsuga dumosa*）；淀粉类植物：蕨菜（*Pteridium aguilinum* var. *latiuxculum*）根茎含淀粉 10.6%，宝兴百合（*Lilium duchartrei*）及川百合（*Lilium davidii*）等百合属植物的鳞茎，马唐（*Digitaria sanguinalis*）的谷粒也可制淀粉。

（3）动物物种多样性

➢ 物种组成

经本次调查及对历史资料与文献的分析，目前云龙县记录有陆生有脊椎动物有 381 种，约占云南全省的 26.6%，其中鸟类最多（252 种），占云南鸟类的 29.7%；兽类次之（89 种），占云南兽类的 29.2%；两栖类（25 种），占云南两栖类的 21.7%；爬行类（15 种），仅占云南爬行类的 9.2%（表 4-5）。

表 4-5　云龙县与云南及邻近省区脊椎动物物种多样性比较

类群	物种数	云南		四川		贵州		西藏		广西	
		物种	%*	物种	%	物种	%	物种	%	物种	%
两栖类	25	115	37.5	108	33.2	68	20.9	47	14.5	75	23.1
爬行类	15	162	43.4	85	21.3	95	23.8	59	14.8	117	29.3
鸟类	252	848	65.5	625	48.3	403	31.1	473	36.5	496	38.3
兽类	89	305	47.3	219	33.9	138	21.4	126	19.5	133	20.6
合计	381	1 430	54.58	1 037	39.58	704	26.87	705	26.91	753	28.24

* 为相关省区占全国物种数的比例。

① 各分类阶元多样性

云龙县记录的 25 种两栖类隶属于 2 个目 8 个科，其中有尾目（CAUDATA）1 科 1 属 1 种，而其余 7 科 15 属 24 种是隶属于为无尾目（ANURA），占本地区两栖动物的 96%，占云南两栖动物总数的 20.9%。而最大科为无尾目蛙科（Ranidae），有 10 种，占该地区两栖类的 40.0%；其次是角蟾科（Megophryinae），有 5 种（占 20%）；第三是蟾蜍科（Bufonidae）有 3 种[华西蟾蜍（*Bufo andrewsi*）、黑眶蟾蜍（*Duttaphrynus melanostictus*）、无棘溪蟾（*Torrentophryne aspinia*）]；而树蛙科（Rhacophoridae）和姬蛙科（Microhylidae）各有 2 种，即：杜氏泛树蛙（*Polypedates dugritei*）、斑腿泛树蛙（*Polypedates leucomystax*）、多疣狭口蛙（*Kaloula verrucosa*）、云南小狭口蛙（*Calluella yunnanensis*）；此外，蝾螈科（Salamandridae）、盘舌蟾科（Discoglossidae）和雨蛙科（Hylidae）各 1 种，即：红瘰疣螈（*Tylototriton verrucosus*）、大蹼铃蟾（*Bombina maxima*）、华西雨蛙（*Hyla annectans*）等，此三个科在科组成上占 37.5%。

云龙县所记录的 15 种爬行类隶属于有鳞目（SQUAMATA），分为 2 亚目：蜥蜴亚目（LACERTILIA）和蛇亚目（SERPENTES），前者仅 2 科 4 属 4 种；后者有 3 科 10 属 11 种，占本地区爬行类的 73.3%，占云南爬行动物物种总数的 6.8%。云龙县爬行动物科的数量也不多，仅 5 科，但其中游蛇科（Colubridae）即有 7 种，占云龙县爬行类的 46.7%；其次是蝰科（Viperidae）有 3 种，即：山烙铁头（*Ovophis monticola*）、菜花烙铁头（*Protobothrops jerdonii*）、云南竹叶青蛇（*Trimeresurus yunnanensis*）；壁虎科（Gekkonidae）2 种，即：云南半叶趾虎（*Hemiphyllodactylus yunnanensis*）、原尾蜥虎（*Hemidactylus bowringi*）；石龙子科（Scincidae）2 种[铜蜓蜥（*Sphenomorphus indicus*）、山滑蜥（*Scincella monticola*）]；此外，眼镜蛇科（E1apidae）即有 1 种，即：孟加拉眼镜蛇（*Naja kaouthia*）。

在云龙县所记录的 252 种鸟类中，雀形目（PASSERIFORMES）鸟类最多，达 172 种，占本地区记录鸟类的 68.2%，而其他目鸟类的物种数明显较少，如：居第二位的雁形目（ANSERIFORMES）仅有 11 种，其他目均在 9 种以下，其中有 6 个目仅记录到 1 科 1 属 1

种，如：鸊鷉目（PODICIPEDIFORMES）、鹈形目（PELECANIFORMES）、鹃形目（CUCULIFORMES）、鸥形目（LARIFORMES）、鹦形目（PSITACIFORMES）和夜鹰目（CAPRIMULGIFORMES），另外还有 3 个目分别只有 2 种，如：鸊鷉目（PODICIPEDIFORMES）、鸮形目（STRIGIFORMES）和雨燕目（APODIFORMES）。云龙县位于中亚热带地区，现记录的 252 种鸟类隶属于 34 科。鸟类组成以鹟科（Muscicapidae）（含 4 亚科）、雀科（Fringillidae）和鸭科（Anatidae）的种类居多，主要代表有：红胁蓝尾鸲（*Tarsiger cyanurus*）、黑背燕尾（*Enicurus leschenaulti*）、虎斑地鸫（*Zoothera dauma*）、灰头鸫（*Turdus rubrocanus*）、矛纹草鹛（*Babax lanceolatus*）、橙翅噪鹛（*Garrulax elliotii*）、斑喉希鹛（*Minla strigula*）、火尾希鹛（*Minla ignotincta*）、灰眶雀鹛（*Alcippe morrisonia*）、黑头奇鹛（*Heterophasia melanoleuca*）、棕肛凤鹛（*Yuhina occipitalis*）、普通秋沙鸭（*Mergus merganser*）、绿头鸭（*Anas platyrhynchos*）等；同时，在种群数量上啄木鸟科的种群数量也较为丰富，如：蚁䴕（*Jynx torquilla*）、大斑啄木鸟（*Picoides major*）、赤胸啄木鸟（*Picoides cathpharius*）等。现记录有鹟科鸟类 99 种，数量最多，占本地区鸟类的 39.3%；其次是雀科，但种数量迅速下降至 14 种，仅占本地区鸟类的 5.6%；第三是鸭科 11 种（占 4.4%）。其他科的物种均在 8 种以下，其中鸬鹚科（Phalacrocoracidae）、隼科（Falconidae）、鸥科（Laridae）、鹦鹉科（Psittacidae）、夜鹰科（Caprimulgidae）、戴胜科（Upupidae）、须䴕科（Capitonidae）、百灵科（Alaudidae）、黄鹂科（Oriolidae）、鹪鹩科（*Troglodytidae*）、旋木雀科（Certhiidae）、啄花鸟科（Dicaeidae）、绣眼鸟科（Zosteropidae）等 13 科仅为单属单种，鸊鷉科（Podicipedidae）、鸱鸮科（Strigidae）、雨燕科（Apodidae）、燕科（Hirundinidae）、椋鸟科（Sturnidae）、岩鹨科（Prunellidae）等 6 科仅有 2 种。

尽管通过本次调查，云龙县记录的兽类物种数较前几年综合考察有较显著增加，但与其所处地理位置及生境特点，物种名录尚有待完善。目前云龙县已记录到的兽类有 9 目、27 科、65 属、89 种。哺乳动物整体组成及其他地区类似，云龙县的哺乳动物亦主要是由啮齿类组成，然而第一大目物种数所占比例相对较低，即：啮齿目（RODENTIA）为本地区的最大目，有 6 科 17 属 30 种，占该地区兽类物种数的 33.7%；其次是食虫目（EULIPOTYPHLA）3 科 12 属 19 种（占 21.3%）和食肉目（CARNIVORA）6 科 18 属 18 种（占 20.2%）。这三个目构成了云龙哺乳动物的主体，计 15 科 47 属 67 种，占该地区兽类物种数的 75.3%。另外 6 个目只有 22 种，其中攀鼩目（SCANDENTIA）与鳞甲目（PHOLIDOTA）为单属种目，分别有 1 种；而兔形目（LAGOMORPHA）有 2 属 2 种，灵长目（PRIMATES）有 2 属 3 种，翼手目（CHIROPTERA）有 4 属 7 种，偶蹄目（ARTIODACTYLA）有 8 属 8 种。同目的组成，云龙县的兽类在科级水平的物种组成上，虽然也有类似于其他脊椎动物占明显优势的科，但比例远不及其他类群最大科所占比例高，通常情况下物种数量较多鼠科（Muridae）不仅数量少，而且所占比例也较低。云龙县哺乳动物物种数量最多的是鼠科（Muridae）和鼩鼱科（Soricidae），分别有 14 种，合计占本地区兽类的 31.5%。而其他科的物种数均在 6 种及以下，如：仓鼠科（Cricetidae）有

6 种，鼬科（Mustelidae）有 5 种，鼹科（Talpidae）、菊头蝠科（Rhinolophidae）、灵猫科（Viverridae）、猫科（Felidae）、松鼠科（Sciuridae）、鼯鼠科（Pterpmyidae）各有 4 种，犬科（Ailuridae）、鹿科（Cervidae）、牛科（Bovidae）、猴科（Cercopithecidae）各有 3 种，蝙蝠科（Vespertilionidae）各有 2 种，其余猬科（Erinaceidae）、树鼩科（Tupaiidae）、蹄蝠科（Hipposideridae）、鲮鲤科（Manidae）、熊科（Ursidae）、小熊猫科（Ailuridae）、猪科（Suidae）、麝科（Moschidae）、鼹形鼠科（Spalacidae）、豪猪科（Hystridae）、鼠兔科 Ochotonidae）、兔科（Leporidae）等 12 科为单属种科。

② 区系分析

云龙县所记录的 25 种两栖类动物绝大部分为西南区成分，共有 17 种，占该地区两栖类的 68.0%，两栖类东洋界广布种有 5 种。两栖爬行动物中，有 3 种广布于东洋界和古北界，即：泽蛙（*Rana limnocharis*）、黑眉锦蛇（*Elaphe taeniura*）、红脖颈槽蛇（*Natrix sublminiata*）。

云龙县记录的 252 种鸟类中，常年居留于云龙县的留鸟（Resident birds，表中以 R 表示），计 172 种，占所录鸟类的 68.2%；仅春末夏初迁至该地区，夏末秋初迁离的夏候鸟（Summer Breeders，表中以 S 或 B 表示），计 26 种，占所录鸟类的 10.3%；秋末冬初由北方迁飞至此地越冬的冬候鸟（Winter visitors，表中以 W 表示）或既有冬候鸟也是旅鸟（Birds encountered during migration & Wintering visitors，表中以 MW 表示）的共计 49 种，占所录鸟类的 19.4%；不在本地越冬，仅旅经该地再向南迁的旅鸟（Birds encountered during migration，表中以 M 表示），在本地鸟类中仅记录有 5 种，占所录鸟类的 2.0%。据此，云龙地区所记录鸟的种类以留鸟为主，冬候鸟和夏候鸟次之，旅鸟的种数为最少。

依据郑作新《中国鸟类区系纲要》（1987）中按鸟类主要繁殖地区划分鸟类的区系成分的标准对云龙地区鸟类进行区系分析。在云龙县记录到的 252 种鸟类中，留鸟和夏季在当地繁殖的鸟类有 198 种。其中属于东洋区的物种有 130 种，占繁殖鸟类种数的 65.7%；东洋界和古北界共有物种有 60 种，占当地繁殖鸟类种数的 30.3%；真正为古北种性质的物种仅有 8 种，占当地繁殖鸟种数的 4.0%。由此可见，云龙县鸟类的区系构成中东洋界物种数远超过广布种与古北种，东洋区成分占绝对优势。因此，该地的鸟类区系的组成，在整体上倾向于东洋界，与郑作新（1987）和张荣祖（1999）的划分相符，即云龙县归属于东洋界。

相比较而言，云龙县 89 种哺乳动物中有一定数量的古北界与东洋界共有分布的物种，其中包括一些世界性的广布种，如：与人类伴生而遍布世界各地的小家鼠（*Mus musculus*），广布于欧亚大陆、北非及主要起源于古北区向南延伸分布至东洋区的野猪（*Sus scrofa*）、赤狐（*Vulpes vulpes*）、豺（*Cuon alpinus*）、貉（*Nyctereutes procyonoides*）、水獭（*Lutra lutra*）、猪獾（*Arctonyx collaris*）、藏獾（*Meles leucureus*）、猞猁（*Lynx lynx*）、巢鼠（*Micromys minutus*）、东亚伏翼（*Pipistrellus abramus*）及岩羊（*Pseudois nayaur*）、黑熊（*Selenarctos thibetanus*）、黄鼬（*Mustela sibrica*）、豹猫（*Prionailurus bengalensis*）、川西斑羚（*Nemorhaedus griseus*）、

社鼠（*Niviventer confucianus*）等东洋区和古北区的共有种有 17 种，占云龙县兽类物种数的 19.1%。其余 72 种为东洋界物种，本地区兽类的 80.9%。

在东洋界物种中，有西南区成分的物种 22 个，如：长尾鼩鼹（*Scaptonyx fusicaudus*）、云南鼩鼱（*Sorex excelsus*）、小纹背鼩鼱（*Sorex bedfordiae*）、大纹背鼩鼱（*Sorex cylindricauda*）、褐腹长尾鼩鼱（*Episoriculus caudatus*）、狭颅黑齿鼩鼱（*Blarinella wardi*）、蹼足鼩（*Nectogale elegans*）、西南中麝鼩（*Crocidura vorax*）、滇金丝猴（*Rhinopithecus bieti*）、小熊猫（*Ailurus fulgens*）、大绒鼠（*Eothenomys miletus*）、玉龙绒鼠（*Eothenomys proditor*）、西南绒鼠（*Eothenomys custos*）、克氏田鼠（*Microtus clarkei*）、安氏白腹鼠（*Niviventer andersoni*）、川西白腹鼠（*Niviventer excelsior*）、大耳姬鼠（*Apodemus latronum*）等，占本地区东洋界物种的 30.5%；西南区、华南区与华中区共有物种有 31 个，占东洋界种数的 43.0%；西南区与华南区共有物种 12 个，占东洋界物种数的 16.7%；而西南区与华中区共有物种数量明显减少，仅有 6 种（占 8.3%）。由此可见，云龙县哺乳动物东洋界成分占绝对优势，并且西南区成分具有较高的比例。因此，云龙县兽类在我国动物地理区划中属于东洋界西南区动物区系。

➢ 特有种类

云龙县地处云岭南部，立体气候明显，生物资源丰富多样，其陆生脊椎动物各类群的特有性仍较为明显（表 4-6），尽管鸟类因其飞行习性，特有性程度相对较底。

表 4-6 云龙陆生脊椎动物特有种

	中国特有分布		云南特有分布	
	物种	%	物种	%
两栖类	13	52.0*	8	32.0*
爬行类	2	13.3	2	13.3
鸟类	8	3.2	—	—
兽类	19	21.3	1	1.1
合计	42	11.0	11	2.9

* 为所占各类群比例。

云龙县虽然仅有两栖动物 25 种（占云南省两栖类的 21.7%），但其中为中国特有种的即有 13 种，占该地区两栖类的 52.0%；且为云南特有的也有 8 种（占该地区的 32.0%），此外有 9 种在国内仅见于云南；云龙县现记录的爬行动物有 15 种，其中为中国特有的物种只有 2 种[云南竹叶青蛇（*Trimeresurus yunnanensis*）、云南半叶趾虎（*Hemiphyllodactylus yunnanensis*）]，且这 2 种亦为云南特有物种；在云龙县记录的 252 种鸟类，虽然没有仅记录于该地区的特有类群，但记录到 8 种为中国特有种，占本地区所记录鸟类的 3.2%；记录的 89 种兽类，中国特有种有 19 种，占本地区兽类的 21.3%，其中除了鼩猬、中华鬣羚外，其余均为西南区特有，包括滇西北特有[玉龙绒鼠（*Eothenomys proditor*）]、云贵高原特有[云南兔（*Lepus comus*）]、云南特有[澜沧江姬鼠（*Apodems ilex*）]等。

➢　珍稀濒危保护种类

云龙县现记录的381种陆生脊椎动物，有不少物种被列入国家重点保护动物名录（35种）或CITES附录I及附录II（28种），特别是哺乳动物和鸟类，因它们常被作为狩猎动物且对栖息环境要求严格，受威胁及濒危程度更高，因而有更多的物种被列在相关保护动物名录中，相比较而言，两栖爬行动物的保护动物物种数量及所占比例则要少得多（表4-7）。

表4-7　云龙县重点保护陆生脊椎动物

类群	国家级				CITES种			
	I	%*	II	%	附录I	%	附录II	%
两栖类	—	—	1	4.0	—	—	—	—
爬行类	—	—	—	—	—	—	1	6.7
鸟类	1	0.4	14	5.6	1	0.4	10	4.0
兽类	4	4.5	15	16.8	9	10.1	7	7.9
合计	5	1.3	30	7.9	10	2.6	18	4.8

* 占各类群物种数的比例。

在25种两栖动物中，仅有国家II级重点保护动物1种，即红瘰疣螈（*Tylototriton verrucosus*），并且无任何物种被列在CITES附录和云南省重点保护野生动物名录中，但是所有物种均在《中国物种红色名录（第一卷）》（2004）中，在《中国濒危动物红皮书——两栖类和爬行类》（1998）中包含该县两栖动物2种：红瘰疣螈（*Tylototriton verrucosus*）和双团棘胸蛙（*Paa yunnanensis*）等。

而在15种爬行动物中，没有1种被列入国家重点保护野生动物名录，且仅有孟加拉眼镜蛇（*Naja kaouthia*）1种被列入CITES附录II和云南省动物保护名录，但是所有物种均被列在《中国物种红色名录（第一卷）》（2004）中，在《中国濒危动物红皮书——两栖类和爬行类》（1998）中包含该县爬行类动物有6种：黑线乌梢蛇（*Zaocys nigromarginatus*）、孟加拉眼镜蛇（*Naja kaouthia*）、黑眉锦蛇（*Elaphe taeniura*）、紫灰锦蛇指名亚种（*Elaphe porphyracra porphyracea*）、王锦蛇指名亚种（*Elaphe c. carinata*）、双团棘胸蛙（*Rana yunnanensis*）。

因此，在云龙县记录的40种两栖爬行动物中，虽然仅有红瘰疣螈（*Tylototriton shanjing*）被列为II级国家重点保护野生动物及孟加拉眼镜蛇（*Naja kaouthia*）被列入CITES附录II和云南省动物保护名录，但是两栖类和爬行类的全部物种都被列入中国物种红色名录，可见其濒危程度仍值得关注。

相较于两栖爬行动物，云龙县鸟类被列入国家重点保护名录的数量明显增多，有15种，其中国家I级重点保护1种，国家II级重点保护14种；在CITES附录中的鸟类有11种，其中附录I有1种，附录II有10种；在《中国物种红色名录（第一卷）》（2004）中被列为近危种的有4种；列为易危种的有1种；在《中国濒危动物红皮书——鸟类》（1998）

中被列为易危种的有金雕（*Aquila chrysaetos*）、黑翅鸢、大紫胸鹦鹉（*Psittacula derbiana*）、白腹锦鸡 3 种，列为稀有种的有雕鸮 1 种；在 2000 年 8 月颁布的《国家保护的有益的或者有重要经济、科学研究价值的陆生野生动物名录》中，云龙县鸟类也在其中的有：凤头鹏鹛、苍鹭、绿鹭、池鹭、赤麻鸭、绿翅鸭、绿头鸭、赤颈鸭、琵嘴鸭等。

在云龙县陆生脊椎动物中，哺乳动物是国家重点保护野生动物和 CITES 附录中物种数量最多且比例最高的一个类群，现有国家重点保护野生动物 19 种，其中 I 级重点保护 4 种，II 级重点保护动物 15 种；列入 CITES 附录中的哺乳动物有 16 种，其中 CITES 附录 I 有 9 种，附录 II 有 7 种；在《中国物种红色名录——兽类》（2004）中列为濒危种的有 18 种，其中极危（CR）3 种，濒危（EN）5 种，易危（VU）10 种；在《中国濒危动物红皮书——兽类》（1998）中列为濒危种的有：滇金丝猴（*Rhinopithecus bieti*）、云豹（*Neofelis nebulosa*）、斑林狸（*Prionodon Pardicolor*）、林麝（*Moschus berezovskii*）、黑白飞鼠（*Hylopetes alboniger*）等；在 2000 年 8 月颁布的《国家保护的有益的或者有重要经济、科学研究价值的陆生野生动物名录》中，云龙县兽类也在其中的有：狼（*Canis lupus*）、赤狐（*Vulpes vulpes*）、貉（*Nyctereutes procyonoides*）、猪獾（*Arctonyx collaris*）、黄鼬（*Mustela sibirica*）、鼬獾（*Melogale moschata*）、食蟹獴（*Herpestes urva*）等。

（4）大型真菌物种多样性

调查共采集标本 144 份、GPS 信息 144 条及数码照片 300 张，经整理鉴定有效标本为 125 份，共 6 目（伞菌目，非褶菌目，银耳目，花耳目，木耳目，腹菌目），32 科 56 属。综合历史标本及文献资料记载，完成了云龙县大型真菌物种名录，共包括 33 科 64 属 129 种（属）。优势类群为松乳菇和牛肝菌。

调查发现云龙县的重要野生贸易真菌量 600～1 000 t，主要的类群有美味牛肝菌（*Boletus edulis complex*）、松乳菇（*Lactarius deliciosus*）、皱柄白马鞍菌（*Helvella crispa*）、红汁乳菇（*Lactarius hatsudake*）、灰褐牛肝菌（*Boletus griseus*）、红蜡蘑（*Laccaria laccata*）、梭柄松苞菇（*Catathelasma ventricosum*）、烟色离褶伞（*Lyophyllum fumosum*）、绿菇（*Russula virescens*）、大孢地花菌（*Albatrellus ellisii*）等。

4.1.4 小结

系统调查完成了云龙县高等植物、陆生脊椎动物和大型真菌物种编目，并建立了数据库，为国家和地方生物多样性保护提供技术资料。根据两年的调查结果，与《云南植物志》相比，云龙县共计有新增物种 948 种，隶属于 164 科，513 属，占本县全部高等植物的 56.76%，其中包括苔藓植物 33 科 62 属 84 种；蕨类植物 21 科 35 属 60 种；裸子植物 3 科 9 属 10 种；被子植物 107 科 407 属 794 种。调查中还发现了两个属级以上的高级孤立类群，其中十齿花（*Dipentodon sinicus*）是国家 II 级保护植物，在志奔山发现大量个体；毒药树（*Sladenia celastrifolia*）在旧州沟谷也有残迹。此外，与前期进行的云南省生物多样性评估记录的数据相比，陆生脊椎动物种类增加了 258 种，其中包括两栖爬行类 16 种、鸟类 209 种、兽类 33 种。新增物种中包括国家Ⅰ级重点保护动物 2 种，国家Ⅱ级重点保护动物 8 种；CITES 附录Ⅰ物种 3 种，CITES 附录Ⅱ物种 5 种；中国特有种 19 种。调查工作极大丰富了玉龙县物种种类记录及其分布数据信息。

4.2　兰坪县生物多样性现状①

4.2.1　自然概况

兰坪地处滇西北高原金沙江、怒江、澜沧江“三江”并流纵谷区，位于北纬 26°06′～27°04′、东经 98°58′～99°38′。东接剑川县，南邻云龙县，西连泸水县和福贡县，北与维西县接壤。县域东西最大横距 68 km，南北最大纵距 117 km，总面积 4 388.5 km^2，其中山地面积占 95%。

兰坪县有丰富的野生植物，种类较多的当属一些有名的高山花卉，如杜鹃、报春、马先蒿等，是这些高山花卉的天然基因库。兰坪境内的高山峡谷间保存了大量的药用植物和具有园林绿化开发价值的植物，以及纤维植物、芳香植物、树脂及树胶植物等其他各类植物。此外，兰坪属澜沧江流域和金沙江流域中段生物区系，境内有须弥红豆杉、澜沧江黄杉、杜仲、云南樟、长苞冷杉、西康玉兰、云南榧树、棕背杜鹃等多种国家级以及省级保护植物，它们属珍稀、濒危物种，具有较高的经济价值、观赏价值以及科研价值。

兰坪县辖通甸、河西、中排、石登、兔峨、金顶、拉井和营盘等 8 个乡（镇），共有 104 个行政村（办事处）、801 个自然村。兰坪县居住着白族、普米族、傈僳族、彝族、怒族和汉族等少数民族。兰坪县国民经济中工业产值和收入较为可观，占总产值的 75%，这与该县长期以来是我国有名的“有色金属之乡”分不开，特别是矿产资源中的稀有金属和贵金属，如银、锑、锶、镉等，更为采矿、冶炼和加工等工业提供了难得的发展条件。但工业经济单一，深加工、精加工工业仍显较弱，基本上属出卖资源型矿业，这仍是今后应引起重视的问题。

4.2.2　组织实施

植物调查组沿云南新生桥—瞭望塔—拉井，兰坪县城—大村头—大麦地—兔峨乡，新生桥—玉龙箐，雪邦山，拉沙山，中排乡德庆—老窝村—老窝山，中排乡多依村，中排乡鹅底厂等线路对兰坪县云岭自然保护区以及澜沧江河谷总共进行了多次野外调查，调查覆盖了兰坪县的主要植被类型，调查共采集标本 1965 号；动物调查组先后对兰坪县的金顶镇、啦井镇、通甸镇、营盘镇、兔峨乡等地展开了多次野外调查，调查共采集兽类标本 67 号、鸟类标本 53 号、两栖爬行动物标本 320 余号；大型真菌调查组对兰坪县的通甸镇黄松村、箐口村、新桥国家森林公园、河西乡、罗古箐稗子沟、啦井乡、金鼎乡箐门村及金鼎寺附近等进行了多次野外调查，共采集大型真菌标本 540 号。

① 兰坪县植被类型与植物多样性由中科院昆明植物研究所彭华研究员组织调查和提供数据；动物多样性由西南林业大学韩联宪教授组织调查和提供数据；大型真菌多样性由中科院昆明植物研究所杨祝良研究员组织调查和提供数据。

4.2.3 主要成果

（1）植被类型组成

按照《云南植被》（吴征镒、朱彦丞主编，1987）和《中国植被》（中国植被编辑委员会，1980）关于植被分类的原则和系统，即以综合植物群落各方面基本特征为原则。参考以往植被考察结果与我们的实地调查所得样方资料，兰坪县境内共 8 个植被型、12 个植被亚型、17 个群系组和 28 个群系（表 4-8）。

表 4-8 兰坪县境内植被系统分类表

植被型	植被亚型	群系组	群系
1 常绿阔叶林	1 半湿润常绿阔叶林	1 栲类、青冈林	1 滇青冈林
	2 山顶苔藓矮林	2 杜鹃、乌饭矮林	2 乳黄杜鹃矮林
			3 棕背杜鹃矮林*
2 硬叶常绿阔叶林	3 寒温山地硬叶常绿栎林	3 黄背栎林	4 黄背栎林*
		4 川滇高山栎林	5 川滇高山栎林
3 落叶阔叶林	4 典型落叶阔叶林	5 落叶栎林	6 槲栎林
	5 山地杨桦林	6 桤木林	7 旱冬瓜林
		7 杨、桦林	8 槭树、桦木林
			9 滇山杨林
4 暖性针叶林	6 暖温性针叶林	8 云南松林	10 云南松林*
		9 华山松林	11 华山松林
5 温性针叶林	7 温凉性针叶林	10 云南铁杉林	12 云南铁杉林
	8 寒温性针叶林	11 云、冷杉林	13 丽江云杉林
			14 长苞冷杉林*
		12 落叶松林	15 大果红杉林
6 竹林	9 寒温性竹林	13 箭竹林	16 箭竹林
7 灌丛	10 寒温灌丛	14 杜鹃灌丛	17 腋花杜鹃灌丛
			18 腺房杜鹃灌丛
			19 川滇杜鹃灌丛
			20 易混杜鹃灌丛*
			21 兜尖卷叶杜鹃灌丛*
		15 硬叶栎灌丛	22 矮高山栎灌丛
	11 干热灌丛	16 尖叶木樨榄灌丛	23 尖叶木樨榄灌丛*
8 草甸	12 寒温草甸	17 禾草草甸	24 云南羊茅、草血竭草甸
		18 杂类草草甸	25 西南鸢尾、橐吾草甸
			26 马蓝草甸*
			27 总梗委陵菜、德钦香青草甸*
			28 总梗委陵菜、草血竭、紫堇草甸*

注：加*号的为本项目实地进行样方调查的植被类型。

（2）植物物种多样性

➢ 物种组成

通过两年的野外调查，结合历史标本数据和文献资料，最后统计得兰坪县共有高等植物 192 科，767 属，1 769 种，其中，苔藓植物 41 科，82 属，113 种，分别占总数的 21.3%、10.7%、6.4%；蕨类植物 17 科，30 属，71 种，分别占总数的 8.9%、3.9%、4.0%；种子植物 134 科，655 属，1 585 种，分别占总数的 69.8%、85.4%、89.6%。

兰坪县目前调查共有野生苔藓植物共 41 科，各科包含属、种数如下：丛藓科（Pottiaceae，14 属 17 种）、真藓科（Bryaceae，5 属 9 种）、曲尾藓（Dicranaceae，5 属 7 种）、灰藓科（Hypnaceae，4 属 5 种）、蔓藓科（Meteoriaceae，4 属 5 种）、羽藓科（Thuidiaceae，4 属 5 种）、紫萼藓科（Grimmiaceae，2 属 5 种）。

兰坪县目前调查共有野生蕨类植物共 17 科，各科包含属、种数如下：水龙骨科（Polypodiaceae，5 属 22 种）、鳞毛蕨科（Dryopteridaceae，2 属 16 种）、蹄盖蕨科（Athyriaceae，5 属 9 种）、中国蕨科（Sinopteridaceae，5 属 7 种）。

兰坪县目前计有野生种子植物 134 科，含 30 种以上的科计有 13 科，占本区全部科数的 9.7%；这些科包含 323 属，占本区全部属数的 48.9%；含有 836 种，占本区全部种数的 52.4%。其中，含有 50 种以上的科有菊科（Asteraceae，53 属 123 种）、禾本科（Poaceae，64 属 120 种）、蔷薇科（Rosaceae，27 属 99 种）、豆科（Leguminosae，36 属 71 种）、唇形科（Labiatae，33 属 66 种）、毛茛科（Ranunculaceae，11 属 55 种）、百合科（Liliaceae，24 属 54 种）、杜鹃花科（Ericaceae，9 属 54 种）。这 8 个科在兰坪县得到了较为充分的发展，是该地区种子植物区系的主体成分。

➢　特有种类

兰坪县有中国特有植物共 520 种，云南省特有植物共 141 种，有五裂碎米荠（*Cardamine griffithii* var. *pentaloba*）、兰坪胡颓子（*Elaeagnus lanpingensis*）、兰坪玉山竹（*Yushania puberula*）、假韧黄芩（*Scutellaria pseudotenax*）、兰坪花楸（*Sorbus lanpingensis*）、兰坪马先蒿（*Pedicularis lanpingensis*）、长角骤尖楼梯草（*Elatostema cuspidatum* var. *dolichoceras*）兰坪县特有植物 7 种。

➢　珍稀濒危保护种类

据《国家重点保护野生植物名录（第一批）》（国务院，1999）、《云南省第一批省级重点保护野生植物名录》（1989）、濒危野生动植物种国际贸易公约（CITES）附录Ⅰ、附录Ⅱ和附录Ⅲ（2007），兰坪县共有珍稀濒危保护植物 50 种。

表 4-9　兰坪县各类保护野生植物名录

科名	中文名	拉丁学名	国家保护	省级保护	CITES
Taxaceae	须弥红豆杉	*Taxus wallichiana*	国家Ⅰ级	省二级	
Magnoliaceae	西康玉兰	*Magnolia wilsonii*	国家Ⅱ级		
Taxaceae	云南榧树	*Torreya yunnanensis*	国家Ⅱ级		
Pinaceae	油麦吊云杉	*Picea brachytyla var. complanata*	国家Ⅱ级		
Pinaceae	澜沧黄杉	*Pseudotsuga forrestii*	国家Ⅱ级		
Polygonaceae	金荞麦	*Fagopyrum dibotrys*	国家Ⅱ级		
Cruciferae	高河菜	*Megacarpaea delavayi*		省二级	

科名	中文名	拉丁学名	国家保护	省级保护	CITES
Lauraceae	沧江新樟	*Neocinnamomum mekongense*		省二级	
Liliaceae	钟花假百合	*Notholirion campanulatum*		省二级	
Lauraceae	长梗润楠	*Machilus longipedicellata*		省三级	
Liliaceae	花叶重楼	*Paris marmorata*		省三级	
Juglandaceae	云南枫杨	*Pterocarya delavayi*		省三级	
Caprifoliaceae	毛核木	*Symphoricarpos sinensis*		省三级	
Caprifoliaceae	穿心莛子藨	*Triosteum himalayanum*		省三级	
Orchidaceae	滇蜀无柱兰	*Amitostigma tetralobum*			附录Ⅱ
Orchidaceae	小白芨	*Bletilla formosana*			附录Ⅱ
Orchidaceae	流苏虾脊兰	*Calanthe alpina*			附录Ⅱ
Orchidaceae	剑叶虾脊兰	*Calanthe davidii*			附录Ⅱ
Orchidaceae	头蕊兰	*Cephalanthera longifolia*			附录Ⅱ
Orchidaceae	珠兰	*Chloranthus spicatus*			附录Ⅱ
Orchidaceae	黄绿贝母兰	*Coelogyne prolifera*			附录Ⅱ
Orchidaceae	蕙兰	*Cymbidium faberi*			附录Ⅱ
Orchidaceae	短棒石斛	*Dendrobium capillipes*			附录Ⅱ
Orchidaceae	火烧兰	*Epipactis helleborine*			附录Ⅱ
Orchidaceae	大叶火烧兰	*Epipactis mairei*			附录Ⅱ
Orchidaceae	天麻	*Gastrodia elata*			附录Ⅱ
Orchidaceae	小斑叶兰	*Goodyera repens*			附录Ⅱ
Orchidaceae	西南手参	*Gymnadenia orchidis*			附录Ⅱ
Orchidaceae	长距玉凤花	*Habenaria davidii*			附录Ⅱ
Orchidaceae	宽药隔玉凤花	*Habenaria limprichtii*			附录Ⅱ
Orchidaceae	舌喙兰	*Hemipilia cruciata*			附录Ⅱ
Orchidaceae	扇唇舌喙兰	*Hemipilia flabellata*			附录Ⅱ
Orchidaceae	矮角盘兰	*Herminium chloranthum*			附录Ⅱ
Orchidaceae	条叶角盘兰	*Herminium coiloglossum*			附录Ⅱ
Orchidaceae	叉唇角盘兰	*Herminium lanceum*			附录Ⅱ
Orchidaceae	短柱对叶兰	*Listera mucronnata*			附录Ⅱ
Orchidaceae	云南沼兰	*Malaxis behanensis*			附录Ⅱ
Orchidaceae	沼兰	*Malaxis monophyllus*			附录Ⅱ
Orchidaceae	短距红门兰	*Orchis brevicalcarata*			附录Ⅱ
Orchidaceae	广布红门兰	*Orchis chusua*			附录Ⅱ
Orchidaceae	西南山兰	*Oreorchis angustata*			附录Ⅱ
Orchidaceae	山兰	*Oreorchis patens*			附录Ⅱ
Orchidaceae	岩生石仙桃	*Pholidota rupestris*			附录Ⅱ
Orchidaceae	滇藏舌唇兰	*Platanthera bakeriana*			附录Ⅱ
Orchidaceae	二叶舌唇兰	*Platanthera chlorantha*			附录Ⅱ
Orchidaceae	平卧曲唇兰	*Pleione cavalerei*			附录Ⅱ
Orchidaceae	四川独蒜兰	*Pleione limprichtii*			附录Ⅱ
Orchidaceae	云南朱兰	*Pogonia yunnanensis*			附录Ⅱ
Orchidaceae	缘毛鸟足兰	*Satyrium ciliatum*			附录Ⅱ
Orchidaceae	绶草	*Spiranthes sinensis*			附录Ⅱ
Liliaceae	美丽豹子花	*Nomocharis basilissa*			

➢　资源类群

① 材用植物

碧落雪山保存了较好的森林，其中，有部分还为原始森林。森林中蓄积量最大的当属云南松（*Pinus yunnanensis*），其树干通直，木质轻软细密，是优质造纸、人造板原料，并供建筑、家具等用材。在云岭保护区内，云南铁杉（*Tsuga dumosa*）仅次于云南松而位居第二，铁杉木材坚实，抗腐力强，尤耐水湿，可供建筑、飞机、家具及木纤维工业原料等用。此外，该县还有其他材用树种，珍贵的木材有须弥红豆沙（*Taxus wallichiana*）、丽江云杉（*Picea likiangensis*）、长苞冷杉（*Abies georgei*）、油麦吊云杉、高山三尖杉（*Cephalotaxus fortunei* var. *alpina*）等，杂木树有旱冬瓜、滇青冈、川滇高山栎、多变石栎等。林中还有一些目前因未大面积成林而未被有效利用但却可以作为材用的树种，如女贞（*Ligustrum lucidum*）、滇鼠刺（*Itea yunnanensis*）、锡金白蜡树（*Fraxinus sikkimensis*）、桦叶荚蒾（*Viburnum betulifolium*）、泡花树（*Meliosma cuneifolia*）、滇润楠（*Machilus yunnanensis*）、云南冬青（*Ilex yunnanensis*）等。

② 药用植物

兰坪药用植物资源丰富，其中景天科有长鞭红景天、多苞红景天（*Rhodiola multibracteata*）、云南红景天（*Rhodiola yunnanensis*）、菊叶红景天、细叶景天（*Sedum elatinoides*）以及多茎景天（*Sedum multicaule*）等；百合科药用植物较多，有黄精属多种，如卷叶黄精（*Polygonatum cirrhifolium*）、康定玉竹（*Polygonatum prattii*）、轮叶黄精（*Polygonatum verticillatum*）等，此外还有川贝母（*Fritillaria cirrhosa*）、麦冬（*Ophiopogon japonicus*）、川百合（*Lilium davidii*）、狭叶藜芦、荞麦叶贝母（*Cardiocrinum giganteum*）、剑叶开口箭（*Tupistra ensifolia*）等；延龄草科云南 2 属兰坪均产，目前已发现延龄草（*Trillium tschonoskii*）、狭叶重楼（*Paris polyphylla* var. *stenophylla*）、长柱重楼（*Paris forrestii*）和花叶重楼（*Paris marmorata*）4 种。菊科也是药用植物的一个大科，其药用植物主要有紫菀类（*Aster* sp.）、千里光类（*Senecio* sp.）、天名精类（*Carpesium* sp.）等，具体产兰坪的如有耳叶紫菀（*Aster auriculatus*）、短亭飞蓬（*Erigeron breviscapus*）、华火绒草（*Leontopodium sinense*）、千里光（*Senecio scandens*）、菊状千里光（*Senecio laetus*）、花叶滇苦菜（*Sonchus asper*）、金挖耳（*Carpesium divaricatum*）、粗齿天名精（*Carpesium trachelifolium*）等多种草本植物。此外，还有其他科的多种药用植物，如兰科的叉唇角盘兰（*Herminium lanceum*）、大叶火烧兰（*Epipactis mairei*）、头蕊兰（*Cephalanthera longifolia*）、绶草（*Spiranthes sinensis*）、小斑叶兰（*Goodyera repens*），唇形科的夏枯草（*Prunella vulgaris*）、藿香（*Agastache rugosa*）、大花活血丹（*Glechoma sinograndis*）等，以及其他一些常见的药用植物，如山酢浆草（*Oxalis griffithii*）、酸浆（*Physalis alkekengi*）、龙葵（*Solanum nigrum*）、珠子参（*Panax japonicus*）、多苞藁本（*Ligusticum involucratum*）、羊齿天门冬（*Asparagus filicinus*）、滇厚朴（*Ehretia corylifolia*）、土牛膝（*Achyranthes asper*）、宝兴马兜铃（*Aristolochia moupinensis*）、岩菖蒲（*Tofieldia thibetica*）、小寸金黄（*Lysimachia deltoidea* var. *cinerascens*）、通泉草（*Mazus pumilus*)、接骨木(*Sambucus williamsii*)、粗毛淫羊藿(*Epimedium acuminatum*)、红花五味子(*Schisandra rubiflora*)、川滇柴胡(*Bupleurum candollei*)、小柴胡(*Bupleurum hamiltonii*)、丁座草(*Boschniakia himalaica*)等。兰坪的药用植物资源相当丰富,有必要对其开展详细、深入研究,以便充分开发利用这些得天独厚的自然资源。

③ 园林绿化植物

兰坪的一些乔木植物是优良的庭院绿化树种,如华山松(*Pinus armandii*)高大挺拔,针叶苍翠,冠形优美,生长迅速,在园林中可用作园景树、庭荫树、行道树及林带树,亦可用于丛植、群植,并系高山风景区之优良风景林树种,类似的乔木还有长苞冷杉(*Abies georgei*)、丽江云杉(*Picea likiangensis*)等。兰坪的杜鹃花属植物多达44种,种类极为丰富,花色形态各异,早春时节争奇斗艳,如开白花的大白花杜鹃(*Rhododendron decorum*)等。此外,一些观花或观果灌木,如青窄槭(*Acer davidii*)、房县槭(*Acer franchetii*)、大翅色木槭(*Acer mono* var. *macropterum*)等各种槭树,全缘石楠(*Photinia integrifolia*)、柳叶锐齿石楠(*Photinia arguta* var. *salicifolia*)等石楠类植物;藤本植物有绣球藤(*Clematis montana*)、红花五味子(*Schisandra rubiflora*)等。

兰坪还有许多高山植物,这些高山植物颜色艳丽,具有很高的观赏价值,是以后园林花卉的重要基因库。这些植物主要属于报春花科、龙胆科和玄参科,如鄂报春(*Primula obconica*)等多种报春,秀丽龙胆(*Gentiana bella*)、头花龙胆(*Gentiana cephalantha*)等多种龙胆,腋花马先蒿(*Pedicularis axillaris*)等颜色各异的马先蒿属高山植物,此外,还有开深蓝紫色花的大花毛鳞菊(*Chaetoseris grandiflora*)、紫红色花的滇紫地榆(*Geranium yunnanens*)和岩白菜(*Bergenia purpurascens*)、团状粉色花的太白韭(*Allium prattii*)等。

④ 食用植物

兰坪也有不少的食用植物,如十字花科的高河菜(*Megacarpaea delavayi*)、杜鹃花科的大白花杜鹃(*Rhododendron decorum*)的花瓣、五加科的楤木(*Aralia chinensis*)和香椿(*Toona sinensis*)的嫩芽,百合科藜芦类(*Veratrum* sp.)植物幼嫩时的植株,均为当地特色的时令蔬菜;而疏毛猕猴桃(*Actinidia pilosula*)、乌鸦果(*Vaccinium fragile*)等多种植物的果实则是既美味又健康的水果;荞麦(*Fagopyrum esculentum*)、大麻(*Cannabis sativa*)的种子也可供食用。此外,当地的五味子资源丰富,当地人将其开发成了五味子酒、五味子鸡等多种特色食品。

⑤ 鞣质与染料资源

兰坪有不少鞣质资源类植物,常见的有七叶鬼灯檠(*Rodgersia aesculifolia*)、西南委陵菜(*Potentilla fulgens*)、悬钩子蔷薇(*Rosa rubus*)、山杨(*Populus davidiana*)、爬藤榕(*Ficus sarmentosa* var. *impressa*)、构树(*Broussonetia papyrifera*)、云南双盾木(*Dipelta yunnanensis*)等。燃料资源类植物则相对较少,其中,最常见的种类当属唇形科的紫苏(*Perilla frutescens*),作为紫色燃料而被广泛使用。此外,盐肤木(*Rhus chinensis*)的心材和树皮也可提取燃料。

⑥ 油料植物

不少植物的种子可以榨油，这类植物主要有楔叶独行菜（*Lepidium cuneiforme*）、总苞葶苈（*Draba involucrata*）、滇葶苈（*Draba yunnanensis*）、遏蓝菜（*Thlaspi arvense*）、沼泽蔊菜（*Rorippa palustris*）、灯台树（*Bothrocarpum controversum*）、接骨木（*Sambucus williamsii*）、珍珠荚蒾（*Viburnum foetidum* var. *ceanothoides*）、水红木（*Viburnum cylindricum*）、中华青荚叶（*Helwingia chinensis*）、毛梾（*Cornus walteri*）、云南榧树、华山松（*Pinus armandii*）、高山三尖杉（*Cephalotaxus fortunei*）、流苏树（*Conanthus retusus*）、木姜子（*Litsea pungens*）、阴香（*Cinnamomum burmannii*）、新樟（*Neocinnamomum delavayi*）、大麻（*Cannabis sativa*）、楝（*Melia azedarach*）等。

⑦ 香料植物

香料植物主要属于唇形科，如野拔子（*Elsholtzia rugulosa*）、紫苏（*Perilla frutescens*）、罗勒（*Ocimum basilicum*）、留兰香（*Mentha spicata*）、薄荷（*Mentha haplocalyx*）等，以及樟科，如木姜子（*Litsea pungens*）、阴香（*Cinnamomum burmannii*）、新樟（*Neocinnamomum delavayi*）、滇润楠（*Machilus yunnanensis*）等。此外，还有一些其他科的植物，如悬钩子蔷薇（*Rosa rubus*）、长圆叶梾木（*Cornus oblonga*）、云南松（*Pinus yunnanensis*）、芳香白珠（*Gaultheria fragrantissima*）、清香木（*Pistacia weinmannifolia*）、络石（*Trachelospermum jasminoides*）、密蒙花（*Buddleja officinalis*）等。

⑧ 蜜源植物

资源丰富的杜鹃花属（*Rhododendron* sp.）植物、报春花属（*Primula* sp.）植物，以及醉鱼草科的密蒙花（*Buddleja officinalis*）、缘叶醉鱼草（*Buddleja heliophila*）等，蔷薇科的云南绣线菊（*Spiraea yunnanensis*）、藏南绣线菊（*Spiraea bella*），木樨科的紫药女贞（*Ligustrum delavayanum*）、女贞（*Ligustrum lucidum*）等，菊科的菊状千里光（*Senecio laetus*）、千里光（*Senecio scandens*）等，以及西域蜡瓣花（*Corylopsis himalayana*）、柳叶菜（*Epilobium hirsutum*）、锥腺樱花（*Cerasus conadenia*）、泸水山梅花（*Philadelphus lushuiensis*）、云南山梅花（*Philadelphus delavayi*）等多种植物，花期长，花密集成较大花序，可以作为优良的蜜源植物。

⑨ 纤维植物

植物中不少植物的茎皮或植株含有较多的纤维，可以用作纤维原料。其中，兰坪常见的有白瑞香（*Daphne papyracea*）、长瓣瑞香（*Daphne longilabata*）、刺蒴麻（*Triumfetta rhomboidea*）、桦叶荚蒾（*Viburnum betulifolium*）、小果垂枝柏（*Sabina recurva* var. *coxii*）、流苏树（*Chionanthus retusus*）、长叶苎麻（*Boehmeria penduliflora*）、苎麻（*Boehmeria nivea*）、长叶水麻（*Debregeasia longifolia*）、水麻（*Debregeasia orientalis*）、珠芽艾麻（*Laportea bulbifera*）、艾麻（*Laportea macrostachya*）、糯米团（*Memorialis hirta*）、红雾水葛（*Pouzolzia sanguinea*）、络石（*Trachelospermum jasminoides*）、密蒙花（*Buddleja officinalis*）、大麻（*Cannabis sativa*）、楝（*Melia azedarach*）等。

⑩ 其他资源植物

除了上面提及的 9 大类植物外，还有些植物，它们不归属于上述 9 大类，而是其他类型的资源植物。如树脂或树胶类植物：云南松（*Pinus yunnanensis*）、云南铁杉（*Tsuga dumosa*）、华山松（*Pinus armandii*）、清香木（*Pistacia weinmannifolia*）、猫儿屎（*Decaisnea fargesii*。淀粉类植物：蕨菜（*Pteridium aguilinum* var. *latiuxculum*）根茎含淀粉 10.6%，宝兴百合（*Lilium duchartrei*）及川百合（*Lilium davidii*）等百合属植物的鳞茎，马唐（*Digitaria sanguinalis*）的谷粒也可制淀粉。

（3）动物物种多样性

➢ 物种组成

通过本次野外调查收集的数据，并参考相关文献资料和中国科学院昆明动物研究所标本馆、西南林业大学标本馆、云南大学标本馆收藏的兰坪县动物标本记录，兰坪县共记录陆生野生动物 374 种，隶属 29 目 81 科，兰坪县陆生野生动物中各类群目、科、种数见表 4-10。

表 4-10 各类群目、科、种数及占云南、中国的比例

类群	目	科	种	种类占云南的比例/%	种类占中国的比例/%
兽类	9	25	86	30.7	20.5
鸟类	16	42	240	26.5	18.1
两栖类	2	7	20	16.5	6.2
爬行类	2	7	28	17.1	6.9
合计	29	81	374	—	—

兽类中，按地理分布进行划分，东洋界物种 59 种，占收录物种总数的 68.6%；古北界物种 2 种，占物种总数的 2.3%；广布种 25 种，占物种总数的 29.1%。东洋界物种中，横断山区特有种 8 种。

鸟类中，按居留类型划分，留鸟和繁殖鸟 196 种，占总数的 81.7%，夏候鸟 20 种，占 8.3%，冬候鸟 7 种，占 2.9%，旅鸟 17 种，占 7.1%，偶见和罕见鸟 5 种，占 2.1%（部分鸟类同属几种居留类型）。按区系划分，繁殖区域主要在东洋界的称东洋种，计 146 种，占 60.8%；繁殖区域主要在古北界的称古北种，计 18 种，占 7.5%；繁殖区域广布于古北和东洋两界的称广布种，计 76 种，占 31.7%。东洋界物种中，繁殖区域限于横断山区的特有种计 57 种。

两栖爬行类动物的区系成分主要是东洋界西南区物种，其中两栖类 13 种，约占两栖类总种数的 68.4%；爬行类 11 种，约占爬行类总种数的 39.3%。两栖类区系成分中，西南与其他成分共有的类型少于爬行类；两栖类南北成分共有的种类共 7 种，占两栖类总种数的 31.6%；爬行类南北成分共有的种类共 17 种，占爬行类总种数的 60.7%；爬行类动物南北成分混杂的现象较两栖类更为明显。

➢　特有种类

中国特有兽类 10 种，即大纹背鼩鼱、滇金丝猴、滇绒鼠、昭通绒鼠、大绒鼠、西南绒鼠、澜沧江姬鼠、高山姬鼠、川西白腹鼠、安氏白腹鼠，其中澜沧江姬鼠为云南特有种；中国特有鸟类 11 种，包括：血雉、白腹锦鸡、大紫胸鹦鹉、宝兴歌鸫、白点鹛、大噪鹛、棕噪鹛、橙翅噪鹛、白领凤鹛、滇䴓、曙红朱雀；两栖爬行类中国特有物种共有 5 种，均为两栖类，其中 3 种属云南特有物种，分别是绿点湍蛙、疣刺齿蟾和滇蛙，有 2 种属西南地区特有种，为大蹼铃蟾和无指盘臭蛙。

➢　珍稀濒危保护种类

兰坪县记录到的 374 种陆生脊椎动物中，有国家 I 级重点保护动物 9 种，国家 II 级重点保护动物 38 种；云南省省级保护动物 2 种；列入《濒危野生动植物种国际贸易公约》（CITES）（2010）附录 I 物种 14 种，附录 II 物种 23 种；列入《中国濒危动物红皮书》极危（CR）物种 0 种，濒危（EN）7 种，易危（VU）16 种（表 4-11）。

表 4-11　兰坪县各类物种保护物种数量

类群	国家保护		省级保护	CITES 附录		红色名录		
	I 级	II 级		I	II	CR	EN	VU
兽类	7	13	2	13	9	0	4	12
鸟类	2	24	0	1	14	0	1	4
两栖类	0	1	0	0	0	0	2	0
爬行类	0	0	0	0	0	0	0	0
合计	9	38	2	14	23	0	7	16

据统计，兰坪县县域内记录到的兽类中属国家 I 级重点保护动物的有滇金丝猴、马来熊、云豹、金钱豹、林麝、黑麝、喜马拉雅麝 7 种；属国家 II 级保护动物的有 13 种，即猕猴、中国穿山甲、豺、黑熊、小熊猫、水獭、黄喉貂、大灵猫、小灵猫、金猫、水鹿、中华鬣羚、川西斑羚；云南省省级重点保护兽类有狼、毛冠鹿 2 种。列入《濒危野生动植物种国际贸易公约》（CITES）附录 I 的有 13 种，即滇金丝猴、中国穿山甲、黑熊、马来熊、小熊猫、水獭、金猫、云豹、金钱豹、中华鬣羚、川西斑羚；列入附录 II 的有 9 种，即猕猴、狼、豺、大灵猫、小灵猫、豹猫、林麝、黑麝、喜马拉雅麝。列入《中国濒危动物红皮书》濒危的有 4 种，即滇金丝猴、黑熊、林麝、喜马拉雅麝；易危的有 12 种，即猕猴、狼、豺、小熊猫、水獭、大灵猫、豹猫、金猫、云豹、金钱豹、黑麝、川西斑羚。

兰坪县记录的鸟类属国家 I 级重点保护动物的有黑鹳、黑颈长尾雉 2 种；属国家 II 级保护动物的有 24 种，即乌雕、凤头蜂鹰、凤头鹰、雀鹰、松雀鹰、普通鵟、高山兀鹫、白尾鹞、燕隼、红隼、血雉、红腹角雉、白鹇、勺鸡、白腹锦鸡、灰鹤、楔尾绿鸠、灰头绿鸠、大紫胸鹦鹉、雕鸮、领鸺鹠、斑头鸺鹠、褐林鸮、白腹黑啄木鸟。列入《濒危野生动植物种国际贸易公约》（CITES）附录 I 的有 1 种，即黑颈长尾雉；列入附录 II 的有 14

种，即黑鹳、乌雕、凤头蜂鹰、凤头鹰、雀鹰、松雀鹰、普通鵟、高山兀鹫、白尾鹞、燕隼、红隼、血雉、灰鹤、大紫胸鹦鹉。列入《中国濒危动物红皮书》濒危的有 1 种，即黑鹳；易危的有 4 种，即凤头蜂鹰、血雉、红腹角雉、白腹锦鸡。

兰坪县仅分布有国家 II 级保护两栖动物 1 种，即红瘰疣螈。被《中国濒危动物红皮书》列入“易危”物种的有 4 种，即双团棘胸蛙、绿点湍蛙、王锦蛇和黑眉锦蛇；被列入《中国物种红色名录》的有 5 种，红瘰疣螈、双团棘胸蛙、王锦蛇 3 种被列为“易危”物种，无指盘臭蛙和山烙铁头 2 种被列为“近危”物种。

（4）大型真菌物种多样性

通过调查与标本采集，结合过去在该县采集的标本，兰坪县共知大型真菌 48 科 101 属 252 种，它们隶属于子囊菌门 13 科 15 属 21 种，担子菌门 35 科 86 属 231 种，其中食用菌 73 种（如著名的鸡枞、羊肚菌、印度块菌），药用菌 17 种，菌毒 11 种。在访谈中还了解到该县有国家 II 级保护“植物”——松口蘑的分布。

通过调查，发现该县有国家 II 级重点保护物种松茸（*Tricholoma matsutake*）（国务院 1999 年），还有珍贵美味食用菌印度块菌（*Tuber indicum*）、羊肚菌（*Morchella* spp.）、黄褐纹蚁巢伞（*Termitomyces striatus*）等，由于这些物种都是美味的食用菌，人们对这些物种的破坏比较严重，有待相关物种采取保护。

兰坪县除有丰富的广布物种外，还分布有大量亚洲特有物种，如：东方褐盖鹅膏（*Amanita orientifulva*）和中国特有种，如：近球盖鹅膏（*Amanita subglobosa*）、中华隐孔菌（*Cryptoporus sinensis*）、玫红臧氏牛肝菌（*Zangia roseola*）。

从不同营养类型角度分析，兰坪县的大型真菌以共生型真菌（外生菌根菌）为主，达 159 种，占所采集到真菌总数的 63.09%；其次是土生型真菌，达 49 种，占所采集到真菌总数的 19.44%；再次是腐生型真菌（木材腐朽菌），达 41 种，占所采集到真菌总数的 16.27%；虫生型真菌极为罕见（2 种）。

4.2.4 小结

系统调查完成了兰坪县高等植物、陆生脊椎动物和大型真菌物种编目，并建立了数据库，为国家和地方生物多样性保护提供技术资料。

在为期两年的野外实地考察中，发现 679 个植物物种在兰坪新分布数据，包括 10 种国家级或省级保护植物，12 种兰科植物（全部列入 CITES 附录 II），还有具有重要经济、科学、文化价值的物种，如丽江云杉、三尖杉、须弥红豆杉和油麦吊云杉等。调查中还发现鳞毛蕨属的一新种及葡萄科的一新属（囊瓣藤 *Sacciopetalum*）。

依据本次实际调查数据和文献综合完成的兰坪县兽类名录共 86 种，较历时本底资料（124 种）少 38 种；鸟类名录共 240 种，较历时本底资料鸟类（33 种）增加 207 种；两栖爬行动物名录共 48 种，较历时本底资料（22 种，其中，爬行类 12 种，两栖类 10 种）增加了 26 种，其中爬行类增加 16 种，两栖类增加 10 种。

结束了对该县大型真菌资源状况缺乏了解的状况，初步摸清了该县大型真菌资源多样性的基本情况，为该地区的真菌资源的开发和利用积累了基本资料。发现在鹅膏属、牛肝菌属、绒盖牛肝菌属、丝盖伞属、微皮伞属、口蘑属、环柄菇属均有疑似新种发现。

4.3　维西县生物多样性现状①

4.3.1　自然概况

维西，是全国唯一的傈僳族自治县，位于云南省西北隅，迪庆藏族自治州西南部，北纬 26º53′～28º02′，东经 98º54′～99º34′，东南跨经度 0º40′，南北跨纬度 1º09′，分别与丽江市玉龙县，怒江州兰坪县、福贡、贡山县，及本州香格里拉、德钦县相邻，地处著名的世界自然遗产“三江并流”腹心地带。县城保和镇距省会昆明 740 km，距州府驻地香格里拉县城 170 km。县境属温带寒温带过渡性地带，生物、水能和矿藏资源十分丰富。全县总面积为 4 661 km^2，东西最大跨径为 70 km。境内群峰竦峙，江河奔流，自然景观壮美，民族风情迷人。

维西在历史上曾是进藏通缅的要冲，是滇西北的“茶马互市”汇集点，这里民族众多，各民族都有自己古老的历史文化传统，历经悠悠岁月，世代沿袭下来，至今大多保持其独特的风貌，这里有共生互融的民族宗教文化，这里与州内的香格里拉县和德钦县相对比，气候相对温和，平均海拔低，是一年四季观光旅游的好地方。

维西傈僳族自治县辖 3 个镇、7 个乡：保和镇、叶枝镇、塔城镇、永春乡、攀天阁乡、白济讯乡、康普乡、巴迪乡、中路乡、维登乡。共有 3 个居委会、79 个村委会、3 个居民委员会、1 024 个村民小组。境内有 20 多个民族，包括傈僳族、汉族、纳西族、白族、藏族、彝族、普米族等近 10 个世居民族。为全国唯一的傈僳族自治县。境内各民族之间民风、民俗相互交融、和睦共处；藏传佛教、基督教、天主教等多种宗教文化并存。

4.3.2　组织实施

植物调查组沿鲁甸—栗地坪，拖枝乡，维西县城—庆福—四保—美光，维西县城—北甸—维登—中路，维西县城—永春—托底—革尼瓦路线对维西县的栗地坪、拖枝乡和西保乡进行了为时 90 天的野外调查，共采标本 1668 号；动物调查组依据类群组织两栖爬行类、鸟类和兽类三个专业调查小组先后对维西县的塔城镇、攀天阁乡、白济汛乡、叶枝镇、巴迪乡、永春乡、维登乡、保和镇、康普乡等 9 个乡镇 28 个调查点 36 条样线进行了野外调查；大型真菌调查组对维西塔城镇巴珠村附近、攀天阁乡附近、其宗乡附近进行了野外调查，采集大型真菌标本 132 份。

---

① 维西县植被类型与植物多样性由中科院昆明植物研究所彭华研究员组织调查和提供数据；动物多样性由云南大学胡健生教授组织调查和数据提供；大型真菌多样性由中科院昆明植物研究所刘培贵研究员调查和数据提供。

4.3.3　主要成果

（1）植被类型组成

按照《云南植被》（吴征镒、朱彦丞，1987）和《中国植被》（中国植被编辑委员会，1980）关于植被分类的原则和系统。参考以往植被考察结果与我们的实地调查所得样方资料，维西县境内共 8 个植被型、12 个植被亚型、19 个群系组和 29 个群系（表 4-12）。

表 4-12　维西县境内植被系统分类表

<table>
<tr><th>植被型</th><th>植被亚型</th><th>群系组</th><th>群系</th></tr>
<tr><td rowspan="5">1 常绿阔叶林</td><td rowspan="2">1 中山湿性常绿阔叶林</td><td rowspan="2">1 石栎、青冈栎林</td><td>1 青冈栎林</td></tr>
<tr><td>2 多变石栎林</td></tr>
<tr><td rowspan="3">2 山顶苔藓矮林</td><td rowspan="3">2 杜鹃矮林</td><td>3 苍山冷杉-假乳黄杜鹃林</td></tr>
<tr><td>4 青冈-凸尖杜鹃林</td></tr>
<tr><td>5 紫玉盘杜鹃+宽钟杜鹃矮林</td></tr>
<tr><td rowspan="5">2 硬叶常绿阔叶林</td><td rowspan="3">3 寒温山地硬叶常绿栎类林</td><td>3 黄背栎林</td><td>6 黄背栎林</td></tr>
<tr><td>4 帽斗栎林</td><td>7 帽斗栎林</td></tr>
<tr><td>5 川滇高山栎林</td><td>8 川滇高山栎林</td></tr>
<tr><td rowspan="2">4 干热河谷硬叶常绿栎类林</td><td>6 铁橡栎林</td><td>9 铁橡栎林</td></tr>
<tr><td>7 光叶高山栎林</td><td>10 光叶高山栎林</td></tr>
<tr><td>3 落叶阔叶林</td><td>5 暖温性落叶阔叶林</td><td>8 桤木林</td><td>11 旱冬瓜林*</td></tr>
<tr><td rowspan="2">4 暖性针叶林</td><td rowspan="2">6 暖温性针叶林</td><td rowspan="2">9 松林</td><td>12 云南松林*</td></tr>
<tr><td>13 华山松林</td></tr>
<tr><td rowspan="5">5 温性针叶林</td><td>7 温凉性针叶林</td><td>10 铁杉林</td><td>14 云南铁杉林</td></tr>
<tr><td rowspan="4">8 寒温性针叶林</td><td rowspan="3">11 云杉、冷杉林</td><td>15 丽江云杉林</td></tr>
<tr><td>16 长苞冷杉林</td></tr>
<tr><td>17 川滇冷杉林*</td></tr>
<tr><td>12 落叶松林</td><td>18 大果红杉林</td></tr>
<tr><td rowspan="4">6 灌丛</td><td rowspan="4">9 寒温灌丛</td><td rowspan="2">13 杜鹃灌丛</td><td>19 毛喉杜鹃灌丛</td></tr>
<tr><td>20 灰背杜鹃灌丛*</td></tr>
<tr><td rowspan="2">14 柳灌丛</td><td>21 青藏垫柳灌丛</td></tr>
<tr><td>22 乌柳灌丛</td></tr>
<tr><td>7 竹林</td><td>10 温性竹林</td><td>15 箭竹林</td><td>23 箭竹林</td></tr>
<tr><td rowspan="6">8 草甸</td><td rowspan="2">11 寒温草甸</td><td>16 禾草草甸</td><td>24 羊茅草甸</td></tr>
<tr><td>17 杂类草草甸</td><td>25 西南鸢尾草甸*</td></tr>
<tr><td rowspan="4">12 沼泽化草甸</td><td rowspan="2">18 莎草沼泽化草甸</td><td>26 卵穗荸荠草甸*</td></tr>
<tr><td>27 华扁穗草沼泽化草甸</td></tr>
<tr><td rowspan="2">19 杂类草沼泽化草甸</td><td>28 矮地榆沼泽化草甸</td></tr>
<tr><td>29 海仙报春草甸*</td></tr>
</table>

注：加*号的为本项目实地进行样方调查的植被类型。

（2）植物物种多样性

➢ 物种组成

通过对两次维西野外调查所采的 1668 号标本的系统鉴定，以及对国内各标本馆馆藏的采自维西县内标本的系统查阅，同时结合相关的文献资料，编写了维西县高等植物名录。到目前为止，共记载高等植物 219 科 872 属 2 694 种（含种下等级，以下同），维管植物 160 科 702 属 2 286 种，其中被子植物 130 科 636 属 2 098 种，裸子植物 5 科 13 属 523 种，蕨类植物 27 科 53 属 165 种，苔藓植物 59 科 170 属 408 种（表 4-13）。

表 4-13 维西县高等植物的基本物种组成

植物类群			科	属	种
苔藓植物			59	170	408
蕨类植物			25	53	165
种子植物	裸子植物		5	13	23
	被子植物	双子叶植物	118	503	1 740
		单子叶植物	12	133	358
		被子植物小计	130	636	2 098
	种子植物小计		135	649	2 121
维管植物小计			160	702	2 286
高等植物小计			219	872	2 694

苔藓植物中，超过 10 属的科有曲尾藓科（15 种）、丛藓科（14 种）和灰藓科（12 种）；170 属，其中超过 10 种的属有耳叶苔属（20 种）、真藓属（17 种）、青藓属（15 种）、曲尾藓属（14 种））、丝瓜藓属（11 种）、光萼苔属（11 种）、羽苔属（10 种）和匐灯藓属（10 种）。

蕨类植物中，超过 4 属的科有水龙骨科（8 种）、蹄盖蕨科（7 种）、鳞毛蕨科（6 种）和中国蕨科（4 种）；超过 10 种的属有鳞毛蕨属（22 种）、蹄盖蕨属（11 种）、瓦韦属（11 种）和耳蕨属（11 种）。

种子植物中，含 50 种以上的科计有 13 科，占本区全部科的 9.56%，包含 325 属，占本区全部属数的 50.08%，含有 1121 种，占本区全部种数的 52.85%；种数超过 20 种的属有 14 属，占全部属数的 2.16%，共包含 408 种，占全部种数的 19.26%。包含种数最多的是杜鹃属（65 种），其次是马先蒿属（42 种）、薹草属（32 种）、蓼属（31 种），都是典型北温带分布的大属或全球广布的大属，并且多为高山分布的类群。

➢ 特有种类

根据名录统计，共有各级特有植物 739 种，其中维西特有植物 14 种，云南特有植物 178 种，中国特有植物 547 种。

➢ 珍稀濒危保护种类

本次调查维西有国家 I、II 级珍稀濒危保护植物 11 种（据国务院 1999 年 8 月 4 日颁布的《国家重点野生保护植物名录（第一批）》）和云南省级重点保护植物 3 种（据《云南省第一批省级重点保护野生植物名录》），其中国家 I 级保护植物 3 种，国家 II 级保护植物 9 种，云南省 II 级保护植物 1 种和 III 级保护植物 2 种（表 4-14）。此外，列入 CITES 附录的物种有 75 个。

表 4-14 维西县重点保护野生植物

种名	拉丁学名	科名	保护等级
光叶珙桐	*Davidia involucrata* var. *vilmoriniana*	Davidiaceae	国家 I 级
须弥红豆杉	*Taxus wallichiana*	Taxaceae	国家 I 级
南方红豆杉	*T. chinensis* var. *mairei*	Taxaceae	国家 I 级
异颖草	*Anisachne gracilis*	Gramineae	国家 II 级
金荞麦	*Fagopyrum dibotrys*	Polygonaceae	国家 II 级
大叶木兰	*Magnolia henryi*	Magnoliaceae	国家 II 级
油麦吊云杉	*Picea brachytyla* var. *complanata*	Pinaceae	国家 II 级
金铁锁	*Psammosilene tunicoides*	Caryophyllaceae	国家 II 级
澜沧黄杉	*Pseudotsuga forrestii*	Pinaceae	国家 II 级
水青树	*Tetracentron sinense*	Tetracentraceae	国家 II 级
云南榧树	*Torreya yunnanensis*	Taxaceae	国家 II 级
领春木	*Euptelea pleiospermum*	Eupteleaceae	国家 II 级
毛茛莲花	*Metanemone ranunculoides*	Ranunculacease	省 II 级
云南枫杨	*Pterocarya dalavayi*	Juglandaceae	省 III 级
穿心莛子藨	*Triosteum himalayanum*	Caprifoliaceae	省 III 级

➢ 资源类群

① 材用植物

维西境内的碧罗雪山和栗地坪保存了较好的森林，其中，碧罗雪山还保存有部分的原始森林。森林中蓄积量最大的当属云南松（*Pinus yunnanensis*），其树干通直，木质轻软细密，是优质造纸、人造板原料，并供建筑、家具等用材。其次在境内的鱼塘乡和西保乡也保持有较好的森林，除了云南松外，还有较好的旱冬瓜林（*Alnus nepalensis*），以及栗地坪的针阔混交林，其主要物种为材用的丽江云杉（*Picea likiangensis*）、华山松（*Pinus armandii*）、长苞冷杉（*Abies georgei*）等。此外，云南榧树（*Torreya yunnanensis*）、须弥红豆杉（*Taxus wallichiana*）、澜沧黄杉（*Pseudotsuga forrestii*）、云南铁杉（*Tsuga dumosa*）等物种也是优良、珍贵的用材树种。其他物种如云南枫杨（*Pterocarya dalavayi*）、山杨（*Populus davidiana*）、壳斗科的大部分物种[如黄背栎（*Quercus pannosa*）、川滇高山栎（*Quercus aquifolioides*）、滇石栎（*Lithocarpus dealbatus*）、多变石栎（*Lithocarpus variolosus*）、青冈（*Cyclobalanopsis glauca*）等]、樟科的一些种[如高山木姜子（*Litsea chunii*）、绿叶润楠（*Machilus viridis*））、槭属（*Acer* spp.）]等也可做用材树种。

② 药用植物

维西具有较为丰富的药用植物，其中五味子科的各种五味子，如红花五味子（*Schisandra*

rubiflora)、滇藏五味子（*Schisandra neglecta*）、合蕊五味子（*Schisandra propinqua*）等；百合科的无毛粉条儿菜（*Aletris glabra*）、吉祥草（*Reineckia carnea*）、卷叶黄精（*Polygonatum cirrhifolium*）、麦冬（*Ophiopogon japonicus*）、沿阶草（*Ophiopogon bodinieri*）、羊齿天门冬（*Asparagus filicinus*）等；菊科的白酒草（*Conyza japonica*）、大丁草（*Leibnitzia anandria*）、短葶飞蓬（*Erigeron breviscapus*）、还阳参（*Crepis rigescens*）、天名精（*Carpesium abrotanoides*）、金挖耳（*Carpesium divaricatum*）、苦苣菜（*Sonchus oleraceus*）、牛蒡（*Arictium lappa*）、千里光（*Senecio scandens*）、五月艾（*Artemisia indica*）、圆舌粘冠草（*Myriactis nepalensis*）、一年蓬（*Erigeron annuus*）、鼠麴草（*Gnaphalium affine*）、腺梗豨莶（*Siegesbeckia pubescens*）、钻叶紫菀（*Aster subulatus*）等多种草本植物也做药用。此外，还有其他一些科的植物，如小檗科的宝兴淫羊藿（*Epimedium davidii*）、长小叶十大功劳（*Mahonia lomariifolia*），苋科的牛膝（*Achyranthes bidentata*），石竹科的漆姑草（*Sagina japonica*）、圆叶无心菜（*Arenaria rotundifolia*）、云南繁缕（*Stellaria yunnanensis*），唇形科的香薷（*Agastache rugosa*）、痢止蒿（*Ajuga forrestii*）、夏枯草（*Prunella vulgaris*）、黄芩（*Scutellaria baicalensis*）、薄荷（*Mentha canadensis*）等许多植物也是较常见的、潜在的药用植物资源。

③ 园林绿化植物

维西具有潜在的园林绿化价值的植物也不少，常见的如云南枫杨（*Pterocarya dalavayi*），树冠广展，枝叶茂密，生长快速，根系发达，为河床两岸低洼湿地的良好绿化树种，既可以作为行道树，也可成片种植或孤植于草坪及坡地，均可形成一定景观。其果序密密麻麻垂挂枝头，像一串串翠绿的项链，极具观赏价值。此外，杜鹃花科的类群，如灯笼树，粉黄色的半钟形小花与叶同放，层层的小灯笼让人赏心悦目；还有薄叶马银花（*Rhododendron leptothrium*）、长粗毛杜鹃（*Rhododendron crinigerum*）、银灰杜鹃（*Rhododendron sidereum*）、地檀香（*Gaultheria forrestii*）、美丽马醉木（*Pieris formosa*）、圆叶米饭花（*Lyonia doyonensis*）等均具有较好的潜在园林绿化价值。槭树科的绝大多数种类是常用的园林绿化观叶观果植物，维西境内该科植物常见的有青窄槭（*Acer davidii*）、独龙槭（*Acer taronense*）、大翅色木槭（*Acer mono* var. *macropterum*）、房县槭（*Acer franchetii*）、疏花槭（*Acer laxiflorum*）等。此外，还有一些较好的观花植物，如大理百合（*Lilium taliense*）、西南鸢尾（*Iris bulleyana*）、海仙报春（*Primula poissonii*）、报春花（*Primula malacoides*）、密蒙花（*Buddleja officinalis*）、头花龙胆（*Gentiana cephalantha*）、红花龙胆（*Gentiana rhodantha*）、圈纹獐牙菜（*Swertia cincta*）等。境内还有许多可作地被植物的物种，如吉祥草、沿阶草、禾本科的早熟禾（*Poa annua*）、十字马唐（*Digitaria cruciata*），莎草科的丛毛羊胡子草（*Eriophorum comosum*）、薹草属（*Carex* sp.）植物，以及多种蕨类植物，如铁角蕨属（*Asplenium* sp.）、铁线蕨属（*Adiantum* sp.）、凤尾蕨（*Pteris nervosa*）、疏叶卷柏（*Selaginella remotifolia*）、蜈蚣草（*Pteris vittata*）因其形态优美或较强的成活率，均是较好的地被类观赏、绿化植物。

④ 食用植物

维西也有不少的食用植物，如五加科的楤木（*Aralia chinensis*）和香椿（*Toona sinensis*）的嫩芽，十字花科的高河菜（*Megacarpaea delavayi*）、杜鹃花科的大白花杜鹃（*Rhododendron decorum*）的花瓣，百合科藜芦类（*Veratrum* sp.）植物幼嫩时的植株，均为当地特色的时令蔬菜；而紫果猕猴桃（*Actinidia purpurea*）、疏毛猕猴桃（*Actinidia pilosula*）、乌鸦果（*Vaccinium fragile*）、树生越橘（*Vaccinium dendrocharis*）、猫儿屎（*Decaisnea fargesii*）、木半夏（*Elaeagnus multiflora*）、头状四照花（*Dendrobenthamia capitata*）、黄毛草莓（*Fragaria nilgerrensis*）、各类悬钩子（*Rubus* sp.）等多种植物的果实则是既美味又健康的水果；荞麦（*Fagopyrum esculentum*）、大麻（*Cannabis sativa*）的种子也可供食用。此外，当地的五味子资源丰富，当地人将其开发成了五味子酒、五味子鸡等多种特色食品。

⑤ 鞣质与染料植物

维西也有不少鞣质资源类植物，常见的有大叶栎（*Quercus griffithii*）、滇石栎（*Lithocarpus dealbatus*）、元江栲、青冈（*Cyclobalanopsis glauca*）、楝（*Melia azedarach*）、常春藤（*Hedera nepalensis* var. *sinensis*）、野漆（*Toxicodendron succedaneum*）、滇杨（*Populus yunnanensis*）、峨眉蔷薇（*Rosa omeiensis*）、七叶鬼灯檠（*Rodgersia aesculifolia*）、西南委陵菜（*Potentilla fulgens*）、水红木（*Viburnum cylindricum*）、泡花树（*Meliosma cuneifolia*）、云南双盾木（*Dipelta yunnanensis*）、长圆叶梾木（*Cornus oblonga*）等。燃料资源类植物则相对较少，其中，最常见的种类当属唇形科的紫苏（*Perilla frutescens*），作为紫色燃料而被广泛使用。此外，盐肤木（*Rhus chinensis*）的心材和树皮也可提取燃料。

⑥ 油料植物

不少植物的种子可以榨油，这类植物主要有花椒（*Zanthoxylum bungeanum*）、五叶瓜藤（*Holboellia fargesii*）、野漆、盐肤木、猫儿屎、滇石栎、楔叶独行菜（*Lepidium cuneiforme*）、滇葶苈（*Draba yunnanensis*）、弹裂碎米荠（*Cardamine impatiens*）、遏蓝菜（*Thlaspi arvense*）、沼泽蔊菜（*Rorippa palustris*）、灯台树（*Bothrocarpum controversum*）、接骨木（*Sambucus williamsii*）、珍珠荚蒾（*Viburnum foetidum* var. *ceanothoides*）、水红木（*Viburnum cylindricum*）、中华青荚叶（*Helwingia chinensis*）、毛梾（*Cornus walteri*）、云南榧树（*Torreya yunnanensis*）、华山松（*Pinus armandii*）、高山三尖杉（*Cephalotaxus fortunei*）、木姜子（*Litsea pungens*）、新樟（*Neocinnamomum delavayi*）、大麻（*Cannabis sativa*）、楝（*Melia azedarach*）等。

⑦ 香料植物

香料植物主要属于唇形科，如蜜蜂花（*Melissa axillaris*）、楝、野拔子（*Elsholtzia rugulosa*）、紫苏（*Perilla frutescens*）、薄荷（*Mentha haplocalyx*）、藿香（*Agastache rugosa*）等，以及樟科，如木姜子（*Litsea pungens*）、阴香（*Cinnamomum burmannii*）、新樟（*Neocinnamomum delavayi*）、滇润楠（*Machilus yunnanensis*）。此外，还有一些其他科的植物，如悬钩子蔷薇（*Rosa rubus*）、长圆叶梾木（*Cornus oblonga*）、云南松（*Pinus yunnanensis*）、云南铁杉（*Tsuga dumosa*）、华山松（*Pinus armandii*）、地檀香（*Gaultheria forrestii*）、芳香

白珠（*Gaultheria fragrantissima*）、清香木（*Pistacia weinmannifolia*）、密蒙花（*Buddleja officinalis*）等。

⑧ 蜜源植物

资源丰富的杜鹃花属（*Rhododendron* sp.）植物、报春花属（*Primula* sp.）植物，以及醉鱼草科的密蒙花（*Buddleja officinalis*）、长穗醉鱼草（*Buddleja macrostachya*）、多花醉鱼草（*Buddleja myriantha*），蔷薇科的粉花绣线菊（*Spiraea japonica*）、藏南绣线菊（*Spiraea bella*），木樨科的紫药女贞（*Ligustrum delavayanum*）、女贞（*Ligustrum lucidum*）、小蜡（*Ligustrum sinense*），菊科的菊状千里光（*Senecio laetus*）、千里光（*Senecio scandens*）、大花毛鳞菊（*Chaetoseris grandiflora*），以及莼兰绣球（*Hydrangea longipes*）、云南山梅花（*Philadelphus delavayi*）、荞麦（*Fagopyrum esculentum*）、锥腺樱花（*Cerasus conadenia*）、灯笼树（*Enkianthus chinensis*）、美丽马醉木（*Pieris formosa*）等多种植物，花期长，花密集成较大花序，可以作为优良的蜜源植物。

⑨ 纤维植物

植物中不少植物的茎皮或植株含有较多的纤维，可以用作纤维原料。其中，维西常见的有密蒙花（*Buddleja officinalis*）、大麻（*Cannabis sativa*）、楝（*Melia azedarach*）、长叶水麻（*Debregeasia longifolia*）、络石（*Trachelospermum jasminoides*）、桦叶荚蒾（*Viburnum betulifolium*）等。

⑩ 其他

除了上面提及的 9 大类植物外，还有些植物，它们不归属于上述 9 大类，而是其他类型的资源植物。如树脂或树胶类植物：云南松（*Pinus yunnanensis*）、云南铁杉（*Tsuga dumosa*）、华山松（*Pinus armandii*）、清香木（*Pistacia weinmannifolia*）、猫儿屎（*Decaisnea fargesii*）。土农药类植物：楝、盐肤木、商陆（*Phytolacca acinosa*）等。

（3）动物物种多样性

➢　物种组成

维西县共记录两栖类动物 9 种，隶属 1 目、5 科、6 属；爬行动物 9 种，分属 2 目 2 科 5 属；鸟类的记录达到 213 种，隶属 17 目、41 科（鹟科含 4 亚科）、115 属；兽类 55 种，隶属 8 目、21 科、44 属。

① 区系分析

维西县共记录两栖类动物 9 种，隶属 1 目、5 科、6 属，以蛙属最多，共 3 种。其中，西藏蟾蜍（*Bufo tibetanus*）1 种为古北界青藏区物种，占全部两栖动物种数的 11.11%；其余 8 种为东洋界物种，占全部两栖动物种数的 88.89%。在东洋界物种中，贡山齿突蟾（*Scutiger gongshanensis*）、贡山雨蛙（*Hyla gongshanensis*）、无指盘臭蛙（*Rana grahami*）、昭觉林蛙（*Rana chaochiaoensis*）、缅北棘蛙（*Paa arnoldi*）、华西蟾蜍（*Bufo anderwsi*）、金江湍蛙（*Amolops jinjiangensis*）7 种为西南区种类，占全部东洋界两栖动物种数的 87.50%，只有斑腿泛树蛙（*Polypedates leucomystax*）1 种是华中-华南区种类，占全部东洋界两栖动物种数的 12.50%。这与维西县位置在中国动物地理区划中属于东洋界、西南区是一致的。

维西分布的 9 种爬行动物中，无古北界种；古北、东洋两界广布种有 1 种即黑眉锦蛇（*Elaphe taeniura*），占全部爬行动物记录种的 11.11%；东洋界种有 8 种，占全部爬行动物种数的 88.89%。在 8 种东洋界爬行动物中，东洋界广布种有 4 种，分别占全部东洋界爬行动物种数的 50.00%；东洋界广布种是铜蜓蜥（*Sphenomorphus indicus*）、锈链腹链蛇（*Amphiesma craspedogaster*）、颈槽蛇（*Rhabdophis nuchalis*）和红脖颈槽蛇（*Rhabdophis subminiatus*）；西南区种有 3 种，占东洋界全部爬行动物种数的 37.50%；西南区种为王锦蛇德钦亚种（*Elaphe carinata deqinensis*）、黑线乌梢蛇（*Zaocys nigromarginatus*）和缅甸颈槽蛇（*Rhabdophis leonardi*）；华南区种类有 1 种，即黑带腹链蛇（*Amphiesma bitaeniata*），占全部东洋界爬行动物种数的 12.50%。

维西分布的 213 种鸟类中，有繁殖鸟 169 种，占全部鸟类的 79.34%。这 169 种繁殖鸟中有古北界种类 20 种，占全部繁殖鸟种数的 11.83%；广布种 39 种，占全部繁殖鸟种数的 23.08%；东洋界种类有 110 种，占全部繁殖鸟种数的 65.07%。东洋界种类占将近 2/3 的成分。在中国动物地理区划（张荣祖，1999）中，维西位于东洋界、西南区、西南山地亚区，当地鸟类的区系成分与此表现一致。维西县鸟类中有相当成分的古北界物种，占全部鸟类种数的 23.00%；还有大量广布物种，占全部鸟类种数的 20.19%；东洋种占全部鸟类种数的 56.81%。这在动物地理区划中维西处在东洋界西南山地亚区的边缘地带，靠近古北界的青藏区，表现为动物区系成分比较复杂。

维西县分布的 55 种兽类中，东洋种 37 种，占全部兽类种数的 67.27%，古北种 7 种，占全部兽类种数的 12.73%，广布种 11 种，占全部兽类种数的 20.00%。

② 分布类型

按照张荣祖（1999）对分布型的划分方法。维西县两栖类动物种类较少，只有 9 种，分布型状况比较单纯，只有喜马拉雅-横断山区型和东洋型 2 类。其中属于喜马拉雅-横断山型的有 6 种，占全部两栖动物种数的 66.67%，分别是贡山齿突蟾（*Scutiger gongshanensis*）、西藏蟾蜍（*Bufo tibetanus*）、昭觉林蛙（*Rana chaochiaoensis*）、无指盘臭蛙（*Rana grahami*）、缅北棘蛙（*Paa arnoldi*）和金江湍蛙（*Amolops jinjiangensis*）。该型中的缅北棘蛙和金江湍蛙属于横断山区分布，其他 4 种均为喜马拉雅东南部（喜马拉雅山和横断山交汇地区）分布。东洋型的两栖类有 2 种，占全部两栖动物种数的 22.22%，分别为贡山雨蛙（*Hyla gongshanensis*）和斑腿泛树蛙（*Polypedates leucomystax*），这两种均属于东洋型中的热带-北亚热带分布。南中国型的有 1 种，即华西蟾蜍（*Bufo anderwsi*），占全部两栖动物种数的 11.11%。显然，维西两栖类动物的分布型以喜马拉雅-横断山区型为主导。

维西 9 种爬行动物共有 3 种分布型，即喜马拉雅-横断山区型包括缅甸颈槽蛇（*Rhabdophis leonardi*）和黑线乌梢蛇（*Zaocys nigromarginatus*）2 种，占维西爬行动物的 22.22%，这些种类是东洋界西南区的成分；南中国型有颈槽蛇（*Rhabdophis nuchalis*）、锈链腹链蛇（*Amphiesma craspedogaster*）、黑带腹链蛇（*Amphiesma bitaeniata*）和王锦蛇德钦亚种（*Elaphe carinata deqinensis*）4 种，占全部种类的 44.44%；东洋型有铜蜓蜥（*Sphenomorphus indicus*）、黑眉锦蛇（*Elaphe taeniura*）和红脖颈槽蛇（*Rhabdophis subminiatus*）3 种，占全部爬行类的 33.33%。

维西所记录的 213 种鸟类共包括 8 中分布型，即喜马拉雅-横断山区型 61 种，占维西鸟类的 28.64%，是东洋界西南区的代表成分，仅有 4 种为冬候鸟或旅鸟，其余的种类均在当地为繁殖鸟，且主要为留鸟；东洋型有 54 种，占全部鸟类的 25.35%，其中的绝大多数在当地为繁殖鸟，且主要是留鸟；南中国型有 14 种，占全部种类的 6.57%，除棕腹柳莺（*Phylloscopus subaffinis*）在维西为冬候鸟外，其余种类均为留鸟或繁殖鸟；高地型有黑颈鹤（*Grus nigricollis*）、四川雉鹑（*Tetraophasis szechenyii*）、粉红胸鹨（*Anthus roseatus*）、褐背拟地鸦（*Pseudopodoces humilis*）、白眉山雀（*Parus superciliosus*）和白斑翅拟蜡嘴雀（*Mycerobas carnipes*）6 种，占全部鸟类的 2.82%，其中黑颈鹤在维西为冬候鸟，白眉山雀在当地为旅鸟，其余为留鸟；古北型有 29 种，占维西鸟类的 13.61%，其中的约 57.21%为冬候鸟或旅鸟，其余为繁殖鸟；东北型有 14 种，占维西鸟类的 6.57%，其中 8 种为繁殖鸟，其余为冬候鸟和旅鸟；全北型有 11 种，占维西鸟类的 5.16%，其中有 6 种在维西为繁殖鸟，其余 5 种则为冬候鸟；此外，有 21 种不易归类的分布，占全部种类的 9.86%，其中，有 3 种为冬候鸟或旅鸟，其余的种类全部为繁殖鸟。综上所述，维西分布的 213 种鸟类中，以喜马拉雅-横断山区型的鸟类最多，占总数的 28.64%，是维西鸟类最重要的组成成分；其次是东洋型种类，占全部鸟类的 25.35%、再次是古北型，占 13.61%，以及广义古北型或广分布型，占 8.31%。其余的类型所占比例就很少了，这包括东北型、南中国型、全北型、高地型和季风型。以上情况表明，维西的鸟类分布型的成分比较复杂，鸟类成分多样，但仍以喜马拉雅-横断山区型的特色显著。

维西所记录的 55 种兽类共有 9 种分布型，即喜马拉雅-横断山区型 11 种，占维西兽类的 20%，是东洋界西南区的代表成分；东洋型 20 种，占全部兽类的 36.36%，成为本区域兽类的主体；南中国型 8 种，占全部种类的 14.55%；高地型 3 种，占全部兽类的 5.45%；古北型 6 种，占维西兽类的 10.91%；全北型 2 种，占维西兽类的 3.64%；季风型 2 种，占维西兽类的 3.64%；云贵高原型仅有大绒鼠（*Eothenomys miletus*）和滇绒鼠（*Eothenomys eleusis*）2 种，占全部种类的 3.64%；不易归类的分布有金钱豹（*Panthera pardus*）1 种，占全部种类的 1.82%。综上所述，维西分布的 55 种兽类中，以东洋型的兽类最多，占总数的 36.36%，是维西兽类最重要的组成成分；其次是喜马拉雅-横断山区型种类，占全部兽类的 20.00%，再次是南中国型，占 14.55%，古北型略少，占 10.91%，其余的类型所占比例均低于 5%，这包括全北型、季风型、南中国型、全北型、云贵高原型和不易分类型。

➢　特有种类

在维西分布的两栖类中没有本县小范围内特有的物种。根据张荣祖（1999）和杨大同等（2008），在维西有记录的 7 种两栖类中，多数是中国特有物种。这些限于中国境内分布的特有物种包括贡山齿突蟾（*Scutiger gongshanensis*）、西藏蟾蜍（*Bufo tibetanus*）、华西蟾蜍（*Bufo andrewsi*）、贡山雨蛙（*Hyla gongshanensis*）、无指盘臭蛙（*Rana grahami*）、金江湍蛙（*Amolops jinjiangensis*）、斑腿泛树蛙（*Polypedates leucomystax*）和昭觉林蛙（*Rana chaochiaoensis*）等。此外，缅北棘蛙（*Paa arnoldi*）则是主要分布区在我国。维西县分布的 9 种爬行动物中，有中国特有的物种 3 种，即锈链腹链蛇（*Amphiesma craspedogaster*）、黑带腹链蛇（*Amphiesma bitaeniata*）和王锦蛇德钦亚种（*Elaphe carinata deqinensis*）。在维西分布的鸟类中没有本县小范围内特有的物种。目前所知，在维西有记录的 11 种鸟类是中国特有种。维西县分布的 55 种兽类中，有中国特有的物种 10 种，即中国鼩猬（*Hylomys sinensis*）、灰腹水鼩（*Chimarrogale styani*）、滇金丝猴（*Rhinopithecus bieti*）、狗獾（*Meles leucurus*）、复齿鼯鼠（*Trogopterus xanthipes*）、玉龙绒鼠（*Eothenomys proditor*）、大绒鼠（*Eothenomys miletus*）、大耳姬鼠（*Apodemus latronum*）、高原姬鼠（*Apodemus chevrieri*）、澜沧江姬鼠（*Apodemus ilex*）、无云南省特有种和狭域分布种。

➢ 珍稀濒危保护种类

维西县所记录的 9 种两栖类动物中，没有国家级和云南省省级重点保护野生动物；9 种爬行动物中无国家级和云南省省级重点保护野生动物。

鸟类中有各级重点保护野生动物中的鸟类 24 种，其中国家 I 级保护鸟类有 5 种，II 级 19 种；维西县分布的鸟类中无云南省省级重点保护的野生鸟类分布。

维西县分布的兽类中有国内各级重点保护野生动物中的兽类 17 种，其中国家 I 级保护兽类有 5 种，国家 II 级保护兽类 10 种；云南省省级保护兽类有 2 种。

维西县分布的 55 种兽类中，有 22 个物种为国家级、云南省省级保护动物及 CITES 保护物种。

表 4-15 维西县保护兽类

序号	中文名	拉丁学名	保护级别 [a]	CITES 附录 [b]
1	中缅树鼩	*Tupaia belangeri*		II
2	猕猴	*Macaca mulatta*	II	II
3	短尾猴	*Macaca arctoides*	II	II
4	滇金丝猴	*Rhinopithecus bieti*	I	I
5	果子狸	*Paguma larvata*		III
6	大灵猫	*Viverra zibetha*	II	III
7	金猫	*Catopuma temminckii*	II	I
8	金钱豹	*Panthera pardus*	I	I
9	云豹	*Neofelis nebulosa*	I	I
10	云猫	*Pardofelis marmorata*		II
11	豹猫	*Prionailurus bengalensis*		II
12	狼	*Canis lupus*	YN	II
13	黑熊	*Ursus thibetanus*	II	I

序号	中文名	拉丁学名	保护级别[a]	CITES 附录[b]
14	小熊猫	*Ailurus fulgens*	II	I
15	水獭	*Lutra lutra*	II	I
16	黄鼬	*Mustela sibirica*		III
17	鬣羚	*Capricornis sumatraensis*	II	I
18	斑羚	*Naemorhedus goral*	II	I
19	岩羊	*Pseudois nayaur*	II	
20	毛冠鹿	*Elaphodus cephalophus*	YN	
21	林麝	*Moschus berezovskii*	I	II
22	马麝	*Moschus chrysogaster*	I	II

[a] I -国家 I 级保护动物；II -国家 II 级保护动物；YN-云南省级保护动物；

[b] I -CITES 附录 I 物种；II - CITES 附录 II 物种，III - CITES 附录 III 物种。

（4）大型真菌物种多样性

通过 2010—2011 年两年实地调查与馆藏标本与资料查阅，目前整理得维西县有大型真菌 51 科 93 属 237 种。在采集中发现了一些特有分布于亚洲地区的种类，如显鳞鹅膏（*Amanita clarisquamosa*）、翘鳞鹅膏（*A. eijii*）、茶褐牛肝菌（*B. brunneissimus*）、东亚黄柄牛肝菌（*Chromoboletus hongoi*）、鸡足山乳菇（*Lactarius chichuensis*）、毛脚乳菇（*L.hirtipes*）、淡红丛枝瑚（*Ramaria hemirubella*）、印滇丛枝瑚（*R. indo-yunnaniana*）、拟细丛枝瑚（*R.linearioides*）、朱细丛枝瑚（*Ramaria rubriattenuipes*）、橙黄革菌（*Thelephora aurantiotincta*）、红盖粉孢牛肝菌（*Tylopilus roseolus*）、绿粉孢牛肝菌（*Tylopilus virens*），共 7 属 13 种。除此之外，对采集维西的叉褶菇（*M.furcata*）的标本进行的分子序列分析表明，它很可能是一个特有分布于中国西南的叉褶菇的近缘种。

分析上述这些种类所在的属会发现，这些类群均为在中国研究得较为深入的类群，并有相当的较为可靠的文献记载。有理由相信，在其他一些类群中，特有性现象要较现知的为高，但目前尚不能得出多少种为亚洲（或中国）特有种。

4.3.4 小结

系统调查整理完成了维西县高等植物、陆生脊椎动物和大型真菌物种编目，并建立了数据库，为国家和地方生物多样性保护提供技术资料。与历史资料对比，本次调查新增植物分布数据 279 种，其中苔藓植物 80 种，蕨类植物 25 种，裸子植物 2 种，被子植物 172 种。同时，发现了国家级保护植物 8 种和省级保护植物 3 种，须弥红豆（*Taxus wallichiana*）、南方红豆杉（*T. chinensis* var. *mairei*）、云南榧树（*Torreya yunnanensis*）和水青树（*Tetracentron sinense*）等重要保护物种在维西的分布。另外，记录于维西县的中国特有单种属毛茛莲花属（*Metanemone*），除了模式标本外，尚无其他标本记录，已被列入云南省二级保护植物名录，也颇值得关注。华西蟾蜍（*Bufo anderwsi*）和金江湍蛙（*Amolops jinjiangensis*）2 个种为本次调查在该县新分布数据，2 种均采到标本；本次调查所记录的鸟类中有 14 种为文献中维西县范围内所没有记录过的，比较原记录增加了 11.76%，这 14 种鸟类隶属 5 目 10 科（其中鹟科含 4 亚科）。

4.4 大理市生物多样性现状①

4.4.1 自然概况

大理市位于云南省中西部，市政府所在地下关，海拔 1976 m。地处东经 99°58′～100°27′，北纬 25°25′～25°58′；东与宾川县、祥云县相连，南与巍山县、弥渡县毗邻，西与漾濞县连接，北与洱源县接壤，总面积 1 468 km^2。

大理市地处云贵高原与横断山脉结合部位，点苍山南麓，洱海之滨，地势西北高，东南低。境内点苍山属横断山脉云岭余脉，由 19 座南北走向山峰组成，南部属哀牢山系，洱海则为境内全国著名的淡水湖泊之一。西洱河以北为点苍山的南端，南部的山地为澜沧江与元江的分水岭，属哀牢山的西北端。

由于海拔高度的差异及复杂的地形、环境的多样，使得大理市境内植被的垂直分布变化非常明显，从洱海湖滨到苍山山顶依次为：洱海沉水植物带、挺水植物带、沼泽草甸带、耕作带、云南松林及灌丛带、华山松人工林带、落叶阔叶林、常绿阔叶林、硬叶常绿阔叶林、竹林、稀树灌木草丛、灌丛、高山与高山草甸。

除市区外，大理市辖下关镇、大理镇、喜洲镇、凤仪镇、汪桥镇、银桥镇、海东镇、挖色镇、太邑彝族乡、上关镇、双廊镇和一个经济开发区。大理市是以白族为主体的少数民族聚居区，白族约占 65%。

4.4.2 组织实施

植物调查组对大理苍山东坡及南坡沿山脚至电视塔；电视塔至马龙峰及三阳峰；喜州至花甸坝；花甸坝以南各沟谷及往北的小花甸；玉带路一线；南坡的西洱河边进行了多次野外调查，共采集标本 3400 余号；动物调查组组织三个调查小组对大理范围内陆生脊椎动物展开了调查，共采集两栖类动物标本 198 号，爬行类动物标本 35 号，鸟类标本 253 号，小型兽类标本 697 号；大型真菌调查组组织两个调查小组，分别从两条线路对大理野生大型真菌进行调查，共采集标本 156 份。

4.4.3 主要成果

（1）植被类型组成

按照《云南植被》（吴征镒、朱彦丞，1987）和《中国植被》（中国植被编辑委员会，

① 大理市植被类型与植物多样性由中科院昆明植物研究所彭华研究员组织调查和提供数据；动物多样性由中科院昆明动物研究所蒋学龙研究员组织调查和提供数据；大型真菌多样性由中科院昆明植物研究所刘培贵研究员组织调查和提供数据。

1980）关于植被分类的原则和系统，苍山东坡的植被类型可以划分为 7 个植被型、13 个植被亚型、16 个群系组和 21 个群系，其植被分类系统见表 4-16。

表 4-16　大理苍山东坡植被分类系统

植被型	植被亚型	群系组	群系
1 常绿阔叶林	1 半湿润常绿阔叶林	1 栲类、青冈林	1 元江栲林
	2 中山湿性常绿阔叶林	2 石栎、青冈林	2 多变石栎林*
	3 山顶苔藓矮林	3 杜鹃矮林	3 棕背杜鹃+竹林
2 暖性针叶林	4 暖温性针叶林	4 云南松林	4 云南松林*
		5 华山松林	5 华山松林*
3 温性针叶林	5 温凉性针叶林	6 铁杉林	6 云南铁杉林
	6 寒温性针叶林	7 冷杉林	7 苍山冷杉林*
4 落叶阔叶林	7 暖温性落叶阔叶林	8 杨桦林	8 清溪杨林*
5 灌丛	8 寒温灌丛	9 杜鹃灌丛	9 密枝杜鹃灌丛*
			10 大理杜鹃灌丛*
			11 蓝果杜鹃灌丛
			12 兜尖卷叶杜鹃灌丛
			13 红棕杜鹃灌丛
		10 硬叶栎灌丛	14 黄背栎灌丛
	9 干热灌丛	11 土沉香灌丛	15 土沉香灌丛*
6 竹林	10 温性竹林	12 箭竹林	16 黑穗箭竹林*
7 草甸	11 高寒草甸	13 杂类草草甸	17 狭叶委陵菜+嵩草草甸
		14 嵩草草甸	18 喜马拉雅嵩草草甸
	12 寒温草甸	15 杂类草草甸	19 银叶委陵菜草甸*
			20 大理蓼草甸*
	13 沼泽化草甸	16 莎草沼泽化草甸	21 云南荸荠沼泽化草甸*
其他（村寨、耕地等）			

*本次调查到的 10 个群系。

（2）植物物种多样性

➢　物种组成

经过两年的野外调查，结合历史标本和《云南植物志》，联合统计得到大理市共记载野生高等植物 218 科，931 属，2 690 种（含种下等级，以下相同）。其中苔藓植物 51 科，168 属，364 种；蕨类植物 35 科，73 属，200 种；种子植物 132 科，690 属，2 126 种。

① 苔藓植物

苔藓植物 51 科中，含 10 种以上的科有 14 科，占本区全部科数的 27.5%；包含 104 属，占本区全部属数的 61.9%；含有 244 种，占本区全部种数的 67.0%。各科包含属种数如下：丛藓科（Pottiaceae，20 属 47 种）、曲尾藓科（Dicranaceae，13 属 33 种）、真藓科（Bryaceae，5 属 19 种）、青藓科（Brachytheciaceae，5 属 18 种）、灰藓科（Hypnaceae，9

属 18 种）、金发藓科（Polytrichaceae，6 属 17 种）、蔓藓科（Meteoriaceae，12 属 15 种）、羽藓科（Thuidiaceae，7 属 14 种）、锦藓科（Sematophyllaceae，8 属 12 种）、紫萼藓科（Grimmiaceae，2 属 11 种）、珠藓科（Bartramiaceae，4 属 10 种）、叶苔科（Jungermanniaceae，8 属 10 种）、提灯藓科（Mniaceae，4 属 10 种）、泥炭藓科（Sphagnaceae，1 属 10 种）。这 14 个科在大理市得到了较为充分的发展，是该地苔藓植物区系的主体成分。

从科内属一级的分析来看，在本区仅出现 1 属的科有 21 科，占全部科数的 41.2%，共计 21 属，占全部属数的 12.5%；出现 2～5 属的科有 22 科，占全部科数的 43.1%，共计 64 属，占全部属数的 38.1%；出现 6～10 属的科有 5 科，占全部科数的 9.8%，共计 38 属，占全部属数的 22.6%；出现多于 10 属的科有 3 科，占全部科数的 5.9%，共计 45 属，占全部属数的 26.8%。

从科内种一级的分析来看，在本区内仅出现 1 种的科有 11 科，占全部科数的 21.6%，共计 11 种，占全部种数的 3.0%；出现 2～10 种的科有 30 科，占全部科数的 58.8%，共计 149 种，占全部种数的 40.9%；出现 11～30 种的科有 8 科，占全部科数的 15.7%，共计 124 种，占全部种数的 34.1%；出现多于 30 种的科有 2 科，占全部科数的 3.9%，共计 80 种，占全部种数的 22.0%。

大理市共记录野生苔藓植物 168 属，在本区仅出现 1 种的属有 98 属，占全部属数的 58.3%，含 98 种，占全部种数的 26.9%；出现 2～5 种的属有 58 属，占全部属数的 34.5%，含 161 种，占全部种数的 44.2%；出现 6～9 种的属有 8 属，占全部属数的 4.8%，含 63 种，占全部种数的 17.4%；出现多于 9 种的属有 4 属，占全部属数的 2.4%，含 42 种，占全部种数的 11.5%。

② 蕨类植物

蕨类植物 35 科中，含 5 种以上的科有 11 科，占本区全部科数的 31.4%；这些科包含 44 属，占本区全部属数的 60.3%；含有 156 种，占本区全部种数的 78%。各科包含属种数如下：水龙骨科（Polypodiaceae，11 属 42 种）、鳞毛蕨科（Dryopteridaceae，4 属 27 种）、蹄盖蕨科（Athyriaceae，8 属 26 种）、凤尾蕨科（Pteridaceae，2 属 11 种）、中国蕨科（Sinopteridaceae，5 属 10 种）、金星蕨科（Thelypteridaceae，4 属 8 种）、裸子蕨科（Hemionitidaceae，3 属 8 种）、卷柏科（Selaginellaceae，1 属 7 种）、铁角蕨科（Aspleniaceae，1 属 7 种）、骨碎补科（Davalliaceae，1 属 5 种）、石松科（Lycopodiaceae，4 属 5 种）。这 11 个科在大理市得到了较为充分的发展，是该地蕨类植物区系的主体成分。

从科内属一级的分析来看，在本区仅出现 1 属的科有 22 科，占全部科数的 62.9%，共计 22 属，占全部属数的 30.1%；出现 2～5 属的科有 11 科，占全部科数的 31.4%，共计 32 属，占全部属数的 43.8%；出现多于 5 属的科有 2 科，占全部科数的 5.7%，共计 19 属，占全部属数的 26.1%。

从科内种一级的分析来看，在本区内仅出现 1 种的科有 13 科，占全部科数的 37.1%，共计 13 种，占全部种数的 6.5%；出现 2～5 种的科有 13 科，占全部科数的 37.1%，共计

41 种，占全部种数的 20.5%；出现 6～20 种的科有 6 科，占全部科数的 17.1%，共计 51 种，占全部种数的 25.5%；出现多于 20 种的科有 3 科，占全部科数的 8.7%，共计 95 种，占全部种数的 47.5%。

蕨类植物 73 属中，在本区仅出现 1 种的属有 35 属，占全部属数的 47.9%，含 35 种，占全部种数的 17.5%；出现 2～5 种的属有 30 属，占全部属数的 41.1%，含 83 种，占全部种数的 41.5%；出现 6～10 种的属有 4 属，占全部属数的 5.5%，含 33 种，占全部种数的 16.5%；出现多于 10 种的属有 4 属，占全部属数的 5.5%，含 49 种，占全部种数的 24.5%。

③ 种子植物

种子植物 132 科中，含 30 种以上的科有 18 科，占本区全部科数的 13.6%；这些科包含 394 属，占本区全部属数的 57.1%；含有 1347 种，占本区全部种数的 63.4%。其中，含有 50 种以上的科有菊科（Asteraceae，63 属 232 种）、禾本科（Poaceae，48 属 108 种）、蔷薇科（Rosaceae，28 属 104 种）、豆科（Fabaceae，36 属 92 种）、杜鹃花科（Ericaceae，10 属 86 种）、玄参科（Scrophulariaceae，22 属 81 种）、百合科（Liliaceae，26 属 77 种）、毛茛科（Ranunculaceae，15 属 66 种）、虎耳草科（Saxifragaceae，12 属 66 种）、伞形科（Apiaceae，28 属 64 种）、兰科（Orchidaceae，34 属 61 种）、唇形科（Lamiaceae，21 属 55 种）、蓼科（Polygonaceae，6 属 52 种）。

从科内属一级的分析来看，在本区仅出现 1 属的科有 51 科，占全部科数的 38.6%，共计 51 属，占全部属数的 7.4%；出现 2～5 属的科有 55 科，占全部科数的 41.7%，共计 177 属，占全部属数的 25.7%；出现 6～15 属的科有 17 科，占全部科数的 12.9%，共计 156 属，占全部属数的 22.6%；出现多于 15 属的科有 9 科，占全部科数的 6.8%，共计 306 属，占全部属数的 44.3%。

从科内种一级的分析来看，在本区内仅出现 1 种的科有 23 科，占全部科数的 17.4%，共计 23 种，占全部种数的 1.1%；出现 2～10 种的科有 65 科，占全部科数的 49.3%，共计 303 种，占全部种数的 14.2%；出现 11～50 种的科有 31 科，占全部科数的 23.5%，共计 656 种，占全部种数的 30.9%；出现多于 50 种的科有 13 科，占全部科数的 9.8%，共计 1 144 种，占全部种数的 53.8%。

➢　特有种类

大理市共记载有中国特有植物 720 种，其中云南省特有种 185 种，狭域特有种 23 种，特有种占全市高等植物的 26.8%。

在调查中发现：穗状垂花报春（*P. spicata*）仅在海拔 3 900m 的小岑峰近山顶草地上发现 2 株；而紫晶报春（*P. amethystine*）和美花报春（*P. calliantha*）是局部地段冷杉林下的常见草本；大理杜鹃（*R. taliense*）在小岑峰海拔 3 600～3 850 m 的地段成片生长，是苍山杜鹃花海景点的主要树种；似血杜鹃（*R.haematodes*）是海拔 3 700～3 900 m 的冷杉林下灌木的主要成分，花色血红，十分娇艳；蓝果杜鹃（*R.cyanocarpum*）的集中分布地在花甸坝南面海拔约 3 300m 的山坡上，那里人迹罕至，群落保持着较好的原生状态……

➢ 珍稀濒危保护种类

据《国家重点野生保护植物名录（第一批）》（国务院，1999）、《云南省第一批省级重点保护野生植物名录》（1989）、濒危野生动植物种国际贸易公约（CITES）附录Ⅰ、附录Ⅱ和附录 III（2007）及《IUCN 红色名录》（2008）等名录，大理市共有珍稀濒危保护植物 74 种（表 4-17）。

其中国家级保护植物 5 种：国家Ⅰ级保护植物 1 种，即长蕊木兰（*Alcimandra cathcartii*）；国家Ⅱ级保护植物 4 种，即扇蕨（*Neocheiropteris palmatopedata*）、西康天女花（*Oyama wilsonii*）、金荞麦（*Fagopyrum dibotrys*）、异颖草（*Deyeuxia petelotii*）。省级保护植物中有：省二级保护植物高河菜（*Megacarpaea delavayi*）、钟花假百合（*Notholirion campanulatum*）、斑叶杓兰（*Cypripedium margaritaceum*），省三级保护植物穿心莛子藨（*Triosteum himalayanum*）、异腺草（*Anisadenia pubescens*）、厚叶钻地风（*Schizophragma crassum*）等。除兰科的所有物种都被列在 CITES 附录Ⅱ中之外，桃儿七（*Sinopodophyllum hexandrum*）也被列入其中。兰科的有些物种还被列入 IUCN 红色名录当中，如白花独蒜兰（*Pleione albiflora*）和单花美冠兰（*Eulophia monantha*）为极危（CR）等级，黄花独蒜兰（*Pleione forrestii*）、小花羊耳蒜（*Liparis platyrachis*）、叠鞘石斛（*Dendrobium denneanum*）、斑叶杓兰（*Cypripedium margaritaceum*）等被列为 EN（渐危）等级。此外，“红色名录”还收录了大部分国家级保护植物（异颖草除外），还有蒙自樱桃（*Cerasus henryi*）（CR）和大理罗汉松（*Podocarpus forrestii*）（CR）。

表 4-17　大理市珍稀濒危保护植物

序号	中文名	拉丁学名	国家保护	省级保护	CITES 附录	红色名录
1	长蕊木兰	*Alcimandra cathcartii*	国家Ⅰ级			EN
2	扇蕨	*Neocheiropteris palmatopedata*	国家Ⅱ级			CR
3	西康天女花	*Oyama wilsonii*	国家Ⅱ级			EN
4	金荞麦	*Fagopyrum dibotrys*	国家Ⅱ级			VU
5	异颖草	*Deyeuxia petelotii*	国家Ⅱ级			
6	高河菜	*Megacarpaea delavayi*		省二级		
7	钟花假百合	*Notholirion campanulatum*		省二级		
8	斑叶杓兰	*Cypripedium margaritaceum*		省二级		
9	穿心莛子藨	*Triosteum himalayanum*		省三级		
10	异腺草	*Anisadenia pubescens*		省三级		
11	厚叶钻地风	*Schizophragma crassum*		省三级		
12	白花独蒜兰	*Pleione albiflora*			附录Ⅱ	CR
13	单花美冠兰	*Eulophia monantha*			附录Ⅱ	CR
14	黄花独蒜兰	*Pleione forrestii*			附录Ⅱ	EN
15	小花羊耳蒜	*Liparis platyrachis*			附录Ⅱ	EN
16	叠鞘石斛	*Dendrobium denneanum*			附录Ⅱ	EN
17	斑叶杓兰	*Cypripedium margaritaceum*			附录Ⅱ	EN

序号	中文名	拉丁学名	国家保护	省级保护	CITES 附录	红色名录
18	丽江杓兰	*Cypripedium lichiangense*			附录II	EN
19	独占春	*Cymbidium eburneum*			附录II	EN
20	大理铠兰	*Corybas taliensis*			附录II	EN
21	长距石斛	*Dendrobium longicornu*			附录II	EN
22	四裂无柱兰	*Amitostigma basifoliatum*			附录II	
23	滇蜀无柱兰	*Amitostigma tetralobum*			附录II	
24	西藏无柱兰	*Amitostigma tibeticum*			附录II	
25	筒瓣兰	*Anthogonium gracile*			附录II	
26	小白及	*Bletilla formosana*			附录II	
27	黄花白及	*Bletilla ochracea*			附录II	
28	蜂腰兰	*Bulleyia yunnanensis*			附录II	
29	头蕊兰	*Cephalanthera longifolia*			附录II	
30	眼斑贝母兰	*Coelogyne corymbosa*			附录II	
31	密茎贝母兰	*Coelogyne nitida*			附录II	
32	狭瓣贝母兰	*Coelogyne punctulata*			附录II	
33	墨兰	*Cymbidium sinense*			附录II	
34	黄花杓兰	*Cypripedium flavum*			附录II	
35	西藏杓兰	*Cypripedium tibeticum*			附录II	
36	双叶厚唇兰	*Epigeneium rotundatum*			附录II	
37	大叶火烧兰	*Epipactis mairei*			附录II	
38	火烧兰	*Epipactis helleborine*			附录II	
39	列叶盆距兰	*Gastrochilus distichus*			附录II	
40	小斑叶兰	*Goodyera repens*			附录II	
41	西南手参	*Gymnadenia orchidis*			附录II	
42	齿片玉凤花	*Habenaria finetiana*			附录II	
43	粉叶玉凤花	*Habenaria glaucifolia*			附录II	
44	厚瓣玉凤花	*Habenaria delavayi*			附录II	
45	宽药隔玉凤花	*Habenaria limprichtii*			附录II	
46	齿片坡参	*Habenaria rostellifera*			附录II	
47	心叶舌喙兰	*Hemipilia cordifolia*			附录II	
48	无距角盘兰	*Herminium ecalcaratum*			附录II	
49	叉唇角盘兰	*Herminium lanceum*			附录II	
50	长瓣角盘兰	*Herminium ophioglossoides*			附录II	
51	宽萼角盘兰	*Herminium souliei*			附录II	
52	沼兰	*Malaxis monophyllos*			附录II	
53	广布红门兰	*Orchis chusua*			附录II	
54	短梗山兰	*Oreorchis erythrochrysea*			附录II	
55	羽唇兰	*Ornithochilus difformis*			附录II	
56	条叶阔蕊兰	*Peristylus bulleyi*			附录II	
57	狭穗阔蕊兰	*Peristylus densus*			附录II	
58	盘腺阔蕊兰	*Peristylus fallax*			附录II	

序号	中文名	拉丁学名	国家保护	省级保护	CITES 附录	红色名录
59	纤茎阔蕊兰	*Peristylus mannii*			附录Ⅱ	
60	少花鹤顶兰	*Phaius delavayi*			附录Ⅱ	
61	滇藏舌唇兰	*Platanthera bakeriana*			附录Ⅱ	
62	舌唇兰	*Platanthera japonica*			附录Ⅱ	
63	小舌唇兰	*Platanthera minor*			附录Ⅱ	
64	独蒜兰	*Pleione bulbocodioides*			附录Ⅱ	
65	云南独蒜兰	*Pleione yunnanensis*			附录Ⅱ	
66	云南朱兰	*Pogonia yunnanensis*			附录Ⅱ	
67	短距小红门兰	*Ponerorchis brevicalcarata*			附录Ⅱ	
68	云南鸟足兰	*Satyrium yunnanense*			附录Ⅱ	
69	缘毛鸟足兰	*Satyrium nepalense*			附录Ⅱ	
70	苞舌兰	*Spathoglottis pubescens*			附录Ⅱ	
71	绶草	*Spiranthes sinensis*			附录Ⅱ	
72	笋兰	*Thunia alba*			附录Ⅱ	
73	桃儿七	*Sinopodophyllum hexandrum*			附录Ⅱ	
74	蒙自樱桃	*Cerasus henryi*				CR

➢ 资源类群

苍山已开发利用的和潜在的资源都极为丰富。如当地群众所说“一屁股坐下去就有三棵药”。从资源植物角度看，几乎大多数的植物种，均具有开发利用的潜在价值。但目前，就技术、经济、社会、开发等综合条件来衡量，有的限于目前的技术水平、经济社会条件，还没有开发的可行性。苍山的植物资源开发程度和其他地方一样，和当地群众的认知水平及社会、经济效应等有关。高河菜作为大理的历史名菜，由于长期的过度采集，在海拔 3 900 m 以下已不多见；而国家Ⅱ级保护植物金荞麦却在游人较多的苍山清碧溪的路边成片生长，在云南有的地方它作为一种能活血祛瘀，利湿解毒的传统中药已得到广泛应用；花大，美丽的独蒜兰（Pleione）虽然长在高高的岩壁上，也难逃游人或路人的“魔爪”。而同样是兰科的花小，花色多为黄绿色的角盘兰（*Herminium*）、舌唇兰属（*Platanthera*）的植物，就算长在路边，也常常无人问津。因此，要想有效利用植物资源还得从了解植物资源入手。现将苍山的植物资源进行分类分析如下。

① 材用树种

苍山蓄积数量大，又属优质木材，首屈一指的是华山松、云南松，珍贵的木材有苍山冷杉、云南铁杉、须弥红豆杉（*Taxus wallichiana*）等。杂木树有旱冬瓜、滇青冈、元江栲、高山栲（*Castanopsis delavayi*）等。但壳斗科树木由于多砍伐为薪柴，用材立木已很少。栽培的楸木（*Catalpa ovata*）、圆柏（*Sabina chinensis*）为优质木材。此外，蓝桉（*Eucalyptus globulus*）、赤桉（*E. camaldulensis*）、直干桉（*E. maideni*）、喜树（*Camptotheca acuminata*）既是优良的行道树，也是较好的用材树。其他还有许多可用的优良杂木树种，如滇朴（*Celtis tetraandra*）、构（*Broussonetia papyrifera*）、多种冬青（*Ilex* spp.）、槭（*Acer* sp.）、漆树

（*Terminthia* sp.）、黄莲木（*Pistacia chinensis*）等，均有一定的经济价值。

② 药用植物

苍山药用植物资源丰富，形成大宗商品以及民间采用的均较多，仅大理市中草药普查中的有 526 种，列为全国普通中药材的有 359 种，多数分布于苍山。

花甸坝引种栽培的云木香（*Saussurea lappa*）已有大宗产品。栽培药用的还有川芎（*Ligusticum wallichii*）、粗茎秦艽（*Gentiana erassicaulis*）、附子（*Aconitum carmichaeli*）、当归（*Angelica sinensis*）等。

此次调查发现的野生药用植物有：滇黄岑（*Scutellaria amoena*）、管花鹿药（*Maianthemum henryi*）、滇重楼（*Paris polyphylla* var. *yunnanensis*）、丁座草（*Boschniakia himalaica*）、白薇（*Cynanchum atratum*）等 99 种。

有研究开发价值的有桔梗科、伞形科、景天科、菊科、龙胆科等，其中一些种民间早已采用。苍山的这些植物，都有必要进一步发掘。

③ 花卉植物资源

苍山花卉，品种繁多。云南的八大名花，即山茶花、杜鹃花、玉兰花、报春花、百合花、龙胆花、兰花、绿绒蒿，在苍山都寻找得到踪迹。而苍山又以杜鹃花属、报春花属及龙胆属植物最为丰富。苍山有近 40 种杜鹃属植物，从分布于山脚的柳条杜鹃（*Rhododendron virgatum*）、映山红（*R.simsii*）到分布于苍山之巅的密枝杜鹃（*R. fastigiatum*）、兜尖卷叶杜鹃（*R. roxieanum* var. *cucullatum*），它们花色、形态各异，都有很大的开发价值。报春花属及龙胆属植物也在这里争奇斗艳，尤其是高山种类更为美丽。然而，由于生态环境的限制，在低海拔驯化的工作较难奏效，以后可以加强这方面的研究。建立生态旅游路线，是更好地让人们欣赏和认识这些植物资源的方法。

比较著名的已栽培驯化了的观赏植物有缅桂（*Michelia alba*）、云南含笑（*M. yunnanensis*）、西康木兰（*Magnolia wilsonii*）。栽培的兰花，品种多系朵香（*Cymbidium georingii*）、虎头兰（*C. hookerianum*）、莲瓣（*C. lanpan*）等。

从引种、驯化的角度看资源是十分丰富的，野生状态的很多种类花大，色艳，如：大钟花（*Megacodon stylophorus*）、豹子花（*Nomocharis pardanthina*）、钟花假百合（*Notholirion campanulatum*）、大理独花报春（*Omphalogramma delavayi*）等，都有很大的潜在开发价值。百合科、兰科、杜鹃花科、景天科、报春花科等的许多种类也有待开发。

④ 食用植物资源

大理的食用植物资源也很丰富。产于洱海的海菜花，可做汤和炒菜，味道独特。高河菜作为大理的历史名菜，一直深受人们喜爱。但因其海拔分布相对较高，生境相对脆弱，由于人们长期的过度采集，在苍山已经较为少见。鹿药属（*Maianthemum*）的多种叶子可以做菜，根是祛风止痛、活血消肿的好药。壳斗科植物种子含有大量淀粉，如：滇青冈（*Cyclobalanopsis glaucoides*）、元江栲（*Castanopsis orthacantha*）。鬼灯檠属（*Rodgersia*）植物的根状茎含淀粉，可制酒、醋和酱油。余甘子（*Phyllanthus emblica*）的果鲜食酸甜酥脆而微涩，回味甘甜，还可以酿酒。

同时，大理的食用植物资源又受当地民族文化的影响。如：花色洁白、花冠大而肉质的大白花杜鹃，是大理少数民族最受欢迎的食用花卉，是当地独特的食花文化不可或缺的一部分。其他花可食用的植物有：白刺花（*Sophora davidii*）、刺槐（*Robinia pseudoacacia*）等。

⑤ 鞣质与染料资源

大理的染料植物资源按色系分为以下几类：

蓝色系的植物染料：木蓝属（*Indigofera*）植物。

紫色系的植物染料：苋属（*Amaranthus*）植物、落葵（*Basella alba*）等。

绿色系植物染料：鼠李属（*Rhamnus*）及其他含叶绿素的植物。

棕色系的植物染料：茶属（*Camellia*）植物的叶、栗类的果皮、胡桃（*Juglans regia*）等。

灰色与黑色素的植物：盐肤木（*Rhus chinensis*）、槲树的叶、冬青的叶、鼠尾叶等。主要是利用鞣质植物染料在纤维上经媒染生成灰、黑色系。

⑥ 油料植物资源

形成大宗产品的有远近闻名的苍山西坡的漾濞核桃，东坡大理市也有种植，但质量差强人意。野生的含油脂量较高的属有：乌桕属（*Sapium*）、山胡椒属（*Lindera*）、木姜子属（*Litsea*）、茶属（*Camellia*）、厚皮香属（*Ternstroemia*）、花椒属（*Zanthoxylum*）、卫矛属（*Euonymus*）。其中还有很多有待开发。

⑦ 香料资源

已开发的有蓝桉精油，并可大量人工栽培，已形成苍山山麓农户的一项经济收入，还有发展潜力。此外，云南松、华山松、香茅（*Cymbopogon distans*）、地檀香（*Gaultheria forrestii*）都是有名的含精油植物，曾零星生产，有开发的前景。

有研究开发价值的还有很多，如松杉类、樟科、木兰科、芸香科的许多种。

⑧ 蜜源植物

大理的蜜源植物，栽培的主要有：粮食作物中的荞麦；油料作物中的油菜、向日葵；豆科牧草和绿肥中的紫花苜蓿、草木樨、紫云英；果树中的柑橘、枣、枇杷、桃、梨、苹果、山楂等；树木中的刺槐、桉树和荆条、野拔子等灌木；以及香料植物中的薰衣草、麝香草等。

野生的蜜源植物也很多：香薷属（*Elsholtzia*）、水苏属（*Stachys*）、稠李属（*Padus*）、蒲公英属（*Taraxacum*）、蓼属（*Polygonum*）、荠（*Capsella bursa-pastoris*）、蔊菜属（*Rorippa*）、溲疏属（*Deutzia*）、山梅花属（*Philadelphus*）、酢浆草属（*Oxalis*）、盐肤木（*Rhus chinensis*）、鼠李属（*Rhamnus*）、崖爬藤属（*Tetrastigma*）、接骨草属（*Sambucus*）、蒿属（*Artemisia*）、泽兰属（*Eupatorium*）、旋覆花属（*Inula*）、苦苣菜属（*Sonchus*）、葱属（*Allium*）、藜芦属（*Veratrum*）、毛茛属（*Ranunculus*）、乌头属（*Aconitum*）等。

⑨ 纤维植物资源

纤维植物资源按纤维存在部位可以分为以下几类。

韧皮纤维：是双子叶植物茎秆韧皮部的纤维，是制造特种纸张的优良原料。如：桑树（*Morus* sp.）、构树（*Broussonetia papyrifera*）等。

木材纤维：指存在于植物树干中的木质纤维。如云南松、杉木（*Cunninghamia lanceolata*）、杨树、柳树中的纤维。

叶纤维及茎秆纤维：指存在于单子叶植物叶和茎中的纤维。如剑麻（*Agave sisalana*）、麦秸、芦苇（*Phragmites* sp.）、芒属（*Miscanthus*）植物等。

种子纤维：存在于种子表面的纤维。如柳属（*Salix*）植物等。

⑩ 其他

盐肤木是五倍子蚜虫的主要寄主植物，在幼枝和叶上形成虫瘿，即为五倍子，可供鞣革、医药、塑料和墨水等工业上用。幼枝及叶可作土农药，有杀虫的功效。种子可以榨油；苍山花甸坝种植的云南山萮菜（*Eutrema yunnanense*）的成熟种子可以做成芥末，是日本人喜欢的一种调料。苍山是一座资源的宝库，其中的许多物种还有待去发掘它们的利用价值。

（3）动物物种多样性

➢　物种组成

据本次调查结果及对过去调查资料的分析，目前大理市记录有陆生脊椎动物有427种，约占云南全省的29.9%（表4-18）。其中鸟类最多（304种），占云南鸟类的35.8%；兽类次之，85种，占云南兽类的27.9%；两栖类与爬行类物种数相对较少，分别只有20种和18种，所占比例也较低，仅为17.4%和11.1%。

表4-18　大理市与云南及邻近省区陆生脊椎动物物种多样性比较

类群	物种数	云南		四川		贵州		西藏		广西	
		物种	%*	物种	%*	物种	%*	物种	%*	物种	%*
两栖类	20	115	37.5	108	33.2	68	20.9	47	14.5	75	23.1
爬行类	18	162	43.4	85	21.3	95	23.8	59	14.8	117	29.3
鸟类	304	848	65.5	625	48.3	403	31.1	473	36.5	496	38.3
兽类	85	305	47.3	219	33.9	138	21.4	126	19.5	133	20.6
合计	427	1 430	54.58	1 037	39.58	704	26.87	705	26.91	753	28.24

* 为相关省区占全国物种数的比例。

大理市现记录427种陆生脊椎动物，分别隶属于4纲、31目、84科、239属（表4-19）。其中鸟类物种数最多（304种），隶属于18目46科145属，占大理市陆生脊椎动物的71.2%，占云南省848种鸟类（杨岚和杨晓君，2004）的35.8%、全国鸟类种数1 329种（MacKinnon & Phillipps，2000）的21.2%；其次是兽类（85种），占该地区陆生脊椎动物的19.9%、云南省305种兽类的27.9%、全国兽类物种数645种（潘清华等，2007）的13.2%；两栖类和爬行类动物相对较少，分别只有20种和18种，合计占该地区陆生脊椎动物的8.9%，分别占云南省两栖类（115种）和爬行类（162种）的17.4%、11.1%及全国两栖类（336种）

和爬行类（412 种）的 6.0%与 4.4%。

表 4-19 大理市陆生脊椎动物组成

类群	目	科	属	种	占大理市物种数/%
两栖类	2	8	16	20	4.7
爬行类	1	6	16	18	4.2
鸟类	18	46	145	304	71.2
兽类	9	27	62	85	19.9
合计	31	87	239	427	100

① 各分类阶元多样性

两栖类隶属于 2 个目，其中有尾目 CAUDATA 1 科 2 属 2 种，而 7 科 14 属 18 种是隶属于无尾目（ANURA）。爬行类仅有鳞目（SQUAMATA），含 2 亚目：蜥蜴亚目（LACERTILIA）和蛇亚目（SERPENTES）；前者仅 3 科 4 属 4 种；后者有 3 科 12 属 14 种。另外大理市还有两个外来物种：即：蛙科蛙属的牛蛙（*Rana catesbeiana*）和龟鳖目泽龟科的红耳龟（*Chrysemys scripta*）。鸟类物种亦主要由雀形目（PASSERIFORMES）（鸟类的第一大目）鸟类组成，具有 21 科、78 属、191 种，占本地区鸟类物种数的 62.8%；而居第二位的雁形目（ANSERIFORMES）只有 1 科 7 属 19 种，占 6.2%；物种数排第三的目为鹤形目（GRUIFORMES）3 科 8 属 11 种及鹳形目（CICONIFORMES）1 科 7 属 11 种，各占本地区鸟类的 3.6%。其余 14 目的物种数量均在 10 种以下，其中仅含 1 种的目也仅有 1 个，即鹈形目（PELECANIFORMES），另外 13 个目的物种数在 2～10 之间，如：鸻形目（CHARDRIFORME）与鹃形目（CUCULIFORMES）各 10 种，隼形目（FALCONIFORMES）和鸡形目（GALLIFORMES）各 8 种，鸽形目（COLUMBIFORMES）7 种，鸮形目（STRIGIFORMES）6 种，鸥形目（LARIFORMES）5 种，雨燕目（APODIFORMES）、佛法僧目（CORACIIFORMES）和䴕形目（PICIFORMES）各 4 种，䴙䴘目（PODICIPEDIFORMES）、鹦形目（PSITACIFORMES）和夜鹰目（CAPRIMULGIFORMES）分别有 2 种。哺乳动物最大目亦为啮齿目（RODENTIA），含 6 科 20 属 35 种，占该地哺乳动物的 41.2%；其次是食虫目（EULIPOTYPHLA）和食肉目（CARNIVORA），各有 16 种，合计占本地区兽类的 37.6%，前者包括 3 科 11 属，后者包括 6 科 16 属。该 3 个目构成大理市哺乳动物的主体，计 15 科 47 属 67 种，占该地区物种数的 78.8%。而另外 6 个目只有 18 种，其中攀鼩目（SCANDENTIA）、鳞甲目（PHOLIDOTA）、灵长目（PRIMATES）分别只有 1 科 1 属 1 种，兔形目（LAGOMORPHA）2 科 2 属 2 种，偶蹄目（ARTIODACTYLA）有 4 科 6 属 6 种，翼手目（CHIROPTERA）3 科 4 属 7 种。

两栖动物中最大科为无尾目蛙科（Ranidae），有 7 种（占该地区两栖类 35.0%），其次是角蟾科（Megophryinae）4 种，此 2 科的物种构成了该地区两栖动物的主体。此外，有蝾螈科（Salamandridae）、蟾蜍科（Bufonidae）和姬蛙科（Microhylidae）各 2 种，即：红瘰疣螈（*Tylototriton verrucosus*）、蓝尾蝾螈（*Cynops cyanurus*）、华西蟾蜍（*Bufo andrewsi*）、黑眶蟾蜍（*Bufo melanostictus*）、云南小狭口蛙（*Calluella yunnanensis*）、多疣狭口蛙（*Kaloula verrucosa*）。而在仅有的 8 科中，盘舌蟾科（Discoglossidae）、雨蛙科（Hylidae）和树蛙科（Rhacophoridae）仅各有 1 种。爬行动物数量较少，科的数量也不多，仅 6 科，其中游蛇科（Colubridae）即有 9 种（占了该地区爬行类 50.0%），其次是蝰科（Viperidae）3 种：山烙铁头（*Ovophis monticola*）、竹叶青蛇（*Trimeresurus stejnegeri*）、菜花烙铁头（*Protobothrops jerdonii*）。此外，该地区的爬行类中还有石龙子科（Scincidae）2 种，鬣蜥科（Agamidae）和壁虎科（Gekkonidae）各 1 种，如：铜蜓蜥（*Sphenomorphus indicus*）、山滑蜥（*Scincella monticola*）、粗疣壁虎（*Gekko scabridus*）、昆明攀蜥（*Japalura varcoae*）。鸟类中鹟科（Muscicapidae）有 38 属 106 种，占了本地区鸟类的 34.9%，而其他 45 个科鸟类的物种数均在 20 种以下，如：鸭科（Anatidae）7 属 19 种（占 6.2%）、雀科（Fringillidae）7 属 18 种（占 5.9%），其中鸬鹚科（Phalacrocoracidae）、三趾鹑科（Turnicidae）、鹤科（Gruidae）、草鸮科（Tytonidae）、戴胜科（Upupidae）、百灵科（Alaudidae）、黄鹂科（Oriolidae）、河乌科（Cinclidae）、鹪鹩科（Troglodytidae）、旋木雀科（Certhiidae）、啄花鸟科（Dicaeidae）等 11 科分别只有 1 种，而椋鸟科（Sturnidae）、䴙䴘科（Podicipedidae）、隼科（Falconidae）、鹦鹉科（Psittacidae）、夜鹰科（Caprimulgidae）、太阳鸟科（Nectariniidae）和绣眼鸟科（Zosteropidae）等为少种科，分别仅有 2 种，燕科（Hirundinidae）、卷尾科（Dicruridae）和岩鹨科（Prunellidae）分别有 3 种，其他 21 科的物种数则在 4～11 种之间。兽类有 27 个科，虽然有最大科，但各科的物种数量差异不大。其中最大的鼠科（Muridae）有 9 属 18 种，占该地区兽类的 21.2%；其次是鼩鼱科（Soricidae）有 7 属 12 种（占 12.1%）。而其他所有科的物种数均在 6 种以下，如：仓鼠科（Crictidae）6 种，鼯鼠科（Pteromyidae）和鼬科（Mustelidae）各有 5 种，蝙蝠科（Vespertilionidae）、灵猫科（Viverridae）和松鼠科（Sciuridae）各有 4 种，鼹科（Talpidae）和猫科（Felidae）各有 3 种，而菊头蝠科（Rhinolophidae）、犬科（Canidae）、鹿科（Cervidae）和牛科（Bovidae）分别只有 2 种，其余树鼩科（Tupaiidae）、猬科（Erinaceidae）、蹄蝠科（Hipposideridae）、猴科（Cercopithecidae）、鲮鲤科（Manidae）、熊科（Ursidae）、小熊猫科（Ailuridae）、猪科（Suidae）、麝科（Moschidae）、兔科（Leporidae）、鼠兔科（Ochotonidae）、豪猪科（Hystridae）、鼹形鼠科（Spalacidae）等 13 科为单属种科。

② 区系特征

大理市 20 种两栖类动物均为东洋界物种，其中绝大部分为东洋界西南区成分，共有 15 种，占该地区两栖类动物的 75%。此外，有东洋界广布种 4 种（黑眶蟾蜍 *Bufo melanostictu*、双团棘胸蛙 *Paa yunnanensis*、昭觉林蛙 *Rana chaojchiaoensis*、杜氏泛树蛙 *Polypedates dugritei*），东洋界华中区与西南区共有种 1 种（华西蟾蜍 *Bufo andrewsi*）。

大理市现记录的 18 种爬行动物除 2 种（黑眉锦蛇 *Elaphe taeniura*、红脖颈槽蛇 *Natrix sublminiata*）为东洋界与古北界共有外，其余均为东洋界物种。但其中多数为东洋界广布种，有 9 种，占该地区爬行动物的 50.%；而属于西南区成分的只有 4 种（粗疣壁虎 *Gekko scabri*、山滑蜥 *Scincella monticola*、缅甸颈槽蛇 *Rhabdophis leinardi*、云南钝头蛇 *Pareas yunnanensis*），其余 3 种分别属于西南区与华南区共有种（黑线乌梢蛇 *Zaocys nigromarginatus*）、华南区物种（昆明龙蜥 *Japalura varcoae*）及华中区与西南区共有种（菜花烙铁头 *Protobothrops jerdoni*）。

外来物种牛蛙（*Rana catesbeiana*）和红耳龟（*Chrysemys scripta*）未纳入区系分析。

大理所记录的 304 种鸟类中，常年居留于大理的留鸟（Resident birds），计 191 种，占该地区所记录鸟类的 62.8%；仅春末夏初迁至该地区，夏末秋初迁离的夏候鸟（Summer Visitors）或夏季繁殖鸟（Summer Breeders），计 35 种，占所录鸟类的 11.5%；秋末冬初由北方迁飞至此地越冬的冬候鸟（Winter visitors）或旅经该地再向南迁的旅鸟（Birds encountered during migration），既是冬候鸟也是旅鸟，共计 76 种，占所录鸟类的 25%；种群数量十分稀少或境内只有一次或两次记录的偶见鸟（Occasionally encountered），计 2 种，占所录鸟类的 0.7%。可见，大理市所记录鸟类是以留鸟为主，冬候鸟和夏候鸟次之。

依据郑作新（1987）《中国鸟类区系纲要》所列各种鸟类的地理分布情况，在大理市所记录的 304 种鸟类中，在该地区繁殖的鸟类（含留鸟、夏候鸟和繁殖鸟）计有 226 种，占 74.3%。其中繁殖区域主要在东洋界的鸟类，计 158 种，占 69.9%；繁殖区域广布于东洋、古北两大界的鸟类，计 58 种，占 25.7%；繁殖区域主要在古北界的鸟类，计 10 种，占 4.4%。由此可见大理市鸟类的区系构成以东洋界成分为主。

大理市 85 种哺乳动物中也有一定数量的世界性广布种，如：与人类伴生而遍布世界各地的小家鼠（*Mus musculus*），全北区分布并向南延伸到东洋区的赤狐（*Vulpes vulpes*）和广布于欧亚非的野猪（*Sus scrofa*）、水獭（*Lutra lutra*）、藏獾（*Meles leucureus*）、巢鼠（*Micromys minutus*）及东亚伏翼（*Pipistrellus abramus*）、豺（*Cuon alpinus*）、貉（*Nycterutes procyonoides*）、黑熊（*Selenarctos thibetanus*）、青鼬（*Martes flavigula*）、黄鼬（*Mustela sibrica*）、豹猫（*Prionalurus bengalensis*）、川西斑羚（*Nemorhaedus griseus*）、社鼠（*Niviventer confucianus*）等古北区与东洋区共有种 15 个，占大理市兽类的 17.6%。其余 70 种均属于东洋区物种，其中西南区、华南区和华中区共有物种 36 个，西南区与华南区共有物种 13 个，西南区与华中区共有物种 6 个，而为西南区成分的有 15 种，如：长尾鼩鼹（*Scaptonyx fusicaudus*）、云南鼩鼱（*Sorex excelsus*）、小纹背鼩鼱（*Sorex bedfordiae*）、大纹背鼩鼱（*Sorex cylindricauda*）、褐腹长尾鼩鼱（*Episoriculus caudatus*）、小熊猫（*Ailurus fulgens*）、大绒鼠（*Eothenomys miletus*）、克钦绒鼠（*Eothenomys cachinus*）、西南绒鼠（*Eothenomys custos*）、高原松田鼠（*Pitymys irene*）、安氏白腹鼠（*Niviventer andersoni*）、川西白腹鼠（*Niviventer excelsior*）、大耳姬鼠（*Apodemus latronum*）、澜沧江姬鼠（*Apodemus ilex*）等，占该地区物种数的 21.4%。可见大理市哺乳动物东洋界成分占优势，且较高比例的西南区区系成分。因此，在我国动物地理区划上属于东洋界西南区动物区系。

➢ 特有种类

大理市地处横断山区东南缘与云南高原交界处，其陆生脊椎动物各类群不仅表现较为丰富的物种多样性，而且也表现出较高程度的特有性（表 4-20）。

表 4-20　大理市陆生脊椎动物特有种

	中国特有分布		云南特有分布	
两栖类	15	75.0%	5	25.0%
爬行类	4	22.2%	2	11.1%
鸟类	11	3.6%	—	—
兽类	17	20.0%	1	1.2%
合计	47	10.8%	8	1.9%

* 为所占各类群比例。

虽然大理市仅有 20 种两栖动物，其中为中国特有种的却高达 14 种，占该地区两栖类的 70%；其中有 5 种还为云南特有（占 25%），如：红瘰疣螈 *Tylototriton verrucosus*、蓝尾蝾螈 *Cynops cyanurus*、大蹼铃蟾 *Bombina maxima*、华西雨蛙 *Hyla annectans* 等，可见云南两栖动物特有程度比较高。爬行动物有 18 种，其中为中国特有的有 4 种，占该地区爬行类的 22.2%，包括云南特有种 2 种（昆明攀蜥 *Japalura varcoae*、云南钝头蛇 *Pareas yunnanensis*）。相较于其他陆生脊椎动物类群，鸟类因具有飞行习性，其特有性程度相对要低很多。在大理市现记录的 304 种鸟类中，仅有中国特有鸟类 11 种，占该地区鸟类的 3.6%，如：大紫胸鹦鹉 *Psittacula alexandri*、领雀嘴鹎 *Spizixos semitorques*、宝兴歌鸫 *Turdus mupinensis*、棕头雀鹛 *Alcippe ruficapilla*、白领凤鹛 *Yuhina diademata*、斑翅朱雀 *Carpodacus trifasciatus* 等。因其所处地理位置与地形地貌特点及兽类的习性，大理市兽类有一定程度的特有性，其中中国特有种有 17 种，占该地区物种数的 20%，包括：鼩猬（*Neotetracus sinensis*）、云南鼩鼱（*Sorex excelsus*）、大纹背鼩鼱（*Sorex cylindricauda*）、大足喜耳蝠（*Myotis muricola*）、中华鬣羚（*Capricornis mileedwardsii*）、云南兔（*Lepus comus*）、复齿鼯鼠（*Tropgoterus xanthipes*）、侧纹岩松鼠（*Sciruotamias forresti*）、高山姬鼠（*Apodemus chevrieri*）、大耳姬鼠（*Apodemus latronum*）、澜沧江姬鼠（*Apodems ilex*）、安氏白腹鼠（*Niviventer andersoni*）、川西白腹鼠（*Niviventer excelsior*）、大绒鼠（*Eothenomys miletus*）、滇绒鼠（*Eothenomys eleusis*）、西南绒鼠（*Eothenomys custos*）、高原松田鼠（*Pitymys irene*）。其中除了鼩猬、大足鼠耳蝠、中华鬣羚、复齿鼯鼠外，其余均为西南区特有，包括滇西北特有（云南松田鼠 *Neodon forresti*）、云贵高原特有（云南兔 *Lepus comus*）和云南特有（澜沧江姬鼠 *Apodems ilex*）。

➢　珍稀濒危保护种类

在大理市 20 种两栖动物中，列入国家重点保护野生动物名单的很少，仅有国家 II 级重点保护动物 1 种；并且无任何其他物种被列在 CITES 附录中；在《中国濒危动物红皮书——两栖类和爬行类》（1998）中包含该地区的物种有 2 种；而在《中国物种红色名录（第一卷）》（2004）中则包含大理市的所有 20 种两栖类动物。而在 18 种爬行类中，2 种被列入 CITES 附录 II 和云南省重点保护野生动物名录，没有物种被列入国家重点保护野生动物名录；在《中国濒危动物红皮书——两栖类和爬行类》（1998）中包含有大理市的 6 种爬行类动物；而《中国物种红色名录（第一卷）》（2004）中则包含该地区的所有 18 种爬行类。所有 38 种两栖爬行类动物均被收录到 2000 年 8 月颁布的《国家保护的有益的或者有重要经济、科学研究价值的陆生野生动物名录》中。

表 4-21 大理市重点保护陆生脊椎动物

类群	国家级				CITES 种			
	I	%*	II	%	附录 I	%	附录 II	%
两栖类	—	—	1	5.0	—	—	—	—
爬行类	—	—	—	—	—	—	2	11.1
鸟类	1	0.3	24	7.9	2	0.7	17	5.6
兽类	2	2.4	14	16.5	8	9.4	6	7.0
合计	3	0.7	36	9.1	10	2.3	25	5.8

* 占各类群物种数的比例。

大理所记录的 304 鸟类中，有国家重点保护野生动物 25 种，其中国家 I 级重点保护鸟类 1 种，国家 II 级重点保护鸟类 24 种；被列入 CITES 附录（2000）的有 19 种，其中附录 I 有 2 种，附录 II 有 17 种；有 7 种鸟类在《中国濒危动物红皮书——鸟类》（1998）中被列为易危种，3 种被列为稀有种；7 种鸟类在《中国物种红色名录（第一卷）》（2004）中被列为近危种，2 种被列为易危种；包括小鷉鷉（*Podiceps ruficollis*）、凤头鷉鷉（*Podiceps cristatus*）、[普通]鸬鹚（*Phalacrocorax carbo*）、苍鹭（*Ardea cinerea*）等 190 种鸟类被收录到 2000 年 8 月颁布的《国家保护的有益的或者有重要经济、科学研究价值的陆生野生动物名录》中。由此可见，大理市现记录的鸟类大多数为国家重点保护野生动物、野生动植物国际贸易公约附录中物种、国家保护的有益的或者有重要经济、科学研究价值的陆生野生动物。

在大理市陆生脊椎动物中，哺乳动物也是受保护物种比例较多的一个类群，有国家重点保护野生动物 16 种，其中 I 级重点保护野生动物 2 种，II 级重点保护动物 14 种；有 14 种哺乳动物列入 CITES 附录中，其中附录 I 有 8 种，附录 II 有 6 种；被《中国濒危动物红皮书——兽类》（1998）列为濒危种的有 5 种；被《中国物种红色名录——兽类》（2004）中列为濒危种的有 9 种；中缅树鼩（*Tupaia belangeri*）、赤狐（*Vulpes vulpes*）、貉（*Nyctereutes procyonoides*）、黄鼬（*Mustela sibirica*）、藏獾（*Meles leucureus*）等 21 种被收录在 2000 年 8 月颁布的《国家保护的有益的或者有重要经济、科学研究价值的陆生野生动物名录》中。

（4）大型真菌物种多样性

总结野外调查、标本馆馆藏标本，综合统计，得知大理有大型真菌 207 种，分别隶属于真菌界担子菌门 10 目 27 科和子囊菌门 1 目 1 科。

从生活习性上看，腐生菌 22 种，分属于 10 科。这类具腐生习性的种中，都为生于腐木上的种。剩余 187 种均为与林木共生的菌根菌。这 207 个种有 196 个担子菌类真菌和 11

个子囊菌类真菌。

从经济价值角度分析，重要的有：松口蘑（*Tricholoma matsudake*）、松乳菇（*Lactarius deliciosus*）、美味牛肝菌（*Boletus edulis complex*）、鸡枞菌（*Termitomyces albuminosus termite*）、茶褐牛肝菌（*Boletus brunneissimus*）、红蜡蘑（*Laccaria laccata*）、丛枝瑚属（*Ramaria*）、离褶伞（*Lyophyllum*）的多个种。在这些食用菌中，1 种为寄生菌（蜜环菌 *Armillariealla mellea*），其余的均为外生菌根菌。这其中，松乳菇可通过建立种植园实现人工栽培。在 207 种真菌中，毒菌有 15 种，它们多为于鹅膏属（*Amanita*）。另有药用菌 1 种是鬼伞属类的真菌。药用真菌的生态习性与具食用价值的真菌明显不同，多为木生菌。

4.4.4　小结

系统调查整理完成了大理市高等植物、陆生脊椎动物和大型真菌物种编目，并建立了数据库，为国家和地方生物多样性保护提供技术资料。大理铠兰被 CITES 附录Ⅱ收录，被 IUCN 评为 EN（濒危）等级，其历史标本极少，本次调查采集到的标本是昆明植物所标本馆（KUN）此种的第 4 号标本，并且，苍山除了模式标本外，这也是记录的第一份标本。大理岩参（*Melanoseris oligolepis*）模式标本采于大理苍山，国内标本馆仅存模式标本，本次调查的再发现，增加了国内标本馆馆藏的标本量，为本属及相关类群的研究提供了新材料。异颖草为国家Ⅱ级保护植物，此次也是首次在大理市发现。厚叶钻地风（*Schizophragma crassum*）为木质攀缘藤本，圆锥状聚伞花序，粗壮，花白色，可以开发为庭院观赏及庇荫植物。记载产丽江、香格里拉、贡山，本次调查在大理市苍山玉带路上发现，是本种最南的分布记录。美花草属（*Callianthemum*）我国有 5 种，云南只产 1 种：美花草（*Callianthemum pimpinelloides*），花期在 3—4 月，且分布海拔在 3 000 m 以上，在标本采集上相对困难，本次调查采集的标本是国内标本馆馆藏的在苍山采集的第 2 号标本。美花草属在毛茛科中比较特别，对于了解毛茛科属间关系举足轻重。

本次调查结果与最新历史统计资料相比，增加了 207 种陆生脊椎动物，其中两栖爬行类增加 2 种、鸟类增加 177 种、兽类增加 28 种，极大丰富了大理市物种及其分布的信息，包括国家Ⅰ级重点保护野生动物 1 种，国家Ⅱ级重点保护野生动物 20 种，新增《濒危野生动植物国际贸易公约》（CITES）附录Ⅰ物种 6 个。

4.5　德钦县生物多样性现状[①]

4.5.1　自然概况

德钦县地处青藏高原南延滇、川、藏三省（区）结合部分，横断山脉中段，两江（金

① 德钦县植被类型与植物多样性由中科院昆明植物研究所税玉民研究员组织调查和提供数据；动物多样性由中科院昆明动物研究所胡健生研究员组织调查和提供数据；大型真菌多样性由中科院昆明植物研究所刘培贵研究员组织调查和提供数据。

沙江、澜沧江）峡谷褶皱带，位于北纬 27°33′4″～29°15′2″，东经 98°36′～99°33′。东西跨经度 57′4″，南北跨纬度 1°41′58″。东临中甸县，并与四川省巴塘县、得荣县隔江相望，南与维西县犬牙交错，西与西藏自治区左贡县、芒康县接壤，并与贡山独龙族怒族自治区毗邻。

德钦县全境山高坡陡，峡长谷深，地形地貌复杂。东有云岭山脉，西有怒山山脉，山脉均为南北走向，地势北高南低，地形是南北长东西窄的刀形，南北长约 188 km，东西宽约 68 km。按海拔高差划分，地形可分为三类，一类的高山河谷区，地处海拔 1 800～2 400 m，分布在金沙江、澜沧江沿岸小甸及缓坡；有 153 个自然村，占全县自然村总数的 28.75%；二类是山区，地处海拔 2 400～3 000 m，有 293 个自然村，占全县自然村总数的 55.07%；三类是高寒山区即海拔在 3 000 m 以上的地区，有 86 个自然村，占自然村总数的 16.16%，由于县境地处横断山脉腹地，决定了其特点为“峰峦重叠起伏，峡谷急流纵横”，境内怒山、云岭两大山脉中屹立的太子雪山（含梅里雪山）、甲吾雪山、闰子雪山、白芒雪山海拔都在 5 000 m 以上，终年积雪，最高海拔为卡格博峰（6 740 m），为云南第一高峰，被藏民奉为神山，最低海拔为燕门乡南部澜沧江边 1 840.5 m，县内平均海拔为 4 270.2 m。

德钦县内少数民族有藏族、傈僳族、纳西族、白族、回族、彝族、壮族、苗族、哈呢族、怒族、傣族、普米族等 12 个民族。德钦县地处世界稀景，滇西北独有的“三江”（怒江、澜沧江、金沙江）并流地段，属寒温带山地季风气候，境内自然资源富集，有利于发展农牧业、多种经营、旅游和矿业。农蓄产品以粮食、油料、生猪、牛、羊肉为主，工业生产以矿业、名特食品为主，随着改革开放政策不断深入，各项建设事业蓬勃发展，人民生活日益改善。

4.5.2 组织实施

植物调查组对德钦梅里雪山、白马雪山、霞若等地进行了野外考察，共采集植物标本 1561 号；动物调查组分别对拖顶乡、霞若乡、奔子栏镇、燕门乡、云岭乡、升平镇（飞来寺、白马雪山）、佛山乡和羊拉乡等地开展了多次野外调查；大型真菌调查组以白马雪山垭口、德钦县至白马雪山垭口途中及明永冰川附近的山地为实地调查点开展了多次野外调查，共采集大型真菌标本 105 号。

4.5.3 主要成果

（1）植被类型组成

根据《云南植被》（吴征镒等，1987）、《梅里雪山植被研究》（欧晓昆等，2006）、《白马雪山国家级自然保护区》（云南省林业厅等，2003）的植被资料，在野外调查的基础上，将德钦县主要植被类型分为常绿阔叶林、硬叶常绿阔叶林、落叶阔叶林、针叶林、灌丛植被及草甸等几类。其中，有 6 个植被亚型、38 个群系和 52 个群落类型。实地调查植被类型如下。

硬叶常绿阔叶林

川滇高山栎林群系（Form. *Quercus aquifolioides*）

川滇高山栎、大白花杜鹃群落（Comm. *Quercus aquifolioides*，*Rhododendron decorum*）

川滇高山栎、澜沧黄杉群落（Comm. *Quercus aquifolioides*，*Pseudotsuga forrestii*）

川滇高山栎、川西高山栎群落（Comm. *Quercus aquifolioides*，*Q.gilliana*）

川滇高山栎、华山松群落（Comm. *Quercus aquifolioides*，*Pinus armandii*）

川滇高山栎、山杨群落（Comm. *Quercus aquifolioides*，*Populus devidiana* var. *davidiana*）

黄背栎群落（Comm. *Quercus pannosa*）

刺叶冬青群系（Form. *Ilex bioritsensis*）

刺叶冬青、华榛群落（Comm. *Ilex bioritsensis*，*Corylus chinensis*）

落叶阔叶林

君迁子、苦木林群系（Form. *Diospyros lotus*，*Picrasma quassioides*）

君迁子、苦木林群落（Comm. *Diospyros lotus*，*Picrasma quassioides*）

梾木-海棠林群系（Form. *Cornus macrophylla*，*Malus* sp.）

梾木、海棠林群落（Comm. *Cornus macrophylla*，*Malus* sp.）

梾木、华榛林群系（Form. *Cornus macrophylla*，*Corylus chinensis*）

梾木、华榛群落（Comm. *Cornus macrophylla*，*Corylus chinensis*）

沙棘群系（Form. *Hippophae rhamnoides*）

沙棘群落（Comm. *Hippophae rhamnoides*）

桦木、槭树、花楸林群系（From. *Betula* spp.，*Acer* spp. *Sorbus* spp.）

桦木、槭树、花楸群落（Comm．*Betula* spp.，*Acer* spp. *Sorbus* spp.）

桦木、槭树、五叶参林群系（Form. *Betula* spp.，*Acer* spp.，*Pentapanax* sp.）

桦木、槭树、五叶参群落（Comm. *Betula* spp.，*Acer* spp.，*Pentapanax* sp.）

光核桃群系（From. *Amygdolus mira*）

光核桃群落（Comm. *Amygdolus mira*）

丝毛柳群系（Form. *Salix luctuosa*）

丝毛柳、野花椒群落（Comm．*Salix luctuosa*，*Zanthoxylum simulans*）

德钦杨群系（Form. *Populus haoana* var. *haoana*）

德钦杨群落（Comm. *Populus haoana* var. *haoana*）

针阔混交林

澜沧黄杉、华榛、桦木混交林群系（Form. *Pseudotsuga forrestii*，*Corylus chinensis*，*Betula* spp.）

澜沧黄杉、华榛、桦木群落（Comm. *Pseudotsuga forrestii*，*Corylus chinensis*，*Betula* spp.）

云南红豆杉、石楠群系（Form. *Taxus yunnanensis*，*Photinia serrulata*）

云南红豆杉群落（Comm．*Taxus yunnanensis*，*Photinia serrulata*）

暖性针叶林

华山松林群系（Form. *Pinus armandii*）

华山松群落（Comm. *Pinus armandii*）

侧柏林（Form. *Platycladus orientalis*）

侧柏群落（Comrn. *Platycladus orientalis*）

藏柏群系（Form. *Cupressuss torulosa*）

藏柏群落（Comm *Cupressuss torulosa*）

冲天柏群系（Form. *Cupressus duclouxiana*）

冲天柏、云南土沉香群落（Comm. *Cupressus duclouxiana*，*Excoecaria acerifolia*）

冲天柏群落（Comm. *Cupressus duclouxiana*）

温性针叶林

温凉性针叶林

澜沧黄杉群系（Form. *Pseudotsuga forrestii*）

澜沧黄杉群落（Comm. *Pseudotsuga forrestii*）

高山松林群系（Form. *Pinus densata*）

高山松群落（Comm. *Pinus densata*）

寒温性针叶林

丽江云杉林群系（Form. *Picea likiangensis*）

丽江云杉群落（Comm. *Picea likiangensis*）

油麦吊云杉林群系（Form. *Picea brachytyla* var. *camplantata*）

油麦吊云杉群落（Comm. *Picea brachytyla* var. *camplantata*）

长苞冷杉林群系（Form. *Abies georgei*）

长苞冷杉群落（Comm. *Abies georgei*）

长苞冷杉、糙皮桦群落（Comm. *Abies georgei*，*Betula utilis* var. *utilis*）

冷杉林群系（Form. *Abies forrestii*）

冷杉群落（Comm. *Abies forrestii*）

落叶松林

大果红杉群系（Form. *Larix potaninii* var. *macrocarpa*，*Abies fabri*）

大果红杉、冷杉群落（Comm. *Larix potaninii* var. *macrocarpa*，*Abies fabri*）

怒江落叶松群系（Form. *Larix speciosa*）

怒江落叶松群落（Comm. *Larix speciosa*）

灌丛植被

寒温性灌丛

杜鹃灌丛群系（Form．*Rhododendron* spp．）

杜鹃群落（Comm. *Rhododendron* spp．）

硬叶栎群系（Form. *Quercus* ssp.）

黄背栎群落（Comm. *Quercus pannosa*）

刺叶高山栎群落（Comm. *Quercus spinosa*）

柳灌丛群系（Form. *Salix* spp.）

柳、鲜卑花群落（Comm. *Salix* spp.，*Sibiraea laevigata*）

高山柏群系（Form. *Sabina squamata*）

高山柏群落（Comm. *Sabina squamata*）

沙棘群系（Form. *Hippophae rhamnoides*）

云南沙棘群落（Comm. *Hippophae rhamnoides* subsp. *yunnanensis*）

干热河谷性灌丛

羊蹄甲群系（Form. *Bauhinia purpurea*）

羊蹄甲、银叶铁线莲群落（Comm. *Bauhinia purpurea*，*Clematis delavayi*）

紫金标群系（Form. *Ceratostigma minus*）

紫金标、木蓝群落（Comm. *Ceratostigma minus*，*Indigofera* ssp.）

白刺花群系（Form. *Sophora viciifolia*）

白刺花、羊蹄甲群落（Comm. *Sophora viciifolia*，*Bauhinia purpurea*）

白刺花、毛子草群落（Comm. *Sophora viciifolia*，*Incarvillea argula*）

荛花群系（Form. *Wikstroenmia canescens*）

荛花群落（Comm. *Wikstroenmia canescens*）

头花香薷群系（Form. *Elsholtzia capituligera*）

头花香薷群落（Comm. *Elsholtzia capituligera*，*Osteomeles schwerinae*）

草甸

亚高山草甸

血满草、尼泊尔酸模草甸群系（Form. *Sambucus adnata*，*Rumex nepalensis*）

血满草、绒紫萁群落（Comm. *Sambucus adnata*，*Osmundastrum claytonianum*）

尼泊尔酸模、毛葶蒲公英群落（Comm. *Rumex nepalensis*，*Taraxacum eriopodum*）

橐吾、银莲花草甸群系（Form. *Ligularia* spp.. *Anemone* spp.）

橐吾、银莲花群落（Comm. *Ligularia* spp.. *Anemone* spp.）

高山草甸

马先蒿、报春花草甸群系（Form. *Pedicularis* spp.，*Primula* spp.）

马先蒿、报春花群落（Comm. *Pedicularis* spp.，*Primula* spp.）

马先蒿、龙胆群落（Comm. *Pedicularis* spp.，*Gentiana* spp.）

鸢尾、马先蒿草甸群系（Form. *Iris* spp.，*Pedicularis* spp.）

鸢尾、马先蒿群落（Form. *Iris* spp.，*Pedicularis* spp.）

垫状紫草、雪灵芝草甸群系（Form. *Chionocharis hookeri*，*Arenaria* spp.）

垫状紫草、雪灵芝群落（Comm. *Chrorrocharis hookeri*，*Arenaria* ssp.）

高山流石滩

高山流石滩植被主要由薹草（*Carex* ssp.）、绿绒蒿（*Meconopsis* ssp.）、岩梅（*Diapensia* spp.）、矮龙胆（*Geniiana wardii*）、虎耳草（*Saxifraga* ssp.）、景天（*Sedum* ssp.）、雪兔子（*Saussurea* ssp.）等组成。

（2）植物物种多样性

➢ 物种组成

通过文献资料查询和标本鉴定，确定德钦县有苔藓植物 66 科，168 属，358 种；蕨类植物 31 科，64 属，228 种；裸子植物 7 科 17 属 32 种；被子植物 144 科，890 属，3 637 种，其中单子叶植物 20 科 192 属 594 种，双子叶植物 124 科 698 属 3 043 种。

66 科苔藓植物中，苔纲（Hepaticae）有 28 科，藓纲（Musci）38 科，无角苔纲（Anthocerotae）植物的分布；168 属苔藓植物中，苔纲（Hepaticae）有 39 属，藓纲（Musci）129 属，科内属数最多的是丛藓科（15 属），其次是曲尾藓科（14 属）和真藓科（10 属）；358 种苔藓植物中，苔纲（Hepaticae）有 84 种，藓纲（Musci）281 种，属内种数较多的属有：真藓属 *Bryum*（18 种），耳叶苔属 *Frullania*（16 种），对齿藓属 *Didymodon*（12 种）和丝瓜藓属 *Pohlia*（12 种），曲尾藓属 *Dicranum*（10 种）。

德钦县有蕨类植物 31 科，占云南分布蕨类植物科的一半左右。德钦县有蕨类植物 64 属，其中水龙骨科（Polypodiaceae）和蹄盖蕨科（Athyriaceae）包含的属数目较多，分别为 11 属和 8 属；包含 6 属的科只有中国蕨科（Sinopteridaceae）1 科；包含 5 属的科有 1 科即鳞毛蕨科（Dryopteridaceae）；包含 3 属的科有 1 科即肿足蕨科（Hypodematiaceae）；还有 5 科包含 2 属：石松科（Lycopodiaceae），木贼科（Equisetaceae），阴地蕨科（Botrychiaceae），金星蕨科（Thelypteridaceae），乌毛蕨科（Blechnaceae）；含 1 属的科有卷柏科（Selaginellaceae），瓶尔小草科等 21 科。德钦县有蕨类植物 228 种，其中，耳蕨属 *Polystichum*（鳞毛蕨科 Dryopteridaceae）有 23 种，其次，鳞毛蕨属 *Dryopteris*（鳞毛蕨科 Dryopteridaceae）有 22 种。

德钦县有裸子植物 7 个科，分属于 4 个纲。其中苏铁纲（Cycadopsida）有 1 科，即为苏铁科（Cycadaceae），松柏纲（Coniferopsida）有 3 科，分别是柏科（Cupressaceae）、松科（Pinaceae）、杉科（Taxodiaceae），红豆杉纲（Taxopsida）有 2 科，是红豆杉科（Taxaceae），买麻藤纲（Gnetopsida）有 1 科，为麻黄科（Ephedraceae）。德钦县的裸子植物包括 17 属，松柏纲有 13 属，红豆杉纲 2 属，苏铁纲、买麻藤纲各有 1 属。科内属数最多的是松科（Pinaceae），有 8 属，其次为柏科（Cupressaceae）有 4 属，另外 5 个科苏铁科（Cycadaceae）、麻黄科（Ephedraceae）、红豆杉科（Taxaceae）、三尖杉科（Cephalotaxaceae）、杉科（Taxodiaceae）都仅有 1 属。德钦县有裸子植物 32 种，其中松柏纲有 26 种，买麻藤纲有 2 种，红豆杉纲有 3 种，苏铁纲有 1 种。属内种数较多的有 *Sabina* 和 *Abies* 有 5 种，*Pinus* 属有 3 种，*Ephedra* 和 *Picea* 各有 2 种，*Larix*、*Taxus* 和 *Tsuga* 各有 2 种，*Cedrus*、*Cunninghamia*、

Cupressus、*Cycas*、*Juniperus*、*Keteleeria*、*Platycladus*、*Pseudotsuga* 各有 1 种。

双子叶植物中，从科内属一级的水平上分析，该地区仅含 1 属的科有 45 个，占总科数的 36.0%；出现 2～5 属的科有 53 个，占总科数的 42.4%；6～15 属的科有 20 个，占总科数的 16.0%；而大于 15 属的科有 7 个，占总科数的 5.6%。科内种一级的水平，该地区仅含 1 种的科有 21 个，占总科数 16.8%；出现 2～10 种的科有 61 个，占总科数的 48.8%；11～50 种的科有 30 个，占总科数的 24.0%；50 种以上的科有 13 个，占总科数的 10.4%。双子叶植物 698 属中，在本区仅出现 1 种的属有 292 属，占全部属数的 47.48%；出现 2～5 种的属有 234 属，占全部属数的 38.05%；出现 6～19 种的属有 66 属，占全部属数的 10.73%；出现 20 种及以上的属有 23 属，占全部属数的 3.74%。

单子叶植物中，从科内属一级的水平上看，该地区仅含 1 属的科有 6 个，占总科数的 30%；出现 2～5 属的科有 8 个，占总科数的 40%；6～15 属的科有 3 个，占总科数的 15%；而大于 15 属的科有 3 个，占总科数的 15%。从科内种一级的水平来看，仅含 1 种的科有 3 个，占该县单子叶植物总科数的 15%；含 2～10 种的科有 8 个，该县单子叶植物总科数的 40%；含 11～50 种的科有 5 个，占总科数的 25%；50 种以上的科有 4 个，占总科数的 20%。单子叶植物 192 属中，在本区仅出现 1 种的属有 106 属，占全部属数的 55.21%；出现 2～5 种的属有 62 属，占全部属数的 32.29%；出现 6～19 种的属有 24 属，占全部属数的 10.42%；含 20 种以上的属有 4 属，占全部属数的 2.08%。

➢　特有种类

苔藓植物中，中国特有种有王氏黑藓 *Andreaea wangiana*（黑藓科 Andreaeaceae）、亚灰白青藓 *Brachythecium subalbicans*（青藓科 Brachytheciaceae）、云南青藓 *Brachythecium yunnanense*（青藓科 Brachytheciaceae）等 38 种；云南特有种有毛尖碎米藓 *Fabronia rostrata* Broth.（碎米藓科 Fabroniaceae），亚灰白青藓 *Brachythecium subalbicans* Broth.（青藓科 Brachytheciaceae），韩氏耳叶苔 *Frullania handelii*（耳叶苔科 Frullaniaceae），雪山耳叶苔 *Frullania nivimontana*（耳叶苔科 Frullaniaceae），狭叶丝瓜藓 *Pohlia timmioides*（真藓科 Bryaceae）5 种。

蕨类植物中国特有种主要分布在铁角蕨科（Aspleniaceae）、蹄盖蕨科（Athyriaceae）、鳞毛蕨科（Dryopteridaceae）、水龙骨科（Polypodiaceae）中，有鳞毛蕨科的圆齿轴鳞蕨 *Dryopsis silaensis*（Ching）、黑鳞西域鳞毛蕨 *Dryopteris blanfordii* subsp. *Nigrosquamosa* 等 56 种；云南特有大果鱼鳞蕨 *Acrophorus macrocarpua*（乌毛蕨科 Blechnaceae）、德钦铁角蕨 *Asplenium deqenense*（铁角蕨科 Aspleniaceae）、卷叶冷蕨 *Cystopteris modesta*（蹄盖蕨科 Athyriaceae）等 12 种。

裸子植物中国特有种有 22 种，其中的云南黄果树冷杉 *Abies ernestii* Rehd. var. *salouenensis*（Borderes-Rey et Gaussen） Cheng et L.K.Fu（松科 Pinaceae）和长苞冷杉 *Abies georgei* Orr. var. *georgei* 为云南特有种。中国特有种中，松科所占的比例最大，占全县中国特有种的 72.73%（包括 16 种含变种亚种等种下等级），其次为柏科，包括 6 种（含种下等级)，占全县特有种的 27.27%。

双子叶植物中，中国特有种 1 698 种，隶属于 94 科 371 属，其中，包含中国特有种最多的 10 个科为：菊科 Compositae(194 种)、蔷薇科 Rosaceae(140 种)、毛茛科 Ranunculaceae(108 种)、玄参科 Scrophulariaceae(102 种)、杜鹃花科 Ericaceae(92 种)、虎耳草科 Saxifragaceae(79 种)、蝶形花科 Papilionaceae(79 种)、唇形科 Labiatae(72 种)、伞形科 Umbelliferae(65 种)、龙胆科 Gentianaceae(56 种)；包含中国特有种最多的 10 个属为：马先蒿属 *Pedicularis*(84 种)、杜鹃属 *Rhododendron*(77 种)、虎耳草属 *Saxifraga*(42 种)、龙胆属 *Gentiana*(36 种)、柳属 *Salix*(35 种)、乌头属 *Aconitum*(29 种)、无心菜属 *Arenaria*(29 种)、紫堇属 *Corydalis*(29 种)、报春属 *Primula*(28 种)。云南特有种有 417 种，隶属于 61 科 152 属，其中，包含云南特有种最多的 10 个科为：毛茛科 Ranunculaceae(44 种)、菊科 Compositae(39 种)、杜鹃花科 Ericaceae(24 种)、玄参科 Scrophulariaceae(23 种)、虎耳草科 Saxifragaceae(22 种)、蔷薇科 Rosaceae(20 种)、石竹科 Caryophyllaceae(19 种)、唇形科 Labiatae(18 种)、蝶形花科 Papilionaceae(17 种)、龙胆科 Gentianaceae(17 种)；包含云南特有种最多的 10 个属为：乌头属 Aconitum(22 种)、杜鹃属 *Rhododendron*(18 种)、马先蒿属 *Pedicularis*(18 种)、虎耳草属 *Saxifraga*(16 种)、无心菜属 *Arenaria*(14 种)、柳属 *Salix*(13 种)、翠雀花属 *Delphinium*(12 种)、小檗属 *Berberis*(11 种)、紫堇属 *Corydalis*(11 种)、黄芪属 *Astragalus*(11 种)。

单子叶植物中，中国特有种有 189 种，隶属于 15 科 76 属，各科所含物种的数目由大到小的排列顺序为：禾本科 Gramineae(68 种)、兰科 Orchidaceae(32 种)、百合科 Liliaceae(29 种)、莎草科 Cyperacea(17 种)、灯心草科 Juncaceae(10 种)、石蒜科 Amaryllidaceae(8 种)、鸢尾科 Iridaceae(6 种)、天南星科 Araceae(5 种)、姜科 Zingiberaceae(5 种)、薯蓣科 Dioscoreaceae(3 种)、水鳖科 Hydrocharitaceae(2 种)，仅包含 1 种中国特有植物的科有鸭跖草科 Commelinaceae、芭蕉科 Musaceae、泽泻科 Alismataceae、百部科 Stemonaceae；中国特有属最多的 10 个属为：早熟禾属 *Poa*(22 种)、薹草属 *Carex*(10 种)、韭属 *Allium*(8 种)、星属 *Arisaema*(6 种)、灯心草属 Juncus(10 种)、鹅观草属 *Roegneria*(8 种)、嵩草属 *Kobresia*(6 种)、百合属 *Lilium*(6 种)、鸢尾属 *Iris*(6 种)、南星属 *Arisaema*(5 种)、杓兰属 *Cypripedium*(5 种)。云南特有植物为 23 种，隶属于 9 科 17 属，各科所含物种的数目由大到小的排列顺序为：禾本科 Gramineae(6 种)、莎草科 Cyperacea(5 种)、灯心草科 Juncaceae(3 种)、兰科 Orchidaceae(3 种)、天南星科 Araceae(2 种)，剩余的 4 科皆为只含 1 种云南特有植物的科，即：薯蓣科 Dioscoreaceae、鸢尾科 Iridaceae、姜科 Zingiberaceae、百部科 Stemonaceae。

➢ 珍稀濒危保护种类

参照国务院公布的《国家重点保护野生植物名录(第一批)，同时参照《中国植物红皮书——稀有濒危植物(第一册)》《濒危野生动植物种国际贸易公约(附录Ⅰ，Ⅱ，Ⅲ)》和《云南省重点保护野生植物》，云南共有各类保护植物 27 科 39 属 44 种。

沧江新樟 *Neocinnamomum mekongense*（Hand.-Mazz.） Kosterm. 云南省重点保护野生植物

穿心莛子藨 *Triosteum himalayanum* Wall. 云南省重点保护野生植物

大果枣 *Ziziphus* mairei Dode. 云南省重点保护野生植物

独叶草 *Kingdonia uniflora* Balf. 国家Ⅰ级重点保护野生植物　中国植物红皮书——稀有濒危植物（第一册）

高河菜 *Megacarpaea delavayi* Franch.var.*delavayi* f. *delavayi*. 云南省重点保护野生植物

海菜花 *Ottelia acuminata*（Gagnep.） Dandy.var. *acuminata*. 云南省重点保护野生植物

褐花杓兰 *Cypripedium smithii* Schltr. 国家Ⅰ级重点保护野生植物

红花木莲 *Manglietia insignis*（Wall.） Bl. 中国植物红皮书——稀有濒危植物（第一册）

华榛 *Cortlus chinensis* Franch. 中国植物红皮书——稀有濒危植物（第一册）

黄花杓兰 *Cypripedium flavum* P.E.Hunt et Summerh 国家Ⅰ级重点保护野生植物　濒危野生动植物种国际贸易公约（附录Ⅰ～附录Ⅲ）

假乳黄杜鹃 *Rhododendron fictolacteum* Balf.f. 国家Ⅱ级重点保护野生植物　中国植物红皮书——稀有濒危植物（第一册）

尖药兰 *Diphylax urceolata*（C.B.Clarke）Hook.f. 国家Ⅱ级重点保护野生植物　濒危野生动植物种国际贸易公约（附录Ⅰ～附录Ⅲ）

金铁锁 *Psammosilene tunicoides* W.C.Wu et C.Y.Wu 国家Ⅱ级重点保护野生植物　中国植物红皮书——稀有濒危植物（第一册）

宽口杓兰 *Cyprepediun wardii* Rolfe 国家Ⅰ级重点保护野生植物

澜沧黄杉 *Pseudotsuga forrestii* Craib 国家Ⅱ级重点保护野生植物

离萼杓兰 *Cypripedium plectrochilum* Franch. 国家Ⅰ级重点保护野生植物

丽江山荆子 *Malus rockii* Rehd. 国家Ⅱ级重点保护野生植物

丽江铁杉 *Tsuga forrestii* Downie 中国植物红皮书——稀有濒危植物（第一册）

领春木 *Euptelea pleiospermum* Hook.f.et Thoms. 中国植物红皮书——稀有濒危植物（第一册）

绿花杓兰 *Cypripedium henryi* Rolfe 国家一级保护植物

绵参 *Eriophyton wallichii* Benth.ex.Wall. 云南省重点保护野生植物

南方山荷叶 *Diphylleia sinensis* H. L. Li 国家Ⅱ级重点保护野生植物

拟耧斗菜 *Paraquilegia microphylla*（Royle） Drumm.et Hutch. 云南省重点保护野生植物

茄参 *Mandragora caulescens* C.B.Clarke in Hook.f. 云南省重点保护野生植物

三棱虾脊兰 *Calanthe tricarinata* Lindl.ex Wall. 国家Ⅱ级重点保护野生植物　濒危野生动植物种国际贸易公约（附录Ⅰ～附录Ⅲ）

山莨菪 *Anisodus tanguticus*（Maxim.） Pascher. 国家Ⅱ级重点保护野生植物

扇唇舌喙兰 *Hemoilia flabellata* Bur.et Franch. 国家Ⅱ级重点保护野生植物　濒危野生

动植物种国际贸易公约（附录Ⅰ～附录Ⅲ）

绶草 *Spiranthes sinensis*（Pers.）Ames 国家Ⅱ级重点保护野生植物 濒危野生动植物种国际贸易公约（附录Ⅰ～附录Ⅲ）

桃儿七 *Sinopodophyllum hexandrum*（Royle）Ying 国家Ⅱ级重点保护野生植物 中国植物红皮书——稀有濒危植物（第一册）濒危野生动植物种国际贸易公约（附录Ⅰ～附录Ⅲ）

无苞杓兰 *Cypripedium bardolphianum* W.W.Smith et Farrer 国家Ⅰ级重点保护野生植物

西藏杓兰 *Cypripedium tibeticum* King ex Rolf 国家Ⅰ级重点保护野生植物

香水月季 *Rosa odorata*（Andr.） Sweet var. *odorata*. 国家Ⅱ级重点保护野生植物 中国植物红皮书——稀有濒危植物（第一册）

延龄草 *Trillium tschonoskii* Maxim. 中国植物红皮书——稀有濒危植物（第一册）

岩匙 *Berneuxia thibetica* Decne 云南省重点保护野生植物

野大豆 *Glycine soja* Sieb. et Zucc. 国家Ⅱ级重点保护野生植物

油麦吊云杉 *Picea brachytyla*（Franch.） Pritz. var. *complanata*（Mast.） Cheng ex Rehd. 国家Ⅱ级重点保护野生植物

玉龙蕨 *Sorolepidium glaciale*（Christ） Christ 国家Ⅰ级重点保护野生植物 中国植物红皮书——稀有濒危植物（第一册）

云南枫杨 *Pterocarya dalavayi* Franch. 云南省重点保护野生植物

云南红豆杉 *Taxus yunnanensis* Cheng et L. K. Fu 国家Ⅰ级重点保护野生植物

云南沙棘 *Hippophae rhamnoides* L.subsp. *yunnanensis* Rousi. 国家Ⅱ级重点保护野生植物

长梗润楠 *Machilus longipedicellata* Lec. 云南省重点保护野生植物

钟花假百合 *Notholirion campanulatum* Cotton et Stearn 云南省重点保护野生植物

紫点杓兰 Cypripedium *guttatum* Sw. 国家一级保护植物

紫金龙 *Dactylicapnos scandens*（D. Don） Hutch. 云南省重点保护野生植物

➢ 资源类群

① 材用植物

木材是维管形成层向内发展出植物组织的统称，包括木质部和薄壁射线，材用树种是指能够形成发达的木质化组织，并且根据其性质特征，人们可以将它们用于不同途径，对人类生活起到支持作用的树种。调查显示德钦的材用树种种类繁多，共计约有17个科33个属39个种。其中，桦木科 Betulaceae（1种）、紫葳科 Bignoniaceae（1种）、柏科 Cupressaceae（4种）、壳斗科 Fagaceae（1种）、禾本科 Gramineae（3种）、胡桃科 Juglandaceae（1种）、樟科 Lauraceae（2种）、木兰科 Magnoliaceae（1种）、木樨科 Oleaceae（2种）、蝶形花科 Papilionaceae（1种）、蔷薇科 Rosaceae（4种）、Pinaceae（11种）、芸香科 Rutaceae（1种）、山矾科 Symplocaceae（1种）、红豆杉科 Taxaceae（2种）、田麻科 Tiliaceae（1种）。

② 药用植物

药用植物资源是指含有药用成分，具有医疗用途，可以作为植物性药物开发利用的一群植物。我国是著名的中药材生产大国和利用大国，中医中药在保障人类健康方面迄今为止一直发挥着重要的作用。经此次调查发现德钦地区具有极为丰富的药用植物资源，共计有123科397属593种。主要有鸭嘴花 *Adhatoda vasica* Nees、穿心莲 *Andrographis paniculata* Nees、篦齿槭 *Acer pectinatum* Wall. ex Nichols.、紫果猕猴桃 *Actinidia purpurea* Rehd.、八角枫 *Alangium chinense*（Lour.）Harms.subsp.*chinense*.、泽泻 *Alisma plantago-aquatica* L.ssp. orientale（Sam.）Sam.、慈姑 *Sagittaria trifolia* L. var. *edulis*（Sieb. ex Miq.）Ohwi.、苋 *Amaranthus tricolor* Linn.、青葙 *Celosia argentea* Linn.、川牛膝 *Cyathula officinalis* Kuan、葱 *Allium fistulosum* L.、小根蒜 *Allium macrostemon* Bunge、蒜 *Allium sativum* L.、韭菜 *Allium tuberosum* Roettler ex Sprengel、清香木 *Pistacia weinmannifolia* J.Poisson ex Franch.、野漆 *Toxicodendron succedaneum*（L.）O.Kuntze、漆 *Toxicodendron vernicifluum*（Stokes）F.A.Barkley.、长春花 *Catharanthus roseus*（L.）G.Don.、夹竹桃 *Nerium* indicum Mill.、鸡蛋花 *Plumeria rubra* Linn.cv.Acutifolia.、络石 *Trachelospermum jasminoides*（Lindl.）Lem.、菖蒲 *Acorus calamus* L.var.calamus.、金钱蒲 *Acorus gramineus* Soland.、石菖蒲 *Acorus tatarinowii* Schott.、魔芋 *Amorphophallus rivieri* Durieu.、一把伞南星 *Arisaema erubescens*（Wall.）Schott.、黄苞南星 *Arisaema flavum*（Forsk.）Schott.等。

③ 园林绿化植物

园林绿化植物资源是指一切适用于园林绿化（从室内花卉装饰到风景名胜区绿化）的植物材料。德钦的观赏植物极为丰富，共计有 61 个科 111 属 291 种。主要包括红背耳叶马蓝 *Perilepta dyeriana*（Mast.）Bremek.、直立山牵牛 *Thunbergia erecta*（Benth.）T. Anders.、篦齿槭 *Acer pectinatum* Wall.ex Nichols. f. *pectinatum*.、锦绣苋 *Alternanthera bettzickiana*（Regel）Nichols.、苋 *Amaranthus tricolor* Linn.、青葙 *Celosia argentea* Linn.、丝兰 *Yucca smalliana* Fern、夹竹桃 *Nerium indicum* Mill.等。

④ 食用植物

食用植物资源包括直接被人使用和间接被人食用两大类。野生食用植物以其丰富的营养、独特的口味、一定的医疗保健作用而受到现代人的青睐。德钦野生食用植物资源种类繁多、储量丰富，且分布极广，共计有46科101属139种。主要包括慈姑 *Sagittaria trifolia* L. var. *edulis*（Sieb.ex Miq.）Ohwi.、苋 *Amaranthus tricolor* Linn.、青葙 *Celosia argentea* Linn.、洋葱 *Allium cepa* L.、葱 *Allium fistulosum* L.、蒜 *Allium sativum* L.、韭菜 *Allium tuberosum* Roettler ex Sprengel 等。

⑤ 鞣料植物

鞣料植物是一类含单宁的植物，以单宁提取的栲胶是皮革工业的重要原料，德钦的鞣质与染料资源共计有20科29属35种。主要包括盐肤木 *Rhus chinensis* Mill. var. *chinensis*.、野漆 *Toxicodendron succedaneum*（L.）O.Kuntze、漆 *Toxicodendron vernicifluum*（Stokes）

F.A.Barkley.等。

⑥ 油料植物

油料植物资源是指体内（果实、种子或茎叶）含油脂 8%（或现有条件下出油效率达 80%以上）的植物。据统计德钦的油料植物资源共计有 31 科 55 属 62 种。主要包括黄连木 *Pistacia chinensis* Bunge.、盐肤木 *Rhus chinensis* Mill.var.*chinensis*.、野漆 *Toxicodendron succedaneum*（L.）O.Kuntze var.*succedaneum*.、漆 *Toxicodendron vernicifluum*（Stokes）F.A.Barkley.、夹竹桃 *Nerium indicum* Mill.、楤木 *Aralia chinensis* Linn.var.*chinensis*.、白桦 *Betula platyphylla* Suk.、木棉 *Bombax malabaricum* DC.等。

⑦ 香料植物

香料资源是指用于各类食品加香调味或饮料调配的植物性原料，是植物的某个部位或全部。从香料植物中提取的精油、抗氧化剂等产品广泛用于食品、饮料、化妆、卷烟、牙膏、医药、肉类制品等许多行业上。据统计德钦的香料资源共计有 15 科 29 属 40 种。主要包括单叶细辛 *Asarum himalaicum* Hook. f. et Thoms，ex Klotzsch.、珠兰 *Chloranthus spicatus*（Thunb.）Makino.、藿香菊 *Ageratum conyzoides* L.、珠光香青 *Anaphalis margaritacea*（L.）Benth.var. *margaritacea*、小白酒草 *Conyza canadensis*（L.）Cronq.、六棱菊 *Laggera alata*（D.Don）Sch.-Bip.ex Oliv 等。

⑧ 蜜源植物

凡是可为蜜蜂等昆虫提供食料来源（花蜜或花粉）的植物统称为蜜源植物。据统计德钦的蜜源植物共计有 3 科 4 属 4 种。主要包括野拔子 *Elsholtzia rugulosa* Hemsl.、刺槐 *Robinia pseudoacacia* Linn.、槐 *Sophora japonica* Linn.、荞麦 *Fagopyrum esculentum* Moench.等。

⑨ 纤维植物

纤维资源是指体内含有大量纤维组织的一群植物，广泛用于纺织品、造纸、编制及化工原料等。德钦共有纤维资源 28 科 54 属 69 种。主要包括八角枫 *Alangium chinense*（Lour.）Harms.subsp.*chinense*.、丝兰 *Yucca smalliana* Fern、清香木 *Pistacia weinmannifolia* J.Poisson ex Franch.、夹竹桃 *Nerium indicum* Mill.、络石 *Trachelospermum jasminoides*（Lindl.）Lem.、木棉 *Bombax malabaricum* DC.等。

⑩ 其他

其他资源植物还包括绿肥、饲料、燃料、化妆品原料等。但种类较少，本书不做详细分类。德钦共计有 24 科 55 属 59 种。主要包括篦齿槭 *Acer pectinatum* Wall.ex Nichols. f. *pectinatum*.、泽泻 *Alisma plantago-aquatica* L. ssp. *orientale*（Sam.）Sam.、清香木 *Pistacia weinmannifolia* J.Poisson ex Franch.、盐肤木 *Rhus chinensis* Mill.var.*chinensis*.、漆 *Toxicodendron vernicifluum*（Stokes）F.A.Barkley.、糙皮桦 *Betula utilis* D.Don. var. utilis.、梓 *Catalpa ovata* G.Don.等。

（3）动物物种多样性

➢　物种组成

调查组在德钦县共设置了 26 个调查点，分布于拖顶乡、霞若乡、奔子栏镇、燕门乡、云岭乡、升平镇（飞来寺、白马雪山）、佛山乡和羊拉乡 8 个乡镇。通过实地调查，结合标本与资料查阅，完成了德钦县陆生脊椎动物名录。

德钦县的两栖类动物为 10 种，隶属 1 目、4 科、6 属；爬行动物 12 种，分属 2 目、5 科、9 属；鸟类的记录达到 295 种，隶属 18 目、44 科（鸫科含 4 亚科）、148 属，其中有 10 种为未见于文献记录，属本年度野外调查新增补的种类；共记录 89 种兽类，隶属 8 目、23 科、59 属。

① 区系分析

德钦县共记录 10 种两栖动物，其中西藏蟾蜍（*Bufo tibetanus*）1 种为古北界青藏区物种，占全部两栖动物种数的 10%，其余 9 种为东洋界物种。所记录的 9 种东洋界物种全部都是西南区种类，占全部东洋界种类的 90%，这与德钦县位置在中国动物地理区划中属于东洋界、西南区是一致的。

12 种爬行动物中，无古北界种；古北、东洋两界广布种有 1 种即黑眉锦蛇（*Elaphe taeniura*），占全部爬行类种数的 8.33%；东洋界种有 11 种，占全部爬行类种数的 91.67%。在 11 种东洋界爬行动物中，西南区种有 6 种，即王锦蛇德钦亚种（*Elaphe carinata deqinensis*）、草绿攀蜥（*Japalura flaviceps*）、雪山蝮（*Gloydius monticola*）、菜花原矛头蝮（*Protobothrops jerdonii*）、乡城原矛头蝮（*Protobothrops xiangchengensis*）和缅甸颈槽蛇（*Rhabdophis leonardi*），占全部东洋界爬行动物种数的 54.55%；东洋界广布种有 5 种，即多疣壁虎（*Gekko japonicus*）、铜蜓蜥（*Sphenomorphus indicus*）、斜鳞蛇（*Pseudoxenodon macrops*）、红脖颈槽蛇（*Rhabdophis subminiatus*）和黑领剑蛇（*Sibynophis collaris*）占全部东洋界爬行动物种数的 45.45%。

295 种鸟类中，有繁殖鸟类 226 种。这 226 种繁殖鸟中有古北界种类 34 种，占全部繁殖鸟类种数的 15.04%；广布种 50 种，占全部繁殖鸟类种数的 22.12%；东洋界种类有 142 种，占全部繁殖鸟类种数的 62.83%。东洋界种类占将近 2/3 的成分。在中国动物地理区划（张荣祖，1999）中，德钦位于东洋界、西南区、西南山地亚区，当地鸟类的区系成分与此表现一致。德钦县鸟类中有相当成分的古北界物种，占全部鸟类的 15.04%；还有大量广布物种，占 22.12%。这在动物地理区划中德钦处在东洋界西南山地亚区的边缘地带，与古北界的青藏区相邻，表现为动物区系成分比较复杂。

德钦县分布的 89 种兽类中，东洋种 59 种，占全部兽类种数的 66.29%，古北种 12 种，占全部兽类种数的占 13.48%，广布种 18 种，占全部兽类种数的 20.22%。在中国动物地理区划（张荣祖，1999）中，德钦位于东洋界、西南区、西南山地亚区，当地兽类的区系成分与此表现一致。尽管德钦县兽类中以东洋种占明显优势，但是广布种以及东洋种也有相当的比例，占到全部兽类的 1/3 略多。上述各区系成分的比例与鸟类中的情况很接近。因些充分说明尽管仍属东洋界的西南山地亚区，但是由于海拔较高以及接近西藏，北方类型的扩散和渗透十分明显，导致其兽类区系的成分相对复杂。

② 分布型分析

按照张荣祖（1999）分布型划分。德钦县 10 种两栖类动物分布型状况比较单纯，只有喜马拉雅-横断山区型、东洋型和南中国型 3 类。其中属于喜马拉雅-横断山区型的有 8 种，占全部两栖动物种数的 80.00%，分别是乡城齿蟾德钦亚种（*Scutiger xiangchengensis deqinensis*）、刺胸齿突蟾（*Scutiger mammatus*）、西藏蟾蜍（*Bufo tibetanus*）、昭觉林蛙（*Rana chaochiaoensis*）、胫腺蛙（*Rana shuchinae*）、腹斑倭蛙（*Nanorana ventripunctata*）、金江湍蛙（*Amolops jinjiangensis*）和无指盘臭蛙（*Rana grahami*）；这些种类都是属于横断山区分布的类型。此外还有南中国型和东洋型的种类各 1 种，分别占全部两栖动物种数的 10%；南中国型种类是华西蟾蜍（*Bufo andrewsi*）；东洋型种类为贡山雨蛙（*Hyla gongshanensis*）。

德钦县所记录的 12 种爬行动物可分为下列 3 种分布型，即喜马拉雅-横断山区型，包括草绿攀蜥（*Japalura flaviceps*）、缅甸颈槽蛇（*Rhabdophis leonardi*）、雪山蝮（*Gloydius monticola*）和乡城原矛头蝮（*Protobothrops xiangchengensis*）4 种；南中国型，包括多疣壁虎（*Gekko japonicus*）、王锦蛇德钦亚种（*Elaphe carinata deqinensis*）和菜花原矛头蝮（*Protobothrops jerdonii*）3 种；东洋型，包括铜蜓蜥（*Sphenomorphus indicus*）、黑眉锦蛇（*Elaphe taeniura*）、红脖颈槽蛇（*Rhabdophis subminiatus*）、斜鳞蛇（*Pseudoxenodon macrops*）和黑领剑蛇（*Sibynophis collaris*）5 种。

德钦鸟类中有 90 种属于喜马拉雅-横断山区型，占德钦鸟类的 30.51%，这些种类是东洋界西南区的代表成分。绝大多数种类均在当地为繁殖鸟，且主要为留鸟。该型中的主体是横断山喜马拉雅（南翼为主）的种类，如雪鹑（*Lerwa lerwa*）、白马鸡（*Crossoptilon crossoptilon*）、雪鸽（*Columba leuconota*）、点斑林鸽（*Columba hodgsonii*）、赤胸啄木鸟（*Dendrocopos cathpharius*）、长尾山椒鸟（*Pericrocotus ethologus*）等；还有众多的横断山分布的种类，如斑尾榛鸡（*Tetrastes sewerzowi*）、血雉（*Ithaginis cruentus*）、红腹角雉（*Tragopan temminckii*）、白腹锦鸡（*Chrysolophus amherstiae*）等；此外，本型中还有少量喜马拉雅分布的种类，如黄嘴蓝鹊（*Urocissa flavirostris*），喜马拉雅及附近山地种类，如玫红眉朱雀（*Carpodacus rhodochrous*）及喜马拉雅东南部种类，如大紫胸鹦鹉（*Psittacula derbiana*）等。

有 63 种属于东洋型，占全部鸟类的 21.35%，其中的绝大多数在当地为繁殖鸟，且主要是留鸟。该型鸟类中最多是热带-温带种类，如池鹭（*Ardeola bacchus*）、凤头蜂鹰（*Pernis ptilorhynchus*）、火斑鸠（*Oenopopelia tranquebarica*）、小杜鹃（*Cuculus poliocephalus*）、普通夜鹰（*Caprimulgus indicus*）等种类；还有很多热带-中亚热带种类，如高山鹰鹛（*Spizaetus nipalensis*）、白腹黑啄木鸟（*Dryocopus javensis*）、赤红山椒鸟（*Pericrocotus flammeus*）、等；还有不少属于热带类型鸟类，如黑颈长尾雉（*Syrmaticus humiae*）、紫金鹃（*Chalcites xanthorhynchus*）、发冠卷尾（*Dicrurus hottentottus*）等；最后还有少量热带-南亚热带种类，

如楔尾绿鸠（*Treron sphenura*）及红胸啄花鸟（*Dicaeum ignipectus*）等。

有 16 种属于南中国型，占全部鸟类种数的 5.42%。除棕腹柳莺（*Phylloscopus subaffinis*）在德钦为冬候鸟外，其余种类均为留鸟或繁殖鸟。该型的鸟类有勺鸡（*Pucrasia macrolopha*）、小燕尾（*Enicurus scouleri*）、栗腹矶鸫（*Monticola rufiventris*）、矛纹草鹛（*Babax lanceolatus*）、白颊噪鹛（*Garrulax sannio*）、金眶鹟莺（*Seicercus burkii*）、蓝喉太阳鸟（*Aethopyga gouldiae*）、山麻雀（*Passer rutilans*）等种类。

有 3 种属于高地型，占全部鸟类种数的 1.02%。它们分别是山斑鸠（*Streptopelia orientalis*）、大嘴乌鸦（*Corvus macrorhynchos*）和大草鹛（*Babax waddelii*），这 3 种在德钦均为留鸟。

有 38 种属于古北型，占德钦鸟类种数的 12.88%。其中的约 58%为冬候鸟或旅鸟，其余为繁殖鸟。古北型鸟类中有寒带至寒温带的、寒温带为主的、温带、中温带为主的及中温带为主延伸至亚热带的各种类型的种类。主要种类有苍鹭（*Ardea cinerea*）、黑鹳（*Ciconia nigra*）、灰雁（*Anser anser*）、[黑]鸢（*Milvus migrans*）、灰鹤（*Grus grus*）、凤头麦鸡（*Vanellus vanellus*）、白腰草鹬（*Tringa ochropus*）、鹛鸮（*Bubo bubo*）、黑枕绿啄木鸟（*Picus canus*）、黄鹡鸰（*Motacilla flava*）、松鸦（*Garrulus glandarius*）、虎斑地鸫（*Zoothera dauma*）、黄眉柳莺（*Phylloscopus inornatus*）、红喉[姬]鹟（*Ficedula parva*）、煤山雀（*Parus ater*）、树麻雀（*Passer montanus*）、燕雀（*Fringilla montifringilla*）、小鹀（*Emberiza pusilla*）等。

有 18 种属于东北型，占德钦鸟类种数的 6.10%。其中 7 种为繁殖鸟，其余为冬候鸟和旅鸟。东北型鸟类主要有灰头麦鸡（*Vanellus cinereus*）、中杜鹃（*Cuculus saturatus*）、白腰雨燕（*Apus pacificus*）、树鹨（*Anthus hodgsoni*）、北红尾鸲（*Phoenicurus auroreus*）、褐柳莺（*Phylloscopus fuscatus*）、乌鹟（*Muscicapa sibirica*）、灰头鹀（*Emberiza spodocephala*）、栗耳鹀（*Emberiza fucata*）等种类。

有 16 种属于全北型，占德钦鸟类种数的 5.42%，其中有 1 种在德钦为夏候鸟，1 种为旅鸟，8 种为留鸟；其余 6 种则为冬候鸟。全北型鸟类有绿翅鸭（*Anas crecca*）、苍鹰（*Accipiter gentilis*）、金鹏（*Aquila chrysaetos*）、崖沙燕（*Riparia riparia*）、家燕（*Hirundo rustica*）、喜鹊（*Pica pica*）、白腹蓝鹟（*Cyanoptila cyanomelana*）、褐头山雀（*Parus montanus*）、黑尾蜡嘴雀（*Eophona migratoria*）和红交嘴雀（*Loxia curvirostra*）等。

有 31 种属于不易归类的分布，占全部鸟类种数的 10.51%，有 6 种为冬候鸟或旅鸟，其余的种类全部为繁殖鸟。属于这一分布型的鸟类在德钦有[普通]鸬鹚（*Phalacrocorax carbo*）、赤嘴潜鸭（*Netta rufina*）、游隼（*Falco peregrinus*）、小白腰雨燕（*Apus affinis*）、秃鹫（*Aegypius monachus*）、红隼（*Falco tinnunculus*）、环颈雉（*Phasianus colchicus*）、岩鸽（*Columba rupestris*）、大杜鹃（*Cuculus canorus*）、灰林鸮（*Strix aluco*）、普通翠鸟（*Alcedo atthis*）、戴胜（*Upupa epops*）、岩燕（*Ptyonoprogne rupestris*）、白鹡鸰（*Motacilla alba*）、红嘴山鸦（*Pyrrhocorax pyrrhocorax*）、乌鸫（*Turdus merula*）、大山雀（*Parus major*）、灰眉岩鹀（*Emberiza cia*）等。

综上所述，德钦分布的 295 种鸟类中，以喜马拉雅-横断山区型的鸟类最多，占全部鸟类种数的 30.51%%，是德钦鸟类最重要的组成成分；其次是东洋型种类，占全部鸟类种数的 21.35%、再次是古北型，12.88%和广义古北型或广分布型，占 10.03%。其余的类型所占比例就很少了，这包括东北型（6.10%）、南中国型（5.42%）、全北型（5.42%）、高地型和季风型（1.02%）。以上情况表明，德钦的鸟类分布型的成分比较复杂，鸟类成分多样，但仍以喜马拉雅-横断山区型的特色显著。

德钦所记录的 89 种兽类共有 9 种分布型，即全北型，该型兽类在德钦有赤狐（*Vulpes vulpes*）、狼（*Canis lupus*）、棕熊（*Ursus arctos*）3 种，占德钦兽类的 3.37%；古北型，该型兽类在德钦有狗獾（*Meles leucurus*）、褐家鼠（*Rattus norvegicus*）、黄鼬（*Mustela sibirica*）、蹶鼠（*Sicista concolor*）、石貂（*Martes foina*）、水獭（*Lutra lutra*）、西南中麝鼩（*Crocidura vorax*）、野猪（*Sus scrofa*）9 种，占德钦兽类的 10.11%；季风型，该型兽类在德钦有斑羚（*Naemorhedus goral*）、貉（*Nyctereutes procyonoides*）、黑熊（*Ursus thibetanus*）3 种，占德钦兽类的 3.37%；喜马拉雅-横断山区型，有长尾鼩鼹（*Scaptonyx fusicaudus*）、长吻鼩鼹（*Nasillus gracilis*）、灰腹水鼩（*Chimarrogale styani*）、川鼩（*Blarinella quadraticauda*）、蹼足鼩（*Nectogale elegans*）等 29 种属于此型，占全部兽类的 32.58%，是东洋界西南区的代表成分，是德钦县兽类的主要成分之一；高地型，有雪豹（*Uncia uncia*）、矮岩羊（*Pseudois schaeferi*）、川西鼠兔（*Ochotona gloveri*）、大耳鼠兔（*Ochotona macrotis*）、高原兔（*Lepus oiostolus*）、林跳鼠（*Eozapus setchuanus*）、马麝（*Moschus chrysogaster*）、喜马拉雅旱獭（*Marmota himalayana*）、岩羊（*Pseudois nayaur*）9 种属于此型，占全部兽类的 10.11%；南中国型，有短尾鼩（*Anourosorex squamipes*）、高原姬鼠（*Apodemus chevrieri*）、黄腹鼬（*Mustela kathiah*）、林麝（*Moschus berezovskii*）、毛冠鹿（*Elaphodus cephalophus*）、拟家鼠（*Rattus pyctoris*）、珀氏长吻松鼠（*Dremomys pernyi*）、喜马拉雅水鼩（*Chimarrogale himalayica*）、中华姬鼠（*Apodemus draco*）9 种属于此型，占全部种类的 10.11%；东洋型，有豹猫（*Prionailurus bengalensis*）、豺（*Cuon alpinus*）、赤腹松鼠（*Callosciurus erythraeus*）、赤麂（*Muntiacus muntjak*）、穿山甲（*Manis pentadactyla*）、大灵猫（*Viverra zibetha*）、果子狸（*Paguma larvata*）、灰胸鼠（*Rattus nitidus*）、江獭（*Lutrogale perspicillata*）、金猫（*Catopuma temminckii*）、鬣羚（*Capricornis sumatraensis*）、猕猴（*Macaca mulatta*）、南小麝鼩（*Crocidura indochinensis*）、青鼬（*Martes flavigula*）、社鼠（*Niviventer confucianus*）、水鹿（*Rusa unicolor*）、屋顶鼠（*Rattus rattus*）、小灵猫（*Viverricula indica*）、隐纹花松鼠（*Tamiops swinhoei*）、云豹（*Neofelis nebulosa*）、云猫（*Pardofelis marmorata*）、针毛鼠（*Niviventer fulvescens*）、中华竹鼠（*Rhizomys sinensis*）、中缅树鼩（*Tupaia belangeri*）、猪獾（*Arctonyx collaris*）等 25 种属于此型，占全部兽类的 28.09%，是德钦县兽类的主要成分之一；东北-华北型，该型分布在德钦仅 1 种，占德钦县兽类的 1.12%，即大林姬鼠（*Apodemus peninsulae*）；云贵高原型，该型在德钦仅有 1 种，即滇绒鼠（*Eothenomys eleusis*），占全部种类的 1.12%。

综上所述，德钦分布的 89 种兽类中，以喜马拉雅-横断山区型种类最多，占总数的

32.58%，其次是东洋型的兽类，占全部兽类的 28.09%，这两种分布型是德钦兽类最主要的组成成分，二者合计占 60.67%；再次是高地型、古北型和南中国型，各占 10.11%，高地型占 8.99%。其余的类型所占比例均低于 5%，这包括全北型、季风型、高地型（包括其外围山地）、青藏高原型和云贵高原型。以上情况表明，德钦的兽类分布型的成分比较复杂，兽类成分多样，但仍以喜马拉雅-横断山区型局限性分布的种类及较典型的东洋界种类的特色最为显著。

➢　特有种类

在德钦县分布的两栖类中没有本县小范围内特有的物种。根据张荣祖（1999）和杨大同、饶定齐（2008），在德钦有记录的 10 种两栖类中，多数是中国特有物种。这些限于中国境内分布的特有物种包括乡城齿蟾德钦亚种（*Scutiger xiangchengensis deqinensis*）、西藏蟾蜍（*Bufo tibetanus*）、华西蟾蜍（*Bufo andrewsi*）、昭觉林蛙（*Rana chaochiaoensis*）、金江湍蛙（*Amolops jinjiangensis*）、腹斑倭蛙（*Nanorana ventripunctata*）、胫腺蛙（*Rana shuchinae*）和无指盘臭蛙（*Rana grahami*）等。此外，刺胸齿突蟾（*Scutiger mammatus*）则是主要分布区在我国。12 种爬行动物中，中国特有物种有 3 种，分别是草绿攀蜥（*Japalura flaviceps*）、王锦蛇德钦亚种（*Elaphe carinata deqinensis*）和乡城原矛头蝮（*Protobothrops xiangchengensis*）。鸟类中没有本县小范围内特有的物种，有斑尾榛鸡（*Tetrastes sewerzowi*）、血雉（*Ithaginis cruentus*）、白尾梢虹雉（*Lophophorus sclateri*）、四川雉鹑（*Tetraophasis szechenyii*）、白马鸡（*Crossoptilon crossoptilon*）、白腹锦鸡（*Chrysolophus amherstiae*）、黑颈鹤（*Grus nigricollis*）、褐背拟地鸦（*Pseudopodoces humilis*）、棕背黑头鸫（*Turdus kessleri*）、宝兴歌鸫（*Turdus mupinensis*）、宝兴鹛雀（*Moupinia poecilotis*）等 24 种鸟类是中国所特有，有 2 种是在中国仅记录于云南省的物种，分别是紫金鹃（*Chalcites xanthorhynchus*）和黑眉鸦雀（*Paradoxornis atrosuperciliaris*）。德钦兽类 89 个种中，有长吻鼩鼹（*Nasillus gracilis*）、灰腹水鼩（*Chimarrogale styani*）、西南中麝鼩（*Crocidura vorax*）、川鼩（*Blarinella quadraticauda*）、纹背鼩鼱（*Sorex cylindricauda*）、小缺齿鼩（*Chodsigoa parva*）、滇金丝猴（*Rhinopithecus bieti*）、狗獾（*Meles leucurus*）等中国特有物种 23 个，没有仅分布于云南省或德钦县的种类。

➢　珍稀濒危保护种类

德钦县所记录的 10 种两栖类动物中，没有国家级和云南省省级重点保护野生动物；从野外调查和文献记录结果来看，德钦县分布的爬行动物中无国家级保护物种和云南省级保护物种；鸟类中有各级重点保护野生动物中的鸟类 36 种，其中，国家 I 级保护鸟类有黑鹳（*Ciconia nigra*）、金雕（*Aquila chrysaetos*）、胡兀鹫（*Gypaetus barbatus*）、斑尾榛鸡（*Tetrastes sewerzowi*）、四川雉鹑（*Tetraophasis szechenyii*）、白尾梢虹雉（*Lophophorus sclateri*）、黑颈长尾雉（*Syrmaticus humiae*）、绿孔雀（*Pavo muticus*）、黑颈鹤（*Grus nigricollis*）9 种（现有分布的实际为 8 种，国家 I 级保护鸟类中的绿孔雀调查无分布，但有历史记录），II 级保护的鸟类有凤头蜂鹰（*Pernis ptilorhynchus*）、[黑]鸢（*Milvus migrans*）、苍鹰（*Accipiter gentilis*)、雀鹰（*Accipiter nisus*）、松雀鹰（*Accipiter virgatus*）、普通鵟（*Buteo buteo*）等 25 种；云南省省级重点保护野生鸟类有灰雁（*Anser anser*）和斑头雁（*Anser indicus*）2 种；德钦县分布的 89 个种兽类当中，有国家级、云南省省级保护动物和 CITES 保护物种共 29 种；在 29 种保护兽类中，国内保护的物种有 22 种，其中，国家 I 级保护种类有滇金丝猴（*Rhinopithecus bieti*）、林麝（*Moschus berezovskii*）、马麝（*Moschus chrysogaster*）、水鹿（*Rusa unicolor*）、雪豹（*Uncia uncia*）、云豹（*Neofelis nebulosa*）6 种，国家 II 级保护种类有矮岩羊（*Pseudois schaeferi*）、斑羚（*Naemorhedus goral*）、豺（*Cuon alpinus*）、穿山甲（*Manis pentadactyla*）、大灵猫（*Viverra zibetha*）、黑熊（*Ursus thibetanus*）等 14 种；云南省省级保护物种有狼（*Canis lupus*）和毛冠鹿（*Elaphodus cephalophus*）2 种；列入 CITTES 附录的物种有 25 种，其中，附录 I 物种有滇金丝猴（*Rhinopithecus bieti*）、金猫（*Catopuma temminckii*）、雪豹（*Uncia uncia*）、云豹（*Neofelis nebulosa*）、黑熊（*Ursus thibetanus*）、棕熊（*Ursus arctos*）、小熊猫（*Ailurus fulgens*）、水獭（*Lutra lutra*）、鬣羚（*Capricornis sumatraensis*）、斑羚（*Naemorhedus goral*）10 种，附录 II 物种有中缅树鼩（*Tupaia belangeri*）、猕猴（*Macaca mulatta*）、云猫（*Pardofelis marmorata*）、豹猫（*Prionailurus bengalensis*）、狼（*Canis lupus*）、豺（*Cuon alpinus*）、江獭（*Lutrogale perspicillata*）、林麝（*Moschus berezovskii*）、马麝（*Moschus chrysogaster*）、穿山甲（*Manis pentadactyla*）10 种，附录 III 物种有果子狸（*Paguma larvata*）、大灵猫（*Viverra zibetha*）、小灵猫（*Viverricula indica*）、黄腹鼬（*Mustela kathiah*）、黄鼬（*Mustela sibirica*）5 种。

（4）大型真菌物种多样性

总结野外实地调查所采集及标本馆馆藏标本，现该县所知大型真菌共 217 种，归属于真菌界的 2 门 17 目 41 科 100 属，其中，担子菌门（Basidiomycota）215 种，分属于 16 目 40 科 99 属；子囊菌门（Ascomycota）2 种，分属于 1 目 1 科 1 属。担子菌类真菌是该县大型真菌的优势类群。

蘑菇目（63 种）、牛肝菌目（62 种）、伞菌目（38 种）、红菇目（31 种）、多孔菌目（23 种）、鸡油菌目（11 种）、钉菇目（8 种）、盘菌目（7 种）、银耳目（6 种）、马勃菌目（7 种）、花耳目（3 种）、蜡钉菌目（3 种）、木耳目（3 种）、肉座菌目（2 种），仅有 1 个种的目有 2 个：刺革菌目、无丝菌目。

① 各分类阶元多样性

牛肝菌科（31 种）、丝膜菌科（30 种）、口蘑科（27 种）、多孔菌科（17 种）、红菇科（21 种）、侧耳科（12 种）、鹅膏科和鸡油菌科（8 种）、蘑菇科（7 种），球盖菇科（11 种），银耳科、马勃菌科、马鞍菌科（各 6 种），猴头菌科和粉褶菌科（各 5 种），乳牛肝菌科、钉菇科、地星科、棒瑚菌科、灵芝科（各 4 种），韧革菌科、鬼伞科、花耳科、齿菌科、木耳科、湿伞科（各 3 种），锤舌菌科、虫草科、盘菌科、白蘑科（各 2 种），刺革菌科、白肉迷孔菌科、彩孔菌科、耳匙菌科、地花菌科、光柄菇科、桩菇科、羊肚菌科、裂褶菌科、粉瘤菌科、铆钉菇科、地舌菌科（各 1 种）。

丝膜菌属（30 种），牛肝菌属（18 种），红菇属（11 种），乳菇属（10 种），鹅膏属和离褶伞属（8 种），马勃属（7 种），马鞍菌属、侧耳属和丝盖伞属（各 6 种），粉褶菌属、猴头菌属、疣柄牛肝菌属、银耳属（各 5 种），乳牛肝菌属、喇叭菌属、灵芝属、蘑菇属、多孔菌属（各 4 种），韧革菌属、枝瑚菌属、鸡油菌属、柄伞属、绒盖牛肝菌属、香菇属（各 3 种），光盖伞属、韧伞属、拟锁瑚菌属、褐层孔菌属、栓菌属、栓菌属、锤舌菌属、地星属、滑锈伞属、口蘑属、蜡伞属、蜜环菌属、小奥德蘑属、小菇属、木耳属、粉孢牛肝菌属、虫草属、革耳属、环柄菇属、环鳞伞属、亚脐菇属（各 2 种），刺革菌属、棒瑚菌属、拟锁瑚菌属、拟枝瑚菌属、色钉菇属、锁瑚菌属、剥管菌属等 57 个属（各 1 种）。

② 资源类群

从经济价值角度分析，野生食用菌有 114 种，其中重要的有：亚洲丛枝瑚（*Ramaria asiatica*）、褐栓地花（*Albatrellus pescaprae*），黑木耳（*Auricularia auricula*）、浅灰香乳菇（*Lactarius glyciosmus*）、猴头菌（*Hericium erinaceum*）、高山猴头菌（*Hericium alpeotre* Pers）、桂花菌（*Guepinia spathularia*）、美味齿菌（*Hydnum epandum*）、鸡油菌（*Cantharellus cibarius*）、喇叭菌（*Cantharellus floccosus*）、金黄喇叭菌（*Craterellus aureus*）、荷叶离褶伞（*Lyophyllum decastes*）、松口蘑（*Tricholoma matsutake*）、中华牛肝菌（*Boletus sinensis*）、栎金钱菌（*Collybia dryophila* Fries）、美味牛肝菌（*Boletus edulis*）、美柄牛肝菌（*Boletus calopus*）、棱柄白马鞍菌（*Helvella crispa*）、黑脉羊肚菌（*Morchella angusticeps*）、美味侧耳（*Pleurotus cornucopiae*）、香菇（*Lentinus edodes*）、大肥蘑菇（*Agaricus bitorquis*）、金耳（*Tremella lutescens*）、金红菇（*Russula aurata*）、虎掌菌（*Pseuodohydnum gelatinosum*）、红根包菌（*Rhizopogon rubescens*）。

除了这些可以食用的野生菌，在 217 种真菌中，毒菌有 23 种，它们集中于鹅膏属（*Amanita*）、丝盖伞属（*Inocybe*）、丝膜菌属（*Cortinarius*）、马鞍菌属（*Helvella*）、粉褶菌属（*Rhodophhyllus*）、滑锈伞属（*Hebeloma*）、红菇属（*Russula*）类群内。另有药用菌 35 种。药用真菌的生态习性与具食用价值的真菌明显不同，多为木生菌。其中，有 2 种为虫生真菌：阔孢虫草（*Cordyceps crassispora*）、冬虫夏草（*Cordyceps sinensis*），另有具止血作用的马勃属真菌 1 种。剩余的 44 个种其用途不明，或没有被作为食、药用菌使用。

4.5.4 小结

系统调查整理完成了德钦县高等植物、陆生脊椎动物和大型真菌物种编目，并建立了数据库，为国家和地方生物多样性保护提供技术资料。调查中发现了两个新植物物种，命名为三角凤仙花 *Impatiens tricornuta*（凤仙花科）和陆氏委陵菜 *Potentilla lui* Shu D. Zhang（蔷薇科）。发现匍枝粉报春新发布点，匍枝粉报春（*Primula caldaria*）为多年生草本，根据国内外馆藏标本信息记录，其模式标本由 G. Forrest 在 1921 年采自云南西北部澜沧江和澜沧江-怒江分水岭地区，现存于英国爱丁堡植物园标本馆（E）。此后 1971 年 6 月青藏考察队在西藏芒康县采集到该种，2001 年 6 月昆明植物所龚洵在四川省德荣县采集到该种。

在本次调查中，在云南德钦县澜沧江边海拔 1 980 m 处再次发现了匍枝粉报春，为横断山特有植物，为目前所记录的最低分布海拔下限。同时观察到花期应为 2—6 月，果期 8—11 月，花期比文献记载的要早 2～3 个月。该物种的再发现，对于滇西北野生植物的物种多样性和区系组成有显著意义。相关信息多次在《云南日报》等新闻媒体进行了报道。

本次新发现的君迁子-苦木群落、梾木-海棠群落、梾木-华榛群落和刺叶冬青-华榛群落 4 个群落类型都分布于德钦梅里雪山卡瓦格博主峰下海拔 2 220～3 240 m 的范围，单个群落的分布面积狭窄，但群落结构复杂，物种丰富，无法归入已有的植被类型中，这些新发现的群落类型，对补充滇西北的植被类型具有重要意义。

确认了冰岛蓼等一些物种在云南的新记录、新分布。蓼科（Polygonaceae）冰岛蓼属（Koenigia）植物冰岛蓼（*K. islandica* Linn.）为一单种属植物，分布于北极地区、欧洲北部、哈萨克斯坦、俄罗斯、蒙古、巴基斯坦、尼泊尔、不丹、印度西北部、克什米尔地区。根据《云南植物志》（第十一卷）的记载，编著者未见到符合原始记载产于云南的标本，该种植物是否在云南有分布一直未被确认。在本项目调查中，我们在德钦县境内采到了该物种的标本，进而确认了该种在云南的真实分布。在云南的发现，不仅在云南多 1 个种，而且也多一个属的分布。这对补充滇西北物种多样性具有重要意义。

此外，本次调查还发现了牻牛儿苗科（Geraniaceae）牻牛儿苗（*Erodium stephanianum* Willd.）、玄参科（Scrophulariaceae）焊菜马先蒿（*Pedicularis nasturtiifolia* Franch.）和榆树科（Ulmaceae）大果榉（*Zelkova sinica* Schneid.）在德钦县境内的分布，为云南新记录。另通过文献工作，增加了德钦县两个新属，即假合头菊属 *Parasyncalathium* 与白马芥属 *Baimashania*。

4.6 宁蒗县生物多样性现状①

4.6.1 自然概况

宁蒗县地处丽江地区东北部，位于云南省西北部川滇交界处，东经 100°22′～101°16′，北纬 26°35′～27°56′，全县总面积 6 206 km^2，县城海拔 2 240 m。宁蒗俗称“小凉山”，东与四川省凉山彝族自治州盐源县和攀枝花市盐边县接壤，南与永胜、华坪两县为邻，西与丽江纳西族自治县和迪庆藏族自治州中甸县隔江相望，北与四川木里藏族自治县毗邻。属滇东高原区，北和青藏高原东南缘、西与滇西横断山脉地区相连接，地势西北高而东南低，境内山峰林立，沟壑交错，属典型山原地貌，绵绵山自北向南纵贯全境。

宁蒗县气候属暖温带季风气候，高山寒凉，江边河谷地带比较暖热干燥，全县霜期长，云雾大，全年平均温度 12.7℃，最热月平均温度 19.2℃，最冷月平均温度 4.1℃，活动积温 3 788.3℃。境内大小河流 20 余条，主要有自北向南的金沙江、宁蒗河、永宁河、碧源

① 宁蒗县植被类型与植物多样性由中科院昆明植物研究所税玉民研究员组织调查和提供数据；动物多样性由中科院昆明动物研究所蒋学龙研究员组织调查和提供数据；大型真菌多样性由中科院昆明植物研究所杨祝良研究员组织调查和提供数据。

河、冲天河、五郎河等，均属金沙江水系。

在全国植物区系分区中，宁蒗处于泛北极植物区，中国-喜马拉雅森林植物亚区，滇西、滇西北横断山脉小区，植物种类复杂多样。全县辖 14 个乡 1 个镇，86 个村委会，7 个社区，1 103 个村民小组，51 个居民小组。县境内居住着彝、汉、摩梭人、普米、傈僳、纳西、壮、白、藏、苗、傣、回等 12 个民族。

4.6.2　组织实施

植物调查组分不同季节对该县进行了多次野外调查，共采集各类标本近 2500 余号；动物调查组对宁蒗县城周边、永宁、红旗、红桥、挖开、战河、西川、西布河、泸沽湖自然保护区、金沙江河谷、阿夏幽谷、小渔坝和狮子山等地进行了野外调查，共采集两栖类动物标本 182 号，爬行类动物标本 43 号，鸟类标本 102 号，小型兽类标本 233 号；大型真菌调查组根据该县自然气候特点和大型真菌调查工作的实际情况，结合不同的生境条件，选择了 3 条路线进行野外考察和采集。

4.6.3　主要成果

（1）植被类型组成

依据《云南植被》和《中国植被》相一致，即以综合植物群落各方面基本特征为原则。宁蒗县主要植被类型包括亚热带常绿阔叶林、硬叶常绿阔叶林、落叶阔叶林、针叶林、灌丛植被、草甸等几类型。具体如下：

I. 亚热带常绿阔叶林（植被型）

　　半湿润常绿阔叶林（植被亚型）

　　　滇青冈林（Form. *Cyclobalanopsis glaucoides*）

　　　　*滇青冈、木樨榄群落（Comm. *Cyclobalanopsis glaucoides*，*Olea* sp.）

II. 硬叶常绿阔叶林（植被型）

　　寒温山地硬叶常绿栎类（植被亚型）

　　　黄背栎林（Form. *Quercus pannosa*）

　　　　*黄背栎、小果垂枝柏群落（Comm. *Quercus pannosa*，*Sabina recurva*）

III. 落叶阔叶林（植被型）

　　　槭树、桦木林（Form. *Acer* spp.，*Betula* spp.）

　　　　*三角槭、凉生梾木和大王杜鹃群落（Comm. *Acer buergerianum*，*Cornus alsophila*，*Rhododendron rex*）

IV. 针叶林（植被型）

　　暖温性针叶林（植被亚型）

　　　云南松林（Form. *Pinus yunnanensis*）

　　　　云南松群落（Comm. *Pinus yunnanensis*）

*云南松、大白花杜鹃群落（Comm. *Pinus yunnanensis*，*Rhododendron decorum*）

华山松林（Form. *Pinus armandi*）

*华山松、川滇高山栎群落（Comm. *Pinus armandi*，*Quercus aquifolioides*）

温凉性针叶林（植被亚型）

云南铁杉林（Form. *Tsuga dumosa*）

*云南铁杉、红豆杉、梾木群落（Comm. *Tsuga dumosa*，*Taxus yunnanensis*，*Cornus* sp.）

*小果垂枝柏林（Form. *Sabina recurva* var. *coxii*）

*小果垂枝柏群落（Comm. *Sabina recurva* var. *coxii*）

寒温性针叶林（植被亚型）

丽江云杉林（Form. *Picea likiangensis*）

*丽江云杉、黄背栎群落（Comm. *Picea likiangensis*，*Quercus pannosa*）

*丽江云杉、桦木林群落（Comm. *Picea likiangensis*，*Betula* sp.）

长苞冷杉林（Form. *Abies georgei*）

长苞冷杉群落（Comm. *Abies georgei*）

V. 灌丛植被（植被型）

寒温灌丛（植被亚型）

*大白花杜鹃灌丛（Form. *Rhododendron decorum*）

*大白花杜鹃群落（Comm. *Rhododendron decorum*）

*云南甘草灌丛（Form. *Glycyrrhiza yunnanensis*）

*云南甘草群落 Comm. *Glycyrrhiza yunnanensis*）

矮高山栎灌丛（Form. *Quercus monimotricha*）

矮高山栎、栒子群落（Comm. *Quercus monimotricha*，*Cotoneaster* sp.）

暖性石灰岩灌丛（植被亚型）

*白毛野丁香灌丛（Form. *Leptodermis rehderiana*）

*白毛野丁香群落（Comm. *Leptodermis rehderiana*）

*蔷薇、栒子灌丛（Form. *Rosa* sp.，*Cotoneaster* sp.）

*绢毛蔷薇、西南栒子群落（Comm. *Rosa sericea*，*Cotoneaster franchetii*）

干热河谷灌丛（植被亚型）

疏序黄荆灌丛（Form. *Vitex negundo* var. *laxipaniculata*）

疏序黄荆、滇榄仁群落（Comm.*Vitex negundo* var. *laxipaniclata*，*Terminalia franchetii*）

*柳、两头毛灌丛（Form. *Salix* sp.，*Incarvillea arguta*）

*柳、两头毛群落（Comm. *Salix* sp.，*Incarvillea arguta*）

VI. 草甸（植被型）

寒温草甸（植被亚型）

*黄毛草莓、云南鸟足兰群落（Comm. *Fragaria nilgerrensis*，*Saryrium yunnanensis*）

注：加“*”者为《云南植被》中没有记载的群落类型

（2）植物物种多样性

➢ 物种组成

通过调查、文献资料查询和标本的采集鉴定，确定宁蒗县植物有 217 科 839 属 2 004 种。其中，苔藓植物有 37 科 92 属 186 种，占云南苔藓植物的 12.87%（云南苔藓植物约为 1 500 种）；占全国苔藓植物的 5.78%；蕨类植物 27 科 39 属 77 种，裸子植物 6 科 8 属 18 种，被子植物 147 科 700 属 1 723 种，被子植物中又分双子叶植物 125 科 547 属 1 427 种，单子叶植物 22 科 153 属 296 种。

宁蒗县有苔藓植物 37 科 92 属 186 种，其中苔纲（Hepaticae）有 9 科 9 属 13 种，藓纲（Musci）27 科 81 属 180 种，无角苔纲（Anthocerotae）植物的分布。科内属数最多的是丛藓科（12 属），其次是灰藓科（12 属）和真藓科（9 属）；属内种数较多的属有：真藓属 *Bryum*（13 种），匐灯藓属 *Plagiomnium*（8 种），青藓属 *Brachythecium*、绢藓属 *Entodon* 和丝瓜藓属 *Pohlia*（各 7 种），扭口藓属 *Barbula*（6 种）。

蕨类植物中，包含 4 属的科有 1 科，即中国蕨科 Sinopteridaceae；包含 3 属的科有 2 科：水龙骨科（Polypodiaceae），蹄盖蕨科（Athyriaceae）；包含 2 属的科有 5 科：石松科（Lycopodiaceae），木贼科（Equisetaceae），鳞始蕨科（Lindsaeaceae），凤尾蕨科（Pteridaceae），鳞毛蕨科（Dryopteridaceae）；包含 1 属的科有卷柏科（Selaginellaceae），水韭科（Isoetaceae），阴地蕨科（Botrychiaceae），瓶尔小草科（Ophioglossaceae），里白科（Gleicheniaceae），稀子蕨科（Monachosoraceae），姬蕨科（Hypolepidaceae）等 19 科。其中凤尾蕨属（*Pteris*）包含种数最多（8 种），包含 5 种的属有瓦韦属（*Lepisorus*）和粉背蕨属（*Aleuritopteris*）2 属，包含 4 种的属有铁线蕨属（*Adiantum*），蹄盖蕨属（*Athyrium*），鳞毛蕨属（*Dryopteris*）3 属，包含 3 种的属有铁角蕨属 *Asplenium*（铁角蕨科 Aspleniaceae），凤了蕨属（*Coniogramme*），隐子蕨属（*Crypsinus*），耳蕨属（*Polystichum*）4 属，包含 2 种的属有卷柏属（*Selaginella*），稀子蕨属（*Monachosorum*），金粉蕨属（*Onychium*），金毛裸蕨属（*Paragymnopteris*），假毛蕨属（*Pseudocyclosorus*），蕨属（*Pteridium*），岩蕨属（*Woodsia*）7 属，包含 1 种的属有短肠蕨属（*Allantodia*），小膜盖蕨属（*Araiostegia*），满江红属（*Azolla*），假阴地蕨属（*Botrypus*），芒萁属（*Dicranopteris*），扁枝石松属（*Diphasiastrum*），问荆属（*Equisetum*）等 21 属。

裸子植物 6 个科分属于 4 个纲，其中苏铁纲（Cycadopsida）有 1 科，即为苏铁科（Cycadaceae），松柏纲（Coniferopsida）有 3 科，分别是柏科（Cupressaceae）、松科（Pinaceae）、杉科（Taxodiaceae），红豆杉纲（Taxopsida）有 1 科，是红豆杉科（Taxaceae），买麻藤纲

（Gnetopsida）有 1 科，为麻黄科（Ephedraceae）；裸子植物 11 属包括松柏纲有 8 属，苏铁纲、红豆杉纲和买麻藤纲各有 1 属；科内属数最多的是松科（Pinaceae），有 6 属，另外 5 个科如柏科（Cupressaceae），苏铁科（Cycadaceae）、麻黄科（Ephedraceae）、红豆杉科（Taxaceae）、杉科（Taxodiaceae）都仅有 1 属。裸子植物 18 种，其中松柏纲有 14 种，买麻藤纲有 2 种，红豆杉纲和苏铁纲仅有 1 种。属内种数都不多，其中，冷杉属（*Abies*）有 4 种，松属（*Pinus*）有 3 种，麻黄属（*Ephedra*）和圆柏属（*Sabina*）各有 2 种，其余 7 属雪松属（*Cedrus*）、杉木属（*Cunning*）、苏铁属（*Cycas*）、油杉属（*Keteleeria*）、云杉属（*Picea*）、红豆杉属（*Taxus*）和铁杉属（*Tsuga*）各有 1 种。

双子叶植物中，从科内属一级的水平上看，该地区仅含 1 属的科有 55 个，共计有 55 属；出现 2～5 属的科有 44 个，共计有 144 属；6～15 属的科有 20 个，共计有 163 属；而大于 15 属的科有 6 个，共计有 182 属。从科内种一级的水平上看，该地区仅含 1 种的科有 36 个；出现 2～10 种的科有 52 个，共计有 251 种；11～50 种的科有 33 个，共计有 713 种；50 种以上的科有 4 个，共计有 426 种。宁蒗县的双子叶植物有 544 属，在本区仅出现 1 种的属 303 属。出现 2～5 种的属有 185 属，所含种数为 537 种。出现 6～19 种的属有 52 属，所含种数为 495 种。出现 20 种及以上的属有 4 属，所含种数为 91 种。

单子叶植物中，从科内属一级的水平上看，该地区仅含 1 属的科有 8 个，占单子叶植物总科数的 36.36%，共计有 8 属，占单子叶植物总属数的 5.23%；出现 2～5 属的科有 7 个，占单子叶植物总科数的 31.82%，共计有 17 属，占单子叶植物总属数的 11.11%；6～15 属的科有 4 个，占单子叶植物总科数的 18.18%，共计有 35 属，占单子叶植物总属数的 22.88%；而大于 15 属的科有 3 个，占单子叶植物总科数的 13.64%，共计有 93 属，占单子叶植物总属数的 60.78%。从科内种一级的水平上看，该地区仅含 1 种的科有 5 个，占总科数的 22.73%；共计有 5 种，占总种数的 1.69%。出现 2～10 种的科有 9 个，占总科数的 40.91%，共计有 47 种，占总种数的 15.88%；11～50 种的科有 7 个，占总科数的 31.82%，共计有 159 种，占总种数的 53.72%；50 种以上的科有 1 个，占总科数的 4.55%，共计有 85 种，占总种数的 28.72%。其中，宁蒗县单子叶植物物种最多的前 10 个科。宁蒗县的单子叶植物有 153 属，在本区仅出现 1 种的属有 101 属，占全部属数的 66.01%，所含种数为 101 种，占全部种数的 34.12%。出现 2～5 种的属有 43 属，占全部属数的 28.1%，所含种数为 117 种，占全部种数的 39.53%。出现 6～19 种的属有 9 属，占全部属数的 5.88%，所含种数为 78 种，占全部种数的 26.35%。没有 20 种以上的属。其中，宁蒗县单子叶植物物种最多的前 12 个属。

➢ 特有种类

蕨类植物种中，中国特有种有 10 种，即长盖铁线蕨（*Adiantum fimbriatum*）、月芽铁线蕨（*Adiantum refractum*）、硫磺粉背蕨（*Aleuritopteris veitchii*）、薄叶蹄盖蕨（*Athyrium delicatulum*）、苍山隐子蕨（*Crypsinus subebenipes*）、川西鳞毛蕨（*Dryopteris rosthornii*）、高寒水韭（*Isoetes hypsiphila*）、滇西金毛裸蕨（*Paragymnopteris delavayi*）、狭叶凤尾蕨（*Pteris henryi*)、密毛岩蕨（*Woodsia rothorniana*），其中云南特有种 1 种，即苍山隐子蕨（*Crypsinus subebenipes*）；裸子植物中，中国特有种有 8 种，即苍山冷杉（*Abies delavayi*）、长苞冷杉（*Abies georgeii*）、中甸冷杉（*Abies ferreana* Borderes-Rey et Gaussen）、川滇冷杉（*Abies forrestii*）、丽江云杉（*Picea likiangensis* var. *likiangensis*）、高山松（*Pinus densata*）、地盘松（*Pinus yunnanensis* var. *pygmaea*）、垫状山岭麻黄（*Ephedra gerardiana* var. *congesta*）、丽江麻黄（*Ephedra likiangensis* f. *likiangensis*），云南特有种有 1 种，即长苞冷杉（*Abies georgei*）；双子叶植物中，中国特有种有 662 种，其中，包含特有种最多的 10 个科为：蔷薇科 Rosaceae（66 种）、唇形科 Labiatae（56 种）、菊科 Compositae（45 种）、毛茛科 Ranunculaceae（33 种）、玄参科 Scrophulariaceae（26 种）、蝶形花科 Papilionaceae（25 种）、杜鹃花科 Ericaceae（23 种）、报春花科 Primulaceae（20 种）、虎耳草科 Saxifragaceae（18 种）、石竹科 Caryophyllaceae（15 种），包含中国特有种最多的 10 个属为：马先蒿属 *Pedicularis*（19 种）、杜鹃属 *Rhododendron*（17 种）、报春属 *Primula*（16 种）、槭属 *Acer*（13 种）、香薷属 *Elsholtzia*（13 种）、紫堇属 *Corydalis*（12 种）、龙胆属 *Gentiana*（11 种）、柳属 *Salix*（10 种）、栎属 *Quercus*（9 种）、乌头属 *Aconitum*（9 种），云南特有种有 150 种，其中，包含特有种最多的 10 个科为：唇形科 Labiatae（15 种）、毛茛科 Ranunculaceae（15 种）、蔷薇科 Rosaceae（14 种）、菊科 Compositae（9 种）、蝶形花科 Papilionaceae（6 种）、龙胆科 Gentianaceae（6 种）、玄参科 Scrophulariaceae（6 种）、十字花科 Cruciferae（5 种）、虎耳草科 Saxifragaceae（5 种）、壳斗科 Fagaceae（4 种），包含云南特有种最多的 10 个属为：乌头属 *Aconitum*（8 种）、小檗属 *Berberis*（4 种）、紫堇属 *Corydalis*（4 种）、马先蒿属 *Pedicularis*（4 种）、栎属 *Quercus*（3 种）、虎耳草属 *Saxifraga*（3 种）、栒子属 *Cotoneaster*（3 种）、委陵菜属 *Potentilla*（3 种）、悬钩子属 *Rubus*（3 种）、槭属 *Acer*（3 种）。单子叶植物中，中国特有种 71 种，主要包括百合科 Liliaceae（16 种）、禾本科 Gramineae（14 种）、兰科 Orchidaceae（10 种）、天南星科 Araceae（6 种）、莎草科 Cyperacea（5 种）、姜科 Zingiberaceae（4 种）、水鳖科 Hydrocharitaceae（3 种）、薯蓣科 Dioscoreaceae（3 种），灯心草科 Juncaceae、鸢尾科 Iridaceae、石蒜科 Amaryllidaceae（各 2 种），芭蕉科 Musaceae、鸭跖草科 Commelinaceae、泽泻科 Alismataceae、百部科 Stemonaceae（各 1 种），其中，包含中国特有种最多的 6 个属为：南星属 *Arisaema*（6 种）、薹草属 *Carex*（4 种）、早熟禾属 *Poa*（3 种）、薯蓣属 *Dioscorea*（3 种）、象牙参属 *Roscoea*（3 种）、马唐属 *Habenaria*（3 种）。云南特有种 7 种，即：海菜花（*Ottelia acuminata*）、刘氏荸荠（*Eleocharis liouana*）、岩生南星（*Arisaema saxatile*）、密花灯心草（*Juncus glomeratus*）、云南百部（*Stemona mairei*）、小花薯蓣（*Dioscorea parviflora*）等。

➢　珍稀濒危保护种类

参照国务院公布的《国家重点保护野生植物名录（第一批）》《中国植物红皮书（第一册）——稀有濒危植物》《濒危野生动植物种国际贸易公约》（附录Ⅰ～附录Ⅲ）和《云南省重点保护野生植物》，宁蒗县共有珍稀濒危植物 16 科 23 属 24 种，其中有国家Ⅰ级重点保护野生植物 4 种：云南红豆杉 *Taxus yunnanensis* Cheng et L. K. Fu、紫点杓兰 *Cypripedium guttatum* Sw.、离萼杓兰 *Cypripedium plectrochilum* Franch 和波瓣兜兰 *Paphiopedilum insigne*（Lindl.）Pfitz。

其他具体包括下物种：

长梗润楠 *Machilus longipedicellata* Lec. 云南省重点保护野生植物

短距红门兰 *Orchis brevicalcarata*（Finet）Schltr. 国家Ⅱ级重点保护野生植物 濒危野生动植物种国际贸易公约（附录Ⅰ～附录Ⅲ）

高河菜 *Megacarpaea delavayi* Franch.var.*delavayi* f.*delavayi*. 云南省重点保护野生植物

海菜花 *Ottelia acuminata*（Gagnep.）Dandy.var.*acuminata*. 云南省重点保护野生植物

猴子木 *Camellia yunnanensis*（Pitard ex Diels）Cohen Stuart var. *yunnanensis* 云南省重点保护野生植物

离萼杓兰 *Cypripedium plectrochilum* Franch. 国家Ⅰ级重点保护野生植物

领春木 Euptelea *pleiospermum* Hook.f.et Thoms. 中国植物红皮书（第一册）——稀有濒危植物

栌菊木 *Nouelia insignis* Franch 国家Ⅱ级重点保护野生植物 中国植物红皮书（第一册）——稀有濒危植物

绵参 *Eriophyton wallichii* Benth.ex.Wall. 云南省重点保护野生植物

茄参 *Mandragora caulescens* C.B.Clarke. 云南省重点保护野生植物

三棱虾脊兰 *Calanthe tricarinata* Lindl.ex Wall. 国家Ⅱ级重点保护野生植物 濒危野生动植物种国际贸易公约（附录Ⅰ～附录Ⅲ）

扇唇舌喙兰 *Hemepilia flabellata* Bur.et Franch. 国家Ⅱ级重点保护野生植物 濒危野生动植物种国际贸易公约（附录Ⅰ～附录Ⅲ）

绶草 *Spiranthes sinensis*（Pers.）Ames 国家Ⅱ级重点保护野生植物 濒危野生动植物种国际贸易公约（附录Ⅰ～附录Ⅲ）

水青树 *Tetracentron sinense* Oliv. 国家Ⅱ级重点保护野生植物 中国植物红皮书（第一册）——稀有濒危植物濒危野生动植物种国际贸易公约（附录Ⅰ～附录Ⅲ）

香水月季 *Rosa odorata*（Andr.）Sweet var.*odorata*. 国家Ⅱ级重点保护野生植物 中国植物红皮书（第一册）——稀有濒危植物

星叶草 *Circaeaster agrestis* Maxim.中国植物红皮书（第一册）——稀有濒危植物

延龄草 *Trillium tschonoskii* Maxim. 中国植物红皮书（第一册）——稀有濒危植物

野大豆 *Glycine soja* Sieb. et Zucc. 国家Ⅱ级重点保护野生植物

缘毛鸟足兰 *Saryrium ciliatum* Lindl. 国家Ⅱ级重点保护野生植物 濒危野生动植物种国际贸易公约（附录Ⅰ～附录Ⅲ）

云南甘草 *Glycyrrhiza yunnanensis* Cheng f.et L.K.Dai 云南省重点保护野生植物

云南红豆杉 *Taxus yunnanensis* Cheng et L. K. Fu 国家Ⅰ级重点保护野生植物

紫点杓兰 *Cypripedium guttatum* Sw. 国家Ⅰ级重点保护野生植物

紫金龙 *Dactylicapnos scandens*（D. Don）Hutch. 云南省重点保护野生植物

➢ 资源类群

① 材用植物

材用树种是指能够形成发达的木质化组织，并且根据其性质特征，人们可以将它们用于不同途径，对人类生活起到支持作用的树种。调查显示宁蒗的材用树种种类繁多，共计有15科22属23种。如桦木科有糙皮桦 *Betula utilis* D.Don. var. *utilis*.；壳斗科有滇青冈 *Cyclobalanopsis glaucoides* Schottky.；禾本科有芦竹 *Arundo donax* Linn.，孝顺竹 *Bambusa multiplex*（Lour.）Raeuschel. ex J.A. et J. H. Schult.，云南箭竹 *Fargesia ynnanensis* Hsueh et Yi，美竹 *Phyllostachy mannii* Gamble；胡桃科有胡桃 *Juglans regia* Linn.；樟科有滇藏钓药 *Lindera obtusiloba* Bl. var. *praetermissa*（Grierson et Long）H.P.Tsui.，滇润楠 *Machilus yunnanensis* Lec.；桃金娘科有赤桉 *Eucalyptus camaldulensis* Dehnh.；木樨科有女贞 *Ligustrum lucidum* Aiton.；蝶形花科有槐 *Sophora japonica* Linn.；松科有雪松 *Cedrus deodara*（Roxb.）G.Don.，云南油杉 *Keteleeria evelyniaana* Mast.，丽江云杉 *Picea likiangensis*（Franch.）Pritz.，云南松 *Pinus yunnanensis* Franch.；蔷薇科有木瓜 *Chaenomeles sinensis*（Thouin）Koehne.，枇杷 *Eriobotrya japonica*（Thunb.）Lindl.；山矾科有黄牛奶树 *Symplocos laurina* Wall.；红豆杉科有云南红豆杉 *Taxus yunnanensis* Cheng et L.K.Fu.；田麻科有华椴 Tilia *chinensis Maxim*.

② 药用植物

药用植物资源是指含有药用成分，具有医疗用途，可以作为植物性药物开发利用的一群植物。我国是著名的中药材生产大国和利用大国，中医中药在保障人类健康方面迄今为止一直发挥着重要的作用。经此次调查发现宁蒗地区具有极为丰富的药用植物资源，共计有111科303属404种。如爵床科、槭树科、泽泻科、苋科、石蒜科、漆树科、夹竹桃科、天南星科、五加科、马兜铃科、萝摩科、凤仙花科、落葵科、桦木科、紫葳科、木棉科、紫草科、黄杨科、苏木科、桔梗科、大麻科、白花菜科、忍冬科、石竹科、卫矛科、金鱼藻科、金粟兰科、菊科、旋花科、山茱萸科、景天科、十字花科、葫芦科、苏铁科、薯蓣科、川续断科、柿树科、麻黄科、石楠科的一些植物种类，主要包括扫帚岩须 *Cassiope fastigiata*（Wall.）D.Don.，金叶子 *Craibiodendron yunnanense* W.W.Smith.，地檀香 *Gaultheria forrestii* Diels.，滇白珠 *Gaultheria leucocarpa* Bl.var.*crenulata*（Kurz）T.Z.Hsu.；大戟科的火殃勒 *Euphorbia antiquorum* Linn.，通奶草 *Euphorbia hypericifolia* Linn.，大狼毒 *Euphorbia jolkinii* Boiss.，土瓜狼毒 *Euphorbia prolifera* Buch.-Ham. ex D. Don，一品红 *Euphorbia pulcherrima* Willd. ex Kl.，霸王鞭 *Euphorbia royleana* Boiss. in DC.，叶底珠 *Flueggea suffruticosa*（Pall.）Baill.，蓖麻 *Ricinus communis* Linn.；壳斗科的板栗 *Castanea mollissima* Blume.；紫堇科的小距紫堇 *Corydalis appendiculata* Hand.-Mazz.，宽裂黄堇 *Corydalis latiloba*（Franch.）Hand.-Mazz.，紫金龙 *Dactylicapnos scandens*（D. Don）Hutch.，

扭果紫金龙 *Dactylicapnos torulosa*（Hook. f. et Thoms.）Hutch.；龙胆科的红花龙胆 *Gentiana rhodantha* Franch.ex Hemsl.；牻牛儿苗科的野老鹳草 *Geranium carolinianum* L.，五叶草 *Geranium nepalense* Sweet.，中华老鹳草 *Geranium sinense* Knuth in Engl.，紫地榆 *Geranium strictipes* Knuth in Engl.；禾本科的薏苡 *Coix lachryma*-jobi Linn.，黄茅 *Heteropogon contortus*（Linn.）Beauv. Ex Roem .et Schult.，竹叶草 *Oplismenus compositus*（Linn.）Beauv.，圆果雀稗 *Paspalum orbiculare* Forst.f.，蜀黍 *Sorghum bicolor*（Linn.）Moench，玉蜀黍 *Zea mays* Linn.，菰 *Zizania latfolia*（Griseb.）Stapf 等。

③ 园林绿化植物

园林绿化植物资源是指一切适用于园林绿化（从室内花卉装饰到风景名胜区绿化）的植物材料。因此，园林植物就成了广义的花卉——既包括木本花卉，也包括草本花卉；既有观花植物（即狭义的花卉），也有观叶、观果及观树姿等以及适用于园林绿地和风景名胜区的若干保护植物（环境植物）和经济植物。随着人民物质生活水平的提高，对生活环境的要求也越来越高，许多观赏植物的引种与栽培是观赏植物来源多样化的保证。宁蒗的观赏植物极为丰富，经统计共有 56 科 88 属 151 种。如爵床科的红背耳叶马蓝 *Perilepta dyeriana*（Mast.）Bremek.，直立山牵牛 *Thunbergia erecta*（Benth.）T. Anders.；槭树科的篦齿槭 *Acer pectinatum* Wall.ex Nichols. f. *pectinatum*.；苋科的锦绣苋 *Alternanthera bettzickiana*（Regel）Nichols.，刺花莲子草，苋 *Amaranthus tricolor* Linn.，青葙 *Celosia argentea* Linn.；石蒜科的龙舌兰 *Agave americana* L. var. *americana*，朱蕉 *Cordyline fruticosa*（L.）A.cheval，丝兰 *Yucca smalliana* Fern；夹竹桃科的夹竹桃 *Nerium indicum* Mill.；天南星科的金钱蒲 *Acorus gramineus* Soland.；南洋杉科的南洋杉 *Araucaria cunninghamii* Sweet.；凤仙花科的凤仙花 *Impatiens balsamina* L.，耳叶凤仙花 *Impatiens delavayi* Franch.，苏丹凤仙花 *Impatiens wallerana* Hook. f.，黄头凤仙花 *Impatiens xanthocephala* W. W. Smith；秋海棠科的银星秋海棠 *Begonia argenteo-guttata* Lam.，四季海棠 *Begonia cucullata* Willd.，竹节海棠 *Begonia maculata* Raddi.；紫葳科的两头毛 *Incarvillea arguta*（Royle）Royle 等。

④ 食用植物

食用植物资源包括直接被人使用和间接被人食用两大类。野生食用植物以其丰富的营养、独特的口味、一定的医疗保健作用而受到现代人的青睐。适时而有效地开发利用野生食用植物资源，生产具有丰富营养及一定保健作用的绿色食品，对提高人民生活水平，满足国内外市场需求，发展当地经济均具有一定的意义。宁蒗野生食用植物资源种类繁多、储量丰富，且分布极广，共计有 45 科 98 属 135 种。如泽泻科的慈姑 *Sagittaria trifolia* L.var.*edulis*（Sieb.ex Miq.）Ohwi.；苋科的苋 *Amaranthus tricolor* Linn.，青葙 *Celosia argentea* Linn.；石蒜科的洋葱 *Allium cepa* L.，葱 *Allium fistulosum* L.，卵叶韭 *Allium ovalifolium* Hand.-Mazz.，蒜 *Allium sativum* L.，韭菜 *Allium tuberosum* Roettler ex Sprengel，假韭 *Nothoscordum gracile*（Aiton）Stearn；漆树科的杧果 *Mangifera indica* L.，盐肤木 *Rhus chinensis* Mill.var.*chinensis*.；天南星科的魔芋 *Amorphophallus rivieri* Durieu.，芋 *Colocasia esculenta*（L.）Schott.；落葵科的落葵 *Basella alba* L.；紫草科的滇厚朴 *Ehretia corylifolia* C.Y.Wright.；藜科的千针苋 *Acroglochin persicarioides*（Poir.）Moq.，甜菜 *Beta vulgaris* L.，藜 *Chenopodium album* L.；菊科的鬼针草 *Bidens pilosa* L.var *pilosa*，白花鬼针草 *Bidens pilosa* L.var *radiata* Sch.-Bip，南茼蒿 *Chrysanthemum segetum* L.，菊花 *Dendranthema morifolium*（Ramat）Tzvel.，辣子草 *Galinsoga parviflora* Cav，向日葵 *Helianthus annuus* L.，菊芋 *Helianthus tuberosus* L.，莴苣 *Lactuca sativa* L.，斑鸠菊 *Vernonia esculenta* Hemsl.等。

⑤ 鞣质与染料植物

鞣料植物是一类含单宁的植物，以单宁提取的栲胶是皮革工业的重要原料，此外，在印染、墨水、医药、石油钻探、化工、硬水处理等方面也有广泛的用途，但只有单宁含量在 7%以上，且纯度超过 50%的才有开发利用价值。宁蒗的鞣质与染料资源共计有 19 科 27 属 33 种。如漆树科的盐肤木 *Rhus chinensis* Mill. var. *chinensis*.，野漆 *Toxicodendron succedaneum*（L.）O.Kuntze；五加科的常春藤 *Hedera nepalensis* K.Koch. var. *sinensis*（Tobl.）Rehd.；忍冬科的水红木 *Viburnum cylindricum* Buch.Ham.ex D.Don.；山茱萸科的长圆叶梾木 *Cornus oblonga* Wall.；十字花科的菘蓝 *Isatis indigotica* Fort.；薯蓣科的薯莨 *Dioscorea cirrhosa* Lour.；柿树科的柿 *Diospyros kaki* Thunb. var. *kaki*.，野柿 *Diospyros kaki* Thunb. var. *sylvestris* Makino.，君迁子 *Diospyros lotus* Linn. var. *lotus*.，毛叶柿 *Diospyros mollifolia* Rehd.et Wilson.；石楠科的金叶子 *Craibiodendron yunnanense* W.W.Smith.；大戟科的叶底珠 *Flueggea suffruticosa*（Pall.）Baill.壳斗科的板栗 *Castanea mollissima* Blume.，高山栲 *Castanopsis delavayi* Fr.，黄毛青冈 *Cyclobalanopsis delavayi*（Franch.）Schottky.，青冈 *Cyclobalanopsis glauca*（Thunb.）Oersted.，滇青冈 *Cyclobalanopsis glaucoides* Schottky.，滇石栎 Lithocarpus *dealbatus*（Hook.f.et Thoms.）Rehd.，麻栎 *Quercus acutissima* Carr.；禾本科的圆果雀稗 *Paspalum orbiculare* Forst.f.；马钱科的密蒙花 *Buddleja officinalis* Maxim.；千屈菜科的柳兰 *Chamaenerion angustifolium*（L.）Scop.；楝科的楝 *Melia azedarach* L.，川楝 *Melia toosendan* Sieb.et Zucc.；含羞草科的毛叶合欢 *Albizia mollis*（Wall.）Boiv.；芭蕉科的野芭蕉 *Musa wilsonii* Tutch.；紫金牛科的铁仔 *Myrsine africana* Linn. var. *africana*.，密花树 *Rapanea neriffolia*（Sieb.et Zucc.）Mez；松科的云南松 *Pinus yunnanensis* Franch. var. *yunnanensis*.；蔷薇科的西南委陵菜 *Potentilla fulgens* Wall.ex Hook.，峨眉蔷薇 *Rosa omeiensis* Rolfe. f. *omeiensis*，红泡刺藤 *Rubus niveus* Thunb.。

⑥ 油料植物资源

油料植物资源是指体内（果实、种子、或茎叶）含油脂 8%（或现有条件下出油效率达 80%以上）的植物。随着社会进步和生产活动的增加，人类对能源的依存度日益增强，能源紧缺的问题在近几十年来日趋明显，尤其是作为主要能源的煤、石油、天然气等化石燃料日益减少。因此寻找资源丰富，环境友好可再生的新能源成为必然。而油料植物是一类可再生的生物质能源，尽管现在的开发利用尚不广泛，但由于其突出的利用优势已受到了能源开发和利用部门的相当重视，必将成为解决未来能源问题的重要替代性资源。据统计宁蒗的油料植物资源共计有 27 科 46 属 56 种。如漆树科的黄连木 *Pistacia chinensis* Bunge.，盐肤木 *Rhus chinensis* Mill.var.*chinensis*.，野漆 *Toxicodendron succedaneum*（L.）O.Kuntze；夹竹桃科的夹竹桃 *Nerium indicum* Mill.；木棉科的木棉 *Bombax malabaricum* DC.；紫草科的倒提壶 *Cynoglossum amabile* Stapf.et Drumm.；苏木科的云实 *Caesalpinia decapetala*（Roth.）Alst.；大麻科的大麻 *Cannabis sativa* L.；忍冬科的接骨木 *Sambucus williamsii* Hance.，水红木 *Viburnum cylindricum* Buch.Ham.ex D.Don.；石竹科的狗筋蔓 *Cucubalus baccifer* L.；菊科的向日葵 *Helianthus annuus* L.；十字花科的芸苔 *Brassica campestris* L.var.*campestris*.，小白菜 *Brassica chinensis* L.var. *chinensis*.，油白菜 *Brassica chinensis* L.var.*oleifera* Makino.，油芥菜 *Brassica juncea*（L.）Czern.et Coss Czern.var.*oleifera* Makino.，欧洲油菜 *Brassica napus* L.，荠 *Capsella bursa-pastoris*（L.）Medic.，菘蓝 *Isatis indigotica* Fort.，独行菜 *Lepidium apetalum* Willd.，豆瓣菜 *Nasturtium officinale* R.Br.in Ait.，萝卜 *Raphanus sativus* L.var.*staivus*.等。

⑦ 香料资源

香料资源是指用于各类食品加香调味或饮料调配的植物性原料，是植物的某个部位或全部。从香料植物中提取的精油、抗氧化剂等产品广泛用于食品、饮料、化妆、卷烟、牙膏、医药、肉类制品等许多行业上。据统计宁蒗的香料资源共计有 15 科 29 属 39 种。如桦木科的香桦 *Betula insignis* Franch.；金粟兰科的珠兰 *Chloranthus spicatus*（Thunb.）Makino.；菊科的藿香菊 *Ageratum conyzoides* L.，珠光香青 *Anaphalis margaritacea*（L.）Benth.var *margaritacea*，野甘菊 *Dendranthema lavandulifolium*（Fisch ex Trautv）Ling et Shih var. *seticuspe*（Maim）Shih，六棱菊 *Laggera alata*（D.Don）Sch.-Bip.ex Oliv，臭灵丹 *Laggera pterodonta*（DC）Benth.-Bip.ex Oliv；山茱萸科的长圆叶梾木 *Cornus oblonga* Wall.；石楠科的地檀香 *Gaultheria forrestii* Diels.var.*forrestii*.，滇白珠 *Gaultheria leucocarpa* Bl.var.*crenulata*（Kurz）T.Z.Hsu.；鸢尾科的香雪兰 *Freesia refracta* Klatt.，德国鸢尾 *Iris germanica* L.，香根鸢尾 *Iris pallida* Lam.；唇形科的藿香 *Agastache rugosa*（Fisch.et Meyer）O.Ktze.，头花香薷 *Elsholtzia capituligera* C.Y.Wu.，野草香 *Elsholtzia cypriani*（Pavol.）C.Y.Wu et S.Chow ex Hsii.var.*cypriani*，野拔子 *Elsholtzia rugulosa* Hemsl.，蜜蜂花 *Melissa axillaris*（Benth.）Bakh.f.，薄荷 *Mentha haplocalyx* Briq.，留兰香 *Mentha spicata* Linn.，罗勒 *Ocimum basilicum* L.var.*basilicum*.，滇香薷 *Origanum vulgare* Linn.，撒尔维亚 *Salvia officinalis* L.，裂叶荆芥 *Schizomepeta tenuifolia*（Benth.）Briq.in Engl.et Prantl.；樟科的山鸡椒 *Litsea cubeba*（Lour.）Pers.；木兰科的白兰 *Michelia alba* DC.；楝科有楝 *Melia azedarach* L.，川楝 *Melia toosendan* Sieb.et Zucc.，香椿 *Toona sinensis*（A.Juss.）Roem.var.*sinensis*.；桃金娘科的赤桉 *Eucalyptus camaldulensis* Dehnh.；木樨科的茉莉花 *Jasminum sambac*（L.）Aiton.，丹桂 *Osmanthus fragrans*（Thunb.）Lour.f.*aurantiacus*（Makino）P.S.Green.，桂花 *Osmanthus fragrans*（Thunb.）Lour.f.fragrans.；蔷薇科的月季花 *Rosa chinensis* Jacq.var.*chinensis*.，香水月季 *Rosa odorata*（Andr.）Sweet var.*odorata*.，玫瑰 *Rosa rugosa* Thunb.；芸香科的桔 *Citrus reticulata* Blanco.；姜科的草果药 *Hedychium spicatum* Buch.-Ham. ex Smith var. *Spicatum*，姜 *Zingiber officinale* Rosc.。

⑧ 蜜源植物

凡是可为蜜蜂等昆虫提供食料来源（花蜜或花粉）的植物统称为蜜源植物。据统计宁蒗的蜜源植物共计有 3 科 4 属 4 种。如唇形科的野拔子 *Elsholtzia rugulosa* Hemsl.；含羞草科的毛叶合欢 *Albizia mollis*（Wall.）Boiv.；蝶形花科的刺槐 *Robinia pseudoacacia* Linn.，槐 *Sophora japonica* Linn.。

⑨ 纤维资源

纤维资源是指体内含有大量纤维组织的一群植物，广泛用于纺织品、造纸、编织及化工原料等。宁蒗共计有纤维资源 28 科 58 属 67 种。如石蒜科的龙舌兰 *Agave americana* L.var *americana*，丝兰 *Yucca smalliana* Fern；漆树科的清香木 *Pistacia weinmannifolia* J.Poisson ex Franch.；夹竹桃科的白叶藤 *Cryptolepis sinensis*（Lour.）Merr.，夹竹桃 *Nerium indicum* Mill.；木棉科的木棉 *Bombax malabaricum* DC.；紫草科的滇厚朴 *Ehretia corylifolia C.Y.Wright*.；苏木科的鞍叶羊蹄甲 *Bauhinia brachycarpa* Wall. var. *brachycarpa*，决明 Cassia *tora* L.；大麻科的大麻 *Cannabis sativa* L.；卫矛科的苦皮藤 *Celastrus angulatus* Maxim.；葫芦科的丝瓜 *Luffa cylindrica*（Linn.）Roem.var.*cylindrica*；大戟科的叶底珠 *Flueggea suffruticosa*（Pall.）Baill.；壳斗科的高山栲 *Castanopsis delavayi* Fr.，滇青冈 *Cyclobalanopsis glaucoides* Schottky.，滇石栎 *Lithocarpus dealbatus*（Hook.f.et Thoms.）Rehd.；禾本科的芦竹 *Arundo donax* Linn.，薏苡 *Coix lachryma-jobi* Linn.，黄茅 *Heteropogon contortus*（Linn.）Beauv. Ex Roem .et Schult.，类芦 *Neyraudia reynaudiana*（Kunth）Keng ex Hitchc.，大芦苇 *Phragmites karka*（Retz.）Trin. ex Steud.，美竹 *Phyllostachy mannii* Gamble，狗尾草 *Setaria viridis*（Linn.）Beauv.，蜀黍 *Sorghum bicolor*（Linn.）Moench，普通小麦 *Triticum aestivum* Linn.，玉蜀黍 *Zea* mays Linn.，菰 *Zizania latfolia*（Griseb.）Stapf 等。

⑩ 其他

主要包括绿肥、饲料、燃料、化妆品原料等。种类较少，本书不做详细分类。宁蒗共计有 24 科 51 属 55 种。如槭树科的篦齿槭 *Acer pectinatum* Wall.ex Nichols.f.pectinatum.；泽泻科的泽泻 *Alisma plantago-aquatica* L.ssp.orientale（Sam.）Sam.；漆树科的清香木 *Pistacia weinmannifolia* J.Poisson ex Franch.，盐肤木 *Rhus chinensis* Mill.var.chinensis.；桦木科的糙皮桦 *Betula utilis* D.Don.var.*utilis*.；紫葳科的梓 *Catalpa ovata* G.Don.；忍冬科的须蕊忍冬 *Lonicera koehneana* Rehd.，水红木 *Viburnum cylindricum* Buch.Ham.ex D.Don.；藜科的藜 *Chenopodium album* L.；菊科的牡蒿 *Artenmisia japonica* Thub，辣子草 *Galinsoga parviflora* Cav，中华小苦荬 *Ixeridium chinense*（Thunb）Tzvel；葫芦科的绞股蓝 *Gynostemma pentaphyllum*（Thunb.）Makino.var.pentaphyllum；领春木科的领春木 *Euptelea pleiospermum* Hook.f.et Thoms.；禾本科的剪股颖 *Agrostis clavata* Trin.，西南野古草 *Arundinella hookeri*

Munro ex Keng，细柄草 *Capillipedium parviflorum*（R.Br.）Stapf，狗牙根 *Cynodon dactylon*（Linn.）Pers var. Dactylon，鸭茅 *Dactylis glomerata* Linn.，十字马唐 *Digitaria cruciata*（Nees）A.Camus，光头稗 *Echinochloa colonum*（Linn.）Link，稗 *Echinochloa crusgalli*（Linn.）Beauv. var. Crusgalli，牛筋草 *Eleusine indica*（Linn.）Gaertn.，知风草 *Eragrostis ferruginea*（Thunb.）Beauv.，黑穗画眉草 *Eragrostis nigra* Nees ex Steud.，黄茅 *Heteropogon contortus*（Linn.）Beauv. Ex Roem .et Schult.，鹅观草 *Roegneria tsukushiensis*（Honda）B.S.Sun，粟 *Setaria italica*（Linn.）Beauv.，蜀黍 *Sorghum bicolor*（Linn.）Moench，普通小麦 *Triticum aestivum* Linn.，菰 *Zizania latfolia*（Griseb.）Stapf；木通科的猫儿屎 *Decaisnea fargesii* Franch.；樟科的山鸡椒 *Litsea cubeba*（Lour.）Pers.等。

（3）动物物种多样性

➢ 物种组成

经本次调查及对历史资料与文献的分析，目前宁蒗记录有陆生脊椎动物有 371 种。该区域陆生脊椎动物占云南全省的 25.9%，其中鸟类最多（254 种），兽类次之（80 种），爬行类与两栖类物种数较少，分别只有 20 种和 17 种，所占比例也较低（表 4-22）。

表 4-22 宁蒗县与云南及邻近省区陆生脊椎动物物种多样性比较

类群	物种数	云南		四川		贵州		西藏		广西	
		物种	%*	物种	%	物种	%	物种	%	物种	%
两栖类	17	115	37.5	108	33.2	68	20.9	47	14.5	75	23.1
爬行类	20	162	43.4	85	21.3	95	23.8	59	14.8	117	29.3
鸟类	254	848	65.5	625	48.3	403	31.1	473	36.5	496	38.3
兽类	80	307	47.3	219	33.9	138	21.4	126	19.5	133	20.6
合计	371	1430	47.4	1278	30.7	906	21.8	776	18.7	1111	26.8

* 为相关省区占全国物种数的比例。

宁蒗县目前记录的 371 种陆生脊椎动物分别隶属于 30 目 84 科 221 属。其中鸟类物种数最多（254 种），隶属于 18 目 45 科 134 属，占了宁蒗县陆生脊椎动物的 68.5%，占云南省 848 种鸟类（杨岚和杨晓君，2004）的 29.9%、全国鸟类种数 1 329 种（MacKinnon & Phillipps，2000）的 19.1%；其次是兽类（80 种），占宁蒗县陆生脊椎动物的 21.5%、云南省 305 种兽类的 26.9%、全国兽类物种数 645 种（潘清华等，2007）的 12.7%；而两栖类和爬行类物种分别只有 17 种与 20 种，分别占本地区陆生脊椎动物 4.6%、5.4%，占云南省两栖类和爬行类的 14.8%、12.3%及全国的 5.0%与 4.8%（表 4-23）。

表 4-23　宁蒗县陆生脊椎动物组成

类群	目	科	属	种	占宁蒗县物种数/%
两栖类	2	7	13	17	4.6
爬行类	1	6	17	20	5.4
鸟类	18	45	134	254	68.5
兽类	9	26	57	80	21.5
合计	30	84	221	371	100

① 分类阶元多样性

宁蒗县两栖类隶属于有尾目（CAUDATA）和无尾目（ANURA）2 个目，前者仅 1 科 1 属 1 种，即：盐源山溪鲵（*Batrachuperus yenyuanensis*）；后者有 6 科 12 属 16 种，构成本地区两栖类动物的主体，占 94.1%。其中，最大的科为无尾目蛙科（Ranidae），有 6 种（占该地区两栖类的 35.3%），其次是蟾蜍科（Bufonidae）和角蟾科（Megophryinae）各 3 种，此 3 科的物种构成了该地区两栖动物的主体，即占 70.6%，其他为姬蛙科（Microhylidae）有 2 种（多疣狭口蛙 *Kaloula verrucosa*、云南小口蛙 *Calluella yunnanensis*）、小鲵科（Hynobiidae）、盘舌蟾科（Discoglossidae）、雨蛙科（Hylidae）各 1 种，即盐源山溪鲵 *Batrachuperus yenyuanensis*、大蹼铃蟾 *Bombina maxima*、华西雨蛙 *Hyla annectans*，在科的组成上占 57.1%，但其所含物种仅占 29.4%。

爬行类有 1 目（有鳞目 SQUAMATA）两亚目，即：蜥蜴亚目（SAURIA）3 科 5 属 5 种，蛇亚目（SERPENTES）3 科 12 属 15 种，后者为宁蒗县爬行类的主要组成部分，占本地区爬行动物物种数的 75%。其中游蛇科（Colubridae）即有 11 种，占本地区爬行类的 55.0%，构成了该地区爬行类的主体；其次是壁虎科（Gekkonidae）、石龙子科（Scincidaeyou）、眼镜蛇科（Elapidae）和蝰科（Viperidae）各 2 种，即：粗疣壁虎 *Gekko scabridus*、云南半叶趾虎 *Hemiphyllodactylus yunnanensis*、铜蜓蜥 *Sphenomorphus indicus*、山滑蜥 *Scincella monticola*、眼镜蛇 *Naja naja*、眼镜王蛇 *Ophiophagus hannah*、山烙铁头 *Ovophis monticola*、菜花烙铁头 *Protobothrops jerdonii*；而鬣蜥科（Agamidae）仅有一种，即草绿攀蜥 *Japalura yunnanensis*。

宁蒗有鸟类 254 种，占云南鸟类物种数的 29.9%。鸟类物种亦主要由雀形目（PASSERIFORMES）（鸟类的第一大目）鸟类组成，具有 22 科 76 属 164 种，占本地区鸟类物种数的 64.6%；而居第二位的雁形目（ANSERIFORMES），只有 1 科 9 属 22 种，占 8.7%；物种数排第三位的目为鹳形目（CICONIFORMES），有 3 科 8 属 10 种，占本地区鸟类的 3.94%；其余 15 目的物种数量均在 10 种以下，其中仅含 1 种的目有 3 个，即：鹈形目（PELECANIFORMES）、夜鹰目（CAPRIMULGIFORMES）和雨燕目（APODIFORMES），另外 12 个目的物种数在 2～8 之间，如：隼形目（FALCONIFORMES）8 种、鸡形目（GALLIFORMES）和鸻形目（CHARDRIFORME）各 7 种、鹤形目（GRUIFORMES）和鸽形目（COLUMBIFORMES）各 5 种、鸥形目（LARIFORMES）、鹃形目（CUCULIFORMES）与䴕形目（PICIFORMES）分别各有 4 种、佛法僧目（CORACIIFORMES）和䴙䴘目（PODICIPEDIFORMES）各有 2 种、鹦形目（PSITACIFORMES）和鸮形目（STRIGIFORMES）分别有 2 种。其中，作为鸟类第一大科的鹟科（Muscicapidae）即有 35 属 83 种，占了本地区鸟类的 32.7%；其次即为雀科（Fringillidae）和鸭科（Anatidae），分别只有 9 属 22 种（各占 8.%）。而其他科的物种数均在 10 种以下，其中鸬鹚科（Phalacrocoracidae）、鹳科（Ciconiidae）、鹮科（Threskiornithidae）、夜鹰科（Caprimulgidae）、雨燕科（Apodidae）、戴胜科（Upupidae）、百灵科（Alaudidae）、燕科（Hirundinidae）、黄鹂科（Oriolidae）、河乌科（Cinclidae）、鹪鹩科（Troglodytidae）、太阳鸟科（Nectariniidae）和绣眼鸟科（Zosteropidae）等 13 科分别只有 1 种，另外为一些少种科，如：翠鸟科（Alcedinidae）、隼科（Falconidae）、鹤科（Gruidae）、鹦鹉科（Psittacidae）、卷尾科（Dicruridae）、旋木雀科（Certhiidae）、啄花鸟科（Dicaeidae）和文鸟科（Ploceidae）等 8 科分别只有 2 种，其他 21 科的物种数为 3～10 种。

在目级水平上，宁蒗县哺乳动物与全省无甚差异，但是在组成上却有明显的区别，尽管最大目仍为啮齿目（RODENTIA），有 6 科 16 属 31 种，但物种所占比例较大，占 38.8%；其次为食虫目（EULIPOTYPHLA）3 科 12 属 19 种（占 23.8%）；第三是食肉目（CARNIVORA）有 6 科 15 属 15 种（占 18.8%）；这三个目构成宁蒗兽类区系的主体，计 65 种，占本地区兽类的 81.3%。其他目的物种数量相对较少，其中偶蹄目（ARTIODACTYLA）4 科 6 属 6 种，翼手目（CHIROPTERA）2 科 3 属 4 种，兔形目（LAGOMORPHA）2 科 2 属 2 种，并且攀鼩目（SCANDENTIA）、鳞甲目（PHOLIDOTA）和灵长目（PRIMATES）仅各有 1 种。在科级水平上，在 26 科中，宁蒗县哺乳动物最大科为鼠科（Muridae）和鼩鼱科（Soricidae），各含 15 种，两科共占本地区兽类物种数的 37.5%；其他科的物种数量相对较少：鼯鼠科（Peteromyidae），只有 6 种；鼬科（Mustelidae）、仓鼠科（Crictidae）、松鼠科（Sciuridae）各有 5 种。本地区兽类是由多个单属种科（包括单型科）或少种科组成，如：单属种科（或单型科）有：猬科（Erinaceidae）、树鼩科（Tupaiidae）、猴科（Cercopithecidae）、鲮鲤科（Manidae）、熊科（Ursidae）、小熊猫科（Ailuridae）、猪科（Suidae）、麝科（Moschidae）、鼠兔科（Ochotonidae）、兔科（Leporidae）、竹鼠科（Rhizomyidae）和豪猪科（Hystricidae）等 12 科；少种科有：鼹科（Talpidae）、犬科（Canidae）、猫科（Felidae）各有 3 种，菊头蝠科（Rhinolophidae）、蝙蝠科（Vespertilionidae）、灵猫科（Viverridae）、鹿科（Cervidae）和牛科（Bovidae）分别只有 2 种。

② 区系分析

宁蒗县所记录的 17 种两栖类动物均为东洋界物种，其中绝大部分为西南区成分，共有 12 种，占该地区全部两栖类的 70.6%；西南区与华南区及华中区与西南区共有物种各 1 种，即：四川湍蛙 *Amolops mantzorum* 和华西蟾蜍 *Bufo andrewsi*；东洋界广布种 3 种，即：黑眶蟾蜍 *Bufo melanostictus*，双团棘胸蛙 *Paa yunnanensis*、昭觉林蛙 *Rana chaojchiaoensis*。

但是在 20 种爬行类动物中，有 3 种为东洋界和古北界共有种，即：黑眉锦蛇 *Elaphe*

taeniura、红脖颈槽蛇 *Rhabdophis sublminiata* Schlegel、颈槽蛇 *Rhabdophis nuchalis*；11 种为东洋界广布种，占该地区爬行动物的 55.0%；西南区与华中区共有物种 2 种（草绿攀蜥 *Japalura yunnanensis*、菜花烙铁头 *Protobothrops jerdonii* Guenther）；而为西南区成分的只有 2 种，占 11.1%。

宁蒗所记录的 254 种鸟类中，有留鸟（即常居留于宁蒗县）148 种，占该地区鸟类的 58.3%；夏候鸟（春末夏初迁来、夏末秋初迁离）28 种，占该地区鸟类的 11%；冬候鸟（秋末冬初由北方迁飞至此地越冬或旅经该地再向南迁）70 种，占该地区鸟类的 27.6%；此外，还有旅鸟 8 种，仅旅经该地再向南迁飞。因此，宁蒗县所记录鸟类以留鸟为主，冬候鸟次之且明显增多，夏候鸟居第三位，旅鸟最少。

依据郑作新《中国鸟类区系纲要》（1987）所列各种鸟类的地理分布情况，在宁蒗县所记录的 254 种鸟类中，在该地区繁殖的鸟类（含留鸟、夏候鸟和繁殖鸟）共计 175 种，占所录鸟类的 69.2%。其中繁殖区域主要在东洋界的鸟类，计 114 种，占该地区繁殖鸟类的 65.1%；繁殖区域广布于东洋、古北两大界的鸟类，计 39 种，占 15.4%；繁殖区域主要在古北界的鸟类，计 22 种，占 12.6%。由此可见，保护区鸟类的区系构成以东洋界成分为主。

郑作新（1987）和张荣祖（1999）在中国的动物地理区划中均将宁蒗县所处地理位置归属于东洋界。根据调查，在本县的鸟类区系成分中，东洋种的种数远远超过古北种，因此该地的鸟类区系的组成，在整体上倾向于东洋界，与郑作新（1987）和张荣祖（1999）的划分相符，即宁蒗县归属于东洋界。

相比较而言，宁蒗县 80 种哺乳动物中在古北界与东洋界均有分布的物种数量在增加，其中包括一些世界性的广布种，如与人类伴生而遍布世界各地的小家鼠（*Mus musculus*），广布于欧亚大陆、北非及主要起源于古北区向南延伸分布至东洋区的野猪（*Sus scrofa*）、赤狐（*Vulpes vulpes*）、豺（*Cuon alpinus*）、貉（*Nyctereutes procyonoides*）、水獭（*Lutra lutra*）、藏獾（*Meles leucureus*）、巢鼠（*Micromys minutus*）、大林姬鼠（*Apodemus peninsulae*）及古北界与东洋界共有物种黑熊（*Selenarctos thibetanus*）、青鼬（*Martes flavigula*）、黄鼬（*Mustela sibrica*）、豹猫（*Prionailurus bengalensis*）、川西斑羚（*Nemorhaedus griseus*）、复齿鼯鼠（*Trogopterus xanthipes*）、褐家鼠（*Rattus norvegicus*）、社鼠（*Niviventer confucianus*）等 19 种，占了本地区物种数的 23.8%；其余 61 种属于东洋界，占 76.2%。

在东洋界物种中，相较于滇西北其他地区，西南区、华南区与华中区共有的物种在增加，有 27 种，占东洋界物种数的 44.3%；而西南区与华南区共有物种数在减少，只有 9 种，占东洋界物种数的 14.8%；西南区与华中区共有物种 10 种，占东洋界物种数的 16.4%；西南区物种有 15 种，如：长尾鼩鼹（*Scaptonyx fusicaudus*）、云南鼩鼱（*Sorex excelsus*）、小纹背鼩鼱（*Sorex bedfordiae*）、大纹背鼩鼱（*Sorex cylindricauda*）、褐腹长尾鼩鼱（*Episoriculus caudatus*）、狭颅黑齿鼩鼱（*Blarinella wardi*）、喜山鼠耳蝠（*Myotis muricola*）、小熊猫（*Ailurus fulgens*）、大绒鼠（*Eothenomys miletus*）、玉龙绒鼠（*Eothenomys proditor*）、西南绒鼠（*Eothenomys custos*）、高原松田鼠（*Pitymys irene*）、安氏白腹鼠（*Niviventer andersoni*）、川西白腹鼠（*Niviventer excelsior*）、大耳姬鼠（*Apodemus latronum*）、澜沧江姬鼠（*Apodemus ilex*）等，占东洋界物种数的 24.6%。由此可见，宁蒗县哺乳动物区系具有较高的西南区成分物种，在我国动物地理区划中属于东洋界西南区动物区系。

➢ 特有种类

宁蒗县虽然仅有两栖动物 17 种，但其中为中国特有种的却高达 14 种，占该地区两栖类的 82.4%，主要包括盐源山溪鲵 *Batrachuperus yenyuanensis*、胸腺猫眼蟾 *Scutiger brevipes*、疣刺齿蟾 *Oreolalax rugosus*、四川湍蛙 *Amolops mantzorum*、金江湍蛙 *Amolops jinjiangensis* 等；且其中 3 种为云南特有物种，即：无棘溪蟾（*Torrentophryne aspinia*）、刘氏棘蛙（*Rana liui*）、华西雨蛙（*Hyla annectans*）等，可见该地区的两栖动物特有程度非常高。

宁蒗县现记录的 20 种爬行动物中，有 4 种为中国特有，包括疣壁虎 *Gekko scabridus* 和草绿龙蜥 *Japalura flaviceps*，占该地区爬行类的 20%，其中，云南龙蜥（*Japalura yunnanensis*）和云南半叶趾虎（*Hemiphyllodactylus yunnanensis*）为云南特有物种。

因鸟类具飞行的习性，相较于其他陆生脊椎动物，其特有性程度明显较低，在宁蒗县 254 种鸟类中，仅 13 种为中国特有种，占该地区鸟类的 5.1%。但由于该县的地理位置，相较于其他一些县市，其鸟类的中国特有种的比例在增加。宁蒗县的中国特有种为：白腹锦鸡（*Chrysolophus amherstiae*）、大紫胸鹦鹉（*Psittacula alexandri*）、棕背黑头鸫、宝兴歌鸫（*Turdus mupinensis*）、宝兴鹛雀（*Moupinia poecilotis*）、橙翅噪鹛（*Garrulax ellietii*）、棕头雀鹛（*Alcippe ruficapilla*）、白领凤鹛（*Yuhina diademata*）、褐翅缘鸦雀（*Paradoxornis brunneus*）、滇䴓（*Sitta yunnanensis*）、酒红朱雀（*Carpodacus vinaceus*）、曙红朱雀（*Carpodacus eos*）、藏马鸡 *Crossoptilon crossoptilon* 等，但境内没有云南特有种和县特有种分布。

相比较而言，在宁蒗县的 80 种哺乳动物中，特有种的比例较高，有 18 种（鼩猬 *Neotetracus sinensis*、云南鼩鼱 *Sorex excelsus*、川西缺齿鼩 *Chodisgoa hypsibia*、纹背鼩鼱 *Sorex cylindricauda*、西南中麝鼩 *Crocidura vorax*、灰鼯鼠 *Petaurista xanthotis*、复齿鼯鼠 *Trogopterus xanthipes*、侧纹岩松鼠 *Sciruotamias forresti*、高山姬鼠 *Apodemus chevrieri*、澜沧江姬鼠 *Apodemus ilex*、大耳姬鼠 *Apodemus latronum*、安氏白腹鼠 *Niviventer andersoni*、川西白腹鼠 *Niviventer excelsior*、大绒鼠 *Eothenomys miletus*、滇绒鼠 *Eothenomys eleusis*、西南绒鼠 *Eothenomys custos*、玉龙绒鼠 *Eothenomys proditor*、云南兔 *Lepus comus* 等）为中国特有，占该地区物种数的 22.5%。这些物种主要分布于横断山区及云贵高原地区，其中云南鼩鼱、纹背鼩鼱、西南中麝鼩、高山姬鼠、大耳姬鼠、安氏白腹鼠、川西白腹鼠、大绒鼠、西南绒鼠、玉龙绒鼠等为西南区特有，云南兔为云贵高原特有，澜沧江姬鼠为云南特有。

表 4-24　宁蒗县陆生脊椎动物特有种

	中国特有分布		云南特有分布	
	物种	%	物种	%
两栖类	14	82.4*	3	17.6
爬行类	4	20	1	5.0
鸟类	13	5.1	—	—
兽类	18	22.5	1	1.2
合计	49	13.2	5	1.3

* 为所占各类群比例。

➢　珍稀濒危保护种类

在宁蒗县 37 种两栖爬行动物中，仅爬行类有 2 种在 CITES 附录 II 中，没有其他物种被列入国家重点保护野生动物名录和 CITES 附录中。然而在记录的所有两栖类动物（如：大蹼铃蟾 *Bombina maxima*、华西蟾蜍 *Bufo bufo andrewsi*、无棘溪蟾 *Torrentophryne aspinia*、小角蟾 *Megophrys minor*、昭觉林蛙 *Rana chaojchiaoensis*、无指盘臭蛙 *Rana grahami*、滇蛙 *Rana pleuraden*、多疣狭口蛙 *Kaloula verrucosa* 等）和爬行类动物（如：铜蜓蜥 *Sphenomorphus indicus*、颈槽蛇 *Rhabdophis nuchalis*、棕网腹链蛇 *Amphiesma jahannis*、八线腹链蛇 *Amphiesma octolineata*、王锦蛇 *Elaphe carinata*、黑眉锦蛇 *Elaphe taeniura*、红脖颈槽蛇 *Natrix sublminiata*、黑线乌梢蛇 *Zaocys nigromarginatus*、颈棱蛇 *Macropisthodon rudis*、黑头剑蛇 *Sibynophis chinensis*、山烙铁头 *Ovophis monticola*、菜花烙铁头 *Protobothrops jerdonii* 等）均被列入在《中国物种红色名录（第一卷）》（2004）。此外，《中国濒危动物红皮书——两栖类和爬行类》（1998）中还包含该地区两栖类动物 1 种（双团棘胸蛙 *Paa yunnanensis*）及爬行类动物 6 种（如：黑眉锦蛇 *Elaphe taeniura*、王锦蛇 *Elaphe carinata*、黑线乌梢蛇 *Zaocys nigromarginatus* 等）。并且在 2000 年 8 月颁布的《国家保护的有益的或者有重要经济、科学研究价值的陆生野生动物名录》中，宁蒗县记录所有 37 种两栖爬行动物均在此名录中，如：大蹼铃蟾 *Bombina maxima*、华西蟾蜍 *Bufo bufo andrewsi*、无棘溪蟾 *Torrentophryne aspinia*、小角蟾 *Megophrys minor*、昭觉林蛙 *Rana chaojchiaoensis*、无指盘臭蛙 *Rana grahami*、滇蛙 *Rana pleuraden*、多疣狭口蛙 *Kaloula verrucosa*、铜蜓蜥 *Sphenomorphus indicus*、颈槽蛇 *Rhabdophis nuchalis*、棕网腹链蛇 *Amphiesma jahannis*、八线腹链蛇 *Amphiesma octolineata*、王锦蛇 *Elaphe carinata*、黑眉锦蛇 *Elaphe taeniura*、红脖颈槽蛇 *Natrix sublminiata*、黑线乌梢蛇 *Zaocys nigromarginatus*、颈棱蛇 *Macropisthodon rudis*、黑头剑蛇 *Sibynophis chinensis*、山烙铁头 *Ovophis monticola*、菜花烙铁头 *Protobothrops jerdonii* 等。

相较于两栖爬行动物，宁蒗县所记录的 254 种鸟类被列入国家重点保护野生动物名录的物种数量与比例明显增多，有国家重点保护种类 23 种（占 9.1%），CITES 附录 16 种（占 6.3%），其中国家 I 级重点保护野生动物包括：东方白鹳（*Ciconia boyciana*）、白尾海雕（*Haliaeetus albicilla albicilla*）、黑颈鹤（*Grus nigricollis*）等，国家 II 级重点保护野生动物包括：黄嘴白鹭（*Egretta eulophotes*）、白琵鹭（*Platalea leucorodia leucorodia*）、鸳鸯（*Aix galericulata*）、黑翅鸢（*Elanus caeruleus vociferus*）、[黑]鸢（*Milvus migrans lineatus*）、雀鹰（*Accipiter nisus nisosimilis*）、松雀鹰（*Accipiter virgatus affinis*）、普通鵟（*Buteo buteo japonicus*）、灰背隼（*Falco columbarius insignis*）、红隼（*Falco tinnunculus interstinctus*）、鹧鸪（*Francolinus pintadeanus*）、红腹角雉（*Tragopan temminckii*）、藏马鸡（*Crossoptilon crossoptilon*）、白腹锦鸡（*Chrysolophus amherstiae*）、灰鹤（*Grus grus lilfordi*）、楔尾绿鸠（*Treron sphenura*）、点斑林鸽（*Columba hodgsonii*）、大紫胸鹦鹉（*Psittacula derbiana*）、灰头鹦鹉（*Psittacula himalayana*）、鹏鸮（*Bubo bubo kiautschensis*）、斑头鸺鹠（*Glaucidium cuculoides whiteleyi*）等20种；CITES附录I物种包括：东方白鹳、白尾海雕、黑颈鹤、藏马鸡等；CITES附录II物种包括：白琵鹭、黑翅鸢、[黑]鸢、雀鹰、松雀鹰、普通鵟、灰背隼、红隼、灰鹤、鹏鸮、斑头鸺鹠等11种。此外，东方白鹳、黄嘴白鹭、黑颈鹤3种被收录在《中国濒危动物红皮书——鸟类》（1998）中；东方白鹳和棉凫（*Nettapus coromandelianus*）2种被收录在《中国物种红色名录（第一卷）》（2004）中。此外，在2000年8月颁布的《国家保护的有益的或者有重要经济、科学研究价值的陆生野生动物名录》中，本地区鸟类有180种收录其中，如：赤麻鸭 *Tadorna ferruginea*、绿翅鸭、斑嘴鸭、赤颈鸭 *Anas penelope*、赤嘴潜鸭 *Netta rufina*、白眼潜鸭 *Aythya nyroca*、小䴙䴘*Podiceps ruficollis*、凤头䴙䴘*Podiceps cristatus*、苍鹭 *Ardea cinerea*、池鹭 *Ardeola bacchus*、大白鹭 *Egretta alba*、黑翅鸢 *Elanus caeruleus*、雀鹰 *Accipiter nisus*、普通鵟、红隼、山斑鸠、戴胜 *Upupaepops saturata*、家燕 *Hirundo rustica*、白鹡鸰、灰鹡鸰 *Motacilla cinerea*、黄臀鹎、田鹨 *Anthus novaeseelandiae*、小云雀 *Alauda gulgula*、红嘴蓝鹊、达乌里寒鸦 *Corvus dauurica*、大嘴乌鸦、鹪鹩、红胁蓝尾鸲 *Tarsiger cyanurus*、北红尾鸲 *Phoenicurus auroreus*、蓝矶鸫 *Monticola solitarius*、黄眉柳莺 *Phylloscopus inornatus*、黄腰柳莺 *Phylloscopus proregulus*、沼泽山雀 *Parus palustris*、棕胸竹鸡 *Bambusicola fytchii*、黄臀鹎、山斑鸠、松雀鹰 *Accipiter virgatus*、大杜鹃 *Cuculus canorus*、大斑啄木鸟 *Dendrocopos major*、树鹨 *Anthusi hodgsoni*、长尾山椒鸟 *Pericrocotus ethologus*、灰卷尾 *Dicrurus leucophaeus*、红嘴蓝鹊 *Urocissa erythrorhyncha*、灰林䳭*Saxicola ferrea*、斑胸钩嘴鹛 *Pomatorhinus erythrocnemis*、褐胁雀鹛、山麻雀 *Passer rutilans* 等。

在宁蒗县陆生脊椎动物中，哺乳动物是受保护种类比例较多的一个类群，有国家重点保护野生动物14种，占本地区兽类物种数的17.5%，其中I级重点保护野生动物1种（林麝 *Moschus berezovskii*），II级重点保护动物13种（猕猴 *Macaca mulatta*、小熊猫 *Ailurus fulgens*、中国穿山甲 *Manis pentadactyla*、豺 *Cuon alpinus*、黑熊 *Selenarctos thibetanus*、青鼬 *Martes flavigula*、水獭 *Lutra lutra*、猞猁 *Lynx lynx*、斑灵狸 *Prionodon Pardicolor*、丛林猫 *Felis chaus*、水鹿 *Rusa unicolor*、中华鬣羚 *Capricornis milneedwardsii*、川西斑羚 *Nemorhaedus griseus*）；同时，有14种哺乳动物列入CITES附录中，占本地区兽类物种数的17.5%，其中列入CITES附录I物种有黑熊 *Selenarctos thibetanus*、水獭 *Lutra lutra*、斑

灵狸 *Prionodon Pardicolor*、小熊猫 *Ailurus fulgens*、中华鬣羚 *Capricornis milneedwardsii*、川西斑羚 *Nemorhaedus griseus* 等；附录 II 物种有北树鼩 *Tupaia belangeri*、猕猴 *Macaca mulatta*、中国穿山甲 *Manis pentadactyla*、豺 *Cuon alpinus*、豹猫 *Prionailurus bengalensis*、猞猁 *Lynx lynx*、丛林猫 *Felis chaus*、林麝 *Moschus berezovskii* 等。此外，在《中国濒危动物红皮书——兽类》（1998）中被列为濒危种的有：斑林狸 *Prionodon Pardicolor*、林麝 *Moschus berezovskii*、复齿鼯鼠 *Hylopetes alboniger*、黑白飞鼠 *Hylopetes alboniger* 4 种；在《中国物种红色名录——兽类》(2004)中被列为濒危种的有：中国穿山甲 *Manis pentadactyla*、水獭 *Lutra lutra*、丛林猫 *Felis chaus*、猞猁 *Lynx lynx*、林麝 *Moschus berezovskii*、川西斑羚 *Naemorhedus griseus*、黑白飞鼠 *Hylopetes alboniger*、复齿鼯鼠 *Hylopetes alboniger*、滇攀鼠 *Vernaya fulva* 等 9 种；在 2000 年 8 月颁布的《国家保护的有益的或者有重要经济、科学研究价值的陆生野生动物名录》中，宁蒗县兽类被收录的有：赤狐 *Vulpes vulpes*、黄鼬 *Mustela sibirica*、鼬獾 *Melogale moschata*、中缅树鼩 *Tupaia belangeri*、斑灵狸 *Prionodon Pardicolor*、果子狸 *Paguma larvata*、豹猫 *Panthera pardus*、野猪 *Sus scrofa*、赤麂 *Muntiacus vaginalis*、云南兔 *Lepus comus*、栗背大鼯鼠 *Petaurista albiventor*、灰鼯鼠 *Petaurista xanthotis*、红白鼯鼠 *Petaurista alborufus*、黑白飞鼠 *Hylopetes alboniger*、复齿鼯鼠 *Trogopterus xanthipes*、赤腹松鼠 *Callosciurus erythraeus*、隐纹花鼠 *Tamiops swinhoei*、泊氏长吻松鼠 *Dremomys pernyi*、侧纹岩松鼠 *Sciruotamias forresti*、豪猪 *Hystrix hodgsoni*、社鼠 *Niviventer confucianus* 等 21 种。

表 4-25　宁蒗县重点保护陆生脊椎动物

类群	国家级				CITES 种			
	I	%*	II	%	附录 I	%	附录 II	%
两栖类	—	—	—	—	—	—	—	—
爬行类	—	—	—	—	—	—	2	10
鸟类	3	1.2	20	7.9	4	1.6	12	4.7
兽类	1	1.3	13	15.0	6	7.5	8	8.8
合计	4	1.1	33	8.9	10	2.7	22	5.9

* 占各类群物种数的比例。

（4）大型真菌物种多样性

对采到的标本进行了研究鉴定，结合研究组在过去五年所积累的来自该县的标本，经系统整理，现知该区有大型真菌共 45 科 85 属 219 种。宁蒗县大型真菌共计 2 门：子囊菌门 Ascomycota 和担子菌门 Basidiomycota；7 纲：锤舌菌纲 Leotiomycetes、盘菌纲 Pezizomycetes、粪壳菌纲 Sordariomycetes、外担菌纲 Exobasidiomycetes、花耳纲 Dacrymycetes、银耳纲 Tremellomycetes、伞菌纲 Agaricomycetes；19 目：锤舌菌目 Leotiales、柔膜菌目 Helotiales、盘菌目 Pezizales、肉座菌目 Hypocreales、炭角菌目 Xylariales、外担菌目 Exobasidiales、银耳目 Tremellales、花耳目 Dacrymycetales、伞菌目 Agaricales、木耳目 Auriculariales、牛肝菌目 Boletales、鸡油菌目 Cantharellales、地星目 Geastrales、钉菇目 Gomphales、刺革菌目 Hymenochaetales、鬼笔目 Phallales、多孔菌目 Polyporales、红菇目 Russulales、革菌目 Thelephorales；其中伞菌目有 115 种，占总种数的 52.5%，红菇目与牛肝菌目也具有较高的物种多样性，分别占总种数的 13.2%与 12.8%。种类较多的科是红菇科 Russulaceae、牛肝菌科 Boletaceae 和鹅膏菌科 Amanitaceae，此外丝膜菌科 Cortinariaceae、口蘑科 Tricholomataceae、丝盖伞科 Inocybaceae、蘑菇菌科 Agaricaceae 在种类和数量上也占一定优势。

根据有关资料（戴玉成等，2010；上海农业科学院食用菌研究所，1991），对宁蒗县食用菌种类进行分析，结果显示该县的食用菌以牛肝菌科、红菇科、口蘑科、珊瑚菌科和蘑菇科中的种类最多；在该县分布的 85 属大型真菌中，经济价值较大的属有口蘑属 *Tricholoma*、虫草属 *Ophiocordyceps*、牛肝菌属 *Boletus*、红菇属 *Russula*、乳菇属 *Lactarius*、银耳属 *Tremella*、鸡油菌属 *Cantharellus*、猴头属 *Hericium*、侧耳属 *Pleurotus*、离褶伞属 *Lyophyllum*、香菇属 *Lentinulla*、裂褶菌属 *Schizophyllum*、鹅膏属 *Amantia*、伞菌属 *Agaricus*、丝膜菌属 *Cortinarius*、乳头蘑属 *Catathelasma*、珊瑚菌属 *Clavaria*、枝瑚菌属 *Ramaria*、多孔菌属 *Polyporus*、肉齿菌属 *Sarcodon*、马勃属 *Lycoperdon* 等。其中珍贵的食用菌有：松茸、牛肝菌、鸡油菌、金耳、银耳、木耳、青头菌、香菇、梭柄乳头蘑等，共计 106 种食用菌。

宁蒗丰富的大型药用真菌主要分属于虫草属、多孔菌属、木耳属、银耳属、猴头属、马勃属等。不同的药用真菌，其药用价值不同。据记载有抗肿瘤活性的真菌有虫草、香菇、银耳、裂褶菌等；具有抗菌消炎、清热解毒的有鳞伞等；具有益胃健脾、促进消化系统功能的有猴头菌、蘑菇等；具有清目、利肺的有鸡油菌、蜜环菌、马勃等；用于治疗神经衰弱的有蜜环菌、虫草等；用于治疗肝炎的有银耳、香菇等；用于治疗心血管系统疾病的有银耳、翘鳞肉齿菌等（刘波，1978；应建浙等，1987）。

宁蒗县常见的有毒真菌有：土红粉盖鹅膏 *Amanita rufoferruginea*、残托斑鹅膏 *A. sychnopyramis*、斜盖粉褶菌 *Entoloma abortivum*、晶盖粉褶菌 *E. clypeatum*、硬尖粉褶菌 *E. cuspidiferum*、簇生盔孢菇 *Galerina fasciculata*、苔藓盔孢菇 *G. hypnorum*、浅黄丝盖伞 *Inocybe fastigiata*、黄褐丝盖伞 *I. flavobrunnea*、破裂丝盖伞 *I. lacera*、瘤孢丝盖伞 *I. nodulosospora*、褐色丝盖伞 *I. phaeoleuca*、茶褐丝盖伞 *I. umbrinella*、黄粉末牛肝菌 *Pulveroboletus ravenelii*、褐黑口蘑 *Tricholoma ustale*、黑胶耳 *Exidia glandulosa* 等（卯晓岚，1987，2006；中国科学院微生物研究所真菌组，1975）。某些毒菌的外形与食菌十分相似，稍有不慎，就会误食，轻则损害身体健康，重则危及生命。因此要加强野生食用菌知识的普及，向群众宣传食用菌和毒菌知识，以防止毒菌中毒事件发生。

初步统计，分布在宁蒗的外生菌根菌达 90 余种，主要属于红菇属、乳菇属、牛肝属、粘盖牛肝菌属、丝膜菌属、鹅膏属等，这些真菌多与松科、壳斗科的植物形成外生菌根。外生菌根可以扩大宿主植物的吸收面积和范围，提到对营养元素的吸收和利用效率，并且可以提高宿主植物的抗病和抗逆性（Cairney et al.，1999；贺小香等，2007）。因此，这些外生菌根菌在生态系统中具有非常重要的作用。

4.6.4　小结

系统调查整理完成了宁蒗县高等植物、陆生脊椎动物和大型真菌物种编目，并建立了数据库，为国家和地方生物多样性保护提供技术资料。调查中发现了滇青冈、木樨榄群落（Comm. *Cyclobalanopsis glaucoides*，*Olea* sp.），黄背栎、小果垂枝柏群落（Comm. *Quercus pannosa*，*Sabina recurva*），三角槭、梾木和大王杜鹃群落（Comm. *Acer buergerianum*，*Cornus* sp.，*Rhododendron rex*），云南松、大白花杜鹃群落（Comm. *Pinus yunnanensis*，*Rhododendron decorum*），华山松、川滇高山栎群落（Comm. *Pinus armandi*，*Quercus aquifolioides*）等 15 个新的群落类型，对照《中国植被》（中国植被编写组，1995）和《云南植被》（吴征镒等，1987），这些群落均无法归入已有的植被类型中，为新发现的群落类型，对补充滇西北的植被类型具有重要意义。

初步确定苦苣苔科的宁蒗马铃苣苔 *Oreocharis ninglangensis* W.H. Chen & Y. M. Shui，sp. nov.，ined.（宁蒗特有）和天南星科的宁蒗斑龙芋 *Sauromatum ninglangense* H. Li & Y. M. Shui，sp. nov. ined.，凤仙花科的戟瓣凤仙花 *Impatiens hastata* Y. M. Shui & W. H. Chen，sp. nov.，ined. 3 个新分类群及苦苣苔科的木里短檐苣苔 *Tremacron urceolatum* K. Y. Pan 和桔梗科的莲座党参 *Codonopsis rosulata* W. W. Smith 2 个云南新记录种。同时，发现和确定栽培作物野生近缘物种——野大豆 *Glycine soja* Sieb. et Zucc.在云南的野生居群分布点，为栽培作物——黄豆的品种选育提供了珍贵的基因材料。

与《云南生物多样性评估》数据相比，增加了 158 种，其中两栖爬行类增加 14 种、鸟类增加 97 种、兽类增加 47 种，包括国家 I 级重点保护野生动物 1 种，II 级重点保护动物 23 种，CITES 附录 I 中 4 种，附录 II（2010）物种 15 种，极大丰富了宁蒗县物种及其分布的信息。

本次考察工作中发现，牛肝菌属、鹅膏属和乳菇属的若干标本难以鉴定，与现已描述的物种存在差别，疑为新种，有待在未来进行深入的研究，进一步揭示该地区的大型真菌物种多样性。

4.7　鹤庆县生物多样性现状①

4.7.1　自然概况

鹤庆位于云南省西北部，地跨东经 100°01′～100°29′、北纬 25°57′～26°42′，是大理州

① 鹤庆县植被类型与植物多样性由中科院昆明植物研究所税玉民研究员组织调查和提供数据；动物多样性由中科院昆明动物研究所杨晓君研究员组织调查和提供数据；大型真菌多样性由中科院昆明植物研究所刘培贵研究员组织调查和提供数据。

的北大门，位于三江褶皱系西部与扬子准地台相接的边缘地带，华东南—印尼板块与青藏—蒙古板块的连接部位，境内露出的地层有古生界的二叠系、中生界的三叠系和新生界的第三系、第四系。县境内峰峦起伏、山体连绵，形成有山地、丘陵、小盆地、河谷等多种地貌。地势西北高、东南低，南北两端有两个狭长的小盆地：南端的黄坪坝，属低热河谷区，海拔 1 300～1 700 m；北端的鹤庆坝，属中暖地区，海拔 2 000～2 300 m。

鹤庆县属南亚热带与寒温带之间的过渡性气候区，为冬干夏湿的高原季风气候，具有雨热同季，干湿分明，夏秋多雨，冬春多旱，年温差小，日温差大的特点。地处“昆明—大理—丽江”黄金旅游线上，东有金沙江与永胜县分津，东南以鸡足山与宾川为界，西部马耳山与剑川、洱源接壤，北望玉龙雪山与丽江市毗邻，是国内外游客中途停车游玩的最佳场所。

鹤庆民族风情多姿多彩，民间工艺闻名遐迩。鹤庆县主要有白族、汉族、彝族、傈僳族、壮族、苗族、纳西族、回族等世居民族，还有藏族、傣族、哈尼族、佤族、普米族、布依族、独龙族等外来民族，民族众多，民风独特，是各民族大团结的多民族聚居区，是白、汉、藏、纳西文化相互交织、和谐共荣的文化圈，有丰富的民族文化资源，白族民间八大碗、甸北田埂调、甸南新娘装、六合白依人婚丧习俗和服饰、西山彝族歌舞等独具特色。

4.7.2 组织实施

植物调查组在鹤庆县朝霞寺、龙华山、西邑马鞍山等地进行了 15 天的野外调查，调查了鹤庆县的主要植被类型（土、石山坡及云南松林）及马鞍山的植被垂直梯度变化，采集标本 1 200 多号；动物调查组对鹤庆县新华、草海、松桂、金墩、马耳山、朵美及县城云鹤镇周边、西邑等地的陆生脊椎动物进行了调查，采集小型兽类标本 408 号，鸟类标本 276 号，两栖类标本 146 号，爬行类标本 33 号；大型真菌调查组对鹤庆县松桂镇和金墩笑连镇的大型真菌资源进行了调查统计，在鹤庆县共采集野生大型真菌标本 137 份。

4.7.3 主要成果

（1）植被类型组成

依据《云南植被》和《中国植被》对植被类型的划分原则，即以综合植物群落各方面基本特征为原则。鹤庆县主要植被类型包括亚热带常绿阔叶林、硬叶常绿阔叶林、落叶阔叶林、针叶林、稀树灌木草丛、灌丛植被、草甸等几类。

I. 亚热带常绿阔叶林（植被型）

中山湿性常绿阔叶林（植被亚型）

多变石栎林（Form. *Lithocarpus variolosus*）

多变石栎、元江栲群落（Comm. *Lithocarpus variolosus*，*Castanopsis orthacantha*）

半湿润常绿阔叶林（植被亚型）

滇青冈林（Form. *Cyclobalanopsis glaucoides*）

滇青冈、高山栲群落（Comm. *Cyclobalanopsis glaucoides*，*Castanopsis delavayi*）

II. 硬叶常绿阔叶林（植被型）

寒温山地硬叶常绿栎类（植被亚型）

黄背栎林（Form. *Quercus pannosa*）

*黄背栎、五叶参群落（Comm. *Quercus pannosa*，*Pentapanax* sp.）

*黄背栎、大白花杜鹃群落（Comm. *Quercus pannosa*，*Rhododendron decorum*）

*黄背栎、薄叶杜鹃群落（Comm. *Quercus pannosa*，*Rhododendron facetum*）

*黄背栎、滇山杨群落（Comm. *Quercus pannosa*，*Populus davidiana*）

*黄背栎、长圆叶梾木群落（Comm. *Quercus pannosa*，*Swida oblonga*）

III. 落叶阔叶林（植被型）

槭树、糙皮桦林（Form. *Acer* spp.，*Betula* spp.）

槭树、糙皮桦群落（Comm. *Acer* spp.，*Betula* spp.）

* 清溪杨林（Form. *Populus rotundifolia* var. *duclouxiana*）

*清溪杨、华椴群落（Comm. *Populus rotundifolia* var. *duclouxiana*，*Tilia chinensis*）

IV. 针叶林（植被型）

暖温性针叶林（植被亚型）

云南松林（Form. *Pinus yunnanensis*）

云南松、滇油杉群落（Comm. *Pinus yunnanensis*，*Keteleeria evelyniaana*）

*云南松、露珠杜鹃群落（Comm. *Pinus yunnanensis*，*Rhododendron irroratum*）

*云南松、君迁子群落（Comm. *Pinus yunnanensis*，*Diospyros lotus*）

云南松、滇石栎群落（Comm. *Pinus yunnanensis*，*Lithocarpus dealbatus*）

云南松群落（Comm. *Pinus yunnanensis*）

V. 稀树灌木草丛（植被型）

干热性稀树灌木草丛（植被亚型）

木棉、余甘子群系（Form. *Bombax malabaricum*，*Phyllanthus emblica*）

*木棉、坡柳、余甘子群落（Comm. *Bombax malabaricum*，*Dodonaea viscosa*，*Phyllanthus emblica*）

VI. 灌丛植被（植被型）

寒温灌丛（植被亚型）

硬叶栎灌丛（群系组）

*高山栲、刺叶石楠灌丛（Comm. *Castanopsis delavayi*，*Photinia prionophylla*）

暖性石灰岩灌丛（植被亚型）

*华西小石积、灰背栒子灌丛（Form. *Osteomeles schwerinae Cotoneaster* sp.）

*华西小石积、灰背栒子群落（Comm. *Osteomeles schwerinae Cotoneaster* sp.）

*丁香灌丛（Form. *Syringa* spp.）

*丁香灌丛群落（Comm. *Syringa* spp.）

干热河谷灌丛（植被亚型）

*华西小石积灌丛（Form. *Osteomeles schwerinae*）

*华西小石积、白花羊蹄甲、小雀花灌丛（Comm. *Osteomeles schwerinae*，*Bauhinia* sp.，*Campylotropis polyantha*）

*常绿假丁香灌丛（Form. *Ligustrum sempervirens*）

*常绿假丁香群落 Comm. *Ligustrum sempervirens*）

VII. 草甸（植被型）

寒温草甸（植被亚型）

杂类草草甸（群系组）

*头花马先蒿、鸦跖花群落（Comm. *Pedicularis cephalantha*，*Oxypraphis glaciali*）

注：加“*”者为《云南植被》中没有记载的群落类型。

（2）植物物种多样性

➢　物种组成

通过样方调查、文献资料查询和标本的采集鉴定，确定鹤庆县植物有 218 科 855 属 2 389 种，其中，苔藓植物有 32 科 68 属 106 种，蕨类植物 30 科 56 属 145，裸子植物 7 科 13 属 19 种，被子植物 148 科 824 属 2 119 种，被子植物中又分双子叶植物 126 科 646 属 1 764 种，单子叶植物 22 科 178 属 355 种。

苔藓植物 32 科中，苔纲（Hepaticae）有 6 科，藓纲（Musci）25 科，无角苔纲（Anthocerotae）植物的分布；68 属中，苔纲（Hepaticae）有 6 属，藓纲（Musci）62 属。科内属数最多的是丛藓科（10 属），其次是真藓科和灰藓科（各 5 属），蔓藓科（4 属）。106 种中，苔纲（Hepaticae）有 7 种，藓纲（Musci）100 种，属内种数较多的属有：绢藓属 *Entodon*（绢藓科 Entodontaceae）和小金发藓属 *Pogonatum*（金发藓科 Polytrichaceae）均有 5 种；短月藓属 *Brachymenium*（真藓科 Bryaceae）、细羽藓属 *Cyrto-hypnum*（羽藓科 Thuidiaceae）和灰藓属 *Hypnum*（灰藓科 Hypnaceae）均 4 种；红叶藓属 *Bryoerythrophyllum*（丛藓科 Pottiaceae），真藓属 *Bryum*（真藓科 Bryaceae），薄膜藓属 *Leptohymenium*（塔藓科

Hylocomiaceae），砂藓属 *Racomitrium*（紫萼藓科 Grimmiaceae）4 属各 3 种；牛舌藓属 *Anomodon*（牛舌藓科 Anomodontaceae），青藓属 *Brachythecium*（青藓科 Brachytheciaceae），小曲尾藓属 *Dicranella*（曲尾藓科 Dicranaceae）等 13 属各 2 种；灰气藓属 *Aerobryopsis*（蔓藓科 Meteoriaceae），气藓属 *Aerobryum*（蔓藓科 Meteoriaceae），银藓属 *Anomobryum*（真藓科 Bryaceae），仙鹤藓属 *Atrichum*（金发藓科 Polytrichaceae），麻羽藓属 *Claopodium*（羽藓科 Thuidiaceae）等 46 属各 1 种，它们大多是单种属或是寡种属。

蕨类植物 55 属中，包含 1 属的科有 20 科：卷柏科（Selaginellaceae），瓶尔小草科（Ophioglossaceae），里白科（Gleicheniaceae），海金沙科（Lygodiaceae），膜蕨科（Hymenophyllaceae），稀子蕨科（Monachosoraceae），姬蕨科（Hypolepidaceae），蕨科（Pteridiaceae），水蕨科（Parkeriaceae），裸子蕨科（Hemionitidaceae），车前蕨科（Antrophyaceae），书带蕨科（Vittariaceae），肿足蕨科（Hypodematiaceae），铁角蕨科（Aspleniaceae），岩蕨科（Woodsiaceae），乌毛蕨科（Blechnaceae），骨碎补科（Davalliaceae），蘋科（Marsileaceae），槐叶蘋科（Salviniaceae），满江红科（Azollaceae）；包含 2 属的科有 6 科：石松科（Lycopodiaceae），木贼科（Equisetaceae），阴地蕨科（Botrychiaceae），鳞始蕨科（Lindsaeaceae），凤尾蕨科（Pteridaceae），金星蕨科（Thelypteridaceae），鳞毛蕨科（Dryopteridaceae）；包含 6 属的科有 2 科：中国蕨科（Sinopteridaceae），蹄盖蕨科（Athyriaceae）；包含 10 属的科仅有 1 科：水龙骨科（Polypodiaceae）。其中，种数最多的是鳞毛蕨属 *Dryopteris*（鳞毛蕨科 Dryopteridaceae）有 15 种，瓦韦属 *Lepisorus*（水龙骨科 Polypodiaceae）10 种次之，石韦属（*Pyrrosia*）4 种，凤了蕨属 *Coniogramme*（车前蕨科 Antrophyaceae），金粉蕨属 *Onychium*（中国蕨科 Sinopteridaceae），水龙骨属 *Polypodiodes*（水龙骨科 Polypodiaceae）3 属各含 3 种。槲蕨属 *Drynaria*（水龙骨科 Polypodiaceae），木贼属 *Hippochaete*（木贼科 Equisetaceae），薄鳞蕨属 *Leptolepidium*（中国蕨科 Sinopteridaceae）等 7 属各含 2 种，短肠蕨属 *Allantodia*（蹄盖蕨科 Athyriaceae），节肢蕨属 *Arthromeris*（水龙骨科 Polypodiaceae），假蹄盖蕨属 *Athyriopsis*（蹄盖蕨科 Athyriaceae），满江红属 *Azolla*（满江红科 Azollaceae），假阴地蕨属 *Botrypus*（阴地蕨科 Botrychiaceae），碎米蕨属 *Cheilosria*（中国蕨科 Sinopteridaceae），蒿蕨属 *Ctenopteris*（水龙骨科 Polypodiaceae）等 34 属各 1 种。

世界裸子植物 12 科，中国有 11 科，云南 10 科。鹤庆县有裸子植物 7 个科，分属于 4 个纲。其中松柏纲（Coniferopsida）有 4 科，分别是三尖杉科（Cephalotaxaceae）、柏科（Cupressaceae）、松科（Pinaceae）、杉科（Taxodiaceae）；苏铁纲（Cycadopsida）有 1 科，即为苏铁科（Cycadaceae）；红豆杉纲（Taxopsida）有 1 科，是红豆杉科（Taxaceae）；买麻藤纲（Gnetopsida）有 1 科，为麻黄科（Ephedraceae）。鹤庆县裸子植物 13 属中，松柏纲有 10 属，苏铁纲、红豆杉纲和买麻藤纲各有 1 属。科内属数最多的是松科（Pinaceae），有 5 属；其次是柏科（Cupressaceae），有 3 属；其余的 5 个科三尖杉科（Cephalotaxaceae）、苏铁科（Cycadaceae）、麻黄科（Ephedraceae）、红豆杉科（Taxaceae）、杉科（Taxodiaceae）都仅有 1 属。其中，松柏纲有 16 种，买麻藤纲有 1 种，红豆杉纲有 1 种，苏铁纲有 1 种。

属内种数较多的是圆柏属 *Sabina* 有 4 种，冷杉属 *Abies*、三尖杉属 *Cephalotaxus* 和铁杉属 *Tsuga* 各有 2 种，雪松属 *Cedrus*、杉木属 *Cunning*、柏木属 *Cupressus*、苏铁属 *Cycas*、麻黄属 *Ephedra*、刺柏属 *Juniperus*、油杉属 *Keteleeria*、云杉属 *Picea*、红豆杉属 *Taxus* 各有 1 种。

双子叶植物中，从科内属一级的水平上看，该地区仅含 1 属的科有 44 个，占总科数的 34.92%；出现 2～5 属的科有 53 个，占总科数的 42.06%；6～15 属的科有 21 个，占总科数的 16.67%；15 属以上的科有 8 个，占总科数的 6.35%。从科内种一级的水平上看，该地区仅含 1 种的科有 25 个，占总科数的 19.84%；出现 2～5 种的科有 35 个，占总科数的 27.78%；6～10 种的科有 28 个，占总科数的 22.22%；11～30 种的科有 26 种，占总科数的 20.63%；31 种以上的科有 13 个，占总科数的 10.32%。种类含量前 10 的科是：菊科、蝶形花科、蔷薇科、唇形科、伞形科、玄参科、毛茛科、虎耳草科、杜鹃花科、樟科，其中菊科 Compositae 的种类最多，有 187 种，蝶形花科 Papilionaceae 有 128 种，蔷薇科 Rosaceae 有 103 种。在本区仅出现 1 种的属有 343 属，占全部属数的 55.3%。出现 2～5 种的属有 232 属，占全部属数的 34.98%；出现 6～10 种的属有 46 属，占全部属数的 9.01%；出现 11 种及以上的属有 3 属，占全部属数的 0.53%。在该地区双子叶植物中，其中种类含量前 12 的属分别为 *Pedicularis*、*Rhododendron*、*Polygonum*、*Saxifraga*、*Primula*、*Impatiens*、*Euonymus*、*Brassica*、*Silene*、*Indigofera*、*Thalictrum*、*Clematis* 等。

单子叶植物中，含 9 种以上的科共有 11 个科，分别是：禾本科、兰科、百合科、莎草科、天南星科、鸢尾科、薯蓣科、石蒜科、灯心草科、鸭跖草科和姜科。从科内属一级的水平上看，该地区仅含 1 属的科有 7 个，占总科数的 31.82%，共计有 7 属，占总属数的 3.93%，共计有 25 种，占总种数的 7.04%；出现 2～5 属的科有 7 个，占总科数的 31.82%，共计有 21 属，占总属数的 11.80%，共计有 38 种，占总种数的 10.70%；6～15 属的科有 5 个，占总科数的 22.73%，共计有 38 属，占总属数的 21.35%，共计有 91 种，占总种数的 25.63%；而大于 15 属的科有 3 个，占总科数的 13.64%，共计有 112 属，占总属数的 62.92%，共计有 201 种，占总种数的 56.62%。从科内种一级的水平上看，该地区仅含 1 种的科有 4 个，占总科数的 18.18%，共计有 4 种，占总种数的 1.13%；出现 2～10 种的科有 10 个，占总科数的 45.45%，共计有 53 种，占总种数的 14.93%；11～50 种的科有 7 个，占总科数的 31.82%，共计有 191 种，占总种数的 53.80%；50 种以上的科有 1 个，占总科数的 4.55%，共计有 107 种，占总种数的 30.14%。鹤庆县的单子叶植物有 178 属，在本区仅出现 1 种的属 114 属，占全部属数的 64.04%，所含种数为 114 种，占全部种数的 32.11%。出现 2～5 种的属有 54 属，占全部属数的 30.34%，所含种数为 153 种，占全部种数的 43.10%。出现 6～19 种的属有 10 属，占全部属数的 5.62%，所含种数为 88 种，占全部种数的 24.79%。在该地区单子叶植物中，种数排在前 3 位的属分别为 *Dioscorea*（15 种）、*Arisaema*（11 种）、*Iris*（11 种）。种数最多的 3 个科分别是：禾本科 Gramineae、兰科 Orchidaceae 和百合科 Liliaceae。其中禾本科 Gramineae 的种类最多，有 107 种，兰科 Orchidaceae 有 48 种，百合科 Liliaceae 有 46 种。

➢ 特有种类

苔藓植物中，中国特有种有鹤庆曲尾藓（*Dicranum hokinense*）、东亚红叶藓（*Bryoerythrophyllum wallichii*）、大滇蕨藓（*Pseudopterobryum laticuspi*）、泛生金灰藓（*pylaisiella extenta*）、鹤庆薄膜藓（*Leptohymenium hokinense*）5 种，其中，鹤庆薄膜藓（*Leptohymenium hokinense*）也是云南特有种；蕨类植物中，中国特有种有 27 种，其中云南特有种 2 种。中国特有种有长盖铁线蕨（*Adiantum fimbriatum*）、月芽铁线蕨（*Adiantum refractum*）、狭盖粉背蕨（*Aleuritopteris stenochlamys*）、硫磺粉背蕨（*Aleuritopteris veitchii*）、鳞轴小膜盖蕨（*Araiostegia perdurans*）、掌裂铁角蕨（*Asplenium subdigitatum*）、薄叶蹄盖蕨（*Athyrium delicatulum*）、毛翼蹄盖蕨（*Athyrium dubium*）、腺毛蹄盖蕨（*Athyrium glandulosum*）、膜叶冷蕨（*Cystopteris pellucida*）、中华槲蕨（*Drynaria sinica*）、密鳞金冠鳞毛蕨（*Dryopteris chrysocoma* var. *squamosa*）、近纤维鳞毛蕨（*Dryopteris fibrillosissima*）、川西鳞毛蕨（*Dryopteris rosthornii*）、狭叶瓦韦（*Lepisorus angustus*）、长瓦韦（*Lepisorus pseudonudus*）、拟鳞瓦韦（*Lepisorus suboligolepidus*）、西藏瓦韦（*Lepisorus tibeticus*）、短羽峨眉蕨（*Lunathyrium brevipinnum*）、华西峨眉蕨（*Lunathyrium wilsonii*）、毛旱蕨（*Pellaea trichophylla*）、斜方刺叶耳蕨（*Polystichum rhombiforme*）、狭叶凤尾蕨（*Pteris henryi*）、裸茎石韦（*Pyrrosia nudicaulis*）、澜沧江卷柏（*Selaginella gebaueriana*）、松穗卷柏（*Selaginella laxistrobila*）、密毛岩蕨（*Woodsia rothorniana*）等。其中的 2 种云南特有种是短羽蛾眉蕨（*Lunathyrium brevipinnum*）与裸茎石韦（*Pyrrosia nudicaulis*）。

蕨类植物中，中国特有种有 22 种，无云南特有种。中国特有种有苍山冷杉 *Abies delavayi*、急尖长苞冷杉 *Abies georgei* Orr. var. *smithii*、高山三尖杉 *Cephalotaxus fortunei* Hook.f. var. *alpina*、三尖杉 *Cephalotaxus fortunei*、干香柏 *Cupressus duclouxiana*、刺柏 *Juniperus formosana*、油麦吊云杉 *Picea brachytyla*、垂枝香柏 *Sabina pingii*、香柏 *Sabina pingii* var. *wilsonii*。

双子叶植物中，中国特有种 855 种，云南特有种 228 种。种数最多的前 10 个科有：菊科 Compositae（61 种）、蔷薇科 Rosaceae（40 种）、蝶形花科 Papilionaceae（39 种）、伞形科 Umbelliferae（34 种）、唇形科 Labiatae（34 种）、玄参科 Scrophulariaceae（28 种）、毛茛科 Ranunculaceae（26 种）、虎耳草科 Saxifragaceae（22 种）、报春花科 Primulaceae（20 种）、石竹科 Caryophyllaceae（19 种）；种数量最多的前 13 个属有：*Pedicularis*（23 种）、*Primula*（12 种）、*Rhododendron*（10 种）、*Ligusticum*（9 种）、*Geranium*（9 种）、*Clematis*（9 种）、*Silene*（9 种）、*Salvia*（7 种）、*Gentiana*（7 种）、*Lysimachia*（7 种）、*Indigofera*（7 种）、*Saxifraga*（7 种）、*Thalictrum*（7 种）。云南特有种数量最多的前 11 个科有：菊科 Compositae（25 种）、唇形科 Labiatae（21 种）、毛茛科 Ranunculaceae（16 种）、蔷薇科 Rosaceae（12 种）、玄参科 Scrophulariaceae（12 种）、伞形科 Umbelliferae（10 种）、虎耳草科 Saxifragaceae（9 种）、蝶形花科 Papilionaceae（9 种）、报春花科 Primulaceae（7 种）、石竹科 Caryophyllaceae（7 种）、凤仙花科 Balsaminaceae（7 种）；种数量最多的前 12 个

属有：*Pedicularis*（40 种）、*Rhododendron*（25 种）、*Polygonum*（21 种）、*Saxifraga*（19 种）、*Primula*（18 种）、*Impatiens*（17 种）、*Silene*（16 种）、*Brassica*（16 种）、*Euonymus*（16 种）、*Clematis*（15 种）、*Thalictrum*（15 种）、*Indigofera*（15 种）。

单子叶植物中，中国特有种 77 种，云南特有种 13 种。中国特有种数量含 10 种以上的科有：百合科 Liliaceae（22 种）、禾本科 Gramineae（17 种）、兰科 Orchidaceae（12 种）；种数量含 5 种以上的属有：*Lilium*（5 种）、*Arisaema*（7 种）。云南特有种数量最多的科为禾本科 Gramineae 含 4 种，其次为兰科 Orchidaceae 和芭蕉科 Musaceae 各含 2 种。禾本科含有的种类有：毛臂形草 *Brachiaria villosa*；长芒棒头草 *Polypogon monspeliensis*；虱子草 *Tragus berteronianus*；薏苡 *Coix lachryma-jobi*。云南特有种分别属于以下各属，分别为 *Brachiaria*、*Digitaria*、*Oryzopsis*、*Setaria*、*Murdannia*、*Juncus*、*Stemona*、*Asparagus*、*Dioscorea*、*Ensete*、*Musella*、*Bletilla*、*Herminium*。

➢ 珍稀濒危保护种类

参照 1998 年 8 月 4 日国务院公布的《国家重点保护野生植物名录（第一批），同时参照《中国植物红皮书（第一册）——稀有濒危植物》《濒危野生动植物种国际贸易公约》（附录 I ～附录III）和《云南省重点保护野生植物》，鹤庆县共有珍稀濒危植物 17 科 23 属 23 种。具体如下：

波瓣兜兰 *Paphiopedilum insigne*（Lindl.）Pfitz 国家 I 级重点保护野生植物

苞舌兰 *Spathoglotti pubescens* Lindl. 国家 II 级重点保护野生植物　濒危野生动植物种国际贸易公约（附录 I ～附录III）

沧江新樟 *Neocinnamomum mekongense*（Hand.-Mazz.）Kosterm. 云南省重点保护野生植物

长苞冷杉　*Abies georgei* Orr var. *georgei* 中国植物红皮书（第一册）——稀有濒危植物、国家珍贵树种

大果青冈 *Cyclobalanopsis rex*.Hemsl.）Schottky 中国植物红皮书（第一册）——稀有濒危植物

滇山茶 *Camellia reticulata* Lindl. f. *reticulata* 国家 II 级重点保护野生植物　中国植物红皮书（第一册）——稀有濒危植物

鹅毛玉凤花 *Habrenaria dentata*（Sw.）Schltr. 国家 II 级重点保护野生植物　濒危野生动植物种国际贸易公约（附录 I ～附录III）

海菜花 *Ottelia acuminata*（Gagnep.）Dandy.var.*acuminata*. 云南省重点保护野生植物

猴子木 *Camellia yunnanensis*（Pitard ex Diels）Cohen Stuart var. *yunnanensis* 云南省重点保护野生植物

假乳黄杜鹃 *Rhododendron fictolacteum* Balf.f. 国家 II 级重点保护野生植物　中国植物红皮书（第一册）——稀有濒危植物

领春木 *Euptelea pleiospermum* Hook.f.et Thoms. 中国植物红皮书（第一册）——稀有濒

危植物

栌菊木 *Nouelia insignis* Franch 国家Ⅱ级重点保护野生植物　中国植物红皮书（第一册）——稀有濒危植物

马耳山五味子 *Schisandra wilsoniana* A.C.Smith 云南省重点保护野生植物

扇唇舌喙兰 *Hemepilia flabellata* Bur.et Franch. 国家Ⅱ级重点保护野生植物　濒危野生动植物种国际贸易公约（附录Ⅰ～附录Ⅲ）

绶草 *Spiranthes sinensis*（Pers.）Ames 国家Ⅱ级重点保护野生植物 濒危野生动植物种国际贸易公约（附录Ⅰ～附录Ⅲ）

西康木兰 *Magnolia wilsonii*（Finet et Gagnep.）Rehd. 中国植物红皮书（第一册）——稀有濒危植物

香水月季 *Rosa odorata*（Andr.）Sweet var.*odorata*. 国家Ⅱ级重点保护野生植物　中国植物红皮书（第一册）——稀有濒危植物

野大豆 *Glycine soja* Sieb. et Zucc. 国家Ⅱ级重点保护野生植物

缘毛鸟足兰 *Saryrium ciliatum* Lindl. 国家Ⅱ级重点保护野生植物　濒危野生动植物种国际贸易公约（附录Ⅰ～附录Ⅲ）

云南枫杨 *Pterocarya dalavayi* Franch. 云南省重点保护野生植物

云南沙棘 *Hippophae rhamnoides* L.subsp.*yunnanensis* Rousi. 国家Ⅱ级重点保护野生植物

云南梧桐 *Firmiana major*（W.W.Smith）Hand-Mazz. 中国植物红皮书（第一册）——稀有濒危植物

紫金龙 *Dactylicapnos scandens*（D. Don）Hutch. 云南省重点保护野生植物

➢　资源类群

① 材用植物

材用树种是指能够形成发达的木质化组织，并且根据其性质特征，人们可以将它们用于不同途径，对人类生活起到支持作用的树种。调查显示鹤庆的材用树种种类繁多，共计有 19 科 26 属 30 种。如紫葳科有滇楸 *Catalpa fargesii* Bureau. f. *duclouxii*（Dode）Gilmour；苏木科有铁刀木 *Cassia siamea* Lam.；三尖杉科有三尖杉 *Cephalotaxus fortunei* Hook.f.，高山三尖杉 *Cephalotaxus fortunei* Hook.f. var. *alpina* Li；柏科有刺柏 *Juniperus formosana* Hayata，小果垂枝柏 *Sabina recurva*（Buch.-Hamilt.）Ant. var. *coxii*（A.B. Jackson）Cheng et L.K. Fu；壳斗科有滇青冈 *Cyclobalanopsis glaucoides* Schottky.；禾本科有芦竹 *Arundo donax* Linn.，马蹄竹 *Bambusa lapidea* McClure，孝顺竹 *Bambusa multiplex*（Lour.）Raeuschel. ex J.A. et J. H. Schult.，美竹 *Phyllostachy mannii* Gamble；胡桃科有胡桃 Juglans regia Linn.；樟科有滇润楠 *Machilus yunnanensis* Lec.；含羞草科有金合欢 *Acacia farnesiana*（Linn.）Willd.；桃金娘科有赤桉 *Eucalyptus camaldulensis* Dehnh.；木樨科有女贞 *Ligustrum lucidum* Aiton.；蝶形花科有槐 *Sophora japonica* Linn.；松科有苍山冷杉 *Abies delavayi* Franch.，急尖长苞冷杉 *Abies georgei* Orr. var. *smithii*（Viguie et Gaussen）Cheng et L.K.Fu.，雪松 *Cedrus deodara*（Roxb.）G.Don.，油麦吊云杉 *Picea brachytyla*（Franch.）Pritz.，云南铁杉 *Tsuga dumosa*（D.Don）Eichler；蔷薇科有木瓜 *Chaenomeles sinensis*（Thouin）Koehne.，枇杷 *Eriobotrya japonica*（Thunb.）Lindl.；茜草科有岭罗麦 *Tarennoidea wallichii*（Hook.f.）Tirveng.；山矾科有黄牛奶树 *Symplocos laurina* Wall.；红豆杉科有云南红豆杉 *Taxus yunnanensis* Cheng et L.K. Fu；榆科有常绿榆 *Ulmus lanceaefolia* Roxb. ex Wall.等。

② 药用植物

药用植物资源是指含有药用成分，具有医疗用途，可以作为植物性药物开发利用的一群植物。我国是著名的中药材生产大国和利用大国，中医中药在保障人类健康方面迄今为止一直发挥着重要的作用。经此次调查发现鹤庆地区具有极为丰富的药用植物资源，共计有123科368属508种。如爵床科有鸭嘴花 *Adhatoda vasica* Nees，穿心莲 *Andrographis paniculata* Nees；泽泻科有泽泻 *Alisma plantago-aquatica* L.ssp.orientale（Sam.）Sam.，剪刀草 *Sagittaria trifolia* L.，慈姑 *Sagittaria trifolia* L.var.*edulis*（Sieb.ex Miq.）Ohwi.；苋科有苋 *Amaranthus tricolor* Linn.，青葙 *Celosia argentea* Linn.；石蒜科有龙舌兰 *Agave americana* L. var *americana*，葱 *Allium fistulosum* L.，蒜 *Allium sativum* L.，韭菜 *Allium tuberosum* Roettler ex Sprengel，朱蕉 *Cordyline fruticosa*（L.）A.cheval，韭莲 *Zephyranthes grandiflora* Lindl.；苦木科有苦树 *Picrasma quassioides*（D.Don.）Benn.；漆树科有清香木 *Pistacia weinmannifolia* J.Poisson ex Franch.，野漆 *Toxicodendron succedaneum*（L.）O.Kuntze；夹竹桃科有长春花 *Catharanthus roseus*（L.）G.Don.，夹竹桃 *Nerium indicum* Mill.，鸡蛋花 *Plumeria rubra* Linn. cv. Acutifolia.；天南星科有石菖蒲 *Acorus tatarinowii* Schott.，海芋 *Alocasia macrorrhiza*（L.）Schott.，魔芋 *Amorphophallus rivieri* Durieu.，银半夏 *Arisaema bathycoleum* Hand.-Mazz.，一把伞南星 *Arisaema erubescens*（Wall.）Schott.，象头花 *Arisaema franchetianum* Engl.，花南星 *Arisaema lobatum* Engl.，山珠半夏 *Arisaema yunnanense* Buchet.，野芋 *Colocasia antiquorum* Schott.，芋 *Colocasia esculenta*（L.）Schott.，半夏 *Pinellia ternata*（Thunb.）Breit.，石柑 *Pothos chinensis*（Raf.）Merr.，山半夏 *Typhonium trilobatum*（L.）Schott.；五加科有五加 *Acanthopanax gracilistylus* W.W.Simth，白簕 *Acanthopanax trifoliatus*（L.）Merr.，常春藤 *Hedera nepalensis* K.Koch.var. *sinensis*（Tobl.）Rehd.，梁王茶 *Nothopanax delavayi*（Fr.）Harms ex Diels.，疙瘩七 *Panax japonicus* C.A. Meyer var. *bipinnatifidus*（Seem.）C.Y. Wu et Feng ex C.Chow et al.，珠子参 *Panax japonicus* C.A. Meyer var. *major*（Burkill）C.Y. Wu et Feng ex C.Chow et al.；马兜铃科有优贵马兜铃 *Aristolochia gentilis* Franch.，宝兴马兜铃 *Aristolochia moupinensis* Franch.；萝摩科有白薇 *Cynanchum atratum* Bunge.，大理白前 *Cynanchum forrestii* Schltr.，青羊参 *Cynanchum otophyllum* Schneid.，通光散 *Marsdenia tenacissima*（Roxb.）Wight et Arn.；蛇菰科有筒鞘蛇菰 *Balanophora involucrata* Hook.f.；凤仙花科有锐齿凤仙花 *Impatiens arguta* Hook.f. et Thomas.，凤仙花 *Impatiens balsamina* L.；落葵科有落葵薯 *Anredera cordifolia*（Tenore）Van Steenis，落葵 *Basella alba* L.；秋海棠科有独牛 *Begonia henryi* Hemsl.，丽江秋海棠

Begonia labordei Levl.var.*labordei*.；小蘖科有刺红珠 *Berberis dictyophylla* Franch. var. *dictyophylla*；桦木科有旱冬瓜 *Alnus nepalensis* D.Don.；紫葳科有滇楸 *Catalpa fargesii* Bureau.f.*duclouxii*（Dode）Gilmour，两头毛 *Incarvillea arguta*（Royle）Royle，鸡肉参 *Incarvillea mairei*（Levl.）Grierson.；木棉科有木棉 *Bombax malabaricum* DC.；紫草科有小花倒提壶 *Cynoglossum lanceolatum* Forsk.ssp.*eulanceolatum* Brand.，叉花倒提壶 *Cynoglossum zeylanicum*（Vahl）Thunb. ex Lehm.，滇厚朴 *Ehretia* coryli*f*olia C.Y.Wright.；苏木科有鞍叶羊蹄甲 *Bauhinia brachycarpa* Wall. var. *brachycarpa*，云实 *Caesalpinia decapetala*（Roth.）Alst.，水皂角 *Cassia mimosoides* L.，决明 *Cassia tora* L.，酸豆 *Tamarindus indica* L.；桔梗科有西南风铃草 *Campanula pallida* Wall.，蓝花参 *Wahlenbergia marginata*（Thunb.）A.DC.；大麻科 Cannabaceae 大麻 *Cannabis sativa* L.；白花菜科有野香橼花 *Capparis bodinieri* Levl.，白花菜 *Cleome gynandra* L.；忍冬科有云南双盾木 *Dipelta yunnanensis* Franch.，血满草 *Sambucus adnata* Wall.，水红木 *Viburnum cylindricum* Buch.Ham.ex D.Don.；石竹科有无心菜 *Arenaria serpyllifolia* L.，狗筋蔓 *Cucubalus baccifer* L.，女娄菜 *Silene aprica* Turcz.ex Fisch.et Meyer.；卫矛科有哥兰叶 *Celastrus gemmatus* Loes.，粉叶南蛇藤 *Celastrus glaucophyllus* Rehd. et Wils.；三尖杉科有高山三尖杉 *Cephalotaxus fortunei* Hook.f. var. *alpina* Li，三尖杉 *Cephalotaxus fortunei* Hook.f.；金鱼藻科有金鱼藻 *Ceratophyllum demersum* L.；金粟兰科 Chloranthaceae、珠兰 *Chloranthus spicatus*（Thunb.）Makino.；鸭跖草科有饭包草 *Commelina benghalensis* Linn.；菊科有和尚菜 *Adenocaulon himalaicum* Edgew.，下田菊 *Adenostemma lavenis*（L.）O.Kuntze，紫茎泽兰 *Ageratina adenophora*（Spreng）R.M. King et H.Robinson，藿香菊 *Ageratum conyzoides* L.，杏香兔儿风 *Ainsliaea fragrans* Champ，珠光香青 *Anaphalis margaritacea*（L.）Benth.var *margaritacea*，牛蒡 *Arictium lappa* L.，五月艾 *Artenmisia indica* Wild，牡蒿 *Artenmisia japonica* Thub，小球花蒿 *Artenmisia moorcroftiana* Wall.ex DC，灰苞蒿 *Artenmisia roxburghiana* Bess，猪毛蒿 *Artenmisiascoparia* Waldst. et Kit，三脉紫菀 *Aster ageratoides* Turcz.，小舌紫菀 *Aster albescens*（DC.）Koehne，巴塘紫菀 *Aster batangensis* Bur.et Franch.，重冠紫菀 *Aster diplostephioides*（DC）C.B.Clarke，石生紫菀 *Aster oreophilus* Franch.，狗舌紫菀 *Aster senecioides* Franch.，云木香 *Aucklandia costus* Falc，鬼针草 *Bidens pilosa* L.var *pilosa*，白花鬼针草 *Bidens pilosa* L.var. *radiata* Sch.-Bip，金盏花 *Calendula officinalis* L.，丝毛飞廉 *Carduus crispus* L.，天名精 *Carpesium abrotanoides* L.，绵毛天名精 *Carpesium nepalense* Less.var *lanatum*，南茼蒿 *Chrysanthemum segetum* L.，小白酒草 *Conyza canadensis*（L.）Cronq.，苏门白酒草 *Conyza sumatrensis*（Retz）Walker，壮观垂头菊 *Cremanthodium*（Franch）Diels ex Levl，向日垂头菊 *Cremanthodium helianthus*（Franch）W.W.Smith，灰蓟 *Crisium griseum* Levl，菊花 *Dendranthema morifolium*（Ramat）Tzvel.，小鱼眼草 *Dichrocephala benthamii* C.B.Clarke，鱼眼草 *Dichrocephala integrifolia*（L.f.）O.Ktze.，短葶飞蓬 *Erigeron breviscapus*（Vant.）Hand-Mazz.，林泽兰 *Eupatorium lindleyanum*

DC.，辣子草 *Galinsoga parviflora* Cav，向日葵 *Helianthus annuus* L.，菊芋 *Helianthus tuberosus* L.，泥胡菜 *Hemistepta lyrata*（Bunge）Bunge，菊花参 *Hippolytia delavayi*（Franch. ex W.W.Smith）Shih，羊耳菊 *Inula cappa*（Buch.-Ham. ex D.Don）DC.，水朝阳旋覆花 *Inula helianthus-aquatilis* C.Y.Wu ex Ling，翼茎羊耳菊 *Inula pterocaula* Franch.，中华小苦菜 *Ixeridium chinense*（Thunb）Tzvel，细叶小苦菜 *Ixeridium gracile*（DC）Shih，莴苣 *Lactuca sativa* L.，六棱菊 *Laggera alata*（D.Don）Sch.-Bip. ex Oliv，臭灵丹 *Laggera pterodonta*（DC）Benth.-Bip.ex Oliv，艾叶火绒草 *Leontopodium artemisiifolium*（Levl）Beauv，美头火绒草 *Leontopodium calocephalum*（Franch）Beauv.var *calocephalum*，戟叶火绒草 *Leontopodium dedekensii*（Bur.et Franch）Beauv，毛香火绒草 *Leontopodium stracheyi*（Hook.f.）C.B. Clarke ex Hemsl.，网脉囊吾 *Ligularia dictyoneura*（Franch）Hand.-Mazz.，酸模叶囊吾 *Ligularia lapathifolia*（Franch）Hand-Mazz，苍山橐吾 *Ligularia tsangchanensis*（Franch）Hand.-Mazz.，羽裂粘冠草 *Myriactis delavayi* Gagnep，圆舌粘冠草 *Myriactis nepalensis* Less.，滇苦菜 *Picris divaricata* Vant，兔耳一枝箭 *Piloselloides hirsuta*（Forssk）C.J.Jeffr ex Cufod，翅果菊 *Pterocypsela indica*（L.）Shih，苦苣菜 *Sonchus oleraceus* L.，斑鸠菊 *Vernonia esculenta* Hemsl.；旋花科有打碗花 *Calystegia hederacea* Wall.，马蹄金 *Dichondra repens* Forst.，银丝草 *Evolvulus decumbens*（R.Br.）Ooststr.，山土瓜 *Merremia hungalensis*（Lingelsh.et Borza）R.C.Fang，comb.nov.var.*hungaiensis*，飞蛾藤 *Porana racemosa* Roxb.var.racemosa.；山茱萸科有长圆叶梾木 *Cornus oblonga* Wall.，头状四照花 *Dendrobenthamia capitata*（Wall.）Hutch.，中华青荚叶 *Helwingia chinensis* Batal.，须弥青荚叶 *Helwingia himalaica* Hook.f.et Thoms.ex C.B.Clarke.var. himalaica.，青荚叶 *Helwingia* japonica（Thunb.）F.G.Dietr.；景天科有云南红景天 *Rhodiola yunnanensis*（Franch.）S. H. Fu，多茎景天 *Sedum multicaule* Wall ex Lindl.，十字花科有芸苔 *Brassica campestris* L.var. *campestris*.，洋花菜 *Brassica oleraca* var. *botrytis* L.，莲白菜 *Brassica oleraca* var. *capitata* L.，荠 *Capsella bursa-pastoris*（L.）Medic.，大叶碎米荠 *Cardamine macrophylla* Willd. var. *macrophylla*.，紫花碎米荠 *Cardamine tangutorum* O.E.Schulz in Engl.，菘蓝 *Isatis indigotica* Fort.，萝卜 *Raphanus sativus* L. var. *staivus*.，葫芦科有冬瓜 *Benincasa cerifera* Savi.，西瓜 *Citrullus lanatus*（Thunb.）Matsum.et Nakai.，黄瓜 *Cucumis sativus* L. var. *sativus*，笋瓜 *Cucurbita maxima* Duch.ex Lam. var. *maxima*，南瓜 *Cucurbita moschata*（Duch.ex Lam.）Duch.ex Poiret，西葫芦 *Cucurbita pepo* Linn. var. *pepo*.，绞股蓝 *Gynostemma pentaphyllum*（Thunb.）Makino. var. *pentaphyllum*，曲莲 *Hemsleya amabilis* Diels.，瓠子 *Lagenaria siceraria*（Molina）Standl. var. *hispida*（Thunb.）Hara.，葫芦 *Lagenaria siceraria*（Molina）Standl. var. *siceraria*，丝瓜 *Luffa cylindrica*（Linn.）Roem. var. *cylindrica*，苦瓜 *Monordica charantia* Linn.，佛手瓜 *Sechium edule*（Jacq.）Swartz，茅瓜 *Solena amplexicaulis*（Lam.）Gandhi，异叶赤爬 *Thladiantha hookeri* C.B.Clarke，全缘栝楼 *Trichosanthes ovigera* Bl.；苏铁科有苏铁 *Cycas revoluta* Thunb.；莎草科有香附子 *Cyperus rotundus* Linn.，荸荠 *Eleocharis dulcis*（Burm.f.）Trin. ex Henschel；

薯蓣科有参薯 *Dioscorea alata* Linn.，叉蕊薯蓣 *Dioscorea collettii* Hook.f.，褐苞薯蓣 *Dioscorea persimilis* Prain et Burkill.，毛胶薯蓣 *Dioscorea subcalva* Prain et Burkill.；川续断科 Dipsacaceae 川续断 *Dipsacus asperoides* C. Y. Cheng et T. M. Ai，大花双参 *Triplostegia grandiflora* Gagnep.，茅膏菜科有茅膏菜 *Drosera peltata* J.E.Smith in Willd.；柿树科有柿 *Diospyros kaki* Thunb. var. *kaki*.；胡颓子科有披针叶胡颓子 *Elaeagnus lanceolata* Ward.ex Diels. var. *lanceolata*，木半夏 *Elaeagnus multiflora* Thunb.；石楠科 Ericaceae 金叶子 *Craibiodendron yunnanense* W. W. Smith.，地檀香 *Gaultheria forrestii* Diels. var. *forrestii*.，滇白珠 *Gaultheria leucocarpa* Bl. var. *crenulata*（Kurz）T.Z.Hsu.；大戟科有火殃勒 *Euphorbia antiquorum* Linn.，通奶草 *Euphorbia hypericifolia* Linn.，大狼毒 *Euphorbia jolkinii* Boiss.，土瓜狼毒 *Euphorbia prolifera* Buch.-Ham. ex D. Don，一品红 *Euphorbia pulcherrima* Willd. ex Kl.，霸王鞭 *Euphorbia royleana* Boiss. in DC.，千根草 *Euphorbia thymifolia* Linn.，叶底珠 *Flueggea suffruticosa*（Pall.）Baill.，余甘子 *Phyllanthus emblica* Linn.，黄珠子草 *Phyllanthus virgatus* Forst. f.，蓖麻 *Ricinus communis* Linn.，乌桕 *Sapium* sebiferum（Linn.）Roxb.；壳斗科有板栗 *Castanea mollissima* Blume.；紫堇科有小距紫堇 *Corydalis appendiculata* Hand.-Mazz.，紫金龙 *Dactylicapnos scandens*（D. Don）Hutch.，扭果紫金龙 *Dactylicapnos* torulosa（Hook. f. et Thoms.）Hutch.；龙胆科有滇龙胆草 *Gentiana rigescens* Franch.ex Hemsl.，椭圆叶花锚 *Halenia elliptica* D.Don var. *elliptica*；牻牛儿苗科有五叶草 *Geranium nepalense* Sweet.；苦苣苔科有石胆草 *Corallodiscus flabellatus*（Craib）B.L.Burtt；禾本科有薏苡 *Coix lachryma-jobi* Linn.，黄茅 *Heteropogon contortus*（Linn.）Beauv. Ex Roem. et Schult.，竹叶草 *Oplismenus compositus*（Linn.）Beauv.，圆果雀稗 *Paspalum orbiculare* Forst.f.，蜀黍 *Sorghum bicolor*（Linn.）Moench，玉蜀黍 *Zea mays* Linn.，菰 *Zizania latfolia*（Griseb.）Stapf；小二仙草科有穗状狐尾藻 *Myriophyllum spicatum* L.；水鳖科有黑藻 *Hydrilla verticillata*（L.f.）L.C.Rich.，苦草 *Vallisneria natans*（Lour.）Hara.；藤黄科有地耳草 *Hypericum japonicum* Thunb. ex Murray；仙茅科有小金梅草 *Hypoxis aurea* Lour.；鸢尾科有射干 *Belamcanda chinensis*（L.）DC.，雄黄兰 *Crocosmia crocosmiflora*（Nichols.）N.E.Br.，番红花 *Crocus sativus* L.，红葱 *Eleutherine plicata* Herb.，唐菖蒲 *Gladious gandavensis* van Houtte.，蝴蝶花 *Iris japonica* Thunb.；胡桃科有胡桃 *Juglans regia* Linn.；灯心草科有野灯心草 *Juncus setchuensis* Buchen.；水麦冬科有水麦冬 Triglochin palustre L.；唇形科有藿香 *Agastache rugosa*（Fisch.et Meyer）O.Ktze.，紫背金盘 *Ajuga nipponensis* Makino. var. *nipponensis*.，灯笼草 *Clinopodium polycephalum*（Vaniot）C.Y.Wu et Hsuan，ex.Hsu.，火把花 *Colquhounia coccinea* Wall. var. *mollis*（Schlecht.）Prain.，东紫苏 *Elsholtzia bodinieri* Van.，香薷 *Elsholtzia ciliata*（Thunb.）Hyland. var. *ciliata*.，鸡骨柴 *Elsholtzia fruticosa*（D.Don）Rehd.in Sarg. var. *fruticosa*.，野拔子 *Elsholtzia rugulosa* Hemsl.，广防风 *Epimeredi indica*（Linn.）Rothm.，白花夏枯 *Lagopsis supina*（Steph.）Ik.Gal.ex Knorr.，宝盖草 *Lamium amplexicaule* Linn.，益母草 *Leonurus heterophyllus* Sweet.，绣球防风 *Leucas ciliata* Benth.in Wall.，银针七 *Leucas mollissima* Wall. var. mollissima.，蜜蜂花 *Melissa axillaris*（Benth.）Bakh.f.，薄荷 *Mentha haplocalyx* Briq.，留兰香 *Mentha spicata* Linn.，罗勒 *Ocimum basilicum* L. var. *basilicum*.，滇香薷 *Origanum vulgare* Linn.，鸡脚参 *Orthosiphon wulfenioides*（Deils）Hand.-Mazz. var. *wulfenioides*.，紫苏 *Perlla frutescens*（L.）Britton. var. *frutescens*.，牛王肺筋草 *Phlomis umbrosa* Turcz. var. *australis* Hemcl.，夏枯草 *Prunella vulgaris* Linn. var. *vulgaris*.，狭基线纹香茶菜 *Rabdosia lophanthoides*（Hamilt.ex D.Don）Hara. var. *gerardiana*（Benth.）Hara.，黄花香茶菜 *Rabdosia sculponeata*（Vaniot）Hara.，黄花鼠尾 *Salvia flava* Forrest ex Diels. var. *flava*.，荔枝草 *Salvia plebeia* R.Br.，长冠鼠尾 *Salvia plectranthoides* riff.，三叶鼠尾 *Salvia trijuga* Diels.，云南鼠尾 *Salvia yunnanensis* C.H.Wright.，半枝莲 *Scutellaria barbata* D.Don.，退色黄芩 *Scutellaria discolor* Wall.ex Benth.in Wall. var. *discolor*.，屏风草 *Scutellaria orthocalyx* Hand.-Mazz.，破布草 *Stachys kouyangensis*（Vaniot）Dunn. var. *kouyangensis*；木通科有五风藤 *Holboellia latifolia* Wall.；樟科有樟 *Cinnamomum camphora*（Linn.）Presl.，柴桂 *Cinnamomum tamala*（Buch.-Ham.）Nees et Eberm.，新樟 *Neocinnamomum delavayi*（Lec.）Liou.Ho.；浮萍科有紫萍 *Spirodela polyrrhiza*（L.）Schleid.；百合科有穗花粉条儿菜 *Aletris pauciflora*（Klotz.）Franch. var. *khasiana*（Hook. f.）Wang et Tang，羊齿天门冬 *Asparagus filicinus* Buch.-Ham.ex D.Don.，密齿天门冬 *Asparagus meioclados* Levl.，吊兰 *Chlorophytum comosum*（Thunb.）Baker，七筋姑 *Clintonia udensis* Trautv. et Mey.，摺叶萱草 *Hemerocallis plicata* Stapf，细斑滇百合 *Lilium bakerianum* Coll. et Hemsl. var. *yunnanense*（Franch.）Sealy，山麦冬 *Liriope spicata*（Thunb.）Lour.，高大鹿药 *Maianthemum atropupureum*（Franch.）LaFrankie，假百合 *Notholirion bulbuliferum*（Lingelsh.）Stearn，沿阶草 *Ophiopogon bodinieri* Lévl.，间型沿阶草 *Ophiopogon intermedius* D. Don，狭叶重楼 *Paris polyphylla* Smith in Rees var. *stenophylla* Franch.，滇重楼 *Paris polyphylla* Smith in Rees var. *yunnanensis*（Franch.）Hand.-Mazz.，卷叶黄精 *Polygonatum cirrhifolium*（Wall.）Royle，吉祥草 *Reineckia carnea*（Andr.）Kunth，绵枣儿 *Scilla scilloides*（Lindl.）Druce var. *scilloides*，长托菝葜 *Smilax ferox* Wall，土茯苓 *Smilax glabra* Roxb.，无刺菝葜 *Smilax mairei* Levl，狭叶藜芦 *Veratrum stenophyllum* Diels var. *stenophyllum*；亚麻科有石海椒 *Reinwardtia indica* Dumort.；半边莲科有野烟 *Lobelia seguinii* Levl.et Van. var. *seguinii*.，铜锤玉带草 *Pratia nummularia*（Lam.）A.Br.et Aschers.；马钱科有七里香 *Buddleja asiatica* Lour.，密蒙花 *Buddleja officinalis* Maxim.；桑寄生科有红花寄生 *Scurrula parasitica* Linn. var. *parasitica*.；千屈菜科有柳兰 *Chamaenerion angustifolium*（L.）Scop.，柳叶菜 *Epilobium hirsutum* L.，倒挂金钟 *Fuchsia hybrida* Voss.，草龙 *Ludwigia octovalvis*（Jacq.）Raven.；木兰科有西康木兰 *Magnolia wilsonii*（Finet et Gagnep.）Rehd.；锦葵科有黄蜀葵 *Abelmoschus manihot*（Linn.）Medicus. var. *manihot*.，蜀葵 *Althaea rosea*（Linn.）Cavan.，野西瓜苗 *Hibiscus trionum* Linn.，拔毒散 *Sida szechuensis* Matsuda.；野牡丹科有展毛野牡丹 *Melastoma normale* D.Don.；楝科有灰毛浆果

楝 *Cipadessa cinerascens*（Pellgr.）H.-M.，楝 *Melia azedarach* L.，川楝 *Melia toosendan* Sieb.et Zucc.，矮陀陀 *Munronia henryi*.Harms.，香椿 *Toona sinensis*（A.Juss.）Roem. var. sinensis.；防己科有木防己 *Cocculus orbiculatus*（Linn.）DC. var. *orbiculatus*.，地不容 *Stephania epigaea* H.S.Lo.；含羞草科有金合欢 *Acacia farnesiana*（Linn.）Willd.；桑科有楮 *Broussonetia kazinoki* Sieb.；芭蕉科有芭蕉 *Musa basjoo*.Sieb.et Zucc.，野芭蕉 *Musa wilsonii* Tutch.，地涌金莲 *Musella lasiocarpa*（Fr.）C.Y.Wu；杨梅科 Myricaceae 矮杨梅 *Myroca nana* Cheval.；紫金牛科 Myrsinaceae 长叶酸藤子 *Embelia longifolia*（Benth.）Hemsl.，密花树 *Rapanea neriffolia*（Sieb.et Zucc.）Mez in Engl.；紫茉莉科有黄细心 *Boerhavia diffusa* L.，紫茉莉 *Mirabilis jalapa* L.；睡莲科有莲 *Nelumbo nucifera* Gaerta.；木樨科有野迎春 *Jasminum mesnyi* Hance.，多花素馨 *Jasminum polyanthum* Franch.，茉莉花 *Jasminum sambac*（L.）Aiton.，女贞 *Ligustrum lucidum* Aiton.，小蜡 *Ligustrum sinense* Lour. var. *sinense*.，丹桂 *Osmanthus fragrans*（Thunb.）Lour.f.*aurantiacus*（Makino）P.S.Green.，桂花 *Osmanthus fragrans*（Thunb.）Lour.f.*fragrans*.；兰科有小白及 *Bletilla formosana*（Hayata）Schltr，黄花白及 *Bletilla ochracea* Schltr.，杜鹃兰 *Cremastra appendiculata*（D.Don.Makino，火烧兰 *Epipactis helleborine*（L.）Crantz，西南手参 *Gymndenia orchidis* Lindl.，落地金钱 *Habenaria aitchisonii* Rchb.f.，宽药隔玉凤花 *Habenaria limprichtii* Schltr，坡参 *Habrenaria lingrella* Lindl.，叉唇角盘兰 *Herminium lanceum*（Thunb.ex Sw.）Vuijk，香花羊耳蒜 *Liparis odorata*（Wild）Lindl.，短梗山兰 *Oreorchis erthrochrysea* Hand.-Mazz，缘毛鸟足兰 *Saryrium ciliatum* Lindl.，绶草 *Spiranthes sinensis*（Pers.）Ames；酢浆草科有酢浆草 *Oxalis corniculata* L.，山酢浆草 *Oxalis griffithii* Edgew.et Hook.f.；罂粟科有总状绿绒蒿 *Meconopsis horridula* Hook.f.et Thoms. var. *racemosa*（Maxim.）Prain.；蝶形花科有西南杭子梢 *Campylotropis delavayi*（Franch.）Schindl.，大红袍 *Campylotropis hirtella*（Franch.）Schindl.，刀豆 *Canavalia gladiata*（Jacq.）DC.，舞草 *Codariocalyx motorius*（Houtt.）Ohashi，响铃豆 *Crotalaria albida* var. *albida*，假地蓝 *Crotalaria ferruginea* Grah. ex Benth.，假地豆 *Desmodium heterocarpon* var. *heterocarpon*，小叶三点金 *Desmodium microphyllum*（Thunb.）DC.，饿蚂蝗 *Desmodium multiflorum* DC.，小鸡藤 *Dumasia forrestii* Diels，鸡头薯 *Eriosema chinense* Vog.，云南长柄山蚂蝗 *Hylodesmum longipes*（Franch.）H. Ohashi et R. R. Mill，尖叶长柄山蚂蝗 *Hylodesmum oxyphyllum*（DC.）X. F. Gao，百脉根 Lotus *corniculatus* Linn.，菜豆 *Phaseolus vulgaris* Linn.，尼泊尔黄花木 *Piptanthus nepalensis* f. *nepalensis*，苦参 *Sophora flavescens* Ait.，槐 *Sophora japonica* Linn.，美花狸尾豆 *Uraria picta*（Jacq.）Desv. ex DC.，木豆 *Vajanus cajan*（Linn.）Millsp.，蚕豆 *Vicia faba* Linn.，赤小豆 *Vigna umbellata*（Thunb.）Ohwi et Ohashi；西番莲科有西番莲 *Passiflora caerulea* L.；透骨草科有透骨草 *Phryma leptostachya* L.；商陆科有商陆 *Phytolacca acinosa* Roxb.；海桐花科有短萼海桐 *Pittosporum brevicalyx*（Oliv.）Gagnep.；蓝雪科有白花丹 *Plumbago zeylanica* Linn.；九子母科有羊角天麻 *Dobinea delavayi*（Baill.）Baill.；远志科有蓼叶远志 *Polygala persicariaefolia* DC.；蓼科有金荞麦

Fagopyrum dibotrys（D.Don）Hara.，钟花蓼 *Polygonum campanulatum* Hook.f. var. *campanulatum*，头花蓼 *Polygonum capitatum* Buch.-Ham.ex D.Don.，蚕茧草 *Polygonum japonicum* Meisn.，草血竭 *Polygonum paleaceum* Wall.ex Hook.f. var. *paleaceum*.，赤胫散 *Polygonum runcinatum* Buch.-Ham.ex D.Don var. *sinense* Hemsl.，酸模 *Rumex acetosa* L.；雨久花科有水葫芦 *Eichhornia crassipes*（Mart.）Solms，雨久花 *Monochoria vaginalis*（Burm.f.）C.Presl. var. *korsakowii*（Regel et Maack.）C.B.Clarke ex Cherfilis，鸭舌草 *Monochoria vaginalis*（Burm.f.）C.Presl. var. *vaginalis*.；马齿苋科有马齿苋 *Portulaca oleracea* L.，土人参 *Talinum portulacifolium*（Forssk.）Aschers.& Schweinf.；报春花科有小叶星宿菜 *Lysimachia parvifolia* Franch.ex Hemsl.，地黄叶报春 *Primula blattariformis* Franch.，小报春 *Primula forbesii* Franch.，灰岩皱叶报春 *Primula forrestii* Balf.f.，钟花报春 *Primula sikkimensis* Hook.；毛茛科有水棉花 *Anemone hupehensis* Lemoine var. *falba* W.T.Wang，驴蹄草 *Caltha palustris* Linn. var. *palustris*.，升麻 *Cimicifuga foetida* Linn. var. *foetida*，金毛铁线莲 *Clematis chrysocoma* Franch.，滑叶藤 *Clematis fasciculiflora* Franch. var. *fasciculiflora*.，钝萼铁线莲 *Clematis petereae* Hand.-Mazz. var. *peterae*.，西南铁线莲 *Clematis pseudopogonandra* Finet et Gagnep.，毛茛铁线莲 *Clematis ranunculoides* Franch.，云南翠雀花 *Delphinium yunnanense*（Franch.）Franch.，紫牡丹 *Paeonia delavayi* Franch. var. *delavayi*.，黄三七 *Souliea vaginata*（Maxim.）Franch；鼠李科有枣 *Ziziphus jujuba* Mill. var. *jujuba*.；蔷薇科有桃 *Amygdalus persica* L.，梅 *Armeniaca mume* Sibe var. *mume*.；毛叶木瓜 *Chaenomeles cathayensis*（Hemsl.）Schneid.，木瓜 *Chaenomeles sinensis*（Thouin）Koehne.，云南移㭎 *Docynia delavayi*（Franch.）Schneid.，蛇莓 *Duchesnea indica*（Andr.）Ficke，西南委陵菜 *Potentilla fulgens* Wall.ex Hook.，峨眉蔷薇 *Rosa omeiensis* Rolfe.f.*omeiensis*，玫瑰 *Rosa rugosa* Thunb.，矮地榆 *Sanguisorba filiformis*（Hook.f.）Hand.-Mazz.，地榆 *Sanguisorba officinalis* L. var. *officinalis*，马蹄黄 *Spenceria ramalana* Trimen；茜草科有虎刺 *Damnacanthus indicus* Gaertn.f.，猪殃殃 *Galium aparine* Linn. var. tnerum（Gren.et Godr.）Rchb.，拉拉藤 Galium aparine Linn. var. echinospermum（Wallr.）Cuf.，红大戟 *Knoxia valerianoides* Thorel ex Pitard，滇丁香 *Luculia pinciana* Hook.，鸡矢藤 *Paederia scandens*（Loru.）Merr. var. scandens，云南鸡矢藤 *Paederia yunnanensis*（Levl）Rehd.，紫参 *Rubia yunnanensis* Diels；芸香科有松风草 *Boenninghausenia albiflora*（Hook.）Reichenb.，三桠苦 *Euodia lepta*（Spreng.）Merr. var. lepta.，吴茱萸 *Euodia rutaecarpa*（Juss.）Benth.，毛刺花椒 *Zanthoxylum acanthipodium* DC. var. timbor Hook.f.，竹叶椒 *Zanthoxylum armatum* DC.；无患子科有皮哨子 *Sapindus delavayi*（Franch.）Radlk.；三白草科有蕺菜 *Houttuynia cordata* Thunb.；虎耳草科有落新妇 *Astilbe chinensis*（Maxim.）Franch.et Savat.，溪畔落新妇 *Astilbe rivularis* Buch.-Ham.ex D.Don. var. *rivularis*.，突隔梅花草 *Parnassia delavayi* Franch.，冰川茶藨子 *Ribes glaciale* Wall.，西南鬼灯檠 *Rodgersia sambucifolia* Hemsl. var. *sambuciloa*；玄参科有胡麻草 *Centranthera cochinchinensis* var. *cochinchinensis*，松蒿

Phtheirospermum japonicum（Thunb.）Kanitz，细裂叶松蒿 *Phtheirospermum tenuisectum* Bur. et Franch.，水苦荬 *Veronica undulata* Wall.；茄科有颠茄 *Atropa belladonna* Linn.，曼陀罗 *Datura stramonium* Linn.，假酸浆 *Nicandra physaloides*（Linn.）Gaertn.，酸浆 *Physalis alkekengi* Linn. var. *alkekengi*.，澳洲茄 *Salanum aviculare* Forst.，假烟叶树 *Solanum erianthum* D.Don.，刺天茄 *Solanum indicum* Linn. var. *indicum*.，野海茄 *Solanum japonense* Nakai.，喀西茄 *Solanum khasianum* C.B.Clarke in Hook.f.，茄 *Solanum melongena* Linn.，龙葵 *Solanum nigrum* Linn. var. *nigrum*.，旋花茄 *Solanum spirale* Roxb.，阳芋 *Solanum* tuberosum Linn.；旌节花科 Stachyuraceae 西域旌节花 *Stachyurus himalaicus* Hook.f.et Thoms.ex.Benth. var. *himalaicus*.；梧桐科有昂天莲 *Ambroma augusta*（L.）L.f.，梧桐 *Firmiana simplex*（L.）F.W.Wight.；山矾科有华山矾 *Symplocos chinensis* Druce；红豆杉科有云南红豆杉 *Taxus yunnanensis* Cheng et L.K.Fu.；茶科有山茶 *Camellia japonica* L.，滇山茶 *Camellia reticulata* Lindl. f. *reticulata*；瑞香科有唐古特瑞香 *Daphne tangutica* Maxim.，一把香 *Wikstroenmia dolichantha* Diels var. *dolichantha*；田麻科有甜麻 *Corchorus aestuans* L.，长蒴黄麻 *Corchorus* olitorius L.；榆科有羽脉山黄麻 *Trema levigata* Hand.-Mazz.；伞形科有川滇柴胡 *Bupleurum candollei* Wall. var. *candollei*，积雪草 *Centella asiatica*（L.）Urban，天胡荽 *Hydrocotyle sibthorpioides* Lam. var. *sibthorpioides*，归叶藁本 *Ligusticum angelicifolium* Franch.，短片藁本 *Ligusticum brachylobum* Franch.，蕨叶藁本 *Ligusticum pteridophyllum* Franch.，藏香叶芹 *Meeboldia yunnanensis*（Woff）Constance et Pu，杏叶茴芹 *Pimpinella candolleana* Wight et Arn. var. *candolleana*，异叶茴芹 *Pimpinella diversifolia*（Wall. ex）DC. var. *diversifolia*，川滇变豆菜 *Sanicula astrantiifolia* Wolff ex Kretsch.，多毛西风芹 *Seseli delavayi* Franch.，竹叶西风芹 *Seseli mairei* Wolff var. *mairei*，松叶西风芹 *Seseli yunnanense* Franch.；荨麻科有序叶苎麻 *Boehmeria clidemioides* Miq. var. *diffusa*（Wedd.）Hand.-Mazz.，苎麻 *Boehmeria nivea*（L.）Gaud. var. *nivea*，长叶水麻 *Debregeasia longifolia*（Burm. f.）Wedd.，水麻 *Debregeasia orientalis* C. J. Chen，糯米团 *Memorialis hirta*（Bl.）Wedd.，石筋草 *Pilea plataniflora* C. H. Wright；败酱科有马蹄香 *Valeriana jatamansi* Jones.，马鞭草科有紫珠 *Callicarpa bodinieri* Levl. var. *bodinieri*，老鸦胡 *Callicarpa giraldii* Hesse ex Rehd.in Bailey. var. *giraldii*.；堇菜科有双花堇菜 *Viola biflora* L.，灰叶堇菜 *Viola* delavayi Franch.，荁 *Viola moupinensis* var. *moupinensis*；葡萄科有三裂蛇葡萄 *Ampelopsis delavayana* Planch.，蘡薁 *Vitis bryoniaefolia* Bge.，葛葡萄 *Vitis flexuosa* Thunb；姜科有大苞姜 *Caulokaempferia yunnanense*（Gagnep.）R. M. Smith，姜黄 *Curcuma longa* L.，舞花姜 *Globba racemosa* Smith，姜花 *Hedychium coronarium* J. Koenig，姜 *Zingiber officinale* Rosc.，水麦冬 *Triglochin palustre* L.。

③ 园林绿化植物

园林绿化植物资源是指一切适用于园林绿化（从室内花卉装饰到风景名胜区绿化）的植物材料。因此，园林植物就成了广义的花卉——既包括木本花卉，也包括草本花卉；既有观花植物（即狭义的花卉），也有观叶、观果及观树姿等以及适用于园林绿地和风景名胜区的若干保护植物（环境植物）和经济植物。随着人民物质生活水平的提高，对生活环境的要求也越来越高，许多观赏植物的引种与栽培是观赏植物来源多样化的保证。鹤庆的观赏植物极为丰富，据统计共有 63 科 111 属 191 种。如爵床科有红背耳叶马蓝 *Perilepta dyeriana*（Mast.）Bremek.，直立山牵牛 *Thunbergia erecta*（Benth.）T. Anders.；苋科有锦绣苋 *Alternanthera bettzickiana*（Regel）Nichols.，苋 *Amaranthus tricolor* Linn.，青葙 *Celosia argentea* Linn.；石蒜科有龙舌兰 *Agave americana* L.var americana，朱蕉 *Cordyline fruticosa*（L.）A.cheval，丝兰 *Yucca smalliana* Fern，韭莲 *Zephyranthes grandiflora* Lindl.；夹竹桃科有夹竹桃 *Nerium indicum* Mill.；南洋杉科有南洋杉 *Araucaria cunninghamii* Sweet.；凤仙花科有狭花凤仙花 *Impatiens angustiflora* Hook. f.，锐齿凤仙花 *Impatiens arguta* Hook. f. et Thomas.，凤仙花 *Impatiens balsamina* L.，黄麻叶凤仙花 *Impatiens corchorifolia* Franch.，叶底花凤仙花 *Impatiens cornucopia* Franch.，金凤花 *Impatiens cyathiflora* Hook. f.，环萼凤仙花 *Impatiens cyclosepala* Hook. f. ex W. W. Smith，耳叶凤仙花 *Impatiens delavayi* Franch.，束花凤仙花 *Impatiens desmantha* Hook. f.，多角凤仙花 *Impatiens polyceras* Hook. f. ex W. W. Smith，辐射凤仙花 *Impatiens radiata* Hook. f. et Thomas.，红纹凤仙花 *Impatiens rubro-striata* Hook. f.，细花凤仙花 *Impatiens stenantha* Hook. f.，近无距凤仙花 *Impatiens subecalcarata* Y. L. Chen，苏丹凤仙花 *Impatiens wallerana* Hook. f.；秋海棠科有银星秋海棠 *Begonia argenteo*-guttata Lam.，四季海棠 *Begonia cucullata* Willd.，竹节海棠 *Begonia maculata* Raddi.；紫葳科有两头毛 *Incarvillea arguta*（Royle）Royle；美人蕉科有美人蕉 *Canna indica* Linn.；忍冬科有云南双盾木 Dipelta yunnanensis Franch.；卫矛科有扶芳藤 *Euonymus fortunei*（Turcz）Hand.-Mazz.；金粟兰科有珠兰 *Chloranthus spicatus*（Thunb.）Makino.；菊科有藿香菊 *Ageratum conyzoides* L.，金盏花 *Calendula officinalis* L.，菊花 *Dendranthema morifolium*（Ramat）Tzvel.，菊芋 *Helianthus tuberosus* L.，多花百日菊 *Zinnia peruviana*（L.）L.；旋花科有马蹄金 *Dichondra repens* Forst.；山茱萸科有凉生梾木 *Cornus alsophila* W.W.Smith.；景天科有云南红景天 *Rhodiola yunnanensis*（Franch.）S. H. Fu；葫芦科有葫芦 *Lagenaria siceraria*（Molina）Standl. var. *siceraria*；柏科有刺柏 *Juniperus formosana* Hayata，小果垂枝柏 *Sabina recurva*（Buch.-Hamilt.）Ant. var. *coxii*（A.B.Jackson）Cheng et L.K.Fu.；苏铁科有苏铁 *Cycas revoluta* Thunb.；胡颓子科有披针叶胡颓子 *Elaeagnus lanceolata* Ward.ex Diels. var. *lanceolata*；石楠科有美丽马醉木 *Pieris formosa*（Wall.）D.Don. var. *formosa*.，宽钟杜鹃 *Rhododendron beesianum* Diels.，绣红毛杜鹃 *Rhododendron bureavii* Franch.，毛喉杜鹃 *Rhododendron cephalanthum* Franch.，泡泡叶杜鹃 *Rhododendron edgeworthii* Hook.f.，露珠杜鹃 *Rhododendron irroratum* Franch. subsp. *irroratum*.，南方雪层杜鹃 *Rhododendron nivale* Hook.f. subsp. *australe* Philipson & Philipson.，腋花杜鹃 *Rhododendron racemosum* Franch.，红棕杜鹃 *Rhododendron rubiginosum* Franch. var. rubiginosum，永宁杜鹃 *Rhododendron yungningense* Balf.f.，云南杜

鹃 *Rhododendron yunnanense* Franch.；大戟科有火殃勒 *Euphorbia antiquorum* Linn.，一品红 *Euphorbia pulcherrima* Willd. ex Kl.，余甘子 *Phyllanthus emblica* Linn.，乌桕 *Sapium sebiferum*（Linn.）Roxb.；紫堇科有小距紫堇 *Corydalis appendiculata* Hand.-Mazz.，齿冠紫堇 *Corydalis bulleyana* Diels，飞燕黄堇 *Corydalis delphinioides* Fedde，纤细黄堇 *Corydalis gracillima* C. Y. Wu var. gracillima，浪穹紫堇 *Corydalis pachycentra* Franch.，洱源紫堇 *Corydalis stenantha* Franch.，金钩如意草 *Corydalis taliensis* Franch. var. *taliensis*，重三出黄堇 *Corydalis triternatifolia* C. Y. Wu，滇黄堇 *Corydalis yunnanensis* Franch. var. *yunnanensis*；龙胆科有微子龙胆 *Gentiana delavayi* Franch.，帚枝龙胆 *Gentiana intricata* Marq.，四数龙胆 *Gentiana lineolata* Franch.，亚麻状龙胆 *Gentiana linoides* Franch.ex Hemsl.，马耳山龙胆 *Gentiana maeulchanensis* Franch.，菔根龙胆 *Gentiana napulifera* Franch，流苏龙胆 *Gentiana panthaica* Prain.，乳突龙胆 *Gentiana papillosa* Franch.，报春花龙胆 *Gentiana primuliflora* Franch.，翼萼龙胆 *Gentiana pterocalyx* Franch，滇龙胆草 *Gentiana rigescens* Franch.ex Hemsl.；苦苣苔科有凹瓣苣苔 *Ancylostemon aureus*（Franch.）B.L.Burtt.，佛肚苣苔 *Briggsia amabilis*（Diels.）Craib. var. *amabilis*，褶叶石胆草 *Corallodiscus plicatus*（Franch.）B.L.Burtt.，齿叶吊石苣苔 *Lysionotus serratus* D.Don.，橙黄马铃苣苔 *Oreocharis aurantiaca* Franch.；禾本科有芦竹 *Arundo donax* Linn.，孝顺竹 *Bambusa multiplex*（Lour.）Raeuschel. ex J.A. et J. H. Schult. f. *multiplex*，十字马唐 *Digitaria cruciata*（Nees）A.Camus；鸢尾科有雄黄兰 *Crocosmia crocosmiflora*（Nichols.）N.E.Br.，香雪兰 *Freesia refracta* Klatt.，唐菖蒲 *Gladious gandavensis* van Houtte.，虎皮花 *Tigridia pavonia*（L.）Ker-Gawl.；樟科有滇润楠 *Machilus yunnanensis* Lec.；百合科有吊兰 *Chlorophytum comosum*（Thunb.）Baker，摺叶萱草 *Hemerocallis plicata* Stapf，滇百合 *Lilium bakerianum* Coll. et Hemsl. var. *bakerianum*，黄绿滇百合 *Lilium bakerianum* Coll. et Hemsl. var. *delavayi*（Franch.）Wilson，细斑滇百合 *Lilium bakerianum* Coll. et Hemsl. var. *yunnanense*（Franch.）Sealy，宝兴百合 *Lilium duchartrei* Franch.，尖被百合 *Lilium lophophorum*（Bur. et Franch.）Franch. var. *lophophorum*，沿阶草 *Ophiopogon bodinieri* Lévl.，间型沿阶草 *Ophiopogon intermedius* D. Don，卷叶黄精 *Polygonatum cirrhifolium*（Wall.）Royle，吉祥草 *Reineckia carnea*（Andr.）Kunth；半边莲科有铜锤玉带草 *Pratia nummularia*（Lam.）A.Br.et Aschers.；千屈菜科有紫薇 *Lagerstroemia indica* Linn.，大叶紫薇 *Lagerstroemia reginae* Roxb.；锦葵科有黄蜀葵 *Abelmoschus manihot*（Linn.）Medicus. var. *manihot*.，蜀葵 *Althaea rosea*（Linn.）Cavan.，美丽芙蓉 *Hibiscus indicus*（Bur.f.）Hochr.；野牡丹科有海棠叶地胆 *Sonerila plagiocardia* Diels.；含羞草科有毛叶合欢 *Albizia mollis*（Wall.）Boiv.；芭蕉科有地涌金莲 *Musella lasiocarpa*（Fr.）C.Y.Wu；紫茉莉科有叶子花 *Bougainvillea spectabilis* Willd.；睡莲科有莲 *Nelumbo nucifera* Gaerta.；木樨科有野迎春 *Jasminum mesnyi* Hance.，桂花 *Osmanthus fragrans*（Thunb.）Lour. f. *fragrans*.；兰科有杜鹃兰 *Cremastra appendiculata*（D.Don.）Makino；酢浆草科有山酢浆草 *Oxalis griffithii* Edgew.et Hook.f.；

棕榈科有棕榈 *Trachycarpus fortunei*（Hook.）H.Wendl.；罂粟科有藿香叶绿绒蒿 *Meconopsis betonicifolia* Fr.，长果绿绒蒿 *Meconopsis delavayi*（Fr.）Fr.ex Prain.，总状绿绒蒿 *Meconopsis horridula* Hook.f.et Thoms. var. *racemosa*（Maxim.）Prain.，长叶绿绒蒿 *Meconopsis lancifolia*（Franch.）Franch.；蝶形花科有舞草 *Codariocalyx motorius*（Houtt.）Ohashi，尼泊尔黄花木 *Piptanthus nepalensis* f. *nepalensis*，刺槐 *Robinia pseudoacacia* Linn.，白刺花 *Sophora davidii* var. *davidii*，灰毛豆 *Tephrosia purpurea* var. *purpurea*；松科有急尖长苞冷杉 *Abies georgei* Orr. var. *smithii*（Viguie et Gaussen）Cheng et L.K.Fu.，雪松 *Cedrus deodara*（Roxb.）G.Don.；悬铃木科有二球悬铃木 *Platanus acerifolia*（Ait.）Willd.，悬铃木 *Platanus orientalis* L.；蓼科有头花蓼 *Polygonum capitatum* Buch.-Ham.ex D.Don.；马齿苋科有大花马齿苋 *Portulaca grandiflora* Hook.；报春花科有地黄叶报春 *Primula blattariformis* Franch.，皱叶报春 *Primula bullata* Franch.，垂花穗状报春 *Primula cernua* Franch.，垂花报春 *Primula flaccida* Balak，小报春 *Primula forbesii* Franch.，灰岩皱叶报春 *Primula forrestii* Balf.f.，葵叶报春 *Primula malvacea* Franch.，鄂报春 *Primula obconica* Hance ssp. *obconica*，海仙花 *Primula poissonii* Franch.，丽花报春 *Primula pulchella* Franch.，七指报春 *Primula septemloba* Franch.，钟花报春 *Primula sikkimensis* Hook.，铁梗报春 *Primula sinolisteri* Balf.f. var. *sinolisteri*，紫花雪山报春 *Primula sinopurpurea* Balf.f.，苣叶报春 *Primula sonchifolia* Franch. ssp. *sonchifolia*，高穗花报春 *Primula vialii* Delavay ex Franch.，云南报春 *Primula yunnanensis* Franch.；毛茛科有绣球藤 *Clematis montana* Buch.-Ham.ex DC. var. *montana*.，云南翠雀花 *Delphinium yunnanense*（Franch.）Franch.，紫牡丹 *Paeonia delavayi* Franch. var. *delavayi*.，宽萼偏翅唐松草 *Thalictrum delavayi* Franch. var. *decorum* Franch.；蔷薇科有桃 *Amygdalus persica* L.，梅 *Armeniaca mume* Sibe var. *mume*.，杏 *Armeniaca vulgaris* Lam.，红花高盆樱桃 *Cerasus cerasoides*（D.Don）Sok. var. *rubea*（C.Ingram）Yu et Li.，樱桃 *Cerasus pseudocerasus*（Lindl.）G.Don.，细齿樱桃 *Cerasus serrula*（Franch.）Yu et Li.，木瓜 *Chaenomeles sinensis*（Thouin）Koehne.，云南移木衣 *Docynia delavayi*（Franch.）Schneid.，石楠 *Photinia serratifolia*（Desf.）Kalkm.，月季花 *Rosa chinensis* Jacq. var. *chinensis*.，毛叶蔷薇 *Rosa mairei*.Levl.，香水月季 *Rosa odorata*（Andr.）Sweet var. *odorata*.，峨眉蔷薇 *Rosa omeiensis* Rolfe. f. *omeiensis*，玫瑰 *Rosa rugosa* Thunb.；茜草科有虎刺 *Damnacanthus indicus* Gaertn.f.；虎耳草科有肾叶金腰 *Chrysosplenium griiffithii* Hook.f.et Thoms. var. *griffithii*.；玄参科有滇川山罗花 *Melampyrum klebelsbergianum* So'o；茄科有夜香树 *Cestrum nocturnum* Linn.，曼陀罗 *Datura stramonium* Linn.，碧冬茄 *Petunia hybrida* Vilm.；梧桐科有苹婆 *Sterculia nobilis* Smith；红豆杉科有云南红豆杉 *Taxus yunnanensis* Cheng et L.K.Fu.；茶科有山茶 *Camellia japonica* L.，滇山茶 *Camellia reticulata* Lindl. f. *reticulata*，茶梅 *Camellia sasanqua* Thunb.；金莲花科有旱金莲 *Tropaeolum majus* L.；越桔科有苍山越桔 *Vaccinium delavayi* Franch.；堇菜科有香堇菜 *Viola odorata* L.，三色堇 *Viola tricolor* L.；葡萄科有三裂蛇葡萄 *Ampelopsis delavayana* Planch.；姜科有舞花姜 *Globba racemosa* Smith，

姜花 *Hedychium coronarium* J. Koenig，早花象牙参 *Roscoea cautleoides* Gagnep.。

④ 食用植物资源

食用植物资源包括直接被人食用和间接被人食用两大类。野生食用植物以其丰富的营养、独特的口味、一定的医疗保健作用而受到现代人的青睐。适时而有效地开发利用野生食用植物资源，生产具有丰富营养及一定保健作用的绿色食品，对提高人民生活水平，满足国内外市场需求，发展当地经济均具有一定的意义。鹤庆野生食用植物资源种类繁多、储量丰富，且分布极广，共计有 56 科 109 属 145 种。如泽泻科有慈姑 *Sagittaria trifolia* L. var. *edulis*（Sieb.ex Miq.）Ohwi.；苋科有苋 *Amaranthus tricolor* Linn.，青葙 *Celosia argentea* Linn.；石蒜科有洋葱 *Allium cepa* L.，葱 *Allium fistulosum* L.，宽叶韭 *Allium hookeri* Thwaites，蒜 *Allium sativum* L.，韭菜 *Allium tuberosum* Roettler ex Sprengel，假韭 *Nothoscordum gracile*（Aiton）Stearn；漆树科 Anacardiaceae 有盐肤木 *Rhus chinensis* Mill. var. *chinensis*.；天南星科有海芋 *Alocasia macrorrhiza*（L.）Schott.，磨芋 *Amorphophallus rivieri* Durieu.，芋 *Colocasia esculenta*（L.）Schott.；落葵科有落葵 *Basella alba* L.；紫草科有厚壳树 *Ehretia acuminata* R.Br. var. *obovata*（Lindl.）Johnst.，滇厚朴 *Ehretia corylifolia* C.Y.Wright.；苏木科有酸豆 *Tamarindus indica* L.；藜科有千针苋 *Acroglochin persicarioides*（Poir.）Moq.，甜菜 *Beta vulgaris* L.，藜 *Chenopodium album* L.；菊科有鬼针草 *Bidens pilosa* L.var. *pilosa*，白花鬼针草 Bidens *pilosa* L.var. *radiata* Sch.-Bip，南茼蒿 *Chrysanthemum segetum* L.，菊花 *Dendranthema morifolium*（Ramat）Tzvel.，辣子草 *Galinsoga parviflora* Cav，向日葵 *Helianthus annuus* L.，菊芋 *Helianthus tuberosus* L.，莴苣 *Lactuca sativa* L.，斑鸠菊 *Vernonia esculenta* Hemsl.；旋花科有番薯 *Ipomoea batatas*（L.）Lam.，山土瓜 *Merremia hungalensis*（Lingelsh.et Borza）R.C.Fang，comb.nov. var. *hungaiensis*，牵牛 *Pharbitis nil*（L.）Choisy.；山茱萸科有头状四照花 *Dendrobenthamia capitata*（Wall.）Hutch.；榛科有藏刺榛 *Corylus thibetica* Batal.，滇榛 *Corylus yunnanensis*（Franch.）A.Camus.；十字花科有芥蓝 *Brassica alboglabra* Bailey.，芸苔 *Brassica campestris* L. var. *campestris*.，紫菜苔 *Brassica campestris* L. var. *purpuraria* Bailey.，擘蓝 *Brassica caulorapa* Pasq.，小白菜 *Brassica chinensis* L. var. *chinensis*.，苦菜 *Brassica integrifolia*（West）O.E.Schulz ex Urb.，芥菜 *Brassica juncea*（L.）Czern.et Coss.ex Czern. var. *juncea*.，大头菜 *Brassica juncea*（L.）Czern.et Coss.ex Czern. var. *megarrhiza* Tsen et Lee.，洋花菜 *Brassica oleraca* var. *botrytis* L.，莲白菜 *Brassica oleraca* var. *capitata* L.，箭干白 *Brassica parachinensis* Bailey.，白菜 *Brassica pekinensis*（Lour.）Rupr.，芜菁 *Brassica rapa* L.，荠 *Capsella* bursa-*pastoris*（L.）Medic.，大叶碎米荠 *Cardamine macrophylla* Willd. var. *macrophylla*.，萝卜 *Raphanus sativus* L. var. *staivus*.；葫芦科有冬瓜 *Benincasa cerifera* Savi.，西瓜 *Citrullus lanatus*（Thunb.）Matsum.et Nakai.，黄瓜 *Cucumis sativus* L. var. *sativus*，笋瓜 *Cucurbita maxima* Duch.ex Lam. var. *maxima*，南瓜 *Cucurbita moschata*（Duch.ex Lam.）Duch.ex *Poiret*，搅丝瓜 *Cucurbita pepo* Linn. var. *fibropulposa* Makino.，西葫芦 *Cucurbita pepo* Linn. var. *pepo*.，绞股蓝

Gynostemma pentaphyllum（Thunb.）Makino. var. *pentaphyllum*，瓠子 *Lagenaria siceraria*（Molina）Standl. var. hispida（Thunb.）Hara.，丝瓜 *Luffa cylindrica*（Linn.）Roem. var. cylindrica，苦瓜 *Monordica charantia* Linn.，佛手瓜 *Sechium edule*（Jacq.）Swartz；苏铁科有苏铁 *Cycas revoluta* Thunb.；莎草科有荸荠 *Eleocharis dulcis*（Burm.f.）Trin. ex Henschel；薯蓣科有参薯 Dioscorea *alata* Linn.，黏山药 *Dioscorea hemsleyi* Prain et Burkill.；柿树科有柿 *Diospyros kaki* Thunb. var. *kaki*.，君迁子 *Diospyros lotus* Linn. var. *lotus*.；大戟科有余甘子 *Phyllanthus emblica* Linn.；壳斗科有板栗 *Castanea mollissima* Blume.，高山栲 *Castanopsis delavayi* Fr.，元江栲 *Castanopsis orthacantha* Franch.，滇青冈 *Cyclobalanopsis glaucoides* Schottky.，滇石栎 *Lithocarpus dealbatus*（Hook.f.et Thoms.）Rehd.，栓皮栎 *Quercus variabilis* Blume.；禾本科有薏苡 *Coix lachryma-jobi* Linn.，狗牙根 *Cynodon dactylon*（Linn.）Pers var. *dactylon*，光头稗 *Echinochloa colonum*（Linn.）Link，蜀黍 *Sorghum bicolor*（Linn.）Moench，普通小麦 *Triticum aestivum* Linn.，玉蜀黍 *Zea mays* Linn.，菰 *Zizania latfolia*（Griseb.）Stapf；茶藨子科有大刺茶藨子 *Ribes alpestre* Wall.ex Decne.；藤黄科有大叶藤黄 *Garcinia xanthochymus* Hook.f.ex Anders.；水鳖科有苦草 *Vallisneria natans*（Lour.）Hara.；鸢尾科有番红花 *Crocus sativus* L.；胡桃科有胡桃 *Juglans regia* Linn.；唇形科有薄荷 *Mentha haplocalyx* Briq.；木通科有猫儿屎 *Decaisnea fargesii* Franch.；樟科有山鸡椒 *Litsea cubeba*（Lour.）Pers.；浮萍科有芜萍 *Lemna arrhiza*（L.）Hockel ex Wimmer.；百合科有大理百合 *Lilium taliense* Franch.，土茯苓 *Smilax glabra* Roxb.；野牡丹科有展毛野牡丹 *Melastoma normale* D.Don.；桑科有地果 *Ficus tikoua* Bur.；杨梅科有矮杨梅 *Myroca nana* Cheval.；紫金牛科有长叶酸藤子 *Embelia longifolia*（Benth.）Hemsl.；睡莲科有莲 *Nelumbo nucifera* Gaerta.；木樨科有茉莉花 *Jasminum sambac*（L.）Aiton.，小蜡 *Ligustrum sinense* Lour. var. *sinense*.；兰科有绶草 *Spiranthes sinensis*（Pers.）Ames；棕榈科有棕榈 *Trachycarpus fortunei*（Hook.）H.Wendl.；蝶形花科有落花生 *Arachis hypogaea* Linn.，大豆 *Glycine max*（Linn.）Merr.，木豆 *Vajanus cajan*（Linn.）Millsp.，绿豆 *Vigna radiata*（Linn.）Wilczek，赤小豆 *Vigna umbellata*（Thunb.）Ohwi et Ohashi，豇豆 *Vigna unguiculata* subsp. *Unguiculata*；西番莲科有西番莲 *Passiflora caerulea* L.；胡麻科有胡麻 *Sesamum orientale* Linn.；商陆科有商陆 *Phytolacca acinosa* Roxb.；马齿苋科有马齿苋 *Portulaca oleracea* L.，土人参 *Talinum portulacifolium*（Forssk.）Aschers.& Schweinf.；鼠李科有枣 *Ziziphus jujuba* Mill. var. *jujuba*.；蔷薇科有桃 *Amygdalus persica* L.，梅 *Armeniaca mume* Sibe var. *mume*.，杏 *Armeniaca vulgaris* Lam.，高盆樱桃 *Cerasus cerasoides*（D.Don）Sok. var. *cerasoides*，樱桃 *Cerasus pseudocerasus*（Lindl.）G.Don.，木瓜 *Chaenomeles sinensis*（Thouin）Koehne.，云南移栨 *Docynia delavayi*（Franch.）Schneid.，枇杷 *Eriobotrya japonica*（Thunb.）Lindl.，草莓 *Fragaria ananassa* Duch.，苹果 *Malus pumila* Mill.，李 *Prunus salicina* Lindl. var. *salicina*，西洋梨 *Pyrus communis* L.，月季花 *Rosa chinensis* Jacq. var. *chinensis*.，香水月季 *Rosa odorata*（Andr.）Sweet var. *odorata*.，峨眉蔷薇 *Rosa omeiensis* Rolfe.f.*omeiensis*，地

榆 *Sanguisorba officinalis* L. var. *officinalis*；芸香科有来檬 *Citrus aurantifolia*（Christm.）Swingle.；三白草科有蕺菜 *Houttuynia cordata* Thunb.；茄科有枸杞 *Lycium chinense* Mill.，番茄 *Lycopersicon esculentum* Mill.，假烟叶树 *Solanum erianthum* D.Don.，龙葵 *Solanum nigrum* Linn. var. *nigrum*.，阳芋 *Solanum tuberosum* Linn.；伞形科有水芹 *Oenanthe javanica*（Bl.）DC.；荨麻科有长叶水麻 *Debregeasia longifolia*（Burm. f.）Wedd.；葡萄科有蘡薁 *Vitis bryoniaefolia* Bge.，毛葡萄 *Vitis heyneana* Roem.；姜科有姜花 *Hedychium coronarium* J. Koenig，姜 *Zingiber officinale* Rosc.。

⑤ 鞣质与染料植物

鞣料植物是一类含单宁的植物，以单宁提取的栲胶是皮革工业的重要原料，此外，在印染、墨水、医药、石油钻探、化工、硬水处理等方面也有广泛的用途，但只有单宁含量在 7%以上，且纯度超过 50%的才有开发利用价值。鹤庆的鞣质与染料资源共计有 23 科 33 属 41 种。如漆树科有盐肤木 *Rhus chinensis* Mill.，野漆 *Toxicodendron succedaneum*（L.）O.Kuntze；五加科有常春藤 *Hedera nepalensis* K.Koch. var. *sinensis*（Tobl.）Rehd.；苏木科有铁刀木 *Cassia siamea* Lam.；忍冬科有云南双盾木 *Dipelta yunnanensis* Franch.，水红木 *Viburnum cylindricum* Buch.Ham.ex D.Don.；山茱萸科有长圆叶梾木 *Cornus oblonga* Wall.；榛科有藏刺榛 *Corylus thibetica* Batal.，滇榛 *Corylus yunnanensis*（Franch.）A.Camus.；十字花科有菘蓝 *Isatis indigotica* Fort.；薯蓣科有薯莨 *Dioscorea cirrhosa* Lour.；柿树科有柿 *Diospyros kaki* Thunb. var. *kaki*.，野柿 *Diospyros kaki* Thunb. var. *sylvestris* Makino.，君迁子 *Diospyros lotus* Linn. var. *lotus*.；石楠科有金叶子 *Craibiodendron yunnanense* W.W.Smith.；大戟科有叶底珠 *Flueggea suffruticosa*（Pall.）Baill.，乌桕 *Sapium sebiferum*（Linn.）Roxb.；壳斗科有板栗 *Castanea mollissima* Blume.，高山栲 *Castanopsis delavayi* Fr.，元江栲 *Castanopsis orthacantha* Franch.，滇青冈 *Cyclobalanopsis glaucoides* Schottky.，滇石栎 *Lithocarpus dealbatus*（Hook.f.et Thoms.）Rehd.，麻栎 *Quercus acutissima* Carr.，栓皮栎 *Quercus variabilis* Blume.；禾本科有圆果雀稗 *Paspalum orbiculare* Forst.f.；马钱科有密蒙花 *Buddleja officinalis* Maxim.；千屈菜科有柳兰 *Chamaenerion angustifolium*（L.）Scop.；楝科有楝 *Melia azedarach* L.，川楝 *Melia toosendan* Sieb.et Zucc.；含羞草科有金合欢 *Acacia farnesiana*（Linn.）Willd.，毛叶合欢 *Albizia mollis*（Wall.）Boiv.；芭蕉科有阿加蕉 *Musa acuminata* Colla.，伦阿蕉 *Musa balbisiana* Colla.，野芭蕉 *Musa wilsonii* Tutch.；紫金牛科有密花树 *Rapanea neriffolia*（Sieb.et Zucc.）Mez；松科有苍山冷杉 *Abies delavayi* Franch.，云南铁杉 *Tsuga dumosa*（D.Don）Eichler；蔷薇科有西南委陵菜 *Potentilla fulgens* Wall.ex Hook.，峨眉蔷薇 *Rosa omeiensis* Rolfe. f. *omeiensis*；虎耳草科有落新妇 *Astilbe chinensis*（Maxim.）Franch.et Savat.；姜科有姜黄 *Curcuma longa* L.。

⑥ 油料植物资源

油料植物资源是指体内（果实、种子或茎叶）含油脂 8%（或现有条件下出油效率达 80%以上）的植物。随着社会进步和生产活动的增加，人类对能源的依存度日益增强，能源紧缺的问题在近几十年来日趋明显，尤其是作为主要能源的煤、石油、天然气等化石燃料日益减少。因此，寻找资源丰富，环境友好可再生的新能源成为必然。而油料植物是一类可再生的生物质能源，尽管现在的开发利用尚不广泛，由于其突出的利用优势已受到了能源开发和利用部门的相当重视，必将成为解决未来能源问题的重要替代性资源。据统计鹤庆的油料植物资源共计有 33 科 57 属 71 种。如漆树科有黄连木 *Pistacia chinensis* Bunge.，盐肤木 *Rhus chinensis* Mill.，小漆树 *Toxicodendron delavayi*（Franch.）F.A.Barkley.，野漆 *Toxicodendron succedaneum*（L.）O.Kuntz.；夹竹桃科有夹竹桃 *Nerium indicum* Mill.；木棉科有木棉 *Bombax malabaricum* DC.；苏木科有云实 *Caesalpinia decapetala*（Roth.）Alst.，酸豆 *Tamarindus indica* L.；大麻科有大麻 *Cannabis sativa* L.；忍冬科有水红木 *Viburnum cylindricum* Buch.Ham.ex D.Don.，珍珠荚蒾 *Viburnum foetidum* Wall. var. *ceanothoides*（C.H.Wright）Hand.-Mazz.；石竹科有狗筋蔓 *Cucubalus baccifer* L.；三尖杉科有高山三尖杉 *Cephalotaxus fortunei* Hook.f. var. *alpina* Li.，三尖杉 *Cephalotaxus fortunei* Hook.f. var. *fortunei*.；菊科有牛蒡 *Arictium lappa* L.，向日葵 *Helianthus annuus* L.；山茱萸科有中华青荚叶 *Helwingia chinensis* Batal.；十字花科有芸苔 *Brassica campestris* L. var. *campestris*.，小白菜 *Brassica chinensis* L. var. *chinensis*.，油白菜 *Brassica chinensis* L. var. *oleifera* Makino.，油芥菜 *Brassica juncea*（L.）Czern.et Coss Czern. var. *oleifera* Makino.，欧洲油菜 *Brassica napus* L.，荠 *Capsella bursa-pastoris*（L.）Medic.，菘蓝 *Isatis indigotica* Fort.，萝卜 *Raphanus sativus* L. var. *staivus*.；葫芦科有西瓜 *Citrullus lanatus*（Thunb.）Matsum.et Nakai.，笋瓜 *Cucurbita maxima* Duch.ex Lam. var. *maxima*，西葫芦 *Cucurbita pepo* Linn. var. *pepo*.；大戟科有麻风树 *Jatropha curcas* Linn.，蓖麻 *Ricinus communis* Linn.，乌桕 *Sapium sebiferum*（Linn.）Roxb.；领春木科有领春木 *Euptelea pleiospermum* Hook. f. et Thoms.；壳斗科有高山栲 *Castanopsis delavayi* Fr.，元江栲 *Castanopsis orthacantha* Franch.，滇石栎 *Lithocarpus dealbatus*（Hook.f.et Thoms.）Rehd.；禾本科有薏苡 *Coix lachryma-jobi* Linn.，狗牙根 *Cynodon dactylon*（Linn.）Pers var. *dactylon*，玉蜀黍 *Zea mays* Linn.；藤黄科有大叶藤黄 *Garcinia xanthochymus* Hook.f.ex Anders.；胡桃科有胡桃 *Juglans regia* Linn.；唇形科有藿香 *Agastache rugosa*（Fisch.et Meyer）O.Ktze.，紫苏 *Perlla frutescens*（L.）Britton. var. *frutescens*.；木通科有猫儿屎 *Decaisnea fargesii* Franch.；樟科有毛果黄肉楠 *Actinodaphne trichocarpa* Allen.，樟 *Cinnamomum camphora*（Linn.）Presl.，黄脉钓药 *Lindera flavinervia* Allen.，团香果 *Lindera latifolia* Hook.f.，三股筋香 *Lindera thomsonii* Allen. var. *thomsonii*.，山鸡椒 *Litsea cubeba*（Lour.）Pers.，新樟 *Neocinnamomum delavayi*（Lec.）Liou.Ho.；亚麻科有亚麻 *Linum usitatissimum* L.；楝科有灰毛浆果楝 *Cipadessa cinerascens*（Pellgr.）H.-M.，香椿 *Toona sinensis*（A. Juss.）Roem. var. *sinensis*.，鹧鸪花 *Trichilia connaroides*（W.et A.）Bentvelzen. f *connaroides* f. glabra Bentvelzen.；木樨科有小蜡 *Ligustrum sinense* Lour. var. *sinense*.，云南木樨榄 *Olea yunnanensis* Hand.-Mazz. var. *yunnanensis*.，丹桂 *Osmanthus fragrans*（Thunb.）Lour. f. *aurantiacus*（Makino）P.S.Green.，

桂花 *Osmanthus fragrans*（Thunb.）Lour. f. *fragrans*.；蝶形花科有落花生 *Arachis hypogaea* Linn.，西南杭子梢 *Campylotropis delavayi*（Franch.）Schindl.，大豆 *Glycine max*（Linn.）Merr.；松科有雪松 *Cedrus deodara*（Roxb.）G.Don.；芸香科有来檬 *Citrus aurantifolia*（Christm.）Swingle.；无患子科有皮哨子 *Sapindus delavayi*（Franch.）Radlk.；梧桐科有云南梧桐 *Firmiana major*（W.W.Smith）Hand-Mazz.，梧桐 *Firmiana simplex*（L.）F.W.Wight.；山矾科有华山矾 *Symplocos chinensis* Druce，黄牛奶树 *Symplocos laurina* Wall.；茶科有滇山茶 *Camellia reticulata* Lindl. f. *reticulata*；败酱科有马蹄香 *Valeriana jatamansi* Jones.；葡萄科有葛葡萄 *Vitis flexuosa* Thunb。

⑦ 香料植物

香料资源是指用于各类食品加香调味或饮料调配的植物性原料，是植物的某个部位或全部。从香料植物中提取的精油、抗氧化剂等产品广泛用于食品、饮料、化妆、卷烟、牙膏、医药、肉类制品等许多行业上。据统计鹤庆的香料资源共计有 15 科 27 属 37 种。如马兜铃科有单叶细辛 *Asarum himalaicum* Hook. f. et Thoms，ex Klotzsch.；金粟兰科有珠兰 *Chloranthus spicatus*（Thunb.）Makino.；菊科有藿香菊 *Ageratum conyzoides* L.，珠光香青 *Anaphalis margaritacea*（L.）Benth.var *margaritacea*，云木香 *Aucklandia costus* Falc，小白酒草 *Conyza canadensis*（L.）Cronq.，六棱菊 *Laggera alata*（D.Don）Sch.-Bip.ex Oliv，臭灵丹 *Laggera pterodonta*（DC）Benth.-Bip.ex Oliv；山茱萸科有长圆叶梾木 *Cornus oblonga* Wall.；石楠科有地檀香 *Gaultheria forrestii* Diels. var. *forrestii*.，滇白珠 *Gaultheria leucocarpa* Bl. var. *crenulata*（Kurz）T.Z.Hsu.；鸢尾科有香雪兰 *Freesia refracta* Klatt.，德国鸢尾 *Iris germanica* L.，香根鸢尾 *Iris pallida* Lam.；唇形科有藿香 *Agastache rugosa*（Fisch.et Meyer）O.Ktze.，东紫苏 *Elsholtzia bodinieri* Van.，野拔子 *Elsholtzia rugulosa* Hemsl.，蜜蜂花 *Melissa axillaris*（Benth.）Bakh.f.，薄荷 *Mentha haplocalyx* Briq.，留兰香 *Mentha spicata* Linn.，罗勒 *Ocimum basilicum* L. var. *basilicum*.，滇香薷 *Origanum vulgare* Linn.；樟科有山鸡椒 *Litsea* cubeba（Lour.）Pers；楝科有楝 *Melia azedarach* L.，川楝 *Melia toosendan* Sieb.et Zucc.，香椿 *Toona sinensis*（A.Juss.）Roem. var. *sinensis*.；桃金娘科有赤桉 *Eucalyptus camaldulensis* Dehnh.；木樨科有多花素馨 *Jasminum polyanthum* Franch.，茉莉花 *Jasminum sambac*（L.）Aiton.，丹桂 *Osmanthus fragrans*（Thunb.）Lour.f.*aurantiacus*（Makino）P.S.Green.，桂花 *Osmanthus fragrans*（Thunb.）Lour.f.*fragrans*.；松科有云南铁杉 *Tsuga dumosa*（D.Don）Eichler；蔷薇科有月季花 *Rosa* chinensis Jacq. var. *chinensis*.，香水月季 *Rosa odorata*（Andr.）Sweet var. *odorata*.，玫瑰 *Rosa rugosa* Thunb.；芸香科有来檬 *Citrus aurantifolia*（Christm.）Swingle.；姜科有姜 *Zingiber officinale* Rosc.。

⑧ 蜜源植物

凡是可为蜜蜂等昆虫提供食料来源（花蜜或花粉）的植物统称为蜜源植物。据统计鹤庆的蜜源植物共计有 3 科 4 属 4 种。如唇形科有野拔子 *Elsholtzia rugulosa* Hemsl.；含羞草科有毛叶合欢 *Albizia mollis*（Wall.）Boiv.；蝶形花科有刺槐 *Robinia pseudoacacia* Linn.，

槐 *Sophora japonica* Linn.。

⑨ 纤维植物

纤维植物是指体内含有大量纤维组织的一群植物，广泛用于纺织品、造纸、编织及化工原料等。鹤庆共计有纤维资源 31 科 61 属 71 种。如石蒜科有龙舌兰 *Agave americana* L.，丝兰 *Yucca smalliana* Fern；漆树科有清香木 *Pistacia weinmannifolia* J. Poisson ex Franch.；夹竹桃科有夹竹桃 *Nerium indicum* Mill.；萝摩科有通光散 *Marsdenia tenacissima*（Roxb.）Wight et Arn.；木棉科有木棉 *Bombax malabaricum* DC.；紫草科有厚壳树 *Ehretia acuminata* R.Br. var. *obovata*（Lindl.）Johnst.，滇厚朴 *Ehretia corylifolia* C.Y.Wright.；苏木科有鞍叶羊蹄甲 *Bauhinia brachycarpa* Wall. var. brachycarpa，决明 *Cassia tora* L.；大麻科有大麻 *Cannabis sativa* L.；卫矛科有苦皮藤 *Celastrus angulatus* Maxim.；菊科有向日葵 *Helianthus annuus* L.，菊芋 *Helianthus tuberosus* L.；葫芦科有丝瓜 *Luffa cylindrica*（Linn.）Roem. var. *cylindrica*；大戟科有叶底珠 *Flueggea suffruticosa*（Pall.）Baill.；壳斗科有高山栲 *Castanopsis delavayi* Fr.，滇青冈 *Cyclobalanopsis glaucoides* Schottky.，滇石栎 *Lithocarpus dealbatus*（Hook.f.et Thoms.）Rehd.；禾本科有芦竹 *Arundo donax* Linn.，薏苡 *Coix lachryma-jobi* Linn.，黄茅 *Heteropogon contortus*（Linn.）Beauv. ex Roem. et Schult.，类芦 *Neyraudia reynaudiana*（Kunth）Keng ex Hitchc.，大芦苇 *Phragmites karka*（Retz.）Trin. ex Steud.，美竹 *Phyllostachy mannii* Gamble，狗尾草 *Setaria viridis*（Linn.）Beauv.，蜀黍 *Sorghum bicolor*（Linn.）Moench，苞子菅 *Themeda caudata*（Nees）A.Camus，普通小麦 *Triticum aestivum* Linn.，玉蜀黍 *Zea mays* Linn.，菰 *Zizania latfolia*（Griseb.）Stapf；木通科有五风藤 *Holboellia latifolia* Wall.；亚麻科有亚麻 *Linum usitatissimum* L.；马钱科有密蒙花 *Buddleja officinalis* Maxim.；锦葵科有陆地棉 *Gossypium hirsutum* Linn.，美丽芙蓉 *Hibiscus indicus*（Bur.f.）Hochr.，拔毒散 *Sida szechuensis* Matsuda.；楝科有楝 *Melia azedarach* L.，川楝 *Melia toosendan* Sieb.et Zucc.，香椿 *Toona sinensis*（A.Juss.）Roem. var. *sinensis*.；含羞草科有毛叶合欢 *Albizia mollis*（Wall.）Boiv.；桑科有楮 *Broussonetia kazinoki* Sieb.；芭蕉科有芭蕉 *Musa basjoo*.Sieb.et Zucc.；木樨科有小蜡 *Ligustrum sinense* Lour. var. *sinense*.；蝶形花科有刺槐 *Robinia pseudoacacia* Linn.，苦参 *Sophora flavescens* Ait.，槐 *Sophora japonica* Linn.；胡麻科有胡麻 *Sesamum orientale* Linn.；梧桐科有昂天莲 *Ambroma augusta*（L.）L.f.，刺果藤 *Byttneria aspera* Colebr.in Roxb.，云南梧桐 *Firmiana major*（W.W.Smith）Hand-Mazz.，梧桐 *Firmiana simplex*（L.）F.W.Wight.，马松子 *Melochia corchorifolia* L.；瑞香科有短管瑞香 *Daphne brevituba* H. F. Zhou ex C. Y. Chang，白瑞香 *Daphne papyracea* Wall. ex Steud.，唐古特瑞香 *Daphne tangutica* Maxim.，滇结香 *Edgeworthia gardneri*（Wall.）Meissn，一把香 *Wikstroenmia dolichantha* Diels var. *dolichantha*；田麻科有甜麻 *Corchorus aestuans* L.，黄麻 *Corchorus capsularis* L.，长蒴黄麻 *Corchorus olitorius* L.，刺蒴麻 *Triumfetta rhomboidea* Jacq.；榆科有羽脉山黄麻 *Trema levigata* Hand.-Mazz.；荨麻科有苎麻 *Boehmeria nivea*（L.）Gaud. var. nivea，长叶水麻 *Debregeasia longifolia*（Burm. f.）Wedd.，

水麻 *Debregeasia orientalis* C. J. Chen，棱果蝎子草 *Girardina suborbiculata* C. J. Chen，珠芽艾麻 *Laportea bulbifera*（Sieb. et Zucc.）Wedd.，糯米团 *Memorialis hirta*（Bl.）Wedd.，红雾水葛 *Pouzolzia sanguinea*（Bl.）Merr.；葡萄科有蘡薁 *Vitis bryoniaefolia* Bge.等。

⑩ 其他

主要包括绿肥、饲料、燃料、化妆品原料等。种类较少，本书不做详细分类。鹤庆共计有 26 科 56 属 60 种。如泽泻科有泽泻 *Alisma plantago-aquatica* L.ssp.orientale（Sam.）Sam.，剪刀草 *Sagittaria trifolia* L.；漆树科有清香木 *Pistacia weinmannifolia* J.Poisson ex Franch.，盐肤木 *Rhus chinensis* Mill. var. *chinensis*.；凤仙花科有金凤花 *Impatiens cyathiflora* Hook. f.；紫葳科有梓 *Catalpa ovata* G.Don.；忍冬科有水红木 *Viburnum cylindricum* Buch.Ham.ex D.Don.；藜科有藜 *Chenopodium album* L.；菊科有牡蒿 *Artenmisia japonica* Thub，辣子草 *Galinsoga parviflora* Cav，中华小苦荬 *Ixeridium chinense*（Thunb）Tzvel；山茱萸科有凉生梾木 *Cornus alsophila* W.W.Smith.；葫芦科有绞股蓝 *Gynostemma pentaphyllum*（Thunb.）Makino. var. *pentaphyllum*；薯蓣科有毛胶薯蓣 *Dioscorea subcalva* Prain et Burkill.；大戟科有余甘子 *Phyllanthus emblica* Linn.；领春木科有领春木 *Euptelea pleiospermum* Hook.f.et Thoms.；禾本科有剪股颖 *Agrostis clavata* Trin.，丽江剪股颖 *Agrostis schneideri* Pilger，西南野古草 *Arundinella hookeri* Munro ex Keng，细柄草 *Capillipedium parviflorum*（R.Br.）Stapf，狗牙根 *Cynodon dactylon*（Linn.）Pers var. *dactylon*，鸭茅 *Dactylis glomerata* Linn.，十字马唐 *Digitaria cruciata*（Nees）A.Camus，光头稗 *Echinochloa colonum*（Linn.）Link，稗 *Echinochloa crusgalli*（Linn.）Beauv. var. *crusgalli*，牛筋草 *Eleusine indica*（Linn.）Gaertn.，知风草 *Eragrostis ferruginea*（Thunb.）Beauv.，黑穗画眉草 *Eragrostis nigra* Nees ex Steud.，黄茅 *Heteropogon contortus*（Linn.）Beauv. Ex Roem. et Schult.，鹅观草 *Roegneria tsukushiensis*（Honda）B.S.Sun，筒轴茅 *Rottboellia cochinchineneis*（Lour.）Clayt.，粟 *Setaria italica*（Linn.）Beauv.，蜀黍 *Sorghum bicolor*（Linn.）Moench，普通小麦 *Triticum aestivum* Linn.，菰 *Zizania latfolia*（Griseb.）Stapf；木通科有猫儿屎 *Decaisnea fargesii* Franch.；樟科有山鸡椒 *Litsea cubeba*（Lour.）Pers.；浮萍科有芜萍 *Lemna arrhiza*（L.）Hockel ex Wimmer.，紫萍 *Spirodela polyrrhiza*（L.）Schleid.；蝶形花科有西南杭子梢 *Campylotropis delavayi*（Franch.）Schindl.，直立刀豆 *Canavalia ensiformis*（Linn.）DC.，刀豆 *Canavalia gladiata*（Jacq.）DC.，鸡头薯 *Eriosema chinense* Vog.，百脉根 *Lotus corniculatus* Linn.，豆薯 *Pachyrhizus erosus*（Linn.）Urb.，菜豆 *Phaseolus vulgaris* Linn.，蚕豆 *Vicia faba* Linn.；商陆科有商陆 *Phytolacca acinosa* Roxb.；松科有雪松 *Cedrus deodara*（Roxb.）G.Don.，云南铁杉 *Tsuga dumosa*（D.Don）Eichler；蓼科有酸模 *Rumex acetosa* L.；雨久花科有水葫芦 *Eichhornia crassipes*（Mart.）Solms；雨久花 *Monochoria vaginalis*（Burm.f.）C.Presl. var. *korsakowii*（Regel et Maack.）C.B.Clarke ex Cherfilis；蔷薇科有路边草 *Geum aleppicum* Jacq.，川梨 *Pyrus pashia* Buch.-Ham. var. *pashia*.；虎耳草科有西南鬼灯檠 *Rodgersia sambucifolia* Hemsl. var. *sambuciloa*；

茄科有烟草 *Nicotiana tabacum* Linn.；伞形科有积雪草 *Centella asiatica*（L.）Urban；荨麻科有水麻 *Debregeasia orientalis* C. J. Chen，糯米团 *Memorialis hirta*（Bl.）Wedd.等。

（3）动物物种多样性

➢ 物种组成

根据本次调查并参考相关文献资料和中国科学院昆明动物研究所标本室收藏的该地区标本和文献记录的种类，鹤庆县共记录陆生脊椎动物 279 种，其中各类群目、科、属、种数及特有种数量和保护物种数量等信息见表 4-26。

表 4-26 陆生脊椎动物类群统计

类群	目	科	属	种	占云南省的比例/%
兽类	9	27	47	75	24.42
鸟类	16	37	103	169	18.72
两栖类	2	8	15	18	15.65
爬行类	1	5	12	17	10.49
合计	28	77	176	279	—

经本次考察，现知鹤庆县境内有兽类 9 目 27 科 75 种，占云南省兽类物种总数的 24.42%。其中在本次调查中获得标本凭证的物种 25 种，样线调查中痕迹凭据及访问调查证实的有 27 种，这三种调查方式证实的物种有 49 种。

参考相关文献资料和中国科学院昆明动物研究所鸟类标本室收藏的该地区标本和文献记录的种类，鹤庆县共记录鸟类 169 种，隶属 16 目 37 科（另 4 亚科）103 属。约占云南省记录的 19 目 69 科 903 种鸟类（杨晓君，2009）的 80.00%、52.11%和 18.72%；全国鸟类种数 1 371 种（郑光美，2011）的 12.33%。

鹤庆县境内共有两栖和爬行动物 35 种，其中两栖动物 18 种，隶属 2 目 8 科 15 属；爬行动物 17 种，隶属 2（亚）目 5 科 12 属。两栖动物和爬行动物物种数分别占云南省两栖和动物物种总数（两栖类 115 种、爬行类 162 种）（杨大同、饶定齐，2008）的 15.7%和 10.5%。

表 4-27 鹤庆县与云南及邻近省区两栖爬行动物物种多样性比较*

类群	物种数	云南		四川		贵州		西藏		广西	
		物种	%	物种	%	物种	%	物种	%	物种	%
两栖类	18	115	41.52	108	55.96	68	41.72	47	44.34	75	39.06
爬行类	17	162	58.48	85	44.04	95	58.28	59	55.66	117	60.94
合计	35	277	—	193	—	163	—	106	—	192	—

资料来源：广西壮族自治区林业勘测设计院野生动物资源调查队（1985）《广西野生动物分布目录》；费梁等（2005）《中国两栖动物检索及图解》；杨大同等（2008）《云南两栖爬行动物》；张孟闻等（1998）《中国动物志》；赵尔宓等（1999）《中国动物志：爬行纲-第二卷：蜥蜴亚目》；赵尔宓等（1999）《中国动物志：爬行纲-第三卷：蛇亚目》。

鹤庆的兽类中以啮齿目物种数量最多，有 6 科 32 种，占该县兽类物种数的 42.7%；食虫目次之，有 3 科 15 种，占全部种类的 20%；而其他目的物种数则较小，并且攀鼩目、灵长目、鳞甲目分别只有 1 种，兔形目仅有 2 种。在科级水平上，在 27 科中，鹤庆县哺乳动物最大科是鼠科 Muridae，含 19 种，占本地区区兽类物种数的 25.3%；其次为鼩鼱科 Soricidae 含 10 种（占该区兽类的 13.3%）；蝙蝠科 Vespertilionidae 和鼯鼠科 Peteromyidae 各有 5 种（分别占 6.7%），鼹科 Talpidae 和松鼠科 Sciuridae 各有 4 种，该 6 个科即有 47 种，占了本该地区物种数的 62.7%。因此，本地区兽类更多的是由多个单属种科（包括单型科）或少种科组成，如：单属种科（或单型科）有：猬科 Erinaceidae、树鼩科 Tupaiidae、狐蝠科 Pteropodidae、猴科 Cercopithecidae、鲮鲤科 Manidae、熊科 Ursidae、小熊猫科 Ailuridae、猫科 Felidae、猪科 Suidae、麝科 Moschidae、鹿科 Cervidae、牛科 Bovidae、鼠兔科 Ochotonidae、兔科 Leporidae、竹鼠科 Rhizomyidae 和豪猪科 Hystricidae 等 16 科；少种科有：鼬科 Mustelidae、菊头蝠科 Rhinolophidae 各有 3 种，蹄蝠科 Hipposideridae、灵猫科 Viverridae、仓鼠科 Crictidae 分别只有 2 种等。

鹤庆县鸟类主要由雀形目组成，占记录鸟类种数的 63.91%，雁形目记录的种类次之，有 16 种，占 9.47%。另外，单科属种的目为鹈形目 PELECANIFORMES、鸥形目 LARIFORMES、鸮形目 STRIGIFORMES、雨燕目 APODIFORMES。鸟类种类最多的科是雀形目的鹟科，共 56 种，占全县记录鸟类种数的 33.14%，其次为鸭科，共有 16 种，占记录种数的 9.47%。另外单属种的科有鸬鹚科 Phalacrocoracidae、隼科 Falconidae、鸥科 Laridae、鸱鸮科 Strigidae、雨燕科 Apodidae、戴胜科 Upupidae、百灵科 Alaudidae、燕科 Hirundinidae、黄鹂科 Oriolidae、岩鹨科 Prunellidae、啄花鸟科 Dicaeidae、太阳鸟科 Nectariniidae。

鹤庆县 35 种两栖爬行动物隶属于 4 目（亚目）13 科 26 属，两栖类 2 目 8 科 18 种；其中有尾目 CAUDATA 1 科 1 属 1 种；无尾目 ANURA 7 科 14 属 17 种。占了云南两栖动物物种总数的 14.78%；爬行类 2 目（亚目）5 科 17 种，即有鳞目 SQUAMATA 的蜥蜴亚目 LACERTILIA 和蛇亚目 SERPENTES，前者有 3 科 4 属 5 种；后者有 2 科 8 属 12 种。

两栖动物有 8 科中，最大科为无尾目蛙科 Ranidae，有 7 种（占 38.9%），其次是角蟾科 Megophryinae，有 4 种，姬蛙科 Microhylidae 有 2 种，此 3 科的物种构成了该地区两栖动物的主体，即占 72.2%；另外，尚有蝾螈科 Salamandridae、盘舌蟾科 Discoglossidae、蟾蜍科 Bufonidae、树蛙科 Rhacophoridae、雨蛙科 Hylidae 各 1 种，即红瘰疣螈 *Tylototriton verrucosus*、大蹼铃蟾、华西蟾蜍、杜氏泛树蛙 *Polypedates dugritei*、华西雨蛙 *Hyla annectans*。爬行动物 5 科中，游蛇科 Colubridae 有 10 种（占 58.7%），构成了该地区爬行类的主体；其次是鬣蜥科 Agamidae、石龙子科 Scincidae 和蝰科 Viperidae 各 2 种，即裸耳龙蜥 *Japalura dymondi*、草绿龙蜥 *Japalura flaviceps*、铜蜓蜥 *Sphenomorphus indicus*、山滑蜥 *Scincella monticola*、山烙铁头 *Ovophis monticola*、菜花烙铁头 *Protobothrops jerdonii*。该地区的爬行类中还有壁虎科 Gekkonidae1 种，即多疣壁虎（*Gekko japonicus*）。

在鹤庆县 75 种哺乳动物中，除了 13 种为与古北区共有外，如：东亚伏翼 *Pipistrillus*

abramus、黑熊 *Selenarctos thibetanus*、黄鼬 *Mustela sibirica*、野猪 *Sus scrofa*、巢鼠 *Micromys minutus*、社鼠 *Niviventer confucianus* 等，其余 62 种均为东洋区物种，占本地区物种数的 82.7%。其中在西南区分布的有 62 种、在华南区分布的有 57 种、华中区分布的有 44 种，而且有 14 种为仅分布于西南区，如：长尾鼩鼹 *Scaptonyx fusicaudus*、白尾鼹 *Parascaptor leucurus*、云南鼩鼱 *Sorex excelsus*、小纹背鼩鼱 *Sorex bedfordiae*、喜山鼠耳蝠 *Myotis muricola*、小熊猫 *Ailurus fulgens*、大耳姬鼠 *Apodemus latronum*、澜沧江姬鼠 *Apodemus ilex*、川西白腹鼠 *Niviventer excelsior* 等，显示鹤庆县哺乳动物具有明显的西南区区系特征。

所记录的 169 种鸟类中，常年居留于鹤庆县的留鸟（Resident birds，以 R 表示），计 101 种，占所录鸟类的 59.76%；仅春末夏初迁至该地区，夏末秋初迁离的夏候鸟（Summer Breeders，以 S 或 B 表示），计 26 种，占所录鸟类的 15.38%；秋末冬初由北方迁飞至此地越冬的冬候鸟（Winter visitors，以 W 表示）或旅经该地再向南迁的旅鸟（Birds encountered during migration，以 M 表示），计 40 种，占所录鸟类的 23.67%；其中不在本地越冬，仅旅经该地再向南迁的旅鸟仅记录有 2 种，占所录鸟类的 1.18%。所以，鹤庆县所记录鸟的种类以留鸟为主，冬候鸟和夏候鸟次之，旅鸟的种数为最少。在该地区繁殖的鸟类（含留鸟、夏候鸟和繁殖鸟）共计 127 种，占所录鸟类的 75.15%。其中繁殖区域主要在东洋界的鸟类计 76 种，占在该地区繁殖鸟类的 59.84%；繁殖区域广布于东洋、古北两大界的鸟类，计 34 种，占在该地区繁殖鸟类的 26.77%；繁殖区域主要在古北界的鸟类，计 17 种，占在该地区繁殖鸟类的 13.39%。由此可见鹤庆县鸟类的区系构成以东洋界成分为主。

鹤庆县所记录的两栖类动物物种绝大部分为西南区成分，共有 13 种，占该地区全部两栖类的 72.2%，两栖类东洋界广布种有 4 种，即宽头短腿蟾 *Brachytarsophrys carinensis*、昭觉林蛙 *Rana chaojchiaoensis*、双团棘胸蛙、杜氏泛树蛙；华中-西南区物种各 1 种，即华西蟾蜍。该县有爬行类东洋界广布种有 8 种，占该地区爬行动物的 47.1%，西南区物种 3 种；其他物种是西南-华南区物种 1 种，即黑线乌梢蛇 *Zaocys nigromarginatus*，华南区物种 1 种（裸耳龙蜥，以及华中-西南区物种 2 种（草绿龙蜥、菜花烙铁头），以及广布于东洋界和古北界物种 2 种，有黑眉锦蛇 *Elaphe taeniura*、红脖颈槽蛇 *Rhabdophis sublminiata*（外来物种牛蛙未计入区系分析）。该地区两栖爬行动物区系成分统计说明：鹤庆县的两栖和爬行动物由多种成分组成，但西南区和东洋界广布种成分居多，西南区成分中两栖类有 16 种，东洋界广布种共有 12 种之多。

➢ 特有种类

在鹤庆县记录的 279 种陆生脊椎动物中，有中国特有种 31 种。75 种哺乳动物中，有云南鼩鼱、复齿鼯鼠 *Trogopterus xanthipes*、侧纹岩松鼠 *Sciruotamias forresti*、高山姬鼠 *Apodemus chevrieri*、大耳姬鼠、澜沧江姬鼠、安氏白腹鼠 *Niviventer andersoni*、川西白腹鼠、斑胸鼠 *Ratus yunnaensis*、大绒鼠 *Eothenomys miletus*、滇绒鼠 *Eothenomys eleusis*、云南兔 *Lepus comus* 等 12 种为中国特有种，占本地区兽类的 16%，这些物种主要分布于横断山区及云贵高原地区；在鹤庆县区域内，中国特有鸟类有 4 种：白腹锦鸡 *Chrysolophus amherstiae*、棕头雀鹛 *Alcippe ruficapilla*、白领凤鹛 *Yuhina diademata* 和滇䴓 *Sitta yunnanensis*；该地区的两栖爬行动物各类群不仅物种多样性丰富，而且各类群的特有性都较高，18 种两栖动物中，其中中国特有物种有 15 种，占该地区两栖类的 83.33%，云南特有物种有 5 种（占鹤庆县的 27.78%），如大蹼铃蟾、华西蟾蜍、无指盘臭蛙、滇蛙、昭觉林蛙、云南小狭口蛙 *Calluella yunnanensis*、金江湍蛙 *Amolops jinjiangensis*、腹斑倭蛙 *Nanorana ventripunctata*、胫腺蛙 *Pelophylax shuchinae*、疣刺齿蟾 *Scutiger rugosus*、胸腺猫眼蟾 *Scutiger brevipes*、双团棘胸蛙、华西雨蛙、多疣狭口蛙 *Kaloula verrucosa* 等，其中，有 3 种在国内仅见于云南，如红瘰疣螈、云南小狭口蛙、腹斑倭蛙等；17 种爬行动物中，中国特有的有 3 种（17.65%），如裸耳龙蜥、草绿龙蜥、多疣壁虎等，有 1 种在国内仅见于云南，即缅甸颈槽蛇 *Rhabdophis leinardi*。

表 4-28　鹤庆县两栖爬行动物的特有种与特有分布种*

	中国特有分布		云南特有分布		仅云南有分布**	
	种	%	种	%	种	%
两栖类	15	83.33	5	27.78	3	16.67
爬行类	3	11.76	0	0	1	5.88
合计	18	51.43	5	14.29	4	11.43

* 为所占各类群比例；**在国内仅云南有分布，但不为特有分布。

➢　珍稀濒危保护种类

在鹤庆县记录的 279 种陆生脊椎动物中，国家 I 级重点保护野生动物 1 种，国家 II 级重点保护物种 17 种；《濒危野生动植物种国际贸易公约》（CITES）附录 I 物种 4 种，列入附录 II 物种 11 种。

表 4-29　各类群特有种数量和保护物种数

类群	中国濒危动物红皮书			国家保护等级		CITES 附录	
	濒危	易危	稀有	I 级	II 级	I	II
兽类				1	7	5	4
鸟类				0	9	0	7
两栖类				0	1	0	0
爬行类				0	0	0	0
合计				1	17	5	11

鹤庆 75 种哺乳动物中，有国家 I 级重点保护野生动物林麝 *Moschus berezovskii*，国家 II 级重点保护动物有猕猴 *Macaca mulatta*、中国穿山甲 *Manis pentadactyla*、黑熊、小熊猫、青鼬 *Martes flavigula*、斑灵狸 *Prionodon Pardicolor*、中华鬣羚 *Capricornis milneedwardsii* 等 7 种；列入 CITES 附录 I 的物种有林麝、黑熊、小熊猫、中华鬣羚、斑灵狸 5 种，列入

附录II的物种有中缅树鼩 *Tupaia belangeri*、猕猴、中国穿山甲、豹猫 *Prionailurus bengalensis* 共 4 种；在 2000 年 8 月颁布的《国家保护的有益的或者有重要经济、科学研究价值的陆生野生动物名录》中，收录有该县分布的有：中缅树鼩、黄鼬、鼬獾 *Melogale moschata*、果子狸 *Paguma larvata*、豹猫、野猪、林麝、赤麂 *Muntiacus vaginalis*、云南兔、栗背大鼯鼠 *Petaurista albiventor*、红白鼯鼠 *Petaurista alborufus*、复齿鼯鼠、黑白飞鼠 *Hylopetes alboniger*、侧纹岩松鼠 *Sciruotamias forresti*、赤腹松鼠 *Callosciurus erythraeus*、隐纹花鼠 *Tamiops swinhoei*、红颊长吻松鼠 *Dremomys rufigenis*、泊氏长吻松鼠 *Dremomys pernyi*、社鼠、暗褐竹鼠、中国豪猪等 21 种；《中国濒危动物红皮书——兽类》（1998）中列为濒危种的有：林麝、复齿鼯鼠、黑白飞鼠 3 种；《中国物种红色名录——兽类》（2004）中列为濒危种的有：小熊猫、复齿鼯鼠、黑白飞鼠 3 种。

在鹤庆县所记录的鸟类中，列为《国家重点保护野生动物名录》II 级重点保护鸟类有小天鹅 *Cygnus columbianus*、黑翅鸢 *Elanus caeruleus*、黑鸢 *Milvus migrans*、雀鹰 *Accipiter nisus*、松雀鹰 *Accipiter virgatus*、普通鵟*Buteo buteo*、红隼 *Falco tinnunculus*、白腹锦鸡和鹏鸮 *Bubo bubo* 共 9 种；被列入《濒危野生动植物国际贸易公约》（CITES）附录 II（2007）的种类有黑翅鸢、黑鸢、雀鹰、松雀鹰、普通鵟、红隼和鹏鸮共 7 种；在 2000 年 8 月颁布的《国家保护的有益的或者有重要经济、科学研究价值的陆生野生动物名录》中，收录有黑胸鸫 *Turdus dissimilis*、斑鸫 *Turdus naumanni*、白颊噪鹛 *Garrulax sannio*、棕头雀鹛、点胸鸦雀 *aradoxornis guttaticollis*、黄腹柳莺 *Phylloscopus affinis*、棕腹柳莺 *Phylloscopus subaffinis*、褐柳莺、巨嘴柳莺 *Phylloscopus schwarz*、橙斑翅柳莺、黄眉柳莺、黄腰柳莺、灰喉柳莺 *Phylloscopus maculipennis*、乌嘴柳莺 *Phylloscopus magnirostris*、暗绿柳莺 *Phylloscopus trochiloides*、双斑柳莺 *Phylloscopus plumbeitarsus*、冠纹柳莺、白斑尾柳莺、红喉[姬]鹟、北灰鹟 *Muscicapa dauurica*、大山雀、绿背山雀、银喉[长尾]山雀 *Aegithalos caudatus*、红头长尾山雀、滇䴓、蓝喉太阳鸟 *Aethopyga gouldiae*、暗绿绣眼鸟、红胁绣眼鸟、灰腹绣眼鸟 *Zosterops palpebrosa*、树麻雀 *Passer montanus*、山麻雀 *Passer rutilans*、普通朱雀 *Carpodacus erythrinus*、黄喉鹀、灰头鹀 *Emberiza spodocephala*、灰眉岩鹀、小鹀、凤头鹀 *Melophus lathami* 等 114 种；《中国濒危动物红皮书——鸟类》（1998）中列为易危种的有 2 种：黑翅鸢和白腹锦鸡，列为稀有种的有鹏鸮；《中国物种红色名录（第一卷）》（2004）中列为近危种的有白眼潜鸭、喜鹊、滇䴓和树麻雀。

在 18 种两栖动物中，被列入国家重点保护动物名单仅有国家 II 级重点保护动物红瘰疣螈 1 种；无任何物种列入 CITES 附录；但是在《中国物种红色名录（第一卷）》中列有 17 种，即大蹼铃蟾、华西蟾蜍、无指盘臭蛙、滇蛙、昭觉林蛙、云南小狭口蛙、金江湍蛙、腹斑倭蛙、胫腺蛙、疣刺齿蟾、胸腺猫眼蟾、双团棘胸蛙、多疣狭口蛙等。在爬行类中，《中国濒危动物红皮书——爬行类》列有 4 种，即王锦蛇 *Elaphe carinata*、紫灰锦蛇 *Elaphe porphyracea*、黑眉锦蛇、黑线乌梢蛇 *Zaocys nigromarginatus* 等；被列入《中国物种红色名录（第一卷）》中的有 17 种，即铜蜓蜥 *Sphenomorphus indicum*、裸耳龙蜥、红脖颈槽蛇、

大眼斜鳞蛇 *Pseudoxenodon macrops*、缅甸颈槽蛇 *Rhabdophis leinardi*、八线腹链蛇 *Amphiesma octolineata*、王锦蛇、黑线乌梢蛇、山烙铁头 *Ovophis monticola*、菜花烙铁头等。

（4）大型真菌物种多样性

鹤庆县的主要植被类型是云南松和野胡椒的混交林。通过对此次在鹤庆县所采集野生大型真菌标本的鉴定，该县有野生大型真菌 124 种，共有 25 科 29 属，包括子囊菌、担子菌。其中红菇科（Russulaceae）的大型真菌种类占了真菌总数的 10%。牛肝菌科（Boletaceae）是鹤庆县的优势大型真菌类群，占该地区野生大型真菌总数的 16.1%。

在所有的目中，按照包含的种数多少排序为伞菌目（Agaricales）74 种，多孔菌目（Polyporales）25 种，盘菌目（Pezizales）5 种，牛肝菌目（Boletales）4 种，马勃目（Lycoperdales）3 种，硬皮马勃目（Sclerodermatales）2 种，革菌目（Thelephorales）2 种，腹菌目（Hymenogastrales）1 种，银耳目（Tremellales）1 种。在所有的科中，按照包含的种数多少排序为：牛肝菌科（Boletaceae）17 种，红菇科（Russulaceae）12 种，鸡油菌科（Cantharellaceae）10 种，口蘑科（Tricholomataceae）10 种，鹅膏科（Amanitaceae）9 种，多孔菌科（Polyporaceae）8 种，丝膜菌科（Cortinariaceae）8 种，蜡伞科（Hygrophoraceae）6 种，马鞍菌科（Helvellaceae）5 种，马勃科（Lycoperdaceae）3 种，革菌科（Thelephoraceae）3 种，粉褶菌科（Entolomataceae）2 种，铆钉菇科（Gomphidiaceae）2 种，硬皮马勃科（Sclerodermataceae）2 种，韧革菌科（Stereaceae）1 种，珊瑚菌科（Clavariaceae）1 种，须腹菌科（Rhizopogonaceae）1 种，银耳科（Tremellaceae）1 种。

在所有的属中，按照包含的种数多少排序为：红菇属（*Russula*）12 种，牛肝菌属（*Boletus*）9 种，鹅膏菌属（*Amanita*）9 种，粉孢牛肝菌属（*Tylopilus*）8 种，丝盖伞属（*Inocybe*）8 种，粘盖牛肝菌属（*Suillus*）7 种，枝瑚菌属（*Ramaria*）5 种、口蘑属（*Tricholoma*）5 种，马鞍菌属（*Helvella*）5 种，滑绣伞属（*Phonliota*）4 种，鸡油菌属（*Cantharellus*）4 种，乳菇属（*Lactarius*）3 种，陀螺菌属（*Gomphus*）3 种，乳菇属（*Lactarius*）3 种，马勃属（*Lycoperdon*）3 种，革菌属（*Thelephora*）为 2 种，拱顶伞属（*Camarophyllus*）2 种，硬皮马勃属（*Scleroderma*）2 种，须腹菌属（*Rhizopogon*）1 种，附毛菌属（*Trichaptum*）1 种，须腹菌属（*Rhizopogon*）1 种，乌茸菌属（*Polyozellus*）1 种，环柄菇属（*Lepiota*）1 种，奥德蘑属（*Oudemansiella*）1 种，蜡蘑属（*Laccaria*）1 种，离褶伞属（*Lyophyllum*）1 种，红铆钉菇属（*Gomphidius*）1 种，银耳属（*Tremella*）1 种，金舌囊蘑属（*Melanoleuca*），乌茸属（*Polyozellus*）1 种，韧革菌属（*Stereum*）1 种，锁瑚菌属（*Clavulina*）1 种，蜡伞属（*Hygrophorus*）1 种。

4.7.4 小结

系统调查整理完成了鹤庆县高等植物、陆生脊椎动物和大型真菌物种编目，并建立了数据库，为国家和地方生物多样性保护提供技术资料。对照《中国植被》（中国植被编写组，1995）和《云南植被》（吴征镒等，1987），初步确定了黄背栎、五叶参群落（Comm.

Quercus pannosa，*Pentapanax* sp.），黄背栎、大白花杜鹃群落（Comm. *Quercus pannosa*，*Rhododendron decorum*），黄背栎、薄叶杜鹃群落（Comm. *Quercus pannosa*，*Rhododendron facetum*），黄背栎、滇山杨群落（Comm. *Quercus pannosa*，*Populus davidiana*），黄背栎、长圆叶梾木群落（Comm. *Quercus pannosa*，*Swida oblonga*）等 15 个新的群落类型为首次在鹤庆县记载，这些新发现的群落类型，对补充滇西北的植被类型具有重要意义。

在鹤庆马鞍山海拔在 2 800～3 400 m 的中山湿性常绿阔叶林中，采到标本 H-滇-鹤庆-Z-0291，小片分布，经过调查和研究，初步确定凤仙花科一新种，即斧形凤仙花 *Impatiens hastate* Y. M. Shui & W. H. Chen ined.，并确定该号标本为模式标本；另外，发现了一种与蛇莓（*Duchesnea indica*）非常接近的植物，但是其花瓣明显长于花萼而与前两者明显不同，目前已初步确定为委陵菜属的一个未报道的未知物种，定名为陆氏委陵菜 *Pottentila lui* Shu D. Zhang，sp. nov.，ined.，以纪念我国蔷薇科植物研究专家陆玲娣先生。

与云南省生物多样性评价中有关记录相比较，新增兽类物种 66 种，占鹤庆县目前记录兽类种数的 88%；新增加鸟类 139 种，占鹤庆县目前记录鸟类种数的 82.25%；新增加两栖类 9 种、爬行类 8 种，分别占鹤庆县目前记录两栖爬行类种数的 50%和 47%。

4.8 宾川县生物多样性现状①

4.8.1 自然概况

宾川县位于大理白族自治州东部，东经 100°16′～100°59′，北纬 25°32′～26°12′，全县总面积 2 627 km^2。东与楚雄彝族自治州大姚县接壤，南连祥云县，西与大理市、洱源县交界，北与鹤庆县及丽江地区永胜县毗邻。

宾川县地处云岭横断山脉边缘，金沙江南岸云贵高原西南部，属中亚热带冬干夏湿低纬高原季风气候区，光热充足，热量丰富，干旱少雨，立体气候明显。程海大断裂带呈南北纵贯宾川坝区。境内主要山脉、坝子、河流多呈南北走向。地势东西高、中部低。最高为西北部木香坪顶峰，海拔 3 320 m；最低为鱼泡江汇入金沙江处，海拔 1 104 m；中部县城金牛镇海拔 1 430 m。东西两大山脉纵横交错，山与山之间的断陷盆地构成境内 10 个坝子。

宾川县辖 8 镇（金牛、乔甸、宾居、州城、大营、鸡足山、力角、平川）、2 乡（拉乌、钟英）、3 个华侨农场（宾居、太和、彩凤）。宾川是以汉族为主的多民族聚居县，境内居住着 24 种民族，其中，有汉、白、彝、傈僳、回、苗、拉祜 7 个世居民族，归国华侨、因工作和婚姻关系定居宾川的有藏、壮、傣、纳西、瑶、布朗、佤、哈尼、景颇、怒、水、侗、布依、满等 14 种民族。全县少数民族主要集中分布在山区和半山区，其中白族 42 897 人，占人口总数的 13%；彝族 19 973 人，占人口总数的 6%。

① 宾川县植被类型与植物多样性由中科院昆明植物研究所彭华研究员组织调查和提供数据；动物多样性由中科院昆明动物研究所蒋学龙研究员组织调查和提供数据；大型真菌多样性由中科院昆明植物研究所刘培贵研究员组织调查和提供数据。

4.8.2　组织实施

植物调查组对鸡足山等地进行了多次野外调查，采集植物标本 2200 号；动物调查组分别于宾川县县城周边、平川、鸡足山、钟英、古底、拉乌、鱼泡江、宾居、乔甸等地调查，采集两栖类标本 173 号、爬行类标本 47 号、鸟类标本 19 号、兽类标本 237 号；大型真菌调查组在宾川县鸡足山镇鸡足山景区和南山设 2 个样线，进行了大型真菌的野外调查，共采集标本 163 份。

4.8.3　主要成果

（1）植被类型组成

依据《云南植被》和《中国植被》植被类型划分原则，即以综合植物群落各方面基本特征为原则。宾川县主要植被类型包括亚热带常绿阔叶林、硬叶常绿阔叶林、落叶阔叶林、针叶林、稀树灌木草丛、灌丛植被等几类。具体如下（*为《云南植被》中没有记载的群落类型）：

I. 亚热带常绿阔叶林（植被型）

　　中山湿性常绿阔叶林（植被亚型）

　　　多变石栎林（Form. *Lithocarpus variolosus*）

　　　　*多变石栎、薄叶杜鹃群落（Comm. *L. variolosus*，*Rhododendron facetum*）

　　　　*多变石栎、槭树群落（Comm. *L. variolosus*，*Acer* sp.）

　　　　*多变石栎、狭叶泡花树群落（Comm. *L. variolosus*，*Meliosma angustifolia*）

　　半湿润常绿阔叶林（植被亚型）

　　　滇青冈林（Form. *Cyclobalanopsis glaucoides*）

　　　　滇青冈、高山栲群落（Comm. *Cyclobalanopsis glaucoides*，*Castanopsis delavayi*）

　　　　*滇青冈、光叶高山栎群落（Comm. *C. glaucoides*，*Quercus rehderiana*）

　　　　滇青冈、元江栲群落（Comm. *C. glaucoides*，*Castanopsis orthacantha*）

　　　　*滇青冈、石楠群落（Comm. *C. glaucoides*，*Photinia serrulata*）

　　　　*滇青冈、多变石栎群落（Comm. *C. glaucoides*，*Lithocarpus variolosus*）

　　　元江栲林（Form. *Castanopsis orthacantha*）

　　　　*元江栲、云南越橘群落（Comm. *Castanopsis orthacantha*，*Vaccinium duclouxii*）

II. 硬叶常绿阔叶林（植被型）

　　寒温山地硬叶常绿栎类（植被亚型）

　　　黄背栎林（Form. *Quercus pannosa*）

　　　　*黄背栎、石栎群落（Comm. *Quercus pannosa*，*Lithocarpus glaber*）

　　干热河谷硬叶常绿栎类（植被亚型）

　　　锥连栎林（Form. *Quercus franchetii*）

　　　　*锥连栎、滇青冈群落（Comm. *Quercus franchetii*，*Cyclobalanopsis glaucoides*）

光叶高山栎林（Form. *Quercus rehderiana*）

*光叶高山栎、高山栲群落（Comm. *Quercus rehderiana*，*Castanopsis delavayi*）

光叶高山栎、滇青冈群落（Comm. *Quercus rehderiana*，*Cyclobalanopsis glaucoides*）

III. 落叶阔叶林（植被型）

*栓皮栎林（Form. *Quercus variabilis*）

*栓皮栎杂木林群落（Comm. *Quercus variabilis*）

*槭树林（Form. *Acer* spp.）

*青榨槭、云南樟群落（Comm. *Acer davidii*，*Cinnamomum glanduliferum*）

IV. 针叶林（植被型）

暖温性针叶林（植被亚型）

云南松林（Form. *Pinus yunnanensis*）

云南松群落（Comm. *Pinus yunnanensis*）

华山松林（Form. *Pinus armandi*）

华山松、铁仔、杜鹃群落（Comm. *Pinus armandi*，*Myrsine africana*，*Rhododendron* spp.）

华山松、小檗群落（Comm. *Pinus armandi*，*Berberis* sp.）

V. 稀树灌木草丛（植被型）

干热性稀树灌木草丛（植被亚型）

*茶条木、坡柳、柞木群落（Comm. *Delavaya yunnanensis*、*Dodonaea viscosa*、*Xylosma racemosum*）

VI. 灌丛植被（植被型）

寒温灌丛（植被亚型）

杜鹃灌丛（群系组）

*大白花杜鹃灌丛（Form. *Rhododendron decorum*）

*大白花杜鹃群落（Comm. *Rhododendron decorum*）

硬叶栎灌丛（群系组）

*光叶高山栎、滇青冈灌丛（Form. *Quercus rehderiana*，*Cyclobalanopsis glaucoides*）

*光叶高山栎、滇青冈群落（Comm. *Quercus rehderiana*，*Cyclobalanopsis glaucoides*）

干热河谷灌丛（植被亚型）

疏序黄荆灌丛（Form. *Vitex negundo* var. *laxipaniculata*）

疏序黄荆、滇榄仁群落（Comm.*Vitex negundo* var. *laxipaniclata*，*Terminalia franchetii*）

*白花羊蹄甲灌丛（Form. *Bauhinia* sp.）

*白花羊蹄甲、流苏树群落（Comm. *Bauhinia* sp.，*Chionanthus retusus*）

（2）植物物种多样性

➢　物种组成

通过调查、文献资料查询和馆藏标本鉴定，确定宾川县高等植物有 212 科 869 属 1 862 种，其中，苔藓植物有 33 科 89 属 134 种，蕨类植物 28 科 55 属 122 种，裸子植物 4 科 9 属 10 种，被子植物 147 科 716 属 1 596 种，被子植物中又分双子叶植物 126 科 563 属 1 313 种，单子叶植物 20 科 152 属 283 种。

宾川县有苔藓植物 33 科，其中苔纲（Hepaticae）有 7 科，藓纲（Musci）26 科，无角苔纲（Anthocerotae）植物的分布。苔纲（Hepaticae）的科分别是：大萼苔科 Cephaloziaceae，耳叶苔科 Frullaniaceae，指叶苔科 Lepidoziaceae，溪苔科 Pelliaceae，光萼苔科 Porellaceae，毛叶苔科 Ptilidiaceae 和绒苔科 Trichocoleaceae；藓纲（Musci）的科分别是：牛舌藓科 Anomodontaceae，珠藓科 Bartramiaceae，青藓科 Brachytheciaceae，真藓科 Bryaceae，隐蒴藓科 Cryphaeaceae，曲尾藓科 Dicranaceae，牛毛藓科 Ditrichaceae，绢藓科 Entodontaceae，碎米藓科 Fabroniaceae，凤尾藓科 Fissidentaceae，葫芦藓科 Funariaceae，高领藓科 Glyphomitriaceae，紫萼藓科 Grimmiaceae，塔藓科 Hylocomiaceae，灰藓科 Hypnaceae，白齿藓科 Leucodontaceae，蔓藓科 Meteoriaceae，提灯藓科 Mniaceae，平藓科 Neckeraceae，木灵藓科 Orthotrichaceae，棉藓科 Plagiotheciaceae，金发藓科 Polytrichaceae，丛藓科 Pottiaceae，蕨藓科 Pterobryaceae，锦藓科 Sematophyllaceae，羽藓科 Thuidiaceae。苔藓植物 89 属中，苔纲（Hepaticae）有 7 属，藓纲（Musci）82 属。科内属数最多的是丛藓科（15 属），其次是灰藓科（9 属）和蔓藓科（8 属）；白齿藓科 Leucodontaceae 包含 4 属，青藓科 Brachytheciaceae 包含 3 属，牛毛藓科 Ditrichaceae，绢藓科 Entodontaceae 等 9 科各包含 2 属，牛舌藓科 Anomodontaceae，珠藓科 Bartramiaceae 等 16 科各包含 1 属。苔藓植物 134 种中，苔纲（Hepaticae）有 8 种，藓纲（Musci）129 种，属内种数较多的属有：绢藓属 *Entodon*（绢藓科 Entodontaceae）（5 种），曲尾藓属 *Dicranum*（曲尾藓科 Dicranaceae），对齿藓属 *Didymodon*（丛藓科 Pottiaceae），灰藓属 *Hypnum*（灰藓科 Hypnaceae），泽藓属 *Philonotis*（珠藓科 Bartramiaceae）及羽藓属 *Thuidium*（羽藓科 Thuidiaceae）（均 4 种）。角齿藓属 *Ceratodon*（牛毛藓科 Ditrichaceae），细羽藓属 *Cyrto-hypnum*（羽藓科 Thuidiaceae）等 13 属各包含 2 种；锦丝藓属 *Actinothuidium*（羽藓科 Thuidiaceae），毛扭藓属 *Aerobryidium*（蔓藓科 Meteoriaceae）等 64 种各包含 1 种，大多是单种属或是寡种属。

宾川县有蕨类植物有石松科 Lycopodiaceae，卷柏科 Selaginellaceae，阴地蕨科 Botrychiaceae，里白科 Gleicheniaceae，海金沙科 Lygodiaceae，膜蕨科 Hymenophyllaceae 等 28 科。其中，水龙骨科 Polypodiaceae 和蹄盖蕨科 Athyriaceae 包含的属数目较多，为 7 属；中国蕨科 Sinopteridaceae 次之，为 6 属；含 1 属的科达 17 科，它们是卷柏科 Selaginellaceae，阴地蕨科 Botrychiaceae，里白科 Gleicheniaceae，海金沙科 Lygodiaceae，

稀子蕨科 Monachosoraceae，姬蕨科 Hypolepidaceae，蕨科 Pteridiaceae，水蕨科 Parkeriaceae，车前蕨科 Antrophyaceae，金星蕨科 Thelypteridaceae，铁角蕨科 Aspleniaceae，球子蕨科 Onocleaceae，乌毛蕨科 Blechnaceae，剑蕨科 Loxogrammaceae，苹科 Marsileaceae，槐叶苹科 Salviniaceae，满江红科 Azollaceae。其他，还有 6 科包含 2 属：石松科 Lycopodiaceae，膜蕨科 Hymenophyllaceae，鳞始蕨科 Lindsaeaceae，凤尾蕨科 Pteridaceae，裸子蕨科 Hemionitidaceae，肿足蕨科 Hypodematiaceae。其中包含种数最多的是凤尾蕨属 *Pteris*（凤尾蕨科 Pteridaceae）10 种，卷柏属 *Selaginella*（卷柏科 Selaginellaceae）9 种。粉背蕨属 *Aleuritopteris*（中国蕨科 Sinopteridaceae）有 4 种；铁角蕨属 *Asplenium*（铁角蕨科 Aspleniaceae），金粉蕨属 *Onychium*（中国蕨科 Sinopteridaceae），凤丫蕨属 *Coniogramme*（车前蕨科 Antrophyaceae），假冷蕨属 *Pseudocystopteris*（蹄盖蕨科 Athyriaceae）4 属各含 3 种；小膜盖蕨属 *Araiostegia*（骨碎补科 Davalliaceae），滇蕨属 *Cheilanthopsis*（球子蕨科 Onocleaceae），贯众属 *Cyrtomium*（鳞毛蕨科 Dryopteridaceae）等 10 属各含 2 种；短肠蕨属 *Allantodia*（蹄盖蕨科 Athyriaceae），翠蕨属 *Anogramma*（裸子蕨科 Hemionitidaceae），节肢蕨属 *Arthromeris*（水龙骨科 Polypodiaceae），假蹄盖蕨属 *Athyriopsis*（蹄盖蕨科 Athyriaceae），满江红属 *Azolla*（满江红科 Azollaceae）等 33 属各含 1 种。

宾川县有裸子植物 4 个科，分属于 2 个纲。其中苏铁纲（Cycadopsida）有 1 科 1 属 1 种，即为苏铁科（Cycadaceae）；松柏纲（Coniferopsida）有 3 科 8 属 9 种，分别是柏科（Cupressaceae）、松科（Pinaceae）、杉科（Taxodiaceae），科内属数最多的是松科（Pinaceae），有 4 属，其次为柏科（Cupressaceae）有 3 属，另外的苏铁科（Cycadaceae）、杉科（Taxodiaceae）都仅有 1 属。属内种数都只有 1 种的属有 8 属：冷杉属 *Abies*、雪松属 *Cedrus*、杉木属 *Cunning*、柏木属 *Cupressus*、苏铁属 *Cycas*、刺柏属 *Juniperus*、油杉属 *Keteleeria*、圆柏属 *Sabina*，属内包含 2 种的属有 1 属，即松属 *Pinus*。

双子叶植物中，从科内属一级的水平上看，该地区仅含 1 属的科有 51 个，占总科数的 40.47%，共计有 51 属，占总属数的 9.04%；出现 2～5 属的科有 40 个，占总科数的 31.75%，共计有 119 属，占总属数的 20.10%；6～15 属的科有 29 个，占总科数的 23.02%，共计有 223 属，占总属数的 30.94%；而大于 15 属的科有 6 个，占总科数的 4.77%，共计有 171 属，占总属数的 30.12%。从科内种一级的水平上看，该地区仅含 1 种的科有 31 个，占总科数的 24.60%，共计有 31 种，占总种数的 2.36%；出现 2～10 种的科有 60 个，占总科数的 47.62%，共计有 303 种，占总种数的 23.08%；11～50 种的科有 31 个，占总科数的 24.60%，共计有 605 种，占总种数的 46.08%；50 种以上的科有 4 个，占总科数的 3.17%，共计有 373 种，占总种数的 58.41%。其中，宾川县双子叶植物物种最多的前 10 个科。宾川县的双子叶植物有 563 属，在本区仅出现 1 种的属有 304 属，占全部属数的 53.90%，所含种数为 304 种，占全部种数的 23.15%。出现 2～5 种的属有 213 属，占全部属数的 37.77%，所含种数为 595 种，占全部种数的 45.32%。出现 6～19 种的属有 46 属，占全部属数的 8.16%，所含种数为 394 种，占全部种数的 30.01%。出现 20 种及以上的属有 1 属，占全部属数的

0.18%，所含种数为 20 种，占全部种数的 1.52%。

单子叶植物中，从科内属一级的水平上看，该地区仅含 1 属的科有 6 个，占总科数的 27.27%，共计有 6 属，占总属数的 3.95%；出现 2～5 属的科有 7 个，占总科数的 37.82%，共计有 18 属，占总属数的 11.84%；6～15 属的科有 6 个，占总科数的 27.27%，共计有 54 属，占总属数的 35.53%；而大于 15 属的科有 2 个，占总科数的 9.09%，共计有 74 属，占总属数的 48.68%。从科内种一级的水平上看，该地区仅含 1 种的科有 2 个，占总科数的 9.52%，共计有 2 种，占总种数的 2.36%；出现 2～10 种的科有 10 个，占总科数的 47.62%，共计有 39 种，占总种数的 13.78%；11～50 种的科有 8 个，占总科数的 38.10%，共计有 148 种，占总种数的 52.30%；50 种以上的科有 1 个，占总科数的 4.76%，共计有 94 种，占总种数的 33.22%。其中，宾川县单子叶植物物种最多的前 10 个科。宾川县的单子叶植物有 152 属，在本区仅出现 1 种的属有 98 属，占全部属数的 64.47%，所含种数为 98 种，占全部种数的 34.63%。出现 2～5 种的属有 48 属，占全部属数的 31.58%，所含种数为 137 种，占全部种数的 48.41%。出现 6～19 种的属有 6 属，占全部属数的 3.95%，所含种数为 48 种，占全部种数的 16.96%。没有 20 种以上的属。

➢ 特有种类

苔藓植物中中国特有种有 7 种，包括短齿牛毛藓 *Ditrichum brevidens*（牛毛藓科 Ditrichaceae）、双齿曲尾藓 *Dicranum diplospiniferum*（曲尾藓科 Dicranaceae）、尖叶美叶藓 *Bellibarbuia obtusicuspis*（丛藓科 Pottiaceae）、东亚红叶藓 *Bryoerythrophyllum wallichii.*（丛藓科 Pottiaceae）、糙叶对齿藓 *Didymodon eroso-denticulatus*（丛藓科 Pottiaceae）、长肋对齿藓 *Didymodon longicostatus*（丛藓科 Pottiaceae）、中华疣齿藓 *Scabridens sinensis*（白齿藓科 Leucodontaceae）；云南特有种没有。

蕨类植物中国特有种有昆明假蹄盖蕨 *Athyriopsis longipes*、薄叶蹄盖蕨 *Athyrium delicatulum*、毛翼蹄盖蕨 *Athyrium dubium*、短羽蛾眉蕨 *Lunathyrium brevipinnum*、睫毛盖假冷蕨 *Pseudocystopteris schizochlamys*（蹄盖蕨科 Athyriaceae）等 24 种；其中云南特有种 3 种，包括单网凤了蕨 *Coniogramme simplicior*（车前蕨科 Antrophyaceae）、圆齿隐子蕨 *Crypsinus incisocrenatus*（水龙骨科 Polypodiaceae）、短羽峨眉蕨 *Lunathyrium brevipinnum*（蹄盖蕨科 Athyriaceae）。

中国特有种裸子植物有 3 种，分别是苍山冷杉 *Abies delavayi* Franch.（松科 Pinaceae）、干香柏 *Cupressus duclouxiana* Hickel（柏科 Cupressaceae）、刺柏 *Juniperus formosana* Hayata（柏科 Cupressaceae）。

双子叶植物中，中国特有种有 544 种，其中，包含特有种最多的 10 个科为：唇形科 Labiatae（38 种）、菊科 Compositae（38 种）、蔷薇科 Rosaceae（29 种）、蝶形花科 Papilionaceae（27 种）、毛茛科 Ranunculaceae（24 种）、樟科 Lauraceae（22 种）、伞形科 Umbelliferae（21 种）、玄参科 Scrophulariaceae（18 种）、报春花科 Primulaceae（16 种）、木樨科 Oleaceae（14 种）；包含中国特有种最多的 11 个属为：香茶菜属 *Rabdosia*（12 种）、点地梅属 *Primula*

（10种）、木蓝属 *Indigofera*（9种）、马先蒿属 *Pedicularis*（9种）、铁线莲属 *Clematis*（9种）、凤仙花属 *Impatiens*（8种）、堇菜属 *Viola*（8种）、金铁锁属 *Silene*（7种）、山胡椒属 *Lindera*（7种）、卫矛属 *Euonymus*（7种）、女贞属 *Ligustrum*（7种）。有云南特有种151种，其中，特有种最多的12个科为：菊科 Compositae（12种）、唇形科 Labiatae（10种）、毛茛科 Ranunculaceae（9种）、玄参科 Scrophulariaceae（6种）、蝶形花科 Papilionaceae（6种）、爵床科 Acanthaceae（5种）、马鞭草科 Verbenaceae（5种）、报春花科 Primulaceae（5种）、堇菜科 Violaceae（5种）、凤仙花科 Balsaminaceae（5种）、蔷薇科 Rosaceae（5种）、樟科 Lauraceae（5种）；包含云南特有种最多的8个属为：凤仙花属 *Impatiens*（5种）、堇菜 *Viola*（5种）、香茶菜属 *Rabdosia*（5种）、金铁锁属 *Silene*（4种）、木蓝属 *Indigofera*（4种）、豆腐柴 *Premna*（4种）、马先蒿属 *Pedicularis*（4种）、风毛菊 *Saussurea*（4种）。

单子叶植物中，中国特有种有57种，隶属于15科45属。各科所含物种的数目由大到小的排列顺序为：禾本科 Gramineae（17种）、百合科 Liliaceae（13种）、兰科 Orchidaceae（6种）、天南星科 Araceae（4种）、谷精草科 Eriocaulaceae（3种）、芭蕉科 Musaceae（3种）、水鳖科 Hydrocharitaceae（2种）、薯蓣科 Dioscoreaceae（2种），其余科都含1种；中国特有植物各属所含种类超过2个种的属是：南星属 Arisaema（4种）、水竹叶属 Eriocaulon（3种），其余包含2种中国特有植物的属为：稗属 *Echinochloa*、棒头草属 *Roegneria*、天门冬属 *Asparagus*、万寿竹属 *Disporum*、沿阶草属 *Ophiopogon*、薯蓣属 *Dioscorea*、独蒜兰属 *Pleione*。其中，南星属所包含的中国特有属为：银半夏 *Arisaema bathycoleum*、象头花 *Arisaema franchetianum*、盈江南星 *Arisaema inkiangense*、斑叶盈江南星 *Arisaema inkiangense* var. *maculatum*。云南特有种植物有9种隶属于7科9属。包含2种云南特有植物的科为：禾本科 Gramineae、芭蕉科 Musaceae，剩余的5科皆为只包含1科云南特有植物的科。云南特有植物单子叶植物都为每属包含1种，这些种为：光脊鹅观草 *Roegneria leiotropis*、云南狗尾草 *Setaria yunnanensis*、蒙自谷精草 *Eriocaulon henryanum*、树头花 *Murdannia atenothyrsa*、俞氏灯心草 *Juncus yui*、大理天门冬 *Asparagus taliensis*、象腿蕉 *Ensete glaucum*、地涌金莲 *Musella lasiocarpa*、云南沼兰 *Malaxis bahanensis*。

➢ 珍稀濒危保护种类

参照国务院公布的《国家重点保护野生植物名录（第一批）》《中国植物红皮书（第一册）——稀有濒危植物》《濒危野生动植物种国际贸易公约》（附录Ⅰ～附录Ⅲ）和《云南省重点保护野生植物》。

宾川县共有珍稀濒危植物14科20属20种：

离萼杓兰 *Cypripedium plectrochilum* Franch.

沧江新樟 *Neocinnamomum mekongense*（Hand.-Mazz.）Kosterm. 云南省重点保护野生植物

大果青冈 *Cyclobalanopsis rex* Hemsl. et Schottky. 中国植物红皮书（第一册）——稀有濒危植物

大序隔距兰 *Cleisostoma paniculatum*（Ker-Gawl.）Garay 国家Ⅱ级重点保护野生植物 濒危野生动植物种国际贸易公约（附录Ⅰ～附录Ⅲ）

短距槽舌兰 *Holcoglossum flavescens*（Schltr）Z. H. Tsi 国家Ⅱ级重点保护野生植物　濒危野生动植物种国际贸易公约（附录Ⅰ～附录Ⅲ）

海菜花 *Ottelia acuminata*（Gagnep.）Dandy 云南省重点保护野生植物

猴子木 *Camellia yunnanensis*（Pitard ex Diels）Cohen Stuart 云南省重点保护野生植物

厚果鸡血藤 *Millettia pachycarpa* Benth. 云南省重点保护野生植物

金铁锁 *Psammosilene tunicoides* W. C. Wu et C. Y. Wu 国家Ⅱ级重点保护野生植物　中国植物红皮书（第一册）——稀有濒危植物

离萼杓兰 *Cypripedium plectrochilum* Franch. 国家Ⅰ级重点保护野生植物

领春木 *Euptelea pleiospermum* Hook.f. et Thoms. 中国植物红皮书（第一册）——稀有濒危植物

栌菊木 *Nouelia insignis* Franch 国家Ⅱ级重点保护野生植物　中国植物红皮书（第一册）——稀有濒危植物

毛红椿 *Toona ciliata* Roxb. var. *pubescens*（Franch.）H.-M. 国家Ⅱ级重点保护野生植物

绶草 *Spiranthes sinensis*（Pers.）Ames 国家Ⅱ级重点保护野生植物　濒危野生动植物种国际贸易公约（附录Ⅰ～附录Ⅲ）

西康木兰 *Magnolia wilsonii*（Finet et Gagnep.）Rehd. 中国植物红皮书（第一册）——稀有濒危植物

香水月季 *Rosa odorata*（Andr.）Sweet 国家Ⅱ级重点保护野生植物　中国植物红皮书（第一册）——稀有濒危植物

野大豆 *Glycine soja* Sieb. et Zucc. 国家Ⅱ级重点保护野生植物

缘毛鸟足兰 *Saryrium ciliatum* Lindl. 国家Ⅱ级重点保护野生植物　濒危野生动植物种国际贸易公约（附录Ⅰ～附录Ⅲ）

云南梧桐 *Firmiana major*（W.W. Smith）Hand-Mazz. 中国植物红皮书（第一册）——稀有濒危植物

中国蕨 *Sinopteris grevilleoides*（Christ）C. Chr. et Ching 国家Ⅱ级重点保护野生植物　中国植物红皮书（第一册）——稀有濒危植物

紫金龙 *Dactylicapnos scandens*（D. Don）Hutch. 云南省重点保护野生植物

➢ 资源类群

① 材用植物

材用树种是指能够形成发达的木质化组织，并且根据其性质特征，人们可以将它们用于不同途径，对人类生活起到支持作用的树种。调查显示宾川的材用树种种类繁多共计有15科24属26种。如苏木科有铁刀木 *Cassia siamea* Lam.，滇皂荚 *Gleditsia japonica* Miq. var. *delavayi*（Franch.）L. C. Li；柏科有干香柏 *Cupressus duclouxiana* Hickel in A.Camus.，

刺柏 *Juniperus formosana* Hayata；壳斗科有滇青冈 *Cyclobalanopsis glaucoides* Schottky.；禾本科有芦竹 *Arundo donax* Linn.，马蹄竹 *Bambusa lapidea* McClure，孝顺竹 *Bambusa multiplex*（Lour.）Raeuschel. ex J.A. et J. H. Schult.，云南箭竹 *Fargesia ynnanensis* Hsueh et Yi，美竹 *Phyllostachy mannii* Gamble；胡桃科有胡桃 *Juglans regia* Linn.；樟科有滇润楠 *Machilus yunnanensis* Lec.；含羞草科有金合欢 *Acacia farnesiana*（Linn.）Willd.；桃金娘科有赤桉 *Eucalyptus camaldulensis* Dehnh.；木樨科有女贞 *Ligustrum lucidum* Aiton.；蝶形花科有黄檀 *Dalbergia hupeana* Hance，槐 *Sophora japonica* Linn.；松科有苍山冷杉 *Abies delavayi* Franch.，雪松 *Cedrus deodara*（Roxb.）G.Don.；蔷薇科有木瓜 *Chaenomeles sinensis*（Thouin）Koehne.，枇杷 *Eriobotrya japonica*（Thunb.）Lindl.，光叶石楠 *Photinia glabra*（Thunb.）Maxim.；山矾科有黄牛奶树 *Symplocos laurina* Wall.；榆科有常绿榆 *Ulmus lanceaefolia* Roxb.ex Wall.。

② 药用植物

经此次调查发现宾川地区具有极为丰富的药用植物资源，包括爵床科，猕猴桃科，泽泻科，苋科，石蒜科，漆树科，夹竹桃科，天南星科，五加科，萝摩科，凤仙花科，落葵科，小蘗科，桦木科，紫葳科，木棉科，紫草科，黄杨科，苏木科，桔梗科，大麻科，樟科等，共计有 114 科 302 属 389 种。如爵床科有鸭嘴花 *Adhatoda vasica* Nees，穿心莲 *Andrographis paniculata* Nees；猕猴桃科有紫果猕猴桃 *Actinidia purpurea* Rehd.；泽泻科有泽泻 *Alisma plantago-aquatica* L.ssp.*orientale*（Sam.）Sam.，剪刀草 *Sagittaria trifolia* L.，慈姑 *Sagittaria trifolia* L. var. *edulis*（Sieb.ex Miq.）Ohwi.；苋科有苋 *Amaranthus tricolor* Linn.，青葙 *Celosia argentea* Linn.，千把勾 *Cyathula capitata* Moq.；石蒜科有龙舌兰 *Agave americana* L.var *americana*，葱 *Allium fistulosum* L.，蒜 *Allium sativum* L.，韭菜 *Allium tuberosum* Roettler ex Sprengel，朱蕉 *Cordyline fruticosa*（L.）A.cheval；漆树科有清香木 *Pistacia weinmannifolia* J.Poisson ex Franch.，野漆 *Toxicodendron succedaneum*（L.）O.Kuntze；夹竹桃科有长春花 *Catharanthus roseus*（L.）G.Don.，夹竹桃 *Nerium indicum* Mill.，黑龙骨 *Periploca forrestii* Schltr.，鸡蛋花 *Plumeria rubra* Linn.cv.Acutifolia.等。

③ 园林植物

宾川的观赏植物极为丰富，经统计共有爵床科，苋科，石蒜科，夹竹桃科，凤仙花科，秋海棠科，紫葳科，苏木科，美人蕉科，忍冬科，石竹科，卫矛科，金粟兰科等 57 科 93 属 132 种。如爵床科有红背耳叶马蓝 *Perilepta dyeriana*（Mast.）Bremek.，直立山牵牛 *Thunbergia erecta*（Benth.）T. Anders.；苋科有锦绣苋 *Alternanthera bettzickiana*（Regel）Nichols.，苋 *Amaranthus tricolor* Linn.，青葙 *Celosia argentea* Linn.；石蒜科有龙舌兰 *Agave americana* L.var americana，朱蕉 *Cordyline fruticosa*（L.）A.cheval，丝兰 *Yucca smalliana* Fern；夹竹桃科有夹竹桃 *Nerium indicum* Mill.；凤仙花科有凤仙花 *Impatiens balsamina* L.，黄麻叶凤仙花 *Impatiens corchorifolia* Franch.，金凤花 *Impatiens cyathiflora* Hook. f.，异型叶凤仙花 *Impatiens dimorphophylla* Franch.，叉开凤仙花 *Impatiens divaricata* Franch.，辐

射凤仙花 *Impatiens radiata* Hook. f. et Thomas.，苏丹凤仙花 *Impatiens wallerana* Hook. f.，云南凤仙花 *Impatiens yunnanensis* Franch.；秋海棠科有银星秋海棠 *Begonia argenteo-guttata* Lam.，四季海棠 *Begonia cucullata* Willd.，竹节海棠 *Begonia maculata* Raddi.；紫葳科有两头毛 *Incarvillea arguta*（Royle）Royle；苏木科有滇皂荚 *Gleditsia japonica* Miq. var. *delavayi*（Franch.）L. C. Li；等等。

④ 食用植物

食用植物资源包括直接被人食用和间接被人食用两大类。野生食用植物以其丰富的营养、独特的口味、一定的医疗保健作用而受到现代人的青睐。适时而有效地开发利用野生食用植物资源，生产具有丰富营养及一定保健作用的绿色食品，对提高人民生活水平，满足国内外市场需求，发展当地经济均具有一定的意义。宾川野生食用植物资源种类繁多、储量丰富，且分布极广，共计有48科101属136种。如泽泻科有慈姑 *Sagittaria trifolia* L. var. *edulis*（Sieb.ex Miq.）Ohwi.；苋科有苋 *Amaranthus tricolor* Linn.，青葙 *Celosia argentea* Linn.；石蒜科有洋葱 *Allium cepa* L.，葱 *Allium fistulosum* L.，宽叶韭 *Allium hookeri* Thwaites，蒜 *Allium sativum* L.，韭菜 *Allium tuberosum* Roettler ex Sprengel，假韭 *Nothoscordum gracile*（Aiton）Stearn；漆树科有盐肤木 *Rhus chinensis* Mill. var. *chinensis*.；天南星科有海芋 *Alocasia macrorrhiza*（L.）Schott.，魔芋 *Amorphophallus rivieri* Durieu.，芋 *Colocasia esculenta*（L.）Schott.；落葵科有落葵 *Basella alba* L.；紫草科有滇厚朴 *Ehretia corylifolia* C.Y.Wright.；苏木科有滇皂荚 *Gleditsia japonica* Miq. var. *delavayi*（Franch.）L. C. Li；藜科有千针苋 *Acroglochin persicarioides*（Poir.）Moq.，甜菜 *Beta vulgaris* L.，藜 *Chenopodium album* L.；菊科有鬼针草 *Bidens pilosa* L.var *pilosa*，白花鬼针草 *Bidens pilosa* L.var *radiata* Sch.-Bip，南茼蒿 *Chrysanthemum segetum* L.，菊花 *Dendranthema morifolium*（Ramat）Tzvel.，辣子草 *Galinsoga parviflora* Cav，向日葵 *Helianthus annuus* L.，菊芋 *Helianthus tuberosus* L.，莴苣 *Lactuca sativa* L.，斑鸠菊 *Vernonia esculenta* Hemsl.；旋花科有番薯 *Ipomoea batatas*（L.）Lam.，山土瓜 *Merremia hungalensis*（Lingelsh.et Borza）R.C.Fang，comb. nov. var. *hungaiensis*，牵牛 *Pharbitis* nil（L.）Choisy.；山茱萸科有头状四照花 *Dendrobenthamia capitata*（Wall.）Hutch.；十字花科有芥蓝 *Brassica alboglabra* Bailey.，芸苔 *Brassica campestris* L. var. *campestris*.，紫菜苔 *Brassica campestris* L. var. *purpuraria* Bailey.，擘蓝 *Brassica caulorapa* Pasq.，小白菜 *Brassica chinensis* L. var. *chinensis*.，苦菜 *Brassica integrifolia*（West）O.E.Schulz ex Urb.，芥菜 *Brassica juncea*（L.）Czern.et Coss.ex Czern. var. *juncea*.，大头菜 *Brassica juncea*（L.）Czern.et Coss.ex Czern. var. *megarrhiza* Tsen et Lee.，洋花菜 *Brassica oleraca* var. *botrytis* L.，莲白菜 *Brassica oleraca* var. *capitata* L.，箭干白 *Brassica parachinensis* Bailey.，白菜 *Brassica pekinensis*（Lour.）Rupr.，芜菁 *Brassica rapa* L.，荠 *Capsella bursa-pastoris*（L.）Medic.，萝卜 *Raphanus sativus* L. var. *staivus*.；葫芦科有冬瓜 *Benincasa cerifera* Savi.，西瓜 *Citrullus lanatus*（Thunb.）Matsum.et Nakai.，黄瓜 *Cucumis sativus* L. var. *sativus*，笋瓜 *Cucurbita maxima* Duch.ex Lam.

var. *maxima*，南瓜 *Cucurbita moschata*（Duch.ex Lam.）Duch.ex Poiret，搅丝瓜 *Cucurbita pepo* Linn. var. *fibropulposa* Makino.，西葫芦 *Cucurbita pepo* Linn. var. *pepo.*，绞股蓝 *Gynostemma pentaphyllum*（Thunb.）Makino. var. *pentaphyllum*，瓠子 *Lagenaria siceraria*（Molina）Standl. var. *hispida*（Thunb.）Hara.，丝瓜 *Luffa cylindrica*（Linn.）Roem. var. *cylindrica*，苦瓜 *Monordica charantia* Linn.，佛手瓜 *Sechium edule*（Jacq.）Swartz；苏铁科有苏铁 *Cycas revoluta* Thunb.；莎草科有荸荠 Eleocharis *dulcis*（Burm.f.）Trin. ex Henschel；薯蓣科有参薯 *Dioscorea alata* Linn.，黏山药 *Dioscorea hemsleyi* Prain et Burkill.；柿树科有柿 *Diospyros kaki* Thunb. var. *kaki.*，君迁子 *Diospyros lotus* Linn. var. *lotus.*；壳斗科有板栗 *Castanea mollissima* Blume.，高山栲 *Castanopsis delavayi* Fr.，元江栲 *Castanopsis orthacantha* Franch.，滇青冈 *Cyclobalanopsis glaucoides* Schottky.，滇石栎 *Lithocarpus dealbatus*（Hook. f. et Thoms.）Rehd.，栓皮栎 *Quercus variabilis* Blume.；禾本科有薏苡 *Coix lachryma-jobi* Linn.，狗牙根 *Cynodon dactylon*（Linn.）Pers var. *dactylon*，光头稗 *Echinochloa colonum*（Linn.）Link，云南箭竹 *Fargesia ynnanensis* Hsueh et Yi，蜀黍 *Sorghum bicolor*（Linn.）Moench，普通小麦 *Triticum aestivum* Linn.，玉蜀黍 *Zea mays* Linn.，菰 *Zizania latfolia*（Griseb.）Stapf；藤黄科有大叶藤黄 *Garcinia xanthochymus* Hook.f.ex Anders.；水鳖科有苦草 *Vallisneria natans*（Lour.）Hara.；鸢尾科有番红花 *Crocus sativus* L.；胡桃科有胡桃 *Juglans regia* Linn.；唇形科有薄荷 *Mentha haplocalyx* Briq.；木通科有猫儿屎 *Decaisnea fargesii* Franch.；樟科有山鸡椒 *Litsea cubeba*（Lour.）Pers.；浮萍科有芜萍 *Lemna arrhiza*（L.）Hockel ex Wimmer.；百合科有土茯苓 *Smilax glabra* Roxb.；野牡丹科有展毛野牡丹 *Melastoma normale* D.Don.；杨梅科有矮杨梅 *Myroca nana* Cheval.；紫金牛科有长叶酸藤子 *Embelia longifolia*（Benth.）Hemsl.，密齿酸藤子 *Embelia vestita* Roxb.，银叶杜茎山 *Maesa argentea*（Wall.）A.DC.；睡莲科有莲 *Nelumbo nucifera* Gaerta.；木樨科有茉莉花 *Jasminum sambac*（L.）Aiton.，小蜡 *Ligustrum sinense* Lour. var. *sinense.*；兰科有绶草 *Spiranthes sinensis*（Pers.）Ames；棕榈科有棕榈 *Trachycarpus fortunei*（Hook.）H.Wendl.；蝶形花科有落花生 *Arachis hypogaea* Linn.，大豆 *Glycine max*（Linn.）Merr.，木豆 *Vajanus* cajan（Linn.）Millsp.，绿豆 *Vigna* radiata（Linn.）Wilczek，赤小豆 *Vigna umbellata*（Thunb.）Ohwi et Ohashi，豇豆 *Vigna unguiculata* subsp. *Unguiculata*；西番莲科有西番莲 *Passiflora caerulea* L.；胡麻科有胡麻 *Sesamum orientale* Linn.；商陆科有商陆 *Phytolacca acinosa* Roxb.；马齿苋科有土人参 *Talinum portulacifolium*（Forssk.）Aschers.& Schweinf.；鼠李科有枣 *Ziziphus jujuba* Mill. var. *jujuba.*；蔷薇科有桃 *Amygdalus persica* L.，梅 *Armeniaca mume* Sibe var. *mume.*，杏 *Armeniaca vulgaris* Lam.，高盆樱桃 *Cerasus cerasoides*（D.Don）Sok. var. *cerasoides*，樱桃 *Cerasus pseudocerasus*（Lindl.）G.Don.，木瓜 *Chaenomeles sinensis*（Thouin）Koehne.，枇杷 *Eriobotrya japonica*（Thunb.）Lindl.，草莓 *Fragaria ananassa* Duch.，苹果 *Malus pumila* Mill.，光叶石楠 *Photinia glabra*（Thunb.）Maxim.，李 *Prunus salicina* Lindl. var. *salicina*，西洋梨 *Pyrus communis* L.，月季花 *Rosa chinensis* Jacq. var. *chinensis.*，

香水月季 *Rosa odorata*（Andr.）Sweet var. *odorata*.，峨眉蔷薇 *Rosa omeiensis* Rolfe.f.*omeiensis*，单瓣缫丝花 *Rosa roxburghii* Tratt. var. *normalis* Rehd.et Wils.；芸香科有来檬 *Citrus aurantifolia*（Christm.）Swingle.，橘 *Citrus reticulata* Blanco.；三白草科有蕺菜 *Houttuynia cordata* Thunb.；茄科有枸杞 *Lycium chinense* Mill.，番茄 *Lycopersicon esculentum* Mill.，假烟叶树 *Solanum erianthum* D.Don.，龙葵 *Solanum nigrum* Linn. var. *nigrum*.，阳芋 *Solanum tuberosum* Linn.；荨麻科有长叶水麻 *Debregeasia longifolia*（Burm. f.）Wedd.；姜科有姜花 *Hedychium coronarium* J. Koenig，姜 *Zingiber officinale* Rosc.。

⑤ 鞣质与染料植物

宾川的鞣质与染料资源共计有21科27属36种。如漆树科有盐肤木 *Rhus chinensis* Mill. var. *chinensis*.，野漆 *Toxicodendron succedaneum*（L.）O.Kuntze；五加科有常春藤 *Hedera nepalensis* K. Koch. var. *sinensis*（Tobl.）Rehd.；苏木科有铁刀木 *Cassia siamea* Lam.；忍冬科有云南双盾木 *Dipelta yunnanensis* Franch.，水红木 *Viburnum cylindricum* Buch.Ham.ex D.Don.；山茱萸科有长圆叶梾木 *Cornus oblonga* Wall.；十字花科有菘蓝 *Isatis indigotica* Fort.；薯蓣科有薯莨 *Dioscorea cirrhosa* Lour.；柿树科有柿 *Diospyros kaki* Thunb. var. *kaki*.，野柿 *Diospyros kaki* Thunb. var. *sylvestris* Makino.，君迁子 *Diospyros lotus* Linn. var. *lotus*.；石楠科有金叶子 *Craibiodendron yunnanense* W.W.Smith.；大戟科有叶底珠 *Flueggea suffruticosa*（Pall.）Baill.；壳斗科有板栗 *Castanea mollissima* Blume.，高山栲 *Castanopsis delavayi* Fr.，元江栲 *Castanopsis orthacantha* Franch.，滇青冈 *Cyclobalanopsis glaucoides* Schottky.，滇石栎 *Lithocarpus dealbatus*（Hook.f.et Thoms.）Rehd.，麻栎 *Quercus acutissima* Carr.，栓皮栎 *Quercus variabilis* Blume.；禾本科有圆果雀稗 *Paspalum orbiculare* Forst.f.；马钱科有密蒙花 *Buddleja officinalis* Maxim.；楝科有楝 *Melia azedarach* L.，川楝 *Melia toosendan* Sieb.et Zucc.；含羞草科有金合欢 *Acacia farnesiana*（Linn.）Willd.；芭蕉科有阿加蕉 *Musa acuminata* Colla.，伦阿蕉 *Musa balbisiana* Colla.，野芭蕉 *Musa wilsonii* Tutch.；紫金牛科有密花树 *Rapanea neriffolia*（Sieb.et Zucc.）Mez；松科有苍山冷杉 *Abies delavayi* Franch.；蔷薇科有西南委陵菜 *Potentilla fulgens* Wall.ex Hook.，单瓣白木香 *Rosa banksiae* Ait. var. *normalis* Regel.，峨眉蔷薇 *Rosa omeiensis* Rolfe. f. *omeiensis*；杨柳科有滇杨 *Populus yunnanensis* Dode.；姜科有姜黄 *Curcuma longa* L.。

⑥ 油料植物资源

据统计宾川的油料植物资源共计有 29 科 52 属 65 种。如漆树科有黄连木 *Pistacia chinensis* Bunge.，盐肤木 *Rhus chinensis* Mill.，小漆树 *Toxicodendron delavayi*（Franch.）F.A.Barkley.，野漆 *Toxicodendron succedaneum*（L.）O.Kuntze；夹竹桃科有夹竹桃 *Nerium indicum* Mill.；木棉科有木棉 *Bombax malabaricum* DC.；苏木科有云实 *Caesalpinia decapetala*（Roth.）Alst.；大麻科有大麻 *Cannabis sativa* L.；忍冬科有水红木 *Viburnum cylindricum* Buch.Ham.ex D.Don.，珍珠荚蒾 *Viburnum foetidum* Wall. var. *ceanothoides*（C.H.Wright）Hand.-Mazz.；石竹科有狗筋蔓 *Cucubalus baccifer* L.；菊科有牛蒡 *Arictium lappa* L.，向日葵 *Helianthus annuus* L.，苍耳 *Xanthium* sibiricum Patrin ex widder var. *sibiricum*；十字花科有芸苔 *Brassica campestris* L. var. *campestris*.，小白菜 *Brassica chinensis* L. var. *chinensis*.，油白菜 *Brassica chinensis* L. var. *oleifera* Makino.，油芥菜 *Brassica juncea*（L.）Czern.et Coss Czern. var. *oleifera* Makino.，欧洲油菜 *Brassica napus* L.，荠 *Capsella bursa-pastoris*（L.）Medic.，菘蓝 *Isatis indigotica* Fort.，萝卜 *Raphanus sativus* L. var. *staivus*.；葫芦科有西瓜 *Citrullus lanatus*（Thunb.）Matsum.et Nakai.，笋瓜 *Cucurbita maxima* Duch.ex Lam. var. *maxima*，西葫芦 *Cucurbita pepo* Linn. var. *pepo*.；大戟科有麻风树 *Jatropha curcas* Linn.，蓖麻 *Ricinus communis* Linn.；领春木科有领春木 *Euptelea pleiospermum* Hook.f.et Thoms.；壳斗科有高山栲 *Castanopsis delavayi* Fr.，元江栲 *Castanopsis orthacantha* Franch.，滇石栎 *Lithocarpus dealbatus*（Hook.f.et Thoms.）Rehd.；禾本科有薏苡 *Coix lachryma-jobi* Linn.，狗牙根 Cynodon *dactylon*（Linn.）Pers var. *Dactylon*，玉蜀黍 *Zea mays* Linn.；藤黄科有大叶藤黄 *Garcinia xanthochymus* Hook.f.ex Anders.；胡桃科有胡桃 *Juglans regia* Linn.；唇形科有藿香 *Agastache rugosa*（Fisch.ct Meyer）O.Ktze.，紫苏 *Perlla frutescens*（L.）Britton. var. *frutescens*.；木通科有猫儿屎 *Decaisnea fargesii* Franch.；樟科有毛果黄肉楠 *Actinodaphne trichocarpa* Allen.，樟 *Cinnamomum camphora*（Linn.）Presl.，黄脉钓药 *Lindera flavinervia* Allen.，团香果 *Lindera latifolia* Hook.f.，三股筋香 *Lindera thomsonii* Allen. var. *thomsonii*.，山鸡椒 *Litsea cubeba*（Lour.）Pers.，新樟 *Neocinnamomum delavayi*（Lec.）Liou.Ho.；亚麻科有亚麻 *Linum usitatissimum* L.；锦葵科有树棉 *Gossypium arboreum* Linn. var. *arboreum*.；楝科有灰毛浆果楝 *Cipadessa cinerascens*（Pellgr.）H.-M.，香椿 *Toona sinensis*（A.Juss.）Roem. var. *sinensis*.，鹧鸪花 *Trichilia connaroides*（W.et A.）Bentvelzen.f *connaroides* f.glabra Bentvelzen.；木樨科有小蜡 *Ligustrum sinense* Lour. var. *sinense*.，云南木樨榄 *Olea yunnanensis* Hand.-Mazz. var. *yunnanensis*.，丹桂 *Osmanthus fragrans*（Thunb.）Lour.f.*aurantiacus*（Makino）P.S.Green.，桂花 *Osmanthus fragrans*（Thunb.）Lour.f.*fragrans*.；蝶形花科有落花生 *Arachis hypogaea* Linn.，西南杭子梢 *Campylotropis delavayi*（Franch.）Schindl.，大豆 *Glycine max*（Linn.）Merr.；松科有雪松 *Cedrus deodara*（Roxb.）G.Don.；芸香科有来檬 *Citrus aurantifolia*（Christm.）Swingle.；无患子科有皮哨子 *Sapindus delavayi*（Franch.）Radlk.；梧桐科有云南梧桐 *Firmiana major*（W.W.Smith）Hand-Mazz.，梧桐 *Firmiana simplex*（L.）F.W.Wight.；山矾科有华山矾 *Symplocos chinensis* Druce，黄牛奶树 *Symplocos laurina* Wall.。

⑦ 香料资源

据统计宾川的香料资源共计有 13 科 24 属 34 种。如金粟兰科有珠兰 *Chloranthus spicatus*（Thunb.）Makino.；菊科有藿香菊 *Ageratum conyzoides* L.，珠光香青 *Anaphalis margaritacea*（L.）Benth.，六棱菊 *Laggera alata*（D.Don）Sch.-Bip.ex Oliv，臭灵丹 *Laggera pterodonta*（DC）Benth.-Bip.ex Oliv；山茱萸科有长圆叶梾木 *Cornus oblonga* Wall.；石楠科有地檀香 *Gaultheria forrestii* Diels. var. forrestii.，滇白珠 *Gaultheria leucocarpa* Bl. var.

crenulata（Kurz）T.Z.Hsu.；鸢尾科有香雪兰 *Freesia refracta* Klatt.，德国鸢尾 *Iris germanica* L.，香根鸢尾 *Iris pallida* Lam.；唇形科有藿香 *Agastache rugosa*（Fisch.et Meyer）O.Ktze.，东紫苏 *Elsholtzia bodinieri* Van.，野拔子 *Elsholtzia rugulosa* Hemsl.，蜜蜂花 *Melissa axillaris*（Benth.）Bakh.f.，薄荷 *Mentha haplocalyx* Briq.，留兰香 *Mentha spicata* Linn.，拟荆芥 *Nepeta cataria* Linn.，罗勒 *Ocimum basilicum* L. var. *basilicum*.，滇香薷 *Origanum vulgare* Linn.；樟科有山鸡椒 *Litsea cubeba*（Lour.）Pers.；楝科有楝 *Melia azedarach* L.，川楝 *Melia toosendan* Sieb.et Zucc.，香椿 *Toona sinensis*（A.Juss.）Roem. var. *sinensis*.；桃金娘科有赤桉 *Eucalyptus camaldulensis* Dehnh.；木樨科有茉莉花 *Jasminum sambac*（L.）Aiton.，丹桂 *Osmanthus fragrans*（Thunb.）Lour.f.*aurantiacus*（Makino）P.S.Green.，桂花 *Osmanthus fragrans*（Thunb.）Lour.f.*fragrans*.；蔷薇科有月季花 *Rosa chinensis* Jacq. var. *chinensis*.，香水月季 *Rosa odorata*（Andr.）Sweet var. *odorata*.，玫瑰 *Rosa rugosa* Thunb.；芸香科有来檬 *Citrus aurantifolia*（Christm.）Swingle.，橘 *Citrus reticulata* Blanco.；姜科有姜 *Zingiber officinale* Rosc.。

⑧ 蜜源植物

凡是可为蜜蜂等昆虫提供食料来源（花蜜或花粉）的植物统称为蜜源植物。据统计宾川的蜜源植物共计有 2 科 3 属 3 种。如唇形科有野拔子 *Elsholtzia rugulosa* Hemsl.；蝶形花科有刺槐 *Robinia pseudoacacia* Linn.，槐 *Sophora japonica* Linn.等。

⑨ 纤维植物

纤维植物是指体内含有大量纤维组织的一群植物，广泛用于纺织品、造纸、编织及化工原料等。宾川共计有纤维植物28科56属63种。如石蒜科有龙舌兰 *Agave americana* L.var *americana*，丝兰 *Yucca smalliana* Fern;漆树科有清香木 *Pistacia weinmannifolia* J.Poisson ex Franch.；夹竹桃科有夹竹桃 *Nerium indicum* Mill.，紫花络石 *Trachelospermum axillare* Hook.f.；萝藦科有通光散 *Marsdenia tenacissima*（Roxb.）Wight et Arn.；木棉科有木棉 *Bombax malabaricum* DC.；紫草科有滇厚朴 *Ehretia corylifolia* C.Y.Wright.；苏木科有鞍叶羊蹄甲 *Bauhinia brachycarpa* Wall. var. *brachycarpa*，决明 *Cassia tora* L.；大麻科有大麻 *Cannabis sativa* L.；卫矛科有苦皮藤 *Celastrus angulatus* Maxim.；菊科有向日葵 *Helianthus annuus* L.，菊芋 *Helianthus tuberosus* L.；葫芦科有丝瓜 *Luffa cylindrica*（Linn.）Roem. var. *cylindrica*；大戟科有叶底珠 *Flueggea suffruticosa*（Pall.）Baill.；壳斗科有高山栲 *Castanopsis delavayi* Fr.，滇青冈 *Cyclobalanopsis glaucoides* Schottky.，滇石栎 *Lithocarpus dealbatus*（Hook.f.et Thoms.）Rehd.；禾本科有芦竹 *Arundo donax* Linn.，薏苡 *Coix lachryma-jobi* Linn.，黄茅 *Heteropogon contortus*（Linn.）Beauv. Ex Roem .et Schult.，类芦 *Neyraudia reynaudiana*（Kunth）Keng ex Hitchc.，大芦苇 *Phragmites karka*（Retz.）Trin. ex Steud.，美竹 *Phyllostachy mannii* Gamble，狗尾草 *Setaria viridis*（Linn.）Beauv.，蜀黍 *Sorghum bicolor*（Linn.）Moench，普通小麦 *Triticum aestivum* Linn.，玉蜀黍 *Zea mays* Linn.，菰 *Zizania latfolia*（Griseb.）Stapf；木通科有五风藤 *Holboellia latifolia* Wall.；亚麻科有亚麻

Linum usitatissimum L.；马钱科有密蒙花 *Buddleja officinalis* Maxim.；锦葵科有树棉 *Gossypium arboreum* Linn. var. *arboreum*.，陆地棉 *Gossypium hirsutum* Linn.，美丽芙蓉 *Hibiscus indicus*（Bur.f.）Hochr.，拔毒散 *Sida szechuensis* Matsuda.；楝科有楝 *Melia azedarach* L.，川楝 *Melia toosendan* Sieb.et Zucc.，香椿 *Toona sinensis*（A.Juss.）Roem. var. *sinensis*.；桑科有楮 *Broussonetia kazinoki* Sieb.；芭蕉科有芭蕉 *Musa basjoo*.Sieb.et Zucc.；木樨科有小蜡 *Ligustrum sinense* Lour. var. *sinense*.；蝶形花科有厚果鸡血藤 *Millettia pachycarpa* Benth.，刺槐 *Robinia pseudoacacia* Linn.，槐 *Sophora japonica* Linn.；胡麻科有胡麻 *Sesamum orientale* Linn.；梧桐科有昂天莲 *Ambroma augusta*（L.）L.f.，刺果藤 *Byttneria aspera* Colebr.in Roxb.，云南梧桐 *Firmiana major*（W.W.Smith）Hand-Mazz.，梧桐 *Firmiana simplex*（L.）F.W.Wight.，马松子 *Melochia corchorifolia* L.；瑞香科有白瑞香 *Daphne papyracea* Wall. ex Steud.，滇结香 *Edgeworthia gardneri*（Wall.）Meissn；田麻科有甜麻 *Corchorus aestuans* L.，黄麻 *Corchorus capsularis* L.，长蒴黄麻 *Corchorus olitorius* L.，刺蒴麻 *Triumfetta rhomboidea* Jacq.；荨麻科有苎麻 *Boehmeria nivea*（L.）Gaud. var. nivea，长叶水麻 *Debregeasia longifolia*（Burm. f.）Wedd.，水麻 *Debregeasia orientalis* C. J. Chen，糯米团 *Memorialis hirta*（Bl.）Wedd.，红雾水葛 Pouzolzia *sanguinea*（Bl.）Merr.。

⑩ 其他

主要包括绿肥、饲料、燃料、化妆品原料等。种类较少，本节不做详细分类。宾川共计有 28 科 56 属 63 种。如泽泻科有泽泻 *Alisma plantago-aquatica* L.ssp.*orientale*（Sam.）Sam.，剪刀草 *Sagittaria trifolia* L.；漆树科有清香木 *Pistacia weinmannifolia* J.Poisson ex Franch.，盐肤木 *Rhus chinensis* Mill. var. chinensis.；凤仙花科有金凤花 *Impatiens cyathiflora* Hook. f.；紫葳科有梓 *Catalpa ovata* G.Don.；忍冬科有水红木 *Viburnum cylindricum* Buch.Ham.ex D.Don.；藜科有藜 *Chenopodium album* L.；菊科有牡蒿 *Artenmisia japonica* Thub，辣子草 *Galinsoga parviflora* Cav，中华小苦菜 *Ixeridium chinense*（Thunb）Tzvel；葫芦科有绞股蓝 *Gynostemma pentaphyllum*（Thunb.）Makino. var. *pentaphyllum*；薯蓣科有毛胶薯蓣 *Dioscorea subcalva* Prain et Burkill.；领春木科有领春木 *Euptelea pleiospermum* Hook.f.et Thoms.；禾本科有剪股颖 *Agrostis clavata* Trin.，西南野古草 *Arundinella hookeri* Munro ex Keng，细柄草 *Capillipedium parviflorum*（R.Br.）Stap f，狗牙根 *Cynodon dactylon*（Linn.）Pers var. *Dactylon*，鸭茅 *Dactylis glomerata* Linn.，十字马唐 *Digitaria cruciata*（Nees）A.Camus，光头稗 *Echinochloa colonum*（Linn.）Link，稗 *Echinochloa crusgalli*（Linn.）Beauv. var. Crusgalli，牛筋草 *Eleusine indica*（Linn.）Gaertn.，知风草 *Eragrostis ferruginea*（Thunb.）Beauv.，小画眉草 *Eragrostis minor* Host，黑穗画眉草 *Eragrostis nigra* Nees ex Steud.，画眉草 *Eragrostis pilosa*（Linn.）Beauv.，黄茅 *Heteropogon contortus*（Linn.）Beauv. Ex Roem .et Schult.，鹅观草 *Roegneria tsukushiensis*（Honda）B.S.Sun，筒轴茅 *Rottboellia cochinchineneis*（Lour.）Clayt.，粟 *Setaria italica*（Linn.）Beauv.，蜀黍 *Sorghum bicolor*（Linn.）Moench，普通小麦 *Triticum aestivum* Linn.，菰 *Zizania latfolia*（Griseb.）Stapf;

木通科有猫儿屎 *Decaisnea fargesii* Franch.；樟科有山鸡椒 *Litsea cubeba*（Lour.）Pers.；浮萍科有芜萍 *Lemna arrhiza*（L.）Hockel ex Wimmer.，紫萍 *Spirodela polyrrhiza*（L.）Schleid.；含羞草科有合欢 *Albizia julibrissin* Durazz.；蝶形花科有西南杭子梢 *Campylotropis delavayi*（Franch.）Schindl.，直立刀豆 *Canavalia ensiformis*（Linn.）DC.，刀豆 *Canavalia gladiata*（Jacq.）DC.，豆薯 *Pachyrhizus erosus*（Linn.）Urb.，菜豆 *Phaseolus vulgaris* Linn.，蚕豆 *Vicia faba* Linn.；商陆科有商陆 *Phytolacca acinosa* Roxb.；松科有雪松 *Cedrus deodara*（Roxb.）G.Don.；雨久花科有水葫芦 *Eichhornia crassipes*（Mart.）Solms，雨久花 *Monochoria vaginalis*（Burm.f.）C.Presl. var. *korsakowii*（Regel et Maack.）C.B.Clarke ex Cherfilis；蔷薇科有川梨 *Pyrus pashia* Buch.-Ham. var. pashia.；茄科有烟草 *Nicotiana tabacum* Linn.；伞形科有积雪草 *Centella asiatica*（L.）Urban；荨麻科有水麻 *Debregeasia orientalis* C. J. Chen，糯米团 *Memorialis hirta*（Bl.）Wedd.；蒺藜科有蒺藜 *Tribulus terrester* L.。

（3）动物物种多样性

➢　物种组成

根据野外调查、馆藏标本查看及文献资料查阅，在宾川县还是记录到陆生有脊椎动物 309 种，约占云南全省陆生脊椎动物的 21.6%，其中鸟类最多（202 种），兽类次之（71 种），两栖类（19 种）与爬行类（18 种）物种数较少（表 4-30）。

表 4-30　宾川县与云南及邻近省区脊椎动物物种多样性比较

类群	物种数	云南		四川		贵州		西藏		广西	
		物种	%*	物种	%	物种	%	物种	%	物种	%
两栖类	19	115	37.5	108	33.2	68	20.9	47	14.5	75	23.1
爬行类	18	162	43.4	85	21.3	95	23.8	59	14.8	117	29.3
鸟类	202	848	65.5	625	48.3	403	31.1	473	36.5	496	38.3
兽类	71	305	47.3	219	33.9	138	21.4	126	19.5	133	20.6
合计	309	1430	54.58	1037	39.58	704	26.87	705	26.91	753	28.24

* 为相关省区占全国物种数的比例。

宾川县目前记录的 309 种陆生脊椎动物分别隶属于 29 目 75 科 182 属（表 4-31）。其中鸟类物种数最多（202 种），隶属于 16 目 38 科 107 属，占宾川县陆生脊椎动物的 65.4%、云南省 848 种鸟类（杨岚和杨晓君，2004）的 23.8%、全国鸟类种数 1329 种（MacKinnon & Phillipps，2000）的 15.2%；其次是兽类（71 种），占宾川县陆生脊椎动物的 23.0%、云南省 305 种兽类的 23.3%、全国兽类物种数 645 种（潘清华等，2007）的 11.0%；而两栖类和爬行类物种分别只有 19 种与 17 种，分别占本地区陆生脊椎动物 6.1%、5.5%，云南省的 16.5%、10.5%及全国的 5.6%与 4.1%。两栖爬行动物另外各还有 2 种外来物种：牛蛙（*Rana catesbeiana*）和红耳龟（*Chrysemys scripta*）。

表 4-31 宾川县陆生脊椎动物组成

类群	目	科	属	种	占宾川县物种数/%	占云南省物种数/%	占全国物种数/%
两栖类	2	7	13	19	6.1	16.5	5.6
爬行类	2	6	13	18	5.5	10.5	4.1
鸟类	6	38	7	2	65.4	23.8	15.2
兽类	9	24	49	71	23.0	23.3	11.0
合计	29	75	182	309	100		

① 各分类阶元多样性

对现有各类群物种组成进行的统计分析，可以看出各类群在目级高级分类阶元的组成在整体上没有多少差异，但是在属种组成上差异则较为明显，亦即各类群虽是由数量不等的目、科、属、种组成，但是由少数几个目、科的物种构成了各类群的主体。

宾川县 19 种两栖类隶属于 2 个目：有尾目（CAUDATA）和无尾目（ANURA），前者仅 1 科（蝾螈科 Salamandridae）1 属（疣螈属 *Tylototriton*）1 种（红瘰疣螈 *T. verrucosus*）；后者有 6 科 12 属 18 种，占本地区两栖动物的 94.7%。宾川现记录的 19 种两栖动物仅属于 7 科，其中最大科为蛙科（Ranidae）和角蟾科（Megophryinae）各有 6 种，分别占该地区两栖类的 31.6%，这两个科组成了该地区两栖动物物种种数主体。其他如蟾蜍科（Bufonidae）和姬蛙科（Microhylidae）各有 2 种，即：大蟾蜍华西亚种 *Bufo bufo andrewsi*、黑眶蟾蜍 *Bufo melanostictus*、多疣狭口蛙 *Kaloula verrucosa*、云南小狭口蛙 *Calluella yunnanensis*。而蝾螈科（Salamandridae）、盘舌蟾科（Discoglossidae）和雨蛙科（Hylidae）分别只有 1 种，即：红瘰疣螈 *Tylototriton verrucosus*、大蹼铃蟾 *Bombina maxima*、华西雨蛙 *Hyla annectans*，为单属种科，在科的组成上占 42.9%，但在物种组成上仅占 15.8%。

宾川县 17 种爬行类仅隶属于 1 个目（有鳞目 SQUMATA），分属 2 亚目，即：蜥蜴亚目（LACERTILIA）和蛇亚目（SERPENTES）。前者 3 科 4 属 6 种，占宾川县爬行类的 35.3%；后者有 3 科 9 属 11 种，占本地区爬行类的 64.7%。数量不多的宾川县爬行动物被分在 6 科中，其中以游蛇科（Colubridae）物种数量最多，有 8 种（占本地区爬行动物的 47.0%），而其他科只有 1 种或 2 种，如：鬣蜥科（Agamidae）、石龙子科（Scincidae）和眼镜蛇科（Elapidae）各有 2 种，即：铜蜓蜥 *Sphenomorphus indicum*、山滑蜥 *Scincella monticola*、孟加拉眼镜蛇 *Naja kaouthia*、眼镜王蛇 *Ophiophagus hannah*；壁虎科（Gekkonidae）和蝰科（Viperidae）各有 1 种，即：多疣壁虎（*Gekko japonicus*）和山烙铁头（*Ovophis monticola*）。

宾川县现记录鸟类 16 目 38 科 107 属 202 种，与云南全省鸟类组成相似，其中也是以雀形目（PASSERIFORMES）鸟类最多，达 144 种，占宾川县鸟类的 71.3%；其次即为雁形目（ANSERIFORMES），数量迅速降至 10 种，仅占地区鸟类的 5.0%；其余 14 个目的物种数量均在 7 种以下，其中仅含 1 种的目有 3 个目，即：鹈形目（PELECANIFORMES）、鸥形目（LARIFORMES）和雨燕目（APODIFORMES），另外 11 个目的物种数在 2～6

之间，如：䴕形目（PICIFORMES）7 种、鸻形目（CHARDRIFORME）6 种，隼形目（FALCONIFORMES）、鸡形目（GALLIFORMES）与䴕形目（PICIFORMES）各 5 种，鹳形目（CICONIFORMES）、鹤形目（GRUIFORMES）和鹃形目（CUCULIFORMES）分别各有 4 种，鸽形目（COLUMBIFORMES）和佛法僧目（CORACIIFORMES）各 3 种，鸊鷉目（PODICIPEDIFORMES）和鸮形目（STRIGIFORMES）分别有 2 种。在宾川县现已记录的 202 种鸟类，隶属于 38 个科，其中作为鸟类第一大科的鹟科（Muscicapidae）在该地区也是构成鸟类区系的主体，有 32 属 56 种，占了宾川县鸟类的 39.6%；其次即为雀科（Fringillidae），但数量迅速下降至 7 属 16 种和鸭科（Anatidae）4 属 10 种，其他科的物种数均在 7 种以下，如：啄木鸟科（Picida）7 种、鹡鸰科（Motacillidae）6 种，而鸬鹚科（Phalacrocoracidae）、隼科（Falconidae）、鸥科（Laridae）、雨燕科（Apodidae）、戴胜科（Upupidae）、百灵科（Alaudidae）、黄鹂科（Oriolidae）、鹪鹩科（Troglodytidae）、啄花鸟科（Dicaeidae）等 9 科分别只有 1 种，此外还有一些少种科，如：鸻科（Charadriidae）、鸱鸮科（Strigidae）、翠鸟科（Alcedinidae）、椋鸟科（Sturnidae）、山雀科（Paridae）、太阳鸟科（Nectariniidae）、鸊鷉科（Podicipedidae）、山椒鸟科（Campephagidae）、伯劳科（Laniidae）和䴓科（Sittidae）等 10 科分别只有 2 种。

宾川县哺乳动物有 9 目 24 科 49 属 71 种。与云南其他地区相似，宾川县哺乳动物在目级数量没有区别，但各目的组成却有较大的差异。宾川县哺乳动物最大目为啮齿目（RODENTIA），含 6 科 15 属 29 种；该目物种数占该类群物种数的 40.1%；食虫目（EULIPOTYPHLA）次之，有 3 科 11 属 17 种，占该类群所有物种数的 23.9%；食肉目（CARNIVORA）4 科 10 属 10 种居第三，占 14.1%。这三个目构成了宾川哺乳动物的主体，计 13 科 36 属 56 种，占该地区兽类物种数的 78.9%。而攀鼩目（SCANDENTIA）、灵长目（PRIMATES）、鳞甲目（PHOLIDOTA）、兔形目（LAGOMORPHA）等 4 目分别只有 1 科 1 属 1 种。此外，翼手目（CHIROPTERA）有 5 种、偶蹄目（ARTIODACTYLA）有 4 种。同目的组成，宾川县的兽类在科级水平的物种组成上，虽然也有类似于其他脊椎动物具明显优势的科，但比例远不及其他类群最大科的高。宾川县哺乳动物最大科——鼠科（Muridae）含 6 属 16 种，占本地区哺乳动物类群的 22.5%，显著低于其他地区；其次是鼩鼱科（Soricidae）含 7 属 13 种（占 18.3%）。而其他科的物种数均在 5 种以下，如：鼬科（Mustelidae）5 种，松鼠科（Sciuridae）、仓鼠科（Cricetidae）各 4 种，鼹科（Talpidae）、菊头蝠科（Rhinolophidae）、犬科（Ailuridae）、鼯鼠科（Pterpmyidae）各 3 种，蝙蝠科（Vespertilionidae）、牛科（Bovidae）各 2 种等，其他 11 个科为单属种科，如：猬科（Erinaceidae）、树鼩科（Tupaiidae）、鲮鲤科（Manidae）、猴科（Cercopithecidae）、熊科（Uursidae）、灵猫科（Viverridae）、猫科（Felidae）、猪科（Suidae）、麝科（Moschidae）、鹿科（Cervidae）、鼹形鼠科（Spalacidae）、豪猪科（Hystridae）、兔科（Leporidae）。

② 区系分析

宾川县不同陆生脊椎动物类群因各自分布特点的差异，各类群物种的区系从属亦有差异，但总的来说，在我国动物地理区划中隶属于东洋界，并具一定程度的西南区成分。

宾川县现记录的两栖类动物均东洋界物种，其中绝大部分为西南区成分，计有 17 种，占该地区两栖类的 89.5%，另外华中区与西南区共有种及为东洋界广布种各有 1 种，即：华西蟾蜍（*Bufo andrewsi*）、黑眶蟾蜍（*Bufo melanostictus*）。而爬行类虽也为东洋界物种，但更多为东洋界广布种，有 12 种，占该地区爬行动物的 70.6%；其余 5 个东洋界物种中，有西南区物种 2 个：昆明龙蜥（*Japalura varcoae*）、山滑蜥（*Scincella monticola*），华中区与西南区共有物种 1 个：草绿龙蜥（*Japalura flaviceps*），华南区物种 1 个：裸耳龙蜥（*Japalura dymondi*），华中区与华南区共有物种 1 个：多疣壁虎（*Gekko japonicus*）。

根据张荣祖（1999）《中国动物地理》所列出的两栖爬行动物分布情况，宾川县所记录的 36 种两栖和爬行动物，绝大多数为东洋区物种，只有黑眉锦蛇（*Elaphe taeniura*）、红脖颈槽蛇（*Rhabdophis sublminiata*）、颈槽蛇（*Rhabdophis nuchalis*）等 3 种蛇类广布于东洋界和古北界。该地区两栖爬行动物区系成分统计说明：宾川县两栖和爬行动物由多种成分组成，广布于东洋区与古北界物种有 3 个，均为爬行类；东洋界广布种 10 种，两栖类 1 种，爬行类 9 种；西南区成分居多，两栖类 17 种，爬行类 2 种。因此，宾川现有两栖爬行动物，主要为东洋界西南区成分构成，特别是两栖动物，在动物地理区划上隶属于东洋界西南区。

依据所记录各种鸟类在宾川县的采集、观察时间，并参照有关文献记载，统计结果表明：宾川县所记录的 202 种鸟类中，有常年居留于宾川县的留鸟（Resident，以 R 表示），计 139 种，占所录鸟类的 68.8%；仅春末夏初迁至该地区，夏末秋初迁离的夏候鸟（Summer 或 Breeder，以 S 或 B 表示），计 30 种，占所录鸟类的 14.9%；秋末冬初由北方迁飞至此地越冬的冬候鸟（Winter，以 W 表示）或旅经该地再向南迁的旅鸟（Migration，以 M 表示），在本地鸟类中既是冬候鸟也是旅鸟的计 33 种，占所记录鸟类的 16.3%；所以，宾川县所记录鸟的种类以留鸟为主，冬候鸟和夏候鸟次之。

依据郑作新《中国鸟类区系纲要》（1987）所列各种鸟类的地理分布情况，在宾川县所记录的 202 种鸟类中，在该地区繁殖的鸟类（含留鸟、夏候鸟和繁殖鸟）共计 169 种，占所记录鸟类的 83.7%。其中繁殖区域主要在东洋界的鸟类，计 117 种，占 69.2%；繁殖区域主要在古北界的鸟类，计 13 种，占 6.5%。由此可见宾川县鸟类的区系构成以东洋界成分为主。根据调查，在本县的鸟类区系成分中，东洋种的种数远远超过古北种，因此该地的鸟类区系的组成，在整体上倾向于东洋界，与郑作新（1987））和张荣祖（1999）的划分相符，即宾川县归属于东洋界。

宾川县 71 种哺乳动物中具有一定数量世界性的广布种，如：与人类伴生而遍布世界各地的小家鼠（*Mus musculus*）、褐家鼠（*Rattus norvegicus*），全北区分布并向南延伸到东洋区的赤狐（*Vulpes vulpes*）和广布于欧亚非的野猪（*Sus scrofa*）、水獭（*Lutra lutra*）、藏獾（*Meles leucureus*）、巢鼠（*Micromys minutus*）及豺（*Cuon alpinus*）、貉（*Nycterutes procyonoides*）、黑熊（*Selenarctos thibetanus*）、黄鼬（*Mustela sibrica*）、猪獾（*Arctonyx collaris*）、豹猫（*Prionalurus bengalensis*）、川西斑羚（*Nemorhaedus griseus*）、大林姬鼠（*Apodemus peninsulae*）、社鼠（*Niviventer confucianus*）等古北区与东洋区共有种，计有 17 种，占本地区兽类物种数的 23.9%。其余 54 种属东洋界性质的物种，占总种数的 76.1%。

在东洋界物种中，相较于滇西北其他地区，西南区、华南区与华中区共有物种的比例有所增加，有 23 种，占东洋界物种数的 42.6%；西南区与华南区共有物种有 14 个，占东洋界物种数的 25.9%；而西南区与华中区共有物种只有 3 个，仅占 5.5%;；但属于西南区的物种有 14 个，如：长尾鼩鼹（*Scaptony fusicaudus*）、小纹背鼩鼱（*Sorex bedfordiae*）、云南鼩鼱（*Sorex excelsus*）、甘肃小缺齿鼩（*Chodsigoa lamula*）、大绒鼠（*Eothenomys miletus*）、克钦绒鼠（*Eothenomys cachinus*）、澜沧江姬鼠（*Apodemus ilex*）、大耳姬鼠（*Apodemus latronum*）、川西白腹鼠（*Niviventer excelsior*）、安氏白腹鼠（*Niviventer andersoni*）等，占东洋界物种数的 25.9%。由此可见，宾川县现记录的哺乳动物区系也具有较高的西南区成分，在我国动物地理区划中属于东洋界西南区动物区系。

➢ 特有种类

宾川县两栖动物虽然仅有 19 种（占云南省两栖类的 16.5%），但为中国特有种的却高达 12 种，占该地区两栖类的 63.2%；其中 4 种为云南特有特种，如：疣刺齿蟾（*Scutiger rugosus*）和多疣狭口蛙（*Kaloula verrucosa*），占该地区两栖类的 21.1%；此外还有 3 种在国内仅见于云南，可见，本地区的两栖动物有很高的特有性。记录的爬行动物有 17 种，而有 6 种为中国特有物种，占该地区爬行类的 35.3%，其中 1 种为云南特有物种（昆明龙蜥 *Japalura varcoae*），但在国内仅见云南的爬行类没有记录。

因鸟类具飞行的习性，相较于其他陆生脊椎动物，其特有性程度明显较低，在宾川县 202 种鸟类中，有 8 种鸟类（白腹锦鸡 *Chrysolophus amherstiae*、宝兴歌鸫、橙翅噪鹛、棕头雀鹛 *Alcippe ruficapilla*、白领凤鹛 *Yuhina diademata*、滇鳾*Sitta yunnanensis*、酒红朱雀 *Carpodacus vinaceus*、斑翅朱雀 *Carpodacus trifasciatus*）为中国特有种，仅占本地区鸟类的 4.0%，在国外有分布但国内仅分布于云南的鸟类 1 种，即：紫颊直嘴太阳鸟 *Anthreptes singalensis*；但没有仅分布于云南的中国特有物种。

宾川县现记录的 71 兽类表现出较高的特有性，其中中国特有种 13 种，占该地区兽类的 18.3%，包括：鼩猬（*Neotetracus sinensis*）、云南鼩鼱（*Sorex excelsus*）、甘肃小缺齿鼩（*Chodsigoa lamula*）、侧纹岩松鼠（*Sciurotamias forresti*）、大绒鼠（*Eothenomys miletus*）、滇绒鼠（*Eothenomys eleusis*）、昭通绒鼠（*Eothenomys olitor*）、大耳姬鼠（*Apodemus latronum*）、高山姬鼠（*Apodemus chevrieri*）、澜沧江姬鼠（*Apodems ilex*）、安氏白腹鼠（*Niviventer andersoni*）、川西白腹鼠（*Niviventer excelsior*）、云南兔（*Lepus comus*），其中澜沧江姬鼠为云南特有种。

表 4-32 宾川县陆生脊椎动物特有种

	中国特有分布		云南特有分布	
	种	%*	种	%
两栖类	12	63.2	4	21.1
爬行类	6	35.3	1	5.9
鸟类	6	3.61	—	—
兽类	13	18.3	1	1.49
合计	37	10.0	6	1.9

* 为所占各类群比例（%）。

➢ 珍稀濒危保护种类

宾川县陆生脊椎动物中也有不少物种被列入国家重点保护动物名录或 CITES 附录 I 及附录 II，特别是哺乳动物和鸟类，因其常作为狩猎动物且对栖息环境要求严格，受威胁及濒危程度更高，因而有更多的物种被列在相关保护动物名录中。相反，两栖爬行类的保护动物物种数量及所占比例则要少得多（表 4-33）。

表 4-33 宾川县重点保护陆生脊椎动物

类群	国家级				CITES 种			
	I	%*	II	%	附录 I	%	附录 II	%
两栖类	—	—	1	5.3	—	—	—	—
爬行类	—	—	—	—	—	—	2	11.8
鸟类	—	—	8	4.0	—	—	3	1.5
兽类	1	1.4	7	9.8	3	4.2	6	8.4
合计	1	0.3	16	5.2	3	1.0	11	3.6

* 占各类群物种数的比例。

在宾川现记录的 19 种两栖动物中，列入国家重点保护动物名单中的只有 1 种，即：红瘰疣螈（*Tylototriton verucossus*），且属于国家 II 级重点保护动物，并且无任何物种列在 CITES 附录中；但是所有 19 种两栖动物均在《中国物种红色名录（第一卷）》（2004）中，如：大蹼铃蟾（*Bombina maxima*）、平头短腿蟾（*Brachytarsophrys platyparietus*）、小角蟾（*Megophrys minor*）、掌突蟾（*Leptolalax pelodytoides*）、疣棘齿蟾（*Oreolalax rugosus*）、大蟾蜍华西亚种（*Bufo bufo andrewsi*）、黑眶蟾蜍（*Bufo melanostictus*）、金江湍蛙（*Amolops jinjiangensis*）、昭觉林蛙（*Rana chaochiaoensis*）、无指盘臭蛙（*Rana grahami*）、滇蛙（*Rana pleuraden*）、威宁蛙（*Rana weiningensis*）、双团棘胸蛙（*Rana yunnanensis*）等；《中国濒危动物红皮书——两栖类和爬行类》（1998）中仅收录该地区两栖类 2 种，即：红瘰疣螈（*Tylototriton verrucosus*）、双团棘胸蛙（*Rana yunnanensis*），因此宾川两栖类的保护仍值得关注。而在宾川的 17 种爬行类中，则没有任何物种被列入国家重点保护动物名录；眼镜王蛇（*Ophiophagus hannah*）和孟加拉眼镜蛇（*Naja kaouthia*）2 种被列入 CITES 附录 II；在《中国濒危动物红皮书——两栖类和爬行类》（1998）中收录有该地区 6 种爬行类，如：王锦蛇指名亚种（*Elaphe c. carinata*）、紫灰锦蛇指名亚种（*Elaphe porphyracra porphyracea*）、黑眉锦蛇（*Elaphe taeniura*）、黑线乌梢蛇（*Zaocys nigromarginatus*）、孟加拉眼镜蛇（*Naja kaouthia*）等；但《中国物种红色名录（第一卷）》（2004）则包含该地区所有 18 种爬行类，如：草绿龙蜥（*Japalura flaviceps*）、王锦蛇指名亚种（*Elaphe c. carinata*）、紫灰锦蛇指名亚种（*Elaphe porphyracra porphyracea*）、黑眉锦蛇（*Elaphe taeniura*）、八线腹链蛇（*Amphiesma octolineata*）、红脖颈槽蛇（*Natrix sublminiata*）、斜鳞蛇指名亚种（*Pseudoxenodon macrops macrops*）、黑线乌梢蛇（*Zaocys nigromarginatus*）、孟加拉眼镜蛇（*Naja kaouthia*）等。同样说明宾川的少量的爬行动物的保护也需要给予关注。而在 2000 年 8 月颁布的《国家保护的有益的或者有重要经济、科学研究价值的陆生野生动物名录》中，宾川县记录的 36 种两栖和爬行动物全部被收录，显示其重要的价值。

宾川县鸟类被列入国家重点保护的鸟类物种数量与比例明显增多，国家重点保护动物 8 种（占 4.0%），均为 II 级重点保护动物，包括白腹锦鸡（*Chrysolophus amherstiae*）、黑翅鸢（*Elanus caeruleus*）、[黑]鸢（*Milvus migrans*）、松雀鹰（*Accipiter virgatus*）、普通鵟（*Buteo buteo*）、红隼（*Falco tinnunculus*）、鹛鸮（*Bubo bubo*）、领鸺鹠（*Glaucidium brodiei*）等；列入 CITES 附录中的有 3 种（占 1.5%），包括红隼（*Falco tinnunculus*）、鹛鸮（*Bubo bubo*）、红嘴相思鸟（*Leiothrix lutea*）；《中国物种红色名录（第一卷）》（2004）中列为近危种的有白眼潜鸭（*Aythya nyroca*）、喜鹊、红嘴相思鸟、滇䴓、树麻雀等 5 种；在 2000 年 8 月颁布的《国家保护的有益的或者有重要经济、科学研究价值的陆生野生动物名录》中，分布在宾川的 124 种鸟类名列其中，包括：小鸊鷉、凤头鸊鷉、[普通]鸬鹚 *Phalacrocorax carbo*、苍鹭、绿鹭 *Butorides striatus*、池鹭、白鹭 *Egretta garzetta*、赤麻鸭、绿翅鸭、绿头鸭、斑嘴鸭、赤颈鸭 *Anas penelope*、琵嘴鸭、红头潜鸭 *Aythya ferina*、白眼潜鸭、凤头潜鸭 *Aythya fuligula*、普通秋沙鸭、鹧鸪、鹌鹑 *Coturnix coturnix*、棕胸竹鸡 *Bambusicola fytchii*、环颈雉、红胸田鸡、白胸苦恶鸟、黑水鸡 *Gallinula chloropus*、白骨顶 *Fulica atra*、灰头麦鸡、金眶鸻 *Charadrius dubius*、白腰草鹬、矶鹬 *Tringa hypoleucos*、针尾沙锥、丘鹬 *Scolopax rusticola*、红嘴鸥、山斑鸠、珠颈斑鸠、火斑鸠 *Oenopopelia tranquebarica*、鹰鹃、四声杜鹃、大杜鹃、小杜鹃 *Cuculus poliocephalus*、小白腰雨燕、普通翠鸟 *Alcedo atthis*、戴胜、蚁䴕、斑姬啄木鸟、大斑啄木鸟、赤胸啄木鸟 *Dendrocopos cathpharius*、棕腹啄木鸟 *Dendrocopos hyperythrus*、星头啄木鸟、小云雀、家燕、烟腹毛脚燕 *Delichon dasypus*、黄头鹡鸰 *Motacilla citreola*、灰鹡鸰、白鹡鸰、田鹨、树鹨、粉红胸鹨 *Anthus roseatus*、暗灰鹃鵙 *Coracina melaschistos*、粉红山椒鸟、长尾山椒鸟、短嘴山椒鸟 *Pericrocotus brevirostris* 等。

在已记录的兽类中，宾川县有国家 I 级重点保护动物 1 种（林麝 *Moschus berezovskii*），国家 II 级重点保护野生动物种有猕猴（*Macaca mulatta*）、中国穿山甲（*Manis pentadactyla*）、豺（*Cuon alpinus*）、黑熊（*Selenarctos thibetanus*）、水獭（*Lutra lutra*）、中华鬣羚（*Capricornis milneedwardsii*）、川西斑羚（*Nemorhaedus griseus*）等 7 种；此外有 9 种被列在 CITES 附录中，其中，附录 I 有 3 种：黑熊（*Selenarctos thibetanus*）、中华鬣羚（*Capricornis milneedwardsii*）、川西斑羚（*Nemorhaedus griseus*），附录Ⅱ有 6 种：北树鼩（*Tupaia belangeri*）、中国穿山甲（*Manis pentadactyla*）、豺（*Cuon alpinus*）、水獭（*Lutra lutra*）、豹猫（*Prionailurus bengalensis*）、林麝（*Moschus berezovskii*）；《中国濒危动物红皮书——兽类》（1998）中列为濒危种的有：林麝 *Moschus berezovskii*、黑白飞鼠 *Hylopetes alboniger* 2 种；《中国物种红色名录》（2004）中列为濒危种的有：林麝 *Moschus berezovskii*、川西斑羚 *Naemorhedus griseus* 等 2 种；在 2000 年 8 月颁布的《国家保护的有益的或者有重要经济、科学研究价值的陆生野生动物名录》中，分布于宾川县的兽类在此名录中的有：中缅树鼩 *Tupaia belangeri*、鼬獾 *Melogale moschata*、黄鼬 *Mustela sibirica*、果子狸 *Paguma larvata*、豹猫 *Panthera pardus*、野猪 *Sus scrofa*、赤麂 *Muntiacus vaginalis*、云南兔 *Lepus comus*、红白鼯鼠 *Petaurista alborufus*、黑白飞鼠 *Hylopetes alboniger*、赤腹松鼠 *Callosciurus erythraeus*、隐纹花鼠 *Tamiops swinhoei*、泊氏长吻松鼠 *Dremomys pernyi*、侧纹岩松鼠 *Sciruotamias forresti*、豪猪 *Hystrix hodgsoni*、社鼠 *Niviventer confucianus* 等 16 种。

（4）大型真菌物种多样性

通过对标本的鉴定，得知该县有野生大型真菌 136 种，隶属于 16 目 36 科 83 属。在所有的目中，按照包含的种数多少排序为伞菌目（67 种）、多孔菌目（18 种）、红菇目（15 种）、牛肝菌目（15 种）、非褶菌目（3 种）、盘菌目（3 种）、柔膜菌目（2 种）、鸡油菌目（2 种）、灰孢目（2 种）、刺革菌目（2 种）、银耳目（2 种）、花耳目（1 种）、层腹菌目（1 种）、木耳目（1 种）、地星目（1 种）、硬皮马勃目（1 种）。

在所有的科中，按照包含的种数多少排序为：口蘑科（19 种）、多孔菌科（17 种）、红菇科（15 种）、牛肝菌科（10 种）。包含 6 个种的科有：鹅膏菌科和膨瑚菌科；包含 5 个种的科有：伞菌科、小皮伞科和侧耳科；包含 4 个种的科有：蜡伞科、湿伞科和乳牛肝菌科；包含 3 个种的科有：丝盖伞科和枝瑚菌科；包含 2 个种的科有：丝膜菌科、刺革菌科、灰锤科、马鞍菌科、离褶伞科、光柄菇科和球盖菇科；仅包含 1 个种的科有：鬼伞科、齿菌科、鸡油菌科、木耳科、铆钉菇科、侧盘菌科、锤舌菌科、核盘菌科、球盖菇科、粉褶伞科、鸟巢菌科、银耳科、硬皮马勃科、地星科、白肉迷孔菌科和根须腹菌科。

在所有的属中，按照包含的种数多少排序为：红菇属（7 种）、乳菇属（7 种）、鹅膏属（6 种）；乳牛肝菌属、小皮伞属、牛肝菌属、拱顶伞属均包含有 4 个种；枝瑚菌属、粉孢牛肝菌属、干酪菌属、马勃属和湿伞属均包含有 3 个种；仅含 2 个种的属有 13 个，分别为：烟管属菌、小孔菌属、白马鞍菌属、金钱菌属、光柄菇属、丝盖伞属、小菇属、银耳属、口蘑属、离褶伞属、蘑菇属、奥德蘑属、滑锈伞属；仅含 1 个种的属有 58 个，分别为：秃马勃属、蜡伞属、丝盖伞属、松果菌属、豆马勃属、须腹菌属、木层孔菌属、锈革菌属、地星属、薄孔菌属、拟牛肝菌属、钹孔菌属、环褶菌属、拟迷孔菌属、春孔菌属、黏褶菌属、彩孔菌属、褶孔菌属、林芝属、脆柄菇属、密孔菌属、须瑚菌属、桂花耳属、脉革菌属、圆牛肝菌属、亚齿菌属、陀螺菌属、虎掌菌属、色钉菇属、条孢牛肝菌属、圆孢牛肝菌属、绒盖牛肝菌属、须孢盘菌属、杯伞属、金钱菌属、鳞伞属、丝膜菌属、皮盖伞属、松苞菇属、香蘑属、白蚁伞属、干脐菌属、亚侧耳属、小香菇属、香菇属、平菇属、粉褶菌属、白鬼伞属、小孢菌属、色孢菌属、小管菌属、乳金伞属、环柄菇属、金褐伞属、蛋巢菌属、蜜环菌属、紫螺菌属和孢盘菌属。

从生活习性上看，腐生菌 23 种，占总种数的 17%。木生菌 20 种，占总种数的 14%。外生菌根菌 93，占总种数的 59%，外生菌根真菌为该县大型真菌的主要生态类群。

调查发现，宾川县市场上出现的野生食用菌主要有 22 种，分别为：松口蘑（*Tricholoma matsudake*）、美味牛肝菌（*Boletus edulis* complex）、松乳菇（*lactarius deliciosus*）、多汁乳菇（*Lactarius volemus*）、茶褐牛肝菌（*Boletus brunneissimus*）、灰褐牛肝菌（*Boletus griseus*）、香菇（*Lentinula edodes*）、玉蕈离褶伞（*Lyophylum shimeji*）、烟色离褶伞（*Lyophyllum fumosum*）、鸡枞（*Termitomyces striatus*）、红菇湿伞（*Hygrophorus russula*）、红蜡蘑（*Laccaria laccata*）、大孢地花菌（*Albatrellus ellisii*）、梭柄乳头菇（*Catathelasma ventricosum*）、灰黑喇叭菌（*Cratarellus cornucopioides*）、黄柄喇叭菌（*Craterellus xanthopus*）、淡红丛枝瑚（*Ramaria hemirubella*）、红须腹菌（*Rhizopogon rubescens*）、蓝黄红菇（*Russula cyanoxantha*）、变绿红菇（*Russula virescens*）、油口蘑（*Tricholoma equestre*）、棕灰口蘑（*Tricholoma terreum*）。

在这些食用菌中，香菇、玉蕈离褶伞和烟色离褶伞这 3 种为腐生菌，并且均已能够实现人工商业化栽培和生产。剩余的 19 种均为外生菌根菌，其中松乳菇可以通过建立种植园实现人工栽培，多汁乳菇可在成林下通过实施人工接种实现出菇。宾川县野生贸易真菌年产量在 1 500 t 左右，其中主要以松口蘑和牛肝菌类为主，约占市场份额的 1/3。

4.8.4 小结

系统调查整理完成了宾川县高等植物、陆生脊椎动物和大型真菌物种编目，并建立了数据库，为国家和地方生物多样性保护提供技术资料。经过调查和研究发现，与《中国植被》（中国植被编写组，1995）和《云南植被》（吴征镒等，1987）对照，初步确定了多变石栎、薄叶杜鹃群落（Comm. *L. variolosus*，*Rhododendron facetum*），多变石栎、槭树群落（Comm. *L. variolosus*，*Acer* sp.），多变石栎、狭叶泡花树群落（Comm. *L. variolosus*，*Meliosma angustifolia*），滇青冈、光叶高山栎群落（Comm. *C. glaucoides*，*Quercus rehderiana*）等 16 个新的群落类型，这些新发现的群落类型，对补充滇西北的植被类型具有重要意义；初步确定凤仙花科一新种（即戟瓣凤仙花 *Impatiens hastata* Y. M. Shui & W. H. Chen，sp. nov.，ined.）和天南星科的宁蒗斑龙芋 *Sauromatum ninglangense* H. Li & Y. M. Shui，sp. nov.，ined. 等；与《云南生物多样性评估》相比，陆生脊椎动物增加了 154 种，其中两栖爬行类增加 13 种、鸟类增加 112 种、兽类增加 29 种。包括国家 I 级重点保护动物 1 种，国家 II 级重点保护动物 7 种，CITES 附录 I 有 2 种，CITES 附录 II 有 5 种，《中国物种红色名录（第一卷）》（2004）近危种 7 种及濒危种 3 种。

4.9 贡山县生物多样性现状[①]

4.9.1 自然概况

贡山独龙族怒族自治县位于云南省西北部的怒江大峡谷北段，东经 98°6′18″～98°54′12″，北纬 27°24′54″～28°18′，总面积 4397.93 km^2。北面与西藏自治区察隅地区接壤，东面与维西县毗连，西面、西南面与缅甸北部克钦邦相邻，南面为福贡县。地处横断山脉纵谷地带，是怒江大峡谷最深地段。濒临印度板块和欧亚板块的结合部，形成了规模巨大的南北走向褶皱山系和深大断裂，加之受新构造运动，第四纪冰川和近代河流深切等多种影响，造就了延绵千里的担当力卡山、高黎贡山、碧罗雪山与由北向南奔腾倾泻的独龙江、怒江相间纵列，闻名于世的高山大峡谷地貌景观，其境山高谷深，山峰林立，群峰峻秀，从河谷到山巅高差达 3～4 km。其地势特点是：喜马拉雅山的余脉分三大山岭——碧罗雪山、高黎贡山、担打力卡山由北向南深入，与纵贯全境的怒江、独龙江构成“三山夹两江”的高山峡谷地貌，自然形成怒江、独龙江两大纵谷区。在“三江”河谷江边，分布着面积大小不同的许多冲积扇、冲积堆、冲积裙，成为主要农作区。在各大峡谷之内，还有许多雄关要隘，奇峰异石，飞流瀑布，急流险滩。

由北向南贯穿贡山县中部的高黎贡山北段地势最高，嘎普主峰就高达 5 128 m，大部分山峰都在 4 000 m 以上，西面与独龙江相隔为担当力卡山，属西藏高原的余脉，东面与怒江相隔为碧罗雪山，素有“南北动植物的走廊”、“第四纪冰川活动时期原生物的避难所”、“世界意义的陆地生物多样性关键地区”和“有色金属和动植物王国”之美誉。区内最低点为独龙江出境处（41 号界桩），该处江面海拔 1 160 m，最高点为高黎贡山主峰嘎娃嘎普 II 峰 5 128 m，河谷至山顶高差达 3 968 m。碧罗雪山整体较高，但贡山县境内的山峰多在 3 500～4 000 m，最高峰竹子坡峰海拔 4 784.5 m。担当力卡山地势略低，一般山峰均在 3 500 m 以上，最高峰南代旺腊卡海拔 4 964 m。

县境内河流属怒江水系和伊洛瓦底江水系，有大小河流 138 条，主要河流有 55 条，高山湖泊 11 个。怒江水系：发源于唐古拉山，从西藏自治区察隅县流入贡山独龙族怒族自治县，纵贯丙中洛、捧打、茨开、普拉底等乡镇经腊早进入福贡县。境内长约 110 km，江面最宽处约 150 m，平均宽约 120 m，天然落差约 300 m，流域面积约 1 000 km^2。河床狭窄，江底多礁石，水流湍急，冬春两季的枯期流速为 3 m/s 左右，夏季的流速高达 6～7 m/s。两岸分布着许多短小呈扇形排列的融雪溪水支流，县境内共有 42 条。伊洛瓦底江水系：属于伊洛瓦底江水系的独龙江源于西藏自治区察隅县。上游称克劳洛河，与麻必洛混合后称独龙江。独龙江纵贯贡山独龙族自治县西部的担当力卡山和高黎贡山之间，于嘎

① 贡山县植被类型与植物多样性由云南大学王跃华教授组织调查和提供数据；动物多样性由云南大学胡健生教授组织调查和提供数据；大型真菌多样性由中科院昆明植物研究所杨祝良研究员组织调查和提供数据。

赖村由北向西南呈倒"U"形，由中缅边界龙龙王土流入缅甸，与狄不勒江混合后称恩门开江。县境内全长约 90 km，宽 30～60 m，流域面积约 1 500 km^2。河床南向倾斜，落差巨大，江心多石。支系达 100 多余条，较大的有 13 条。县内有许多飞流瀑布，清朗当的滴水岩，丹当、补久娃的瀑布和独龙江哈磅瀑布都很壮观。高山淡水湖泊有得那错湖、白马错湖、初干初、依比底、滴逗错湖、四克旺、兴哪间初、葛珠湖、大苏湖等，面积多为 100 m^2 以下。

县内包括高寒、温、热单个气候带的多种林木，农作物、草药、花卉和经济林木黄连、厚朴、板栗、茶叶、桐油、漆树等，其中包括许多的国家Ⅰ级、Ⅱ级保护物种。秃杉、琪憫、杜鹃、树蕨、乔松等被列为国家Ⅰ级保护物种。

全县辖茨开镇、捧当乡、丙中洛乡、普拉底乡、独龙江乡等 1 镇 4 乡，26 个村委会，两个居委会，242 个村民小组，总人口 34 240 人。境内居住着独龙族、怒族、藏族、傈僳族等 15 种民族，少数民族人口 32 954 人，占总人口的 96%，其中独龙族 5 288 人，怒族 6 071 人。

4.9.2　组织实施

调查调查组沿茨开—黑娃底—高黎贡山东坡—高黎贡山哑口—高黎贡山西坡—独龙江一线、茨开—黑娃底—高黎贡山东坡—高黎贡山哑口—高黎贡山西坡—独龙江—孔当—石灰岩—马库—钦郎当—41 号界桩、茨开—丹珠—丹珠大箐—35 号界桩、茨开—普拉底乡—怒山山脉西坡、茨开—嘎足—其期等几条路线开展了累计历时约 90 天的野外调查工作，采集维管束植物标本 2283 号；动物调查组组织两栖爬行类、鸟类和兽类三个专业调查小组分别在茨开镇、丙中洛乡、棒当乡、普拉底乡和独龙江乡，对贡山县分布的各类陆栖脊椎动物进行了野外调查；大型真菌调查组根据贡山县自然气候特点和大型真菌调查工作的实际，并结合不同的生境条件，选择丹当镇、茨开镇黑娃底自然保护区—黑娃底村—至独龙江方向、丙中洛自然保护区—丙中洛乡日当村—丙中洛乡、丙中洛乡四季桶村、丙中洛乡双拉村—日当村、黑娃底村—丹当镇、茨开镇达嘎村—普拉底乡补久村等路线对贡山县大型真菌物种资源进行了调查，共采集大型真菌标本 400 余份。

4.9.3　主要成果

（1）植被类型组成

依据《中国植被》《云南植被》和《云南森林》等重要植被专著中采用的分类系统，遵循群落学—生态学的分类原则，通过野外线路踏查并结合相关植被调查资料，将贡山县植被划分为 9 个植被型，11 个植被亚型，34 个群系（表 4-34）。

表4-34 贡山植被分类系统表

Ⅰ. 常绿阔叶林 Evergreen Broadleaved Forest
（Ⅰ）季风常绿阔叶林 Monsoon Evergreen Broadleaved Forest
一、藤黄、润楠林 Form group *Garcina*，*Machilus*
（一）怒江藤黄、润楠林（Form. *Garcina nujiangensis*，*Machilus* spp.）
（Ⅱ）半湿润常绿阔叶林 Semi-humid Evergreen Broadleaved Forest
（一）滇青冈林（Form. *Cyclobalanopsis glaucoides*）
（Ⅲ）中山湿性常绿阔叶林 Mountainous humid Evergreen Broadleaved Forest
一、青冈林 Form. group *Cyclobalanopsis*
（一）青冈栎林（Form. *Cyclobalanopsis glauca*）
（二）曼青冈林（Form. *Cyclobalanopsis oxyodon*）
（三）薄片青冈林（Form. *Cyclobalanopsis lamellosa*）
（四）长叶青冈林（Form. *Cyclobalanopsis longifolia*）
（五）俅江青冈林（Form. *Cyclobalanopsis kiukiangensis*）
二、石栎林 From. group *Lithocarpus*
（一）硬斗石栎、青冈林（Form. *Lithocarpus hancei*）
（二）白穗石栎林（Form. *Lithocarpus leucostachyus*）
（三）厚叶石栎、杜鹃林（Form. *Lithocarpus pachyphyllus*，*Rhododendron* spp.）
三、栎林 Form. group *Quercus*
（一）贡山栎林（Form. *Quercus kongshanensis*）
四、马蹄荷林 Form. group *Exbucklandia*
（一）马蹄荷林（Form. *Exbucklandia populnea*）
五、棕榈林 Form. group *Trachycarpus*
（一）贡山棕榈林（Form. *Trachycarpus princeps*）
Ⅱ. 落叶阔叶林 Deciduous Broadleaved Forest
一、桤木林 From. group *Alnus*
（一）旱冬瓜林（Form. *Alnus nepalensis*）
二、桦树林 From. group *Betula*
（一）长穗桦林（Form. *Betula cylindrostachya*）
（二）糙皮桦林（Form. *Betula utilis*）
三、马蹄果林 Form. group *Protium*
（一）马蹄果林（Form. *Protium serratum*）
四、香椿林 Form. group *Toona*
（一）香椿林（Form. *Toona sinensis*）
五、核桃林 Form group *Juplans*
（一）野核桃林（Form. *Juplans cathayensis*）
Ⅲ. 温性针阔混交林 Coniferous and Broadleaved Mixed Forest
一、铁杉-阔叶混交林 Form. group *Tsaga*-broadleaved mixed forest
（一）云南铁杉-常绿阔叶混交林 Form. *Tsuga dumosa*-evergreen broadleaved mixed forest
（二）云南铁杉-落叶阔叶混交林 Form. *Tsuga dumosa*-deciduous broadleaved mixed forest
Ⅳ. 暖性针叶林 Warm Coniferous Forest
（Ⅰ）暖温性针叶林 Warm-temperate Coniferous Forest
（一）云南松林（Form. *Pinus yunnanensis*）
（二）乔松林 From. *Pinus griffithii*

Ⅴ. 温性针叶林 Temperate Coniferous Forest
　（Ⅰ）寒温性针叶林 Cold-temperate Coniferous Forest
　　一、云、冷杉林 Form group Picea and Abies
　　　（一）油麦吊云杉林（Form. *Picea brachytyla* var. *conplanata*）
　　　（二）怒江冷杉林（Form. *Abies nukiangensis*）
　　　（三）苍山冷杉林（Form. *Abies delavayi*）
Ⅵ.竹林 Bamboo Wood
　（Ⅰ）寒温性竹林 Cold-temperate Bamboo Wood
　　一、箭竹林 Form Group *Fargesia*
　　　（一）皱壳箭竹林（Form. *Fargesia pleniculmis*）
　　　（二）矩鞘箭竹林（Form. *Fargesia orbiculata*）
Ⅶ. 稀树灌木草丛 Shrub-Grassland
　（Ⅰ）暖温性稀树灌木草丛 Warm-temperate Shrub -Grassland
Ⅷ. 灌丛 Shrub
　（Ⅰ）寒温性灌丛 Cold-temperate Shrub
　　一、杜鹃灌丛 From. group *Rhododendron*
　　　（一）夺目杜鹃灌丛（Form. *Rhododendron arizelum*）
　　　（二）地檀香、杜鹃灌丛（Form. *Gaultheria forrestii*，*Rhododendron* spp.）
　（Ⅱ）暖温性灌丛 Warm-temperate Shurb
　　　（一）球花水柏枝灌丛（Form. *Myricaria laxa*）
Ⅸ. 草甸 Meadow
　（Ⅰ）亚高山草甸 Sub-alpine Meadow
　　　（一）阿魏、天南星草甸（Form. *Ferula assafoetida*，*Arisaema* spp.）
　（Ⅱ）亚高山沼泽化草甸 Sub-alpine Moor Meadow
　　　（一）灯芯草沼泽化草甸（Form. *Juncus effusus*）

注：编号说明
植被型：用Ⅰ，Ⅱ，Ⅲ，……，数字后加“.”号，统一编号；
植被亚型：用（Ⅰ），（Ⅱ），……，数字后不加符号，统一编号；
群系组：用一，二，三，……，数字后加“、”号，在植被型或植被亚型之后编号；
群系：用（一），（二），（三），……，数字后不加符号，在群系组或植被亚型下编号。

（2）植物物种多样性

➢ 物种组成

根据野外调查和内业分析结果，贡山县共有高等植物 297 科 1 211 属 4 180 种，其中苔藓植物 77 科 234 属 682 种，蕨类植物 43 科 118 属 416 种，裸子植物 6 科 14 属 20 种，被子植物 169 科 847 属 3 062 种（双子叶植物 138 科 651 属 2 383 种，单子叶植物 28 科 196 属 638 种）。

苔藓植物中，以曲尾藓科 Dicranaceae 所含属数和种数最为丰富，含 19 属 68 种。含 20 种以上的科有 11 科，占全部科总数的 14%，它们分别是曲尾藓科 Dicranaceae、细鳞苔科 Lejeuneaceae、蔓藓科 Meteoriaceae、青藓科 Brachytheciaceae、耳叶苔科 Frullaniaceae、叶苔科 Jungermanniaceae、丛藓科 Pottiaceae、灰藓科 Hypnaceae、提灯藓科 Mniaceae、羽

苔科 Plagiochilaceae、珠藓科 Bartramiaceae 等；含 11～20 种的科有 9 科，占全部科总数的 12%，包括泥炭藓科 Sphagnaceae、羽藓科 Thuidiaceae、合叶苔科 Scapaniaceae、凤尾藓科 Fissidentaceae、锦藓科 Sematophyllaceae、平藓科 Neckeraceae 等；含 6～10 种的科有 9 科，占全部科总数的 12%，包括裂叶苔科 Lophoziaceae、紫萼藓科 Grimmiaceae、棉藓科 Plagiotheciaceae、大萼苔科 Cephaloziaceae、牛毛藓科 Ditrichaceae、塔藓科 Hylocomiaceae 等 9 科；含 2～5 种的科有 26 科，占全部科总数的 34%，是苔藓植物区系中的最主要部分，包括蕨藓科 Pterobryaceae、齿萼苔科 Geocalycaceae、扁萼苔科 Radulaceae、油藓科 Hookeriaceae 牛舌藓科 Anomodontaceae、木灵藓科 Orthotrichaceae 等；仅含 1 种的科有 22 科，占全部科总数的 29%，包括裸蒴苔科 Haplomitriaceae、拟复叉苔科 Pseudolepicoleaceae、绒苔科 Trichocoleaceae、指叶苔科 Lepidoziaceae、全萼苔科 Gymnomitriaceae、直蒴苔科 Balantiopsaceae、万年藓科 Climaciaceae、短颈藓科 Diphysciaceae 等 22 科，它们也是苔藓植物区系的重要组成部分。以耳叶苔属 *Frullania* 种类最多，其次依次是叶苔属 *Jungermannia*、泥炭藓属 *Sphagnum*、羽苔属 *Plagiochila*、青藓属 *Brachythecium*、合叶苔属 *Scapania*、疣鳞苔属 *Cololejeunea*、曲尾藓属 *Dicranum*、凤尾藓属 *Fissidens*、光萼苔属 *Porella* 和曲柄藓属 *Campylopus* 等；含 20 种以上的属有 2 属，占全部属总数的 1%，为耳叶苔属 *Frullania* 和叶苔属 *Jungermannia*；含 11～20 种的属有 11 属，占全部属总数的 5%，包括泥炭藓属 *Sphagnum*、羽苔属 *Plagiochila*、青藓属 *Brachythecium*、合叶苔属 *Scapania*、疣鳞苔属 *Cololejeunea*、曲尾藓属 *Dicranum*、凤尾藓属 *Fissidens*、光萼苔属 *Porella* 和曲柄藓属 *Campylopus* 等，它们是贡山苔藓区系中重要组成部分；含 6～10 种的属有 14 属，占全部属总数的 6%，包括青毛藓属 *Dicranodonitium*、泽藓属 *Philonotis*、细鳞苔属 *Lejeunea*、匍灯藓属 *Plagiomnium*、棉藓属 *Plagiothecium*、小金发藓属 *Pogonatum* 和对齿藓属 *Didymodon* 等；含 2～5 种的属有 83，占全部属总数的 35%，包括灰藓属 *Hypnum*、长喙藓属 *Rhynchostegium*、羽藓属 *Thuidium*、平藓属 *Naekera*、毛灯藓属 *Rhizomniium*、砂藓属 *Racomitrium*、扁萼苔属 *Radula*、大萼苔属 *Cephalozia*、异萼苔属 *Heteroscyphus*、薄鳞苔属 *Leptolejeunea*、地钱属 *Marchantia*、小曲尾藓属 *Dicranella*、紫萼藓属 *Grimmia*、丝瓜藓属 *Pohlia*、珠藓属 *Bartramia*、白齿藓属 *Leucodon*、灰气藓属 *Aerobryopsis*、悬藓属 *Barbella* 和树平藓属 *Homaliodendron* 等；仅含 1 种的属有 124 属，占全部属总数的 53%，包括拟复叉苔属 *Pseudolepicolea*、绒苔属 *Triehocolea*、假护蒴苔属 *Metacalypogeia*、长胞苔属 *Hygrobiella*、侧枝苔属 *Pleuroclada*、简萼苔属 *Alobiellopsis*、塔叶苔属 *Schiffneria*、大丛藓属 *Molendoa*、拟合睫藓属 *Pseudosymblepharis*、剑叶藓属 *Scopelophila*、反钮藓属 *Timmiella*、墙藓属 *Tortula*、缩叶藓属 *Ptychomitrium*、连轴藓属 *Schisitidium*、立碗藓属 *Physcomitrium*、小壶藓属 *Tayloria* 和并齿藓属 *Tetrapodon* 等，是苔藓植物属里面最多的类型，代表了该区域内丰富的苔藓植物多样性。

蕨类植物种，以鳞毛蕨科 Dryopteridaceae 种类最多，水龙骨科 Polypodiaceae 所含属最为丰富，其次依次是金星蕨科 Thelypteridaceae、蹄盖蕨科 Athyriaceae、膜蕨科

Hymenophyllaceae、凤尾蕨科 Pteridaceae、铁角蕨科 Aspleniaceae、中国蕨科 Sinopteridaceae、三叉蕨科 Aspidiaceae 等；含 20 种以上的科有 5 个，占全部科总数的 11.9%，包括水龙骨科 Polypodiaceae、金星蕨科 Thelypteridaceae、蹄盖蕨科 Athyriaceae、鳞毛蕨科 Dryopteridaceae 和铁角蕨科 Aspleniaceae 等。其中以鳞毛蕨科含种最为丰富，共 68 种，很多种类是植被中草本层和层间层的重要组成成分，耳蕨属和鳞毛蕨属种类特别丰富；水龙骨科 Polypodiaceae 所含属最多，共 14 属，该科的大多数种类是附生植物，常附着于树干和石壁上，贡山适宜的气候特别是潮湿的气候为该科的繁盛提供了极好条件。铁角蕨科 Aspleniaceae 仅含 3 属，但铁角蕨属种类非常丰富，共 23 种；含 11～20 种的科有 2 个，占全部科总数的 4.76%。包括膜蕨科 Hymenophyllaceae 和凤尾蕨科 Pteridaceae。膜蕨科大多为苔藓状的小型蕨类，喜生于潮湿的树干和岩石上；凤尾蕨科是林下和旷地上的优势植物，如西南凤尾蕨 *Pteris wallichiana* Agardh；含 6～10 种的科有 10 科，占全部科总数的 23.8%。包括三叉蕨科 Aspidiaceae、裸子蕨科 Hemionitidaceae、碗蕨科 Dennstaedtiaceae、石松科 Lycopodiaceae、石杉科 Huperziaceae、瘤足蕨科 Plagiogyriaceae 和球盖蕨科 Peranemaceae 等 10 科，瘤足蕨科在高黎贡山和独龙江地区最具特色，该科很多种类是林下地被层的优势植物，常常成片分布，常见种类有：粉背瘤足蕨 *Plagiogyria media* Ching、大叶瘤足蕨 *Plagiogyria gigantea* Ching、灰背瘤足蕨 *Plagiogyria glaucescens* Ching 等。石杉科 Huperziaceae 在贡山县较为丰富，共有 7 种，很多种类的珍贵的药用植物资源，有些种类是极狭域分布种，如沼泽石杉 *Huperzia tibetica*（Ching）Ching，该种局限分布于高黎贡山 3 500 m 以上的高山沼泽草甸，至今只有三次采集记录，标本均采自云南西北角贡山县境内的高黎贡山，三个采集地点（黑普、东哨房及四季桶）都很接近，项目组在丹珠大箐第四次采到该珍贵植物；含 2～5 种的科有 15 科，占全部科总数的 35.7%。包括剑蕨科 Loxogrammaceae、铁线蕨科 Adiantaceae、瓶尔小草科 Ophioglossaceae、球子蕨科 Onocleaceae、紫萁科 Osmundaceae、里白科 Gleicheniaceae 等；仅含 1 种的科有 10 科，占全部科总数的 23.8%。包括观音座莲科 Angiopteridaceae、蚌壳蕨科 Dicksoniaceae、稀子蕨科 Monachosoraceae、姬蕨科 Hypolepidaceae、肿足蕨科 Hypodematiaceae、肾蕨科 Nephrolepidaceae、条蕨科 Oleandraceae、雨蕨科 Gymnogrammitidaceae、双扇蕨科 Dipteridaceae 和禾叶蕨科 Grammitidaceae 等。观音座莲科是典型的热带性的古老科，在贡山县独龙江河谷和怒江河谷均有分布。双扇蕨科主要见于独龙江河谷。

蕨类植物属中，以鳞毛蕨属 *Dryopteris* 和耳蕨属 *Polystichum* 种类最多，均产 27 种，其次依次是短肠蕨属 *Allantodia*、铁角蕨属 *Asplenium*、卷柏属 *Selaginella*、蕗蕨属、瘤足蕨属 *Plagiogyria*、凤尾蕨属 Pteris、假瘤蕨属 *Pseudocystopteris*、瓦韦属 *Lepisorus* 等；含 20 种以上的属有 4 个，占全部属总数的 3.6%，包括鳞毛蕨属 *Dryopteris*、耳蕨属 *Polystichum*、蹄盖蕨属 *Arhyrium* 和铁角蕨属 *Asplenium*；含 11～20 种的属有 3 属，占全部属总数的 2.7%，包括瓦韦属 *Lepisorus*、凤尾蕨属 *Pteris* 和假瘤蕨属 *Phymatopteris*，瓦韦属大多是附生植物，多附着于树干和岩石上，不同海拔段均可见到；含 6～10 种的属有 8 种，占全部属总数的

7.2%，包括卷柏属 *Selaginella*、蕗蕨属 *Selaginella*、石韦属 *Pyrrosia*、瘤足蕨属 *Plagiogyria*、假毛蕨属 *Pseudocyclosorus*、节肢蕨属 *Arthromeris*、鳞盖蕨属 *Microlepia* 和书带蕨属 *Vittaria*；含 2～5 种的属有 44 属，占全部属总数的 39.6%，包括石杉属 *Huperzia*、复叶耳蕨属 *Arachniodes*、轴鳞蕨属 *Dryopsis*、石松属 *Lycopodium*、假脉蕨属 *Crepidomanes*、粉背蕨属 *Aleuritopteris*、凤了蕨属 *Coniogramme*、紫柄蕨属 *Pseudophegopteris*、红腺蕨属 *Diacalpe*、贯众属 *Cyrtomium*、水龙骨属 *Polypodiodes* 和芒萁属 *Dicranopteris* 等；仅含 1 种的属有 52 属，占全部属总数的 46.8%，包括金毛狗属 *Cibotium*、桫椤属 *Alsophila*、黑桫椤属 *Gymnosphaera*、稀子蕨属 *Monachosorum*、碗蕨属 *Dennstaedtia*、鳞始蕨属 *Lindsaea*、乌蕨属 *Sphenomeris*、姬蕨属 *Hypolepis*、栗蕨属 *Histiopteris*、碎米蕨属 *Cheilosoria*、珠蕨属 *Cryptogramma*、旱蕨属 Pellaea、翠蕨属 *Anogramma*、金毛裸蕨属 *Paragymnoptris* 等，其中金毛狗 *Cibotium barometz*（Linn.）J. Sm.、桫椤 *Alsophila spinulosa*（Wall. ex Hook.）R. M. Tryon、西亚黑桫椤 *Gymnosphaera khasyana* 是国家Ⅱ级保护的珍稀植物。

裸子植物中，以松科 Pinaceae 种类最多，松科所含属最为丰富，其次依次是柏科 Cupressaceae、杉科 Taxodiaceae、红豆杉科 Taxaceae、三尖杉科 Cephalotaxaceae。含 5 种以上的科有 1 个，占全部科总数的 20%，为松科 Pinaceae，松科是针叶林和针阔混交林植被的最主要组成树种，构成不同植被类型，如云南松林，乔松林，云南铁杉林，冷杉林等；含 2～4 种的科有 5 个，占全部科总数的 80%，包括柏科 Cupressaceae、杉科 Taxodiaceae、红豆杉科 Taxaceae、三尖杉科 Cephalotaxaceae。裸子植物属中，以松属种类最多，松属（4 种）所含种类最为丰富，其次依次是冷杉属和三尖杉属（各 2 种），铁杉属、侧柏属、圆柏属、柳杉属、台湾杉属、落叶松属、云杉属、柏属（各 1 种）。

双子叶植物中以菊科 Compositae 种类最多，其所含的属也是最为丰富，其次依次是蝶形花科 Papilinoaceae、蔷薇科 Rosaceae、唇形科 Labiatae、茜草科 Rubiaceae、伞形科 Umbelliferae、毛茛科 Ranunculaceae、玄参科 Scrophulariaceae、荨麻科 Urticaceae、五加科 Araliaceae 和十字花科 Brassicaceae 等。含 100 种以上的科有 2 科，为菊科 Compositae 和蔷薇科 Rosaceae。菊科是一个真正意义上的全球分布的大科，在贡山县境内从最低海拔至最高海拔均有分布，分布于各种生境中，以中海拔到高海拔种类最为丰富；蔷薇科是贡山县双子叶植物中的第二大科，共有 27 属，150 种，仅悬钩子属 Rubus 就有 40 种之多；含 50～100 种的科有 8 科，占全部科总数的 5.51%，包括杜鹃花科 Ericaceae、唇形科 Labiatae、蝶形花科 Papilionaceae、龙胆科 Gentianaceae、茜草科 Rubiaceae、荨麻科 Urticaceae、玄参科 Scrophulariaceae、毛茛科 Ranunculaceae 等，其中杜鹃花科、龙胆科、玄参科和毛茛科是亚高山和高山植物区系的代表，而茜草科则在河谷低海拔地段较为占优势；含 11～50 种的科有 38 科，占全部科总数的 26.21%，包括越桔科 Vacciniaceae、报春花科 Primulaceae、伞形科 Umbelliferae、樟科 Lauraceae、五加科 Araliaceae、十字花科 Cruciferae、绣球花科 Hydrangeaceae、石竹科 Caryophyllaceae、苦苣苔科 Gesneriaceae、虎耳草科 Saxifragaceae、卫矛科 Celastraceae、杨柳科 Salicaceae、槭树科 Aceraceae、紫堇科 Fumariaceae、萝摩科

Asclepiadaceae 和壳斗科 Fagaceae 等，它们是本区植物区系中的重要组成部分，很多是特有成分；含 6～10 种的科有 21 科，占全部科总数的 14.5%，包括桦木科 Betulaceae、杜英科 Elaeocarpacea、牻牛儿苗科 Geraniaceae、大戟科 Euphorbiaceae、鼠李科 Rhamnaceae、木兰科 Magnoliaceae、堇菜科 Violaceae、梅花草科 Parnassiaceae 和苋科 Amaranthaceae 等；含 2～5 种的科有 48 科，占全部科总数的 33.1%，包括木通科 Lardizabalaceae、瑞香科 Thymelaeaceae、漆树科 Tapisciaceaee、胡桃科 Juglandaceae、安息香科 Styracaceae、夹竹桃科 Apocynaceae、金缕梅科 Hamamelidaceae、半边莲科 Lobeliaceae、罂粟科 Papaveraceae、岩梅科 Diapensiaceae、狸藻科 Lentibulariaceae、马兜铃科 Aristolochiaceae、省沽油科 Staphyleaceae、锦葵科 Malvaceae 等，其中省沽油科和藤黄科等是典型的热带性科，在贡山仅分布于独龙江流域低海拔的季风常绿阔叶林中；列当科、水晶兰科和蛇菰科是腐生或寄生植物，青荚叶科和旌节花科是东亚特有科；仅含 1 种的科有 28 个，占全部科总数的 19.3%，包括领春木科 Eupteleaceae、水青树科 Tetracentraceae、莲叶桐科 Hernandiaceae、刺篱木科 Flacourtiaceae、梧桐科 Sterculiaceae、金虎尾科 Malpighiaceae、古柯科 Erythroxylaceae、交让木科 Daphniphyllaceae、十萼花科 Dipentodontaceae、青皮木科 Schoepfiaceae、无患子科 Sapindaceae、九子母科 Podoaceae、牛栓藤科 Connaraceae、山柳科 Cyrillaceae、马钱子科 Strychnaceae、四角果科 Carlemanniaceae、双参科 Triplostegiaceae 等，其中领春木科、水青树科和十齿花科是单型科，其区系起源古老，系统位置孤立；莲叶桐科是热带分布的小科，在贡山仅记录有青藤属 1 种。

双子叶植物属中，以杜鹃花属 *Rhododendron* 种类最为丰富，其次依次是悬钩子属 *Rubus*、龙胆属 *Gentiana*、马先蒿属 *Pedicularis*、报春花属 *Primula*、槭树属 *Acer*、花楸属 *Sorbus*、柳属 *Salix*、楼梯草属 *Elatostema*、冬青属 *Ilex*、凤仙花属 *Impatiens* 等。含 20 种以上的属有 10 属，占全部属总数的 1.7%，包括杜鹃花属 *Rhododendron*、悬钩子属 *Rubus*、龙胆属 *Gentiana*、马先蒿属 *Pedicularis*、报春花属 *Primula*、槭树属 *Acer*、花楸属 *Sorbus*、柳属 Salix 等；含 11～20 种的属有 21 属，占全部属总数的 3.5%，包括凤仙花属 *Impatiens*、紫堇属 *Corydalis*、白珠树属 *Gaultheria*、金丝桃属 *Hypericum*、卫矛属 *Euonymus*、风毛菊属 *Saussurea*、绣球花属 *Hydrangea*、橐吾属 *Ligularia*、虎耳草属 *Saxifraga*、蓼属 *Polygonum*、委陵菜属 *Potentilla* 等；含 6～10 种的属有 49 属，占全部属总数的 8.2%，包括碎米荠属 *Cardamine*、茶藨子属 *Ribes*、忍冬属 *Lonicera*、垂头菊属 *Cremanthodium*、胡椒属 *Piper*、繁缕属 Stellaria、老鹳草属 *Stellaria*、排草属 *Lysimachia*、芒毛苣苔属 *Aeschynanthus*、铁线莲属 *Clematis*、小檗属 *Berberis* 等；含 2～5 种的属有 260 属，占全部属总数的 43.3%，包括五味子属 Schisandra、银莲花属 *Anemone*、飞燕草属 *Delphinium*、千金藤属 *Stephania*、绿绒蒿属 *Meconopsis*、葶苈属 *Draba*、远志属 Polygala、绣线梅属 *Neillia*、木蓝属 *Indigofera*、桦木属 *Betula*、棱子芹属 *Pleurospermum*、酸藤子属 *Embelia*、茉莉花属 *Jasminum*、蓟属 *Cirsium*、蔓龙胆属 *Crawfurdia* 等；仅含 1 种的属有 261 属，占全部属总数的 43.4%，包括五味子属 Kadsura、领春木属 *Euptelea*、水青树属 *Tetracentron*、青藤属 *Illigera*、类叶升麻

属 *Actaea*、侧金盏花属 *Adonis*、耧斗菜属 *Aquilegia*、星果草属 *Asteropyrum*、水毛茛属 *Batrachium*、铁破锣属 *Beesia*、黄连属 *Coptis*、人字果属 *Dichocarpum*、鸦跖花属 *Oxygraphis*、金莲花属 *Trollius*、八角莲属 *Dysosma*、桃儿七属 *Sinopodophyllum*、猫儿屎属 *Decaisnea*、野木瓜属 *Stauntonia*、轮环藤属 *Cyclea*、青藤属 *Sinomenium*、蕺菜属 *Houttuynia* 等。

单子叶植物中，以兰科 Orchidaceae 种类最多，兰科所含属最为丰富，其次依次是禾本科 Gramineae、百合科 Liliaceae、莎草科 Cyperaceae、天南星科 Araceae、姜科 Zingiberaceae、鸭跖草科 Commelinaceae、延龄草科 Trilliaceae 等。含 20 种以上的科有 5 个，占全部科总数的 18.5%，包括兰科 Orchidaceae、禾本科 Gramineae、百合科 Liliaceae、莎草科 Cyperaceae 和天南星科 Araceae，其中兰科是贡山高等植物中的第一大科，共 175 种，直到最近都一直还有新种被发现发表，大多数种类为附生兰，禾本科植物也比较丰富，共有 93 种，但其种类并不像云南省其他地区丰富；含 11～20 种的科有 5 个，占全部科总数的 18.5%，包括天南星科 Araceae、灯心草科 Juncaceae、姜科 Zingiberaceae、薯蓣科 Dioscoreaceae、石蒜科 Amaryllidaceae 和菝葜科 Smilacaceae，天南星科药用植物较为丰富，姜科植物在怒江和独龙江河谷较为丰富；含 6～10 种的科有 3 个，占全部科总数的 11%，包括鸭跖草科 Commelinaceae、鸢尾科 Iridaceae、延龄草科 Trilliaceae。延龄草科中以重楼属种类最为丰富，为我国重楼种类最为集中的地区之一；含 2～5 种的科有 10 个，占全部科总数的 37%，包括谷精草科 Eriocaulaceae、眼子菜科 Potamogetonaceae、仙茅科 Hypoxidaceae、浮萍科 Lemnaceae 和棕榈科 Palmae 等，棕榈科的贡山棕榈是贡山特有；仅含 1 种的科有 4 个，占全部科总数的 14.8%。

单子叶植物属中，以莎草属种类最多，其次依次是天南星属、灯心草属、薯蓣属、石豆兰属、羊耳蒜属、菝葜属、葱属、虾脊兰属、贝母兰属。含 20 种以上的属有 1 个，占全部属总数的 0.5%，为苔草属 *Carex*，苔草属是世界广布的大属，在贡山也比较丰富，共 31 种；含 11～20 种的属有 8 个，占全部属总数的 4.5%，包括天南星属 *Arisaema*、灯心草属 *Juncus*、薯蓣属 *Dioscorea*、石豆兰属 *Bulbophyllum*、羊耳蒜属 *Bulbophyllum*、菝葜属 *Smilax*、葱属 *Allium* 和虾脊兰属 *Calanthe*；含 6～10 种的属有 13 属，占全部属总数的 7.4%，包括贝母兰属 *Coelogyne*、姜花属 *Hedychium*、鹿药属 *Smilacina*、石斛兰属 *Dendrobium*、蕙兰属 *Cymbidium*、鸢尾属 *Iris*、舌唇兰属 *Platanthera*、黄精属 *Polygonatum*、崖角藤属 *Rhaphidophora*、毛兰属 *Eria*、剪股颖属 *Agrostis*、箭竹属 *Fargesia*、早熟禾属 *Poa* 等；含 2～5 种的属有 75 属，占全部属总数的 42.85%，包括百合属 *Lilium*、豹子花属 *Nomocharis*、重楼属 *Paris*、无柱兰属 *Amitostigma*、角盘兰属 *Herminium*、石仙桃属 *Pholidota*、狗尾草属 *Setaria*、谷精草属 *Eriocaulon*、粉条儿菜属 *Aletris* 等；仅含 1 种的属有 78 属，占全部属总数的 44.57%，包括聚花草属 *Floscopa*、杜若属 *Pollia*、竹叶子属 *Streptolirion*、山姜属 *Alpinia*、舞花姜属 *Globba*、象牙参属 *Roscoea*、姜属 *Zingiber*、山麦冬属 *Liriope*、芦荟属 *Asparagus*、大百合属 *Cardiocrinum*、川百合属 *Korolkowia* 等。

➢ 特有种类

中国特有物种753种，包括矮株叶苔 *Jungermannia brevicaulis* Gao、曹氏叶苔 *Jungermannia caoii* Gao、格氏合叶苔 *Scapania griffithii* Schiffn.、瘤茎羽苔 *Plagiochila caulimammilosa* Grolle & M.L.So、瘤萼耳叶苔 *Frullania tubercularis* Hatt.et Lin，苍山冷杉 *Abies delavayi* Franch.、油麦吊云杉 *Picea brachytyla*（Franch.）Pritz.、华山松 *Pinus armandii* Franch.、云南松 *Pinus yunnanensis* Franch.，小花八角 *Illicium micranthum* A.C. Smith、铁箍散 *Schisandra henryi* C.B. Clarke、白花球蕊五味子 *Schisandra sphaerandra* Stapf 等；省级特有种102种，包括圆叶疣叶苔 *Horikawaiella rotundifolia* Gao et Yi.、刺边疣鳞苔 *Cololejeunea albodentata* Chen & Wu、云南小毛藓 *Microdus yunnanensis* Gao.、舌叶毛口藓 *Trichostomum sinochenii* Redfearn et B.C.Tan、曲尾石杉 *Huperzia bucahwanggensis* Ching、云南红豆杉 *Taxus yunnanensis* Chenget L. K.Fu、云南榧树 *Torreya yunnanensis* Chenget L. K.Fu、辛夷（紫玉兰）*Magnolia liliflora* Desr.、大花八角 *Illicium macranthum* A.C. Smith、黄脉钓樟 *Lindera flavinervia* Allen 等；狭域特有种294种，包括小光叶萼苔 *Porella fengii* Chen et Hatt.，毛叶卷柏 *Selaginella trichophylla* Shing D、俞氏蹄盖蕨 *Athyrium yui* Ching，等等。

➢ 珍稀濒危保护种类

经初步统计，有50种各类珍稀濒危植物分布于贡山县（表4-35）。

表4-35 贡山县的珍稀濒危保护植物

编号	科名	中文名	拉丁学名	名录及保护级别			
				国家重点保护	红色名录	珍稀濒危	省级保护
1	红豆杉科 Taxaceae	喜马拉雅红豆杉	*Taxus wallichiana*	1	1		
2		云南榧树	*Torreya yunnanensis*	2	1	3	
3	木兰科 Magnoliaceae	长蕊木兰	*Alcimandra cathcartii*	1		2	
4		贡山厚朴	*Magnolia rostrata*	2		3	2
5		贡山木莲	*Manglietia kungshanensis*				3
6	珙桐科 Davidiaceae	光叶珙桐	*Davidia involucrate* var. *vilmoriniana*	1		2	
7		珙桐	*Davidia involucrata*	1		1	
8	蚌壳蕨科 Dicksoniaceae	金毛狗	*Cibotium barometz*	2			
9	桫椤科 Cyatheaceae	桫椤	*Alsophila spinusa*	2	1	1	
10		西亚黑桫椤	*Gymnosphaera khasuana*	2			
11	松科 Pinaceae	澜沧黄杉	*Pseudotsuga forrestii*	2			
12		油麦吊云杉	*Picea vbrachytyla* var. *conplanata*	2			
13		乔松	*Pinus griffithii*				3
14	杉科 Taxodiaceae	秃杉	*Taiwania cryptomerioides*	2		1	
15	三尖杉科 Cephalotaxaceae	贡山三尖杉	*Cephalotaxus lanceolata*	2	1	2	

编号	科名	中文名	拉丁学名	名录及保护级别			
				国家重点保护	红色名录	珍稀濒危	省级保护
16	五味子科 Schisandraceae	鸡血藤	*Kadsura interior*				2
17	樟科 Lauraceae	独龙木姜子	*Litsea taronensis*				2
18		长梗润楠	*Machilus longipedicellata*				3
19		细毛润楠	*Machilus tenuipilis*				3
20	蔷薇科 Rosaceae	冬海棠	*Prunus cerasoides*			2	
21	安息香科 Styracaceae	小果木瓜红	*Rehderodendron microcarpum*			2	
22	十萼花科 Dipentodotaceae	十萼花	*Dipentodon sinicus*			2	
23	水青木科 Tetracentraceae	水青树	*Tetracentron sinense*	2		2	
24	棕榈科 Palmae	董棕	*Caryota urens*	2	1	2	
25	领春木科 Eupteleaceae	领春木	*Euptelea pleiosperma*			3	
26	蓼科 Polygonaceae	金荞麦	*Fagopyrum dibotrys*	2			
27	无患子科 Sapindaceae	伞花木	*Eurycorymbus cavaleriei*	2			
28	玄参科 Scrophulariaceae	胡黄连	*Picrorhiza scrophulariiflora*	2			
29	八角茴香科 Illiciaceae	大花八角	*Illicum macranthum*				3
30	防己科 Menispermaceae	荷包地不容	*Stephania dicentrinifera*				3
31	亚麻科 Linaceae	异腺草	*Anisadenia pubescens*				3
32	瑞香科 Thymelaeaceae	毛管花	*Eriosolena composite*				3
33	杜英科 Elaeocarpaceae	滇北杜英	*Elaeocarpus boreali-yunnansis*				3
34	胡桃科 Juglandaceae	云南枫杨	*Pterocarya delavayi*				3
35	岩梅科 Diapensiaceae	岩匙	*Berneuxia thibetica*				3
36	安息香科 Styracaceae	西藏山茉莉	*Huodendron tibeticum*				3
37	茜草科 Rubiaceae	石丁香	*Hymenopogon parasiticum* var. *longiflorus*				3

编号	科名	中文名	拉丁学名	名录及保护级别			
				国家重点保护	红色名录	珍稀濒危	省级保护
38	四角果科 Carlemanniaceae	四角果	*Carlemannia tetragona*				3
39	百合科 Liliaceae	云南丫药花	*Ypsilandra yunnanensis*				3
40		钟花假百合	*Notholirion campanulatum*				2
41	延龄草科 Trilliaceae	延龄草	*Trillium tschonoskii.*		1		
42	紫树科 Nyssaceae	喜树	*Camptotheca acuminata*	2*			
43	杜鹃花科 Ericaceae	大王杜鹃	*Rhododendron rex*		1		
44		大树杜鹃	*Rhododendron protistum* var. *giganteum*		1		
45	兰科 Orchidaceae	天麻	*Gastrodia elata*		1		
46	鬼臼科 Podophyllaceae	川八角莲	*Dysosma veitchii*				3
47		桃儿七	*Sinopodophyllum hexandrum*		1		
48	毛茛科 Ranunculaceae	短柄乌头	*Aconitum brachypodum*		1		
49		云南黄连	*Coptis teeta*		1		
50	棕榈科 Palmae	贡山棕榈	*Trachycarpus princeps*		CR		

*栽培植物。

➢ 资源类群

① 材用植物

贡山的材用植物资源极其丰富，主要集中在裸子植物（柏科、松科、杉科）、被子植物（木兰科、樟科、桦木科、壳斗科、槭树科、柿树科、杜英科等），主要由乔木树种组成的科，共 30 多个科 90 余种。

② 药用植物

贡山的药用植物在种子植物中主要分布在樟科、毛茛科、小檗科、防己科、远志科、景天科、虎耳草科、蓼科、金丝桃科、蔷薇科、蝶形花科、荨麻科、芸香科、五加科、伞形科、紫金牛科、夹竹桃科、萝藦科、茜草科、菊科、龙胆科、桔梗科、玄参科、唇形科、百合科、延龄草科、天南星科、兰科等 148 科 440 属 677 种。在贡山也有许多药用蕨类植物资源，主要分布在石松科、卷柏科、木贼科、紫萁科、瘤足蕨科、里白科、凤尾蕨科、水龙骨科等 24 科 28 属 30 多种。

③ 园林植物

著名的观赏植物有兰花、杜鹃花、木兰、百合、龙胆、绿绒蒿、马先蒿、绣球花、苦苣苔、凤仙花；荫生观叶类植物有天南星科、秋海棠科以及各种蕨类植物；此外，还有其他各种观叶、观花、观果的裸子植物、被子植物以及园林绿化、绿篱材料、桩景植物等，应有尽有。

④ 淀粉植物

贡山的淀粉植物主要分布于虎耳草科、蝶形花科、壳斗科、柿树科、茄科、旋花科、莎草科、禾本科等 8 科 10 属 12 种。主要有羽状鬼灯檠 *Rodgersia pinnat*、常春油麻藤 *Mucuna sempervire-ns*、板栗 *castanea mollissima*、饭甑青冈 *Cyclobalanopsis fleuryi*、滇石栎 *Lithocarpus dealbatus*、马铃薯 *Solanum tuberosum* 番薯 *Ipomoea batatas*、董棕 *Caryota urens*、砖子苗 *Mariscus sumatrensis*、马唐 *Digitaria sanguinalis*、大百合 *Cardiocrinum giganteum*、食用莲座蕨 *Angiopteris esculenta* 等。

⑤ 油脂植物

贡山的油脂植物种类不多，主要有红豆杉科（云南榧树 *Torreya yunnanensis*），十字花科（弹裂碎米荠 *Cardamine impatiens*），藜科（藜 *Chenopodium album*），桦木科（滇刺榛 *Corylus ferox*），漆树科（盐肤木 *Rhus chinensis*），胡桃科（野核桃 *Juglans cathayensis*、胡桃 *Juglans regia*、泡核桃 *Juglans sigillata*），山茱萸科长总梗梾木 *Sw*（*v*）*ida macrophylla*、长圆叶梾木 *Sw*（*v*）*ida oblonga*）等。分布于 8 科 8 属 10 种。

⑥ 香料植物

贡山的香料植物资源主要分布于樟科、胡椒科、芸香科、伞形科、报春花科、唇形科、姜科 7 科 9 属共 10 种。

⑦ 饲料植物

贡山的饲料植物资源主要分布于蝶形花科、禾本科、蓼科、藜科、苋科、菊科、桑科、旋花科、泽泻科、雨久花科、天南星科、浮萍科等 17 科 21 属 24 种。

⑧ 鞣料植物

贡山产鞣料植物 26 种，分布于 15 科 22 属。种类最多的是壳斗科（Fagaceae），有板栗（*Castanea mollissima*）、高山栲（*Castanopsis delavayi*）、饭甑青冈（*Cyclobalanopsis fleuryi*）、青冈（*Cyclobalanopsis glauca*）、曼青冈（*Cyclobalanopsis oxyodon*）、滇石栎（*Lithocarpus dealbatus*）、短穗窗眼柯（*Lithocarpus fenestratus*）7 种。其次是松科（Pinaceae），有苍山冷杉（*Abies delavayi*）、怒江冷杉（*Abies nukiangensis*）、怒江红杉（*Larix speciosa*）、华山松（*Pinus armandii*）、喜马拉雅铁杉（*Tsuga dumosa*）6 种。另外还有杉科（Taxodiaceae）柳杉（*Cryptomeria fortunei*），红豆杉科（Taxaceae）云南红豆杉（*Taxus yunnanensis*），领春木科（Eupteleaceae）领春木（*Euptelea pleiosperma*），虎耳草科（Saxifragaceae）羽状鬼灯檠（*Rodgersia pinnata*），柳叶菜科（Onagraceae）柳兰（*Chamaenerion angustifoliu*），蔷薇科（Rosaceae）路边青（水杨梅）（*Geum aleppicum*）等。

贡山产的这类植物不多，蝶形花科木蓝属（*Idigofera*）、萝摩科（Asclepiadaceae）的蓝叶藤（*Marsdenia tinctoria*）和茜草科（Rubiaceae）的茜草（*Rubia cordifolia*）等为常见的染料植物。

⑨ 蜜源植物

在贡山县共有主要蜜源植物 33 属 127 种。分布于杜鹃花科、松科、杨柳科、蔷薇科、唇形科、马鞭草科、含羞草科、柿树科、漆树科、菊科等 25 个科中。

⑩ 纤维植物

贡山产的纤维类植物资源有 29 种，隶属 16 科 24 属。种类最多的为荨麻科（Urticaceae），其次为瑞香科（Thymelaeaceae），还有椴树科（Tiliaceae）、锦葵科（Malvaceae）、夹竹桃科（Apocynaceae）等。

（3）动物物种多样性

➢ 物种组成

本次野外科学考察通过样线调查、标本捕捉等方法，收集了各种资料，包括野外目击记录、标本采集、查看保护区标本、照片以及民间访问等，在贡山县记录的 9 种两栖类动物，分别隶属 1 目 5 科 8 属，其中以蟾蜍属最多，有 2 种；爬行动物 20 种，隶属 2 目 3 科 12 属；共记录鸟类 318 种，隶属 19 目 48 科（鹟科含 4 亚科）155 属；共记录 83 种兽类，隶属 8 目 22 科 56 属。

两栖类中，角蟾科 2 属 2 种；蟾蜍科 1 属 2 种；雨蛙科 1 属 1 种；蛙科 3 属 3 种；树蛙科 1 属 1 种。爬行类中，鬣蜥科 1 属 3 种；游蛇科 8 属 14 种；蝰蛇科 3 属 3 种。鸟类各分类阶元多样性见表 4-36；兽类中，以啮齿目和食肉目的种类最丰富，啮齿目为 33 种，食肉目为 17 个种，攀鼩目和翼手目种类最少，均各只有 1 种，鼠科是最大的科，有 5 属 12 种，鼩鼱科其次，为 5 属 8 种（表 4-36）。

表 4-36　贡山鸟类各分类阶元数量统计

目	科	属	种
鸊鷉目	鸊鷉科	1	1
鹈形目	鸬鹚科	1	1
鹳形目	鹭科	4	4
	鹳科	1	1
雁形目	鸭科	4	6
隼形目	鹰科	3	5
	隼科	1	1
鸡形目	雉科	10	14
鹤形目	鹤科	1	1
	秧鸡科	1	1
鸻形目	鸻科	1	1
	鹬科	2	2
	反嘴鹬科	1	1
鸥形目	鸥科	1	1
鸽形目	鸠鸽科	3	5

目	科		属	种
鹦形目	鹦鹉科		1	2
鹃形目	杜鹃科		2	5
鸮形目	鸱鸮科		4	5
夜鹰目	夜鹰科		1	1
雨燕目	雨燕科		4	5
咬鹃目	咬鹃科		1	1
佛法僧目	翠鸟科		2	2
	戴胜科		1	1
鴷形目	须鴷科		1	3
	啄木鸟科		5	10
雀形目	百灵科		1	1
	燕科		3	5
	鹡鸰科		2	9
	山椒鸟科		2	5
	鹎科		3	5
	和平鸟科		1	1
	伯劳科		1	4
	黄鹂科		1	1
	卷尾科		1	3
	椋鸟科		2	2
	鸦科		6	8
	河乌科		1	2
	鹪鹩科		1	1
	岩鹨科		1	3
	鹟科	鸫亚科	13	32
		画鹛亚科	20	64
		莺亚科	8	26
		鹟亚科	5	15
	山雀科		3	9
	鳾科		2	2
	旋木雀科		1	3
	啄花鸟科		1	1
	太阳鸟科		1	4
	绣眼鸟科		1	2
	文鸟科		4	6
	雀科		13	24
总计：19 目，48 科			155	318

表 4-37 贡山县兽类各目、科的属及物种多样性

目	科	属数	种数
食虫目	猬科	1	1
	鼹科	1	1
	鼩鼱科	5	8
翼手目	菊头蝠科	1	1
灵长目	猴科	2	4
攀鼩目	树鼩科	1	1
食肉目	灵猫科	4	4
	猫科	5	5
	犬科	2	2
	熊科	1	1
	鼬科	4	5
偶蹄目	洞角科	5	5
	鹿科	3	4
	麝科	1	3
	猪科	1	1
啮齿目	松鼠科	4	7
	鼯鼠科	4	7
	鼹形鼠科	1	1
	仓鼠科	3	6
	鼠科	5	12
兔形目	兔科	1	1
	鼠兔科	1	3
总计 8 目	22	56	83

① 区系分析

贡山县共记录 9 种两栖动物，区系较为单纯，9 种均为东洋界物种。其中，只有白颌（大）角蟾（*Megophrys lateralis*）1 种为华南区的种类，占全部两栖动物种数的 11.11%；其余 8 种，即贡山齿突蟾（*Scutiger gongshanensis*）、司徒蟾蜍（*Bufo stuarti*）、华西蟾蜍（*Bufo andrewsi*）、贡山雨蛙（*Hyla gongshanensis*）、胫腺蛙（*Rana shuchinae*）、绿点湍蛙（*Amolops viridimaculatus*）、缅北棘蛙（*Paa arnoldi*）和贡山树蛙（*Rhacophorus gongshanensis*）全为西南区种类，占全部两栖动物种类的 88.89%。这与贡山县位置在中国动物地理区划中属于东洋界、西南区是一致的（刘万兆等，1995；张荣祖，1999）。

贡山县分布的 20 种爬行动物中，东洋界种有 19 种，占全部爬行动物种数的 95%；古北、东洋界两界分布者有 1 种，即黑眉锦蛇（*Elaphe taeniura*），占全部爬行动物种数的 5%；无古北界种类。在东洋界种类中，东洋界广布种有 9 种，即丽纹攀蜥（*Japalura splendida*）、裸耳攀蜥（*Japalura dymondi*）、王锦蛇（*Elaphe carinata*）、玉斑锦蛇（*Elaphe mandarina*）、紫灰锦蛇（*Elaphe porphyracea*）、双全白环蛇（*Lycodon fasciatus*）、斜鳞蛇（*Pseudoxenodon macrops*）、颈槽蛇（*Rhobdophis nuchalis*）、红脖颈槽蛇（*Rhobdophis subminiatus*）和黑领剑蛇（*Sibynophis collaris*），占全部东洋界爬行动物种数的 47.37%；西南区种类有 9 种，即独龙江攀蜥（*Japalura bapoensis*）、白链蛇（*Dinodon septentrionalis*）、喜山颈槽蛇（*Rhobdophis himalayanus*）、缅甸颈槽蛇（*Rhobdophis leonardi*）、黑线乌梢蛇（*Zaocys nigromarginatus*）、菜花原矛头蝮（*Protobothrops jerdonii*）、山烙铁头（*Ovophis monticola*）和云南竹叶青蛇（*Trimeresurus yunnanensis*），占全部东洋界爬行动物的 47.37%；华南区种类有 1 种，即黑带腹链蛇（*Amphiesma bitaeniata*），占全部东洋界爬行动物种数的 5.26%（张荣祖，1999）。

贡山分布的 318 种鸟类中，有繁殖鸟类 277 种，占全部鸟类的 87.11%。这 277 种繁殖鸟中有古北界种类 24 种，占全部繁殖鸟类种数的 8.66%；广布种有 49 种，占全部繁殖鸟类种数的 17.69%；东洋界种类有 204 种，占全部繁殖鸟类种数的 73.65%；东洋界种类占极大的比例。在中国动物地理区划中（张荣祖，1999），贡山位于东洋界、西南区、西南山地亚区，当地鸟类的区系成分与此表现一致。

贡山县分布的 83 种兽类中，东洋种 61 种，占全部兽类种数的 73.49%，古北种 8 种，占全部兽类种数的 9.64%，广布种 14 种，占全部兽类种数的 16.87%。在中国动物地理区划（张荣祖，1999）中，贡山位于东洋界、西南区、西南山地亚区，当地兽类的区系成分与此表现一致。尽管贡山县兽类中以东洋种占明显优势，但是广布种以及东洋种也有相当的比例。

上述各区系成分的比例与鸟类中的情况很接近。这些充分说明尽管仍属东洋界的西南山地亚区，但是由于海拔较高以及接近西藏，北方类型的扩散和渗透十分明显，导至其兽类区系的成分相对复杂，这与动物地理学理论是相吻合的。

② 分布类型

按照张荣祖（1999）对分布型划分来确定。贡山县两栖类动物种类较少，分布型状况比较单纯，只有喜马拉雅-横断山区型、东洋型和南中国型 3 类。其中属于喜马拉雅-横断山区型的有 6 种，占全部两栖动物种数的 66.67%，分别是贡山齿突蟾（*Scutiger gongshanensis*）、司徒蟾蜍（*Bufo stuarti*）、胫腺蛙（*Rana shuchinae*）、绿点湍蛙（*Amolops viridimaculatus*）、贡山树蛙（*Rhacophorus gongshanensis*）、缅北棘蛙（*Paa arnoldi*），这些种类中的多数都是属于横断山区分布的类型，但有 2 种，即贡山树蛙和缅北棘蛙属于喜马拉雅山和横断山交汇区域分布的；此外还有 1 种，即司徒蟾蜍，因分类地位变动（杨大同等，2008），其分布型有待进一步确定，或仍为喜马拉雅山南坡分布，或为横断山区分布（张荣祖，1999）；有东洋型分布的种类 2 种和南中国型的种类 1 种，分别占全部两栖类种数的 22.22%和 11.11%，东洋型种类为白颌（大）角蟾（*Megophrys lateralis*）和贡山雨蛙（*Hyla gongshanensis*），南中国型种类是华西蟾蜍（*Bufo andrewsi*）。

20 种爬行动物可分为下列 3 种分布型。其中，Ⅰ. 喜马拉雅-横断山区型爬行动物主要分布在横断山脉中、低山或延伸至喜马拉雅南坡森林带的种类。贡山县分布的爬行动物中有 7 种属此型，分别是裸耳攀蜥（*Japalura dymondi*）、独龙江攀蜥（*Japalura bapoensis*）、白链蛇（*Dinodon septentrionalis*）、喜山颈槽蛇（*Rhobdophis himalayanus*）、缅甸颈槽蛇（*Rhabdophis leonardi*）、黑线乌梢蛇（*Zaocys nigromarginatus*）和云南竹叶青蛇（*Trimeresurus yunnanensis*），占贡山县全部爬行动物种数的 35.00%；Ⅱ. 南中国型爬行动物分布或主要分布在我国亚热带以南地区，为我国东洋界所特有或主要分布于我国东洋界的种。贡山县分布的该型爬行动物有 6 种，分别是丽纹攀蜥（*Japalura splendida*）、黑带腹链蛇（*Amphiesma bitaeniata*）、王锦蛇（*Elaphe carinata*）、玉斑锦蛇（*Elaphe mandarina*）、颈槽蛇（*Rhabdophis nuchalis*）和菜花原矛头蝮（*Protobothrops jerdonii*），占贡山县全部爬行动物种数的 30.00%；Ⅲ. 东洋型爬行动物是指主要分布于欧亚非大陆的低纬度至中纬度，跨东洋与旧热带两界，以及主要分布在印度半岛、中南半岛深入我国南部热带和亚热带，属东洋界或东洋古北两界种类。贡山县分布的该型爬行动物有 7 种，分别是黑眉锦蛇（*Elaphe taeniura*）、紫灰锦蛇（*Elaphe porphyracea*）、双全白环蛇（*Ophires fasciatus*）、斜鳞蛇（*Pseudoxenodon macrops*）、红脖颈槽蛇（*Rhabdophis subminiatus*）、黑领剑蛇（*Sibynophis collaris*）和山烙铁头（*Ovophis monticola*），占贡山县全部爬行动物种数的 35.00%。

鸟类的分布型主要包括：Ⅰ. 喜马拉雅-横断山区型。“主要分布在横断山脉中、低山或延伸至喜马拉雅南坡森林带的种类”，贡山鸟类中有 96 种属于此类，占贡山鸟类的 30.19%。这些种类是东洋界西南区的代表成分。这些鸟类中，仅有 1 种在当地为冬候鸟，即灰喉柳莺（*Phylloscopus maculipennis*）；其余的种类均在当地为繁殖鸟，且主要为留鸟。该型中的主体是横断山及喜马拉雅（南翼为主）的种类，主要种类有白马鸡（*Crossoptilon crossoptilon*）、灰头鹦鹉（*Psittacula himalayana*）、黄颈啄木鸟（*Dendrocopos darjellensis*）、赤胸啄木鸟（*Dendrocopos cathpharius*）、棕腹啄木鸟（*Dendrocopos hyperythrus*）以及众多的雀形目鸟类，如长尾山椒鸟（*Pericrocotus ethologus*）、短嘴山椒鸟（*Pericrocotus brevirostris*）、灰背伯劳（*Lanius tephronotus*）、棕胸岩鹨（*Prunella strophiata*）、白眉林鸲（*Tarsiger indicus*）等许多种类；还有一些的横断山分布的种类，如四川雉鹑（*Tetraophasis szechenyii*）、血雉（*Ithaginis cruentus*）、红腹角雉（*Tragopan temminckii*）、白腹锦鸡（*Chrysolophus amherstiae*）、栗背岩鹨（*Prunella immaculata*）、橙翅噪鹛（*Garrulax ellietii*）和白领凤鹛（*Yuhina diademata*）、酒红朱雀（*Carpodacus vinaceus*）等；此外，本型中还有不少喜马拉雅东南部（喜马拉雅-横断山交汇地区）分布的种类，灰腹角雉（*Tragopan blythii*）、白尾梢虹雉（*Lophophorus sclateri*）、大紫胸鹦鹉（*Psittacula derbiana*）、棕腹林鸲（*Tarsiger hyperythrus*）、丽色奇鹛（*Heterophasia pulchella*）、黑眉鸦雀（*Paradoxornis atrosuperciliaris*）等；也有少量喜马拉雅南坡种类，如红胸角雉（*Tragopan satyra*）、棕尾虹雉（*Lophophorus impejanus*）、黄嘴蓝鹊（*Urocissa flavirostris*）、火尾太阳鸟（*Aethopyga ignicauda*）等。Ⅱ. 东洋型。“主要分布于欧亚非大陆的低纬度至中纬度，跨东洋与旧热带两界”，以及“主要分布在印度半岛、中南半岛，深入我国南部热带和亚热带，属东洋界，是‘华南区’的代表成分。”贡山鸟类中有 110 种属于此型，占全部鸟类的 34.59%，其中的绝大多数在当地为繁殖鸟，且主要是留鸟。该型鸟类中以热带-中亚热带种类稍多，热带-北亚热带种类次之，其余的为热带、热带-南亚热带及热带-温带种类相同，各类数量比较均衡。东洋型鸟类中最多的是热带-中亚热带种类，其中有不少重要种类，如黑鳽（*Dupetor flavicollis*）、凤头鹰（*Accipiter trivigatus*）、环颈山鹧鸪（*Arborophila torqueola*）、白鹇（*Lophura nycthemera*）、八声杜鹃（*Cuculus merulinus*）、大拟啄木鸟（*Megalaima virens*）、白腹黑啄木鸟（*Dryocopus javensis*）等；此外多数是雀形目的小型鸟类，如赤红山椒鸟（*Pericrocotus flammeus*）、凤头雀嘴鹎（*Spizixos canifrons*）、纵纹绿鹎（*Pycnonotus striatus*）、橙腹叶鹎（*Chloropsis hardwickii*）、灰头椋鸟（*Sturnus malabaricus*）、斑背燕尾（*Enicurus maculatus*）、红翅鵙鹛（*Pteruthius flaviscapis*）、褐胁雀鹛（*Alcippe dubia*）、山鹪莺（*Prinia criniger*）、白喉扇尾鹟（*Rhipidura albicollis*）、黄颊山雀（*Parus spilonotus*）、斑文鸟（*Lonchura punctulata*）、凤头鹀（*Melophus lathami*）等；还有很多热带-北亚热带种类，如领鸺鹠（*Glaucidium brodiei*）、斑头鸺鹠（*Glaucidium cuculoides*）、短嘴金丝燕（*Collocalia brevirostris*）、黄嘴噪啄木鸟（*Blythipicus pyrrhotis*）、鹰鹃（*Cuculus sparverioides*）、黄臀鹎（*Pycnonotus xanthorrhous*）等；此外，还有南亚热带-中亚热带种类，如小䴙䴘（*Tachybaptus ruficollis*）、松雀鹰（*Accipiter virgatus*）、火斑鸠（*Oenopopelia tranquebarica*）、珠颈斑鸠（*Streptopelia chinensis*）、普通夜鹰（*Caprimulgus indicus*）等种类；还有一些属于热带类型鸟类，如距翅麦鸡（*Vanellus duvaucelii*）、红腹咬鹃（*Harpactes wardi*）、金喉拟啄木鸟（*Megalaima franklinii*）、斑腰燕（*Hirundo striolata*）、翠金鹃（*Chalcites maculatus*）、棕颈钩嘴鹛（*Pomatorhinus ruficollis*）等；最后，还有一些热带-南亚热带种类，如楔尾绿鸠（*Treron sphenura*）、绿背金鸠（*Chalcophaps indica*）、蓝喉拟啄木鸟（*Megalaima asiatica*）、黄冠绿啄木鸟（*Picus chlorolophus*）。Ⅲ. 南中国型。“分布或主要分布在我国亚热带以南地区，为我国东洋界所特有或主要分布于我国东洋界的种，是‘华中区’的代表成分”。贡山该型有 22 种，占全部种类的 6.92%。除棕腹柳莺（*Phylloscopus subaffinis*）在贡山为冬候鸟外，其余种类均为留鸟。中国型的鸟类中多数为热带-北亚热带种类，如小燕尾（*Enicurus scouleri*）、斑胸钩嘴鹛（*Pomatorhinus erythrocnemis*）、白颊噪鹛（*Garrulax sannio*）、点胸鸦雀（*Paradoxornis guttaticollis*）及蓝喉太阳鸟（*Aethopyga gouldiae*）等；此外，有少量的热带-中亚热带和热带-中温带种类，其中，热带-中亚热带种类有灰胸竹鸡（*Bambusicola thoracica*）、山鹨（*Anthus sylvanus*）、火尾希鹛（*Minla ignotincta*）和白斑尾柳莺（*Phylloscopus davisoni*）等，热带-中温带种类有灰翅噪鹛（*Garrulax cineraceus*）、棕翅缘鸦雀（*Paradoxornis webbianus*）、棕腹柳莺（*Phylloscopus subaffinis*）和山麻雀（*Passer rutilans*）等；最后，有个别中亚热带种类，如勺鸡（Pucrasia macrolopha）。Ⅳ. 高地型。属于高地型的鸟类在贡山分布的种类很少，有 6 种，占全部鸟类的 1.89%。它们分别是鹮嘴鹬（*Ibidorhyncha struthersii*）、棕头鸥（*Larus brunnicephalusi*）、褐背拟地鸦（*Pseudopodoces humilis*）、褐翅雪雀（*Montifringilla adamsi*）、林岭雀（*Leucosticte nemoricola*）、白斑翅拟蜡嘴雀（*Mycerobas carnipes*）。其中棕头鸥在贡山为冬候鸟，其余为留鸟。Ⅴ. 古北型。分布横贯欧亚大陆寒

温带，分布区南部通过我国北部的种类。该型鸟类在贡山有 28 种，占贡山鸟类的 8.81%。其中的约 60.71%为冬候鸟或旅鸟，其余为繁殖鸟。古北型鸟类中有寒带至寒温带的、寒温带为主的、温带、中温带为主的及中温带为主延伸至亚热带的各种类型的种类。主要种类有苍鹭（*Ardea cinerea*）、凤头潜鸭（*Aythya fuligula*）、[黑]鸢（*Milvus migrans*）、普通鵟（*Buteo buteo*）、灰鹤（*Grus grus*）、白腰草鹬（*Tringa ochropus*）、黑枕绿啄木鸟（*Picus canus*）、黑啄木鸟（*Dryocopus martius*）、黄鹡鸰（*Motacilla flavas*）、星鸦（*Nucifraga caryocatactes*）、虎斑地鸫（*Zoothera dauma*）、黄眉柳莺（*Phylloscopus inornatus*）、红喉[姬]鹟（*Ficedula parva*）、煤山雀（*Parus ater*）、普通䴓（*Sitta europaea*）、树麻雀（*Passer montanus*）、普通朱雀（*Carpodacus erythrinus*）、小鹀（*Emberiza pusilla*）等；Ⅵ. 东北型。"分布区位于我国东北及其邻近地区，有些种类的分布区，向北可至极地，向东可包括日本，向西最远可至乌拉尔山脉，此外还包括东部为主的类型，均属古北界。东北型种类在贡山仅有 15 种，占贡山鸟类的 4.71%。如黑尾蜡嘴雀（*Eophona migratoria*）、树鹨（*Anthus hodgsoni*）、红胁蓝尾鸲（*Tarsiger cyanurus*）、北红尾鸲（*Phoenicurus auroreus*）、斑鸫（*Turdus naumanni*）、灰头鹀（*Emberiza spodocephala*）、栗耳鹀（*Emberiza fucata*）、北灰鹟（*Museicapa dauurica*）、山鹡鸰（*Dendronanthus indicus*）、田鹨（*Anthus novaeseelandiae*）、褐柳莺（*Phylloscopus fuscatus*）等。其中多数在贡山为旅鸟或冬候鸟。Ⅶ. 全北型。分布横贯欧亚大陆寒温带，又包括了北美寒温带的种类。该型鸟类在贡山有 11 种，占贡山鸟类的 3.46%。这 11 种鸟类中有 7 种在贡山为繁殖鸟；其余 4 种则为冬候鸟。全北型鸟类有绿翅鸭（*Anas crecca*）、普通秋沙鸭（*Mergus merganser*）、家燕（*Hirundo rustica*）、喜鹊（*Pica pica*）、鹪鹩（*Troglodytes troglodyte*）、褐头山雀（*Parus montanus*）、旋木雀（*Certhia familiaris*）和红交嘴雀（*Loxia curvirostra*）等。Ⅷ. 不易归类的分布。有些种类在张荣祖（1999）列为"不易归类的分布"。"其中不少分布比较广泛的种，大多与其他类型相似但又不能视为其一类"。这些在贡山共有 26 种，占全部种类的 8.81%。其中除 3 种外，其余 23 种都是"可视为广义的古北型的种类"。这些广义的古北型的种类中，有 3 种为冬候鸟或旅鸟，其余的种类全部为繁殖鸟。属于这一分布型的鸟类在贡山有[普通]鸬鹚（*Phalacrocorax carbo*）、红隼（*Falco tinnunculus*）、大杜鹃（*Cuculus canorus*）、红角鸮（*Otus scops*）、灰林鸮（*Strix aluco*）、小白腰雨燕（*Apus affinis*）、普通翠鸟（*Alcedo atthis*）、戴胜（*Upupa epops*）、金腰燕（*Hirundo daurica*）、白鹡鸰（*Motacilla alba*）、红翅旋壁雀（*Tichodroma muraria*）、蓝矶鸫（*Monticola solitarius*）、灰眉岩鹀（*Emberiza cia*）等。Ⅸ. 其他。贡山还分布有少量季风型种类，是以东部湿润地区为主的种类，有紫背苇鳽（*Ixobrychus eurhythmus*）、山斑鸠（*Streptopelia orientalis*）和大嘴乌鸦（*Corvus macrorhynchos*）3 种；此外还有属于东北华北型的红尾伯劳（*Lanius cristatus*）1 种；这两种分布型分别占贡山全部鸟类的 0.94%和 0.31%。

综上所述，贡山分布的 318 种鸟类中，以东洋型和喜马拉雅-横断山区型这 2 型的鸟类最多，分别占总数的 34.59%和 30.19%，是贡山鸟类最重要的组成成分；全北型和古北型种类分别为 11 种和 28 种，总共占总数的 12.26%，其余的类型所占比例就很少了，这包括南中国型、东北型、全北型、高地型、季风型、东北型和东北-华北型。以上情况表明，贡山的鸟类分布型的成分比较复杂，鸟类成分多样，但仍以东洋型和喜马拉雅-横断山区型的种类为其特色显著。

兽类的分布型包括：Ⅰ. 全北型。分布横贯欧亚大陆寒温带，又包括了北美寒温带的种类。该型兽类在贡山有 2 种，占贡山兽类的 2.41%，属于该型的兽类包括赤狐（*Vulpes vulpes*）、狼（*Canis lupus*）。Ⅱ. 古北型。分布横贯欧亚大陆寒温带，分布区南部通过我国北部的种类。该型兽类在贡山有 5 种，占贡山兽类的 6.02%，属于该型的兽类包括：黄鼬（*Mustela sibirica*）、马铁菊头蝠（*Rhinolophus ferrumequinum*）、普通鼩鼱（*Sorex araneus*）、水獭（*Lutra lutra*）、野猪（*Sus scrofa*）。Ⅲ. 季风型。以我国东部湿润地区分布的种为主。该型兽类在贡山有 2 种，占贡山兽类的 2.41%，属于该型的兽类包括斑羚（*Naemorhedus goral*）、黑熊（*Ursus thibetanus*）。Ⅳ. 喜马拉雅-横断山区型。主要分布在横断山脉中、低山或延伸至喜马拉雅南坡森林带的种类。贡山兽类中有 20 种属于此型，占全部兽类的 24.10%，这些种类是东洋界西南区的代表成分，是贡山县兽类的主要成分之一，包括：白斑小鼯鼠（*Petaurista elegans*）、长尾鼩（*Soriculus caudatus*）、橙腹长吻松鼠（*Dremomys lokriah*）、大长尾鼩（*Soriculus salenskii*）、大耳姬鼠（*Apodemus latronum*）、多齿鼩鼹（*Uropsilus gracilis*）、高黎贡鼠兔（*Ochotona gaoligongensis*）、高原松田鼠（*Neodon irene*）、黑麝（*Moschus fuscus*）、灰腹鼠（*Niviventer eha*）、灰鼠兔（*Ochotona roylei*）、克钦绒鼠（*Eothenomys cachinus*）、克氏田鼠（*Microtus clarkei*）、羚牛（*Budorcas taxicolor*）、霜背大鼯鼠（*Petaurista philippensis*）、小纹背鼩鼱（*Sorex bedfordiae*）、羊绒鼯鼠（*Eupetaurus cinereus*）、印度长尾鼩（*Soriculus leucops*）、云南鼠兔（*Ochotona forresti*）、云南鼯鼠（*Petaurista yunanensis*）。Ⅴ. 高地型。限于或主要分布青藏高原，包括北起昆仑山脉、祁边山脉，南至横断山脉北部和喜马拉雅的高山带，属古北界，是“青藏区”的代表成分。属于高地型的兽类在贡山分布的有 3 种，占全部兽类的 3.61%，包括：高原兔（*Lepus oiostolus*）、马麝（*Moschus chrysogaster*）和岩羊（*Pseudois nayaur*）。Ⅵ. 南中国型。分布或主要分布在我国亚热带以南地区，为我国东洋界所特有或主要分布于我国东洋界的种，是“华中区”的代表成分。贡山该型有 12 种，占全部种类的 14.46%，包括：短尾鼩（*Anourosorex squamipes*）、高原姬鼠（*Apodemus chevrieri*）、贡山麂（*Muntiacus gongshanensis*）、黑腹绒鼠（*Eothenomys melanogaster*）、灰麝鼩（*Crocidura attenuata*）、林麝（*Moschus berezovskii*）、毛耳鼯鼠（*Belomys pearsoni*）、毛冠鹿（*Elaphodus cephalophus*）、珀氏长吻松鼠（*Dremomys pernyi*）、喜马拉雅水鼩（*Chimarrogale himalayica*）、中国鼩猬（*Hylomys sinensis*）、中华姬鼠（*Apodemus draco*）。Ⅶ. 东洋型。主要分布于欧亚非大陆的低纬度至中纬度，跨东洋与旧热带两界，以及主要分布在印度半岛、中南半岛，有些种类的分布还可深入我国南部热带和亚热带，属东洋界，是华南区的代表成分。贡山兽类中有 36 种属于此型，占全部兽类的 43.37%，是贡山县兽类的主要成分，包括：斑灵狸（*Prionodon pardicolor*）、豹猫（*Prionailurus bengalensis*）、背纹鼬（*Mustela strigidorsa*）、赤腹松鼠（*Callosciurus erythraeus*）、赤麂

（*Muntiacus muntjak*）、大齿鼠（*Dacnomys millardi*）、大额牛（*Bos frontalis*）、大灵猫（*Viverra zibetha*）、戴帽叶猴（*Trachypithecus shortridgei*）、果子狸（*Paguma larvata*）、黑白林飞鼠（*Hylopetes alboniger*）、红颊长吻松鼠（*Dremomys rufigenis*）、虎（*Panthera tigris*）、黄毛鼠（*Rattus losea*）、黄胸鼠（*Rattus tanezumi*）、灰胸鼠（*Rattus nitidus*）、灰叶猴（*Trachypithecus phayrei*）、江獭（*Lutrogale perspicillata*）、巨松鼠（*Ratufa bicolor*）、鬣羚（*Capricornis sumatraensis*）、猕猴（*Macaca mulatta*）、社鼠（*Niviventer confucianus*）、水鹿（*Rusa unicolor*）、纹腹松鼠（*Callosciurus quinquestriatus*）、屋顶鼠（*Rattus rattus*）、锡金小鼠（*Mus pahari*）、小灵猫（*Viverricula indica*）、熊猴（*Macaca assamensis*）、银星竹鼠（*Rhizomys pruinosus*）、隐纹花松鼠（*Tamiops swinhoei*）、云豹（*Neofelis nebulosa*）、云猫（*Pardofelis marmorata*）、针毛鼠（*Niviventer fulvescens*）、中缅树鼩（*Tupaia belangeri*）、猪獾（*Arctonyx collaris*）、棕鼯鼠（*Petaurista petaurista*）。Ⅷ. 云贵高原型。分布于我国西南部的云贵高原为分布中心，有时可包括周围的山地，或可延伸到横断山脉南部。该分布型包括大绒鼠（*Eothenomys miletus*）、滇绒鼠（*Eothenomys eleusis*），占全部兽类的 2.41%。Ⅸ. 不易归类的分布。有些种类在张荣祖（1999）列为“不易归类的分布”。“其中不少分布比较广泛的种，大多与其他类型相似但又不能视为其一类”。该型在贡山仅有 1 种，即金钱豹（*Panthera pardus*），占全部种类的 1.20%。

➢　特有种类

在贡山分布的两栖类中没有本县小范围内特有的物种。根据张荣祖（1999）和杨大同等（2008），在贡山有记录的 9 种两栖类中，多数是中国特有物种，这些限于中国境内分布的特有物种有 6 种，包括白颌（大）角蟾（*Megophrys lateralis*）、贡山齿突蟾（*Scutiger gongshanensis*）、华西蟾蜍（*Bufo andrewsi*）、胫腺蛙（*Rana shuchinae*）、绿点湍蛙（*Amolops viridimaculatus*）、贡山树蛙（*Rhacophorus gongshanensis*）6 种。此外，缅北棘蛙（*Paa arnoldi*）则主要分布区在我国；此外，缅北棘蛙（*Paa arnoldi*）则主要分布区在我国。

20 种爬行动物中，有 6 种中国特种，分别是裸耳攀蜥（*Japalura dymondi*）、独龙江攀蜥（*Japalura bapoensis*）、丽纹攀蜥（*Japalura splendida*）、黑带腹链蛇（*Amphiesma bitaeniata*）、玉斑锦蛇（*Elaphe mandarina*）、菜花原矛头蝮（*Protobothrops jerdonii*），占贡山县全部爬行动物种数的 30.00%。

鸟类中没有本县小范围内特有的物种。目前所知，在贡山有记录的 30 种鸟类是中国特有种（张荣祖，1999）及国内分布仅记录于云南的物种。其中中国特有种 13 种，分别为四川雉鹑（*Tetraophasis szechenyii*）、血雉（*Ithaginis cruentus*）、灰胸竹鸡（*Bambusicola thoracica*）、白马鸡（*Crossoptilon crossoptilon*）、白尾梢虹雉（*Lophophorus sclateri*）、白腹锦鸡（*Chrysolophu samherstiae*）、褐背拟地鸦（*Pseudopodoces humilis*）、大噪鹛（*Garrulax maximus*）、橙翅噪鹛（*Garrulax ellietii*）、白眉山雀（*Parus superciliosus*）、酒红朱雀（*Carpodacu svinaceus*）等。在中国有分布而仅记录于云南省的鸟类有 17 种，分别是赤颈鹤（*Grus antigone*）、红腹咬鹃（*Harpactes wardi*）、纵纹绿鹎（*Pycnonotus striatus*）、锈腹

短翅鸲（*Brachypteryx hyperythra*）、黑白林即鸟（*Saxicola jerdoni*）、剑嘴鹛（*Xiphirhynchus supercilliaris*）、长嘴鷦鹛（*Rimator malacoptilus*）、楔嘴鹩鹛（*Sphenocichla humei*）、黄喉穗鹛（*Stachyris ambigua*）、纹胸巨鹛（*Macronous gularis*）、蓝翅噪鹛（*Garrulax squamatus*）、黄胸织布鸟（*Ploceus philippinus*）、白眉扇尾鹟（*Rhipidura aureola*）。

贡山县分布的83种兽类中，有中国特有的物种9种，即多齿鼩鼹（*Uropsilus gracilis*）、大长尾鼩（*Soriculus salenskii*）、贡山麂（*Muntiacus gongshanensis*）、黑麝（*Moschus fuscus*）、滇绒鼠（*Eothenomys eleusis*）、大绒鼠（*Eothenomys miletus*）、高原松田鼠（*Neodon irene*）、大耳姬鼠（*Apodemus latronum*）、高原姬鼠（*Apodemus chevrieri*）。云南特有种为2种，即高黎贡鼠兔（*Ochotona gaoligongensis*）和纹腹松鼠（*Callosciurus quinquestriatus*）。

➢ 珍稀濒危保护种类

贡山县所记录的9种两栖类动物中，没有国家级和云南省省级重点保护野生种类；从野外调查和文献记录的20种爬行动物中，没有国家级和云南省省级重点保护野生动物；4种珍稀濒危爬行动物，即王锦蛇（*Elaphe carinata*）、玉斑锦蛇（*Elaphe mandarina*）、黑眉锦蛇（*Elaphe taeniura*）和紫灰锦蛇（*Elaphe porphyracea*），占贡山县全部爬行动物种数的20.00%。

鸟类中有各级重点保护野生动物中的鸟类29种，其中国家I级保护鸟类有7种，包括黑鹳（*Ciconia nigra*）、四川雉鹑（*Tetraophasis szechenyii*）、红胸角雉（*Tragopan satyra*）、棕尾虹雉（*Lophophorus impejanus*）、白尾梢虹雉（*Lophophorus sclateri*）、赤颈鹤（*Grus antigone*）；国家II级保护鸟类22种，包括[黑]鸢（*Milvus migrans*）、凤头鹰（*Accipiter trivigatus*）、雀鹰（*Accipiter nisus*）、松雀鹰（*Accipiter virgatus*）、普通鵟（*Buteo buteo*）、红隼（*Falco tinnunculus*）、血雉（*Ithaginis cruentus*）、红腹角雉（*Tragopan temminckii*）、白马鸡（*Crossoptilon crossoptilon*）、黑鹇（*Lophura leucomelana*）、白鹇（*Lophura nycthemera*）、勺鸡（*Pucrasia macrolopha*）、白腹锦鸡（*Chrysolophus amherstiae*）、楔尾绿鸠（*Treron sphenura*）、大紫胸鹦鹉（*Psittacula derbiana*）、灰头鹦鹉（*Psittacula himalayana*）、红角鸮（*Otus scops*）、鹛鸮（*Bubo bubo*）、领鸺鹠（*Glaucidium brodiei*）、斑头鸺鹠（*Glaucidium cuculoides*）、灰林鸮（*Strix aluco*）、白腹黑啄木鸟（*Dryocopus javensis*）。

29种兽类中，有国家I级保护兽类熊猴（*Macaca assamensis*）、戴帽叶猴（*Trachypithecus shortridgei*）、灰叶猴（*Trachypithecus phayrei*）、虎（*Panthera tigris*）、金钱豹（*Panthera pardus*）、云豹（*Neofelis nebulosa*）、羚牛（*Budorcas taxicolor*）、水鹿（*Rusa unicolor*）、黑麝（*Moschus fuscus*）、林麝（*Moschus berezovskii*）和马麝（*Moschus chrysogaster*）11种，国家II级保护兽类猕猴（*Macaca mulatta*）、斑灵狸（*Prionodon pardicolor*）、大灵猫（*Viverra zibetha*）、小灵猫（*Viverricula indica*）、黑熊（*Ursus thibetanus*）、水獭（*Lutra lutra*）、鬣羚（*Capricornis sumatraensis*）、斑羚（*Naemorhedus goral*）、岩羊（*Pseudois nayaur*）、巨松鼠（*Ratufa bicolor*）10种；省级保护兽类狼（*Canis lupus*）和毛冠鹿（*Elaphodus cephalophus*）2种；CITES附录I物种有戴帽叶猴（*Trachypithecus shortridgei*）、斑灵狸（*Prionodon pardicolor*）、虎（*Panthera *tigris*）、金钱豹（*Panthera pardus*）、云豹（*Neofelis nebulosa*）、黑熊（*Ursus thibetanus*）、水獭（*Lutra lutra*）、鬣羚（*Capricornis sumatraensis*）和斑羚（*Naemorhedus goral*）9 种，CITES 附录 II 物种有中缅树鼩（*Tupaia belangeri*）、猕猴（*Macaca mulatta*）、熊猴（*Macaca assamensis*）、灰叶猴（*Trachypithecus phayrei*）、云猫（*Pardofelis marmorata*）、豹猫（*Prionailurus bengalensis*）、狼（*Canis lupus*）、江獭（*Lutrogale perspicillata*）、羚牛（*Budorcas taxicolor*）、黑麝（*Moschus fuscus*）、林麝（*Moschus berezovskii*）、马麝（*Moschus chrysogaster*）和巨松鼠（*Ratufa bicolor*）13 种，CITES 附录 III 物种有果子狸（*Paguma larvata*）、大灵猫（*Viverra zibetha*）、小灵猫（*Viverricula indica*）和黄鼬（*Mustela sibirica*）4 种。

（4）大型真菌物种多样性

经过对标本的分类研究鉴定，确定贡山包括担子菌亚门和子囊菌亚门 11 目 33 科 77 属 199 个种，其中担子菌亚门 7 目 27 科 72 属 186 种，子囊菌亚门 4 目 6 科 7 属 13 种。该区重要的或珍贵的野生食用菌有美网柄牛肝菌 *Boletus reticulatus*、木耳 *Auricularia auricula*、玉蕈离褶伞 *Lyophyllum shimeji*、远东疣柄牛肝菌 *Leccinum extremiorientale*、变绿红菇（青头菌）*Russula virescens* 等（戴玉成等，2010）。

该区药用真菌也较多，不同真菌所含有效成分不同。按药用功效将可分为具抗肿瘤活性的种类，如翘鳞伞 *Pholiota squarrosa*，裂褶菌 *Schizophyllum commune*、黑紫粉褶菌 *Rhodophyllus ater*、条柄蜡蘑 *Laccaria proxima*、松塔牛肝菌 *Strobilomyces strobilaceus* 等；能抑制细菌、真菌和病毒的种类，如橙黄硬皮马勃 *Scleroderma citrinum*、小皮伞 *Marasmius* sp.等（应建浙等，1994）。

中国特有种有亚球鹅膏 *A. subglobosa*、小豹斑鹅膏 *A. parvipantherina* 等。而华牛肝菌属（*Sinoboletus*）和臧氏牛肝菌属（*Zangia*）是我国的特有属，如重孔华牛肝菌 *S. duplicatoporus*、红褐臧氏牛肝 *Zangia olivaceobrunnea* 等（臧穆等，2004）。

表 4-38 担子菌亚门真菌标本汇总表

目 Order	科 Family	属 Genus（括号中数字为种数）
多孔菌目 Polyporales	齿菌科 Hydnaceae	肉齿菌属 *Hydnum*（1 种）
	刺革菌科 Hymenochaetaceae	集毛菌属 *Coltriciella*（1 种）
	多孔菌科 Polyporaceae	烟管菌属 *Bjerkandera*（1 种） 钹孔菌属 *Coltricia*（1 种） 云芝属 *Coriolus*（1 种） 网孔菌属 *Dictyopanus*（1 种） 大孔菌属 *Favolus*（1 种） 革裥菌属 *Lenzites*（1 种） 多孔菌属 *Polyporus*（4 种） 泊氏孔菌属 *Postia*（1 种） 皮孔菌属 *Spongipellis*（1 种） 拟层孔菌属 *Stereum*（1 种） 栓菌属 *Trametes*（1 种）

目 Order	科 Family	属 Genus（括号中数字为种数）
多孔菌目 Polyporales	珊瑚菌科 Clavariaceae	珊瑚菌属 *Clavaria*（2 种） 棒珊瑚菌属 *Clavariadelphus*（1 种） 锁瑚菌属 *Clavulina*（2 种） 拟锁瑚菌属 *Clavulinopsis*（2 种）
	枝瑚菌科 Ramariaceae	枝瑚菌属 *Ramaria*（4 种）
鬼笔目 Phallales	鬼笔科 Phallaceae	竹荪属 *Dictyopbora*（1 种）
马勃目 Lycoperdales	马勃科 Lycoperdaceae.	秃马勃属 *Calvatia*（1 种） 马勃属 *Lycoperdon*（2 种）
木耳目 Auriculariales	木耳科 Auriculariales	木耳属 *Auricularia*（3 种）
银耳目 Tremellales	叉担子科 Dacryomycetaceae	胶角耳属 *Calocera*（1 种）
硬皮马勃目 Sclerodermatales	硬皮马勃科 Sclerodermataceae	硬皮马勃属 *Scleroderma*（2 种）
伞菌目 Agaricales	侧耳科 Pleurotaceae	亚侧耳属 *Hohenbuehelia*（3 种） 革耳属 *Panus*（1 种） 侧耳属 *Pleurotus*（1 种）
	鹅膏菌科 Amanitaceae	鹅膏菌属 *Amanita*（8 种）
	粉褶菌科 Entolomataceae	脆粉褶菌属 *Entoloma*（3 种） 粉褶菌属 *Rhodophyllus*（4 种）
	粪锈伞科 Bolbitiaceae	锥盖伞属 *Conocybe*（1 种）
	光柄菇科 Pluteaceae	光柄菇属 *Pluteus*（1 种）
	鬼伞科 Coprinaceae	斑褶菇属 *Anellaria*（1 种） 鬼伞属 *Coprinus*（2 种） 脆柄菇属 *Psathyrella*（2 种）
	红菇科 Russulaceae	乳菇属 *Lactarius*（7 种） 红菇属 *Russula*（13 种）
	口蘑科 Tricholomataceae	杯伞属 *Clitocybe*（2 种） 金钱菌属 *Collybia*（5 种） 蜡蘑属 *Laccaria*（7 种） 离褶伞属 *Lyophyllum*（2 种） 小菇属 *Mycena*（3 种） 口蘑属 *Tricholoma*（1 种）
	蜡伞科 Hygrophoraceae	湿伞属 *Hygrocybe*（9 种） 蜡伞属 *Hygrophorus*（1 种）
	裂褶菌科 Schizophyllaceae	裂褶菌属 *Schizophyllum*（1 种）
	蘑菇科 Agaricaceae	蘑菇属 *Agaricus*（3 种） 囊皮菌属 *Cystoderma*（1 种） 环柄菇属 *Lepiota*（7 种） 白鬼伞属 *Leucocoprinus*（1 种） 白环菇属 *Leucoagaricus*（1 种） 粉末环柄菇属 *Pulverolepiota*（1 种）

目 Order	科 Family	属 Genus（括号中数字为种数）
伞菌目 Agaricales	牛肝菌科 Boletaceae	南牛肝菌属 *Austroboletus*（1 种） 小牛肝菌属 *Boletinus*（1 种） 牛肝菌属 *Boletus*（3 种） 红孔牛肝菌属 *Chalciporus*（1 种） 圆孢牛肝菌属 *Gyroporus*（1 种） 短孢牛肝菌属 *Gyrodon*（1 种） 疣柄牛肝菌属 *Leccinum*（3 种） 网柄牛肝菌属 *Retiboletus*（1 种） 乳牛肝菌属 *Suillus*（8 种） 粉孢牛肝菌属 *Tylopilus*（1 种） 绒盖牛肝菌属 *Xerocomus*（3 种）
	球盖菇科 Strophariaceae	鳞伞属 *Pholiota*（2 种） 球盖菇属 *Stropharia*（1 种）
	丝膜菌科 Cortinariaceae	丝膜菌属 *Cortinarius*（4 种） 皮囊菌属 *Dermocybe*（1 种） 丝盖伞属 *Inocybe*（10 种）
	松塔牛肝菌科 Strobilomycetaceae	华牛肝菌属 *Sinoboletus*（1 种） 松塔牛肝菌属 *Strobilomyces*（3 种）
	网褶菌科 Paxillaceae	网褶菌属 *Paxillus*（3 种）
	小皮伞科 Marasmiaceae	皮伞属 *Marasmius*（5 种）

表 4-39　子囊菌亚门真菌标本汇总表

目 Order	科 Family	属 Genus（括号中数字为种数）
蜡钉菌目 Helotiales	地舌科 Geoglossaceae	锤舌菌属 *Leotia*（3 种）
	核盘菌科 Sclerotiniaceae	杯盘菌属 *Ciboria*（1 种）
盘菌目 Pezizales	马鞍菌科 Helvellaceae	马鞍菌属 *Helvella*（5 种）
	盘菌科 Pezizaceae	盘菌属 *Peziza*（1 种）
肉座菌目 Hypocreales	麦角菌科 Clavicipitaceae	虫草属 *Cordyceps*（1 种） 棒束孢属 *Isaria*（1 种）
球壳目 Sphaeriales	炭棒科 Xylariaceae	*Entonaema* 属（1 种）

4.9.4　小结

系统调查整理完成了贡山县高等植物、陆生脊椎动物和大型真菌物种编目，并建立了数据库，为国家和地方生物多样性保护提供技术资料。在贡山县发现并确定悬钩子属一新种拟直立悬钩子 *Rubus parastans* H.C.Wang & Z. R. He sp.nov.，另外，初步的标本鉴定，在苦苣苔科、凤仙花科、蕨类等，发现疑似新种 4～5 种。调查所记录的鸟类中有 11 种为文献中贡山县范围内所没有记录过的，这 11 种鸟类均在云南有记录。本次野外调查发现了大型真菌鹅膏属、马鞍菌属、牛肝菌科、蜡蘑属都有些未描述的新种。

4.10 福贡县生物多样性现状①

4.10.1 自然概况

福贡县地处滇西北横断山脉中段碧罗雪山和高黎贡山之间的怒江峡谷，国土面积 2 756.44 km^2，耕地面积 6 180 万亩，森林面积 22.1 万 hm^2，森林覆盖率 77.5%，牧草地 53.77 万亩，坡度在 25°以上的土地占 89.47%。东与兰坪县和维西傈僳族自治县交界，南与泸水县相连，西与缅甸接壤，北与贡山独龙族怒族自治县相邻。边境线长 142.218 km。位于东经 98°41′～99°02′，北纬 26°28′～27°32′。南北最大纵距 112 km，东西最大横距 23 km。全县总面积 2756.44 km^2。

福贡县国境线长 142.218 km，有 19 条过境通道和边民互市点。县城驻地上帕镇海拔 1 190.9 m。境内世代居住着傈僳族、怒族、白族、纳西族等 20 个民族，其中傈僳族、怒族是福贡县的主体民族，傈僳族有自己的语言和文字。

4.10.2 组织实施

调查调查组对福贡县怒江两岸，包括高黎贡山东坡（上帕镇、马吉乡马吉米村、亚坪十八公里等），碧罗雪山西坡（匹河乡、上帕镇、石月亮乡、碧江老县城知子罗村、老姆登村等）进行了多次野外调查，共采集植物标本 1011 号；动物调查组组织两栖爬行类、鸟类、兽类三个专业调查小组先后对福贡县的石月亮乡、鹿马登乡、马吉乡、匹河乡、上帕镇、马吉乡、架科底乡等地进行了多次野外调查；大型真菌调查组对横断山南段区怒江傈僳族自治州福贡县上帕镇、石月亮乡、鹿马登乡、马吉乡、子里甲乡、匹河乡以定点取样、代表性样方与样线相结合的方法，进行了两次大型真菌野外考察，共采集真菌标本 238 号。

4.10.3 主要成果

（1）植被类型组成

依据《中国植被》《云南植被》和《云南森林》等重要植被专著中采用的分类系统，遵循群落学—生态学的分类原则。通过野外线路踏查并结合相关植被调查资料，福贡县植被类型可划分为 9 个植被型，10 个植被亚型，27 个群系。

① 福贡县植被类型与植物多样性由云南大学王跃华教授组织调查和提供数据；动物多样性由云南大学胡健生组织调查和提供数据；大型真菌多样性由中科院昆明植物研究所杨祝良研究员组织调查和提供数据。

表 4-40　福贡县植被分类系统表

Ⅰ. 常绿阔叶林 Evergreen Broadleaved Forest
（Ⅰ）半湿润常绿阔叶林 Semi-humid Evergreen Broadleaved Forest
（一）滇青冈林（Form. *Cyclobalanopsis glaucoides*）
（二）高山栲林（Form. *Castanopsis delavayi*）
（Ⅱ）中山湿性常绿阔叶林 Mountainous humid Evergreen Broadleaved Forest
一、青冈林 Form. group *Cyclobalanopsis*
（一）青冈栎林（Form. *Cyclobalanopsis glauca*）
（二）曼青冈林（Form. *Cyclobalanopsis oxyodon*）
（三）薄片青冈林（Form. *Cyclobalanopsis lamellosa*）
（四）长叶青冈林（Form. *Cyclobalanopsis longifolia*）
（五）俅江青冈林（Form. *Cyclobalanopsis kiukiangensis*）
二、石栎林 From. group *Lithocarpus*
（一）硬斗石栎、青冈林（Form. *Lithocarpus hancei*）
（二）白穗石栎林（Form. *Lithocarpus leucostachyus*）
（三）厚叶石栎、杜鹃林（Form. *Lithocarpus pachyphyllus*，*Rhododendron* spp.）
三、栎林 Form. group *Quercus*
（一）贡山栎林（Form. *Quercus kongshanensis*）
Ⅱ. 落叶阔叶林 Deciduous Broadleaved Forest
一、桤木林 From. group *Alnus*
（一）旱冬瓜林（Form. *Alnus nepalensis*）
二、桦树林 From. group *Betula*
（一）长穗桦林（Form. *Betula cylindrostachya*）
（二）糙皮桦林（Form. *Betula utilis*）
三、马蹄果林 Form. group *Protium*
（一）马蹄果林（Form. *Protium serratum*）
四、核桃林 Form group *Juplans*
（一）野核桃林（Form. *Juplans cathayensis*）
Ⅲ. 温性针阔混交林 Coniferous and Broadleaved Mixed Forest
一、铁杉-阔叶混交林 Form. group *Tsaga*-broadleaved mixed forest
（一）云南铁杉-常绿阔叶混交林 Form. *Tsuga dumosa*-evergreen broadleaved mixed forest
（二）云南铁杉-落叶阔叶混交林 Form. *Tsuga dumosa*-deciduous broadleaved mixed forest
Ⅳ. 暖性针叶林 Warm Coniferous Forest
（Ⅰ）暖温性针叶林 Warm-temperate Coniferous Forest
（一）云南松林（Form. *Pinus yunnanensis*）
Ⅴ. 温性针叶林 Temperate Coniferous Forest
（Ⅰ）寒温性针叶林 Cold-temperate Coniferous Forest
一、云、冷杉林 Form group Picea and Abies
（一）油麦吊云杉林（Form. *Picea brachytyla* var. *conplanata*）
（二）怒江冷杉林（Form. *Abies nukiangensis*）
（三）苍山冷杉林（Form. *Abies delavayi*）

Ⅵ.竹林 Bamboo Wood

（Ⅰ）寒温性竹林 Cold-temperate Bamboo Wood

一、箭竹林 Form Group *Fargesia*

（一）皱壳箭竹林（Form. *Fargesia pleniculmis*）

（二）矩鞘箭竹林（Form. *Fargesia orbiculata*）

Ⅶ. 稀树灌木草丛 Shrub-Grassland

（Ⅰ）暖温性稀树灌木草丛 Warm-temperate Shrub -Grassland

Ⅷ. 灌丛 Shrub

（Ⅰ）寒温性灌丛 Cold-temperate Shrub

一、杜鹃灌丛 From. group *Rhododendron*

（一）夺目杜鹃灌丛（Form. *Rhododendron arizelum*）

（二）地檀香、杜鹃灌丛（Form. *Gaultheria forrestii*，*Rhododendron* spp.）

（Ⅱ）暖温性灌丛 Warm-temperate Shurb

（一）球花水柏枝灌丛（Form. *Myricaria laxa*）

Ⅸ. 草甸 Meadow

（Ⅰ）亚高山草甸 Sub-alpine Meadow

（一）阿魏、天南星草甸（Form. *Ferula assafoetida*，*Arisaema* spp.）

（Ⅱ）亚高山沼泽化草甸 Sub-alpine Moor Meadow

（一）灯心草沼泽化草甸（Form. *Juncus effusus*）

注：编号说明

植被型：用Ⅰ，Ⅱ，Ⅲ，……，数字后加“.”号，统一编号；

植被亚型：用（Ⅰ），（Ⅱ），……，数字后不加符号，统一编号；

群系组：用一，二，三，……，数字后加“、”号，在植被型或植被亚型之后编号；

群系：用（一），（二），（三），……，数字后不加符号，在群系组或植被亚型下编号。

（2）植物物种多样性

➢ 物种组成

根据野外考察、室内标本标本整理鉴定以及相关文献资料查阅，福贡县共有高等植物 2 108 种 33 变种 29 个亚种，隶属于 254 科 803 属。其中，苔藓植物 53 科 126 属 302 种；蕨类植物 38 科 78 属 145 种 18 变种；裸子植物 6 科 13 属 17 种；被子植物 158 科 586 属 1 660 种 15 个变种 29 个亚种。

➢ 特有种类

中国特有种 398 种，包括多纹泥炭藓 *Sphagnum multifibrosum* X.J.Lie et M.Zang.、大叶苔 *Scaphophyllum speciosum*(Horik.)、苍山冷杉 *Abies delavayi* Franch.、华山松 *Pinus armandii* Franch.、干香柏 *Cupressus duclouxiana* Hickel、野八角 *Illicium simonsii* Maxim.、高山木姜子 *Litsea chunii* Cheng 等；省级特有种 53 种，包括短叶毛羽藓 *Bryonoguchia brevifolia* S.Y.Zeng、云南榧树 *Torreya yunnanensis Chenget* L. K.Fu、假小檗 *Berberis fallax* Schneid.、长柄地不容 *Stephania longipes* H.S. Lo、光茎野蒌 *Piper glabricaule* C.DC.等；狭域特有种 91 种，包括碧江碎米荠 *Cardamine bijiangensis* W . T. Wang、福贡石楠 *Photinia tsaii* Rehd.等。

➢　珍稀濒危保护种类

经初步统计，有 20 种各类珍稀濒危植物分布于福贡县，分属国家级珍稀濒危物种（1984 年）、国家重点保护名录（1999 年）和红皮书，及云南省省级名录（表 4-41）。

表 4-41　福贡县的珍稀濒危保护植物统计表

编号	科名	中文名	拉丁学名	名录及保护级别			
				国家重点保护	红色名录	珍稀濒危	省级保护
1	红豆杉科 Taxaceae	云南红豆杉	*Taxus yunnanensis* Chenget L. K.Fu				1
2		云南榧树	*Torreya yunnanensis*	2	1	3	
3	木兰科 Magnoliaceae	长蕊木兰	*Alcimandra cathcartii*	1		2	
4		红花木莲	*Manglietia insignis*（Wall.）Bl.	1			
5	桫椤科 Cyatheaceae	桫椤	*Alsophila spinusa*	2	1	1	
6	杉科　Taxodiaceae	秃杉	*Taiwania cryptomerioides*	2		1	
7	十萼花科 Dipentodotaceae	十萼花	*Dipentodon sinicus*			2	
8	水青木科 Tetracentraceae	水青树	*Tetracentron sinense*	2		2	
9	领春木科 Eupteleaceae	领春木	*Euptelea pleiosperma*			3	
10	亚麻科 Linaceae	异腺草	*Anisadenia pubescens*				3
11	桤叶树科	云南桤叶树	*Clethra delavayi* Franch.		1		
12	杜英科 Elaeocarpaceae	滇北杜英	*Elaeocarpus boreali-yunnansis*				3
13	胡桃科 Juglandaceae	云南枫杨	*Pterocarya delavayi*				3
14	岩梅科 Diapensiaceae	岩匙	*Berneuxia thibetica*				3
15	安息香科 Styracaceae	西藏山茉莉	*Huodendron tibeticum*				3
16	杜仲科 Eucommiaceae	杜仲	*Eucommia ulmoides* Oliv.		1		
17	百合科 Liliaceae	云南丫蕊花	*Ypsilandra yunnanensis* W.W. Smith etJ.F.Jeffr.				3
18	紫树科 Nyssaceae	喜树	*Camptotheca acuminata*	2*			
19	蓼科 Polygonumaceac	金荞麦	*Polygonum barbatum* L.	2			
20	蚌壳蕨科 Dicksoniaceae	金毛狗	*Cibotium barometz*（L.）J.Sm	2			

*栽培植物。

➢ 资源类群

① 材用植物

福贡县的材用植物资源极其丰富，主要集中在裸子植物（柏科、松科、杉科）、被子植物（木兰科、樟科、桦木科、壳斗科、槭树科、杜英科等），主要由乔木树种组成的科，共 30 多个科 90 余种。

② 药用植物

福贡县的药用植物在种子植物中主要分布在樟科、毛茛科、小檗科、防己科、远志科、景天科、虎耳草科、蓼科、金丝桃科、蔷薇科、蝶形花科、荨麻科、芸香科、五加科、伞形科、紫金牛科、夹竹桃科、萝藦科、茜草科、菊科、龙胆科、桔梗科、玄参科、唇形科、百合科、延龄草科、天南星科、兰科等 148 个科，共 440 属，677 种。在福贡也有许多药用蕨类植物资源，主要分布在石松科、卷柏科、木贼科、紫萁科、瘤足蕨科、里白科、凤尾蕨科、水龙骨科等 24 个科 28 属 30 多种。

③ 淀粉植物

福贡县高等植物中淀粉植物主要分布于虎耳草科、蝶形花科、茄科、旋花科、莎草科、禾本科等科约 10 余个属，主要有：羽状鬼灯檠 *Rodgersia pinnat*、马铃薯 *Solanum tuberosum*、番薯 *Ipomoea batatas* 、砖子苗 *Mariscus sumatrensis*、马唐 *Digitaria sanguinalis*、大百合 *Cardiocrinum giganteum*、食用莲座蕨 *Angiopteris esculenta* 等。

④ 油脂植物

福贡县油脂植物种类不多，主要有红豆杉科（云南榧树 *Torreya yunnanensis*），桦木科（滇刺榛 *Corylus ferox*），漆树科（盐肤木 *Rhus chinensis*），胡桃科（野核桃 *Juglans cathayensis*、泡核桃 *Juglans sigillata*），山茱萸科长总梗梾木 *Cornus macrophylla*、毛梾 *Swida walteri*）等。分布于 8 科 8 属 10 种。

⑤ 维生素植物

福贡县维生素植物主要分布于十字花科、葫芦科、猕猴桃科、杜英科、水东哥科、醋栗科（茶藨子科）、蔷薇科、桑科、葡萄科、越桔科、紫金牛科、茄科、芸香科、菝葜科、葱科等 24 个科，约有 34 属 50 余种。

⑥ 饲料植物

福贡县饲料植物资源主要分布于蝶形花科、禾本科、蓼科、藜科、苋科、菊科、桑科、旋花科、泽泻科、雨久花科、天南星科、浮萍科等 17 科。共 21 属 24 种。

⑦ 食用植物

福贡野生蔬菜资源十分丰富，种子植物主要分布在三白草科、十字花科、石竹科、蓼科、藜科、凤仙花科、葫芦科、蔷薇科、五加科、伞形科、菊科、茄科、马鞭草科、唇形科、芭蕉科、百合科等 27 科，共 51 属 74 种。蕨类植物分布在莲座蕨科、紫萁科、桫椤科、凤尾蕨科等 9 科，共 11 属 12 种。

⑧ 鞣料植物

福贡县鞣料植物 26 种，分布于 15 科 22 属。种类最多的是壳斗科（Fagaceae），有板栗（*Castanea mollissima*）、高山栲（*Castanopsis delavayi*）、曼青冈（*Cyclobalanopsis oxyodon*）。其次是松科（Pinaceae），有苍山冷杉（*Abies delavayi*）、怒江冷杉（*Abies nukiangensis*）、怒江红杉（*Larix speciosa*）、华山松（*Pinus armandii*）。另外还有杉科（Taxodiaceae）柳杉（*Cryptomeria fortunei*），红豆杉科（Taxaceae）云南红豆杉（*Taxus yunnanensis*），领春木科（Eupteleaceae）领春木（*Euptelea pleiosperma*），虎耳草科（Saxifragaceae）羽状鬼灯檠（*Rodgersia pinnata*），柳叶菜科（Onagraceae）柳兰（*Chamaenerion angustifoliu*），蔷薇科（Rosaceae）路边青（水杨梅）（*Geum aleppicum*）等。

⑨ 染料植物

福贡县的这类植物不多，蝶形花科木蓝属（Indigofera）、茜草科（Rubiaceae）的茜草（*Rubia cordifolia*）等为常见的染料植物。

⑩ 其他

松科的乔松（*Pinus bhutanica*）、高山松（*Pinus densata*）、云南松（*Pinus yunnanensis*）、喜马拉雅铁杉（*Tsuga dumosa*）含有丰富的树脂，可提炼松节油。另外，其种子含油也很丰富，亦可为工业油脂的原料。

贡山主要香料植物有 31 属约 50 多种，分布于樟科、姜科、唇形科、芸香科、伞形科、木兰科、报春花科、菊科、胡椒科、柏科、松科等 20 多个科中。贡山有许多著名的香料植物，例如：樟科（香叶树 *Lindera communis*、钝叶桂 *Cinnamomum bejolghota*、三股筋香 *Lindera thomsonii*、山鸡椒 *Litsea cubeba*）、胡椒科（蒌叶 *Piper betle*）、芸香科（花椒 *Zanthoxylum bungeanum*）、败酱科（蜘蛛香 *Valeriana jatamansi*）、报春花科（软枝香草 *Lysimachia laxa*）、唇形科（薄荷 *Mentha canadensis*、吉龙草 *Elsholtzia communis*）、姜科（草果 *Amomum tsaoko*）、百合科（紫花百合 *Lilium souliei*）等。

在福贡县共有主要蜜源植物 33 属 127 种。分布于杜鹃花科、松科、杨柳科、蔷薇科、唇形科、马鞭草科、含羞草科、柿树科、漆树科、菊科等 25 个科中。常见的有山鸡椒 *Litsea cubeba*、双柱柳 *Salix bistyla*、杜鹃花属 *Rhododendron*、荞麦 *Fagopyrum esculentum*、柳兰 *Chamaenerion angustifolium*、黄瓜 *Cucumis sativus*、皱皮木瓜 *Chaenomeles speciosa*、椭圆悬钩子 *Rubus ellipticus*、红泡刺藤 *Rubus niveus*、板栗 *Castanea mollissima*、牛奶子 *Elaeagnus umbellata*、盐肤木 *Rhus chine- nsis*、地坛香 *Gaultheria forrestii*、川续断 *Dipsacus asperoides*、鬼针草 *Bidens pilosa*、千里光 *Senecio scandens*、香薷 *Elsholtzia ciliata*、野草香 *Elsholtzia cypriani*、野把子 *Elsholtzia rugul- osa*、米团花 *Leucosceptrum canum* 等。

福贡县的纤维类植物资源有 29 种，隶属 16 科 24 属。种类最多的为荨麻科（Urticaceae），有长叶水麻（*Debregeasia longifolia*）、艾麻（红火麻）（*Laportea cuspidata*）、红雾水葛（*Pouzolzia sanguinea*）3 种；其次为瑞香科（Thymelaeaceae），白瑞香（*Daphne papyracea*）、滇结香（*Edgeworthia gardneri*）2 种；此外，还有椴树科（Tiliaceae）小刺蒴麻（*Triumfetta annua*）、长安垂桉草（*Triumfetta pilosa*），锦葵科（Malvaceae）拔毒散（*Sida szechuanensis*）、地桃花（*Urena lobata*），桑科（Moraceae）藤构（*Broussonetia kaempferi*），构树（*Broussonetia papyrifera*），夹竹桃科（Apocynaceae）紫花络石（*Trachelospermum axillare*）等。

福贡县白蜡虫寄主植物资源主要有木犀科女贞属的长叶女贞 *Ligustrum compactum*。五倍子虫的寄主植物有盐肤木 *Rhus chinensis*。

福贡县胶原类植物6科6属9种。兰科（Orchidaceae）白芨 *Bletilla striata* 一种，蔷薇科（Rosaceae）桃 *Amygdalus persica*、李 *Prunus salicina* 2种，锦葵科（Malvaceae）黄蜀葵 *Abelmoschus manihot* 一种。

福贡县饲料植物资源主要分布于蝶形花科、禾本科、蓼科、藜科、苋科、菊科、桑科、旋花科、泽泻科、雨久花科、天南星科、浮萍科等17科，共21属24种。

福贡县农药植物资源主要有八角科（小花八角 *Illicium micranthum*），樟科（山鸡椒 *Litsea cubeba*），毛茛科（类叶升麻 *Actaea asiatica*、打破碗花 *Anemone hupehensis*、野棉花 *Anemone vitifolia*、鹿蹄草 *Caltha palustris*、升麻 *Cimicifuga foetida*），胡颓子科（牛奶子 *Elaeagnus umbellata*），漆树科（漆树 *Toxicodendron verniciflum*），茄科（烟草 *Nicotiana tabacum*）等5科，共13属15种。

（3）动物物种多样性

➢ 物种组成

本次野外科学考察通过样线调查，标本捕捉等方法，收集了各种资料，包括野外目击记录、标本采集、查看保护区标本、照片以及民间访问等，共在福贡县确认福贡县共记录两栖类动物10种，隶属1目5科8属；爬行动物的记录达到18种，隶属2目6科16属；记录鸟类296种，隶属18目46科（鹟科含4亚科）；共记录68种兽类。隶属7目19科46属。

① 区系分析

福贡县分布的10种两栖动物，区系较为单纯，均为东洋界物种。其中，小角蟾（*Megophrys minor*）、黑眶蟾蜍（*Bufo melanostictus*）、斑腿泛树蛙（*Polypedates leucomystax*）3种为东洋界广泛分布种，占全部物种的30.00%；白颌（大）角蟾（*Megophrys lateralis*）1种为华南区的种类，占全部物种的10.00%；其余6种贡山齿突蟾（*Scutiger gongshanensis*）、华西蟾蜍（*Bufo andrewsi*）、贡山雨蛙（*Hyla gongshanensis*）、绿点湍蛙（*Amolops viridimaculatus*）、缅北棘蛙（*Paa arnoldi*）、无指盘臭蛙（*Rana grahami*）全部都是西南区种类，占全部种类的60.00%。贡山县两栖类大部分为西南区种类，与其位置在中国动物地理区划中属于东洋界、西南区是一致的。

福贡县分布的18种爬行动物中，有17种东洋界种类，占全部爬行动物种数的94.44%。无古北界种分布。古北东洋两界广布种类有1种，即黑眉锦蛇（*Elaphe taeniura*），占爬行动物种数的5.56%。在17种东洋界爬行动物中，东洋界广布种有6种，即铜蜓蜥（*Sphenomorphus indicus*）、绿瘦蛇（*Ahaetulla prasina*）、斜鳞蛇（*Pseudoxenodon macrops*）、红脖颈槽蛇（*Rhabdophis subminiatus*）、颈槽蛇（*Rhabdophis nuchalis*）和尖尾两头蛇（*Calamaria pavimentata*），占全部东洋界爬行动物种数的 35.29%；西南区种类有 6 种，即裸耳攀蜥（*Japalura dymondi*）、菜花原矛头蝮（*Protobothrops jerdonii*）、山烙铁头（*Ovophis monticola*）、云南竹叶青蛇（*Trimeresurus yunnanensis*）、黑领剑蛇（*Sibynophis collaris*）和缅甸颈槽蛇（*Rhabdophis leonardi*），占全部东洋界爬行动物种数的 35.29%，华南区种类有 5 种，即棕背树蜥（*Calotes emma*）、原尾蜥虎（*Hemidactylus bowringii*）、繁花林蛇（*Boiga multomaculata*）、方花小头蛇（*Oligodon bellus*）和眼镜王蛇（*Ophiophagus hannah*），占全部东洋界爬行动物种数的 29.41%。

福贡分布的 296 种鸟类中，有繁殖鸟 247 种，占全部鸟类的 83.45%。这 247 种繁殖鸟中，有古北界种类 27 种，占全部繁殖鸟类种数的 10.93%；广布种 45 种，占全部繁殖鸟类种数的 18.22%；东洋界种类有 175 种，占全部繁殖鸟类种数的 70.85%。东洋界种类占明显的优势。在中国动物地理区划中（张荣祖，1999），福贡位于东洋界、西南区、西南山地亚区，当地鸟类的区系成分与此表现一致。

福贡县分布的 68 种兽类中，东洋种 50 种，占全部兽类种数的 73.53%，古北种 7 种，占全部兽类种数的 10.29%，广布种 11 种，占全部兽类种数的 16.18%。在中国动物地理区划（张荣祖，1999）中，福贡位于东洋界、西南区、西南山地亚区，当地兽类的区系成分与此表现一致。尽管福贡县兽类中以东洋种占明显优势，但是广布种以及东洋种也有相当的比例。

② 分布型

按照张荣祖（1999）对分布型划分来确定。

福贡县两栖类动物种类有 10 种，分布型属于 3 种类型，即喜马拉雅-横断山区型、东洋型和南中国型。属于喜马拉雅-横断山区型的有 4 种，占全部两栖动物种数的 40.00%，分别是贡山齿突蟾（*Scutiger gongshanensis*）、绿点湍蛙（*Amolops viridimaculatus*）、无指盘臭蛙（*Rana grahami*）、缅北棘蛙（*Paa arnoldi*）。这些种类中的多数都是属于横断山区分布的类型，仅有 1 种，即缅北棘蛙属于喜马拉雅山和横断山交汇区域分布的。福贡两栖类有东洋型分布的种类 4 种和南中国型的种类 2 种，分别占全部两栖类种数的 40.00%和 20.00%；东洋型种类为贡山雨蛙（*Hyla gongshanensis*）、白颌（大）角蟾（*Megophrys lateralis*）、黑眶蟾蜍（*Bufo melanostictus*）、斑腿泛树蛙（*Polypedates leucomystax*）。南中国型种类是华西蟾蜍（*Bufo andrewsi*）和小角蟾（*Megophrys minor*）。

福贡县所记录的 18 种爬行动物可分为下列 3 种分布型。Ⅰ. 喜马拉雅-横断山区型。该型爬行动物主要分布在横断山脉中、低山或延伸至喜马拉雅南坡森林带的种类，福贡县分布的爬行动物中有 3 种属此型，分别是裸耳攀蜥（*Japalura dymondi*）、缅甸颈槽蛇（*Rhabdophis leonardi*）和云南竹叶青蛇（*Trimeresurus yunnanensis*），占福贡爬行动物的 16.67%。Ⅱ. 南中国型。该型爬行动物分布或主要分布在我国亚热带以南地区，为我国东洋界所特有或主要分布于我国东洋界的种。福贡县分布的该型爬行动物有 2 种，分别是方花小头蛇和菜花原矛头蝮，占全部种类的 11.11%。III. 东洋型。该型爬行动物是指主要分布于欧亚非大陆的低纬度至中纬度，跨东洋与旧热带两界，以及主要分布在印度半岛、中南半岛……深入我国南部热带和亚热带，属东洋界或东洋古北两界种类。福贡县分布的该型爬行动物有 13 种，分别是棕背树蜥（*Calotes emma*）、原尾蜥虎（*Hemidactylus bowringii*）、铜蜓蜥（*Sphenomorphus indicus*）、绿瘦蛇（*Ahaetulla prasina*）、繁花林蛇（*Boiga multomaculata*）、尖尾两头蛇（*Calamaria pavimentata*）、黑眉锦蛇（*Elaphe taeniura*）、斜鳞蛇（*Pseudoxenodon macrops*）、红脖颈槽蛇（*Rhabdophis subminiatus*）、黑领剑蛇（*Sibynophis collaris*）、眼镜王蛇（*Ophiophagus hannah*）和山烙铁头（*Ovophis monticola*），占全部爬行类的 72.22%。

福贡所记录的 296 种鸟类，分布型包括：Ⅰ. 喜马拉雅-横断山区型。该型是“主要分布在横断山脉中、低山或延伸至喜马拉雅南坡森林带的种类”，福贡鸟类中有 98 种属于此类，占福贡鸟类的 33.10%。这些种类是东洋界西南区的代表成分。除灰喉柳莺（*Phylloscopus maculipennis*）是冬候鸟外，这些鸟类均在当地为繁殖鸟，且主要为留鸟。该型中的主体是横断山喜马拉雅（南翼为主）的种类，主要有灰头鹦鹉（*Psittacula himalayana*）、黄颈啄木鸟（*Dendrocopos darjellensis*）、棕腹啄木鸟（*Dendrocopos hyperythrus*）、赤胸啄木鸟（*Dendrocopos cathpharius*）、长尾山椒鸟（*Pericrocotus ethologus*）、灰背伯劳（*Lanius tephronotus*）、金色林鸲（*Tarsiger chrysaeus*）等；该型中有一些横断山分布的种类，如血雉（*Ithaginis cruentus*）、红腹角雉（*Tragopan temminckii*）、白腹锦鸡（*Chrysolophus amherstiae*）、黑喉毛脚燕（*Delichon nipalensis*）、橙翅噪鹛（*Garrulax ellietii*）和酒红朱雀（*Carpodacus vinaceus*）等；此外，本型中还有一些喜马拉雅山-横断山交汇地区分布的种类，如白尾梢虹雉（*Lophophorus sclateri*）、大紫胸鹦鹉（*Psittacula derbiana*）、棕腹林鸲（*Tarsiger hyperythrus*）、白项凤鹛（*Yuhina bakeri*）、丽色奇鹛（*Heterophasia pulchella*）和黑眉鸦雀（*Paradoxornis atrosuperciliaris*）等；最后还有少量喜马拉雅山南坡分布的种类，如锈红腹旋木雀（*Certhia nipalensis*）等。Ⅱ. 东洋型。该型是“主要分布于欧亚非大陆的低纬度至中纬度，跨东洋与旧热带两界”，以及“主要分布在印度半岛、中南半岛，深入我国南部热带和亚热带，属东洋界，是‘华南区’的代表成分”。福贡鸟类中有 114 种属于此型，占全部鸟类的 38.51%，其中的绝大多数在当地为繁殖鸟，且主要是留鸟。福贡东洋型鸟类中热带-中亚热带种类占有较大比例，其主要种类有鹧鸪（*Francolinus pintadeanus*）、白鹇（*Lophura nycthemera*）、大拟啄木鸟（*Megalaima virens*）、白腹黑啄木鸟（*Dryocopus javensis*）等；也有很多是热带-北亚热带分布的，如白鹭（*Egretta garzetta*）、短嘴金丝燕（*Collocalia brevirostris*）、领鸺鹠（*Glaucidium brodiei*）、斑头鸺鹠（*Glaucidium cuculoides*）等；还有一些热带-温带种类，如小鸊鷉（*Tachybaptus ruficollis*）、栗苇鳽（*Ixobrychus cinnamomeus*）、松雀鹰（*Accipiter virgatus*）、珠颈斑鸠（*Streptopelia chinensis*）等；还有少量属于热带类型和热带-南亚热带分布的鸟类，如凤头蜂鹰（*Pernis ptilorhynchus*）、白颊山鹧鸪（*Arborophila atrogularis*）、楔尾绿鸠（*Treron sphenura*）、白喉红臀鹎（*Pycnonotus *aurigaster*）、斑腰燕（*Hirundo striolata*）、冠纹柳莺（*Phylloscopus reguloides*）等。Ⅲ. 南中国型。该型是“分布或主要分布在我国亚热带以南地区，为我国东洋界所特有或主要分布于我国东洋界的种，是‘华中区’的代表成分”。福贡该型有19种，占全部种类的6.42%。除棕腹柳莺（*Phylloscopus subaffinis*）在福贡为冬候鸟外，其余种类均为留鸟或繁殖鸟。南中国型鸟类有勺鸡（*Pucrasia macrolopha*）、山鹨（*Anthus sylvanus*）、小燕尾（*Enicurus scouleri*）、栗腹矶鸫（*Monticola rufiventris*）、红头穗鹛（*Stachyris ruficeps*）、矛纹草鹛（*Babax lanceolatus*）、灰翅噪鹛（*Garrulax cineraceus*）、白颊噪鹛（*Garrulax sannio*）、火尾希鹛（*Minla ignotincta*）、黑喉鸦雀（*Paradoxornis nipalensis*）、点胸鸦雀（*Paradoxornis guttaticollis*）、白斑尾柳莺（*Phylloscopus davisoni*）、棕腹柳莺（*Phylloscopus subaffinis*）、蓝喉太阳鸟（*Aethopyga gouldiae*）、暗绿绣眼鸟（*Zosterops japonica*）、山麻雀（*Passer rutilans*）等。Ⅳ. 高地型。该型是主要分布在东部湿润地区，从俄罗斯远东地区、日本、朝鲜到蒙古，乃至西伯利亚。属于高地型的鸟类在福贡分布的种类很少，仅有3种，占全部鸟类的1.01%。该3种鸟类即鹮嘴鹬（*Ibidorhyncha struthersii*）、林岭雀（*Leucosticte nemoricola*）、粉红胸鹨（*Anthus roseatus*），在当地均为留鸟。Ⅴ. 古北型。该型是分布横贯欧亚大陆寒温带，分布区南部通过我国北部的种类。该型鸟类在福贡有24种，占福贡鸟类的8.11%。其中的约62.50%为冬候鸟或旅鸟，其余为繁殖鸟。古北型鸟类中有寒带至寒温带的、寒温带为主的、温带、中温带为主的及中温带为主延伸至亚热带的各种类型的种类。主要种类有苍鹭（*Ardea cinerea*）、白腰草鹬（*Tringa ochropus*）、丘鹬（*Scolopax rusticola*）、[黑]鸢（*Milvus migrans*）、普通鵟（*Buteo buteo*）、蚁䴕（*Jynx torquilla*）、黑枕绿啄木鸟（*Picus canus*）、黑啄木鸟（*Dryocopus martius*）、领岩鹨（*Prunella collaris*）、黄鹡鸰（*Motacilla flava*）、星鸦（*Nucifraga caryocatactes*）、红喉[姬]鹟（*Ficedula parva*）、黄眉柳莺（*Phylloscopus inornatus*）、虎斑地鸫（*Zoothera dauma*）、普通䴓（*Sitta europaea*）、煤山雀（*Parus ater*）、燕雀（*Fringilla montifringilla*）、树麻雀（*Passer montanus*）、朱雀（*Carpodacus erythrinus*）、小鹀（*Emberiza pusilla*）等。Ⅵ. 东北型。东北型是“分布区位于我国东北及其邻近地区，有些种类的分布区，向北可至极地，向东可包括日本，向西最远可至乌拉尔山脉，属古北界。”东北型种类在福贡有11种，占福贡鸟类的3.71%。其中5种为繁殖鸟，其余为冬候鸟和旅鸟。东北型鸟类主要有灰头麦鸡（*Vanellus cinereus*）、白腰雨燕（*Apus pacificus*）、山鹡鸰鸡（*Dendronanthus indicus*）、北灰鹟（*Museicapa dauurica*）、树鹨（*Anthus hodgsoni*）、田鹨（*Anthus novaeseelandiae*）、北红尾鸲（*Phoenicurus auroreus*）、褐柳莺（*Phylloscopus fuscatus*）、黄喉鹀（*Emberiza elegans*）、灰头鹀（*Emberiza spodocephala*）等种类。Ⅶ. 全北型。该型是分布横贯欧亚大陆寒温带，又包括了北美寒温带的种类。该型鸟类在福贡有8种，占福贡鸟类的2.70%。这8种鸟类中的繁殖鸟和冬候鸟或旅鸟各为4种。全北型鸟类有绿翅鸭（*Anas crecca*）、绿头鸭（*Anas platyrhynchos*）、游隼（*Falco peregrinus*）、家燕（*Hirundo rustica*）、水鹨（*Anthus spinoletta*）、喜鹊（*Pica pica*）和旋木雀（*Certhia familiaris*）等。Ⅷ. 不易归类的分布。福贡分布的这些不易归类的种类都是“可视为广义的古北型的

种类”，共有21种，占全部种类的7.09%。这些广义的古北型的种类中，有5种为冬候鸟或旅鸟，其余的种类全部为繁殖鸟。属于这一分布型的鸟类在福贡有[普通]鸬鹚（*Phalacrocorax carbo*）、红隼（*Falco tinnunculus*）、黑水鸡（*Gallinula chloropus*）、四声杜鹃（*Cuculus micropterus*）、大杜鹃（*Cuculus canorus*）、冠鱼狗（*Ceryle lugubris*）、普通翠鸟（*Alcedo atthis*）、棕雨燕（*Cypsiurus parvus*）、戴胜（*Upupa epops*）、短趾百灵（*Calandrella cinerea*）、河乌（*Cinclus cinclus*）、金腰燕（*Hirundo daurica*）、灰鹡鸰（*Motacilla cinerea*）、赭红尾鸲（*Phoenicurus ochruros*）、赤颈鸫（*Turdus ruficollis*）、蓝矶鸫（*Monticola solitarius*）、大山雀（*Parus major*）、红翅旋壁雀（*Tichodroma muraria*）、灰眉岩鹀（*Emberiza cia*）等。综上所述，福贡分布的296种鸟类中，以东洋型和喜马拉雅-横断山区型2种分布型的鸟类最多，2型鸟类占总数的71.51%，是福贡鸟类最重要的组成成分；按照种类多寡，其余各型依次为古北型、不易归类的分布（全为广义古北型）、南中国型、东北型和全北型；其余的分布型仅有个别种类。

福贡所记录的68种兽类共有9种分布型，包括：Ⅰ. 全北型。该型是分布横贯欧亚大陆寒温带，又包括了北美寒温带的种类。该型兽类在福贡有2种，占福贡兽类的2.94%，包括赤狐（*Vulpes vulpes*）、狼（*Canis lupus*）。Ⅱ. 古北型。该型是分布横贯欧亚大陆寒温带，分布区南部通过我国北部的种类。该型兽类在福贡有5种，占福贡兽类的7.35%，包括野猪（*Sus scrofa*）、黄鼬（*Mustela sibirica*）、水獭（*Lutra lutra*）、褐家鼠（*Rattus norvegicus*）、小家鼠（*Mus musculus*）。Ⅲ. 季风型。该型以我国东部湿润地区分布的种为主，有2种，占福贡兽类的2.94%，包括斑羚（*Naemorhedus goral*）、黑熊（*Ursus thibetanus*）。Ⅳ. 喜马拉雅-横断山区型。该型是“主要分布在横断山脉中、低山或延伸至喜马拉雅南坡森林带的种类”，有15种属于此型，占全部兽类的22.06%。这些种类是东洋界西南区的代表成分，是福贡县兽类的主要成分之一。包括安氏白腹鼠（*Niviventer andersoni*）、藏鼠兔（*Ochotona thibetana*）、川西白腹鼠（*Niviventer excelsior*）、大耳姬鼠（*Apodemus latronum*）、复齿鼯鼠（*Trogopterus xanthipes*）、高原松田鼠（*Neodon irene*）、灰腹鼠（*Niviventer eha*）、灰鼠兔（*Ochotona roylei*）、灰鼯鼠（*Petaurista xanthotis*）、澜沧江姬鼠（*Apodemus ilex*）、羚牛（*Budorcas taxicolor*）、小缺齿鼩（*Chodsigoa parva*）、小熊猫（*Ailurus fulgens*）、云南攀鼠（*Vernaya fulva*）、云南鼠兔（*Ochotona forresti*）。Ⅴ. 高地型。限于或主要分布青藏高原，包括北起昆仑山脉、祁边山脉，南至横断山脉北部和喜马拉雅的高山带，属古北界，是“青藏区”的代表成分。属于高地型的兽类在福贡分布的有1种，即大耳鼠兔（*Ochotona macrotis*），占全部兽类的1.47%。Ⅵ. 南中国型。该型是“分布或主要分布在我国亚热带以南地区，为我国东洋界所特有或主要分布于我国东洋界的种，是‘华中区’的代表成分”，有8种，占全部种类的11.76%，包括短尾鼩（*Anourosorex squamipes*）、高原姬鼠（*Apodemus chevrieri*）、黑腹绒鼠（*Eothenomys melanogaster*）、林麝（*Moschus berezovskii*）、毛冠鹿（*Elaphodus cephalophus*）、珀氏长吻松鼠（*Dremomys pernyi*）、喜马拉雅水鼩（*Chimarrogale himalayica*）、中华姬鼠（*Apodemus draco*）。Ⅶ. 东洋型。该型主要分布于欧亚非大陆的低纬度至中纬度，跨东洋与旧热带两界，以及主要分布在印度半岛、中南半岛，有些种类的分布还可深入我国南部热带和亚热带，属东洋界，是华南区的代表成分，有 32 种属于此型，占全部兽类的 47.06%，是福贡县兽类的主要成分，包括斑灵狸（*Prionodon pardicolor*）、豹猫（*Prionailurus bengalensis*）、豺（*Cuon alpinus*）、长尾巨鼠（*Leopoldamys edwardsi*）、赤腹松鼠（*Callosciurus erythraeus*）、赤麂（*Muntiacus muntjak*）、大灵猫（*Viverra zibetha*）、菲氏麂（*Muntiacus feae*）、果子狸（*Paguma larvata*）、黑白林飞鼠（*Hylopetes alboniger*）、虎（*Panthera tigris*）、黄毛鼠（*Rattus losea*）、黄胸鼠（*Rattus tanezumi*）、灰胸鼠（*Rattus nitidus*）、灰叶猴（*Trachypithecus phayrei*）、鬣羚（*Capricornis sumatraensis*）、猕猴（*Macaca mulatta*）、缅甸小鼠（*Rattus exulans*）、青毛鼠（*Berylmys bowersi*）、社鼠（*Niviventer confucianus*）、屋顶鼠（*Rattus rattus*）、锡金小鼠（*Mus pahari*）、小灵猫（*Viverricula indica*）、熊猴（*Macaca assamensis*）、银星竹鼠（*Rhizomys pruinosus*）、隐纹花松鼠（*Tamiops swinhoei*）、云豹（*Neofelis nebulosa*）、云猫（*Pardofelis marmorata*）、针毛鼠（*Niviventer fulvescens*）、中缅树鼩（*Tupaia belangeri*）、猪獾（*Arctonyx collaris*）、棕鼯鼠（*Petaurista petaurista*）。Ⅷ. 云贵高原型。该型种类主要分布于我国西南部的云贵高原为分布中心，有时可包括周围的山地，或可延伸到横断山脉南部。该分布型包括 2 种，即大绒鼠（*Eothenomys miletus*）、滇绒鼠（*Eothenomys eleusis*），占全部兽类的 2.94%。Ⅸ. 不易归类的分布。有 1 种，即金钱豹（*Panthera pardus*），占全部种类的 1.47%。

➢ 特有种类

根据张荣祖（1999）和杨大同、饶定齐（2008），在福贡有记录的 10 种两栖类中，多数是中国特有物种。这些限于中国境内分布的特有物种包括白颌（大）角蟾（*Megophrys lateralis*）、贡山齿突蟾（*Scutiger gongshanensis*）、华西蟾蜍（*Bufo andrewsi*）、绿点湍蛙（*Amolops viridimaculatus*）、无指盘臭蛙（*Rana grahami*）、斑腿泛树蛙（*Polypedates leucomystax*）6 种。此外，缅北棘蛙（*Paa arnoldi*）主要分布区在我国。

福贡分布的 18 种爬行动物中，有 4 种中国特有种，分别是裸耳攀蜥（*Japalura dymondi*）、绿瘦蛇（*Ahaetulla prasina*）、方花小头蛇（*Oligodon bellus*）和菜花原矛头蝮（*Protobothrops jerdonii*）。

福贡分布的鸟类中没有本县小范围内特有的物种。目前所知，在福贡有记录的 26 种鸟类是中国和云南特有种（张荣祖，1999），分别为血雉（*Ithaginis cruentus*）、白腹锦鸡（*Chrysolophus amherstiae*）、白尾梢虹雉（*Lophophorus sclateri*）、褐背拟地鸦（*Pseudopodoces humilis*）、大噪鹛（*Garrulax maximus*）、橙翅噪鹛（*Garrulax ellietii*）、高山雀鹛（*Alcippe striaticollis*）、棕头雀鹛（*Alcippe ruficapilla*）、白领凤鹛（*Yuhina diademata*）、褐翅缘鸦雀（*Paradoxornis brunneus*）、滇䴓（*Sitta yunnanensis*）、酒红朱雀（*Carpodacus vinaceus*）。云南省特有种是白颊山鹧鸪（*Arborophila atrogularis*）、绿喉蜂虎（*Merops orientalis*）、纵纹绿鹎（*Pycnonotus striatus*）、锈腹短翅鸫（*Brachypteryx hyperythra*）、剑嘴鹛（*Xiphirhynchus supercilliaris*）、纹胸巨鹛（*Macronous gularis*）、斑胸噪鹛（*Garrulax merulinus*）、棕腹鵙鹛

（*Pteruthius rufiventer*）、红翅鵙鹛（*Pteruthius flaviscapis*）、黑眉鸦雀（*Paradoxornis atrosuperciliaris*）、金冠地莺（*Tesia olivea*）、灰脸鹟莺（*Seicercus poliogenys*）、白眉扇尾鹟（*Rhipidura aureola*）、褐喉旋木雀（*Certhia discolor*），这些特有种都是主要分布在喜马拉雅-横断山区的种类。

福贡县分布的 68 种兽类中，有中国特有的物种 11 种，即小缺齿鼩（*Chodsigoa parva*）、灰鼯鼠（*Petaurista xanthotis*）、复齿鼯鼠（*Trogopterus xanthipes*）、滇绒鼠（*Eothenomys eleusis*）、大绒鼠（*Eothenomys miletus*）、高原松田鼠（*Neodon irene*）、大耳姬鼠（*Apodemus latronum*）、高原姬鼠（*Apodemus chevrieri*）、澜沧江姬鼠（*Apodemus ilex*）、川西白腹鼠（*Niviventer excelsior*）、云南攀鼠（*Vernaya fulva*）。

➢ 珍稀濒危保护种类

福贡县所记录的 10 种两栖类动物中，没有国家级和云南省省级重点保护野生动物；18 种爬行动物中无国家级和云南省省级重点保护野生爬行动物；296 种鸟类中，共有 22 种国家级重点保护野生鸟类，其中国家 I 级保护鸟类 1 种，国家 II 级保护鸟类 21 种（表 4-42），调查未发现在福贡县境内有云南省省级重点保护的野生鸟类分布。

表 4-42 福贡县范围内国家及省级重点保护野生鸟类

序号	中文名	拉丁学名	级别	丰富度
1	白尾梢虹雉	*Lophophorus sclateri*	I	++
2	凤头蜂鹰	*Pernis ptilorhynchus*	II	+++
3	[黑]鸢	*Milvus migrans*	II	+++
4	凤头鹰	*Accipiter trivigatus*	II	+++
5	雀鹰	*Accipiter nisus*	II	+++
6	松雀鹰	*Accipiter virgatus*	II	+++
7	普通鵟	*Buteo buteo*	II	+++
8	高山兀鹫	*Gyps himalayensis*	II	++
9	游隼	*Falco peregrinus*	II	++
10	红隼	*Falco tinnunculus*	II	+++
11	血雉	*Ithaginis cruentus*	II	+++
12	红腹角雉	*Tragopan temminckii*	II	+++
13	白鹇	*Lophura nycthemera*	II	+++
14	勺鸡	*Pucrasia macrolopha*	II	++
15	白腹锦鸡	*Chrysolophus amherstiae*	II	+++
16	楔尾绿鸠	*Treron sphenura*	II	+++
17	大紫胸鹦鹉	*Psittacula derbiana*	II	+++
18	灰头鹦鹉	*Psittacula himalayana*	II	+++
19	斑头鸺鹠	*Glaucidium cuculoides*	II	+++
20	领鸺鹠	*Glaucidium brodiei*	II	++
21	绿喉蜂虎	*Merops orientalis*	II	++
22	白腹黑啄木鸟	*Dryocopus javensis*	II	++

注：常见，数量较多；偶见，数量较少；罕见，数量稀少。

福贡县分布的兽类中有国际及国内保护的物种 24 种，其中，国家和省级保护兽类 19 种，包括国家 I 级保护兽类 7 种，国家 II 级保护兽类 10 种，省级保护兽类有 2 种；CITES 保护物种 23 种，包括 CITES 附录 I 物种 9 种；CITES 附录 II 物种 10 种，CITES 附录 III 物种 4 种（表 4-43）。

表 4-43　福贡县范围内国家及省级重点保护兽类

序号	中文名	拉丁学名	国内保护级别[a]	CITES 保护级别[b]
1	中缅树鼩	*Tupaia belangeri*		II
2	猕猴	*Macaca mulatta*	II	II
3	熊猴	*Macaca assamensis*	I	II
4	灰叶猴	*Trachypithecus phayrei*	I	II
5	斑灵狸	*Prionodon pardicolor*	II	II
6	果子狸	*Paguma larvata*		III
7	大灵猫	*Viverra zibetha*	II	III
8	小灵猫	*Viverricula indica*	II	III
9	虎	*Panthera tigris*	I	I
10	金钱豹	*Panthera pardus*	I	I
11	云豹	*Neofelis nebulosa*	I	I
12	云猫	*Pardofelis marmorata*		II
13	豹猫	*Prionailurus bengalensis*		II
14	狼	*Canis lupus*	YN	II
15	豺	*Cuon alpinus*	II	II
16	黑熊	*Ursus thibetanus*	II	I
17	小熊猫	*Ailurus fulgens*	II	I
18	水獭	*Lutra lutra*	II	I
19	黄鼬	*Mustela sibirica*		III
20	鬣羚	*Capricornis sumatraensis*	II	I
21	斑羚	*Naemorhedus goral*	II	I
22	羚牛	*Budorcas taxicolor*	I	II
23	毛冠鹿	*Elaphodus cephalophus*	YN	
24	林麝	*Moschus berezovskii*	I	II

[a] I -国家 I 级保护动物；II -国家 II 级保护动物；YN-云南省级保护动物；
[b] I -CITES 附录 I 物种；II - CITES 附录 II 物种，III - CITES 附录 III 物种。

（4）大型真菌物种多样性

经过对标本的鉴定和统计，发现福贡县现有大型真菌录属于真菌界 46 科 68 属 160 种，其中子囊菌 6 科 8 属 11 种，担子菌 40 科 60 属 149 种。总体而言，福贡县的真菌资源在科和属的水平上，物种相对丰富，担子菌占 93%，子囊菌较少，仅占 7%；以热带种类和外生菌根类型多见，优势科属较少，优势种不明显。

表 4-44 福贡县大型真菌的科、属、种数量统计

科名	属数	种数	科名	属数	种数
座囊菌科 Dothideaceae	1	1	刺革菌科 Hymenochaetaceae	1	1
麦角菌科 Clavicipitaceae	1	1	丝盖伞科 Inocybaceae	1	6
蜡钉菌科 Helotiaceae	1	1	环柄菇科 Lepiotaceae	3	12
锤舌菌科 Leotiaceae	1	3	马勃科 Lycoperdiaceae	1	1
肉杯菌科 Sarcoscyphaceae	1	1	离褶伞科 Lyophyllaceae	1	3
炭角菌科 Xylariaceae	3	5	小皮伞科 Marasmiaceae	2	7
木耳科 Auriculariaceae	1	2	皱孔菌科 Meruliaceae	2	2
蘑菇科 Agaricacaeae	1	3	小菇科 Mycenaceae	1	7
鹅膏科 Amanitaceae	1	4	鸟巢菌科 Nidulariaceae	1	1
烟白齿菌科 Bankeraceae	1	1	桩菇科 Paxillaceae	2	4
粪锈伞科 Bolbitiaceae	1	1	侧耳科 Pleurotaceae	1	1
牛肝菌科 Boletaceae	6	17	多孔菌科 Polyporaceae	5	7
鸡油菌科 Cantharellaceae	1	1	鬼笔科 Phallaceae	1	1
珊瑚菌科 Clavariaceae	2	3	原毛平革菌科 Phanerochaetaceae	1	1
锁瑚菌科 Clavulinaceae	1	1	膨瑚菌科 Physalacriaceae	1	1
鬼伞科 Coprinaceae	1	1	小脆柄菇科 Psatherellaceae	1	4
伏革菌科 Corticiaceae	1	1	羽瑚菌科 Pterulaceae	1	1
丝膜菌科 Cortinariaceae	1	4	红菇科 Russulaceae	2	22
锈耳科 Crepidotaceae	1	3	裂褶菌科 Schizophyllaceae	1	1
粉褶菌科 Entolomaceae	2	6	硬皮马勃科 Sclerodermataceae	1	1
圆孔牛肝菌科 Gyroporaceae	1	1	球盖菇科 Strophariaceae	1	3
蜡伞科 Hygrophoraceae	1	2	革菌科 Thelephoraceae	1	1
轴腹菌科 Hydnangiaceae	1	4	口蘑科 Tricholomataceae	3	5
总数			46	68	160

统计结果显示该地区优势科属不多，物种数在 10 种以上的科只有 3 个（牛肝菌科、红菇科和环柄菇科），多数属仅有 1～2 种分布，少数如牛肝菌属 *Boletus*、红菇属 *Russula*、乳菇属 *Lactarius*、丝盖伞属 *Inocybe* 和小菇属 *Mycena* 可达 5 种以上。热带属占总属数的 35%，热带种占总种数的 28%；而温带属占总属数的 65%，温带种占总种数的 72%；广布属（种）占绝对优势，特有种较少。在属的水平上，该地区真菌区系成分温带成分较多，同时热带属具有相当比例；在种的水平上，温带种占比例明显较大，热带种偏少；说明该地区的真菌区系具有热带向亚热带或温带的过渡性质。热带高等真菌类群如子囊菌主要有座囊菌科 Dothideaceae 球腔菌属 *Mycosphaerella*、炭棒菌科 Xylariaceae 炭棒菌属 *Xylaria*、担子菌有鸡油菌科 Cantharellaceae 鸡油菌属 *Cantharellus*、粉褶菌科 Entolomataceae 粉褶菌属 *Entoloma*、小皮伞科 Marasmiaceae 微皮伞属 *Marasmiellus* 与小皮伞属 *Marasmius*、裂褶菌科 Schizophyllaceae 裂褶菌属 *Schizophyllum* 及离褶伞科 Lyophylaceae 蚁巢伞属 *Termitomyces* 等（臧穆，1986；杨祝良和臧穆，2003）。温带成分如珊瑚菌科 Clavariaceae

珊瑚菌属 *Clavaria*、红菇科 Russulaceae 乳菇属 *Lactarius*、乳牛肝科 Suillaceae 乳牛肝属 *Suillus*、牛肝菌科 Boletaceae 牛肝菌属 *Boletus*、丝盖伞科 Inocybaceae 丝盖伞属 *Inocybe* 等。数据分析还显示该地区的真菌资源以外生菌根类型的广布属为主，腐生类群所占比例稍低。

4.10.4　小结

系统调查整理完成了福贡县高等植物、陆生脊椎动物和大型真菌物种编目，并建立了数据库，为国家和地方生物多样性保护提供技术资料。本次调查所记录的爬行动物中有 2 种，即原尾蜥虎（*Hemidactylus bowringii*）和绿瘦蛇（*Ahaetulla prasina*）为文献中福贡县范围内所没有记录过的；记录的 296 种鸟类中，有 12 种为未见于文献记录，属本年度野外调查新增补的种类。本次调查通过采集标本、访谈等方法，获得 58 种兽类记录，其中有 46 个物种是新的记录数据。

在本次调查中，发现在福贡县至少分布 100 多种大型真菌，物种相对丰富，不仅发现了一些原有物种的新分布区，同时还发现了少数物种在科学上可能代表新的物种。例如，潞西褶孔牛肝是我国真菌学家臧穆先生依据采自云南省潞西县的标本描述的可食牛肝菌类物种，但自发表以来一直未见相关的采集报道，在本次调查中发现该种在福贡县有少量分布；灰肉红菇 *Russula griseocarnosa* 是近年来发表的一个美味可食的野生菌，以前报道该种分布于云南热带地区如版纳、思茅一带（Wang，et al.，2009）。在此次调查中，发现福贡县也有该物种分布。在此次调查中，在鉴定标本时我们发现少数物种与已描述的物种主要特征不符，可能代表新的物种。例如，辛格杯伞属 *Singerocybe* 是一个小属（Harmaja，1987），目前只报道了 2 个种，在本次调查中发现该地区的类群可能分布一个新种。

4.11　泸水县生物多样性现状①

4.11.1　自然概况

泸水县位于云南省西部偏北，怒江傈僳族自治州南部，东经 98°34′～99°09′、北纬 25°33′～26°29′。北连福贡，东与云龙、兰坪县接壤，南靠保山市，西和缅甸为邻。境内东西宽 41.6 km，南北长 100 多 km，国土面积 3 042.9 km^2，与缅甸接壤的国境线全长 121.53 km，县城原设于鲁掌镇，现搬至六库镇，距省会昆明 668 km。

泸水县位于云南省三江并流带地区的西部，怒江由北向南通过泸水县，县境内全长 109.6 km，平均宽 120.6 m，流域总面积共 2 224 km^2，占全县总面积的 94.9%，其次级沟谷主要呈东西向分布，平均每隔 3.3 km 就有一条支流。怒江水系在县境内切割较深，地势最高点为称杆乡境内的丫偏山峰，海拔 4 161.6 m，最低点在上江乡的石头寨，海拔仅

① 泸水县植被类型与植物多样性由云南大学王跃华教授组织调查和提供数据；动物多样性由中科院昆明动物研究所杨晓君研究员组织调查和提供数据；大型真菌多样性由中科院昆明植物研究所杨祝良研究员组织调查和提供数据。

738 m，最大高差达 3 423.6 m，相对高差 250 m 以上。属高山峡谷类型地貌。

泸水县辖六库镇、鲁掌镇、片马镇、老窝乡、上江乡、大兴地乡、称杆乡、古登乡、洛本卓乡，共 3 镇 6 乡，71 个村民委员会，2 个社区居委会。境内有傈僳、汉、白、彝、景颇等 21 个民族，少数民族人口 13.3 万人，占总人口的 86%。泸水县是一个集贫困、边境、民族、高山峡谷、宗教为一体，条件型、素质型贫困高度交融的国家级扶贫重点扶持县。泸水县特殊的地理环境，造就了它独特的生态环境，丰富的生物多样性资源，完整的植被垂直景观。野生可开发的经济植物有纤维、淀粉、油料、芳香油、鞣科、染料、树脂、树胶、观赏等植物。

4.11.2 组织实施

植物调查组在六库、鲁掌镇、片马镇、片马镇（岗房、古浪、风雪垭口）、鲁掌镇、六库镇、上江乡以及怒江河谷两岸等地进行了大量的野外调查工作，共采集维管束植物标本 1044 号；动物调查组组织哺乳类调查小组对泸水县怒江与澜沧江之间的老窝乡的笔锋山阴河洞、风吹垭口、红海梁子和天麻坪等地进行了实地调查，鸟类调查小组对泸水县怒江与澜沧江之间的老窝乡的核桃坪和银坡进行了野外调查，两栖爬行类调查小组对泸水县城周边、古登、大兴地、老窝、洛本卓、片马（包括丫口）、六库、上江以及高黎贡山边缘地区进行了野外调查，调查中共采集小型兽类标本 61 号；大型真菌调查组对不同的植被类群，在泸水县鲁掌、片马和老窝三个乡（镇）进行了大型真菌考察和采集，共采集真菌标本 421 号。

4.11.3 主要成果

（1）植被类型组成

依据《中国植被》《云南植被》和《云南森林》等重要植被专著中采用的分类系统，遵循群落学—生态学的分类原则，通过野外线路踏查并结合相关植被调查资料，泸水县植被类型可划分为 9 个植被型，13 个植被亚型，25 个群系。

表 4-45 泸水县植被分类系统表

I. 季雨林

（I）半常绿季雨林

一、麻栎、白花羊蹄甲林 Form. group *Quercus acutissima*，*Bauhinia acuminate*

II. 常绿阔叶林 Evergreen Broadleaved Forest

（I）半湿润常绿阔叶林 Semi-humid Evergreen Broadleaved Forest

（一）滇青冈林（Form. *Cyclobalanopsis glaucoides*）

（II）中山湿性常绿阔叶林 Mountainous humid Evergreen Broadleaved Forest

一、青冈林 Form. group *Cyclobalanopsis*

（一）青冈栎林（Form. *Cyclobalanopsis glauca*）

（二）曼青冈林（Form. *Cyclobalanopsis oxyodon*）

（三）薄片青冈林（Form. *Cyclobalanopsis lamellosa*）

二、石栎林 From. group *Lithocarpus*

（一）硬斗石栎、青冈林（Form. *Lithocarpus hancei*）

（二）白穗石栎林（Form. *Lithocarpus leucostachyus*）

（三）厚叶石栎、杜鹃林（Form. *Lithocarpus pachyphyllus*，*Rhododendron* spp.）

III. 落叶阔叶林 Deciduous Broadleaved Forest

一、桤木林 From. group *Alnus*

（一）旱冬瓜林（Form. *Alnus nepalensis*）

二、桦树林 From. group *Betula*

（一）长穗桦林（Form. *Betula cylindrostachya*）

（二）糙皮桦林（Form. *Betula utilis*）

三、核桃林 Form group *Juplans*

（一）野核桃林（Form. *Juplans cathayensis*）

IV. 温性针阔混交林 Coniferous and Broadleaved Mixed Forest

一、铁杉-阔叶混交林 Form. group *Tsaga*-broadleaved mixed forest

（一）云南铁杉-常绿阔叶混交林 Form. *Tsuga dumosa*-evergreen broadleaved mixed forest

（二）云南铁杉-落叶阔叶混交林 Form. *Tsuga dumosa*-deciduous broadleaved mixed forest

V. 暖性针叶林 Warm Coniferous Forest

（Ⅰ）暖温性针叶林 Warm-temperate Coniferous Forest

（一）云南松林（Form. *Pinus yunnanensis*）

（二）乔松林 From. *Pinus griffithii*

VI. 温性针叶林 Temperate Coniferous Forest

（Ⅰ）寒温性针叶林 Cold-temperate Coniferous Forest

一、云、冷杉林 Form group Picea and Abies

（一）油麦吊云杉林（Form. *Picea brachytyla* var. *conplanata*）

（二）怒江冷杉林（Form. *Abies nukiangensis*）

（三）苍山冷杉林（Form. *Abies delavayi*）

VII. 竹林 Bamboo Wood

（Ⅰ）寒温性竹林 Cold-temperate Bamboo Wood

一、箭竹林 Form Group *Fargesia*

（一）皱壳箭竹林（Form. *Fargesia pleniculmis*）

（二）矩鞘箭竹林（Form. *Fargesia orbiculata*）

VIII. 灌木草丛 Shrub-Grassland

（Ⅰ）干热河谷稀疏灌草丛 Hot-dry river valley Savanna

一、含窄叶山黄麻、飞机草的中草草丛 From. group contain *Trema angustifolia*，*Eupatorium odoratum* Grassland

二、清香木、余甘子中草草丛 From. group contain *Pistacia weinmannifolia J. Poisson*，*Phyllanthus emblica* Grassland

（II）暖温性稀树灌木草丛 Warm-temperate Shrub -Grassland

三、含云南松的低草草丛 From. group contain *Pinus yunnanensis* Shrub -Grassland

IX. 灌丛 Shrub

（I）干热灌丛 Hot-dry Shrub

一、仙人掌灌丛 From. group *Opuntia monacantha*

（II）热性河滩灌丛 Warm-temperate Shrub

二、水杨柳灌丛 *Homonoia riparia* Shrub

（III）寒温性灌丛 Cold-temperate Shrub

二、杜鹃灌丛 From. group *Rhododendron*

（一）夺目杜鹃灌丛（Form. *Rhododendron arizelum*）

（二）地檀香、杜鹃灌丛（Form. *Gaultheria forrestii*，*Rhododendron* spp.）

X. 草甸 Meadow

（Ⅰ）亚高山草甸 Sub-alpine Meadow

（一）阿魏、天南星草甸（Form. *Ferula assafoetida*，*Arisaema* spp.）

（Ⅱ）亚高山沼泽化草甸 Sub-alpine Moor Meadow

（一）灯心草沼泽化草甸（Form. *Juncus effusus*）

注：编号说明

植被型：用Ⅰ，Ⅱ，Ⅲ，……，数字后加“.”号，统一编号；

植被亚型：用（Ⅰ），（Ⅱ），……，数字后不加符号，统一编号；

群系组：用一，二，三，……，数字后加“、”号，在植被型或植被亚型之后编号；

群系：用（一），（二），（三），……，数字后不加符号，在群系组或植被亚型下编号。

（2）植物物种多样性

➢　物种组成

泸水县高等植物物种多样性十分丰富，共有高等植物 249 科 862 属 1 957 种，其中苔藓植物 43 科 74 属 116 种，蕨类植物 35 科 66 属 157 种，裸子植物 6 科 14 属 22 种，被子植物 165 科 708 属 1 662 种。

➢　特有种类

中国特有种 277 种，包括陈氏耳叶苔 *Frullania chenii* Hatt.et Lin、江岸立碗藓 *Physcomitrium courtoisii* Par. et Broth.、苍山冷杉 *Abies delavayi* Franch.、团花新木姜子 *Neolitsea homilantha* C.K. Allen 等；省级特有种 51 种，包括韩氏耳叶苔 *Frullania handelii* Verd.、云南平藓 *Naekera yunnanensis* Enroth、重三出黄堇 *Corydalis triternatifolia* C.Y. Wu、酸模叶蓼 *Polygonum lapathifolium* L.等；狭域特有种 79 种，包括垂花银莲花 *Anemone nutantiflora* W.T.Wang et L.Q.Li、片马绣球藤 *Clematis pianmaensis* W.T.Wang、怒江无心菜 *Arenaria salweenerzsis* W. W. Smith 等。

➢　珍稀濒危保护种类

经初步统计，有 25 种各类珍稀濒危植物分布于泸水县（表 4-46）。

表 4-46　泸水县的珍稀濒危保护植物

编号	科名	中文名	拉丁学名	名录及保护级别			
				国家重点保护	红色名录	珍稀濒危	省级保护
1	红豆杉科 Cephalotaxaceae	云南红豆杉	*Taxus yunnanensis*				1
2	红豆杉科 Cephalotaxaceae	云南榧树	*Torreya yunnanensis*	2	1	3	
3	木兰科 Magnoliaceae	贡山厚朴	*Magnolia rostrata*	2	1	3	2
4	木兰科 Magnoliaceae	红花木莲	*Manglietia insignis*	1			
5	樟科 Lauraceae	沧江新樟	*Neocinnamomum mekongense*				2
6	楝科 Meliaceae	红椿	*Toona ciliata*	2	1	3	
7	松科 Pinaceae	油麦吊云杉	*Picea vbrachytyla* var. *conplanata*	2			
9	杉科 Taxodiaceae	秃杉	*Taiwania cryptomerioides*	2		1	
10	三尖杉科 Cephalotaxaceae	贡山三尖杉	*Cephalotaxus lanceolata*	2	1	2	
11	使君子科 Combretaceae	千果榄仁	*Terminalia myriocarpa*	2	1		
12	十萼花科 Dipentodotaceae	十萼花	*Dipentodon sinicus*	2		2	
13	水青树科 Tetracentraceae	水青树	*Tetracentron sinense*	2		2	
14	领春木科 Eupteleaceae	领春木	*Euptelea pleiosperma*		1	3	
15	蓼科 Polygonaceae	金荞麦	*Fagopyrum dibotrys*	2			
16	无患子科 Sapindaceae	伞花木	*Eurycorymbus cavaleriei*	2	1		
17	昆栏树科 Trochdendraceae	昆栏树	*Trochodendron aralioides*		1		
18	椴树科 Tiliaceae	滇桐	*Craigia yunnaanensis*	2	1		
19	百合科 Liliaceae	云南丫药花	*Ypsilandra yunnanensis*				3
20	紫树科 Nyssaceae	喜树	*Camptotheca acuminata*	2*			
21	杜鹃花科 Ericaceae	蓝果杜鹃	*Rhododendron cyanocarpum*		1		
22	桤叶树科 Clethraceae	云南桤叶树	*Clethra delavayi* Franch.		1		
23	茜草科 Rubiaceae	异形玉叶金花	*Mussaenda anomala* Li	1	1		
24	毛茛科 Ranunculaceae	云南黄连	*Coptis teeta*		1		
25	五加科 Araliaceae	常春木	*Merrilliopanax listeri*				2

*栽培植物。

➢　资源类群

① 材用植物

泸水县物资源极其丰富，主要集中在裸子植物（柏科、松科、杉科）、被子植物（木兰科、樟科、桦木科、壳斗科、槭树科、杜英科等），主要由乔木树种组成的科，共 30 多个科 90 余种。

② 药用植物

泸水县药用植物在种子植物中主要分布在樟科、毛茛科、小檗科、防己科、远志科、景天科、虎耳草科、蓼科、金丝桃科、蔷薇科、蝶形花科、荨麻科、芸香科、五加科、伞形科、紫金牛科、夹竹桃科、萝藦科、茜草科、菊科、龙胆科、桔梗科、玄参科、唇形科、百合科、延龄草科、天南星科、兰科等 148 个科 440 属 677 种。在泸水县还有许多药用蕨类植物资源，主要分布在石松科、卷柏科、木贼科、紫萁科、瘤足蕨科、里白科、凤尾蕨科、水龙骨科等 24 个科 28 属 30 多种。

③ 园林植物

泸水县特殊的地理环境、地质、气候特点，蕨类、种子植物物种丰富，孕育出了丰富多彩的观赏植物资源。著名的观赏植物有兰花、杜鹃花、木兰、百合、龙胆、绿绒蒿、马先蒿、绣球花、苦苣苔、凤仙花；荫生观叶类植物有天南星科、秋海棠科以及各种蕨类植物；此外，还有其他各种观叶、观花、观果的裸子植物、被子植物以及园林绿化、绿篱材料、桩景植物等。

④ 食用植物

贡山的淀粉植物主要分布于虎耳草科、蝶形花科、壳斗科、柿树科、茄科、旋花科、莎草科、禾本科等 8 个科、10 个属，共 12 种。主要有板栗 *castanea mollissima*、滇石栎 *Lithocarpus dealbatus*、七叶鬼灯檠 *Rodgersia aesculifolia* Batalin、马铃薯 *Solanum tuberosum* 番薯 *Ipomoea batatas* 、砖子苗 *Mariscus sumatrensis*、马唐 *Digitaria sanguinalis*、大百合 *Cardiocrinum giganteum* 等。

泸水县油脂植物种类不多，主要有红豆杉科（云南榧树 *Torreya yunnanensis*），十字花科（碎米荠 *Cardamine hirsuta L.*），藜科（藜 *Chenopodium album*），桦木科（滇刺榛 *Corylus ferox*），漆树科（盐肤木 *Rhus chinensis*），胡桃科（胡桃 *Juglans regia*、泡核桃 *Juglans sigillata*），山茱萸科长总梗梾木 *Sw*（*v*）*ida macrophylla*、长圆叶梾木 *Sw*（*v*）*ida oblonga*）等。分布于 8 科 8 属 10 种。

泸水县饲料植物资源主要分布于蝶形花科、禾本科、蓼科、藜科、苋科、菊科、桑科、旋花科、泽泻科、雨久花科、天南星科、浮萍科等 17 个科，共 21 属 24 种。

泸水野生蔬菜资源十分丰富，种子植物主要分布在三白草科、十字花科、石竹科、蓼科、藜科、凤仙花科、葫芦科、蔷薇科、五加科、伞形科、菊科、茄科、马鞭草科、唇形科、芭蕉科、百合科等 27 科，共 51 属 74 种。蕨类植物分布在紫萁科、桫椤科、凤尾蕨科等 9 科，共 11 属 12 种。

⑤ 鞣料与染料植物

泸水产鞣料植物 26 种，分布于 15 科 22 属。种类最多的是壳斗科（Fagaceae），有板栗（*Castanea mollissima*）、高山栲（*Castanopsis delavayi*）、青冈（*Cyclobalanopsis glauca*）、短穗窗眼柯（*Lithocarpus fenestratus*）4 种。其次是松科（Pinaceae），有苍山冷杉（*Abies delavayi*）、怒江冷杉（*Abies nukiangensis*）、怒江红杉（*Larix speciosa*）、华山松（*Pinus armandii*）、喜马拉雅铁杉（*Tsuga dumosa*）6 种。另外还有杉科（Taxodiaceae）的柳杉（*Cryptomeria fortunei*），红豆杉科（Taxaceae）云南红豆杉（*Taxus yunnanensis*），领春木科（Eupteleaceae）领春木（*Euptelea pleiosperma*），柳叶菜科（Onagraceae）柳兰（*Chamaenerion angustifoliu*），蔷薇科（Rosaceae）路边青（水杨梅）（*Geum aleppicum*）等。

泸水产的这类植物不多，萝摩科（Asclepiadaceae）的蓝叶藤（*Marsdenia tinctoria*）和茜草科（Rubiaceae）的茜草（*Rubia cordifolia*）等为常见的染料植物。

⑥ 油料植物

这类植物有 12 科 23 种。分述如下：

松科的乔松（*Pinus bhutanica*）、高山松（*Pinus densata*）、云南松（*Pinus yunnanensis*）、喜马拉雅铁杉（*Tsuga dumosa*）含有丰富的树脂，可提炼松节油。另外，其种子含油也很丰富，亦可为工业油脂的原料。

樟科的云南樟（*Cinnamomum glanduliferum*）果仁油工业用。三桠乌药（*Lindera obtusiloba*）种子含油达 60%，可作医药及轻工原料。黄脉钓樟（*Lindera flavinervia*）、山柿子果（*Lindera longipedunculata*）种子含油丰富，可提取工业油及作燃料。三股筋香（*Lindera thomsonii*）种子含脂肪、可供制肥皂。黄丹木姜子（*Litsea elongata*）、潺槁木姜子（*Litsea glutinosa*）种子可制皂及作硬化油。

菊科苍耳（*Xanthium sibiricum*）一年生草本，高 20～90 cm。云南大部分地区有分布。种子含脂肪油 9.2%，其中脂肪酸有：棕榈酸（palmitic acid）5.32%，硬脂酸（stearic acid）3.68%，油酸（oleic acid）26.8%，亚油酸（linoleic acd）64.20%。全草入药；苍耳子可掺合桐油制油漆。

忍冬科蓝黑果荚蒾（*Viburnum atrocyaneum*）常绿灌木，高达 3 m。产滇西北、滇中至镇康，滇东北，蒙自至滇东南，生长于海拔 1 700～3 200 m 的山坡或山脊的干燥或略湿润的疏林、密林内或灌丛中；分布于西藏东南部、四川东部和西南部、贵州中部至西南部、广西北部。印度北部、不丹、缅甸和泰国东北部也有。种子含油量为 24.7%，油属不干性油，可供制皂及点灯用。

紫金牛科针齿铁仔（*Myrsine semiserrata*）大灌木或小乔木，高 3～7 m。产滇西北、滇西、滇西南、滇中及滇东南等地，西双版纳仅勐连发现，海拔 1 100～1 700 m 的疏、密林内、山坡、路旁、石灰山上或沟边等；我国湖北、湖南、广东、广西、贵州、四川、西藏等亦有。印度至缅甸均有分布。皮、叶可提栲胶；种子可榨油，油可供工业用。

藜科藜（*Chenopodium album*）广布世界各地。嫩苗可作蔬菜用，茎叶可喂猪；全草入药，可代“地肤子”药用；种子可榨油。

马桑科草马桑（*Coriaria terminalis*）产贡山、德钦，生长于海拔 2 700～3 400 m 的针叶林下或林缘灌丛，我国西藏东南部，印度东北部和锡金亦有分布。果熟时紫红色至黑色，未熟时黄色，供观赏；种子可榨油供工业用。

漆树科盐肤木（*Rhus chinensis*）为五倍子蚜虫寄主植物，根药用，种子可榨油。

⑦ 香料植物

泸水主要香料植物有 31 属 50 多种。分布于樟科、姜科、唇形科、芸香科、伞形科、木兰科、报春花科、菊科、胡椒科、柏科、松科等 20 多个科中。贡山有许多著名的香料植物，例如：樟科（香叶树 *Lindera communis*、山鸡椒 *Litsea cubeba*）、芸香科（花椒 *Zanthoxylum bungeanum*）、报春花科（软枝香草 *Lysimachia laxa*）、姜科（草果 *Amomum tsaoko*）、百合科（紫花百合 *Lilium souliei*）、越桔科（地檀香 *Gaultheria forrestii*）等。

⑧ 蜜源植物

泸水县共有主要蜜源植物 33 属 127 种。分布于杜鹃花科、松科、杨柳科、蔷薇科、唇形科、马鞭草科、含羞草科、柿树科、漆树科、菊科等 25 个科中。常见的乔松 *Pinus bhutanica*、山鸡椒 *Litsea cubeba*、双柱柳 *Salix bistyla*、杜鹃花属 *Rhododendron*、毛叶合欢 *Albizia mollis*、粉背金合欢 *Acacia pruinescens*、荞麦 *Fagopyrum esculentum*、柳兰 *Chamaenerion angustifolium*、黄瓜 *Cucumis sativus*、皱皮木瓜 *Chaenomeles speciosa*、椭圆悬钩子 *Rubus ellipticus*、红泡刺藤 *Rubus niveus*、板栗 *Castanea mollissima*、牛奶子 *Elaeagnus umbellata*、盐肤木 *Rhus chinensis*、地檀香 *Gaultheria forrestii*、川续断 *Dipsacus asperoides*、鬼针草 *Bidens pilosa*、千里光 *Senecio scandens*、野草香 *Elsholtzia cypriani*、野把子 *Elsholtzia rugulosa* Hemsl.、米团花 *Leucosceptrum canum* 等。

⑨ 纤维类植物

泸水产的纤维类植物资源有 29 种，隶属 16 科 24 属。荨麻科（Urticaceae），有长叶水麻（*Debregeasia longifoli*a）、红雾水葛（*Pouzolzia sanguinea*）、察隅荨麻（*Urtica zayuensis*）3 种；瑞香科（Thymelaeaceae），有藏东瑞香（*Daphne bholua*）、白瑞香（*Daphne* papyracea）、滇结香（*Edgeworthia* gardneri）3 种；还有椴树科（Tiliaceae）小刺蒴麻（*Triumfetta annua*），锦葵科（Malvaceae）拔毒散（*Sida szechuanensis*）、地桃花（*Urena lobata*）、无齿华苘麻（*Abutilon sinense*）、滇西苘麻（*Abutilon gebauerianum*）等，桑科（Moraceae）藤构（*Broussonetia kaempferi*）、构树（*Broussonetia papyrifera*），夹竹桃科（Apocynaceae）络石藤（*Trachelospermum jasminoides*）等。

⑩ 其他

a. 经济昆虫寄主植物

适宜一些经济昆虫取食并完成生活周期的植物称为经济昆虫寄主植物，经过千百年来昆虫的自然选择和人类的经营，目前我国经济价值较大的以植物为饲料饲养的昆虫主要有四种：蚕、白蜡虫、紫胶虫和五倍子虫，四类昆虫分别以不同的植物作为寄主。

泸水县白蜡虫寄主植物资源主要有木犀科女贞属的长叶女贞 *Ligustrum compactum*、川滇蜡树 *Ligustrum delavayanum*、华南小蜡 *Ligustrum sinense*。紫胶虫的寄主植物资源有含羞草科的毛叶合欢 *Albizia mollis*。五倍子虫的寄主植物有盐肤木 *Rhus chinensis*。

b. 胶原类植物资源

胶原是由多糖类组成的胶质类物质，是一种复杂的混合物。天然树胶多从植物体中分离提取，是重要的工业原料。

泸水产胶原类植物 6 科 6 属 9 种。樟科（Lauraceae）山鸡椒 *Litsea cubeba*，含羞草科（Mimosaceae）毛叶合欢 *Albizia mollis* 一种，楝科（Meliaceae）小果香椿 *Toona microcarpa*、香椿 *Toona sinensis* 两种，兰科（Orchidaceae）白芨 *Bletilla striata* 一种，蔷薇科（Rosaceae）桃 *Amygdalus persica*、李 *Prunus salicina* 两种，锦葵科（Malvaceae）黄蜀葵 *Abelmoschus manihot* 一种。

山鸡椒 *Litsea cubeba*、潺槁木姜子 *Litsea glutinosa* 的树皮与木材，小果香椿 *Toona microcarpa*、香椿 *Toona sinensis* 的树干，白芨 *Bletilla striata* 的假鳞茎亦可以提取胶质。

c. 饲料植物资源

泸水县饲料植物资源主要分布于蝶形花科、禾本科、蓼科、藜科、苋科、菊科、桑科、旋花科、泽泻科、雨久花科、天南星科、浮萍科等 17 个科，共 21 属 24 种。

d. 农药植物资源

农药植物，指具有杀虫、杀菌作用的植物。植物性农药不仅可以防治病虫害、保护农作物，其中大部分种类对人畜比较安全，而且由于喷撒在作物表面，易于分解，因而可以保护环境不受污染。

泸水县农药植物资源主要有八角科（野八角 *Illicium simonsii*），樟科（山鸡椒 *Litsea cubeba*），毛茛科（保山乌头 *Aconitum nagarum*、打破碗花 *Anemone hupehensis*、野棉花 *Anemone vitifolia*、鹿蹄草 *Caltha palustris*、升麻 *Cimicifuga foetida*），胡颓子科（牛奶子 *Elaeagnus umbellata*）等 5 个科，共 13 属 15 种。

e. 有毒植物

有毒植物是能引起人类或其他生物中毒死亡或有机体长期或暂时性伤害的植物。

泸水有毒植物主要有毛茛科（回回蒜 *Ranunculus chinensis*），马桑科（马桑 *Coriaria nepalensis*），大戟科（油桐 *Vernicia fordii*），蝶形花科（厚果鸡血藤 *Millettia pachycarpa*），茄科（曼陀罗 *Datura stramonium*、假烟叶树 *Solanum erianthum*），荨麻科（大蝎子草 *Girardinia diversifolia*），夹竹桃科（络石藤 *Trachelospermum jasminoides*），天南星科（一把伞南星 *Arisaema erubescens*），葱科（忽地笑 *Lycoris aurea*），百合科（山菅兰 *Dianella ensifolia*）等 19 科，共 24 属 25 种。

（3）动物物种多样性

➢　物种组成

通过本次调查并参考相关文献资料和中国科学院昆明动物研究所标本室收藏的该地区标本和文献记录的种类，泸水县共记录陆生脊椎动物 533 种，昆虫（蜂类和蝶类）403 种。哺乳动物 9 目 29 科 78 属 116 种；鸟类 18 目 48 科 357 种；两栖爬行类 4 目 14 科 37 属 60 种。泸水县主要陆生动物中各类群目、科、属、种数见表 4-47。

表 4-47 各类群目、科、属、种数及特有种数量和保护物种数量

类群	目	科	属	种	占云南物种的比例/%
哺乳类	9	29	78	116	38
鸟类	18	48	176	357	39.53
两栖类	2	7	12	26	22.62
爬行类	2	7	25	34	20.99
昆虫	2	11	160	403	—
合计	33	102	451	936	

① 各分类阶元多样性

泸水县 116 种哺乳动物隶属于 9 个目，其中最大目为啮齿目 RODENTIA 有 41 种，占本地区哺乳动物总数的 35.3%；居第二位的是食肉目 CARNIVORA 有 22 种（占 19.0%）；随后是食虫目 EULIPOTYPHLA 有 16 种（占 13.8%）和翼手目 CHIROPTERA 有 14 种（占 12.1%），这 4 个目的物种（93 种）构成了泸水哺乳动物的主体，占物种数的 80.2%。此外，偶蹄目 ARTIODACTYLA 有 10 种、灵长目 PRIMATES 有 5 种、兔形目 LAGOMORPHA 有 4 种，尽管攀鼩目 SCANDENTIA 和鳞甲目 PHOLIDOTA 各只有 1 种，但这几个目在本地区物种多样性方面也起到了重要作用。与目级组成相似，泸水县的哺乳动物在科级水平上的物种组成虽有明显优势的科，但最大科所拥有的物种数及比例也并不高。在泸水县 29 科的哺乳动物中，最大的鼠科 Muridae 有 22 种，占本地区哺乳动物的 19.0%；其次为鼩鼱科 Soricidae 有 12 种（占 10.3%）；另外，蝙蝠科 Vespertilionidae 有 7 种（占 6.0%）、鼬科 Mustelidae、松鼠科 Sciuridae 和仓鼠科 Crictidae 都有 6 种，各占本地区哺乳动物的 5.3%，此 6 科的物种数（60 种）占泸水县兽类的 51.7%。与其他类群相类似，泸水县兽类也有不少单属种科及少种科的重要组成部分，其中单属种科有：猬科 Erinaceidae、树鼩科 Tupaiidae、长臂猿科 Hylobatidae、鲮鲤科 Manidae、小熊猫科 Ailuridae、熊科 Ursidae、獴科 Herpestidae、兔科 Leporidae、猪科 Suidae、麝科 Moschidae、豪猪科 Hystricidae 共 11 科，少种科有：仅含 2 种的竹鼠科 Rhizomyidae，具 3 种的鼹科 Talpidae、菊头蝠科 Rhinolophidae、牛科 Bovidae、鼠兔科 Ochotonidae，具 4 种的蹄蝠科 Hipposideridae、猴科 Cercopithecidae、犬科 Canidae、灵猫科 Viverridae、鼯鼠科 Pteromyidae，还有含 5 种的猫科 Felidae、鹿科 Cervidae。

泸水县鸟类 357 种，隶属于 18 目，48 科（另 4 个亚科），其中最大的目为雀形目，包含了 251 种，占泸水县鸟类物种数的 70.31%，是组成泸水县鸟类的主要部分。其次为鸳形目，共计 16 种，占泸水县鸟类物种数的 4.48%；鸡形目和隼形目分别有 13 个鸟种，占泸水县鸟类物种数的 3.64%。其中最大的科为鹟科，共计 147 种，占泸水县鸟类的 41.18%；鹟科共包括鸫亚科、画眉亚科、莺亚科和鹟亚科，四个亚科，是泸水县鸟类组成的最重要的科。其余科的鸟类数量相对都比较少，其中雀科具有 20 种，占本县鸟类的 5.6%。之后的科分别为，山椒鸟科具有 17 个鸟种，雉科具有 13 个鸟种，鹰科鸟类有 12 种。

泸水县 26 种两栖类隶属于 2 个目，其中有尾目 CAUDATA 1 科 1 属 1 种，而 6 科 11 属 25 种是隶属于为无尾目 ANURA，占了云南两栖动物物种总数（115 种）的 21.7%。7 科中，最大科为无尾目蛙科 Ranidae，有 11 种（占该地区两栖类 42.3%），其次是角蟾科 Megophryinae 和蟾蜍科 Bufonidae 各 4 种；此 3 科的物种构成了该地区两栖动物的主体（共 19 种），即占 73.1%。其余科尚有树蛙科 Rhacophoridae 3 种（杜氏泛树蛙 *Polypedates dugritei*、斑腿泛树蛙 *Polypedates leucomystax*、贡山树蛙 *Rhacophorus gongshanensis*），雨蛙科 Hylidae 有 2 种（华西雨蛙 *Hyla annectans*（Jerdon）、贡山雨蛙 *Hyla gongshanensis* Li et Yang）、蝾螈科 Salamandridae 和姬蛙科各有 1 种，即红瘰疣螈 *Tylototriton verrucosus* Anderson 和云南小狭口蛙 *Calluella yunnanensis* Boulenger。

泸水县的爬行类则有 2 目，即龟鳖目 TESTUDOFORMES 和有鳞目 SQUAMATA，包括蜥蜴亚目 LACERTILIA 和蛇亚目 SERPENTES。蜥蜴亚目有 3 科 5 属 9 种；蛇亚目有 4 科 20 属 25 种，占云南爬行动物总数（162 种）的 15.4%。7 科中，游蛇科 Colubridae 即有 19 种（占 55.9%），其次是鬣蜥科 Agamidae 有 7 种，此 2 科物种构成了该地区爬行类的主体，共 26 种，占该地区爬行动物的 76.5%。该地区的爬行类中还有其他科，蝰科 Viperidae 有 3 种（山烙铁头 *Ovophis monticola*、菜花烙铁头 *Protobothrops jerdonii*、云南竹叶青蛇 *Trimeresurus yunnanensis*），眼镜蛇科和石龙子科 Scincidae 各 2 种（孟加拉眼镜蛇 Naja kaouthia Lesson、眼镜王蛇 Ophiophagus hannah（Cantor）、铜蜓蜥 *Sphenomorphus indicus*、山滑蜥 *Scincella monticola*）；壁虎科 Gekkonidae 和盲蛇科 Typhlopidae 各 1 种，原尾蜥虎 *Hemidactylus bowringii*、大盲蛇 *Typhlops diardi* Schlegel。

② 区系分析

泸水县 116 种哺乳动物中有一定数量的世界性广布种，如：与人类伴生而遍布世界各地的小家鼠（*Mus musculus*），全北区分布并向南延伸到东洋区的狼（*Canis lupus*）与赤狐（*Vulpes vulpes*）和广布于欧亚非的野猪（*Sus scrofa*）、水獭（*Lutra lutra*）、藏獾（*Meles leucureus*）、豹（*Panthera pardus*）、巢鼠（*Micromys minutus*），亚洲长翅蝠（*Miniopterus fuliginosus*）、豺（*Cuon alpinus*）、貉（*Nycterutes procyonoides*）、黑熊（*Selenarctos thibetanus*）、青鼬（*Martes flavigula*）、黄鼬（*Mustela sibrica*）、猪獾（*Arctonyx collaris*）、豹猫（*Prionalurus bengalensis*）、虎（*Panthera tigris*）、川西斑羚（*Nemorhaedus griseus*）、社鼠（*Niviventer confucianus*）等古北区与东洋区共有种，计有 19 种，占本地区兽类物种数的 16.4%。其余 97 种均属于东洋区物种，其中西南区、华南区和华中区共有物种 36 个，西南区与华南区共有物种 27 个，西南区与华中区共有物种 6 个，而为西南区物种多达 28 种，如：长尾鼩鼹（*Scaptonyx fusicaudus*）、狭颅黑齿鼩鼱（*Blarinella wardi*）、大爪长尾鼩鼱（*Soriculus nigrescens*）、云南鼩鼱（*Sorex excelsus*）、蹼足鼩（*Nectogale elegans*）、白眉长臂猿（*Hoolock leuconedys*）、戴帽叶猴（*Trachypicthecus shortridgei*）、怒江金丝猴（*Rhinopithecus strykeri*）、小熊猫（*Ailurus fulgens*）、贡山麂（*Muntiacus gongshanensis*）、片马黑鼠兔（*Ochotona nigritia*）、安氏白腹鼠（*Niviventer andersoni*）、梵鼠（*Niviventer brahma*）等，占本地区物

种数的 24.1%，可见泸水县哺乳动物具有明显的西南区区系特征，在我国动物地理区划上属于东洋界西南区动物区系。

依据郑作新《中国鸟类区系纲要》(1987) 所列我国鸟类的地理分布情况，确定泸水县所录鸟类的区系从属。在泸水县内的繁殖鸟（含留鸟、夏候鸟和繁殖鸟）共计 301 种。其中繁殖区主要分布于东洋界的鸟类 244 种，占 81.06%；繁殖区广布于东洋界和古北界的广布种 46 种，占 15.28%；繁殖区主要分布于古北界的鸟类 12 种，占 3.99%。可见，泸水县内鸟类的区系组成以东洋界种类为主。根据调查中鸟类采集和观察的时间，参照有关的文献在本地区的记载，判定所记录鸟类的居留情况，统计结果表明：在泸水县内所记录的 357 种鸟类中：Ⅰ. 常年居留于大山包国家级自然保护区内的留鸟（Resident birds，以 R 表示），计 267 种，占所记录鸟类的 74.79%；Ⅱ. 仅在春末夏初迁至本地区，夏末秋初迁徙的夏候鸟（Summer visitors，以 S 表示）和繁殖鸟（Breeders，以 B 表示）计 34 种，占记录鸟类的 9.52%；Ⅲ. 秋末冬初由北方迁飞至大山包越冬的冬候鸟（Winter visitor，以 W 表示）或旅经大山包向南迁徙的旅鸟（Birds encountered during migration，以 M 表示），共计 55 种，占大山包所记录鸟类的 15.41%；Ⅳ. 另有一种罕见鸟种白腹鸫 *Turdus pallidus*，由于缺乏相应的生物学信息不能确定其居留类型、生境和垂直分布及区系从属。综上所述，泸水县所记录的 357 种鸟类中，留鸟占了绝对的数量比例，冬候鸟和旅鸟次之，夏候鸟和繁殖鸟最少。

泸水县所记录的两栖类动物物种绝大部分为西南区成分，共有 18 种，占该地区全部两栖类 26 种的 69.2%，两栖类东洋界广布种有 5 种，即黑眶蟾蜍 *Bufo melanostictus*、昭觉林蛙 *Rana chaochiaoensis* Liu、双团棘胸蛙 *Paa yunnanensis* Anderson、杜氏泛树蛙 *Polypedates dugritei* David、斑腿泛树蛙 *Polypedates leucomystax*；华南区和西南-华中区物种各 1 种，即眼斑棘蛙 *Paa feae* Boulenger，华西蟾蜍 *Bufo bufo* andrewsi。广布于东洋界和古北界物种 1 种，即泽蛙 *Rana limnocharis* Boie。该县有爬行类东洋界广布种有 11 种，占该地区爬行动物的 32.4%，西南区物种 7 种，占 20.6%；其他物种是华中-华南区物种 5 种（灰鼠蛇 *Ptyas korros*、横斑钝头蛇 *Pareas macularius* Theobald、方花小头蛇 *Oligodon bellus*（Stanley）、过树蛇 *Dendrelaphis pictus*（Gmelin）、繁花林蛇 *Boiga multomaculata*）；西南-华南区物种 3 种（大盲蛇 *Typhlops diardi* Schlegel、白链蛇 *Dinodon septenrtionalis*、黑线乌梢蛇 *Zaocys nigromarginatus*（Blyth））；西南-华中区 3 种（菜花原矛头蝮 *Protobothrops jerdonii* Guenther、喜山钝头蛇 *Pareas monticola*（Cantor）、丽纹龙蜥 *Japalura splendida* Barbour et Dunn）；华南区物种 2 种（原尾蜥虎 *Hemidactylus bowringii*、变色树蜥 *Calotes vericolor*）。广布于东洋界和古北界物种 3 种，即颈槽蛇 *Rhabdophis nuchalis*（Boulenger）、红脖颈槽蛇 *Natrix sublminiata* Schlegel、黑眉锦蛇 *Elaphe taeniura* Cope。外来物种红耳龟 *Chrysemys scripta* 未计入区系分析。

➢ 特有种类

泸水县有中国特有种 47 种，其中，中国特有兽类有鼩猬 *Neotetracus sinensis*、云南鼩

鼱 *Sorex excelsus*、贡山麂 *Muntiacus gongshanensis*、中华鬣羚 *Capricornis milneedwardsii*、片马黑鼠兔 *Ochotona nigritia*、云南兔 *Lepus comus*、高山姬鼠 *Apodemus chevrieri*、大耳姬鼠 *Apodemus latronum*、澜沧江姬鼠 *Apodemus ilex*、斑胸鼠 *Rattus yunnanensis*、安氏白腹鼠 *Niviventer andersoni*、川西白腹鼠 *Niviventer excelsior*、大绒鼠 *Eothenomys miletus*、滇绒鼠 *Eothenomys eleusis*、高原松田鼠 *Pitymys irene* 共 15 种，有贡山麂、*Muntiacus gongshanensis*、澜沧江姬鼠 *Apodemus ilex* 和片马黑鼠兔 *Ochotona nigritia* 共 3 种为云南特有，1 种泸水县特有，即片马黑鼠兔 *Ochotona nigritia*），此外，爪哇伏翼 *Pipistrellus javanicus* 仅记载于泸水六库；有中国特有鸟类 10 种，分别为血雉、白腹锦鸡、领雀嘴鹎、白尾蓝地鸲、画眉、棕头雀鹛、白领凤鹛、褐翅缘鸦雀、滇䴓和酒红朱雀，无云南特有种和县特有种分布；有中国特有两栖动物 11 种，云南特有种 12 种，如：红瘰疣螈 *Tylototriton verrucosus*、掌突蟾 *Leptolalax pelodytoides*、贡山齿突蟾 *Scutiger gongshanensis*、昭觉林蛙 *Rana chaochiaoensis*、绿点湍蛙 *Amolops viridimaculatus*、丽湍蛙 *Amolops bellulls*、贡山雨蛙 *Hyla gongshanensis*、杜氏泛树蛙 *Polypedates dugritei* 等，此外，国内只在云南分布有红瘰疣螈 *Tylototriton shanjing*、丽湍蛙 *Amolops bellulls*、贡山雨蛙 *Hyla gongshanensis* 等 15 种；有中国特有爬行类 4 种，云南特有 1 种，即云南竹叶青蛇 *Trimeresurus yunnanensis*，国内只在云南分布的有 5 种，即棕背树蜥 *Calotes emma*、蚌西树蜥 *Calotes kakhiennsis*（Anderson）、白唇树蜥 *Calotes mystaceus*、缅甸颈槽蛇 *Rhabdophis leinardi*（Wall）、云南竹叶青蛇 *Trimeresurus yunnanensis* 等。

➢ 珍稀濒危保护种类

在泸水县记录的 533 种陆生脊椎动物中，有国家 I 级重点保护野生动物 16 种，国家 II 级重点保护物种 43 种；《濒危野生动植物种国际贸易公约》（CITES）附录 I 物种 16 种，列入附录 II 物种 38 种。

表 4-48 各类群目、科、属、种数及特有种数量和保护物种数量

类群	总种数	云南省保护	国家保护		CITES 附录	
			I	II	I	II
哺乳类	116		10	15	13	11
鸟类	357		6	27	4	25
两栖类	26		0	1	0	0
爬行类	34	2	0	0	0	2
合计	533	2	16	43	16	38

兽类中，有 25 种为国家重点保护野生动物，占本地区兽类物种数的 21.5%，其中国家 I 级重点保护野生动物有：熊猴 *Macaca assamensis*、灰叶猴 *Trachypithecus phayrei*、戴帽叶猴 *Trachypicthecus shortridgei*、怒江金丝猴 *Rhinopithecus strykeri*、白眉长臂猿 *Hoolock leuconedys*、林麝 *Moschus berezovskii*、羚牛 *Budorcas taxicolor*、云豹 *Neofelis nebulosa*、豹

Panthera pardus、虎 *Panthera tigris* 等10种（占泸水县兽类的8.6%），国家II级重点保护野生动物有：猕猴 *Macaca mulatta*、短尾猴 *Macaca arctoides*、中国穿山甲 *Manis pentadactyla*、豺 *Cuon alpinus*、黑熊 *Selenarctos thibetanus*、小熊猫 *Ailurus fulgens*、青鼬 *Martes flavigula*、水獭 *Lutra lutra*、大灵猫 *Viverra zibetha*、小灵猫 *Viverricula indica*、斑灵狸 *Prionodon Pardicolor*、金猫 *Catopuma temminckii*、水鹿 *Rusa unicolor*、中华鬣羚 *Capricornis milneedwardsii*、川西斑羚 *Naemorhedus griseus* 等15种（占12.9%）；有24种被列在《濒危野生动植物国际贸易公约》（CITES）（2000）附录中，占本地区兽类的20.7%，其中附录I物种有：戴帽叶猴、怒江金丝猴、白眉长臂猿、黑熊、小熊猫、水獭、斑灵狸、金猫、云豹、豹、虎、中华鬣羚、川西斑羚等13种，附录II物种有：中缅树鼩 *Tupaia belangeri*、猕猴、熊猴、短尾猴、灰叶猴、中国穿山甲、狼 *Canis lupus*、豺、林麝、羚牛、豹猫 *Prionailurus bengalensis* 等11种；《中国濒危动物红皮书——兽类》（1998）中列为濒危种的有：灰叶猴 *Trachypithecus phayrei*、白眉长臂猿 *Hoolock leuconedys*、云豹 *Neofelis nebulosa*、豹 *Panthera pardus*、虎 *Panthera tigris*、斑林狸 *Prionodon pardicolor*、贡山麂 *Muntiacus gongshanensis*、林麝 *Moschus berezovskii*、羚牛 *Budorcas taxicolor*、黑白飞鼠 *Hylopetes alboniger* 等；《中国物种红色名录——兽类》（2004）中列为濒危种的有：灰叶猴 *Trachypithecus phayrei*、白眉长臂猿 *Hoolock leuconedys*、黑白飞鼠 *Hylopetes alboniger*、中国穿山甲 *Manis pentadactyla*、金猫 *Moschus berezovskii*、云豹 *Neofelis nebulosa*、豹 *Panthera pardus*、虎 *Panthera tigris*、大灵猫 *Viverra zibetha*、豺 *Cuon alpinus*、林麝 *Moschus berezovskii*、贡山麂 *Muntiacus gongshanensis*、羚牛 *Budorcas taxicolor*、川西斑羚 *Naemorhedus griseus* 等；在2000年8月颁布的《国家保护的有益的或者有重要经济、科学研究价值的陆生野生动物名录》中，收录有该县分布的有：狼 *Canis lupus*、赤狐 *Vulpes vulpes*、貉 *Nyctereutes procyonoides*、猪獾 *Arctonyx collaris*、黄鼬 *Mustela sibirica*、鼬獾 *Melogale moschata*、食蟹獴 *Herpestes urva*、中缅树鼩 *Tupaia belangeri*、斑灵狸 *Prionodon Pardicolor*、果子狸 *Paguma larvata*、豹猫 *Panthera pardus*、野猪 *Sus scrofa*、赤麂 *Muntiacus vaginalis*、毛冠鹿 *Elaphodus cephalophus*、菲氏麂 *Muntiacus feae*、云南兔 *Lepus comus*、红白鼯鼠 *Petaurista alborufus*、黑白飞鼠 *Hylopetes alboniger*、赤腹松鼠 *Callosciurus erythraeus*、隐纹花鼠 *Tamiops swinhoei*、泊氏长吻松鼠 *Dremomys pernyi*、橙腹长吻松鼠 *Dremomys lokriah*、侧纹岩松鼠 *Sciruotamias forresti*、豪猪 *Hystrix hodgsoni*、银星竹鼠 *Rhinomys pruinosus*、中华竹鼠 *Rhinomys sinensis*、社鼠 *Niviventer confucianus* 等。

鸟类中，属国家I级重点保护的鸟类有6种分别为黑鹳 *Ciconia nigra*、金雕 *Aquila chrysaetos*、白尾海雕 *Haliaeetus albicilla*、白尾梢虹雉 *Lophophorus sclateri*、黑颈长尾雉 *Syrmaticus humiae* 和绿孔雀 *Pavo muticus*；属国家II级重点保护鸟类有27种，分别为黑翅鸢 *Elanus caeruleus*、[黑]鸢 *Milvus migrans*、凤头鹰 *Accipiter trivigatus*、雀鹰 *Accipiter nisus*、松雀鹰 *Accipiter virgatus*、普通鵟 *Buteo buteo*、林雕 *Ictinaetus malayensis*、黑兀鹫 *Sarcogyps calvus*、秃鹫 *Aegypius monachus*、高山兀鹫 *Gyps himalayensis*、红隼 *Falco tinnunculus*、红腹角雉 *Tragopan temminckii*、白鹇 *Lophura nycthemera*、原鸡 *Gallus gallus*、白腹锦鸡 *Chrysolophus amherstiae*、楔尾绿鸠 *Treron sphenura*、灰头鹦鹉 *Psittacula himalayana*、红角鸮 *Otus scops*、领角鸮 *Otus bakkamoena*、雕鸮 *Bubo bubo*、领鸺鹠 *Glaucidium brodiei*、斑头鸺鹠 *Glaucidium cuculoides*、灰林鸮 *Strix aluco*、黑胸蜂虎 *Merops leschenaulti*、绿喉蜂虎 *Merops orientalis*、白腹黑啄木鸟 *Dryocopus javensis*、长尾阔嘴鸟 *Psarisomus dalhousiae*；被列入《濒危野生动植物国际贸易公约》（CITES）（2000）附录I的种类有白尾海雕、白尾梢虹雉、白鹇和黑颈长尾雉等4种；被列入附录II的鸟类有黑鹳、黑翅鸢、凤头鹰、松雀鹰、普通鵟、金雕、林雕、黑兀鹫、秃鹫、高山兀鹫、红隼、血雉、绿孔雀、灰头鹦鹉、红角鸮、领角鸮、雕鸮、领鸺鹠、斑头鸺鹠、灰林鸮、画眉、银耳相思鸟和红嘴相思鸟等25种；《中国濒危动物红皮书——鸟类》（1998）中列为濒危种有3种，分别为黑鹳、黑兀鹫和绿孔雀；易危种有黑翅鸢、凤头鹰、金雕、秃鹫、血雉、红腹角雉、原鸡、白腹锦鸡和红头咬鹃等9种；稀有种有林雕、高山兀鹫、白尾梢虹雉、黑颈长尾雉、雕鸮和白腹黑啄木鸟等6种；未定级别鸟种一种为白尾海雕；《中国物种红色名录（第二卷）》（2009）中列为濒危种的有2个，分别为黑兀鹫和绿孔雀；易危鸟类有白尾梢虹雉、黑颈长尾雉和黑胸歌鸲等3种；近危鸟类有13种，分别为白尾海雕、秃鹫、红腹角雉、黄腰响蜜䴕、白腹黑啄木鸟、长尾阔嘴鸟、林八哥、喜鹊、剑嘴鹛、画眉、银耳相思鸟、红嘴相思鸟和树麻雀；在2000年8月颁布的《国家保护的有益的或者有重要经济、科学研究价值的陆生野生动物名录》中，收录的泸水县有分布的鸟类190种。

两栖动物中，列入国家重点保护动物名单中仅有国家II级重点保护动物1种：红瘰疣螈 *Tylototriton verrucosus*；并且无任何物种列在CITES附录中；《中国濒危动物红皮书——两栖类和爬行类》（1998）中包含该地区的物种仅有2种，如红瘰疣螈 *Tylototriton verrucosus* 和双团棘胸蛙 *Paa yunnanensis* Anderson；《中国物种红色名录（第一卷）》（2004）中包含该地区的物种有26种，如掌突蟾 *Leptolalax pelodytoides*（Boulenger）、贡山齿突蟾 *Scutiger gongshanensis*、华西蟾蜍 Bufo *andrewsi* Schmidt、绿点湍蛙 *Amolops viridimaculatus*、泽蛙 *Rana limnocharis*、丽湍蛙 *Amolops bellulls*、西域湍蛙 *Amolops afghanus*、斑腿泛树蛙 *Polypedates leucomystax* 等。

爬行类中，没有列入国家保护动物物种名录；孟加拉眼镜蛇 *Naja kaouthia* 和眼镜王蛇 *Ophiophagus hannah*（Cantor）被列入CITES附录II和云南省动物保护名录；《中国濒危动物红皮书——两栖类和爬行类》（1998）中包含该地区的物种有8种，如：三索锦蛇 *Elaphe radiata*、灰鼠蛇 *Ptyas korros*、黑眉锦蛇 *Elaphe taeniura*、黑线乌梢蛇 *Zaocys nigromarginatus*、王锦蛇 *Elaphe carinata*、孟加拉眼镜蛇 *Naja kaouthia* 和眼镜王蛇等；《中国物种红色名录（第一卷）》（2004）中包含该地区的物种有31种，如：蚌西树蜥 *Calotes kakhiennsis*（Anderson）、白唇树蜥 *Calotes mystaceus*、缅甸颈槽蛇 *Rhabdophis leinardi*（Wall）、云南竹叶青蛇 *Trimeresurus yunnanensis*、山烙铁头 *Ovophis monticola*（Guenther）、云南竹叶青蛇 *Trimeresurus yunnanensis*、繁花林蛇 *Boiga multomaculata*、颈槽蛇 *Rhabdophis nuchalis*

（Boulenger）、过树蛇 *Dendrelaphis pictus*、白唇树蜥 *Calotes mystaceus*、原尾蜥虎 *Hemidactylus bowringii* 等。在 2000 年 8 月颁布的《国家保护的有益的或者有重要经济、科学研究价值的陆生野生动物名录》中，收录有该区分布的 60 种两栖爬行动物，占该地区记录两栖爬行动物种数的 100%。

（4）大型真菌物种多样性

两年的野外采集共获得标本 421 号，其中已鉴定标本共计 214 种，隶属于 2 门 6 纲 15 目 49 科 92 属，其中，担子菌门真菌共 200 种，占总数的 93%，子囊菌门 Ascomycota 真菌仅占总数的 7%。

在纲一级水平上，伞菌纲 Agaricomycetes 为主要组成部分，已鉴定物种中 198 种为伞菌纲真菌，占总数的 93%，盘菌纲 Pezizomycetes 和粪壳菌纲 Sordariomycetes 紧随其后，各占总数的 2%。其余 3%分别为锤舌菌纲 Leotiomycetes、花耳纲 Dacrymycetes 和外担菌纲 Exobasidiomycetes。

在目一级水平上，伞菌目 Agaricales 占据明显优势，已鉴定物种中 116 种属于伞菌目，占总数的 54%。牛肝菌目 Boletales 和红菇目 Russulales 物种丰富度位列其后，分别占总数的 18%和 13%。多孔菌目 Polyporales、盘菌目 Pezizales、木耳目 Auriculariales 分别占总数的 3%、2%和 2%，其他目的物种在所调查区域相对较少。

在科一级水平上，牛肝菌科 Boletaceae 和红菇科 Russulaceae 列物种多样性的前两位，分别占总数的 12%和 11%。伞菌科 Agaricaceae、口蘑科 Tricholomataceae、鹅膏科 Amanitaceae、球盖菇科 Strophariaceae 和丝盖伞科 Inocybaceae 物种多样性也较高，分别占总数的 7%、7%、7%、5%和 5%，其他科占总数的比例均较小，物种多样性相对较低。

在属一级水平上，红菇属 *Russula* 和鹅膏属 *Amanita* 物种多样性最高，分别占总数的 7%和 6%，其他如乳菇属 *Lactarius*、丝盖伞属 *Inocybe*、绒盖牛肝菌属 *Xerocomus*、环柄菇属 *Lepiota*、蜡蘑属 *Laccaria*、小菇属 *Mycena*、丝膜菌属 *Cortinarius* 和金钱菌属 *Collybia* 等属物种多样性也相对较高，每属约占总数的 3%～4%。其余物种数小于 4 的属占总数的 46%。

在已鉴定的物种中，小豹斑鹅膏 *Amanita parvipantherina*、潞西褶孔牛肝菌 *Phylloporus luxiensis*、肉桂色乳菇 *Lactarius cinnamomeus*、毛脚乳菇 *Lactarius hirtipes* 和巨孔绒盖牛肝菌 *Xerocomus magniporus* 等为中国特有。

在完成鉴定的 214 种中，68 种在文献中记载或在调查中发现可食。木耳、皱木耳、鸡油菌、白蜡蘑、酒色蜡蘑、多汁乳菇、长根小奥德蘑、变绿红菇等在云南市场内均较为常见，木耳和长根小奥德蘑等还实现了人工栽培。

调查发现本县分布的药用菌共 7 种，分别为黄粉末牛肝菌 *Pulveroboletus ravenelii*、网纹马勃 *Lycoperdon perlatum*、草地马勃 *L. pratense*、马勃状硬皮马勃 *Scleroderma areolatum*、垂头虫草 *Cordyceps nutans*、灵芝 *Ganoderma lucidum* 和大孢虫花 *Isaria japonica*。此外，木耳、皱木耳、鸡油菌、尖盾蚁巢伞和小果蚁巢伞等食用菌同样具有药用价值。灵芝和垂头虫草等属于比较有开发价值的种类，国内也有相关研究，但是泸水县对这类资源的应用较为鲜见。

调查发现本县分布的毒菌共 9 种，分别是红托鹅膏 *Amanita rubrovolvata*、毒牛肝菌 *Boletus venenatus*、赭鹿花菌 *Gyromitra infula*、粒柄马鞍菌 *Helvella macropus*、锥形湿伞 *Hygrocybe conica*、黄金拟蜡伞 *Hygrophoropsis aurantiaca*、紧缩花褶伞 *Panaeolus sphinctrinus*（Fr.）Quél.和球盖菇 *Stropharia stercoraria*。

4.11.4　小结

系统调查整理完成了泸水县高等植物、陆生脊椎动物和大型真菌物种编目，并建立了数据库，为国家和地方生物多样性保护提供技术资料。本次调查过程中发现中国新记录种——泰国菊头蝠（*Rhinolophus siamensis*）及新近发现的一种金丝猴—怒江金丝猴（*Rhinopithecus strykeri*）在片马地区也有发现，该种为 2010 年才发现的灵长类新种。与云南省生物多样性评价中有关记录相较，新增兽类物种 38 种；新增加鸟类 76 种；新增加两栖类 3 种，爬行类 1 种。其中，包括国家 I 级重点保护兽类 4 种，国家 II 级重点保护野生兽类 4 种，国家 II 级保护鸟类 6 种。

4.12　腾冲县生物多样性现状①

4.12.1　自然概况

腾冲位于云南西部边陲，距省会昆明 760 km，与缅甸山水相连，距缅甸克钦邦首府密支那 217 km，国境线长 148.075 km。腾冲属于亚热带高原山区，受印度洋西南季风控制，具有明显的低纬度山地西部型季风气候特点，垂直气候差异大，类型多，大致可以分为四种：① 南亚热带到中亚热带气候类型，② 中亚热带到北亚热带气候类型，③ 北亚热带到南温带气候类型，④ 中温带和北温带气候类型。

全县土壤以黄红壤、黄壤、棕黄壤为主，有明显的垂直带谱，海拔 1 400 m 以下为红壤，1 400～1 800 m 为黄壤，2 200～2 400 m 为黄棕壤，2 400～3 200 m 为棕壤和暗棕壤，3 200 m 以上为亚高山草甸土，按照土壤类型分，全县土壤可以分为 11 种：亚高山草甸土，暗棕壤，山地棕壤，山地黄棕壤，山地黄壤，黄红壤，红壤，火山灰土，石灰土，水稻土和沼泽土（腾冲县志编委会，2008）。

腾冲县森林属于南亚热带季风常绿阔叶林带和中亚热带常绿阔叶林带交错地段，以栲类、栎类为主的常绿阔叶林和云南松、云南铁杉、苍山冷杉、常绿灌丛构成的森林区。

腾冲县是一个少数民族聚集的边境县。全县国土面积 5 845 km^2，辖 18 个乡镇，居住着汉、回、傣、佤、傈僳、阿昌等 25 种民族；总人口 64.2 万人，其中，少数民族人口占 6.81%，农业人口占 91.59%；人口自然增长率约 7‰，密度 110 人/km^2。

① 腾冲县植被类型与植物多样性由云南大学王跃华教授组织调查和提供数据；动物多样性由中科院昆明动物研究所杨晓君研究员组织调查和提供数据；大型真菌多样性由中科院昆明植物研究所杨祝良研究员组织调查和提供数据。

4.12.2 组织实施

植物调查组对腾冲县荷花乡、中和乡、腾越镇、清水乡、曲石乡、马站乡、固东镇、界头乡等区域以及高黎贡山西坡五道溪、芒棒乡、上营乡及高黎贡山东坡等区域进行了野外调查，共采集有花有果的编号标本 1751 号；动物调查组在原有工作基础上，对腾冲县高黎贡山中段曲石乡林家谱、腾冲县西北部猴桥镇胆扎村以及团田、上营、明光、新华、大塘、蒲川、猴桥、芒棒大嵩坪、胆扎、曲石等地分别进行了哺乳类、鸟类、两栖爬行类的调查；大型真菌调查组对高黎贡山自然保护区管理所附近、中和乡、马站乡、芒棒乡、猴桥镇、勐连乡及蒲川乡不同生态系统、不同植被类型下的大型真菌进行两次调查，共采制大型真菌标本约 550 份。

4.12.3 主要成果

（1）植被类型组成

根据完成的 27 个代表性样方的调查资料，并结合其他资料（李恒等，2000；熊清华和艾怀森，2006）分析整理，腾冲县现有天然植被类型包括季雨林（Trapical Monsoon Forest）、常绿阔叶林（Evergreen Broadleaved Forest）、落叶阔叶林（Deciduous Broadleaved Forest）、暖性针叶林（Warm Coniferous Forest）、温性针叶林（Temperate Coniferous Forest）、竹林（Bamboo Shrub-Forest）、稀树灌木草丛（Shrub-Grassland with Scattered Tree）、灌丛（Scrub）、草甸（Subalpine or Alpine Meadow）和湿地植被（Wetland Aquatic Vegetation）10 个。各植被类型群落类型分布详见表 4-49。同时，还有由人工种植经济植物形成的人工林植被类型，其主要包括云南松林、胡桃林、滇杨林和秃杉（人工种植）林等。

表 4-49 腾冲县天然植被类型及群落类型

天然植被类型
II 季雨林（Trapical Monsoon Forest）
（一）高榕、麻楝群系（Form. *Ficus altissima*，*Chukrasiata tabularis*）
（四）高榕、顶果木群系（Form. *Ficus altissima*，*Acrocarpus fraxinifolius*）
（一）木棉、楹树群系（Form. *Bombax ceiba*，*Albizia chinensis*）
（五）羊蹄甲群系（Form. *Bauhinia variegata*）
III 常绿阔叶林（Evergreen Broadleaved Forest）
（一）刺栲、印栲群系（Form. *Castanopsis hystrix*，*Castanopsis indica*）
（七）钝叶桂、长梗润楠群系（Form. *Cinnamomum bejolghota*，*Machilus longipedicillata*）怒江
（八）香叶树群系（Form. *Lindera communis*）
（四）高山栲群系（Form. *Castanopsis delavayi*）
（三）贡山栎、多变石栎群系（Form. *Quercus kongshanensis*，*Lithocarpus variolosus*）
（一）青冈栎、润楠群系（Form. *Cyclobalanopsis glauca*，*Machilus* spp.）
青冈、石栎群系（Form. *Cyclobalanopsis glauca*，*Lithocarpus* spp.）

（二）薄片青冈、石栎群系（Form. *Cyclobalanopsis lamellosa*，*Lithocarpus* spp.）
（四）曼青冈群系（Form. *Cyclobalanopsis oxyodon*）
（六）秃杉、青冈栎群系（Form. *Taiwania flousiana*，*Cyclobalanopsis glauca*）
（七）多变石栎群系（Form. *Lithocarpus variolosus*）
（八）虎皮楠、硬斗石栎群系（Form.*Dapnhiphyllum paxianum*，*Lithocarpus hancei*）
（四）突尖杜鹃、青冈群系（Form. *Rhododendron sinogrande*，*Cyclobalanopsis* spp.）
（六）倒卵叶石栎、杜鹃、乌饭群系（Form. *Lithocarpus pachyphyloides*，*Rhododendron* spp.，*Vaccinium* spp.）
V 落叶阔叶林（Deciduous Broadleaved Forest）
（二）麻栎、栓皮栎群系（Form. *Quercus acutissima*，*Quercus variabilis*）
（一）旱冬瓜群系（Form. *Alnus nepalensis*）
（一）槭树、桦木群系（Form. *Acer* spp.，*Betula* spp.）
（一）野核桃群系（Form. *Juglans cathayensis*）
VI 暖性针叶林（Warm Coniferous Forest）
（一）云南松群系（Form. *Pinus yunnanensis*）
秃杉针阔叶混交林（Form. *Taiwania flousiana*，*Castanopsis* spp.）
华山松针阔混交林（Form. *Pinus armandi* & *Broadleaved* Forest）
铁杉针阔混交林（Form. *Tsuga dumosa* & *Broadleaved* Forest）
（七）秃杉群系（Form. *Taiwania flousiana*）
VII 温性针叶林（Temperate Coniferous Forest）
（四）苍山冷杉群系（Form. *Abies delavayi*）
VIII 竹林（Bamboo Shrub-Forest）
（一）香竹群系（Form. *Chimonocalamus delicatus*、*Ch.fimbriatus* & spp.）
（五）棉竹、车筒竹群系（Form. *Bambusa sinospinosa* & *B*. spp.）
（七）糯竹群系（Form. *Cephalostachyum pergracile* & *C. fuchsianum* etc）
（八）大节竹群系（Form. *Indosasa sinica*、*Indosasa ingens*）
（十三）野龙竹、龙竹群系（Form. *Dendrocalamus semiscandens* & *D. giganteus*）
（一）方竹群系（Form. *Chimonobambusa utilis* & spp.）
（二）金竹、龟甲竹（=毛竹）群系（Form. *Phyllostachys heterocycla* & cv. & Ph. spp.）
（三）实心竹群系（Form. *Fargesia yunnanensis* & spp.）
慈竹林（Form. *Neosinocalamus affinis*）
（一）箭竹群系（Form. *Fargesia* spp.）各地高山，1 700～3 500 m
（二）玉山竹群系（Form. *Yushania* spp.）
IX 稀树灌木草丛（Shrub-Grassland with Scattered Tree）
（一）含木棉、虾子花的稀树中草草丛（Form. Middle Grassland containing *Bombax ceiba*，*Woodfordia fruticosa*）
（七）柯子、扭黄茅稀树灌木草丛（Form.*Terminalia chebula*，*Heteropogon contotus*）
（十一）清香木、铁橡栎、竹叶草稀树灌木草丛（Form. *Pistacia weimannnifolia –Quercus cocciferoides-Oplismanus compositus*）
（十二）栌菊木、窄叶石栎、心叶兔儿风稀树灌木草丛（Form. *Nouelia insignis*，*Lithocarpes confinis*，*Ainsliaea bonatii*）
（十三）滇榄仁、栌菊木、细柄草稀树灌木草丛（Form. *Terminalia franchetii*，*Nouelia insignis*，*Capillipedium parviflorum*）

（二）含羊蹄甲的中草草丛（Form. Middle Grassland containing *Bauhinia variegata*）

（四）含红木荷、高榕的中草草丛（Form. Middle Grassland containing *Schima wallichii*，*Ficus altissima*）

（一）含刺栲、红木荷的中草草丛（Form. Middle Grassland containing *Castanopsis hystrix*，*Schima wallichii*）

（一）含云南松、珍珠花的稀树灌木中草草丛（Form. Middle Grassland containing *Pinus yunnanensis*，*Lyonia ovalifolia*）

（五）盐麸木、余甘子、扭黄茅稀树灌木草丛（Form. *Rhus chinensis*，*Phylanthus emblica*，*Heteropogon contortus*）

X 灌丛（Scrub）

（五）豆叶杜鹃、红棕杜鹃灌丛（Form. *Rhododendron heliolepis* & *Rh. rubiginosum*）

（十三）露珠杜鹃灌丛（Form. *Rhododendron irroratum*）

（八）滑竹竹丛（Form. *Yushania polytricha*）

（一）小叶栒子灌丛（Form. *Cotoneaster microphyton*）

（一）地檀香灌丛（Form. *Gaultheria forrestii*）

（三）结香灌丛（Form. *Edgewartia gaudneri*）

（四）马醉木灌丛（Form.*Pieris formosana*）

（五）马桑灌丛（Form. *Coriaria nepalensis*）

（四）疏序黄荆灌丛（Form. *Vitex negondo* var. *laxipaniculata*）

（五）仙巴掌灌丛（Form. *Opuntia monacantha*）

（六）明油子、扭黄茅灌木草丛（Form.*Dodonaea angustifolia*，*Heteropogon contotus*）

（七）虾子花、扭黄茅灌木草丛（Form.*Woodfordia fruticosa*，*Heteropogon contotus*）

（八）灰叶、扭黄茅灌木草丛（Form. *Tehrosia purpuraea*，*Heteropogon contotus*）

（十）四棱锋、扭黄茅灌木草丛（Form. *Laggera alata*，*Heteropogon contotus*）

（十一）小马鞍叶、苦刺花、小画眉草灌木草丛（Form. *Bauhinia brachycarpa*，*Sophora davidii*，*Eragrostis minor*）

灰毛浆果楝、虾子花灌丛（Form. *Cipadessa baccifera*，*Woodfordia fruticosa*）

（十四）水锦树、银柴、黄牛木灌丛（Form.*Wendlandia* spp.，*Aporusa* spp.，*Cratoxylon* spp.）

（十五）中平树、山黄麻灌丛（Form.*Macaranga denticulata*，*Trema* spp.）

（十六）白背桐、羊蹄甲灌丛（Form.*Malotus paniculatus*，*Bauhinia* spp.）

（一）水杨柳灌丛（Form. *Homonoia riparia*）

（一）马缨丹灌丛（Form. *Lantana camara*）

（二）飞机草草丛（Form.*Erechitites valerianifolia*）全省海拔 1 000 m 以下河谷

类芦高草草丛（Form. *Neyraudia neyraudiana*）

（一）白茅草丛（Form.*Imperata cylindrical* var. *major*）

（三）紫茎泽兰草丛（Form.*Ageratina adenophora*）海拔 1 000 m 以上至 3 000 m

（四）莠竹草丛（Form.*Microstegium ciliatum* & spp.）

（六）毛蕨菜草丛（Form. *Pteridium revolutum*）海拔 1 000 m 以上撂荒地

XI 草甸（Subalpine or Alpine Meadow）

（五）银莲花、委陵菜草甸（Form. *Anemone* spp.，*Potentilla* spp.）

（一）鞘茎嵩草草甸（Form. *Kobresia tunicata* & *K.* spp.）

XII 湿地植被（Wetland Aquatic Vegetation）

（五）菖蒲群落（Form. *Acor cusalamus*）

鸭舌草群落（Form. *Monochoria vaginalis*）

野慈菇群落（Form. *Sagittaria trifolia var. angustifolia*）

（九）辣蓼群落（Form. *Polygonum hydropiper*）

（十二）节节菜群落（Form. *Rotala rotundifolia*）
水花生群落（Form. *Althernanthera philoxeroides*）
（十一）豆瓣菜群落（Form. *Nasturtium officinale*）
（一）水葫芦群落（Form. *Echhornia crassipes*）
（三）满江红、槐叶萍群落（Form. *Azolla imbricata*，*Salvinia natans*）
（四）青萍、紫萍群落（Form. *Lemna minor*，*Spirodela polyrriza*）
（三）鸭子草群落（Form. *Potamogeton tepperi*）
（七）莼菜群落（Form. *Brasenia schreberi*）
（一）金鱼藻群落（Form. *Ceratophyllum demersum*）
（二）狐尾藻群落（Form. *Myriophyllum spicatum*）
（三）石龙尾群落（Form. *Limnophylla sessiliflora*）
（四）黑藻群落（Form. *Hydrilla verticillata*）
（十三）轮藻群落（Form. *Characeae*）
（五）眼子菜群落（Form. *Potamogeton* spp.）
（十二）茨藻、角茨藻群落（Form. *Najas* spp.& *Zannichellia* spp.）
（十五）苦草群落（Form. *Vallisneria gigantea*）

（2）植物物种多样性

➢ 物种组成

腾冲县域苔藓植物共有 178 种，其中苔纲 20 属 53 种，藓纲 125 种，其中种类较多的属有曲柄藓属 *Campylopus*，泥炭藓属 *Sphagnum*，凤尾藓属 *Fissidens*，青藓属 *Brachythecium* 等；蕨类植物为 38 科 167 种，其中种类较多的科为水龙骨科 Polypodiaceae 35 种，鳞毛蕨科 Dryopteridaceae 20 种，蹄盖蕨科 Athyriaceae 16 种，凤尾蕨科 Pteridaceae 11 种，铁角蕨科 Aspleniaceae 8 种；裸子植物共计 9 科 14 属 18 种，分布种类较多的为松科和杉科；被子植物 161 科 760 属 2 585 种。

腾冲县域苔藓植物共有 178 种，其中苔纲 53 种，包括日本鞭苔 *Bazzania japonica*，东亚鞭苔 *Bazzania praerupta*，红丛叶苔 *Jungermannia rubripunctata*，细齿合叶苔 *Scapania parvidens*，南亚异萼苔 *Heteroscyphus zollinggeri*，波叶耳叶苔 *Frullania eymae* 等；藓纲 125 种，其中种类较多的属有曲柄藓属 *Campylopus*，泥炭藓属 *Sphagnum*，凤尾藓属 *Fissidens*，青藓属 *Brachythecium* 等。蕨类植物中，种类较多的科为水龙骨科 Polypodiaceae 35 种，鳞毛蕨科 Dryopteridaceae 20 种，蹄盖蕨科 Athyriaceae 16 种，凤尾蕨科 Pteridaceae 11 种，铁角蕨科 Aspleniaceae 8 种。裸子植物有 9 科，包括苏铁科 Cycadaceae，银杏科 Ginkgoaceae，南洋杉科 Araucariaceae，松科 Pinaceae，杉科 Taxodiaceae，柏科 Cupressaceae、三尖杉科 Cephalotaxaceae，红豆杉科 Taxaceae，买麻藤科 Gnetaceae，共计 18 种，包含种类较多的科为松科和杉科。被子植物包含种类较多的科主要有菊科 Compositae、禾本科 Gramineae、兰科 Orchidaceae、杜鹃花科 Ericaceae、豆科 Leguminosae、蔷薇科 Rosaceae、唇形科 Labiatae、百合科 Liliaceae 和茜草科 Rubiaceae 等，这 9 个科共有植物 975 种，占腾冲县被子植物的 37.72%；其中，在 30～70 种的科主要有伞形科 Umbelliferae、樟科 Lauraceae、茄科

Solanaceae、报春花科 Primulaceae、玄参科 Scrophulariaceae、蓼科 Polygonaceae、荨麻科 Urticaceae、天南星科 Araceae、毛茛科 Ranunculaceae 和山茶科 Theaceae 等，这 12 个科共有植物 404 种，占腾冲县被子植物的 15.63%。

➢ 特有种类

中国特有种有云南杨梅（*Myrica nana* Cheval.）、野核桃（*Juglans cathayensis* Dode）、云南柳（*Salix cavaleriei* Levl.）、川滇桤木（*Alnus ferdinandi-coburgii* Schneid.）、滇榛（*Corylus yunnanensis*（Franch.）A. Camus.）、龙陵钝果寄生（*Taxillus sericus* Danser.）、赤胫散（*Polygonum runcinatum* Buch.-Ham.ex D.Don var. *sinense* Hemsl.）、滇桂木莲（*Manglietia forrestii* W. W. Smith ex Dandy）、滇楠（*Phoebe nanmu*（Oliv.）Gamble.）等 270 种；省级特有种有腾冲柳（*Salix tengchongensis* C. F. Fang）、短梗楼梯草（*Elatostema brevipedunculatum* W. T. Wang）、山地山龙眼（*Helicia clivicola* W. W. Smith.）、球花含笑（*Michelia sphaerantha* C. Y. Wu）、金毛新木姜子（*Neolitsea chrysotricha* H. W. Li.）、卷叶小檗（*Berberis replicata* W. W. Smith）、肉轴胡椒（*Piper ponesheense* C. DC.）、红果水东哥（*Saurauia erythrocarpa* C. F. Liang et Y. S. Wang）、林荫合耳菊（*Synotis sciatrephes*（W. W. Smith）C. Jeffrey et Y. L. Chen）、泸水沿阶草（*Ophiopogon lushuiensis* S. C. Chen）等 207 种。

➢ 珍稀濒危保护种类

根据课题组野外调查，结合相关文献资料查阅，按照国家林业局发布的《国家重点保护野生植物名录》（第一批），腾冲县域分布的国家级重点保护野生植物有 12 种，分布于 11 科，其中国家Ⅰ级保护植物 4 种，Ⅱ级保护植物 8 种。

表 4-50　腾冲县域国家重点保护野生植物

序号	种名	拉丁学名	科名	保护等级
1	秃杉	*Taiwania cryntomerioides*	杉科 Taxodiaceae	Ⅰ
2	桫椤	*Alsophila spinulosa*	桫椤科 Cyatheaceae	Ⅰ
3	莼菜	*Brasenia schreberi*	睡莲科 Nymphaeaceae	Ⅰ
4	长蕊木兰	*Alcimandra cathcartii*	木兰科 Magnoliaceae	Ⅰ
5	长喙厚朴	*Magnolia rostrata*	木兰科 Magnoliaceae	Ⅱ
6	金荞麦	*Fagopyrum dibotrys*	蓼科 Polygonaceae	Ⅱ
7	野菱	*Trapa incisa*	菱科 Trapaceae	Ⅱ
8	水青树	*Tetracentron sinense*	水青树科 Tetracentraceae	Ⅱ
9	十齿花	*Dipentodon sinicus*	卫矛科 Celastraceae	Ⅱ
10	毛红椿	*Toona ciliata*	楝科 Meliaceae	Ⅱ
11	云贵水韭	*Isoetes yunguiensis*	水韭科 Isoetaceae	Ⅱ
12	金毛狗	*Cibotium barometz*	蚌壳蕨科 Dicksoniaceae	Ⅱ

按照《中国植物红皮书》的划分标准，腾冲县域分布的国家级重点保护野生植物有14种，分布于12科，其中稀有物种4种，渐危物种10种，国家Ⅰ级保护植物2种，Ⅱ级保护植物6种，Ⅲ级保护植物6种。

表4-51　腾冲县珍稀濒危植物

序号	种名	拉丁学名	科名	类别	等级
1	秃杉	*Taiwania cryntomerioides*	杉科 Taxodiaceae	稀有	1
2	桫椤	*Alsophila spinulosa*	桫椤科 Cyatheaceae	渐危	1
3	长蕊木兰	*Alcimandra cathcartii*	木兰科 Magnoliaceae	渐危	2
4	红花木莲	*Manglietia insignis*	木兰科 Magnoliaceae	渐危	3
5	领春木	*Euptelea pleiospermum*	领春木科 Eupteleaceae	稀有	3
6	水青树	*Tetracentron sinense*	水青树科 Tetracentraceae	稀有	2
7	滇楠	*Phoebe nanmu*	樟科 Lauraceae	渐危	3
8	云南黄连	*Coptis teeta*	毛茛科 Ranunculaceae	渐危	2
9	瑞丽山龙眼	*Helicia shweliensis*	山龙眼科 Proteaceae	渐危	3
10	十齿花	*Dipentodon sinicus*	卫矛科 Celastraceae	稀有	2
11	大树杜鹃	*Rhododendron protistum* var. *gigsnteum*	杜鹃花科 Ericaceae	渐危	2
12	硫磺杜鹃	*Rhododendron sulfureum*	杜鹃花科 Ericaceae	渐危	2
13	箭根薯	*Tacca chantrieri*	蒟蒻薯科 Taccaceae	渐危	3
14	天麻	*Gastrodia elata*	兰科 Orchidaceae	渐危	3

➢　资源类群

① 材用植物

腾冲县域内分布的材用树种较多，且在当地也有人工种植乡土树种以作材用的传统，结合课题组本次调查和参考相关文献资料可知，在县域内分布的主要材用树种包括：云南松（*Pinus yunnanensis*）、华山松（*Pinus armandi*）、云南铁杉（*Tsuga dumosa*）、粗榧（*Cephalotaxus sinensis*）、滇润楠（*Machilus yunnanensis*）、多花含笑（*Michelia floribunda*）、红花木莲（*Manglietia insignis*）、红木荷（*Schima wallichii*）、滇油杉（*Keteleeria evelyniana*）以及秃杉（*Taiwania flousiana*）、滇楸（*Catalpa fargesii*）和云南红豆杉（*Taxus yunnanensis*）等。

② 药用植物

腾冲县药用植物资源丰富，有“药材之乡”的美称，特别是高黎贡山一带药用植物分布相对集中，根据课题组的调查和相关资料查阅，腾冲县域内有野生药材植物数百种，其中较为常见和被当地百姓利用的药用植物有：云南黄连（*Coptis teeta*）、半夏（*Pinellia ternata*）、珠子参（*Panax japonicus*）、滇重楼（*Paris polyphylla*）、石斛（*Dendrobium* spp.）、五味子（*Schisandra chinensis*）、清香木姜子（*Litsea euosma*）、云南红豆杉（*Taxus yunnanensis*）、天名精（*Carpesium abrotanoiches*）、南五味子（*Kadsura interior*）、草血竭（*Polygonum paleaceum*）、荷包山桂花（*Polygala arillata*）、豆瓣绿（*Peperomia tetraphylla*）、吴茱萸（*Evodia rutaecaerpa*）、淡红忍冬（*Lonicera acuminata*）等。

③ 园林植物

根据野外调查和文献资料查阅，腾冲县域内主要的园林绿化植物资源包括杜鹃花科、木兰科、山茶科、兰科、报春花科、忍冬科等植物，常见的有马缨花（*Rhododendron delavayi*）、滇山茶（*Camellia reticulata*）、红花木莲（*Manglietia insignis*）、滇丁香（*Luculia* spp.）、滇藏木兰（*Magnolia campbellii*）、秃杉（*Taiwania flousiana*）、水青树（*Tetracentron sinense*）、木莲（*Manglietia hookeri*）、多花含笑（*Michelia floribunda*）、楠木（*Phoebe* spp.）、红木荷（*Schima wallichii*）、金黄杜鹃（*Rhododendron rupicola*）、云南红豆杉（*Taxus yunnanensis*）、十大功劳（*Mahonia* spp.）、山玉兰（*Magnolia delavayi*）、腾冲厚朴（*Magnolia rostrata*）、栒子（*Cotoneaster* spp.）、龙胆（*Gentiana* spp.）、鸢尾（*Iris tectorum*）、大百合（*Cardiocrinum giganteum*）、各种百合（*Lilium* spp.）、龙爪花（*Lycoris aurea*）、各种报春花（*Primula* spp.）、蔷薇属（*Rosa* spp.）部分种以及部分秋海棠属（*Begonia* spp.）的一些种。

④ 食用植物

食用植物资源不仅包括直接食用的物种资源，也包括间接食用于人们日常生活中的植物资源，根据调查和市场访谈等野外工作，腾冲县域内主要的食用植物资源包括淀粉植物、维生素植物资源和食用香料。淀粉植物类主要的物种资源包括大百合（*Cardiocrinum giganteum*）、魔芋（*Amorphophalms konjas*）、山药（*Dioscorea opposita*）、木豆（*Cajanus cajan*）、麻栎（*Quercus acutissima*）、海芋（*Alocasia macrorrhizos*）、葛藤（*Pueraria lobata*）、火棘（*Pyracantha fortuneana*）、蕨菜（*Pteridium aquilinum*）、木瓜（*Chaenomeles sinensis*）以及白栎（*Quercus fabri*）等。维生素植物资源主要为各种野生水果，如疏毛猕猴桃（*Actinidia pilosula*）、云南山楂（*Crataegus scabrifolia*）、余甘子（*Phyllanthus emblica*）、毛杨梅（*Myrica esculenta*）、悬钩子（*Rubus* spp.）等。食用香料有八角（*Illicium verum*）和花椒属（*Zanthoxylum* spp.）部分种等。

⑤ 鞣质与染料植物

腾冲县域内主要的鞣质植物资源有苍山冷杉（*Abies delavayi*）、余甘子（*Phyllanthus emblica*）、滇榛（*Corylus yunnanensis*）、曼青冈（*Cyclobalanopsis oxydon*）、厚皮香（*Ternstroemia* spp.）、木荷（*Schima* spp.）等。

腾冲县域内染料植物资源包括：麻栎（*Quercus acutissima*）、栀子（*Gardenia jasminodes*）、茜草（*Rubia cordiflia*）、马蓝（*Strobilanthes cusia*）、胡桃（*Juglans regia*）等。

⑥ 油料植物

根据野外资源调查和相关文献资料查阅，腾冲县域内的油料植物资源主要包括红花油茶（*Camellia chekiangoleosa*）、香果（*Ligusticum chuanxiong*）、胡桃（*Juglans regia*）、三尖杉（*Cephalotaxus fortunei*）、华山松（*Pinus armandi*）、清香木姜子（*Litsea euosma*）、粗

糠柴（*Mallotus philippensis*）、蓖麻（*Ricinus communis*）、滇榛（*Corylus yunnanensis*）、大麻（*Cannabis sativa*）、云南山茶（*Camellia reticulata*）、针齿铁仔（*Myrsine semiserrata*）、重阳木（*Bischofia polycarpa*）、香叶树（*Lindera communis*）和长春油麻藤（*Mucuna sempervirens*）等。

⑦ 香料植物

香料植物既包括工业用香料植物也包括食用香料植物资源，腾冲县域分布的主要香料植物资源有：樟（*Cinnamomum camphora*）、地檀香（*Gaultheria forrestii*）、紫玉兰（*Magnolia liliiflora*）、云木香（*Saussurea costus*）、竹叶椒（*Zanthoxylum armatum*）、八角（*Illicium verum*）、夜香树（*Cestrum nocturanum*）等。

⑧ 蜜源植物

腾冲县域分布的主要蜜源植物资源有：枇杷（*Eriobotrya japonica*）、山桂花（*Paramichelia Baillonii*）、山茶属（*Camellia* spp.）部分物种、野坝子（*Elsholtzia rugulosa*）、杜鹃花属（*Rhododendron* spp.）部分物种、柃木（*Eurya* spp.）等。

⑨ 纤维植物

腾冲县域分布的主要纤维植物资源有：白瑞香（*Daphne papyracea*）、木芙蓉（*Hibiscus mutabilis*）、滇朴（*Celtis kunmingensis*）、构树（*Broussonetia papyrifera*）、珍珠莲（*Thalictrum trichopus*）、斜叶榕（*Ficus gibbosa*）、牛奶子（*Elaeagnus umbellata*）、水苎麻（*Bothmeria macrophylla*）、红水麻（*Pouzolzia sanquinea*）、山菠萝（*Pandanus odoratissimus*）多种植物及白草（*Pennisetum centrasiaticum*）、苦竹（*Pleioblastus amarus*）和牡竹（*Dendrocalamus strictus*）、四脉金茅（*Eulalia quadrinervis*）等禾本科植物。

⑩ 其他

腾冲县域分布的其他资源植物还包括有树脂及树胶植物、有毒植物等，其中树脂及树胶植物资源，如槐树（*Sophora japonica*）、漆树（*Toxicodendron vernicifluum*）、木豆（*Cajanus cajan*）等；有毒植物主要有白瑞香（*Daphne papyracea*）、漆树（*Toxicodendron vernicifluum*）、盐肤木（*Rhus chinensis*）、天南星（*Aiisaema heterophyllum*）、魔芋（*Amorphophallus rivieri*）、龙舌兰（*Agave americana*）、飞机草（*Eupatorium odoratum*）、千里光（*Senecio scandens*）、贯众（*Cyrtomium fortunei*）、大白花杜鹃（*Rhododendron decorum*）、大叶醉鱼草（*Buddleja davidii*）、红木荷（*Schima wallichii*）等。

（3）动物物种多样性

➢ 物种组成

通过本次调查并参考相关文献资料和中国科学院昆明动物研究所标本室收藏的该地区标本和文献记录的种类，腾冲县共记录陆生脊椎动物 624 种，各类群组成及与邻近省份比较见表 4-52 和表 4-53。

表 4-52 各类群目、科、属、种数

类群	目	科	属	种	占云南的比例/%
哺乳类	9	31	80	116	38.03
鸟类	17	54	214	431	50.83
两栖类	2	8	18	35	30.4
爬行类	2	8	26	42	25.9
合计	30	100	336	624	

表 4-53 腾冲县与云南及邻近省区陆生脊椎动物物种多样性比较

类群	物种数	云南		四川		贵州		西藏		广西	
		物种	%	物种	%	物种	%	物种	%	物种	%
哺乳类	116	305	47.3	219	33.9	138	21.4	126	19.5	133	20.6
鸟类	431	903	65.9	625	45.59	403	29.39	473	34.5	496	36.18
两栖类	35	115	41.52	108	55.96	68	41.72	47	44.34	75	30.06
爬行类	42	162	58.48	85	44.04	95	58.28	59	55.66	117	60.94
合计	77	277		193		163		106		192	

注：%为占全国比例。

① 各分类阶元多样性

腾冲县现共哺乳类 9 目 31 科 80 属 116 种，占云南哺乳类物种数的 38.03%。与邻近省区相比，其物种多样性程度明显较高。最大目为啮齿目 RODENTIA，有 6 科 20 属 39 种，占该地哺乳类的 33.62%；其次为食肉目 CARNIVORA，7 科 22 属 23 种（占 19.83%）；食虫目 EULIPHOTYPHLA，3 科 15 属 22 种（占 18.97%）和翼手目 CHIROPTERA，5 科 10 属 15 种（占 12.93%），这 4 目占了该地区哺乳类物种数的 85.34%。而攀鼩目 SCANDENTIA 和兔形目仅各有 1 种，即：中缅树鼩 *Tupaia Belangeri*，云南兔 *Lepus comus*；鳞甲目 PHOLIDOTA 为少种目，为 1 属 1 种；而灵长目 PRIMATES 为 4 属 6 种，偶蹄目 ARTIODACTYLA 有 7 属 8 种。在科的组成中，鼠科 Muridae 物种最多，有 9 属 21 种，占该地哺乳类总数 18.10%；其次是鼩鼱科 Soricidae，有 9 属 16 种，占哺乳类总数的 13.79%；其他均在 6 种（鼬科 Mustelidae、猫科 Felidae、松鼠科 Sciuridae）或 6 种以下，如：5 种（菊头蝠科 Rhinolophidae、鼯鼠科 Pteromyidae），4 种（猴科 Cercopithecidae、鼹科 Talpidae、蝙蝠科 Vespertilionidae、犬科 Canidae、灵猫科 Viverridae、仓鼠科 Crictidae），3 种（鹿科 Cervidae、狐蝠科 Pteropodidae）和 2 种（猬科 Erinaceidae、蹄蝠科 Hipposideridae、竹鼠科 Rhizomyidae）。此外，有 12 个科在本地区为单属种科，如：长翼蝠科 Miniopteridae、懒猴科 Lorisidae、树鼩科 Tupaiidae、长臂猿科 Hylobatidae、鲮鲤科 Manidae、熊科 Ursidae、小熊猫科 Ailuridae、獴科 Herpestidae、猪科 Suidae、麝科 Moschidae、兔科 Leporidae、豪猪科 Hystricidae。

鸟类 431 种，隶属 17 目 54 科，约占云南省记录的 19 目 69 科 848 种鸟类（杨岚、杨晓君，2004）的 89.47%、78.26%和 50.83%，占全国鸟类种数 1 329 种（MacKinnon & Phillipps，2000）的 32.43%，与邻近省区相比，其物种多样性程度明显较高。其中最大的目为雀形目，包含了 286 种，占腾冲县鸟类物种数的 66.4%，是组成腾冲县鸟类的主要部分；其次为隼形目，共计 18 种，占腾冲县鸟类物种数的 4.18%；鸻形目 15 种，占腾冲县鸟类物种数的 3.48%。科的组成中，鹟科 163 种为最多，占所记录种数的 37.8%，是腾冲县鸟类组成的最重要的科；多于 10 种的科还包括雀科（22 种）、鹰科（17 种）、雉科（13 种）、杜鹃科（12 种）、鸭科（11 种）、鸱鸮科（11 种）、啄木鸟科（11 种）。

两栖动物 35 种，隶属于 2 目 8 科 18 属；爬行动物 42 种，隶属于 2 目（亚目）8 科 26 属，两栖和爬行动物物种数分别是云南省两栖和爬行动物物种总数（两栖动物 115 种；爬行动物 162 种）（杨大同和饶定齐，2008）的 30.4%和 25.9%。

35 种两栖类中，有尾目 CAUDATA 1 科 1 属 1 种，即红瘰疣螈 *Tylototriton verrucosus*，而其他 7 科 17 属 34 种隶属于为无尾目 ANURA，占了云南两栖动物的 29.6%。两栖类 8 科中，最大科为无尾目蛙科 Ranidae，有 4 属 11 种（占该地区两栖类的 31.4%）；其次是角蟾科 Megophryinae，有 5 属 7 种；树蛙科 Rhacophoridae 有 2 属 6 种，此 3 科的物种共 11 属 24 种，构成了该地区两栖动物的主体，占 68.6%；而其他 5 科中，蟾蜍科 2 属 4 种，华西蟾蜍 *Bufo andrewsi*、黑眶蟾蜍 *Bufo melanostictus*、缅甸溪蟾 *Torrentophryne burmanus*、疣棘溪蟾 *Torrentophryne tuberospinia*；姬蛙科 Microhylidae 2 属 3 种，即云南小狭口蛙 *Calluella yunnanensis*、小弧斑姬蛙 *Microhyla heymonsi*、饰纹姬蛙 *Microhyla ornata*；盘舌蟾科 Discoglossidae 有 2 种（微蹼铃蟾 *Bombina microdeladigitora*、大蹼铃蟾 *Bombina maxima*；蝾螈科 Salamandridae 和雨蛙科 Hylidae 各 1 属 1 种，即红瘰疣螈 *Tylototriton verrucosus*、华西雨蛙 *Hyla annectans*。

爬行类则有 2 个亚目：有鳞目 SQUAMATA，蜥蜴亚目 LACERTILIA 和蛇亚目 SERPENTES。蜥蜴亚目有 4 科 7 属 16 种；蛇亚目有 4 科 19 属 26 种，种类占云南爬行动物的 16.0%。其中，游蛇科 Colubridae 有 13 属 19 种（物种数占全县爬行动物物种数的 45.2%）；其次是鬣蜥科 Agamidae 有 2 属 7 种，此 3 科物种（共 15 属 26 种）占了该地区爬行动物物种数的 61.9%；壁虎科 Gekkonidae 和蝰科 Viperidae 各有 3 属 4 种（截趾虎 *Gehyra mutilatus*、原尾蜥虎 *Hemidactylus bowringii*、云南半叶趾虎 *Hemiphyllodactylus yunnanensis*、山烙铁头 *Ovophis monticola*、菜花烙铁头 *Protobothrops jerdonii*、云南竹叶青蛇 *Trimeresurus yunnanensis*、白唇竹叶青 *Trimeresurus albolabris*）；石龙子科 Scincidae 有 3 种，即铜蜓蜥 *Sphenomorphus indicus*、股鳞蜓蜥 *Sphenomorphus incognitos*、斑蜓蜥 *Sphenomorphus maculatum*；蛇蜥科 Amguidae 和眼镜蛇科 Elapidae 各有 2 种，即细蛇蜥 *Ophisaurus gracili*、脆蛇蜥 *Ophisaurus harti*，孟加拉眼镜蛇 *Naja kaouthia*、眼镜王蛇 *Ophiophagus hannah*；盲蛇科 Typhlopidae 有 1 属 1 科（大盲蛇 *Typholps diardii*）。

② 区系分析

腾冲县 116 种哺乳动物中有一些是世界性的广布种，如与人类伴生而遍布世界各地的

小家鼠 *Mus musculus* 及广布于欧亚大陆、北非及主要起源于古北区向南延伸分布至东洋区的马铁菊头蝠 *Rhinolophus ferrumequinum*、大棕蝠 *Eptesicus serotinus*、野猪 *Sus scrofa*、狼 *Canis lupus*、赤狐 *Vulpes vulpes*、水獭 *Lutra lutra*、藏獾 *Meles leucureus*、巢鼠 *Micromys minutus* 等古北种 9 种（占 7.76%），其余 107 种（占总种数的 92.24%）虽具东洋区性质，但也有不少物种为主要起源和分布在亚洲热带、南亚热带向北延伸分布至温带，包括亚洲长翅蝠 *Miniopterus fuliginosus*、猕猴 *Macaca mulatta*、豺 *Cuon alpinus*、貉 *Nycterutes procyonoides*、黑熊 *Selenarctos thibetanus*、青鼬 *Martes flavigula*、黄鼬 *Mustela sibrica*、猪獾 *Arctonyx collaris*、豹猫 *Prionailurus bengalensis*、丛林猫 *Felis chaus*、豹 *Panthera pardus*、虎 *Panthera tigris*、林麝 *Moschus berezovskii*、川西斑羚 *Nemorhaedus griseus*、社鼠 *Niviventer confucianus* 等 15 种为东洋区和古北区的共有种。而属东洋界性质的物种（亚洲热带-亚热带种、东南亚热带-南中国-喜马拉雅种、喜马拉雅-横断山特有种、横断山区特有种、南中国特有种等）有 92 种（占 79.31%）。在东洋界物种中，西南区、华南区与华中区共有物种 35 个（占东洋界种数的 30.97%），西南区与华南区共有物种 19 个（占东洋界物种数的 16.38），而为仅为西南区分布的物种则有 30 个，占东洋界物种数的 25.86%。由此可见，腾冲县哺乳动物区系具有较大比例的西南区物种，表现出较强的西南区区系特征，在我国动物地理区划中属于东洋界西南区动物区系。

因为鸟类具有迁徙习性，所以，每种鸟的区系从属是视其主要繁殖区域而定。依据郑作新《中国鸟类区系纲要》（1987）所列各种鸟类的地理分布情况，在腾冲县所记录的 430 种鸟类中，在该地区繁殖的鸟类（含留鸟、夏候鸟和繁殖鸟）共计 352 种，占所录鸟类的 81.86%。其中繁殖区域主要在东洋界的鸟类，计 282 种，占 80.11%；繁殖区域广布于东洋、古北两大界的鸟类，计 50 种，占 14.20%；繁殖区域主要在古北界的鸟类，计 19 种，占 5.40%；此外褐喉沙燕 *Riparia paludicola* 属于东洋界和旧热带界的共有种。由此可见该区鸟类的区系构成以东洋界成分为主，广布种次之，古北种最少。

依据所记录各种鸟类在该地区的采集、观察时间，并参照有关文献记载，判定所记录各种鸟类的居留情况，除了斑胸噪鹛的居留情况不明，不纳入统计外。其余 430 种腾冲县所记录的鸟类居留情况如下：常年居留于腾冲县的留鸟（Resident birds，以 R 表示），计 311 种，占所记录鸟类的 72.33%；仅春末夏初迁至该地区，夏末秋初迁离的夏候鸟（Summer Breeders，以 S 或 B 表示），计 35 种，占所记录鸟类的 8.14%；秋末冬初由北方迁飞至此地越冬的冬候鸟（Winter visitors，以 W 表示）或旅经该地再向南迁的旅鸟（Birds encountered during migration，以 M 表示），在本地鸟类中既有冬候鸟也有旅鸟的计 78 种，占所记录鸟类的 18.14%。其中不在本地越冬，仅旅经该地再向南迁的旅鸟记录有 31 种，占所记录鸟类的 7.21%。所以，腾冲县所记录鸟的种类以留鸟为主，冬候鸟和旅鸟次之，夏候鸟和仅旅经该地向南迁的旅鸟的种数为最少。

腾冲县所记录的两栖类动物物种绝大部分为西南区成分，共有 22 种，占该地区全部两栖类的 62.9%。东洋界广布种有 8 种，还有华南区、华中-华南区和华中-西南物种各 1

种，即圆舌浮蛙 *Phrynoglossus martensii*、无声囊泛树蛙 *Polypedates mutus* 和华西蟾蜍 *Bufo andrewsi*。

爬行类东洋界广布种有 19 种，占该地区爬行动物的 45.2%，西南区物种 10 种，占 23.8%；华南区、华中-华南区、华中-西南区物种各 3 种：截趾虎 *Gehyra mutilatus*、变色树蜥 *Calotes versicolor*、原尾蜥虎 *Hemidactylus bowringii*、股鳞蜓蜥 *Sphenomorphus incognitos*、灰鼠蛇 *Ptyas korros*、白唇竹叶青 *Trimeresurus albolabris*、丽纹龙蜥 *Japalura splendida*、细蛇蜥 *Ophisaurus gracilis*、菜花烙铁头 *Protobothrops jerdonii*。华南-西南区物种 2 种，即大盲蛇 *Typholps diardii* 和方花小头蛇 *Oligodon bellus*。

该县的两栖爬行类物种有 4 种广布于东洋界和古北界，即泽蛙 *Rana limnocharis*、黑斑蛙 *Rana nigromaculata*、黑眉锦蛇 *Elaphe taeniura*、红脖颈槽蛇 *Rhabdophis sublminiata*。外来物种牛蛙 *Rana catesbeiana* 和红耳龟 *Chrysemys scripta* 未计入区系分析。

根据张荣祖《中国动物地理》（1999）记载的两栖爬行动物的分布情况，腾冲县所记录的 77 种两栖和爬行动物类物种，主要是东洋界的种类，达到了 73 种，占该地区两栖爬行类动物的 94.8%。

该地区两栖爬行动物区系成分统计说明：腾冲县的两栖和爬行动物由多种成分组成，但西南区和东洋界广布种成分居多，西南区成分有 32 种，东洋界广布种有 27 种；但广布于东洋界和古北界的物种有 4 种（表 4-54）。

表 4-54　腾冲县两栖爬行动物区系成分统计*

物种类群	目科种总计	华南区	西南区	华中-华南区	华中-西南区	华南-西南区	东洋界广布种	东洋-古北界
两栖类	2 目 8 科 35 种	1	22	1	1	—	8	2
爬行类	2 目 8 科 42 种	3	10	3	3	2	19	2
合计	4 目 16 科 77 种	4	32	4	4	2	27	4

*各区系成分单位为种，以数字表示。

➢ 特有种类

腾冲县记录的 624 种陆生脊椎动物中，有中国特有种 40 种。其中，特有兽类 11 种，占本地区哺乳类物种数的 10.34%，包括：林猬 *Meschinus* sp.、大纹背鼩鼱 *Sorex cylindricauda*、侧纹岩松鼠 *Sciruotamias forresti*、高山姬鼠 *Apodemus chevrieri*、澜沧江姬鼠 *Apodemus ilex*、大耳姬鼠 *Apodemus latronum*、安氏白腹鼠 *Niviventer andersoni*、川西白腹鼠 *Niviventer excelsior*、大绒鼠 *Eothenomys miletus*、滇绒鼠 *Eothenomys eleusis*、黑腹绒鼠 *Eothenomys melanogaster*，其中澜沧江姬鼠为云南特有种，林猬是仅发现于该地区尚未标记的物种。此外，还有大爪长尾鼩鼱 *Soriculus nigrescens*、狭颅黑齿鼩鼱 *Blarinella wardi*、灰叶猴 *Trachypithecus phayrei*、白眉长臂猿 *Hoolock leuconedys*、纹腹松鼠 *Callosciurus quinquestriatus*、梵鼠 *Niviventer brahma* 等 6 种为在国外有分布但在中国仅分布于云南。

特有鸟类共计9种，分别为血雉、白腹锦鸡、白尾梢虹雉、画眉、棕头雀鹛、白领凤鹛、褐翅缘鸦雀、滇䴓和酒红朱雀。境内没有云南特有种和县特有种分布。

腾冲县的两栖类和爬行类动物各类群不仅物种多样性丰富，而且各类群的特有性也比较高（表4-55）。两栖动物35种（占云南省两栖类的30.4%），其中，中国特有种的却高达14种，占该地区两栖类的40.0%；云南特有的有6种（占17.1%），如景东齿蟾 *Oreolalax jingdongensis*、微蹼铃蟾 *Bombina microdeladigitora*、疣棘溪蟾 *Torrentophryne tuberospinia*、平疣湍蛙 *Amolops tuberodepress* 等；此外有13种在国内仅见于云南，如红瘰疣螈 *Tylototriton shanjing*、沙巴拟髭蟾 *Leptobrachium chapaensis*、费氏短腿蟾 *Brachytarsophrys feae*、云南臭蛙 *Odorrana andersonii*、贡山树蛙 *Rhacophorus gongshanensis*、缅甸溪蟾 *Torrentophryne burmanus*、费氏短腿蟾 *Brachytarsophrys feae*、沙巴拟髭蟾 *Leptobrachium chapaensis* 等。可见云南两栖动物特有程度非常高，远高于其他地区两栖爬行动物的特有程度。

表4-55 腾冲县两栖爬行动物的特有种与特有分布种*

	中国特有分布		云南特有分布		仅云南特有分布**	
	物种	%	物种	%	物种	%
两栖类	14	48.6	13	37.1	15	42.9
爬行类	6	19.0	5	11.9	9	21.4
合计	20	32.5	18	23.4	24	31.2

* 为所占各类群比例；**在国内仅云南有分布，但不为特有分布。

腾冲县现记录的爬行动物有42种，其中为中国特有的有6种（14.3%）；云南特有种2种，如云南半叶趾虎 *Hemiphyllodactylus yunnanensis*、云南攀蜥 *Japalura yunnanensis* 等。此外有6种在国内仅见于云南，如云南半叶趾虎 *Hemiphyllodactylus yunnanensis*、缅甸颈槽蛇 *Rhabdophis leonardi*、滇西蛇 *Atretium yunnanensis*、云南攀蜥 *Japalura yunnanensis*、蚌西树蜥 *Calotes kakhienensis* 等。

➢ 珍稀濒危保护种类

在腾冲116种哺乳类中，有24种为国家重点保护野生动物，其中国家I级重点保护野生动物9种：分别为熊猴 *Macaca assamensis*、灰叶猴 *Trachypithecus phayrei*、蜂猴 *Nycticebus bengalensis*、白眉长臂猿 *Hoolock leuconedys*、云豹 *Neofelis nebulosa*、豹 *Panthera pardus*、虎 *Panthera tigris*、林麝 *Moschus berezovskii*、羚牛 *Budorcas taxicolor*，国家II级重点保护野生动物15种：猕猴 *Macaca mulatta*、短尾猴 *Macaca arctoides*、中国穿山甲 *Manis pentadactyla*、豺 *Cuon alpinus*、黑熊 *Selenarctos thibetanus*、小熊猫 *Ailurus fulgens*、青鼬 *Martes flavigula*、水獭 *Lutra lutra*、大灵猫 *Viverra zibetha*、小灵猫 *Viverricula indica*、斑灵狸 *Prionodon Pardicolor*、金猫 *Catopuma temminckii*、川西斑羚 *Naemorhedus griseus*、中华鬣羚 *Capricornis melneedwardsii*、巨松鼠 *Ratufa bicolor*；有24种被列在《濒危野生动植物国际贸易公约》（CITES）（2000）附录中，附录I有10种：白眉长臂猿 *Hylobates hoolock*、小熊猫 *Ailurus fulgens*、黑熊 *Selenarctos thibetanus*、斑灵狸 *Prionodon Pardicolor*、金猫

Catopuma temminckii、云豹 *Neofelis nebulosa*、豹 *Panthera pardus*、虎 *Panthera tigris*、川西斑羚 *Naemorhedus griseus*、中华鬣羚 *Capricornis melneedwardsii*，附录 II 有 14 种：中缅树鼩 *Tupaia Belangeri*、猕猴 *Macaca mulatta*、熊猴 *Macaca assamensis*、短尾猴 *Macaca arctoides*、灰叶猴 *Trachypithecus phayrei*、中国穿山甲 *Manis pentadactyla*、印度穿山甲 *Manis crassicaudata*、狼 *Canis lupus*、豺 *Cuon alpinus*、水獭 *Lutra lutra*、豹猫 *Prionailurus bengalensis*、林麝 *Moschus berezovskii*、羚牛 *Budorcas taxicolor*、巨松鼠 *Ratufa bicolor*；《中国濒危动物红皮书——哺乳类》（1998）中列为濒危种的有：蜂猴 *Nycticebus bangalensis*、灰叶猴 *Trachypithecus phayrei*、白眉长臂猿 *Hoolock hoolock*、云豹 *Neofelis nebulosa*、豹 *Panthera pardus*、虎 *Panthera tigris*、斑灵狸 *Prionodon Pardicolor*、林麝 *Moschus berezovskii*、羚牛 *Budorcas taxicolor*、黑白飞鼠 *Hylopetes alboniger*；《中国物种红色名录——哺乳类》（2004）中列为濒危种的有：蜂猴 *Nycticebus bangalensis*、灰叶猴 *Trachypithecus phayrei*、白眉长臂猿 *Hylobates hoolock*、云豹 *Neofelis nebulosa*、虎 *Panthera tigris*、斑灵狸 *Prionodon Pardicolor*、林麝 *Moschus berezovskii*、羚牛 *Budorcas taxicolor*、黑白飞鼠 *Hylopetes alboniger*、布氏球果蝠 *Sphaerias blanfordi*、丛林猫 *Felis chaus*、大灵猫 *Viverra zibetha*、豺 *Cuon alpinus*、水獭 *Lutra lutra*、川西斑羚 *Naemorhedus griseus*；在 2000 年 8 月颁布的《国家保护的有益的或者有重要经济、科学研究价值的陆生野生动物名录》中，收录有该县分布的哺乳类有：树鼩 *Tupaia belangeri*、狼 *Canis lupus*、赤狐 *Vulpes vulpes*、貉 *Nyctereutes procyonoides*、黄鼬 *Mustela sibirica*、鼬獾 *Melogale moschata*、猪獾 *Arctonyx collaris*、果子狸 *Paguma larvata*、食蟹獴 *Herpestes urva*、豹猫 *Felis bengalensis*、野猪 *Sus scrofa*、赤麂 *Muntiacus muntjak*、毛冠鹿 *Elaphodus cephalophus*、云南兔 *Lepus comus*、丛耳飞鼠 *Belomys pearsoni*、红白鼯鼠 *Petaurista alborufus*、霜背大鼯鼠 *Petaurista philippensis*、黑白飞鼠 *Hylopetes alboniger*、赤腹松鼠 *Callosciurus erythraeus*、隐纹花松鼠 *Tamiops swinhoei*、泊氏长吻松鼠 *Dremomys pernyi*、纹腹松鼠 *Callosciurus quinquestriatus*、侧纹岩松鼠 *Sciurotamias forresti*、豪猪 *Hystrix hodgsoni*、银星竹鼠 *Rhizomys pruinosus*、中华竹鼠 *Rhizomys sinensis*、社鼠 *Niviventer confucianus*。

表 4-56　腾冲县珍稀濒危及保护物种

类群	中国濒危动物红皮书			国家保护		云南省动物保护名录	CITES 附录	
	易危	濒危	稀有	I	II		I	II
哺乳类		10		9	15		11	14
鸟类	13	2	15	4	45		2	40
两栖类			3	0	1		0	0
爬行类		2	7	0	0	2	0	2
合计				13	61		13	56

根据 1998 年国务院批准颁布的《国家重点保护野生动物名录》，在腾冲县所记录的鸟类中，属国家 I 级重点保护鸟类有黑鹳 *Ciconia nigra*、金雕 *Aquila chrysaetos*、白尾梢虹雉 *Lophophorus sclateri*、黑颈长尾雉 *Syrmaticus humiae* 等 4 种，属国家 II 级重点保护鸟类有黑颈鸬鹚 *Phalacroco raxniger*、黑翅鸢、凤头蜂鹰、[黑]鸢、栗鸢 *Haliastur indus*、褐耳鹰 *Accipiter badius*、凤头鹰、雀鹰、松雀鹰、普通鵟、林鵰*Ictinaetus malayensis*、黑兀鹫 *Sarcogyps calvus*、高山兀鹫 *Gyps himalayensis*、白尾鹞、鹊鹞、蛇雕 *Spilornis cheela*、燕隼 *Falco subbuteo*、红隼、鹧鸪、血雉、红腹角雉、白鹇、原鸡 *Gallus gallus*、白腹锦鸡、灰鹤 *Grus grus*、棕背田鸡 *Porzana bicolor*、楔尾绿鸠、绯胸鹦鹉 *Psittacula alexandri*、灰头鹦鹉、褐翅鸦鹃、小鸦鹃 *Centropus toulou*、草鸮 *Tyto capensis*、黄嘴角鸮 *Otus spilocephalus*、红角鸮 *Otus scops*、领角鸮 *Otus bakkamoena*、鵰鸮 *Bubo bubo*、褐渔鸮 *Ketupa zeylonensis*、领鸺鹠 *Glaucidium brodiei*、斑头鸺鹠、鹰鸮 *Ninox scutulata*、褐林鸮 *Strix leptogrammica*、灰林鸮 *Strix aluco*、短耳鸮 *Asio flammeus*、黑胸蜂虎、长尾阔嘴鸟、乌鵰*Aquila clanga* 等 46 种；被列入《濒危野生动植物国际贸易公约》（CITES）（2000）附录 I 的种类有白尾梢虹雉、黑颈长尾雉等 2 种；被列入附录 II 的种类有黑鹳、黑翅鸢、凤头蜂鹰、[黑]鸢、栗鸢、褐耳鹰、凤头鹰、雀鹰、松雀鹰、普通鵟、金雕、林鵰、黑兀鹫、高山兀鹫、白尾鹞、鹊鹞、蛇雕、燕隼、红隼、血雉、灰鹤、绯胸鹦鹉、花头鹦鹉、灰头鹦鹉、草鸮、黄嘴角鸮、红角鸮、领角鸮、鵰鸮、褐渔鸮、领鸺鹠、斑头鸺鹠、鹰鸮、褐林鸮、灰林鸮、短耳鸮、画眉、银耳相思鸟、红嘴相思鸟、乌鵰等 40 种；《中国濒危动物红皮书——鸟类》（1998）中列为易危种的有黑颈鸬鹚、黑翅鸢、凤头蜂鹰、金雕、蛇雕、血雉、红腹角雉、原鸡、白腹锦鸡、绯胸鹦鹉、褐翅鸦鹃、小鸦鹃、红头咬鹃等 13 种，列为濒危种的有黑鹳和黑兀鹫 2 种，列为稀有种的有栗鸢、褐耳鹰、凤头鹰、林鵰、高山兀鹫、红喉山鹧鸪、白尾梢虹雉、黑颈长尾雉、蓝胸秧鸡 *Rallus striatus*、棕背田鸡、鵰鸮、鸦嘴卷尾 *Dicrurus annectans*、小盘尾 *Dicrurus remifer*、大盘尾 *Dicrurus paradiseus*、乌鵰等 15 种；《中国物种红色名录（第一卷）》（2004）中列为近危种的有白眼潜鸭、环颈山鹧鸪、红喉山鹧鸪、红腹角雉、绯胸鹦鹉、褐翅鸦鹃、小鸦鹃、红头咬鹃 *Harpactes erythrocephalus*、长尾阔嘴鸟、小盘尾、大盘尾、家八哥 *Acridotheres tristis*、林八哥 *Acridotheres grandis*、白领八哥 *Acridotheres albocinctus*、喜鹊、剑嘴鹛 *Xiphirhynchus superciliaris*、画眉、赤尾噪鹛 *Garrulax milnei*、红翅薮鹛 *Liocichla phoenicea*、银耳相思鸟、红嘴相思鸟、滇䴓、树麻雀 *Passer montanus*、黄胸鹀 *Emberiza aureola* 等 24 种；列为易危种的有白尾梢虹雉、黑颈长尾雉、乌鵰等 3 种；在 2000 年 8 月颁布的《国家保护的有益的或者有重要经济、科学研究价值的陆生野生动物名录》中，收录有该区分布的 221 种鸟类。

云南虽有丰富的脊椎动物多样性，但由于是其脆弱的生态环境、丰富的特有性（包括众多在国内仅云南的物种），一些物种的种群数量并不大，或仅有很局限的地理分布，因此云南两栖和爬行动物的濒危程度也比较高，但仅有少部分物种被列入国家重点保护动物名录或 CITES 附录（表 4-57）。可见受重视程度不够高，值得引起关注。

表 4-57　腾冲县重点保护两栖爬行动物

动物物种类群	国家级		CITES 种		中国物种红色名录（第一卷）	中国濒危动物红皮书两栖爬行类	云南省动物保护名录
	级别	种数	附录	种数			
两栖类	II	1	—	—	35	2	—
爬行类	—	—	II	2	42	10	2
合计	II	1	II	2	77	12	2

* 占各类群物种数的比例。

两栖动物中，列入国家重点保护动物名单中的也很少，仅有国家 II 级重点保护动物：红瘰疣螈 *Tylototriton verrucosus*；无任何物种列在 CITES 附录和云南省动物保护名录中；《中国濒危动物红皮书——两栖类和爬行类》（1998）中包含该地区的物种有 2 种，如：红瘰疣螈 *Tylototriton verrucosus*、双团棘胸蛙 *Paa yunnanensis* 等；《中国物种红色名录（第一卷）》（2004）包含该地区的物种有 35 种，如：沙巴拟髭蟾 *Leptobrachium chapaensis*、费氏短腿蟾 *Brachytarsophrys feae*、微蹼铃蟾 *Bombina microdeladigitora*、景东角蟾 *Megophrys jingdongensis*、景东齿蟾 *Oreolalax jingdongensis*、缅甸溪蟾 *Torrentophryne burmanus*、黑眶蟾蜍 *Bufo melanostictus*、贡山树蛙 *Rhacophorus gongshanensis*、无声囊泛树蛙 *Polypedates mutus*、平疣湍蛙 *Amolops tuberodepress*、云南臭蛙 *Rana andersonii*、小弧斑姬蛙 *Microhyla heymonsi*、饰纹姬蛙 *Microhyla ornata* 等。在爬行类中，没有物种列入国家保护动物的物种数；孟加拉眼镜蛇 *Naja kaouthia* 和眼镜王蛇 *Ophiophagus hannah* 被列入 CITES 附录 II 和云南省动物保护名录种；《中国濒危动物红皮书——两栖类和爬行类》（1998）中包含该地区的物种有 10 种，如细蛇蜥 *Ophisaurus gracilis*、脆蛇蜥 *Ophisaurus harti*、王锦蛇 *Elaphe carinata*、三索锦蛇 *Elaphe radiata*、灰鼠蛇 *Ptyas korros*、滑鼠蛇 *Ptyas mucosus*、黑眉锦蛇 *Elaphe taeniura*、黑线乌梢蛇 *Zaocys nigromarginatus*、孟加拉眼镜蛇 *Naja kaouthia*、眼镜王蛇 *Ophiophagus hannah* 等；《中国物种红色名录（第一卷）》（2004）包含该地区的物种有 42 种，如原尾蜥虎 *Hemidactylus bowringii*、蚌西树蜥 *Calotes kakhienensis*、棕背树蜥 *Calotes emma*、白唇树蜥 *Calotes mystaceus*、腹斑腹链蛇 *Amphiesma modesta*、滇西蛇 *Atretium yunnanensis*、绿锦蛇 *Elaphe prasina*、紫沙蛇 *Psammodynastes pulverulentus*、黑领剑蛇 *Sibynopjis collaris*、颈槽蛇 *Rhabdophis nuchalis*、缅甸颈槽蛇 *Rhabdophis leonardi*、山烙铁头 *Ovophis monticola*、菜花烙铁头 *Protobothrops jerdonii*、云南竹叶青蛇 *Trimeresurus yunnanensis* 等。

（4）大型真菌物种多样性

根据对采集标本的鉴定，腾冲县共计大型真菌 46 科 90 属 222 种，隶属于子囊菌亚门和担子菌亚门，其中子囊菌亚门 5 目 9 科 11 属 14 种，担子菌亚门 37 科 79 属 208 种。222 种真菌中，常见食用菌 51 种，药用真菌 14 种，毒菌 9 种。

在所采制标本中担子菌亚门物种占优势，在担子菌亚门中蘑菇目 Agaricales、牛肝菌目 Boletales、红菇目 Russulales 的物种数量远远多于其他目的物种。在科级水平上，优势科为牛肝菌科 Boletaceae，所占比例为 21.08%；红菇科 Russulaceae，所占比例为 11.76%；丝膜菌科 Cortinariaceae，所占比例为 9.31%；口蘑科 Tricholomataceae，所占比例为 5.88% 和珊瑚菌科 Clavariaceae，所占比例为 5.39%，其他各科物种所占比例均小于 5.00%。在属级水平上，丝膜菌属 *Cortinarius*、乳菇属 *Lactarius*、红菇属 *Russula*、鹅膏属 *Amanita*、牛肝菌属 *Boletus*、粉孢牛肝菌属 *Tylopilus*、丝盖伞属 *Inocybe*、蚁巢伞属 *Termitomyces* 物种数较多，所占比例分别为 7.21%、7.21%、5.41%、4.05%、4.05%、2.30%、2.30%，其他各科物种数占总数比例均小于 2.00%。

根据经济价值的不同，可将大型真菌分为食用菌、药用菌和毒菌。在本次调查记录的 222 种真菌中，有常见食用菌 51 种，药用真菌 14 种，毒菌 9 种。

4.12.4 小结

系统调查整理完成了腾冲县高等植物、陆生脊椎动物和大型真菌物种编目，并建立了数据库，为国家和地方生物多样性保护提供技术资料。腾冲县新增加蕨类植物 16 种，裸子植物 6 种，被子植物 1130 种，在腾冲县中和乡发现国家Ⅱ级保护植物云贵水韭新的分布点，该分布点种群数量稀少，且受干扰严重。发现兽类 1 个新种：林猬 *Meschinus* sp.，为地方特有种，两种以前该地区未曾记录到的鸟类，分别为鳞[胸]鹪鹛 *Pnoepyga albiventer* 和褐鸦雀 *Paradoxornis unicolor*。与云南省生物多样性评价中有关记录相比较，新增兽类物种 41 种，占腾冲县目前记录兽类种数的 35.3%；新增加鸟类 81 种，占腾冲县目前记录鸟类种数的 18.79%；新增加两栖类 6 种，爬行类 6 种，分别占目前记录两栖类和爬行类种数的 17.14%和 14.28%。经鉴定后发现牛肝菌属 *Boletus*、条孢牛肝菌属 *Boletellus*、鹅膏属 *Amanita*、辛格杯伞属 *Singerocybe* 及蛹虫草属 *Cordyceps* 内部分标本未能鉴定到种，这些标本可能代表新种。

4.13 隆阳区生物多样性现状①

4.13.1 自然概况

隆阳区位于中国西南部，云南省西部保山市，为市、区两级政府所在，是保山地区的政治、经济、教育、文化、科技、信息中心城市。东经 98°43′～99°26′，北纬 24°46′～25°38′，东北边隔澜沧江与大理相望，南边和保山地区的施甸，龙陵县相连，西边以高黎贡山脊与隆阳区为界，北边顺怒江而上与怒江傈僳族自治州毗领。

隆阳区地形复杂多变，地势西北高、东南低。东西横跨澜沧江—怒山—怒江—高黎贡山，崇山峻岭、山间盆地、缓坡丘陵、地热河谷相互交错，属低纬度、高海拔山地高

① 隆阳区植被类型与植物多样性由云南大学王跃华教授组织调查和提供数据；动物多样性由中科院昆明动物研究所杨晓君研究员组织调查和提供数据；大型真菌多样性由中科院昆明植物研究所杨祝良研究员组织调查和提供数据。

原。区境内有高黎贡山、怒山两大山脉，属横断山系，成北—南走向，有一、二、三级分支 12 条。

隆阳区属于滇西南高原河谷季风常绿阔叶林带和滇西横断山半湿润常绿阔叶林区，有国土面积 5 011 km^2，山区面积占 64.85%，亚热带面积占 25.15%，坝区占 10%，人口密度为 161 人/km^2。

隆阳区辖 2 个街道、6 个镇、6 个乡、4 个民族乡，即永昌街道、兰城街道、板桥镇、河图镇、汉庄镇、蒲缥镇、瓦窑镇、潞江镇、金鸡乡、辛街乡、西邑乡、丙麻乡、瓦渡乡、水寨乡、瓦马彝族白族乡、瓦房彝族苗族乡、杨柳白族彝族乡、芒宽彝族傣族乡；潞江农场、新城农场。

4.13.2　组织实施

植物调查组对隆阳区老营乡、杨柳乡、水寨乡、蒲缥乡、怒江坝乡、瓦房乡、西邑乡、百花岭、潞江坝乡及高黎贡山东坡等地进行了野外调查，调查中共采集标本 1500 余号；动物调查组组织兽类调查小组在瓦窑镇的小庙万亩林场、秋山村和柴河村对小型哺乳动物调查和大型哺乳动物调查，鸟类调查小组对潞江常绿灌丛及种植园、百花岭保护较好的原始林和次生阔叶林、潞江乡赧亢惠坡常绿阔叶林、宝盖山林场人工次生针叶林、混交林及灌丛、板桥镇秋山村人工次生针阔混交林及农耕地进行了鸟类调查，两栖爬行类调查小组对隆阳区的城郊、百花岭、怒江坝、瓦窑、沙坝、蒲缥、坝湾、水寨、芒宽、杨柳冷水河、板桥、南康、老营、辛街等地进行了两栖和爬行动物野外实地调查，采集小型兽类标本 148 号，鸟类标本 65 号，两栖类标本 162 号，爬行类标本 52 号；大型真菌调查组分别对保山市公安边防支队轮训站附近、保山市保山监狱后山（大西山）、保山市隆阳区蒲缥方向，320 线 3396 km 桩处、史迪威路 32 路标附近、史迪威路 36 路标附近、史迪威路 41 路标附近、史迪威路隆阳区与腾冲交界处、史迪威路蒲满哨、水寨乡海棠洼 X199-21 路标处、瓦窑乡瓦窑至保山 17 km 处进行了大型真菌调查，调查共采集标本 439 号。

4.13.3　主要成果

（1）植被类型组成

按照《中国植被》和《云南植被》对植被类型的划分原则，根据完成的 19 个代表性样方的调查资料，结合其他资料分析整理，隆阳区现有天然植被类型包括季雨林（Trapical Monsoon Forest）、常绿阔叶林（Evergreen Broadleaved Forest）、落叶阔叶林（Deciduous Broadleaved Forest）、暖性针叶林（Warm Coniferous Forest）、温性针叶林（Temperate Coniferous Forest）、竹林（Bamboo Shrub-Forest）、稀树灌木草丛（Shrub-Grassland with Scattered Tree）、灌丛（Scrub）、草甸（Subalpine or Alpine Meadow）和湿地植被（Wetland Aquatic Vegetation）10 个。各植被类型群落类型分布详见表 4-58。同时，还有由人工种植经济植物形成的人工林植被类型，其主要包括云南松林、胡桃林和滇杨林等。

表 4-58 隆阳区天然植被类型及群落类型

天然植被类型
II 季雨林（Trapical Monsoon Forest）
（一）高榕、麻楝群系（Form. *Ficus altissima*，*Chukrasiata tabularis*）
（一）木棉、楹树群系（Form. *Bombax ceiba*，*Albizia chinensis*）
（五）羊蹄甲群系（Form. *Bauhinia variegata*）
III 常绿阔叶林（Evergreen Broadleaved Forest）
（一）刺栲、印栲群系（Form. *Castanopsis hystrix*，*Castanopsis indica*）
（七）钝叶桂、长梗润楠群系（Form. *Cinnamomum bejolghota*，*Machilus longipedicillata*）
（八）香叶树群系（Form. *Lindera communis*）
（四）高山栲群系（Form. *Castanopsis delavayi*）
（一）青冈栎、润楠群系（Form. *Cyclobalanopsis glauca*，*Machilus* spp.）
（二）薄片青冈、石栎群系（Form. *Cyclobalanopsis lamellosa*，*Lithocarpus* spp.）
（八）虎皮楠、硬斗石栎群系（Form.*Dapnhiphyllum paxianum*，*Lithocarpus hancei*）
（六）倒卵叶石栎、杜鹃、乌饭群系（Form. *Lithocarpus pachyphyloides*，*Rhododendron* spp.，*Vaccinium* spp.）
V 落叶阔叶林（Deciduous Broadleaved Forest）
（二）麻栎、栓皮栎群系（Form. *Quercus acutissima*，*Quercus variabilis*）
（一）旱冬瓜群系（Form. *Alnus nepalensis*）
（一）槭树、桦木群系（Form. *Acer* spp.，*Betula* spp.）
（一）野核桃群系（Form. *Juglans cathayensis*）
VI 暖性针叶林（Warm Coniferous Forest）
（一）云南松群系（Form. *Pinus yunnanensis*）
秃杉针阔叶混交林（Form. *Taiwania flousiana Castanopsis* spp.）
华山松针阔混交林（Form. *Pinus armandi* & Broadleaved Forest）
铁杉针阔混交林（Form. *Tsuga dumosa* & Broadleaved Forest）
VII 温性针叶林（Temperate Coniferous Forest）
（四）苍山冷杉群系（Form. *Abies delavayi*）
VIII 竹林（Bamboo Shrub-Forest）
（五）棉竹、车筒竹群系（Form. *Bambusa sinospinosa* & *B*. spp.）
（一）方竹群系（Form. *Chimonobambusa utilis* & spp.）
（二）金竹、龟甲竹（=毛竹）群系（Form. *Phyllostachys heterocycla* & cv. & *Ph*. spp.）
（三）实心竹群系（Form. *Fargesia yunnanensis* & spp.）
慈竹林（Form. *Neosinocalamus affinis*）
（一）箭竹群系（Form. *Fargesia* spp.）
（二）玉山竹群系（Form. *Yushania* spp.）
IX 稀树灌木草丛（Shrub-Grassland with Scattered Tree）
（一）含木棉、虾子花的稀树中草草丛（Form. Middle Grassland containing *Bombax ceiba*，*Woodfordia fruticosa*）
（七）柯子、扭黄茅稀树灌木草丛（Form.*Terminalia chebula*，*Heteropogon contotus*）
（十一）清香木、铁橡栎、竹叶草稀树灌木草丛（Form. *Pistacia weimannnifolia –Quercus cocciferoides-Oplismanus compositus*）
（十二）栌菊木、窄叶石栎、心叶兔儿风稀树灌木草丛（Form. *Nouelia insignis*，*Lithocarpes confinis*，*Ainsliaea bonatii*）

（四）含红木荷、高榕的中草草丛（Form. Middle Grassland containing *Schima wallichii*，*Ficus altissima*）
（一）含云南松、珍珠花的稀树灌木中草草丛（Form. Middle Grassland containing *Pinus yunnanensis*，*Lyonia ovalifolia*）
（五）盐麸木、余甘子、扭黄茅稀树灌木草丛（Form. *Rhus chinensis*，*Phylanthus emblica*，*Heteropogon contortus*）
X 灌丛（Scrub）
（十五）混杂杜鹃灌丛（Form. *Rhododendron* spp.）
扫把竹丛（Form. *Fargesia annulata*）
高山箭竹丛（Form. *Fargesia altissima*）
云龙箭竹丛（Form. *Fargesia papyrifera*）
空心箭竹丛（Form. *Fargesia edulis*）
（八）滑竹竹丛（Form. *Yushania polytricha*）
（一）小叶栒子灌丛（Form. *Cotoneaster microphyton*）
（一）地檀香灌丛（Form. *Gaultheria forrestii*）
（四）马醉木灌丛（Form.*Pieris formosana*）
（五）马桑灌丛（Form. *Coriaria nepalensis*）
（四）疏序黄荆灌丛（Form. *Vitex negondo* var. *laxipaniculata*）
（五）仙巴掌灌丛（Form. *Opuntia monacantha*）
（六）明油子、扭黄茅灌木草丛（Form.*Dodonaea angustifolia*，*Heteropogon contotus*）
（七）虾子花、扭黄茅灌木草丛（Form.*Woodfordia fruticosa*，*Heteropogon contotus*）
（八）灰叶、扭黄茅灌木草丛（Form. *Tehrosia purpuraea*，*Heteropogon contotus*）
灰毛浆果楝、虾子花灌丛（Form. *Cipadessa baccifera*，*Woodfordia fruticosa*）
（一）水杨柳灌丛（Form. *Homonoia riparia*）
（二）飞机草草丛（Form.*Erechitites valerianifolia*）
类芦高草草丛（Form. *Neyraudia neyraudiana*）
（一）白茅草丛（Form.*Imperata cylindrical* var. *major*）
（三）紫茎泽兰草丛（Form.*Ageratina adenophora*）
（四）莠竹草丛（Form.*Microstegium ciliatum* & spp.）
（六）毛蕨菜草丛（Form. *Pteridium revolutum*）
XI 草甸（Subalpine or Alpine Meadow）
（五）银莲花、委陵菜草甸（Form. *Anemone* spp.，*Potentilla* spp.）
（一）鞘茎嵩草草甸（Form. *Kobresia tunicata* & *K.* spp.）
XII 湿地植被（Wetland Aquatic Vegetation）
（五）菖蒲群落（Form. *Acor cusalamus*）
鸭舌草群落（Form. *Monochoria vaginalis*）
野慈菇群落（Form. *Sagittaria trifolia* var. *angustifolia*）
（九）辣蓼群落（Form. *Polygonum hydropiper*）
（十二）节节菜群落（Form. *Rotala rotundifolia*）
水花生群落（Form. *Althernanthera philoxeroides*）
（十一）豆瓣菜群落（Form. *Nasturtium officinale*）
（一）水葫芦群落（Form. *Echhornia crassipes*）
（三）满江红、槐叶萍群落（Form. *Azolla imbricata*，*Salvinia natans*）

（四）青萍、紫萍群落（Form. *Lemna minor*，*Spirodela polyrriza*）
（三）鸭子草群落（Form. *Potamogeton tepperi*）
（一）金鱼藻群落（Form. *Ceratophyllum demersum*）
（二）狐尾藻群落（Form. *Myriophyllum spicatum*）
（三）石龙尾群落（Form. *Limnophylla sessiliflora*）
（四）黑藻群落（Form. *Hydrilla verticillata*）
（十三）轮藻群落（Form. *Characeae*）
（五）眼子菜群落（Form. *Potamogeton* spp.）
（十二）茨藻、角茨藻群落（Form. *Najas* spp.& *Zannichellia* spp.）
（十五）苦草群落（Form. *Vallisneria gigantea*）

（2）植物物种多样性

➢ 物种组成

隆阳区有苔藓植物 29 科 47 属 55 种，其中苔类 8 属 10 种，包括须苔 *Mastigophora woodsii*，绒苔 *Trichocolea tomentella*，指叶苔 *Lepidozia reptans*，齿边广萼苔 *Chandonanthus hirtellus*，毛叶苔 *Ptilidium ciliare*，深裂毛叶苔 *Ptilidium pulcherrimum*，尼泊尔耳叶苔 *Frullania nepalensis*，皱叶耳叶苔原变种 *Frullania ericoides*，魏氏细鳞苔 *Lejeunea wightii*，花叶溪苔 *Pellia endiviaefolia* 等；藓类 37 属 45 种，其中包含种类较多的属有：小金发藓属 *Pogonatum* 和鳞叶藓属 *Taxiphyllum* 等。蕨类植物为 34 科 58 属 98 种，其中种类较多的科为水龙骨科 Polypodiaceae（17 种），凤尾蕨科 Pteridaceae（12 种），鳞毛蕨科 Dryopteridaceae（7 种），中国蕨科 Sinopteridaceae（6 种），石松科 Lycopodiaceae（5 种）。裸子植物 5 科 12 属 13 种，主要包括原记载的苏铁科 Cycadaceae 的苏铁 *Cycas revoluta*，南洋杉科 Araucariaceae 的大叶南洋杉 *Araucaria bidwillii* 和南洋杉 *Araucaria cunninghamii*，松科 Pinaceae 的雪松 *Cedrus deodara*，杉科 Taxodiaceae 的软叶杉木 *Cunning hamia lanceolata*，以及云南松、华山松、滇油杉、云南铁杉、红豆杉、翠柏、侧柏、秃杉、粗榧等。被子植物 154 科 850 属 2 279 种，包含种类较多的科主要有菊科 Compositae、禾本科 Gramineae、豆科 Leguminosae、唇形科 Labiatae、茜草科 Rubiaceae、蔷薇科 Rosaceae、百合科 Liliaceae、杜鹃花科 Ericaeae，樟科 Lauraceae 等，这 8 个科共有植物 747 种，占隆阳区被子植物的 32.78%。

➢ 特有种类

中国特有植物有云南杨梅（*Myrica nana* Cheval.）、金铁锁（*Psammosilene tunicoides* W.C.Wu et C.Y.Wu）、川牛膝（*Cyathula officinalis* Kuan）、滇桂木莲（*Manglietia forrestii* W. W. Smith ex Dandy）、无毛山胡椒（*Lindera kariensis* W.W.Sm.f.glabrescens H.W.Li）、无梗钓樟（*Lindera tonkinensis* Lec.sub *sessilis* H.W.Li）、滇润楠（*Machilus yunnanensis* Lec.）、肖樱叶柃（*Eurya pseudocerasifera* Kobuski）、乐思绣球（*Hydrangea rosthornii* Diels）、滇川方竹（*Chimonobambusa ningnanica* Hsueh et L.Z.Gao）等 158 种；省级特有植物有紫叶琼楠（*Beilschmiedia purpurascens* H.W.Li.）、黄脉钓樟（*Lindera flavinervia*）、瑞丽润楠（*Machilus shweliensis* W.W.Sm）、普文楠（*Phoebe puwenensis* Cheng）、景东千金藤（*Stephania chingtungensis* H.S.Lo.）、银叶绣球（*Hydrangea dumicola* W. W. Smith）、空心箭竹（Fargesia edulis Hsueh et Yi）等 74 种。

➢ 珍稀濒危保护种类

根据野外调查，结合相关文献资料查阅，按照国家林业局发布的《国家重点保护野生植物名录》（第一批），隆阳区域分布的国家级重点保护野生植物有 8 种，其中国家 I 级保护植物 2 种，II 级保护植物 6 种。

表 4-59 隆阳区国家重点保护野生植物

序号	中文名	拉丁学名	科名	保护等级
1	桫椤	*Alsophila spinulosa*	桫椤科 Cyatheaceae	I
2	云南红豆杉	*Taxus yunnanensis*	红豆杉科 Taxaceae	I
3	中国蕨	*Sinopteris grevilleoides*	中国蕨科 Sinopteridaceae	II
4	红椿	*Toona ciliata*	楝科 Meliaceae	II
5	水青树	*Tetracentron sinense*	水青树科 Tetracentraceae	II
6	西康玉兰	*Magnolia wilsonii*	木兰科 Magnoliaceae	II
7	金荞麦	*Fagopyrum dibotrys*	蓼科 Polygonaceae	II
8	秃杉	*Taiwania cryntomerioides*	杉科 Taxodiaceae	II

根据《中国植物红皮书》所列的珍稀濒危植物名录将物种划分为濒危、稀有和渐危三个保护等级，隆阳区有各保护级别的珍稀濒危植物共 14 种，具体见表 4-60。

表 4-60 隆阳区珍稀濒危植物名录

序号	中文名	拉丁学名	科名	保护类别
1	桫椤	*Alsophila spinulosa*	桫椤科 Cyatheaceae	渐危
2	中国蕨	*Sinopteris grevilleoides*	中国蕨科 Sinopteridaceae	稀有
3	西康玉兰	*Magnolia wilsonii*	木兰科 Magnoliaceae	渐危
4	红花木莲	*Manglietia insignis*	木兰科 Magnoliaceae	渐危
5	领春木	*Euptelea pleiosperma*	领春木科 Eupteleaceae	稀有
6	水青树	*Tetracentron sinense*	水青树科 Tetracentraceae	稀有
7	滇楠	*Phoebe nanmu*	樟科 Lauraceae	渐危
8	皱叶乌头	*Acontium nagarum* var. *heterotrichum*	毛茛科 Ranunculaceae	渐危
9	瑞丽山龙眼	*Helicia shweliensis*	山龙眼科 Proteaceae	渐危
10	顶果木	*Acrocarpus fraxinifolius*	苏木科 Caesalpiniaceae	稀有
11	红椿	*Toona ciliata*	楝科 Meliaceae	渐危
12	棕背杜鹃	*Rhododendron fictolacteum*	杜鹃花科 Ericaceae	渐危
13	栌菊木	*Nouelia insignis*	菊科 Compositae	稀有
14	天麻	*Gastrodia elata*	兰科 Orchidaceae	渐危

➢ 资源类群

① 材用植物

隆阳区域内分布的材用树种较多，且在当地也有人工种植乡土树种以作材用的传统，结合本次调查和参考相关文献资料可知，在县域内分布的主要材用树种包括：云南松（*Pinus yunnanensis*）、云南铁杉（*Tsuga dumosa*）、粗榧（*Cephalotaxus sinensis*）、滇润楠（*Machilus yunnanensis*）、多花含笑（*Michelia floribunda*）、红花木莲（*Manglietia insignis*）、红木荷（*Schima wallichii*）、滇油杉（*Keteleeria evelyniana*）、华山松（*Pinus armandi*）以及人工种植的秃杉（*Taiwania flousiana*）、滇楸（*Catalpa fargesii*）和云南红豆杉（*Taxus yunnanensis*）等。

② 药用植物

隆阳区药用植物资源丰富，目前已知的药用价值较高的植物数百种，其主要包括传统药用植物、民间民族药用植物、引种栽培药用植物和新药源植物四大类，根据课题组的调查和相关资料查阅，隆阳区域内较为常见和被当地百姓利用的药用植物有：半夏（*Pinellia ternata*）、珠子参（*Panax japonicus*）、滇重楼（*Paris polyphylla*）、贝母（*Fritillaria cirrhossa*）、石斛（*Dendrobium* spp.）、五味子（*Schisandra chinensis*）、清香木姜子（*Litsea euosma*）、云南红豆杉（*Taxus yunnanensis*）、天名精（*Carpesium abrotanoiches*）、鸡血藤（*Kadsura interior*）、飞龙掌血（*Toddalia asiafica*）、萱草（*Hemerocallis fulva*）、虎杖（*Polyognum cuspidatum*）、滇龙胆（*Gentiana rigescens*）、臭牡丹（*Clerodendron bungei*）等。

根据野外调查和文献资料查阅，隆阳区域内主要的园林绿化植物资源包括杜鹃花科、木兰科、山茶科、兰科、报春花科、忍冬科等植物，常见的有马缨花（*Rhododendron delavayi*）、云南枫杨（*Pterocarya delavayi*）、滇山茶（*camellia reticulata*）、滇西红花荷（*Rhodoleia forrestii*）、槐（*Sophora praseri*）、黄花木（*Piptanthus concolor*）、小叶栒子（*Cotoneaster microphyllus*）、地桃花（*Urena lobata*）、滇丁香（*Luculia* spp.）、木莲（*Manglietia hookeri*）、多花含笑（*Michelia floribunda*）、楠木（*Phoebe* spp.）、红木荷（*Schima wallichii*）、木棉（*Bombax ceiba*）、云南红豆杉（*Taxus yunnanensis*）、油茶（*Camellia oleifera*）、粉叶小檗（*Berberis pruinosa*）、树萝卜（*Agapetes* spp.）、夹竹桃（*Merium indicum*）、十大功劳（*Mahonia* spp.）、山玉兰（*Magnolia delavayi*）、龙胆（*Gentiana* spp.）、鸢尾（*Iris tectorum*）、大百合（*Cardiocrinum giganteum*）、龙爪花（*Lycoris aure*a）、报春花（*Primula* spp.）、蔷薇属（*Rosa* spp.）部分种以及部分秋海棠属（*Begonia* spp.）的一些种。

③ 食用植物

食用植物资源不仅包括直接食用的物种资源，也包括间接食用于人们日常生活中的植物资源，根据调查和市场访谈等野外工作，隆阳区域内主要的食用植物资源包括可食性水果及蔬菜等。主要食用植物资源包括云南山楂（*Crataegus scabrifolia*）、余甘子（*Phyllanthus emblica*）、毛杨梅（*Myrica esculenta*）、悬钩子（*Rubus* spp.）、窄叶火棘（*Pyracantha angustifolia*）、毛叶木瓜（*Chaenomeles cathayensis*）、桑（*Morus alba*）、大白花杜鹃（*Rhododendron decorum*）、梅（*Prunus mune*）、酸角（*Tamarindus indica*）、荠菜（*Capsella bursapastoris*）等。

④ 鞣质与染料植物

隆阳区域内主要的鞣质植物资源有苍山冷杉（*Abies delavayi*）、余甘子（*Phyllanthus emblica*）、滇榛（*Corylus yunnanensis*）、歪叶榕（*Ficus cunia*）、印度木荷（*Schima khasiana*）、银木荷（*Schima argentia*）、厚皮香（*Ternstroemia* spp.）、水红木（*Viburnum cylindricum*）等。

隆阳区域内染料植物资源包括：盐肤木（*Rhus chinensis*），树皮可以提取染料，栓皮栎（*Quercus variabilis*），壳斗可提取黑色染料，茜草（*Rubia cordiflia*），根可提取红色染料，姜黄（*Curcuma longa*），根茎可以提取黄色染料。

⑤ 油料植物

根据野外资源调查和相关文献资料查阅，隆阳区域内的油料植物资源主要包括红花油茶（*Camellia chekiangoleosa*）、香果（*Ligusticum chuanxiong*）、胡桃（*Juglans regia*）、华山松（*Pinus armandi*）、清香木姜子（*Litsea euosma*）、粗糠柴（*Mallotus philippensis*）、蓖麻（*Ricinus communis*）、滇榛（*Corylus yunnanensis*）、大麻（*Cannabis sativa*）、云南山茶（*Camellia reticulata*）、针齿铁仔（*Myrsine semiserrata*）、重阳木（*Bischofia polycarpa*）、香叶树（*Lindera communis*）和长春油麻藤（*Mucuna sempervirens*）等。

⑥ 香料植物

香料植物既包括工业用香料植物也包括食用香料植物资源，隆阳区域分布的主要香料植物资源有：云南樟（*Cinnamomum glanduliferum*）：枝叶可提取樟油和樟脑；滇润楠（*Machilus yunnanensis*）：叶和果均含有芳香油；地檀香（*Gaultheria forrestii*）：枝叶含芳香油；驳骨丹（*Buddleja asiatica*）：花可提取芳香油；梁王茶（*Nothopanax delavayi*）：叶含芳香油；香附子（*Cyperus rotundus*）：块根含芳香油，大花八角（*Illicium macranthum*）：花、叶、果实均含芳香油。

⑦ 蜜源植物

隆阳区域分布的主要蜜源植物资源有：枇杷（*Eriobotrya japonica*）、山桂花（*Paramichelia Baillonii*）、山茶属（*Camellia* spp.）部分物种、野坝子（*Elsholtzia rugulosa*）、杜鹃花属（*Rhododendron* spp.）部分物种、各种柃木（*Eurya* spp.）等。

⑧ 纤维植物

隆阳区域分布的主要纤维植物资源有：木棉（*Bombax ceiba*）、地桃花（*Urena lobata*）、小荨麻（*Urtica dioica*）、棕榈（*Trachycarpus fortunei*）、山黄麻（*Trema tomentosa*）、滇朴（*Celtis kunmingensis*）、构树（*Broussonetia papyrifera*）、白茅（*Imperata cylindica*）、斜叶榕（*Ficus gibbosa*）、龙舌兰（*Agave americana*）、水麻（*Debregeasia edulis*）等。

⑨ 其他

隆阳区域分布的其他资源植物还包括有树脂及树胶植物、有毒植物等，其中树脂及树胶植物资源有云南松（*Pinus yunnanensis*）、华山松（*Pinus armandii*）：树干可以割取树脂；槐树（*Sophora japonica*）：果实可做合成龙胶原料，漆树（*Toxicodendron vernicifluum*）：可做漆料；白芨（*Bletilla striata*）：假鳞茎含胶；清香木（*Pistacia weinmanifolia*）：树干可以割取树脂；有毒植物主要有漆树（*Toxicodendron vernicifluum*）、盐肤木（*Rhus chinensis*）、天南星（*Asaema heterophyllum*）、龙舌兰（*Agave americana*）、大白花杜鹃（*Rhododendron decorum*）等。

（3）动物物种多样性

➢ 物种组成

通过本次调查并参考相关文献资料和中国科学院昆明动物研究所标本室收藏的该地区标本和文献记录的种类，隆阳区共记录陆生脊椎动物 562 种。隆阳区陆生动物中各类群目、科、属、种数见表 4-61。

表 4-61 各类群目、科、属、种数

类群	目	科	属	种	占云南的比例/%
兽类	9	30	78	112	36.72
鸟类	18	50	183	384	42.52
两栖类	2	8	17	31	27.0
爬行类	1	8	25	35	21.6

隆阳区共记录兽类 9 目 32 科 83 属 112 种，约占云南兽类占本区兽类总数的 36.72%；共记录鸟类 384 种，隶属 18 目 50 科（另 4 亚科）183 属，约占云南省记录的 42.52%，全国鸟类种数的 28.01%；有两栖和爬行动物物种 66 种，隶属 4 目（亚目）16 科 42 属，其中两栖动物 31 种，隶属于 2 目 8 科 17 属；爬行动物 35 种，隶属于 2 目（亚目）8 科 25 属，两栖和爬行动物物种数分别是云南省两栖和爬行动物物种总数（两栖动物 115 种；爬行动物 162 种）（杨大同和饶定齐，2008）的 27.0%和 21.6%。

表 4-62 隆阳区与云南及邻近省区陆生脊椎动物物种多样性比较

类群	物种数	云南		四川		贵州		西藏		广西	
		种数	%*	种数	%	种数	%	种数	%	种数	%
兽类	112	305	47.3	219	33.9	138	21.4	126	19.5	133	20.6
鸟类	384	903	65.9	625	45.59	403	29.39	473	34.5	496	36.18
两栖类	31	115	41.52	108	55.96	68	41.72	47	44.34	75	30.06
爬行类	35	162	58.48	85	44.04	95	58.28	59	55.66	117	60.94

* 占全国的比例。

① 各分类阶元多样性

隆阳区兽类最大目为啮齿目（RODENTIA）有 6 科 19 属 36 种，占本区兽类总数的 32.14%；其次为食肉目（CARNIVORA）7 科 23 属 24 种（占 21. 43%）；食虫目（EULIPHOTYPHLA）3 科 15 属 22 种（占 19.64%）和翼手目（CHIROPTERA）4 科 9 属

11 种（占 9.82%）。该 4 目占了该地区兽类物种数的 83.04%，在保山市隆阳区的兽类组成中，灵长目（PRIMATES）为 3 科 5 属 7 种（占 6.25%），偶蹄目 Artiodactyla 有 4 科 8 属 8 种（占 7.14%）；兔形目（LAGOMORPHA）2 科 2 属 2 种：云南兔 *Lepus comus*、藏鼠兔 *Ochotona thibetana*；攀鼩目（SCANDENTIA）、鳞甲目（PHOLIDOTA）仅各有 1 科 1 属 1 种：中缅树鼩 *Tupaia Belangeri*、中国穿山甲 *Manis pentadactyla*。在科一级水平上，鼠科 Muridae 物种最多，有 9 属 19 种，占本区兽类占本区兽类总数 16.96%，其次是鼩鼱科 Soricidae，有 10 属 17 种，占本区兽类占本区兽类总数的 15.18%。其他均在 7 种（鼬科 Mustelidae）以下，如：6 种（猫科 Felidae），5 种（松鼠科 Sciuridae、鼯鼠科 Pteromyidae、仓鼠科 Crictidae），4 种（蹄蝠科 Hipposideridae、猴科 Cercopithecidae、犬科 Canidae、灵猫科 Viverridae），3 种（鼹科 Talpidae、蝙蝠科 Vespertilionidae、鹿科 Cervidae、牛科 Bovidae）和 2 种（猬科 Erinaceidae、长臂猿科 Hylobatidae、狐蝠科 Pteropodidae）。此外，有 14 个科在本地区为单属种科，如：树鼩科 Tupaiidae、犬吻蝠科 Molossidae、长翼蝠科 Miniopteridae、懒猴科 Lorisidae、熊科 Ursidae、小熊猫科 Ailuridae、獴科 Herpestidae、猪科 Suidae、麝科 Moschidae、鼠兔科 Ochotonidae、兔科 Leporidae、竹鼠科 Rhizomyidae、豪猪科 Hystricidae、鲮鲤科 Manidae。

鸟类最大目为雀形目 PASSERIFORMES，其次为隼形目 FALCONIFORMES、鴷形目 PICIFORMES 和鹃形目 CUCULIFORMES，该 4 目占了该地区鸟类物种数的 76.08%。在保山市隆阳区的鸟类组成中，鹈形目 PELECANIFORMES、鹦形目 PSITACIFORMES、夜鹰目 CAPRIMULGIFORMES 仅各有 1 种：[普通]鸬鹚 *Phalacrocorax carbo*、灰头鹦鹉 *Psittacula himalayana*、普通夜鹰 *Caprimulgus indicus*。在科级水平上，鹟科 Muscicapidae 物种做多，其次为雀科 Fringillidae、鹰科 Accipitridae 和杜鹃科 Cuculidae，该 4 科占了该地区鸟类物种数的 47.97%。此外，有 12 个科在本地区为单属种科，如：鸬鹚科 Phalacrocoracidae、三趾鹑科 Turnicidae、鹤科 Gruidae、鹦鹉科 Psittacidae、草鸮科 Tytonidae、夜鹰科 Caprimulgidae、佛法僧科 Coraciidae、戴胜科 Upupidae、阔嘴鸟科 Eurylaimidae、百灵科 Alaudidae、河乌科 Cinclidae、椋鸟科 Sturnidae。

隆阳区两栖动物 31 种，隶属于 2 目，其中有尾目 CAUDATA 1 科 1 属 1 种（红瘰疣螈 *Tylototriton verrucosus*），而其他 7 科 16 属 30 种隶属于无尾目 ANURA，种数为云南两栖动物物种总数的 26.1%。两栖动物最大科为无尾目蛙科 Ranidae，有 3 属 10 种（占该区两栖动物物种总数的 32.3%），其次是角蟾科 Megophryinae，有 5 属 6 种，此 2 科的物种（共 16 种）构成了该地区两栖动物的主体，即占物种总数的 51.6%。其他科目还有树蛙科 Rhacophoridae 有 5 种、蟾蜍科 Bufonidae 有 4 种，雨蛙科 Hylidae 和姬蛙科 Microhylidae 各 2 种，即华西雨蛙 *Hyla annectans*、贡山雨蛙 *Hyla gongshanensis* Li et Yang、多疣狭口蛙 *Kaloula verrucosa* 和云南小狭口蛙 *Calluella yunnanensis*；蝾螈科 Salamandridae 和盘舌蟾科 Discoglossidae 各有 1 属 1 种（红瘰疣螈 *Tylototriton verrucosus*、大蹼铃蟾 *Bombina maxima*），在科的组成上占 75.0%，但其所含物种仅占 48.4%。

爬行类则仅有 1 目（2 亚目）：有鳞目 SQUAMATA 蜥蜴亚目 LACERTILIA 和蛇亚目 SERPENTES。蜥蜴亚目有 4 科 8 属 14 种；蛇亚目有 4 科 17 属 21 种，种数占云南爬行动物物种总数的 13.0%。爬行动物科的数量也不多，仅 8 科，其中游蛇科 Colubridae 有 11 属 15 种（占该区爬行动物物种总数的 42.8%），其次是鬣蜥科 Agamidae 和壁虎科 Gekkonidae 各有 5 种，此 3 科物种（共 25 种）占了该地区爬行动物物种总数的 71.4%。蝰科 Viperidae 和石龙子科 Scincidae 各 3 种，其他科中，尚有盲蛇科 Typhlopidae 1 种，即大盲蛇 *Typholps diardii*；眼镜蛇科 Elapidae 2 种，即孟加拉眼镜蛇 *Naja kaouthia* 和眼镜王蛇 *Ophiophagus hannah*。

② 区系组成

隆阳区 112 种哺乳动物中有狼 *Canis lupus*、貉 *Nyctereutes procyonoides*、黄鼬 *Mustela sibirica* 等古北种 3 种（占本区兽类总数的 2.68%）以及一些世界性的广布种，如与人类伴生而遍布世界各地的小家鼠 *Mus musculus* 及广布于欧亚大陆、北非及主要起源于古北区向南延伸分布至东洋区的大棕蝠 *Eptesicus serotinus*、赤狐 *Vulpes vulpes*、豺 *Cuon alpinus*、水獭 *Lutra lutra*、丛林猫 *Felis chaus*、豹猫 *Prionailurus bengalensis*、豹 *Panthera pardus*、虎 *Panthera tigris*、野猪 *Sus scrofa*、巢鼠 *Micromys minutus*11 种（约占本区兽类总数的 9.82%），其余 98 种（占本区兽类总数的 87.5%）为属东洋界性质的物种（亚洲热带-亚热带种、东南亚热带-南中国-喜马拉雅种、喜马拉雅-横断山特有种、横断山区特有种、南中国特有种等）。尽管这 98 个物种具东洋区性质，但也有不少物种为主要起源和分布在亚洲热带、南亚热带向北延伸分布至温带，包括喜马拉雅水鼩 *Chimarrogale himalayica*、中缅树鼩 *Tupaia belangeri*、大马蹄蝠 *Hipposideros armiger*、双色蹄蝠 *Hipposideros bicolor*、亚洲长翼蝠 *Miniopterus fuliginosa*、猕猴 *Macaca mulatta*、中国穿山甲 *Manis pentadactyla*、黑熊 *Selenarctos thibetanus*、鼬獾 *Melogale moschata*、猪獾 *Arctonyx collaris*、大灵猫 *Viverra zibetha*、小灵猫 *Viverricula indica*、果子狸 *Paguma larvata*、食蟹獴 *Herpestes urva*、金猫 *Catopuma temminckii*、云豹 *Neofelis nebolusa*、毛冠鹿 *Elaphodus cephalophus*、赤麂 *Muntiacus vaginalis*、水鹿 *Rusa unicolor*、中华鬣羚 *Capricornis milneedwardsii*、川西斑羚 *Naemorhedus griseus*、红白鼯鼠 *Petaurista alborufus*、灰头小鼯鼠 *Petaurista caniceps*、丛耳飞鼠 *Belomys pearsoni*、赤腹松鼠 *Callosciurus erythraeus*、泊氏长吻松鼠 *Dremomys pernyi*、隐纹花鼠 *Tamiops swinhoei*、东亚屋顶鼠 *Rattus brunneusculus*、大足鼠 *Rattus nitidus*、社鼠 *Niviventer confucianus*、白腹巨鼠 *Leopoldamys edwardsi*、锡金小鼠 *Mus pahari*、板齿鼠 *Bandcota indica*、豪猪 *Hystrix brachyuran* 等 34 种为西南区、华南区和华中区的共有种（占本区兽类总数 30.36%）。在东洋界物种中，同时在华中区分布物种只有小灵猫（*Viverricula indica*）和银星竹鼠（*Rhizomys pruinosus*）2 种，其余西南区特有物种 24 种（占本区兽类总数的 21.43%）。由此可见，隆阳区哺乳动物区系组成中西南区与华南区和西南区共有、西南区与华南区共有物种相对较多，但也有较大比例的西南区成分，表现出较强的西南区区系特征，在我国动物地理区划中属于东洋界西南区动物区系。

依据所记录各种鸟类在该地区的采集、观察时间，并参照有关文献记载，判定所记录各种鸟类的居留情况，统计结果表明隆阳区所记录的384种鸟类中：常年居留于隆阳区的留鸟（Resident birds，以R表示），计281种，占所录鸟类的73.18%；仅春末夏初迁至该地区，夏末秋初迁离的夏候鸟（Summer Breeders，以S或B表示），计42种，占所录鸟类的10.94%；秋末冬初由北方迁飞至此地越冬的冬候鸟（Winter visitors，以W表示）或旅经该地再向南迁的旅鸟（Birds encountered during migration，以M表示），在本地鸟类中既是冬候鸟也是旅鸟共计14种，占所录鸟类的3.64%。其中不在本地越冬，仅旅经该地再向南迁的旅鸟仅记录有2种，占所录鸟类的0.51%。所以，隆阳区所记录鸟的种类以留鸟为主，冬候鸟和夏候鸟次之，旅鸟的种数为最少。

因为鸟类具有迁徙习性，所以，每种鸟的区系从属是视其主要繁殖区域而定。依据郑作新《中国鸟类区系纲要》（1987）所列各种鸟类的地理分布情况，在隆阳区所记录的384种鸟类中，在该地区繁殖的鸟类（含留鸟、夏候鸟和繁殖鸟）共计323种，占所记录鸟类的84.11%。其中繁殖区域主要在东洋界的鸟类，计260种，占80.50%；繁殖区域广布于东洋、古北两大界的鸟类，计3种，占0.93%；繁殖区域主要在古北界的鸟类，计17种，占5.26%；此外褐喉沙燕 *Riparia paludicola* 属于东洋界和旧热带界的共有种。综上所述，隆阳区鸟类的区系构成以东洋界成分为主，与郑作新（1987）和张荣祖（1999）的划分相符。

隆阳区所记录的两栖类动物物种绝大部分为西南区成分，共有22种，占该地区全部两栖类31种的71.0%；东洋界广布种有6种；华中-西南区的物种1种（华西蟾蜍 *Bufo andrewsi*）。爬行类东洋界广布种有10种，占该地区爬行动物的28.6%；西南区和华南区物种分别为8种和6种；其他物种是西南-华南区、华中-西南区、华中-华南区物种各3种（斑蜓蜥 *Sphenomorphus maculatum*、大盲蛇 *Typholps diardii*、颈斑蛇 *Plagiopholis blakewayi*、黑线乌梢蛇 *Zaocys nigromarginatus*、细蛇蜥 *Ophisaurus gracilis*、菜花烙铁头 *Protobothrops jerdonii*、绿锦蛇 *Elaphe prasina*、繁花林蛇 *Boiga multomaculata*、腹斑腹链蛇 *Amphiesma modesta*）。而广布于东洋界和古北界的物种有4种，即泽蛙 *Rana limnocharis*、黑斑蛙 *Rana nigromaculata*、黑眉锦蛇 *Elaphe taeniura*、红脖颈槽蛇 *Natrix sublminiata*。外来物种红耳龟 *Chrysemys scripta* 未计入区系分析。根据张荣祖《中国动物地理》（1999）所列出的两栖爬行动物地分布情况，市隆阳区所记录的66种两栖和爬行动物类物种，主要是东洋界的种类，有4种广布于东洋界和古北界。对该地区两栖爬行动物区系成分统计说明：隆阳区的两栖和爬行动物由多种成分组成，但西南区和东洋界广布种成分居多，西南区成分30种，而东洋界广布种有16种，两者占了该区动物物种总数的69.7%。

➢ 特有种类

隆阳区有中国特有兽类15种，占本地区兽类物种数的13.39%，包括：林猬 *Meschinus* sp.、大纹背鼩鼱 *Sorex cylindricauda*、西南中麝鼩 *Crocidura vorax*、毛腿鼠耳蝠 *Myotis fimbriatus*、中华鬣羚 *Capricornis milneedwardsii*、云南兔 *Lepus comus*、侧纹岩松鼠 *Sciruotamias forresti*、高山姬鼠 *Apodemus chevrieri*、澜沧江姬鼠 *Apodemus ilex*、斑胸鼠 *Rattus yunnanensis*、安氏白腹鼠 *Niviventer andersoni*、川西白腹鼠 *Niviventer excelsior*、大绒鼠 *Eothenomys miletus*、滇绒鼠 *Eothenomys eleusis*、昭通绒鼠 *Eothenomys olitor*，其中云南兔 *Lepus comus* 和澜沧江姬鼠 *Apodemus ilex* 为云南特有种。此外，还有大爪长尾鼩鼱 *Soriculus nigrescens*、灰叶猴 *Trachypithecus phayrei*、白眉长臂猿 *Hoolock leuconedys*、黑长臂猿 *Nomascus concolor* 等为在国外有分布但在中国仅分布于云南。

中国特有鸟类 12 种，占本地区鸟类物种数的 3.13%，包括：血雉 *Ithaginis cruentus*、白尾梢虹雉 *Lophophorus sclateri*、白腹锦鸡 *Chrysolophus amherstiae*、领雀嘴鹎 *Spizixos semitorques*、棕噪鹛 *Garrulax poecilorhynchus*、画眉 *Garrulax canorus*、棕头雀鹛 *Alcippe ruficaplla*、白领凤鹛 *Yuhina diademata*、褐翅缘鸦雀 *Paradoxornis brunneus*、滇䴓*Sitta yunnanensis*、酒红朱雀 *Carpodacus vinaceus*、斑翅朱雀 *Carpodacus trifasciatus*。此外，在国外有分布但在中国仅分布于云南的种类有：肉垂麦鸡 *Vanellus indicus*、橙胸咬鹃 *Harpactes oreskios*、红腹咬鹃 *Harpactes wardi*、黑胸蜂虎 *Merops leschenaulti*、绿喉蜂虎 *Merops orientalis*、赤胸拟啄木鸟 *Megalaima haemacephala*、纵纹绿鹎 *Pycnonotus striatus*、黑喉红臀鹎 *Pycnonotus cafer*、棕头幽鹛 *Pellorneum ruficeps*、剑嘴鹛 *Xiphirhynchus superciliaris*、灰脸鹟莺 *Seicerus poliogenys*、白喉[姬]鹟 *Ficedula monileger*、大仙鹟 *Niltava grandis*、侏蓝仙鹟 *Niltavai hodgsoni*、白眉扇尾鹟 *Rhipidura aureola*、褐喉旋木雀 *Certhia discolor*、紫颊直嘴太阳鸟 *Anthreptes singalensis*、紫花蜜鸟 *Nectarinia asiatica*，共 18 种，占隆阳区鸟类物种数的 4.56%。同时，保山地处怒江山脉尾部、高黎贡山山脉之中，镶嵌于澜沧江、怒江之间。独特复杂的地理位置使得该地区具有非常丰富的鸟类资源，并拥有众多喜马拉雅山脉、横断山脉及我国西南山地的特有种，如：灰背伯劳 *Lanius tephronotus*、黄嘴蓝鹊 *Urocissa flavirostris*、金色林鸲 *Tarsiger chrysaeus*、蓝额红尾鸲 *Phoenicurus frontalis*、斑翅鹩鹛 *Spelaeornis troglodytoides*、灰胁噪鹛 *Garrulax caerulatus*、黑顶噪鹛 *Garrulax affinis*、火尾绿鹛 *Myzornis pyrrhoura*、栗喉鵙鹛 *Pteruthius melanotis*、锈额斑翅鹛 *Actinodura egertoni*、纹胸斑翅鹛 *Actinodura waldeni*、褐鸦雀 *Paradoxornis unicolor*、棕腹柳莺 *Phylloscopus subaffinis*、橙斑翅柳莺 *Phylloscopus pulcher*、灰喉柳莺 *Phylloscopus maculipennis*、锈胸蓝[姬]鹟 *Ficedulaii hodgsonii*、灰蓝[姬]鹟 *Ficedula tricolor*、绿背山雀 *Parus monticolus*、黑冠山雀 *Parus rubidiventris*、黑头长尾山雀 *Aegithalos iouschistos*、滇䴓*Sitta yunnanensis*、白尾䴓*Sitta himalayensis*、高山旋木雀 *Certhia himalayana*、褐喉旋木雀 *Certhia discolor*、藏黄雀 *Carduelis thibetana*、斑翅朱雀 *Carpodacus trifasciatus*、血雀 *Haematospiza sipahi*、金枕黑雀 *Pyrrhoplectes epauletta*、白点翅拟蜡嘴雀 *Mycerobas melanozanthos*、黄颈拟蜡嘴雀 *Mycerobas affinis* 等。

中国特有两栖动物 14 种，占该地区两栖类物种总数的 45.2%；云南特有的也有 6 种（占该地区两栖类物种总数的 19.4%），如微蹼铃蟾 *Bombina microdeladigitora*、掌突蟾 *Leptolalax pelodytoides*、景东齿蟾 *Oreolalax jingdongensis*、华西蟾蜍 *Bufo bufo*、疣棘溪蟾 *orrentophryne tuberospinia*、昭觉林蛙 *Rana chaojchiaoensis*、滇蛙 *Rana pleuraden*、双团棘胸蛙 *Paa yunnanensis*、绿点湍蛙 *Amolops viridimaculatus*、云南臭蛙 *Rana andersonii*、平疣湍蛙 *Amolops tuberodepress*、宝兴树蛙 *Polypedates dugritei* 等；此外，31 种两栖类动物中有 13 种在国内仅见于云南，如红瘰疣螈 *Tylototriton verrucosus*、微蹼铃蟾 *Bombina microdeladigitora*、沙巴拟髭蟾 *Leptobrachium chapaensis*、掌突蟾 *Leptolalax pelodytoides*、景东齿蟾 *Oreolalax jingdongensis*、缅甸溪蟾 *Bufo burmanus*、疣棘溪蟾 *Torrentophryne tuberospinia*、丽湍蛙 *Amolops bellulus*、平疣湍蛙 *Amolops tuberodepress*、绿点湍蛙 *Amolops viridimaculatus*、云南臭蛙 *Rana andersonii*、贡山雨蛙 *Hyla gongshanensis*、贡山树蛙 *Rhacophorus gongshanensis* 等，可见云南两栖动物特有程度非常高。

中国特有爬行动物 5 种，即云南半叶趾虎 *Hemiphyllodactylus yunnanensis*、山滑蜥 *Scincella monticola*、云南龙蜥 *Japalura yunnanensis*、锈链腹链蛇 *Amphiesma craspedogaster*、八线腹链蛇 *Amphiesma octolineata*；云南特有物种有 2 种，即云南半叶趾虎 *Hemiphyllodactylus yunnanensis*、云南龙蜥 *Japalura yunnanensis* 等。此外，35 种爬行动物中有 5 种在国内仅见于云南，如云南半叶趾虎 *Hemiphyllodactylus yunnanensis*、蚌西树蜥 *Calotes kakhiennsis*、白唇树蜥 *Calotes mystaceus*、云南龙蜥 *Japalura yunnanensis*、缅甸颈槽蛇 *Rhabdophis leonardi* 等。

➢ 珍稀濒危保护种类

在隆阳区记录的 892 种陆生脊椎动物中，国家 I 级重点保护野生动物 13 种，国家 II 级重点保护物种 57 种；《濒危野生动植物种国际贸易公约》（CITES）（2010）附录 I 物种 15 种，列入附录 II 物种 45 种。

在隆阳区 112 种兽类中，有 27 种（占本地区兽类的 24.11%）为国家重点保护野生动物，其中国家 I 级重点保护野生动物有蜂猴 *Nycticebus bangalensis*、熊猴 *Macaca assamensis*、灰叶猴 *Trachypithecus phayrei*、白眉长臂猿 *Hoolock leuconedys* 等 10 种，国家 II 级重点保护野生动物有猕猴 *Macaca mulatta*、短尾猴 *Macaca arctoides*、中国穿山甲 *Manis pentadactyla*、豺 *Cuon alpinus*、黑熊 *Selenarctos thibetanus* 等 17 种；有 25 种（22.32%）为 CITES 附录物种，附录 I 物种有蜂猴 *Nycticebus bangalensis*、白眉长臂猿 *Hylobates hoolock*、黑长臂猿 *Nomascus concolor*、黑熊 *Selenarctos thibetanus*、小熊猫 *Ailurus fulgens* 等 13 种，附录 II 有中缅树鼩 *Tupaia Belangeri*、猕猴 *Macaca mulatta*、熊猴 *Macaca assamensis* 等 12 种；《中国濒危动物红皮书——兽类》（1998）中列为濒危种的有：蜂猴 *Nycticebus bangalensis*、灰叶猴 *Trachypithecus phayrei*、黑冠长臂猿 *Nomascus concolor*、白眉长臂猿 *Hoolock hoolock*、云豹 *Neofelis nebulosa*、金钱豹 *Panthera pardus*、虎 *Panthera tigris*、江獭 *Lutrogale persi*、斑灵狸 *Prionodon Pardicolor*、林麝 *Moschus berezovskii*、羚牛 *Budorcas taxicolor*、黑白飞鼠 *Hylopetes alboniger* 等 11 种；《中国物种红色名录——兽类》（2004）中列为濒危种的有：蜂猴 *Nycticebus bangalensis*、灰叶猴 *Trachypithecus phayrei*、黑长臂猿 *Nomascus concolor*、白眉长臂猿 *Hoolock hoolock*、云豹 *Neofelis nebulosa*、虎 *Panthera tigris*、江獭 *Lutrogale persi*、斑灵狸 *Prionodon Pardicolor*、林麝 *Moschus berezovskii*、羚牛 *Budorcas taxicolor*、黑白飞鼠 *Hylopetes alboniger*、布氏球果蝠 *Sphaerias blanfordi*、丛林猫 *Felis chaus*、大灵猫 *Viverra zibetha*、豺 *Cuon alpinus*、水獭 *Lutra lutra*、川西斑羚 *Naemorhedus griseus* 等；在 2000 年 8 月颁布的《国家保护的有益的或者有重要经济、科学研究价值的陆生野生动物名录》中收录的物种有：树鼩 *Tupaia belangeri*、狼 *Canis lupus*、赤狐 *Vulpes vulpes*、貉 *Nyctereutes procyonoides*、黄鼬 *Mustela sibirica*、鼬獾 *Melogale moschata*、猪獾 *Arctonyx collaris*、果子狸 *Paguma larvata*、食蟹獴 *Herpestes urva*、豹猫 *Felis bengalensis*、野猪 *Sus scrofa*、赤麂 *Muntiacus muntjak*、毛冠鹿 *Elaphodus cephalophus*、云南兔 *Lepus comus*、丛耳飞鼠 *Belomys pearsoni*、红白鼯鼠 *Petaurista alborufus*、霜背大鼯鼠 *Petaurista philippensis*、黑白飞鼠 *Hylopetes alboniger*、赤腹松鼠 *Callosciurus erythraeus*、隐纹花松鼠 *Tamiops swinhoei*、橙腹长吻松鼠 *Dremomys lokriah*、泊氏长吻松鼠 *Dremomys pernyi*、侧纹岩松鼠 *Sciurotamias forresti*、豪猪 *Hystrix hodgsoni*、银星竹鼠 *Rhizomys pruinosus*、社鼠 *Niviventer confucianus* 等。

《国家重点保护野生动物名录》所列的重点保护鸟类种类，在隆阳区所记录的鸟类中，属国家 I 级重点保护鸟类有黑鹳（*Ciconia nigra*）、白尾梢虹雉（*Lophophorus sclateri*）、黑颈长尾雉（*Syrmaticus humiae*）3 种，属国家 II 级重点保护鸟类有黑翅鸢、凤头蜂鹰、[黑]鸢、褐耳鹰 *Accipiter badius*、凤头鹰、雀鹰、松雀鹰、普通鵟、林鹛*Ictinaetus malayensis*、秃鹫 *Aegypius monachus*、高山兀鹫 *Gyps himalayensis* 等 39 种；被列入《濒危野生动植物国际贸易公约》（CITES）（2010）附录 I 的种类有白尾梢虹雉和黑颈长尾雉 2 种，列入附录 II 的种类有黑鹳、黑翅鸢、凤头蜂鹰、[黑]鸢、褐耳鹰、凤头鹰等 31 种；《中国濒危动物红皮书——鸟类》（1998）中列为易危种的有黑翅鸢、凤头蜂鹰、秃鹫、血雉、红腹角雉、白腹锦鸡、褐翅鸦鹃、红头咬鹃等 8 种，列为濒危种的有黑鹳 1 种，列为稀有种的有褐耳鹰、凤头鹰、林鹛、高山兀鹫、红喉山鹧鸪、白尾梢虹雉、黑颈长尾雉、蓝胸秧鸡 *Rallus striatus*、棕背田鸡、鹛鸮、橙胸咬鹃、小盘尾 *Dicrurus remifer*、大盘尾 *Dicrurus paradiseus*、乌鹛等 14 种；《中国物种红色名录（第一卷）》（2004）中列为近危种的有白眼潜鸭、秃鹫、环颈山鹧鸪、红喉山鹧鸪、红腹角雉、橙胸咬鹃、红腹咬鹃 *Harpactes wardi* 等 19 种，列为易危种的有秃鹳 *Leptoptilos javanicus*、白尾梢虹雉、黑颈长尾雉、巨鳾*Sitta magna*、青头潜鸭 *Aythya baeri*、乌鹛等 6 种；在 2000 年 8 月颁布的《国家保护的有益的或者有重要经济、科学研究价值的陆生野生动物名录》中，收录有该区分布的 218 种鸟类。综上所述，在隆阳区内有国家重点保护鸟类、国际濒危物种 45 种，《国家保护的有益的或者有重要经济、科学研究价值的陆生野生动物名录》218 种，受国家保护的物种数共有 259 种，占保护区记录鸟类种数的 67.45%。

在 31 种两栖动物中，列入国家重点保护动物名单中的也很少，仅有国家 II 级重点保护动物 1 种，即红瘰疣螈 *Tylototriton verrucosus*，占该地区两栖动物的 3.2%；并且无任何物种列在 CITES 附录和云南省动物保护名录；在《中国濒危动物红皮书——两栖类》列有两栖类 2 种：红瘰疣螈 *Tylototriton verrucosus* 和双团棘胸蛙 *Paa yunnanensis* 等；《中国物种红色名录（第一卷）》列两栖类有微蹼铃蟾 *Bombina microdeladigitora*、沙巴拟髭蟾 *Leptobrachium chapaensis*、掌突蟾 *Leptolalax pelodytoides*、景东齿蟾 *Oreolalax jingdongensis*、疣棘溪蟾 *Torrentophryne tuberospinia*、滇蛙 *Rana pleuraden*、黑斑蛙 *Rana nigromaculata*、绿点湍蛙 *Amolops viridimaculatus* 等31种；隆阳区的31种两栖类全部被《国家保护的有益的或者有重要经济、科学研究价值的陆生野生动物名录》收录，占该地区记录种数的100%。

在爬行类中，没有物种列入国家保护动物名单，但孟加拉眼镜蛇 *Naja kaouthia* 和眼镜王蛇 *Ophiophagus hannah* 被列入 CITES 附录 II 和云南省动物保护名录中；在《中国濒危动物红皮书——爬行类》列有王锦蛇 *Elaphe carinata*、黑眉锦蛇 *Elaphe taeniura*、黑线乌梢蛇 *Zaocys nigromarginatus*、孟加拉眼镜蛇 *Naja kaouthia* 等5种；《中国物种红色名录（第一卷）》中列有原尾蜥虎 *Hemidactylus bowringii*、白唇树蜥 *Calotes mystaceus*、变色树蜥 *Calotes versicolor*、棕背树蜥 *Calotes emma*、云南龙蜥 *Japalura yunnanensis*、蚌西树蜥 *Calotes kakhiennsis* 等31种；隆阳区的35种爬行动物全部被《国家保护的有益的或者有重要经济、科学研究价值的陆生野生动物名录》收录，占该地区记录种数的100%。

（4）大型真菌物种多样性

根据文献资料及实地调查结果，隆阳区有大型真菌2门5纲15目39科76属185种。以担子菌门物种占绝对优势，约占92.5%，仅7.5%为子囊菌门；在纲级水平上，隆阳区大型真菌物种以伞菌纲（Agaricomycetes）物种为主，约占92.5%；在目级水平上，在15个目中，物种数排占前三位的为蘑菇目（Agricales，46.8%）、牛肝菌目（Boletales，18.6%）、红菇目（Russulales，12.2%），剩下依次为多孔菌目（Polyporales）、革菌目（Thelephorales）、鸡油菌目（Cantharellales）等13目，共占22.4%。

调查中发现有珍稀濒危物种有如松茸（*Tricholoma matsutake*）、印度块菌（*Tuber indicum*）、盾尖鸡枞菌（*Termitomyces clypeatus*）等，由于这些物种都是美味的食用菌，人们对这些物种的破坏比较严重，但除松茸外，其他种并未纳入国家或者省级的保护物种名录中。

隆阳区野生食用菌的种类非常丰富。据调查，该区重要的野生食用菌有褐牛肝菌 *Boletus aereus*、美网柄牛肝菌 *Boletus reticulatus*、红蜡蘑 *Laccaria laccata*、各种鸡油菌 *Cantharellus* spp.、侧耳 *Pleurotus* spp.、多种蚁巢伞（鸡枞菌）*Termitomyces* spp.、多汁乳菇 *Lactarius volemus*、变绿红菇 *R. virescens*、多种枝瑚菌 *Ramaria* spp.、香肉齿菌 *Sarcodon aspratum* 等（应建浙等，1982；应建浙，1994；卯晓岚，1998；戴玉成等，2010）。

药用真菌，若按药用功效将可分为具抗肿瘤活性的种类，如鸡油菌 *Cantharellus* spp. 等；作用于消化系统的种类，如蚁巢伞（鸡棕）*Termitomyces* spp.等。能抑制细菌、真菌和病毒的种类，如小皮伞 *Marasmius* spp.等。马勃 *Lycoperdon* spp.有止血、活血、消炎祛痛的作用；黄粉末牛肝菌 *Pulveroboletus ravenelii* 可止外伤出血（刘波，1978；应建浙等，1987）。印度块菌（*Tuber indicum*）、鸡枞菌具有抗癌活性，对癌细胞有一定的抑制作用，可以激发脑细胞活力。

在隆阳区也有不少毒蘑菇，其中毒类型有以下几种：胃肠类型（如毒红菇 *Russula emetica*、白乳菇 *Lactarius piperatus* 等）、神经精神型（小美牛肝菌 *Boletus speciosus*，吃多会引起致幻）、溶血型（如白马鞍菌 *Helvella crispa*）、肝脏损害型、呼吸循环衰竭型和光过敏性皮炎型（中国科学院微生物研究所真菌组，1979；卯晓岚，1987，2006）。

4.13.4 小结

系统调查整理完成了隆阳区高等植物、陆生脊椎动物和大型真菌物种编目，并建立了数据库，为国家和地方生物多样性保护提供技术资料。隆阳区新增加蕨类植物 50 种，裸子植物 8 种，被子植物 1 399 种。有部分大型真菌新种或新记录种发现。经分类鉴定，本次调查有部分新种或新记录种发现，主要集中于牛肝菌类、丝膜菌属、红菇属以及丝盖伞属。

4.14 香格里拉县生物多样性现状①

4.14.1 自然概况

香格里拉县位于云南省西北部、迪庆藏族自治州东部，地处滇、川、藏大三角交汇地带，东经 99°22′～100°19′、北纬 26°52′～28°52′。东与四川省稻城县相连，东南与云南省香格里拉县、维西县、德钦县隔江相望，西北与四川省得荣县、乡城县为邻。全县国土总面积 11 613 km^2，是云南省面积最大的县。县境地形西北高、东南低，最高点巴拉格宗海拔 5 545 m，最低点洛吉乡吉函海拔 1 503 m，海拔高差 4 042 m。

境内河流全属金沙江水系，除金沙江干流外，境内共有大小河流 244 条，其中，多年平均流量在 3.7～43.7m^3/s 的一级支流有硕多岗、冈曲、东旺河、尼汝河、吉仁河、浪都河、安南河、良美河、汤满河、安乐河、白水河、麦地河等 13 条，总长 545 km，流域面积 8 065.9 km^2，分别在不同河段注入金沙江。

香格里拉雪山耸峙，峡谷深切，高原、山地、河谷自然环境垂直差异明显，光、热、水、草和畜群组合因地而异，为典型的立体畜牧业县份。香格里拉县辖 4 镇、7 乡，依次为建塘镇、虎跳峡镇、小中甸镇、金江镇、上江乡、三坝乡、洛吉乡、格咱乡、东旺乡、尼西乡、五境乡。包括 61 个村（居）民委员会，688 个村民小组。

4.14.2 组织实施

植物调查组先后对香格里拉县境内的 11 个乡镇，以及境内的碧塔海省级自然保护区、纳帕海省级自然保护区和哈巴雪山省级自然保护区进行了野外调查，调查区域的海拔范围

① 香格里拉县植被类型与植物多样性由西南林业大学杜凡教授组织调查和提供数据；动物多样性由西南林业大学韩联宪教授组织调查和提供数据；大型真菌多样性由中科院昆明植物研究所刘培贵研究员组织调查和提供数据。

从县域境内最低海拔（金沙江边 1 778 m），到 4 600 m 的雪山流石滩，尤其加强了对以往调查未涉及的高寒及偏远地区的调查，累计共采集植物标本 3100 号；动物调查组先后在香格里拉建塘镇、虎跳峡镇、格咱乡、尼西乡、五境乡、东旺乡、洛吉乡、小中甸镇、尼汝乡共 9 个乡镇布设调查样区进行了兽类、鸟类、两栖爬行类调查，采集小兽标本 47 号、鸟类标本 65 号、两栖爬行动物标本 250 号；大型真菌调查组两次分别对天池、纳帕海、天生桥等地进行了大型真菌的调查与标本采集，调查共采集标本 100 余份。

4.1.14.3　主要成果

（1）植被类型组成

根据《云南植被》记载，香格里拉县共有 9 个植被型，17 个植被亚型，71 个群系。本次调查了 96 个样地，共有 6 个植被型，11 个植被亚型，21 个群系，新增了 1 个群系——半湿润常绿阔叶林的白穗石栎林（Form. *Lithocarpus leucostachyus*）。

表 4-63　香格里拉县陆生植被类型

香格里拉县陆生植被类型
Ⅰ 常绿阔叶林
（Ⅰ）半湿润常绿阔叶林
（一）白穗石栎林（Form. *Lithocarpus leucostachyus*）*
（Ⅱ）山顶矮林
（一）假乳黄杜鹃、苍山冷杉群系（Form. *Rhododendron rex* var. *fictolacteum*，*Abies delavayi*）
（二）突尖杜鹃、青冈群系（Form. *Rhododendron sinogrande*，*Cyclobalanopsis* spp.）
（三）紫玉盘杜鹃、宽钟杜鹃群系（Form. *Rhododendron uvarifolium*，Rh. *beesianum*）
Ⅱ 硬叶常绿阔叶林
（Ⅰ）寒温山地硬叶常绿阔叶林
（一）黄背栎群系（Form. *Quercus pannosa*）**
（二）灰背栎群系（Form. *Quercus senescens*）
（三）长穗高山栎群系（Form. *Quercus longispica*）
（四）帽斗栎群系（Form. *Quercus guayavaefolia*）
（五）川滇高山栎群系（Form. *Quercus aquifolioides*）
（Ⅱ）干热河谷硬叶常绿阔叶林
（一）铁橡栎群系（Form. *Quercus cocciferoides*）**
（二）光叶高山栎群系（Form. *Quercus rehderiana*）
（三）铁橡栎、尖叶木犀榄群系（Form. *Quercus cocciferoides*，*Olea ferruginea*）
Ⅲ 落叶阔叶林
（Ⅰ）寒温性落叶阔叶林
（一）川杨、川白桦群系（Form. *Populus szetchuanica*，*Betula platyphylla* var. *szetchuanica*）
（Ⅱ）暖温性落叶阔叶林
（一）槲树群系（Form. *Quercus dendata* var. *oxyloba*）
（二）旱冬瓜群系（Form. *Alnus nepalensis*）
（三）槭树、桦木群系（Form. *Acer* spp.，*Betula* spp.）
（四）滇白杨、清溪杨群系（Form. *Populus rotundifolia* var. *bonatii* & var. *duclouxiana*）

（五）乌柳群系（Form. *Salix cheilophila*）

Ⅳ 暖性针叶林

（Ⅰ）暖温性针叶林

（一）云南松群系（Form. *Pinus yunnanensis*）**

（二）华山松群系（Form. *Pinus armandii*）**

Ⅴ 温性针叶林

（Ⅰ）温凉性针叶林

（一）云南铁杉群系（Form. *Tsuga dumosa*）

（二）高山松群系（Form. *Pinus densata*）**

（三）曲枝圆柏群系（Form. *Sabina recurva*）

（四）滇藏方枝柏群系（Form. *Sabina wallichiana*）**

（五）小果垂枝柏林（Form. *Sabina recurva* var. *coxii*）

（Ⅱ）寒温性针叶林

（一）丽江云杉群系（Form. *Picea likiangensis*）**

（二）长苞冷杉群系（Form. *Abies georgei*）**

（三）急尖长苞冷杉（Form. *Abies georgei* var. *smithii*）

（四）苍山冷杉群系（Form. *Abies delavayi*）

（五）怒江冷杉群系（Form. *Abies nukiangensis*）

（六）大果红杉林（Form. *Larix potaninii Batalin* var. *macrocarpa*）

Ⅵ 竹林

（Ⅰ）寒温性竹林

（一）箭竹群系（Form. *Fargesia* spp.）

（二）玉山竹群系（Form. *Yushania* spp.）

Ⅶ 稀树灌木草丛

（Ⅰ）暖湿性稀树灌木草丛

（一）含锥连栎、明油子的稀树中草草丛（Form. *Middle Grassland containing Quercus franchetii*，*Dodonea angustifolia*）

（二）含云南松、珍珠花的稀树灌木中草草丛（Form. *Middle Grassland containing Pinus yunnanensis*，*Lyonia ovalifolia*）

（三）含云南松、矮高山栎的稀树灌木低草草丛

（四）含华山松、碎米花杜鹃的中草草丛（Form. *Mid grassland containing Pinus armandi*，*Rhododendron spiciferum*）

Ⅷ 灌丛

（Ⅰ）寒温性灌丛

（一）毛喉杜鹃灌丛（Form. *Rhododendron cephalanthum*）**

（二）腺房杜鹃灌丛（Form. *Rhododendron adenogynum*）**

（三）川滇杜鹃灌丛（Form. *Rhododendron trailleanum*）

（四）腺萼杜鹃灌丛（Form. *Rhododendron balfourianum*）

（五）豆叶杜鹃、红棕杜鹃灌丛（Form. *Rhododendron heliolepis* & *Rh. rubiginosum*）

（六）灰背杜鹃灌丛（Form. *Rhododendron hippophaeoides*）

（七）短柱杜鹃灌丛（Form. *Rhododendron brevistylum*）

（八）腋花杜鹃灌丛（Form. *Rhododendron racemosum*）

（九）锈叶杜鹃灌丛（Form. *Rhododendron siderophyllum*）

（十）露珠杜鹃灌丛（Form. *Rhododendron irroratum*）

（十一）扇叶垫柳灌丛（Form. *Salix flabellaris*）
（十二）青藏垫柳灌丛（Form. *Salix lindleyana* & var. *microphylla*）
（十三）乌柳灌丛（Form. *Salix cheilophila*）
（十四）箭叶锦鸡儿灌丛（Form. *Caragana jubata*）
（十五）香柏灌丛（Form. *Sabina pingii* var. *wilsonii*）
（十六）矮高山栎灌丛（Form. *Quercus monimotricha*）
（十七）沙棘灌丛（Form. *Hippophoae rhamnoides* var. *yunnanensis*）
（十八）水柏枝灌丛（Form. *Myricaria germanica*）**
（十九）平卧怒江杜鹃（Form.*Rhododendron saluenense* var. *prostratum*）**
（Ⅱ）暖性石灰岩灌丛
（一）铁子、金花小檗灌丛（Form. *Myrsine africana*，*Berberis wilsonae*）
（二）滇北蔷薇灌丛（Form. *Rosa mairei*）
（三）马桑灌丛（Form. *Coriaria nepalensis*）
（四）华榛灌丛（Form.*Corylus chinensis*）**
（五）清香木灌丛（Form.*Pistacia weinmannifolia*）**
（Ⅲ）干热灌丛
（一）白刺花灌丛（Form. *Sophora viciifolia*）**
（二）矮黄栌灌丛（Form. *Cotinus nana*）
（三）云南山蚂蝗灌丛（Form. *Desmodium yunnanensis*）**
Ⅸ 草甸
（Ⅰ）亚高山草甸
（一）羊茅草甸（Form. *Festuca ovina* & *F.*spp.）
（二）西南鸢尾、橐吾草甸（Form. *Iris bulleyana*，*Ligularia* spp.）**
（三）银莲花、委陵菜草甸（Form. *Anemone* spp.，*Potentilla* spp.）
（四）圆苞大戟草甸（Form.*Euphorbia griffithii*）**
（Ⅱ）亚高山沼泽草甸
（一）华扁穗草沼泽草甸（Form. *Blysmus sinocompressus*）
（二）矮地榆沼泽草甸（Form. *Sanguisorba filiformis*）
（三）报春花、海水仙、马先蒿群落（Form.*Primula* spp.，*Pedicularis* spp.）
（四）葱状灯心草沼泽草甸（Form. *Juncus allioides* & *J.*spp.）
（五）云雾薹草（Form.*Carex nubigena*）**
（Ⅲ）高山草甸
（一）鞘茎嵩草草甸（Form. *Kobresia tunicata* & *K.* spp.）
（二）狭叶人参果、嵩草草甸（Form. *Potentilla stenophylla*，*Kobresia* spp.）**

注：加*的为文献中没有记载，此次调查增加的群系；加**的为调查中调查到的以往文献也有记载的群系。

（2）植物物种多样性

➢ 物种组成

根据调查资料和《云南植物志》记载统计，香格里拉县苔藓植物有 53 科 154 属 314 种；蕨类植物有 32 科 56 属 202 种；裸子植物 5 科 15 属 32 种；被子植物有 161 科 916 属 3 694 种。

表 4-64　植物分类群数量统计

分类群	科	比例/%	属	比例/%	种	比例/%
苔藓植物	53	20.38	154	13.29	314	7.28
蕨类植物	32	12.69	56	4.92	202	4.73
裸子植物	5	1.92	15	1.29	32	0.77
被子植物	161	65.00	916	80.50	3 694	87.23
双子叶植物	144	56.54	724	63.42	3 055	72.14
单子叶植物	17	8.46	192	17.08	639	15.09
合计	251		1 141		4 242	

香格里拉县苔藓植物有 53 科，含有 2～4 种的科最多，有 17 科，如锦藓科、毛叶苔科、帽藓科；其次是含有 1 种的科，如绒苔科、兔耳苔科、万年藓科、溪苔科、细鳞苔科、烟杆藓科等 16 科，但种数只有 16 种；位于第三的是大于 10 种的科，如丛藓科、柳叶藓科、真藓科、灰藓科、提灯藓科、青藓科、金发藓科、羽藓科、蔓藓科、牛毛藓科等 11 科，占种数的一半以上。因此，可看出，植物的种类主要是由一些中小型科组成。香格里拉县的植物共有 154 属，其中大于 10 种的大属有 3 属，即 *Dicranum*、*Didymodon*、*Bryum*；含有 1 种的属最多，有 100 属，如 *Aulacomnium*、*Barbella*、*Bellibarbuia*、*Bryoerythrophyllum*、*Buxbaumia* 等；而含有 2～4 种的属其次，有 43 属，如 *Dicranodontium*、*Drepanocladus*、*Funaria*、*Gymnostomum*、*Mnium* 等，这 43 属含有的种数最多，共 107 种。可看出，构成该地区的主要属是含有 2～4 种和含有 1 种的属。

蕨类植物最大的为鳞毛蕨科 Dryopteridaceae（4 属 37 种），水龙骨科 Polypodiaceae（8 属 32 种），蹄盖蕨科 Athyriaceae（7 属 24 种），中国蕨科 Sinopteridaceae（7 属 24 种）；在蕨类植物的 56 属中，最大的属鳞毛蕨科的耳蕨属 *Polystichum*（18 种），鳞毛蕨属 *Dryopteris*（16 种），水龙骨科瓦韦属 *Lepisorus*（10 种），还有中国蕨科粉背蕨属 *Aleuritopteris*、铁角蕨科铁角蕨属 *Asplenium*、铁线蕨科铁线蕨属 *Adiantum* 都有 10 种。文献记载香格里拉有蕨类植物 159 种，两年调查后新增加了 43 种。

裸子植物的 5 科从大到小为松科 Pinaceae（8 属 22 种），柏科 Cupressaceae（3 属 6 种），麻黄科 Ephederaceae（1 属 3 种），红豆杉科 Taxaceae（2 属 4 种），杉科 Taxodiaceae（1 属 1 种）；裸子植物的 15 属中，最大的属为松科的冷杉属 *Abies*（7 种），松属 *Pinus*（4 种），柏科圆柏属 *Sabina*（4 种），云杉属 *Picea*（3 种），麻黄科麻黄属 *Ephedra*（3 种）。文献记载香格里拉有裸子植物 29 种，调查后新增加了 3 种。

香格里拉县是云南省分布被子植物种类最丰富的县之一。其中，双子叶植物共有 144 科 724 属 3 055 种。双子叶植物的 144 科中，最大的科为菊科 Compositae（127 属 392 种）、蔷薇科 Rosaceae（37 属 235 种）、蝶形花科 Papilionaceae（47 属 150 种）、唇形科 Labiatae（40 属 156 种）；最大的属为杜鹃花科杜鹃花属 *Rhododendron*（74 种），虎耳草科的虎耳草属 *Saxifraga*（63 种），菊科的风毛菊属 *Saussurea*（53 种），报春花科的报春花属 *Primula*

（51 种），橐吾属 *Ligularia*（40 种）。文献记载香格里拉有双子叶植物 2 473 种，调查后新增加了 582 种。单子叶植物共有 17 科 192 属 639 种。单子叶植物的 17 科中，最大的科为禾本科 Poaceae（85 属 265 种），兰科 Orchidaceae（44 属 121 种）、百合科 Liliaceae（19 属 72 种）、莎草科 Cyperaceae（11 属 68 种）；最大的属为禾本科早熟禾属 *Poa*（43 种），莎草科薹草属 *Carex*（39 种），灯心草科灯心草属 *Juncus*（32 种），禾本科羊茅属 *Festuca*（19 种）。文献记载香格里拉有单子叶植物 585 种，调查新增加了 54 种。

➢ 特有种类

根据实际调查及文献记载，香格里拉县共有中国特有植物 2 317 种，此次调查与文献记录相对比，增加的中国特有种 321 种。由这个数字看来，香格里拉县的中国特有植物极为丰富。香格里拉县共有云南特有植物 421 种，与文献记载相比，增加的云南特有植物有 101 种，主要物种有暗紫鼠尾 *Salvia atropurpurea*、滇水金凤 *Impatiens uliginosa*、洱源囊瓣芹 *Pternopetalum molle*、高丛珍珠梅 *Sorbaria arborea*、尖叶铁仔 *Myrsine africana* var. *acuminata*、无斑梅花草 *Parnassia epunctulata*、异叶薯蓣 *Dioscorea biformifolia* 等。香格里拉共有狭域特有种 120 种，主要包括格咱乌头 *Aconitum gezaense*、拟康定乌头 *Aconitum rockii*、竞生乌头 *Aconitum yangii*、雪山无心菜 *Arenaria schneideriana*、短茎紫菀 *Aster brevis*、鞭枝碎米荠 *Cardamine rockii*、中甸翠雀花 *Delphinium yunanum*、中甸溲疏 *Deutzia zhongdianensis*、矮生柳叶菜 *Epilobium kingdonii*、变绿异燕麦 *Helictotrichon virescens*、中甸龙胆 *Gentiana chungtienensis*、中甸十大功劳 *Mahonia bracteolata* var. *zhongdianensis*、中甸鹿药 *Maianthemum zhongdianense*、帚状香茶菜 *Rabdosia scoparia*、宝兴茶藨子 *Ribes moupinense* var. *moupinense*、开萼鼠尾 *Salvia bifidocalyx*、横纹虎耳草 *Saxifraga subaequifoliata* var. *stiata*、中甸黄芩 *Scutellaria chungtienensis*、紫苏叶黄芩 *Scutellaria coleifolia*、灌丛蝇子草 *Silene dumetosa*、绶草 *Spiranthes sinensis*、中甸东俄芹 *Tongoloa zhongdianensis* 等。

➢ 珍稀濒危保护种类

调查核实表明，香格里拉县分布国家 I 级保护植物 2 种，即云南红豆杉 *Taxus yunnanensis*、玉龙蕨 *Sorolepidium glaciale*，其中云南红豆杉木材细致，纹理均匀，硬度大，韧性强，干后少挠裂，为优良的建筑、桥梁、家具、器具、车辆等用材，可作产区的造林树种，因此砍伐比较严重；国家 II 级保护植物有 7 种，隶属于 6 科 7 属，包括油麦吊云杉 *Picea brachytyla* var. *complanata*、金铁锁 *Psammosilene tunicoides*、山莨菪 *Anisodus tanguticus*、金荞麦 *Fagopyrum dibotrys*、中国蕨 *Sinopteris grevilleoides*、云南榧木 *Torreya yunnanensis*、子宫草 *Skapanthus oreophilus* var. *oreophilus*，其中，云南榧树木材坚实，纹理细致均匀，耐腐性强；可作建筑、桥梁、家具、器具、农具等用材，种子可食，亦可榨油供食用、药用及工业用。

云南省 II 级保护植物有 5 种，隶属于 5 科 5 属，分别为梭沙贝母 *Fritillaria delavayi*、高河菜 *Megacarpaea delavayi* var. *delavayi* f. *delavayi*、贯叶马兜铃 *Aristolochia delavayi*、沧江新樟 *Neocinnamomum mekongense* 和高盆樱桃 *Cerasus cerasoides*；云南省 III 级保护植物

有 14 种，隶属于 14 科 14 属，分别为长梗润楠 *Machilus longipe*、云南甘草 *Glycyrrhiza yunnanensis*、优贵马兜铃 *Aristolochia gentilis*、川八角莲 *Dysosma veitchii*、拟耧斗菜 *Paraquilegia microphylla*、异腺草 *Anisadenia pubescens*、滇瑞香 *Daphne feddei*、绵参 Eriophyton wallichii、三分三 *Anisodus acutangulus*、丁茜 *Trailliaedoxa gracilis*、穿心莛子藨 *Triosteum himalayanum*、紫金龙 *Dactylicapnos scandens*、厚叶钻地风 *Schizophragma crassum*、丽江雪胆 *Hemsleya lijiangensis* 等。

CITES 名录附录Ⅱ122 种，隶属于 3 科 42 属，主要是兰科、红豆杉科植物，主要包括雅致杓兰 *Cypripedium elegans*、香格里拉杓兰 *Cypripedium forrestii*、雅致角盘兰 *herminium glossophyllum*、西藏无柱兰 *Amitostigma tibeticum*、云南红豆杉 *Taxus yunnanensis* 等。

➢ 资源类群

① 材用树种

用材树种约有 111 种，较为典型的有长苞冷杉 *Abies georgei* var. *georgei*、中甸冷杉 *Abies ferreana*、云南油杉 *Keteleeria evelyniana*、油麦吊云杉 *Picea brachytyla* var. *complanata*、高山松 *Pinus densata*、云南铁杉 *Tsuga dumosa*、丽江铁杉 *Tsuga forrestii* 等。这些材用树种主要用于建造桥梁、家具、器具、农具等。

香格里拉县地处高寒山区，当地居民一年四季主要以木柴取暖。当地的少数民族以藏族为主，在传统典型的藏族民居中，建筑物都是木质结构，如木片瓦，虽然现在有所减少，但是仍在使用，还有巨大的木柱，柱子直径越大，越能显示家庭的显赫地位。所以香格里拉县对材用树种资源的破坏比较泛滥，导致材用树种资源损失严重，由于多年来不断的砍伐，大径级的用材植株很罕见。

② 药用植物

香格里拉县的药用植物较多，约有 1 023 余种，较为典型的有粗茎贝母 *Fritillaria crassicaulis*、梭沙贝母 *Fritillaria delavayi*、雪莲（*Saussurea* spp.）、党参 *Codonopsis macrocalyx*、红花龙胆 *Gentiana rhodantha*、马耳山龙胆 *Gentiana Maeulchanensis*、柴胡红景天 *Rhodiola bupleuroides*、云南红景天 *Rhodiola yunnanensis*、短柄乌头 *Aconitum brachypodum*、金铁锁 *Psammosilene tunicoides*、飞龙掌血 *Toddalia asiatica*、云南小蘖 *Berberis yunnanensis*、红毛七 *Caulophyllum robustum*、南方山荷叶 *Diphylleia sinensis*、川八角莲 *Dysosma veitchii*、桃儿七 *Sinopodophyllum hexandrum* 等。

这些药用植物大多是在当地的民间广为流传，随着旅游业的发展，很多草药正被不断地商品化。

市场调查发现农贸市场随处可见贝母、雪莲、党参、红景天等药材出售，有些药材年销售量达上千斤。香格里拉还成立了药用植物有限公司，主要经营药材的引种、驯化、繁育和栽培，使得一些民间药材更为规模化、商品化。

③ 园林绿化植物

香格里拉县园林绿化植物约有 300 种，性状包括乔木、灌木、草本和藤本，种类繁多，尤其以高山花卉类最为著名，园林绿化和观赏花卉植物。其中绿化树种常见的有长苞冷杉 *Abies georgei* var. *georgei*、中甸冷杉 *Abies ferreana*、云南油杉 *Keteleeria evelyniana*、油麦吊云杉 *Picea brachytyla* var. *complanata*、高山松 *Pinus densata* 等，观赏花卉植物数量最多的是报春花科、龙胆科、玄参科、罂粟科绿绒蒿、蔷薇科、杜鹃花科等，在很多群落中都出现，较为典型的有红花龙胆、马耳山龙胆、蓝钟喉毛花、秀丽绿绒蒿 *Mecomopsis venusta*、优雅绿绒蒿 *Meconopsis concinna*、总状绿绒蒿 *Meconopsis horridula* var. *racemosa*、云南杜鹃 *Rhododendron yunnanense*、重瓣棣棠花 *Kerria japonica*、垂丝海棠 *Malus halliana*、球花石楠 *Photinia glomerata* 等。

目前当地对上述野生绿化植物和野生花卉利用也较多。如冷杉、沿街草、球花石楠、各种兰花，已经充分用于园林绿化和观赏。当地主要用杜鹃花科植物作为观赏植物栽培。

另外，香格里拉的高山花卉研究所的研究人员近年来致力于研究野生花卉栽培技术，这对广泛的栽培利用野生花卉种质资源意义重大。

④ 食用植物

香格里拉县可以作为蔬菜食用，或者作为果实食用的野生植物种类丰富，约有 62 种，较为典型的有百合科的鹿药 *Maianthemum* ssp.、牛蒡 *Arctium lappa*、云南樱桃 *Cerasus yunnanensis*、野山楂 *Crataegus cuneata*、滇西山楂 *Crataegus oresbia*、黄毛草莓 *Fragaria nilgerrensis*、大刺茶藨子 *Ribes alpestre*、冰川茶藨子 *Ribes glaciale*、卵叶韭 *Alluilm ovalifolium*、假韭 *Nothoscordum gracile*、黏山药 *Dioscorea hemsleyi* 等。鹿药，茶藨子一类的食用植物，在当地广泛食用，深受当地人喜爱，可食用季节农贸市场有大量出售。

⑤ 鞣质与染料植物

香格里拉县的鞣质与染料资源植物较少，约有 6 种，较为典型的有滇杨 *Populus yunnanensis*、滇鼠刺 *Itea yunnanensis*、山杨 *Populus davidiana*、滇刺榛 *Corylus ferox*、云南双盾木 *Dipelta yunnanensis* 等。这类资源在当地利用较少。

⑥ 油料植物

油料植物约有 18 种，主要是樟科的物种，较为典型的有漆 *Toxicodendron vernicifluum*、无毛山胡椒 *Lindera kariensis*、更里山胡椒 *Lindera kariensis*、团香果 *Lindera latifolia*、绒毛山胡椒 *Lindera monghaiensis*、滇藏钓樟 *Lindera obtusiloba*、菱叶钓樟 *Lindera supracostata*、红果树 *Lindera communis*、针齿铁仔 *Myrsine semiserrata* 等。油料植物在当地利用较少，比较常见的是利用漆树果实制成漆油食用。

⑦ 香料植物

香格里拉县的香料植物主要也是樟科的，约有 20 种，较为典型的有高山木姜子 *Litsea chunii*、丽江高山木姜子 *Litsea chunii* var. *likiangensis*、灰毛莸 *Caryopteris forrestii* var. *forrestii*、地檀香 *Gaultheria forrestii*、木姜子 *Litsea pungens*、红叶木姜子 *Litsea rubescens*、滇木姜子 *Litsea rubescens* var. *yunnanensis*、绢毛木姜子 *Litsea sericea* 等。香料植物的利用也不常见，有些民族利用樟科植物的果实、叶片做食物香料。

⑧ 蜜源植物

蜜源植物主要以木樨科和樟科为主，有 100 多种，较为典型的有长叶女贞 *Ligustrum compactum*、无毛长叶女贞 *Ligustrum compantum* var. *glaburm*、黄毛润楠 *Machilus chrysotricha*、长梗润楠 *Machilus longipe*、绿叶润楠 *Machilus viridis*、滇润楠 *Machilus yunnanensis* 等。蜜源植物只要用于养蜂，出产蜂蜜。

⑨ 纤维植物

纤维植物约有 20 种，较为典型的有滇瑞香 *Daphne feddei*、白瑞香 *Daphne papyracea*、滇结香 *Edgeworthia gardneri*、马松子 *Melochia corchorifolia*、地桃花 *Urena lobata*、苎麻 *Boehmeria nivea* 等。纤维植物的利用也较少。

⑩ 其他

除上述 9 种类型的资源植物外，还有作为饲料的植物，如刺芒野古草 *Arundinella setosa*、虎尾草 *Chloris virgata*、十字马唐 *Digitaria cruciata*、牛筋草 *Eleusine indica*、知风草 *Eragrostis ferruginea*、东川画眉草 *Eragrostis mairei*、蚊子草（小画眉草）*Eragrostis minor*、黑穗画眉草 *Eragrostis nigra*、四脉金茅 *Eulalia quadrinervis* 等；还有用于造纸的植物等。

（3）动物物种多样性

➢ 物种组成

通过野外调查收集的数据，并参考相关文献资料和中国科学院昆明动物研究所标本馆、西南林业大学标本馆、云南大学标本馆收藏的香格里拉县动物标本记录，香格里拉县共记录野生陆生脊椎动物 463 种，隶属 29 目 89 科。香格里拉县陆生野生动物中各类群目、科、种数见表 4-65。

表 4-65 各类群目、科、种数及占云南、中国的比例

类群	目	科	种	种类占云南的比例/%	种类占中国的比例/%
兽类	9	31	113	40.4	26.9
鸟类	17	47	315	34.7	23.7
两栖类	2	6	16	13.91	4.98
爬行类	1	5	19	11.73	4.67
合计	29	89	463	—	—

综合本次调查数据和文献资料记载，目前共记录香格里拉县兽类 113 种，隶属 9 目 31 科；记录鸟类 315 种，隶属 17 目 47 科 4 亚科；两栖爬行动物 35 种和亚种，隶属 3 目 2 亚目 11 科，其中两栖动物 2 目 6 科 16 种和亚种，爬行动物 1 目 2 亚目 5 科 19 种和亚种。

依据整理完成的香格里拉县兽类名录，按动物地理区划进行区系组成分析，香格里拉兽类属东洋界物种 81 种，占收录物种总数的 71.7%；古北界物种 2 种，占收录物种总数的 1.8%；广布种 17 种，占收录物种总数的 15.0%，横断山区特有种 13 种，占收录物种总数的 11.5%。

鸟类中，留鸟和繁殖鸟 221 种，占鸟类物种总数的 70.2%，夏候鸟 20 种，占鸟类物种总数的 6.4%，冬候鸟 64 种，占鸟类物种总数的 20.3%，旅鸟 16 种，占鸟类物种总数的 5.1%，偶见和罕见鸟 3 种，占鸟类物种总数的 1.0%（部分鸟类同属几种居留类型）。按区系划分，繁殖区域主要在东洋界的称东洋种，计 177 种，占 56.2%；繁殖区域主要在古北界的称古北种，计 49 种，占 15.6%；繁殖区域广布于古北和东洋两界的称广布种，计 84 种，占 26.7%。东洋界物种中，繁殖区域限于横断山区的特有种计 72 种；鸟类区系成分分析表明，香格里拉县的横断山区特有种和东洋界鸟种达 56.2%，该县鸟类区系组成以东洋界成分为主。

按动物地理区划进行划分，两栖类东洋界西南区物种 14 种，占收录物种总数的 87.5%；青藏-横断山型物种 2 种，占收录物种总数的 12.5%；特有种 15 种，占收录物种总数的 93.8%。爬行类东洋界物种 17 种，占收录物种总数的 89.5%；广布种 2 种，占收录物种总数的 10.5%；特有种 7 种，占收录物种总数的 36.8%。

➢　特有种类

香格里拉有中国特有兽类 9 种，即大纹背鼩鼱、淡灰黑齿鼩鼱、高山姬鼠、澜沧江姬鼠、安氏白腹鼠、川西白腹鼠、大绒鼠、滇绒鼠、西南绒鼠，其中澜沧江姬鼠为云南特有种；中国特有鸟类 19 种，包括：斑尾榛鸡、雉鹑、血雉、白马鸡、黑颈鹤、大紫胸鹦鹉、金胸歌鸲、宝兴鹛雀、大噪鹛、棕噪鹛、橙翅噪鹛、高山雀鹛、白领凤鹛、褐翅鸦雀、棕腹大仙鹟、滇䴓、酒红朱雀、曙红朱雀；特有两栖爬行物种共有 22 种，其中两栖类有 15 种，云南特有种 8 种，即山溪鲵、疣刺齿蟾、华西雨蛙贡山亚种、金江湍蛙、腹斑倭蛙、昭觉林蛙、滇蛙和胫腺蛙；西南地区特有物种有 7 种，即乡城齿蟾、胸腺齿突蟾、刺胸齿突蟾、中华大蟾蜍华西亚种、西藏蟾蜍、无指盘臭蛙和多疣狭口蛙。爬行类有 7 种，其中云南特有种 3 种，即山滑蜥、棕网腹链蛇和乡城烙铁头；西南地区特有种 4 种，即绿草攀蜥、八线腹链蛇、颈棱蛇和高原蝮。

➢　珍稀濒危保护种类

香格里拉县记录的兽类属中国国家 I 级重点保护的有 4 种，即云豹、金钱豹、林麝、高山麝；中国国家 II 级重点保护动物有 17 种，即猕猴、中国穿山甲、豺、棕熊、黑熊、小熊猫、石貂、黄喉貂、水獭、大灵猫、斑林狸、金猫、猞猁、水鹿、中华鬣羚、川西斑羚、岩羊；云南省省级重点保护的有 3 种，即狼、云猫、毛冠鹿。列入《濒危野生动植物种国际贸易公约》（CITES）（2010）附录 I 的有 13 种，即中国穿山甲、棕熊、黑熊、小熊猫、水獭、斑林狸、云猫、金猫、猞猁、云豹、金钱豹、中华鬣羚、川西斑羚；列入附录 II 的有 9 种，即北树鼩、猕猴、狼、豺、大灵猫、小灵猫、豹猫、林麝、高山麝。列入《中国濒危动物红皮书》濒危的有 3 种，即黑熊、云猫、林麝；易危的有 14 种，即猕猴、狼、豺、棕熊、小熊猫、石貂、水獭、大灵猫、豹猫、金猫、猞猁、云豹、金钱豹、川西斑羚。

依据香格里拉县鸟类名录，属国家 I 级重点保护动物的有 7 种，即黑鹳、金雕、胡兀鹫、白尾海雕、斑尾榛鸡、雉鹑、黑颈鹤。属国家 II 级重点保护动物的有 29 种，即白琵鹭、大天鹅、黑鸢、雀鹰、松雀鹰、褐耳鹰、大鵟、普通鵟、毛脚鵟、秃鹫、高山兀鹫、白尾鹞、蛇雕、鹗、游隼、灰背隼、红隼、血雉、红腹角雉、白马鸡、勺鸡、白腹锦鸡、灰鹤、楔尾绿鸠、大紫胸鹦鹉、灰头鹦鹉、雕鸮、灰林鸮、白腹黑啄木鸟。属云南省级保护动物的有 1 种，即斑头雁。列入《濒危野生动植物种国际贸易公约》（CITES）（2010）附录 I 的有 4 种，即白尾海雕、游隼、白马鸡、黑颈鹤；列入附录 II 的鸟类有 20 种，即黑鹳、黑鸢、雀鹰、松雀鹰、褐耳鹰、大鵟、普通鵟、毛脚鵟、金雕、秃鹫、胡兀鹫、白尾鹞、蛇雕、鹗、灰背隼、红隼、血雉、灰鹤、大紫胸鹦鹉、灰头鹦鹉。列入《中国濒危动物红皮书》濒危的有 3 种，即黑鹳、斑尾榛鸡、黑颈鹤；易危的有 10 种，即白琵鹭、大天鹅、金雕、秃鹫、胡兀鹫、蛇雕、雉鹑、血雉、红腹角雉、白腹锦鸡；无极危种。

香格里拉县记录的 35 种两栖爬行动物中，被《中国濒危动物红皮书》列入“易危”的有 4 种，即双团棘胸蛙、王锦蛇、紫灰锦蛇和黑眉锦蛇。被《中国物种红色名录》列入“易危”的物种有 6 种，即山溪鲵、双团棘胸蛙、王锦蛇、缅甸颈槽蛇、黑线乌梢蛇、高原蝮；列入“近危”物种的有 5 种，即疣刺齿蟾、无指盘臭蛙、胫腺蛙、黑带腹链蛇和山烙铁头等。被《世界自然保护联盟》（IUCN）列入“易危”物种的有 1 种，即双团棘胸蛙。本县记录的两栖爬行动物均为国家保护的有益的或者有重要经济、科学研究价值的陆生野生动物。

表 4-66　香格里拉县各重点保护物种数量

类群	国家保护		省级保护	CITES 附录		红色名录		
	I 级	II 级		I	II	CR	EN	VU
兽类	4	19	3	13	9	0	3	14
鸟类	7	29	1	4	20	0	3	10
两栖类	0	0	0	0	0	0	0	2
爬行类	0	0	0	0	0	0	0	4
合计	11	48	4	17	29	0	6	30

（4）大型真菌物种多样性

鉴定所采集和标本馆馆藏标本，现该县所知大型真菌共 417 种，归属于真菌界的 3 门 24 目 63 科 130 属。其中，粘菌门（Myxomycota）6 种，分属于 3 目 4 科 6 属；担子菌门（Basidiomycota）145 种，分属于 19 目 55 科 119 属；子囊菌门（Ascomycota）14 种，分属于 3 目 5 科 10 属。担子菌类真菌是该县大型真菌的优势类群。

在所有的目中，按照包含的种数多少排序为伞菌目（198 种）、牛肝菌目（59 种）、红菇目（44 种）、多孔菌目（28 种）、鸡油菌目（20 种）、钉菇目（16 种）、盘菌目（12 种）、木耳目（6 种）、花耳目（6 种）、层腹菌目（4 种）、银耳目（3 种）；有两个种的目有 6 个：革菌目、蜡钉菌目、麦角菌目、鸟巢菌目、柔膜菌目、无丝菌目；仅有 1 个种的目有 6 个：刺革菌目、黑粉菌目、块菌目、球壳目、锈菌目、绒泡菌目。

在所有的科中，只有 1 个种的科：粪伞科、革菌科、刺革菌科、弹球菌科、地花科、粪锈伞科、鬼笔科、黑耳科、黑粉菌科、灰珊瑚菌科、块菌科、鸟巢菌科、膨瑚菌科、皮盘菌科、绒泡菌科、无丝菌科、线膜科、小菇科、锈菌科、地星科、粪锈伞科；有 2 个种的科：伏革菌科、铆钉菇科、柔膜菌科、松塔牛肝菌科、绣球菌科；有 3 个种的科：粉褶菌科、光柄菇科、马勃菌科、麦角菌科、木耳科、韧革菌科；有 4 个种的科：白肉迷孔菌科、根须腹菌科、火丝菌科；有 5 个种及以上的科：银耳科（5 种）、鬼伞科（6 种）、花耳科（6 种）、马鞍菌科（7 种）、鸡油菌科（8 种）、珊瑚菌科（8 种）、枝瑚菌科（8 种）、侧耳科（9 种）、鹅膏科（12 种）、球盖菇科（12 种）、乳牛肝菌科（14 种）、伞科（17 种）、菇科（18 种）、孔菌科（20 种）、膜菌科（20 种）、菇科（22 种）、菇科（23 种）、盖伞科（24 种）、肝菌科（39 种）、白蘑科（77 种）。

4.14.4 小结

系统调查整理完成了香格里拉高等植物、陆生脊椎动物和大型真菌物种编目，并建立了数据库，为国家和地方生物多样性保护提供技术资料。调查期间在纳帕海记录到中国新纪录白颈鹳 1 种；在格咱乡狭肖牛记录到云南省新纪录高原山鹑 1 种。调查发现新增了 1 个植被群系，即半湿润常绿阔叶林的白穗石栎林 *Lithocarpus leucostachyus* 群系，在以往的文献中没有记载。首次在该县发现省Ⅲ级保护植物三分三 *Anisodus acutangulus* 和省Ⅲ级保护植物川八角莲 *Dysosma veitchii*，在以往的文献中未发现有这两个物种在香格里拉县的记载，历次调查也没有发现。

4.15 玉龙县生物多样性现状①

4.15.1 自然概况

玉龙县成立于 2003 年 4 月，地处东经 99°23′～100°32′，北纬 26°34′～27°46′，位于云南省西北部，东与古城区、宁蒗彝族自治县相邻，南与鹤庆县、剑川县相连，西与维西傈僳族自治县、兰坪白族普米族自治县接壤，北隔金沙江与香格里拉县、四川省木里藏族自治县毗邻。玉龙县为青藏高原南部边缘横断山地向云贵高原过渡的衔接地段，兼有横断山峡谷与滇西北高原两种地形特征。大致有山地、盆地（俗称坝子）、河谷三大类型。地势西北高、东南低。山脉大多呈南北走向，主要有玉龙雪山和老君山两大山脉，属云岭山脉。

① 玉龙县植被类型与植物多样性由中科院昆明植物研究所彭华研究员组织调查和提供数据；动物多样性由中科院昆明动物研究所蒋学龙研究员组织调查和提供数据；大型真菌多样性由中科院昆明植物研究所杨祝良研究员组织调查和提供数据。

县内最高点是玉龙雪山主峰扇子陡，海拔 5 596 m，县内最低点为鸣音乡洪门村委会江边四村，海拔 1 370 m。全县总面积 6 392.6 km^2，东西最大距离约 112 km，南北最大距离约 151 km。县城黄山镇海拔 2 400 m，距省会昆明 502 km。玉龙雪山海拔 5 000 m 以上有终年积雪的冰川，山体面积 22.5 km^2，每平方千米有 5 000 万 m^3 固体水，共有冰川固态水 11.25 亿 m^3。夏季，部分冰川融化，成为玉龙雪山周围河流、泉、潭的主要水源。玉龙纳西族自治县境内山区、平坝、河谷等多种地貌并存。兼有亚热、温、寒等气候类型，具有典型的立体气候特征。

玉龙纳西族自治县是原丽江纳西族自治县的传承和延续，是全国唯一的纳西族自治县。全县辖 16 个乡（镇），其中，有黄山、石鼓、巨甸 3 个建制镇，石头白族乡、黎明傈僳族乡、九河白族乡 3 个民族乡，白沙、拉市、太安、龙蟠、鲁甸、塔城、大具、宝山、奉科、鸣音 10 个乡；一个办事处，97 个村委会，3 个居委会，913 个村民小组。长期以来，纳西、汉、白、傈僳、彝、普米等少数民族在这块土地上和睦相处，在共同创造丽江文化的同时，各民族自己，甚至是同一民族的不同居住区都形成了各具特色的民风民俗，在服饰、饮食、节庆日、婚丧嫁娶、祭祀等日常生活的方方面面，形成了丰富多彩的民风民俗文化。

4.15.2 组织实施

植物调查组先后对玉龙县所辖各乡镇，包括玉龙雪山自然保护区等地进行了野外调查，采集植物标本 2830 号；动物调查组分别组织两栖爬行类调查小组对拉市海湿地保护区、玉龙雪山、九十九龙潭、石鼓（石头乡、冲江河等）和老君山地区以及鲁甸、巨甸、仁和、宝山、奉科、文海、文笔海、龙潘、大具等地，鸟类调查小组对丽江老君山风景区、拉市海自然保护区、文笔水库、玉龙雪山等地，兽类调查小组对老君山以石头乡利苴村滇金丝猴观察站、老君山以黎明乡黎明村地质公园景区等地进行了野外考察，采集两栖类动物标本 433 号、爬行类动物标本 62 号、鸟类标本 20 号、小型兽类标本 283 号；大型真菌调查组对玉龙县鸣音乡、大具乡、太安乡、鸣音乡（玉龙雪山白水河）等乡镇不同生态系统、不同植被类型中的大型真菌进行调查、采集，共收集大型真菌标本近 500 份。

4.15.3 主要成果

（1）植被类型组成

依据 1980 年出版的《云南植被》记载及近年来调查资料和两年调查结果，玉龙县共有植被型 9 个，植被亚型 19 个，群系 108 个。

表 4-67 玉龙县陆生植被类型

III 常绿阔叶林（Evergreen Broadleaved Forest）

半湿林

（一）滇青冈群系（Form. *Cyclobalanopsis glaucoides*）

（二）毛叶曼青冈（Form. *Cyclobalanopsis gambleana*）**

（三）高山栲群系（Form. *Castanopsis delavayi*）*

（四）滇石栎群系（Form. *Lithocarpus dealbatus*）*

山顶苔藓矮林

（一）紫玉盘杜鹃、宽钟杜鹃群系（Form. *Rhododendron uvarifolium*，Rh. *beesianum*）

（二）倒卵叶石栎、杜鹃、乌饭群系（Form. *Lithocarpus pachyphyloides*，*Rhododendron* spp.，*Vaccinium* spp.）

（三）西南卫矛、紫萼山梅花群系（Form. *Euonymus hamiltonianus*，*Philadelphus purpurascens*）**（YL54）

IV 硬叶常绿阔叶林（Sclerohyllous Evergreen Broadleaved Forest）

寒温山地硬叶常绿栎林

（一）灰背栎群系（Form. *Quercus senescens*）

（二）长穗高山栎群系（Form. *Quercus longispica*）

（三）帽斗栎群系（Form. *Quercus guayavaefolia*）

（四）川滇高山栎群系（Form. *Quercus aquifolioides*）

（五）黄背栎群系（Form. *Quercus pannosa*）*

（六）白穗石栎群系（Form. *Lithocarpus leucostachyus*）**

干热河谷硬叶常绿栎林

（一）铁橡栎群系（Form. *Quercus cocciferoides*）*

（二）锥连栎群系（Form. *Quercus franchetii*）

（三）光叶高山栎群系（Form. *Quercus rehderiana*）

（四）铁橡栎、尖叶木犀榄群系（Form. *Quercus cocciferoides*，*Olea ferruginea*）

V 落叶阔叶林（Deciduous Broadleaved Forest）

暖温性落叶阔叶林

（一）槲树群系（Form. *Quercus dendata* var. *oxyloba*）

（二）麻栎、栓皮栎群系（Form. *Quercus acutissima*，*Quercus variabilis*）

（三）旱冬瓜群系（Form. *Alnus nepalensis*）*

（四）槭树、桦木群系（Form. *Acer* spp.，*Betula* spp.）

（五）川杨、川白桦群系（Form. *Populus szetchuanica*，*Betula platyphylla* var. *szetchuanica*）*

（六）滇白杨、清溪杨群系（Form. *Populus rotundifolia* var. *bonatii* & var. *duclouxiana*）

（七）云南枫杨林（Form. *Pterocarya dalavayi*）**

（八）乌柳群系（Form. *Salix cheilophila*）

（九）黄毛青冈群系（Form. *Cyclobalanopsis delavayi*）*

VI 暖性针叶林（Warm *Coniferous Forest*）

暖温性针叶林（亚型）

（一）云南松群系（Form. *Pinus yunnanensis*）*

（二）华山松群系（Form. *Pinus armandii*）

（三）澜沧黄杉群系（Form.*Pseudotsuga forrestii*）

VII 温性针叶林（Temperate *Coniferous Forest*）

温凉性针叶林

（一）云南铁杉群系（Form. *Tsuga dumosa*）

（二）高山松群系（Form. *Pinus densata*）

（三）曲枝圆柏群系（Form. *Sabina recurva*）

（四）滇藏方枝柏群系（Form. *Sabina wallichiana*）

（五）丽江铁杉群系（Form. *Tsuga forrestii*）**

寒温性针叶林

（一）丽江云杉群系（Form. *Picea likiangensis*）*

（二）长苞冷杉群系（Form. *Abies georgei*）*

（三）川滇冷杉林（Form. *Abies forrestii*）**

（四）苍山冷杉群系（Form. *Abies delavayi*）

（五）油麦吊云杉群系（Form. *Picea brachytyla* var. *complanata*）

（六）大果红杉群系（Form. *Larix potaninii* var. *macrocarpa*）

VIII 竹林（Bamboo Shrub-Forest）

暖温性竹林

（一）方竹群系（Form. *Chimonobambusa utilis* & spp.）

（二）金竹、龟甲竹（=毛竹）群系（Form. *Phyllostachys heterocycla* & cv. & *Ph.* spp.）

（三）实心竹群系（Form. *Fargesia yunnanensis* & spp.）

寒温性竹林

（一）箭竹群系（Form. *Fargesia* spp.）

（二）玉山竹群系（Form. *Yushania* spp.）

（三）扫把竹丛（Form. *Fargesia annulata*）

（四）高山箭竹丛（Form. *Fargesia altissima*）

（五）玉龙箭竹丛（Form. *Fargesia yulongshanensis*）

（六）空心箭竹丛（Form. *Fargesia edulis*）

（七）短鞘箭竹丛（Form. *Fargesia orbiculata*）

IX 稀树灌木草丛（Shrub-Grassland with Scattered Tree）

干热性稀树灌木草丛

（一）含锥连栎、明油子的稀树中草草丛（Form. Middle Grassland containing *Quercus franchetii*，*Dodonea angustifolia*）

暖性稀树灌木草丛

（一）含云南松、珍珠花的稀树灌木中草草丛（Form. Middle Grassland containing *Pinus yunnanensis*，*Lyonia ovalifolia*）

（二）含云南松、矮高山栎的稀树灌木低草草丛（Form. Low Grassland containing *Pinus yunnanensis*，*Quercus monimotricha*）

（三）含华山松、云南铁杉的低草草丛（Form. Low Grassland containing *Pinus armandii*，*Tsuga dumosa*）

（四）山黄麻、华西小石积、扭黄茅稀树灌木草丛（Form. Middle Grassland containing *Trema orientalis*，*Osteomeles schwerinae*，*Heteropogon contortus*）

（五）白茅草丛（Form.*Imperata cylindrical* var. *major*）

（六）紫茎泽兰草丛（Form.*Ageratina adenophora*）

（七）莠竹草丛（Form.*Microstegium ciliatum* & spp.）

（八）毛蕨菜草丛（Form. *Pteridium revolutum*）

X 灌丛（Scrub）

寒温性灌丛

（一）毛喉杜鹃灌丛（Form. *Rhododendron cephalanthum*）

（二）腺房杜鹃灌丛（Form. *Rhododendron adenogynum*）

（三）川滇杜鹃灌丛（Form. *Rhododendron traillеanum*）*

（四）灰背杜鹃灌丛（Form. *Rhododendron hippophaeoides*）

（五）腋花杜鹃灌丛（Form. *Rhododendron racemosum*）

（六）密枝杜鹃灌丛（Form. *Rhododendron fastigiatum*）

（七）锈叶杜鹃灌丛（Form. *Rhododendron siderophyllum*）

（八）露珠杜鹃灌丛（Form. *Rhododendron irroratum*）

（九）宽钟杜鹃灌丛（Form. *Rhododendron beesianum*）

（十）紫玉盘杜鹃、毛喉杜鹃灌丛（Form. *Rhododendron uvarifolium*，*Rhododendron cephalanthum*）**

（十一）山育杜鹃灌丛（Form. *Rhododendron oreotrephes*）*

（十二）双柱柳灌丛（Form. *Salix bistyla*）

（十三）川滇柳灌丛（Form. *Salix rehderiana*）

（十四）毛果高山柳灌丛（Form. *Salix piptotricha*）

（十五）箭叶锦鸡儿灌丛（Form. *Caragana jubata*）

（十六）云南锦鸡儿灌丛（Form. *Caragana franchetiana*）

（十七）香柏灌丛（Form. *Sabina pingii* var. *wilsonii*）

（十八）高山柏灌丛（Form. Sabina *squamata*）

（十九）矮高山栎灌丛（Form. *Quercus monimotricha*）*

暖温性灌丛

（一）地檀香灌丛（Form. *Gaultheria forrestii*）

暖性石灰岩灌丛

（一）铁仔灌丛（Form. *Myrsine africana*）

（二）滇北蔷薇灌丛（Form. *Rosa mairei*）

（三）竹叶椒灌丛（Form. *Zanthoxyllum planispinum*）

（四）小叶栒子灌丛（Form. *Cotoneaster microphyton*）

（五）青刺尖灌丛（Form.*Prinsepia utilis*）

（六）火把果灌丛（Form.*Pyracantha* spp.）

XI 草甸（Subalpine or Alpine Meadow）

亚高山草甸

（一）羊茅草甸（Form. *Festuca ovina* & F.spp.）

（二）多花剪股颖草甸（Form. *Agrostis myriantha*）

（三）巴山竹、冷箭竹草甸（Form. *Bashania fangiana* & B. spp.）

（四）伞把竹草甸（Form. *Fargesia utilis* & F. spp.）

（五）西南鸢尾、橐乌草甸（Form. *Iris bulleyana*，*Ligularia* spp.）

（六）人头花草甸（Form. *Veratrum yunnanense*）

（七）喜马拉亚大黄、红毛大戟草甸（Form. *Rheum emodii*，*Euphorbia erythrocoma*）

（八）刺苞蓟、棉毛橐吾草甸（Form. *Cirsium forrestii*，*Ligularia vellerea*）

（九）银莲花、委陵菜草甸（Form. *Anemone* spp.，*Potentilla* spp.）*

（十）云南薹草、云南雀儿豆草甸（Form. *Carex yunnanensis*，*Chesneya yunnanensis*）**

（十一）石蒜草甸（Form.*Lycoris radiata*）**YL58

亚高山沼泽草甸

（一）华扁穗草沼泽草甸（Form. *Blysmus sinocompressus*）

（二）矮地榆沼泽草甸（Form. *Sanguisorba filiformis*）

（三）钟花报春、十字薹草沼泽草甸（Form. *Primula sikkimensis*，*Carex cruciata*）**（样 YL50）

高山草甸

（一）鞘茎嵩草草甸（Form. *Kobresia tunicata* & K. spp.）

（二）线叶嵩草，倮倮嵩草草甸（Form. *Kobresia capillifolia* K. *lolonum*）

（三）云南嵩草、高山嵩草草甸（Form. *Kobresia yunnanensis*，& K. *pygmaea*）

（四）钩状嵩草、喜马拉雅嵩草草甸（Form. *Kobresia* uncinoides，*royleana*）

（五）狭叶人参果、嵩草草甸（Form. *Potentilla stenophylla*，*Kobresia* spp.）

（六）穗序野古草、大理人参果草甸（Form. *Arundinella hookeri*，*Potentilla peduncularis*）

高山流石滩疏生灌丛

（一）大雪兔子、小风毛菊疏生草甸（Form. *Saussurea leucoma*，*Saussurea* spp.）

（二）紫茎垂头菊疏生草甸（Form. *Cremanthodium smithianum*）

（三）细茎橐吾疏生草甸（Form. *Ligularia hookeri*）

注：表中加*的为两年调查中调查到的群系，**为两年调查到的文献未记载的群系，无*的是云南植被原有记载的群系。

（2）植物物种多样性

➢ 物种组成

根据调查和资料记载统计，目前玉龙县共有高等植物 4 481 种，其中，苔藓植物 479 种，维管植物 4 002 种；维管束植物中，蕨类植物 253 种，裸子植物 32 种，被子植物 3 717 种。

苔藓植物中超过 50 个物种的科有真藓科 Bryaceae（55 种）。种类在 20～50 的科分别是，丛藓科 Pottiaceae（42 种）、曲尾藓科 Dicranaceae（42 种）、灰藓科 Hypnaceae（22 种）、耳叶苔科 Frullaniaceae（20 种）；在 10～20 种的科是提灯藓科 Mniaceae（19 种）、蔓藓科 Meteoriaceae（18 种）和光萼苔科 Porellaceae（12 种）。其余的科含种数较少，如白齿藓科 Leucodontaceae（3 种）等。含 10 种以上具有代表性的属分别是短月藓属 *Brachymenium*（18 种）、耳叶苔属 *Frullania*（16 种）、剪叶苔属 *Herbertus*（13 种）、对齿藓属 *Didymodon*（13 种）、青毛藓属 *Dicranodontium*（13 种）、匐灯藓属 *Plagiomnium*（12 种）等，小于 10 种的属有水灰藓属 *Hypnum*（7 种）等。

蕨类植物中含 20 种以上的科代表有鳞毛蕨科 Dryopteridaceae（45 种）、水龙骨科 Polypodiaceae（35 种）、蹄盖蕨科 Athyriaceae（29 种）、中国蕨科 Sinopteridaceae（23 种）；含 20 种以下的科有铁角蕨科 Aspleniaceae（14 种）、铁线蕨科 Adiantaceae（12 种）、卷柏科 Selaginellaceae（12 种）、裸子蕨科 Hemionitidaceae（9 种）、骨碎补科 Davalliaceae（7 种）、凤尾蕨科 Pteridaceae（6 种）等。大于 10 种以上的属有鳞毛蕨属 *Dryopteris*（23 种）、耳蕨属 *Polystichum*（17 种）、铁角蕨属 *Asplenium*（14 种）、隐子蕨属 *Crypsinus*（13 种）、卷柏属 *Selaginella*（12 种）、铁线蕨属 *Adiantum*（12 种）、瓦韦属 *Lepisorus*（11 种）等；含物种 10 种以下的属有蕨属 *Athyrium*（9 种）、小膜盖蕨属 *Araiostegia*（6 种）、凤尾蕨属 *Pteris*（6 种）、凤了蕨属 *Coniogramme*（4 种）、峨眉蕨属 *Lunathyrium*（4 种）等。

玉龙县共有裸子植物 5 科，即松科 Pinaceae、红豆杉科 Taxaceae、柏科 Cupressaceae、三尖杉科 Cephalotaxaceae、麻黄科 Ephedraceae。其代表属有圆柏属 *Sabina*（5 种）、冷杉属 *Abies*（5 种）、松属 *Pinus*（4 种）、麻黄属 *Ephedra*（3 种）等。

根据实际调查和《云南植物志》记录，玉龙县有双子叶植物 146 科，占有绝对优势的是菊科 Compositae（379 种）、蔷薇科 Rosaceae（260 种），其次是蝶形花科 Papilionaceae（145 种）、唇形科 Labiatae（154 种）、毛茛科 Ranunculaceae（150 种）、伞形科 Umbelliferae（133 种）、玄参科 Scrophulariaceae（130 种）、杜鹃花科 Ericaceae（98 种）、十字花科 Cruciferae（75 种）、龙胆科 Gentianaceae（74 种）、石竹科 Caryophyllaceae（72 种）、虎耳草科 Saxifragaceae（71 种）、蓼科 Polygonaceaaae（69 种）、报春花科 Primulaceae（68 种）、茜草科 Rubiaceae（52 种），小于 50 个物种的科有杨柳科 Salicaceae（45 种）、忍冬科 Caprifoliaceae（46 种）、小檗科 Berberidaceae（43 种）、紫堇科 Fumariaceae（36 种）、桔梗科 Campanulaceae（38 种）、壳斗科 Fagaceae（31 种）和木樨科 Oleaceae（28 种）等。有双子叶植物 732 属，其中 64 属在《云南植物志》该区域内无记录，含 20～49 种的属有风毛菊属 *Saussurea*（49 种）、虎耳草属 *Saxifraga*（48 种）、蓼属 *Polygonum*（46 种）、龙胆属 *Gentiana*（43 种）、柳属 *Salix*（38 种）、小檗属 *Berberis*（38 种）、报春花属 *Primula*（39 种）、悬钩子属 *Rubus*（39 种）、委陵菜属 *Potentilla*（35 种）、蔷薇属 *Rosa*（30 种）、槭属 *Acer*（32 种）、紫堇属 *Corydalis*（32 种）、栒子属 *Cotoneaster*（32 种）、橐吾属 *Ligularia*（33 种）、紫菀属 *Aster*（27 种）等；含 10～19 种的属有黄芪属 *Astragalus*（19 种）、木蓝属 *Indigofera*（19 种）、凤仙花属 *Impatiens*（18 种）、毛茛属 *Ranunculus*（18 种）、唐松草属 *Thalictrum*（18 种）、堇菜属 *Viola*（18 种）、葶苈属 *Draba*（17 种）、垂头菊属 *Cremanthodium*（16 种）等；含 6～9 种的属有瑞香属 *Daphne*（9 种）、柳叶菜属 *Epilobium*（10 种）、独活属 *Heracleum*（9 种）、绣球属 *Hydrangea*（9 种）、金丝桃属 *Hypericum*（9 种）、五加属 *Acanthopanax*（8 种）、楤木属 *Aralia*（8 种）、桦木属 *Betula*（8 种）、鼠李属 *Rhamnus*（8 种）、花椒属 *Zanthoxylum*（7 种）、羊蹄甲属 *Bauhinia*（7 种）、黄杨属 *Buxus*（7 种）、丝瓣芹属 *Acronema*（6 种）、筋骨草属 *Ajuga*（6 种）、秋海棠属 *Begonia*（5 种）等；含物种 6 种以下的属如马兜铃属 *Aristolochia*（5 种）、鹿蹄草属 *Caltha*（5 种）、山茶属 *Camellia*（5 种）、六道木属 *Abelia*（4 种）、豇豆属 *Vigna*（4 种）、沙参属 *Adenophora*（4 种）等。玉龙县有单子叶植物 18 科，含种数较大的代表科有禾本科 Gramiaceae（172 种）、兰科 Orchidceae（120 种）、莎草科 Cyperaceae（89 种）、百合科 Liliaceae（74 种）、灯心草科 Juncaceae（27 种）、天南星科 Araceae（23 种）、石蒜科 Amaryllidaceae（16 种）、鸢尾科 Iridaceae（12 种）等；有单子叶植物 178 属，代表属有薹草属 *Carex*（44 种）、灯心草属 *Juncus*（24 种）、嵩草属 *Kobresia*（18 种）、薯蓣属 *Dioscorea*（16 种）、天南星属 *Arisaema*（15 种）、葱属 *Allium*（15 种）、鸢尾属 *Iris*（12 种）等。

➢ 特有种类

根据调查和《云南植物志》记录并逐一统计，玉龙县有狭域特有植物 254 种、云南特有植物 405 种、中国特有植物有 1 814 种。共计有特有维管束植物 2 473 种（苔藓植物暂未统计），而该县维管束植物总共有 4 071 种，特有植物占维管束植物的比例约为 60.75%。

➢ 珍稀濒危保护种类

根据调查和《云南植物志》记录统计，玉龙县有国家 I 级保护植物高寒水韭 *Isoetes hypsiphila*、玉龙蕨 *Sorolepidium glaciale*、云南红豆杉 *Taxus yunnanensis* 等 5 种，国家 II 级保护植物丁茜 *Trailliaedoxa gracilis*、水青树 *Tetracentron sinense*、扇蕨 *Neocheiropteris palmatopedata*、油麦吊云杉 *Picea brachytyla*、澜沧黄杉 *Pseudotsuga forrestii*、毛红椿 *Toona ciliata* var. *pubescens*、云南榧树 *Torreya yunnanensis*、西康玉兰 *Magnolia wilsonii*、金铁锁 *Psammosilene tunicoides* 等 13 种；云南省 II 级重点保护植物有梭沙贝母 *Fritillaria delavayi*、高河菜 *Megacarpaea delavayi* var. *delavayi* f. *delavayi*、白头风毛菊 *Saussurea eriocephala*、贯叶马兜铃 *Aristolochia delavayi* 等 4 种，III 级重点保护植物有云南枫杨 *Pterocarya delavayi*、云南甘草 *Glycyrrhiza yunnanensis*、湖北紫荆 *Cercis glabra* 等 17 种；CITES（濒危野生动植物种国际贸易公约）中收录保护植物约 123 种，附录 I 有 1 种（波瓣兜兰 *Paphiopedilum insigne*），附录 II 约有 121 种，以兰科为主，如弧距虾脊兰 *Calanthe arcuata*、羊耳蒜 *Liparis japonica*、盘腺阔蕊兰 *Peristylus fallax*、三棱虾脊兰 *Calanthe tricarinata*、弧距虾脊兰 *Calanthe arcuata*、少花虾脊兰 *Calanthe delavayi*、火烧兰 *Epipactis helleborine*、斑叶兰 *Goodyera schlechtendaliana*、丽江杓兰 *Cypripedium lijiangennse*、斑叶杓兰 *Cypripedium margaritaceum*、离萼杓兰 *Cypripedium plectrochilum*、褐花杓兰 *Cypripedium smithii* 等，附录 III 有 1 种（水青树 *Tetracentron sinense*）。

表 4-68 珍稀濒危保护植物等级统计

类别	等级数量统计
国家重点保护植物	国 I，5 种；国 II，13 种
云南省重点保护植物	省 II，4 种；省 III，17 种
CITES 公约名录	附录 I，1 种；附录 II，121 种；附录 III，1 种

➢ 资源类群

① 材用树种

玉龙县用材树种约有 108 种。其中，资源数量最多的是云南松 *Pinus yunnanensis*，是玉龙县最主要的用材树种，以天然林分为主。云南松树干通直，木质轻软细密，是良好的建筑用材。富含松脂，松香含量占 65%～70%，松节油含量 15%～25%。树根可培养茯苓；树皮可提取栲胶；针叶可提取松针油及加工成松针粉，作饲料添加剂；云南松木材是优质造纸、人造板原料，并供建筑、家具等用材。再如椴树，其材质白而轻软，纹理纤细，是制造胶合板的主要材种，又可制作箱柜、门窗或用于木刻；林区居民大多用它来做切菜的菜板。因其细密轻软，胀缩力小不变形，又是建筑上的重要材种，素有“阔叶红松”之称。

此外，白穗石栎 *Lithocarpus leucostachyus*、云南红豆杉 *Taxus yunnanensis*、长苞冷杉 *Abies georgei* var. *georgei*、垂枝香柏 *Sabina pingii* var. *pingii*、错枝榄仁 *Terminalia intricata*、大果红杉 *Larix potaninii* var. *macrocarpa*、滇石栎 *Lithocarpus dealbatus*、扫把竹 *Drepanostachyum fractiflexum*、太白深灰槭 *Acer caesium* subsp. *giraldii*、泡花树 *Meliosma cuneifolia* var. *cuneifolia*、林芝云杉 *Picea likiangensi* var. *linzhiensis*、南方六道木 *Abelia dielsii*、白蜡树 *Fraxinus chinensis*、栓皮栎 *Qnerous variabilis* 等也可作为用材树种。

由于多年来不断的砍伐，调查的区域目前大径级的用材植株已不多见，加之生态环境不断被破坏，植被生长较差。

② 药用植物

本县具有野生药用植物约有 1 148 余种。其中，金铁锁 *Psammosilene tunicoides*、羽裂雪兔子 *Saussurea leucoma* 是名贵的中药材。金铁锁根富含皂苷，具有抑制真菌作用，是云南白药的主要成分。

另外密花香薷 *Elsholtzia densa*、大狼毒 *Euphorbia jolkinii*、牛蒡 *Arctium lappa*、梁王茶 *Nothopanax delavayi* var. *delavayi*、野牡丹 *Anemone vitifolia*、小金梅草 *Hypoxis aurea*、金银忍冬 *Lonicera maackii* 等也占一定优势，此外还有川滇小檗 *Berberis jamesiana*、耳叶紫菀 *Aster auriculatus*、网脉橐吾 *Ligularia dictyoneura*、云南双盾木 *Dipelta yunnanensis*、滑叶藤 *Clematis fasciculiflora* var. *fasciculiflora*、红花寄生 *Scurrula parasitica*、毛莲菜 *Picris hieracioides* ssp. *hieracioides*、猪毛蒿 *Artemisia scopar*、高原鸢尾 *Iris collettii*、黄花鼠尾 *Salvia flava* var. *flava*、黄秦艽 *Veratrilla baiilonii*、丽江大黄 *Rheum likiangense*、丽江秋海棠 *Begonia labordei var. labordei*、丽江山慈姑 *Iphigenia indica* 等。

目前许多药用植物被当地老百姓随意采挖，导致其分布逐年减少。

③ 园林绿化植物资源

在调查区域内，有一些适宜生长于干热生境的绿化植物，适宜庭园、园林绿化及应用于花卉的植物，种类有 274 余种，性状涵盖乔木、灌木、草本及藤本。其中数量最多的是杜鹃花类 *Rhododendron* spp.、铁线莲类 *Clematis* spp.、羊蹄甲类 *Bauhinia* ssp.。其他种类数量较少，如龙胆类 *Gentiana* spp.、鸢尾 *Iris tectorum*、多花素馨 *Jasminum polyanthum* 等。园林绿化植物资源在玉龙县内零星分布。目前当地对上述野生绿化植物和野生花卉利用较少。未对此类植物资源形成大规模破坏。

④ 食用植物资源

食用植物资源包括野生蔬菜植物、野生水果、野生干果等植物。玉龙县的野生食用植物约 149 种，如余甘子 *Phyllanthus emblica*、移衣 *Docynia indica*、密毛蕨 *Pteridium revolutum*、卵叶韭 *Alluilm ovalifolium*、柿 *Diospyros kaki* var. *kaki*、冰川茶藨子 *Ribes glaciale*、穿心莛子藨 *Triosteum himalayanum*、宽叶韭 *Allium hookeri*、毛葡萄 *Vitis heyneana* 等。其中最为常见的是余甘子，其果实味酸微涩，清热凉血，消食健脾，生津止渴，常被用来当水果食用，或者腌制成果脯。而蕨菜则作为野菜食用。除余甘子果实、蕨菜等会在市场上出售外，其他种类在当地只是老百姓偶尔采食，没有形成商品。

由于当地对食用植物资源利用较少，所以暂时没有形成大规模的破坏。

⑤ 蜜源资源

玉龙县蜜源植物丰富，主要以木樨科和樟科、唇形科、蝶形花科和茜草科为主，约有 187 种，如猴樟 *Cinnamomum bodinieri*、聚花桂 *Cinnamomum contractum*、木姜子 *Litsea pungens*、高山木姜子 *Litsea chunii*、绿叶润楠 *Machilus viridis*、黄毛润楠 *Machilus chrysotricha*、管花木犀 *Osmanthus delavayi*、紫药女贞 *Ligustrum delavayanum*、长叶女贞 *Ligustrum compactum*、多花素馨 *Jasminum polyanthum*、滇素馨 *Jasminum subhumile*、常绿假丁香 *Ligustrum sempervirens*、野坝子 *Origanum vulgare*、紫花苜蓿 *Mdicago sativa*、白花草木犀 *Melilotus alba* 等。调查区内这些植物数量都较多，且分布较广。

例如野坝子 *Origanum vulgare*，唇形科，全株芳香油含量为 0.7%～4%，含香草醇及麝香草酚较高，可供调配香精，亦可作酒曲配料。花期长，花多亦为很好的蜜源植物，支持和发展养蜂业。在我国各省多供药用，滇、黔、川三省均作香薷使用，其散寒发表功用尤胜于薄荷，可预防流感，并有镇痛之功效。

又如椴树也是一种重要的蜜源植物，每年 6 月中旬到 7 月中旬，椴花盛开的季节，树林中到处都弥漫着芬芳扑鼻的香气，椴花很小，每朵花都由五个花瓣组成，柱头五个，中间都含有亮晶晶的蜜汁。椴花蜜色泽晶莹，醇厚甘甜，比一般蜂蜜含有更多的葡萄糖、果糖、维生素、氨基酸、激素、酶及酯类，具有补血、润肺、止咳消渴、促进细胞再生，增加食欲和止痛等多种疗效，是蜂蜜中难得的佳品。

蜜源植物资源大多通过蜜蜂采蜜后被人们利用，所以此类资源目前暂时没有形成大规模的破坏。

⑥ 鞣质与染料植物

调查区域有鞣制与染料资源约 35 种，野漆 *Toxicodendron succedaneum* 其树干乳液可代生漆用。此外，还有山杨 *Populus davidiana* var. *davidiana*、水红木 *Viburnum cylindricum*、银露梅 *Potentilla glabra* var. *glabra*、槭果黄杞 *Engelhardtia aceriflora*、云南黄杞 *Engelhardtia spicata*、野柿 *Diospyros kaki* var. *sylvestris*、野漆 *Toxicodendron succedaneum*、松风草 *Boenninghausenia albiflora*、泡花树 *Meliosma cuneifolia*、长圆叶梾木 *Cornus oblonga*、栓皮栎 *Qnerous variabilis*、红麸杨 *Rhus punjabensis* 等。

如红色系的植物染料：茜草。蓝色系的植物染料：木蓝、马蓝等，紫色系的植物染料：紫草、野苋、落葵等。绿色系植物染料：冻绿及含叶绿素的植物。棕色系的植物染料：胡桃等。灰色与黑色素的植物：五倍子、盐肤木、乌桕等。

⑦ 香料植物

在调查区域内，有香料植物资源 25 余种，性状包括乔木、灌木、草本和藤本。其中数量最多的是六棱菊 *Laggera alata*、滇香薷 *Origanum vulgare*、多花素馨 *Jasminum polyanthum*、草果药 *Hedychium spicatum*、藤五加 *Acanthopanax leucorrhizus* var. *leucorrhizus*、

滇白珠 *Gaultheria leucocarpa* var. *crenulata*、紫花百合 *Lilium souliei*、地檀香 *Gaultheria forrestii* var. *forrestii*、山鸡椒 *Litsea cubeba*、四方蒿 *EIsholtia blanda*、野苏子 *Elsholtzia flava* 等。

例如，滇白珠、地檀香等的枝、叶所含的芳香汕（主要成分为水杨酸甲酯）是医药工业和轻工业的良好原料。再如，每年 11 月至第二年 4 月山鸡椒开花，枝、叶均具有芳香味。其木材材质中等，耐湿不蛀，但易劈裂，可供普通家具和建筑等用。花、叶和果皮主要提制柠檬醛的原料，供医药制品和配制香精等用，如柠檬醛为合成紫罗兰酮和维生素甲的原料。种子含油约 40%，为工业上用油。全株可入药，有祛风、散寒、理气、止痛之效，主治感冒或预防感冒，果实入药，称“毕澄茄”，可治胃寒痛和血吸虫病。果及花蕾可直接作腌菜的原料。

⑧ 油料植物

调查的区域中油料植物资源种类约有 37 种，性状包括乔木、灌木、草本。如苍耳 *Xanthium sibiricum*、川滇鼠李 *Rhamnus gilgiana*、弹裂碎米荠 *Cardamine impatiens* ssp. *impatien*、滇白珠 *Gaultheria leucocarpa* var. *crenulata*、藤五加 *Acanthopanax leucorrhizus* var. *leucorrhizus*、西南杭子梢 *Campylotropis delavayi*、云木香 *Aucklandia costus*、云南移衣 *Docynia delavayi*、帚枝鼠李 *Rhamnus virgata* var. *virgata*、山鸡椒*Litsea cubeba*、楤木 *Aralia chinensis* var. *chinensis*、粉叶南蛇藤 *Celastrus glaucophyllus*、红麸杨 *Rhus punjabensis Stewart* var. *sinica*、猴樟 *Cinnamomum bodinieri* 等。

以猴樟为例，其根、干、枝、叶均含挥发油，以根部含油量最高，约 2.9%（枝含油量 0.06%，叶含油量 0.46%～0.6%）。红麸杨的枝、叶寄生的五倍子含鞣质 70%。叶、树此亦可提制栲胶。树皮可作农药。五倍子供药用。种子油可制肥皂、作润滑油，油饼是猪的良好饲料和肥料。木材可制家具及农具。

⑨ 纤维植物

在调查区域内，纤维植物资源种类约有 56 种。其中数量最多的是小蜡 *Ligustrum sinense* var. *sinense*。其次是细叶水团花 *Adina rubella*、昂天莲 *Ambroma augusta*、楮 *Broussonetia kazinoki*、构树 *Broussonetia papyrifera*、苦皮藤 *Celastrus angulatus*、蒙桑 *Morus mongolica* var. *mongolica*、拔毒散 *Sida szechuensis*、络石 *Trachelospermum jasminoides*、哥兰叶 *Celastrus gemmatus*、野灯心草 *Juncus setchuensis*、羽脉山黄麻 *Trema levigata*、刺蒴麻 *Triumfetta rhomboidea*、荛花 *Wikstroemia canescens*、蒙桑 *Morus mongolica* var. *mongolica*、类芦 *Neyraudia reynaudiana*、华椴 *Tilia chinensis* var. *chinensis*、棱果蝎子草 *Girardinia suborbiculata*、紫花络石 *Trachelospermum axillare*、四方蒿 *EIsholtia blanda*、野苏子 *Elsholtzia flava*、异叶茴芹 *Pimpinella diversifolia* var. *diversifolia*、绣球藤 *Clematis montana*、紫牡丹 *Paeonia delavayi*、紫苜蓿 *Mdicago sativa*、雀梅藤 *Sageretia thea*、糯米团 *Memorialis hirta*、天蓝苜蓿 *Medicago lupulina*、水麻 *Debregeasia orientalis*、茎花苎麻 *Boehmeria clidemioides*、类芦 *Neyraudia reynaudiana*、紫秆玉山竹 *Yushania violascens*、云南箭竹 *Fargesia yunnanensis*、玉龙山箭竹 *Fargesia yulongshanensis*、滇西箭竹 *Fargesia communis* 等。

例如：水麻，其茎皮纤维优良，为麻类代用品，如织麻袋、搓绳等，亦可造纸。

苎麻的茎皮纤维细长，民间历来用于织夏布。麻皮经化学脱胶，并将其单纤维变性处理后，可与细羊毛、涤纶等混纺，织成高级衣料。苎麻纤维有抗湿、耐热、绝缘、质轻等优点，在国防和橡胶工业上还有特殊的用途。

荨麻类植物的韧皮纤维强韧，多数可供纺织。本种韧皮纤维品质优良，可供纺织麻布、麻袋、制绳等。

构树，构皮是高级纤维，普遍使用于复写纸、蜡纸、绝缘纸、制伞用的棉纸等。纤维细而柔软，可制人造棉。蒙桑，制造蜡纸、绝缘纸、皮纸等的重要原料，也可制人造棉。

⑩ 其他

其他包括牧草、饲料、防风固沙、水土保持等用途的植物。种类约有 154 种，性状以草本为主，包括少量乔木、灌木。其中数量较多的有斑茅 *Saccharum arundinaceum*、地石榴 *Ficus tikoua*、发草 *Deschampsia caespitosa*、金茅 *Eulalia speciosa*、红叶木姜子 *Litsea rubescens* var. *rubescens*、滇刺榛 *Corylus ferox*、山杨 *Populus davidiana* var. *davidiana*、针齿铁仔 *Myrsine semiserrata*、猫儿屎 *Decaisnea fargesii*、光头稗 *Echinochloa colonum*、百脉根 *Lotus corniculat*、细柄草 *Capillipedium parviflorum*、糯米团 *Memorialis hirta*、天蓝苜蓿 *Medicago lupulina*、无芒雀麦 *Bromus inermis* 等。

例如，针齿铁仔的皮、叶可提栲胶；种子可榨油，油可供工业用。百脉根有饲用价值：饲用，百脉根茎细叶多，产草量高，营养含量居豆科牧草的首位，特别是茎叶保存养分的能力很强，在成熟收种后，蛋白质含量仍可达 17.4%，品质仍佳。刈割利用时期对营养成分影响不大，因而饲用价值很高。其茎叶柔软细嫩多汁，适口性好，各类家畜均喜食。可刈割青饲，可调制青干草，加工草粉和混合饲料，还可用作放牧利用。用于青饲或放牧时，其青绿期长，含皂素低，耐牧性强，不会引起家畜膨胀病，为一般豆科牧草所不及。因其耐热，夏季一般牧草生长不良时，百脉根仍能良好生长，延长利用期。其他用途，百脉根根系发达，侧根着生众多根瘤，根茬地翻耕后能增加土壤有机质和氮素，改土肥田效果好，对后作增产作用大，常与禾谷类粮草料及油料、经济作物轮作倒茬利用。茎枝匍匐生长，枝叶茂密，覆盖度大，在荒坡裸地种植，护坡保持水土性能好。花期长，昆虫传粉，是很好的蜜源植物。百脉根寿命长，可与禾本科牧草混播，建立永久性刈牧兼用草地。种子有落地自生，自行繁衍习性，可用来补播天然草地，可使草地经久不衰，提高产量和质量。根和茎都有从腋芽生出新枝的能力，可切成短段作扦插繁殖，在牧草纯种繁育和育种中有很高的价值，种子结实率高，繁殖系数大，利于推广。

总体来说，玉龙县资源植物种类丰富，但并非每种资源植物的数量都很多，目前除用材树种如云南松等已经进行人工造林，培育资源外，多数资源植物处于自生自灭的状态，形成商品的种类较少，反映出调查区的林业生产水平尚处于较低的发展阶段。

（3）动物物种多样性

➢　物种组成

通过本次调查及对以往考察资料与标本的整理、分析，目前已记录的陆生有脊椎动物有 568 种，约占云南全省陆生脊椎动物的 39.7%。其中鸟类最多（416 种），占云南鸟类的 46.1%；兽类次之，110 种，占云南兽类的 36.1%；爬行类与两栖类物种数相对较少，分别只有 20 种和 22 种，所占比例也较低，仅为 19.1%和 12.3%，与邻近省区相比较，玉龙县有相对较高的物种多样性（表 4-69）。

表 4-69　玉龙县与云南及邻近省区陆生脊椎动物物种多样性比较

类群	物种数	云南		四川		贵州		西藏		广西	
		物种	%*	物种	%	物种	%	物种	%	物种	%
两栖类	22	115	37.5	108	33.2	68	20.9	47	14.5	75	23.1
爬行类	20	162	43.4	85	21.3	95	23.8	59	14.8	117	29.3
鸟类	416	848	65.5	625	48.3	403	31.1	473	36.5	496	38.3
兽类	110	305	35.7	219	33.9	138	21.4	126	19.5	133	20.6
合计	568	1 430	54.6	1 037	39.6	704	26.9	705	26.9	753	28.2

* 为相关省区占全国物种数的比例。

玉龙县目前记录的 568 种陆生脊椎动物分别隶属于 31 目 98 科 306 属（表 4-70）。其中鸟类物种数最多（416 种），隶属于 18 目 53 科 198 属，占了玉龙县陆生脊椎动物的 73.2%，即本区域内近 3/4 的陆生脊椎动物为鸟类，占云南省 848 种鸟类（杨岚和杨晓君，2004）的 49.0%、全国鸟类种数 1 329 种（MacKinnon & Phillipps，2000）的 31.3%；其次是兽类（110 种），占玉龙县陆生脊椎动物的 19.4%、云南省 305 种兽类的 36.1%、全国兽类物种数 645 种（潘清华等，2007）的 17.1%；而两栖类和爬行类物种分别只有 22 种与 20 种，分别占本地区陆生脊椎动物 3.9%、3.5%，云南省的 16.5%、10.5%及全国的 6.5%与 4.8%。两栖爬行动物另外各还有 2 种外来物种：牛蛙（*Rana catesbeiana*）和红耳龟（*Chrysemys scripta*）。

表 4-70　玉龙县陆生脊椎动物组成

类群	目	科	属	种	占玉龙县物种数/%
两栖类	2	9	18	22	3.9
爬行类	1	5	14	20	3.5
鸟类	18	53	198	416	73.2
兽类	9	31	76	110	19.4
合计	30	98	306	568	

① 各分类阶元多样性

玉龙县 22 种两栖类隶属于 2 目 9 科 18 属，其中有尾目（Caudata）2 科 2 属 2 种；而无尾目（ANURA）7 科 20 种，占本地区两栖动物的 90.9%，占云南两栖动物的 17.4%。在科级水平，最大科为无尾目蛙科（Ranidae），有 7 种（占该地区两栖类 31.8%）；其次是角蟾科（Megophryinae），有 5 种；此 2 科的物种构成了该地区两栖动物的主体，即占 54.5%；姬蛙科（Microhylidae）、蟾蜍科（Bufonidae）、雨蛙科（Hylidae）各 2 种，即云南小狭口蛙 *Calluella yunnanensis*、多疣狭口蛙 *Kaloula verrucosa*、无棘溪蟾 *Torrentophryne aspinia*、华西蟾蜍 *Bufo bufo andrewsi*、贡山雨蛙 *Hyla gongshanensis*、华西雨蛙 *Hyla annectans*；而在仅有的 9 科中，尚有小鲵科（Hynobiidae）有 1 种（山溪鲵 *Batrachperus inchonii*）、蝾螈科 Salamandridae 有 1 种（红瘰疣螈 *Tylototriton verrucosus*）、盘舌蟾科（Discoglossidae）1 种（大蹼铃蟾 *Bombina maxima*），新增加树蛙科（Rhacophoridae）物种 1 种，即杜氏泛树蛙 *Polypedates dugritei*。

玉龙县的爬行类仅有 1 目，即有鳞目（SQUAMATA）5 科 14 属 20 种，占云南爬行动物的 12.3%。爬行动物科的数量也不多，仅 5 科，但其中游蛇科（Colubridae）即有 10 种（占本地区爬行类的 50%），其次是蝰科（Viperidae）和鬣蜥科（Agamidae）各有 3 种：雪山蝮 *Gloygius monticola*、山烙铁头 *Ovophis monticola*、菜花原矛头蝮 *Protobothrops jerdonii*、裸耳龙蜥 *Japalura dymondi*、草绿龙蜥 *Japalura flaviceps*、昆明龙蜥 *Japalura varcoae*；石龙子科（Scincidae）和壁虎科（Gekkonidae）也各有 2 种，即有铜蜓蜥 *Sphenomorphus indicus*、山滑蜥 *Scincella monticola*、粗疣壁虎 *Gekko scabridus*、云南半叶趾虎 *Hemiphyllodactyulus yunnanensis*。

玉龙县现已记录有鸟类 18 目、53 科（另 4 亚科）198 属 416 种，其物种多样性特别丰富。该地区的鸟类物种主要由雀形目（PASSERIFORMES）（鸟类的第一大目）组成，具有 25 科 100 属 250 种，占本地区鸟类物种数的 60.1%，在鸟类区系组成中处绝对统治地位。而居第二位的雁形目（ANSERIFORMES）则仅有 1 科 11 属 30 种（占本地区鸟类的 7.2%），第三位的鸻形目 CHARDRIFORME 仅有 5 科 13 属 24 种（占 5.8%），第四位的隼形目 FALCONIFORMES 有 2 科 13 属 23 种（5.5%），这三个目的物种数有 77 种，占本地区物种数的 18.5%。但是玉龙县的鸟类仅含 1 种的目也只有 2 个：鹈形目（PELECANIFORMES）、夜鹰目（CAPRIMULGIFORMES），其余 12 目的物种数在 2～15 种，如：鹳形目（CICONIFORMES）15 种，鹤形目（GRUIFORMES）12 种，鸡形目（GALLIFORMES）11 种，鴷形目（PICIFORMES）10 种，鹃形目（CUCULIFORMES）9 种，鸮形目（STRIGIFORMES）7 种，鸽形目（COLUMBIFORMES）与佛法僧目（CORACIIFORMES）各 6 种，鸥形目（LARIFORMES）4 种，䴙䴘目（PODICIPEDIFORMES）3 种，雨燕目（APODIFORMES）与鹦形目（PSITACIFORMES）各有 2 种。在科级水平上，鹟科（Muscicapidae）即有 47 属 129 种，是绝对的优势科，占本地区鸟类的 31%；而紧随其后的雀科（Fringillidae）仅只有 15 属 34 种、鸭科（Anatidae）11 属 30 种、鹰科（Accipitridae）12 属 20 种，此 4 科共记录鸟类 213 种，占本地区鸟类物种数的 51.2%；而其他 49 个科的物种数均在 13 种以下，如：鹬科（Scolopacidae）13 种，雉科（Pheasianidae）

和鹭科（Ardeidae）各有11种等，其中还有鸬鹚科（Phalacrocoracidae）、彩鹬科（Rostratulidae）、瓣蹼鹬科（Phalaropodidae）、草鸮科（Tytonidae）、夜鹰科（Caprimulgidae）、佛法僧科（Coraciidae）、戴胜科（Upupidae）、百灵科（Alaudidae）、和平鸟科（Irenidae）、太平鸟科（Bombycillidae）、鹪鹩科（Troglodytidae）、攀雀科（Remizidae）等11种科分别仅有1种，为单属种科。

玉龙县哺乳动物有9目31科76属110种。不同于脊椎动物其他类群，玉龙县哺乳动物在目级组成上虽有较大的目，但所占比例没有其他类群那么高，并且最大目与居第二位的目之间物种数量差异也没有那么明显，然而表现出哺乳动物各目物种数所占比例的基本趋势。类似于其他地区，玉龙县哺乳动物最大目亦为啮齿目（RODENTIA），含7科23属39种，占该地哺乳动物的35.4%；但居第二位的为食虫目（EULIPHOTYPHLA）3科12属21种（占19.1%）；紧随其后的是食肉目（CARNIVORA）7科20属20种（占18.2%），和翼手目（CHIROPTERA）5科7属16种（占14.5%）。该4个目构成玉龙哺乳动物的主体，计22科62属96种，占该地区物种数的87.3%。而另外5个目只有14种，其中攀鼩目（SCANDENTIA）和鳞甲目（PHOLIDOTA）仅各有1种，灵长目（PRIMATES）只有1科2属2种，兔形目（LAGOMORPHA）2科2属2种，仅偶蹄目（ARTIODACTYLA）稍多，有4科8属8种。玉龙县兽类虽然有31科，但同目的组成，玉龙县的兽类在科级水平的物种组成上，也有类似于其他脊椎动物占明显优势的科，其比例远不及其他类群最大科的高。玉龙县哺乳动物最大科-鼠科（Muridae）含8属19种，占该地区兽类物种数的17.3%；其次是鼩鼱科（Soricidae）含8属16种（占14.5%），这两个科即有物种35个，占本地区物种数的31.8%。而其他科的物种数均在8种以下，如：仓鼠科（Cricetidae）8种、鼬科（Mustelidae）和菊头蝠科（Rhinolophidae）分别有6种、松鼠科（Sciuridae）5种、蝙蝠科（Vespertilionidae）4种等，且有14个科为单属种科，如：猬科（Erinaceidae）、树鼩科（Tupaiidae）、狐蝠科（Pteropodidae）、鲮鲤科（Manidae）、熊科（Ursidae）、小熊猫科（Ailuridae）、獴科（Herpestidae）、猪科（Suidae）、麝科（Moschidae）、豪猪科（Hystricidae）、豪猪科（Hystridae）、跳鼠科（Dipodidae）、兔科（Leporidae）和鼠兔科（Ochotonidae）。

② 区系分析

玉龙县所记录的两栖类动物物种绝大部分为西南区成分，共有16种，占该地区全部两栖类22种的72.7%，两栖类东洋界广布种有2种，即双团棘胸蛙 *Paa yunnanensis*、昭觉林蛙 *Rana chaochiaoensis*，东洋-古北界广布物种3种，即倭蛙 *Nanorana pleskei*、山溪鲵 *Batrachperus inchonii* 和胫腺蛙 *Pelophylax shuchinae*。尚有华中-西南区物种1种即华西蟾蜍 *Bufo bufo andrewsi*。该县有爬行类东洋界广布种有8种，占该地区爬行动物的40%，西南区物种7种，占35.0%；其他物种为华中区与西南区共物种2种（草绿龙蜥 *Japalura flaviceps*、菜花原矛头蝮 *Protobothrops jerdonii* 以及华南区与西南区共有物种1种。黑眉锦蛇 *Elaphe taeniura* 和红脖颈槽蛇 *Rhabdophis sublminiata* 广布于东洋界和古北界。外来物种牛蛙 *Rana catesbeiana* 和红耳龟 *Chrysemys scripta* 未计入区系分析。

依据目前已记录的各种鸟类在玉龙县的采集、观察时间，并参照有关文献记载，统计结果表明：玉龙县所记录的 443 种和亚种鸟类中，有留鸟（即常居留于玉龙县境内）257 种和亚种，占本地区鸟类的 58.0%；夏候鸟（春末夏初迁来、夏末秋初迁离）55 种和亚种（占 12.4%），冬候鸟（秋末冬初由北方迁飞至此地越冬或旅经该地再向南迁）112 种和亚种（占 25.3%），此外，还有 16 种为旅鸟及 3 种迷鸟。因此，玉龙所记录鸟的种类以留鸟为主，冬候鸟和夏候鸟次之，旅鸟的种数为最少。

依据郑作新《中国鸟类区系纲要》（1987）所列各种鸟类的地理分布情况，在玉龙县所录的443 种和亚种中，在该地区繁殖的鸟类（含留鸟和夏候鸟）共计 301 种（10 亚种），占所录鸟类的 67.9%。其中繁殖区域主要在东洋界的鸟类，计 201 种，占繁殖鸟类的 66.8%；繁殖区域广布于东洋、古北两大界的鸟类，计 61 种，占 20.3%；繁殖区域主要在古北界的鸟类，计 39 种，占 12.9%。因此，玉龙县鸟类的区系构成是以东洋界成分为主。

为了进一步探讨玉龙县鸟类区系成分的特性，对 201 种东洋界鸟类，进行了 II 级区（亚区）的成分比较。在所记录的 201 种东洋区鸟类中，除灰喉山椒鸟 *Pericrocotus solaris*、玫红眉朱雀、蓝胸秧鸡 *Rallus striatus*、灰蓝[姬]鹟、橙头地鸫 *Zoothera citrina*、绒额䴓 *Sitta frontalis*6 种和亚种的分布区域不以西南山地亚区为主外，其余种类在西南山地亚区均有分布，其中仅分布于西南山地亚区的有高山鹰鹛 *Spizaetus nipalensis*、四川雉鹑、血雉、白马鸡、红胸田鸡 *Porzana fusca*、棕背田鸡 *Porzana bicolor*、鹊鸲 *Copsychus saularis*、蓝大翅鸲 *Grandala coelicolor*、紫宽嘴鸫 *Cochoa purpurea*、光背地鸫 *Zoothera mollissima*、高山旋木雀 *Certhia himalayana*、火尾太阳鸟 *Aethopyga ignicauda*、绿喉太阳鸟等 62 种和亚种，仅分布于滇南山地亚区的种类有红翅薮鹛 1 种和亚种，仅分布于青海藏南亚区的有玫红眉朱雀 1 种和亚种。除仅分布于西南山地亚区的种和亚种外。黑胸歌鸲、金色林鸲、冠纹柳莺 *Phylloscopus reguloides*、藏黄雀、曙红朱雀、红眉松雀 6 个种和亚种仅分布于西南山地亚区和青海藏南亚区。白腹锦鸡、黑颈长尾雉 *Syrmaticus humiae*、肉垂麦鸡、大紫胸鹦鹉、灰头鹦鹉、紫金鹃、棕胸佛法僧 *Coracias benghalensis*、斑文鸟 *Lonchura punctulata*、黑头金翅[雀] *Carduelis ambigua*、栗头地莺等 38 种和亚种仅分布于西南山地亚区和滇南山地亚区。小云雀 *Alauda gulgula*、红嘴鸦雀 *Conostoma aemodium*、红腹角雉 *Tragopan temminckii*、矛纹草鹛 Babax lanceolatus、大噪鹛、暗胸朱雀、酒红朱雀等 7 种和亚种仅分布于西南山地亚区和西部山地高原亚区。金胸歌鸲、白腹短翅鸲 *Hodgsonius phoenicuroides*2 个种和亚种仅分布于西南山地亚区和黄土高原亚区。黄眉林雀、褐灰雀 2 个种和亚种仅分布于西南山地亚区和东部丘陵平原亚区。橙头地鸫 1 个种和亚种仅分布于滇南山地亚区和闽广沿海亚区。灰蓝[姬]鹟仅分布于滇南山地亚区和黄土高原亚区。草鸮 *Tyto capensis* 仅分布于闽广沿海亚区和东部丘陵平原亚区。其余 79 种和亚种则分布于 3 个以上的亚区中，占记录的东洋种鸟类种数的 39.30%。

综合对玉龙县鸟类区系成分分析，结果表明：玉龙县域内记录的鸟类以东洋界鸟类为主，在Ⅱ级区系成分中，又以西南山地亚区的成分居多，其中仅分布于西南山地亚区的有62种和亚种，占保护区记录东洋种的30.85%；仅分布于滇南山地亚区的种类有1种和亚种，占0.50%；仅分布于青海藏南亚区的种类有1种和亚种，占0.50%。其余的137个种和亚种则分布于2个及其以上的亚区中，显示其区系成分极其复杂。

郑作新（1987）和张荣祖（1999）在中国的动物地理区划中均将玉龙县所处地理位置归属于东洋界西南山地亚区。根据调查，鸟类区系成分中东洋种的种数远远超过古北种，因此该地的鸟类区系的组成，在整体上倾向于东洋界，在东洋种中，又以仅分布于西南山地亚区的种和亚种为最多，与郑作新（1987）和张荣祖（1999）的划分相符，即玉龙县应归属于东洋界西南山地亚区。

玉龙县110种哺乳动物中有一定数量的世界性广布种，如：与人类伴生而遍布世界各地的小家鼠（*Mus musculus*），全北区分布并向南延伸到东洋区的赤狐（*Vulpes vulpes*）和广布于欧亚非的野猪（*Sus scrofa*）、水獭（*Lutra lutra*）、藏獾（*Meles leucureus*）、巢鼠（*Micromys minutus*）及马铁菊头蝠（*Rhinolophus ferrumequinum*）、东亚伏翼（*Pipistrellus abramus*）、普通伏翼（*Pipistrellus pipistrellus*）、豺（*Cuon alpinus*）、貉（*Nycterutes procyonoides*）、黑熊（*Selenarctos thibetanus*）、青鼬（*Martes flavigula*）、黄鼬（*Mustela sibrica*）、猪獾（*Arctonyx collaris*）、豹猫（*Prionalurus bengalensis*）、猞猁（*Lynx lynx*）、川西斑羚（*Nemorhaedus griseus*）、大林姬鼠（*Apodemus peninsulae*）、社鼠（*Niviventer confucianus*）等古北区与东洋区共有种21个，占玉龙县兽类的19.1%。其余89种均属于东洋区物种，其中西南区、华南区和华中区共有物种39个，西南区与华南区共有物种16个，西南区与华中区共有物种7个，而为西南区物种多达27种，如：长尾鼩鼹（*Scaptonyx fusicaudus*）、云南鼩鼱（*Sorex excelsus*）、小纹背鼩鼱（*Sorex bedfordiae*）、褐腹长尾鼩鼱（*Episoriculus caudatus*）、小缺齿鼩鼱（*Chodsigoa parva*）、蹼足鼩（*Nectogale elegans*）、丽江菊头蝠（*Rhinolophus osgoodi*）、滇金丝猴（*Rhinopithecus bieti*）、云猫（*Pardofelis marmorata*）、小熊猫（*Ailurus fulgens*）、丽江绒鼠（*Eothenomys fidelis*）、玉龙绒鼠（*Eothenomys proditor*）、西南绒鼠（*Eothenomys custos*）、克氏田鼠（*Microtus clarkei*）、安氏白腹鼠（*Niviventer andersoni*）、川西白腹鼠（*Niviventer excelsior*）、大耳姬鼠（*Apodemus latronum*）等，占本地区物种数的24.5%，可见玉龙县哺乳动物具有明显的西南区区系特征，在我国动物地理区划上属于东洋界西南区动物区系。

➢　特有种类

玉龙县地处横断山与三江并流区，其陆生脊椎动物各类群不仅物种多样性丰富，而且各类群的特有性都较高（表4-71），特别是两栖类，其特有性程度非常高，并且兽类甚至还有两种为本地区特有的物种。

表 4-71 玉龙陆生脊椎动物特有种

	中国特有分布		云南特有分布		本地特有	
	物种	%*	物种	%	物种	%
两栖类	18	81.8	4	18.2	—	—
爬行类	7	35	3	15	—	—
鸟类	23	5.5	—	—	—	—
兽类	26	23.6	3	1	2	1.8
合计	74	13.3	10	1.4	2	0.4

* 为所占各类群比例（%）。

玉龙县虽然仅有两栖动物 22 种（占云南省两栖类的 19.1%），但其中为中国特有种的却高达 18 种，占该地区的 81.8%；其中云南特有物种即有 4 种，占该地区的 18.2%，如：平头短腿蟾 *Brachytarsophrys platyparietus*、金江湍蛙 *Amolops jinjiangensis*、华西雨蛙 *Hyla annectans*、云南小狭口蛙 *Calluella yunnanensis* 等，可见该地区两栖动物特有程度非常高。

玉龙县现记录的爬行动物有 20 种，其中为中国特有的即有 7 种，占本地区爬行类 35.0%，其中包括云南特有 3 种，如：雪山蝮 *Gloygius monticola*、昆明龙蜥 *Japalura varcoae*、云南半叶趾虎 *Hemiphyllodactylus yunnanensis* 等。

鸟类因具有飞行习性，其特有性程度相较于其他陆生脊椎动物要低很多，在玉龙县 416 种鸟类，虽然没有仅记录于该地区或云南的特有类群，但记录有中国特有 23 种，包括：中华秋沙鸭 *Mergus squamatus*、四川雉鹑 *Tetraophasis obscurus*、血雉 *Ithaginis cruentus*、白马鸡 *Crossoptilon crossoptilon*、白腹锦鸡 *Chrysolophus amherstiae*、黑颈 *Grus nigricollis*、大紫胸鹦鹉 *Psittacula derbiana*、领雀嘴鹎 *Spizixos semitorques*、金胸歌鸲 *Luscinia pectardens*、棕背黑头鸫 *Turdus kessleri*、宝兴歌鸫 *Turdus mupinensis*、宝兴鹛雀 *Moupinia poecilotis*、白点鹛 *Garrulax bieti*、大噪鹛 *Garrulax maximus*、棕噪鹛 *Garrulax poecilorhynchus*、橙翅噪鹛 *Garrulax ellietii*、棕头雀鹛 *Alcippe ruficapilla*、白领凤鹛 *Yuhina diademata*、褐翅缘鸦雀 *Paradoxornis brunneus*、滇䴓 *Sitta yunnanensis*、酒红朱雀 *Carpodacus vinaceus*、曙红朱雀 *Carpodacus eos*、斑翅朱雀 *Carpodacus trifasciatus*。

因其所处地理位置及其地形地貌特点，玉龙县兽类的特有性相对较高，其中中国特有种有 26 种之多，占本地区物种数的 23.6%，最具代表性并且在保护上具旗舰种意义的为滇金丝猴（*Rhinopithecus bieti*），其他包括：鼩猬（*Neotetracus sinensis*）、云南鼩鼱（*Sorex excelsus*）、小缺齿鼩鼱（*Chodsigoa parva*）、川西齿鼩鼱（*Chodsigoa hypisbia*）、西南中麝鼩（*Crocidura vorax*）、丽江菊头蝠（*Rhinolophus osgoodi*）、大足鼠耳蝠（*Myotis ricketti*）、中华鬣羚（*Capricornis milneedwardsii*）、矮岩羊（*Pseudois nayaur*）、侧纹岩松鼠（*Sciurotamias forresti*）、复齿鼯鼠（*Tropgoterus xanthipes*）、大绒鼠（*Eothenomys miletus*）、滇绒鼠（*Eothenomys eleusis*）、丽江绒鼠（*Eothenomys fidelis*）、玉龙绒鼠（*Eothenomys proditor*）、西南绒鼠（*Eothenomys custos*）、昭通绒鼠（*Eothenomys olitor*）、云南松田鼠（*Neodon forresti*）、大耳姬鼠（*Apodemus latronum*）、高山姬鼠（*Apodemus chevrieri*）、澜沧江姬鼠（*Apodems ilex*)、安氏白腹鼠（*Niviventer andersoni*）、川西白腹鼠（*Niviventer excelsior*）、四川林跳鼠（*Eozapus setchuanus*）、云南兔（*Lepus comus*）等。其中除了鼩猬、川西齿鼩鼱、大足鼠耳蝠、中华鬣羚、复齿鼯鼠外，其余均为西南区特有，包括滇西北特有（丽江绒鼠 *Eothenomys fidelis*、玉龙绒鼠 *Eothenomys proditor*、云南松田鼠 *Neodon forresti*）、云贵高原特有（云南兔 *Lepus comus*）、云南特有（澜沧江姬鼠 *Apodems ilex*）与地方特有，特别需要指出的是小缺齿鼩鼱（*Chodsigoa parva*）、丽江菊头蝠（*Rhinolophus osgoodi*）为地方特有，目前仅知分布于丽江玉龙雪山。

➢ 珍稀濒危保护种类

在玉龙县记录的42种两栖爬行动物中，仅有红瘰疣螈（*Tylototriton shanjing*）被列为II级国家重点保护野生动物，且也无任何物种被列在CITES附录中；但是两栖类和爬行类的全部物种都被列入《中国物种红色名录（第一卷）》（2004）；收录在《中国濒危动物红皮书——两栖类和爬行类》（1998）中的有6种，即红瘰疣螈 *Tylototriton verrucosus*、双团棘胸蛙 *Rana yunnanensis* 和王锦蛇指名亚种 *Elaphe c. carinata*、黑眉锦蛇 *Elaphe taeniura*、黑线乌梢蛇 *Zaocys nigromarginatus*、紫灰锦蛇 *Elaphe porphoracea*；在2000年8月颁布的《国家保护的有益的或者有重要经济、科学研究价值的陆生野生动物名录》中，玉龙县所有两栖爬行动物均收录其中。

玉龙县鸟类被列入国家重点保护名录的数量多达53种，占本地区鸟类数量的12.7%，其中国家I级重点保护动物有黑鹳 *Ciconia nigra*、东方白鹳 *Ciconia boyciana*、中华秋沙鸭 *Mergus squamatus*、金雕 *Aquila chrysaetos*、白尾海雕 *Haliaeetus albicilla*、四川雉鹑、黑颈长尾雉、黑颈鹤 *Grus nigricollis*、白头鹤 *Grus monacha*）等9种，国家II级重点保护动物有白琵鹭 *Platalea leucorodia*、黑鹮 *Pseudibis papillosa*、大天鹅 *Cygnus cygnus*、鸳鸯 *Aix galericulata*、黑翅鸢 *Elanus caeruleus*、凤头蜂鹰 *Pernis ptilorhynchus*、[黑]鸢 *Milvus migrans* 等44种；在CITES附录中的物种有42种，占本地区鸟类的10.10%，其中附录I有东方白鹳、白尾海鹛、白马鸡、黑颈长尾雉、白头鹤、黑颈鹤6种，附录II有黑鹳、白琵鹭、花脸鸭、黑翅鸢、凤头蜂鹰、黑鸢、栗鸢等36种；在2000年8月颁布的《国家保护的有益的或者有重要经济、科学研究价值的陆生野生动物名录》中，收录有小鸊鷉 *Podiceps ruficollis*、苍鹭 Ardea cinerea、赤麻鸭等250种。

现记录的兽类中，有国家重点保护野生动物19种，占本地区兽类物种数的17.3%，其中有国家I级重点保护的有滇金丝猴 *Rhinopithecus bieti*、林麝 *Moschus berezovskii*、云豹 *Neofelis nebulosa* 3种，国家II级重点保护的有猕猴 *Macaca mulatta*、中国穿山甲 *Manis pentadactyla*、豺 *Cuon alpinus* 等16种；在CITES附录中收录的物种有17种，占本地区兽类的15.5%，其中附录I物种有滇金丝猴 *Rhinopithecus bieti*、黑熊 *Selenarctos thibetanus*、小熊猫 *Ailurus fulgens* 等9种，附录II有北树鼩 *Tupaia belangeri*、猕猴 *Macaca mulatta*、中国穿山甲 *Manis pentadactyla* 等8种；在《中国濒危动物红皮书——兽类》（1998）中，被列为濒危种的有：滇金丝猴 *Rhinopithecus bieti*、云豹 *Neofelis nebulosa*、斑林狸 *Prionodon*

Pardicolor、林麝 *Moschus berezovskii*、复齿鼯鼠 *Hylopetes alboniger*、黑白飞鼠 *Hylopetes alboniger* 等；在《中国物种红色名录——兽类》（2004）中列为濒危种的有：黑白飞鼠 *Hylopetes alboniger*、复齿鼯鼠 *Hylopetes alboniger*、中国穿山甲 *Manis pentadactyla*、水獭 *Lutra lutra*、云豹 *Neofelis nebulosa*、云猫 *Pardofelis marmorata*、大灵猫 *Viverra zibetha*、豺 *Cuon alpinus*、林麝 *Moschus berezovskii*、川西斑羚 *Naemorhedus griseus*、滇攀鼠 *Vernaya fulva* 等；在 2000 年 8 月颁布的《国家保护的有益的或者有重要经济、科学研究价值的陆生野生动物名录》中的兽类有赤狐 *Vulpes vulpes*、貉 *Nyctereutes procyonoides*、猪獾 *Arctonyx collaris*、黄鼬 *Mustela sibirica* 等。

表 4-72 玉龙县重点保护陆生脊椎动物

类群	国家级				CITES 种			
	I	%*	II	%	附录 I	%	附录 II	%
两栖类	—	—	1	4.5	—	—	—	—
爬行类	—	—	—	—	—	—	—	—
鸟类	9	2.2	44	10.6	6	1.4	36	8.6
兽类	3	2.7	16	14.5	9	8.2	8	7.3
合计	12	2.1	61	10.7	15	2.6	44	7.7

* 占各类群物种数的比例。

（4）大型真菌物种多样性

结合前人在该县的标本采集及研究结果，发现玉龙县现知大型真菌共计 40 科 229 种。其中，种类最多的科是口蘑科，共有 41 种（占该地区大型真菌总数的 18%）；第二为丝膜菌科，共 25 种（占总数的 11%）；第三为红菇科，共有 19 种（占总数的 10%）。此外，牛肝菌科、鹅膏菌科、侧耳科等在种类和数量上均占优势。

玉龙县食用菌种类繁多，以口蘑科、牛肝菌科、红菇科、珊瑚菌科中的种类最多；其中珍贵的食用菌有：松茸、牛肝菌、青头菌、珊瑚菌等。除上述产量大、味道鲜美的食菌外，还分布有很多可食用的大型真菌，如淡红枝瑚菌、香菇蜡蘑、绒白乳菇、多汁乳菇等。

此外，玉龙县分布有很多具有较高药用价值的大型真菌。不同的药用真菌种类，其药用价值不同。具有抗菌消炎作用的中华肉球菌；具有调节免疫系统功能、抗肿瘤、抗疲劳等多种功效的冬虫夏草；具有抗肿瘤活性的有侧耳科的香菇、多孔菌科的灵芝、银耳科的银耳、裂褶菌科的裂褶菌等；具有抗菌消炎、清热解毒的有球盖菇科的鳞伞等；具有清目、利肺的有鸡油菌科的鸡油菌、膨瑚菌科的蜜环菌；用于治疗神经衰弱的有多孔菌科的灵芝、膨瑚菌科的蜜环菌；用于治疗肝炎的有多孔菌科的灵芝、银耳科的银耳、侧耳科的香菇等；用于治疗心血管系统疾病的有多孔菌科的灵芝、银耳科的银耳。

在玉龙县，既有丰富多彩的美味野生食用菌，又有一些毒蘑菇。由于许多毒菌的外形与食用菌的十分相似，稍不注意，就会误将毒菌当作食菌采收、出售。误食毒蘑菇，轻则损害人体健康，重则危及人的生命。如导致神经中毒的蘑菇：花褶伞、毒红菇、裂丝盖菌等会引起精神错乱、精神异常、谵语、抽搐、昏迷等；引起肠胃中毒的蘑菇：毛头乳菇、喇叭陀螺菌、毒红菇等会造成剧烈恶心、呕吐、腹痛、腹泻，严重者面部肌肉抽搐或心脏衰弱或血液循环衰竭而死亡。30 多年来在云南北部每年都发生几十例甚至更多的不明原因猝死，大多发生在 7—9 月雨季。该情况引起中国疾病中心的高度重视，组织了多方面的专家进行研究。开始有的认为是克山病，也有的认为是重金属中毒或饮用了被毒素或病原污染的水。由于情况的高度复杂性，一直未有定论。在最新的研究中，研究人员发现沟褶菌属新种：毒沟褶菌 *Trogia venenata*，此种中含有的新的非蛋白质氨基酸，就是 30 多年来导致云南不明原因猝死的罪魁祸首。

4.15.4 小结

系统调查整理完成了玉龙县高等植物、陆生脊椎动物和大型真菌物种编目，并建立了数据库，为国家和地方生物多样性保护提供技术资料。调查发现新增了 3 个植被群系，即云南枫杨群系（Form. *Pterocarya dalavayi*）、毛叶曼青冈群系（Form. *Cyclobalanopsis gambleana*）、川滇冷杉群系（Form. *Abies forrestii*），在以往的文献中没有记载。调查分析结果表明，玉龙县现有陆生脊椎动物 568 种，与《生物多样性评价》相比新增 281 种，占该地区现记录物种的 49.5%，其中两栖爬行类增加 10 种、鸟类增加 241 种、兽类增加 30 种，极大丰富了玉龙县物种及其分布的信息。通过对玉龙县标本的采集、鉴定并整合前人在该区的标本采集和研究结果，编写了该县大型真菌名录，发表我国 1 新属和 1 新种（Kirschner et al.，2010）；此外，还发现了 7 个中国新记录种。

4.16 古城区生物多样性现状①

4.16.1 自然概况

丽江市古城区位于云南省西北部横断山向云贵高原过渡地带，全区幅员面积 1255.4km^2，地跨北纬 26°34′～27°46′，东经 99°23′～100°32′。古城区位于丽江市东北部，东面接邻永胜县，南面接邻鹤庆县，西北两面均毗邻玉龙县。

古城区地处青藏高原南部边缘横断山地向云贵高原过渡的衔接地段，兼有横断山峡谷和滇西北高原两种地形特征。全区地形地貌复杂，境内山河交错，峰奇谷秀，蔚为壮观，大致可分为山地、山间盆地（俗称坝子）、河谷三种类型，其中山地占 77%；最高海拔 3 621 m，金江乡江边村的金沙江出口处海拔 1 219 m，为全区最低点。全区江河、湖泊、

① 古城区植被类型与植物多样性由西南林业大学杜凡教授组织调查和提供数据；动物多样性由西南林业大学韩联宪组织调查和提供数据；大型真菌多样性由中科院昆明植物研究所杨祝良研究员组织调查和提供数据。

库塘、田间水沟等水面资源 41.18 万亩，占土地面积的 1.3%。

古城区下辖金山、七河、金江、金安、大东 5 个乡和大研、西安、束河、祥和 4 个街道，共 53 个村（居）委会。丽江地处横断山脉，山体高差悬殊，立体气候突出，气候垂直差异和植物垂直分布明显。从南亚热带到高原山地气候，四季变化不大，干湿季节分明。

4.16.2 组织实施

植物调查组不同季节分别对古城区的大研镇、西安镇、束河镇、祥和镇、金安乡、七河乡、大东乡、金山白族乡、金江白族乡进行了五次野外调查，共采集高等植物标本约 1300 号；动物调查组先后在丽江古城区龙山乡贝足村山地森林、金安乡金沙江河谷草坡灌丛、黑龙潭公园云南松林、象山公园树林灌丛草坡、大东乡松林坪针叶林混交林、火车站和蛇山农田耕地灌丛、团山水库和文笔海水域、束河办事处罗成村那日光村山地森林、金江乡金沙江河谷草坡灌丛和农耕区以及山地森林、七河乡山地森林等地区进行了兽类、鸟类和两栖爬行类野外调查，采集兽类标本 36 号、鸟类标本 34 号、两栖爬行动物标本 110 号；大型真菌调查组对七河乡、金山乡、黄山乡、大研镇、大东乡、龙山乡进行了大型真菌的野外调查，采集到 612 份标本。

4.16.3 主要成果

（1）植被类型组成

植被划分依据，主要综合植物群落各方面基本特征为原则。在划分植被类型的高级分类单位时，侧重运用植被的外貌，形态结构和生态特征；在划分中级和低级单位时，侧重运用植物群落的植物种类组成特征，既以群落的优势种，又以生态幅度较小的植物种或种组作为群落的标志种以划分群落。综合两年实际调查和《云南植被》记载，古城区有 8 个植被型，19 个植被亚型，86 个群系。

表 4-73 古城区陆生植被类型

Ⅲ 常绿阔叶林

（Ⅰ）半湿润常绿阔叶林

（一）滇青冈群系（Form.*Cyclobalanopsis glaucoides*）

（二）黄毛青冈群系（Form.*Cyclobalanopsis delavayi*）

（三）高山栲群系（Form.*Castanopsis delavayi*）

（四）滇石栎群系（Form.*Lithocarpus dealbatus*）

（Ⅱ）中山湿性常绿阔叶林

（一）青冈栎、润楠群系（Form.*Cyclobalanopsis glauca*，*Machilus* spp.）

（Ⅲ）山顶苔藓矮林

（一）紫玉盘杜鹃、宽钟杜鹃群系（Form.*Rhododendron uvarifolium*，*Rh.beesianum*）

（二）倒卵叶石栎、杜鹃、乌饭群系（Form.*Lithocarpus pachyphyloides*，*Rhododendron* spp.，*Vaccinium* spp.）

Ⅳ硬叶常绿阔叶林

（Ⅰ）寒温山地硬叶常绿阔叶林

（一）黄背栎群系（Form.*Quercus pannosa*）

（二）灰背栎群系（Form.*Quercus senescens*）

（三）长穗高山栎群系（Form.*Quercus longispica*）

（四）川滇高山栎群系（Form.*Quercus aquifolioides*）

（Ⅱ）干热河谷硬叶常绿砾林

（一）铁橡栎群系（Form.*Quercus cocciferoides*）

（二）锥连栎群系（Form.*Quercus franchetii*）

（三）光叶高山栎群系（Form.*Quercus rehderiana*）

Ⅴ落叶阔叶林

（Ⅰ）暖温性落叶阔叶林

（一）槲树群系（Form.*Quercus dendata* var. *oxyloba*）

（二）麻栎、栓皮栎群系（Form.*Quercus acutissima*，*Quercus variabilis*）

（三）旱冬瓜群系（Form.*Alnu snepalensis*）

（四）槭树、桦木群系（Form.*Acer* spp.，*Betula* spp）

（五）滇白杨、清溪杨群系（Form.*Populus rotundifolia* var. *bonatii* & var. *duclouxiana*）

（六）乌柳群系（Form.*Salix cheilophila*）

Ⅵ暖性针叶林

（Ⅰ）暖温性针叶林

（一）云南松群系（Form.*Pinus yunnanensis*）

（二）华山松群系（Form.*Pinus armandii*）

Ⅶ温性针叶林

（Ⅰ）温凉性针叶林

（一）云南铁杉群系（Form.*Tsuga dumosa*）

（二）高山松群系（Form.*Pinus densata*）

（三）曲枝圆柏群系（Form.*Sabina recurva*）

（四）滇藏方枝柏群系（Form.*Sabina wallichiana*）

（Ⅱ）寒温性针叶林

（一）丽江云杉群系（Form.*Picea likiangensis*）

（二）长苞冷杉群系（Form.*Abies georgei*）

（三）苍山冷杉群系（Form.*Abies delavayi*）

（四）油麦吊云杉群系（Form.*Picea brachytyla* var. *complanata*）

（五）大果红杉群系（Form.*Larix potaninii* var. *macrocarpa*）

Ⅷ竹林

（Ⅰ）暖温性竹林

（一）方竹群系（Form.*Chimonobambusa utilis* & spp.）

（二）金竹、龟甲竹（=毛竹）群系（Form.*Phyllostachys heterocycla* & cv. & *Ph.* spp.）

（三）实心竹群系（Form.*Fargesia yunnanensis* & spp.）

（Ⅱ）寒温性竹林

（一）扫把竹丛（Form.*Fargesia annulata*）

（二）高山箭竹丛（Form.*Fargesia altissima*）

（三）玉龙箭竹丛（Form.*Fargesia yulongshanensis*）

（四）空心箭竹丛（Form.*Fargesia edulis*）

（五）短鞘箭竹丛（Form.*Fargesia orbiculata*）

（六）箭竹群系（Form.*Fargesia* spp.）

（七）玉山竹群系（Form.*Yushania* spp.）

Ⅸ稀树灌木草丛

（Ⅰ）暖性稀数灌木草丛

（一）含云南松、珍珠花的稀树灌木中草草丛（Form.Middle Grassland containing *Pinus yunnanensis*，*Lyonia ovalifolia*）

（二）含云南松、矮高山栎的稀树灌木低草草丛（Form.Low Grassland containing *Pinus yunnanensis*，*Quercus monimotricha*）

（三）含华山松、薄皮木的低草草丛（Form.Low Grassland containing *Pinus armandii*，*Leptodermis* spp.）

（四）白茅草丛（Form.*Imperata cylindrical* var. *major*）

（五）紫茎泽兰草丛（Form.*Ageratina adenophora*）

（六）莠竹草丛（Form.*Microstegium ciliatum* & spp.）

（七）毛蕨菜草丛（Form.*Pteridium revolutum*）

Ⅹ灌丛

（Ⅰ）寒温性灌丛

（一）毛喉杜鹃灌丛（Form.*Rhododendron cephalanthum*）

（二）腺房杜鹃灌丛（Form.*Rhododendron adenogynum*）

（三）川滇杜鹃灌丛（Form.*Rhododendron traillεanum*）

（四）灰背杜鹃灌丛（Form.*Rhododendron hippophaeoides*）

（五）腋花杜鹃灌丛（Form.*Rhododendron racemosum*）

（六）密枝杜鹃灌丛（Form.*Rhododendron fastigiatum*）

（七）锈叶杜鹃灌丛（Form.*Rhododendron siderophyllum*）

（八）露珠杜鹃灌丛（Form.*Rhododendron irroratum*）

（九）混杂杜鹃灌丛（Form.*Rhododendron* spp）

（十）宽钟杜鹃灌丛（Form.*Rhododendron beesianum*）

（十一）山育杜鹃灌丛（Form.*Rhododendron oreotrephes*）

（十二）川滇柳灌丛（Form.*Salix rehderiana*）

（十三）毛果高山柳灌丛（Form.*Salix piptotricha*）

（十四）箭叶锦鸡儿灌丛（Form.*Caragana jubata*）

（十五）云南锦鸡儿灌丛（Form.*Caragana franchetiana*）

（十六）香柏灌丛（Form.*Sabina pingii* var. *wilsonii*）

（十七）高山柏灌丛（Form.*Sabina squamata*）

（十八）矮高山栎灌丛（Form.*Quercus monimotricha*）

（十九）小叶栒子灌丛（Form.*Cotoneaster microphyton*）

（Ⅱ）暖温性灌丛

（一）地檀香灌丛（Form.*Gaultheria forrestii*）

（Ⅲ）暖性石灰岩灌丛

（一）铁仔灌丛（Form.*Myrsine africana*）

（二）滇北蔷薇灌丛（Form.*Rosa mairei*）

（三）竹叶椒灌丛（Form.*Zanthoxyllum planispinum*）

（四）青刺尖灌丛（Form.*Prinsepia utilis*）

（五）火把果灌丛（Form.*Pyracantha* spp）

Ⅺ草甸

（Ⅰ）亚高山草甸

（一）羊茅草甸（Form.*Festuca ovina* & F.spp）

（二）巴山竹、冷箭竹草甸（Form.*Bashania fangiana* & B.spp）

（三）伞把竹草甸（Form.*Fargesia utilis* & F. spp）

（四）西南鸢尾、橐吾草甸（Form.*Iris bulleyana*，*Ligularia* spp）

（五）人头花草甸（Form.*Veratrum yunnanense*）

（六）刺苞蓟、棉毛橐吾草甸（Form.*Cirsium forrestii*，*Ligularia vellerea*）

（Ⅱ）亚高山沼泽草甸

（一）华扁穗草沼泽草甸（Form.*Blysmus sinocompressus*）

（二）矮地榆沼泽草甸（Form.*Sanguisorba filiformis*）

（Ⅲ）高山草甸

（一）鞘茎嵩草草甸（Form.*Kobresia tunicate* & K.spp）

（二）狭叶人参果、嵩草草甸（Form. *Form. Potentilla stenophylla*，*Kobresia* spp）

（Ⅳ）高山流石滩草甸

（一）大雪兔子、小风毛菊疏生草甸（Form. *Saussurea leucoma*，*Saussurea* spp）

（二）紫茎垂头菊疏生草甸（Form.*Cremanthodiumsmithianum*）

（三）细茎橐吾疏生草甸（Form. *Cremanthodium smithianum*）

（2）植物物种多样性

➢　物种组成

综合调查与《云南植物志》资料统计，古城区有高等植物 3 777 种，隶属于 1 157 属 289 科；其中，苔藓植物 413 种，隶属于 176 属 71 科；蕨类植物 216 种，隶属于 70 属 31 科；裸子植物 33 种，隶属于 15 属 6 科；被子植物 3 115 种，隶属于 895 属 181 科；双子叶植物 2 654 种，隶属于 703 属 153 科；单子叶植物 461 种，隶属于 192 属 28 科。

苔藓植物中，最大的科为曲尾藓科（Dicranumfuscescens），有 14 属 42 种；第二大的科为真藓科（Bryaceae），有 9 属 40 种；其他较为重要的科有丛藓科（Pottiaceae），有 16 属 36 种；耳叶苔科（Frullaniaceae），有 1 属 19 种；蔓藓科（Meteoriaceae），有 6 属 16 种；青藓科（Brachytheciaceae），有 5 属 14 种；提灯藓科（Mniaceae），有 4 属 20 种；紫萼藓科（Grimmiaceae），有 3 属 11 种。最大的属为耳叶苔科（Frullaniaceae）耳叶苔属（*Frullania*）和真藓科（Bryaceae）真藓属（*Bryum*），均为 19 种；第二大的属为曲尾藓科（Dicranaceae）曲尾藓属（*Dicranum*）13 种；其他的属中，如提灯藓科（Mniaceae）匐灯藓属（*Plagiomnium*）10 种；丛藓科（Pottiaceae）齿藓属（*Didymodon*）9 种；光萼苔科（*Porellaceae*）光萼苔属（*Porella*）10 种；青藓科（Brachytheciaceae）青藓属（*Brachythecillm*）

10 种；绢藓科（Entodontaceae）绢藓属（*Entodon*）等 8 种。

古城区蕨类植物中，最大的科为鳞毛蕨科（Dryopteridaceae），有 4 属 41 种；第二大的科为水龙骨科（Polypodiaceae），有 11 属 37 种；其他较为重要的科有凤尾蕨科（Pteridaceae）、卷柏科（Selaginellaceae）、中国蕨科（Sinopteridacea）、铁线蕨科（Adiantaceae）、裸子蕨科（Hemionitidaceae）、蹄盖蕨科（Athyriaceae）、铁角蕨科（Aspleniaceae）等。其中，凤尾蕨科（Pteridaceae）2 属 10 种，卷柏科（Selaginellaceae）4 属 17 种，中国蕨科（Sinopteridaceae）7 属 20 种，铁线蕨科（Adiantaceae）1 属 9 种，裸子蕨科（Hemionitidaceae）2 属 6 种，蹄盖蕨科（Athyriaceae）8 属 21 种，铁角蕨科（Aspleniaceae）1 属 10 种。最大的属为鳞毛蕨科（Dryopteridaceae）鳞毛蕨属（*Dryopteris*）21 种；第二大的属为鳞毛蕨科（Dryopteridaceae）耳蕨属（*Polystichum*）17 种；其他的属中，如铁线蕨科（Adiantaceae）铁线蕨属（*Adiantum*），有 9 种；铁角蕨科（Aspleniaceae）铁角蕨属（*Asplenium*），有 10 种；水龙骨科（Polypodiaceae）隐子蕨属（*Crypsinus*），有 12 种；水龙骨科（Polypodiaceae）瓦韦属（*Lepisorus*），有 10 种；凤尾蕨科（Pteridaceae）凤尾蕨属（*Pteris*），有 9 种。

裸子植物中，最大的科为松科（Pinaceae），有 7 属 18 种；第二大的科为柏科（Cupressaceae），有 4 属 8 种；红豆杉科（Taxaceae），有 2 属 3 种；麻黄科（Ephederaceae）有 1 属 3 种；杉科（Taxodiaceae）和三尖杉科（Cephalotaxaceae）均有 1 属 1 种；最大的属为松科（Pinaceae）冷杉属（*Abies*）和柏科（Cupressaceae）圆柏属（*Sabina*），均有 5 种；次之的属为松科（Pinaceae）松属（*Pinus*），有 4 种；其他的属中，如麻黄科（Ephederaceae）麻黄属（*Ephedra*），有 2 种；松科（Pinaceae）云杉属（*Picea*），有 3 种；松科（Pinaceae）落叶松属（*Larix*），有 2 种；红豆杉科（Taxaceae）红豆杉属（*Taxus*），有 2 种；松科（Pinaceae）油杉属（*Keteleeria*）和松科（Pinaceae）黄杉属（*Pseudotsuga*），均有 1 种。

被子植物中双子叶植物最大的科为菊科（Compositae）68 属 236 种，次之的为蔷薇科（Rosaceae）33 属 264 种，较重要的科有唇形科（Labiatae）、蝶形花科（Papilionaceae）、杜鹃花科（Ericaceae）、玄参科（Scrophulariaceae）等，其中，唇形科（Labiatae）36 属 153 种、蝶形花科（Papilionaceae）42 属 148 种、杜鹃花科（Ericaceaenom.conserv）8 属 90 种、玄参科（Scrophulariaceae）22 属 103 种，最大的属为玄参科（Scrophulariaceae）马先蒿属（*Pedicularis*），共计 80 种；次之的属为杜鹃花科杜鹃属（*Rhododendron*）常绿杜鹃亚属（Subg.*Hymenanthes*），共计 78 种；较为重要的属有虎耳草属（*Saxifraga*）、龙胆属（*Gentiana*）、蓼属（*Polygonum*）、柳属（*Salix*）、槭属（*Acer*）；单子叶植物最大的科为禾本科（*Poaceae*）75 属 234 种，第二大的科为兰科（Orchidaceae）42 属 132 种，较重要的科有莎草科（Cyperaceae）、百合科（Liliaceae）、天南星科（Araceae）、姜科（Zingiberaceae）、石蒜科（Amaryllidaceae）、薯蓣科（Dioscoreaceae）等。其中莎草科（Cyperaceae）14 属 66 种，百合科（Liliaceae）18 属 40 种，天南星科（Araceae）7 属 21 种，姜科（Zingiberaceae）8 属 19 种，石蒜科（Amaryllidaceae）4 属 16 种，薯蓣科（Dioscoreaceae）1 属 15 种，最大的属为禾本科（Poaceae）薹草属（*Carex*）18 种，第二大的属为薯蓣科（Dioscoreaceae）

薯蓣属（*Dioscorea*）16 种，较为重要的属有葱属（*Allium*）、菝葜属（*Smilax*）、象牙参属（*Roscoea*）、玉凤花属（*Habenaria*）、剪股颖属（*Agrostis*）、杓兰属（*Cypripedium*）、灯心草属（*Juncus*）、鸢尾属（*Iris*）、天南星属（*Arisaema*）。其中，石蒜科（Amaryllidaceae）葱属（*Allium*）14 种，天南星科（Araceae）天南星属（*Arisaema*）13 种，灯心草科（Juncaceae）灯心草属（*Juncus*）11 种，鸢尾科（Iridaceae）鸢尾属（*Iris*）12 种，兰科（Orchidaceae）杓兰属（*Cypripedium*）10 种，菝葜科（Smilacaceae）菝葜属（*Smilax*）、姜科（Zingiberaceae）象牙参属（*Roscoea*）、兰科（Orchidaceae）玉凤花属（*Habenaria*）、禾本科（Poaceae）剪股颖属（*Agrostis*）均为 8 种。

➢　特有种类

根据《云南植物志》记录并逐一统计和实际调查，古城区有中国特有种 1 462 种，云南特有种 321 种，狭域特有种 198 种，共计 1 981 种。

两年实际调查到中国特有种 637 种，云南特有 114 种，狭域特有种 53 种，共计 804 种，占实际调查总种数的 56.9%；根据《云南植物志》记录并逐一统计，古城区被记录的中国特有 1 304 种，云南特有 259 种，狭域特有种 197 种，共计 1 760 种，占《云南植物志》记载并逐一统计总数的 57.5%；根据《云南植物志》记录并逐一统计和实际调查，古城区中国特有种有 1 462 种，云南特有种 321 种，狭域特有种 198 种，共计 1 981 种，占《云南植物志》记录并逐一统计和实际调查总数的 58.75%；通过两年实际调查，古城区新增加 221 种特有种分布记录，其中中国特有种 158 种，云南特有 62 种，狭域特有 1 种（表 4-74）。

表 4-74　特有植物物种统计

	实际调查	文献记录	调查与文献记录	实际调查新增加
中国特有	637	1 304	1 462	158
云南特有	114	259	321	62
狭域（该县）特有	53	197	198	1
特有植物合计	804	1 760	1 981	221
特有比例/%	56.9	57.5	58.75	

➢ 珍稀濒危保护种类

综合野外实际调查和相关文献记载，古城区共有国家重点保护植物 13 种，13 属 12 科，其中，国家 I 级重点保护植物 2 种，国家 II 级重点保护植物 11 种；省级保护植物 18 种，18 属 18 科，省 II 级 3 种，省 III 级 15 种；列入 CITES 名录的 116 种，47 属 4 科，附录 I 有 1 种，列入 CITES 名录附录 II 有 114 种，列入 CITES 名录附录III有 1 种。

表 4-75 珍稀濒危保护植物等级统计

	等级数量统计
国家重点保护植物	国 I：2 国 II：11
云南省重点保护植物	省 I：0 省 II：3 省III：15
CITES 名录	附录 I：1 附录 II：116 附录 III：1

➢ 资源类群

① 材用植物

根据文献和实际调查的资料，古城区的材用树种约有 116 种，主要物种有云南松（*Pinus yunnanaensis*）、旱冬瓜（*Alnus nepalensis*）、中甸冷杉（*Abies ferreana*）、长苞冷杉（*Abies georgei* var. *georgei*）、云南油杉（*Keteleeria evelyniaana*）、油麦吊云杉（*Picea brachytyla*）、香柏（*Sabina pingii* var. *wilsonii*）、太白深灰槭（*Acer caesium*）、漆（*Toxicodendron verniciflum*）、怒江红杉（*Larix speciosa*）、急尖长苞冷杉（*Abies georgei* var. *smithii*）等。

调查访问中得知，当地老百姓习惯上山采伐建筑用材及薪炭材，古城区大部分地区的大型用材树种遭到严重的破坏。

② 药用植物

根据文献和实际调查的资料，古城区的药用植物资源约有 958 种，主要物种有羽裂雪兔子（*Saussurea leucoma*）、龙胆（*Gentiana* ssp）、獐牙菜（*Swertia* ssp）、乌头（*Aconitum* ssp）、翠雀（*Delphinium* ssp）、总状绿绒蒿（*Meconopsis horridula* var. *racemosa*）、紫金龙（*Dactylicapnos scandens*）、紫花醉鱼草（*Buddleja fallowiana*）、管钟党参（*Codonopsis bulleyana*）、心叶珠子参（*Codonopsis convolvulacea* var. *efilamentosa*）、珠子参（*Codonopsis convolvulacea* var. *forrestii*）等。

调查访问中得知，古城区的老百姓常常上山采挖中草药自用或出售，特别是金铁锁、雪莲、珠子参、重楼等传统中药配方。无节制的采挖，致使这些药用植物资源濒临灭绝。

③ 园林绿化植物

根据文献和实际调查的资料，古城区的园林绿化植物资源约 372 种，主要物种有报春花（*Primula* ssp）、杜鹃（*Rhododendron* ssp）、山茶（*Camellia* ssp）、紫牡丹（*Paeonia delavayi* var. *delavayi*）、沿阶草（*Ophiopogon bodinieri*）、倒卵叶石楠（*Photinia lasiogyna*）、侧柏（*Platycladus orientalis*）、小鞍叶羊蹄甲（*Bauhinia brachycarpa* var. *microphylla*）、白车轴草（*Trifolium repens*）、昆明朴（*Celtis kunmingensis*）、清香木（*Pistacia weinmannifolia*）等。

实地调查中发现，在农户家庭院里栽种许多园林绿化树种，在市场上也出售各式盆栽观赏植物，而这些植物当中大多都是直接从野外采挖进行移栽的。这样对野生园林绿化植物造成了灭绝性的危害。尤其是我国传统意义上的国兰，由于一直受到人们的青睐，近年来野外数量急剧下降，在农户庭院里栽培的园林绿化植物中，国兰也已相当少见，多以其他的种类为主，如虎头兰，而在此次实际调查过程中，均未见到国兰，只见到零星分布的经济与观赏价值相对较低的物种。

④ 食用植物

根据文献和实际调查的资料，古城区的食用植物资源约 101 种，主要物种有荞麦（*Fagopyrum esculentum*）、紫花鹿药（*Maianthemum purpureum*）、猪毛菜（*Salsola collina*）、沼泽蔊菜（*Rorippa palustris*）、云南海棠（*Malus yunnanensis*）、芋（*Colocasia esculenta*）、野葵（*Malva verticillata* var. *verticillata*）、小根蒜（*Allium macrostemon*）、薯蓣（*Dioscorea opposita*）、滇榛（*Corylus yunnanensis*）、乌鸦果（*Vaccinium fragile* var. *fragile*）、菜蕨（*Callipteris esculenta*）、黏山药（*Dioscorea hemsleyi*）、云南山楂（*Crataegus scabrifolia*）、云南沙参（*Adenophora khasiana*）等。

调查中发现，当地老百姓有食用野生蔬菜及野生水果的习惯，而且有些当地人直接以出售野生蔬菜及水果为副业，对有经济价值的野生食用资源进行掠夺性的采集，造成当地野生食用资源急剧减少。

⑤ 鞣质与染料植物

根据文献和实际调查的资料，古城区的鞣质与染料资源约 89 种，主要物种有长圆叶梾木（*Cornus oblonga*）、长叶水麻（*Debregeasia longifolia*）、矮黄栌（*Cotinus nana*）、云南黄杞（*Engelhardtia spicata*）、野柿（*Diospyros kaki* var. *sylvestris*）、柿（*Diospyros kaki* var. kaki）、槭果黄杞（*Engelhardtia aceriflora*）、滇刺榛（*Corylus ferox*）、红泡刺藤（*Rubus niveus*）、委陵菜（*Potentilla chinensis*）、柳兰（*Chamaenerion angustifolium*）、峨眉蔷薇（*Rosa omeiensis*）、红麸杨（*Rhus punjabensis* var. *sinica*）等。

调查中发现虽然古城区在鞣质与染料这方面没有形成规模性的产业，但这些植物大多是乔木树种，而且材质优良，当地农民在采伐建筑用材或是薪炭柴时对这种资源的树种造成了间接的危害。

⑥ 油料植物

根据文献和实际调查的资料，古城区的油料植物资源约 83 种，主要物种有五叶爪藤（*Holboellia fargesii*）、青刺尖（*Prinsepia utilis*）、紫药女贞（*Ligustrum delavayanum*）、大理鼠李（*Rhamnus daliensis*）、刺鼠李（*Rhamnus dumetorum* var. *dumetorum*）、新樟（*Neocinnamomum delavayi*）、狼尾草（*Pennisetum alopecuroides*）、高山栲（*Castanopsis delavayi*）、葎草（*Humulus scandens*）、地檀香（*Gaultheria forrestii* var. *forrestii*）、菱叶钓樟（*Lindera supracostata*）、小蜡（*Ligustrum sinense* var. *sinense*）等。

调查中发现虽然古城区在油料植物资源这方面还没有形成规模性的产业，只是对个别物种如青刺尖（*Prinsepia utilis*）、新樟（*Neocinnamomum delavayi*）等有利用，但由于近年来古城区城市化发展进程较快，同时当地农民在采伐建筑用材或是薪炭柴时也对这种资源植物造成了间接的危害。

⑦ 香料植物

根据文献和实际调查的资料，古城区的香料资源约 32 种，主要物种有卷丹（*Lilium*

lancifolium)、地檀香(*Gaultheria forrestii* var. *forrestii*)、侧柏(*Platycladus orientalis*)、牛至草(*Origanum vulgare*)、草果药(*Hedychium spicatum*)、七里香(*Buddleja asiatica*)、六棱菊(*Laggera alata*)、白术(*Atractylodes macrocephala*)、珠兰(*Chloranthus spicatus*)、白兰(*Michelia alba*)、滇香薷(*Origanum vulgare*)、蓝黑果荚蒾(*Viburnum atrocyaneum*)、小叶女贞(*Ligustrum quihoui*)、小蜡(*igustrum sinense* var. *sinense*)、牛蒡(*Arctium lappa*)、藿香(*Agastache rugosa*)等。

调查中发现，当地老百姓会在春、秋两季上山采集香料植物，如山草果(*Aristolochia delavayi* var . *micrantha*)、野八角(*Illicium simonsii*)等，在市场访谈过程中，有许多出售香料植物的小商贩，并以此作为副业，对有经济价值的香料资源进行掠夺性的采集，造成当地香料资源急剧减少。

⑧ 蜜源植物

根据文献和实际调查的资料，古城区的蜜源植物约56种，主要物种有野坝子(*Elsholtzia rugulosa*)、长梗润楠(*Machilus longipedicellata*)、滇润楠(*Machilus yunnanensis*)、山合欢(*Albizia kalkora*)、紫药女贞(*Ligustrum delavayanum*)、毛叶合欢(*Albizia mollis*)、长叶女贞(*Ligustrum compactum* var. *compactum*)等。

调查中发现虽然蜜源植物在古城区还没形成规模性的产业，但由于近年来古城区城市化发展进程较快，同时当地农民在采伐建筑用材或是薪炭柴时也对这种资源植物造成了间接的危害。

⑨ 纤维植物

根据文献和实际调查的资料，古城区的纤维资源约78种，主要物种有黄麻(*Corchorus capsularis*)、玉龙山箭竹(*Fargesia yulongshanensis*)、滇瑞香(*Daphne feddei*)、滇结香(*Edgeworthia gardneri*)、白瑞香(*Daphne papyracea*)、滇厚朴(*Ehretia corylifolia*)、苦绳(*Dregea sinensis*)、金茅(*Eulalia speciosa*)、发草(*Deschampsia caespitosa*)、红雾水葛(*Pouzolzia sanguine*)、地桃花(*Urena lobata* var. *lobata*)、苎麻(*Boehmeria nivea* var. *nivea*)、藤构(*Broussonetia kaempferi* var. *australis*)等。

调查中发现纤维资源在古城区没形成规模性的产业，在农户访谈过程中，只有少量的物种如黄麻(*Corchorus capsularis*)、苦绳(*Dregea sinensis*)等物种有利用，但均未形成大规模性的利用，但由于此类资源现行经济价值较低，且近年来古城区城市化进程和开垦荒地，此类资源多以用材和薪炭资源方式利用，也对这种资源植物造成了间接的危害。

⑩ 其他

根据文献和实际调查的资料，丽江市古城区还有其他用作饲料、牧草与保持水土或防风固沙等用途的野生植物资源，约350种，主要的物种有大理鼠李(*Rhamnus daliensis*)、刺鼠李(*Rhamnus dumetorum* var. *dumetorum*)、狼尾草(*Pennisetum alopecuroides*)、茜草(*Rubia cordifolia*)、东川画眉草(*Eragrostis mairei* var. *mairei*)、黑穗画眉草(*Eragrostis nigra*)、硬毛金茅(*Eulalia quadrinervis* var. *hirtifolia*)、素羊茅(*Festuca modesta*)等。

调查中发现，此类资源并未大规模的利用，但由于近年来城市化进程加快，斑块破碎化严重；村民意识淡薄，形成“靠山吃山”的思想，同时，当地由于过度放牧，导致此类资源也遭到严重的破坏。

（3）动物物种多样性

➢ 物种组成

通过本次调查所获资料，综合文献资料和中国科学院昆明动物研究所标本室、西南林业大学标本馆收藏的该地区标本，古城区共记录陆生野生动物337种，隶属26目72科。丽江古城区陆生野生动物中各类群目、科、种数见表4-76。

表4-76 各类群目、科、种数及占云南、中国的比例

类群	目	科	种	种类占云南的比例/%	种类占中国的比例/%
兽类	7	16	44	15.7	10.5
鸟类	16	45	271	29.9	20.4
两栖类	2	6	10	8.7	3.1
爬行类	1	5	12	7.41	3.0
合计	26	72	337	—	—

综合调查结果和文献记载，共收录丽江古城区兽类44种，隶属于7目16科。按地理分布进行划分，东洋界物种28种，占收录总数的63.6%；古北界物种3种，占总数的6.8%；广布种13种，占总数的30.0%，东洋界物种中，横断山脉特有种有8种。

共记录鸟类226种，隶属于15目42科4亚科。按居留类型划分，留鸟和繁殖鸟174种，占总数的77.0%，夏候鸟15种，占6.6%，冬候鸟36种，占16.7%，旅鸟14种，占6.2%，偶见和罕见鸟1种，占0.4%（部分鸟类同属几种居留类型）；按区系划分，繁殖区域主要在东洋界的称东洋种，计104种，占46.0%；繁殖区域主要在古北界的称古北种，计49种，占21.7%；繁殖区域广布于古北和东洋两界的称广布种，计73种，占32.3%。

共记录两栖爬行动物22种，隶属3目2亚目11科，其中两栖动物有2目6科10种，爬行动物有1目2亚目5科12种。按地理分布进行划分，两栖类东洋界物种9种，占两栖类总数的90.0%，引入种1种，占总数的10.0%，特有种7种，占总数的70.0%；爬行类东洋界物种11种，占爬行类总数的91.7%，广布种1种，占总数的8.3%，特有种1种，占总数的8.3%。

➢ 特有种类

古城区中国特有兽类6种，即大绒鼠、玉龙绒鼠、西南绒鼠、澜沧江姬鼠、高山姬鼠、安氏白腹鼠，其中澜沧江姬鼠为云南特有种；中国特有鸟类12种，包括：血雉、白马鸡、白腹锦鸡、宝兴鹛雀、白点鹛、画眉、橙翅噪鹛、高山雀鹛、棕头雀鹛、白领凤鹛、棕腹大仙鹟、滇䴓；中国特有两栖爬行动物8种，其中两栖动物7种，有3种属云南特有物种，即华西雨蛙贡山亚种、昭觉林蛙和滇蛙，有4种属西南地区特有种，即大蹼铃蟾、中华大

蟾蜍华西亚种、无指盘臭蛙和多疣狭口蛙，爬行动物仅 1 种为西南地区特有种，即八线腹链蛇。

➢ 珍稀濒危保护种类

古城区记录的 337 种陆生脊椎动物中，有中国国家 I 级重点保护动物 9 种，中国国家 II 级重点保护动物 28 种；云南省省级保护动物 2 种；列入《濒危野生动植物种国际贸易公约》（CITES）（2010）附录 I 物种 6 种，附录 II 物种 19 种；列入《中国濒危动物红皮书》濒危（EN）6 种，易危（VU）13 种。

表 4-77 丽江古城区各类物种保护物种数量

类群	国家保护		省级保护	CITES 附录		红色名录		
	I 级	II 级		I	II	CR	EN	VU
兽类	2	2	1	1	3	0	3	1
鸟类	7	25	1	5	16	0	3	8
两栖类	0	1	0	0	0	0	0	1
爬行类	0	0	0	0	0	0	0	3
合计	9	28	2	6	19	0	6	13

兽类中属中国国家 I 级重点保护动物有 2 种（林麝和黑麝），国家 II 级重点保护动物有黑熊和黄喉貂 2 种；云南省省级重点保护兽类有 1 种（毛冠鹿）；列入《濒危野生动植物种国际贸易公约》（CITES）（2010）附录 I 的有 1 种（黑熊），列入附录 II 的有 3 种（豹猫、林麝、黑麝）；列入《中国濒危动物红皮书》濒危的有 3 种（黑熊、林麝、黑麝），易危的有 1 种（豹猫）。

鸟类中国家 I 级重点保护鸟类有 7 种（黑颈长尾雉），国家 II 级重点保护鸟类有黑翅鸢、黑耳鸢、雀鹰、凤头鹰等 25 种；属云南省省级保护动物的有 1 种（斑头雁）；列入《濒危野生动植物种国际贸易公约》（CITES）（2010）附录 I 的有 5 种（白马鸡和黑颈长尾雉），列入附录 II 的有黑翅鸢、黑耳鸢、雀鹰、凤头鹰等 16 种；列入《中国濒危动物红皮书》濒危的有黑翅鸢、血雉、红腹角雉、白腹锦鸡、小鸦鹃 5 种，易危的有 8 种。

两栖爬行动物中，属国家 II 级重点保护动物的有 1 种，即红瘰疣螈；被《中国濒危动物红皮书》列入“易危”物种的有 3 种，即双团棘胸蛙、王锦蛇和紫灰锦蛇；被列入《中国物种红色名录》被列为“易危”物种的有 4 种，双团棘胸蛙、王锦蛇、缅甸颈槽蛇和黑线乌梢蛇，无指盘臭蛙被列为“近危”物种。

（4）大型真菌物种多样性

古城区共鉴定、整理出真菌 34 科 61 属 182 种，其中物种数量最多的是口蘑科，共有 27 种；其次为红菇科，共 24 种；牛肝菌科、鹅膏科和侧耳科并列第三，各为 16 种。

古城区野生食用菌的种类非常丰富。根据调查，该区重要的野生食用菌有蚁巢伞 *Termitomyces* spp.、松茸 *Tricholoma matsutake*、鸡油菌 *Cantharellus* spp.、香菇 *Letinula edodes*、裂褶菌 *Schizophyllum commune*、荷叶离褶伞 *Lyophyllum decastes*、多汁乳菇 *Lactarius volemus*、黄绿红菇 *Russula cyanoxantha*、变绿红菇 *R. virescens*、翘鳞肉齿菌粗 *Sarcodon imbricatus* 和红蜡蘑 *Laccaria laccata* 等 43 种，其中以松口蘑、离褶伞和网柄牛肝最为著名、产量最高。

该区药用真菌也较多，不同的真菌种类，其药用价值不同，按药用功效将可分为具抗肿瘤活性的种类，如中华肉球菌 *Engleromyces sinensis*、中华隐孔菌 *Cryptoporus sinensis*、灰树花 *Grifola frondosa*、鸡油菌 *Cantharellus* spp.、牛舌菌 *Fistulina hepatica*、蜜环菌 *Armillaria* spp.等 12 种；能抑制细菌、真菌和病毒的种类，如小皮伞 *Marasmius* spp.等（应建浙等，1987）。其中以中华肉球菌和中华隐孔菌最为常见、产量较高。

在古城区，既有丰富多彩的美味野生食用菌，也有一些毒蘑菇。有些毒菌的外形与食用菌十分相似，稍不注意，就会误将毒菌当作食用菌采收、出售。误食毒蘑菇，轻则损害人体健康，重则危及人的生命。如毒红菇、茶褐色丝盖伞等会引起精神错乱、精神异常、谵语、抽搐、昏迷等；引起肠胃中毒的蘑菇：粘柄丝膜菌、毒红菇等会造成剧烈恶心、呕吐、腹痛、腹泻，严重者面部肌肉抽搐或心脏衰弱或血液循环衰竭而死亡（中国科学院微生物研究所真菌组，1979；卯晓岚，1987，2006）。

4.16.4　小结

系统调查整理完成了丽江古城区的高等植物、陆生脊椎动物和大型真菌物种编目，并建立了数据库，为国家和地方生物多样性保护提供技术资料。

通过两年外业调查，对比《云南植物志》的记载，新增古城区维管束植物 333 种。其中新增蕨类植物 21 种，新增裸子植物 2 种，新增被子植物 310 种，其中新增双子叶植物 256 种，新增单子叶植物 54 种。包括新增中国特有植物 158 种，新增云南特有植物 62 种，新增狭域特有植物 1 种，即丽江东俄芹（*Tongoloa rockii*）。

本次野外调查发现，在鹅膏属、马鞍科和牛肝菌科中，有些物种属于尚未描述的新种，特别是在冷杉和云杉为优势树种的暗针叶林中，大型真菌的物种多样性是始料未及的。

4.17　洱源县生物多样性现状①

4.17.1　自然概况

洱源县位于云南省西北部、大理白族自治州北部。东与鹤庆县相连，南与大理市、漾濞县接壤，西与云龙县分疆，北与剑川县相毗邻，是滇西北重要高原湖泊洱海的发源地；县城驻地茈碧湖镇，海拔 2 060 m，距省会昆明 471 km，距州府下关 73 km。

① 洱源县植被类型与植物多样性由西南林业大学杜凡教授组织调查和提供数据；动物多样性由西南林业大学韩联宪教授组织调查和提供数据；大型真菌多样性由中科院昆明植物研究所刘培贵研究员组织调查和提供数据。

洱源县气候属北亚热带高原季风气候。由于处在低纬度高海拔地带，因而光照充足，四季温差悬殊不大，冬春干旱，夏秋多雨，形成雨旱两季，受孟加拉湾暖湿气流影响，雨天多、降雨量大且集中。

洱源县群山连绵起伏，山溪河流密布。高山深谷区域及盆地周围，常年性的溪流众多，属山地型河流。几个坝子出口狭窄，中间低洼，边缘出露的泉水较多，地下水位高，形成河湖交错的水网地带。全县河流随山势分为三大水系及洱海区，分属澜沧江、金沙江两大流域。

洱源是以白族为主的多民族聚居县，白、汉、彝、回、傈僳、纳西、傣、藏等族为世居民族，民族分布呈大杂居、小聚居。2010 年第六次人口普查结果，境内共有 27 个民族成分。

4.17.2 组织实施

植物调查组对洱源县所辖各乡镇，乔后镇、右所镇、凤羽镇、西山乡、牛街乡、炼铁乡等林区和重点区域进行调查，采集植物标本 2628 号；动物调查组先后在洱源县邓川镇、右所镇、茈碧湖镇、凤羽镇、练铁乡、西山乡、乔后镇、牛街乡等地进行调查，采集小兽标本 84 号、鸟类标本 26 号、两栖爬行动物标本 220 号；大型真菌调查组以凤羽镇凤河村和黄坪镇三家村为调查点，调查了洱源县大型真菌，共采集标本 149 份。

4.17.3 主要成果

（1）植被类型组成

按照《云南植被》的分类原则，即综合植物群落各方面基本特征为原则。结合 1980 年出版的《云南植被》记载与近年来调查资料以及本次调查，洱源县境内共涉及陆生植被有 9 个植被型，18 个植被亚型，68 个群系（表 4-78）。

表 4-78 洱源县植被类型

Ⅰ 常绿阔叶林（Evergreen Broadleaved Forest）

（Ⅰ）半湿润常绿阔叶林

（一）滇青冈群系（Form. *Cyclobalanopsis glaucoides*）

（二）黄毛青冈群系（Form. *Cyclobalanopsis delavayi*）

（三）元江栲群系（Form. *Castanopsis orthacantha*）*

（四）高山栲林（Form. *Castanopsis delavayi*）*

（五）滇石栎群系（Form. *Lithocarpus dealbatus*）*

（六）多变石栎林（Form. *Lithocarpus variolosus*）*

（Ⅱ）山顶苔藓矮林

（一）假乳黄杜鹃、苍山冷杉群系（Form. *Rhododendron rex* var. *fictolacteum*，*Abies delavayi*）

Ⅱ 硬叶常绿阔叶林（Sclerohyllous Evergreen Broadleaved Forest）

（Ⅰ）寒温山地硬叶常绿栎林

（一）黄背栎群系（Form. *Quercus pannosa*）

（Ⅱ）干热河谷硬叶常绿栎林
（一）铁橡栎群系（Form. *Quercus cocciferoides*）
（二）锥连栎群系（Form. *Quercus franchetii*）*
（三）光叶高山栎林（Form. *Quercus rehderiana*）**
Ⅲ 落叶阔叶林（Deciduous Broadleaved Forest）
（Ⅰ）暖温性落叶阔叶林
（一）槲树群系（Form. *Quercus dendata* var. *oxyloba*）
（二）麻栎、栓皮栎群系（Form. *Quercus acutissima*，*Quercus variabilis*）
（三）旱冬瓜群系（Form. *Alnus nepalensis*）
（四）槭树、桦木群系（Form. *Acer* spp.，*Betula* spp.）
（五）川杨、川白桦群系（Form. *Populus szetchuanica*，*Betula platyphylla* var. *szetchuanica*）
（六）滇杨群系（Form. *Populus yunnanensis*）
（七）滇山杨群系（Form. *Populus bonatii*）
（八）滇楸群系（Form. *Catalpa fargesii* f. *duclouxii*）
（九）云南枫杨群落（Form. *Pterocarya delavayi*）**
Ⅳ 暖性针叶林（Warm Coniferous Forest）
（Ⅰ）暖温性针叶林（亚型）
（一）云南松林（Form. *Pinus yunnanensis*）*
（二）华山松群系（Form. *Pinus armandii*）*
（三）滇油杉群系（Form. *Keteleeria eveliniana*）
Ⅴ 温性针叶林（Temperate Coniferous Forest）
（Ⅰ）温凉性针叶林
（一）丽江铁杉群系（Form. *Tsuga forrestii*）*
（二）曲枝圆柏群系（Form. *Sabina recurva*）
（三）小果垂枝柏林（Form. *Sabina recurva* var. *coxii*）
（Ⅱ）寒温性针叶林
（一）苍山冷杉群系（Form. *Abies delavayi*）
Ⅵ 竹林（Bamboo Shrub-Forest）
（Ⅰ）暖温性竹林
（一）实心竹群系（Form. *Fargesia yunnanensis* & spp.）
（二）慈竹林（Form. *Neosinocalamus affinis*）
（Ⅱ）寒温性竹林
（一）箭竹群系（Form. *Fargesia* spp.）
（二）扫把竹丛（Form. *Fargesia annulata*）
（三）紫秆玉山竹灌丛（Form. *Yushania violascens*）*
Ⅶ 稀树灌木草丛（Shrub-Grassland with Scattered Tree）
（Ⅰ）干热性稀树灌草丛
（一）含锥连栎、明油子的稀树中草草丛（Form. Middle Grassland containing *Quercus franchetii*，*Dodonea angustifolia*）
（二）清香木、铁橡栎、竹叶草稀树灌木草丛（Form. *Pistacia weimannnifolia –Quercus cocciferoides-Oplismanus compositus*）
（Ⅱ）暖温性稀树灌木草丛
（一）含云南松、珍珠花的稀树灌木中草草丛（Form. Middle Grassland containing *Pinus yunnanensis*，*Lyonia ovalifolia*）

（二）含华山松、珍珠花的低草草丛（Form. Short grassland containing *Pinus armandii*，*Lyonia ovalifolia*）
（三）含华山松、云南铁杉的低草草丛（Form. Low Grassland containing *Pinus armandii*，*Tsuga dumosa*）
（四）侧柏、华西小石积、毛连蒿稀树灌木草丛（Form. *Platycladus orientalis*，*Osteomeles schwerinae*，*Artemisia delavayi*）
（五）盐麸木、余甘子、扭黄茅稀树灌木草丛（Form. *Rhus chinensis*，*Phylanthus emblica*，*Heteropogon contortus*）
（六）白茅草丛（Form.*Imperata cylindrical* var. *major*）
（七）紫茎泽兰草丛（Form.*Ageratina adenophora*）
（八）莠竹草丛（Form.*Microstegium ciliatum* & spp.）
（九）毛蕨菜草丛（Form. *Pteridium revolutum*）

Ⅷ 灌丛（Scrub）

（Ⅰ）寒温性灌丛

（一）毛喉杜鹃灌丛（Form. *Rhododendron cephalanthum*）
（二）短柱杜鹃灌丛（Form. *Rhododendron brevistylum*）
（三）腋花杜鹃灌丛（Form. *Rhododendron racemosum*）*
（四）密枝杜鹃灌丛（Form. *Rhododendron fastigiatum*）*
（五）锈叶杜鹃灌丛（Form. *Rhododendron siderophyllum*）
（六）锈红杜鹃灌丛（Form. *Rhododendron bureavii*）**
（七）大理杜鹃灌丛（Form. *Rhododendron taliense*）
（八）兰果杜鹃灌丛（Form. *Rhododendron cyanocarpum*）
（九）露珠杜鹃灌丛（Form. *Rhododendron irroratum*）
（十）香柏灌丛（Form. *Sabina pingii* var. *wilsonii*）
（十一）高山柏灌丛（Form. *Sabina squamata*）

（Ⅱ）暖温性灌丛

（一）地檀香灌丛（Form. *Gaultheria forrestii*）
（二）黄背栎群系（Form. *Quercus pannosa*）*

（Ⅲ）暖性石灰岩灌丛

（一）小叶栒子灌丛（Form. *Cotoneaster microphyton*）
（二）铁子、金花小檗灌丛（Form. *Myrsine africana*，*Berberis wilsonae*）
（三）滇北蔷薇灌丛（Form. *Rosa mairei*）
（四）青刺尖灌丛（Form.*Prinsepia utilis*）
（五）火把果灌丛（Form.*Pyracantha* spp.）
（六）马醉木灌丛（Form.*Pieris formosana*）
（七）马桑灌丛（Form. *Coriaria nepalensis*）

Ⅸ 草甸（Subalpine or Alpine Meadow）

（Ⅰ）亚高山草甸

（一）羊茅草甸（Form. *Festuca ovina* & *F.*spp.）

（Ⅱ）亚高山沼泽草甸

（一）华扁穗草沼泽草甸（Form. *Blysmus sinocompressus*）

（Ⅲ）高山草甸

（一）鞘茎嵩草草甸（Form. *Kobresia tunicata* & *K.* spp.）
（二）西南委陵菜次生草甸（Form. *Potentilla fulgens*）**
（三）牛口刺次生草甸（Form. *Crisium shansiense*）**

注：*实际调查的群系，**实际调查到而《云南植被》中未记载的群系。

（2）植物物种多样性

➢ 物种组成

调查结果与《云南植物志》记载结合统计，洱源县共有高等植物 2 299 种，隶属于 203 科 817 属。其中苔藓植物 19 种，隶属于 13 科 16 属；蕨类植物 144 种，隶属于 28 科 52 属；裸子植物 14 种，隶属于 4 科 8 属；被子植物 2 122 种，隶属于 158 科 741 属。

苔藓植物中，主要的科有真藓科（Bryaceae）3 属 3 种、丛藓科（Pottiaceae）2 属 2 种、葫芦藓科（Funariaceae）1 属 3 种、毛叶苔科（Ptilidiaceae）为 1 属 2 种，其他还有指叶苔科（Lepidoziaceae）、羽藓科（Thuidiaceae）、溪苔科（Pelliaceae）、塔藓科（Hylocomiaceae）、绒苔科（Trichoeoleaceae）、青藓科（Brachytheciaceae）、剪叶苔科（Herbertaceae）、灰藓科（Hypnaceae）、耳叶苔科（Frullaniaceae）均为 1 属 1 种。在属级水平上，葫芦藓属（*Funaria*）3 个种，毛叶苔属（*Ptilidium*）2 种，真藓属（*Bryum*）1 种，溪苔属（*Pellia*）1 种。

蕨类植物中种类最多为水龙骨科（Polypodiaceae）7 属 32 种，其次鳞毛蕨科（Dryopteridaceae）4 属 22 种，凤尾蕨科（Pteridaceae）2 属 10 种，蹄盖蕨科（Pteridaceae）5 属 11 种与中国蕨科（Sinopteridaceae）分别为 3 属 11 种。在属级水平，主要的属有瓦韦属（*Lepisorus*）12 种，鳞毛蕨属（*Dryopteris*）11 种、凤尾蕨属（*Pteris*）9 种，卷柏属（*Selaginella*）6 种，耳蕨属（*Polystichum*）8 种，石韦属（*Pyrrosia*）5 种。

洱源县共有裸子植物 4 科。分别为松科（Pinaceae）4 属 9 种，柏科（Cupressaceae）2 属 3 种，红豆杉科（Taxaceae）1 属 1 种，三尖杉科（Cephalotaxaceae）1 属 1 种。其中松属（*Pinus*）和冷杉属（*Abies*）为 3 种，铁杉属（*Tsuga*）和圆柏属（*Sabina*）2 种，油杉属（*Keteleeria*）、三尖杉属（*Cephalotaxus*）、刺柏属（*Juniperus*）和红豆杉属（*Taxus*）均为 1 种。

洱源县共有被子植物约 2 122 种，隶属于 158 科 741 属。其中，双子叶植物 140 科中，属数量较多的主要是菊科（Compositae）66 属 179 种，蝶形花科（Papilionaceae）45 属 106 种，唇形科（Labiatae）36 属 107 种，蔷薇科（Rosaceae）25 属 126 种，伞形科（Umbelliferae）24 属 68 种，玄参科（Scrophulariaceae）16 属 60 种、毛茛科（Ranunculaceae）11 属 74 种，樟科 9 属 33 种，石竹科（Caryophyllaceae）10 属 37 种，杜鹃花科（Ericaceae）6 属 33 种，报春花科（Primulaceae）4 属 28 种，壳斗科（Fagaceae）6 属 29 种，虎耳草科（Saxifragaceae）6 属 28 种，十字花科（Cruciferae）10 属 25 种等。在双子叶植物 587 属中，包含种数最多的主要有马先蒿属（*Pedicularis*）36 种，蓼属（*Polygonum*）23 种，龙胆属（*Gentiana*）、杜鹃属（*Rhododendron*）、栒子属（*Cotoneaster*）22 种，小檗属（*Berberis*）20 种，卫矛属（*Euonymus*）19 种，蔷薇属（Rosa）、香薷属（*Elsholtzia*）、悬钩子属（*Rubus*）、紫堇属（*Corydalis*）17 种，柳属（*Salix*）16 种，凤仙花属（*Impatiens*）、虎耳草属（*Saxifraga*）15 种，蝇子草属（*Silene*）、木蓝属（*Indigofera*）14 种，香青属（*Anaphalis*）、紫菀属（*Aster*）、银莲花属（*Anemone*）、栎属（*Quercus*）、香茶菜属（*Rabdosia*）13 种，兔儿风属（*Ainsliaea*）、堇菜属（Viola）、老鹳草属（*Geranium*）、忍冬属（*Lonicera*）、金丝桃属（*Hypericum*）12 种，

报春花属（*Primula*）、唐松草属（*Thalictrum*）、铁线莲属（*Clematis*）11 种。

单子叶植物约 18 科中，较大科为禾本科（Poaceae），计 61 属 107 种，兰科（Orchidaceae）31 属 60 种，百合科（Liliaceae）19 属 45 种，莎草科（Cyperaceae）12 属 39 种，天南星科（Araceae）10 属 18 种，姜科（Zingiberaceae）6 属 15 种等。单子叶植物约 154 属中，薹草属（*Carex*）23 种，薯蓣属（*Dioscorea*）17 种，天南星属（*Arisaema*）、百合属（*Lilium*）9 种，菝葜属（*Smilax*）8 种，早熟禾属（*Poa*）、灯心草属（*Juncus*）、葱属（*Allium*）为 7 种，象牙参属（*Roscoea*）6 种，稗属（*Echinochloa*）、画眉草属（*Eragrostis*）和剪股颖属（*Agrostis*）等均为 5 种。

➢ 特有种类

根据实地调查与资料记载，洱源县共有 884 种中国特有植物，隶属于 127 科 394 属。占整个洱源县维管植物的 38.48%，说明特洱源县的中国特有植物的比率较高；有云南特有 252 种，隶属于 64 科 145 属；根据《云南植物志》记载的统计，洱源县有 13 种仅分布于洱源的狭域特有种，本次调查到 7 种狭域特有种，分别为洱源南蛇藤（*Celastrus franchetianus*）、粗壮寸金草（*Clinopodium megalanthum* var. *robustum*）、云南四带芹（*Tetrataenium yunnanense*）、洱源鼠尾（*Salvia lankongensis*）、棱枝细瘦悬钩子（*Rubus macilentus* var. *angulatus*）、须花紫地榆（*Geranium pogonanthum*）和圆齿露珠香茶菜（*Rabdosia irrorata* var. *crenata*）。

表 4-79 特有植物统计

类别	实际调查	文献记录	调查与文献记录	实际调查新增加
中国特有	657	519	884	365
云南特有	166	160	252	92
狭域（该县）特有	44	45	75	30

➢ 珍稀濒危保护种类

根据实际调查结果和文献记录，洱源县有国家重点保护植物 7 种，国家 I 级重点保护植物有 1 种，即红豆杉科（Taxaceae）的云南红豆杉（*Taxus yunnanensis*）；国家 II 级重点保护植物 6 种，隶属 6 属 6 科，分别为平当树（*Paradombeya sinensis*）、滇楠（*Phoebe nanmu*）、金荞麦（*Fagopyrum dibotrys*）、樟（*Cinnamomum camphora*）、野大豆（*Glycine soja*）和金铁锁（*Psammosilene tunicoides*）。其中金铁锁在实际调查中有零星分布。

云南省重点保护植物 10 种，隶属于 8 科 10 属，云南省二级重点保护植物 2 种，即樟科的沧江新樟（*Neocinnamomum mekongense*）和高盆樱桃（*Cerasus cerasoide*），4 次调查中未发现其分布；云南省三级重点保护植物 8 种，分别为云南枫杨（*Pterocarya delavay*）、马耳山五味子（*Schisandra wilsoniana*）、优贵马兜铃（*Aristolochia gentilis*）、长梗润楠（*Machilus longipedicellat*）、毛尖树（*Actinodaphne forrestii*）、猴子木（*Camellia yunnanensis*）、穿心莛子藨（*Triosteum himalayanum*）和紫金龙（*Dactylicapnos scandens*）。调查新增云南省重点保护植物分布记录 2 种，分别为胡桃科（Juglandaceae）的云南枫杨（*Pterocarya delavayi*）和樟科（Lauraceae）的长梗润楠（*Machilus longipedicellata*）。洱源县调查区域内的云南枫杨多分布于炼铁乡、西山乡、牛街乡和乔后镇海拔 2 500～2 700m 的山谷或河流两岸。云南枫杨的木材不耐腐，可供一般家具、农具和火柴杆用材；在洱源县境内数量多，基本未遭到砍伐影响。说明当地居民对其的利用少，得以幸存下来。而长梗润楠仅在炼铁乡长邑村有零星分布，数量很少。未发现对其的利用与砍伐情况。

CITES 名录附录Ⅱ有 63 种，除云南红豆杉、火烧兰（*Epipactis helleborine*）和三角叶薯蓣（*Dioscorea deltoidea*）外，其他均为兰科（Orchidaceae）植物。本次调查到的新增种有云南红豆杉、三角叶薯蓣（*Dioscorea deltoidea*）、滇藏舌唇兰（*Platanthera bakeriana*）、高山鸟巢兰（*Neottia listeroides*）、尖唇鸟巢兰（*Neottia acuminata*）、角盘兰（*Herminium monorchis*）、舌唇兰（*Platanthera japonica*）等 16 种为新增分布记录。

➢　资源类群

① 材用植物

根据文献记载及实地调查，洱源县共有 83 种乔木类材用植物，主要有云南松、华山松（*Pinus armandi*）、云南铁杉（*Tsuga dumosa*）、丽江铁杉（*Tsuga forrestii*）、干香柏（*Cupressus duclouxiana*）等裸子植物和多数壳斗科植物，如元江栲（*Castanopsis orthacantha*）、白穗石栎（*Lithocarpus leucostachyus*）、薄片青冈（*Cyclobalanopsis lamellosa*）、多变石栎（*Lithocarpus variolosus*）、多穗石栎（*Lithocarpus polystachyus*）等。还有枫香树（*Liquidambar formosana*）、云南樟（*Cinnamomum glanduliferum*）、红桦（*Betula utilis* var. *sinensis*）、黄连木（*Pistacia chinensis*）、旱冬瓜（*Alnus nepalensis*）等。调查访问中得知，当地老百姓习惯上山采伐建筑用材及薪炭材，洱源县大部分地区的大型用材树种遭到严重的破坏。

② 药用植物

根据文献记载及实地调查，洱源县共约 533 种重要植物资源，其中主要有天麻（*Gastrodia elata* f. *elata*）、花叶重楼（*Paris marmorata*）、滇重楼（*Paris polyphylla* var. *yunnanensis*）、狭叶重楼（*Paris polyphylla* var. *stenophylla*）、珠子参（*Panax japonicus var. major*）、金铁锁（*Psammosilene tunicoides*）、牛蒡（*Arctium lappa*）、小柴胡（*Bupleurum hamiltonii*）、小白及（*Bletilla formosana*）、三分七（*Anisodus acutangulus* var. *breviflorus*）、心叶大黄（*Rheum acuminatum*）、川续断（*Dipsacus asperoides*）、卷叶黄精（*Polygonatum cirrhifolium*）、豨莶（*Siegesbeckia orientalis*）、管花党参（*Codonopsis tubulosa*）、红花龙胆（*Gentiana rhodantha*）、地不容（*Stephania epigaea*）、滇藏五味子（*Schisandra neglecta*）、柴胡红景天（*Rhodiola bupleuroides*）、香附子（*Cyperus rotundus*）、滇龙胆草（*Gentiana rigescens*）、山珠半夏（*Arisaema yunnanense*）等。调查访问中得知，洱源县的老百姓常常上山采挖中草药自用或出售，特别是天麻、珠子参、重楼等传统中药配方。无节制的采挖，致使这些药用植物资源濒临灭绝。

③ 园林绿化植物

经实地调查及文献整理，洱源县有园林绿化植物约 126 种，主要有木兰科的山玉兰

(*Magnolia delavayi*)、滇藏玉兰(*Yulania campbellii*),蔷薇科红花高盆樱桃(*Cerasus cerasoides* var. *rubea*)、尖尾樱桃(*Cerasus caudata*)、雕核樱桃(*Cerasus pleiocerasus*)等,杜鹃花科的马缨花(*Rhododendron delavayi*)、亮红杜鹃(*Rhododendron albertsenianum*)、云南杜鹃(*Rhododendron yunnanense*)、红棕杜鹃(*Rhododendron rubiginosum*)等多种杜鹃属植物,云南樟(*Cinnamomum glanduliferum*)、滇山茶(*Camellia reticulata*)、猴子木(*Camellia yunnanensis*)等山茶科植物,美丽芙蓉(*Hibiscus indicus*),还有少花虾脊兰(*Calanthe delavayi*)、鹅毛玉凤花(*Habrenaria dentata*)、美冠兰(*Eulophia graminea*)、云南杓兰(*Cypripedium yunnanense*)、缘毛鸟足兰(*Satyrium ciliatum*)等兰科植物以及大理百合(*Lilium taliense*)、淡黄花百合(*Lilium sulphureum*)等百合科植物,此外还有海棠叶报春(*Primula obconica* ssp. *begoniiformis*)、旱生木樨榄(*Olea yunnanensis* var. *xeromorpha*)、黄葛树(*Ficus virens* var. *sublanceolata*)、黄牡丹(*Paeonia delavayi* var. *lutea*)、三尖杉(*Cephalotaxus fortunei*)等。实地调查中发现,在农户家庭院里栽种许多园林绿化树种,在市场上也出售各式盆栽观赏植物,而这些植物当中大多都是直接从野外采挖进行移栽的。这样对野生园林绿化植物造成了灭绝性的危害。特别是兰科兰属的植物,因其高度的观赏价值,遭到疯狂的采挖,现在在野外已经难觅其踪迹。

④ 食用植物

根据实地市场调查、农户访谈及文献记载,得出洱源县约 82 种食用植物资源,如沼泽蔊菜(*Rorippa palustris*)、蕺菜(*Houttuynia cordata*)、密毛蕨(*Pteridium revolutum*)、参薯(*Dioscorea alata*)、长柄胡颓子(*Elaeagnus delavayi*)、淡黄花百合(*Lilium sulphureum*)、地石榴(地瓜)(*Ficus tikoua*)、华山松(*Pinus armandi*)、黄绿滇百合(*Lilium bakerianum* var. *delavayi*)、君迁子(*Diospyros lotus* var. *lotus*)、魔芋(*Amorphophallus rivieri*)、荠(*Capsella bursa-pastoris*)、食用葛(*Pueraria edulis*)、野山楂(*Crataegus cuneata*)、野茼蒿(*Crassocephalum crepidioides*)、云南山楂(*Crataegus scabrifolia*)、黏山药(*Dioscorea hemsleyi*)、紫花百合(*Lilium souliei*)等。调查中发现,当地老百姓有食用野生蔬菜及野生水果的习惯,而且有些当地人直接以出售野生蔬菜及水果为副业,对有经济价值的野生食用资源进行掠夺性的采集,造成当地野生食用资源急剧减少。

⑤ 鞣质与染料植物

洱源县有鞣质与染料植物资源约 43 种,主要是川西栎(*Quercus gilliana*)、刺叶高山栎(*Quercus spinosa*)、粗糠柴(*Mallotus philippensis*)、滇杨(*Populus yunnanensis*)、高山栲(*Castanopsis delavayi*)、光叶高山栎(*Quercus rehderiana*)、红桦(*Betula utilis* var. *sinensis*)、槲栎(*Quercus aliena*)、黄背栎(*Quercus pannosa*)、灰背栎(*Quercus senescens*)、丽江铁杉(*Tsuga forrestii*)、麻栎(*Quercus acutissima*)、锐齿槲栎(*Quercus aliena* var. *acuteserrata*)、山合欢(*Albizia kalkora*)、山杨(*Populus davidiana var. davidiana*)、栓皮栎(*Querous variabilis*)、香槐(*Cladrastis wilsonii*)、野柿(*Diospyros kaki* var. *sylvestris*)、元江栲(*Castanopsis orthacantha*)、锥连栎(*Quercus franchetii*)、紫茉莉(*Mirabilis jalapa*)

等。调查中发现虽然洱源县在鞣质与染料这方面没有形成规模性的产业，但这些植物大多是乔木树种，而且材质优良，当地农民在采伐建筑用材或是薪炭柴时对这种资源的树种造成了间接的危害。

⑥ 油料植物

洱源县的油料植物不多，约有 47 种，以樟科植物居多，有无梗钓樟（*Lindera tonkinensis* var. *subsessilis*）、香叶树（*Lindera communis*）、新樟（*Neocinnamomum delavayi*）、长尾钓樟（*Lindera thomsonii* var. *vernayana*）、毛柄钓樟（*Lindera villipes*）、毛果黄肉楠（*Actinodaphne trichocarpa*）、绒毛钓樟（*Lindera floribunda*）、团香果（*Lindera latifolia*）、绒毛山胡椒（*Lindera monghaiensis*）、无毛山胡椒（*Lindera kariensis* f. *glabrescens*）等，此外还有滇白珠（*Gaultheria leucocarpa* var. *crenulata*）、黄牛奶树（*Symplocos laurina*）、藿香（*Agastache rugosa*）、楝（*Melia azedarach*）、三股筋香（*Lindera thomsonii*）、山鸡椒（*Litsea cubeba*）、乌桕（*Sapium sebiferum*）、油葫芦（*Pyrularia edulis*）、紫药女贞（*Ligustrum delavayanum*）等。调查中未发现当地居民对野生的油料植物的利用。

⑦ 香料植物

根据文献记载和调查统计，洱源县有香料植物约 19 种，主要是清香木（*Pistacia weinmannifolia*）、东紫苏（*Elsholtzia bodinieri*）、灰毛莸（*Caryopteris forrestii*）、地檀香（*Gaultheria forrestii*）、木姜子（*Litsea pungens*）、绢毛木姜子（*Litsea sericea*）、罗勒（*Ocimum basilicum*）、七里香（*Buddleja asiatica*）、滇香薷（*Origanum vulgare*）、金银忍冬（*Lonicera maackii*）等。

⑧ 蜜源植物

根据实地调查和文献统计，洱源县有蜜源植物约 14 种，主要是山合欢（*Albizia kalkora*）、野拔子（*Elsholtzia rugulosa*）、紫药女贞（*Ligustrum delavayanum*）、滇香薷（*Origanum vulgare*）、野生紫苏（*Perilla frutescens*）、小叶女贞（*Ligustrum quihoui*）、黄毛润楠（*Machilus chrysotricha*）、贡山润楠（*Machilus gongshanensis*）、滇润楠（*Machilus yunnanensis*）等。对野生蜜源植物的利用很少，仅见于市场上出售的野生野拔子蜂蜜。

⑨ 纤维植物

洱源县有纤维资源植物约 46 种，以禾本科植物，如云南箭竹（*Fargesia yunnanensis*）、紫秆玉山竹（*Yushania violascens*）、斑茅（*Saccharum arundinaceum*）、扫把竹（*Drepanostachyum fractiflexum*）与多数荨麻科植物居多。此外还有刺果藤（*Byttneria aspera*）、刺蒴麻（*Triumfetta rhomboidea*）、滇结香（*Edgeworthia gardneri*）、构树（*Broussonetia papyrifera*）、苦皮藤（*Celastrus angulatus*）、楝（*Melia azedarach*）、青榨槭（*Acer davidii*）、梭罗树（*Reevesia pubescens*）、藤构（*Broussonetia kaempferi* var. *australis*）等。野生纤维类资源因其利用价值不高，野外分布数量与种类也较多。

⑩ 其他

根据文献记载和调查数据，洱源县还有用作饲料、牧草与保持水土或防风固沙等用途的野生植物资源，主要有阿加蕉（*Musa acuminata*）、刺芒野古草（*Arundinella setosa*）、大芦苇（*Phragmites karka*）、狗尾草（*Setaria viridis*）、狗牙根（*Cynodon dactylon*）、光头稗（*Echinochloa colonum*）、虎尾草（*Chloris virgata*）、黄茅（*Heteropogon contortus*）、金叶子（*Craibiodendron yunnanense*）、丽江剪股颖（*Agrostis schneideri*）、芦苇（*Phragmites australis*）、伦阿蕉（*Musa balbisiana*）、毛胶薯蓣（*Dioscorea subcalva*）、茅叶荩草（*Arthraxon prionodes*）、山野豌豆（*Vicia amoena*）、十字马唐（*Digitaria cruciata*）、小颖羊茅（*Festuca parvigluma*）、早熟禾（*Poa annua*）、紫云英（*Astragalus sinicus*）等。本类群利用较大的属于可作为饲料供牲口食用的禾本科植物黄茅、小颖羊茅、早熟禾等。多见于人为砍伐上层木本植物所形成的高山草场，多分布于罗平山等海拔较高的地带。

（3）动物物种多样性

➢ 物种组成

通过本次野外调查收集的数据，并参考相关文献资料和中国科学院昆明动物研究所标本馆，西南林业大学标本馆，云南大学标本馆收藏的洱源县动物标本记录，洱源县共记录陆生野生动物377种，隶属29目83科。洱源县陆生野生动物各类群的目、科、种数见表4-80。

表4-80 各类群目、科、种数及占云南、中国的比例

类群	目	科	种	种类占云南的比例/%	种类占中国的比例/%
兽类	9	23	46	16.4	11.0
鸟类	17	48	297	32.8	22.3
两栖类	2	7	15	13.0	4.7
爬行类	1	5	19	11.7	4.7
合计	29	83	377	—	—

综合调查结果和文献记载，共收录洱源县兽类46种，隶属9目23科。依据整理完成的洱源县兽类名录，按动物地理区划进行区系组成分析，东洋界物种30种，占收录物种总数的65.2%；古北界物种3种，占收录物种总数的6.5%；广布种13种，占收录物种总数的28.3%，东洋界物种中，横断山区特有种5种。

本次调查共观察记录鸟类179种，隶属15目41科4亚科。综合本次调查数据和文献记载，洱源县共记录鸟类297种，隶属17目48科4亚科。其中留鸟和繁殖鸟216种，占总数的72.7%，夏候鸟19种，占6.4%，冬候鸟59种，占19.9%，旅鸟16种，占5.4%，偶见和罕见鸟5种，占1.7%（部分鸟类同属几种居留类型）。繁殖区域主要在东洋界的称东洋种，计169种，占56.9%；繁殖区域主要在古北界的称古北种，计47种，占15.8%；繁殖区域广布于古北和东洋两界的称广布种，计81种，占27.3%；分布在东洋界的169种鸟类中。横断山区特有种和东洋界鸟种达56.9%，洱源县鸟类区系组成以东洋界成分为主。

依据本次调查数据，综合文献资料记载，洱源县记录两栖爬行动物34种，隶属3目2亚目12科。其中两栖动物2目7科15种；爬行动物1目2亚目5科19种。按地理分布进行划分，两栖类东洋界物种 13 种，占收录物种总数的 86.7%；广布种 1 种，占物种总数的 6.7%；引入种 1 种，占物种总数的 6.7%；特有种 7 种，占物种总数的 46.7%。爬行类东洋界物种 16 种，占物种总数的 84.2%；广布种 3 种，占物种总数的 15.8%；特有种 1 种，占物种总数的 5.3%。

➢ 特有种类

洱源县有中国特有种兽类 4 种，即西南绒鼠、滇绒鼠、澜沧江姬鼠、高山姬鼠，其中澜沧江姬鼠为云南特有种；中国特有鸟类 8 种，即血雉、白腹锦鸡、大紫胸鹦鹉、橙翅噪鹛、宝兴鹛雀、褐翅鸦雀、白领凤鹛、滇䴓；中国特有两栖爬行类 8 种，其中两栖动物占 7 种，华西雨蛙贡山亚种、昭觉林蛙和滇蛙 3 种属云南特有物种，大蹼铃蟾、中华大蟾蜍华西亚种、无指盘臭蛙和多疣狭口蛙 4 个种属西南地区特有种，爬行动物仅八线腹链蛇 1 种为西南地区特有种。

➢ 珍稀濒危保护种类

洱源县记录到的 434 种陆生脊椎动物中，有国家 I 级重点保护动物 2 种，国家 II 级重点保护动物 34 种；云南省省级保护动物 3 种；列入 CITES（2010）附录 I 的物种 7 种，附录 II 的物种 23 种；列入《中国濒危动物红皮书》极危（CR）物种 0 种，濒危（EN）4 种，易危（VU）20 种。

表 4-81 洱源县分布的重点保护物种

类群	国家保护		省级保护	CITES 附录		红色名录		
	I 级	II 级		I	II	CR	EN	VU
兽类	2	8	1	6	4	0	2	6
鸟类	1	25	1	1	17	0	1	6
两栖类	0	1	0	0	0	0	0	2
爬行类	0	0	1	0	2	0	1	5
合计	2	34	3	7	23	0	4	19

洱源县记录的兽类中，属国家 I 级重点保护动物有林麝 1 种，县志记载金钱豹 1 种；国家 II 级重点保护动物有猕猴、穿山甲、黑熊、小熊猫、黄喉貂、金猫、中华鬣羚、川西斑羚 8 种；云南省省级重点保护动物毛冠鹿 1 种。列入 CITES 附录 I 名录中的兽类有穿山甲、黑熊、小熊猫、金猫、中华鬣羚、川西斑羚 6 种；列入附录 II 名录中的有北树鼩、猕猴、豹猫、林麝 4 种；列入《中国濒危动物红皮书》濒危级别的有黑熊、林麝 2 种；易危级别的有猕猴、小熊猫、金猫、豹猫、中华鬣羚、川西斑羚 6 种。

记录的鸟类属国家 I 级重点保护动物的有黑鹳 1 种，属国家 II 级重点保护动物的有 25 种，即黑翅鸢、凤头鹰、松雀鹰、大鵟、普通鵟、白腹隼雕、白尾鹞、游隼、燕隼、灰背隼、红隼、血雉、红腹角雉、白腹锦鸡、棕背田鸡、楔尾绿鸠、绯胸鹦鹉、大紫胸鹦鹉、灰头鹦鹉、小鸦鹃、草鸮、红角鸮、雕鸮、领角鸮、短耳鸮；属云南省省级保护动物的有

1 种（斑头雁）；列入 CITES（2010）附录 I 的有 1 种（游隼），列入附录 II 的有 18 种，即黑鹳、黑翅鸢、凤头鹰、松雀鹰、大鵟、普通鵟、白腹隼雕、白尾鹞、燕隼、灰背隼、红隼、血雉、绯胸鹦鹉、大紫胸鹦鹉、灰头鹦鹉、红角鸮、领角鸮、短耳鸮；列入《中国濒危动物红皮书》濒危级别的有 1 种（黑鹳）；易危级别的有黑翅鸢、血雉、红腹角雉、白腹锦鸡、绯胸鹦鹉、小鸦鹃共 6 种。

记录到的 34 种两栖爬行动物中，属于国家 II 级重点保护动物的有 1 种，即红瘰疣螈；属于云南省省级保护动物的有 1 种，即眼镜蛇；被《中国濒危动物红皮书》列入“易危”物种的有 5 种，即双团棘胸蛙、王锦蛇、紫灰锦蛇、黑眉锦蛇和眼镜蛇，列入“濒危”的有 1 种，即金环蛇，列入“极危”的有 1 种，即眼镜王蛇；被列入《中国物种红色名录》的有 10 种，其中眼镜王蛇被列为“濒危”物种，双团棘胸蛙、王锦蛇、缅甸颈槽蛇、黑线乌梢蛇、金环蛇和眼镜蛇等 7 种被列为“易危”物种，无指盘臭蛙、黑斑蛙和山烙铁头等 3 种被列为“近危”物种；被世界自然保护联盟（IUCN）列入易危物种的有双团棘胸蛙 1 种；被濒危野生动植物种国际贸易公约（CITES）列入附录 II 名录的有 2 种，即眼镜蛇和眼镜王蛇。

（4）大型真菌物种多样性

总结本次调查所采及标本馆馆藏标本，现该县所能确定的大型真菌共 181 种，归属于真菌界的 2 门 13 目 27 科。这其中，担子菌门（BASIDIOMYCOTA）208 种，分属于 12 目 26 科；子囊菌门（ASCOMYCOTA）1 种，分属于 1 目 1 科。红菇目、伞菌目和牛肝菌目是包含种类最多的三个目，其种类占总种数的 64%。红菇科、牛肝菌科和口蘑科是包含种数最多的三个科，其种类占总种数的 46.4%。红菇属、鹅膏属、口蘑属和牛肝菌属是包含种数最多的四个属，其种类占总种数的 45%。全部种类中，菌根菌占总种数的 88.9%，为该县大型真菌的主要生态类群。担子菌类真菌是该县大型真菌的优势类群。

从生活习性上看，腐生菌 20 种，分属于 10 科。这类具腐生习性的种中，系生于腐木上的种。剩余 161 种均为与林木共生的菌根菌。这 161 种均为担子菌类真菌。

从经济价值角度分析，重要的有：松口蘑（*Tricholoma matsudake*）、松乳菇（*lactarius deliciosus*）、茶褐牛肝菌（*Boletus brunneissimus*）、红蜡蘑（*Laccaria laccata*）、丛枝瑚属（*Ramaria*）、木耳属（*Auricularia auriula*）、离褶伞（*Lyophyllum*）的多个种、红须腹菌（*Rhizopogon rubescens*）、变绿红菇（*Russula virescens*）。在这些食用菌中，1 种为寄生菌（蜜环菌 *Armillariealla mellea*），其余的均为外生菌根菌。这其中，松乳菇可通过建立种植园实现人工栽培（新西兰）。在 121 种真菌中，毒菌有 2 种，它们集中于鹅膏属（*Amanita*）。另有药用菌 1 种是灵芝。药用真菌的生态习性与具食用价值的真菌明显不同，多为木生菌。

4.17.4 小结

系统调查整理完成了洱源县的高等植物、陆生脊椎动物和大型真菌物种编目，并建立了数据库，为国家和地方生物多样性保护提供技术资料。本次调查和文献记录的鸟类，经整理共计297种，其中黑鹳、灰雁、鸳鸯、灰树鹊等128种鸟类在以往的文献中未有记录，为洱源县鸟类种的新分布数据。此外，在茈碧湖实地调查中，记录到6只太平鸟，该鸟在云南省仅在20世纪60年代有过1笔野外观察记录，但此后40多年一直无记录，本次调查证实该鸟在云南洱源县有分布，表明洱源是重要的候鸟迁徙通道。本次调查在凤羽、炼铁、乔后、西山记录到国家II级保护动物红瘰疣螈，是该县第一次正式记载。

4.18 剑川县生物多样性现状①

4.18.1 自然概况

剑川位于滇西北横断山脉中段、“三江并流”自然保护区南端，东邻鹤庆，南接洱源，西界兰坪、云龙，北靠丽江，地跨东经 99°33′～100°33′，北纬 26°12′～26°47′。剑川县境东西最大横距 58 km，南北最大纵距 55 km，总面积 2 270 km^2。剑川地处滇西北高原横断山脉的余岳间，近靠滇藏高原，遥距热带海洋，由于地势地形关系，季候风不明显。因受印度洋暖气北流影响，四季以西南风较多，也有小范围大风和不太强的旋风。剑川全县径流面积 2 250 km^2，地表水约 9.17 亿 m^3，县内控制径流 11.07 亿 m^3，象图河高于白石江，白石江高于黑潓江。境内三大水系，均属澜沧江河谷水系，呈南北向展布。县境东部金沙河—黑潓江水系，中部白石江—弥沙河水系，西部象图河水系。

剑川县辖五镇三乡，88个村民委员会，5个社区，391个自然村。是以白族为主体的多民族聚居县，白族占全县人口的90%以上，主要分布在全县各乡、镇坝区、集镇及山区、半山区河谷平川地带，另有彝族、傈僳族、回族、纳西族人口较多。乡村人口比例占90%以上，大部分人口从事农业生产。

4.18.2 组织实施

植物调查组多次对剑川县的金华镇、甸南镇、马登镇、沙溪镇、老君山镇、羊岑乡、弥沙乡、象图乡地区开展野外调查，共采集植物标本 3016 号；动物调查组先后在剑川县进行了野外调查，采集兽类标本 18 号、鸟类标本 39 号、两栖爬行动物标本 150 号；大型真菌调查组对剑川县不同生态系统、不同植被类型中的大型真菌进行调查，在弥沙乡弥新村和老君山镇新华村进行了调查与标本采集，共采集标本 150 份。

4.18.3 主要成果

（1）植被类型组成

依据 1980 年出版的《云南植被》记载及近年来调查资料，此前剑川县境内共涉及陆

① 剑川县植被类型与植物多样性由西南林业大学杜凡教授组织调查和提供数据；动物多样性由西南林业大学韩联宪组织调查和提供数据；大型真菌多样性由中科院昆明植物研究所刘培贵研究员组织调查和提供数据。

生植被有 9 个植被型，18 个植被亚型，82 个群系（表 4-82），两年调查新增 1 个植被亚型和 6 个群系。

表 4-82 剑川县的植被类型

Ⅰ 常绿阔叶林（Evergreen Broadleaved Forest）
（Ⅰ）半湿润常绿阔叶林
（一）滇青冈群系（Form. *Cyclobalanopsis glaucoides*）
（二）黄毛青冈群系（Form. *Cyclobalanopsis delavayi*）
（三）元江栲群系（Form. *Castanopsis orthocantha*）*
（四）高山栲群系（Form. *Castanopsis delavayi*）
（五）滇石栎群系（Form. *Lithocarpus dealbatus*）*
（Ⅱ）中山湿性常绿阔叶林
（一）多变石栎林（Form. *Lithocarpus variolosus*）**
（Ⅲ）山顶苔藓矮林
（一）紫玉盘杜鹃、宽钟杜鹃群系（Form. *Rhododendron uvarifolium*，*Rh. beesianum*）
（二）倒卵叶石栎、杜鹃、乌饭群系（Form. *Lithocarpus pachyphyloides*，*Rhododendron* spp，*Vaccinium* spp.）
（三）毛叶米饭花、云南桤叶树群系（Form. *Lyonia villosa*，*Clethra delavayi*）
Ⅱ 硬叶常绿阔叶林（Sclerohyllous Evergreen Broadleaved Forest）
（Ⅰ）寒温山地硬叶常绿栎林
（一）黄背栎群系（Form. *Quercus pannosa*）
（二）灰背栎群系（Form. *Quercus senescens*）
（三）长穗高山栎群系（Form. *Quercus longispica*）
（四）帽斗栎群系（Form. *Quercus guayavaefolia*）
（五）川滇高山栎群系（Form. *Quercus aquifolioides*）
（Ⅱ）干热河谷硬叶常绿栎林
（一）铁橡栎群系（Form. *Quercus cocciferoides*）
（二）锥连栎群系（Form. *Quercus franchetii*）
（三）光叶高山栎群系（Form. *Quercus rehderiana*）
（四）铁橡栎、尖叶木犀榄群系（Form. *Quercus cocciferoides*，*Olea ferruginea*）
Ⅲ 落叶阔叶林（Deciduous Broadleaved Forest）
（Ⅰ）暖温性落叶阔叶林
（一）槲树群系（Form. *Quercus dendata* var. *oxyloba*）
（二）麻栎、栓皮栎群系（Form. *Quercus acutissima*，*Quercus variabilis*）
（三）旱冬瓜群系（Form. *Alnus nepalensis*）*
（四）槭树、桦木群系（Form. *Acer* spp.，*Betula* spp.）*
（五）川杨、川白桦群系（Form. *Populus szetchuanica*，*Betula platyphylla* var. *szetchuanica*）
（六）乌柳群系（Form. *Salix cheilophila*）
（七）云南枫杨群系（Form. *Pterocarya delavayi*）**
Ⅳ 暖性针叶林（Warm Coniferous Forest）
（Ⅰ）暖温性针叶林
（一）云南松群系（Form. *Pinus yunnanensis*）*
（二）华山松群系（Form. *Pinus armandii*）*

Ⅴ 温性针叶林（Temperate Coniferous Forest）

（Ⅰ）温凉性针叶林

（一）云南铁杉群系（Form. *Tsuga dumosa*）**

（二）曲枝圆柏群系（Form. *Sabina recurva*）

（三）滇藏方枝柏群系（Form. *Sabina wallichiana*）

（Ⅱ）寒温性针叶林

（一）丽江云杉群系（Form. *Picea likiangensis*）*

（二）长苞冷杉群系（Form. *Abies georgei*）*

（三）苍山冷杉群系（Form. *Abies delavayi*）

（四）油麦吊云杉群系（Form. *Picea brachytyla* var. *complanata*）

（五）大果红杉群系（Form. *Larix potaninii* var. *macrocarpa*）

Ⅵ 竹林（Bamboo Shrub-Forest）

（Ⅰ）暖温性竹林

（一）方竹群系（Form. *Chimonobambusa utilis* & spp.）

（二）金竹、龟甲竹（=毛竹）群系（Form. *Phyllostachys heterocycla* & cv. & *Ph*. spp.）

（三）实心竹群系（Form. *Fargesia yunnanensis* & spp.）

（Ⅱ）寒温性竹林

（一）箭竹群系（Form. *Fargesia* spp.）

（二）玉山竹群系（Form. *Yushania* spp.）

（三）扫把竹丛（Form. *Fargesia annulata*）

（四）空心箭竹丛（Form. *Fargesia edulis*）

（五）短鞘箭竹丛（Form. *Fargesia orbiculata*）

Ⅶ 稀树灌草丛（Shrub-Grassland with Scattered Tree）

（Ⅰ）干热性稀树灌草丛

（一）含锥连栎、明油子的稀树中草草丛（Form. *Middle Grassland containing Quercus franchetii*，*Dodonea angustifolia*）

（Ⅱ）暖温性稀树灌草丛

（一）含云南松、珍珠花的稀树灌中草草丛（Form. *Middle Grassland containing Pinus yunnanensis*，*Lyonia ovalifolia*）

（二）含云南松、矮高山栎的稀树灌低草草丛（Form. *Low Grassland containing Pinus yunnanensis*，*Quercus monimotricha*）

（三）含华山松、云南铁杉的低草草丛（Form. *Low Grassland containing Pinus armandii*，*Tsuga dumosa*）

（四）山黄麻、华西小石积、扭黄茅稀树灌草丛（Form. *Middle Grassland containing Trema orientalis*，*Osteomeles schwerinae*，*Heteropogon contortus*）

（五）白茅草丛（Form. *Imperata cylindrical* var. *major*）

（六）紫茎泽兰草丛（Form. *Ageratina adenophora*）

（七）莠竹草丛（Form. *Microstegium ciliatum* & spp.）

（八）毛蕨菜草丛（Form. *Pteridium revolutum*）

Ⅸ 灌丛（Scrub）

（Ⅰ）寒温性灌丛

（一）豆叶杜鹃、红棕杜鹃灌丛（Form. *Rhododendron heliolepis* & *Rh. rubiginosum*）

（二）灰背杜鹃灌丛（Form. *Rhododendron hippophaeoides*）

（三）腋花杜鹃灌丛（Form. *Rhododendron racemosum*）

（四）密枝杜鹃灌丛（Form. *Rhododendron fastigiatum*）
（五）锈叶杜鹃灌丛（Form. *Rhododendron siderophyllum*）
（六）露珠杜鹃灌丛（Form. *Rhododendron irroratum*）
（七）双柱柳灌丛（Form. *Salix bistyla*）
（八）川滇柳灌丛（Form. *Salix rehderiana*）
（九）香柏灌丛（Form. *Sabina pingii var. wilsonii*）
（十）高山柏灌丛（Form. *Sabina squamata*）
（十一）矮高山栎灌丛（Form. *Quercus monimotricha*）
（十二）黄杯杜鹃（Form. *Rhododendron wardii*）**
（十三）金露梅群系（Form. *Potentilla fruticosa*）**

（Ⅱ）暖温性灌丛

（一）地檀香灌丛（Form. *Gaultheria forrestii*）
（二）黄背栎灌丛（Form. *Quercus pannosa*）**

（Ⅲ）暖性石灰岩灌丛

（一）小叶栒子灌丛（Form. *Cotoneaster microphyton*）
（二）铁仔灌丛（Form. *Myrsine africana*）
（三）滇北蔷薇灌丛（Form. *Rosa mairei*）
（四）竹叶椒灌丛（Form. *Zanthoxyllum planispinum*）
（五）青刺尖灌丛（Form. *Prinsepia utilis*）
（六）火把果灌丛（*Form. Pyracantha* spp.）

Ⅹ 草甸（Subalpine or Alpine Meadow）

（Ⅰ）亚高山草甸

（一）羊茅草甸（Form. *Festuca ovina* & *F.* spp.）
（二）多花剪股颖草甸（Form. *Agrostis myriantha*）
（三）巴山竹、冷箭竹草甸（Form. *Bashania fangiana* & *B.* spp.）
（四）伞把竹草甸（Form. *Fargesia utilis* & *F.* spp.）
（五）西南鸢尾、橐乌草甸（Form. *Iris bulleyana*，*Ligularia* spp.）
（六）人头花草甸（Form. *Veratrum yunnanense*）
（七）刺苞蓟、棉毛橐吾草甸（Form. *Cirsium forrestii*，*Ligularia vellerea*）
（八）银莲花、委陵菜草甸（Form. *Anemone* spp.，*Potentilla* spp.）*

（Ⅱ）亚高山沼泽草甸

（一）矮地榆沼泽草甸（Form. *Sanguisorba filiformis*）

（Ⅲ）高山草甸

（一）鞘茎嵩草草甸（Form. *Kobresia tunicata* & *K.* spp.）
（二）线叶嵩草，倮倮嵩草草甸（Form. *Kobresia capillifolia K. lolonum*）
（三）云南嵩草、高山嵩草草甸（Form. *Kobresia yunnanensis*，& *K. pygmaea*）
（四）钩状嵩草、喜马拉雅嵩草草甸（Form. *Kobresia uncinoides*，*royleana*）
（五）狭叶人参果、嵩草草甸（Form. *Potentilla stenophylla*，*Kobresia* spp.）
（六）穗序野古草、大理人参果草甸（Form. *Arundinella hookeri*，*Potentilla peduncularis*）

注：表中加*的为以往文献也有记载并被调查到的群系；加**的为调查新增加的群系。

（2）植物物种多样性

➢　物种组成

根据实际调查与《云南植物志》文献统计，本县存在高等植物 1 839 种，隶属 182 科 714 属；其中，苔藓植物 24 种，蕨类植物 137 种，裸子植物 18 种，被子植物 1 660 种（双子叶植物 1 340 种，单子叶植物 320 种）。

苔藓植物中，含种类较多的科为真藓科（Bryaceae）有 4 种，其他科均 1～2 种，如丛藓科（Pottiaceae）、葫芦藓科（Funariaceae）、毛叶苔科（Ptilidiaceae）等；其中真藓属（*Bryum*）、曲尾藓属（*Dicranum*）、葫芦藓属（*Funaria*）和毛叶苔属（*Ptilidium*）各有 2 种，其他属均为 1 种。

蕨类植物中，主要有水龙骨科（Polypodiaceae）、中国蕨科（Sinopteridaceae）、石松科（Lycopodiaceae）、蹄盖蕨科（Athyriaceae）、鳞毛蕨科（Dryopteridaceae）等；属级水平中主要的有鳞毛蕨属（*Dryopteris*）11 个种，凤尾蕨属（*Pteris*）10 个种，隐子蕨属（*Crypsinus*）10 个种，瓦韦属（*Lepisorus*）10 个种，铁线蕨属（*Adiantum*）7 个种，蹄盖蕨属（*Athyrium*）6 个种，耳蕨属（*Polystichtum*）6 个种。

裸子植物中，松科（Pinaceae）6 个属，柏科（Cupressaceae）4 个属，杉科（Taxodiaceae）2 个属，红豆杉科（Taxaceae）2 个属，三尖杉科（Cephalotaxaceae）2 个属；在属级水平上，裸子植物共 12 个属，冷杉属（*Abies*）3 个种，松属（*Pinus*）、铁杉属（*Tsuga*）、圆柏属（*Sabina*）和三尖杉属（*Cephalotaxus*）均 2 个种，其余属均 1 种。

被子植物中，超过 10 属数量的科依次是禾本科（Poaceae）66 属、菊科（Compositae）53 属、蝶形花科（Papilionaceae）34 属、兰科（Orchidaceae）23 属、蔷薇科（Rosaceae）21 属、唇形科（Labiatae）29 属、伞形科（Umbelliferae）17 属、玄参科（Scrophulariaceae）15 属、百合科（Liliaceae）16 属、毛茛科（Ranunculaceae）11 属；超过 12 种的属依次是杜鹃属（*Rhododendron*）29 种，马先蒿属（*Pedicularis*）28 种，小檗属（*Berberis*）19 种，铁线莲属（*Clematis*）18 种，蓼属（*Polygonum*）18 种，卫矛属（*Euonymus*）16 种，报春花属（*Primula*）16 种，香薷属（*Elsholtzia*）15 种，灯心草属（*Juncus*）15 种，栒子属（*Cotoneaster*）14 种，委陵菜属（*Potentilla*）14 种，橐吾属（*Ligularia*）13 种，山胡椒属（*Lindera*）13 种，香青属（*Anaphalis*）12 种，薯蓣属（*Dioscorea*）12 种，老鹳草属（*Geranium*）12 种，忍冬属（*Lindera*）12 种，悬钩子属（*Rubus*）12 种。

➢　特有种类

实际调查并结合《云南植物志》记载，剑川县有中国特有植物 746 种、云南特有植物 158 种、狭域特有植物 40 种。特有维管束植物 944 种，而该县记录到维管束植物约 1 815 种，特有植物占维管束植物的比例约为 52.0%，达到很高比例，说明当地虽然维管束植物物种总数不够多，但特有植物丰富，反映出剑川邻近横断山区位置，是中国高生物多样性地区的反应。

➢　珍稀濒危保护种类

剑川县有国家重点保护植物 7 种隶属 6 科 7 属，其中国家Ⅰ级 1 种，国家Ⅱ级 6 种；

云南省重点保护野生植物 7 种，隶属 5 科 7 属，其中省Ⅱ级 1 种，省Ⅲ级 6 种；云南红豆杉（*Taxus yunnanensis*）也被列入 CITES 名录附录Ⅰ中，CITES 名录附录Ⅱ的有 44 种，全部为兰科植物。

表 4-83 剑川县珍稀濒危保护植物等级统计

类别	等级数量统计
国家重点保护植物	国Ⅰ：1 种　国Ⅱ：6 种
云南省重点保护植物	省Ⅰ：0 种　省Ⅱ：1 种　省Ⅲ：6 种
CITES 名录	附录Ⅰ：0 种　附录Ⅱ：44 种

➢ 资源类群

① 材用植物

根据文献记载和实地调查数据供统计出 92 种材用树种，主要有云南松（*Pinus yunnanensis*）、长苞冷杉（*Abies georgei*）、西南桦（*Betula alnoides*）、干香柏（*Cupressus duclouxiana*）、苍山冷杉（*Abies delavayi*）、麻栎（*Quercus acutissima*）、旱冬瓜（*Alnus nepalensis*）和华山松（*Pinus armandi*）等。

云南松林是本县面积最大的植被类型，自然云南松是当地用材量最大的树种。同时云南松也可以割取松脂，在邻县洱源县就有大面积割取松脂的松林，而本县我们未调查到，因此剑川县对云南松的开发与利用相较不足，在当地，尤其山区，云南松也是每家每户常烧的薪炭柴。在调查访问中得知，当地老百姓习惯于砍伐山上的材用树种做木料盖房子、家具等，致使有些地方植被破坏较严重。

② 药用植物

根据文献记载和实地调查数据共统计剑川县的药用植物资源 572 种，其中具有代表性的有金铁锁（*Psammosilene tunicoides*）、梁王茶（*Nothopanax delavayi*）、珠子参（*Panax japonicus* var. *major*）、紫金龙（*Dactylicapnos scandens*）、五味子属（*Schisandra*）、川续断（*Dipsacus asperoides*）、大狼毒（*Euphorbia jolkinii*）、木防己（*Cocculus orbiculatus*）、川滇槲蕨（*Drynaria delavayi*）、姜黄（*Curcuma longa*）、羊角天麻（*Dobinea delacayi*）、心叶党参（*Codonopsis cordifolioidea*）、熊胆草（*Conyza blinii*）、毛萼山珊瑚（*Galeola lindleyana*）、硬枝野荞麦（*Fagopyrum urophyllum*）、柳叶菜（*Epilobium hirsutum*）、杯柄铁线莲（*Clematis connate* var. *trullifera*）、红花龙胆（*Gentiana rhodantha*）、偏花马兜铃（*Aristolochia oblinqua*）、中华老鹳草（*Geranium sinense*）、瓶尔小草（*Ophioglossum vulgatum*）、全柱秋海棠（*Begonia grandis ssp*. *holostyla*）、蕨叶藁本（*Ligusticum pteridophyllum*）等。

在调查访问中，发现剑川县老百姓习惯于在山上采挖药材自用或出售，致使很多物种濒临灭绝。市场上较常见的草药有乌头、川续断、天麻等，据悉大都为野生。目前野生天麻的价格已经非常昂贵，每公斤（干天麻）可达到 400 元。

③ 园林绿化植物

据文献记载和调查统计的数据，剑川县的园林绿化植物资源有 179 种，主要的物种有三尖杉（*Cephalotaxus fortunei*）、高山三尖杉（*Cephalotaxus fortunei* var. *alpina*）、清香木（*Pistacia weinmannifolia*）、木棉（*Bombax malabaricum*）、小果垂枝柏（*Sabina recurva* var. *coxii*）、丽江云杉（*Picea likiangensis*）、领春木（*Euptelea pleiospermum*）、霸王鞭（*Euphorbia royleana*）、绣球藤（*Clematis montana*）、宽菱形翠雀花（*Delphinium latirhombicum*）、大理翠雀花（*Delphinium taliense*）、毛果铁线莲（*Clematis montana* var. *trichocarpa*）、滇川翠雀花（*Delphinium delavayi*）、毛果绣球藤（*Clematis montana* var. *glabrescens*）、三棱虾脊兰（*Calanthe tricarinata*）、白花丹（*Plumbago zeylanica*）、窄叶火棘（*Pyracantha angustifolia*）、珠兰（*Chloranthus spicatus*）、绵毛房杜鹃（*Rhododendron facetum*）、假乳黄杜鹃（*Rhododendron fictolacteum*）、糙毛杜鹃（*Rhododendron trichocladum*）、云南杜鹃（*Rhododendron yunnanense*）、粉背碎米花（*Rhododendron hemitrichotum*）。

调查中发现，市场上很多出售盆栽植物，还有的在山上挖树根做盆景出售，更有的盆栽是保护物种，对野生园林绿化植物资源造成了很大危害。野外的兰科植物很少见，能看到的只有少数开小花的兰科植物，能作为传统观赏植物的兰属植物已难得一见。在调查农贸市场和养兰专业户时，发现大量的兰花出售，根据品种不同价格各异，价格最高达到几千元一苗，也正是这种热潮导致了对兰花野生资源近灭绝性的破坏。

④ 食用植物

据文献记载和调查统计的数据，剑川县的食用植物资源共用 94 种，主要物种有云南箭竹（*Fargesia yunnanensis*）、君迁子（*Diospyros lotus*）、梧桐（*Firmiana simplex*）、刺槐（*Robinia pseudoacacia*）、流苏树（*Chionanthus retusus*）、川楝（*Melia toosendan*）、盐肤木（*Rhus chinensis*）、大刺茶藨子（*Ribes alpestre*）、食用葛（*Pueraria edulis*）、大萼米饭花（*Lyonia macrocalyx*）、光核桃（*Amygdalus mira*）、千针苋（*Acroglochin persicarioides*）、酸枣子藤（*Actinidia venosa*）、毛葡萄（*Vitis heyneana*）、高盆樱桃（*Cerasus cerasoides*）、须蕊忍冬（*Lonicera koehneana*）、多星韭（*Allium wallichii*）、红泡刺藤（*Rubus niveus*）、青刺尖（*Prinsepia utilis*）。

在市场调查中发现，农贸市场上有密毛蕨（*Pteridium revolutum*）、大白花杜鹃（*Rhododendron decorum*）、梁王茶（*Nothopanax delavayi*）等出售，当地老百姓做蔬菜食用，另外有各种干鲜竹笋出售。

⑤ 鞣质与染料植物

据文献记载和调查统计的数据，剑川县的鞣质与染料资源共 38 种，主要物种有西南桦（*Betula alnoides*）、元江栲（*Castanopsis orthacantha*）、麻栎（*Quercus acutissima*）、黄背栎（*Quercus pannosa*）、刺叶高山栎（*Quercus spinosa*）、光叶高山栎（*Quercus rehderiana*）、槲栎（*Quercus aliena*）、锐齿槲栎（*Quercus aliena* var. *acuteserrata*）、盐肤木（*Rhus chinensis*）、华山松（*Pinus armandi*）、滇杨（*Populus yunnanensis*）、山杨（*Populus davidiana*）、长蒴黄麻

（*Corchorus olitorius*）、长叶水麻（*Debregeasia longifolia*）、长圆叶梾木（*Cornus oblonga*）等。

⑥ 油料植物

根据文献记载和调查统计，剑川县的油料植物共 65 种，主要有小叶女贞（*Ligustrum quihoui*）、截叶铁扫帚（*Lespedeza cuneata*）、薄叶鼠李（*Rhamnus leptophylla*）、亮叶鼠李（*Rhamnus hemsleyana*）、多脉鼠李（*Rhamnus sargentiana*）、小蜡（*Ligustrum sinense*）、藿香（*Agastache rugosa*）、水红木（*Viburnum cylindricum*）、葛葡萄（*Vitis flexuosa*）、珍珠荚蒾（*Viburnum foetidum* var. *ceanothoides*）等。

目前当地对野生的油料资源尚未开发，主要由于野生植物的油产量不足，无法跟长期培育的物种，如油菜、花生、大豆，甚至茶树相媲美，但作为一种资源，某些种油是拥有很好的油质，若经过不断选育等方法提高产量，也会得到利用，目前主要多加以保护。

⑦ 香料植物

根据以往文献资料及两年的野外调查统计，剑川县共有香料资源 25 种，主要有草果药（*Hedychium spicatum*）、姜花（*Hedychium coronarium*）、紫花百合（*Lilium souliei*）、大理百合（*Lilium taliense*）等。

⑧ 蜜源植物

根据文献记载和调查统计，剑川县的蜜源植物有 45 种，主要为野拔子（*Elsholtzia rugulosa* Hemsl.）、滇香薷（*Origanum vulgare*）、小叶女贞（*Ligustrum quihoui*）、紫药女贞（*Ligustrum delavayanum*）、野拔子（*Elsholtzia rugulosa*）、灌丛润楠（*Machilus dumicola*）、长梗润楠（*Machilus longipedicellata*）、绿叶润楠（*Machilus viridis*）、瑞丽润楠（*Machilus shweliensis*）、柔毛润楠（*Machilus vilosa*）等。

冬季蜂蜜采集野拔子花蜜酿造成的优质蜂蜜是当地重要特产。同时当地也可将野拔子先端嫩叶采摘，晒干，作茶饮用；有治伤风感冒及助消化之功效，尤喜夏季饮用解暑。

⑨ 纤维植物

根据文献记载和两年调查结果，剑川县的纤维植物共有 47 种，主要种有青榨槭（*Acer davidii*）、美丽芙蓉（*Hibiscus indicus*）、夹竹桃（*Nerium indicum*）、野灯心草（*Juncus setchuensis*）、灯心草（*J. effusus*）、刺蒴麻（*Triumfetta rhomboidea*）、一把香（*Wikstroenmia dolichantha*）、密蒙花（*Buddleja officinalis*）、拔毒散（*Sida szechuensis*）、通光散（*Marsdenia tenacissima*）、构树（*Broussonetia papyrifera*）、楮（*B. kazinoki*）、苦皮藤（*Celastrus angulatus*）等。

灯心草是当地种植的，主要作为编织原料。其髓称灯心草，过去作灯心，也可入药，其性微寒甘淡，具有退热利尿、清心安神之功效。竹子当地只能作为编织农具用品自用或出售；也可以制成竹纤维，进而可作竹纤维布等产品，当地尚未见到开发利用。

⑩ 其他

根据文献记载和调查数据，剑川县还有一些其他用途的野生植物资源，约有 41 种，主要是用作饲料、牧草等，主要物种有十字马唐（*Digitaria cruciata*）、牛筋草（*Eleusine indica*)、知风草(*Eragrostis ferruginea*)、东川画眉草(*E. mairei*)、黑穗画眉草(*E. nigra*)、画眉草(*E. pilosa*)、四脉金茅(*Eulalia quadrinervis*)、阿赖山羊茅(*Festuca alaica*)、天蓝羊茅(*F. coelestis*)、大理羊茅(*Festuca forrestii*)、大羊茅(*Festuca gigantea*)、弱须羊茅(*Festuca leptopogon*)、素羊茅(*F. modesta*)、小颖羊茅(*F. parvigluma*)、滇藏羊茅(*F. vierhapperi*)、假稻(*Leersia hexandra*)、粟草(*Milium effusum*)、类芦(*Neyraudia reynaudiana*)等;另外,由于山区交通不发达,燃料不易运输,百姓大都用木材烧炭取暖煮饭,这些木炭大都为栎炭。当地山区民众常有打中华山蓼(*Oxyria sinensis*)和辣子草(*Galinsoga parviflora*,为外来归化种)等植物作为猪草。

在剑川乡镇集市上可以见到竹制斗笠,斗笠上面有用蕨类植物黏于其上,作为图案装饰之用。

(3)动物物种多样性

➢ 物种组成

通过本次两年的野外调查收集的数据,并参考相关文献资料和中国科学院昆明动物研究所标本馆、西南林业大学标本馆、云南大学标本馆收藏的剑川县动物标本记录,剑川县共记录陆生野生动物 291 种,隶属 26 目 72 科,剑川县陆生野生动物中各类群目、科、种数见表 4-84。

表 4-84 各类群目、科、种数及占云南、中国的比例

类群	目	科	种	种类占云南的比例/%	种类占中国的比例/%
兽类	8	23	43	15.4	10.2
鸟类	16	39	217	23.9	16.3
两栖类	1	6	13	11.3	4.1
爬行类	1	4	18	11.1	4.4
合计	26	72	291	—	—

综合调查结果和文献记载,共收录剑川县兽类 43 种,隶属于 8 目 23 科。依据整理的名录,按地理分布进行划分,东洋界物种 31 种,占收录物种总数的 72.1%;古北界物种 1 种,占物种总数的 2.3%;广布种 11 种,占物种总数的 25.6%。东洋界物种中,横断山区特有种 5 种。

共收录该县鸟类 217 种,隶属 16 目 39 科 4 亚科。按居留类型划分,留鸟和繁殖鸟 132 种,占物种总数的 60.8%,夏候鸟 20 种,占 9.2%,冬候鸟 52 种,占 24.0%,旅鸟 16 种,占 7.4%,偶见和罕见鸟 3 种,占 1.4%(部分鸟类同属几种居留类型)。按区系划分,繁殖区域主要在东洋界的称东洋种,计 136 种,占 62.7%;繁殖区域主要在古北界的称古北种,计 19 种,占 8.8%;繁殖区域广布于古北和东洋两界的称广布种,计 62 种,占 20.6%。东洋界物种中,繁殖区域限于横断山区的特有种计 60 种。

共有两栖爬行动物 31 种,隶属 2 目 2 亚目 10 科。其中两栖动物有 1 目 6 科 13 种,

爬行动物有 1 目 2 亚目 4 科 18 种。按地理分布进行划分，两栖类全部为东洋界物种；特有种 10 种，占总数的 76.9%。爬行类东洋界物种 14 种，占总数的 77. 8%；广布种 4 种，占总数的 22.2%；特有种 1 种，占总数的 5. 6%。

剑川县的两栖动物占云南省两栖动物 115 种的 11.3%，占全国两栖动物 321 种的 4.1%；爬行动物占云南省爬行动物 162 种的 11.1%，占全国爬行动物 407 种的 4.4%。

➢ 特有种类

剑川县有中国特有兽类 5 种，即大纹背鼩鼱、大绒鼠、澜沧江姬鼠、高山姬鼠、川西白腹鼠，其中澜沧江姬鼠为云南特有种；中国特有鸟类 9 种，包括：血雉、白腹锦鸡、宝兴歌鸫、宝兴鹛雀、大噪鹛、橙翅噪鹛、白领凤鹛、褐翅缘鸦雀、滇䴓；中国特有两栖爬行类 11 种，其中，两栖动物占 10 种，有 5 种属云南特有物种，即华哀牢蟾蜍、西雨蛙贡山亚种、腹斑倭蛙、昭觉林蛙和滇蛙，有 5 种属西南地区特有种，即大蹼铃蟾、中华大蟾蜍华西亚种、无指盘臭蛙、云南小狭口蛙和多疣狭口蛙，爬行动物仅 1 种为西南地区特有种，即八线腹链蛇。

➢ 珍稀濒危保护种类

在剑川县记录到的 291 种陆生脊椎动物中，有国家Ⅰ级重点保护动物 3 种，国家Ⅱ级重点保护动物 23 种；省级保护动物 2 种；列入《濒危野生动植物种国际贸易公约》（CITES）（2010）附录Ⅰ物种 7 种，附录Ⅱ物种 13 种；列入《中国濒危动物红皮书》极危（CR）物种 0 种，濒危（EN）2 种，易危（VU）16 种。

表 4-85 剑川县各类物种保护物种数量

类群	国家保护		省级保护	CITES 附录		红色名录		
	Ⅰ级	Ⅱ级		Ⅰ	Ⅱ	CR	EN	VU
兽类	2	9	1	6	5	0	2	7
鸟类	1	14	1	1	8	0	0	4
两栖类	0	0	0	0	0	0	0	1
爬行类	0	0	0	0	0	0	0	4
合计	3	23	2	7	13	0	2	16

剑川县记录到的兽类中属国家Ⅰ级重点保护动物的有云豹、林麝 2 种；属国家Ⅱ级保护动物的有 9 种，即猕猴、中国穿山甲、豺、黑熊、小熊猫、黄喉貂、大灵猫、中华鬣羚、川西斑羚；云南省省级重点保护兽类有毛冠鹿 1 种。列入《濒危野生动植物种国际贸易公约》（CITES）（2010）附录Ⅰ的有 6 种，即中国穿山甲、黑熊、小熊猫、云豹、中华鬣羚、川西斑羚；列入附录Ⅱ的有 5 种，即猕猴、豺、大灵猫、豹猫、林麝。列入《中国濒危动物红皮书》濒危的有 2 种，即黑熊、林麝；易危的有 7 种，即猕猴、豺、小熊猫、大灵猫、豹猫、云豹、川西斑羚。

剑川县的鸟类中属国家Ⅰ级重点保护动物的有黑颈长尾雉 1 种；属国家Ⅱ级保护动物

的有 14 种，即黑翅鸢、雀鹰、大鵟、普通鵟、灰背隼、红隼、血雉、红腹角雉、白鹇、勺鸡、白腹锦鸡、楔尾绿鸠、灰头鹦鹉、雕鸮。属云南省省级保护动物的有斑头雁 1 种。列入《濒危野生动植物种国际贸易公约》（CITES）（2010）附录 I 的有 1 种，即黑颈长尾雉；列入附录 II 的有 8 种，即黑翅鸢、雀鹰、大鵟、普通鵟、灰背隼、红隼、血雉、灰头鹦鹉。列入《中国濒危动物红皮书》易危的有 4 种，即黑翅鸢、血雉、红腹角雉、白腹锦鸡。

剑川县记录到的 31 种两栖爬行动物中，被《中国濒危动物红皮书》列入“易危”物种的有 5 种，即双团棘胸蛙、王锦蛇、紫灰锦蛇，黑眉锦蛇和滑鼠蛇。被列入《中国物种红色名录》的有 7 种，其中双团棘胸蛙、王锦蛇、滑鼠蛇、缅甸颈槽蛇、黑纹颈槽蛇和黑线乌梢蛇等 6 种被列为“易危”物种，无指盘臭蛙被列为“近危”物种。被《世界自然保护联盟》（IUCN）列入“易危”物种的有 1 种，即双团棘胸蛙。

（4）大型真菌物种多样性

结合前人的研究结果及相关文献资料，给出了剑川县大型真菌的物种名录，共记录了 30 科 56 属 94 种。同时，调查也发现剑川县重要野生贸易真菌的主要类群有松茸（*Tricholoma matsutake*）、美味牛肝菌（*Boletus edulis* complex）、松乳菇（*Lactarius deliciosus*）、红汁乳菇（*Lactarius hatsudake*）、灰褐牛肝菌（*Boletus griseus*）、茶褐牛肝菌（*Boletus brunneissimius*）、鸡油菌（*Cantharellus cibarius*）、玉蕈离褶伞（*Lyophyllum shimeji*）、烟色离褶伞（*Lyophyllum fumosum*）、大孢地花（*Albatrellus ellisii*）、野生香菇（*Lentinula edodes*）等。

4.18.4 小结

系统调查整理完成了剑川县的高等植物、陆生脊椎动物和大型真菌物种编目，并建立了数据库，为国家和地方生物多样性保护提供技术资料。在剑川县共记录到的 217 种鸟类中，其中，红腹角雉、黑颈长尾雉、血雉、褐冠鹃隼、灰背隼、栗背岩鹨等 89 种在该县以往调查中未记录的种类，较生物多样性评估记录 67 种，增加 150 种。本次调查在县域内新记录到的两栖爬行动物有云南小狭口蛙、疣尾蜥虎、铜蜓蜥、八线腹链蛇、黑眉锦蛇和黑纹颈槽蛇等，较生物多样性评价记录的 24 种，增加了 7 种，其中爬行类增加 6 种，两栖类增加 1 种。经过本项目调查后新增维管植物 985 种，其中，蕨类植物 94 种，裸子植物 12 种，被子植物 879 种（即双子叶植物 766 种，单子叶植物 113 种），包括国家 I 级重点保护植物云南红豆杉分布，国家 II 级保护植物云南榧树（*Torreya yunnanensis*）和丁茜 *Trailliaedoxa gracilis* 发现，云南省重点保护野生植物云南枫杨（*Pterocarya delavayi*）、云南榧树（*Torreya yunnanensis*）和紫金龙（*Dactylicapnos scandens*）3 种，CITES 名录附录 II 物种 20 种。新增维管束植物 984 种超过《云南植物志》文献统计的 883 种，占最新统计本县存在维管束植物 1 867 种的 52.7%。

第5章

南岭地区优先区县域生物多样性调查成果

黔东南州位于云贵高原东南边缘，东邻湖南省怀化地区，南接广西壮族自治区柳州、河池地区，西连黔南布依族苗族自治州，北抵遵义、铜仁两地区。黔东南州境内气候宜人，山川秀丽，植被保持相对完好，内有雷公山、太平山、弄相山等原始森林，物种资源丰富多样。

5.1 三都县生物多样性现状[①]

5.1.1 自然概况

三都县地处贵州省黔南布依族苗族自治州东南部，地处“月亮山、雷公山”腹地，地跨东经107°40′～108°14′，北纬25°30′～26°10′。东邻榕江、雷山，南接荔波，西界独山、都匀，北连丹寨。东西宽56 km，南北长78 km，距省城贵阳230 km，距州府都匀85 km，全县总面积2 400 km^2。

县境处于云贵高原的东南斜坡，地势自西北向东南倾斜，平均海拔在500～1 000 m之间，最高为西北面的更项山，海拔 1 665.5 m；最低处是坝街附近的都柳江出境处，海拔303 m。县境内大小河流42条，水力资源丰富，穿境而过的都柳江是珠江的重要支流，是县内最大的河流，境内长83.5 km，落差197 m，流域控制面积为1 680 km^2，占全县总面积的70.6%。境内较著名的山峰有更项山、老王山、铜马山、尧人山等。

三都水族自治县建于1957年1月，是全国56个民族中唯一的水族自治县，属国家重点扶持的贫困县之一。县境地处西南腹地，云贵高原东半部，贵州省黔南自治州东南部，属黔中山向广西丘陵过渡地带的中低山丘陵区。地势由北向南倾斜，主要山峰、河谷的走向与背斜、向斜轴一致，大体上呈南北展布。

① 三都县植被类型与植物多样性由北京林业大学张启翔教授组织调查和提供数据；动物多样性由西北师范大学龚大洁教授组织调查和提供数据。

5.1.2　组织实施

植物调查组分别对三都县尧人山国家国家森林公园、巫不乡、埂顶山、老王山、九阡镇、打鱼乡、恒丰乡、水龙乡、扬拱乡、中和乡共 10 个样点进行了累计 134 人次的野外调查，采集标本 2 244 份；动物调查组根据不同的生境类型，选择生境较好的区域作为重点调查区域，分别对该县的拉揽乡、九阡镇、廷牌镇、都江镇、大河镇、中和镇、合江镇、普安镇、交梨乡、打鱼乡、扬拱乡、水龙乡等地陆栖脊椎动物（两栖类、爬行类、鸟类、兽类）资源共计展开了 5 次野外调查，共整理两栖爬行类标本 250 多号，兽类骨头及皮张 100 号左右。

5.1.3　主要成果

（1）植被类型组成

根据贵州森林（1992，贵州森林编辑委员会）记载，三都县主要植被类型有：

Ⅰ 针叶林：

（一）杉木林

（二）马尾松林

Ⅱ 阔叶林：

（三）栲树林

（四）水青冈林

（五）杨桦林

（六）青冈栎林

（七）鹅耳枥林

Ⅲ 灌丛：

（八）杜鹃灌丛

Ⅳ 经济林

（九）油桐林

（十）乌桕林

（2）植物物种多样性

➢　物种组成

以贵州植物志（全 10 卷）及贵州蕨类植物志为主，对贵州的野生维管束植物的数目重新做了统计，结果如下：蕨类植物有 53 科 151 属 808 种；裸子植物有 10 科 28 属 55 种；被子植物有 194 科 1 455 属 5 314 种，因此，贵州省共计有维管束植物 257 科 1 634 属 6 177 种。

共调查到植物物种 192 科 634 属 1073 种，其中蕨类植物 38 科 82 属 159 种，裸子植物 9 科 13 属 18 种，被子植物 145 科 539 属 896 种。菊科、蔷薇科、豆科、樟科所占数量较多，分别有 34 属 67 种、17 属 49 种、25 属 44 种、11 属 36 种，分别占所调查物种数的

6.2%、4.6%、4.1%和 3.4%。相对原有记录，本次调查共补充蕨类植物 12 科 48 种。调查整理的物种占全省物种数量的 17.4%，调查到蕨类物种、裸子植物、被子植物种类分别占贵州全省记录物种数的 19.7%、32.7%和 16.9%。

➢ 特有种类

① 中国特有植物共 106 科 259 属 420 种

粉花安息香 *Styrax roseus*、野茉莉 *Styrax japonicus*、垂珠花 *Styrax dasyanthus*、白辛树 *Pterostyrax psilophyllus*、木瓜红 *Rehderodendron macrocarpum*、平滑菝葜 *Smilax darrisii*、银叶菝葜 *Smilax cocculoides*、南川百合 *Lilium rosthornii*、野百合 *Lilium brownii*、多花黄精 *Polygonatum cyrtonema*、玉竹 *Polygonatum odoratum*、开口箭 *Tupistra chinensis*、厚叶沿阶草 *Ophiopogon corifolius*、沿阶草 *Ophiopogon japonicus*、紫萼玉簪 *Hosta ventrecosa*、蜘蛛抱蛋 *Aspidistra elatior*、斑花败酱 *Patrinia punctiflora*、蜘蛛香 *Valeriana jatamansi*、露珠珍珠菜 *Lysimachia circaeoides*、贵州肋毛蕨 *Ctenitis confusa*、虹鳞肋毛蕨 *Ctenitis rhodolepis*、糙苏 *Phlomis umbrosa*、灯笼草 *Clinopodium polycephalum*、粘毛黄芩 *Scutellaria viscidula*、滇丹参 *Salvia yunnanensis*、贵州鼠尾草 *Salvia cavaleriei*、西南水苏 *Stachys kouyangensis*、显脉香茶菜 *Rabdosia nervosa*、香茶菜 *Rabdosia amethystoides*、细齿异野芝麻 *Heterolamium debile* var. *cardiophyllum*、算盘子 *Glochidion puberum*、山乌桕 *Sapium discolor*、扛香藤 *Mallotus repandus* var. *chrysocarpus*、油桐 *Vernicia fordii*、珊瑚冬青 *Ilex corallina*、狭叶冬青 *Ilex fargesii*、苍叶红豆 *Ormosia semicastrata*、红豆树 *Ormosia hosiei*、西南槐树 *Sophora prazeri* var. *mairei*、紫云英 *Astragalus sinicus*、黄檀 *Dalbergia hupeana*、藤黄檀 *Dalbergia hancei*、老虎刺 *Pterolobium punctatum*、多花木蓝 *Indigofera amblyantha*、任豆 *Zenia insignis*、舞草 *Codariocalyx motorius*、厚果崖豆藤 *Millettia pachycarpa*、无患子叶崖豆藤 *Millettia sapindiifolia*、异果崖豆藤 *Millettia dielsiana* var. *heterocarpa*、光叶崖豆藤 *Millettia nitida*、马鞍羊蹄甲 *Bauhinia faberi*、显脉羊蹄甲 *Bauhinia glauca* subsp. *Pernervosa*、云实 *Caesalpinia decapetala*、黔滇崖豆藤 *Millettia gentiliana*、映山红 *Rhododendron simsii*、百合花杜鹃 *Rhododendron liliiflorum*、耳叶杜鹃 *Rhododendron auriculatum*、鹿角杜鹃 *Rhododendron latoucheae*、溪畔杜鹃 *Rhododendron rivulare*、云锦杜鹃 *Rhododendron fortunei*、美丽马醉木 *Pieris formosa*、山杜英 *Elaeocarpus sylvestris*、毛叶杜英 *Elaeocarpus limitaneus*、猴欢喜 *Sloanea sinensis*、杜仲 *Eucommia ulmoides*、刺蒴麻 *Triumfetta rhomboidea*、粉防己 *Stephania tetrandra*、金线吊乌龟 *Stephania cepharantha*、鸡爪凤尾蕨 *Pteris gallinopes*、岩凤尾蕨 *Pteris deltodon*、厚裂凤仙花 *Impatiens crassiloba*、睫毛萼凤仙花 *Impatiens blepharosepala*、细柄凤仙花 *Impatiens leptocaulon*、齿萼凤仙花 *Impatiens dicentra*、黄金凤 *Impatiens siculifer*、大叶海桐 *Pittosporum adaphniphylloides*、棱果海桐 *Pittosporum trigonocarpu*、木果海桐 *Pittosporum xylocarpum*、光叶海桐 *Pittosporum glabratum*、狭叶海桐 *Pittosporum glabratum* var. *neriifolium*、小柄果海桐 *Pittosporum henryi*、慈竹 *Neosinocalamus affinis*、楠竹 *Phyllostachys pubescens*、紫竹 *Phyllostachys nigra*、白竹 *Fargesia semicoriacea*、红豆杉 *Taxus chinensis* var. *chinensis*、南方红豆杉 *Taxus chinensis* var. *mairei*、穗花杉 *Amentotaxus argotaenia*、枫杨 *Pterocarya stenoptera*、圆果化香树 *Platycarya longipes*、黄杞 *Engelhardtia roxburghiana*、喙核桃 *Annamocarya sinensis*、山核桃 *Carya cathayensis*、宜昌胡颓子 *Elaeagnus henryi*、中华栝楼 *Trichosanthes rosthornii*、蛇莲 *Hemsleya sphaerocarpa*、大明常山 *Dichroa daimingshanensis*、扯根菜 *Penthorum chinense*、山梅花 *Philadelphus incanus*、伞形绣球 *Hydrangea angustipetala*、西南绣球 *Hydrangea davidii*、圆锥绣球 *Hydrangea paniculata*、雷公鹅耳枥 *Carpinus viminea*、鹅耳枥 *Carpinus turczaninowii*、亮叶桦 *Betula luminifera*、桤木 *Alnus cremastogyne*、川榛 *Corylus heterophylla* var. *sutchuenensis*、野扇花 *Sarcococca ruscifolia*、络石 *Trachelospermum jasminoides*、圆瓣姜花 *Hedychium forrestii*、华山姜 *Alpinia chinensis*、大果蜡瓣花 *Corylopsis multiflora*、水丝梨 *Sycopsis sinensis*、宽叶金粟兰 *Chloranthus henryi*、西南假毛蕨 *Pseudocyclosorus esquirolii*、云贵紫柄蕨 *Pseudophegopteris yunkweiensis*、波叶梵天花 *Urena repanda*、地桃花 *Urena lobata*、白背黄花稔 *Sida rhombifolia*、木芙蓉 *Hibiscus mutabilis*、木槿 *Hibiscus syriacus*、凹叶景天 *Sedum emarginatum*、江南山梗菜 *Lobelia davidii*、党参 *Odonopsis pilosula*、羊乳 *Codonopsis lanceolata*、杏叶沙参 *Adenophora humanensis*、斑鸠菊 *Vernonia esculenta*、长梗风毛菊 *Saussurea dolichopoda*、白花鬼针草 *Bidens pilosa* var. *radiata*、鬼针草 *Bidens pilosa*、牛尾蒿 *Artemisia dubia*、川黔黄鹌菜 *Youngia rubida*、华火绒草 *Leontopodium sinense*、林生假福王草 *Paraprenanthes sylvicola*、甘菊 *Dendranthema lavandulifolium*、野菊花 *Chrysanthemum indicum*、苦荬菜 *Ixeris sonchifolia*、中华麻花头 *Serratula chinensis*、长穗兔儿风 *Ainsliaea henryi*、鹿蹄橐吾 *Ligularia hodgsonii*、毛稀签 *Siegesbeckia Pubescens*、黄腺香青 *Anaphalis aureo-punctata*、纤枝香青 *Anaphalis gracilis*、耳翼蟹甲草 *Parasenecio otopteryx*、叶底红 *Phyllagathis fordii*、华泽兰 *Eupatorium chinense*、琴叶紫菀 *Aster panduratus*、翠云草 *Selaginella uncinata*、贵州卷柏 *Selaginella kouycheensis*、卷柏 *Selaginella tamariscina*、贵州锥 *Castanopsis kweichowensis*、白栎 *Quercus fabri*、厚斗柯 *Lithocarpus elizabethae*、槲栎 *Quercus aliena*、麻栎 *Quercus acutissima*、乌冈栎 *Quercus phillyraeoides*、硬壳柯 *Lithocarpus hancei*、栓皮栎 *Quercus variabilis*、栗 *Castanea mollissima*、茅栗 *Castanea seguinii*、多脉青冈 *Cyclobalanopsis multiervis*、青冈 *Cyclobalanopsis glauca*、窄叶青冈 *Cyclobalanopsis augustinii*、高山锥 *Castanopsis delavayi*、厚皮锥 *Castanopsis chunii*、湖北锥 *Castanopsis hupehensis*、栲 *Castanopsis fargesii*、甜储 *Castanopsis eyrei*、米槠 *Castanopsis carlesi*、水青冈 *Fagus longipetiolata*、半蒴苣苔 *Hemiboea henryi*、绿花杓兰 *Cypripedium henryi*、硬叶兜兰 *Paphiopedilum micranthum*、多花兰 *Cymbidium floribundum*、建兰 *Cymbidium ensifolium*、齿瓣石豆兰 *Bulbophyllum levinei*、喜树 *Camptotheca acuminata*、福建观音座莲 *Angiopteris fokiensis*、中华斜方复叶耳蕨 *Arachniodes sino-rhomboide*、中华复叶耳蕨 *Arachniodes chinensis*、斜基柳叶蕨 *Cyrtogonellum inaequalis*、离脉柳叶蕨 *Cyrtogonellum caducum*、粗齿黔蕨 *Phanerophlebiopsis blinii*、低头贯众 *Cyrtomium nephrolepioides*、双蝴蝶 *Tripterospermum chinense*、獐牙菜 *Swertia bimaculata*、鹿蹄草 *Pyrola calliantha*、柳叶白前 *Cynanchum stauntonii*、广东紫珠 *Callicarpa kwangtungensis*、尖萼紫珠 *Callicarpa loboapiculata*、长叶马兜铃 *Aristolochia championii*、马桑 *Coriaria nepalensis*、马尾树 *Rhoiptelea chiliantha*、黄连 *Coptis chinensis*、钝齿铁线莲 *Adiantum venustum* var. *wuliangense*、山木通 *Clematis finetiana*、尾叶铁线莲 *Clematis urophylla*、曲柄铁线莲 *Clematis repens*、绣毛铁线莲 *Clematis leschenaultiana*、裂叶星果草 *Asteropyrum cavaleriei*、打破碗花花 *Anemone hupehensis*、西南银莲花 *Anemone davidii*、茅膏菜 *Drosera peltata* var. *multisepala*、革叶猕猴桃 *Actinidia rubricaulis* var. *coriacea*、毛花猕猴桃 *Actinidia eriantha*、绵毛猕猴桃 *Actinidia fulvicoma* var. *lanata*、小叶猕猴桃 *Actinidia lanceolata*、倒卵叶猕猴桃 *Actinidia obovata*、红茎猕猴桃 *Actinidia rubricaulis*、中华猕猴桃 *Actinidia chinensis*、鹅掌楸 *Liriodendron chinense*、大叶火烧兰 *Epipactis mairei* var. *mairei*、紫花含笑 *Michelia crassipes*、凹叶厚朴 *Magnolia officinalis* subsp. *Biloba*、白兰 *Michelia alba*、山玉兰 *Magnolia delavayi*、玉兰 *Magnolia denudata*、紫玉兰 *Magnolia liliflora*、红花木莲 *Manglietia insignis*、木莲 *Manglietia fordiana*、铁箍散 *Schisandra propinqua Baill* var. *sinensis*、小叶女贞 *Ligustrum quihoui*、清香藤 *Jasminum lanceolarium*、苦郎藤 *Cissus assamica*、川鄂爬山虎 *Parthenocissus henryana*、毛葡萄 *Vitis heyneana*、广东蛇葡萄 *Ampelopsis cantoniensis*、蛇葡萄 *Ampelopsis sinica*、羽叶蛇葡萄 *Ampelopsis chaffanjoni*、尖叶乌蔹莓 *Cayratia japonica* var. *pseudotrifolia*、崖爬藤 *Tetrastigma obtectum*、建始槭 *Acer henryi*、青榨槭 *Acer davidii*、三角枫 *Acer buergerianum*、红翅槭 *Acer lucidum*、扇叶槭 *Acer flabellatum*、中华槭 *Acer sinense*、梓叶槭 *Acer catalpifolium*、盐肤木 *Rhus chinensis*、庐山楼梯草 *Elatostema stewardii*、疣果楼梯草 *Elatostema trichocarpum*、糯米团 *Gonostegia hirta*、荨麻 *Urtica fissa*、红火麻 *Girardinia suborbiculata* subsp. *Triloba*、大叶茜草 *Rubia schumanniana*、香果树 *Emmenopterys henryi*、异形玉叶金花 *Mussaenda anomala*、玉叶金花 *Mussaenda pubescens*、展枝玉叶金花 *Mussaenda divaricata*、扁核木 *Prinsepia utilis*、大果花楸 *Sorbus megalocarpa*、花楸 *Sorbus pohuashanensis*、华西花楸 *Sorbus wilsoniana*、毛序花楸 *Sorbus keissleri*、石灰花楸 *Sorbus folgneri*、火棘 *Pyracantha fortuneana*、龙芽草 *Agrimonia pilosa*、柔毛水杨梅 *Geum japonicum*、木瓜 *Chaenomeles sinensis*、蔡子糜 *Rosa rubus*、金樱子 *Rosa laevigata*、卵果蔷薇 *Rosa helenae*、野蔷薇 *Rosa multiflora*、软条七蔷薇 *Rosa henryi*、小果蔷薇 *Rosa cymosa*、野山楂 *Crataegus cuneata*、麻叶绣线菊 *Spiraea cantoniensis*、中华绣线菊 *Spiraea chinensis*、长序莓 *Rubus chiliadenus*、柔毛长尖悬钩子 *Rubus acuminatus*、乌泡子 *Rubus parkeri*、无刺掌叶悬钩子 *Rubus pentagonus*、寒莓 *Rubus buergeri*、灰毛泡 *Rubus irenaeus*、黄杨叶栒子 *Cotoneaster buxifolius*、平枝栒子 *Cotoneaster horizontalis*、西南樱桃 *Cerasus duclouxii*、羽萼悬钩子 *Rubus pinnatisepalus*、白鹃梅 *Exochorda racemosa*、李 *Prunus salicina*、茅莓 *Rubus parvifolius*、尖叶清风藤 *Sabia swinhoei*、昌感秋海棠 *Begonia cavaleriei*、掌裂叶秋海棠 *Begonia peltatifolia*、桦叶荚蒾 *Viburnum betulifolium*、珍珠荚蒾 *Viburnum foetidum* var.

ceanothoides、血满草 *Sambucus adnata*、皱叶忍冬 *Lonicera rhytidophylla*、贵州忍冬 *Lonicera pampaninii*、南方荚蒾 *Viburnum fordiae*、结香 *Edgeworthia chrysantha*、裸蒴 *Gymnotheca chinensis*、三尖杉 *Cephalotaxus fortunei*、川芎 *Ligusticum chuanxiong*、野胡萝卜 *Daucus carota*、积雪草 *Centella asiatica*、野芹 *Oenanthe sinensis*、垂叶榕 *Ficus benjamina*、光叶榕 *Ficus laevis*、褐叶榕 *Ficus pubigera*、黄葛树 *Ficus virens* var. *sublanceolata*、山枇杷果 *Ficus semicordata*、石榕树 *Ficus abelii*、异叶榕 *Ficus heteromorpha*、蒙桑 *Morus mongolica*、沙坪苔草 *Carex wuii*、凹脉柃 *Eurya impressinervis*、岗柃 *Eurya groffii*、半齿柃 *Eurya semiserrata*、贵州毛柃 *Eurya kueichowensis*、银木荷 *Schima argentea*、木荷 *Schima superba*、尖连蕊茶 *Camellia cuspidata*、油茶 *Camellia oleifera*、粗毛石笔木 *Tutcheria hirta*、阔叶杨桐 *Adinandra latifolia*、赤杨叶 *Rehderodendron macrocarpum*、野槟榔 *Capparis chingiana*、网脉山龙眼 *Helicia reticulata*、光皮桦 *Lagerstroemia excelsa*、川鄂山茱萸 *Cornus chinensis*、头状四照花 *Dendrobenthamia capitata*、柳杉 *Cryptomeria fortunei*、杯茎蛇菰 *Balanophora subcupularis*、穗花蛇菰 *Balanophora spicata*、银鹊树 *Tapiscia sinensis*、勾儿茶 *Berchemia sinica*、亮叶鼠李 *Rhamnus hemsleyana*、刺鼠李 *Rhamnus dumetorum*、抱石莲 *Lepidogrammitis drymoglossoides*、光石韦 *Pyrrosia calvata*、矩圆线蕨 *Colysis henryi*、马尾松 *Pinus massoniana*、黄枝油杉 *Keteleeria calcarea*、多花山竹子 *Garinia multiflora*、云贵轴果蕨 *Rhachidosorus truncatus*、滴水珠 *Pinellia cordata*、野芋 *Colocasia antiquorum*、华南青皮木 *Schoepfia chinensis*、荚蒾卫矛 *Euonymus viburnoides*、荚囊蕨 *Struthiopteris eburnea*、复羽叶栾树 *Koelreuteria bipinnata*、栾树 *Koelreuteria paniculata*、伞花木 *Eurycorymbus cavaleriei*、掌叶木 *Handeliodendron bodinieri*、掌叶梁王茶 *Nothopanax delavayi*、树参 *Dendropanax dentiger*、天胡荽 *Hydrocotyle sibthorpioides*、通脱木 *Tetrapanax papyrifer*、冷饭藤 *Kadsura oblongifolia*、南五味 *Kadsura longipedunculata*、南五味子 *Kadsura longipedunculata*、绿叶五味子 *Schisandra viridis*、翼梗五味子 *Schisandra henryi*、华中五味子 *Schisandra sphenanthera*、绢毛苋 *Aerva sanguinolenta*、贵州八角莲 *Dysosma majorensis*、淫羊藿 *Epimedium brevicornu*、四方麻 *Veronicastrum caulopterum*、来江藤 *Brandisia hancei*、毛泡桐 *Paulownia tomentosa*、川杜若 *Pollia miranda*、亚麻 *Linum usitatissimum*、菹草 *Potamogeton crispus*、云南柳 *Salix cavaleriei*、山杨 *Populus davidiana*、青杨梅 *Myrica adenophora*、锦香草 *Phyllagathis cavaleriei*、肉穗草 *Sarcopyramis bodinieri* var. *bodinieri*、异药花 *Fordiophyton faberi*、银杏 *Ginkgo biloba*、朴 *Celtis sinensis*、珊瑚朴 *Celtis julianae*、小果朴 *Celtis cerasifera*、榆树 *Ulmus pumila*、昆明榆 *Ulmus changii* var. *kunmingensis*、吴茱萸 *Evodia rutaecarpa*、香橙 *Citrus junos*、柑橘 *Citrus reticulata*、刺花椒 *Zanthoxylum acanthopodium*、刺壳花椒 *Zanthoxylum echinocarpum*、竹叶椒 *Zanthoxylum planispinum*、两面针 *Zanthoxylum nitidum*、秃叶黄檗 *Phellodendron chinense* var. *glabriusculum*、慈姑 *Sagittaria trifolia* var. *sinensis*、檫木 *Sassafras tzumu*、厚壳桂 *Cryptocarya chinensis*、豹皮樟 *Litsea coreana* var. *sinensis*、大果木姜子 *Litsea lancilimba*、木姜子 *Litsea pungens*、清香木姜子 *Litsea euosma*、山鸡椒 *Litsea cubeba*、宜昌

木姜子 *Litsea ichangensis*、桂北木姜子 *Litsea subcoriacea*、红叶木姜子 *Litsea rubescens*、毛红皮木姜子 *Litsea pedunculata* var. *pubescens*、毛叶木姜子 *Litsea mollis*、光枝楠 *Phoebe neuranthoides*、竹叶楠 *Phoebe faberi*、紫楠 *Phoebe sheareri*、美脉琼楠 *Beilschmiedia delicata*、安顺润楠 *Machilus cavaleriei*、薄叶润楠 *Machilus leptophylla*、基脉润楠 *Machilus decursinervis*、香粉叶 *Lindera pulcherrima* var. *attenuata*、香叶树 *Lindera communis*、香叶子 *Lindera fragrans*、川桂 *Cinnamomum wilsonii*、猴樟 *Cinnamomum bodinieri*、尾叶樟 *Cinnamomum caudiferum*、楠木 *Phoebe zhennan*、伯乐树 *Bretschneidera sinensis*、疏花酸藤子 *Embelia pauciflora*、血党 *Ardisia punctata*、萍 *Lemna minor*、多脉鹅耳枥 *Carpinus polyneura*、毛裂蜂斗菜 *Petasites tricholobus*、椭圆叶花锚 *Halenia elliptica*、贵州龙胆 *Gentiana esquirolii*。

② 贵州省级特有共 5 科 7 属 7 种

贵州点地梅 *Androsace kouytchensis*、椭圆叶木蓝 *Indigofera cassoides*、伞房花耳草 *Hedyotis corymbosa*、贵州密脉木 *Myrioneuron oligoneuro*、爬藤榕 *Ficus sarmentosa* var. *impressa*、斑枝石笔木 *Tutcheria maculatoclada*、异花假繁缕 *Pseudostellaria heterantha*。

③ 狭域特有共 4 科 5 属 7 种

贵州毛蕨 *Cyclosorus kweichowensis*、贵州青冈 *Cyclobalanopsis argyrotricha*、剑叶耳蕨 *Polystichum xiphophyllum*、长叶黔蕨 *Phanerophlebiopsis neopodophylla*、黑柄铁角蕨 *Asplenium subtoramanum*、石生铁角蕨 *Asplenium saxicola*、镰叶铁角蕨 *Asplenium falcatum*。

➢ 珍稀濒危保护种类

① 国家Ⅰ级重点保护植物 5 科 6 属 7 种

红豆杉 *Taxus chinensis* var. *chinensis*、伯乐树 *Bretschneidera sinensis*、银杏 *Ginkgo biloba*、掌叶木 *Handeliodendron bodinieri*、带叶兜兰 *Paphiopedilum hirsutissimum*、多花兰 *Cymbidium floribundum*、南方红豆杉 *Taxus chinensis* var. *mairei*。

② 国家Ⅱ级重点保护植物 17 科 24 属 27 种

篦子三尖杉 *Cephalotaxus oliveri*、凹叶厚朴 *Magnolia officinalis subsp.biloba*、楠木 *Phoebe zhennan*、樟树 *Cinnamomum camphora*、红豆树 *Ormosia hosiei*、秃叶黄檗 *Phellodendron chinense* var. *glabriusculum*、任豆 *Zenia insignis*、喙核桃 *Annamocarya sinensis*、马尾树 *Rhoiptelea chiliantha*、鹅掌楸 *Liriodendron chinense*、翠柏 *Calocedrus macrolepis*、革叶猕猴桃 *Actinidia rubricaulis* var. *coriacea*、毛花猕猴桃 *Actinidia eriantha*、倒卵叶猕猴桃 *Actinidia obovata*、红茎猕猴桃 *Actinidia rubricaulis*、黄檗 *Phellodendron amurense*、伞花木 *Eurycorymbus cavaleriei*、十齿花 *Dipentodon sinicus*、喜树 *Camptotheca acuminata*、独蒜兰 *Pleione bulbocodioides*、齿瓣石豆兰 *Bulbophyllum levinei*、石仙桃 *Pholidota chinensis*、鹅毛玉凤花 *Habenaria dentata*、桫椤 *Alsophila spinulosa*、香果树 *Emmenopterys henryi*、粗齿桫椤 *Alsophila denticulata*、蕨 *Pteridium aquilinum*。

③ 红色名录物种

极危（CR）共 1 科 1 属 1 种，即异形玉叶金花 *Mussaenda anomala*。

濒危（EN）共 5 科 6 属 6 种，即带叶兜兰 *Paphiopedilum hirsutissimum*、硬叶兜兰 *Paphiopedilum micranthum*、银杏 *Ginkgo biloba*、阔叶杨桐 *Adinandra latifolia*、掌叶木 *Handeliodendron bodinieri*、贵州锥 *Castanopsis kweichowensis*。

易危（VU）共 16 科 23 属 29 种，即绿花杓兰 *Cypripedium henryi*、独蒜兰 *Pleione bulbocodioides*、春兰 *Cymbidium goeringii*、多花兰 *Cymbidium floribundum*、齿瓣石豆兰 *Bulbophyllum levinei*、虾脊兰 *Calanthe discolor*、建兰 *Cymbidium ensifolium*、翠柏 *Calocedrus macrolepis*、杜仲 *Eucommia ulmoides*、鹅掌楸 *Liriodendron chinense*、凹叶厚朴 *Magnolia officinalis subsp.biloba*、山玉兰 *Magnolia delavayi*、玉兰 *Magnolia denudata*、紫玉兰 *Magnolia liliflora*、红花木莲 *Manglietia insignis*、楠木 *Phoebe zhennan*、黄连 *Coptis chinensis*、任豆 *Zenia insignis*、红翅槭 *Acer lucidum*、梓叶槭 *Acer catalpifolium*、伯乐树 *Bretschneidera*、伞花木 *Eurycorymbus cavaleriei*、十齿花 *Dipentodon sinicus*、耳叶杜鹃 *Rhododendron auriculatum*、美丽马醉木 *Pieris formosa*、篦子三尖杉 *Cephalotaxus oliveri*、喙核桃 *Annamocarya sinensis*、穗花杉 *Amentotaxus argotaenia*、马尾树 *Rhoiptelea chiliantha*。

近危(NT)共6科11属11种，即流苏贝母兰 *Coelogyne fimbriata*、云南石仙桃 *Pholidota yunnanensis*、石仙桃 *Pholidota chinensis*、泽泻虾脊兰 *Calanthe alismaefolia*、鹅毛玉凤花 *Habenaria dentate*、裂瓣玉凤花 *Habenaria petelotii*、油杉 *Keteleeria fortunei*、百日青 *Podocarpus neriifolius*、三尖杉 *Cephalotaxus fortunei*、买麻藤 *Gnetum montanum*、银鹊树 *Tapiscia sinensis*。

无危(LC)共6科6属15种，即马尾松 *Pinus massoniana*、杉木 *Cunninghamia lanceolata*、侧柏 *Platycladus orientalis*、木贼麻黄 *Ephedra equisetina*、建始槭 *Acer henryi*、青榨槭 *Acer davidii*、三角枫 *Acer buergerianum*、扇叶槭 *Acer flabellatum*、中华槭 *Acer sinense*、映山红 *Rhododendron simsii*、百合花杜鹃 *Rhododendron liliiflorum*、大白杜鹃 *Rhododendron decorum*、鹿角杜鹃 *Rhododendron latoucheae*、溪畔杜鹃 *Rhododendron rivulare*、云锦杜鹃 *Rhododendron fortunei*。

➢ 资源类群

① 材用植物

三都材用树种开发利用最为重要的有：

杉木 *Cunninghamia lanceolata*

三都县为贵州省林业大县之一，其主要木材树种就是杉木，分布于全县所有乡镇，占全县用材树种的 90%以上，为该县的主要经济来源之一。杉木在该县生长迅速，材质优良，产品主要销往省内外。

榉树 *Zelkova serrata*

榉树是该县的珍贵野生用材树种之一，分布有很多大树和古树，市场上的成交价很高，胸径在 50 cm 以上的均在 10 万元以上。其中红榉比白榉更为珍贵。

红椿 *Toona ciliata*

红椿在该县已经成功地育苗来造林，有一定面积的推广种植，为速生树种之一。

南酸枣 *Choerospondias axillaria*

南酸枣在该县许多乡镇均有野生分布，为速生用材树之一。在林业上已经成功地育苗来造林，主要用途一是用材，二是果用。

麻竹 *Dendroalamus Iatiftorus*

麻竹为最近这些年从广西引进的主要用材树种，用于荒坡绿化，同时作为用材，主要销往该县的人工板厂的原料。

其他材用树种有马尾松 *Pinus massoniana*、黄枝油杉 *Keteleeria calcarea*、柳杉 *Cryptomeria fortunei*、灰叶杉木 *Cunninghamia lanceolata*、圆柏 *Sabina chinensis*、百日青 *Podocarpus neriifolius*、罗汉松 *Podocarpus macrophyllus*、三尖杉 *Cephalotaxus fortunei*、枫杨 *Pterocarya stenoptera*、喙核桃 *Annamocarya sinensis* 等，共计 35 科 49 属 56 种。

② 药用植物

三都药用开发较为重要的野生植物资源有：

天麻 *Gastrodia elata*

天麻在该县有野生分布，也有人工种植，为贵药“三宝”之一，主要用于补气养血等。品质优良，主要销往省内外。

桔梗 *Platycodon grandiflorus*

桔梗在该县所有乡镇均有分布，也是近年来该县中药材种植推广的主要种类之一。

地耳草（田基黄）*Hypericum japonicum*

地耳草在该县分布甚广，主要分布于田埂和草坪上，为重要的民间药用中药材之一，也有人大量收购。为治疗肝炎主要配伍的中药材。尚无人工种植。

龙胆草 *Gentiana scabra*

龙胆草在该县的高山草甸均有分布，为大宗的中药材之一，有人开始人工种植，主要销往国内的各大药市。

金毛狗 *Cibotium barometz*

金毛狗主要分布于该县的低山河谷，海拔 1 000 m 以下地方均有分布，贮藏量极大。金毛狗的药用价值很高，也为一珍稀濒危植物，主要是人为破坏后很难恢复。但金毛狗在这里成片分布，人为破坏较少，且为常绿植物（在其他省及县份海拔较高地方为复绿植物，地上叶片要枯死），当地仅零星采集入药。

杜仲 *Eucommia ulmoides*

主要为人工种植，常见低海拔山区，数量较大。

其他药用植物还有马尾杉 *Phlegmariurus phlegmaria*、石松 *Lycopodium japonicum*、翠云草 *Selaginella uncinata*、贵州卷柏 *Selaginella kouycheensis*、江南卷柏 *Selaginella moellendorffii*、卷柏 *Selaginella tamariscina*、阴地蕨 *Botrychium ternatum*、紫萁 *Osmunda japonica*、瘤足蕨 *Plagiogyria adnata*、里白 *Hicriopteris glauca*、海金沙 *Lygodium japonicum*、蕗蕨 *Mecodium badium*、共计 167 科 459 属 588 种。

③ 园林植物

三都园林绿化用重要野生植物资源主要有：

川黔紫薇 *Lagerstroemia excelsa*

川黔紫薇在三都县有野生分布，由于 20 世纪 90 年代以来，大量采挖，导致野生树种很难看到，主要用物园林绿化，是当地老百姓十分喜爱的绿化树种之一。现在很多当地老乡家房前屋后还种有该树种。

舞草 *Codariocalyx motorius*

舞草在该县广泛分布（很多乡镇均发现有野生分布，种群数量极大），是一种复叶的小叶片能随声波振动感应的植物，极具灵性，当地喻为“风流草”。也是当地水族老乡们追逐喜爱的观赏绿化树种之一。

桂花 *Osmanthus fragrans*

桂花在三都有野生分布，桂花由于其花香四溢，沁人心脾，倍受老乡们的喜爱，当地的花木场主要主经营桂花育苗和培育，市场销售很好。

红豆杉 *Taxus mairei*

红豆杉在三都很多乡镇有野生分布，为国家 I 级保护树种，种子成熟可食，为常绿树种，现在三都有人工育苗，用于园林绿化。

其他园林绿化植物资源还有垂穗石松 *Palhinhaea cernua*、石松 *Lycopodium japonicum*、江南卷柏 *Selaginella moellendorffii*、桫椤 *Alsophila spinulosa*、溪边凤尾蕨 *Pteris excelsa*、栗蕨 *Histiopteris incisa*、罗汉松 *Podocarpus macrophyllus*、南方红豆杉 *Taxus chinensis* var. *mairei*、花楸 *Sorbus pohuashanensis*、华西花楸 *Sorbus wilsoniana*、石灰花楸 *Sorbus folgneri*、火棘 *Pyracantha fortuneana*、梅 *Prunus mume*、李 *Prunus salicina*、木瓜 *Chaenomeles sinensis*、枇杷 *Eriobotrya japonica*、蔡子糜 *Rosa rubus*、长尖叶蔷薇 *Rosa longicuspis*、卵果蔷薇 *Rosa helenae*、缫丝花 *Rosa roxburghii*、野蔷薇 *Rosa multiflora*、软条七蔷薇 *Rosa henryi*、桃叶石楠 *Photinia prunifolia* 等，共 109 科 234 属 325 种。

④ 食用植物

三都重要的食用野生植物资源有：

韭菜 *Allium tuberosum*

三都韭菜分布甚广，几乎每家每户均有种植，为常食用的蔬菜之一，野外均有分布，不用施肥和农药的山野菜，韭菜品种很丰富，有宽叶和细叶型的。经分析，对增强祛风湿等有功效，与生活在这样的环境（夏季湿度大）有关。

水芹菜 *Oenanthe clecumbens*

水芹菜在三都广为分布，主要分布于潮湿的地方，也是人们常采食的山野菜，市场上也有少量销售，主要用于当地饮食的麻辣汤等。

甜叶悬钩子 *Rubus suavissimus*

甜叶悬钩子生长于旷野山坡上，其叶片经加工后，甜度很高，但不含糖，不增加能量，是一种十分难得的保健食品——“甜茶”，现在人工种植，开发出系列产品。

伯乐树 *Bretschneidera sinensis*

伯乐树为国家Ⅰ级保护物种，在当地有零星分布。近年来的调查发现，为当地人们喜食的一种珍稀山野菜，未加肉，汤汁很鲜，当地称为“鸡汤树”，是待研究开发的珍贵山野菜。

其他食用植物还有川榛 *Corylus heterophylla* var. *sutchuenensis*、贵州锥 *Castanopsis kweichowensis*、软枣猕猴桃 *Actinidia arguta*、油茶 *Camellia oleifera*、茅膏菜 *Drosera peltata Smith* var. *multisepala*、荠菜 *Capsella bursapastoris*、水田碎米荠 *Cardamine lyrata*、火棘 *Pyracantha fortuneana*、野芹 *Oenanthe sinensis*、野柿 *Diospyros punctilimba*、玉叶金花 *Mussaenda pubescens*、鼠麴草 *Gnaphalium affine*、慈姑 *Sagittaria trifolia* Linn. var. *sinensis*、菝葜 *Smilax china*、宽叶韭 *Allium hookeri*、薯蓣 *Dioscorea opposita*、皱叶狗尾草 *Setaria plicata*、芭蕉 *Musa basjoo*、月光花 *Calonyction aculeatum* 等，共约 43 科 59 种 63 种。

⑤ 经济植物

三都重要经济植物（包括鞣质与染料资源、油料植物资源、香料资源、蜜源植物、纤维资源）主要有：

盐肤木 *Rhus chinensis*

盐肤木在三都广泛分布，为一重要的经济野生植物资源，可作为优良的蜜源植物，也可生产五倍子，入药，可生产鞣质。当地有人工种植经济木。

马蓝 *Strobilanthes cusia*

马蓝在三都是一重要的染料植物资源，多为野生资源，当地水族衣着的蓝色土布，就是用马蓝来浸染的。具有色泽朴实，耐用及药疗等功效。

油茶 *Camellia oleifera*

油茶在三都分布也是十分广泛的，是十分重要的油料野生植物资源，油茶的种子可榨油，称为油料中的“软黄金”。近年来三都有人工种植来生产茶油。

木姜子 *Litsea cubeba*

木姜子在三都分布很广，其油是当地重要的食用调味品之一，当地有人工蒸馏提取木姜子油，用于食用和化工产业的原料。

黄荆 *Vitex negundo*

三都有广泛分布，是一重要的蜜源植物，当地主要用作树篱，每年有些蜂农到这里放蜂采蜜。

棕榈 *Trachycarpus fortune*

棕榈在三都很多乡镇均有分布，是重要的纤维植物资源，主要采集其纤维做绳索和床垫等。

其他经济植物还有茅栗 *Castanea seguinii*、厚皮锥 *Castanopsis chunii*、栲 *Castanopsis fargesii*、甜储 *Castanopsis eyrei*、马尾树 *Rhoiptelea chiliantha*、山黄麻 *Trema orientalis*、榔榆 *Ulmus parvifolia*、榆树 *Ulmus pumila*、构棘 *Cudrania cochinchinensis*、糯米团 *Gonostegia hirta* 、长叶水麻 *Debregeasia longifolia*、水麻 *Debregeasia orientalis*、水麻 *Debregeasia orientalis*、水丝麻 *Maoutia puya*、红火麻 *Girardinia suborbiculata* subsp. *triloba*、悬铃叶苎麻 *Boehmeria tricuspis*、商陆 *Phytolacca acinosa*、土荆芥 *Chenopodium ambrosioides*、黄丹木姜子 *Litsea elongata*、毛叶木姜子 *Litsea mollis*、山胡椒 *Lindera glauca*、香粉叶 *Lindera pulcherrima* var. *attenuate*、香叶树 *Lindera communis*、三叶木通 *Akebia trifoliate*、黄荆 *Vitex negundo*、藿香 *Agastache rugosa*、马蓝 *Strobilanthes cusia*、珍珠荚蒾 *Viburnum foetidum* var. *ceanothoides*、半边莲 *Lobelia chinensis*、党参 *Codonopsis pilosula*、羊乳 *Codonopsis lanceolata*、中华麻花头 *Serratula chinensis*、菊芋 *Helianthus tuberosus*、菹草 *Potamogeton crispus*、箬竹 *Indocalamus tessellatus*、水虱草 *Fimbristylis miliacea*、芒尖苔草 *Carex doniana*、华山姜 *Alpinia chinensis*、柿 *Diospyros kaki*、油柿 *Diospyros kaki* var. *silvestris* 等，共约 45 科 74 属 95 种。

（3）动物物种多样性

➢　物种组成

结合野外调查和访谈调查，共在该县调查到两栖类物种 29 种，隶属于 2 目 9 科 19 属；爬行类物种 34 种，隶属于 2 目 5 科；记录到该县鸟类 169 种，隶属于 16 目 39 科；兽类物种 94 种，隶属于 8 目 10 科。

在野外调查的 19 种两栖类物种中，除东洋型的泽陆蛙（*Fejervarya multistriata*）、黑斑侧褶蛙（*Pelophylax nigromaculatus*）为广布种以外，其余 17 种均为东洋界物种。就其分布型而言，无斑肥螈（*Pachytriton labiatus*）为华中区和华南区主要分布区，昭觉林蛙（*Rana chaochiaoensis*）主要为西南、华中、华南区，棘蛙属中的棘胸蛙（*Paa spinosa*）、棘侧蛙（*P. spinosa*）属于喜马拉雅-横断山型，滇侧褶蛙（*Pelophylax pleuraden*）等 9 种物种为南中国型；小弧斑姬娃（*Microhyla heymonsi*）、饰纹姬蛙（*M. ornate*）、花姬蛙（*M. pulchra*）、黑眶蟾蜍（*Bufo melanostictus*）为东洋型物种。

野外调查在该县共调查到爬行动物 18 种，除乌梢蛇（*Zoacys dhumnades*）为广布种物种以外，其余 17 种均为东洋界物种。从分布型来看，虎斑颈槽蛇（*Rhabdophis tigrinus*）为季风型，中国石龙子（*Eumeces chinensis*）等 8 种为南中国型，占到该县所调查到爬行类物种总数的 44.44%，9 种为东洋型，占到该县调查到爬行类总数的 50%。

在调查到的 140 种鸟类中，东洋界种类 65 种，占 46.43%，广布种 75 种，占 53.57%。按居留型分，该县有留鸟 92 种，占总数的 65.71%；夏候鸟 3 种，占 2.147%；旅鸟 8 种，冬候鸟 5 种，繁殖鸟（包括夏候鸟和留鸟）126 种，占总数的 90%，具有显著优势。

在所调查的兽类物种中，除马铁菊头蝠（*Rhinolophus ferrumequinum*）、猕猴（*Macaca mulatta*）等 15 种为广布种，占到所调查兽类总数的 21.43%以外，其余的物种均为东洋界物种，因此该县兽类以东洋界物种为主，共 55 种，占到所调查兽类总数的 78.57%；从分布型上来看，中国鼩猬（*Neotetracus sinensis*）等 14 种兽类为南中国型，占到 20%；大缺齿长尾鼩（*Chodsigoa salenskii*）等 3 种为喜马拉雅-横断山型，占到 4.29%；贵州菊头蝠（*Rhinolophus rex*）等 3 种为云贵高原型，黑线姬鼠（*Apodemus agrarius*）等 4 种为古北型，斑羚（*Naemorhedus goral*）为季风型，其余 59 种均为东洋型，占到该县兽类总数的 84.29%。

➢ 特有种类

在野外调查到的 19 种两栖类中，5 种为中国特有种，占到该县两栖类物种的 26.32%；在野外调查到的 18 种爬行类物种中，8 种为中国特有种，占到该县采集到爬行类物种的 44.44%；红腹锦鸡（*Chrysolophus pictus*）、灰胸竹鸡（*Bambusicola thoracica*）、白颈长尾雉（*Syrmaticus ellioti*）、红尾伯劳（*Lanius cristatus*）4 种为中国特有种，占所调查鸟类总数的 2.86%；所调查到的兽类中，中国特有种物种 8 种，为中国鼩猬（*Neotetracus sinensis*）、大缺齿长尾鼩（*Chodsigoa salenskii*）、小缺齿长尾鼩（*C. parva*）、西南鼠耳蝠（*Myotis altarium*）、大绒鼠（*E. miletus*）、滇绒鼠（*E. eleusis*）、高山姬鼠（*Apodemus chevrieri*）、小麂（*M. reevesi*）。

➢ 珍稀濒危保护种类

在野外调查到的 19 种两栖类中，2 种在 IUCN 濒危等级中被列为易危（VU），占到该县两栖类物种的 10.53%；2 种在 IUCN 濒危等级中被列为近危（NT），占到该县两栖类物种的 10.53%；无任何物种被列入 CITES 附录中；19 种物种全部列为国家“三有动物”名录，占到该县两栖类物种的 100%。

在专题组野外调查到的 18 种爬行类物种中，5 种在 IUCN 濒危等级中被列为易危（VU），占到该县爬行类物种的 27.78%；1 种在 IUCN 濒危等级中被列为近危（NT），占到该县采集到爬行类物种总数的 5.56%；有 2 种物种被列入 CITES 附录Ⅱ中，占到该县爬行类物种的 11.11%；18 种物种全部被列为国家“三有动物”名录，占到该县爬行类物种的 100%。

在所调查到的 140 种鸟类中，白颈长尾雉（*Syrmaticus ellioti*）属国家Ⅰ级重点保护鸟类；属国家Ⅱ级重点保护的有 12 种，占该县所调查鸟类总数的 8.57%；白颈长尾雉（*Syrmaticus ellioti*）被列入 CITES 附录Ⅰ中，赤腹鹰（*Accipiter sosensis*）等 11 种鸟类被列入 CITES 附录Ⅱ中，占到 7.86%；雀鹰（*A. nisus*）等 16 种鸟类属于中日候鸟保护协议中鸟类，占 11.43%；属于中澳候鸟保护协议中鸟类 10 种，占 7.14%；其余被列入国家“三有动物”名录的鸟类有 93 种，占 66.43%。

该地区调查到的兽类中，国家Ⅰ级保护动物 3 种，国家Ⅱ级保护动物 6 种；在 IUCN 红色名录中被列为极危（CR）的金猫（*Catopuma temminckii*）；被列为濒危（EN）的物种有 7 种，被列为易危（VU）的物种有 13 种；被列入 CITES 附录Ⅰ的物种有 3 种，被列入 CITES 附录Ⅱ的物种有 2 种。

5.1.4 小结

系统调查整理完成了三都县的高等植物和陆生脊椎动物物种编目，并建立了数据库，为国家和地方生物多样性保护提供技术资料。以《贵州植物志》《中国植物志》为主要参考依据，本次调查在三都发现贵州新分布物种 23 种，隶属于 19 科 23 属，分别为瘤足蕨、狭叶巢蕨、梓叶槭、小叶猕猴桃、细辛、柏拉木、金花茶、西南樱桃、厚壳桂、四脉金茅、买麻藤、南五味子、大果木姜子、皱叶忍冬、淡竹叶、云南杨梅、野桂花、山梅花、风藤、盾柱、鞘柄木、毛竹、箬竹。

5.2 丹寨县生物多样性现状①

5.2.1 自然概况

丹寨县，地处东经 107°44′～108°08′、北纬 26°05′～26°26′，位于贵州省东南部、黔东南苗族侗族自治区，总面积 940 km^2，东与雷山县接壤，南靠三都水族自治县，西与都匀市、麻江县交界，北抵凯里市。全县辖 3 镇 4 乡 1 个国营农场，县境内多民族聚居，有苗、汉、水、布依等 18 个少数民族，其中苗族占总人口的 85.57%。全县海拔一般在 600～1 200 m，最低 370 m，最高 1 701 m。县境内冬无严寒，夏无酷暑，县内资源丰富，特别是生物资源繁多，旅游资源也颇具特色，民族文化历史悠久，人文景观独特。全县有 3 个区，1 个区级镇、20 个乡（镇）、157 个村（街）。

5.2.2 组织实施

植物调查组开展了贵州省丹寨县野生高等植物资源初步调查，累积参与调查 134 人次，先后考察了丹寨县龙泉山、雅灰县后山、老东寨、猫鼻岭、死人沟等地区，通过采集标本、样方法与样线法相结合等方法，对当地野生高等植物资源概况进行了调查，采集植物标本 673 号；动物调查组重点对丹寨县雅灰乡围绕牛角山和猫鼻岭的地区进行了野外调查，整理两栖爬行类标本 200 多号，兽类骨头及皮张 100 号左右，有价值的照片 2 000 多张，有效的调查问卷 325 份。

5.2.3 主要成果

（1）植被类型组成

根据贵州森林（1992，贵州森林编辑委员会）记载，丹寨县主要植被类型有：

Ⅰ 针叶林

（一）杉木林（Form. *Cunninghamia lanceolata*）

（二）马尾松林（Form. *Pinus massoniana*）

① 丹寨县植被类型与植物多样性由北京林业大学张启翔教授组织调查和提供数据；动物多样性由西北师范大学龚大洁教授组织调查和提供数据。

Ⅱ 阔叶林

（三）栲树林（Form. *Castanopsis fargesii*）

（四）石栎林（Form. *Lithocarpus glabra*）

（五）水青冈林（Form. *Fagus longipetiolata*）

（六）青冈栎林（Form. *Cyclobalanopsis glauca*）

（七）鹅耳枥林（Form. *Carpinus* spp.）

Ⅲ 灌丛

（八）杜鹃灌丛（Form. *Rhododendron simsii*）

Ⅳ 竹林

（九）箭竹林（Form. *Sinarundinaria nitida*）

Ⅴ 经济林

（十）油桐林（Form. *Vernicia fordii*）

（2）植物物种多样性

➢ 物种组成

共调查整理到植物物种资源 159 科 505 属 1 121 种，其中蕨类植物有 15 科 19 属 21 种，裸子植物有 6 科 13 属 22 种，被子植物有 138 科 473 属 1 078 种。蔷薇科、樟科、豆科、山茶科、菊科分布种类较多，分别有 19 属 73 种、6 属 52 种、20 属 44 种、7 属 41 种、35 属 41 种，分别占所调查物种数的 6.5%、4.6%、3.9%、3.7%和 3.7%。

表 5-1 各分类阶元多样性统计表

	调查整理数	全县种类数	补充数量	全省种类数	所占比例/%
科	159	134	25	257	61.9
属	505	412	93	1 634	30.9
种	1 121	749	373	6 177	18.1
蕨类植物	21	22	—	808	2.6
裸子植物	22	23	—	55	40.0
被子植物	1 078	710	368	5 314	20.3

➢ 特有种类

① 中国特有植物共 87 科 192 属 440 种

主要包括中华里白 *Hicriopteris chinensis*、华中蹄盖蕨 *Athyrium wardii*、瓦韦 *Lepisorus thunbergianus*、银杏 *Ginkgo biloba*、海南五针松 *Pinus fenzeliana*、马尾松 *Pinus massoniana*、黄枝油杉 *Keteleeria calcarea*、柔毛油杉 *Keteleeria pubescens*、铁坚油杉 *Keteleeria davidiana*、杉木 *Cunninghamia lanceolata*、白栎 *Quercus fabri*、短柄枹栎 *Quercus serrata*、槲栎 *Quercus aliena*、麻栎 *Quercus acutissima*、锐齿槲栎 *Quercus aliena*、栓皮栎 *Quercus variabilis*、褐叶青冈 *Cyclobalanopsis stewardiana*、细叶青冈 *Cyclobalanopsis gracilis*、紫楠 *Phoebe sheareri*、美脉琼楠 *Beilschmiedia delicata*、条叶猕猴桃 *Actinidia fortunatii*、中华猕猴桃 *Actinidia chinensis*、杨桐 *Adinandra millettii*、格药柃 *Eurya muricata*、半齿柃 *Eurya semiserrata*、翅柃 *Eurya alata*、单耳柃 *Eurya weissiae*、短柱柃 *Eurya brevistyla*、秃小耳柃 *Eurya disticha*、细枝柃 *Eurya loquaiana*、窄基红褐柃 *Eurya rubiginosa*、毛木荷 *Schima villosa*、木荷 *Schima superba*、西南木荷 *Schima wallichii*、亮叶红淡 *Adinandra nitida*、亮叶黄瑞木 *Adinandra nitida*、扬子小连翘 *Hypericum faberi*、金丝桃 *Hypericum monogynum*、光萼茅膏菜 *Drosera peltata* var. *Glabrata*、赤杨叶 *Alniphyllum fortunei*、海桐山矾 *Symplocos heishanensis*、老鼠矢 *Symplocos stellaris*、南岭山矾 *Symplocos confusa*、腺柄山矾 *Symplocos adenopus*、总状山矾 *Symplocos botryantha*、枫香树 *Liquidambar formosana*、缺萼枫香树 *Liquidambar acalycina*、伯乐树 *Bretschneidera sinensis*、珂楠树 *Meliosma beaniana*、泡花树 *Meliosma cuneifolia*、山青木 *Meliosma kirkii*、香皮树 *Meliosma fordii*、紫珠叶泡花树 *Meliosma callicarpaefolia*、灰背清风藤 *Sabia discolor*、细柄凤仙 *Impatiens leptocaulon*、窄萼凤仙花 *Impatiens stenosepala*、霜叶南蛇藤 *Celastrus glaucophyllus*、革叶卫矛 *Euonymus leclerei*、黄心卫矛 *Euonymus macropterus*、短圆叶卫矛 *Euonymus oblongifolius*、裂果卫矛 *Euonymus dielsianus*、疏花卫矛 *Euonymus laxiflorus*、银鹊树 *Tapiscia sinensis* 雀舌黄杨 *Buxus bodinieri*、长叶冻绿 *Rhamnus crenata*、刺鼠李 *Rhamnus dumetorum*、亮叶鼠李 *Rhamnus hemsleyana*、毛叶鼠李 *Rhamnus henryi*、多花黄精 *Polygonatum cyrtonema*、吉祥草 *Reineckia carnea*、沿阶草 *Ophiopogon bodinieri*、玉簪 *Hosta plantaginea*、褐色谷精草 *Eriocaulon pullum*、苦竹 *Pleioblastus amarus*、箭竹 *Fargesia spathacea*、冷箭竹 *Bashania fangiana*、梁山慈竹 *Dendrocalamus farinosus*、箬竹 *Indocalamus tessellatus*、天南星 *Arisaema heterophyllum*、野芋 *Colocasia antiquorum*、河北红门兰 *Orchis tschiliensis*、广东石豆兰 *Bulbophyllum kwangtungense*、弧距虾脊兰 *Calanthe arcuata* 等。

② 省级特有植物共 8 科 8 属 15 种

长叶黔蕨 *Phanerophlebiopsis neopodophylla*、小红栲 *Castanopsis carlesii*、多花藤山柳 *Clematoclethra floribunda*、丹寨茶（新种）*Camellia danzaiensis*、金花茶 *Camellia nitidissima*、小长尾连蕊茶 *Camellia parvicaudata*、贵州金丝桃 *Hypericum kouytchense*、吊钟山矾 *Symplocos punctulata*、厚叶山矾 *Symplocos crassilimba*、台东山矾 *Symplocos konishii*、坛果山矾 *Symplocos urceolaris*、薄叶蕈树 *Altingia tenuifolia*、赤水蕈树 *Altingia multinervis*、云南蕈树 *Altingia yunnanensis*、贵州鹅耳枥 *Carpinus kweichowensis*。

③ 狭域特有的物种　共 1 科 1 属 1 种（柔毛悬钩子 *Rubus pubifolius*）。

➢　珍稀濒危保护种类

① 国家 I 级保护野生植物　共 5 科 6 属 7 种

银杏 *Ginkgo biloba*、红豆杉 *Taxus chinensis*、南方红豆杉 *Taxus chinensis*. var. *mairei*、台湾穗花杉 *Amentotaxus formosana*、掌叶木 *Handeliodendron bodinieri*、异形玉叶金花

Mussaenda anomala、伯乐树 *Bretschneidera sinensis*。

② 国家Ⅱ级保护野生植物 共 12 科 16 属 19 种

柔毛油杉 *Keteleeria pubescens*、翠柏 *Calocedrus macrolepis*、福建柏 *Fokienia hodginsii*、华南锥 *Castanopsis concinna*、马尾树 *Rhoiptelea chiliantha*、凹叶厚朴 *Magnolia officinalis* subsp. *biloba*、闽楠 *Phoebe bournei*、楠木 *Phoebe zhennan*、油樟 *Cinnamomum camphora*、樟树 *Cinnamomum camphora*、花榈木 *Ormosia henryi*、降香黄檀 *Dalbergia odorifera*、任豆 *Zenia insignis*、红椿 *Toona ciliata.*、梓叶槭 *Acer catalpifolium.*、伞花木 *Eurycorymbus cavaleriei.*、喜树 *Camptotheca acuminata*、香果树 *Emmenopterys henryi*、西康玉兰 *Magnolia wilsonii*。

③ 红色名录物种

极危（CR）级共 4 科 4 属 4 种，即异形玉叶金花 *Mussaenda anomala*、台湾穗花杉 *Amentotaxus formosana*、白枝青冈 *Cyclobalanopsis albicaulis*、降香黄檀 *Dalbergia odorifera*。

濒危（EN）级共 9 科 9 属 12 种，即瑶山槭 *Acer yaoshanicum*、掌叶木 *Handeliodendron bodinieri*、密花梭罗 *Reevesia pycnantha*、华幌伞枫 *Heteropanax chinensis*、银杏 *Ginkgo biloba*、柔毛油杉 *Keteleeria pubescens*、贵州锥 *Castanopsis kweichowensis*、厚皮锥 *Castanopsis chunii*、湖北锥 *Castanopsis hupehensis*、华南锥 *Castanopsis concinna*、紫花红豆 *Ormosiapurpureiflora*、瑶山槭 *Acer yaoshanicum*、掌叶木 *Handeliodendron bodinieri*、密花梭 *Reevesia pycnantha*、华幌伞枫 *Heteropanax chinensis*、长瓣马蹄荷 *Exbucklandia longipetala*。

易危（VU）级共 21 科 33 属 44 种，即毛果槭 *Acer nikoense*、长柄槭 *Acer longipes*、小鸡爪槭 *Acer palmatum* var. *thunbergii*、红翅槭 *Acer lucidum*、梓叶槭 *Acer catalpifoliu*、伞花木 *Eurycorymbus cavaleriei*、苗山冬青 *Ilex chingiana*、杜仲 *Eucommia ulmoides*、长柄梭罗 *Reevesia longipetiolata*、川黔紫薇 *Lagerstroemia excelsa*、白辛树 *Pterostyrax psilophyllus*、木瓜红 *Rehderodendron macrocarpum*、双瓣木犀 *Osmanthus didymopetalus*、枸杞 *Lycium chinense*、马醉木 *Pieris japonica*、白及 *Bletilla striata*、苞舌兰 *Spathoglottis pubescens*、建兰 *Cymbidium ensifolium*、虾脊兰 *Calanthe discolor*、弧距虾脊兰 *Calanthe arcuata*、毛木荷 *Schima villosa*、云南蕈树 *Altingia yunnanensis*、秃小耳柃 *Eurya disticha* 海南五针松 *Pinus fenzeliana*、黄枝油杉 *Keteleeria calcarea*、柏木 *Cupressus funebris* Endl.、翠柏 *Calocedrus macrolepis*、福建柏 *Fokienia hodginsii*、红豆杉 *Taxus chinensis*、南方红豆杉 *Taxus chinensis* var. *mairei*、穗花杉 *Amentotaxus argotaenia*、山生柳 *Salix oritrepha*、马尾树 *Rhoiptelea chiliantha*、观光木 *Tsoongiodendron odorum*、凹叶厚朴 *Magnolia officinalis* subsp. *biloba*、天目木兰 *Magnolia amoena*、紫玉兰 *Magnolia liliflor*、闽楠 *Phoebe bournei*、楠木 *Phoebe zhennan.*、沉水樟 *Cinnamomum micranthum*、滇南桂 *Cinnamomum austro-yunnanense*、阔叶樟 *Cinnamomum platyphyllum*、花榈木 *Ormosia henryi*、任豆 *Zenia insigni*。

近危（NT）级 7 科 13 属 19 种，即铁坚油杉 *Keteleeria davidiana*、柳杉 *Cryptomeria fortunei*、三尖杉 *Cephalotaxus fortunei*、毛花槭 *Acer erianthum*、三峡槭 *Acer wilsonii*、

紫果槭 *Acer cordatum*、银鹊树 *Tapiscia sinensis*、香果树 *Emmenopterys henryi*、河北红门兰 *Orchis tschiliensis*、金线兰 *Anoectochilus roxburghii*、西南齿唇兰 *Anoectochilus elwesii*、艳丽齿唇兰 *Anoectochilus moulmeinensis*、毛萼山珊瑚 *Galeola lindleyana*、广东石豆兰 *Bulbophyllum kwangtungense*、金兰 *Cephalanthera falcata*、见血青 *Liparis nervosa*、羊耳蒜 *Liparis japonica*、裂瓣玉凤花 *Habenaria petelotii*、橙黄玉凤花 *Habenaria rhodocheila*。

无危（LC）级共 6 科 7 属 16 种，即飞蛾槭 *Acer oblongum*、罗浮槭 *Acer fabri*、三角槭 *Acer buergerianum*、五裂槭 *Acer oliverianum*、中华槭 *Acer sinense*、光叶槭 *Acer laevigatum*、青榨槭 *Acer davidii*、百合花杜鹃 *Rhododendron liliiflorum*、多花杜鹃 *Rhododendron cavaleriei*、张口杜鹃 *Rhododendron augustinii*、绶草 *Spiranthes sinensis*、华山松 *Pinus armandii*、马尾松 *Pinus massoniana*、杉木 *Cunninghamia lanceolata*、侧柏 *Platycladus orientalis*。

➢ 资源类群

① 丹寨材用植物资源主要有：

杉木

杉木在丹寨全县各乡镇均有分布，尤其以扬武乡复兴村、雅灰乡、排调镇等分布面积广，贮藏量较大，是其主要的经济来源。

马尾松

马尾松在丹寨全县各乡镇均有分布，主要分布在兴仁乡和南皋乡等，贮藏量较大，是仅次于杉木的第二用材树种。

枫香

枫香是组成亚热带落叶阔叶林主要的树种之一，在丹寨县各地的林分中，枫香分布较多，且有的成了单优种群，是当地主要的杂木用材树。

桢楠

桢楠在丹寨县的局部地区有分布，且大树主要以保寨树等方式保存下来，是当地十分珍贵的用材树种，木材市场价值极高。

其他材用植物还有短柄枹栎 *Quercus serrata*、细叶青冈 *Cyclobalanopsis gracilis*、小叶青冈 *Cyclobalanopsis myrsinifolia*、钩锥 *Castanopsis tibetana*、厚皮锥 *Castanopsis chunii*、罗浮锥 *Castanopsis fabri*、毛锥 *Castanopsis fordii*、大果榉 *Zelkova sinica.*、光叶榉 *Zelkova serrata*、朴树 *Celtis sinensis*、大果木姜子 *Litsea lancilimba*、光枝楠 *Phoebe neuranthoides*、楠木 *Phoebe zhennan*、润楠 *Machilus pingii*、花榈木 *Ormosia henryi*、红麸杨 *Rhus punjabensis*、梓叶槭 *Acer catalpifolium*、笔罗子 *Meliosma rigida*、珂楠树 *Meliosma beaniana*、绿樟 *Meliosma aquamulata*、五列木 *Pentaphylax euryoides*、刺楸 *Kalopanax septemlobus*、长穗鹅耳枥 *Carpinus fangiana*、桤木 *Alnus cremastogyne*、赤皮青冈 *Cyclobalanopsis gilva*、刺栲 *Castanopsis hystrix*、华南锥 *Castanopsis concinna*、水丝麻 *Maoutia puya*、毛桐 *Mallotus barbatus*、漆树 *Toxicodendron vernicifluum*、青榨槭 *Acer davidii*、红柴枝 *Meliosma oldhamii*、粗糠柴 *Mallotus philippensis*、雪公鹅耳枥 *Carpinus viminea*、白枝青冈 *Cyclobalanopsis albicaulis*、丝栗 *Castanopsis fargesii*、青钱柳 *Cyclocarya paliurus*、椴 *Tilia tuanszysz*、西南粗糠树 *Ehretia corylifolia*、刺竹 *Bambusa blumeana*、甜槠 *Castanopsis eyrei*、胡桃 *Juglans regia*、鹅耳枥 *Carpinus turczaninowii*、栓皮栎 *Quercus variabilis*、山合欢 *Albizia kalkora*、降香黄檀 *Dalbergia odorifera*、交让木 *Daphniphyllum macropodum*、苦树 *Picrasma quassioides*、苦楝 *Melia azedarach*、红椿 *Toona ciliata*、黄腺紫珠 *Callicarpa luteopunctata*、锐齿鼠李 *Rhamnus arguta*、杜仲 *Eucommia ulmoides*、南酸枣 *Choerospondias axillaria*、锥栗 *Castanea henryi*、青冈 *Cyclobalanopsis glauce*、珊瑚朴 *Celtis julianae*、黄檀 *Dalbergia hupeana*、杜英 *Elaeocarpus decipiens*、山杜英 *Elaeocarpus sylvestris*、秃瓣杜英 *Elaeocarpus glabripetalus*、白桦 *Betula platyphylla*、木莲 *Manglietia chingii*、枫香树 *Liquidambar formosana*、藤黄檀 *Dalbergia hancei*、臭椿 *Ailanthus altissima*、伯乐树 *Bretschneidera sinensis*、泡花树 *Meliosma cuneifolia*、冬青 *Ilex purpurea*、大叶冬青 *Ilex latifolia*、枸骨 *Ilex cornuta*、鹅掌柴 *Schefflera octophylla*、穗序鹅掌柴 *Schefflera delavayi*，共29科46属75种。

② 丹寨药用野生植物资源有：

金银忍冬

金银忍冬在丹寨曾作为主要的药用和食用经济植物进行推广种植，经济效益较好，由于一些计划经济的干预，此产业最终以失败收场。但现在有的老百姓自己还在大面积地发展金银忍冬的种植，效益较好。金银忍冬在丹寨县的分布较广，野生贮藏量较大，在药市上有批量的收购。

杜仲

杜仲在丹寨县的种植历史比较久远，但野生的较少（或是逸为野生），主要为人工种植，入药是贵州药用“三宝”之一。市场上均有大量销售，主要用于补气养血，强腰筋骨等。

黄檗

黄檗在丹寨县有大量种植，主要用树皮入药，是当地发展中药材主要的种类之一，据当地药农介绍，经济效益不错，收入是种玉米的几倍以上。

华钩藤

华钩藤是近年来丹寨县大力发展的中药材种植品种，在全县范围中推广，特别是黔东南州的剑河等县推广面积尤为最大，形成了公司+基地+农户等的产业发展模式。

③ 其他药用植物资源有：

栓皮栎 *Quercus variabilis*、山合欢 *Albizia kalkora*、降香黄檀 *Dalbergia odorifera*、交让木 *Daphniphyllum macropodum*、苦树 *Picrasma quassioides*、苦楝 *Melia azedarach*、红椿 *Toona ciliata*、黄腺紫珠 *Callicarpa luteopunctata*、锐齿鼠李 *Rhamnus arguta*、杜仲 *Eucommia ulmoides*、南酸枣 *Choerospondias axillaria*、木莲 *Manglietia chingii*、枫香树 *Liquidambar formosana*、藤黄檀 *Dalbergia hancei*、臭椿 *Ailanthus altissima*、伯乐树

Bretschneidera sinensis、泡花树 *Meliosma cuneifolia*、冬青 *Ilex purpurea*、大叶冬青 *Ilex latifolia*、枸骨 *Ilex cornuta*、鹅掌柴 *Schefflera octophylla*、穗序鹅掌柴 *Schefflera delavayi*、野鸦椿 *Euscaphis japonica*、周毛悬钩子 *Rubus amphidasys*、长叶锈毛莓 *Rubus reflexus*、节节草 *Equisetum ramosissimum*、问荆 *Equisetum arvense*、海金沙 *Lygodium japonicum*、矛状耳蕨 *Polystichum lonchitis*、有柄石韦 *Pyrrosia petiolosa*、瓦韦 *Lepisorus thunbergianus*、小叶柳 *Salix hypoleuca*、长柄竹叶榕 *Ficus stenophylla*、珍珠榕 *Ficus sarmentosa*、波缘冷水花 *Pilea cavaleriei*、齿叶冷水花 *Pilea peploides*、糯米团 *Gonostegia hirta*、苎麻 *Boehmeria nivea*、山龙眼 *Helicia formosana*、青皮木 *Schoepfia jasminodora*、木兰寄生 *Taxillus limprichtii*、虎杖 *Reynoutria japonica*、金线草 *Antenoron filiforme*、赤胫散 *Polygonum runcinatum*、东方蓼 *Polygonum orientale*、蓼蓝 *Polygonum tinctorium*、牛繁缕 *Myosoton aquaticum*、川牛膝 *Cyathula tomentosa*、阔叶十大功劳 *Mahonia bealei*、十大功劳 *Mahonia fortunei*、三枝九叶草 *Epimedium sagittatum*、千金藤 *Stephania japonica*、及己 *Chloranthus serratus*、柃木 *Eurya japonica*、木荷 *Schima superba*、川黄瑞木 *Adinandra bockiana*、金丝桃 *Hypericum monogynum*、海桐山矾 *Symplocos heishanensis*、厚叶山矾 *Symplocos crassilimba*、火灰山矾 *Symplocos dung*、台东山矾 *Symplocos konishii*、坛果山矾 *Symplocos urceolaris*、腺柄山矾 *Symplocos adenopus*、羊舌树 *Symplocos glauca*、总状山矾 *Symplocos botryantha*、马蹄荷 *Exbucklandia populnea*、杨梅叶蚊母树 *Distylium myricoides*、常山 *Dichroa febrifuga*、虎耳草 *Saxifraga stolonifera*、软蔷薇 *Rosa henryi*、小果蔷薇 *Rosa cymosa*、厚叶石楠 *Photinia crassifolia*、毛叶石楠 *Photinia villosa*、黄泡 *Rubus pectinellus*、毛叶高粱泡 *Rubus lambertianus*、粗叶悬钩子 *Rubus alceaefolius*、灰白毛莓 *Rubus tephrodes*、钝叶黄檀 *Dalbergia obtusifolia*、秧青 *Dalbergia assamica*、藤金合欢 *Acacia sinuata*、马棘 *Indigofera pseudotinctoria*、小槐花 *Desmodium caudatum*、波叶山蚂蝗 *Desmodium sequax*、饿蚂蝗 *Desmodium multiflorum*、厚果鸡血藤（厚果崖豆藤）*Millettia pachycarpa*、滇缅崖豆藤 *Millettia dormardi*、异果崖豆藤 *Millettia dielsiana*、龙须藤 *Bauhinia championii*、响铃豆 *Crotalaria albida*、酢浆草 *Oxalis corniculata*、余甘子 *Phyllanthus emblica*、湖北算盘子 *Glochidion wilsonii*、毛果算盘子 *Glochidion eriocarpum*、圆叶乌桕 *Sapium rotundifolium*、白背叶 *Mallotus apelta*、野梧桐 *Mallotus japonicus*、飞龙掌血 *Toddalia asiatica*、蚬壳花椒 *Zanthoxylum dissitum*、野花椒 *Zanthoxylum simulans*、异叶花椒 *Zanthoxylum ovalifolium*、山桔 *Fortunella hindsii*、肾果小扁豆 *Polygala furcata*、粗齿两色槭 *Acer bicolor*、毛果槭 *Acer nikoense*、三峡槭 *Acer wilsonii*、瑶山槭 *Acer yaoshanicum*、中华槭 *Acer sinense*、光叶槭 *Acer laevigatum*、香皮树 *Meliosma fordii*、四川清风藤 *Sabia schumanniana*、蓝花凤仙花 *Impatiens cyanantha*、细柄凤仙 *Impatiens leptocaulon*、大果冬青 *Ilex macrocarpa*、猫儿刺 *Ilex pernyi*、苦皮藤 *Celastrus angulatus*、百齿卫矛 *Euonymus centidens*、扁蒴藤 *Pristimera indica*、毛叶勾儿茶 *Berchemia polyphylla*、长叶冻绿 *Rhamnus crenata*、乌蔹莓 *Cayratia japonica*、木芙蓉 *Hibiscus mutabilis*、毒鼠子 *Dichapetalum gelonioides*、胡颓子 *Elaeagnus pungens*、光瓣堇菜 *Viola yedoensis*、鸡腿堇菜 *Viola acuminata*、蔓茎堇菜 *Viola diffusa*、毛果堇菜 *Viola collina*、心叶堇菜 *Viola concordifolia*、矩圆叶旌节花 *Stachyurus oblongifolius*、南赤爬 *Thladiantha nudiflora*、葫芦 *Lagenaria siceraria*、栝楼 *Trichosanthes kirilowii*、玉蕊树 *Barringtonia racemosa*、楮头红 *Sarcopyramis nepalensis*、肥肉草 *Fordiophyton fordii*、异药花 *Fordiophyton faberi*、柳叶菜 *Epilobium hirsutum*、瓜木 *Alangium platanifolium*、青荚叶 *Helwingia japonica*、刺通草 *Trevesia palmata*、波缘楤木 *Aralia undulata*、虎刺楤木 *Aralia armata*、球序鹅掌柴 *Schefflera glomerulata*、星毛鸭脚木 *Schefflera minutistellata*、异叶梁王茶 *Nothopanax davidii*、变叶树参 *Dendropanax proteus*、树参 *Dendropanax dentiger*、白簕 *Acanthopanax trifoliatus*、柴胡 *Bupleurum densiflorum*、红马蹄草 *Hydrocotyle nepalensis*、水晶兰 *Monotropa uniflora*、乌鸦果 *Vaccinium fragile*、白花酸藤果 *Embelia ribes*、瘤皮孔酸藤子 *Embelia scandens*、九节龙 *Ardisia pusilla*、泽星宿 *Lysimachia candida*、小叶柿 *Diospyros dumetorum*、大花安息香 *Styrax grandiflorus*、芬芳安息香 *Styrax odoratissimus*、野桂花 *Osmanthus yunnanensis*、扭肚藤 *Jasminum elongatum*、龙胆草 *Gentiana scabra*、心叶双蝴蝶 *Tripterospermum cordatum*、萝芙木 *Rauvolfia verticillata*、云南萝芙木 *Rauvolfia yunnanensis*、黑龙骨 *Periploca forrestii*、七层楼 *Tylophora floribunda*、纤冠藤 *Gongronema nepalense*、粗叶木 *Lasianthus chinensis*、钩藤 *Uncaria rhynchophylla*、鸡矢藤 *Paederia scandens*、日本蛇根草 *Ophiorrhiza japonica*、细叶水团花 *Adina rubella*、粗毛玉叶金花 *Mussaenda hirsutula*、大叶白纸扇 *Mussaenda esquiroill*、马蹄金 *Dichondra repens*、牵牛 *Pharbitis nil*、琉璃草 *Cynoglossum zeylanicum*、桢桐 *Clerodendrum japonicum*、大青 *Clerodendrum cyrtophyllum*、马鞭草 *Verbena officinalis*、牡荆 *Vitex negundo* Linn.、老鸦糊 *Callicarpa giraldii*、糙苏 *Phlomis umbrosa*、广防风 *Epimeredi indica*、绵穗苏 *Comanthosphace ningpoensis*、牛至 *Origanum vulgare*、石荠苎 *Mosla scabra*、贵州鼠尾草 *Salvia cavaleriei*、夏枯草 *Prunella vulgaris*、夏至草 *Lagopsis supina*、腺花香茶菜 *Rabdosia adenantha*、铁轴草 *Teucrium quadrifarium*、益母草 *Leonurus artemisia*、针筒菜 *Stachys oblongifolia*、癫茄 *Solanum aculeatissimum*、枸杞 *Lycium chinense*、红丝线 *Lycianthes biflora*、龙葵 *Solanum nigrum*、滇川醉鱼草 *Buddleja forrestii*、驳骨丹 *Buddleja asiatica*、光叶蝴蝶草 *Torenia glabra*、球花毛麝香 *Adenosma indianum*、母草 *Lindernia crustacea*、白接骨 *Asystasiella neesiana*、地皮消 *Pararuellia delavayana*、九头狮子草 *Peristrophe japonica*、爵床 *Justicia procumbens*、山一笼鸡 *Gutzlaffia aprica*、吊石苣苔 *Lysionotus pauciflorus*、四方麻 *Veronicastrum caulopterum*、透骨草 *Phryma leptostachya*、大车前 *Plantago major*、车前 *Plantago asiatica*、珍珠荚蒾 *Viburnum foetidum*、接骨草 *Sambucus chinensis*、淡红忍冬 *Lonicera acuminata*、匍匐忍冬 *Lonicera crassifolia*、忍冬 *Lonicera japonica*、藿香 *Agastache rugosa*、江南山梗菜 *Lobelia davidii*、党参 *Codonopsis pilosula*、桔梗 *Platycodon grandiflorus*、沙参 *Adenophora stricta*、白酒草 *Conyza japonica*、稻槎菜

Lapsana apogonoides、狗舌草 *Tephroseris kirilowii*、三叶鬼针草 *Bidens pilosa*、白苞蒿 *Artemisia lactiflora*、大蓟 *Cirsium japonicum*、灰蓟 *Cirsium griseum*、烟管蓟 *Cirsium pendulum*、苦荬菜 *Ixeris polycephala*、伪泥胡菜 *Serratula coronata*、牛膝菊 *Galinsoga parviflora*、蒲儿根 *Sinosenecio oldhamianus*、蒲公英 *Taraxacum mongolicum*、三七草 *Gynura segetum*、云南蓍 *Achillea wilsoniana*、鼠麴草 *Gnaphalium affine*、金挖耳 *Carpesium divaricatum*、羊耳菊 *Inula cappa*、野茼蒿 *Crassocephalum crepidioides*、小一点红 *Emilia prenanthoidea*、佩兰 *Eupatorium fortunei*、牛尾菜 *Smilax riparia*、山丹 *Lilium pumilum*、山菅 *Dianella ensifolia*、羊齿天门冬 *Asparagus filicinus*、沿阶草 *Ophiopogon bodinieri*、九龙盘 *Aspidistra lurida*、七叶一枝花 *Paris polyphylla*、仙茅 *Curculigo orchioides*、穿龙薯蓣 *Dioscorea nipponica*、日本薯蓣 *Dioscorea japonica*、三品一枝花 *Burmannia coelestis*、杜若 *Pollia japonica*、四孔草 *Cyanotis cristata*、鸭跖草 *Commelina communis*、竹叶吉祥草 *Spatholirion longifolium*、淡竹叶 *Lophatherum gracile*、半夏 *Pinellia ternata*、雷公连 *Amydrium sinense*、魔芋 *Amorphophallus rivieri*、天南星 *Arisaema heterophyllum*、一把伞南星 *Arisaema erubescens*、野芋 *Colocasia antiquorum*、异型莎草 *Cyperus difformis*、草果药 *Hedychium spicatum*、黄姜花 *Hedychium flavum*、艳山姜 *Alpinia zerumbet*、舞花姜 *Globba racemosa*、斑叶兰 *Goodyera schlechtendaliana*、绶草 *Spiranthes sinensis*、川续断 *Dipsacus asperoides*、大丁草 *Gerbera anandria*、土人参 *Talinum paniculatum*、黄金凤 *Impatiens siculifer*、长蕊珍珠菜 *Lysimachia lobelioides*、野菊 *Chrysanthemum indicum*、马尾松 *Pinus massoniana*、檀梨 *Pyrularia edulis*、南五味子 *Kadsura longipedunculata*、毛叶木姜子 *Litsea mollis*、红楠 *Machilus thunbergii*、山胡椒 *Lindera glauca*、香粉叶 *Lindera pulcherrima*、香叶树 *Lindera communis*、沉水樟 *Cinnamomum micranthum*、川桂 *Cinnamomum wilsonii*、黄樟 *Cinnamomum porrectum*、毛桂 *Cinnamomum appelianum*、肉桂 *Cinnamomum cassia*、阴香 *Cinnamomum burmannii*、革叶猕猴桃 *Actinidia rubricaulis*、川鄂连蕊茶 *Camellia rosthorniana*、尖连蕊茶 *Camellia cuspidata*、小长尾连蕊茶 *Camellia parvicaudata*、光叶山矾 *Symplocos lancifolia*、黄牛奶树 *Symplocos laurina*、山矾 *Symplocos sumuntia*、狭叶短檐苣苔 *Tremacron obliquifolium*、白花悬钩子 *Rubus leucanthus*、白叶莓 *Rubus innominatus*、红毛悬钩子 *Rubus pinfaensis*、茅莓 *Rubus parvifolius*、云实 *Caesalpinia decapetala*、算盘子 *Glochidion puberum*、东南葡萄 *Vitis chunganensis*、葛藟 *Vitis flexuosa*、地桃花 *Urena lobata*、桃金娘 *Rhodomyrtus tomentosa*、滇白珠 *Gaultheria leucocarpa*、多花梣 *Fraxinus floribunda*、牛皮消 *Cynanchum auriculatum*、菟丝子 *Cuscuta chinensis*、翅柄马蓝 *Pteracanthus alatus*、铜锤玉带草 *Pratia nummularia*、苍耳 *Xanthium sibiricum*、薯莨 *Dioscorea cirrhosa*、荩草 *Arthraxon hispidus*、凤仙花 *Impatiens balsamina*、蕈树 *Altingia chinensis*、细梗胡枝子 *Lespedeza virgata*、毛花猕猴桃 *Actinidia eriantha*、博落回 *Macleaya cordata*、细青皮 *Altingia excelsa*、葛藤 *Pueraria lobata*、长柱虎皮楠 *Daphniphyllum longistylum*、虎皮楠 *Daphniphyllum oldhami*、脉叶虎皮楠 *Daphniphyllum paxianum*、黄心

卫矛 *Euonymus macropterus*、裂果卫矛 *Euonymus dielsianus*、鸦椿卫矛 *Euonymus euscaphis*、钩刺雀梅藤 *Sageretia hamosa*、锦香草 *Phyllagathis cavaleriei*、鸭儿芹 *Cryptotaenia japonica*、小叶女贞 *Ligustrum quihoui*、厚壳树 *Ehretia thyrsiflora*、石菖蒲 *Acorus tatarinowii*、酸模叶蓼 *Polygonum lapathifolium*、水蓼 *Polygonum hydropiper*、蕺菜 *Houttuynia cordata*、野山楂 *Crataegus cuneata*、茅莓悬钩子 *Rubus parvifolius*、寒莓 *Rubus buergeri*、花椒 *Zanthoxylum bungeanum*、定心藤 *Mappianthus iodoides*、野葵 *Malva verticillata*、展毛野牡丹 *Melastoma normale*、玉叶金花 *Mussaenda pubescens*、野生紫苏 *Perilla frutescens*、斑鸠菊 *Vernonia esculenta*、薯蓣 *Dioscorea opposita*、薏苡 *Coix lacryma-jobi*、玉簪 *Hosta plantaginea*、商陆 *Phytolacca acinosa*、淫羊藿 *Epimedium brevicornu*、川莓 *Rubus setchuenensis*、山乌桕 *Sapium discolor*、乌桕 *Sapium sebiferum*、酸橙 *Citrus aurantium*、长叶胡颓子 *Elaeagnus bockii*、紫背天葵 *Begonia fimbristipula*、绞股蓝 *Gynostemma pentaphyllum*、刺五加 *Acanthopanax senticosus*、柄果海桐 *Pittosporum podocarpum*、山茱萸 *Cornus officinalis*、乌饭树 *Vaccinium bracteatum*、蝴蝶花 *Iris japonica*、地瓜 *Ficus oligodon*、乌蕨 *Stenoloma chusanum*、长叶黔蕨 *Phanerophlebiopsis neopodophylla*、亮鳞肋毛蕨 *Ctenitis subglandulosa*、无盖轴脉蕨 *Ctenitopsis subsageniaca*、黄葛树 *Ficus virens*、杠板归 *Polygonum perfoliatum*、火炭母 *Polygonum chinense*、头花蓼 *Polygonum capitatum*、天女花 *Magnolia wilsonii*、海风藤 *Kadsura heteroclita*、五味子 *Schisandra chinensis*、打破碗花花 *Anemone hupehensis*、三叶木通 *Akebia trifoliata*、金线吊乌龟 *Stephania cepharantha*、圆果化香树 *Platycarya longipes*、草珊瑚 *Sarcandra glabra*、金粟兰 *Chloranthus spicatus*、地耳草 *Hypericum japonicum*、老鼠矢 *Symplocos stellaris*、檵木 *Loropetalum chinense*、海金子 *Pittosporum illicioides*、单瓣缫丝花 *Rosa roxburghii*、绣线菊 *Spiraea salicifolia*、插田泡 *Rubus coreanus*、白车轴草 *Trifolium repens*、香须树 *Albizia odoratissima*、羊蹄甲 *Bauhinia purpurea*、紫藤 *Wisteria sinensis*、枸桔 *Poncirus trifoliata*、三角槭 *Acer buergerianum*、紫果槭 *Acer cordatum*、冬青卫矛 *Euonymus japonicus*、大果山香圆 *Turpinia pomifera*、蛇葡萄 *Ampelopsis sinica*、木槿 *Hibiscus syriacus*、木棉 *Bombax malabaricum*、披针叶胡颓子 *Elaeagnus lanceolata*、喜马山旌节花 *Stachyurus himalaicus*、赤楠 *Syzygium buxifolium*、朝天罐 *Osbeckia opipara*、喜树 *Camptotheca acuminata*、八角枫 *Alangium chinense*、西域青荚叶 *Helwingia himalaica*、中华青荚叶 *Helwingia chinensis*、常春藤 *Hedera nepalensis*、百合花杜鹃 *Rhododendron liliiflorum*、杜鹃 *Rhododendron simsii*、过路黄 *Lysimachia christinae*、显苞过路黄 *Lysimachia rubiginosa*、白花龙 *Styrax faberi*、白花树 *Styrax dasyanthus*、玉铃花 *Styrax obassia*、亮叶素馨 *Jasminum seguinii*、双瓣木犀 *Osmanthus didymopetalus*、长叶女贞 *Ligustrum compactum*、长叶女贞（无毛变种）*Ligustrum compactum*、女贞 *Ligustrum lucidum*、毛叶蔓龙胆 *Crawfurdia puberula*、水团花 *Adina pilulifera*、展枝玉叶金花 *Mussaenda divaricata*、臭牡丹 *Clerodendrum bungei*、海州常山 *Clerodendrum trichotomum*、紫珠 *Callicarpa bodinieri*、珊瑚豆 *Solanum pseudocapsicum*、大黄花 *Siphonostegia chinensis*、楸树 *Catalpa bungei*、桂黔吊石苣苔 *Lysionotus aeschynanthoides*、大丽花 *Dahlia pinnata*、野百合 *Lilium brownii*、吉祥草 *Reineckia carnea*、黄花石蒜 *Lycoris aurea*、雄黄兰 *Crocosmia crocosmiflora*、鸢尾 *Iris tectorum*、狗牙根 *Cynodon dactylon*、山姜 *Alpinia japonica*、白及 *Bletilla striata*、见血青 *Liparis nervosa*、橙黄玉凤花 *Habenaria rhodocheila*、无患子 *Sapindus mukorossi*、绒毛钓樟 *Lindera floribunda*、野棉花 *Anemone vitifolia*、异叶马兜铃 *Aristolochia kaempferi*、贵州金丝桃 *Hypericum kouytchense*、细柄蕈树 *Altingia gracilipes*、光叶石楠 *Photinia glabra*、蝴蝶果 *Cleidiocarpon cavaleriei*、复羽叶栾树 *Koelreuteria bipinnata*、梧桐 *Firmiana platanifolia*、灰叶乌饭 *Vaccinium glaucophyllum*、虎舌红 *Ardisia mamillata*、萱草 *Hemerocallis fulva*、无花果 *Ficus carica*、银杏 *Ginkgo biloba*、香椿 *Toona sinensis*、盐肤木 *Rhus chinensis*、酸枣 *Ziziphus jujuba*、枳椇 *Hovenia acerba*、石榴 *Punica granatum*、地菍 *Melastoma dodecandrum*、四照花 *Dendrobenthamia japonica*、桂花 *Osmanthus fragrans*、火棘 *Pyracantha fortuneana*、山楂 *Crataegus pinnatifida*、油柿 *Diospyros kaki*、紫萼 *Hosta ventricosa*，共128科339属477种。

④丹寨野生园林植物资源有：

女贞

女贞在丹寨县野生均有大量分布，人工种植作为行道树，公路旁林荫树均有，且果实成熟为中药“女贞子”。是当地较为常用的园林绿化树种之一。

火棘

火棘属有两个种在丹寨县野外大量分布，在园林绿化中主要用作街道和单位绿化的绿篱，也有很多人采其老树桩做盆景，十分雅致。

深山含笑

深山含笑在丹寨县海拔较高的乡镇，如排调乡和雅灰乡的城镇化建设中用作为绿化树种之一，种植于街道两侧，独具特色。

百合花杜鹃

百合花杜鹃在丹寨县海拔较高的乡镇，如排调乡和雅灰乡的城镇化建设中用作为绿化树种之一，适应于高海拔的生境，种植于街道两侧，独具特色。

其他园林植物资源有锥栗 *Castanea henryi*、青冈 *Cyclobalanopsis glauce*、珊瑚朴 *Celtis julianae*、黄檀 *Dalbergia hupeana*、杜英 *Elaeocarpus decipiens*、山杜英 *Elaeocarpus sylvestris*、秃瓣杜英 *Elaeocarpus glabripetalus*、白桦 *Betula platyphylla*、木莲 *Manglietia chingii*、枫香树 *Liquidambar formosana*、藤黄檀 *Dalbergia hancei*、臭椿 *Ailanthus altissima*、伯乐树 *Bretschneidera sinensis*、泡花树 *Meliosma cuneifolia*、冬青 *Ilex purpurea*、大叶冬青 *Ilex latifolia*、枸骨 *Ilex cornuta*、鹅掌柴 *Schefflera octophylla*、穗序鹅掌柴 *Schefflera delavayi*、野鸦椿 *Euscaphis japonica*、细梗胡枝子 *Lespedeza virgata*、柄果海桐 *Pittosporum podocarpum*、山茱萸 *Cornus officinalis*、乌饭树 *Vaccinium bracteatum*、蝴蝶花 *Iris japonica*、

石松 *Lycopodium japonicum*、华南紫萁 *Osmunda vachellii*、中华里白 *Hicriopteris chinensis*、溪洞碗蕨 *Dennstaedtia wilfordii*、华山松 *Pinus armandii*、黄枝油杉 *Keteleeria calcarea*、柔毛油杉 *Keteleeria pubescens*、铁坚油杉 *Keteleeria davidiana*、柳杉 *Cryptomeria fortunei*、秃杉 *Taiwania flousiana*、柏木 *Cupressus funebris*、侧柏 *Platycladus orientalis*、翠柏 *Calocedrus macrolepis*、福建柏 *Fokienia hodginsii*、滇杨 *Populus yunnanensis*、旱柳 *Salix matsudana*、山生柳 *Salix oritrepha*、丝毛柳 *Salix luctuosa*、麻栎 *Quercus acutissima*、包果柯 *Lithocarpus cleistocarpus*、青檀 *Pteroceltis tatarinowii*、变叶榕 *Ficus variolosa*、垂叶榕 *Ficus benjamina*、大果榕 *Ficus auriculata*、黄毛榕 *Ficus esquiroliana*、舶梨榕 *Ficus pyriformis*、匍茎榕 *Ficus sarmentosa*、石榕树 *Ficus abelii*、尾叶榕 *Ficus heteropleura*、细叶榕 *Ficus microcarpa*、异叶榕 *Ficus heteromorpha*、竹叶榕 *Ficus stenophylla*、琴叶榕 *Ficus pandurata*、箭叶蓼 *Polygonum sieboldii*、野荞 *Fagopyrum gracilipes*、牛膝 *Achyranthes bidentata*、川含笑 *Michelia szechuanica*、八角 *Illicium verum*、大八角 *Illicium majus*、披针叶茴香 *Illicium lanceolatum*、紫楠 *Phoebe sheareri*、五叶瓜藤 *Hoiboellia fargesii*、宽叶金粟兰 *Chloranthus henryi*、杨桐 *Adinandra millettii*、贵州金花茶 *Camellia huana*、二球悬铃木 *Platanus acerifolia*、红花檵木（变种）*Loropetalum chinense*、大果马蹄荷 *Exbucklandia tonkinensis*、绢毛山梅花 *Philadelphus sericanthu*、山梅花 *Philadelphus incanus*、冬青叶鼠刺 *Itea ilicifolia*、四川溲疏 *Deutzia setchuenensis*、溲疏 *Deutzia cabra*、西南绣球 *Hydrangea davidii*、绣球 *Hydrangea macrophylla*、圆锥绣球 *Hydrangea paniculata*、狭叶海桐 *Pittosporum glabratum*、杜梨 *Pyrus betulifolia* Bge.、华中樱 *Prunus conradinae*、樱花 *Prunus serrulata*、三叶海棠 *Malus sieboldii*、粉团蔷薇 *Rosa multiflora*、玫瑰 *Rosa rugosa*、绣球蔷薇 *Rosa glomerata*、悬钩子蔷薇 *Rosa rubus*、月季花 *Rosa chinensis*、光叶绣线菊 *Spiraea japonica*、麻叶绣线菊 *Spiraea cantoniensis*、泡叶栒子 *Cotoneaster bullatus*、合欢 *Albizia julibrissin*、锦鸡儿 *Caragana sinica*、网络崖豆藤 *Millettia reticulata*、东方古柯 *Erythroxylum sinensis*、飞蛾槭 *Acer oblongum*、小果冬青 *Ilex micrococca*、匙叶黄杨 *Buxus harlandii*、雀舌黄杨 *Buxus bodinieri*、川鄂爬山虎 *Parthenocissus henryana*、爬山虎 *Parthenocissus tricuspidata*、异叶爬山虎 *Parthenocissus heterophylla*、山葡萄 *Vitis amurensis*、长芒杜英 *Elaeocarpus apiculatus*、绢毛杜英 *Elaeocarpus nitentifolius*、日本杜英 *Elaeocarpus japonicus*、水石榕 *Elaeocarpus hainanensis*、仿栗 *Sloanea hemsleyana*、猴欢喜 *Sloanea sinensis*、贵州芙蓉 *Hibiscus labordei*、苹婆 *Sterculia nobilis*、长柄梭罗 *Reevesia longipetiolata*、密花梭罗 *Reevesia pycnantha*、梭罗树 *Reevesia pubescens*、小叶瑞香 *Daphne championii*、旌节花 *Stachyurus chinensis*、裂叶秋海棠 *Begonia palmata*、川黔紫薇 *Lagerstroemia excelsa*、尾叶紫薇 *Lagerstroemia caudata*、紫薇 *Lagerstroemia indica*、短梗四照花 *Dendrobenthamia brevipedunculata*、光叶四照花 *Dendrobenthamia melanotricha*、西南四照花 *Dendrobenthamia tonkinensis*、桃叶珊瑚 *Aucuba chinensis*、华幌伞枫 *Heteropanax chinensis*、毛叶杜鹃 *Rhododendron radendum*、山月桂 *Kalmia latifolia*、野茉莉 *Styrax japonicus*、木瓜红 *Rehderodendron macrocarpum*、鸦头梨 *Melliodendron xylocarpum*、苦枥木 *Fraxinus insularis*、秦岭白蜡树 *Fraxinus paxina*、清香藤 *Jasminum lanceolarium*、光萼小蜡(变种)*Ligustrum sinense*、小蜡 *Ligustrum sinense*、络石 *Trachelospermum jasminoides*、六月雪 *Serissa japonica*、栀子 *Gardenia jasminoides*、黄荆 *Vitex negundo*、灰毛牡荆 *Vitex canescens*、广东紫珠 *Callicarpa kwangtungensis*、茎根红丝线 *Lycianthes lysimachioides*、海桐叶白英 *Solanum pittosporifolium*、马醉木 *Pieris japonica*、密蒙花 *Buddleja officinalis*、川泡桐 *Paulownia fargesii*、毛泡桐 *Paulownia tomentosa*、南方泡桐 *Paulownia australis*、泡桐 *Paulowinia fortunei*、灰楸 *Catalpa fargesii*、梓树 *Catalpa ovata*、苦苣苔 *Conandron ramondioides*、烟管荚蒾 *Viburnum utile*、枇杷叶荚蒾 *Viburnum rhytidophyllum*、锦带花 *Weigela florida*、二翅六道木 *Abelia macrotera*、伞形六道木 *Abelia dielsii*、小果菝葜 *Smilax davidiana*、湖北百合 *Lilium henryi*、万寿竹 *Disporum cantoniense*、细叶麦冬 *Ophiopogon japonicus*、石蒜 *Lycoris radiata*、刚竹 *Phyllostachys sulphurea*、紫竹 *Phyllostachys nigra*、方竹 *Chimonobambusa quadrangularis*、箭竹 *Fargesia spathacea*、冷箭竹 *Bashania fangiana*、箬竹 *Indocalamus tessellatus*、紫羊茅 *Festuca rubra*、棕榈 *Trachycarpus fortunei*、水葱 *Scirpus validus*、西南齿唇兰 *Anoectochilus elwesii*、蕙兰 *Cymbidium faberi Rolfe*、建兰 *Cymbidium ensifolium*、金兰 *Cephalanthera falcata*、弧距虾脊兰 *Calanthe arcuata*、海南五针松 *Pinus fenzeliana*、黑松 *Pinus thunbergii*、火炬松 *Pinus taeda*、湿地松 *Pinus elliottii*、三尖杉 *Cephalotaxus fortunei*、红豆杉 *Taxus chinensis*、南方红豆杉 *Taxus chinensis*、穗花杉 *Amentotaxus argotaenia*、台湾穗花杉 *Amentotaxus formosana*、观光木 *Tsoongiodendron odorum*、凹叶厚朴 *Magnolia officinalis*、长叶木兰 *Magnolia paenetalauma* 天目木兰 *Magnolia amoena*、紫玉兰 *Magnolia liliflora*、川滇木莲 *Manglietia duclouxii*、红色木莲 *Manglietia insignis*、白叶瓜馥木 *Fissistigma glaucescens*、山蕉 *Mitrephora maingayi*、樟树 *Cinnamomum camphora*、心叶毛蕊茶 *Camellia cordifolia*、水榆花楸 *Sorbus alnifolia*、山桃 *Amygdalus davidiana*、椤木石楠 *Photinia davidsoniae*、石楠 *Photinia serrulata*、毛叶山桐子 *Idesia polycarpa*、山桐子 *Idesia polycarpa*、华南蓝果树 *Nyssa javanica*、蓝果树 *Nyssa sinensis*、辽东楤木 *Aralia elata*、香果树 *Emmenopterys henryi*、大百合 *Cardiocrinum giganteum*、多花黄精 *Polygonatum cyrtonema*、棕叶芦 *Thysanolaena maxima*、地瓜 *Ficus oligodon*、江南卷柏 *Selaginella moellendorffii*、垂柳 *Salix babylonica*、贵州鹅耳枥 *Carpinus kweichowensis*、蚊母树 *Distylium racemosum*、多花杭子梢 *Campylotropis polyantha*、卫矛叶杜鹃 *Rhododendron emarginatum*、多花杜鹃 *Rhododendron cavaleriei*、张口杜鹃 *Rhododendron augustinii*、山黄皮 *Randia cochinchinensis*、粗糠树 *Ehretia macrophylla*、长毛紫珠 *Callicarpa pilosissima*、慈竹 *Neosinocalamus affinis*、梁山慈竹 *Dendrocalamus farinosus*、杨梅 *Myrica rubra*、软枣猕猴桃 *Actinidia arguta*、中华猕猴桃 *Actinidia chinensis*、长瓣马蹄荷 *Exbucklandia longipetala*、李 *Prunus salicina*、杏 *Armeniaca vulgaris*、君迁子 *Diospyros lotus*、老鸦柿 *Diospyros rhombifolia*、罗浮柿 *Diospyros morrisiana*、柿 *Diospyros kaki*、乌柿 *Diospyros cathayensis*、野柿 *Diospyros kaki*、朱砂根 *Ardisia crenata*、乌蕨 *Stenoloma chusanum*、长叶黔蕨 *Phanerophlebiopsis neopodophylla*、亮鳞肋毛蕨 *Ctenitis subglandulosa*、无盖轴脉蕨 *Ctenitopsis subsageniaca*、黄葛树 *Ficus virens*、杠板归 *Polygonum perfoliatum*、火炭母 *Polygonum chinense* Linn、头花蓼 *Polygonum capitatum*、天女花 *Magnolia wilsonii*、海风藤 *Kadsura heteroclita*、五味子 *Schisandra chinensis*、打破碗花花 *Anemone hupehensis*、三叶木通 *Akebia trifoliata*、金线吊乌龟 *Stephania cepharantha*、圆果化香树 *Platycarya longipes*、草珊瑚 *Sarcandra glabra*、金粟兰 *Chloranthus spicatus*、地耳草 *Hypericum japonicum*、老鼠矢 *Symplocos stellaris*、檵木 *Loropetalum chinense*、海金子 *Pittosporum illicioides*、单瓣缫丝花 *Rosa roxburghii*、绣线菊 *Spiraea salicifolia*、插田泡 *Rubus coreanus*、白车轴草 *Trifolium repens*、香须树 *Albizia odoratissima*、羊蹄甲 *Bauhinia purpurea*、紫藤 *Wisteria sinensis*、枸桔 *Poncirus trifoliata*、三角槭 *Acer buergerianum*、紫果槭 *Acer cordatum*、冬青卫矛 *Euonymus japonicus*、大果山香圆 *Turpinia pomifera*、蛇葡萄 *Ampelopsis sinica*、木槿 *Hibiscus syriacus*、木棉 *Bombax malabaricum*、披针叶胡颓子 *Elaeagnus lanceolata*、喜马山旌节花 *Stachyurus himalaicus*、赤楠 *Syzygium buxifolium*、朝天罐 *Osbeckia opipara*、喜树 *Camptotheca acuminata*、八角枫 *Alangium chinense*、西域青荚叶 *Helwingia himalaica*、中华青荚叶 *Helwingia chinensis*、常春藤 *Hedera nepalensis*、百合花杜鹃 *Rhododendron liliiflorum*、杜鹃 *Rhododendron simsii*、过路黄 *Lysimachia christinae*、显苞过路黄 *Lysimachia rubiginosa*、白花龙 *Styrax faberi*、白花树 *Styrax dasyanthus*、玉铃花 *Styrax obassia*、亮叶素馨 *Jasminum seguinii*、双瓣木犀 *Osmanthus didymopetalus*、长叶女贞 *Ligustrum compactum*、长叶女贞（无毛变种）*Ligustrum compactum*、女贞 *Ligustrum lucidum*、毛叶蔓龙胆 *Crawfurdia puberula*、水团花 *Adina pilulifera*、展枝玉叶金花 *Mussaenda divaricata*、臭牡丹 *Clerodendrum bungei*、海州常山 *Clerodendrum trichotomum*、紫珠 *Callicarpa bodinieri*、珊瑚豆 *Solanum pseudocapsicum*、大黄花 *Siphonostegia chinensis*、楸树 *Catalpa bungei*、桂黔吊石苣苔 *Lysionotus aeschynanthoides*、大丽花 *Dahlia pinnata*、野百合 *Lilium brownii*、吉祥草 *Reineckia carnea*、黄花石蒜 *Lycoris aurea*、雄黄兰 *Crocosmia crocosmiflora*、鸢尾 *Iris tectorum*、狗牙根 *Cynodon dactylon*、山姜 *Alpinia japonica*、白及 *Bletilla striata*、见血青 *Liparis nervosa*、橙黄玉凤花 *Habenaria rhodocheila*、无患子 *Sapindus mukorossi*、绒毛钓樟 *Lindera floribunda*、野棉花 *Anemone vitifolia*、异叶马兜铃 *Aristolochia kaempferi*、贵州金丝桃 *Hypericum kouytchense*、细柄蕈树 *Altingia gracilipes*、光叶石楠 *Photinia glabra*、蝴蝶果 *Cleidiocarpon cavaleriei*、复羽叶栾树 *Koelreuteria bipinnata*、梧桐 *Firmiana platanifolia*、灰叶乌饭 *Vaccinium glaucophyllum*、虎舌红 *Ardisia mamillata*、萱草 *Hemerocallis fulva*、无花果 *Ficus carica*、银杏 *Ginkgo biloba*、香椿 *Toona sinensis*、盐肤木 *Rhus chinensis*、酸枣 *Ziziphus jujuba*、枳椇 *Hovenia acerba*、石榴 *Punica granatum*、地菍 *Melastoma dodecandrum*、四照花

Dendrobenthamia japonica、桂花 *Osmanthus fragrans*、火棘 *Pyracantha fortuneana*、山楂 *Crataegus pinnatifida*、油柿 *Diospyros kaki*、紫萼 *Hosta ventricosa*，共 105 科 219 属 343 种。

⑤ 丹寨食用野生植物资源主要有：

茶叶

茶作为食用植物在丹寨县也是经济来源之一，丹寨硒锌毛尖茶已经发展成为当地主要的产业之一，有专门生产茶叶的农场和企业。

柑橘

柑橘是丹寨县主要的经济水果之一，种植的面积很广，主要是在当地销售。

李子

李在丹寨的野外有分布，品种较多。李是丹寨主要的经济水果之一，主要销售于当地。

葡萄

葡萄属的种类在丹寨县各地均有分布，种类较多，当地主要种植水晶葡萄，是夏季主要的经济水果之一，主要销往省内。

其他食用资源有甜槠 *Castanopsis eyrei*、胡桃 *Juglans regia*、鹅耳枥 *Carpinus turczaninowii*、南酸枣 *Choerospondias axillaria*、金毛狗 *Cibotium barometz*、栗 *Castanea mollissima*、尖叶榕 *Ficus henryi*、野胡桃 *Juglans cathayensis*、梨 *Pyrus*、悬钩子 *Rubus corchorifolius*、土栾儿 *Apios fortunei*、竹叶花椒 *Zanthoxylum armatum*、梁子菜 *Erechthites hieracifolia*、桃 *Amygdalus persica*、大花枇杷 *Eriobotrya cavaleriei*、枇杷 *Eriobotrya japonica*、金樱子 *Rosa laevigata*、胡枝子 *Lespedeza bicolor*、桔 *Citrus reticulat*、柚 *Citrus maxima*、灰毛浆果楝 *Cipadessa cinerascens*、川楝 *Melia toosendan*、菝葜 *Smilax china*、茅栗 *Castanea seguinii*、长叶锈毛莓 *Rubus reflexus.* var. *orogenes*、周毛悬钩子 *Rubus amphidasys*、酸模叶蓼 *Polygonum lapathifolium*、水蓼 *Polygonum hydropiper*、蕺菜 *Houttuynia cordata*、野山楂 *Crataegus cuneata*、茅莓悬钩子 *Rubus parvifolius*、寒莓 *Rubus buergeri*、花椒 *Zanthoxylum bungeanum*、定心藤 *Mappianthus iodoides*、野葵 *Malva verticillata*、展毛野牡丹 *Melastoma normale*、玉叶金花 *Mussaenda pubescens*、野生紫苏 *Perilla frutescens.* var. *acuta*、斑鸠菊 *Vernonia esculenta*、薯蓣 *Dioscorea opposita*、薏苡 *Coix lacryma-jobi*、玉簪 *Hosta plantaginea*、商陆 *Phytolacca acinosa*、淫羊藿 *Epimedium brevicornu*、川莓 *Rubus setchuenensis*、山乌桕 *Sapium discolor*、乌桕 *Sapium sebiferum*、酸橙 *Citrus aurantium*、长叶胡颓子 *Elaeagnus bockii*、紫背天葵 *Begonia fimbristipula*、绞股蓝 *Gynostemma pentaphyllum*、刺五加 *Acanthopanax senticosus*、地瓜 *Ficus oligodon*、杨梅 *Myrica rubra*、软枣猕猴桃 *Actinidia arguta*、中华猕猴桃 *Actinidia chinensis*、长瓣马蹄荷 *Exbucklandia longipetala*、李 *Prunus salicina*、杏 *Armeniaca vulgaris*、君迁子 *Diospyros lotus*、老鸦柿 *Diospyros rhombifolia*、罗浮柿 *Diospyros morrisiana*、柿 *Diospyros kaki*、乌柿 *Diospyros cathayensis*、野柿 *Diospyros kaki.* var. *silvestris*、朱砂根 *Ardisia crenata*、银杏 *Ginkgo biloba*、香椿 *Toona sinensis*、盐肤木 Rhus chinensis、酸枣 *Ziziphus jujuba* var. *spinosa*、枳椇 *Hovenia acerba*、石榴 *Punica granatum*、地菍 *Melastoma dodecandrum*、四照花 *Dendrobenthamia japonica*、桂花 *Osmanthus fragrans*、火棘 *Pyracantha fortuneana*、山楂 *Crataegus pinnatifida*、油柿 *Diospyros kaki*、紫萼 *Hosta ventricosa*，共 38 科 55 属 79 种。

⑥ 经济植物资源（鞣质与染料资源、油料植物资源、香料资源、蜜源植物、纤维资源）

丹寨主要的野生经济植物资源有：

野漆

野漆在丹寨县各地均有分布，当地老乡割生漆用于漆具（家具）和棺材，是主要的染料资源。

木姜子

木姜子在丹寨县分布很广，其油是当地重要的食用调味品之一，当地有人工蒸馏提取木姜子油，用于食用和化工产业的原料。

黄荆

丹寨县主要分布于兴仁和南皋等地，分布面积较多，是一重要的蜜源植物，当地主要用作树篱，每年有些蜂农到这里放蜂采蜜。

其他经济植物资源有海南五针松 *Pinus fenzeliana*、黑松 *Pinus thunbergii*、火炬松 *Pinus taeda*、湿地松 *Pinus elliottii*、马尾松 *Pinus massoniana*、三尖杉 *Cephalotaxus fortunei*、红豆杉 *Taxus chinensis*、南方红豆杉 *Taxus chinensisvar. mairei*、穗花杉 *Amentotaxus argotaenia*、台湾穗花杉 *Amentotaxus formosana*、秋华柳 *Salix variegata*、响叶杨 *Populus adenopoda*、短尾鹅耳枥 *Carpinus londoniana*、长穗鹅耳枥 *Carpinus fangiana*、鹅耳枥 *Carpinus turczaninowii*、白桦 *Betula platyphylla*、香桦 *Betula insignis*、桤木 *Alnus cremastogyne*、槲栎 *Quercus aliena*、赤皮青冈 *Cyclobalanopsis gilva*、云山青冈 *Cyclobalanopsis sessilifolia*、刺栲 *Castanopsis hystrix*、华南锥 *Castanopsis concinna*、马尾树 *Rhoiptelea chiliantha*、地瓜 *Ficus oligodon*、水丝麻 *Maoutia puya*、檀梨 *Pyrularia edulis*、商陆 *Phytolacca acinosa*、观光木 *Tsoongiodendron odorum*、凹叶厚朴 *Magnolia officinalis* subsp. *biloba*、长叶木兰 *Magnolia paenetalauma*、天目木兰 *Magnolia amoena*、紫玉兰 *Magnolia liliflora*、川滇木莲 *Manglietia duclouxii*、红色木莲 *Manglietia insignis*、白叶瓜馥木 *Fissistigma glaucescens*、山蕉 *Mitrephora maingayi*、南五味子 *Kadsura longipedunculata*、黄果厚壳桂 *Cryptocarya concinna*、毛叶木姜子 *Litsea mollis*、石木姜子 *Litsea elongata* var. *faberi*、闽楠 *Phoebe bournei*、山楠 *Phoebe chinensis*、细叶楠 *Phoebe hui*、薄叶润楠 *Machilus leptophylla*、大叶楠 *Machilus ichangensis*、红楠 *Machilus thunbergii*、刨花润楠 *Machilus pauhoi*、绒毛钓樟 *Lindera floribunda*、三股筋香 *Lindera thomsonii*、山胡椒 *Lindera glauca*、狭叶山胡椒 *Lindera angustifolia*、香粉叶 *Lindera pulcherrima* var. *attenuata*、香叶树 *Lindera communis*、沉水樟 *Cinnamomum micranthum*、川桂 *Cinnamomum wilsonii*、猴樟 *Cinnamomum austro-yunnanense*、黄樟 *Cinnamomum porrectum*、毛桂 *Cinnamomum appelianum*、肉桂 *Cinnamomum cassia*、阴香 *Cinnamomum burmannii*、油樟

Cinnamomum longepaniculatum、云南樟 *Cinnamomum glanduliferum*、樟树 *Cinnamomum camphora*、野棉花 *Anemone vitifolia*、淫羊藿 *Epimedium brevicornu*、化香树 *Platycarya strobilacea*、异叶马兜铃 *Aristolochia kaempferi*、革叶猕猴桃 *Actinidia rubricaulis* var. *coriacea*、半齿柃 *Eurya semiserrata*、细齿叶柃 *Eurya nitida*、茶 *Camellia sinensis*、川鄂连蕊茶 *Camellia rosthorniana*、丹寨秃茶（新种）*Camellia danzaiensis*、红花油茶 *Camellia chekiangoleosa*、红山茶 *Camellia japonica*、尖连蕊茶 *Camellia cuspidata*、毛柄连蕊茶 *Camellia fraterna*、尾叶山茶 *Camellia caudata*、西南红山茶 *Camellia pitardii*、小长尾连蕊茶 *Camellia parvicaudata*、心叶毛蕊茶 *Camellia cordifolia*、油茶 *Camellia oleifera*、贵州金丝桃 *Hypericum kouytchense*、吊钟山矾 *Symplocos punctulata*、光叶山矾 *Symplocos lancifolia*、厚皮灰木 *Symplocos crassifolia*、黄牛奶树 *Symplocos laurina*、南岭山矾 *Symplocos confusa*、山矾 *Symplocos sumuntia*、缺萼枫香树 *Liquidambar acalycina*、薄叶蕈树 *Altingia tenuifolia*、细柄蕈树 *Altingia gracilipes*、蕈树 *Altingia chinensis*、大叶鼠刺 *Itea macrophylla*、狭叶短檐苣苔 *Tremacron obliquifolium*、黄脉花楸 *Sorbus xanthoneura*、水榆花楸 *Sorbus alnifolia*、火棘 *Pyracantha fortuneana*、豆梨 *Pyrus calleryana*、山桃 *Amygdalus davidiana*、桃 *Amygdalus persica*、大花枇杷 *Eriobotrya cavaleriei*、枇杷 *Eriobotrya japonica*、花红 *Malus asiatica*、苹果 *Malus pumila*、金樱子 *Rosa laevigata*、山楂 *Crataegus pinnatifida*、光叶石楠 *Photinia glabra*、椤木石楠 *Photinia davidsoniae*、石楠 *Photinia serrulata*、白花悬钩子 *Rubus leucanthus*、白叶莓 *Rubus innominatus*、红毛悬钩子 *Rubus pinfaensis*、茅莓 *Rubus parvifolius*、宜昌悬钩子 *Rubus ichangensis*、川莓 *Rubus setchuenensis*、细梗胡枝子 *Lespedeza virgata*、胡枝子 *Lespedeza bicolor*、毛野扁豆 *Dunbaria villos*、云实 *Caesalpinia decapetala*、蝴蝶果 *Cleidiocarpon cavaleriei*、石栗 *Aleurites moluccana*、算盘子 *Glochidion puberum*、山乌桕 *Sapium discolor*、乌桕 *Sapium sebiferum*、粗糠柴 *Mallotus philippensis*、毛桐 *Mallotus barbatus*、桔 *Citrus reticulata*、酸橙 *Citrus aurantium*、柚 *Citrus maxima*、花椒簕 *Zanthoxylum scandens*、灰毛浆果楝 *Cipadessa cinerascens*、川楝 *Melia toosendan*、马桑 *Coriaria nepalensis*、漆树 *Toxicodendron vernicifluum*、青榨槭 *Acer davidii*、复羽叶栾树 *Koelreuteri abipinnata*、红柴枝 *Meliosma oldhamii*、山青木 *Meliosmakirkii*、凤仙花 *Impatiens balsamina*、大叶冬青 *Ilex latifolia*、枸骨 *Ilex cornuta*、野鸦椿 *Euscaphis japonica*、长柄鼠李 *Rhamnus longipes*、锐齿鼠李 *Rhamnus arguta*、冻绿 *Rhamnus utilis*、东南葡萄 *Vitis chunganensis*、葛藟 *Vitis flexuosa*、地桃花 *Urena lobata*、梧桐 *Firmiana platanifolia*、长叶胡颓子 *Elaeagnus bockii*、毛叶山桐子 *Idesia polycarpa* var. *vestita*、山桐子 *Idesia polycarpa*、紫背天葵 *Begonia fimbristipula*、绞股蓝 *Gynostemma pentaphyllum*、桃金娘 *Rhodomyrtus tomentosa*、华南蓝果树 *Nyssa javanica*、蓝果树 *Nyssa sinensis*、角叶鞘柄木 *Toricellia angulata*、辽东楤木 *Aralia elata*、鹅掌柴 *Schefflera octophylla*、穗序鹅掌柴 *Schefflera delavayi*、刺五加 *Acanthopanax senticosus*、滇白珠 *Gaultheria leucocarpa* var. *crenulata*、灰叶乌饭 *Vaccinium glaucophyllum*、

虎舌红 *Ardisia mamillata*、朱砂根 *Ardisia crenata*、油柿 *Diospyros kaki* var. *silvestris*、白辛树 *Pterostyrax psilophyllus*、多花梣 *Fraxinus floribunda*、茶藤 *Melodinus magnificus*、牛皮消 *Cynanchum auriculatum*、香果树 *Emmenopteryshenryi*、菟丝子 *Cuscuta chinensis*、翅柄马蓝 *Pteracanthus alatus*、蝶花荚蒾 *Viburnum hanceanum*、铜锤玉带草 *Pratia nummularia*、苍耳 *Xanthium sibiricum*、黑果菝葜 *Smilax glaucochina*、菝葜 *Smilax china*、大百合 *Cardiocrinum giganteum*、多花黄精 *Polygonatum cyrtonema*、萱草 *Hemerocallis fulva*、紫萼 *Hosta ventricosa*、薯莨 *Dioscorea cirrhosa*、苦竹 *Pleioblastus amarus*、荩草 *Arthraxon hispidus*、芒 *Miscanthus sinensis*、棕叶芦 *Thysanolaena maxima*、黑莎草 *Gahnia tristis*，共 70 科 123 属 193 种。

（3）动物物种多样性

➢ 物种组成

结合野外调查和访谈调查，共调查到该县两栖类物种 29 种，隶属于 2 目 8 科 18 属；调查到爬行类物种 31 种，隶属于 1 目 10 科；记录到该县分布鸟类共计 151 种，隶属于 15 目 36 科；调查到该县兽类物种 99 种，隶属于 8 目 24 科。

在该县采集到的 23 种两栖类物种中，从区系划分来看，除中华蟾蜍华西亚种（*Bufo andrewsi*）为广布种以外，其余的均为东洋界物种，占到该县采集到两栖类物种总数的 95.65%；从分布型来看，中华蟾蜍指名亚种（*Bufo gargarizans*）为季风型，棘蛙属中的棘胸蛙（*Paa spinosa*）等 3 个物种为喜马拉雅-横断山型，黑眶蟾蜍（*Bufo melanostictus*）等 4 种为东洋型物种，无斑肥螈（*Pachytriton labiatus*）等 15 种为南中国型。

专题组在该县共采集到爬行类物种 19 种，从区系来看，全部属于东洋界物种，占该县采集到爬行类物种总数的 100%；从分布型来看，2 种属于季风型，占到该县采集到爬行类总数的 10.53%，5 种属于南中国型，占到该县采集到爬行类物种数量的 26.32%，铜蜓蜥（*Lygosoma indicum*）等 12 种属于东洋型，占到该县采集到爬行类物种数量的 63.16%。

该县野外调查到鸟类区系组成中，东洋界物种共计 64 种，包括白鹭（*Egretta garzatta*）、赤腹鹰（*Accipiter sosensis*）、灰胸竹鸡（*Bambusicola thoracica*）、八声杜鹃（*Cuculus merulinus*）、乌鹃（*Surniculus lugubris*）、褐翅鸦鹃（*Centropus sinensis*）等，占到该县调查到鸟类物种总数的 48.86%；广布种物种共计 67 种，包括池鹭（*Ardeola bacchus*）、栗苇鳽（*Ixobrychus cinnamomeus*）、雀鹰（*Accipiter nisus*）等，占到该县调查到鸟类物种总数的 51.15%。由此可见，该县广布种鸟类占主要优势。

根据野外实地考察，按居留型分，有留鸟 88 种，占总数的 67.18%；候鸟 8 种，占 6.11%；旅鸟 4 种，占 3.05%；繁殖鸟（包括夏候鸟和留鸟）94 种，占总数的 71.76%，具有显著优势。

在该县所调查到的兽类物种中，除水鼠耳蝠（*Myotis daubentoni*）为古北界物种，占到该县实地调查到兽类物种数量的 1.43%以外；其中东洋界物种有 52 种，占到该县实地调查到兽类物种数量的 74.29%，包括长尾鼩鼹（*Scaptonyx fusicaudatus*）、中国鼩猬（*Neotetracus sinensis*）、短尾鼩（*Anourosorex squamipes*）、喜马拉雅水麝鼩（*Chimarrogale *himalayica*）、灰麝鼩（*Crocidura attenuat*）等；广布种有 17 种，占到该县实地调查到兽类物种数量的 24.29%，包括马铁菊头蝠（*R. ferrumequinum*）、中华鼠耳蝠（*M. myotis*）、伏翼（*Pipistrellus pipistrllus*）等。

➢　特有种类

在该县采集到的 23 种两栖类物种中，其中有 8 个物种为中国特有种，占到该县采集到两栖类物种数量的 34.78%；在该县采集到的 19 中爬行类物种中，有 7 种为中国特有种，占到该县采集到爬行类物种总数的 36.84%；红腹锦鸡、灰胸竹鸡 2 种鸟类为中国特有种，占到该县实地调查鸟类数量的 1.53%；中国特有兽类 8 种，为贵州菊头蝠（*Rhinolophus rex*）、绯鼠耳蝠（*Myotis formosus*）、中华山蝠（*Nyctalus plancei*）、华南兔（*Lepus sinensis*）、大绒鼠（*Eothenomys miletus*）、高山姬鼠（*Apodemus chevrieri*）、小麂（*Muntiacus reevesi*）等。

➢　珍稀濒危保护种类

在该县采集到的 23 种两栖类物种中，全部被列入国家“三有动物”名录；1 种在 IUCN 濒危等级中被列为濒危（EN），占到该县采集到两栖类物种总数的 4.35%，为棘侧蛙，1 种在 IUCN 濒危等级中被列为近危（NT），占到 4.35%，为黑斑侧褶蛙；无任何物种被列入 CITES 附录中。

在该县采集到的 19 种爬行类物种中，全部被列入国家“三有动物”名录；有 5 种在 IUCN 濒危等级中被列为易危（VU）物种，占到该县采集到爬行类物种数量的 42.11%；有 1 种被列入 CITES 附录Ⅱ中，为眼镜蛇舟山亚种（*Naja naja atra*），占到该县采集到爬行类物种数量的 5.26%。

在该县所调查的 131 种鸟类中，并未发现国家Ⅰ级保护鸟类，属国家Ⅱ级保护鸟类 8 种，占到该县调查到鸟类物种的 6.11%；有 8 种鸟类被列入 CITES 附录Ⅱ中，占到 6.11%；属于中日候鸟保护协议中的鸟类共计 15 种，占到 11.45%；属于中澳候鸟保护协议中的鸟类共计 8 种，占到 6.11%；其余均被列入国家“三有动物”名录。

在该县调查到的兽类中，国家Ⅰ级保护动物 2 种，为林麝（*Muntiacus feae*）、斑羚（*Naemorhedus goral*），国家Ⅱ级保护动物 4 种，分别为：猕猴（*Macaca mulatta*）、青鼬（*Martes flavigula*）、大灵猫（*Viverra zibetha*）、小灵猫（*Viverricula indica*）；在 IUCN 濒危等级中被列为濒危（EN）的物种有 4 种，为大灵猫（*Viverra zibetha*）、林麝（*Muntiacus feae*）、斑羚（*Naemorhedus goral*）、贵州菊头蝠（*Rhinolophus rex*），在 IUCN 濒危等级中被列为易危（VU）的物种有 13 种，分别为：托氏菊头蝠（*Rhinolophus thomasi*）、大蹄蝠（*Hipposideros armiger*）、中蹄蝠（*H. larvatus*）等；被列入 CITES 附录Ⅰ的物种有 2 种，为豹猫（*Prionailurus bengalensis*）、斑羚（*Naemorhedus goral*），被列入 CITES 附录Ⅱ的物种有 2 种，为猕猴（*Macaca mulatta*）、穿山甲（*Manis pentadactyla*）。

5.2.4　小结

系统调查整理完成了丹寨县的高等植物和陆生脊椎动物物种编目，并建立了数据库，为国家和地方生物多样性保护提供技术资料。2010 年 8 月在丹寨县国有林场采到一物种，与铁角蕨科铁角蕨属狭翅铁角蕨 *Asplenium wrightii* Eaton ex Hook 近缘，不同点在于：已经形成了二至三回羽状复叶，羽片边缘波状缺刻，孢子囊群可育，能形成正常孢子，现进一步采用分子生物学方法，看其叶绿体 DNA 的序列差异，及其染色体核型比较，如有较大区别，应为一好种，如果差异不大，应为一变种或变型。以《贵州植物志》《中国植物志》为主要参考依据，本次调查在丹寨发现贵州新分布物种 18 种，隶属于 17 科 18 属，分别为溪洞碗蕨、无盖轴脉蕨、山生柳、毛柄连蕊茶、光萼茅膏菜、密花柴胡、滇西海桐、多脉樫木、山橘、红翅槭、张口杜鹃、茶藤、柚木、大车前、紫羊茅、方竹、河北红门兰。

5.3 从江县生物多样性现状①

5.3.1 自然概况

从江县位于贵州省黔东南苗族侗族自治州东南部，地理坐标在东经 108°05′～109°12′，北纬 25°16′～26°05′。从江县北与本省榕江县为邻，西与黔南州荔波县、广西环江县相连，南抵广西融水县界，东与本州黎平县、广西三江县相接。从江县属西南高山峡谷区，境内常年高温多雨，水热资源丰富，有着优越的自然地理条件，非常适合林木生长，古老孑遗的植物种类很多，是高山植物区系最丰富的区域之一。

从江县辖 14 个乡，7 个镇，381 个村民委员会，9 个居民委员会。总人口 31.61 万人，其中非农业人口 1.69 万人，少数民族人口 29.55 万人。少数民族有苗、侗、汉、壮、瑶、水、布依、回、满、土、白等民族，人口较多的少数民族有苗、侗、壮、瑶、水等民族。

5.3.2 组织实施

植物调查组以从江县城丙妹镇为中心，向周边做辐射状展开，调查线路及地点基本上覆盖到从江县各个乡镇及该县主要的植被类型，主要包括雍里乡归林村八旧桥、宰便镇有能村、光辉乡加叶村、光辉乡加牙村太阳山、加鸠乡加翁村、东郎乡孔明村、贯洞镇腊羊村抱攀、贯洞镇宰门村、贯洞镇德刷村、西山镇滚郎坡、西山镇卡翁村等地，采集了野生维管植物标本 1 100 余份；动物调查组在从江县按照不同的生境类型，选择生境较好的光辉乡、加鸠乡、贯洞镇、月亮山和太阳山山系的交界处作为本次调查的重点区域，其他一些乡镇作为一般区域，开展了有关陆栖脊椎动物物种资源的调查工作，共整理了两栖类、爬行类标本 250 多号，兽类骨头及皮张 25 号左右，有价值的照片 2 200 多张，有效的调查问卷 368 份。

① 从江县植被类型与植物多样性由北京林业大学王建中教授组织调查和提供数据；动物多样性由西北师范大学龚大洁教授组织调查和提供数据。

5.3.3 主要成果

（1）植被类型组成

本次考察根据前人成果，结合自己的调查资料，将榕江县主要植被划分为 28 个群系，现将调查的 28 个群系记录如下：

①杉木林（Form. *Cunninghamia lanceolata*）

②马尾松林（Form. *Pinus massoniana*）

③华山松马尾松林（Form. *Pinus armandi-Pinus massoniana*）

④丝栗栲林（Form. *Castanopsis fargesii*）

⑤丝栗栲石栎林（Form. *Castanopsis fargesii-Lithocarpus glaber*）

⑥石栎林（Form. *Lithocarpus glaber*）

⑦枫香石栎林（Form. *Liquidambar formosana-Lithocarpus glaber*）

⑧青冈栎林（Form. *Quercus glauca*）

⑨水青冈林（Form. *Fagus longipetiolata*）

⑩十齿花林（Form. *Dipentodon sinicus*）

⑪枫香、猴欢喜、长叶木兰林（Form. *Liquidambar formosana-Sloaea sinensis-Magnolia paenctalauma*）

⑫盐肤木林（Form. *Rhus chinensis*）

⑬盐肤木、青冈栎林（Form. *Rhus chinensis- Quercus glauca*）

⑭杨梅、木荷、白栎林（Form. *Myrica rubra-Schima superba-Quercus fabrl*）

⑮红豆杉林（Form. *Taxus mairei*）

⑯山鸡椒林（Form. *Litsea cubeba*）

⑰毛竹林（即楠竹林）（Form. *Phyllostachys heterocycla*）

⑱油桐林（Form. *Vernicia fordii*）

⑲油茶林（Form. *Camellia oleifera*）

⑳南酸枣林（Form. *Choerospondias axillaris*）

㉑润楠林（Form. *Machilus pingii*）

㉒杜英林（Form. *Elaeocarpus decipiens*）

㉓柑橘林（Form. *Citrus reticulata*）

㉔柳叶桉林（Form. *Eucalyptus saligna*）

㉕光皮桦林（Form. *Betula luminifera*）

㉖麻栎林（Form. *Quercus acutissima*）

㉗椪柑林（Form. *Citrus reticulata*）

㉘山乌桕林（Form. *Sapium discolor*）

（2）植物物种多样性

➢ 物种组成

通过 2010 年与 2011 年对从江县野生维管植物的实地调查、采集标本及查阅文献资料，形成的名录，共包含了 200 科 665 属 1 356 种（含变种、变型和亚种），其中，蕨类植物有 42 科 47 属 103 种，裸子植物有 6 科 10 属 12 种，被子植物有 152 科 608 属 1 241 种。从江县野生维管植物的科属种类分别占贵州省的 77.44%、39.11%和 22.13%，从江县科的种类比较丰富，科数目占贵州省维管植物的一多半，但属和种占全省的比例都不太高（表 5-2）。

表 5-2 从江县野生维管植物种类的基本概况

类型	科			属			种		
	从江	贵州	比例/%	从江	贵州	比例/%	从江	贵州	比例/%
蕨类植物	42	53	79.25	47	151	31.13	103	808	12.74
裸子植物	6	10	60.00	10	28	35.71	12	55	21.82
被子植物	152	194	78.35	608	1 455	41.79	1 241	5 314	23.35
合计	199	257	77.43	665	1 634	40.70	1 356	6 177	22.95

➢ 珍稀濒危保护种类

根据国务院 1999 年 8 月 4 日批准的国家林业局、农业部颁布的《国家重点保护野生植物名录》(第一批)，查明从江县分布有国家重点保护野生植物 11 种，占全国总数的 2.6%，占贵州省总数的 15.5%，隶属 11 科 11 属（陈谦海等，2004）。其中：裸子植物 4 种，被子植物 7 种。国家Ⅰ级重点保护野生植物 2 种，国家Ⅱ级重点保护野生植物 9 种。（表 5-3）

表 5-3 从江县国家重点保护及珍稀濒危植物名录

中名	学名	国家重点保护野生植物	国家珍贵树种	国家珍稀濒危植物	
				级别	受威胁程度
翠柏	*Calocedrus macrolepis* Kurz.	II		3	渐危
南方红豆杉	*Taxus mairei*（Lemee et Lévl.）Cheng et L. K. Fu	I	一级		
闽楠	*Phoebe bournei*（Hemsl.）Yang	II	二级	3	渐危
楠木	*Phoebe zhennan* S. Lee. et F. N. Wei	II	二级	3	渐危
伯乐树	*Bretschneidera sinensis* Hemsl.	I	一级	2	稀有
十齿花	*Dipentodon sinicus* Dunn	II		2	稀有
伞花木	*Eurycorymbus cavaleriei*（Lévl.）Rehd. et Hand.-Mazz.	II		2	稀有
观光木	*Tsoongiodendron odorum* Chun.		二级	2	稀有
白辛树	*Pterostyrax psilophyllus* Diels ex Perk.			3	渐危
银鹊树	*Tapiscia sinensis* Oliv.			3	稀有
半枫荷	*Semiliquidambar cathayensis* Chang	II		3	稀有
马尾树	*Rhoiptelea chiliantha* Diels et Hand.-Mazz.	II	二级	2	稀有
穗花杉	*Amentotaxus argotaenia*（Hance）Pilg.			3	稀有
柔毛油杉	*Keteleeria pubescens* Cheng et L. K. Fu	II		2	濒危
鹅掌楸	*Liriodendron chinense*（Hemsl.）Sargent	II	二级	2	稀有
青檀	*Pteroceltis tatarinowii* Maxim		三级	3	稀有

国家Ⅰ级重点保护野生植物有：伯乐树（钟萼木）（*Bretshneidera sinensis*）、南方红豆杉（*Taxux chinensis* var. *mairei*）。

国家Ⅱ级重点保护野生植物有：翠柏（*Calocedrus macrolepis*）、闽楠（*Phoebe bournei*）、楠木（*Phoebe zhennan*）、十齿花（*Dipentodon sinicns*）、伞花木（*Eurycorymbus cavaleriei*）、半枫荷（*Semiliquidambar cathayensis*）、马尾树（*Rhoiptelea chiliantha*）、柔毛油杉（*Keteleeria pubescens*）、鹅掌楸（*Liriodendron chinense*）。

➢ 资源类群

经过统计，从江县有材用树种资源160种、药用植物资源565种、园林花卉资源153种、食用植物资源59种、油料植物资源19种，工业用植物资源86种，其他植物资源283种。

① 材用树种

赤杨叶、白辛树、木瓜红、野茉莉、芬芳安息香、瓜木、八角、黄花油点草、伯乐树、毛桐、石岩枫、乌桕、山合欢、马鞍羊蹄甲、龙须藤、粉背羊蹄甲、翅荚香槐、藤黄檀、黄檀、格木、皂荚、大叶胡枝子、银合欢、亮叶崖豆藤、花榈木、小叶红豆、木荚红豆、葛藤、野葛、越南葛藤、刺槐、槐树、西南槐树、紫藤、方竹、黄茅、白茅、箬竹、芒、紫竹、湖南山核桃、黄杞、胡桃、化香树、光皮桦、枫香、锥栗、板栗、刺栲、峨眉栲、钩栲、丝栗栲、青冈栎、细叶青冈栎、大叶青冈、贵州青冈、水青冈、亮叶水青冈、硬斗石栎、棉槠石栎、麻栎、巴东栎、白栎、栓皮栎、臭椿、刺臭椿、苦树、蓝果树、萝藦、马尾树、凹叶厚朴、桂南木莲、乐昌含笑、金叶含笑、香子含笑、醉香含笑、阔瓣含笑、观光木、楞、黄连木、水团花、虎刺楤木、香果树、豆梨、川莓、泡花树、红枝柴、笔罗子、北江荛花、藤构、构树、蔓构、绿黄葛树、构棘、柘树、长穗桑、银木荷、木荷、羊舌树、光叶山矾、白檀、铁榄、网脉山龙眼、灯台树、光叶四照花、野鸦椿、粉叶柿、柿树、野柿、君迁子、油柿、枳椇、马甲子、短梗南蛇藤、黄梨木、复羽叶栾树、假苹婆、刺楸、二球悬铃木、细野麻、苎麻、水麻、紫麻、水竹、响叶杨、垂柳、皂柳、杨梅、小叶朴、朴树、青檀、山黄麻、多脉榆、榆树、黄檗、樗叶花椒、毛桂、香樟、云南樟、黄樟、黑壳楠、黔桂润楠、宜昌润楠、闽楠、白楠、檫木、密花树、棕榈、南方红豆杉、三尖杉、杉木、银杏、翠柏、刺柏、穗花杉、柳杉、柔毛油杉、海南五针松、马尾松、黑松。

② 药用植物

矮慈姑、安石榴、凹叶厚朴、凹叶景天、八角、八角枫、八月瓜、菝葜、白背黄花稔、白背叶、白车轴草、白花黎豆、白花树、白簕、白栎、白马骨、白木通、白瑞香、白英、败酱、斑花败酱、板栗、半边莲、半枫荷、半蒴苣苔、苞舌兰、薄叶鼠李、杯叶西番莲、荸荠、萹蓄、扁豆、波叶山蚂蝗、菜豆、蚕豆、苍耳、糙叶水苎麻、草木樨、草珊瑚、草血竭、楞、叉唇角盘兰、檫木、常春藤、常山、车前、橙黄玉凤花、齿叶黄皮、赤胫散、赤小豆、臭椿、臭牡丹、川楝、川莓、川续断、垂盆草、春兰、慈姑、刺槐、刺葡萄、刺楸、刺苋、楤木、粗齿铁线莲、粗糠柴、粗叶悬钩子、寸金草、大百合、大苞寄生、大车前、大丽花、大麻、大青、大血藤、大叶胡枝子、大叶千斤拔、大叶苎麻、待霄草、袋花忍冬、单蕊败酱、淡竹叶、当归、当归藤、党参、灯台树、灯心草、地耳草、地锦、地菍、滇白珠、滇丁香、吊灯花、冬瓜、冬青、豆瓣菜、豆腐柴、杜茎山、杜仲、短柄忍冬、短梗大参、短毛金线草、短药野木瓜、短叶决明、多花黄精、多花兰、鹅掌楸、饿蚂蝗、翻白柳、繁缕、飞龙掌血、粉背羊蹄甲、粉叶柿、枫香、枫香槲寄生、凤仙花、扶芳藤、复羽叶栾树、杠板归、高粱泡、钩栲、钩藤、钩吻、狗筋蔓、狗尾草、狗牙根、枸杞、构树、菰、瓜木、瓜子金、挂金灯、冠盖绣球、光叶山矾、光叶四照花、鬼针草、海金子、海芋、含羞草、韩信草、蔊菜、禾叶山麦冬、何首乌、荷包山桂花、荷莲豆草、黑老虎、黑藻、红车轴草、红花寄生、红凉伞、红皮树、红丝线、红腺悬钩子、红紫珠、胡麻、胡桃、胡颓子、葫芦、虎刺、虎刺楤木、虎舌红、虎杖、花榈木、华萝藦、华山姜、华夏慈姑、华泽兰、化香树、槐树、黄背草、黄花菜、黄花蒿、黄毛楤木、黄茅、黄泡、黄樟、灰毛大青、灰毛浆果楝、火炭母、藿香、鸡矢藤、鸡眼草、积雪草、及己、吉祥草、蕺菜、戟叶蓼、戟叶悬钩子、檵木、荚蒾、假贝母、假地蓝、假繁缕、假酸浆、尖叶清风藤、见血青、建兰、剑叶耳草、箭秆风、江南山梗菜、姜、豇豆、交让木、角叶鞘柄木、接骨草、截叶胡枝子、金毛耳草、金荞麦、金丝草、金挖耳、金线草、金线吊乌龟、金樱子、金鱼藻、锦香草、九节、韭、桔梗、菊花、菊三七、菊芋、巨萼柏拉木、爵床、君迁子、扛香藤、苦参、苦瓜、苦郎藤、苦树、宽叶金粟兰、宽叶下田菊、宽叶香蒲、栝楼、腊莲绣球、老虎刺、老鸦糊、了哥王、莲、蓼蓝、留兰香、柳叶白前、龙葵、龙舌草、龙须藤、龙芽草、庐山楼梯草、路南凤仙花、卵叶火炭母、罗汉果、萝藦、络石、落葵、落新妇、绿豆、绿苋、马鞍羊蹄甲、马鞭草、马棘、马甲子、马兰、马蓝、马利筋、马蔺、曼陀罗、蔓茎堇菜、猫儿子、毛杜仲藤、毛茛、毛桂、毛果巴豆、毛果堇菜、毛果算盘子、毛脉南酸枣、毛曼陀罗、毛桐、毛血藤、毛芽椴、毛野扁豆、毛叶木姜子、毛柱铁线莲、茅莓、梅、美人蕉、美洲商陆、米槁、密花树、蜜蜂花、蜜柑草、魔芋、牡丹、牡蒿、牡荆、木防己、木蓝、木犀、木油桐、南瓜、南酸枣、南天竹、南五味子、尼泊尔酸模、柠檬桉、牛蒡、牛耳枫、牛筋草、牛姆瓜、牛茄子、牛尾菜、牛尾草、牛膝、扭肚藤、糯米团、泡花树、佩兰、椪柑、枇杷、朴树、漆姑草、漆树、千里光、芡实、茜草、茄、青花椒、青葙、青羊参、清风藤、清香木姜子、球果牧根草、球序卷耳、日本薯蓣、柔毛水杨梅、柔枝槐、软水蓼、三白草、三叶爬山虎、伞房花赤胫散、山矾、山合欢、山胡椒、山鸡椒、山菅、山橿、山莓、山桃、山酢浆草、珊瑚豆、商陆、芍药、少花龙葵、舌唇兰、蛇瓜、蛇莲、蛇莓、深裂竹根七、升麻、胜红蓟、石菖蒲、石蒜、石竹、食用土当归、匙萼柏拉木、匙叶草、绶草、疏花卫矛、鼠麴草、薯莨、树参、水红木、水蓼、水麻、水芹、水团花、溲疏、酸模、算盘子、穗序鹅掌柴、藤黄檀、天门冬、天名精、天仙子、甜菜、铁冬青、铁马鞭、铁苋菜、通脱木、头花蓼、透骨草、土茯苓、土荆芥、土牛膝、土人参、豌豆、网脉酸藤子、尾穗苋、蕹菜、莴苣、乌桕、乌蔹莓、乌头、无柄沙参、五风藤、五节芒、舞花姜、西瓜、西南槐树、西南绣球、西域旌节花、豨莶、习见蓼、细梗香草、细野麻、细叶苦荬、夏枯草、仙茅、显脉旋覆花、显柱南蛇藤、蚬壳花椒、苋、香椿、香果、香花崖豆藤、香蒲、香薷、香叶天竺葵、香樟、响铃豆、向日葵、小白酒草、小二仙草、小果蔷薇、小花八角枫、小槐花、小蜡、小连翘、小酸浆、小叶红豆、小叶朴、小叶三点金、小叶石楠、小鱼仙草、心叶双蝴蝶、新木姜子、徐长卿、序叶苎麻、薜荔、血满草、血水草、鸭儿芹、鸭跖草、烟管头草、沿阶草、盐肤木、眼子菜、扬子毛茛、羊耳菊、羊角坳、羊角藤、羊舌树、羊蹄、野百合、野草香、野灯心草、野葛、野茉莉、野茼蒿、野苋、野鸦椿、叶底珠、叶下珠、夜香牛、一点红、一年蓬、一枝黄花、宜昌橙、宜昌荚蒾、异型南五味子、异叶茴芹、异叶泽兰、印度蔊菜、油柿、鱼眼草、榆树、虞美人、羽裂唇柱苣苔、玉蜀黍、鸢尾、元宝草、月见草、云南鼠尾草、云实、芸苔、皂荚、皂柳、泽泻、展毛野牡丹、长刺酸模、长序缬草、长叶冻绿、长叶木兰、长叶柞木、柘树、珍珠菜、知风草、枳、中国繁缕、中华猕猴桃、朱砂根、朱砂藤、珠光香青、珠兰、竹节参、竹叶椒、竹叶榕、苎麻、紫萼、紫金牛、紫堇、紫茉莉、紫萍、紫苏、紫藤、紫薇、棕叶狗尾草、棕竹、走马胎、酢浆草、金毛狗、刺齿凤尾蕨、井栏边草、半边旗、肾蕨、福建观音座莲、海金沙、小叶海金沙、槲蕨、槐叶蘋、江南卷柏、垫状卷柏、疏叶卷柏、翠云草、芒萁、贯众、黑鳞耳蕨、乌蕨、萍、华南马尾衫、扁枝石松、细柄书带蕨、平肋书带蕨、抱石莲、骨牌蕨、粤瓦尾、盾蕨、友水龙骨、石韦、庐山石韦、倒挂铁角蕨、扇叶铁线蕨、碗蕨、乌毛蕨、狗脊、单芽狗脊、紫萁、南方红豆杉、三尖杉、杉木、银杏。

③ 园林绿化植物

木瓜红、野茉莉、黄花油点草、伯乐树、乌桕、银合欢、花榈木、方竹、紫竹、刺楤、桂南木莲、乐昌含笑、金叶含笑、香子含笑、醉香含笑、阔瓣含笑、观光木、香果树、构树、绿黄葛树、木荷、野鸦椿、二球悬铃木、响叶杨、垂柳、黑壳楠、棕榈、西藏山茉莉、鸦头梨、老鸹铃、芦荟、天门冬、文竹、紫萼、吉祥草、一串红、虎刺、厚叶冬青、冬青、多花杭子梢、光枝杜鹃、溪畔杜鹃、杜鹃、长蕊杜鹃、椴树、路南凤仙花、海桐、旱金莲、脉叶虎皮楠、大果腊瓣花、珠兰、黄蜀葵、贵州木芙蓉、地桃花、大花金钱豹、珠光香青、大丽花、菊花、台湾斑鸠菊、黄花白及、虾脊兰、反瓣虾脊兰、春兰、橙黄玉凤花、地肤、倒挂金钟、月见草、待霄草、凤尾丝兰、紫珠、海通、黄花美人蕉、鹅掌楸、长叶木兰、平伐含笑、紫花含笑、深山含笑、野桂花、异叶爬山虎、青榨槭、五裂槭、三峡槭、紫薇、三叶海棠、灰叶稠李、梅、中华绣线菊、珊瑚樱、裂叶秋海棠、巴东荚蒾、黄毛榕、绿叶冠毛榕、冠毛榕、掌叶榕、琴叶榕、风车草、川鄂连蕊茶、长毛红山茶、齿叶红淡比、微毛柃、芍药、牡丹、东方古柯、紫罗兰、安石榴、君子兰、垂笑君子兰、须苞石竹、麝香石竹、石竹、少女石竹、日本石竹、羽裂石竹、毛剪秋罗、高雪轮、蝇子草、勾儿茶、亮叶鼠李、莲、赤楠、常春藤、仙人山、昙花、仙人球、令箭荷花、小令箭荷花、黄毛掌、蟹爪兰、白花泡桐、毛泡桐、粗齿冷水花、赤水野海棠、虞美人、鸢尾、观音兰、枳、屏边桂、朱砂根、紫金牛、紫茉莉、棕竹、大序醉鱼草、垫状卷柏、翠云草、普通凤了蕨、桫椤树、华南紫萁、银杏、翠柏、刺柏、穗花杉、柳杉、黑松。

④ 食用植物

斑花败酱、猫儿子、少花龙葵、枸杞、蕺菜、水芹、异叶茴芹、鸡眼草、菝葜、野百合、短叶决明、香椿、异叶榕、南酸枣、水麻、川莓、高粱泡、茅莓、地莶、展毛野牡丹、慈姑、枇杷、钩栲、板栗、亮叶水青冈、丝栗栲、甜槠栲、亮叶水青冈、锥栗、构棘、蔓构、网脉山龙眼、柿树、野柿、枳椇、赤楠、假苹婆、水竹、杨梅、樗叶花椒、贵州毛柃、野蕉、葛藤、越南葛藤、皱叶狗尾草、短叶黍、黑穗画眉草、萱、中华猕猴桃、火棘、木莓、卵叶水芹、珍珠莲、尖叶四照花、魔芋、紫芋、枇杷、光滑高粱泡、蕨。

⑤ 油料植物

野漆树、粗糠柴、扛香藤、毛桐、山桐子、厚皮香、马尾松、背叶、苍耳、南五味子、牛姆瓜、山鸡椒、灰毛浆果楝、野葛、南酸枣、笔罗子、宜昌荚蒾、山黄麻、黄连木。

⑥ 工业用植物

毛脉南酸枣、野茉莉、乌桕、银合欢、野鸦椿、黑壳楠、深山含笑、枳、八角、毛桐、龙须藤、亮叶崖豆藤、野葛、越南葛藤、化香树、锥栗、钩栲、亮叶水青冈、麻栎、栓皮栎、马尾树、红枝柴、柘树、君迁子、油柿、短梗南蛇藤、黄梨木、复羽叶栾树、假苹婆、山黄麻、香樟、黄樟、密花树、毛八角枫、香薷、留兰香、山桐子、山乌桕、油桐、木油桐、云实、豆薯、杜仲、白羊草、狼尾草、牛耳枫、黄花蒿、鼠麴草、菊芋、马蓝、灰毛浆果楝、黄荆、中华猕猴桃、五风藤、小蜡、盐肤木、野漆树、木蜡漆、漆树、多毛樱桃、小果蔷薇、悬钩子蔷薇、红泡刺藤、茅莓、蓝黑果荚蒾、水红木、了哥王、鸭儿芹、异叶天仙果、油茶、厚皮香、海芋、魔芋、透骨草、山油麻、花椒簕、青花椒、香叶树、香叶子、山鸡椒、石木姜子、清香木姜子、毛叶木姜子、木姜子、大叶醉鱼草、三尖杉。

（3）动物物种多样性

➢ 物种组成

结合野外调查和访谈的数据，从江县两栖类共有 40 种，隶属于 2 目 10 科 21 属，分别占该省两栖类种类的 58.82%、100%、100%、75.00%；爬行类共有 53 种；调查结果共计鸟类 12 目 28 科 110 种，在调查中较为常见的种类以雀形目的最多，为优势类群，共有 15 科 72 种，占据所有调查科的 53.57%，占据所有调查种的 65.45%，超过了总数的一半；其中又以鹟科 31 种为主，分别占这次调查总量和雀形目种类的 28.18%和 43.06%，调查组通过图片、图鉴等资料，对当地的专业人员和老农进行访谈，确定在从江县有分布的鸟类有 8 种；兽类物种数共计 84 种。

从江县两栖动物的区系主要属于东洋界，占从江县调查总种数的 96.55%，广布种仅占到 3.45%。就从江县两栖动物分布类型而言，主要以南中国型为主，占到从江县调查总数的 58.62%。同时，从江县两栖动物的分布型还兼有季风型、喜马拉雅-横断山区型和东洋型三种类型，分别占到 20.69%、17.24%和 3.45%。

此次共调查到从江县爬行动物有 29 种，占全省种数的 25.66%。地理区系中黄纹石龙子为古北界和东洋界两界兼有，为广布种。其余爬行类都是东洋界物种。故从江县爬行动物广布种占全部调查种类的 3.45%，东洋界物种占 96.55%。从江县爬行动物的分布型以南中国型为主，并且有东洋型、季风型、华北型、云贵高原型和喜马拉雅-横断山区型多种分布型。其中，南中国型有 14 种，占全部调查总数的 48.28%；东洋型次之，共有 11 种，占到 37.93%；季风型、华北型、云贵高原型和喜马拉雅-横断山区型各 1 种，各占 4.59%。

调查区系组成中，东洋界：48 个种，隶属于 9 目 24 科，分别占从江县调查总数的 43.64%，75.00%和 85.71%；广布种：62 个种，隶属于 12 目 25 科，分别占从江县调查总数的 56.36%，100%和 89.29%。从江县鸟类广布种略占优势，如按《中国动物地理区划》的分析研究，调查区的鸟类区系应属于东洋界中印亚界华中区西部山地高原亚区。根据野外实地考察，按居留型分，有留鸟 86 种，占总数的 78.20%；夏候鸟 21 种，占 19.10%；旅鸟 3 种，占 2.70%。

在所调查的兽类物种中以东洋型种类为主，有 54 种，占调查总数的 73.97%，广布种有 18 种，占 24.66%，水鼠耳蝠（*Myotis daubentoni*）是从江县分布的唯一古北界兽类，占从江县兽类总数的 1.37%。

➢ 特有种类

此次调查两栖类共计 29 种，其中有 11 种为中国特有种，分别为：山溪鲵、无斑肥螈、中华蟾蜍华西亚种、三港雨蛙、昭觉林蛙、峨眉林蛙、棘侧蛙、滇侧蛙、花臭蛙、竹叶蛙和阔褶水蛙，占到从江县两栖类物种的 37.93%；此次从江县共调查到爬行类 29 种，其中 15 种为中国特有种，分别为中国石龙子、蓝尾石龙子、黄纹石龙子、北草蜥、四川龙蜥、紫灰锦蛇指名亚种、紫灰锦蛇黑线亚种、环纹华游蛇、棕黑腹链蛇、丽纹腹链蛇、乌梢蛇、黑背白环蛇、花尾斜鳞蛇、山溪后棱蛇、竹叶青蛇指名亚种，占到从江县总调查爬行类的 51.72%；我国特有鸟类在从江县调查到的有红腹锦鸡（*Chrysolophus pictus*）和灰胸竹鸡（*Bambusicola thoracica*）2 种，占调查总数的 1.82%。

➢ 珍稀濒危保护种类

此次调查两栖类共计 29 种，有 5 种在 IUCN 濒危等级中被列为易危（VU），分别是山溪鲵、棘侧蛙、棘胸蛙、双团棘胸蛙和滇侧褶蛙，占到从江县两栖类物种的 17.24%；虎纹蛙被列入 CITES 附录Ⅱ中，同时虎纹蛙也是国家Ⅱ级保护动物，其余两栖类物种全部列为国家“三有动物”名录。

此次从江县共调查到爬行类29种，有6种爬行动物在IUCN濒危等级中被列为易危（VU），分别为王锦蛇、灰鼠蛇、滑鼠蛇、乌梢蛇、银环蛇指名亚种、眼镜蛇，占从江县总调查爬行类的 20.69%；山瑞鳖被 IUCN 濒危等级列为濒危（EN）；2 种爬行动物被列入 CITES 附录Ⅱ中，分别为滑鼠蛇、眼镜蛇，占到 6.89%，山瑞鳖被列入附录Ⅲ中；从江县调查到的 29 种爬行动物全部列入国家“三有动物”名录，且山瑞鳖被列为国家Ⅱ级保护动物。

此次调查没有发现国家Ⅰ级保护鸟类在从江县分布，而国家Ⅱ级保护鸟类在从江县共发现有12种，占到全部调查鸟类的10.91%；同时调查到的从江县鸟类基本上属于国家“三有动物”或被列入“贵州省保护的野生鸟类名录”；有18种鸟类属于《中华人民共和国政府和日本国政府保护候鸟及其栖息环境协定》中的保护鸟类，占全部调查鸟类的16.36%；有11种鸟类被《中华人民共和国政府和澳大利亚政府保护候鸟及其栖息环境的协定》列入，占到10.00%；被IUCN濒危等级列入近危（LC）的共计6种，占到从江县调查总数的4.72%；CITES附录等级记录到了本次从江县调查鸟类中的10种，占到调查总数的7.87%。

该调查区域内，经过实际调查和访问调查，该区域生活着国家Ⅰ级保护动物金钱豹（*Panthera pardu*）、云豹（*Neofelis nebulosa*）、林麝（*Moschus feae*）和斑羚（*Naemorhedus goral*），占到全部调查兽类的5.48%，国家Ⅱ级保护动物中国穿山甲（*Manis pentadactyla*）、豺（*Cuon alpinus*）、大灵猫（*Viverra zibetha*）、小灵猫（*Viverricula indica*）、斑灵狸（*Prionodon paricolor*），占到全部调查兽类的6.85%；IUCN红色名录列为濒危物种物有豺（*Cuon alpinus*）、大灵猫（*Viverra zibetha*）、小灵猫（*Viverricula indica*）、斑羚（*Naemorhedus goral*），占到全部调查兽类的5.48%，易危物种有中国穿山甲（*Manis pentadactyla*）、豪猪（*Hystrix hodgsoni*）、猪獾（*Arctonyx collaris*）、小灵猫（*Viverricula indica*）、豹猫（*Prionailurus bengalensis*）、林麝（*Moschus feae*）、小麂（*Muntiacus reevesi*）、毛冠鹿（*Elaphodus cephalophus*），占到全部调查兽类的10.96%，近危物种有黄鼬（*Mustela sibirica*）、鼬獾（*Melogale moschata*）、狗獾（*Meles meles*）、果子狸（*Paguma larvata*），占到全部调查兽类的5.48%，金钱豹（*Panthera pardus*）被列入极危物种，占到总数的1.37%。综上分析，从江县兽类物种特有性程度较高，且多数属于国家级保护的野生动物，对于维持国家生物多样性有着极其重要的意义。

5.3.4 小结

系统调查整理完成了从江县的高等植物和陆生脊椎动物物种编目，并建立了数据库，为国家和地方生物多样性保护提供技术资料。本次调查过程中，发现贵州省首次记录的植物分类群共9种1变种，隶属于10科10属。这9种1变种分别是：瓜馥木（*Fissistigma oldhamii*）、变叶树参（*Dendropanax proteus*）、海岛苎麻（*Boehmeria formosana*）、梵天花（*Urena procumbens*）、长柄槭（*Acer longipes*）、藤紫珠（*Callicarpa integerrima* var. *chinensis*）、鸭跖草状凤仙花（*Impatiens commellinoides*）、小紫金牛（*Ardisia chinensis*）、云南九节（*Psychotria yunnanensis*）和复序飘拂草（*Fimbristylis bisumbellata*）。

5.4　榕江县生物多样性现状[①]

5.4.1　自然概况

榕江县位于东经 108°04′～108°44′、北纬 25°26′～26°28′。位于贵州省东南部，黔东南苗族侗族自治州南部。位于都柳江中上游，地跨珠江与长江流域。东邻黎平县、从江县，西与雷山县、三都县接壤，北界剑河县，南接荔波县。榕江地处云贵高原向广西丘陵过渡的边缘地带，地势自西北向东南倾斜，河流深切，中间地势低落，山地特色明显。榕江地处亚热带常绿针、阔叶植被带，主要森林类型有针阔叶混交林、长绿阔叶林和长绿落叶阔叶混交林，森林总面积为 327.9 万亩，森林覆盖率 74.71%，活立木蓄积量 2 128 万 m^3，森林总面积和森林覆盖率均居贵州省各县首位。

5.4.2　组织实施

植物调查组以榕江县城古州镇为中心，向周边做辐射状展开，调查线路及地点基本上覆盖到榕江县各个乡镇及该县主要的植被类型，主要包括平阳乡小丹江村、水尾水族乡计水村马鞍山、计划乡计划大山、计划乡孔明山、栽麻乡老山（弄鸟山）、栽麻乡归柳村、栽麻乡丰登村、古州镇乌花村等地，采集了野生维管植物标本 1 700 余份；动物调查组在榕江县按照不同的生境类型，选择生境较好的朗洞镇、计划乡、水尾水族乡、平阳乡、两汪乡作为本次调查的重点区域，其他一些乡镇作为一般区域，展开有关陆栖脊椎动物物种资源的调查，共整理标本两栖爬行类标本 230 多号，兽类骨头及皮张 28 号左右，有价值的照片 3 000 多张，有效的调查问卷 326 份。

5.4.3　主要成果

（1）植被类型组成

根据此次考察，结合前人调查资料，将榕江县主要植被划分为 29 个群系，其中调查到 29 个群系中有 14 个为新记载群系，现将调查的 29 个群系记录如下：

①杉木林（Form. *Cunninghamia lanceolata*）

②马尾松林（Form. *Pinus massoniana*）

③秃杉林（Form. *Taiwania cryptomerioides*）

④甜楮栲林（Form. *Castanopsis eyrei*）

⑤木荷林（Form. *Schima superba*）

⑥丝栗栲林（Form. *Castanopsis fargesii*）

---

① 榕江县植被类型与植物多样性由北京林业大学王建中教授组织调查和提供数据；动物多样性由西北师范大学龚大洁教授组织调查和提供数据。

⑦方竹林（Form. *Chimonobambusa quadrangularis*）

⑧白辛树林（Form. *Pterostyrax psilophylla*）

⑨毛桐林（Form. *Mallotus barbatus*）

⑩毛竹林（Form. *Phyllostachys heterocycla*）

⑪海通盐肤木林（Form. *Clerodendrum mandarinorum -Rhus chinensis*）

⑫海通中华槭林（Form. *Clerodendrum mandarinorum -Acer sinense*）

⑬光叶榉五裂槭林（Form. *Zelkova serrata-Acer oliveranum*）

⑭光枝楠石栎林（Form. *Phoebe neuranthoides-Lithocarpus glaber*）

⑮石栎林（Form. *Lithocarpus glaber*）

⑯水青冈林（Form. *Fagus longipetiolata*）

⑰盐肤木林（Form. *Rhus chinensis*）

⑱栓皮栎林（Form. *Quercus variabilis*）

⑲板栗林（Form. *Castanea mollissima*）

⑳野核桃林（Form. *Juglans cathayensis*）

㉑油桐林（Form. *Vernicia fordii*）

㉒油茶林（Form. *Camellia oleifera*）

㉓木油桐枫香林（Form. *Vernicia montana-Liquidambar formosana*）

㉔柑橘林（Form. *Citrus reticulata*）

㉕楝树毛桐林（Form. *Melia azedarach-Mallotus barbatus*）

㉖任豆林（Form. *Zenia insignis*）

㉗脐橙林（Form. *Citrus sinensis*）

㉘栎类-杨桦灌丛（Form. *Quecus- Populus-Betula*）

㉙高秆珍珠茅草甸（Form. *Scleria terrestris*）

（2）植物物种多样性

➢ 物种组成

通过 2010 年和 2011 年对榕江县野生维管束植物的实地调查、采集标本和资料翻阅，形成的名录，共包含了 202 科 754 属 1725 种（含变种、变型和亚种），其中，蕨类植物有 35 科 71 属 170 种，裸子植物有 8 科 17 属 21 种，被子植物有 159 科 666 属 1 534 种。榕江县野生维管束植物的科属种类分别占贵州省的 78.99%、45.96%和 27.93%，榕江县科的种类比较丰富，科数目占贵州省维管束植物的一多半，但属和种占全省的比例都不太高（表 5-4）。

表 5-4 榕江县野生维管束植物种类的基本概况

类型	科			属			种		
	榕江	贵州	比例/%	榕江	贵州	比例/%	榕江	贵州	比例/%
蕨类植物	35	53	66.03	71	151	47.02	170	808	21.04
裸子植物	8	10	80.0	17	28	60.71	21	55	38.18
被子植物	159	194	81.95	666	1 455	45.77	1 534	5 314	28.86
合计	202	257	78.59	754	1 634	46.14	1 725	6 177	27.92

➢ 珍稀濒危保护种类

根据国务院 1999 年 8 月 4 日批准的国家林业局、农业部颁布的《国家重点保护野生植物名录》（第一批）以及 1993 年 4 月 19 日经贵州省人民政府批准的《贵州省重点保护树种名录》(简称省级名录)，查明榕江县分布有国家重点保护野生植物 13 种，占全国总数的 4.1%，占贵州省总数的 16.4%，隶属 12 科 12 属。其中：蕨类植物 1 种，裸子植物 5 种。被子植物 7 种。国家 I 级重点保护野生植物 3 种，国家 II 级重点保护野生植物 10 种（表 5-5）。

表 5-5 榕江县国家重点保护及珍稀濒危植物名录

中文名	拉丁学名	国家重点保护野生植物	国家珍贵树种	国家珍稀濒危植物	
				级别	受威胁程度
金毛狗	*Cibotium barometz*	II			
银杏	*Ginkgo biloba*	I	一级	2	稀有
秃杉	*Taiwania flousiana*	II	一级	2	稀有
南方红豆杉	*Taxus mairei*	I	一级	2	稀有
福建柏	*Fokienia hodginsii*	II	二级	2	渐危
闽楠	*Phoebe bournei*	II	二级	3	渐危
楠木	*Phoebe nanmu*	II	二级	3	渐危
伞花木	*Eurycorymbus cavaleriei*	II		2	稀有
伯乐树	*Bretschneidera sinensis*	I	一级	2	稀有
十齿花	*Dipentodon sinicns*	II		2	稀有
香果树	*Emmenopterys henryi*	II	一级	2	稀有
榉树	*Zelkova sechneideriana*	II			
白辛树	*Pterosyrax psilophylla*			3	渐危
木瓜红	*Rrhderodendron macrocarpum*			2	渐危
观光木	*Tsoongiodendron odorum*		二级	2	稀有
红花木莲	*Manglietia insignis*			3	渐危
乐东拟单性木兰	*Parakmeria lotungensis*			3	渐危
紫茎	*Stewartia sinensis*			3	渐危
豆腐柴	*Premna szemaoensis*			3	渐危
银鹊树	*Tapiscia sinensis*			3	稀有
杜仲	*Eucommia ulmoides*		二级	2	稀有
喙核桃	*Annamocarya sinensis*		二级	2	稀有
篦子三尖杉	*Cephalotaxus oliveri*	II			

国家Ⅰ级重点保护野生植物有：伯乐树（钟萼木）（*Bretshneidera sinensis*）、银杏（*Ginkgo biloba*）、南方红豆杉（*Taxux chinensis* var. *mairei*）。

国家Ⅱ级重点保护野生植物有：金毛狗（*Cibotium barometz*）、台湾杉（秃杉）（*Taiwania cryptomerioides*）、福建柏（*Fokienia hodginsii*）、闽楠（*Phoebe bournei*）、楠木（*Phoebe zhennan*）、伞花木（*Eurycorymbus cavaleriei*）、十齿花（*Dipentodon sinicns*）、香果树（*Emmenopterys henryi*）、榉树（*Zelkova sechneideriana*）、篦子三尖杉（*Cephalotaxus oliveri*）。

➢ 资源类群

榕江县有材用树种资源 132 种、药用植物资源 663 种、园林绿化资源 86 种、食用植物资源 132 种、油料植物资源 98 种。

① 材用树种

南方红豆杉、日本柳杉、柔毛油杉、细叶云南松、翠柏、福建柏、杉木、柳杉、罗汉松、华山松、马尾松、侧柏、雪松、圆柏、三尖杉、秃杉、穗花杉、篦子三尖杉、阔叶箬竹、箬叶竹、大喙省藤、慈竹、伯乐树、苍叶红豆、喙核桃、亮叶桦、云南蕈树、青冈栎、多脉青冈、水青冈、蓝果树、银木荷、木荷、榉树、黄果厚壳桂、紫楠、多脉铁木、赤皮青冈、亮叶水青冈、白辛树、楠木、旱冬瓜、细叶青冈栎、巴东栎、广西大头茶、糙叶树、黄檗、野核桃、湖南山核桃、网脉山龙眼、皂荚、榆树、响叶杨、翅荚香槐、重阳木、小叶红豆、蕈树、泡花树、枳椇、银杏、厚壳树、檫木、黄樟、花榈木、桑、粉叶柿、青檀、翅荚木、赤杨叶、红枝柴、野茉莉、野鸦椿、芬芳安息香、金叶含笑、白楠、光枝楠、亮叶含笑、八角、云南樟、乐东拟单性木兰、五列木、黄杞、小叶栾树、复羽叶栾树、木瓜红、桂南木莲、麻竹、枫香树、青钱柳、黄连木、笔罗子、锥栗、丝栗栲、红花木莲、观光木、樱桃、杨梅、野柿。

② 药用植物

玉蜀黍、绿苋、头芭蕉、韭、大百合、黄花菜、野百合、吉祥草、菜豆、棕叶狗尾草、西瓜、野茼蒿、一点红、杏、梅花、桃、李、白叶莓、枸杞、茄、薜荔、豆瓣菜、柿树、日本薯蓣、尾穗苋、多花野牡丹、地菍、展毛野牡丹、樱桃、杨梅、向日葵、菊芋、山莓、灰毛泡、豌豆、蕹菜、水蓼、软水蓼、香椿、荸荠、罗浮柿、贵州千斤拔、南瓜、葫芦、苦瓜、蛇瓜、魔芋、香果、鸡眼草、浮萍、画眉草、小蓬草、野苋、狗牙根、五节芒、木蓝、虎刺、显柱南蛇藤、长序缬草、樗叶花椒、白花树、八角枫、阔叶八角枫、小花八角枫、山菅、深裂竹根七、禾叶山麦冬、沿阶草、多花黄精、鹿药、白背牛尾菜、短梗菝葜、少蕊败酱、斑花败酱、攀倒甑、败酱、星宿菜、伞叶落地梅、川续断、藿香、金疮小草、大籽筋骨草、细风轮菜、寸金草、灯笼草、东紫苏、野草香、高原香薷、活血丹、牛尾草、龙头草、小花仙草、石荠苎、小叶假糙苏、夏枯草、华鼠尾草、荔枝草、半枝莲、岩藿香、韩信草、筒冠花、毛果巴豆、毛果算盘子、雀舌木、青灰叶下珠。

③ 园林绿化植物

云南知风草、西藏山茉莉、山麦冬、一串红、南岭黄檀、旱金莲、贵州芙蓉、华木槿、倒挂金钟、凤尾丝兰、黄花美人蕉、毛蕊红山茶、西南红山茶、长毛红山茶、紫罗兰、君子兰、垂笑君子兰、须苞石竹、麝香石竹、少女石竹、日本石竹、羽裂石竹、毛剪秋罗、高雪轮、蝇子草、鼠尾鞭、仙人山、昙花、仙人球、令箭荷花、小令箭荷花、黄毛掌、蟹爪兰、观音兰、双齿山茉莉、方竹、安石榴、鹰爪花、珠兰、紫萼、冬青、络石、黄蜀葵、木槿、大丽花、月见草、芍药、牡丹、石竹、紫茉莉、菊花、待霄草、三叶海棠、风车草、皱叶狗尾草、飞蛾槭、黄葛树、灯台树、二球悬铃木、紫柳、红花木莲、观光木、台湾泡桐、垂柳、青榨槭、野古草、拂子茅、密花拂子茅、棕榈、萱草、假俭草、甜根子草、芦荟、文竹、香果树、虎刺、异叶爬山虎、云南紫荆、猴欢喜、海桐、槐树、峨眉凤了蕨、普通凤了蕨、华南紫萁、三尖杉、穗花杉。

④ 食用植物

番薯、火葱、藠头、宽叶韭、薤白、黑果菝葜、狗爪豆、眉豆、小麦、梁子菜、茅栗、藜、小藜、菠菜、猕猴桃、毛葡萄、火棘、沙梨、木莓、辣椒、尖叶榕、地果、萝卜、广东蔊菜、乌饭树、食用葛藤、马铃薯、萱草、尖叶四照花、繁穗苋、构棘、蜀黍、荞麦、菱、聚锥水东哥、反枝苋、鸭舌草、玉蜀黍、绿苋、树头芭蕉、韭、大百合、黄花菜、野百合、吉祥草、菜豆、棕叶狗尾草、西瓜、野茼蒿、一点红、杏、梅花、桃、李、白叶莓、枸杞、茄、薜荔、豆瓣菜、柿树、日本薯蓣、尾穗苋、多花野牡丹、地菍、展毛野牡丹、樱桃、杨梅、向日葵、菊芋、山莓、灰毛泡、豌豆、蕹菜、水蓼、软水蓼、香椿、牛姆瓜、荸荠、罗浮柿、菜瓜、笋瓜、西葫芦、瓠子、旱芹、贵州千斤拔、南瓜、葫芦、苦瓜、蛇瓜、磨芋、香果、野柿、牛尾菜、灯笼草、野生紫苏、扁豆、喙果崖豆藤、蚕豆、绿豆、赤小豆、豇豆、姜、金丝桃、莴苣、半蒴苣苔、尖叶乌蔹莓、周毛悬钩子、蕺菜、无花果、莲、茅莓、刺楸、芡实、宜昌悬钩子、荚蒾、盒子草、冬瓜、鸡桑、异叶天仙果、川榛、岭南山竹子、芸苔、胡桃、胡麻、毛环竹、青菜、芥菜、白菜、荠、华山松、马尾松、垂子买麻藤。

⑤ 油料植物

华山松、马尾松、圆柏、三尖杉、篦子三尖杉、华中五味子、粗糠柴、油桐、苍耳、白木通、三叶崖爬藤、葛藟、野漆树、漆树、猫儿子、凤仙花、宜昌荚蒾、南方荚蒾、蔊菜、细梗香草、紫茎芹、异叶茴芹、川桂、光叶山矾、樗叶花椒、大叶醉鱼草、悬钩子蔷薇、香椿、笔罗子、小叶栾树、复羽叶栾树、八角、待霄草、鹰爪花、珠兰、野茉莉、檫木、黄樟。

（3）动物物种多样性

➢　物种组成

结合野外调查和访谈的数据，榕江县两栖类共有30种，隶属于2目9科19属；爬行类共有38种；调查结果鸟类共计13目32科127种，较为常见的种类以雀形目的分布最多，为优势类群，共有18科83种，占据所有调查科的56.25%，占据所有调查种的65.35%，超过了总数的一半；记录到兽类78种，隶属8目23科，其中以啮齿目种类最多，是该地区的优势类群，有 6 科 29 种，占所有记录到种类的 37.2%，其次是食肉目 4 科 13 种，占 16.7%。

此次调查，两栖类共计 25 种。其中泽陆蛙、棘腹蛙和黑斑侧褶蛙的分布地可向北限延伸至暖温带，进入古北界，为古北界和东洋界两界兼有的为广布种，其余都是东洋界物种。就其分布区而言，无斑肥螈为华中区和华南区主要分布区；峨眉林蛙主要为西南、华中、华南区；而棘蛙属中（棘侧蛙、棘胸蛙）的大部分物种，基本上属于喜马拉雅-横断山区型；滇侧褶蛙、台北纤蛙、花臭蛙、绿臭蛙、华南湍蛙、沼水蛙、大树蛙等为南中国型，其中，花臭蛙、华南湍蛙、大树蛙、斑腿泛树蛙为南中国型的广布种；花姬蛙、饰纹姬蛙为东洋型物种。综上所述，榕江县两栖动物东洋界占绝对优势，占该省调查总种数的 88%，而广布种只占到 12%。从分布型来看，榕江县两栖动物主要以南中国型为主，占到调查总数的 56%；东洋型和喜马拉雅-横断山区型次之，分别占到总数的 20%和 12%；季风型最少，占到 8%。

此次野外共调查到爬行动物有 24 种，且 24 种实际调查到的爬行类均为东洋界物种。从榕江县爬行动物的分布型分析来看，榕江县爬行类南中国型占绝对优势，共有 12 种，占到调查总数的 50%；其次以东洋型居多，共有 10 种，占到调查总数的 41.67%；而季风型和喜马拉雅-横断山区型均分布有 1 种，占 4.17%。

榕江县实际调查到的鸟类种只有东洋界和广布种两种，且东洋界和广布种物种几乎均等。东洋界共 8 目 26 科 64 种，分别占榕江县实际调查总数的 61.54%，81.25%和 50.39%，广布种：63 种，隶属 9 目、18 科，分别占调查总数的 49.61%，69.23%，56.25%。由此不难看出在调查区内东洋界鸟种是优势种。居留类型以留鸟为主，共 94 种，占所有调查物种的 74.00%；夏候鸟 27 种，占所有调查物种的 21.30%；旅鸟 4 种，占所有调查物种的 3.20%；冬候鸟仅 2 种，占所有调查物种的 1.50%。

在所调查的兽类物种中以东洋界物种种类为主，有 54 种，占此次调查的 69.23%；而广布种有 23 种，占到 29.49%；水鼠耳蝠（*Myotis laniger*）是榕江县分布的唯一一种古北界兽类，仅占榕江县兽类的 1.28%。

➢ 特有种类

此次调查到榕江县两栖类共计 25 种，其中有 8 种为中国特有种，占到榕江县两栖类物种的 32%。分别是：无斑肥螈、中华蟾蜍华西亚种、峨眉林蛙、棘侧蛙、滇侧褶蛙、花臭蛙、竹叶蛙和阔褶水蛙；此次调查到爬行类共计 24 种，其中 12 种为中国特有种，占到榕江县爬行类物种的 50%；我国特有鸟类在榕江县分布有红腹锦鸡（*Chrysolophus pictus*）和灰胸竹鸡（*Bambusicola thoracica*）2 种，占调查总数的 1.57%；共调查到我国特有的兽类 14 种，占到 17.95%，分别是：华南缺齿鼹（*Mogera insularis*）、鼩猬（*Neotetracus sinensis*）、大缺齿长尾鼩（*Chodsigoa salenskii*）、小缺齿长尾鼩（*C. parva*）、贵州菊头蝠（*Rhinolophus rex*）、云南菊头蝠（*R. yunnanensis*）、中华菊头蝠（*R. sinicus*）、藏酋猴（*Macaca thibetana*）、岩松鼠（*Sciurotamias davidanus*）、红腿长吻松鼠（*Dremomys pyrrhomerus*）、大绒鼠

（*Eothenomys miletus*）、滇绒鼠（*E.eleusis*）、高山姬鼠（*Apodemus chevrieri*）和小麂（*Moschus reevesi*）。

➢ 珍稀濒危保护种类

此次调查到榕江县两栖类共计 25 种，棘腹蛙和黑斑侧褶蛙分别被 IUCN 濒危等级列为濒危（EN）和近危（NT），同时滇侧褶蛙、棘胸蛙和棘侧蛙被 IUCN 濒危等级列为易危（VU）。故榕江县所调查到的两栖动物中在 IUCN 濒危等级中列为濒危、近危和易危的比例为别为 4.00%，4.00%和 12.00%；虎纹蛙为我国Ⅱ级保护动物，同时被列入 CITES 附录Ⅱ；25 种两栖类全部列为国家“三有动物”名录，占到榕江县两栖类物种的 100%。

此次调查到爬行类共计 24 种，眼镜王蛇被 IUCN 濒危等级列入濒危（EN），濒危物种数占到总调查数的 4.17%；有 8 种爬行动物在 IUCN 濒危等级中被列为易危（VU），易危物种数占到总数的 33.33%；3 种物种被列入 CITES 附录Ⅱ中，占到 12.5%；24 种物种全部列为国家“三有动物”名录。

榕江县共调查到的国家Ⅱ级保护鸟类 12 种，占到榕江县全部调查总数的 9.45%，没有调查到国家Ⅰ级保护鸟类，同时榕江县绝大多数鸟类属于国家“三有动物”或被列入“贵州省保护的野生鸟类名录”；有 15 种鸟类属于《中华人民共和国政府和日本国政府保护候鸟及其栖息环境协定》中的保护鸟类，占到调查总数的 11.81%；有 8 种鸟类属于《中华人民共和国政府和澳大利亚政府保护候鸟及其栖息环境的协定》中的保护鸟类，占到调查总数的 6.30%；被 IUCN 濒危等级列入近危（LC）的共计 6 种，占到榕江县调查总数的 4.72%；CITES 附录等级记录到了本次榕江县调查鸟类中的 10 种，占到调查总数的 7.87%。

经过实际调查，榕江县分布的哺乳动物中有金钱豹（*Panthera pardus*）、云豹（*Neofelis nebulosa*）、林麝（*Moschus feaei*）3 种国家Ⅰ级保护动物，占到调查总数的 3.85%，国家Ⅱ级保护动物 7 种，占调查总数的 8.97%，包括猕猴（*Macaca mulatta*）、藏酋猴（*M. thibetana*）、青鼬（*Martes flavigula*）、豺（*Cuon alpinus*）等；IUCN 濒危等级名录列为极危物种有金钱豹（*Panthera pardus*），被列入濒危的物种有 11 种，占到 14.10%，有大缺齿长尾鼩（*Chodsigoa salenskii*）、小缺齿长尾鼩（*C. parva*）等，被列入近危的物种有 14 种，占到 17.95%，分别有华南缺齿鼹（*Mogera insularis*）、小菊头蝠（*Rhinolophus pusillus*）、中菊头蝠（*R .affinis*）、西南鼠耳蝠（*Myotis altarium*）等，被列入易危的物种有 14 种，占到 17.95%，分为有中蹄蝠（*Rhinolophus larvatus*）、托氏菊头蝠（*H.thomasi*）、猕猴（*Macaca mulatta*）等；CITES 附录等级中被列入附录Ⅰ和附录Ⅱ的兽类在榕江县调查到分别各有 4 种，占到 5.13%，分别为：豹猫（*Prionailurus bengalensis*）、金钱豹（*Panthera pardus*）、云豹（*Neofelis nebulosa*）、斑羚（*Naemorhedus goral*）、北树鼩（*Tupaia belangeri*）、猕猴（*Macaca mulatta*）和豺（*Cuon alpinus*）。

5.4.4 小结

系统调查整理完成了榕江县的高等植物和陆生脊椎动物物种编目，并建立了数据库，为国家和地方生物多样性保护提供技术资料。本次调查过程中，发现贵州省首次记录的植物分类群共 9 种 1 变种，隶属于 10 科 10 属。这 9 种 1 变种分别是：瓜馥木（*Fissistigma oldhamii*）、变叶树参（*Dendropanax proteus*）、海岛苎麻（*Boehmeria formosana*）、梵天花（*Urena procumbens*）、长柄槭（*Acer longipes*）、藤紫珠（*Callicarpa integerrima* var. *chinensis*）、鸭跖草状凤仙花（*Impatiens commellinoides*）、小紫金牛（*Ardisia chinensis*）、云南九节（*Psychotria yunnanensis*）和复序飘拂草（*Fimbristylis bisumbellata*）。新记载群系 14 个，包括木荷林（Form. *Schima superba*）、方竹林（Form. *Chimonobambusa quadrangularis*）、白辛树林（Form. *Pterostyrax psilophylla*）、毛桐林（Form. *Mallotus barbatus*）、海通中华槭林（Form. *Clerodendrum mandarinorum Acer sinense*）、光叶榉五裂槭林（Form. *Zelkova serrata-Acer oliveranum*）、水青冈林（Form. *Fagus longipetiolata*）、野核桃林（Form. *Juglans cathayensis*）、木油桐枫香林（Form. *Vernicia montana-Liquidambar formosana*）、柑橘林 Form. *Citrus reticulata*）、楝树毛桐林（Form. *Melia azedarach-Mallotus barbatus*）、任豆林（Form. *Zenia insignis*）、脐橙林（Form. *Citrus sinensis*）、高秆珍珠茅草甸（Form. *Scleria terrestris*）。

第 6 章

桂西南山地优先区县域生物多样性调查成果

桂西南喀斯特地区位于中国广西的西南部，包括崇左市的天等、大新、扶绥、江州、龙州和百色市的那坡、德保、靖西等 8 个县，桂西南喀斯特地区因其多样的地形地貌、差异明显的气候条件，造就了复杂多样的生态环境和丰富而独特的生物多样性，是中国生物多样性保护关键区域之一，也是具有全球意义的生物多样性关键地区。

6.1 靖西县生物多样性现状[①]

6.1.1 自然概况

靖西县位于广西壮族自治区西南部边境，地处东经 105°56′～106°48′，北纬 22°51′～23°34′，北回归线横穿西北部，县境大部分在北回归线以南。东与广西天等县、大新县接壤，南与越南社会主义共和国交界，西与广西那坡县毗邻，北与广西百色市右江区、云南省富宁县相连，东北紧靠广西德保县。总面积 3 331 km^2，其中耕地面积 54.12 万亩，森林面积 360 万亩。

靖西县属岩溶山原地貌，整个地势为石灰岩高原。县境内少部分地区散布页岩、砂岩以及东部古龙山有一片花岗岩及南部有零星灰绿岩，大部分都是由石灰岩组成的峰林、峰丛山地，群山林立，峰峦叠嶂，地貌类型复杂多样。

靖西县植被为热带-亚热带中生性植被，属南亚热带季雨林植被区，包括天然植被和人工植被，总覆盖率为 46.6%。自然植被又分为森林植被和草甸植被。在森林植被分布中南部属热带季雨林带，北部则为亚热带常绿阔叶林带，均显示高原植被和过渡类型的特征，北部石山大部为草坡所被覆，仅南部有少部分石山为灌丛及小乔木分布，而石山间丘陵地均为灌木草坡。

靖西县辖 8 个镇、11 个乡，包括新靖镇、化峒镇、湖润镇、安德镇、龙临镇、渠洋镇、岳圩镇、龙邦镇、同德乡、壬庄乡、安宁乡、地州乡、禄峒乡、南坡乡、吞盘乡、果乐乡、

① 靖西县植被类型与植物多样性由中国中医科学院中药研究所黄璐琦研究员组织调查和提供数据；动物多样性由西北师范大学龚大洁教授组织调查和提供数据。

新甲乡、武平乡、魁圩乡。总人口 62.97 万人，居住着壮、汉、苗、瑶等 11 个民族，其中壮族人口占 99.4%，为壮族聚居的边境人口大县。

6.1.2　组织实施

植物调查组根据植被、物种资源、生态环境等综合情况，调查组织了靖西东北线、靖西中线、靖西西线、中越边境线、苔藓组 5 个调查分队，对靖西县 57 个村屯的维管束植物和 38 个村屯的苔藓植物进行了调查，采集维管束植物蜡叶标本 1981 号约 6 700 份、苔藓植物标本 439 号；动物调查组根据该县的实地情况和地形地貌等的特点，结合植被的保存现状及生物多样性分布的实际情况，本专题在掌握资料的基础上，制定了重点调查区域和一般调查区域相结合的方法，开展系统的、全面的物种资源调查，本次调查中项目组把重点调查区域放在上述几个保护区及其所在的南坡乡（底定）、地州乡、壬庄乡（邦亮）、岳圩镇、湖润镇等乡镇，而其他乡镇仅作为非重点调查区。

6.1.3　主要成果

（1）植被类型组成

本次调查在实地进行了 3 条样带和 34 个样方的取样调查，其中乔木样方 22 个（3 个为记名样方）、灌木样方 6 个、草本样方 6 个，取样总面积为 12 676m^2。通过对原始样地记录进行整理，对相关指标进行量化计测和聚类分析处理，结合区域植被地带性特征和优势种性状，参考苏宗明（1998）“广西自然植被分类系统”的见解，对靖西县植被分类系统进行了定量和定性比较分析，并在整理广西邦亮东黑冠长臂猿自然保护区综合科学考察报告（2010 年）、广西古龙山自然保护区资源考察报告（2009 年）的基础上，认为靖西县植被分类系统至少可分为 3 个植被型组、8 个植被型，10 个植被亚型、48 个群系、108 个群丛。

一、阔叶林（植被型组）

（一）暖性落叶阔叶林（植被型）

1．岩溶石山暖性落叶阔叶林（植被亚型）

（1）构树林（群系）（Form. *Broussonetia papyrifera*）

① 构树-斜基粗叶木-蔓生莠竹群落（群丛）

Broussonetia papyrifera-Lasianthus attenuatus-Microstegium vegans Comm.

② 构树-灰毛浆果楝+香港大沙叶-蔓生莠竹群落

Broussonetia papyrifera-Cipadessa baccifera-Pavetta hongkongensis-Microstegium vegans Comm.

③ 构树+印度血桐-斜叶榕+禾串树-蔓生莠竹群落

Broussonetia papyrifera+Macaranga indica-Ficus tinctoria subsp. Gibbosa-Bridelia balansae -Microstegium vegans Comm.

（2）圆叶乌桕林（Form. *Sapium rotundifolium*）

④ 圆叶乌桕-石岩枫群落

Sapium rotundifolium-Mallotus repandus var. *chrysocarpus* Comm.

⑤ 圆叶乌桕-芸香竹群落

Sapium rotundifolium-Bonia saxatilis Comm.

2．酸性土暖性落叶阔叶林

（3）枫香树林（Form. *Liquidambar formosana*）

⑥ 枫香树-滇粤山胡椒+五月茶+桢桐-荩草群落

Liquidambar formosana-Lindera metcalfiana+Antidesma bunius-Clerodendrum japonium-Arthraxon hispidus Comm.

⑦ 枫香树-苦树-滨盐肤木-肾蕨群落

Liquidambar formosana-Picrasma quassiodes-Rhus chinensis var. *roxburghiana-Nephrolepis auriculata* Comm.

（4）西桦林（Form. *Betula alnoides*）

⑧ 西桦+鹅掌柴-中越杜茎山-铁芒萁群落

Betula alnoides-Schefflera heptaphylla-Maesa balansae-Dicranopteris linearis Comm.

3．低山丘陵暖性阔叶林

（5）麻栎林（Form. *Quercus acutissima*）

⑨ 麻栎+紫弹树群落

Quercus acutissima + Celtis biondii Comm.

（二）常绿落叶阔叶混交林

4．岩溶石山常绿落叶阔叶混交林

（6）小叶青冈、圆果化香林（Form. *Cyclobalanopsis myrsinaefolia*，*Platycarya longipes*）

⑩ 小叶青冈+圆果化香-米念芭+芸香竹-肾蕨群落

Cyclobalanopsis myrsinaefolia+Platycarya longipes-Tirpitzia ovoidea- Bonia saxatilis-Nephrolepis auriculata Comm.

⑪ 小叶青冈+圆果化香-常绿榆-米念芭-蛛毛苣苔群落

Cyclobalanopsis myrsinaefolia+Platycarya longipes-Ulmus lanceifolia-Tirpitzia ovoidea-Paraboea sinensis Comm.

（7）革叶铁榄、圆果化香林（Form. *Sinosideroxylon wightianum*，*Platycarya longipes*）

⑫ 革叶铁榄+圆果化香+密花树-芸香竹-肾蕨+蛛毛苣苔群落

Sinosideroxylon wightianum+Platycarya longipes-Myrsine sequinii- Bonia saxatilis-Nephrolepis auriculata+Paraboea sinensis Comm.

（8）清香木、圆果化香、米念芭林（Form. *Pistacia weinmannifolia*，*Platycarya longipes*，*Tirpitzia ovoidea*）

⑬ 圆果化香-清香木+米念芭-芸香竹-肾蕨群落

Platycarya longipes - *Pistacia weinmannifolia* + *Tirpitzia ovoidea* - *Bonia saxatilis* - *Nephrolepis auriculata* Comm.

（9）海南菜豆树、岭南酸枣林（Form. *Radermachera hainanensis*，*Spondias lakonensis*）

⑭ 海南菜豆树+岭南酸枣-肥牛树-绿背山麻秆-蔓生莠竹群落

Radermachera hainanensis + *Spondias lakonensis* - *Cephalomappa sinensis* - *Alchornea trewioides* var. *sinica* - *Microstegium vegans* Comm.

（10）海南菜豆树、火麻树林（Form. *Radermachera hainanensis*，*Dendrocnide urentissima*）

⑮ 海南菜豆树+火麻树-岩樟+大叶土蜜树-米仔兰-葡萄叶艾麻群落

Rodermachera hainanensis + *Dendrocnide urentissima* - *Cinnamomum saxatile* + *Bridelia retusa*- *Aglaia odorata* - *Laportea violacea* Comm.

（11）化香树林（Form. *Platycarya strobilacea*）

⑯ 化香树+厚缘青冈群落

Platycarya strobilacea＋*Cyclobalanopsis thorelii* Comm.

⑰ 化香树-卵叶野丁香群落

Platycarya strobilacea＋*Leptodermis ovate* Comm.

⑱ 化香树+清香木群落

Platycarya strobilacea＋*Pistacia weinmannifolia* Comm.

⑲ 化香树+毛叶轴脉蕨群落

Platycarya strobilacea＋*Ctenitopsis devexa* Comm.

⑳ 化香树-芸香竹群落

Platycarya strobilacea＋*Bonia saxatilis* Comm.

㉑ 化香树-铁榄群落

Platycarya strobilacea＋*Sinosideroxylon pedunculatum* Comm.

㉒ 化香树＋广西密花树群落

Platycarya strobilacea＋*Myrsine kwangsiensis* Comm.

㉓ 化香树＋岩樟群落

Platycarya strobilacea＋*Cinnamomum saxatile* Comm.

㉔ *樟科＋越南山核桃群落

㉕ *黄杞-芸香竹群落

Engelhardtia roxburghiana - *Bonia saxatilis* Comm.

（12）青冈林（Form. *Cyclobalanopsis glauca*）

㉖ 青冈+岩樟群落

Cyclobalanopsis glauca＋*Cinnamomum saxatile* Comm.

㉗ 青冈＋越南山核桃群落

Cyclobalanopsis glauca＋*Carya tonkinensis* Comm.

㉘ 青冈-芸香竹群落

Cyclobalanopsis glauca＋*Bonia saxatilis* Comm.

㉙ *厚缘青冈群落

Cyclobalanopsis thorelii Comm.

（13）毛枝青冈林（Form. *Cyclobalanopsis hefleriana*）

㉚ 毛枝青冈+滇南青冈+化香树群落

Cyclobalanopsis hefleriana+*Cyclobalanopsis austroglauca*+*Platycarya strobilacea* Comm.

㉛ 毛枝青冈+化香树群落

Cyclobalanopsis hefleriana+*Platycarya strobilacea* Comm.

㉜ 毛枝青冈+滇南青冈群落

Cyclobalanopsis hefleriana+*Cyclobalanopsis austroglauca* Comm.

㉝ 毛枝青冈群落

Cyclobalanopsis hefleriana Comm.

（14）小叶青冈林（Form. *Cyclobalanopsis myrsinaefolia*）

㉞ 小叶青冈-清香木群落

Cyclobalanopsis myrsinaefolia-*Pistacia weinmannifolia* Comm.

㉟ *高山锥群落

Castanopsis delavayi Comm.

㊱ *公孙锥+吊皮锥群落

Castanopsis tonkinensis+*Castanopsis kawakamii* Comm.

㊲ *鸡仔木群落

Sinoadina racemosa Comm.

㊳ *广西密花树群落

Myrsine kwangsiensis Comm.

（15）岩樟林（Form. *Cinnamomum saxatile*）

㊴ 岩樟+圆叶乌桕群落

Cinnamomum saxatile+*Sapium rotundifolium* Comm.

㊵ 岩樟群落

Cinnamomum saxatile Comm.

㊶ 岩樟+任豆群落

Cinnamomum saxatile+*Zenia insignis* Comm.

㊷ 岩樟-铁榄-香港大沙叶-肾蕨群落

Cinnamomum saxatile - *Sinosideroxylon pedunculatum* - *Pavetta hongkongensis* - *Nephrolepis auriculata* Comm.

㊸ 岩樟+粉苹婆-紫珠-肾蕨群落

Cinnamomum saxatile + *Sterculia euosma* - *Callicarpa bodinieri* - *Nephrolepis auriculata* Comm.

㊹ *茜树群落

Aidia cochinchinensis Comm.

（16）伊桐林（Form. *Itoa orientalis*）

㊺ 伊桐+鱼骨木群落

Itoa orientalis+*Canthium dicoccum* Comm.

（三）季节性雨林

5．岩溶石山季节性雨林

（17）大叶水榕林（Form. *Ficus glaberrima*）

㊻ 大叶水榕-肥牛树+球序鹅掌柴-毛叶九节-冷水花群落

Ficus glaberrima - *Cephalomappa sinensis* + *Schefflera pauciflora* - *Psychotria rubra* var. *pilosa* – *Pilea* sp. Comm.

㊼ 大叶水榕-肥牛树+网脉紫薇-白毛长叶紫珠-葡萄叶艾麻群落

Ficus glaberrima - *Cephalomappa sinensis* + *Lagerstroemia suprareticulata* - *Callicorpa longifolia* var. *floccasa* - *Laportea violacea* Comm.

㊽ 大叶水榕-肥牛树-香港大沙叶-肾蕨群落

Ficus glaberrima - *Cephalomappa sinensis* - *Pavetta hongkongensis* - *Nephrolepis auriclllala* Comm.

㊾ 大叶水榕-灰岩棒柄花-香港大沙叶+网脉守宫木-葡萄叶艾麻群落

FiclIs glaberrima - *Cleidioll bracteosum* - *Pavetta hongkongensis* + *Sauropus reticulates*- *Laporlea violacea* Comm.

（18）肥牛树林（Form. *Cephalomappa sinensis*）

㊿ 肥牛树+网脉紫薇-细齿紫麻-肾蕨群落

Cephalomappa sinensis + *Lagerslroemia suprareticulata* - *Oreocnide serrulata* - *Nephrolepis auriculata* Comm.

(51) 肥牛树-四瓣米仔兰-假黄皮-葡萄叶艾麻群落

Cephalomappa sinensis - *Aglaia lawii* - *Clausena excavate* - *Laportea violacea* Comm.

(52) 肥牛树-山地五月茶-香港大沙叶+宽叶沿阶草群落

Cepholomappa sinensis - *Antidesma montanum* - *Pavetta hongkongensis* + *Ophiopogon platyphyllus* Comm.）

（19）蚬木林（Form. *Excenlrodendron tonkinense*）

(53) 蚬木-滇粤山胡椒-绿背山麻秆-苎草群落

Excentrodendroll tonkinense - Lindera metcalfiana - Alchornea trewioides var. *sinica-Arthraxon hispidus* Comm.

(54) 蚬木-铁榄+金丝李-四瓣米仔兰-香港大沙叶-肾蕨群落

Excentrodendron tonkinense - Sinosideroxylon pedunculatum + Garcinia paucinervis - Aglaia lawii - Pavetta hongkongensis - Nephrolepis auriculata Comm.

(55) 蚬木+滇南青冈群落

Excentrodendron tonkinense+Cyclobalanopsis austroglauca Comm.

(56) 蚬木+披针叶楠群落

Excentrodendron tonkinense+Phoebe lanceolata Comm.

(57) 蚬木+越南山核桃群落

Excentrodendron tonkinense+Carya tonkinensis Comm.

(58) 蚬木+红背山麻秆群落

Excentrodendron tonkinense+Alchornea trewioides Comm.

(59) *剑叶龙血树群落

Dracaena cochinchinensis Comm.

(60) *海南新木姜群落

Neolitsea hainanensis Comm.

（20）尼泊尔水东哥林（Form. *Saurauia napaulensis*）

(61) 尼泊尔水东哥+印度血桐-细齿紫麻-多序楼梯草群落

Saurauia napalllensis + Macaranga indica - Oreocnide serrulata - Elatostema macintyrei Comm.

（21）灰岩棒柄花林（Form. *Cleidion bracleosum*）

(62) 灰岩棒柄花-细齿紫麻+茜树-葡萄叶艾麻+龙州半蒴苣苔群落

Cleidion bracteosum - Oreocnide serrulata + Aidia cochinchinensis - Laportea violacea + Hemiboea longzhouensis Comm.

（22）鱼尾葵林（Form. *Caryoto ochlandra*）

(63) 鱼尾葵-网脉紫薇+灰毛浆果楝-红背山麻秆-荩草群落

Caryoto ochlandra - Lagerstroemia suprareticulata + Cipadessa baccifera - AIchornea trewioides - Arthraxon hispidus Comm.

（23）董棕林（Form. *Caryota obtusa*）

(64) 董棕-灰毛浆果楝+木蝴蝶-红背山麻秆-蔓生莠竹群落

Caryoto obtusa - Cipadessa cinerascens + Oroxylum indicum - Alchornea trewioides - Microstegium vegans Comm.

(65) 董棕+滇粤山胡椒-香港大沙叶-肾蕨群落

Caryoto obtusa + Lindera metcalfiana - Povetta hongkongensis - Nephrolepis cordifolia Comm.

（24）毛叶铁榄、厚缘青冈林（Form. *Sinosideroxylon pedunculatum* var. *pubifolium*，*Cyclobalanopsis thorelii*）

⑥⑥ 毛叶铁榄+厚缘青冈-芸香竹群落

Sinosideroxylon pedunculatum var. *pubifolium* + *Cyclobalanopsis thorelii* - *Monocladus amplexicaulis* Comm.

6．岩溶石山次生季节性雨林

（25）木棉林（Form. *Bombax ceiba*）

⑥⑦ 木棉+香椿-赪桐-荩草群落

Bombax ceiba + *Toona sinensis* - *Clerodendrum japonicum* - *Arthraxon hispidus* Comm.

⑥⑧ 木棉-黄荆-肾蕨群落

Bombax ceiba - *Vitex negundo* - *Nephrolepis auriculata* Comm.

（26）任豆林（Form. *Zenia insignis*）

⑥⑨ 任豆-岩樟-红背山麻秆-肾蕨群落

Zenia insignis + *Cinnamomum saxatile* - *Alchornea trewioides* - *Nephrolepis auriculata* Comm.

⑦⓪ 任豆-黄荆+红背山麻秆-牡蒿群落

Zenia insignis - *Vitex negundo* + *AIchornea trewioides* - *Artemisia japonica* Comm.

（27）南酸枣林（Form. *Choerospondias axillaris*）

⑦① 南酸枣+苦木群落

Choerospondias axillaris+*Picrasma quassioides* Comm.

⑦② 南酸枣+任豆群落

Choerospondias axillaris+*Zenia insignis* Comm.

⑦③ 南酸枣+越南山核桃群落

Choerospondias axillaris+*Carya tonkinensis* Comm.

（28）盐肤木林（Form. *Rhus chinensis*）

⑦④ 盐肤木+越南山核桃群落

Rhus chinensis+*Carya tonkinensis* Comm.

⑦⑤ 盐肤木-灰毛浆果楝群落

Rhus chinensis+*Cipadessa cinerascens* Comm.

（29）香椿林（Form. Toona sinensis）

⑦⑥ 香椿+枫香-牡荆群落

Toona sinensis+*Liquidambar formosana*-*Vitex negundo* var. *cannabifolia* Comm.

二、针叶林

（四）针叶林

（30）马尾松林（Form. Pinus massoniana）

(77) 马尾松+杉木群落

Pinus massoniana+Cunninghamia lanceolata Comm.

（31）杉木林（Form. *Cunninghamia lanceolata*）

(78) 杉木+米槠群落

Cunninghamia lanceolata+Castanopsis carlesii Comm.

三、灌丛

（五）暖性灌丛

7．岩溶石山暖性灌丛

（32）红背山麻秆灌丛（Form. *AIchornea trewioides*）

(79) 红背山麻秆-荩草群落

Alchornea trewioides - Arthraxon hispidus Comm.

(80) 红背山麻秆+老虎刺-肾蕨群落

Alchornea trewioides + Pterolobium punctatum - Nephrolepis auriculata Comm.

(81) 红背山麻秆+刺果苏木-荩草群落

Alchornea trewioides + Coesalpinia bonduc - Arthraxon hispidus Comm.

(82) 红背山麻秆-飞机草群落

Alchornea trewioides - Chromolaena odorata Comm.

(83) 红背山麻秆+灰毛浆果楝群落

Alchornea trewioides+Cipadessa baccifera Comm.

（33）黄荆灌丛（Form. Vitex negundo）

(84) 黄荆+红背山麻秆-荩草群落

Vitex negundo + Alchornea trewioides - Arthraxon hispidus Comm.

(85) 黄荆+灰毛浆果楝-青叶苎麻群落

Vitex negundo + Cipadessa baccifera - Boehmeria nivea var. *tenacissima* Comm.

(86) 黄荆+子凌蒲桃群落

Vitex negundo+Syzygium championii Comm.

(87) 黄荆+毛桐群落

Vitex negundo+Mallotus barbatus Comm.

（34）灰毛浆果楝、八角枫灌丛（Form. *Cipadessa baccifera*，*Alangium chinense*）

(88) 灰毛浆果楝+八角枫-荩草-干旱毛蕨群落

Cipadessa baccifera + Alangium chinense - Arthraxon hispidus - Cyclosorus aridus Comm.

（35）小果绒毛漆、土连翘灌丛（Form. *Toxicodendron wallichii* var. *microcarpum*，*Hymenodictyon flaccidum*）

⑧⑨ 小果绒毛漆+土连翘-渐尖毛蕨+肾蕨群落

Toxicodendron wallichii var. *microcarpum* + *Hymenodictyon flaccidum* - *Cyclosorus acuminatus* + *Nephrolepis auriculata* Comm.

（36）米念芭灌丛（Form. *Tirpitzia ovoidea*）

⑨⓪ 米念芭+杠香藤群落

Tirpitzia ovoidea+*Mallotus repandus* var. *chrysocarpus* Comm.

（37）老虎刺、刺果苏木灌丛（Form. *Pterolobium punctatum*，*Caesalpinia bonduc*）

⑨① 老虎刺+刺果苏木-毛轴蕨群落

Plerolobium punctatum + *Caesalpinia bonduc* - *Pteridium revolutum* Comm.

⑨② 刺果苏木+老虎刺-肾蕨群落

Caesalpinia bonduc + *Pterolobium punctatum* - *Nephrolepis auriculata* Comm.

（38）老虎刺灌丛（Form. *Pterolobium punctatum*）

⑨③ 老虎刺-五节芒+牡蒿+千里光群落

Pterolobium punctatum-*Miscanthus floridulus*+*Artemisia japonica*+*Senecio scandens* Comm.

（39）芸香竹灌丛（Form. Monocladus amplexicaulis）

⑨④ 芸香竹-足茎毛兰+石仙桃群落

Monocladus amplexicaulis - *Eria coronaria* + *Pholidota chinensis* Comm.

⑨⑤ *卵叶野丁香+长叶苎麻群落

Leptodermis ovata+*Boehmeria penduliflora* Comm.

（六）热性灌丛

8．岩溶石山热性灌丛

（40）番石榴灌丛（Form. Psidium guajava）

⑨⑥ 番石榴+滨盐肤木-兰香草群落

Psidium guajava+ *Rhus chinensis* var. *roxburghiana* - *Caryopteris incana* Comm.

四、草丛

（七）禾草草丛

9．岩溶石山高草草丛

（41）斑茅草丛（Form. *Saccharum arundinaceum*）

⑨⑦ 斑茅群落

Saccharum arundinaceum Comm.

（42）五节芒草丛（Form. *Miscanthus floridulus*）

⑨⑧ 五节芒-蔓生莠竹群落

Miscanthus floridulus - *Microstegium vegans* Comm.

10．岩溶石山中草草丛

（43）蔓生莠竹草丛（Form. Microstegium vegans）

⑲ 蔓生莠竹群落

Microstegium vegans Comm.

（44）白茅草丛（*From*. Imperata cylindrica）

⑳ 白茅群落

Imperata cylindrical Comm.

（45）假淡竹叶草丛（*From*. Mnesithea laevis）

⑩ 假淡竹叶+地念+丰花草+一年蓬群落

Mnesithea laevis+ Melastoma dodecandrum+Borreria stricta+Erigeron annuus Comm.

⑩ 假淡竹叶+兰香草群落

Mnesithea laevis+Caryopteris incana Comm.

（46）肾蕨草丛（*From. Nephrolepis cordifolia*）

⑩ 肾蕨+结缕草+五节芒+白茅群落

Nephrolepis cordifolia + Zoysia japonica + Miscanthus floridulus + Imperata cylindrical Comm.

⑩ 肾蕨+牛筋草+牡蒿群落

Nephrolepis cordifolia +Eleusine indica+Artemisia japonica Comm.

（八）其他杂草草丛

11．岩溶石山杂草草丛

（47）鬼针草草丛（*From. Bidens pilosa*）

⑩ 白花鬼针草+藿香蓟+五月艾群落

Bidens pilosa var. *radiata+Ageratum conyzoides+Artemisia indica* Comm.

（48）飞机草草丛（*From. Eupatorium odoratum*）

⑩ 飞机草群落

Eupatorium odoratum Comm.

⑩ 飞机草+马兰+丰花草+一年蓬群落

Chromolaena odorata+Kalimeris indica+Borreria stricta+Erigeron annuus Comm.

（2）植物物种多样性

➢ 物种组成

通过对靖西县采到的 439 号苔藓植物标本进行整理和鉴定，统计出靖西县苔藓植物共有 53 科 133 属 283 种（包含种以下单位，下同）。其中苔类植物 17 科 35 属 81 种；藓类植物 35 科 98 属 202 种。

根据实地调查、历史腊叶标本信息以及有关文献整理结果的统计，靖西县共有维管束植物 228 科 1017 属 2353 种（含变种、亚种和变型，下同），其中蕨类植物 42 科 78 属 197

种，裸子植物 9 科 12 属 18 种，被子植物 177 科 927 属 2 138 种；被子植物中，双子叶植物 149 科 766 属 1 807 种，单子叶植物 28 科 161 属 331 种（表 6-1）。靖西县维管束植物物种数量占广西植物种数的 25.67%（表 6-2）。

表 6-1 靖西县维管束植物基本组成

类群	科		属		种	
	数量	比例/%	数量	比例/%	数量	比例/%
蕨类植物	42	18.42	78	7.67	197	8.37
裸子植物	9	3.95	12	1.18	18	0.76
被子植物	177	77.63	927	91.15	2138	90.86
双子叶植物	149	65.35	758	75.32	1798	76.80
单子叶植物	27	12.28	160	15.83	330	14.07
合计	228	100.00	1017	100.00	2353	100.00

表 6-2 靖西县维管束植物占广西植物总数的比例

类群	靖西县			广西			占广西植物总数的比例/%		
	科	属	种	科	属	种	科	属	种
蕨类植物	42	78	197	56	155	833	75.00	50.32	23.65
裸子植物	9	12	18	10	30	88	90.00	40.00	20.45
被子植物	177	927	2 138	243	1 826	8 247	72.84	50.77	25.92
合计	228	1 017	2 353	309	2 011	9 168	73.79	50.57	25.67

注：广西植物总数按《广西植物名录》（覃海宁、刘演，2010）统计，包括栽培植物或归化。

➢ 特有种类

靖西县分布的中国特有种共有 513 种，隶属于 122 科 300 属。其中蕨类植物 8 科 12 属 13 种，裸子植物 3 科 3 属 3 种，被子植物 111 科 285 属 497 种。

靖西县分布的广西特有种共有 94 种，隶属于 56 科 85 属，其中苦苣苔科 11 种、秋海棠科 7 种、大戟科 5 种、爵床科 5 种、茜草科 5 种、姜科 4 种。

靖西县有 70%的土地是典型的岩溶山地，岩溶发育姣好。岩溶特有植物有地枫皮（*Illicium difengpi*）、米念巴（*Tirpitzia ovoidea*）、网脉紫薇（*Lagerstroemia suprareticulata*）、金丝李（*Garcinia paucinervis*）、石山巴豆（*Croton euryphyllus*）、圆叶乌桕（*Sapium rotundifolium*）、石山花椒（*Zanthoxylum calcicola*）、清香木（*Pistacia weinmannifolia*）、圆果化香（*Platycarya longipes*）、三脉叶荚蒾（*Viburnum triplinerve*）等。

➢ 珍稀濒危保护种类

① 国家重点保护野生植物

在对靖西物种名单分析统计的基础上，已知《国家重点保护野生植物》（第一批）有 21 科 23 属 24 种，其中蕨类植物 4 科 4 属 4 种，裸子植物 3 科 3 属 3 种，被子植物 14 科 16 属 17 种。列为国家 I 级重点保护的有 3 种，列为国家 II 级重点保护的有 21 种。属于《国家重点保护野生植物》（第二批）的有 10 科 58 属 153 种，其中被子植物 10 科 57 属 152 种，列为国家 I 级重点保护的有 36 种，列为国家 II 级重点保护的有 117 种（表 6-3）。

表 6-3　国家重点保护野生植物

序号	科名	中文名	拉丁学名	保护级别	备注
1	苏铁科	石山苏铁	*Cycas spiniformis* J. Y. Liang	I	第一批
2	苦苣苔科	单座苣苔	*Metabriggsia ovalifolia* W. T. Wang	I	第一批
3	七叶树科	掌叶木	*Handeliodendron bodinieri*（H. Lev.）Rehder	I	第一批
4	蚌壳蕨科	金毛狗	*Cibotium barometz*（Linn.）J. Sm.	II	第一批
5	桫椤科	桫椤	*Alsophila spinulosa*（Wall. ex Hook.）Tryon	II	第一批
6	水蕨科	水蕨	*Ceratopteris thalictroides* Tardieu et C. Chr.	II	第一批
7	乌毛蕨科	苏铁蕨	*Brainea insignis*（Hook.）J. Sm.	II	第一批
8	松科	短叶黄杉	*Pseudotsuga brevifolia* W. C. Cheng et L. K. Fu	II	第一批
9	柏科	翠柏	*Calocedrus macrolepis* Kurz	II	第一批
10	木兰科	大果木莲	*Manglietia grandis* Hu et W. C. Cheng	II	第一批
11	木兰科	大叶木莲	*Manglietia megaphylla* Hu et W. C. Cheng	II	第一批
12	八角科	地枫皮	*Illicium difengpi* K. I. B. et K. I. M. ex B. N. Chang	II	第一批
13	樟科	樟	*Cinnamomum camphora*（Linn.）Presl	II	第一批
14	椴树科	蚬木	*Excentrodendron tonkinense*（A. Chev.）H. T. Chang et R. H. Miao	II	第一批
15	梧桐科	滇桐	*Craigia yunnanensis* W. W. Sm. et W. E. Evans	II	第一批
16	梧桐科	广西火桐	*Firmiana kwangsiensis* Hsu	II	第一批
17	苏木科	格木	*Erythrophleum fordii* Oliv.	II	第一批
18	蝶形花科	任豆	*Zenia insignis* Chun	II	第一批
19	蝶形花科	花榈木	*Ormosia henryi* Prain	II	第一批
20	壳斗科	华南锥	*Castanopsis concinna*（Champ. ex Benth.）A. DC.	II	第一批
21	榆科	大叶榉树	*Zelkova schneideriana* Hand.-Mazz.	II	第一批
22	铁青树科	蒜头果	*Malania oleifera* Chun et S. K. Lee	II	第一批
23	珙桐科	喜树	*Camptotheca acuminata* Decne.	II	第一批
24	棕榈科	董棕	*Caryota obtusa* Griff.	II	第一批
25	藤黄科	金丝李	*Garcinia paucinervis* Chun ex F. C. How	I	第二批
26	兰科	莎叶兰	*Cymbidium cyperifolium* Wall. ex Lindl.	I	第二批
27	兰科	冬凤兰	*Cymbidium dayanum* Rchb. f.	I	第二批
28	兰科	建兰	*Cymbidium ensifolium*（Linn.）Sw.	I	第二批
29	兰科	多花兰	*Cymbidium floribundum* Lindl.	I	第二批
30	兰科	虎头兰	*Cymbidium hookerianum* Rchb. f.	I	第二批
31	兰科	黄蝉兰	*Cymbidium iridioides* D. Don	I	第二批
32	兰科	兔耳兰	*Cymbidium lancifolium* Hook.	I	第二批
33	兰科	邱北冬蕙兰	*Cymbidium qiubeiense* K. M. Feng et H. Li	I	第二批
34	兰科	墨兰	*Cymbidium sinense*（Jack. ex Andrews）Willd.	I	第二批
35	兰科	剑叶石斛	*Dendrobium acinaciforme* Roxb.	I	第二批

序号	科名	中文名	拉丁学名	保护级别	备注
36	兰科	钩状石斛	*Dendrobium aduncum* Wall. ex Lindl.	I	第二批
37	兰科	叠鞘石斛	*Dendrobium aurantiacum* Rchb. f.	I	第二批
38	兰科	束花石斛	*Dendrobium chrysanthum* Lindl.	I	第二批
39	兰科	齿瓣石斛	*Dendrobium devonianum* Paxton	I	第二批
40	兰科	串珠石斛	*Dendrobium falconeri* Hook.	I	第二批
41	兰科	流苏石斛	*Dendrobium fimbriatum* Hook.	I	第二批
42	兰科	曲轴石斛	*Dendrobium gibsonii* Lindl.	I	第二批
43	兰科	细叶石斛	*Dendrobium hancockii* Rolfe	I	第二批
44	兰科	聚石斛	*Dendrobium lindleyi* Stend.	I	第二批
45	兰科	喇叭唇石斛	*Dendrobium lituiflorum* Lindl.	I	第二批
46	兰科	美花石斛	*Dendrobium loddigesii* Rolfe	I	第二批
47	兰科	藏南石斛	*Dendrobium monticola* P. F. Hunt et Summerh.	I	第二批
48	兰科	石斛	*Dendrobium nobile* Lindl.	I	第二批
49	兰科	竹枝石斛	*Dendrobium salaccense*（Blume）Lindl.	I	第二批
50	兰科	滇桂石斛	*Dendrobium scoriarum* W. M. Sw.	I	第二批
51	兰科	梳唇石斛	*Dendrobium strongylanthum* Rchb. f.	I	第二批
52	兰科	长瓣兜兰	*Paphiopedilum dianthum* T. Tang et F. T. Wang	I	第二批
53	兰科	汉氏兜兰	*Paphiopedilum hangianum* perner et Gruss	I	第二批
54	兰科	海伦兜兰	*Paphiopedilum helenae* Aver.	I	第二批
55	兰科	带叶兜兰	*Paphiopedilum hirsutissimum*（Lindl. ex Hook. f.）Stein	I	第二批
56	兰科	硬叶兜兰	*Paphiopedilum micranthum* T. Tang et F. T. Wang	I	第二批
57	兰科	飘带兜兰	*Paphiopedilum parishii*（Rchb. f.）Stein	I	第二批
58	兰科	洛氏蝴蝶兰	*Phalaenopsis lobbii*（Rchb. f.）H. R. Sweet	I	第二批
59	兰科	华西蝴蝶兰	*Phalaenopsis wilsonii* Rolfe	I	第二批
60	兰科	版纳蝴蝶兰	*Phalaenopsis mannii* Rchb.f.	I	第二批
61	石杉科	蛇足石杉	*Huperzia serrata*（Thunb.）Trevis.	II	第二批
62	木兰科	观光木	*Tsoongiodendron odorum* Chun	II	第二批
63	大风子科	海南大风子	*Hydnocarpus hainanensis*（Merr.）Sleum.	II	第二批
64	山茶科	山茶	*Camellia japonica* Linn.	II	第二批
65	山茶科	白毛茶	*Camellia sinensis*（Linn.）O. Kuntze	II	第二批
66	猕猴桃科	异色猕猴桃	*Actinidia callosa* Lindl. var. *discolor* C. F. Liang	II	第二批
67	猕猴桃科	条叶猕猴桃	*Actinidia fortunatii* Finet et Gagnep.	II	第二批
68	猕猴桃科	中越猕猴桃	*Actinidia indochinensis* Merr.	II	第二批
69	延龄草科	七叶一枝花	*Paris polyphylla* Sm.	II	第二批
70	延龄草科	华重楼	*Paris polyphylla* Sm. var. *chinensis*（Franch.）H. Hara	II	第二批
71	天南星科	滇南星	*Arisaema austroyunnanense* H. Li	II	第二批

序号	科名	中文名	拉丁学名	保护级别	备注
72	天南星科	象头花	*Arisaema franchetianum* Engl.	II	第二批
73	天南星科	山珠南星	*Arisaema yunnanense* Buchet	II	第二批
74	龙舌兰科	海南龙血树	*Dracaena cambodiana* Pierre ex Gagnep.	II	第二批
75	龙舌兰科	剑叶龙血树	*Dracaena cochinchinensis*（Lour.）S. C. Chen	II	第二批
76	兰科	多花脆兰	*Acampe rigida*（Buch.-Ham. ex J. E. Sm.）P. F. Hunt	II	第二批
77	兰科	多花指甲兰	*Aerides rosea* Lodd. ex Lindl. et Paxt.	II	第二批
78	兰科	金线兰	*Anoectochilus roxburghii*（Wall.）Lindl.	II	第二批
79	兰科	筒瓣兰	*Anthogonium gracile* Lindl.	II	第二批
80	兰科	无叶兰	*Aphyllorchis montana* Rchb. f.	II	第二批
81	兰科	剑叶拟兰	*Apostasia wallichii* R. Br.	II	第二批
82	兰科	竹叶兰	*Arundina graminifolia*（D. Don）Hochr.	II	第二批
83	兰科	拟距胼胝兰	*Biermannia calcorata* Aver.	II	第二批
84	兰科	赤唇石豆兰	*Bulbophyllum affine* Lindl.	II	第二批
85	兰科	芳香石豆兰	*Bulbophyllum ambrosia*（Hance）Schltr.	II	第二批
86	兰科	大叶卷瓣兰	*Bulbophyllum amplifolium*（Rolfe）M. S. Balakr. et Chowdhuri	II	第二批
87	兰科	梳帽卷瓣兰	*Bulbophyllum andersonii*（Hook. f.）J. J. Sm.	II	第二批
88	兰科	直唇卷瓣兰	*Bulbophyllum delitescens* Hance	II	第二批
89	兰科	圆叶石豆兰	*Bulbophyllum drymoglossum* Maxim. ex M. Okubo	II	第二批
90	兰科	落叶石豆兰	*Bulbophyllum hirtum*（J. E. Sm.）Lindl.	II	第二批
91	兰科	长臂卷瓣兰	*Bulbophyllum longibrachiatum* Z. H. Tsi	II	第二批
92	兰科	密花石豆兰	*Bulbophyllum odoratissimum*（J. E. Sm.）Lindl.	II	第二批
93	兰科	藓叶卷瓣兰	*Bulbophyllum retusiusculum* Rchb. f.	II	第二批
94	兰科	等萼卷瓣兰	*Bulbophyllum violaceolabellum* Seidenf.	II	第二批
95	兰科	银带虾脊兰	*Calanthe argenteo-striata* C. Z. Tang et S. J. Cheng	II	第二批
96	兰科	三褶虾脊兰	*Calanthe triplicata*（Willemet）Ames	II	第二批
97	兰科	叉枝牛角兰	*Ceratostylis himalaica* Hook. f.	II	第二批
98	兰科	中华叉柱兰	*Cheirostylis chinensis* Rolfe	II	第二批
99	兰科	全唇叉柱兰	*Cheirostylis takeoi*（Hayata）Schltr.	II	第二批
100	兰科	南贡隔距兰	*Cleisostoma nangongense* Z. H. Tsi	II	第二批
101	兰科	大序隔距兰	*Cleisostoma paniculatum*（Ker Gawl.）Garay	II	第二批
102	兰科	尖喙隔距兰	*Cleisostoma rostratum*（Lodd.）Seidenf. ex Aver.	II	第二批
103	兰科	毛柱隔距兰	*Cleisostoma simondii*（Gagnep.）Seidenf.	II	第二批
104	兰科	短序隔距兰	*Cleisostoma striatum*（Rchb. f.）Garay	II	第二批
105	兰科	红花隔距兰	*Cleisostoma williamsonii*（Rchb. f.）Garay	II	第二批
106	兰科	拟距隔距兰	*Cleisostomopsis eberhardtii*（Finet）Seidenf	II	第二批
107	兰科	流苏贝母兰	*Coelogyne fimbriata* Lindl.	II	第二批

序号	科名	中文名	拉丁学名	保护级别	备注
108	兰科	栗鳞贝母兰	*Coelogyne flaccida* Lindl.	II	第二批
109	兰科	白花贝母兰	*Coelogyne leucantha* W. W. Sm.	II	第二批
110	兰科	杜鹃兰	*Cremastra appendiculata*（D. Don）Makino	II	第二批
111	兰科	合柱兰	*Diplomeris pulchella* D. Don	II	第二批
112	兰科	宽叶厚唇兰	*Epigeneium amplum*（Lindl.）Summerh.	II	第二批
113	兰科	厚唇兰	*Epigeneium clemensiae* Gagnep.	II	第二批
114	兰科	景东厚唇兰	*Epigeneium fuscescens*（Griff.）Summerh.	II	第二批
115	兰科	双叶厚唇兰	*Epigeneium rotundatum*（Lindl.）Summerh.	II	第二批
116	兰科	粗茎毛兰	*Eria amica* Rchb. f.	II	第二批
117	兰科	匍茎毛兰	*Eria clausa* King et Pantl.	II	第二批
118	兰科	半柱毛兰	*Eria corneri* Rchb. f.	II	第二批
119	兰科	足茎毛兰	*Eria coronaria*（Lindl.）Rchb. f.	II	第二批
120	兰科	厚叶毛兰	*Eria crassifolia* Z. H. Tsi et S. C. Chen	II	第二批
121	兰科	瓜子毛兰	*Eria dasyphylla* Parish et Rchb. f.	II	第二批
122	兰科	香港毛兰	*Eria gagnepainii* Hawkes et Heller	II	第二批
123	兰科	长苞毛兰	*Eria obvia* W. W. Sm.	II	第二批
124	兰科	指叶毛兰	*Eria pannea* Lindl.	II	第二批
125	兰科	菱唇毛兰	*Eria rhomboidalis* T. Tang et F. T. Wang	II	第二批
126	兰科	密花毛兰	*Eria spicata*（D. Don）Hand.-Mazz.	II	第二批
127	兰科	黄花美冠兰	*Eulophia flava*（Lindl.）Hook. f.	II	第二批
128	兰科	狭叶金石斛	*Flickingeria angustifolia*（Blume）Hawkes	II	第二批
129	兰科	流苏金石斛	*Flickingeria fimbriata*（Blume）Hawkes	II	第二批
130	兰科	镰叶盆距兰	*Gastrochilus acinacifolius* Z. H. Tsi	II	第二批
131	兰科	盆距兰	*Gastrochilus calceolaris*（Buch.-Ham. ex J. E. Sm.）D. Don	II	第二批
132	兰科	地宝兰	*Geodorum densiflorum*（Lam.）Schltr.	II	第二批
133	兰科	高斑叶兰	*Goodyera procera*（Ker Gawl.）Hook.	II	第二批
134	兰科	毛葶玉凤花	*Habenaria ciliolaris* Kraenzl.	II	第二批
135	兰科	鹅毛玉凤花	*Habenaria dentata*（Sw.）Schltr.	II	第二批
136	兰科	坡参	*Habenaria linguella* Lindl.	II	第二批
137	兰科	广西舌喙兰	*Hemipilia kwangsiensis* T. Tang et F. T. Wang ex K. Y. Lang	II	第二批
138	兰科	湿唇兰	*Hygrochilus parishii*（Rchb. f.）Pfitzer	II	第二批
139	兰科	尖囊兰	*Kingidium braceanum*（Hook. f.）Seidenf.	II	第二批
140	兰科	盂兰	*Lecanorchis japonica* Blume	II	第二批
141	兰科	狭翅羊耳蒜	*Liparis bootanensis* Griff.	II	第二批
142	兰科	心叶羊耳蒜	*Liparis cordifolia* Hook. f.	II	第二批

序号	科名	中文名	拉丁学名	保护级别	备注
143	兰科	小巧羊耳蒜	*Liparis delicatula* Hook. f.	II	第二批
144	兰科	扁球羊耳蒜	*Liparis elliptica* Wight	II	第二批
145	兰科	长苞羊耳蒜	*Liparis inaperta* Finet	II	第二批
146	兰科	见血青	*Liparis nervosa*（Thunb. ex A. Murray）Lindl.	II	第二批
147	兰科	长茎羊耳蒜	*Liparis viridiflora*（Blume）Lindl.	II	第二批
148	兰科	钗子股	*Luisia morsei* Rolfe	II	第二批
149	兰科	叉唇钗子股	*Luisia teres*（Thunb. ex A. Murray）Blume	II	第二批
150	兰科	二耳沼兰	*Malaxis biaurita*（Lindl.）Kuntze	II	第二批
151	兰科	阔叶沼兰	*Malaxis latifolia* J. E. Sm.	II	第二批
152	兰科	深裂沼兰	*Malaxis purpurea*（Lindl.）Kuntze	II	第二批
153	兰科	云叶兰	*Nephelaphyllum tenuiflorum* Blume	II	第二批
154	兰科	棒叶鸢尾兰	*Oberonia myosurus*（Forst. f.）Lindl.	II	第二批
155	兰科	羽唇兰	*Ornithochilus difformis*（Wall. ex Lindl.）Schltr.	II	第二批
156	兰科	钻柱兰	*Pelatantheria rivesii*（Guillaumin）T. Tang et F. T. Wang	II	第二批
157	兰科	小花阔蕊兰	*Peristylus affinis*（D. Don）Seidenf.	II	第二批
158	兰科	阔蕊兰	*Peristylus goodyeroides*（D. Don）Lindl.	II	第二批
159	兰科	仙笔鹤顶兰	*Phaius columnaris* C. Z. Tang et S. J. Cheng	II	第二批
160	兰科	中越鹤顶兰	*Phaius tonkinensis* Aver.	II	第二批
161	兰科	节茎石仙桃	*Pholidota articulata* Lindl.	II	第二批
162	兰科	石仙桃	*Pholidota chinensis* Lindl.	II	第二批
163	兰科	单叶石仙桃	*Pholidota leveilleana* Schltr.	II	第二批
164	兰科	长足石仙桃	*Pholidota longipes* S. C. Chen et Z. H. Tsi	II	第二批
165	兰科	尖叶石仙桃	*Pholidota missionariorum* Gagnep.	II	第二批
166	兰科	云南石仙桃	*Pholidota yunnanensis* Rolfe	II	第二批
167	兰科	柄唇兰	*Podochilus khasianus* Hook. f.	II	第二批
168	兰科	钻喙兰	*Rhynchostylis retusa*（Linn.）Blume	II	第二批
169	兰科	寄树兰	*Robiquetia succisa*（Lindl.）Seidenf. et Garay	II	第二批
170	兰科	缘毛鸟足兰	*Satyrium ciliatum* Lindl.	II	第二批
171	兰科	苞舌兰	*Spathoglottis pubescens* Lindl.	II	第二批
172	兰科	绶草	*Spiranthes sinensis*（Pers.）Ames	II	第二批
173	兰科	白点兰	*Thrixspermum centipeda* Lour.	II	第二批
174	兰科	琴唇万代兰	*Vanda concolor* Blume	II	第二批
175	兰科	矮万代兰	*Vanda pumila* Hook. f.	II	第二批
176	兰科	纯色万代兰	*Vanda subconcolor* T. Tang et F. T. Wang	II	第二批
177	兰科	拟万代兰	Vandopsis gigantea（Lindl.）Pfitzer	II	第二批

②广西重点保护野生植物

在对靖西物种名单分析统计的基础上，已知广西重点保护野生植物有 22 科 70 属 164 种，其中兰科植物 143 种，其中裸子植物 2 科 3 属 3 种，被子植物 17 科 67 属 161 种（表 6-4）。

表 6-4　广西重点保护野生植物

序号	科名	中文名	拉丁学名
1	罗汉松科	长叶竹柏	*Nageia fleuryi*（Hickel）de Laub.
2	罗汉松科	百日青	*Podocarpus neriifolius* D. Don
3	三尖杉科	海南粗榧	*Cephalotaxus mannii* Hook. f.
4	木兰科	香籽含笑	*Michelia gioii*（A. Chev.）Sima et H. Yu
5	木兰科	观光木	*Tsoongiodendron odorum* Chun
6	防己科	广西地不容	*Stephania kwangsiensis* H. S. Lo
7	紫堇科	岩黄连	*Corydalis saxicola* Bunting
8	山茶科	淡黄金花茶	*Camellia flavida* H. T. Chang
9	红树科	锯叶竹节树	*Carallia diplopetala* Hand.-Mazz
10	藤黄科	金丝李	*Garcinia paucinervis* Chun ex F. C. How
11	大戟科	蝴蝶果	*Cleidiocarpon cavaleriei*（Lév.）Airy Shaw
12	壳斗科	吊皮锥	*Castanopsis kawakamii* Hayata
13	桑科	白桂木	*Artocarpus hypargyreus* Hance
14	荨麻科	火麻树	*Dendrocnide urentissima*（Gagnep.）Chew
15	无患子科	细子龙	*Amesiodendron chinense*（Merr.）Hu
16	省沽油科	野鸦椿	*Euscaphis japonica*（Thunb.）Dippel
17	省沽油科	瘿椒树	*Tapiscia sinensis* Oliv.
18	漆树科	冬杧	*Mangifera hiemalis* J.Y.Liang
19	菊科	异裂菊	*Heteroplexis vernonioides* C. C. Chang
20	水鳖科	海菜花	*Ottelia acuminata*（Gagnep.）Dandy
21	龙舌兰科	剑叶龙血树	*Dracaena cochinchinensis*（Lour.）S. C. Chen
22	兰科	多花脆兰等 143 种	

③列入 IUCN 红皮书和《中国物种红色名录》的植物

在对靖西物种名单分析统计的基础上，已知列入 IUCN 红皮书的珍稀濒危植物有 50 科 92 属 205 种，其中裸子植物 7 科 9 属 12 种，被子植物 43 科 81 属 193 种。其中极危（CR）有 15 种，濒危（EN）有 54 种，易危（VU）有 86 种，渐危（LC）2 种，近危（NT）有 5 种（表 6-5）。

表 6-5 列入 IUCN 红皮书的野生植物

序号	科名	中文名	拉丁学名	IUCN
1	松科	华南五针松	*Pinus kwangtungensis* Chun et Tsiang	VU
2	松科	马尾松	*Pinus massoniana* Lamb.	NT
3	松科	短叶黄杉	*Pseudotsuga brevifolia* W. C. Cheng et L. K. Fu	VU
4	杉科	杉木	*Cunninghamia lanceolata*（Lamb.）Hook.	NT
5	柏科	垂枝侧柏	*Platycladus orientalis*（Linn.）Franco	NT
6	罗汉松科	长叶竹柏	*Nageia fleuryi*（Hickel）de Laub.	VU
7	罗汉松科	罗汉松	*Podocarpus macrophyllus*（Thunb.）Sweet	CR
8	罗汉松科	百日青	*Podocarpus neriifolius* D. Don	NT
9	三尖杉科	海南粗榧	*Cephalotaxus mannii* Hook. f.	VU
10	三尖杉科	粗榧	*Cephalotaxus sinensis*（Rehder et E. H. Wilson）H. L. Li	VU
11	红豆杉科	云南穗花杉	*Amentotaxus yunnanensis* H. L. Li	EN
12	买麻藤科	垂子买麻藤	*Gnetum pendulum* C. Y. Cheng	VU
13	木兰科	绢毛木兰	*Magnolia albosericea* Chun et C. H. Tsoong	EN
14	木兰科	大果木莲	*Manglietia grandis* Hu et W. C. Cheng	EN
15	木兰科	大叶木莲	*Manglietia megaphylla* Hu et W. C. Cheng	EN
16	木兰科	观光木	*Tsoongiodendron odorum* Chun	VU
17	番荔枝科	海南藤春	*Alphonsea hainanensis* Merr. et Chun	EN
18	樟科	黔桂黄肉楠	*Actinodaphne kweichowensis* Yen C. Yang et P. H. Huang	VU
19	樟科	龙胜钓樟	*Lindera lungshengensis* S. Lee	EN
20	樟科	香果新木姜子	*Neolitsea ellipsoidea* C. K. Allen	VU
21	樟科	黑叶楠	*Phoebe nigrifolia* S. K. Lee et F. N. Wei	EN
22	白花菜科	马槟榔	*Capparis masaikai* H. Lév.	VU
23	白花菜科	毛叶槌果藤	*Capparis pubifolia* B. S. Sun	VU
24	千屈菜科	网脉紫薇	*Lagerstroemia suprareticulata* S. K. Lee et L. F. Lau	EN
25	大风子科	海南大风子	*Hydnocarpus hainanensis*（Merr.）Sleum.	VU
26	西番莲科	三开瓢	*Adenia cardiophylla*（Mast.）Engl.	VU
27	葫芦科	刺儿瓜	*Bolbostemma biglandulosum*（Hemsl.）Franquet	VU
28	山茶科	大叶杨桐	*Adinandra megaphylla* Hu	VU
29	山茶科	淡黄金花茶	*Camellia flavida* H. T. Chang	EN
30	山茶科	超长梗茶	*Camellia longissima* H. T. Chang et S. Ye Liang ex H. T. Chang	CR
31	山茶科	绿萼连蕊茶	*Camellia viridicalyx* H. T. Chang et S. Y. Liang	EN
32	野牡丹科	上思卷花丹	*Scorpiothyrsus shangszeensis* C. Chen	CR
33	藤黄科	金丝李	*Garcinia paucinervis* Chun ex F. C. How	VU
34	梧桐科	滇桐	*Craigia yunnanensis* W. W. Sm. et W. E. Evans	EN
35	梧桐科	粉苹婆	*Sterculia euosma* W. W. Sm.	VU
36	大戟科	肥牛树	*Cephalomappa sinensis*（Chun et F. C. How）Kosterm.	VU

序号	科名	中文名	拉丁学名	IUCN
37	大戟科	蝴蝶果	*Cleidiocarpon cavaleriei*（Lév.）Airy Shaw	VU
38	蔷薇科	台湾海棠	*Malus doumeri*（Bois）A. Chev.	VU
39	苏木科	格木	*Erythrophleum fordii* Oliv.	VU
40	苏木科	云南无忧花	*Saraca griffithiana* Prain	CR
41	蝶形花科	任豆	*Zenia insignis* Chun	VU
42	金缕梅科	长瓣马蹄荷	*Exbucklandia longipetala* H. T. Chang	EN
43	榛木科	小叶鹅耳枥	*Carpinus microphylla* Z. C. Chen ex Y. S. Wang et J. P. Huang	VU
44	榛木科	紫脉鹅耳枥	*Carpinus purpurinervis* Hu	VU
45	壳斗科	华南锥	*Castanopsis concinna*（Champ. ex Benth.）A. DC.	EN
46	壳斗科	厚叶锥	*Castanopsis crassifolia* Hickel et A. Camus	EN
47	壳斗科	吊皮锥	*Castanopsis kawakamii* Hayata	VU
48	壳斗科	香菌柯	*Lithocarpus lycoperdon*（Skan）A. Camus	VU
49	壳斗科	厚鳞柯	*Lithocarpus pachylepis* A. Camus	EN
50	桑科	扶绥榕	*Ficus fusuiensis* S. S. Chang	EN
51	荨麻科	广西紫麻	*Oreocnide kwangsiensis* Hand.-Mazz.	VU
52	卫矛科	细梗沟藤	*Glyptopetalum longepedunculatum* Tardieu	CR
53	卫矛科	大序假卫矛	*Microtropis thyrsiflora* C. Y. Cheng et T. C. Kao	VU
54	铁青树科	蒜头果	*Malania oleifera* Chun et S. K. Lee	VU
55	鼠李科	毛脉枣	*Ziziphus pubinervis* Rehder	VU
56	芸香科	大果酒饼簕	*Atalantia guillauminii* Swingle	CR
57	楝科	米仔兰	*Aglaia odorata* Lour.	VU
58	七叶树科	大果七叶树	*Aesculus chuniana* Hu et W. P. Fang	EN
59	槭树科	罗浮槭	*Acer fabri* Hance	LC
60	槭树科	亮叶槭	*Acer lucidum* F. P. Metcalf	VU
61	槭树科	中华槭	*Acer sinense* Pax	LC
62	槭树科	滨海槭	*Acer sino-oblongum* F. P. Metcalf	EN
63	槭树科	角叶槭	*Acer sycopseoides* Chun	EN
64	槭树科	粗柄槭	*Acer tonkinense* Lecomte	EN
65	五加科	细梗罗伞	*Brassaiopsis gracilis* Hand.-Mazz.	VU
66	山榄科	紫荆木	*Madhuca pasquieri*（Dubard）H. J. Lam	VU
67	紫金牛科	卷边紫金牛	*Ardisia replicata* E. Walker	VU
68	夹竹桃科	雷打果	*Melodinus yunnanensis* Tsiang et P. T. Li	VU
69	萝藦科	楔叶南山藤	*Dregea cuneifolia* Tsiang et P. T. Li	VU
70	茜草科	广西水锦树	*Wendlandia aberrans* F. C. How	EN
71	茜草科	木姜子叶水锦树	*Wendlandia litseifolia* F. C. How	EN
72	忍冬科	三脉叶荚蒾	*Viburnum triplinerve* Hand.-Mazz.	CR
73	苦苣苔科	弄岗唇柱苣苔	*Chirita longgangensis* W. T. Wang	EN

序号	科名	中文名	拉丁学名	IUCN
74	苦苣苔科	长梗吊石苣苔	*Lysionotus longipedunculatus*（W. T. Wang）W. T. Wang	CR
75	苦苣苔科	单座苣苔	*Metabriggsia ovalifolia* W. T. Wang	CR
76	爵床科	长柄恋岩花	*Echinacanthus longipes* H. S. Lo et D. Fang	VU
77	马鞭草科	广西牡荆	*Vitex kwangsiensis* C. P'ei	VU
78	水鳖科	海菜花	*Ottelia acuminata*（Gagnep.）Dandy	VU
79	天南星科	落檐	*Schismatoglottis hainanensis* H. Li	CR
80	龙舌兰科	海南龙血树	*Dracaena cambodiana* Pierre ex Gagnep.	VU
81	龙舌兰科	剑叶龙血树	*Dracaena cochinchinensis*（Lour.）S. C. Chen	VU
82	蒟蒻薯科	箭根薯	*Tacca chantrieri* André	NT
83	兰科	多花指甲兰	*Aerides rosea* Lodd. ex Lindl. et Paxt.	CR
84	兰科	无叶兰	*Aphyllorchis montana* Rchb. f.	VU
85	兰科	赤唇石豆兰	*Bulbophyllum affine* Lindl.	VU
86	兰科	芳香石豆兰	*Bulbophyllum ambrosia*（Hance）Schltr.	VU
87	兰科	大叶卷瓣兰	*Bulbophyllum amplifolium*（Rolfe）M. S. Balakr. et Chowdhuri	VU
88	兰科	梳帽卷瓣兰	*Bulbophyllum andersonii*（Hook. f.）J. J. Sm.	VU
89	兰科	圆叶石豆兰	*Bulbophyllum drymoglossum* Maxim. ex M. Okubo	VU
90	兰科	落叶石豆兰	*Bulbophyllum hirtum*（J. E. Sm.）Lindl.	VU
91	兰科	长臂卷瓣兰	*Bulbophyllum longibrachiatum* Z. H. Tsi	CR
92	兰科	等萼卷瓣兰	*Bulbophyllum violaceolabellum* Seidenf.	CR
93	兰科	全唇叉柱兰	*Cheirostylis takeoi*（Hayata）Schltr.	VU
94	兰科	南贡隔距兰	*Cleisostoma nangongense* Z. H. Tsi	CR
95	兰科	毛柱隔距兰	*Cleisostoma simondii*（Gagnep.）Seidenf.	VU
96	兰科	短序隔距兰	*Cleisostoma striatum*（Rchb. f.）Garay	VU
97	兰科	栗鳞贝母兰	*Coelogyne flaccida* Lindl.	VU
98	兰科	白花贝母兰	*Coelogyne leucantha* W. W. Sm.	VU
99	兰科	莎叶兰	*Cymbidium cyperifolium* Wall. ex Lindl.	VU
100	兰科	冬凤兰	*Cymbidium dayanum* Rchb. f.	EN
101	兰科	建兰	*Cymbidium ensifolium*（Linn.）Sw.	VU
102	兰科	多花兰	*Cymbidium floribundum* Lindl.	VU
103	兰科	虎头兰	*Cymbidium hookerianum* Rchb. f.	VU
104	兰科	黄蝉兰	*Cymbidium iridioides* D. Don	VU
105	兰科	兔耳兰	*Cymbidium lancifolium* Hook.	VU
106	兰科	邱北冬蕙兰	*Cymbidium qiubeiense* K. M. Feng et H. Li	EN
107	兰科	墨兰	*Cymbidium sinense*（Jack. ex Andrews）Willd.	VU
108	兰科	剑叶石斛	*Dendrobium acinaciforme* Roxb.	EN
109	兰科	钩状石斛	*Dendrobium aduncum* Wall. ex Lindl.	EN
110	兰科	叠鞘石斛	*Dendrobium aurantiacum* Rchb. f.	EN

序号	科名	中文名	拉丁学名	IUCN
111	兰科	束花石斛	*Dendrobium chrysanthum* Lindl.	EN
112	兰科	齿瓣石斛	*Dendrobium devonianum* Paxton	EN
113	兰科	串珠石斛	*Dendrobium falconeri* Hook.	EN
114	兰科	流苏石斛	*Dendrobium fimbriatum* Hook.	EN
115	兰科	曲轴石斛	*Dendrobium gibsonii* Lindl.	EN
116	兰科	细叶石斛	*Dendrobium hancockii* Rolfe	EN
117	兰科	聚石斛	*Dendrobium lindleyi* Stend.	VU
118	兰科	喇叭唇石斛	*Dendrobium lituiflorum* Lindl.	EN
119	兰科	美花石斛	*Dendrobium loddigesii* Rolfe	EN
120	兰科	藏南石斛	*Dendrobium monticola* P. F. Hunt et Summerh.	EN
121	兰科	石斛	*Dendrobium nobile* Lindl.	EN
122	兰科	竹枝石斛	*Dendrobium salaccense*（Blume）Lindl.	EN
123	兰科	梳唇石斛	*Dendrobium strongylanthum* Rchb. f.	EN
124	兰科	厚唇兰	*Epigeneium clemensiae* Gagnep.	VU
125	兰科	景东厚唇兰	*Epigeneium fuscescens*（Griff.）Summerh.	VU
126	兰科	粗茎毛兰	*Eria amica* Rchb. f.	VU
127	兰科	匍茎毛兰	*Eria clausa* King et Pantl.	VU
128	兰科	厚叶毛兰	*Eria crassifolia* Z. H. Tsi et S. C. Chen	EN
129	兰科	瓜子毛兰	*Eria dasyphylla* Parish et Rchb. f.	VU
130	兰科	长苞毛兰	*Eria obvia* W. W. Sm.	VU
131	兰科	菱唇毛兰	*Eria rhomboidalis* T. Tang et F. T. Wang	VU
132	兰科	密花毛兰	*Eria spicata*（D. Don）Hand.-Mazz.	VU
133	兰科	黄花美冠兰	*Eulophia flava*（Lindl.）Hook. f.	VU
134	兰科	狭叶金石斛	*Flickingeria angustifolia*（Blume）Hawkes	EN
135	兰科	流苏金石斛	*Flickingeria fimbriata*（Blume）Hawkes	VU
136	兰科	镰叶盆距兰	*Gastrochilus acinacifolius* Z. H. Tsi	VU
137	兰科	广西舌喙兰	*Hemipilia kwangsiensis* T. Tang et F. T. Wang ex K. Y. Lang	EN
138	兰科	尖囊兰	*Kingidium braceanum*（Hook. f.）Seidenf.	EN
139	兰科	盂兰	*Lecanorchis japonica* Blume	VU
140	兰科	心叶羊耳蒜	*Liparis cordifolia* Hook. f.	VU
141	兰科	小巧羊耳蒜	*Liparis delicatula* Hook. f.	VU
142	兰科	长茎羊耳蒜	*Liparis viridiflora*（Blume）Lindl.	VU
143	兰科	叉唇钗子股	*Luisia teres*（Thunb. ex A. Murray）Blume	VU
144	兰科	二耳沼兰	*Malaxis biaurita*（Lindl.）Kuntze	VU
145	兰科	云叶兰	*Nephelaphyllum tenuiflorum* Blume	VU
146	兰科	长瓣兜兰	*Paphiopedilum dianthum* T. Tang et F. T. Wang	EN
147	兰科	带叶兜兰	*Paphiopedilum hirsutissimum*（Lindl. ex Hook. f.）Stein	EN

序号	科名	中文名	拉丁学名	IUCN
148	兰科	硬叶兜兰	*Paphiopedilum micranthum* T. Tang et F. T. Wang	EN
149	兰科	飘带兜兰	*Paphiopedilum parishii*（Rchb. f.）Stein	CR
150	兰科	钻柱兰	*Pelatantheria rivesii*（Guillaumin）T. Tang et F. T. Wang	VU
151	兰科	仙笔鹤顶兰	*Phaius columnaris* C. Z. Tang et S. J. Cheng	EN
152	兰科	华西蝴蝶兰	*Phalaenopsis wilsonii* Rolfe	EN
153	兰科	节茎石仙桃	*Pholidota articulata* Lindl.	VU
154	兰科	单叶石仙桃	*Pholidota leveilleana* Schltr.	VU
155	兰科	长足石仙桃	*Pholidota longipes* S. C. Chen et Z. H. Tsi	EN
156	兰科	尖叶石仙桃	*Pholidota missionariorum* Gagnep.	VU
157	兰科	钻喙兰	*Rhynchostylis retusa*（Linn.）Blume	EN
158	兰科	苞舌兰	*Spathoglottis pubescens* Lindl.	VU
159	兰科	琴唇万代兰	*Vanda concolor* Blume	EN
160	兰科	矮万代兰	*Vanda pumila* Hook. f.	VU
161	兰科	纯色万代兰	*Vanda subconcolor* T. Tang et F. T. Wang	EN
162	兰科	拟万代兰	*Vandopsis gigantea*（Lindl.）Pfitzer	EN

④ 列入 CITES 附录的植物

在对靖西物种名单分析统计的基础上，已知列入 CITES 附录的保护植物有 5 科 51 属 132 种，其中列入附录 I 的有 4 种，列入附录 II 的有 126 种，列入附录III的有 2 种（表 6-6）。

表 6-6　列入 CITES 附录的野生植物

序号	科名	中文名	拉丁学名	CITES
1	蚌壳蕨科	金毛狗	*Cibotium barometz*（Linn.）J. Sm.	2
2	桫椤科	粗齿桫椤	*Alsophila denticulata* Baker	2
3	罗汉松科	百日青	*Podocarpus neriifolius* D. Don	3
4	买麻藤科	买麻藤	*Gnetum montanum* Markgr.	3
5	兰科	多花脆兰	*Acampe rigida*（Buch.-Ham. ex J. E. Sm.）P. F. Hunt	2
6	兰科	多花指甲兰	*Aerides rosea* Lodd. ex Lindl. et Paxt.	2
7	兰科	金线兰	*Anoectochilus roxburghii*（Wall.）Lindl.	2
8	兰科	筒瓣兰	*Anthogonium gracile* Lindl.	2
9	兰科	无叶兰	*Aphyllorchis montana* Rchb. f.	2
10	兰科	剑叶拟兰	*Apostasia wallichii* R. Br.	2
11	兰科	竹叶兰	*Arundina graminifolia*（D. Don）Hochr.	2
12	兰科	赤唇石豆兰	*Bulbophyllum affine* Lindl.	2
13	兰科	芳香石豆兰	*Bulbophyllum ambrosia*（Hance）Schltr.	2
14	兰科	大叶卷瓣兰	*Bulbophyllum amplifolium*（Rolfe）M. S. Balakr. et Chowdhuri	2
15	兰科	梳帽卷瓣兰	*Bulbophyllum andersonii*（Hook. f.）J. J. Sm.	2

序号	科名	中文名	拉丁学名	CITES
16	兰科	直唇卷瓣兰	*Bulbophyllum delitescens* Hance	2
17	兰科	圆叶石豆兰	*Bulbophyllum drymoglossum* Maxim. ex M. Okubo	2
18	兰科	落叶石豆兰	*Bulbophyllum hirtum*（J. E. Sm.）Lindl.	2
19	兰科	长臂卷瓣兰	*Bulbophyllum longibrachiatum* Z. H. Tsi	2
20	兰科	密花石豆兰	*Bulbophyllum odoratissimum*（J. E. Sm.）Lindl.	2
21	兰科	藓叶卷瓣兰	*Bulbophyllum retusiusculum* Rchb. f.	2
22	兰科	等萼卷瓣兰	*Bulbophyllum violaceolabellum* Seidenf.	2
23	兰科	三褶虾脊兰	*Calanthe triplicata*（Willemet）Ames	2
24	兰科	叉枝牛角兰	*Ceratostylis himalaica* Hook. f.	2
25	兰科	中华叉柱兰	*Cheirostylis chinensis* Rolfe	2
26	兰科	全唇叉柱兰	*Cheirostylis takeoi*（Hayata）Schltr.	2
27	兰科	南贡隔距兰	*Cleisostoma nangongense* Z. H. Tsi	2
28	兰科	大序隔距兰	*Cleisostoma paniculatum*（Ker Gawl.）Garay	2
29	兰科	尖喙隔距兰	*Cleisostoma rostratum*（Lodd.）Seidenf. ex Aver.	2
30	兰科	毛柱隔距兰	*Cleisostoma simondii*（Gagnep.）Seidenf.	2
31	兰科	短序隔距兰	*Cleisostoma striatum*（Rchb. f.）Garay	2
32	兰科	红花隔距兰	*Cleisostoma williamsonii*（Rchb. f.）Garay	2
33	兰科	流苏贝母兰	*Coelogyne fimbriata* Lindl.	2
34	兰科	栗鳞贝母兰	*Coelogyne flaccida* Lindl.	2
35	兰科	白花贝母兰	*Coelogyne leucantha* W. W. Sm.	2
36	兰科	杜鹃兰	*Cremastra appendiculata*（D. Don）Makino	2
37	兰科	莎叶兰	*Cymbidium cyperifolium* Wall. ex Lindl.	2
38	兰科	冬凤兰	*Cymbidium dayanum* Rchb. f.	2
39	兰科	建兰	*Cymbidium ensifolium*（Linn.）Sw.	2
40	兰科	多花兰	*Cymbidium floribundum* Lindl.	2
41	兰科	虎头兰	*Cymbidium hookerianum* Rchb. f.	2
42	兰科	黄蝉兰	*Cymbidium iridioides* D. Don	2
43	兰科	兔耳兰	*Cymbidium lancifolium* Hook.	2
44	兰科	邱北冬蕙兰	*Cymbidium qiubeiense* K. M. Feng et H. Li	2
45	兰科	墨兰	*Cymbidium sinense*（Jack. ex Andrews）Willd.	2
46	兰科	剑叶石斛	*Dendrobium acinaciforme* Roxb.	2
47	兰科	钩状石斛	*Dendrobium aduncum* Wall. ex Lindl.	2
48	兰科	叠鞘石斛	*Dendrobium aurantiacum* Rchb. f.	2
49	兰科	束花石斛	*Dendrobium chrysanthum* Lindl.	2
50	兰科	齿瓣石斛	*Dendrobium devonianum* Paxton	2
51	兰科	串珠石斛	*Dendrobium falconeri* Hook.	2
52	兰科	流苏石斛	*Dendrobium fimbriatum* Hook.	2
53	兰科	曲轴石斛	*Dendrobium gibsonii* Lindl.	2
54	兰科	细叶石斛	*Dendrobium hancockii* Rolfe	2

序号	科名	中文名	拉丁学名	CITES
55	兰科	聚石斛	*Dendrobium lindleyi* Stend.	2
56	兰科	喇叭唇石斛	*Dendrobium lituiflorum* Lindl.	2
57	兰科	美花石斛	*Dendrobium loddigesii* Rolfe	2
58	兰科	藏南石斛	*Dendrobium monticola* P. F. Hunt et Summerh.	2
59	兰科	石斛	*Dendrobium nobile* Lindl.	2
60	兰科	竹枝石斛	*Dendrobium salaccense*（Blume）Lindl.	2
61	兰科	滇桂石斛	*Dendrobium scoriarum* W. M. Sw.	2
62	兰科	梳唇石斛	*Dendrobium strongylanthum* Rchb. f.	2
63	兰科	合柱兰	*Diplomeris pulchella* D. Don	2
64	兰科	宽叶厚唇兰	*Epigeneium amplum*（Lindl.）Summerh.	2
65	兰科	厚唇兰	*Epigeneium clemensiae* Gagnep.	2
66	兰科	景东厚唇兰	*Epigeneium fuscescens*（Griff.）Summerh.	2
67	兰科	双叶厚唇兰	*Epigeneium rotundatum*（Lindl.）Summerh.	2
68	兰科	粗茎毛兰	*Eria amica* Rchb. f.	2
69	兰科	匍茎毛兰	*Eria clausa* King et Pantl.	2
70	兰科	半柱毛兰	*Eria corneri* Rchb. f.	2
71	兰科	足茎毛兰	*Eria coronaria*（Lindl.）Rchb. f.	2
72	兰科	厚叶毛兰	*Eria crassifolia* Z. H. Tsi et S. C. Chen	2
73	兰科	瓜子毛兰	*Eria dasyphylla* Parish et Rchb. f.	2
74	兰科	香港毛兰	*Eria gagnepainii* Hawkes et Heller	2
75	兰科	长苞毛兰	*Eria obvia* W. W. Sm.	2
76	兰科	指叶毛兰	*Eria pannea* Lindl.	2
77	兰科	菱唇毛兰	*Eria rhomboidalis* T. Tang et F. T. Wang	2
78	兰科	密花毛兰	*Eria spicata*（D. Don）Hand.-Mazz.	2
79	兰科	黄花美冠兰	*Eulophia flava*（Lindl.）Hook. f.	2
80	兰科	狭叶金石斛	*Flickingeria angustifolia*（Blume）Hawkes	2
81	兰科	流苏金石斛	*Flickingeria fimbriata*（Blume）Hawkes	2
82	兰科	镰叶盆距兰	*Gastrochilus acinacifolius* Z. H. Tsi	2
83	兰科	盆距兰	*Gastrochilus calceolaris*（Buch.-Ham. ex J. E. Sm.）D. Don	2
84	兰科	地宝兰	*Geodorum densiflorum*（Lam.）Schltr.	2
85	兰科	高斑叶兰	*Goodyera procera*（Ker Gawl.）Hook.	2
86	兰科	毛葶玉凤花	*Habenaria ciliolaris* Kraenzl.	2
87	兰科	鹅毛玉凤花	*Habenaria dentata*（Sw.）Schltr.	2
88	兰科	坡参	*Habenaria linguella* Lindl.	2
89	兰科	广西舌喙兰	*Hemipilia kwangsiensis* T. Tang et F. T. Wang ex K. Y. Lang	2
90	兰科	湿唇兰	*Hygrochilus parishii*（Rchb. f.）Pfitzer	2
91	兰科	尖囊兰	*Kingidium braceanum*（Hook. f.）Seidenf.	2
92	兰科	盂兰	*Lecanorchis japonica* Blume	2
93	兰科	狭翅羊耳蒜	*Liparis bootanensis* Griff.	2

序号	科名	中文名	拉丁学名	CITES
94	兰科	心叶羊耳蒜	*Liparis cordifolia* Hook. f.	2
95	兰科	小巧羊耳蒜	*Liparis delicatula* Hook. f.	2
96	兰科	扁球羊耳蒜	*Liparis elliptica* Wight	2
97	兰科	长苞羊耳蒜	*Liparis inaperta* Finet	2
98	兰科	见血青	*Liparis nervosa*（Thunb. ex A. Murray）Lindl.	2
99	兰科	长茎羊耳蒜	*Liparis viridiflora*（Blume）Lindl.	2
100	兰科	钗子股	*Luisia morsei* Rolfe	2
101	兰科	叉唇钗子股	*Luisia teres*（Thunb. ex A. Murray）Blume	2
102	兰科	二耳沼兰	*Malaxis biaurita*（Lindl.）Kuntze	2
103	兰科	深裂沼兰	*Malaxis purpurea*（Lindl.）Kuntze	2
104	兰科	云叶兰	*Nephelaphyllum tenuiflorum* Blume	2
105	兰科	棒叶鸢尾兰	*Oberonia myosurus*（Forst. f.）Lindl.	2
106	兰科	羽唇兰	*Ornithochilus difformis*（Wall. ex Lindl.）Schltr.	2
107	兰科	长瓣兜兰	*Paphiopedilum dianthum* T. Tang et F. T. Wang	1
108	兰科	带叶兜兰	*Paphiopedilum hirsutissimum*（Lindl. ex Hook. f.）Stein	1
109	兰科	硬叶兜兰	*Paphiopedilum micranthum* T. Tang et F. T. Wang	1
110	兰科	飘带兜兰	*Paphiopedilum parishii*（Rchb. f.）Stein	1
111	兰科	钻柱兰	*Pelatantheria rivesii*（Guillaumin）T. Tang et F. T. Wang	2
112	兰科	阔蕊兰	*Peristylus goodyeroides*（D. Don）Lindl.	2
113	兰科	仙笔鹤顶兰	*Phaius columnaris* C. Z. Tang et S. J. Cheng	2
114	兰科	紫花鹤顶兰	*Phaius mishmensis*（Lindl. et Paxton）Rchb. f.	2
115	兰科	华西蝴蝶兰	*Phalaenopsis wilsonii* Rolfe	2
116	兰科	节茎石仙桃	*Pholidota articulata* Lindl.	2
117	兰科	石仙桃	*Pholidota chinensis* Lindl.	2
118	兰科	单叶石仙桃	*Pholidota leveilleana* Schltr.	2
119	兰科	长足石仙桃	*Pholidota longipes* S. C. Chen et Z. H. Tsi	2
120	兰科	尖叶石仙桃	*Pholidota missionariorum* Gagnep.	2
121	兰科	云南石仙桃	*Pholidota yunnanensis* Rolfe	2
122	兰科	柄唇兰	*Podochilus khasianus* Hook. f.	2
123	兰科	钻喙兰	*Rhynchostylis retusa*（Linn.）Blume	2
124	兰科	寄树兰	*Robiquetia succisa*（Lindl.）Seidenf. et Garay	2
125	兰科	缘毛鸟足兰	*Satyrium ciliatum* Lindl.	2
126	兰科	苞舌兰	*Spathoglottis pubescens* Lindl.	2
127	兰科	绶草	*Spiranthes sinensis*（Pers.）Ames	2
128	兰科	白点兰	*Thrixspermum centipeda* Lour.	2
129	兰科	琴唇万代兰	*Vanda concolor* Blume	2
130	兰科	矮万代兰	*Vanda pumila* Hook. f.	2
131	兰科	纯色万代兰	*Vanda subconcolor* T. Tang et F. T. Wang	2
132	兰科	拟万代兰	*Vandopsis gigantea*（Lindl.）Pfitzer	2

➢ 资源类群

靖西县地处亚热带季风性石灰岩高原气候区，地形复杂，气候条件优越，孕育着丰富的植物种类。根据苏宗明等（1997）提出的区分资源类型系统，植物资源按其用途可分为13类，即材用植物、药用植物、油脂植物、纤维植物、淀粉植物、杂果植物、芳香植物、栲胶植物、保健饮料植物、饲料植物、花卉观赏植物、水土保持植物、珍稀濒危植物。通过本次野外考察，并参照有关资料将靖西县植物资源（包括蕨类植物和栽培植物）进行归类统计，结果见表6-7。

表6-7　靖西县资源植物按类型统计及与广西同类比较

类型	靖西县			广西			占靖西植物总数比例/%			占广西同类型植物比例/%		
	科	属	种	科	属	种	科	属	种	科	属	种
材用植物	26	49	78	102	325	1 088	11.4	4.8	3.3	25.5	15.1	7.2
药用植物	224	912	1 800	267	1 432	3 940	98.2	89.7	76.5	83.9	63.7	45.7
油脂植物	14	22	31	59	151	325	6.1	2.2	1.3	23.7	14.6	9.5
纤维植物	23	29	45	62	222	456	10.1	2.9	1.9	37.1	13.1	9.9
淀粉植物	21	25	45	44	91	193	9.2	2.5	1.9	47.7	27.5	23.3
杂果植物	16	28	46	46	97	255	7.0	2.8	2.0	34.8	28.9	18.0
芳香植物	14	28	49	60	150	350	6.1	2.8	2.1	23.3	18.7	14.0
栲胶植物	25	36	48	53	106	185	11.0	3.5	2.0	47.2	34.0	25.9
保健饮料植物	17	24	30	98	201	800	7.5	2.4	1.3	17.3	11.9	3.8
饲用植物	24	38	45	54	83	150	10.5	3.7	1.9	44.4	45.8	30.0
花卉观赏植物	73	124	198	145	384	1400	32.0	12.2	8.4	50.3	32.3	14.1
水土保持植物	20	32	45	54	98	204	8.8	3.1	1.9	37.0	32.7	22.1
珍稀濒危植物	72	151	264	—	—	—	31.6	14.8	11.2	—	—	—

根据上述统计，已知靖西县共有资源植物1 920种，隶属于224科934属，科属种分别占靖西县维管植物科属种总数的98.2%、91.8%和81.6%，可见靖西县植物资源类型丰富齐全，13类资源植物均见有分布，其中以药用植物最为丰富，达1 800种，隶属于224科912属，占本区植物种数的76.5%，占广西药用植物种数的45.7%；其次是珍稀濒危植物（根据我国重点保护植物、中国物种红色名单、IUCN、CIRTES、广西重点保护野生植物），有264种，隶属于72科151属；依次是花卉观赏植物，有198种，隶属于73科124属，占本区植物种数的8.4%，占广西同类资源植物种数的14.1%。材用植物78种，隶属于26科49属，占本区植物种数的3.3%，占广西同类资源植物种数的7.2%。、纤维植物45种（1.9%、9.9%）、饲用植物45种（1.9%、30.0%）、淀粉植物45种（1.9%、23.3%）、芳香植物49种（2.1%、14.0%）、栲胶植物48种（2.0%、25.9%）、杂果植物46种（2.0%、18.0%）、水土保持植物45种（1.9%、22.1%）；资源种数最少的是油脂植物31种（1.9%、9.5%）、

保健饮料植物 30 种（1.3%、3.8%）。可见，靖西县的药用植物、珍稀濒危植物、观赏植物资源十分丰富，占有广西同类资源较大的比重，而尽管有些资源类型的物种数占本区植物种数的比重不大，如饲用植物、栲胶植物却占了广西同类的 30.0%、25.9%，这充分表明靖西县资源植物在广西的重要地位。对于部分植物资源，可同时是药用植物、观赏植物、材用植物等，也都分别归类统计。

（3）动物物种多样性

➢ 物种组成

该县境内本次记录到两栖类 10 种，隶属于 1 目 5 科 8 属，分别占该省两栖纲目、科、属及种数的 33.33%、20%、32%、13.16%，访谈获得 16 种，资料文献记载为 25 种，隶属于 1 目 6 科；记录到爬行类 15 种，隶属于 1 目 2 亚目 6 科 12 属，分别占该省的 33.33%、28.57%、14.12%、9.09%，访谈获得物种数为 70 种，查阅资料及文献获得物种数为 76 种，隶属于 2 目 14 科；记录到鸟类 105 种，隶属于 11 目 40 科 75 属，查阅资料及访谈得知该县鸟类共 228 种，隶属于 14 个目，49 个科，种占该省的 20.19%；调查记录到哺乳动物 45 种，隶属于 9 目 22 科 36 属，另外，项目组还查阅到 5 年内采集到标本 19 种，查阅资料得知该县哺乳动物共 124 种，隶属于 9 目，28 科。

从区系上来看，该县境内两栖类动物全部属于东洋界种类，其中华中区、华南区、西南区都有分布的有 9 种，占 36%，华南区物种 7 种，占 28%，华中区与华南区共有 6 种，占 24%，西南区物种 2 种，占总记录的 8%，华中区、华南区都有分布的有 1 种，占 4%。境内 76 种爬行类动物中，除了 5 个广布种外，其余 71 种属于东洋界种类，占总物种的 93.4%。

从居留型来看，可以分为留鸟、夏候鸟、冬候鸟和旅鸟 4 种居留型。该县鸟类以留鸟为主，共 151 种，占鸟类总种数的 66.2%；候鸟 73 种，占鸟类总种数的 32.0%，其中夏候鸟 40 种，占鸟类总种数的 17.1%；冬候鸟 33 种，占鸟类总种数的 14.5%；旅鸟只有 4 种，占鸟类总种数的 1.8%。

该县鸟类华中区、华南区、西南区共有种为 74 种，占 38.7%，广布种为 40 种，占 20.9%，华南区种类为 38 种，占 19.9%；华中区、华南区共有种为 22 种，占 11.5%，华南区、西南区共有种为 14 种，占 7.3%，其余 13 种为分布于华中区、华南区、西南区、华北区、东北区的物种，占 6.8%。靖西县鸟类的区系具有典型的华南区区系特点。从分布型来看，该县鸟类主要以东洋型为主，共 141 种，占 73.8%；其次为南中国型，为 16 种，占 8.4%；再次为古北型，为 14 种，占 7.3%；喜马拉雅-横断山区型 9 种，占 4.7%；古北型 6 种，占 3.1%；东北型、季风型分别为 2 种，分别占 1%；全北型 1 种，占 0.5%。

哺乳动物中，从区系来看，华中区、华南区、西南区共有种 50 种，华南区 24 种，华中区、华南区共有种 17 种，广布种 12 种，华中区、西南区共有种 4 种，华中区、华南区、西南区、东北区、华北区共有种 4 种，华中区物种为 3 种，华南区、西南区共有物种 3 种，华中区、华南区、西南区、华北区共有种 3 种，华北区 1 种，华北区、东北区共有种 1 种，华中区、华南区、西南区、东北区共有物种 1 种，华中区、华南区、东北区、华北区共有种 1 种。表现出更多的华南区特征。从分布型看，东洋型物种最多，达到 75 种，占总数的 60.5%；南中国型 26 种，占 21%；占古北型 10 种，占 8.1%；喜马拉雅-横断山区型 3 种，占 2.4%；季风型 3 种，占 2.4%；全北型 1 种，占 0.8%；不易归类的 6 种，占 4.8%。

➢　特有种类

从特有性来看，共有 6 种两栖类为中国特有种，它们分别是高山掌突蟾、大角蟾、华南雨蛙、花臭蛙、锯腿小树蛙、马来疣斑树蛙，共占总记录物种的 24%，表现较高的特有种分布特征；共有 8 个爬行类为中国特有种，它们分别是石龙子、蓝尾石龙子、光蜥、凭祥睑虎、白眉腹链蛇、环纹华游蛇、赤链华游蛇和钝头蛇，共占总物种数的 10.5%；中国特有种有 2 种，分别为灰胸竹鸡和海南蓝仙鹟；该县哺乳类动物中，有 9 种为中国特有种，分别是西南鼠耳蝠、华南缺齿鼹、长吻鼹、小麂、红腿长吻松鼠、复齿鼯鼠、白喉岩松鼠。

➢　珍稀濒危保护种类

在该县的两栖动物中，列入国家Ⅱ级保护动物的有 1 种，即虎纹蛙，占总记录的 4%；列入中国红皮书名录的有 6 种，占总记录的 24%，其中濒危种（EN）有蹩掌突蟾和小口拟角蟾，易危种（VU）有 2 种，为虎纹蛙和马来疣斑树蛙，近危种（NT）有 2 种，为粗皮角蟾和大头蛙。

该县的爬行动物中，列入国家保护名录的共有 6 种，占总数的 7.9%，其中，列入国家Ⅰ级保护动物的有 3 种，列入国家Ⅱ级保护动物的有 3 种；列入 CITES 附录Ⅱ共有 7 种，占总数的 9.2%；列入 IUCN 红色名录的物种中，易危种（VU）1 种，即中华鳖，濒危种（EN）5 种，分别是鼋、平胸龟、山瑞鳖、地龟、乌龟，共占总记录的 7.9%；列入中国红皮书名录的有 30 种，占总记录的 39.5%，其中近危种（NT）有 5 种，易危种（VU）有 14 种，濒危种（EN）有 8 种；极危种 3 种。

在该县的鸟类中，列入国家 II 级保护动物名录的有 29 种，占总鸟类的 12.7%；列入 CITES 附录 I 的有 1 种（游隼），占 0.4%；列入 CITES 附录 II 的有 21 种，占 9.2%；列入 IUCN 红色名录的物种中，易危种（VU）2 种（即仙八色鸫和黄胸鹀），占 0.9%；列入中国红皮书名录的有 12 种，占总记录的 5.3%，其中近危种（NT）有 11 种，易危种（VU）有 1 种。总体来看，濒危物种集中分布在隼形目、鸮形目。这两个目的所有种类都列入了保护名录，共 21 种，占保护种类总数的 72.4%。

总体来看，在该县的哺乳动物中，大多数的哺乳动物都为濒危珍稀种类，其中国家重点保护物种 23 种，国家Ⅰ级保护动物名录的有 6 种，占 4.8%，分别是蜂猴、黑叶猴、熊猴、黑冠长臂猿、金钱豹、云豹；列入国家Ⅱ级保护动物名录的有 17 种，占 13.7%；列入 CITES 附录物种 20 种，占 16.2%，附录Ⅰ的有 9 种，附录Ⅱ的有 11 种；列入红色名录（IUCN 和中国红皮书名录）的共 73 种，占 58.9%，其中，列入 IUCN 红色名录的物种共有 16 种，占 12.9%，其中，极危种（CR）1 种（黑冠长臂猿），濒危种（EN）2 种（黑叶猴和复齿鼯鼠），易危种（VU）12 种，近危种 1 种；列入中国红皮书名录的有 71 种，占总记录的 57.3%，其中近危种（NT）有 21 种，易危种（VU）有 35 种，濒危种 15 种。

6.1.4　小结

系统调查整理完成了靖西县的高等植物和陆生脊椎动物物种编目，并建立了数据库，为国家和地方生物多样性保护提供技术资料。发现醉魂藤属 *Heterostemma* 和小花苣苔属 *Chiritopsis* 疑似新种各 1 种。发现爪哇凤尾蕨 *Pteris venusta* Kunze、滇南狗脊 *Woodwardia magnifica* Ching et P. S. Chiu、滇越水龙骨 *Polypodiodes bourretii*（C. Chr et Tardieu）W. M. Chu、圆叶西番莲 *Passiflora henryi* Hemsl.、双点毛兰 *Eria bipunctata* Lindl.广西新记录种 5 个。发现中国新记录种小蹄蝠。在靖西的邦亮（东部）黑冠长臂猿保护区内发现有弄岗穗鹛的分布。弄岗穗鹛是我国学者近年刚发表的鸟类新种，最初只发现于广西龙州县的弄岗自然保护区，数量仅有约 200 只。在靖西邦亮保护区发现弄岗穗鹛，使该区成为目前已知的弄岗穗鹛的第二个分布点。

6.2　那坡县生物多样性现状①

6.2.1　自然概况

那坡县位于广西壮族自治区西南部边境，地处东经 105°31′～106°05′，北纬 22°55′～23°32′，北回归线横穿西北部，县境大部分在北回归线以南，属于云贵高原余脉六绍山南麓。东及东北面与广西那坡县相连，西南部南及西南与越南高平、河江省交界，西北至西面与云南省富宁县接壤。那坡县地处云贵高原余脉六韶山南麓，属中山地形，西北地势较高，向东南倾斜，以德隆坡为南北分界线。那坡县属亚热带季风气候，一年四季受极地气团、热带气团和赤道气团的影响，天气变化无常。按照海拔高度不同，全县可分为三个气候区，即低山气候区、中山气候区和高山气候区。那坡县辖 9 个乡镇，包括城厢镇、平孟镇、龙合乡、坡荷乡、德隆乡、百合乡、百南乡、百省乡、百都乡。总人口 20.09 万人（据 2006 年统计），居住着壮、汉、苗、瑶、彝、仫佬族等 6 个民族，其中壮族人口约占 90.6%，为壮族聚居的边境人口大县。

6.2.2　组织实施

植物调查组组织了那坡西线、那坡中线、那坡北线、中越边境线、苔藓植物 5 个调查组，实地调查时，根据植被、物种资源、生态环境等综合情况，适当调整了调查路线，维管束植物实际调查地点涉及 61 个村屯，苔藓植物实际调查地点涉及 56 个村屯，采集腊叶

① 那坡县植被类型与植物多样性由中国中医科学院中药研究所黄璐琦研究员组织调查和提供数据；动物多样性由西北师范大学龚大洁教授组织调查和提供数据。

标本 2 308 号约 6 170 份；苔藓植物样方调查主要集中在保护区内进行，采集苔藓植物标本 354 号。动物调查组在那坡县开展了有关陆栖脊椎动物物种资源的调查工作，按照不同的生境类型，选择生境较好的德隆乡、百都乡、平孟镇、百合乡作为本次调查的重点区域，其他一些乡镇作为一般区域展开调查，共整理两栖类、爬行类标本 80 多号，兽类骨头及皮张 30 号左右，有价值的照片 500 多张，有效的调查问卷 145 份。

6.2.3 主要成果

（1）植被类型组成

遵循《中国植被》中采用的植物群落生态学原则。依据实地调查结果，参考苏宗明（1998）对广西天然植被类型的分类系统，老虎跳自然保护区现状植被可划分为 7 个植被型组、16 个植被型、35 个群系。

植被分类系统组成如下：

一、针叶林（植被型组）

（一）石灰（岩）土地区暖性针叶林（植被型）

1．矩叶黄杉林（群系）

二、阔叶林

（二）红壤土地区暖性落叶阔叶林

2．栓皮栎林

3．蒙自杞木林

4．枫香林

（三）石灰（岩）土地区暖性落叶阔叶林

5．朴树、榔榆林

6．圆叶乌桕林

（四）石灰（岩）土地区常绿落叶阔叶混交林

7．滇青冈+小化香树林

8．青冈栎+小化香树林

（五）石灰（岩）土地区季雨林

9．蚬木+闭花木林

10．蚬木+石山樟林

11．蚬木+山榄叶柿林

12．石山樟林

13．文山润楠林

14．润楠属一种+栲属一种林

（六）红壤土地区沟谷雨林

15．望天树片林

三、灌丛

（七）酸性土地区灌丛

16．短翅黄杞灌丛

17．余甘子灌丛

18．木姜子+盐肤木灌丛

（八）石灰（岩）土地区灌丛

19．含董棕的灌丛

四、草丛

（九）禾草草丛

20．五节芒草丛

21．蔓生秀竹草丛

22．白茅草丛

（十）蕨类草丛

23．蕨草丛

24．铁芒萁草丛

（十一）双子叶植物草丛

25．飞机草草丛

26．紫茎泽兰草丛

五、用材林（以下为人工植被）

（十二）亚热带针叶林

27．杉木林

（十三）石灰岩山落叶阔叶林

28．香椿林

六、经济林

（十四）油料香料林

29．八角林

30．肉桂林

31．油桐林

32．油茶

七、农作物

（十五）水田作物

33．水稻

（十六）旱地作物

34．玉米

35．蕉芋

（2）植物物种多样性

➢　物种组成

通过对那坡县预设样地地点上采到的近 400 号苔藓植物标本进行整理和鉴定，统计出桂西南石灰岩地区那坡县苔藓植物共 39 科 126 属 228 种（包含种以下单位，下同）。其中苔类植物 12 科 34 属 72 种。

根据实地调查、历史腊叶标本信息以及有关文献整理结果的统计，广西那坡县共有野生维管束植物 231 科 1 124 属 3 085 种（含变种、亚种和变型，下同），其中蕨类植物 41 科 89 属 258 种，裸子植物 9 科 14 属 20 种，被子植物 181 科 1 021 属 2 807 种；被子植物中，双子叶植物 152 科 840 属 2 354 种，单子叶植物 29 科 181 属 453 种（表 6-8）。那坡县维管束植物科、属、种数分别占广西植物总数的 73.21%、57.42%、30.97%（表 6-9）。

表 6-8　那坡县维管束植物种类的基本组成

类群	科		属		种	
	数量	比例/%	数量	比例/%	数量	比例/%
蕨类植物	41	17.75	89	7.92	258	8.36
裸子植物	9	3.90	14	1.25	20	0.65
被子植物	181	78.35	1 021	90.84	2 807	90.99
其中：						
双子叶植物	152	65.80	840	74.73	2354	76.30
单子叶植物	29	12.55	181	16.10	453	14.68
合计	231	100.00	1 124	100.00	3 085	100.00

表 6-9　那坡县维管束植物占广西植物总数的比例

类群	那坡县			广西			占广西植物总数的比例/%		
	科	属	种	科	属	种	科	属	种
蕨类植物	41	89	258	56	155	833	73.21	57.42	30.97
裸子植物	9	14	20	8	19	62	112.50	73.68	32.26
被子植物	181	1 021	2 807	233	1 646	7 667	77.68	62.03	36.61
合计	231	1 124	3 085	297	1 820	8 562	77.78	61.76	36.03

注：广西植物总数按《广西植物名录》（覃海宁、刘演，2010）统计。

➢　特有种类

那坡县分布的中国特有种共有 837 种，隶属于 122 科 299 属。其中蕨类植物 13 科 25 属 29 种，裸子植物 4 科 5 属 5 种，被子植物 123 科 373 属 803 种，主要集中在茜草科（Rutaceae）51 种、樟科（Lauraceae）41 种、兰科（Orchidaceae）32 种、苦苣苔科（Gesneriaceae）33 种、蝶形花科（Papilionaceae）23 种、芸香科（Rutaceae）21 种、百合科（Liliaceae）20 种、姜科（Zingiberaceae）19 种、蔷薇科（Rosaceae）18 种、菊科（Asteraceae）18 种、卫矛科（Celastraceae）17 种、忍冬科（Caprifoliaceae）16 种。可见那坡县植物特有性十

分突出，是我国重要的植物分布区域。

那坡县分布的广西特有种共有 120 种，隶属于 49 科 79 属。其中蕨类植物 2 科 2 属 2 种，被子植物 47 科 77 属 118 种。广西特有植物中物种分布较多的科是茜草科（Rubiaceae）16 种、苦苣苔科（Gesneriaceae）11 种、姜科（Zingiberaceae）10 种。

那坡县约有超过 80%的地貌类型是典型的喀斯特岩溶山地和土山，其中以海拔 800 m 以上的中山为主。岩溶和土山特有植物主要有广西地不容（*Stephania kwangsiensis*）、地枫皮（*Illicium difengpi*）、望天树（*Parashorea chinensis*）、广西青梅（*Vatica guangxiensis*）、广西火桐（*Firmiana kwangsiensis*）、广西姜花（*Hedychium kwangsiense*）、那坡山姜（*Alpinia napoensis*）、金丝李（*Garcinia paucinervis*）、蚬木（*Excentrodendron tonkinense*）、清香木（*Pistacia weinmannifolia*）、圆果化香（*Platycarya longipes*）、方鼎木（*Leptopus fangdingianus*）、广西树萝卜（*Agapetes guangxiensis*）、云南穗花杉（*Amentotaxus yunnanensis*）等。

➢ 珍稀濒危保护种类

① 国家重点保护野生植物

在对那坡物种名单分析统计的基础上，已知国家重点保护野生植物有 34 科 99 属 227 种。列为国家 I 级重点保护的有 32 种，列为国家 II 级重点保护的有 195 种。第一批国家重点保护野生植物有 21 科 24 属 25 种，按保护等级划分 I 级保护有 6 科 6 属 6 种，II 级保护有 17 科 17 属 19 种；按植物类型划分共有蕨类植物 4 科 4 属 4 种，裸子植物 4 科 4 属 4 种，被子植物 13 科 16 属 17 种。第二批国家重点保护野生植物有 14 科 76 属 202 种，按保护等级划分 I 级保护有 2 科 6 属 33 种，II 级保护有 12 科 72 属 169 种；按植物类型划分共有蕨类植物 1 科 1 属 1 种，被子植物 13 科 75 属 201 种，其中以兰科植物占最大保护物种比例（表 6-10）。

表 6-10 国家重点保护野生植物

序号	科名	中文名	拉丁学名	批次	保护等级
1	苏铁科	德保苏铁	*Cycas debaoensis* Y. C. Zhong et C. J. Chen	一	I
2	红豆杉科	云南穗花杉	*Amentotaxus yunnanensis* H. L. Li	一	I
3	木兰科	单性木兰	*Kmeria septentrionalis* Dandy	一	I
4	防己科	藤枣	*Eleutharrhena macrocarpa*（Diels）Forman	一	I
5	龙脑香科	望天树	*Parashorea chinensis* H. Wang	一	I
6	苦苣苔科	单座苣苔	*Metabriggsia ovalifolia* W. T. Wang	一	I
7	木兰科	大果木莲	*Manglietia grandis* Hu et W. C. Cheng	一	II
8	木兰科	香木莲	*Manglietia aromatica* Dandy	一	II
9	瑞香科	土沉香	*Aquilaria sinensis*（Lour.）Spreng.	一	II
10	龙脑香科	广西青梅	*Vatica guangxiensis* S. L. Mo	一	II
11	椴树科	滇桐	*Craigia yunnanensis* W. W. Sm. et W. E. Evans	一	II
12	苏木科	任豆	*Zenia insignis* Chun	一	II

序号	科名	中文名	拉丁学名	批次	保护等级
13	楝科	粗枝崖摩	*Amoora dasyclada*（F. C. How et T. Chen）C. Y. Wu	一	II
14	楝科	红椿	*Toona ciliata* M. Roem.	一	II
15	蓝果树科	喜树	*Camptotheca acuminata* Decne.	一	II
16	茜草科	香果树	*Emmenopterys henryi* Oliv.	一	II
17	棕榈科	董棕	*Caryota urens* L.	一	II
18	马尾树科	马尾树	*Rhoiptelea chiliantha* Diels et Hand.-Mazz.	一	II
19	八角科	地枫皮	*Illicium difengpi* K. I. B. et K. I. M. ex B. N. Chang	一	II
20	蚌壳蕨科	金毛狗脊	*Cibotium barometz*（Linn.）J.Sm.	一	II
21	桫椤科	桫椤	*Alsophila spinulosa*（Wall. ex Hook.）Tryon	一	II
22	水蕨科	水蕨	*Ceratopteris thalictroides*（L.）Brongn.	一	II
23	鳞毛蕨科	单叶贯众	*Cyrtomium hemionitis* Christ	一	II
24	松科	短叶黄杉	*Pseudotsuga brevifolia* W. C. Cheng et L. K. Fu	一	II
25	柏科	福建柏	*Fokienia hodginsii*（Dunn）A. Henry et H. H. Thomas	一	II
26	藤黄科	金丝李	*Garcinia paucinervis* Chun ex F. C. How	二	I
27	兰科	矮万代兰	*Vanda pumila* Hook. f.	二	I
28	兰科	版纳蝴蝶兰	*Phalaenopsis mannii* Rchb. f.	二	I
29	兰科	碧玉兰	*Cymbidium lowianum*（Rchb. f.）Rchb. f.	二	I
30	兰科	齿瓣石斛	*Dendrobium devonianum* Paxton	二	I
31	兰科	大雪兰	*Cymbidium mastersii* Griff. ex Lindl.	二	I
32	兰科	带叶兜兰	*Paphiopedilum hirsutissimum*（Lindl. ex Hook. f.）Stein	二	I
33	兰科	单葶草石斛	*Dendrobium porphyrochilum* Lindl.	二	I
34	兰科	滇桂石斛	*Dendrobium scoriarum* W. M. Sw.	二	I
35	兰科	叠鞘石斛	*Dendrobium aurantiacum* Rchb. f.	二	I
36	兰科	多花兰	*Cymbidium floribundum* Lindl.	二	I
37	兰科	钩状石斛	*Dendrobium aduncum* Wall. ex Lindl.	二	I
38	兰科	寒兰	*Cymbidium kanran* Makino	二	I
39	兰科	黑毛石斛	*Dendrobium williamsonii* Day et Rchb. F.	二	I
40	兰科	虎头兰	*Cymbidium hookerianum* Rchb. f.	二	I
41	兰科	建兰	*Cymbidium ensifolium*（L.）Sw.	二	I
42	兰科	聚石斛	*Dendrobium lindleyi* Stend.	二	I
43	兰科	流苏石斛	*Dendrobium fimbriatum* Hook.	二	I
44	兰科	罗河石斛	*Dendrobium lohohense* T. Tang et F. T. Wang	二	I
45	兰科	美花石斛	*Dendrobium loddigesii* Rolfe	二	I
46	兰科	密花石斛	*Dendrobium densiflorum* Lindl.	二	I
47	兰科	墨兰	*Cymbidium sinense*（Jack. ex Andrews）Willd.	二	I
48	兰科	琴唇万代兰	*Vanda concolor* Blume	二	I
49	兰科	曲轴石斛	*Dendrobium gibsonii* Lindl.	二	I

序号	科名	中文名	拉丁学名	批次	保护等级
50	兰科	莎叶兰	*Cymbidium cyperifolium* Wall. ex Lindl.	二	I
51	兰科	石斛	*Dendrobium nobile* Lindl.	二	I
52	兰科	疏花石斛	*Dendrobium henryi* Schltr.	二	I
53	兰科	束花石斛	*Dendrobium chrysanthum* Lindl.	二	I
54	兰科	兔耳兰	*Cymbidium lancifolium* Hook.	二	I
55	兰科	纹瓣兰	*Cymbidium aloifolium*（L.）Sw.	二	I
56	兰科	硬叶兜兰	*Paphiopedilum micranthum* T. Tang et F. T. Wang	二	I
57	兰科	硬叶兰	*Cymbidium mannii* Rchb. f.	二	I
58	兰科	长瓣兜兰	*Paphiopedilum dianthum* T. Tang et F. T. Wang	二	I
59	木兰科	观光木	*Tsoongiodendron odorum* Chun	二	II
60	小檗科	八角莲	*Dysosma versipellis*（Hance）M. Cheng	二	II
61	马兜铃科	朱砂莲	*Aristolochia tuberosa* C. F. Liang et S. M. Hwang	二	II
62	大风子科	海南大风子	*Hydnocarpus hainanensis*（Merr.）Sleum.	二	II
63	山茶科	白毛茶	*Camellia sinensis*（L.）O. Kuntze	二	II
64	猕猴桃科	糙毛猕猴桃	*Actinidia fulvicoma* Hance	二	II
65	猕猴桃科	红茎猕猴桃	*Actinidia rubricaulis* Dunn	二	II
66	猕猴桃科	阔叶猕猴桃	*Actinidia latifolia*（Gardner et Champ.）Merr.	二	II
67	猕猴桃科	美丽猕猴桃	*Actinidia melliana* Hand.-Mazz.	二	II
68	猕猴桃科	蒙自猕猴桃	*Actinidia henryi* Dunn	二	II
69	猕猴桃科	肉叶猕猴桃	*Actinidia carnosifolia* C. Y. Wu	二	II
70	猕猴桃科	硬齿猕猴桃	*Actinidia callosa* Lindl.	二	II
71	猕猴桃科	中越猕猴桃	*Actinidia indochinensis* Merr.	二	II
72	桑科	奶桑	*Morus macroura* Miq.	二	II
73	荨麻科	长圆苎麻	*Boehmeria oblongifolia* W. T. Wang	二	II
74	芸香科	黎檬	*Citrus limonia* Osb.	二	II
75	无患子科	龙眼	*Dimocarpus longan* Lour.	二	II
76	延龄草科	海南重楼	*Paris dunniana* H. Lév.	二	II
77	延龄草科	南重楼	*Paris vietnamensis*（Takht.）H. Li	二	II
78	延龄草科	七叶一枝花	*Paris polyphylla* Sm.	二	II
79	兰科	白点兰	*Thrixspermum centipeda* Lour.	二	II
80	兰科	白花贝母兰	*Coelogyne leucantha* W. W. Sm.	二	II
81	兰科	白及	*Bletilla striata*（Thunb. ex A. Murray）Rchb. f.	二	II
82	兰科	斑叶兰	*Goodyera schlechtendaliana* Rchb. f.	二	II
83	兰科	半柱毛兰	*Eria corneri* Rchb. f.	二	II
84	兰科	棒距虾脊兰	*Calanthe clavata* Lindl.	二	II
85	兰科	棒叶鸢尾兰	*Oberonia myosurus*（Forst. f.）Lindl.	二	II
86	兰科	保亭羊耳蒜	*Liparis bautingensis* T. Tang et F. T. Wang	二	II

序号	科名	中文名	拉丁学名	批次	保护等级
87	兰科	柄唇兰	*Podochilus khasianus* Hook. f.	二	II
88	兰科	叉唇钗子股	*Luisia teres*（Thunb. ex A. Murray）Blume	二	II
89	兰科	叉唇虾脊兰	*Calanthe hancockii* Rolfe	二	II
90	兰科	叉喙兰	*Uncifera acuminata* Lindl.	二	II
91	兰科	钗子股	*Luisia morsei* Rolfe	二	II
92	兰科	齿瓣石豆兰	*Bulbophyllum levinei* Schltr.	二	II
93	兰科	齿唇兰	*Anoectochilus lanceolatus* Lindl.	二	II
94	兰科	赤唇石豆兰	*Bulbophyllum affine* Lindl.	二	II
95	兰科	丛生羊耳蒜	*Liparis cespitosa*（Thouars）Lindl.	二	II
96	兰科	大苞兰	*Sunipia scariosa* Lindl.	二	II
97	兰科	大花羊耳蒜	*Liparis distans* C. B. Clarke	二	II
98	兰科	大序隔距兰	*Cleisostoma paniculatum*（Ker Gawl.）Garay	二	II
99	兰科	带叶兰	*Taeniophyllum glandulosum* Blume	二	II
100	兰科	单叶厚唇兰	*Epigeneium fargesii*（Finet）Gagnep.	二	II
101	兰科	单叶石仙桃	*Pholidota leveilleana* Schltr.	二	II
102	兰科	德基叉柱兰	*Cheirostylis derchiensis* S. S. Ying	二	II
103	兰科	等萼卷瓣兰	*Bulbophyllum violaceolabellum* Seidenf.	二	II
104	兰科	地宝兰	*Geodorum densiflorum*（Lam.）Schltr.	二	II
105	兰科	滇兰	*Hancockia uniflora* Rolfe	二	II
106	兰科	杜鹃兰	*Cremastra appendiculata*（D. Don）Makino	二	II
107	兰科	短瓣兰	*Monomeria barbata* Lindl.	二	II
108	兰科	短穗竹茎兰	*Tropidia curculigoides* Lindl.	二	II
109	兰科	短序隔距兰	*Cleisostoma striatum*（Rchb. f.）Garay	二	II
110	兰科	多花脆兰	*Acampe rigida*（Buch.-Ham. ex J. E. Sm.）P. F. Hunt	二	II
111	兰科	多花指甲兰	*Aerides rosea* Lodd. ex Lindl. et Paxt.	二	II
112	兰科	鹅毛玉凤花	*Habenaria dentata*（Sw.）Schltr.	二	II
113	兰科	二耳沼兰	*Malaxis biaurita*（Lindl.）Kuntze	二	II
114	兰科	芳香石豆兰	*Bulbophyllum ambrosia*（Hance）Schltr.	二	II
115	兰科	伏生石豆兰	*Bulbophyllum reptans*（Lindl.）Lindl.	二	II
116	兰科	高斑叶兰	*Goodyera procera*（Ker Gawl.）Hook.	二	II
117	兰科	广东石豆兰	*Bulbophyllum kwangtungense* Schltr.	二	II
118	兰科	广西舌喙兰	*Hemipilia kwangsiensis* T. Tang et F. T. Wang ex K. Y. Lang	二	II
119	兰科	鹤顶兰	*Phaius tankervilliae*（Banks ex L'Hér.）Blume	二	II
120	兰科	红唇鸢尾兰	*Oberonia rufilabris* Lindl.	二	II
121	兰科	红花隔距兰	*Cleisostoma williamsonii*（Rchb. f.）Garay	二	II
122	兰科	厚叶毛兰	*Eria crassifolia* Z. H. Tsi et S. C. Chen	二	II

序号	科名	中文名	拉丁学名	批次	保护等级
123	兰科	虎斑卷瓣兰	*Bulbophyllum retusiusculum* Rchb. f. var. tigridum（Hance）Z. H. Tsi	二	II
124	兰科	虎舌兰	*Epipogium roseum*（D. Don）Lindl.	二	II
125	兰科	花叶开唇兰	*Anoectochilus roxburghii*（Wall.）Lindl.	二	II
126	兰科	黄花鹤顶兰	*Phaius flavus*（Blume）Lindl.	二	II
127	兰科	尖喙隔距兰	*Cleisostoma rostratum*（Lodd.）Seidenf. ex Aver.	二	II
128	兰科	尖囊兰	*Kingidium braceanum*（Hook. f.）Seidenf.	二	II
129	兰科	尖叶石仙桃	*Pholidota missionariorum* Gagnep.	二	II
130	兰科	见血清	*Liparis nervosa*（Thunb. ex A. Murray）Lindl.	二	II
131	兰科	剑叶虾脊兰	*Calanthe davidii* Franch.	二	II
132	兰科	节茎石仙桃	*Pholidota articulata* Lindl.	二	II
133	兰科	阔蕊兰	*Peristylus goodyeroides*（D. Don）Lindl.	二	II
134	兰科	阔叶竹茎兰	*Tropidia angulosa*（Lindl.）Blume	二	II
135	兰科	乐昌虾脊兰	*Calanthe lechangensis* Z. H. Tsi et T. Tang	二	II
136	兰科	栗鳞贝母兰	*Coelogyne flaccida* Lindl.	二	II
137	兰科	裂瓣玉凤花	*Habenaria petelotii* Gagnep.	二	II
138	兰科	菱唇毛兰	*Eria rhomboidalis* T. Tang et F. T. Wang	二	II
139	兰科	流苏贝母兰	*Coelogyne fimbriata* Lindl.	二	II
140	兰科	麻栗坡贝母兰	*Coelogyne malipoensis* Z.H.Tsi	二	II
141	兰科	毛唇芋兰	*Nervilia fordii*（Hance）Schltr.	二	II
142	兰科	毛萼山珊瑚	*Galeola lindleyana*（Hook. f. et Thomson）Rchb. f.	二	II
143	兰科	毛葶玉凤花	*Habenaria ciliolaris* Kraenzl.	二	II
144	兰科	毛叶芋兰	*Nervilia plicata*（Andr.）Schtr.	二	II
145	兰科	毛柱隔距兰	*Cleisostoma simondii*（Gagnep.）Seidenf.	二	II
146	兰科	锚钩吻兰	*Collabium assamicum*（Hook. f.）Seidenf.	二	II
147	兰科	密花毛兰	*Eria spicata*（D. Don）Hand.-Mazz.	二	II
148	兰科	密花石豆兰	*Bulbophyllum odoratissimum*（J. E. Sm.）Lindl.	二	II
149	兰科	南方玉凤花	*Habenaria malintana*（Blanco）Merr.	二	II
150	兰科	南贡隔距兰	*Cleisostoma nangongense* Z. H. Tsi	二	II
151	兰科	拟万代兰	*Vandopsis gigantea*（Lindl.）Pfitzer	二	II
152	兰科	牛齿兰	*Appendicula cornuta* Blume	二	II
153	兰科	盆距兰	*Gastrochilus calceolaris*（Buch.-Ham. ex J. E. Sm.）D. Don	二	II
154	兰科	平卧曲唇兰	*Panisea cavalerei* Schltr.	二	II
155	兰科	匍茎卷瓣兰	*Bulbophyllum emarginatum*（Finet）J. J. Sm.	二	II
156	兰科	匍茎毛兰	*Eria clausa* King et Pantl.	二	II
157	兰科	浅裂沼兰	*Malaxis acuminata* D. Don	二	II

序号	科名	中文名	拉丁学名	批次	保护等级
158	兰科	翘距虾脊兰	*Calanthe aristulifera* Rchb. f.	二	II
159	兰科	绒叶斑叶兰	*Goodyera velutina* Maxim.	二	II
160	兰科	三褶虾脊兰	*Calanthe triplicata*（Willemet）Ames	二	II
161	兰科	舌唇槽舌兰	*Holcoglossum lingulatum*（Aver.）Aver.	二	II
162	兰科	深裂沼兰	*Malaxis purpurea*（Lindl.）Kuntze	二	II
163	兰科	石仙桃	*Pholidota chinensis* Lindl.	二	II
164	兰科	绶草	*Spiranthes sinensis*（Pers.）Ames	二	II
165	兰科	梳帽卷瓣兰	*Bulbophyllum andersonii*（Hook. f.）J. J. Sm.	二	II
166	兰科	双点毛兰	*Eria bipunctata* Lindl.	二	II
167	兰科	四川虾脊兰	*Calanthe whiteana* King et Pantl.	二	II
168	兰科	台湾香荚兰	*Vanilla somai* Hayata	二	II
169	兰科	文山石仙桃	*Pholidota wenshanica* S.C.Chen et Z.H.Tsi	二	II
170	兰科	吻兰	*Collabium chinense*（Rolfe）T. Tang et F. T. Wang	二	II
171	兰科	无叶美冠兰	*Eulophia zollingeri*（Rchb. f.）J. J. Sm.	二	II
172	兰科	西南齿唇兰	*Anoectochilus elwesii*（C. B. Clarke ex Hook. f.）King et Pantl.	二	II
173	兰科	细叶石仙桃	*Pholidota cantonensis* Rolfe	二	II
174	兰科	仙笔鹤顶兰	*Phaius columnaris* C. Z. Tang et S. J. Cheng	二	II
175	兰科	线瓣玉凤花	*Habenaria fordii* Rolfe	二	II
176	兰科	小唇盆距兰	*Gastrochilus* pseudodistichus（King et Pantl.）Schltr	二	II
177	兰科	小花阔蕊兰	*Peristylus affinis*（D. Don）Seidenf.	二	II
178	兰科	心叶羊耳蒜	*Liparis cordifolia* Hook. f.	二	II
179	兰科	艳丽齿唇兰	*Anoectochilus moulmeinensis*（Parish et Rchb. f.）Seidenf.	二	II
180	兰科	羊耳蒜	*Liparis japonica*（Miq.）Maxim.	二	II
181	兰科	异型兰	*Chiloschista yunnanensis* Schltr.	二	II
182	兰科	银带虾脊兰	*Calanthe argenteo-striata* C. Z. Tang et S. J. Cheng	二	II
183	兰科	羽唇兰	*Ornithochilus difformis*（Wall. ex Lindl.）Schltr.	二	II
184	兰科	鸢尾兰	*Oberonia iridifolia* Roxb. ex Lindl.	二	II
185	兰科	圆唇羊耳蒜	*Liparis balansae* Gagnep.	二	II
186	兰科	圆叶石豆兰	*Bulbophyllum drymoglossum* Maxim. ex M. Okubo	二	II
187	兰科	云南叉柱兰	*Cheirostylis yunnanensis* Rolfe	二	II
188	兰科	云南石仙桃	*Pholidota yunnanensis* Rolfe	二	II
189	兰科	泽泻虾脊兰	*Calanthe alismaefolia* Lindl.	二	II
190	兰科	长苞毛兰	*Eria obvia* W. W. Sm.	二	II
191	兰科	长臂卷瓣兰	*Bulbophyllum longibrachiatum* Z. H. Tsi	二	II
192	兰科	长茎羊耳蒜	*Liparis viridiflora*（Blume）Lindl.	二	II

序号	科名	中文名	拉丁学名	批次	保护等级
193	兰科	长鳞贝母兰	*Coelogyne ovalis* Lindl.	二	II
194	兰科	直唇卷瓣兰	*Bulbophyllum delitescens* Hance	二	II
195	兰科	中华叉柱兰	*Cheirostylis chinensis* Rolfe	二	II
196	兰科	中华虾脊兰	*Calanthe sinica* Z. H. Tsi	二	II
197	兰科	中泰玉凤花	*Habenaria siamensis* Schltr.	二	II
198	兰科	中越鹤顶兰	*Phaius tonkinensis* Aver.	二	II
199	兰科	竹叶兰	*Arundina graminifolia*（D. Don）Hochr.	二	II
200	兰科	竹叶毛兰	*Eria bambusifolia* Lindl.	二	II
201	兰科	锥囊坛花兰	*Acanthephippium striatum* Lindl.	二	II
202	兰科	紫花美冠兰	Eulophia *spectabilis*（Dennst.）Suresh	二	II
203	兰科	足茎毛兰	*Eria coronaria*（Lindl.）Rchb. f.	二	II
204	兰科	钻柱兰	*Pelatantheria rivesii*(Guillaumin)T. Tang et F. T. Wang	二	II
205	石杉科	蛇足石杉	*Huperzia serrata*（Thunb.）Trev.	二	II
206	兰科	白花线柱兰	*Zeuxine parvifolia*（Ridl.）Seidenf.	二	II
207	兰科	苞舌兰	*Spathoglottis pubescens* Lindl.	二	II
208	兰科	粗糙盂兰	*Lecanorchis trachycaula1* Ohwi	二	II
209	兰科	大理石叶叉柱兰	*Cheirostylis marmorifolia* Aver.	二	II
210	兰科	带唇兰	*Tainia dunnii* Rolfe	二	II
211	兰科	短轴坚唇兰	*Stereochilus brevirachis* Christenson	二	II
212	兰科	灰岩齿唇兰	*Anoectochilus annamensis* Aver.	二	II
213	兰科	毛梗斑叶兰	*Goodyera hispida* Lindl.	二	II
214	兰科	盆距兰属	*Gastrochilus*	二	II
215	兰科	杓兰属一种	*Cypripedium* sp.	二	II
216	兰科	杓兰属一种	*Cypripedium* sp.	二	II
217	兰科	天贵卷瓣兰	*Bulbophyllum tianguii* K.Y.Lang et D.Luo	二	II
218	兰科	汪氏槽舌兰	*Holcoglossum wangii* Christenson	二	II
219	兰科	尾瓣舌唇兰	*Platantheria mandarinorum* Rchb.f.	二	II
220	兰科	细小叉柱兰	*Cheir ostyl is p usilla* Lindley	二	II
221	兰科	宿苞兰	*Cryptochilus luteus* Lindley	二	II
222	兰科	羊耳蒜属	*Liparis* sp.	二	II
223	兰科	越南香荚兰	*Vanilla annamica* Gagnep.	二	II
224	兰科	中越万代兰	*Vanda fuscoviridis* Lindl.	二	II
225	兰科	中越羊耳蒜	*Liparis petraea* Aver. & Averyanova	二	II
226	兰科	竹茎兰属	*Tropidia* sp.	二	II
227	兰科	卓花石斛	*Dendrobium anosmum* Lindley	二	II

②广西重点保护野生植物

在对那坡物种名单分析统计的基础上，已知广西重点保护野生植物16科81属204种，其中裸子植物1种，尤以兰科植物为主，共有62属185种，物种数量比较多的是石斛属（*Dendrobium*）16种、卷瓣兰属（*Bulbophyllum*）14种、羊耳蒜属（*Liparis*）10种，虾脊兰属（*Calanthe*）11种、毛兰属（*Eria*）9种（表6-11）。

表6-11　广西重点保护野生植物

序号	科名	中文名	拉丁学名
1	红豆杉科	穗花杉	*Amentotaxus argotaenia*（Hance）Pilg.
2	木兰科	观光木	*Tsoongiodendron odorum* Chun
3	小檗科	八角莲	*Dysosma versipellis*（Hance）M. Cheng
4	防己科	广西地不容	*Stephania kwangsiensis* H. S. Lo
5	山龙眼科	假山龙眼	*Heliciopsis henryi*（Diels）W. T. Wang
6	大风子科	大叶龙角	*Hydnocarpus annamensis*（Gagnep.）Lescot et Sleum.
7	山茶科	紫茎	*Stewartia sinensis* Rehd. et E. H. Wilson
8	藤黄科	金丝李	*Garcinia paucinervis* Chun ex F. C. How
9	苏木科	顶果树	*Acrocarpus fraxinifolius* Wight ex Arn.
10	苏木科	苏木	*Caesalpinia sappan* L.
11	壳斗科	吊皮锥	*Castanopsis kawakamii* Hayata
12	壳斗科	广西青冈	*Cyclobalanopsis kouangsiensis*（A. Camus）Y. C. Hsu et H. Wei Jen
13	榆科	青檀	*Pteroceltis tatarinowii* Maxim.
14	桑科	白桂木	*Artocarpus hypargyreus* Hance
15	荨麻科	舌柱麻	*Archiboehmeria atrata*（Gagnep.）C. J. Chen
16	荨麻科	火麻树	*Dendrocnide urentissima*（Gagnep.）Chew
17	漆树科	辛果漆	*Drimycarpus racemosus*（Roxb.）Hook. f.
18	漆树科	冬杧	*Mangifera hiemalis* J. Y. Liang
19	胡桃科	青钱柳	*Cyclocarya paliurus*（Batalin）Iljinsk.
20	兰科	多花脆兰	*Acampe rigida*（Buch.-Ham. ex J. E. Sm.）P. F. Hunt
21	兰科	锥囊坛花兰	*Acanthephippium striatum* Lindl.
22	兰科	多花指甲兰	*Aerides rosea* Lodd. ex Lindl. et Paxt.
23	兰科	灰岩齿唇兰	*Anoectochilus annamensis* Aver.
24	兰科	西南齿唇兰	*Anoectochilus elwesii*（C. B. Clarke ex Hook. f.）King et Pantl.
25	兰科	齿唇兰	*Anoectochilus lanceolatus* Lindl.
26	兰科	艳丽齿唇兰	*Anoectochilus moulmeinensis*（Parish et Rchb. f.）Seidenf.
27	兰科	花叶开唇兰	*Anoectochilus roxburghii*（Wall.）Lindl.
28	兰科	牛齿兰	*Appendicula cornuta* Blume
29	兰科	竹叶兰	*Arundina graminifolia*（D. Don）Hochr.

序号	科名	中文名	拉丁学名
30	兰科	黄花白及	*Bletilla ochracea* Schltr.
31	兰科	白及	*Bletilla striata*（Thunb. ex A. Murray）Rchb. f.
32	兰科	赤唇石豆兰	*Bulbophyllum affine* Lindl.
33	兰科	芳香石豆兰	*Bulbophyllum ambrosia*（Hance）Schltr.
34	兰科	梳帽卷瓣兰	*Bulbophyllum andersonii*（Hook. f.）J. J. Sm.
35	兰科	直唇卷瓣兰	*Bulbophyllum delitescens* Hance
36	兰科	圆叶石豆兰	*Bulbophyllum drymoglossum* Maxim. ex M. Okubo
37	兰科	匍茎卷瓣兰	*Bulbophyllum emarginatum*（Finet）J. J. Sm.
38	兰科	广东石豆兰	*Bulbophyllum kwangtungense* Schltr.
39	兰科	齿瓣石豆兰	*Bulbophyllum levinei* Schltr.
40	兰科	长臂卷瓣兰	*Bulbophyllum longibrachiatum* Z. H. Tsi
41	兰科	密花石豆兰	*Bulbophyllum odoratissimum*（J. E. Sm.）Lindl.
42	兰科	伏生石豆兰	*Bulbophyllum reptans*（Lindl.）Lindl.
43	兰科	天贵卷瓣兰	*Bulbophyllum tianguii*K.Y.Lang et D.Luo
44	兰科	等萼卷瓣兰	*Bulbophyllum violaceolabellum* Seidenf.
45	兰科	虎斑卷瓣兰	*Bulbophyllum* retusiusculum Rchb. f. var. *tigridum*（Hance）Z. H. Tsi
46	兰科	泽泻虾脊兰	*Calanthe alismaefolia* Lindl.
47	兰科	银带虾脊兰	*Calanthe argenteo-striata* C. Z. Tang et S. J. Cheng
48	兰科	翘距虾脊兰	*Calanthe aristulifera* Rchb. f.
49	兰科	棒距虾脊兰	*Calanthe clavata* Lindl.
50	兰科	剑叶虾脊兰	*Calanthe davidii* Franch.
51	兰科	叉唇虾脊兰	*Calanthe hancockii* Rolfe
52	兰科	乐昌虾脊兰	*Calanthe lechangensis* Z. H. Tsi et T. Tang
53	兰科	中华虾脊兰	*Calanthe sinica* Z. H. Tsi
54	兰科	长距虾脊兰	*Calanthe sylvatica*（Thouars）Lindl.
55	兰科	三褶虾脊兰	*Calanthe triplicata*（Willemet）Ames
56	兰科	四川虾脊兰	*Calanthe whiteana* King et Pantl.
57	兰科	细小叉柱兰	*Cheirostylis pusilla* Lindley
58	兰科	中华叉柱兰	*Cheirostylis chinensis* Rolfe
59	兰科	德基叉柱兰	*Cheirostylis derchiensis* S. S. Ying
60	兰科	大理石叶叉柱兰	*Cheirostylis marmorifolia* Aver.
61	兰科	云南叉柱兰	*Cheirostylis yunnanensis* Rolfe
62	兰科	异型兰	*Chiloschista yunnanensis* Schltr.
63	兰科	南贡隔距兰	*Cleisostoma nangongense* Z. H. Tsi
64	兰科	大序隔距兰	*Cleisostoma paniculatum*（Ker Gawl.）Garay
65	兰科	尖喙隔距兰	*Cleisostoma rostratum*（Lodd.）Seidenf. ex Aver.

序号	科名	中文名	拉丁学名
66	兰科	毛柱隔距兰	*Cleisostoma simondii*（Gagnep.）Seidenf.
67	兰科	短序隔距兰	*Cleisostoma* striatum（Rchb. f.）Garay
68	兰科	红花隔距兰	*Cleisostoma williamsonii*（Rchb. f.）Garay
69	兰科	流苏贝母兰	*Coelogyne fimbriata* Lindl.
70	兰科	栗鳞贝母兰	*Coelogyne flaccida* Lindl.
71	兰科	白花贝母兰	*Coelogyne leucantha* W. W. Sm.
72	兰科	麻栗坡贝母兰	*Coelogyne malipoensis* Z.H.Tsi
73	兰科	长鳞贝母兰	*Coelogyne ovalis* Lindl.
74	兰科	锚钩吻兰	*Collabium assamicum*（Hook. f.）Seidenf.
75	兰科	吻兰	*Collabium chinense*（Rolfe）T. Tang et F. T. Wang
76	兰科	杜鹃兰	*Cremastra appendiculata*（D. Don）Makino
77	兰科	宿苞兰	*Cryptochilus luteus* Lindley
78	兰科	纹瓣兰	*Cymbidium aloifolium*（L.）Sw.
79	兰科	莎叶兰	*Cymbidium* cyperifolium Wall. ex Lindl.
80	兰科	建兰	*Cymbidium ensifolium*（L.）Sw.
81	兰科	多花兰	*Cymbidium floribundum* Lindl.
82	兰科	虎头兰	*Cymbidium hookerianum* Rchb. f.
83	兰科	寒兰	*Cymbidium kanran* Makino
84	兰科	兔耳兰	*Cymbidium lancifolium* Hook.
85	兰科	碧玉兰	*Cymbidium lowianum*（Rchb. f.）Rchb. f.
86	兰科	硬叶兰	*Cymbidium mannii* Rchb. f.
87	兰科	大雪兰	*Cymbidium mastersii* Griff. ex Lindl.
88	兰科	墨兰	*Cymbidium sinense*（Jack. ex Andrews）Willd.
89	兰科	杓兰属一种	*Cypripedium* sp.
90	兰科	杓兰属一种	*Cypripedium* sp.
91	兰科	钩状石斛	*Dendrobium aduncum* Wall. ex Lindl.
92	兰科	卓花石斛	*Dendrobium anosmum* Lindley
93	兰科	叠鞘石斛	*Dendrobium aurantiacum* Rchb. f.
94	兰科	束花石斛	*Dendrobium chrysanthum* Lindl.
95	兰科	密花石斛	*Dendrobium densiflorum* Lindl.
96	兰科	齿瓣石斛	*Dendrobium devonianum* Paxton
97	兰科	流苏石斛	*Dendrobium fimbriatum* Hook.
98	兰科	曲轴石斛	*Dendrobium gibsonii* Lindl.
99	兰科	疏花石斛	*Dendrobium henryi* Schltr.
100	兰科	聚石斛	Dendrobium *lindleyi* Stend.
101	兰科	美花石斛	*Dendrobium loddigesii* Rolfe
102	兰科	罗河石斛	*Dendrobium lohohense* T. Tang et F. T. Wang

序号	科名	中文名	拉丁学名
103	兰科	石斛	*Dendrobium nobile* Lindl.
104	兰科	单葶草石斛	*Dendrobium porphyrochilum* Lindl.
105	兰科	滇桂石斛	Dendrobium *scoriarum* W. M. Sw.
106	兰科	黑毛石斛	*Dendrobium williamsonii* Day et Rchb. F.
107	兰科	单叶厚唇兰	*Epigeneium fargesii*（Finet）Gagnep.
108	兰科	虎舌兰	*Epipogium roseum*（D. Don）Lindl.
109	兰科	竹叶毛兰	*Eria bambusifolia* Lindl.
110	兰科	双点毛兰	*Eria bipunctata* Lindl.
111	兰科	匍茎毛兰	*Eria clausa* King et Pantl.
112	兰科	半柱毛兰	*Eria corneri* Rchb. f.
113	兰科	足茎毛兰	*Eria coronaria*（Lindl.）Rchb. f.
114	兰科	厚叶毛兰	*Eria crassifolia* Z. H. Tsi et S. C. Chen
115	兰科	长苞毛兰	*Eria obvia* W. W. Sm.
116	兰科	菱唇毛兰	*Eria rhomboidalis* T. Tang et F. T. Wang
117	兰科	密花毛兰	*Eria spicata*（D. Don）Hand.-Mazz.
118	兰科	紫花美冠兰	*Eulophia spectabilis*（Dennst.）Suresh
119	兰科	无叶美冠兰	*Eulophia zollingeri*（Rchb. f.）J. J. Sm.
120	兰科	毛萼山珊瑚	*Galeola lindleyana*（Hook. f. et Thomson）Rchb. f.
121	兰科	盆距兰	*Gastrochilus calceolaris*（Buch.-Ham. ex J. E. Sm.）D. Don
122	兰科	小唇盆距兰	*Gastrochilus pseudodistichus*（King et Pantl.）Schltr
123	兰科	盆距兰属一种	*Gastrochilus* sp.
124	兰科	地宝兰	*Geodorum densiflorum*（Lam.）Schltr.
125	兰科	毛梗斑叶兰	*Goodyera hispida* Lindl.
126	兰科	高斑叶兰	*Goodyera procera*（Ker Gawl.）Hook.
127	兰科	斑叶兰	*Goodyera schlechtendaliana* Rchb. f.
128	兰科	绒叶斑叶兰	*Goodyera velutina* Maxim.
129	兰科	毛葶玉凤花	*Habenaria ciliolaris* Kraenzl.
130	兰科	鹅毛玉凤花	*Habenaria dentata*（Sw.）Schltr.
131	兰科	线瓣玉凤花	Habenaria *fordii* Rolfe
132	兰科	南方玉凤花	*Habenaria malintana*（Blanco）Merr.
133	兰科	裂瓣玉凤花	*Habenaria petelotii* Gagnep.
134	兰科	中泰玉凤花	*Habenaria siamensis* Schltr.
135	兰科	滇兰	*Hancockia uniflora* Rolfe
136	兰科	广西舌喙兰	*Hemipilia kwangsiensis* T. Tang et F. T. Wang ex K. Y. Lang
137	兰科	管叶槽舌兰	*Holcoglossum kimballianum*（Rchb. f.）Garay
138	兰科	舌唇槽舌兰	*Holcoglossum lingulatum*（Aver.）Aver.
139	兰科	汪氏槽舌兰	*Holcoglossum wangii* Christenson

序号	科名	中文名	拉丁学名
140	兰科	尖囊兰	*Kingidium* braceanum（Hook. f.）Seidenf.
141	兰科	粗糙盂兰	*Lecanorchis trachycaula1* Ohwi
142	兰科	圆唇羊耳蒜	*Liparis balansae* Gagnep.
143	兰科	保亭羊耳蒜	*Liparis bautingensis* T. Tang et F. T. Wang
144	兰科	丛生羊耳蒜	*Liparis cespitosa*（Thouars）Lindl.
145	兰科	心叶羊耳蒜	*Liparis cordifolia* Hook. f.
146	兰科	大花羊耳蒜	*Liparis distans* C. B. Clarke
147	兰科	羊耳蒜	*Liparis japonica*（Miq.）Maxim.
148	兰科	见血清	*Liparis nervosa*（Thunb. ex A. Murray）Lindl.
149	兰科	中越羊耳蒜	*Liparis petraea* Aver. & Averyanova
150	兰科	羊耳蒜属一种	*Liparis* sp.
151	兰科	长茎羊耳蒜	*Liparis viridiflora*（Blume）Lindl.
152	兰科	钗子股	*Luisia morsei* Rolfe
153	兰科	叉唇钗子股	*Luisia teres*（Thunb. ex A. Murray）Blume
154	兰科	浅裂沼兰	*Malaxis acuminata* D. Don
155	兰科	二耳沼兰	*Malaxis biaurita*（Lindl.）Kuntze
156	兰科	深裂沼兰	*Malaxis purpurea*（Lindl.）Kuntze
157	兰科	短瓣兰	*Monomeria barbata* Lindl.
158	兰科	毛唇芋兰	*Nervilia fordii*（Hance）Schltr.
159	兰科	毛叶芋兰	*Nervilia plicata*（Andr.）Schtr.
160	兰科	鸢尾兰	*Oberonia iridifolia* Roxb. ex Lindl.
161	兰科	棒叶鸢尾兰	*Oberonia myosurus*（Forst. f.）Lindl.
162	兰科	红唇鸢尾兰	*Oberonia* rufilabris Lindl.
163	兰科	羽唇兰	*Ornithochilus difformis*（Wall. ex Lindl.）Schltr.
164	兰科	平卧曲唇兰	*Panisea cavalerei* Schltr.
165	兰科	长瓣兜兰	*Paphiopedilum dianthum* T. Tang et F. T. Wang
166	兰科	带叶兜兰	*Paphiopedilum hirsutissimum*（Lindl. ex Hook. f.）Stein
167	兰科	硬叶兜兰	*Paphiopedilum micranthum* T. Tang et F. T. Wang
168	兰科	钻柱兰	*Pelatantheria rivesii*（Guillaumin）T. Tang et F. T. Wang
169	兰科	小花阔蕊兰	*Peristylus affinis*（D. Don）Seidenf.
170	兰科	阔蕊兰	*Peristylus goodyeroides*（D. Don）Lindl.
171	兰科	仙笔鹤顶兰	*Phaius columnaris* C. Z. Tang et S. J. Cheng
172	兰科	黄花鹤顶兰	*Phaius flavus*（Blume）Lindl.
173	兰科	紫花鹤顶兰	*Phaius mishmensis*（Lindl. et Paxton）Rchb. f.
174	兰科	鹤顶兰	*Phaius tankervilliae*（Banks ex L'Hér.）Blume
175	兰科	版纳蝴蝶兰	*Phalaenopsis mannii* Rchb. f.
176	兰科	节茎石仙桃	*Pholidota articulata* Lindl.

序号	科名	中文名	拉丁学名
177	兰科	细叶石仙桃	*Pholidota cantonensis* Rolfe
178	兰科	石仙桃	*Pholidota chinensis* Lindl.
179	兰科	单叶石仙桃	*Pholidota leveilleana* Schltr.
180	兰科	尖叶石仙桃	*Pholidota missionariorum* Gagnep.
181	兰科	文山石仙桃	*Pholidota wenshanica* S.C.Chen et Z.H.Tsi
182	兰科	云南石仙桃	*Pholidota yunnanensis* Rolfe
183	兰科	尾瓣舌唇兰	*Platantheria mandarinorum* Rchb.f.
184	兰科	柄唇兰	*Podochilus khasianus* Hook. f.
185	兰科	苞舌兰	*Spathoglottis pubescens* Lindl.
186	兰科	绶草	*Spiranthes sinensis*（Pers.）Ames
187	兰科	短轴固唇兰	*Stereochilus brevirachis* Christenson
188	兰科	大苞兰	*Sunipia scariosa* Lindl.
189	兰科	带叶兰	*Taeniophyllum glandulosum* Blume
190	兰科	带唇兰	*Tainia dunnii* Rolfe
191	兰科	白点兰	*Thrixspermum centipeda* Lour.
192	兰科	吉氏白点兰	*Thrixspermum tsii* W. H. Chen et Y. M. Shui
193	兰科	阔叶竹茎兰	*Tropidia angulosa*（Lindl.）Blume
194	兰科	短穗竹茎兰	*Tropidia curculigoides* Lindl.
195	兰科	竹茎兰属一种	*Tropidia* sp.
196	兰科	叉喙兰	*Uncifera acuminata* Lindl.
197	兰科	琴唇万代兰	*Vanda concolor* Blume
198	兰科	中越万代兰	*Vanda fuscoviridis* Lindl.
199	兰科	矮万代兰	*Vanda pumila* Hook. f.
200	兰科	纯色万代兰	*Vanda subconcolor* T. Tang et F. T. Wang
201	兰科	拟万代兰	*Vandopsis gigantea*（Lindl.）Pfitzer
202	兰科	越南香荚兰	*Vanilla annamica* Gagnep.
203	兰科	台湾香荚兰	*Vanilla somai* Hayata
204	兰科	白花线柱兰	*Zeuxine parvifolia*（Ridl.）Seidenf.

③ 列入 IUCN 红皮书的植物

在对那坡物种名单分析统计的基础上，已知列入 IUCN 红皮书的珍稀濒危植物有 59 科 125 属 201 种，其中裸子植物 8 科 12 属 14 种，被子植物 51 科 113 属 187 种。其中极危（CR）有 26 种，濒危（EN）有 67 种，易危（VU）有 95 种，低危（LC）有 4 种，近危（NT）有 9 种（表 6-12）。

表 6-12　列入 IUCN 红皮书的野生植物

序号	科名	中文名	拉丁学名	IUCN
1	兰科	麻栗坡贝母兰	*Coelogyne malipoensis* Z.H.Tsi	CR
2	兰科	中泰玉凤花	*Habenaria siamensis* Schltr.	CR
3	兰科	多花指甲兰	*Aerides rosea* Lodd. ex Lindl. et Paxt.	CR
4	蝶形花科	菱荚红豆	*Ormosia pachyptera* L. Chen	CR
5	槭树科	海南槭	*Acer hainanense* Chun et W. P. Fang	CR
6	苏铁科	苏铁	*Cycas revoluta* Thunb.	CR
7	兰科	长臂卷瓣兰	*Bulbophyllum longibrachiatum* Z. H. Tsi	CR
8	兰科	等萼卷瓣兰	*Bulbophyllum violaceolabellum* Seidenf.	CR
9	兰科	中华虾脊兰	*Calanthe sinica* Z. H. Tsi	CR
10	兰科	南贡隔距兰	*Cleisostoma nangongense* Z. H. Tsi	CR
11	苦苣苔科	单座苣苔	*Metabriggsia ovalifolia* W. T. Wang	CR
12	葡萄科	金秀崖爬藤	*Tetrastigma jinxiuense* C. L. Li	CR
13	姜科	广西姜花	*Hedychium kwangsiense* T. L. Wu et S. J. Chen	CR
14	樟科	簇序润楠	*Machilus fasciculata* H. W. Li	CR
15	茜草科	大果酒饼簕	*Atalantia guillauminii* Swingle	CR
16	西番莲科	心叶西番莲	*Passiflora eberhardtii* Gagnep.	CR
17	樟科	广西钓樟	*Lindera guangxiensis* H. P. Tsui	CR
18	金缕梅科	大果檵木	*Loropetalum lanceum* Hand.-Mazz.	CR
19	天南星科	落檐	*Schismatoglottis hainanensis* H. Li	CR
20	柿科	异萼柿	*Diospyros anisocalyx* C. Y. Wu	CR
21	卫矛科	细梗沟瓣	*Glyptopetalum longepedunculatum* Tardieu	CR
22	山茶科	钝叶紫茎	*Stewartia obovata*（Chun ex H. T. Chang）J. Li et T. L. Ming ex J. Li	CR
23	苏铁科	德保苏铁	*Cycas debaoensis* Y. C. Zhong et C. J. Chen	CR
24	防己科	藤枣	*Eleutharrhena macrocarpa*（Diels）Forman	CR
25	龙脑香科	广西青梅	*Vatica guangxiensis* S. L. Mo	CR
26	罗汉松科	罗汉松	*Podocarpus macrophyllus*（Thunb.）Sweet	CR
27	兰科	罗河石斛	*Dendrobium lohohense* T. Tang et F. T. Wang	EN
28	兰科	石斛	*Dendrobium nobile* Lindl.	EN
29	兰科	四川虾脊兰	*Calanthe whiteana* King et Pantl.	EN
30	苦苣苔科	弄岗唇柱苣苔	*Chirita longgangensis* W. T. Wang	EN
31	壳斗科	黄背叶青冈	*Cyclobalanopsis poilanei*（Hickel et A. Camus）Hjelmq.	EN
32	红豆杉科	云南穗花杉	*Amentotaxus yunnanensis* H. L. Li	EN
33	木兰科	单性木兰	*Kmeria septentrionalis* Dandy	EN
34	兰科	流苏石斛	*Dendrobium fimbriatum* Hook.	EN
35	兰科	乐昌虾脊兰	*Calanthe lechangensis* Z. H. Tsi et T. Tang	EN
36	龙脑香科	望天树	*Parashorea chinensis* H. Wang	EN
37	木兰科	大果木莲	*Manglietia grandis* Hu et W. C. Cheng	EN
38	楝科	粗枝崖摩	*Amoora dasyclada*（F. C. How et T. Chen）C. Y. Wu	EN
39	木兰科	香木莲	*Manglietia aromatica* Dandy	EN

序号	科名	中文名	拉丁学名	IUCN
40	樟科	黑叶楠	*Phoebe nigrifolia* S. K. Lee et F. N. Wei	EN
41	茜草科	广西水锦树	*Wendlandia aberrans* F. C. How	EN
42	茜草科	木姜子叶水锦树	*Wendlandia litseifolia* F. C. How	EN
43	樟科	西畴油丹	*Alseodaphne sichourensis* H. W. Li	EN
44	樟科	红毛琼楠	*Beilschmiedia rufohirtella* H. W. Li	EN
45	山龙眼科	林地山龙眼	*Helicia silvicola* W. W. Sm.	EN
46	金缕梅科	长瓣马蹄荷	*Exbucklandia longipetala* H. T. Chang	EN
47	槭树科	滨海槭	Acer *sino-oblongum* F. P. Metcalf	EN
48	大风子科	大叶龙角	*Hydnocarpus annamensis*（Gagnep.）Lescot et Sleum.	EN
49	山柚子科	甜菜树	*Yunnanopilia longistaminea*（W. Z. Li）C. Y. Wu et D. Z. Li	EN
50	槭树科	粗柄槭	*Acer tonkinense* Lecomte	EN
51	椴树科	滇桐	*Craigia yunnanensis* W. W. Sm. et W. E. Evans	EN
52	兰科	保亭羊耳蒜	*Liparis bautingensis* T. Tang et F. T. Wang	EN
53	兰科	尖囊兰	*Kingidium braceanum*（Hook. f.）Seidenf.	EN
54	兰科	长瓣兜兰	*Paphiopedilum dianthum* T. Tang et F. T. Wang	EN
55	兰科	带叶兜兰	*Paphiopedilum hirsutissimum*（Lindl. ex Hook. f.）Stein	EN
56	兰科	硬叶兜兰	*Paphiopedilum micranthum* T. Tang et F. T. Wang	EN
57	兰科	碧玉兰	*Cymbidium lowianum*（Rchb. f.）Rchb. f.	EN
58	兰科	大雪兰	*Cymbidium mastersii* Griff. ex Lindl.	EN
59	兰科	钩状石斛	*Dendrobium aduncum* Wall. ex Lindl.	EN
60	兰科	叠鞘石斛	*Dendrobium aurantiacum* Rchb. f.	EN
61	兰科	束花石斛	*Dendrobium chrysanthum* Lindl.	EN
62	兰科	齿瓣石斛	*Dendrobium devonianum* Paxton	EN
63	兰科	曲轴石斛	*Dendrobium gibsonii* Lindl.	EN
64	兰科	疏花石斛	*Dendrobium henryi* Schltr.	EN
65	兰科	美花石斛	*Dendrobium loddigesii* Rolfe	EN
66	兰科	黑毛石斛	*Dendrobium williamsonii* Day et Rchb. F.	EN
67	漆树科	石山漆	*Toxicodendron calcicolum* C. Y. Wu ex T. L. Ming	EN
68	槭树科	河口槭	*Acer fenzelianum* Hand.-Mazz.	EN
69	兰科	厚叶毛兰	*Eria crassifolia* Z. H. Tsi et S. C. Chen	EN
70	兰科	版纳蝴蝶兰	*Phalaenopsis mannii* Rchb. f.	EN
71	兰科	广西舌喙兰	*Hemipilia kwangsiensis* T. Tang et F. T. Wang ex K. Y. Lang	EN
72	兰科	仙笔鹤顶兰	*Phaius columnaris* C. Z. Tang et S. J. Cheng	EN
73	兰科	竹叶毛兰	*Eria bambusifolia* Lindl.	EN
74	兰科	双点毛兰	*Eria bipunctata* Lindl.	EN
75	兰科	舌唇槽舌兰	*Holcoglossum lingulatum*（Aver.）Aver.	EN
76	兰科	拟万代兰	*Vandopsis gigantea*（Lindl.）Pfitzer	EN
77	兰科	单葶草石斛	*Dendrobium porphyrochilum* Lindl.	EN
78	壳斗科	厚鳞柯	*Lithocarpus pachylepis* A. Camus	EN
79	山茶科	膜叶茶	*Camellia leptophylla* S. Ye Liang ex H. T. Chang	EN
80	桑科	扶绥榕	*Ficus fusuiensis* S. S. Chang	EN

序号	科名	中文名	拉丁学名	IUCN
81	樟科	文山润楠	*Machilus wenshanensis* H. W. Li	EN
82	蝶形花科	短序算珠豆	*Urariopsis brevissima* Yen C. Yang et P. H. Huang	EN
83	芸香科	密果花椒	*Zanthoxylum glomeratum* C. C. Huang	EN
84	茜草科	大卵叶虎刺	*Damnacanthus major* Sieb. et Zucc.	EN
85	山茶科	大杨桐	*Adinandra grandis* L. K. Ling	EN
86	荨麻科	钝齿冷水花	*Pilea penninervis* C. J. Chen	EN
87	七叶树科	大果七叶树	*Aesculus chuniana* Hu et W. P. Fang	EN
88	山茱萸科	密花桃叶珊瑚	*Aucuba confertiflora* W. P. Fang et Z. P. Song	EN
89	五加科	细刺五加	*Eleutherococcus setulosus*（Franch.）S. Y. Hu	EN
90	冬青科	龙州冬青	*Ilex longzhouensis* C. J. Tseng	EN
91	姜科	香姜	*Alpinia coriandriodora* D. Fang	EN
92	苦苣苔科	长檐苣苔	*Dolicholoma jasminiflorum* D. Fang et W. T. Wang	EN
93	兰科	琴唇万代兰	*Vanda concolor* Blume	EN
94	槭树科	青榨槭	*Acer davidii* Franch.	LC
95	槭树科	毛脉槭	*Acer pubinerve* Rehder	LC
96	槭树科	罗浮槭	*Acer fabri* Hance	LC
97	槭树科	扇叶槭	*Acer flabellatum* Rehder	LC
98	茜草科	香果树	*Emmenopterys henryi* Oliv.	NT
99	柏科	侧柏	*Platycladus orientalis*（L.）Franco	NT
100	松科	马尾松	*Pinus massoniana* Lamb.	NT
101	榆科	青檀	*Pteroceltis tatarinowii* Maxim.	NT
102	杉科	杉木	*Cunninghamia lanceolata*（Lamb.）Hook.	NT
103	罗汉松科	竹柏	*Nageia nagi*（Thunb.）Kuntze	NT
104	买麻藤科	小叶买麻藤	*Gnetum parvifolium*（Warb.）Chun	NT
105	海桑科	八宝树	*Duabanga grandiflora*（Roxb. ex DC.）Walp.	NT
106	蒟蒻薯科	箭根薯	*Tacca chantrieri* André	NT
107	瑞香科	土沉香	*Aquilaria sinensis*（Lour.）Spreng.	VU
108	柏科	福建柏	*Fokienia hodginsii*（Dunn）A. Henry et H. H. Thomas	VU
109	兰科	翘距虾脊兰	*Calanthe aristulifera* Rchb. f.	VU
110	兰科	小唇盆距兰	*Gastrochilus pseudodistichus*（King et Pantl.）Schltr	VU
111	兰科	钻柱兰	*Pelatantheria rivesii*（Guillaumin）T. Tang et F. T. Wang	VU
112	梧桐科	桂火绳	*Eriolaena kwangsiensis* Hand.-Mazz.	VU
113	山茶科	海南杨桐	*Adinandra hainanensis* Hayata	VU
114	兰科	圆叶石豆兰	*Bulbophyllum drymoglossum* Maxim. ex M. Okubo	VU
115	兰科	葡茎卷瓣兰	*Bulbophyllum emarginatum*（Finet）J. J. Sm.	VU
116	松科	短叶黄杉	*Pseudotsuga brevifolia* W. C. Cheng et L. K. Fu	VU
117	小檗科	八角莲	*Dysosma versipellis*（Hance）M. Cheng	VU
118	兰科	矮万代兰	*Vanda pumila* Hook. f.	VU
119	兰科	齿瓣石豆兰	*Bulbophyllum levinei* Schltr.	VU
120	兰科	叉唇虾脊兰	*Calanthe hancockii* Rolfe	VU
121	兰科	单叶石仙桃	*Pholidota leveilleana* Schltr.	VU

序号	科名	中文名	拉丁学名	IUCN
122	兰科	锥囊坛花兰	*Acanthephippium striatum* Lindl.	VU
123	兰科	芳香石豆兰	*Bulbophyllum ambrosia*（Hance）Schltr.	VU
124	兰科	吻兰	*Collabium chinense*（Rolfe）T. Tang et F. T. Wang	VU
125	兰科	密花毛兰	*Eria spicata*（D. Don）Hand.-Mazz.	VU
126	兰科	叉唇钗子股	*Luisia teres*（Thunb. ex A. Murray）Blume	VU
127	藤黄科	金丝李	*Garcinia paucinervis* Chun ex F. C. How	VU
128	木兰科	观光木	*Tsoongiodendron odorum* Chun	VU
129	大风子科	海南大风子	*Hydnocarpus hainanensis*（Merr.）Sleum.	VU
130	苏木科	任豆	*Zenia insignis* Chun	VU
131	楝科	红椿	*Toona ciliata* M. Roem.	VU
132	无患子科	龙眼	*Dimocarpus longan* Lour.	VU
133	马尾树科	马尾树	*Rhoiptelea chiliantha* Diels et Hand.-Mazz.	VU
134	棕榈科	董棕	*Caryota urens* L.	VU
135	蔷薇科	密花火棘	*Pyracantha* densiflora T. T. Yu	VU
136	木兰科	滇桂木莲	*Manglietia forrestii* W. W. Sm. ex Dandy	VU
137	番荔枝科	藤春	*Alphonsea monogyna* Merr. et Chun	VU
138	白花菜科	马槟榔	*Capparis masaikai* H. Lév.	VU
139	梧桐科	粉苹婆	*Sterculia euosma* W. W. Sm.	VU
140	荨麻科	广西紫麻	*Oreocnide kwangsiensis* Hand.-Mazz.	VU
141	茶茱萸科	薄叶假柴龙树	*Nothapodytes obscura* C. Y. Wu	VU
142	槭树科	南岭槭	*Acer metcalfii* Rehder	VU
143	槭树科	金沙槭	*Acer paxii* Franch.	VU
144	紫金牛科	瑞丽紫金牛	*Ardisia shweliensis* W. W. Sm.	VU
145	夹竹桃科	雷打果	*Melodinus yunnanensis* Tsiang et P. T. Li	VU
146	红豆杉科	穗花杉	*Amentotaxus argotaenia*（Hance）Pilg.	VU
147	山茶科	大叶杨桐	*Adinandra megaphylla* Hu	VU
148	苏木科	顶果树	*Acrocarpus fraxinifolius* Wight ex Arn.	VU
149	壳斗科	密脉柯	*Lithocarpus fordianus*（Hemsl.）Chun	VU
150	荨麻科	舌柱麻	*Archiboehmeria atrata*（Gagnep.）C. J. Chen	VU
151	楝科	米仔兰	*Aglaia odorata* Lour.	VU
152	槭树科	十蕊槭	*Acer laurinum* Hassk.	VU
153	五加科	白背鹅掌柴	*Schefflera hypoleuca*（Kurz）Harms	VU
154	壳斗科	吊皮锥	*Castanopsis kawakamii* Hayata	VU
155	兰科	梳帽卷瓣兰	*Bulbophyllum andersonii*（Hook. f.）J. J. Sm.	VU
156	兰科	栗鳞贝母兰	*Coelogyne flaccida* Lindl.	VU
157	兰科	白花贝母兰	*Coelogyne leucantha* W. W. Sm.	VU
158	兰科	长鳞贝母兰	*Coelogyne ovalis* Lindl.	VU
159	兰科	心叶羊耳蒜	*Liparis cordifolia* Hook. f.	VU
160	兰科	大花羊耳蒜	*Liparis distans* C. B. Clarke	VU
161	兰科	长茎羊耳蒜	*Liparis viridiflora*（Blume）Lindl.	VU
162	兰科	节茎石仙桃	*Pholidota articulata* Lindl.	VU

序号	科名	中文名	拉丁学名	IUCN
163	兰科	多花兰	*Cymbidium floribundum* Lindl.	VU
164	兰科	纹瓣兰	*Cymbidium* aloifolium（L.）Sw.	VU
165	兰科	莎叶兰	*Cymbidium cyperifolium* Wall. ex Lindl.	VU
166	兰科	建兰	*Cymbidium ensifolium*（L.）Sw.	VU
167	兰科	虎头兰	*Cymbidium hookerianum* Rchb. f.	VU
168	兰科	寒兰	*Cymbidium kanran* Makino	VU
169	兰科	兔耳兰	*Cymbidium lancifolium* Hook.	VU
170	兰科	墨兰	*Cymbidium sinense*（Jack. ex Andrews）Willd.	VU
171	兰科	聚石斛	*Dendrobium lindleyi* Stend.	VU
172	兰科	赤唇石豆兰	*Bulbophyllum affine* Lindl.	VU
173	三尖杉科	粗榧	*Cephalotaxus sinensis*（Rehder et E. H. Wilson）H. L. Li	VU
174	买麻藤科	垂子买麻藤	*Gnetum pendulum* C. Y. Cheng	VU
175	兰科	紫花美冠兰	*Eulophia spectabilis*（Dennst.）Suresh	VU
176	兰科	大苞兰	*Sunipia scariosa* Lindl.	VU
177	兰科	长苞毛兰	*Eria obvia* W. W. Sm.	VU
178	兰科	菱唇毛兰	*Eria rhomboidalis* T. Tang et F. T. Wang	VU
179	兰科	平卧曲唇兰	*Panisea cavalerei* Schltr.	VU
180	兰科	尖叶石仙桃	*Pholidota missionariorum* Gagnep.	VU
181	兰科	锚钩吻兰	*Collabium assamicum*（Hook. f.）Seidenf.	VU
182	兰科	匍茎毛兰	*Eria clausa* King et Pantl.	VU
183	兰科	短瓣兰	*Monomeria barbata* Lindl.	VU
184	兰科	带叶兰	*Taeniophyllum glandulosum* Blume	VU
185	兰科	短序隔距兰	*Cleisostoma striatum*（Rchb. f.）Garay	VU
186	兰科	叉喙兰	*Uncifera acuminata* Lindl.	VU
187	紫金牛科	卷边紫金牛	*Ardisia replicata* E. Walker	VU
188	苦木科	常绿臭椿	*Ailanthus fordii* Noot.	VU
189	樟科	黔桂黄肉楠	*Actinodaphne kweichowensis* Yen C. Yang et P. H. Huang	VU
190	白花菜科	毛叶山柑	*Capparis pubifolia* B. S. Sun	VU
191	卫矛科	罗甸沟瓣	*Glyptopetalum feddei*（Lév.）D. Hou	VU
192	壳斗科	槟榔柯	*Lithocarpus areca*（Hickel et A. Camus）A. Camus	VU
193	五加科	细梗罗伞	*Brassaiopsis gracilis* Hand.-Mazz.	VU
194	兰科	毛柱隔距兰	*Cleisostoma simondii*（Gagnep.）Seidenf.	VU
195	兰科	滇兰	*Hancockia uniflora* Rolfe	VU
196	兰科	二耳沼兰	*Malaxis biaurita*（Lindl.）Kuntze	VU
197	兰科	红唇鸢尾兰	*Oberonia rufilabris* Lindl.	VU
198	卫矛科	复序假卫矛	*Microtropis semipaniculata* C. Y. Cheng et T. C. Kao	VU
199	唇形科	拟长毛锥花	*Gomphostemma pseudocrinitum* C. Y. Wu	VU
200	荨麻科	褐脉楼梯草	*Elatostema brunneinerve* W. T. Wang	VU
201	爵床科	长柄岩峦花	*Echinacanthus longipes* H. S. Lo et D. Fang	VU

④ 列入 CITES 附录的植物

在对那坡物种名单分析统计的基础上，已知列入 CITES 附录的保护植物有 3 科 50 属 140 种，其中列入附录 I 的有 3 种，列入附录II的有 137 种，列入附录III的有 1 种（表 6-13）。

表 6-13　列入 CITES 附录的野生植物

序号	科名	中文名	拉丁学名	CITES
1	兰科	长瓣兜兰	*Paphiopedilum dianthum* T. Tang et F. T. Wang	1
2	兰科	带叶兜兰	*Paphiopedilum hirsutissimum*（Lindl. ex Hook. f.）Stein	1
3	兰科	硬叶兜兰	*Paphiopedilum micranthum* T. Tang et F. T. Wang	1
4	苏铁科	苏铁	*Cycas revoluta* Thunb.	2
5	苏铁科	德保苏铁	*Cycas debaoensis* Y. C. Zhong et C. J. Chen	2
6	兰科	多花兰	*Cymbidium floribundum* Lindl.	2
7	兰科	滇桂石斛	*Dendrobium scoriarum* W. M. Sw.	2
8	兰科	琴唇万代兰	*Vanda concolor* Blume	2
9	兰科	纹瓣兰	*Cymbidium aloifolium*（L.）Sw.	2
10	兰科	莎叶兰	*Cymbidium cyperifolium* Wall. ex Lindl.	2
11	兰科	建兰	*Cymbidium* ensifolium（L.）Sw.	2
12	兰科	虎头兰	*Cymbidium hookerianum* Rchb. f.	2
13	兰科	寒兰	*Cymbidium kanran* Makino	2
14	兰科	兔耳兰	*Cymbidium lancifolium* Hook.	2
15	兰科	碧玉兰	*Cymbidium lowianum*（Rchb. f.）Rchb. f.	2
16	兰科	大雪兰	*Cymbidium mastersii* Griff. ex Lindl.	2
17	兰科	墨兰	*Cymbidium sinense*（Jack. ex Andrews）Willd.	2
18	兰科	钩状石斛	*Dendrobium aduncum* Wall. ex Lindl.	2
19	兰科	叠鞘石斛	*Dendrobium aurantiacum* Rchb. f.	2
20	兰科	束花石斛	*Dendrobium chrysanthum* Lindl.	2
21	兰科	密花石斛	*Dendrobium densiflorum* Lindl.	2
22	兰科	齿瓣石斛	*Dendrobium devonianum* Paxton	2
23	兰科	流苏石斛	*Dendrobium fimbriatum* Hook.	2
24	兰科	曲轴石斛	*Dendrobium gibsonii* Lindl.	2
25	兰科	疏花石斛	*Dendrobium henryi* Schltr.	2
26	兰科	聚石斛	*Dendrobium lindleyi* Stend.	2
27	兰科	美花石斛	*Dendrobium loddigesii* Rolfe	2
28	兰科	单葶草石斛	*Dendrobium porphyrochilum* Lindl.	2
29	兰科	黑毛石斛	*Dendrobium williamsonii* Day et Rchb. F.	2
30	兰科	版纳蝴蝶兰	*Phalaenopsis mannii* Rchb. f.	2
31	兰科	矮万代兰	*Vanda pumila* Hook. f.	2
32	兰科	广东石豆兰	*Bulbophyllum kwangtungense* Schltr.	2

序号	科名	中文名	拉丁学名	CITES
33	兰科	齿瓣石豆兰	*Bulbophyllum levinei* Schltr.	2
34	兰科	长臂卷瓣兰	*Bulbophyllum longibrachiatum* Z. H. Tsi	2
35	兰科	剑叶虾脊兰	*Calanthe davidii* Franch.	2
36	兰科	叉唇虾脊兰	*Calanthe hancockii* Rolfe	2
37	兰科	乐昌虾脊兰	*Calanthe lechangensis* Z. H. Tsi et T. Tang	2
38	兰科	中华虾脊兰	*Calanthe sinica* Z. H. Tsi	2
39	兰科	南贡隔距兰	*Cleisostoma nangongense* Z. H. Tsi	2
40	兰科	厚叶毛兰	*Eria crassifolia* Z. H. Tsi et S. C. Chen	2
41	兰科	长苞毛兰	*Eria obvia* W. W. Sm.	2
42	兰科	菱唇毛兰	*Eria rhomboidalis* T. Tang et F. T. Wang	2
43	兰科	毛葶玉凤花	*Habenaria ciliolaris* Kraenzl.	2
44	兰科	线瓣玉凤花	*Habenaria fordii* Rolfe	2
45	兰科	广西舌喙兰	*Hemipilia kwangsiensis* T. Tang et F. T. Wang ex K. Y. Lang	2
46	兰科	保亭羊耳蒜	*Liparis bautingensis* T. Tang et F. T. Wang	2
47	兰科	平卧曲唇兰	*Panisea cavalerei* Schltr.	2
48	兰科	仙笔鹤顶兰	*Phaius columnaris* C. Z. Tang et S. J. Cheng	2
49	兰科	细叶石仙桃	*Pholidota cantonensis* Rolfe	2
50	兰科	单叶石仙桃	*Pholidota leveilleana* Schltr.	2
51	兰科	尖叶石仙桃	*Pholidota missionariorum* Gagnep.	2
52	兰科	多花脆兰	*Acampe rigida*（Buch.-Ham. ex J. E. Sm.）P. F. Hunt	2
53	兰科	锥囊坛花兰	*Acanthephippium striatum* Lindl.	2
54	兰科	多花指甲兰	*Aerides rosea* Lodd. ex Lindl. et Paxt.	2
55	兰科	西南齿唇兰	*Anoectochilus elwesii*（C. B. Clarke ex Hook. f.）King et Pantl.	2
56	兰科	艳丽齿唇兰	*Anoectochilus moulmeinensis*（Parish et Rchb. f.）Seidenf.	2
57	兰科	花叶开唇兰	*Anoectochilus roxburghii*（Wall.）Lindl.	2
58	兰科	竹叶兰	*Arundina graminifolia*（D. Don）Hochr.	2
59	兰科	白及	*Bletilla striata*（Thunb. ex A. Murray）Rchb. f.	2
60	兰科	赤唇石豆兰	*Bulbophyllum affine* Lindl.	2
61	兰科	芳香石豆兰	*Bulbophyllum ambrosia*（Hance）Schltr.	2
62	兰科	梳帽卷瓣兰	*Bulbophyllum andersonii*（Hook. f.）J. J. Sm.	2
63	兰科	圆叶石豆兰	*Bulbophyllum drymoglossum* Maxim. ex M. Okubo	2
64	兰科	匍茎卷瓣兰	*Bulbophyllum emarginatum*（Finet）J. J. Sm.	2
65	兰科	密花石豆兰	*Bulbophyllum odoratissimum*（J. E. Sm.）Lindl.	2
66	兰科	伏生石豆兰	*Bulbophyllum reptans*（Lindl.）Lindl.	2
67	兰科	等萼卷瓣兰	*Bulbophyllum violaceolabellum* Seidenf.	2
68	兰科	泽泻虾脊兰	*Calanthe alismaefolia* Lindl.	2
69	兰科	棒距虾脊兰	*Calanthe clavata* Lindl.	2

序号	科名	中文名	拉丁学名	CITES
70	兰科	三褶虾脊兰	*Calanthe triplicata*（Willemet）Ames	2
71	兰科	中华叉柱兰	*Cheirostylis chinensis* Rolfe	2
72	兰科	云南叉柱兰	*Cheirostylis yunnanensis* Rolfe	2
73	兰科	大序隔距兰	*Cleisostoma paniculatum*（Ker Gawl.）Garay	2
74	兰科	尖喙隔距兰	*Cleisostoma rostratum*（Lodd.）Seidenf. ex Aver.	2
75	兰科	毛柱隔距兰	*Cleisostoma simondii*（Gagnep.）Seidenf.	2
76	兰科	红花隔距兰	*Cleisostoma williamsonii*（Rchb. f.）Garay	2
77	兰科	流苏贝母兰	*Coelogyne fimbriata* Lindl.	2
78	兰科	栗鳞贝母兰	*Coelogyne flaccida* Lindl.	2
79	兰科	白花贝母兰	*Coelogyne leucantha* W. W. Sm.	2
80	兰科	长鳞贝母兰	*Coelogyne ovalis* Lindl.	2
81	兰科	锚钩吻兰	*Collabium assamicum*（Hook. f.）Seidenf.	2
82	兰科	吻兰	*Collabium chinense*（Rolfe）T. Tang et F. T. Wang	2
83	兰科	杜鹃兰	*Cremastra appendiculata*（D. Don）Makino	2
84	兰科	竹叶毛兰	*Eria bambusifolia* Lindl.	2
85	兰科	双点毛兰	*Eria bipunctata* Lindl.	2
86	兰科	匍茎毛兰	*Eria clausa* King et Pantl.	2
87	兰科	半柱毛兰	*Eria corneri* Rchb. f.	2
88	兰科	足茎毛兰	*Eria coronaria*（Lindl.）Rchb. f.	2
89	兰科	密花毛兰	*Eria spicata*（D. Don）Hand.-Mazz.	2
90	兰科	紫花美冠兰	*Eulophia spectabilis*（Dennst.）Suresh	2
91	兰科	无叶美冠兰	*Eulophia zollingeri*（Rchb. f.）J. J. Sm.	2
92	兰科	毛萼山珊瑚	*Galeola lindleyana*（Hook. f. et Thomson）Rchb. f.	2
93	兰科	盆距兰	*Gastrochilus calceolaris*（Buch.-Ham. ex J. E. Sm.）D. Don	2
94	兰科	地宝兰	*Geodorum densiflorum*（Lam.）Schltr.	2
95	兰科	高斑叶兰	*Goodyera procera*（Ker Gawl.）Hook.	2
96	兰科	斑叶兰	*Goodyera schlechtendaliana* Rchb. f.	2
97	兰科	绒叶斑叶兰	*Goodyera velutina* Maxim.	2
98	兰科	鹅毛玉凤花	*Habenaria dentata*（Sw.）Schltr.	2
99	兰科	南方玉凤花	*Habenaria malintana*（Blanco）Merr.	2
100	兰科	裂瓣玉凤花	*Habenaria petelotii* Gagnep.	2
101	兰科	滇兰	*Hancockia uniflora* Rolfe	2
102	兰科	舌唇槽舌兰	*Holcoglossum lingulatum*（Aver.）Aver.	2
103	兰科	尖囊兰	*Kingidium braceanum*（Hook. f.）Seidenf.	2
104	兰科	圆唇羊耳蒜	*Liparis balansae* Gagnep.	2
105	兰科	丛生羊耳蒜	*Liparis cespitosa*（Thouars）Lindl.	2
106	兰科	心叶羊耳蒜	*Liparis cordifolia* Hook. f.	2

序号	科名	中文名	拉丁学名	CITES
107	兰科	大花羊耳蒜	*Liparis distans* C. B. Clarke	2
108	兰科	羊耳蒜	*Liparis japonica*（Miq.）Maxim.	2
109	兰科	见血清	*Liparis nervosa*（Thunb. ex A. Murray）Lindl.	2
110	兰科	长茎羊耳蒜	*Liparis viridiflora*（Blume）Lindl.	2
111	兰科	钗子股	*Luisia morsei* Rolfe	2
112	兰科	叉唇钗子股	*Luisia teres*（Thunb. ex A. Murray）Blume	2
113	兰科	浅裂沼兰	*Malaxis acuminata* D. Don	2
114	兰科	二耳沼兰	*Malaxis biaurita*（Lindl.）Kuntze	2
115	兰科	深裂沼兰	*Malaxis purpurea*（Lindl.）Kuntze	2
116	兰科	短瓣兰	*Monomeria barbata* Lindl.	2
117	兰科	毛唇芋兰	*Nervilia fordii*（Hance）Schltr.	2
118	兰科	鸢尾兰	*Oberonia iridifolia* Roxb. ex Lindl.	2
119	兰科	棒叶鸢尾兰	*Oberonia myosurus*（Forst. f.）Lindl.	2
120	兰科	红唇鸢尾兰	*Oberonia rufilabris* Lindl.	2
121	兰科	羽唇兰	*Ornithochilus difformis*（Wall. ex Lindl.）Schltr.	2
122	兰科	小花阔蕊兰	*Peristylus affinis*（D. Don）Seidenf.	2
123	兰科	阔蕊兰	*Peristylus goodyeroides*（D. Don）Lindl.	2
124	兰科	黄花鹤顶兰	*Phaius flavus*（Blume）Lindl.	2
125	兰科	中越鹤顶兰	*Phaius tonkinensis* Aver.	2
126	兰科	鹤顶兰	*Phaius tankervilliae*（Banks ex L'Hér.）Blume	2
127	兰科	节茎石仙桃	*Pholidota articulata* Lindl.	2
128	兰科	石仙桃	*Pholidota chinensis* Lindl.	2
129	兰科	云南石仙桃	*Pholidota yunnanensis* Rolfe	2
130	兰科	柄唇兰	*Podochilus khasianus* Hook. f.	2
131	兰科	绶草	*Spiranthes sinensis*（Pers.）Ames	2
132	兰科	大苞兰	*Sunipia scariosa* Lindl.	2
133	兰科	带叶兰	*Taeniophyllum glandulosum* Blume	2
134	兰科	白点兰	*Thrixspermum centipeda* Lour.	2
135	兰科	阔叶竹茎兰	*Tropidia angulosa*（Lindl.）Blume	2
136	兰科	短穗竹茎兰	*Tropidia curculigoides* Lindl.	2
137	兰科	拟万代兰	*Vandopsis gigantea*（Lindl.）Pfitzer	2
138	兰科	吉氏白点兰	*Thrixspermum tsii* W. H. Chen et Y. M. Shui	2
139	兰科	越南香荚兰	*Vanilla annamica* Gagnep.	2
140	买麻藤科	买麻藤	*Gnetum montanum* Markgr.	3

➢ 资源类群

那坡县属亚热带季风气候，地形复杂，气候条件优越，孕育着丰富的植物种类。根据苏宗明等（1997）提出的区分资源类型系统，植物资源按其用途可分为 13 类，即材用植物、药用植物、油脂植物、纤维植物、淀粉植物、杂果植物、芳香植物、栲胶植物、保健饮料植物、饲料植物、花卉观赏植物、水土保持植物、珍稀濒危植物。通过本次野外考察，并参照有关资料将那坡县植物资源（包括蕨类植物和栽培植物）进行归类统计，结果见表 6-14。

表 6-14　那坡县资源植物按类型统计及与广西同类比较表

类型	那坡县			广西			占那坡植物总数比例/%			占广西同类型植物比例/%		
	科	属	种	科	属	种	科	属	种	科	属	种
材用植物	31	53	105	102	325	1 088	13.42	4.72	3.40	30.39	16.31	9.65
药用植物	227	998	2 277	267	1 432	3 940	98.27	88.79	73.81	85.02	69.69	57.79
油脂植物	49	94	136	59	151	325	21.21	8.36	4.41	83.05	62.25	41.85
纤维植物	27	38	66	62	222	456	11.69	3.38	2.14	43.55	17.12	14.47
淀粉植物	18	22	55	44	91	193	7.79	1.96	1.78	40.91	24.18	28.50
杂果植物	15	25	50	46	97	255	6.49	2.22	1.62	32.61	25.77	19.61
芳香植物	13	26	55	60	150	350	5.63	2.31	1.78	21.67	17.33	15.71
栲胶植物	26	35	47	53	106	185	11.26	3.11	1.52	49.06	33.02	25.41
保健饮料植物	26	35	50	98	201	800	11.26	3.11	1.62	26.53	17.41	6.25
饲用植物	24	43	57	54	83	150	10.39	3.83	1.85	44.44	51.81	38.00
花卉观赏植物	75	126	206	145	384	1 400	32.47	11.21	6.68	51.72	32.81	14.71
水土保持植物	28	46	77	54	98	204	12.12	4.09	2.50	51.85	46.94	37.75
珍稀濒危植物	71	175	335	—	—	—	30.74	15.57	10.86	—	—	—

根据上述统计，已知那坡县共有资源植物 2 415 种，隶属于 228 科 1 027 属，科属种分别占那坡县维管植物科属种总数（231 科 1 124 属 3 085 种）的 98.7%、91.4%和 78.3%，可见那坡县植物资源类型丰富齐全，13 类资源植物均见有分布，其中以药用植物最为丰富，达 2 277 种，隶属于 227 科 998 属，占本区植物种数的 73.81%，占广西药用植物种数的 57.79%；其次是珍稀濒危植物（根据我国重点保护植物、IUCN、CIRTES、广西重点保护野生植物），有 335 种，隶属于 71 科 175 属；依次是花卉观赏植物，有 206 种，隶属于 75 科 126 属，占本区植物种数的 6.68%，占广西同类资源植物种数的 14.71%。材用植物 105 种，隶属于 31 科 53 属，占本区植物种数的 3.40%，占广西同类资源植物种数的 9.65%。油脂植物 136 种，隶属于 49 科 94 属，占本区植物种数的 4.41%，占广西同类资源植物种数的 41.85%。纤维植物 66 种（2.14%、14.47%）、淀粉植物 55 种（1.78%、28.50%）、杂果植物 50 种（1.62%、19.61%）、芳香植物 55 种（1.62%、15.71%）、栲胶植物 47 种（1.52%、

25.41%）、保健饮料植物 50 种（1.62%、6.25%）、饲用植物 57 种（1.85%、38.0%）、水土保持植物 77 种（2.50%、37.75%）。可见，那坡县的药用植物、珍稀濒危植物、花卉观赏植物、材用植物资源十分丰富，占有广西同类资源比重大，其余部分资源类型的物种数占本区植物种数比重虽然较小，但占广西同类资源比重较高，表明那坡县资源植物在广西的重要地位。部分植物资源，可同时是药用植物、观赏植物、材用植物等，都分别归类统计。

（3）动物物种多样性

➢ 物种组成

结合野外调查和访谈的数据，该县两栖类共有 24 种，隶属于 2 目 8 科 15 属，分别占该省两栖类种类的 66.67%、80%、60%、31.58；共有爬行类 35 种，隶属于 3 目 11 科 28 属，分别占全省的 100%、52.38%、32.94%、21.21%；共计鸟类 85 种，隶属于 13 目 35 科 62 属，其中雀形目共有 20 科 59 种，占调查科的 62.5%，占调查种的 75.6%；那坡县境内已知哺乳类动物 105 种，隶属于 9 目 25 科，本次调查记录到 41 种，隶属于 9 目 17 科 26 属。

此次野外调查，两栖类共计 12 种，其中，东洋型的泽陆蛙北限延伸至暖温带，进入古北界，为广布种外，其余都是东洋界物种。就其分布型而言，黑眶蟾蜍、虎纹蛙、大绿臭蛙、饰纹姬蛙、花姬蛙、华西雨蛙为东洋型物种，棘侧蛙属喜马拉雅-横断山型物种，沼水蛙、竹叶蛙、斑腿泛树蛙、无声囊泛树蛙等为南中国型物种。综上所述，该县两栖动物的区系主要属于东洋界，种数占本省总种数的 14.47%，分布类型主要为东洋型，其次为南中国型。该县分布的优势种类有泽陆蛙、黑眶蟾蜍、斑腿泛树蛙、华西雨蛙、饰纹姬蛙及花姬蛙等。

此次调查共发现爬行动物 16 种，占全省种数的 9.7%，地理区系中云南半叶趾虎为古北界和东洋界两界兼有为广布种外，其余都是东洋界物种，爬行动物的分布类型主要为：多疣壁虎、百花锦蛇、银环蛇为南中国型；铜蜓蜥、丽棘蜥、三索锦蛇、灰鼠蛇、金环蛇、缅甸钝头蛇、尖尾两头蛇、崇安斜鳞蛇、眼镜蛇舟山亚种、眼镜王蛇为东洋型，北草蜥为季风型。此次调查到的爬行动物中，东洋型占最多，到 62.5%。

此次调查到鸟类总共 78 种，其中属东洋界成分的有 51 种，占调查总数的 65.38%；广布种有 27 种，占 34.62%。可见，东洋界鸟类占绝对优势。东洋界鸟类由东洋型和旧大陆热带-亚热带型、南中国型、东洋型和喜马拉雅-横断山区型组成。东洋型 55 种，占 70.51%，其主要在我国南部热带和亚热带以及印度半岛和中南半岛等地繁殖，夏季沿季风区延伸至此地；喜马拉雅-横断山区型 3 种，占 3.85%；南中国型 7 种，占 8.97%；全北型 3 种，占 3.85%；季风型 2 种，占 2.56%。按居留型分，有留鸟 63 种，占总数的 80.77%，具有显著优势；夏候鸟 7 种，占 8.97%；旅鸟 2 种，占 2.56%；冬候鸟 1 种，占 1.28%；繁殖鸟（包括夏候鸟和留鸟）5 种，占总数的 6.41%。

从区系来看，华中区、华南区、西南区共有种最多，为 45 种；华南区物种 21 种；华中区、华南区共有种为 15 种；广布种 8 种；华南区物种 3 种；华中区、华南区、西南区、华北区共有种 3 种；华中区、华南区、西南区、东北区、华北区共有种 3 种；华中区物种

2 种；华北区、东北区共有种 2 种；华中区、华南区、西南区共有种 1 种；华中区、华南区、东北区、华北区共有种 1 种。从分布型看，东洋型物种最多，达到 66 种，占总数的 63.5%；南中国型 23 种，占 22.1%；全北型 7 种，占 6.7%；喜马拉雅-横断山区型 3 种，占 2.4%；季风型 2 种，占 2.4%；不易归类的 3 种，占 4.8%。

➢　特有种类

此次调查两栖类共计 12 种，其中 3 种为中国特有种，分别为黑眶蟾蜍、棘侧蛙、竹叶蛙，占到该县采集到两栖类物种的 25%；此次调查到爬行类共计 16 种，其中 3 种为中国特有种，分别为云南半叶趾虎、峨眉地蜥、北草蜥，占到该县采集到爬行类物种的 18.75%；没有发现中国特有鸟类；那坡哺乳类动物中，有 6 种为中国特有种，分别是西南鼠耳蝠、华南缺齿鼹、小麂、红腿长吻松鼠、复齿鼯鼠、白喉岩松鼠。

➢　珍稀濒危保护种类

此次调查两栖类共计 12 种，其中有 2 种在 IUCN 濒危等级中被列为易危（VU），分别是虎纹蛙、棘侧蛙，占到采集到两栖类物种的 16.67%；被列入 CITES 附录Ⅱ的物种有虎纹蛙一种，占到采集到两栖类物种的 8.33%；而 12 种物种全部列为国家“三有动物”名录，占到采集到两栖类物种的 100%；虎纹蛙该物种被列为国家Ⅱ级保护动物，占到采集到两栖类物种的 8.33%。

此次调查到爬行类共计 16 种，有 2 种在 IUCN 濒危等级中被列为濒危（EN），为百花锦蛇、眼镜王蛇，占到采集到爬行类物种的 12.50%，有 5 种在 IUCN 濒危等级中被列为易危（VU），为三索锦蛇、灰鼠蛇、金环蛇、银环蛇、眼镜蛇舟山亚种，占到采集到爬行类物种的 31.25%；2 种物种被列入 CITES 附录中，分别为眼镜蛇舟山亚种、眼镜王蛇，占到 12.50%；16 种物种全部列为国家“三有动物”名录，占到该县爬行类物种的 100%。

那坡县此次调查并没有发现国家Ⅰ级保护鸟类，有国家Ⅱ级重点保护的鸟类 9 种，即凤头鹰、褐耳鹰、松雀鹰、斑头鸺鹠、白鹇、小鸦鹃、褐翅鸦鹃、原鸡、长尾阔嘴鸟，占该县鸟类总数的 11.39%；属于 CITES 附录中鸟类 7 种；属于中日候鸟保护协议中鸟类 6 种；属于中澳候鸟保护协议中鸟类 2 种；列入“三有动物”保护名录的鸟类有 40 种。

总体来看，在那坡的哺乳动物中，大多数的哺乳动物都为珍稀濒危种类，其中国家重点保护物种 12 种，Ⅰ级保护的有 1 种，为熊猴，Ⅱ级保护的有 11 种，分别是金猫、斑林狸、鬣羚、短尾猴、豺、猕猴、穿山甲、林麝、巨松鼠、大灵猫、小灵猫；列入 CITES 附录物种 12 种，列入 CITES 附录Ⅰ的有 3 种，分别是金猫、斑林狸、鬣羚，列入 CITES 附录Ⅱ的有 9 种，分别是熊猴、短尾猴、豺、猕猴、穿山甲、林麝、巨松鼠、北树鼩、豹猫；列入 IUCN 红色名录的物种共有 10 种，其中，濒危种（EN）1 种（复齿鼯鼠），易危种（VU）9 种；列入中国红皮书名录的有 55 种，其中近危种（NT）有 16 种，易危种（VU）有 31 种，濒危种 8 种。

6.2.4 小结

系统调查整理完成了那坡县的高等植物和陆生脊椎动物物种编目，并建立了数据库，为国家和地方生物多样性保护提供技术资料。发现抱茎杨桐（*Adinandra amplexifolia* Y. F. Huang，S. X. Yu & L. Q. Huang，sp. nov.）、中越羊角棉（*Alstonia sinovietnamica* L. Q. Huang & L. Y. Yu，sp. nov.）、广西假糙苏（*Paraphlomis guangxiensis* K. J. Yan & Y. F. Huang sp. nov.）、那坡盆距兰（*Gastrochilus napoensis* Y. F. Huang & Y. Liu sp. nov.）以及勾儿茶属（*Berchemia*）共 5 个疑似新种。发现菊芳苔草（*Carex trongii* K. K. Nguyen）、灰岩齿唇兰（*Anoectochilus annamensis* Aver.）、大理石叶叉柱兰（*Cheirostylis marmorifolia* Aver.）、岩生羊耳蒜（*Liparis petraea* Aver.）4 个中国新记录，粗糙盂兰（*Lecanorchis trachycaula1* Ohwi）的 1 个大陆新分布，四川虾脊兰（*Calanthe whiteana* King et Pantl.）、中泰玉凤花（*Habenaria siamensis* Schltr.）、小唇盆距兰（*Gastrochilus pseudodistichus*（King et Pantl.）Schltr.）、麻栗坡贝母兰（*Coelogyne malipoensis* Z.H.Tsi）、宿苞兰（*Cryptochilus luteus* Lindley）、多叶花椒（*Zanthoxylum multijugum*）、樟叶梾木（*Cornus oligophlebia*）、长尖芒毛苣苔（*Aeschynanthus acuminatissimus*）、柳叶紫珠（*Callicarpa bodinieri* var. *iteophylla*）、红唇鸢尾兰（*Oberonia rufilabris*）、多羽耳蕨（*Polystichum subacutidens*）广西新记录物种 11 个。苔藓植物方面，本次调查之前那坡境内没有开展过任何有关苔藓植物物种资源调查方面的活动，课题组因此专门组织一支苔藓植物调查队，对那坡的苔藓植物展开拉网式调查。经标本采集和鉴定后，首次公布了那坡境内的苔藓植物物种名录。

6.3 龙州县生物多样性现状①

6.3.1 自然概况

龙州县位于广西壮族自治区西南部，左江上游，平而河与水口河汇合处，与越南高平省毗邻。地理位置北纬 22°8′21″～22°44′34″，东经 106°33′38″～107°12′59″，海拔 200～1 046 m，面积 2 317.8 km^2，辖 5 个镇、7 个乡，分别为：龙州镇、下冻镇、水口镇、金龙镇、响水镇、八角乡、上降乡、彬桥乡、上龙乡、武德乡、逐卜乡、上金乡。全县总人口 27.11 万人。龙州县地处桂西南左江上游，与越南北部接壤，属南亚热带季风气候和石灰溶岩地区，地形以龙州盆地著称，龙州县地处北回归线以南，地势地貌比较复杂，地势为南北高、中东部较低，南北部为高山土岭、峰丛谷地，中东部为低丘台地、平原，龙州境内主要是大青山余脉，一般海拔约 200 m，最高峰大青山海拔 1 046 m。

① 龙州县植被类型与动植物多样性由华中师范大学雷耘教授组织调查和提供数据。

6.3.2 组织实施

植物调查组由专业骨干，龙州县调查地的向导、龙州县林业局工作人员、后勤保障人员组成调查队伍，开展龙州县植物资源调查，实地拍摄植物物种照片，采集鉴定标本，进行样方调查，采集到的维管植物中有 1 497 种 1912 号凭证标本。由两栖爬行动物、鸟类、兽类专业人员组成的动物调查组在该县植被保存完整，野生动物资源丰富和分布集中的弄岗自然保护区、春秀自然保护区和大青山林场开展野外调查工作，并于 2011 年 10 月底完成 10 条样带（线）的野外调查任务；对动物资源丧失与流失案例进行了收集。同时，对标本进行了鉴定与处理，共采集动物标本 74 种 641 件。

6.3.3 主要成果

（1）植被类型组成

通过样方调查，按照《中国植被》的分类系统，建立了龙州县植被分类系统。龙州县的自然植被大体分为 1 个植被型 2 个植被亚型 15 个群系 20 个群丛。其分类系统表如下：

植被型：季节性雨林

植被亚型：Ⅰ石灰岩山季节性雨林

群系与群丛：（一）桄榔群系（Form. *Arenga westerhoutii*）

1. 桄榔群丛（Ass. *Arenga westerhoutii*）

（二）蚬木群系（Form.*Excentrodendron tonkinense*）

2. 蚬木群丛（Ass. *Excentrodendron tonkinense*）

3. 蚬木、肥牛树群丛（Ass. *Excentrodendron tonkinense*、*Cephalomappa sinensis*）

4. 蚬木、广西顶果木群丛（Ass. *Excentrodendron tonkinense*、*Acrocarpus fraxinifolius* var. *guangxiensis*）

5. 蚬木、闭花木群丛（Ass. *Excentrodendron tonkinense*、*Cleistanthus sumatranus*）

（三）闭花木群系（Form. *Cleistanthus sumatranus*）

6. 闭花木群丛（Ass. *Cleistanthus sumatranus*）

（四）肥牛树群系（Form.*Cephalomappa sinensis*）

7. 肥牛树群丛（Ass. *Cephalomappa sinensis*）

8. 肥牛树、羽叶白头树群丛（Ass. *Cephalomappa sinensis*、*Garuga pinnata*）

（五）董棕群系（Form.*Caryota obtusa*）

9. 董棕群丛（Ass. *Caryota obtusa*）

10. 董棕、假肥牛树群丛（Ass. *Caryota obtusa*、*Cleistanthus petelotii*）

（六）大叶风吹楠群系（Form. *Horsfieldia kingii*）

11. 大叶风吹楠群丛（Ass. *Horsfieldia kingii*）

（七）毛叶山胶木、细叶楷木群系（Form. *Sinosideroxylon pedunculatum*、*Pistacia weinmannifolia*）

12. 毛叶山胶木、细叶楷木群丛（Ass. *Sinosideroxylon pedunculatum*、*Pistacia weinmannifolia*）

（八）苹婆群系（Form. *Sterculia monosperma*）

13. 苹婆群丛（Ass. *Sterculia monosperma*）

（九）东京桐群系（Form. *Deutzianthus tonkinensis*）

14. 东京桐群丛（Ass. *Deutzianthus tonkinensis*）

（十）望天树、大叶风吹楠群系（Form. *Parashorea chinensis*、*Horsfieldia Kingii*）

15. 望天树、大叶风吹楠群丛（Ass. *Parashorea chinensis*、*Horsfieldia Kingii*）

（十一）乌墨群系（Form. *Syzygium cumini*）

16. 乌墨群丛（Ass. *Syzygium cumini*）

（十二）剑叶龙血树群系（Form. *Dracaena cochinchinensis*）

17. 剑叶龙血树群丛（Ass. *Dracaena cochinchinensis*）

II 土山季节性雨林

（十三）木油桐、山黄麻群系（Form. *Vernicia montana*、*Trema tomentosa*）

18. 木油桐、山黄麻群丛（Ass. *Vernicia montana*、*Trema tomentosa*）

（十四）黧蒴锥群系（Form. *Castanopsis fissa*）

19. 黧蒴锥群丛（Ass. *Castanopsis fissa*）

（十五）野芭蕉群系（Form. *Musa balbisiana*）

20. 野芭蕉群丛（Ass. *Musa balbisiana*）

（2）植物物种多样性

➢ 物种组成

经过实地调查并对采集的植物标本进行详细鉴定，结合历年积累的植物资源文献资料及科学考察的成果，整理成植物名录，并分析其植物区系组成。

调查表明，龙州县共有高等植物 2787 种，隶属于 249 科 1154 属。其中有苔藓植物 33 科 68 属 102 种，包括：苔类 9 科 17 属 30 种，藓类 24 科 51 属 72 种；有维管束植物 2 685 种，隶属 216 科 1 086 属。其中蕨类植物有 38 科 71 属 216 种；种子植物共有 178 科 1 015 属 2 469 种（含种下分类群及栽培植物），包括裸子植物 6 科 7 属 15 种，被子植物 172 科 1 008 属 2 454 种。所有维管束植物分别占广西维管束植物总科数 69.90%、总属数 54.00%、总种数 29.29%，占全国维管束植物总科数 58.70%、总属数 33.93%、总种数 9.56%（见表 6-15）。

表 6-15　龙州县维管束植物统计

项目	蕨类植物			种子植物						合计		
				裸子植物			被子植物					
	科	属	种	科	属	种	科	属	种	科	属	种
龙州县	38	71	216	6	7	15	172	1 008	2 454	216	1 086	2 685
广西	56	155	833	10	30	88	243	1 826	8 247	309	2 011	9 168
全国	67	227	2847	10	34	238	291	2 940	25 000	368	3 201	28 085
占广西/%	67.86	45.81	25.93	60.00	23.33	17.05	70.78	55.20	29.76	69.90	54.00	29.29
占全国/%	56.72	31.28	7.59	60.00	20.59	6.30	59.11	34.29	9.82	58.70	33.93	9.56

➢　珍稀濒危保护种类

① 国家重点保护植物

根据《国家重点保护野生植物名录（第一批）》（1999）的标准，龙州县有国家重点保护植物 28 种。其中Ⅰ级有六籽苏铁（*Cycas sexseminifera* F.N.Wei）、石山苏铁（*Cycas spiniformis* J.Y.Liang）、长孢苏铁（*Cycas longisporophylla* F.N.Wei）、望天树（*Parashorea chinensis* H.Wang）、锈毛苏铁（*Cycas ferruginea* F.N.Wei）、叉叶苏铁（*Cycas bifida*（Dyer）K.D.Hill）6 种；Ⅱ级有七指蕨（*Helminthostachys zeylanica*（L.）Hook.）、华南五针松（*Pinus kwangtungensis* Chun et Tsiang var. *Kwangtungensis*）、黄杉（*Pseudotsuga sinensis* Dode）、香木莲（*Manglietia aromatica* Dandy）、千果榄仁（*Terminalia myriocarpa* Van Heurck et Müll.Arg. var. *myriocarpa*）、斜翼（*Plagiopteron suaveolens* Griff.）、东京桐（*Deutzianthus tonkinensis* Gagnep.）、董棕（*Caryota obtusa* Griff.）、小钩叶藤（*Plectocomia microstachys* Burret）、大叶黑桫椤（*Alsophila gigantea* Wall. ex Hook.）、黑桫椤（*Alsophila podophylla* Hook.）、桫椤（*Alsophila spinulosa*（Wall. ex Hook.）Tryon）、水蕨（*Ceratopteris thalictroides*（L.）Brongn.）、樟（*Cinnamomum camphora*（L.）Presl）、海南椴（*Diplodiscus trichosperma*（Merr.）Y.Tang，M.G.Gilbert et Dorr）、蚬木（*Excentrodendron tonkinense*（A.Chev.）H.T.Chang et R.H.Miao）、任豆（*Zenia insignis* Chun）、喜树（*Camptotheca acuminata* Decne.）、紫荆木（*Madhuca pasquieri*（Dubard）H.J.Lam）、地枫皮（*Illicium difengpi* K.I.B. et K.I.M.ex B.N.Chang）、大叶风吹楠（*Horsfieldia Kingii*（Hook.f.）Warb.）、金毛狗（*Cibotium barometz*（L.）J.Sm.）22 种。

② 国家珍贵树种

根据《国家珍贵树种名录（第一批）》（林护字[1992]56 号）的标准，龙州县有国家珍贵树种 9 种。其中一级珍贵树种有望天树、格木（*Erythrophleum fordii* Oliv.）、蚬木、金丝李（*Garcinia paucinervis Chung* ex F.C. How）4 种；二级珍贵树种有黄杉、香木莲、观光木（*Tsoongiodendron odorum* Chun）、东京桐、紫荆木 5 种。

③ 国家珍稀濒危保护植物

国家珍稀濒危保护植物是指列入国家环保总局、中国科学院植物研究所编辑的《中国珍稀濒危保护植物名录》（第一册）（科学出版社，1987）的种类，龙州县有31种，属于1级保护：桫椤（*Alsophila spinulosa*（Wall. ex Hook.）Tryon）、金花茶（*Camellia petelotii*（Merr.）Sealy）2种；2级保护有：观光木、格木、四药门花（*Tetrathyrium subcordatum* Benth.）、董棕、异裂菊（*Heteroplexis vernonioides* C.C.Chang）、蚬木、紫荆木、金丝李、叉叶苏铁9种；3级保护有华南五针松、黄杉、短叶黄杉（*Pseudotsuga brevifolia* W.C.Cheng et L.K.Fu）、香木莲、香子含笑（*Michelia gioi*（A.Chev.）Sima et H.Yu）、五桠果叶木姜子（*Litsea dilleniifolia* P.Y.Pai et P.H.Huang）、大叶龙角（*Hydnocarpus annamensis*（Gagnep.）Lescot et Sleum.）、千果榄仁、白桂木（*Artocarpus hypargyreus* Hance）、火麻树（*Dendrocnide urentissima*（Gagnep.）Chew）、银鹊树（*Tapiscia sinensis* Oliv.）、箭根薯（*Tacca chantrieri* Andre）、穗花杉（*Amentotaxus argotaenia*（Hance）Pilg.）、海南大风子（*Hydnocarpus hainanensis*（Merr.）Sleum.）、任豆、地枫皮、龙眼（*Dimocarpus longan* Lour.）、剑叶龙血树（*Dracaena cochinchinensis*（Lour.）S.C.Chen）、肥牛树（*Cephalomappa sinensis*（Chun et How）Kosterm）、大叶风吹楠20种。

➢ 资源类群

① 材用植物

龙州县有着丰富的林木种质资源，为因地制宜、发展多样性的树种提供有利条件。在龙州县，林木种质资源表现以下特点：a. 针叶树种少，阔叶树种较多；b. 石灰岩山地所占面积大，多珍稀濒危树种，但这些树种又是特类材，如：望天树（*Parashorea chinensis*）、蚬木（*Excentrodendron tonkinense*）、紫荆木（*Madhuca pasquieri*）、金丝李（*Garcinia paucinervis*）等；c. 一些阔叶林树种生态幅狭窄，或者天然更新不良，或者不断受到乱砍滥伐，种群面积缩小，濒临绝境，应采取保护措施。龙州县有材用植物324种，占全体植物种数的12.07%。

龙州县庭院观赏植物和行道树很丰富，有393种，占总种数的14.64%。主要有柠檬金花茶（*Camellia limonia*）、香港鹰爪（*Artabotrys hongkongensis*）、粤万年青（*Aglaonema modestum*）、麒麟尾（*Epipremnum pinnatum*）、董棕（*Caryota obtusa*）、石山苏铁（*Cycas spiniformis*）、宁明秋海棠（*Begonia ningmingensis*）、多花秋海棠（*Begonia sinofloribunda*）、文采唇柱苣苔（*Chirita wentsaii*）、广东万石柑子（*Pothos chinensis*）、石山棕（*Guihaia argyrata*）、毛葶玉凤花（*Habenaria ciliolaris*）、仪花（*Lysidice rhodostegia*）、排钱树（*Phyllodium pulchellum*）、葫芦茶（*Tadehagi triquetrum*）、茎花来江藤（*Brandisia cauliflora*）等。

② 药用植物

龙州县药用植物非常丰富，有1 283种，约占广西此类植物种类的47.78%。资源比较丰富的主要有密花美登木（*Maytenus confertiflorus*）、闭花木（*Cleistanthus sumatranus*）、剑叶龙血树（*Dracaena cochinchinensis*）、海南大风子（*Hydnocarpus hainanensis*）、广西马

兜铃（*Aristolochia kwangsiensis*）、山乌龟（*Stephaniz* sp.）、鸡矢藤（*Paederia scandens*）、两面针（*Zanthoxylum nitidum*）、苦玄参（*Picria felterrae*）、络石（*Trachelospermum jasminoides*）、贯众（*Cyrtomium fortunei*）、金毛狗（*Cibotium barometz*）、火焰花（Saraca chinensis）、砂仁（*Amomum villosum*）等。

龙州县除了上面几大类主要资源植物外，还有以下类别：

① 淀粉植物

食用淀粉植物：主要有桄榔（*Arenga westerhoutii*）、董棕（*Caryota obtusa*）、七叶薯蓣（*Dioscorea esquirolii*）、五叶薯（*D. pentaphylla*）、买麻藤（*Gnetum montanum*）等。

② 油脂、蜡类植物

工业用油植物：主要有东京桐（*Deutzianthus tonkinensis*）等。

③ 野果植物

野生和半野生果类植物 48 种，其中纯属野生的 38 种，约占广西野果类植物种数的 23%。

野生果类，主要有冬杧果（*Mangifera persiciformis*）、苹婆（*Sterculia monosperma*）、人面子（*Dracontomelon duperreanum*）、野黄皮（*Clausena excavata*）、番石榴（*Psidium guajava*）、余甘子（*Phyllanthus emblica*）等。

（3）动物物种多样性

➢ 物种组成

根据实地调查结果和有关文献资料的报道，龙州县境内目前可以确定的两栖动物共有 34 种，分隶 1 目 6 科 19 属，其中优势科是蛙科，分布有 7 属 12 种，占龙州县两栖动物总数的 35.3%；其次是树蛙科和姬蛙科，分别有 8 种和 7 种，同占龙州县两栖动物总数的 23.5% 和 20.6%；另外，雨蛙科有 1 属 3 种，角蟾科 2 属 2 种，蟾蜍科 1 属 2 种分布。

爬行动物共有 74 种，分隶 2 目 15 科 50 属，其中优势科是游蛇科，分布有 16 属 27 种，占龙州县爬行动物总数的 36.5%；其次是石龙子科、蝰科、淡水龟科、鬣蜥科、眼镜蛇科，分别分布有 5 属 8 种、5 属 7 种、3 属 7 种、4 属 6 种、4 属 5 种；而壁虎科有 4 属 5 种，鳖科和蜥蜴科各有 2 属 2 种；最少的是平胸龟科、陆龟科、睑虎科、巨蜥科、盲蛇科、蚺科，均只有 1 属 1 种分布。

有鸟类 346 种，隶属于 20 目 58 科 191 属。其鸟类种数占全国鸟类 1 331 种的 26.0%；占全省鸟类 687 种的 50.3%。其中非雀形目鸟类有 30 科 159 种，占龙州县内鸟类种数的 46.0%；雀形目有 32 科 187 种，占龙州县鸟类种数的 54.0%。

在 346 种鸟类中留鸟类居多，共有 224 种，占该区鸟类种数的 64.7%；夏候鸟（包括繁殖鸟）次之，有 63 种，占鸟类种数的 18.2%；冬候鸟与旅鸟分别为 49 种与 10 种，仅占鸟类种数的 14.2%与 2.9%。在此地繁殖的鸟类有 273 种，占鸟类种数的 83.0%。由于龙州并不处在鸟类迁徙的主要通道上，气候属于北热带季风气候，因而以留鸟为主。

兽类动物共有 96 种，分隶 9 目 28 科 67 属。可以看出，本地区的兽类优势种群为啮齿目、食肉目和翼手目的种类，其中，啮齿目共分布有 31 种 5 科 18 属，占龙州县兽类总数的 32.3%；食肉目 24 种 6 科 21 属，占龙州县兽类总数的 25%；翼手目 20 种 6 科 13 属，占龙州县兽类总数的 20.8%；其余包括灵长目、鼩形目、偶蹄目、兔形目、树鼩目、鳞甲目分别分布有 1～4 科，1～5 属和 1～6 种。在科级分类阶元上，优势科是鼠科和松鼠科，分别分布有 8 属 15 种和 6 属 11 种；其次是灵猫科、蝙蝠科、蹄蝠科、鼬科、猴科，分别有 2～7 属和 5～8 种分布；其余 21 科均只有 1～4 属和 1～4 种分布。

➢　特有种类

龙州有我国特产鸟类 8 种：灰胸竹鸡（*Bambusicola thoracica*）、大紫胸鹦鹉（*Psittacula derbiana*）、栗背短脚鹎（*Hypsipetes castanonotus*）、画眉（*Garrulax canorus*）、弄岗穗鹛（*Stachyris nonggangensis*）、白腹凤鹛（*Erpornis zantholeuca*）、棕腹大仙鹟（*Niltava davidi*）、海南蓝仙鹟（*Cyornis hainanus*），占我国特产鸟类 105 种的 7.6%。其中，弄岗穗鹛是广西特有鸟种。

有我国特产兽类 3 种，它们是猪尾鼠（*Typhlomys cinereus*）、安氏白腹鼠（*Niviventer andersoni*）和小麂（*Muntiacus reevesi*）。

➢　珍稀濒危保护种类

① 两栖动物

国家级保护动物：属于国家Ⅱ级保护的有虎纹蛙（*Hoplobatrachus chinensis*）1 种。

广西区级保护动物：属于区级保护的两栖动物有黑眶蟾蜍（*Bufo melanostictus*）、沼水蛙（*Hylarana guentheri*）、泽陆蛙（*Fejervarya multistriata*）、斑腿泛树蛙（*Polypedates megacephalus*）、大树蛙、粗皮姬蛙（*Microhyla butleri*）、小弧斑姬蛙（*Microhyla heymonsi*）、饰纹姬蛙（*Microhyla ornata*）、花姬蛙（*Microhyla pulchra*）共 9 种，占龙州县两栖动物的 26.5%。

国家“三有保护动物”：依据 2000 年 8 月 1 日颁发的国家林业局 7 号令，龙州县属于国家保护的有益的或有重要经济、科学研究价值的两栖动物有短肢角蟾、小口拟角蟾、黑眶蟾蜍、华西蟾蜍（*Bufo gargarizans andreesi*）、华西雨蛙（*Hyla gongshanensis*）、三港雨蛙（*Hyla sanchiangensis*）、华南雨蛙（*Hyla simplex*）、版纳大头蛙、沼水蛙、泽陆蛙、大绿臭蛙、花臭蛙（*Odorrana schmackeri*）、台北纤蛙（*Hylarana taipehensis*）、侧条跳树蛙（*Chirixalus vittatus*）、锯腿小树蛙、金秀小树蛙（*Aquixalus jinxiuensis*）、大树蛙、斑腿泛树蛙、无声囊泛树蛙、黑蹼树蛙、粗皮水树蛙（马来疣斑树蛙）、花细狭口蛙（*Kalophrynus interlineatus*）、花狭口蛙（*Kaloula pulchra*）、粗皮姬娃、小弧斑姬娃、饰纹姬娃、花姬娃、德力小姬蛙（*Micryletta inornata*）共 28 种，占龙州县两栖动物的 82.3%。

属于国际保护的珍稀濒危种类：列入 CITES 附录Ⅱ的有虎纹蛙 1 种。列入 IUCN（2010）的有 2 种，其中金秀小树蛙列为易危（VU），黑蹼树蛙列为近危（NT）。

② 爬行动物

国家级保护动物：属于国家Ⅰ级保护动物有鼋（*Pelochelys bibroni*）、圆鼻巨蜥（*Varanus salvator*）和蚺（蟒蛇）*Python molurus*）3 种。属于国家Ⅱ级保护的有山瑞鳖（*Palea steindachneri*)、三线闭壳龟（*Cuora trifasciata*)、云南闭壳龟（*Cuora yunnanensis*)、地龟（*Geoemyda spengleri*)、大壁虎（*Gekko gecko*）5 种。

广西区级保护动物：属于区级保护的两栖动物有平胸龟（*Platysternon megacephalum*)、锯缘龟（*Cuora mouhotii*)、缅甸陆龟（*Indotestudo elongata*)、变色树蜥（*Calotes versicolor*)、长鬣蜥、钩盲蛇（*Ramphotyphlops braminus*)、百花锦蛇（*Elaphe moellendorffi*)、三索锦蛇（*Elaphe radiata*)、滑鼠蛇（*Ptyas mucosus*)、金环蛇（*Bungarus fasciatus*)、银环蛇（*Bungarus multicinctus*)、舟山眼镜蛇（*Naja atra*)、眼镜王蛇（*Ophiophagus hannah*)、圆斑蝰（*Daboia russellii*）共 14 种，占龙州县爬行动物的 18.9%。

国家“三有保护动物”：依据 2000 年 8 月 1 日颁发的国家林业局 7 号令，龙州县属于国家保护的有益的或有重要经济、科学研究价值的爬行动物有共平胸龟、黄额闭壳龟（*Cuora galbinifrons*)、锯缘摄龟、眼斑龟（*Sacalia bealei*)、四眼斑龟（*Sacalia quadriocellata*)、缅甸陆龟、中国壁虎（*Gekko chinensis*)、蹼趾壁虎（*Gekko subpalmatus*)、原尾蜥虎（*Hemidactylus bowringii*)、凭祥睑虎（*Goniurosaurus luii*)、丽棘蜥、棕背树蜥（*Calotes emma*)、细鳞树蜥（*Calotes microlepis*)、变色树蜥、斑飞蜥、峨眉地蜥、南草蜥（*Takydromus sexlineatus*)、光蜥、中国石龙子（*Eumeces chinensis*)、蓝尾石龙子（*Eumeces elegans*)、四线石龙子（*Eumeces quadrilineatus*)、南滑蜥（*Scincella reevesii*)、股鳞蜓蜥（*Sphenomorphus incognitus*)、铜蜓蜥（*Sphenomorphus indicus*)、中国棱蜥（*Tropidophorus sinicus*)、钩盲蛇（*Ramphotyphlops braminus*)、丽纹腹链蛇（*Amphiesma optatum*)、草腹链蛇（*Amphiesma stolatum*)、广西林蛇、繁花林蛇（*Boiga multomaculata*)、钝尾两头蛇（*Calamaria septentrionalis*)、翠青蛇（*Cyclophiops major*)、横纹翠青蛇（*Cyclophiops multicinctus*)、过树蛇（*Dendrelaphis pictus*)、百花锦蛇（*Elaphe moellendorffi*)、三索锦蛇（*Elaphe radiata*)、黑眉锦蛇（*Elaphe taeniura*)、铅色水蛇（*Enhydris plumbea*)、双全白环蛇（*Lycodon fasciatus*)、中国小头蛇（*Oligodon chinensis*)、台湾小头蛇（*Oligodon formosanus*)、山溪后棱蛇（*Opisthotropis latouchii*)、紫沙蛇（*Psammodynastes pulverulentus*)、纹尾斜鳞蛇（*Pseudoxenodon stejnegeri*)、灰鼠蛇（*Ptyas korros*)、滑鼠蛇（*Ptyas mucosus*)、红脖颈槽蛇（*Rhabdophis subminiatus*)、乌华游蛇（*Sinonatrix percarinata*)、渔游蛇（*Xenochrophis piscator*)、金环蛇、银环蛇、中华珊瑚蛇（*Sinomicrurus macclellandi*)、舟山眼镜蛇、眼镜王蛇、白头蝰、山烙铁头蛇（*Ovophis monticola*)、原柔头腹（*Protobothrops mucrosquamatus*)、白唇竹叶青蛇（*Trimeresurus albolabris*)、福建竹叶青蛇（*Trimeresurus stejnegeri*)、圆斑蝰共 60 种，占龙州县爬行动物的 81.1%。

属于国际保护的珍稀濒危种类：列入 CITES 附录Ⅱ的有鼋、平胸龟、黄额闭壳龟、三线闭壳龟、云南闭壳龟、缅甸陆龟、圆鼻巨蜥、蚺（蟒蛇）、滑鼠蛇、舟山眼镜蛇、眼镜王蛇 11 种；列入 CITES 附录Ⅲ的有山瑞鳖、地龟、眼斑龟、四眼斑龟 4 种。列入 IUCN（2010）的有 12 种，其中黄额闭壳龟、三线闭壳龟、云南闭壳龟列为极危（CR）；平胸龟、锯缘摄龟、地龟、眼斑龟、四眼斑龟、缅甸陆龟、鼋、山瑞鳖列为易危濒危（EN）；眼镜王蛇列为易危（VU）；蚺（蟒蛇）列为近危（NT）。

③ 鸟类

国家级保护动物：国家Ⅰ级保护动物 1 种：白肩鹛（*Aquila heliaca*）。国家Ⅱ级保护动物 48 种：黄嘴白鹭（*Egretta eulophotes*）、鸳鸯（*Aix galericulata*）、褐冠鹃隼（*Aviceda jerdoni*）、黑冠鹃隼（*Aviceda leuphotes*）、黑翅鸢（*Elanus caeruleus*）、黑鸢（*Milvus migrans*）、秃鹫（*Aegypius monachus*）、蛇鹛（*Spilornis cheela*）、凤头鹰（*Accipiter trivirgatus*）、褐耳鹰（*Accipiter badius*）、日本松雀鹰（*Accipiter gularis*）、松雀鹰（*Accipiter virgatus*）、雀鹰（*Accipiter nisus*）、大鵟（*Buteo hemilasius*）、白腹隼鹛（*Hieraaetus fasciatus*）、鹰鹛（*Spizaetus nipalensis*）、白腿小隼（*Microhierax melanoleucus*）、红隼（*Falco tinnunculus*）、红脚隼（*Falco amurensis*）、灰背隼（*Falco columbarius*）、燕隼（*Falco subbuteo*）、原鸡（*Gallus gallus*）、白鹇（*Lophura nycthemera*）、斑尾鹃鸠（*Macropygia unchall*）、厚嘴绿鸠（*Trugon terrestris*）、大紫胸鹦鹉（*Psittacula derbiana*）、红翅绿鸠（*Treron sieboldii*）、花头鹦鹉（*Psittacula roseata*）、绯胸鹦鹉（*Psittacula alexandri*）、褐翅鸦鹃（*Centropus sinensis*）、小鸦鹃（*Centropus bengalensis*）、仓鸮（*Tyto alba*）、草鸮（*Tyto longimembris*）、栗鸮（*Phodilus badius*）、黄嘴角鸮（*Otus spilocephalus*）、领角鸮（*Otus bakkamoena*）、红角鸮（*Otus sunia*）、鹛鸮（*Bubo bubo*）、灰林鸮（*Strix aluco*）、领鸺鹠（*Glaucidium brodiei*）、斑头鸺鹠（*Glaucidium cuculoides*）、鹰鸮（*Ninox scutulata*）、冠斑犀鸟（*Anthracoceros albirostris*）、长尾阔嘴鸟（*Psarisomus dalhousiae*）、银胸丝冠鸟（*Serilophus lunatus*）、蓝枕八色鸫（*Pitta nipalensis*）、蓝背八色鸫（*Pitta soror*）、仙八色鸫（*Pitta nympha*）。

其中国家保护动物中以鹰隼类猛禽居多。龙州县以喀斯特地貌为主，山坳间农耕空旷地多，十分有利于鹰隼类栖息。

广西重点保护野生动物：龙州县内有广西重点野生保护动物 60 种：苍鹭（*Ardea cinerea*）、黄脚三趾鹑（*Turnix tanki*）、白骨顶（*Fulica atra*）、丘鹬（*Scolopax rusticola*）、白腰草鹬（*Tringa ochropus*）、黄腰柳莺（*Phylloscopus proregulus*）、黄眉柳莺（*Phylloscopus inornatus*）、绿鹭（*Butorides striatus*）、池鹭（*Ardeola bacchus*）、灰胸竹鸡（*Bambusicola thoracica*）、环颈雉（*Phasianus colchicus*）、红脚苦恶鸟（*Amaurornis akool*）、白胸苦恶鸟（*Amaurornis phoenicurus*）、黑水鸡（*Gallinula chloropus*）、绿嘴地鹃（*Phaenicophaeus tristis*）、白胸翡翠（*Halcyon smyrnensis*）、蓝须夜蜂虎（*Nyctyornis athertoni*）、戴胜（*Upupa epops*）、大拟啄木鸟（*Megalaima virens*）、蓝喉拟啄木鸟（*Megalaima asiatica*）、星头啄木鸟（*Picoides canicapillus*）、赤红山椒鸟（*Pericrocotus flammeus*）、红耳鹎（*Pycnonotus jocosus*）、白头鹎（*Pycnonotus sinensis*）、白喉红臀鹎（*Pycnonotus aurigaster*）、绿翅短脚鹎（*Hypsipetes mcclellandii*）、橙腹叶鹎（*Chloropsis hardwickii*）、栗背伯劳（*Lanius collurioides*）、棕背伯劳（*Lanius schach*）、鹩哥（*Gracula religiosa*）、林八哥（*Acridotheres grandis*）、八哥（*Acridotheres cristatellus*）、丝光椋鸟（*Sturnus sericeus*）、红嘴蓝鹊（*Urocissa erythrorhyncha*）、灰树鹊（*Dendrocitta formosae*）、大嘴乌鸦（*Corvus macrorhynchos*）、白颈鸦（*Corvus *torquatus*)、乌鸫(*Turdus merula*)、黑脸噪鹛(*Garrulax perspicillatus*)、黑喉噪鹛(*Garrulax chinensis*)、画眉(*Garrulax canorus*)、白颊噪鹛(*Garrulax sannio*)、棕颈钩嘴鹛(*Pomatorhinus ruficollis*)、银耳相思鸟(*Leiothrix argentauris*)、红嘴相思鸟(*Leiothrix lutea*)、长尾缝叶莺(*Orthotomus sutorius*)、大山雀(*Parus major*)、凤头鹀(*Melophus lathami*)、董鸡(*Gallicrex cinerea*)、四声杜鹃(*Cuculus micropterus*)、大杜鹃(*Cuculus canorus*)、八声杜鹃(*Cacomantis merulinus*)、乌鹃(*Surniculus lugubris*)、三宝鸟(*Eurystomus orientalis*)、黑枕黄鹂(*Oriolus chinensis*)、黑卷尾(*Dicrurus macrocercus*)、灰卷尾(*Dicrurus leucophaeus*)、发冠卷尾(*Dicrurus hottentottus*)、纯蓝仙鹟(*Cyornis unicolor*)、寿带(*Terpsiphone paradise*)。

国家"三有保护动物":龙州县内有广西重点野生保护动物185种:凤头䴙䴘(*Podiceps cristatus*)、苍鹭(*Ardea cinerea*)、草鹭(*Ardea purpurea*)、赤嘴潜鸭(*Aythya rufina*)、鹌鹑(*Coturnix japonica*)、小田鸡(*Porzana pusilla*)、白骨顶(*Fulica atra*)、灰头麦鸡(*Vanellus cinereus*)、金眶鸻(*Charadrius dubius*)、环颈鸻(*Charadrius alexandrinus*)、丘鹬(*Scolopax rusticola*)、针尾沙锥(*Gallinago stenura*)、白腰草鹬(*Tringa ochropus*)、蚁䴕(*Jynx torquilla*)、崖沙燕(*Riparia riparia*)、山鹡鸰(*Dendronanthus indicus*)、白鹡鸰(*Motacilla alba*)、黄鹡鸰(*Motacilla flava*)、灰鹡鸰(*Motacilla cinerea*)、田鹨(*Anthus richardi*)、树鹨(*Anthus hodgsoni*)、水鹨(*Anthus spinoletta*)、朱鹂(*Oriolus traillii*)、灰椋鸟(*Sturnus cineraceus*)、红尾歌鸲(*Luscinia sibilans*)、红喉歌鸲(*Luscinia calliope*)、红胁蓝尾鸲(*Tarsiger cyanurus*)、北红尾鸲(*Phoenicurus auroreus*)、黑喉石即鸟(*Saxicola torquata*)、虎斑地鸫(*Zoothera dauma*)、白腹鸫(*Turdus pallidus*)、灰纹鹟(*Muscicapa griseisticta*)、乌鹟(*Muscicapa sibirica*)、北灰鹟(*Muscicapa dauurica*)、鳞头树莺(*Urosphena squameiceps*)、褐柳莺(*Phylloscopus fuscatus*)、黄腹柳莺(*Phylloscopus affinis*)、棕眉柳莺(*Phylloscopus armandii*)、黄腰柳莺(*Phylloscopus proregulus*)、黄眉柳莺(*Phylloscopus inornatus*)、暗绿柳莺(*Phylloscopus trochiloides*)、燕雀(*Fringilla montifringilla*)、黑尾蜡嘴雀(*Eophona migratoria*)、白眉鹀(*Emberiza tristrami*)、栗耳鹀(*Emberiza fucata*)、小鹀(*Emberiza pusilla*)、栗鹀(*Emberiza rutila*)、灰头鹀(*Emberiza spodocephala*)、小䴙䴘(*Tachybaptus ruficollis*)、普通鸬鹚(*Phalacrocorax carbo*)、绿鹭(*Butorides striatus*)、牛背鹭(*Bubulcus ibis*)、池鹭(*Ardeola bacchus*)、白鹭(*Egretta garzetta*)、夜鹭(*Nycticorax nycticorax*)、栗树鸭(*Dendrocygna javanica*)、棉凫(*Nettapus coromandelianus*)、中华鹧鸪(*Francolinus pintadeanus*)、褐胸山鹧鸪(*Arborophila bruneopectus*)、白喉斑秧鸡(*Rallina eurizonoides*)、红脚苦恶鸟(*Amaurornis akool*)、白胸苦恶鸟(*Amaurornis phoenicurus*)、黑水鸡(*Gallinula chloropus*)、矶鹬(*Actitis hypoleucos*)、山斑鸠(*Streptopelia orientalis*)、火斑鸠(*Streptopelia tranquebarica*)、珠颈斑鸠(*Streptopelia chinensis*)、绿翅金鸠(*Chalcophaps indica*)、绿嘴地鹃(*Phaenicophaeus tristis*)、红头咬鹃(*Harpactes erythrocephalus*)、普通翠鸟(*Alcedo atthis*)、蓝须夜蜂虎(*Nyctyornis athertoni*)、戴胜(*Upupa epops*)、大拟啄木鸟(*Megalaima virens*)、黄纹拟啄木鸟(*Megalaima faiostrictai*)、金喉拟啄木鸟(*Megalaima franklinii*)、

黑眉拟啄木鸟（*Megalaima oorti*）、蓝喉拟啄木鸟（*Megalaima asiatica*）、斑姬啄木鸟（*Picummus innominatus*）、白眉棕啄木鸟（*Sasia ochracea*）、星头啄木鸟（*Picoides canicapillus*）、大斑啄木鸟（*Picoides major*）、栗啄木鸟（*Celeus brachyurus*）、黄冠啄木鸟（*Picus chlorolophus*）、大黄冠啄木鸟（*Picus flavinucha*）、灰头绿啄木鸟（*Picus canus*）、黄嘴栗啄木鸟（*Blythipicus pyrrhotis*）、大鹃鵙（*Coracina macei*）、赤红山椒鸟（*Pericrocotus flammeus*）、灰喉山椒鸟（*Pericrocotus solaris*）、褐背鹟鵙（*Hemipus picatus*）、红耳鹎（*Pycnonotus jocosus*）、黄臀鹎（*Pycnonotus xanthorrhous*）、白头鹎（*Pycnonotus sinensis*）、白喉红臀鹎（*Pycnonotus aurigaster*）、橙腹叶鹎（*Chloropsis hardwickii*）、灰背伯劳（*Lanius tephronotus*）、栗背伯劳（*Lanius collurioides*）、棕背伯劳（*Lanius schach*）、钩嘴林鵙（*Tephrodornis gularis*）、古铜色卷尾（*Dicrurus aeneus*）、鹩哥（*Gracula religiosa*）、林八哥（*Acridotheres grandis*）、八哥（*Acridotheres cristatellus*）、家八哥（*Acridotheres tristis*）、黑领椋鸟（*Gracupica nigricollis*）、丝光椋鸟（*Sturnus sericeus*）、红嘴蓝鹊（*Urocissa erythrorhyncha*）、蓝绿鹊（*Cissa chinensis*）、灰树鹊（*Dendrocitta formosae*）、鹊鸲（*Copsychus saularis*）、黑脸噪鹛（*Garrulax perspicillatus*）、白冠噪鹛（*Garrulax leucolophus*）、黑领噪鹛（*Garrulax pectoralis*）、褐胸噪鹛（*Garrulax maesi*）、黑喉噪鹛（*Garrulax chinensis*）、画眉（*Garrulax canorus*）、白颊噪鹛（*Garrulax sannio*）、棕胸幽鹛（*Pellorneum tickelli*）、矛纹草鹛（*Babax lanceolatus*）、银耳相思鸟（*Leiothrix argentauris*）、红嘴相思鸟（*Leiothrix lutea*）、褐顶雀鹛（*Alcippe brunnea*）、灰头鸦雀（*Paradoxornis gularis*）、白斑尾柳莺（*Phylloscopus davisoni*）、灰腹绣眼鸟（*Zosterops palpebrosus*）、暗绿绣眼鸟（*Zosterops japonicus*）、红头长尾山雀（*Aegithalos concinnus*）、大山雀（*Parus major*）、绿背山雀（*Parus monticolus*）、黄颊山雀（*Parus spilonotus*）、冕雀（*Melanochlora sultanea*）、黄腹花蜜鸟（*Cinnyris jugularis*）、叉尾太阳鸟（*Aethopyga christinae*）、黑胸太阳鸟（*Aethopyga saturata*）、黄腰太阳鸟（*Aethopyga siparaja*）、长嘴捕蛛鸟（*Arachnothera longirostris*）、纹背捕蛛鸟（*Arachnothera magna*）、山麻雀（*Passer rutilans*）、麻雀（*Passer montanus*）、金翅雀（*Carduelis sinica*）、凤头鹀（*Melophus lathami*）、灰山椒鸟（*Pericrocotus divaricatus*）、蓝喉歌鸲（*Luscinia svecicus*）、白眉地鸫（*Zoothera sibirica*）、白眉姬鹟（*Ficedula zanthopygia*）、冕柳莺（*Phylloscopus coronatus*）、黑冠鳽（*Gorsachius melanolophus*）、栗苇鳽（*Ixobrychus cinnamomeus*）、黑苇鳽（*Dupetor flavicollis*）、董鸡（*Gallicrex cinerea*）、红翅凤头鹃（*Clamator coromandus*）、四声杜鹃（*Cuculus micropterus*）、大杜鹃（*Cuculus canorus*）、中杜鹃（*Cuculus saturatus*）、八声杜鹃（*Cacomantis merulinus*）、翠金鹃（*Chrysococcyx maculatus*）、乌鹃（*Surniculus lugubris*）、噪鹃（*Eudynamys scolopacea*）、普通夜鹰（*Caprimulgus indicus*）、白腰雨燕（*Apus pacificus*）、小白腰雨燕（*Apus nipalensis*）、蓝喉蜂虎（*Merops viridis*）、栗喉蜂虎（*Merops philippinus*）、三宝鸟（*Eurystomus orientalis*）、家燕（*Hirundo rustica*）、金腰燕（*Hirundo daurica*）、暗灰鹃鵙（*Coracina melaschistos*）、长尾山椒鸟（*Pericrocotus ethologus*）、黑枕黄鹂（*Oriolus chinensis*）、黑卷尾（*Dicrurus macrocercus*）、灰卷尾（*Dicrurus *leucophaeus*）、鸦嘴卷尾（*Dicrurus annectans*）、发冠卷尾（*Dicrurus hottentottus*）、小盘尾（*Dicrurus remifer*）、灰背椋鸟（*Sturnia sinensis*）、灰头椋鸟（*Sturnia malabaricus*）、白喉林鹟（*Rhinomyias brunneata*）、棕腹大仙鹟（*Niltava davidi*）、寿带（*Terpsiphone paradise*）、棕腹柳莺（*Phylloscopus subaffinis*）、冠纹柳莺（*Phylloscopus reguloides*）。

属于国际保护的珍稀濒危种类：被列为《濒危野生动植物种国际贸易公约》（CITES）中的种类共38种：日本松雀鹰（*Accipiter gularis*）、雀鹰（*Accipiter nisus*）、大鵟（*Buteo hemilasius*）、白肩鹏（*Aquila heliaca*）、灰背隼（*Falco columbarius*）、褐冠鹃隼（*Aviceda jerdoni*）、黑翅鸢（*Elanus caeruleus*）、黑鸢（*Milvus migrans*）、秃鹫（*Aegypius monachus*）、蛇鹏（*Spilornis cheela*）、凤头鹰（*Accipiter trivirgatus*）、褐耳鹰（*Accipiter badius*）、松雀鹰（*Accipiter virgatus*）、白腹隼鹏（*Hieraaetus fasciatus*）、鹰鹏（*Spizaetus nipalensis*）、白腿小隼（*Microhierax melanoleucus*）、红隼（*Falco tinnunculus*）、花头鹦鹉（*Psittacula roseata*）、大紫胸鹦鹉（*Psittacula derbiana*）、绯胸鹦鹉（*Psittacula alexandri*）、仓鸮（*Tyto alba*）、草鸮（*Tyto longimembris*）、栗鸮（*Phodilus badius*）、黄嘴角鸮（*Otus spilocephalus*）、领角鸮（*Otus bakkamoena*）、红角鸮（*Otus sunia*）、鹏鸮（*Bubo bubo*）、灰林鸮（*Strix aluco*）、领鸺鹠（*Glaucidium brodiei*）、斑头鸺鹠（*Glaucidium cuculoides*）、鹰鸮（*Ninox scutulata*）、冠斑犀鸟（*Anthracoceros albirostris*）、画眉（*Garrulax canorus*）、银耳相思鸟（*Leiothrix argentauris*）、红嘴相思鸟（*Leiothrix lutea*）、红脚隼（*Falco amurensis*）、黑冠鹃隼（*Aviceda leuphotes*）、燕隼（*Falco subbuteo*）、仙八色鸫（*Pitta nympha*），都为附录II物种。被列为世界自然保护联盟（IUCN）濒危动物红皮书的濒危种类8种，其中易危种4种：白肩鹏（*Aquila heliaca*）、黄嘴白鹭（*Egretta eulophotes*）、仙八色鸫（*Pitta nympha*）、白喉林鹟（*Rhinomyias brunneata*）；接近受危种4种：鹌鹑（*Coturnix japonica*）、灰头麦鸡（*Vanellus cinereus*）、白颈鸦（*Corvus torquatus*）、弄岗穗鹛（*Stachyris nonggangensis*）。

④ 兽类

国家I级保护动物：龙州县兽类动物中属于国家I级保护动物有蜂猴（*Nycticebus bengalensis*）、熊猴（*Macaca assamensis*）、黑叶猴（*Trachypithecus francoisi*）、白头叶猴（*Trachypithecus poliocephalus*）、云豹（*Neofelis nebulosa*）、豹（*Panthera pardus*）、熊狸（*Arctictis binturong*）、林麝（*Moschus berezovskii*）共8种。

国家II级保护动物：属于国家II级保护动物有短尾猴（*Macaca arctoides*）、猕猴（*Macaca mulatta*）、巨松鼠（*Ratufa bicolor*）、中国穿山甲（*Manis pentadactyla*）、金猫（*Catopuma temminckii*）、斑林狸（*Prionodon pardicolor*）、大灵猫（*Viverra zibetha*）、小灵猫（*Viverricula indica*）、豺（*Cuon alpinus*）、黑熊（*Ursus thibetanus*）、水獭（*Lutra lutra*）、黄喉貂（*Martes flavigula*）共12种。

广西区级保护动物：北树鼩（*Tupaia belangeri*）、红白鼯鼠（*Petaurista alborufus*）、灰头小鼯鼠（*Petaurista caniceps*）、红背鼯鼠（*Petaurista petaurista*）、赤腹松鼠（*Callosciurus erythraeus*）、明纹花松鼠（*Tamiops mcclellandii*）、中华竹鼠（*Rhizomys sinensis*）、帚尾豪

猪（*Atherurus macrourus*）、豪猪（*Hystrix brachyura*）、华南兔（*Lepus sinensis*）、豹猫（*Prionailurus bengalensis*）、花面狸（*Paguma larvata*）、椰子狸（*Paradoxurus hermaphroditus*）、大斑灵猫（*Viverra megaspila*）、红颊獴（*Herpestes javanicus*）、食蟹獴（*Herpestes urva*）、貉（*Nyctereutes procyonoides*）、赤狐（*Vulpes vulpes*）、狗獾（*Meles leucurus*）、鼬獾（*Melogale moschata*）、黄腹鼬（*Mustela kathiah*）、黄鼬（*Mustela sibirica*）、野猪（*Sus scrofa*）、赤麂（*Muntiacus muntjak*）、小麂（*Muntiacus reevesi*）。

国家"三有保护动物"：北树鼩（*Tupaia belangeri*）、红白鼯鼠（*Petaurista alborufus*）、灰头小鼯鼠（*Petaurista caniceps*）、红背鼯鼠（*Petaurista petaurista*）、赤腹松鼠（*Callosciurus erythraeus*）、明纹花松鼠（*Tamiops mcclellandii*）、中华竹鼠（*Rhizomys sinensis*）、帚尾豪猪（*Atherurus macrourus*）、豪猪（*Hystrix brachyura*）、华南兔（*Lepus sinensis*）、豹猫（*Prionailurus bengalensis*）、花面狸（*Paguma larvata*）、椰子狸（*Paradoxurus hermaphroditus*）、大斑灵猫（*Viverra megaspila*）、红颊獴（*Herpestes javanicus*）、食蟹獴（*Herpestes urva*）、貉（*Nyctereutes procyonoides*）、赤狐（*Vulpes vulpes*）、黄喉貂（*Martes flavigula*）、狗獾（*Meles leucurus*）、鼬獾（*Melogale moschata*）、黄腹鼬（*Mustela kathiah*）、黄鼬（*Mustela sibirica*）、野猪（*Sus scrofa*）、赤麂（*Muntiacus muntjak*）、小麂（*Muntiacus reevesi*）。

属于国际保护的珍稀濒危种类：被列为《濒危野生动植物种国际贸易公约》（CITES）中的种类共 28 种，其中Ⅰ级目录为 7 种，Ⅱ级目录为 12 种，Ⅲ级目录为 9 种。被列为《世界自然保护联盟濒危物种红色名录》（IUCN 红色名录）中兽类 19 种，其中近危（NT）7 种，易危（VU）7 种，濒危（EN）4 种，极危（CR）1 种。

6.3.4　小结

系统调查整理完成了龙州县的高等植物和陆生脊椎动物物种编目，并建立了数据库，为国家和地方生物多样性保护提供技术资料。发现疑似新种 2 种：树蛙科水树蛙属（*Aquixalus*）1 种和姬蛙科狭口蛙属（*Kaloula*）1 种，目前在所能查阅到的所有文献资料中未见记载，是否新种有待于进一步研究确认。发现 1 种为广西新纪录物种：姬蛙科姬蛙属德力小姬蛙（*Micryletta inornata*）；发现 2 种为龙州县新纪录物种：角蟾科角蟾属的短肢角蟾（*Megophrys brachykolos*）和树蛙科水树蛙属的金秀水树蛙（*Aquixalus jinxiuensis*）。

6.4　宁明县生物多样性现状①

6.4.1　自然概况

宁明县位于广西壮族自治区南部，北回归线以南，东经 106°54′20″～107°40′30″，北纬

① 龙州县植被类型与动植物多样性由华中师范大学雷耘教授组织调查和提供数据。

21°35′～22°23′。东界上思县，东南与防城市相邻，南及西南与越南交界，西接凭祥市，西北与龙州县毗连，北连崇左市江州区，东北与扶绥县接壤。县城地处北纬 22.08°，东经 107.04°，距自治区首府南宁市 156 km。县域东西距 73.85 km，南北距 72.02 km。

宁明县辖 4 个镇、9 个乡：城中镇、爱店镇、明江镇、海渊镇、亭亮乡、寨安乡、峙浪乡、东安乡、板棍乡、北江乡、桐棉乡、那堪乡、那楠乡。全县有壮、汉、瑶、苗等 15 个民族，其中有 4 个乡镇处在边境线上，总面积 3 698 km^2，总人口 40.5 万。有沿边、沿江、沿铁、沿高速公路的优势，是连接中国-东盟自由贸易区的结合部和最便捷的陆路大通道。

6.4.2　组织实施

植物调查组由 15 人专业骨干，宁明县调查地的向导、宁明县林业局工作人员、后勤保障人员组成调查队伍，开展宁明县植物资源调查，实地拍摄植物物种照片，采集鉴定标本，进行样方调查，采集到 1 424 种植物的 1887 号标本。动物调查组组织由两栖、爬行动物、鸟类、兽类专业人员和保护区、林场人员组成的调查队伍，先后在该县植被保存完整，野生动物资源丰富和分布集中的弄岗自然保护区弄瑞片区、宁明县派阳山林场鸿鹄分场、宁明县城中镇珠连村弄那屯、宁明县峙浪乡那党村那何屯开展野外调查工作，布设了 10 条野外调查样带（线）并完成调查工作。在宁明本次共采集动物标本 72 种 577 件，其中，两栖动物 20 种 185 件，爬行动物 17 种 94，鸟类标本 23 种 119 件，兽类标本 12 种 179 件。

6.4.3　主要成果

（1）植被类型组成

通过样方调查，按照《中国植被》的分类系统，建立了宁明县植被分类系统。宁明县的自然植被大体分为 1 个植被型 2 个植被亚型 18 个群系 20 个群丛。其分类系统如下：

植被型：季节性雨林

植被亚型：Ⅰ石灰岩山季节性雨林

群系与群丛：

（一）苹婆、假肥牛树群系（Form. *Sterculia monosperma*、*Cleistanthus petelotii*）

1 苹婆、假肥牛树群丛（Ass. *Sterculia monosperma*、*Cleistanthus petelotii*）

（二）人面子、木奶果群系（Form. *Dracontomelon duperreanum*、*Baccaurea ramiflora*）

2 人面子、木奶果群丛（Ass. *Dracontomelon duperreanum*、*Baccaurea ramiflora*）

（三）剑叶龙血树群系（Form. *Dracaena cochinchinensis*）

3 剑叶龙血树群丛（Ass. *Dracaena cochinchinensis*）

（四）董棕、苹婆群系（Form. *Caryota obtusa*、*Sterculia monosperma*）

4 董棕、苹婆群丛（Ass. *Caryota obtusa*、*Sterculia monosperma*）

（五）闭花木群系（Form. *Cleistanthus sumatranus*）

5 闭花木群丛（Ass. *Cleistanthus sumatranus*）

（六）石山棕群系（Form. *Guihaia argyrata*）

6 石山棕群丛（Ass. *Guihaia argyrata*）

（七）肥牛树群系（Form. *Cephalomappa sinensis*）

7 肥牛树群丛（Ass. *Cephalomappa sinensis*）

（八）川桂群系（Form. *Cinnamomum wilsonii*）

8 川桂群丛（Ass. *Cinnamomum wilsonii*）

9 川桂、长尾毛蕊茶群丛（Ass. *Cinnamomum wilsonii*、*Camellia caudata*）

（九）枫香、山石榴群系（Form. *Liquidambar formosana*、*Catunaregam spinosa*）

10 枫香、山石榴群丛（Ass. *Liquidambar formosana*、*Catunaregam spinosa*）

II 土山季节性雨林

（十）水同木群系（Form. *Ficus fistulosa*）

11 水同木群丛（Ass. *Ficus fistulosa*）

（十一）木油桐群系（Form. *Vernicia montana*）

12 木油桐群丛（Ass. *Vernicia montana*）

（十二）马尾松群系（Form. *Pinus massoniana*）

13 马尾松群丛（Ass. *Pinus massoniana*）

14 枫香、马尾松群丛（Ass. *Liquidambar formosana*、*Pinus massoniana*）

（十三）鼠刺群系（Form. *Itea chinensis*）

15 鼠刺群丛（Ass. *Itea chinensis*）

（十四）桃金娘、杨桐群系（Form. *Rhodomyrtus tomentosa*、*Adinandra millettii*）

16 桃金娘、杨桐群丛（Ass. *Rhodomyrtus tomentosa*、*Adinandra millettii*）

（十五）黧蒴锥群系（Form. *Castanopsis fissa*）

17 黧蒴锥群丛（Ass. *Castanopsis fissa*）

（十六）黄杞群系（Form. *Engelhardtia roxburghiana*）

18 黄杞群系丛（Ass. *Engelhardtia roxburghiana*）

（十七）野芭蕉群系（Form. *Musa balbisiana*）

19 野芭蕉群丛（Ass. *Musa balbisiana*）

（十八）八角群系（Form. *Illicium verum*）

20 八角群丛（Ass. *Illicium verum*）

（2）植物物种多样性

➢ 物种组成

调查表明，宁明县内有苔藓植物 25 科 33 属 46 种，其中苔类 6 科 7 属 10 种；藓类 19 科 26 属 36 种。维管植物共有 2 272 种，隶属 223 科 1 013 属。其中蕨类植物有 41 科 88

属 223 种；种子植物共有 182 科 925 属 2 049 种（含种下分类群及栽培植物），包括裸子植物 7 科 10 属 18 种，被子植物 175 科 915 属 2 031 种。所有维管束植物分别占广西维管束植物总科数 71.94%、总属数 49.84%、总种数 24.58%，占全国维管束植物总科数 60.74%、总属数 31.11%、总种数 8.12%（表 6-16）。

表 6-16 宁明县维管束植物统计

项目	蕨类植物			种子植物						合计		
				裸子植物			被子植物					
	科	属	种	科	属	种	科	属	种	科	属	种
宁明县	41	88	223	7	10	18	175	915	2 031	223	1 013	2 272
广西	56	155	833	10	30	88	243	1 826	8 247	309	2 011	9 168
全国	67	227	2 847	10	34	238	291	2 940	25 000	368	3 201	28 085
占广西/%	73.21	56.77	26.77	70	33.33	20.45	72.02	50.11	24.63	72.17	5 037	24.78
占全国/%	61.19	38.77	7.83	70	29.41	7.56	60.14	31.12	8.12	60.59	31.65	8.09

➢ 珍稀濒危保护种类

① 国家重点保护植物

根据《国家重点保护野生植物名录（第一批）》（1999）的标准，宁明县有国家重点保护植物 20 种。其中Ⅰ级有石山苏铁（*Cycas spiniformis* J.Y.Liang）、苏铁（*Cycas revoluta* Thunb.）、锈毛苏铁（*Cycas ferruginea* F.N.Wei）、叉叶苏铁（*Cycas bifida*（Dyer）K.D.Hill）4 种；Ⅱ级有东京桐（*Deutzianthus tonkinensis* Gagnep.）、桫椤（*Alsophila spinulosa*（Wall. ex Hook.）Tryon）、粗齿桫椤（*Alsophila denticulata* Baker）、小黑桫椤（*Alsophila metteniana*）、黑桫椤（*Alsophila podophylla* Hook.）、润楠（*Machilus nanmu*）、董棕（*Caryota obtusa* Griff.）、水蕨（*Ceratopteris thalictroides*（L.）Brongn.）、樟（*Cinnamomum camphora*（L.）Presl）、海南椴（*Diplodiscus trichosperma*（Merr.）Y.Tang，M.G.Gilbert et Dorr）、蚬木（*Excentrodendron tonkinense*（A.Chev.）H.T.Chang et R.H.Miao）、任豆（*Zenia insignis* Chun）、喜树（*Camptotheca acuminata* Decne.）、紫荆木（*Madhuca pasquieri*（Dubard）H.J.Lam）、地枫皮（*Illicium difengpi* K.I.B. et K.I.M.ex B.N.Chang）、金毛狗（*Cibotium barometz*（L.）J.Sm.）16 种。

② 国家珍贵树种

根据《国家珍贵树种名录（第一批）》（林护字[1992]56 号）的标准，宁明县有国家珍贵树种 4 种。其中一级珍贵树种有蚬木、金丝李（*Garcinia paucinervis Chung* ex F.C. How）2 种；二级珍贵树种有紫荆木（*Madhuca pasquieri*（Dubard）H.J.Lam）、东京桐 2 种。

③ 国家珍稀濒危保护植物

国家珍稀濒危保护植物是指列入国家环保总局、中国科学院植物研究所编辑的《中国珍稀濒危保护植物名录》（第一册）（科学出版社，1987）的种类，宁明县有 19 种，属于 1 级保护：桫椤 1 种；2 级保护有：董棕、蚬木、紫荆木、金丝李、叉叶苏铁、短叶黄杉

（*Pseudotsuga brevifolia* W.C.Cheng et L.K.Fu）6 种；3 级保护有、鸡毛松（*Dacrycarpus imbricatus*（Blume）、红花木莲（*Manglietia insignis*（Wall.）Blume）、大叶龙角（*Hydnocarpus annamensis*（Gagnep.）Lescot et Sleum.）、白桂木（*Artocarpus hypargyreus* Hance）、箭根薯（*Tacca chantrieri* Andre）、穗花杉（*Amentotaxus argotaenia*（Hance）Pilg.）、海南大风子（*Hydnocarpus hainanensis*（Merr.）Sleum.）、任豆、地枫皮、龙眼（*Dimocarpus longan* Lour.）、剑叶龙血树（*Dracaena cochinchinensis*（Lour.）S.C.Chen）、肥牛树（*Cephalomappa sinensis*（Chun et How）Kosterm）12 种。

➢　资源类群

① 材用植物

宁明县有着丰富的林木种质资源，可年产木材超过 15 万 m^3（不含国营派阳山林场）。在宁明县，林木种质资源表现以下特点：A. 土山以针叶树——马尾松（*Pinus massoniana*）的地方品种——桐棉松占较大面积，还有速生桉、木棉（*Bombax malabaricum*）等阔叶树；B. 石灰岩山地多珍稀濒危树种，但这些树种又是特类材，如蚬木（*Excentrodendron tonkinense*）、紫荆木（*Madhuca pasquieri*）、金丝李（*Garcinia paucinervis*）等。C. 一些阔叶林树种生态幅狭窄，或者天然更新不良，或者不断受到乱砍滥伐，种群面积缩小，濒临绝境，应采取保护措施。宁明县有材用植物 263 种，占全体植物种数的 11.58%。

② 观赏植物

宁明县庭院观赏植物和行道树很丰富，有 441 种，占总种数的 19.41%。主要有柠檬金花茶（*Camellia limonia*）、含羞草（*Mimosa pudica*）、亮叶猴耳环（*Abarema lucida*）、马蹄荷（*Exbucklandia populnea*）、歪叶榕（*Ficus cyrtophylla*）、小萼素馨（*Jasminum microcalyx*）、黄花夹竹桃（*Thevetia peruviana*）、裂果金花（*Schizomussaenda henryi*）、董棕（*Caryota obtusa*）、石山苏铁（*Cycas spiniformis*）、石山棕（*Guihaia argyrata*）、葫芦茶（*Tadehagi triquetrum*）、竹叶兰（*Arundina graminifolia*）等。

③ 药用植物

宁明县药用植物非常丰富，有 1 104 种，约占广西此类植物种类的 48.59%。资源比较丰富的主要有密花美登木（*Maytenus confertiflora*）、广西马兜铃（*Aristolochia kwangsiensis*）、鸡矢藤（*Paederia scandens*）、两面针（*Zanthoxylum nitidum*）、金毛狗（*Cibotium barometz*）、八角（*Illicium verum*）、扣匹（*Uvaria tonkinensis*）、人面子（*Dracontomelon duperreanum*）、排钱树（*Phyllodium pulchellum*）、枫香（*Liquidambar formosana*）等。

④ 其他类型植物资源

宁明县除了上面几大类主要资源植物外，还有以下类别：

A. 淀粉植物

食用淀粉植物：主要有桄榔（*Arenga westerhoutii*）、董棕（*Caryota obtusa*）、木薯（Manihot esculenta）等。

B. 油脂、蜡类植物

工业用油植物：主要有木油桐（*Vernicia montana*）等，在公母山有较大面积分布。木油桐是重要的工业油料作物，种子含油量 35%，供制肥皂和油漆；树皮提制栲胶；果壳制活性炭；桐油是我国的外贸商品；此外，其果皮可制活性炭或提取碳酸钾。

食用油植物：宁明县主要有油茶（*Camellia oleifera*），其种子含油 30%以上，供食用及润发、调药，可制蜡烛和肥皂，也可作机油的代用品。油茶与油棕、油橄榄和椰子并称为世界四大木本食用油料植物。

蜡类植物：有圆叶乌桕（*Sapium rotundifolium*）、乌桕（*S. sebiferum*）和野漆树（*Toxicodendron succedaneum*）。

C. 野果植物

野生果类，主要有冬杧果（*Mangifera persiciformis*）、苹婆（*Sterculia nobilis*）、人面子（*Dracontomelon duperreanum*）、野黄皮（*Clausena excavata*）、番石榴（*Psidium guajava*）、余甘子（*Phyllanthus emblica*）等。

其他还有纤维植物、橡胶植物、饲料植物、饮料植物、鞣料植物、芳香植物、蜜源植物、蔬菜类植物、有毒植物、农药植物、绿肥植物、染料植物、树脂糊料植物等。

（3）动物物种多样性

➢ 物种组成

根据实地调查结果和有关文献资料的报道，宁明县境内目前可以确定的两栖动物共有 27 种，分隶 2 目 6 科 18 属，占广西两栖动物 25.7%。其中优势科是蛙科，分布有 8 属 10 种，占宁明县两栖动物总数的 37.1%；其次是树蛙科和姬蛙科，各有 6 种，同占宁明县两栖动物总数的 22.2%；另外，雨蛙科有 1 属 3 种，蝾螈科 1 属 1 种，蟾蜍科 1 属 1 种分布。

爬行动物共有 83 种，分隶 2 目 16 科 54 属，占广西爬行动物的 46.9%。其中优势科是游蛇科，分布有 21 属 37 种，占宁明县爬行动物总数的 44.6%；其次是石龙子科和淡水龟科，分别分布有 4 属 9 种和 5 属 9 种，同占 10.9%；其余为鬣蜥科分布有 4 属 6 种，占 7.2%；眼镜蛇科分布有 3 属 4 种，占 4.8%；鳖科和蝰科分布有 3 属 3 种，同占 3.6%；壁虎科分布有 2 属 3 种，占 3.6%；蜥蜴科分布有 2 属 2 种，占 2.4%；最少的是平胸龟科、陆龟科、睑虎科、蛇蜥科、巨蜥科、盲蛇科、蚺科，均只有 1 属 1 种分布。

共有鸟类 377 种，隶属于 20 目 63 科 203 属。其鸟类种数占全国鸟类 1 331 种的 26.0%；占全省鸟类 687 种的 54.9%。其中非雀形目鸟类有 30 科 176 种，占宁明县内鸟类种数的 46.7%；雀形目有 33 科 201 种，占宁明县鸟类种数的 53.3%。

在 377 种鸟类中留鸟类居多，共有 217 种，占其鸟类种数的 57.6%；夏候鸟（包括繁殖鸟）次之，有 53 种，占鸟类种数的 14.1%；冬候鸟与旅鸟分别为 93 种与 14 种，占鸟类种数的 24.7%与 3.7%。在此地繁殖的鸟类有 270 种，占鸟类种数的 71.6%。

兽类动物共有 95 种，分隶 9 目 26 科 65 属。本地区的兽类优势种群为啮齿目、食肉目和翼手目的种类，其中，啮齿目共分布有 28 种 4 科 17 属，占宁明县兽类总数的 29.5%；

食肉目 24 种 5 科 21 属，占宁明县兽类总数的 25.3%；翼手目 22 种 6 科 12 属，占宁明县兽类总数的 23.2%；其余包括灵长目、鼩形目、偶蹄目、兔形目、树鼩目、鳞甲目分别分布有 1～4 科，1～5 属和 1～6 种。在科级分类阶元上，优势科是鼠科和松鼠科，分别分布有 8 属 14 种和 6 属 10 种；其次是灵猫科、蝙蝠科、蹄蝠科、鼬科、猴科，分别有 2～7 属和 5～8 种分布；其余 21 科均只有 1～4 属和 1～4 种分布。

➢ 特有种类

宁明县有我国特产鸟类 8 种：灰胸竹鸡（*Bambusicola thoracica*）、领雀嘴鹎（*Spizixos semitorques*）、栗背短脚鹎（*Hypsipetes castanonotus*）、棕腹大仙鹟（*Niltava davidi*）、海南蓝仙鹟（*Cyornis hainanus*）、画眉（*Garrulax canorus*）、白腹凤鹛（*Erpornis zantholeuca*）、黄腹山雀（*Parus venustulus*），占我国特产鸟类 105 种的 7.6%。

此外，宁明有我国特产兽类小麂（*Muntiacus reevesi*）。

➢ 珍稀濒危保护种类

① 两栖类

国家级保护动物：属于国家Ⅱ级保护动物的有虎纹蛙（*Hoplobatrachus chinensis*）1 种。

广西区级保护动物：属于区级保护的两栖动物有黑眶蟾蜍（*Bufo melanostictus*）、沼水蛙（*Hylarana guentheri*）、泽陆蛙（*Fejervarya multistriata*）、棘胸蛙、斑腿泛树蛙（*Polypedates megacephalus*）、粗皮姬蛙（*Microhyla butleri*）、小弧斑姬蛙（*Microhyla heymonsi*）、饰纹姬蛙（*Microhyla ornata*）、花姬蛙（*Microhyla pulchra*）共 9 种，占宁明县两栖动物的 33.3%。

国家“三有保护动物”：依据 2000 年 8 月 1 日国家林业局 7 号令，宁明县属于国家保护的有益的或有重要经济、科学研究价值的两栖动物有广西瘰螈、黑眶蟾蜍、华西雨蛙（*Hyla gongshanensis*）、三港雨蛙、华南雨蛙（*Hyla simplex*）、版纳大头蛙、棘胸蛙、沼水蛙、泽陆蛙、大绿臭蛙、台北纤蛙、侧条跳树蛙（*Chirixalus vittatus*）、锯腿小树蛙、斑腿泛树蛙、无声囊泛树蛙、黑蹼树蛙、粗皮水树蛙（马来疣斑树蛙）、花细狭口蛙（*Kalophrynus interlineatus*）、花狭口蛙（*Kaloula pulchra*）、粗皮姬娃、小弧斑姬娃、饰纹姬娃、花姬娃共 23 种，占宁明县两栖动物的 85.2%。

属于国际保护的珍稀濒危种类：列入 CITES 附录Ⅱ的有虎纹蛙 1 种。列入 IUCN（2010）的有 3 种，其中广西瘰螈列为濒危（EN），黑蹼树蛙列为近危（NT），棘胸蛙列为易危（VU）。

② 爬行类

国家级保护动物：属于国家Ⅰ级保护动物有鼋（*Pelochelys bibroni*）、圆鼻巨蜥（*Varanus salvator*）和蚺（蟒蛇）（*Python molurus*）3 种。属于国家Ⅱ级保护动物的有山瑞鳖（*Palea steindachneri*）、三线闭壳龟（*Cuora trifasciata*）、地龟（*Geoemyda spengleri*）、大壁虎（*Gekko gecko*）4 种。

广西区级保护动物：属于区级保护的两栖动物有平胸龟（*Platysternon megacephalum*）、乌龟（*Mauremys reevesii*）、黄喉拟水龟（*Mauremys mutica*）、锯缘龟（*Cuora mouhotii*）、

缅甸陆龟（*Indotestudo elongata*）、变色树蜥（*Calotes versicolor*）、长鬣蜥、钩盲蛇（*Ramphotyphlops braminus*）、百花锦蛇（*Elaphe moellendorffi*）、三索锦蛇（*Elaphe radiata*）、滑鼠蛇（*Ptyas mucosus*）、金环蛇（*Bungarus fasciatus*）、银环蛇（*Bungarus multicinctus*）、舟山眼镜蛇（*Naja atra*）、眼镜王蛇（*Ophiophagus hannah*）、圆斑蝰（*Daboia russellii*）共 16 种，占宁明县爬行动物的 19.3%。

国家"三有保护动物"：依据 2000 年 8 月 1 日国家林业局 7 号令，宁明县属于国家保护的有益的或有重要经济、科学研究价值的爬行动物有共平胸龟、乌龟、黄额闭壳龟、锯缘龟、眼斑龟（*Sacalia bealei*）、四眼斑龟（*Sacalia quadriocellata*）、缅甸陆龟、中国壁虎（*Gekko chinensis*）、原尾蜥虎（*Hemidactylus bowringii*）、丽棘蜥、棕背树蜥（*Calotes emma*）、细鳞树蜥（*Calotes microlepis*）、变色树蜥（*Calotes versicolor*）、斑飞蜥、细脆蛇蜥（*Ophisaurus gracilis*）、峨眉地蜥、南草蜥（*Takydromus sexlineatus*）、光蜥（*Ateuchosaurus chinensis*）、中国石龙子（*Eumeces chinensis*）、蓝尾石龙子（*Eumeces elegans*）、四线石龙子（*Eumeces quadrilineatus*）、南滑蜥（*Scincella reevesii*）、股鳞蜓蜥（*Sphenomorphus incognitus*）、铜蜓蜥（*Sphenomorphus indicus*）、海南棱蜥（*Tropidophorus hainanus*）、中国棱蜥（*Tropidophorus sinicus*）、钩盲蛇（*Ramphotyphlops braminus*）、草腹链蛇（*Amphiesma stolatum*）、繁花林蛇（*Boiga multomaculata*）、尖尾两头蛇（*Calamaria pavimentata*）、钝尾两头蛇（*Calamaria septentrionalis*）、翠青蛇（*Cyclophiops major*）、横纹翠青蛇（*Cyclophiops multicinctus*）、过树蛇、百花锦蛇、紫灰锦蛇（*Elaphe porphyracea*）、三索锦蛇、黑眉锦蛇、黑斑水蛇（*Enhydris bennettii*）、中国水蛇（*Enhydris chinensis*）、铅色水蛇（*Enhydris plumbea*）、黑背白环蛇（*Lycodon ruhstrati*）、细白环蛇（*Lycodon subcinctus*）、菱斑小头蛇（*Oligodon catenata*）、紫棕小头蛇（*Oligodon cinereus*）、台湾小头蛇（*Oligodon formosanus*）、横纹后棱蛇（*Opisthotropis balteata*）、侧条后棱蛇（*Opisthotropis lateralis*）、中国钝头蛇（*Pareaschinensis*）、缅甸钝头蛇（*Pareas hamptoni*）、横纹钝头蛇（*Pareas margaritophorus*）、紫沙蛇（*Psammodynastes pulverulentus*）、横纹斜鳞蛇（*Pseudoxenodon bambusicola*）、灰鼠蛇（*Ptyas korros*）、滑鼠蛇（*Ptyas mucosus*）、红脖颈槽蛇（*Rhabdophis subminiatus*）、尖喙蛇（*Rhynchophis boulengeri*）、环纹华游蛇（*Sinonatrix aequifasciata*）、乌华游蛇（*Sinonatrix percarinata*）、渔游蛇（*Xenochrophis piscator*）、金环蛇、银环蛇、舟山眼镜蛇、眼镜王蛇、白头蝰、山烙铁头蛇（*Ovophis monticola*）、福建竹叶青蛇（*Trimeresurus stejnegeri*）、圆斑蝰共 68 种，占宁明县爬行动物的 81.9%。

属于国际保护的珍稀濒危种类：列入 CITES 附录Ⅱ的有鼋、平胸龟、黄额闭壳龟、三线闭壳龟、云南闭壳龟、缅甸陆龟、圆鼻巨蜥、蚺（蟒蛇）、滑鼠蛇、舟山眼镜蛇、眼镜王蛇 11 种；列入 CITES 附录Ⅲ的有山瑞鳖、地龟、眼斑龟、四眼斑龟 4 种。列入 IUCN（2010）的有 12 种，其中黄额闭壳龟、三线闭壳龟、云南闭壳龟列为极危（CR）；平胸龟、锯缘摄龟、地龟、眼斑龟、四眼斑龟、缅甸陆龟、鼋、山瑞鳖列为濒危（EN）；眼镜王蛇列为易危（VU）；蚺（蟒蛇）列为近危（NT）。

③ 鸟类

国家级保护动物：宁明县内有国家Ⅰ级保护动物2种：金鹏（*Aquila chrysaetos*）、白肩鹏（*Aquila heliaca*。国家Ⅱ级保护动物61种：黄嘴白鹭（*Egretta eulophotes*）、岩鹭（*Egretta sacra*）、鸳鸯（*Aix galericulata*）、褐冠鹃隼（*Aviceda jerdoni*）、黑冠鹃隼（*Aviceda leuphotes*）、凤头蜂鹰（*Pernis ptilorhynchus*）、黑翅鸢（*Elanus caeruleus*）、黑鸢（*Milvus migrans*）、栗鸢（*Haliastur indus*）、蛇鹏（*Spilornis cheela*）、白腹鹞（*Circus spilonotus*）、白尾鹞（*Circus cyaneus*）、鹊鹞（*Circus melanoleucos*）、凤头鹰（*Accipiter trivirgatus*）、褐耳鹰（*Accipiter badius*）、赤腹鹰（*Accipiter soloensis*）、日本松雀鹰（*Accipiter gularis*）、松雀鹰（*Accipiter virgatus*）、雀鹰（*Accipiter nisus*）、苍鹰（*Accipiter gentiles*）、灰脸鵟鹰（*Butastur indicus*）、普通鵟（*Buteo buteo*）、大鵟（*Buteo hemilasius*）、白腹隼鹏（*Hieraaetus fasciatus*）、鹰鹏（*Spizaetus nipalensis*）、白腿小隼（*Microhierax melanoleucus*）、红隼（*Falco tinnunculus*）、红脚隼（*Falco amurensis*）、灰背隼（*Falco columbarius*）、燕隼（*Falco subbuteo*）、游隼（*Falco peregrinus*）、原鸡（*Gallus gallus*）、白鹇（*Lophura nycthemera*）、斑尾鹃鸠（*Macropygia unchall*）、厚嘴绿鸠（*Trugon terrestris*）、楔尾绿鸠（*Treron sphenurs*）、红翅绿鸠（*Treron sieboldii*）、花头鹦鹉（*Psittacula roseata*）、绯胸鹦鹉（*Psittacula alexandri*）、褐翅鸦鹃（*Centropus sinensis*）、小鸦鹃（*Centropus bengalensis*）、仓鸮（*Tyto alba*）、草鸮（*Tyto longimembris*）、栗鸮（*Phodilus badius*）、黄嘴角鸮（*Otus spilocephalus*）、领角鸮（*Otus bakkamoena*）、红角鸮（*Otus sunia*）、鹏鸮（*Bubo bubo*）、褐林鸮（*Strix leptogrammica*）、灰林鸮（*Strix aluco*）、领鸺鹠（*Glaucidium brodiei*）、斑头鸺鹠（*Glaucidium cuculoides*）、鹰鸮（*Ninox scutulata*）、短耳鸮（*Asio flammeus*）、灰喉针尾雨燕（*Hirundapus cochinchinensis*）、冠斑犀鸟（*Anthracoceros albirostris*）、长尾阔嘴鸟（*Psarisomus dalhousiae*）、银胸丝冠鸟（*Serilophus lunatus*）、蓝枕八色鸫（*Pitta nipalensis*）、蓝背八色鸫（*Pitta soror*）、仙八色鸫（*Pitta nympha*）。

广西重点保护野生动物：宁明县内有广西重点野生保护动物67种：苍鹭（*Ardea cinerea*）、绿鹭（*Butorides striatus*）、池鹭（*Ardeola bacchus*）、大麻鳽（*Botaurus stellaris*）、蓝胸鹑（*Coturnix chinensis*）、灰胸竹鸡（*Bambusicola thoracica*）、环颈雉（*Phasianus colchicus*）、黄脚三趾鹑（*Turnix tanki*）、红脚苦恶鸟（*Amaurornis akool*）、白胸苦恶鸟（*Amaurornis phoenicurus*）、董鸡（*Gallicrex cinerea*）、黑水鸡（*Gallinula chloropus*）、白骨顶（*Fulica atra*）、水雉（*Hydrophasianus chirurgus*）、凤头麦鸡（*Vanellus vanellus*）、丘鹬（*Scolopax rusticola*）、白腰草鹬（*Tringa ochropus*）、四声杜鹃（*Cuculus micropterus*）、大杜鹃（*Cuculus canorus*）、八声杜鹃（*Cacomantis merulinus*）、乌鹃（*Surniculus lugubris*）、绿嘴地鹃（*Phaenicophaeus tristis*）、白胸翡翠（*Halcyon smyrnensis*）、蓝翡翠（*Halcyon pileata*）、蓝须夜蜂虎（*Nyctyornis athertoni*）、三宝鸟（*Eurystomus orientalis*）、戴胜（*Upupa epops*）、大拟啄木鸟（*Megalaima virens*）、蓝喉拟啄木鸟（*Megalaima asiatica*）、星头啄木鸟（*Picoides canicapillus*）、棕腹啄木鸟（*Picoides hyperythrus*）、粉红山椒鸟（*Pericrocotus roseus*)、赤红山椒鸟(*Pericrocotus flammeus*)、红耳鹎(*Pycnonotus jocosus*)、白头鹎(*Pycnonotus sinensis*)、白喉红臀鹎(*Pycnonotus aurigaster*)、绿翅短脚鹎(*Hypsipetes mcclellandii*)、橙腹叶鹎(*Chloropsis hardwickii*)、栗背伯劳(*Lanius collurioides*)、棕背伯劳(*Lanius schach*)、黑枕黄鹂(*Oriolus chinensis*)、黑卷尾(*Dicrurus macrocercus*)、灰卷尾(*Dicrurus leucophaeus*)、发冠卷尾(*Dicrurus hottentottus*)、鹩哥(*Gracula religiosa*)、林八哥(*Acridotheres grandis*)、八哥(*Acridotheres cristatellus*)、丝光椋鸟(*Sturnus sericeus*)、红嘴蓝鹊(*Urocissa erythrorhyncha*)、灰树鹊(*Dendrocitta formosae*)、大嘴乌鸦(*Corvus macrorhynchos*)、白颈鸦(*Corvus torquatus*)、乌鸫(*Turdus merula*)、纯蓝仙鹟(*Cyornis unicolor*)、寿带(*Terpsiphone paradise*)、黑脸噪鹛(*Garrulax perspicillatus*)、黑喉噪鹛(*Garrulax chinensis*)、画眉(*Garrulax canorus*)、白颊噪鹛(*Garrulax sannio*)、棕颈钩嘴鹛(*Pomatorhinus ruficollis*)、银耳相思鸟(*Leiothrix argentauris*)、红嘴相思鸟(*Leiothrix lutea*)、长尾缝叶莺(*Orthotomus sutorius*)、黄腰柳莺(*Phylloscopus proregulus*)、黄眉柳莺(*Phylloscopus inornatus*)、大山雀(*Parus major*)、凤头鹀(*Melophus lathami*。

国家“三有保护动物”:宁明县内有广西重点野生保护动物 208 种:小䴙䴘(*Tachybaptus ruficollis*)、凤头䴙䴘(*Podiceps cristatus*)、普通鸬鹚(*Phalacrocorax carbo*)、苍鹭(*Ardea cinerea*)、草鹭(*Ardea purpurea*)、绿鹭(*Butorides striatus*)、牛背鹭(*Bubulcus ibis*)、池鹭(*Ardeola bacchus*)、大白鹭(*Egretta alba*)、中白鹭(*Egretta intermedia*)、夜鹭(*Nycticorax nycticorax*)、黑冠鳽(*Gorsachius melanolophus*)、紫背苇鳽(*Ixobrychus eurhythmus*)、栗苇鳽(*Ixobrychus cinnamomeus*)、黑苇鳽(*Dupetor flavicollis*)、大麻鳽(*Botaurus stellaris*)、栗树鸭(*Dendrocygna javanica*)、赤麻鸭(*Tadorna ferruginea*)、针尾鸭(*Anas acuta*)、绿翅鸭(*Anas crecca crecca*)、花脸鸭(*Anas formosa*)、罗纹鸭(*Anas falcata*)、绿头鸭(*Anas platyrhynchos*)、斑嘴鸭(*Anas poecilorhyncha*)、赤颈鸭(*Anas penelope*)、白眉鸭(*Anas querquedula*)、琵嘴鸭(*Anas clypeata*)、赤嘴潜鸭(*Aythya rufina*)、白眼潜鸭(*Aythya nyroca*)、斑背潜鸭(*Aythya marila*)、棉凫(*Nettapus coromandelianus*)、中华鹧鸪(*Francolinus pintadeanus*)、鹌鹑(*Coturnix japonica*)、蓝胸鹑(*Coturnix chinensis*)、褐胸山鹧鸪(*Arborophila bruneopectus*)、灰胸竹鸡(*Bambusicola thoracica*)、白喉斑秧鸡(*Rallina eurizonoides*)、红脚苦恶鸟(*Amaurornis akool*)、白胸苦恶鸟(*Amaurornis phoenicurus*)、董鸡(*Gallicrex cinerea*)、紫水鸡(*Porphyrio porphyrio*)、黑水鸡(*Gallinula chloropus*)、白骨顶(*Fulica atra*)、水雉(*Hydrophasianus chirurgus*)、彩鹬(*Rostratula benghalensis*)、普通燕鸻(*Glareola maldivarum*)、凤头麦鸡(*Vanellus vanellus*)、长嘴剑鸻(*Charadrius placidus*)、金眶鸻(*Charadrius dubius*)、环颈鸻(*Charadrius alexandrinus*)、铁嘴沙鸻(*Charadrius leschenaultii*)、丘鹬(*Scolopax rusticola*)、针尾沙锥(*Gallinago stenura*)、大沙锥(*Gallinago megala*)、扇尾沙锥(*Gallinago gallinago*)、红脚鹬(*Tringa totanus*)、泽鹬(*Tringa stagnatilis*)、白腰草鹬(*Tringa ochropus*)、林鹬(*Tringa glareola*)、矶鹬(*Actitis hypoleucos*)、黑腹滨鹬(*Calidris alpina*)、红嘴鸥(*Larus ridibundus*)、山斑鸠(*Streptopelia *orientalis*）、火斑鸠（*Streptopelia tranquebarica*）、珠颈斑鸠（*Streptopelia chinensis*）、绿翅金鸠（*Chalcophaps indica*）、红翅凤头鹃（*Clamator coromandus*）、棕腹杜鹃（*Cuculus nisicolor*）、四声杜鹃（*Cuculus micropterus*）、大杜鹃（*Cuculus canorus*）、中杜鹃（*Cuculus saturatus*）、八声杜鹃（*Cacomantis merulinus*）、乌鹃（*Surniculus lugubris*）、噪鹃（*Eudynamys scolopacea*）、绿嘴地鹃（*Phaenicophaeus tristis*）、普通夜鹰（*Caprimulgus indicus*）、林夜鹰（*Caprimulgus affinis*）、白喉针尾雨燕（*Hirundapus caudacutus*）、白腰雨燕（*Apus pacificus*）、小白腰雨燕（*Apus nipalensis*）、红头咬鹃（*Harpactes erythrocephalus*）、斑头大翠鸟（*Alcedo hercules*）、普通翠鸟（*Alcedo atthis*）、蓝翡翠（*Halcyon pileata*）、蓝须夜蜂虎（*Nyctyornis athertoni*）、蓝喉蜂虎（*Merops viridis*）、栗喉蜂虎（*Merops philippinus*）、三宝鸟（*Eurystomus orientalis*）、戴胜（*Upupa epops*）、大拟啄木鸟（*Megalaima virens*）、金喉拟啄木鸟（*Megalaima franklinii*）、黑眉拟啄木鸟（*Megalaima oorti*）、蓝喉拟啄木鸟（*Megalaima asiatica*）、蚁䴕（*Jynx torquilla*）、斑姬啄木鸟（*Picummus innominatus*）、白眉棕啄木鸟（*Sasia ochracea*）、星头啄木鸟（*Picoides canicapillus*）、大斑啄木鸟（*Picoides major*）、黄冠啄木鸟（*Picus chlorolophus*）、灰头绿啄木鸟（*Picus canus*）、黄嘴栗啄木鸟（*Blythipicus pyrrhotis*）、小云雀（*Alauda gulgula*）、崖沙燕（*Riparia riparia*）、纯色岩燕（*Hirundo concolor*）、家燕（*Hirundo rustica*）、金腰燕（*Hirundo daurica*）、烟腹毛脚燕（*Delichon dasypus*）、山鹡鸰（*Dendronanthus indicus*）、白鹡鸰（*Motacilla alba*）、黄头鹡鸰（*Motacilla citreola*）、黄鹡鸰（*Motacilla flava*）、灰鹡鸰（*Motacilla cinerea*）、田鹨（*Anthus richardi*）、树鹨（*Anthus hodgsoni*）、红喉鹨（*Anthus cervinus*）、水鹨（*Anthus spinoletta*）、大鹃鵙（*Coracina macei*）、粉红山椒鸟（*Pericrocotus roseus*）、灰山椒鸟（*Pericrocotus divaricatus*）、赤红山椒鸟（*Pericrocotus flammeus*）、灰喉山椒鸟（*Pericrocotus solaris*）、褐背鹟鵙（*Hemipus picatus*）、领雀嘴鹎（*Spizixos semitorques*）、红耳鹎（*Pycnonotus jocosus*）、黄臀鹎（*Pycnonotus xanthorrhous*）、白头鹎（*Pycnonotus sinensis*）、白喉红臀鹎（*Pycnonotus aurigaster*）、橙腹叶鹎（*Chloropsis hardwickii*）、虎纹伯劳（*Lanius tigrinus*）、栗背伯劳（*Lanius collurioides*）、棕背伯劳（*Lanius schach*）、钩嘴林鵙（*Tephrodornis gularis*）、黑枕黄鹂（*Oriolus chinensis*）、黑头黄鹂（*Oriolus xanthornus*）、黑卷尾（*Dicrurus macrocercus*）、灰卷尾（*Dicrurus leucophaeus*）、鸦嘴卷尾（*Dicrurus annectans*）、古铜色卷尾（*Dicrurus aeneus*）、发冠卷尾（*Dicrurus hottentottus*）、鹩哥（*Gracula religiosa*）、林八哥（*Acridotheres grandis*）、八哥（*Acridotheres cristatellus*）、黑领椋鸟（*Gracupica nigricollis*）、灰头椋鸟（*Sturnia malabaricus*）、丝光椋鸟（*Sturnus sericeus*）、灰椋鸟（*Sturnus cineraceus*）、蓝绿鹊（*Cissa chinensis*）、灰树鹊（*Dendrocitta formosae*）、红尾歌鸲（*Luscinia sibilans*）、红胁蓝尾鸲（*Tarsiger cyanurus*）、鹊鸲（*Copsychus saularis*）、北红尾鸲（*Phoenicurus auroreus*）、黑喉石即鸟（*Saxicola torquata*）、白眉地鸫（*Zoothera sibirica*）、虎斑地鸫（*Zoothera dauma*）、灰背鸫（*Turdus hortulorum*）、白喉林鹟（*Rhinomyias brunneata*）、乌鹟（*Muscicapa sibirica*）、北灰鹟（*Muscicapa dauurica*）、白眉姬鹟（*Ficedula zanthopygia*）、棕腹大仙鹟（*Niltava davidi*)、寿带（*Terpsiphone paradise*)、黑脸噪鹛（*Garrulax perspicillatus*)、小黑领噪鹛（*Garrulax monileger*)、黑领噪鹛（*Garrulax pectoralis*)、褐胸噪鹛（*Garrulax maesi*)、黑喉噪鹛（*Garrulax chinensis*)、画眉（*Garrulax canorus*)、白颊噪鹛（*Garrulax sannio*)、矛纹草鹛(*Babax lanceolatus*)、银耳相思鸟(*Leiothrix argentauris*)、红嘴相思鸟(*Leiothrix lutea*)、褐顶雀鹛（*Alcippe brunnea*)、灰头鸦雀（*Paradoxornis gularis*)、黄腹树莺（*Cettia acanthizoides*)、褐柳莺（*Phylloscopus fuscatus*)、棕眉柳莺（*Phylloscopus armandii*)、黄腰柳莺(*Phylloscopus proregulus*)、黄眉柳莺(*Phylloscopus inornatus*)、暗绿柳莺(*Phylloscopus trochiloides*)、冠纹柳莺（*Phylloscopus reguloides*)、白斑尾柳莺（*Phylloscopus davisoni*)、红胁绣眼鸟（*Zosterops erythropleurus*)、灰腹绣眼鸟（*Zosterops palpebrosus*)、暗绿绣眼鸟（*Zosterops japonicus*)、红头长尾山雀(*Aegithalos concinnus*)、黄腹山雀(*Parus venustulus*)、大山雀（*Parus major*)、绿背山雀（*Parus monticolus*)、黄颊山雀（*Parus spilonotus*)、冕雀（*Melanochlora sultanea*)、黄腹花蜜鸟（*Cinnyris jugularis*)、蓝喉太阳鸟（*Aethopyga gouldiae*)、叉尾太阳鸟（*Aethopyga christinae*)、黑胸太阳鸟（*Aethopyga saturata*)、黄腰太阳鸟(*Aethopyga siparaja*)、纹背捕蛛鸟(*Arachnothera magna*)、山麻雀(*Passer rutilans*)、麻雀（*Passer montanus*)、燕雀（*Fringilla montifringilla*)、金翅雀（*Carduelis sinica*)、黑尾蜡嘴雀（*Eophona migratoria*)、凤头鹀（*Melophus lathami*)、白眉鹀（*Emberiza tristrami*)、栗耳鹀(*Emberiza fucata*)、小鹀(*Emberiza pusilla*)、栗鹀(*Emberiza rutila*)、灰头鹀(*Emberiza spodocephala*)。

属于国际保护的珍稀濒危种类：被列为《濒危野生动植物种国际贸易公约》(CITES）中的种类共51种。其中为附录Ⅰ物种有1种：游隼（*Falco peregrinu*)；附录Ⅱ物种有50种：花脸鸭（*Anas formosa*)、褐冠鹃隼（*Aviceda jerdoni*)、黑冠鹃隼（*Aviceda leuphotes*)、凤头蜂鹰（*Pernis ptilorhynchus*)、黑翅鸢（*Elanus caeruleus*)、黑鸢（*Milvus migrans*)、栗鸢（*Haliastur indus*)、蛇鹛（*Spilornis cheela*)、白腹鹞（*Circus spilonotus*)、白尾鹞（*Circus cyaneus*)、鹊鹞（*Circus melanoleucos*)、凤头鹰（*Accipiter trivirgatus*)、褐耳鹰（*Accipiter badius*)、赤腹鹰（*Accipiter soloensis*)、日本松雀鹰（*Accipiter gularis*)、松雀鹰（*Accipiter virgatus*)、雀鹰（*Accipiter nisus*)、苍鹰（*Accipiter gentiles*)、灰脸鵟鹰（*Butastur indicus*)、普通鵟（*Buteo buteo*)、大鵟（*Buteo hemilasius*)、白肩鹛（*Aquila heliaca*)、金鹛（*Aquila chrysaetos*)、白腹隼鹛（*Hieraaetus fasciatus*)、鹰鹛（*Spizaetus nipalensis*)、白腿小隼（*Microhierax melanoleucus*)、红隼（*Falco tinnunculus*)、红脚隼（*Falco amurensis*)、灰背隼（*Falco columbarius*)、燕隼（*Falco subbuteo*)、花头鹦鹉（*Psittacula roseata*)、绯胸鹦鹉(*Psittacula alexandri*)、仓鸮(*Tyto alba*)、草鸮(*Tyto longimembris*)、栗鸮(*Phodilus badius*)、黄嘴角鸮（*Otus spilocephalus*)、领角鸮（*Otus bakkamoena*)、红角鸮（*Otus sunia*)、雕鸮（*Bubo bubo*)、褐林鸮（*Strix leptogrammica*)、灰林鸮（*Strix aluco*)、领鸺鹠（*Glaucidium brodiei*)、斑头鸺鹠(*Glaucidium cuculoides*)、鹰鸮(*Ninox scutulata*)、短耳鸮(*Asio flammeus*)、冠斑犀鸟（*Anthracoceros albirostris*)、仙八色鸫（*Pitta nympha*)、画眉（*Garrulax canorus*)、

银耳相思鸟（*Leiothrix argentauris*）、红嘴相思鸟（*Leiothrix lutea*）。

被列为世界自然保护联盟（IUCN）濒危动物红皮书的濒危种类 13 种，其中易危物种 6 种：罗纹鸭（*Anas falcata*）、白眼潜鸭（*Aythya nyroca*）、鹌鹑（*Coturnix japonica*）、斑头大翠鸟（*Alcedo hercules*）、黑头黄鹂（*Oriolus xanthornus*）、白颈鸦（*Corvus torquatus*）；近危物种 7 种：黄嘴白鹭（*Egretta eulophotes*）、花脸鸭（*Anas formosa*）、白肩鵰（*Aquila heliaca*）、仙八色鸫（*Pitta nympha*）、鹊鹂（*Oriolus mellianus*）、白喉林鹟（*Rhinomyias brunneata*）、史氏蝗莺（*Locustella pleskei*）。

④ 兽类

国家 I 级保护动物：宁明县兽类动物中属于国家 I 级保护动物有蜂猴（*Nycticebus bengalensis*）、熊猴（*Macaca assamensis*）、黑叶猴（*Trachypithecus francoisi*）、白头叶猴（*Trachypithecus poliocephalus*）、云豹（*Neofelis nebulosa*）、豹（*Panthera pardus*）、林麝（*Moschus berezovskii*）共 7 种。蜂猴为典型的东南亚热带动物，栖于热带雨林和亚热带季风常绿阔叶林。夜行性、树栖，其活动、觅食、交配、繁殖及眠休等均在树上度过，白天蜷缩成团在巢穴里睡觉，行动缓慢。由于猎杀和栖息地的减少，在宁明很少见到，可能有些个体在中越边境地区活动，已濒临灭绝。熊猴是日行动物，一般以果实、树叶、谷物和小型无脊椎动物甚至蛙类和鸟类为食。熊猴面临的主要生存威胁是栖息林地的破坏以及偷猎。在宁明数量较少。黑叶猴当地俗称乌猿，以前常用来炮制乌猿酒，20 世纪 70 年代以前数量较多，并且广为分布，由于捕猎及栖息地破坏，种群数量急剧减少，估计现存 60～120 只。白头叶猴栖息于有灌丛和森林覆盖的石灰岩裸露地，峭壁上的岩洞用作夜宿地。栖息地正在遭受破坏，并且愈加破碎化，在国内仅广西南部十分狭小的三角形地带，估计宁明现存数量 80～120 只。云豹栖息于热带和亚热带森林，白天休息，夜间活动，经常在树上活动，喜欢在树枝上守候猎物。由于云豹隐匿的习性，人们对云豹在野外的行为所知非常少，一般认为森林砍伐导致栖息地丧失和制作中药是导致云豹数量减少的主因，在宁明的云豹数量较少，并且近年来没有发现报道。豹生活在山地林区，其巢穴多筑于浓密树丛、灌丛或岩洞中。在宁明也曾广为分布，由于盗猎者追求其毛皮或骨骼代虎骨，而遭到大量猎捕，另一方面栖息地的破坏是豹数量剧减的另一个重要原因，其野外种群日益减少，已濒临绝迹。熊狸生活在雨林里，长年在树上活动，是一种夜行动物，白天在树上睡觉，晚上出来活动。栖息地的减少和偷猎导致数量骤减，处于濒危状态。森林是林麝的主要栖息生境，由于人类活动造成的栖息地丧失以及捕猎获取麝香，种群数量已严重衰减，许多地方已经很难看到其活动。

国家 II 级保护动物：属于国家 II 级保护动物有短尾猴（*Macaca arctoides*）、猕猴（*Macaca mulatta*）、巨松鼠（*Ratufa bicolor*）、中国穿山甲（*Manis pentadactyla*）、金猫（*Catopuma temminckii*）、斑林狸（*Prionodon pardicolor*）、大灵猫（*Viverra zibetha*）、小灵猫（*Viverricula indica*）、豺（*Cuon alpinus*）、小爪水獭（*Aonyx cinerea*）、水獭（*Lutra lutra*）、黄喉貂（*Martes flavigula*）共 12 种。短尾猴喜多岩石的疏林山坡，白天大多在地面或矮树

上活动，也常集群在地面活动。体型比猕猴大，和其他猕猴一样，它们也有觅食时储存食物的颊囊。在野外不甚常见，种群数量比猕猴要少得多，估计种群数量 80～120 只。猕猴是大家最熟悉的猴类，栖息于境内各石灰岩山地林区；其聪明伶俐，经过训练可以成为人们的助手，还是用途广泛的高等实验动物；在玉米及其他庄稼成熟的季节，在局部范围内会对庄稼造成损害；目前其野外种群数量较多，估计种群数量 200～300 只。巨松鼠是我国体型最大的一种松鼠，在国内分布比较狭窄，它们栖息于森林中，树栖生活，繁殖期间，巨松鼠用树枝和树叶筑巢于树上。20 世纪 80 年代以前，巨松鼠在当地数量还很多，由于巨松鼠个体大，在树上营造的巢容易发现，成为盗猎者的狩猎对象，目前在宁明的保护区内偶尔可以见到，但数量已经很少了。中国穿山甲以前比较常见，由于其经济价值较高，行动笨拙，活动能力和逃避敌害能力较差，长期以来被过度捕杀，野外种群数量极少，濒临灭绝。金猫目前主要栖息于陇瑞保护区，夜间活动，独栖。班林狸栖息于森林边缘和灌丛中，昼伏夜出，有时也到农耕区活动，甚至窜至村屯中觅食，捕食鼠类和家禽，当地村民也叫“抓鸡虎”，数量相对较多。大灵猫为夜行性动物，独栖，常在林缘活动，以小型动物为食，但自已也易被黄喉貂捕杀。小灵猫在宁明县的保护区内的各片林区都有分布。栖息于阔叶林和灌木林中，昼伏夜出。当地群众也曾多次见到它们活动，小灵猫在当地还是具有一定规模的种群。豺作为一种凶猛动物，由于过度捕猎和生态态环境的破坏，已多年未发现，很可能在境内绝迹。小爪水獭和水獭是半水栖兽类，喜活动于鱼类较多的河流、水库、溪流、稻田等处，二者可以共存，习惯在小型水体环境中，有规律的释放气味标记领地，主要在白天和晨昏活动。黄喉貂栖息于沟谷林区中，常住树洞中，善于爬树，单栖或成对，以动物性食物为主。

广西区级保护动物：红白鼯鼠（*Petaurista alborufus*）、红背鼯鼠（*Petaurista petaurista*）、赤腹松鼠（*Callosciurus erythraeus*）、中华竹鼠（*Rhizomys sinensis*）、帚尾豪猪（*Atherurus macrourus*）、豪猪（*Hystrix brachyura*）、豹猫（*Prionailurus bengalensis*）、长颌带狸（*Chrotogale owstoni*）、花面狸（*Paguma larvata*）、椰子狸（*Paradoxurus hermaphroditus*）、红颊獴（*Herpestes javanicus*）、食蟹獴（*Herpestes urva*）、貉（*Nyctereutes procyonoides*）、赤狐（*Vulpes vulpes*）、黄喉貂（*Martes flavigula*）、鼬獾（*Melogale moschata*）、黄鼬（*Mustela sibirica*）、赤麂（*Muntiacus muntjak*）、小麂（*Muntiacus reevesi*）。

国家“三有保护动物”：帚尾豪猪（*Atherurus macrourus*）、豪猪（*Hystrix brachyura*）、华南兔（*Lepus sinensis*）、豹猫（*Prionailurus bengalensis*）、花面狸（*Paguma larvata*）、椰子狸（*Paradoxurus hermaphroditus*）、大斑灵猫（*Viverra megaspila*）、红颊獴（*Herpestes javanicus*）、食蟹獴（*Herpestes urva*）、貉（*Nyctereutes procyonoides*）、赤狐（*Vulpes vulpes*）、黄喉貂（*Martes flavigula*）、狗獾（*Meles leucurus*）、鼬獾（*Melogale moschata*）、黄腹鼬（*Mustela kathiah*）、黄鼬（*Mustela sibirica*）、野猪（*Sus scrofa*）、赤麂（*Muntiacus muntjak*）、小麂（*Muntiacus reevesi*）。

属于国际保护的珍稀濒危种类：被列为《濒危野生动植物种国际贸易公约》（CITES）

中的种类共 28 种，其中Ⅰ级目录 6 种，Ⅱ级目录为 14 种，Ⅲ级目录为 8 种。被列为《世界自然保护联盟濒危物种红色名录》（IUCN 红色名录）中兽类 19 种，其中近危（NT）7 种，易危（VU）6 种，濒危（EN）4 种，极危（CR）1 种。

6.4.4 小结

系统调查整理完成了宁明县的高等植物和陆生脊椎动物物种编目，并建立了数据库，为国家和地方生物多样性保护提供技术资料。发现 1 种中国新分布记录物种：爬行纲睑虎科睑虎属的越南睑虎（*Goniurosaurus araneus*）；发现 6 种宁明县新分布记录物种：两栖纲蛙科水蛙属的台北纤蛙（*Hylarana taipehensis*）和茅索水蛙（*Hylarana maosonensis*）、臭蛙属的大绿臭蛙（*Odorrana livida*）、大头棘胸蛙（*Paa spinosa*）、版纳大头蛙（*Limnonectes bannaensis*）、蛙属的棘胸蛙（*Paa spinosa*）以及树蛙科树蛙属的黑蹼树蛙（*Rhacophorus kio*）。

第 7 章

适应生物多样性管理的案例调查与研究

7.1 横断山南段优先区生物多样性丧失与流失案例

案例一：人为活动导致植被破坏

（1）人类乱砍滥伐致使丽江云杉林原生植被遭到巨大破坏

丽江云杉属松科云杉属，属于中国特有植物。其主要产于云南西北部、四川西部，在海拔 2 500～3 800 m、气候温暖湿润、冬季积雪、酸性土地棕色森林土高山地带，组成单纯林或与其他针叶树组成混交林。丽江云杉的木材坚韧，纹理致密、直，耐久用，易加工，可供建筑、桥梁、舟车、器具、细木加工及木纤细工业原料等用材。材质优良，生长较快，为分布区森林更新及荒山造林树种。滇西北林区是我国主要的林区之一，其林木组成主要为针叶林树种，其中冷杉属树种比率较高，蓄积量亦较大。冷杉属中，又以川滇冷杉、长苞冷杉、黄果冷杉（*Abies emestii*）和苍山冷杉（*A. delavayi*）四种最为常见。所以，川滇冷杉作为常用的材用树种而被大量利用，此外，川滇冷杉的叶还可以提取精油，其主要化学成分为α-蒎烯、β-蒎烯和柠檬烯。

云杉、冷杉林原始植被景观

被破坏后的植被景观

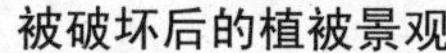

被破坏后的植被景观

原生植被破坏后形成的次生草甸植被类型

维西县境内的栗地坪处的原生植被本应是云杉、冷杉林，成熟林树干粗壮，树枝挂满松萝。但是，由于人类的乱砍滥伐致使该原生植被遭到巨大破坏。大面积的森林植被被毁，造成了严重的水土流失和大量林间、林下物种的减少或消失，加上放牧等人为活动的干扰，有的地方形成了较为稳定的各种草甸次生植被。从目前情况来看，被破坏后的植被再要恢复要原生植被类型，前景较为渺茫。

（2）过度放牧导致高山草甸严重退化

香格里拉县的牲畜多采用放养的方式，牧民无节制、不分季节地放牧对草原造成了毁灭性的影响，草场来不及更新就已退化。经调查，退化后的草场大多为以下几种形式：橐吾草甸、大戟草甸和鸢尾草甸如下图，由于牲畜不喜食这些植物，经过长时间的演变，大部分的草原就退化成这几种草甸。

案例二：花卉、药用植物非法买卖

（1）兰花非法买卖

鹤庆号称“兰花之乡”，意为兰属植物资源丰富，实际是炒作兰属植物，炒作的结果是：野外资源量急剧减少，甚至濒临灭绝。但产生的大量的财富实际仅积累在极少数人手中，并未给当地群众的生产生活带来多大的益处。以资源的流失为代价的野生资源商品开发，长远来说，实是得不偿失。

野生兰花等花卉交易

洱源县是我国著名的兰花之乡，以盛产兰花名品小雪素而闻名国内外，也是全国第一个莲瓣兰样品园基地。洱源县兰科植物种类多、分布广，约有 16 属，占全国的 10%，有 120 余种，占全国的 12%，其中名贵兰花有大、小雪素、碧玉素、太白素、莲瓣素、火烧素等。洱源民间养兰历史悠久。该县 12 个乡镇共有 7 000 多户，兰花总产值已超过 2 亿元，每年有近百万株兰花销往国内外，占大理州外销兰花的一半左右。

近年来，随着兰花产业的蓬勃发展，兰花经济价值不断提升，乱采滥挖、无证采集、非法收购、贩运等破坏野生兰花资源的现象不断发生，甚至外国企业和机构也深入我国兰花原生地，掠夺兰花资源，致使我国野生兰花资源破坏严重。素有兰花之乡的洱源县亦是难以幸免。

市场上出售的野生兰花的种类比较多，因品种不同，单株价格几元钱到几百元钱不等。近年兰花的市场冷淡，价格也明显下降。调查期间，在农户访问的过程中发现，很多农户自家都种养有从野外移栽的兰花，种类多样，价值高低不等。农户访谈过程中了解到，野生兰科兰属的植物在几年前早已被采挖殆尽，品种好的兰花被高价出售。即使品种不好，也多移栽于自家庭院观赏，或廉价出售，这样对野生兰花资源造成了极大的破坏。在为期一个多月的野外调查过程中也未发现兰属植物。

（2）黄杨非法买卖

目前鹤庆县还有大量的高山黄杨等野生物种出现在花卉市场，高度一般是小的一米左右，大的则达三四米高，如此大的黄杨且又长在石山上，要经历多少年的风霜雨雪，要挖多大一个坑才能将其运抵市场？这无论是对植物本身还是对整个生态环境都是致命的破坏。而且产生的巨大的经济效益也仅是极少数的几个人，对当地群众的生活质量并无多少实质性的提高。

鹤庆市场销售黄杨盆景

（3）重楼等多种药材市场非法买卖

鹤庆县的野生商品药材资源主要有重楼属多种，珠子参、白芨、铁线蕨多种，以及遍地金（一种极小型的草本植物，株高 5～10 cm）。

鹤庆市场销售厥类中草药

在市场访谈过程中了解到干重楼的价格是 600 元/kg，摊位比较多，而且还有部分商贩卖野生的重楼幼苗，价格为 1 元/株。来源都是村民从附近山上采挖下来的。重楼（*Paris* sp.）是延龄草科（Trilliaceae）重楼属（*Paris*）植物的泛称，我国种类较多，拥有 16 种，云南有 11 种。如滇重楼（*Paris polyphylla* var. *yunnanensis*）、花叶重楼（*Paris marmorata*）等。它具有清热解毒，消肿止痛，息风定惊的功效，还用于毒蛇咬伤，外伤出血。重楼主要用作制药产业，随着研究的深入，重楼的药用价值被日益重视。白药的君药就是重楼。四川光大制药厂"非典"时名声大震的抗病毒冲剂中也是用重楼。重楼的价格也是从那时起节节攀升。

本次在洱源县调查到 4 种，分别为毛重楼（*Paris mairei*）、狭叶重楼（*Paris polyphylla* var. *stenophylla*）、滇重楼、花叶重楼。可见洱源县分布的重楼种类多，调查过程中只在凤羽镇、炼铁乡和西山乡等人迹罕至的山林沟谷中发现有星散分布，数量极少。在访问村民的过程中了解到，野外重楼数量越来越少，现在药农起早摸黑披荆斩棘到人迹罕至的地方才能挖到重楼。重楼数量稀少的原因主要是：

① 近 10 年来，市场对重楼的需求量一直较大，当地的野生重楼连幼苗都被采挖掉了，又没有人工栽培。市场的资源只是一味通过药农的单纯采挖野生资源来获取所得。

② 野生重楼需要生长 4～6 年时间才具有药用价值，生长利用周期长。

③ 长期受到人为砍伐和放牧的影响，重楼的生境受到严重破坏，不利于其生长与繁殖。

④ 乱采滥挖现象严重，林业部门对野生重楼资源的监管不重视，对野生资源的管理不到位。

显而易见，重楼经过几年连续采挖资源已临近枯竭。

市场出售的重楼

市场出售的珠子参

珠子参（*Panax japonicus* var. *major*）是五加科（Araliaceae）人参属（*Panax*）的植物，属多年生草本，高 40～80 cm。因其根状茎竹鞭状或串珠状而得名，根通常不膨大，纤维状，侧根膨大成圆锥状肉质根。茎单一，平滑，圆柱形，具纵纹。因其根茎有疗伤、止血、滋补之功效，故滥挖现象严重。民间多采用其根作为药材出售或使用。

在马鞍山的调查中发现当地百姓对珠子参的采挖力度很大，雨季人均每天的采集量在两斤以上。

野外调查到的珠子参数量已经很少，只在 3 000 m 左右的林下有零星分布，数量极少。

（4）贝母资源的泛滥采挖

文献记载香格里拉县境内分布 4 种贝母属植物资源：川贝母（*Fritillaria cirrhosa*）、粗茎贝母（*Fritillaria crassicaulis*）、梭沙贝母（*Fritillaria delavayi*）、浙贝母（*Fritillaria thunbergii*）等。然而，项目组两年来多次到达贝母生长的主要区域——海拔 4 000 m 以上的几个区域，如哈巴雪山、浪都雪山、天宝雪山等区域，发现采集贝母的人很多，而项目组只采集道路川贝母一个种。在市场调查中发现市场上有大量贩卖贝母的商贩，说明当地居民对贝母的乱采滥挖非常严重。

（5）雪莲资源的过度采挖

近年来，雪莲作为民族药和民间药在抗炎镇痛、抗早孕、抗衰老及抑制癌细胞增生方面的作用备受关注，虽然雪莲花的销售给当地带来了一定的收入，但是不合理的采集造成雪莲花大量涌入市场，供过于求，物价低廉。而过度的采集造成这些物种濒于枯竭。这种损失是用金钱无法估量和挽回的。野生雪莲植株在花期或更早时就被采挖，然后风干或用火熏干，直接出售。这种利用方式不仅落后，而且对资源也造成巨大浪费和破坏。在粗糙的采挖、晾干、包装、运输过程中，雪莲花不仅植株被弄得支离破碎，而且药性也损失了很多。另外，雪莲花生长在海拔 3500m 以上的高寒山区，当地气候寒冷，土壤稀薄，植株生境十分恶劣，植物在此环境下正常生长都极度困难，这种原始的利用方式对雪莲的繁殖、种群生态、居群及种间基因交流造成极大的影响。尤其是质量较好的绵头雪兔子属多年生一次结实性草本，这种利用方式是灾难性的。近年来，随着旅游业发展，雪莲等名贵药材被当作单纯的旅游商品经营，大量的被采集、收购，严重破坏了迪庆州雪莲资源。

（6）国家Ⅱ级保护植物金铁锁的过度采挖

金铁锁亦称独定子，是国家Ⅱ级重点保护野生植物，隶属石竹科金铁锁属多年生草本植物。在迪庆州境内生长于海拔 2 400～3 500 m 向阳山坡上的云南松、高山松林、长穗高山栎林下，分布于云、贵、川及西藏。金铁锁按 IUCN 地方濒危等级标准评价属于“极危种（CR）”，也是我国特有的单种属植物，是研究石竹科系统分类和进化的宝贵材料。金铁锁根性温，味辛，有毒；能散淤镇痛，祛风除湿，消炎排脓；用于跌打损伤，刀枪伤，筋骨疼痛，风湿痛，胃寒痛，面寒痛；外用治疮疖，蛇咬伤，外伤出血等症；是 1974 年版《云南省药品标准》及 1977 年版《中华人民共和国药典》收载品。

由于金铁锁具有良好的药用价值，在高额利润的驱动下，一些外地不法商贩不惜以身试法，在香格里拉大量收购野生金铁锁，导致当地群众受利益驱动，借秋冬季采挖金铁锁等药材增加经济收入。近期，香格里拉县林业局仅就纳帕海周边的野生金铁锁破坏情况作了详细调查，情况危急，如不及时制止，照此发展下去，野生金铁锁都将遭受灭顶之灾。林业部门再此呼吁全社会关注保护野生植物，加强流通领域的管理，还一个野生资源自然生息的环境。

自 2007 年 10 月以来，西双版纳植物园王博博士在纳帕海周边做科研实验时，发现这里的野生金铁锁遭到了地毯式挖掘，无论植株大小，全部被挖走，致使金铁锁种群遭到了毁灭性的破坏。此事引起林业部门的高度重视，随即派出调查组深入实地进行制止。

案例三：林木盗伐

（1）保护区林木砍伐事件

2009 年 6 月 8 日，洱源森林公安分局接到水长箐林管所反映，在水长箐林区内有人盗伐林木。水长箐林区在国家级苍山自然保护区区域内，是洱源主要水源林区，生态地位十分重要。根据反映的情况，分局领导高度重视，及时组织专案组展开侦察，经调查和摸排已初步掌握在国家级苍山自然保护区水长箐林区内盗伐林木人员的情况及活动规律。分局及时组织干警开展以端点守候抓现行为主的工作措施，通过周密安排和艰苦的工作，于

2009 年 6 月 11 日，分别将正在水长箐林区内盗伐林木的右所镇腊平村委会村民罗氏 5 人现场抓获，紧接着兵分两路及时对罗氏等人在村里隐藏盗伐所得木料的地点进行搜查，并查出了罗氏等人各自在不同地点隐藏着盗伐所得的大量木料。经审查罗氏 5 人对自己的盗伐行为供认不讳，他们各自在 2009 年 4 月以来多次在国家级苍山自然保护区水长箐林区内盗伐林木，并用骡马将盗伐的林木驮运回家。经林业技术人员鉴定，罗氏 5 人各自盗伐林木的立木蓄积已达到刑事立案标准，经对案件进行审理，县人民检察院已于 2009 年 7 月 14 日对罗氏 5 人作出了批准逮捕决定。

近年来偷伐林木的案件明显减少，但还是有部分村民顶风作案，偷伐林木的行为屡禁不止，对生态破坏严重。

有关部门应加大宣传森林保护的口号，改变村民对森林砍伐的错误认识；加强森林法制法规，在禁止乱砍滥伐的基础上，实行农户相互监督政策，严厉打击破坏森林的违法犯罪活动，做到依法行政、依法治林。

（2）榧木盗伐事件

2009 年 5 月 25 日，吴某某在剑川县羊岑乡金子沟以 2 000 元的价格向他人购得榧木圆条 69 根、榧木树根 13 个。次日，吴某某出 400 元钱雇请刘某帮其运输该批榧木。5 月 27 日凌晨 3 时许，刘某驾驶装有榧木的货车行至羊岑乡金坪村西 100 m 处时，被剑川县森林公安局红旗派出所民警查获。吴某某 2008 年 10 月 23 日因非法收购国家重点保护植物被剑川县人民法院判处有期徒刑 3 年，缓刑 4 年，并处罚金人民币 5 000 元，在考虑到自己缓刑期间又犯罪后果严重，为逃避惩罚，便找到自己的侄儿李某某，请其为自己顶罪。被告人李某某遂于 5 月 31 日到剑川县森林公安局投案，承认被查获的榧木是他的，吴某某只是帮他联系驾驶员运输。李某某曾因犯盗窃罪被剑川县人民法院判处有期徒刑 1 年零 6 个月，并处罚金人民币 1 000 元，2008 年 6 月 14 日刑满释放。他替叔叔顶罪 3 天之后，才想起自己刑满释放还不到一年，再次犯罪会被重处，于是向公安机关讲出了案件的真实情况。公安机关遂批捕了吴某某，释放了李某某。

案件移送审查起诉后，剑川县检察院认为李某某在本案中构成包庇罪，加之其刑满释放 5 年内再犯罪，属累犯，应当从重处罚，于是通知公安机关对李某某立了案。案件提起公诉后，剑川县人民法院公开审理了此案，以非法收购国家重点保护植物罪判处被告人吴某某有期徒刑 3 年，并处罚金 3 000 元，对其原判刑罚撤销缓刑，实行数罪并罚，合并刑期决定执行有期徒刑 4 年零 6 个月，并处罚金 8 000 元；以包庇罪，并依照累犯应从重处罚的规定，判处被告人李某某有期徒刑 10 个月。

（3）红豆杉盗伐事件

2010 年 10 月 19 日 11 时 29 分，老君山林区派出所接群众电话举报，称有两辆车从兰坪方向运木材出来，请民警查处。接警后，派出所民警立即驱车前往查堵，于 12 时 15 分在剑兰公路 52 km 处查获一辆装有木材的大货车和一辆探路返回的白色吉普车。

经查，10 月 17 日，剑川县甸南镇兴村村民陈某邀约金华镇龙凤村村民赵某，雇用金华镇文榜村村民杨某的货车，到兰坪县通甸镇一停车场内，以 42 600 元的价格，向他人收购红豆杉树根 6 个。10 月 19 日上午，陈某驾驶借来的一辆白色吉普车与赵某在前面探路，杨某驾驶装有红豆杉树根的货车跟随其后，行至剑兰公路 52 km 处时被森林公安查获。经林业工程技术人员鉴定，陈某非法收购的红豆杉材积为 9.51 m^3。陈某被警方刑事拘留，案件在进一步审理中。

当前，云南红豆杉和云南榧树身上交织着濒危物种保护、健康需求、经济发展等目标定位各异、价值取向相左的重大问题，集各种矛盾于一身，使得匮乏的资源和旺盛的市场需求之间的矛盾日益加深；在保护与利用认识上，分布区农民采集利用野生资源的愿望与主管部门打击非法利用的矛盾依然存在；关于云南红豆杉和云南榧树的种群生态学、种群遗传学方面的研究较少，保护策略缺乏科学指导，存在“遍地撒网，屡禁不止，收效甚微，浪费严重”的保护局面，使得云南红豆杉难以得到有效保护。另外，由于人们对红豆杉和榧木的偏激的价值定位更是导致这些物种灭绝的最主要的原因。下图为在一农户家拍到的正准备做成根雕的红豆杉根的照片。右图为在剑川县弥沙河沿岸拍到的被砍伐的云南红豆杉的碎屑，拍摄时碎屑还很新鲜，说明刚刚砍伐不久，这些照片都说明云南红豆杉和云南榧树的破坏在剑川县切实存在并且已经非常严重。

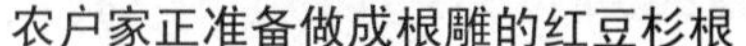

农户家正准备做成根雕的红豆杉根

弥沙河沿岸被砍伐的云南红豆杉碎屑

案例四：非法贸易市场大量野生动物产品出售

大理市是历史文化名城——大理古城及大理白族自治州政府所在地，是白族群众的集居区，集文化（历史文化、民族文化）、自然（苍山、洱海）、地质历史（如大理冰期）于一体。尽管大理有悠久的历史，但仍保存着较为丰富的自然与动植物资源。在长期发展过程中，形成了一些独特的利用资源的方式，如苍山大理石已有 1 000 多年的开采历史。

在动物资源丧失与流失方面虽然有与其他地区类似的方式，如偷猎、乱捕滥猎、栖息地丧失及非法贸易，但也形成其自身特点，其中之一即是“大理三月街”集市上的野生动物贸易。

“三月街”又叫“观音市”，已有 1 000 多年的历史。相传唐永徽年间，观音菩萨前来大理用白语讲经说法，听众越集越多，形成了集市。由于大理是南方丝绸之路——博南古道的重要通商口岸，因此三月街逐渐演变为具有浓厚民族特点的集会。每年农历三月十五至二十一日，是大理三月街的会期。1991 年起被定为大理州民族节："三月街民族节"。届时，在大理古城西苍山中和峰麓举行盛大集会。滇西、滇西北地区各少数民族，乃至全国各地商贾云集，中外游客纷沓而至，在这里进行牲畜、药材、茶叶、铜器等名特产品及其他小商品交易。

作为地方政府组织的盛大节日与集市，其中也不乏有野生动物及其产品在销售。因此，在 2011 年度"大理三月街"期间，我们对集市上的野生动物贸易情况进行了调查，据不完全统计（注：仅对铺面上展示物品所进行的统计），在三月街集市上：

① 有 107 个商铺在出售野生动物附属品及其制品。

② 客商主要来自云南大理及滇西北地区，也有来自贵州、湖南、黑龙江、吉林、四川等地。

③ 涉及的野生动物有 51 种，出售的野生动物制品部位主要包括：角、皮张、骨架包括头骨、骨骼、熊掌、牙、喙，主要用途：药用、装饰用、收藏用等。

④ 其中国家 I 级重点保护野生动物 14 种，II 级重点保护野生动物 19 种；CITES 附录 I 物种 15 种，附录 II 物种 12 种。

⑤ 所有这些野生动物产品都是在公开出售。

⑥ 在与摊位主人交谈时，在三月街集市这几天内，所有野生动物产品的交易是被默许的，不会有任何人过问或检查；并且在运输途中也未遇到任何麻烦；为了能在三月街上出售，一般在几个月前即开始准备，包括收购野生动物产品，如皮张、头骨、角等。

通过以上调查，结果表明：三月街在出售大量野生动物，多达 51 种，其中有重点保护野生动物 33 种，占调查物种数的 64.7%；27 种在 CITES 附录中，占 52.9%；仅 13 种不属于国家重点保护野生动物或 CITES 附录中物种，但是均属于有国家保护的有益的或者有重要经济、科学研究价值的陆生野生动物；被贸易的野生动物数量比较大，藏羚、藏原羚角数十对、云豹皮达 10 张、豹皮亦有 2 张、林麝皮 12 张等；其用途主要是药用（如羚羊角、鹿茸、象皮、猴头等），其次是装饰用（如豹皮、藏羚角、鹿角、野猪牙等），辟邪用（如虎牙等），制造药酒（如蟒蛇，巨蜥等）；根据被贸易野生动物的主产地判断，其来源广泛，包括云南（特别是滇西北地区）、青藏高原、西北地区、东北地区、贵州、湖南等地；所有贸易均在公开进行，且在几个月前即开始为三月街做准备。

可见，作为一个传统的民族节日，但有大量野生动物被杀害。在环境与自然资源保护已成为社会共识的今天，这种利用动物资源的方式，应予以摒弃，现今资源已被过度开发利用，一些传统的利用方式在新时代的背景下需要与时俱进，更新观念以保护动物资源。

案例五：生境丧失导致动物种类减少

宁蒗县动物资源的丧失与流失主要表现在旅游开发导致生态环境遭到破坏、动物适宜栖息地散失和当地居民对野生动物的乱捕滥猎，对野生动物资源构成直接威胁。

宁蒗泸沽湖以其丰厚的人文景观与自然景观吸引着世界各地的旅客，是全国著名的旅游目的地。为了旅游产业的发展，旅游基础设施建立得到了极大的加强，如宁蒗县城至泸沽湖二级公路的修建、狮子山索道的建立、银狐岛度假村的建设等，给当地的生物多样性带来一定的影响；而游客的增多，泸沽湖湖面船只出现的数量和频度都有所增加，这对于那些依赖河流、湖泊等湿地环境生存的水禽和两栖类动物也产生一定的影响。以黑颈鹤为例，在 1983 年和 1996 年分别观察记录到 54 只和 62 只，而如今冬季已经很少能看到这一物种。其次，据调查近年来宁蒗县境内虽然无重大森林火灾、乱砍滥伐、毁林开荒、猎杀野生动物、炸鱼等重大森林案件发生，但是人为干扰却非常严重，如薪柴砍伐、采挖药材、非木材林产品采集、放牧等对森林型动物产生显著影响。

偷猎和野生动物贸易则是造成资源流失的一个主要原因。在当地野生动物主管部门的监管下，宁蒗县林业局保护站曾没收过一些非法交易的两栖爬行动物（如棘蛙类、黑眉锦蛇、王锦蛇等），相关违法活动得到了有效遏制，但是一些非法贸易活动随之也转为地下，直接送到餐馆、饭店，或做成野味菜肴或制成药酒，这一现象还较为常见。此外，针对大中型偶蹄类偷猎活动依然存在。据猎户反映，2000 年以前在泸沽湖景区内经常可以看到林麝和鬣羚，一个猎户 1997 年曾在狮子山猎到过数只鬣羚和林麝，但近年来都未见这两种动物。由于旅游业的发展，旅游人数增加，栖息地缩减，加之偷猎活动没有得到有效遏制，很多动物的数量也在迅速减少。

案例六：水电开发、水利建设与动物资源丧失

玉龙县具有丰富的水利资源，金沙江干流即流经玉龙县，且拥有众多一、二级支流，特别是在老君山地区。水电开发是该地区有争议的话题，已在建的梨园电站，其回水区已推进到下虎跳峡（玉龙县大具乡）；拟建中的龙盘电站大坝即位于金沙江玉龙雪山与哈巴雪山之间、虎跳峡上游 200 m 处，蓄水位将较目前水位高出近 100 m，回水区域将延伸数十千米，因此电站一旦建成，金沙江两岸回水区域将被永久性淹没，受影响的植被类型为干热河谷稀树灌木草丛及云南松分布的下限，在此区域生活的陆生脊椎动物将消失。据《虎跳峡河段动物资源现状与分析》，在龙盘电站建设项目，有两栖类 13 种、爬行动物 16 种、鸟类 262 种（包括留鸟 174 种、繁殖鸟 19 种）、兽类 49 种；而在梨园电站项目区栖息有兽类 29 种。但是随着电站建设，水面在扩大，对于玉龙县陆生脊椎动物中最为丰富的鸟类而言，水禽等鸟类（特别是雁鸭类）的物种数量会有增加。

除此之外，地方兴建的一些规模较小的电站和灌溉水渠，除了在建设过程中影响到植

被外，其跨度不大但有一定深度的沟渠对一些小型动物可能是难以逾越的屏障，同时因沟深壁陡，一些动物（如蛙类、蛇类、小型兽类）一旦误入，即很难再爬出，多随湍急的水流而冲进发电机。我们于 2007 年在玉龙县大具乡小海子进行兽类调查时，即营地附近的灌溉水渠的栅栏上收集到小型兽类约 20 只，其中包括较难采集的滇攀鼠、蹼足鼩等；在此我们还收集到蛇类 5 条。因此对于这些小型水电站及灌溉的明渠应采取相应的防护措施（将这些明渠加盖改成暗渠）以保护野生动物。

案例七：偷猎、乱捕滥猎及物种贸易

偷猎自然保护区是物种保护的一大难题，管理面积大、管理人员匮乏，严重制约着这一问题的解决。玉龙县老君山山体庞大，地形复杂，很多地方还没有通公路，景观具有较好的完整性，有较为丰富的野生动物资源种类和数量，但是对于动物资源的利用现在仍然是处于无序的状态，偷猎、乱捕滥猎现象时常发生，其中以中型的偶蹄类动物为主（如赤麂、林麝、鬣羚等）。在 2010 年秋季野外调查期间，在玉龙县老君山滇金丝猴观测站就见到有成箱的、由巡护人员查获的套索。

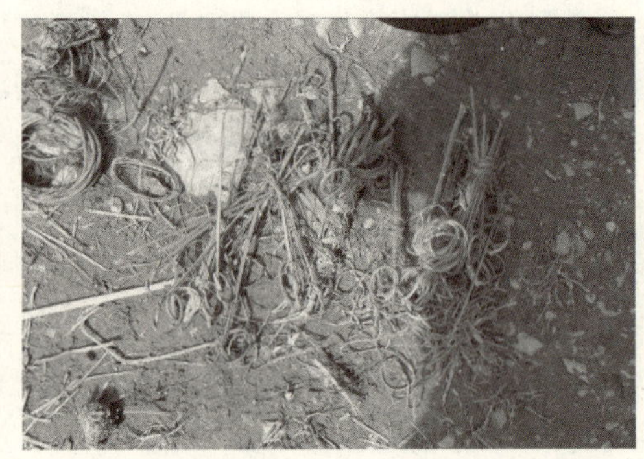

老君山巡护人员展示巡护过程中查获的套索

2011 年春季再次在老君山（黎明乡）调查期间，发现在黎明乡地质公园景区内商铺、饭馆中存在着野生动物贸易与利用情况，因此进行了相应的调查。结果表明：该景区内物种贸易主要涉及中小型兽类 12 种，其中国家重点保护野生动物 6 种，包括林麝、黑熊、猕猴、斑羚、鬣羚、丛林猫，其他为非保护动物（野猪、赤麂、复齿鼯鼠、栗背大鼯鼠、豪猪、黄鼬等）。这些野生动物多由生活在老君山周边的猎人（主要为傈僳族）捕获后，流入黎明村村街的商铺或由其本人在逢集市的日子（每周日）叫卖。由于黎明村属于国家公园旅游景区，具有一定的游客量，有很多引导游客上千龟山（黎明村的著名景点）的马夫常在向猎人收购野生动物后，高价向游客兜售，经常出售的物品有熊胆、麝香、岩羊胆（斑羚）、野猪牙、熊牙等。猎杀野生动物主要有两种消费途径：一是泡药酒或作为药材，二是食用，其中食用消费了大部分野生动物。在我们走访的 5 家饭馆中，有 1 家饭店有烹饪好的飞鼠（鼯鼠）肉。在我们询问是否有野味时，有三家饭店老板说那得赶时候，亦即有猎人猎获到野生动物并背下来卖给他们。据称出售过的野生动物食品包括熊肉、麝肉、野猪肉、麂子肉和飞鼠肉等，大都会很快被游客消费完，非常紧俏。

玉龙县鸟类的资源流失主要是由于食用、观赏、药用和装饰用途等造成。但由于枪支被没收以及国家出台的一系列法律法规禁止捕猎以及贸易野生动物，玉龙县域内对鸟类资源的利用相对少，主要见于一些未成年男孩带有娱乐性猎杀活动，通常情况下数量不是很大。目前在玉龙县常见的鸟类资源利用为饲养一些观赏鸟类及鹰科鸟类(用于娱乐狩猎)，通常这些利用的物种为橙翅噪鹛、白颊噪鹛、大紫胸鹦鹉、普通八哥、苍鹰、凤头鹰等种类。

由于两栖爬行动物少有国家重点动物，在执法上存在盲区，且该地区以蛇类和其他爬行动物与两栖动物浸泡药酒的习俗极为盛行，常有两栖爬行动物（如黑眉锦蛇、王锦蛇、黑线乌梢蛇、蛤蚧、红瘰疣螈等）销售给餐馆、饭店等，或直接在路边兜售，这是危及两栖爬行动物资源的主要问题。

7.2　南岭地区优先区生物多样性丧失与流失案例

案例一：露天开采造成野生植被生境破碎化

喀斯特地区由于流水的作用，往往富集了各种砂矿。丹寨山区的成土母岩主要是碳酸盐岩系，矿产资源较为丰富，藏量丰厚且极具开采价值的矿产有铅、锌、锑、镁、铜、汞、金、铁等十多种。矿产开发一方面推动了丹寨地区经济的发展，另一方面也给当地的野生植物资源带来了巨大的破坏。

部分采矿、选矿工厂的规模较小，非法经营的采矿点依然存在。由于生产力低下、技术水平不高，这些小工厂和非法采矿点的开发矿产的方式多为露天开采，在周边的山上用人工爆破的方式采集原始石料，直接铲去或炸去表层植被，进行露天采矿，这种方式已经对西南地区的野生植被造成了灭顶之灾。露采使得大量固体物质离开原地，对野生森林资源的生境造成了严重破坏，形成了土地荒芜，水土流失，基岩裸露的斑块状荒漠景观。

露天开采破坏生境

开采后基岩裸露的地表

另一种采矿方式是采用矿井采掘矿石，同时为了便于矿石提升、运输、通风、排水和动力供应挖掘了巷道，改变了当地的土质结构，使得野生植被生境的土表含水量和湿度的发生了改变，大量的森林植被群落退化，逐渐出现斑块状的荒漠化现象。

矿井开采破坏地表植被

巷道挖掘影响植被生存

开矿带来的这种斑块状荒漠不加治理，将使丹寨的生态环境逐步恶化。首先，野生植被生境遭到了破坏，地面失去植被保护加大了水土流失的危险性，此次调查过程中仅在老东寨林场外围就发现了三处山体滑坡；其次，开矿产生的遗弃物如果处理不当，将会对土地造成严重污染，影响野生植被的生长。

案例二：城镇化造成野生南方红豆杉的生境孤岛

南方红豆杉，为国家Ⅰ级重点保护野生植物，属于耐荫性树种，喜阴湿环境和温暖湿润的气候，自然生长在山谷、溪边、缓坡腐殖质丰富的酸性土壤中，中性土、钙质土也能生长。

贵州丹寨县是少数民族聚居地区，分布有苗、汉、水、布依等 18 个少数民族，其中苗族占总人口的 85.57%。少数民族多有自然崇拜的民族传统，因此大量的珍贵树种就这样被保存了下来。但随着城镇化进程的不断推进，少数民族地区经济不断发展，神树崇拜也面临新的问题。

贵州丹寨县扬武乡中生长有一棵近 200 年的南方红豆杉，长期以来为村镇居民所信仰和崇拜的神树，随着村镇的发展，民居、道路等不断建设，南方红豆杉的原始生境范围逐渐缩小，2011 年的调查发现，这棵南方红豆杉已经成为村镇道路边一棵孤立的植株，直接接受阳光的暴晒，没有合适的生境和小气候，根系周围的土壤也已经被柏油路面所覆盖，透气、透水性极差，植株也无法从土壤中正常的摄取养分，生长已经受到了严重的干扰。

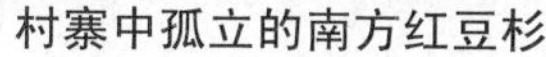
村寨中孤立的南方红豆杉

植株基部已被水泥路面覆盖

案例三：旅游产业热潮催生野生竹类资源衰竭

丹寨县是苗族、水族、布依族等 18 个少数民族的聚居地，近年来兴起的少数民族风情游为丹寨带来了丰富的旅游收入，竹类在当地少数民族的生活中得到了充分的利用，因此新鲜采挖的冬笋和春笋、具有特点的苗族竹类手工艺品等旅游纪念品的市场价格很高，当地许多居民以旅游收入为主要的收入来源，不惜高价收购野生竹笋和竹制品，掀起了竹类产品的价格热潮，也严重干扰了野生竹类资源的生存。

竹笋是竹的幼芽，市面上可供人们食用的种类有 80 多种，竹笋春、夏、冬三季均可采挖，其中尤以冬笋价格最高。为了追求获取更多经济利益，三季上山采挖竹笋的人并不在少数，竹子的幼芽被采挖殆尽，群落也就难以为继。成体竹也遭到了比较严重的砍伐。为了生产竹桌竹椅、竹制杯碗、竹篾编织品等少数民族制品，当地许多工艺匠人加大了对竹子的砍伐量，直接导致了竹类资源种存量的不断减少。

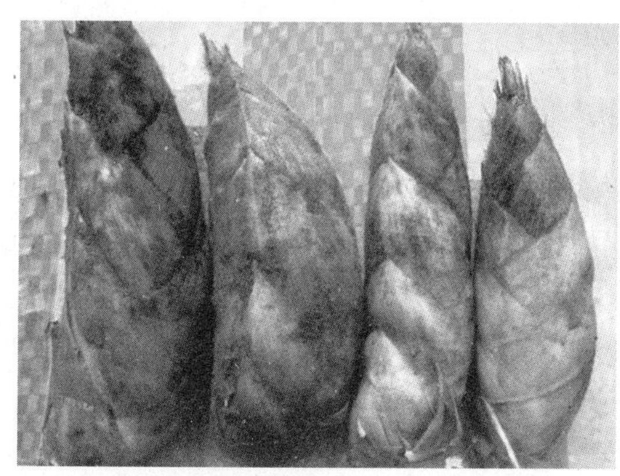

市场上售卖的竹笋

除旅游业，其他的产业也有可能给野生竹类和其他野生植被带来生存威胁。手工造纸是贵州丹寨县的民族传统工艺之一，从唐朝中期开始沿传至今，工艺仍保存得较为完好，已经引起了国内外市场的注目。据专家考证，丹寨县东皋乡石桥村白皮纸制作工艺属唐代造纸工艺，它是石桥苗族先民借鉴汉民族的造纸技术，利用当地丰富构皮、杉根和清澈的河水为原料制作的。明代李时珍所著《本草纲目》记述各地名纸："蜀人以麻、闽人以嫩竹、海人以苔、吴人以茧、楚人以楮为纸"，历史上苗族的先民曾是楚国的主体国民，20 世纪 50 年代，黔东南凯里的舟溪、丹寨的南皋、剑河的施洞口、凯里的凯棠一带的苗族民间都流传有《造纸歌》《找书找纸歌》，唱出了历史上苗族传统的碱法造竹纸，甚至更为久远的以青苔造纸"苔纸"。

丹寨县古法造纸产业

2000 年开始，丹寨县的古法造纸业已经逐步走向了产业化生产。以丹寨县东皋乡石桥村为例，全村现有 40 余户从事造纸业，产值 230 余万元，仅 2010 年下半年签下的纸产品生产订单就达 296 万元，在东南亚也占有一定的市场份额。古法造纸主要以植物树皮、竹子等为原料，造纸产业化生产需要大量的原材料支持，如果没有伴随着造纸产业化的发展制订合理的植物采伐措施和休养生息政策，竹类、楮树等相关的野生植物资源将面临重大威胁。

案例四：野生红豆杉资源盗挖情况严重

红豆杉（*Taxus chinensis*），又名紫杉，是紫杉科古代孑遗植物，有"活化石""黄金树"的美誉，被列入我国 8 种最珍稀濒危的一级保护植物，主要分布在丹寨县老东寨林场的河流两岸。

红豆杉枝、叶、皮、种子等都可入药，价格不等，最珍贵的是由内层树皮、树根和枝叶提取的紫杉醇及其衍生物，它们是昂贵天然新型抗癌药物的原料。目前，紫杉醇原料国际市场价格每千克 160 万元（约 20 万美元），制成针剂每公斤可增值到 2 000 多万元。

全球紫杉醇销售总额在稳步增长，市场需求量巨大。据美国 NCI 预测，全世界每年至少需要 1 920～4 800 kg 的紫杉醇才能满足 20%癌症患者的需要，但 2005 年全球高纯度紫杉醇销售量约为 700 kg，市场供需矛盾突出，红豆杉也因此成为国际上抢购的紧缺原料，其市场价格不断上涨。2004 年春，在美国佛罗里达州药材交易市场上，红豆杉枝叶收购价曾一度涨到 38 美元/kg，折合人民币 320 余元。

调查过程中林场工作人员介绍，当地曾经掀起过一阵盗挖野生红豆杉的高潮，但处理了几起盗挖案件之后这类现象有所遏制。目前，野生的红豆杉只有非常少的零星分布，其余的都因在林场范围内才得以较好的保护。

案例五：盗挖野生兰花资源的情况依然存在

贵州有野生兰科植物 76 属 268 种，在省内自然分布不均，多数种类分布于保护区内，黔东南州以 88 种排列第三。此次调查发现丹寨地区分布的兰科植物共有 9 属 16 种。

通过对居民的调查访谈中了解到，每年春天凯里市的花鸟市场上会出现一大批野生的兰草，贩卖者都会直言不讳地承认自己所卖的兰花是从附近县区周边的深山老林里挖来的，而且贩卖的价格都不高。据丹寨林业部门介绍，所有野生兰草都曾明令禁止农民乱采滥挖，多年来也无数次进行过收缴，并贴出“禁采禁卖”告示，但始终收效甚微。

不少当地的花农为求更高收益，与广东、广西、台湾等地的兰花贩子合作，将下山的野生兰草经过短期的培育，转手销往国外，价格通常能翻几倍，但是我国珍贵的野生兰花资源也就此流失。

凯里市的兰花市场

市场上贩卖的野生兰花

案例六：巨大经济利益刺激引发金丝楠木盗伐行为

楠木，按照《中国主要木材名称》（GB/T 16734—1997）的明确规定，楠木主指樟科（Lauraceae）的桢楠属（*Phoebe*）（陈嵘《中国树木分类学》归为雅楠属；《中国植物志》

归为楠（木）属）的树种。桢楠属树种在中国约有 34 种，分布于长江流域以南，但在木材特征上往往不易与其他楠木树种区别开来。桢楠属树种主要分布于中国四川、贵州、湖北和湖南等海拔 1 000～1 500 m 的亚热带地区阴湿山谷、山洼及河旁。生长缓慢，而其生长规律又使其大器晚成（生长旺盛的黄金阶段需要 60～90 年），成为栋梁材要上百年。

《博物要览》记载，金丝者出川涧中，木纹有金丝。楠木之至美者，向阳处或结成人物山水之纹。水河山色清而木质甚松，如水杨之类，惟可做桌凳之类。木质坚硬耐腐，自古有“水不能浸，蚁不能穴”之说。自古以来金丝楠木就是皇家专用木材，历史上金丝楠木专用于皇家宫殿、少数寺庙的建筑和家具，古代封建帝王龙椅宝座都要选用优质楠木制作，民间如有人擅自使用，会因逾越礼制而获罪，是我国特有的珍贵木材。桢楠木料近年来市场价格在逐渐飙升，按照市场上的最新报价，直径 15 cm、2 m 长的桢楠老料，每根在 10 万元以上，相当于 6 两黄金，在利益的驱动下，一些不法分子已经把手伸向仅存桢楠树木的山林，这一现象也已经引起执法部门的注意。

金丝楠木盗伐现场

被砍伐的金丝楠木枝干

挖掘机挖出的巨大楠木树根

之前盗伐后遗留的残枝残根

2011 年夏，三都县林业局接到群众举报，在扬拱乡发现了盗伐野生桢楠的违法行为。林业局执法队抵达现场后发现，这一成体量的野生桢楠植株高度至少在 20 m 以上，主干直径约为 80 cm，初步估计市场价格至少在 10 万元以上，为了牟取暴利，这一盗伐桢楠木的违法团伙动用了大量挖掘工具，配备了电锯和推土机，不仅砍伐了桢楠植株的主干和枝条，甚至动用推土机将桢楠树根连根拔起，盗伐的手法极其恶劣。

此次盗伐事件是课题组在调查中偶然碰到的，据三都县林业局有关管理人员介绍，这类盗伐盗挖事件已不是第一次遇到，由于执法力量缺乏，野外交通不便，盗伐事件基本需要群众举报才能得到惩处和处理，执法力度严重不足。就在这一盗伐现场不远的地方，还残存着很多桢楠木被砍伐后遗留下来的细小的残枝和残根，盗伐分子未被举报而逃脱了惩罚。

案例七：靛蓝染色方法流失日本

菘蓝（*Isatis indigotica*），又名板蓝根、大青叶，十字花科二年生草本植物，叶中含有靛蓝素为重要的蓝色染色物质。靛蓝是还原性染料，蓝草叶中含靛蓝素，染色色泽鲜浓，染色牢度非常好，几千年来一直为人们所喜爱，从我国出土的历代织物和民间流传的色布、花布等手工艺品上，可以看出靛蓝朴素优美的特点。

三都县苗族聚居区依然保留着用菘蓝为衣料染色的传统，用于染色时将其叶碾成靛泥，在其中加入石灰水，配制成染液，使之发酵，把靛蓝还原成靛白，靛白可溶于碱性溶液，然后使纤维上色。织物染色后经空气氧化可得到鲜明的蓝色。

由于植物染料的安全、环保，国外对其开发应用尤其重视，设立了专门的植物染料研究机构，到我国西南少数民族地区学习传统植物印染技术，回国后进行新品种的开发利用工作。日本晃立公司通过学习我国少数民族印染技术之后，批量开发了棕、绿、蓝 3 个色系的植物染料，大和染公司推出“草衣染色”，形染公司推出“靛蓝印花”。日本用全天然染料染色的纺织品有“西阵织”、“京友禅”、“大岛绸”等多种品牌。秘鲁天然染料生产商计划进军亚洲市场，曾明确表示“特别是对中国市场十分有兴趣”。

三都县采集菘蓝的少数民族妇女

三都县少数民族的染布池

案例八：中国穿山甲丧失

1. 特征与价值

中国穿山甲，体形狭长，四肢粗短，尾扁平而长，背面略隆起。头呈圆锥状，眼小，吻尖。全身有鳞甲，自额顶部至背、四肢外侧、尾背腹面都有鳞片，鳞甲从背脊中央向两侧排列，呈纵列状，鳞片呈黑褐色，鳞片之间杂有硬毛；两颊、眼、耳以及颈腹部、四肢外侧、尾基都生有长的白色和棕黄色稀疏的硬毛，绒毛极少。成体两相邻鳞片基部毛相合，似成束状。多生活于山地和丘陵地带，主要栖息于次生的针叶林和稀疏的灌木丛中。常在土质疏松的地方挖洞觅食和穴居。其被《濒危野生动植物种国际贸易公约》中列入附录Ⅱ，在我国《重点保护野生动物名录》中列为Ⅱ级保护对象，IUCN 红色名录列为低危物种。现存鳞片和标本。

（1）药用价值。目前，在国内市场见到的穿山甲主要有中国穿山甲、印度穿山甲和马来穿山甲3种。具有药用价值的穿山甲是中国穿山甲，见于我国历代本草，也被我国近代医学研究证实。用药部位主要是其鳞甲，其次是肉。其可活血散结、通经下乳、消痈溃坚、主血瘀经闭、症瘕、风湿痹痛、乳汁不下、痈肿、瘰疬等功效，具有较高的经济价值。

（2）食用价值。《本草纲目》记载，穿山甲肉味鲜美，含有较高的蛋白质，并有清凉、益气、补中和催乳的作用。含有17种氨基酸、锌、铁、钙、钾等18种无机元素，其中与人体智力发育有关的锌元素含量最高。民间认为其肉有滋阴、清热解毒之功效，并能主治久病体虚、清疮痒、疗癌肿，少乳或缺乳的产妇食其肉可刺激乳汁分泌。研究表明，穿山甲确有刺激乳汁分泌的作用。

（3）制革。其皮可制革，在国内外用于制造皮鞋、皮靴等，备受人们的青睐。

（4）生态价值。穿山甲是白蚁的天敌。白蚁是世界性的五大害虫之一，危害多种林木，水利堤坝，房屋建筑。我国每年因白蚁危害造成的直接经济损失高达几十亿元。穿山甲主食白蚁，是白蚁的天敌，在自然生态系统中对控制白蚁的种群数量有重要作用。一只体重为3kg的穿山甲，一次能食白蚁300～400g，可以保护0.17km^{2}的森林不受白蚁危害。

2. 丧失过程

我国对野生穿山甲资源蕴藏量从未作过调查，但可从捕获量、甲片收购量、野外穿山甲洞穴数量等间接指标来估计穿山甲资源蕴藏量及其变化。20世纪60年代前后，据贵州省药材部门不完全统计，每年捕获量当在20 000头左右，与广东每年的捕获量相当。然而从80年代初期资源蕴藏量开始下降，尤其是90年代递减最为剧烈，至少减少80%，已不能满足全国200 000头的需要。目前，在从江县野外的调查过程中已不见野生个体活动的踪迹。

3. 丧失原因

（1）利用过度。过度猎捕穿山甲，利用是资源濒危的主要原因之一。其直接动力是巨大的经济利益，其机制是通过对种群结构的破坏引起的，这种强大的破坏力远远超过了穿山甲维持自身种群结构稳定性的能力，从而导致穿山甲种群逐渐衰退。根据对穿山甲药用部位甲片的国内贸易数量、当前国内对穿山甲的需求量，及食用价值、食用情况的分析，当前每年食用穿山甲的数量略高于药用穿山甲的数量。故食用和药用对穿山甲的致危所起的作用基本相当，而食用略强。

（2）栖息地破坏。穿山甲主要栖息在亚高山及丘陵地带的阔叶林、针阔混交林及灌草丛的生境内，对生境选择极为严格。它是狭食性的动物，只食蚁类，因而对环境变化后适应能力特别差，一旦栖息地遭受破坏，就会在较短的时间内导致其种群数量迅速下降。栖息地遭受破坏的主要因素有毁林开荒、修建交通道路、矿藏开发、森林采伐、森林资源开发、对采伐迹地没有科学的造林恢复、人口快速增长造成的人类活动范围扩大以及环境污染等。破坏的结果主要体现在以下几个方面：一是造成了穿山甲栖息地面积退缩和丧失；二是栖息地的岛屿化；三是栖息地的结构改变；四是栖息地的质量退化。我国目前穿山甲现有的栖息地类型、分布、面积及质量等问题仍需作进一步深入调查。

（3）穿山甲种群的自身因素。穿山甲繁殖力低下，一般一胎一仔，每年一胎，因而种群数量增长缓慢。穿山甲又是狭食性动物，进化程度低，对新的环境适应能力差（这也是人工难以驯养的主要原因之一），一旦大量捕杀导致种群数量下降后就很难在短时间内得到恢复，如果种群密度很低，就可能在某一地区绝迹。加之穿山甲御敌能力弱，逃跑速度又十分有限，且大部分时间是在洞中度过的，猎人捕捉它，犹如瓮中捉鳖，只需挖洞或烟熏即可。因此，它很难逃脱猎人或猎物的追捕。

4．资源丧失的后果

（1）生物多样性资源的下降。任何物种资源的丧失都会对整个地区的生物多样性造成极大的影响，尤其是那些处于食物链顶端的物种，如对其不加保护，致使其灭绝的话，会对整个生态系统产生深刻的影响。

（2）生态系统服务功能的丧失和面临的生态安全问题。生态系统是生命的支持系统，是人类经济社会赖以生存发展的基础。零自然资本意味着零人类福利。而生态系统服务（Ecosystem Services）是指人类直接或间接从生态系统得到的利益，主要包括向经济社会系统输入有用物质和能量、接受和转化来自经济社会系统的废弃物，直接向人类社会成员提供服务。处于食物链顶端的中小型兽类，如其遭到毁灭性破坏的话，那将会使整个生态系统的服务功能丧失，同时又会面临一系列的生态安全的问题。生物资源的丧失或流失都将于生态安全的本质要求自然资源在人口、社会经济和生态环境三个约束条件下稳定、协调、有序和永续利用，是相违背的。

（3）物种经济效应的降低。经济上的压力是世界上大多数生物物种消亡的主要原因。当人们试图利用一切可以创造经济效益的“资源”来改善自己的生活，所有的“资源”都被赋予了经济价值，并且依据这些经济价值进行交易。因此，许多物种不幸被列入“可利用资源”的名单，并因此而具有了经济价值。大肆地、无节制地将“可利用资源”用来创造人类的财富，最终会导致生物多样性的丧失。

案例九：大灵猫丧失

1. 资源价值

大灵猫，俗名香猫、九江狸，九节狸、灵狸、麝香猫，大灵猫生性机警，听觉和嗅觉都很灵敏，善于攀登树木，也善于游泳，但主要在地面上活动，具有药用价值。大灵猫有一对发达的囊状芳香腺，能分泌出油液状的灵猫香，起着动物外激素的作用。其实这种分泌物十分恶臭，当发现敌害时，就将这种带有臭气的物质喷射出来迷惑对方。灵猫香经过人工精炼、稀释后，可以制成具有奇异的香味的定香剂。国家二级保护动物，生活在热带、亚热带的林缘种类，主要栖息在热带季雨林，亚热带常绿阔叶林的林缘灌丛、草丛。

2. 丧失过程

据资料所得，20 世纪 50 年代全国大灵猫的资源估计超过 20 万头。经长期过度捕杀，至使数量逐年迅速下降（盛和林，1993）。乐观的估计，80 年代初全国大灵猫的自然种群不足 2 万头。90 年代初，浙江、江西、安徽南部、贵州等地已十分罕见。大灵猫野生种群在我国已濒危。

3. 丧失原因

① 过度捕杀。大灵猫的毛被厚而密，使用底绒，染色后可制作衣领、帽子等；灵猫香是贵重的香料，也可入药；肉可食。因此每年捕猎量都超过种群增殖量；② 栖息地及灌丛、草丛生境多开垦种植作物、果、茶林，使其活动范围大为缩小；③ 剧毒灭鼠药物的使用，致使野生小型食肉类二次中毒。

4. 资源丧失的后果

（1）生物多样性资源的下降。任何一种物种资源的丧失都会对整个地区的生物多样性造成极大的影响，尤其是那些处于食物链顶端的物种，如对其不加保护，致使其灭绝的话，会对整个生物链产生极大的影响。

（2）生态系统服务功能的丧失和面临的生态安全问题。生态系统是生命支持系统，人类经济社会赖以生存发展的基础，零自然资本意味着零人类福利。而生态系统服务（Ecosystem Services）是指人类直接或间接从生态系统得到的利益，主要包括向经济社会系统输入有用物质和能量、接受和转化来自经济社会系统的废弃物，直接向人类社会成员提供服务。处于食物链顶端的中小型兽类，如其遭到毁灭性破坏的话，那将会使整个生态系统的服务功能丧失，同时又会面临一系列的生态安全的问题。生物资源的丧失或流失都将于生态安全的本质要求自然资源在人口、社会经济和生态环境三个约束条件下稳定、协调、有序和永续利用，是相违背的。

7.3　桂西南山地优先区生物多样性丧失与流失案例

案例一：金毛狗群落大垦殖案例

金毛狗为大型树状陆生蕨类，国家II级重点保护植物。由于其姿形优美，适于在庭院中作林下配置或在林荫处种植，也可盆栽作为大型的室内观赏蕨类。其根状茎入药，具有补肝肾、强腰膝、除风湿、壮筋骨、利尿通淋等功效，茎上的金黄色的茸毛，是良好的止血药。虽然其在我国南方和西南地区有广泛分布，但呈大群落的少见，加上受到人们过分采掘，现在资源量较少。

在本次调查中，在大青山山脚下的木油桐、山黄麻群落内，我们发现金毛狗成片分布，是林下绝对优势的草本群落。但由于要在大青山开发种植速生丰产林（桉树林）或改为甘蔗地，当地群众采用皆伐和火烧的方式，使该地域的植被全部毁灭，令人惋惜与痛心！

林下密集的金毛狗群落

皆伐与沟谷内残留的植被

火烧的迹地

附近植被破坏后水土流失的景观

案例二：爱店口岸生物物种资源进出境调查

爱店口岸是边境陆路二类口岸，地属广西宁明县爱店镇，位于中越边境广西东路1223～1224 号界碑处，与越南峙马口岸相对，爱店口岸有沿边三级柏油公路与区内三条公路连接，往东距东兴市 190 km；往南距越南禄平县 17 km，谅山市 34 km；往西距凭祥市友谊关 92 km。爱店口岸历史悠久，新中国成立前国民党政府设有“对汛署”负责口岸管理工作。1957 年爱店口岸晋升为边境陆路二类口岸，设有爱店海关和边防检查站。目前爱店口岸隶属凭祥海关，设有爱店检验检疫办事处，隶属凭祥检验检疫局。

爱店口岸中越边境贸易已有 100 多年历史。1991 年爱店口岸恢复开放以来，随着中越友好关系的改善和世界市场经济的发展，爱店口岸边境贸易快速发展，人员及进出口贸易额逐年提升。品种主要有农用机械、农用物资、建筑材料、轻工机械构件、中草药材、农副产品等。特别是经过多年培育起来的爱店中草药材市场，已发展成为中越边境最大的中草药材集散地，2008 年中草药交易额为 36 389.12 万元，占贸易额的 40.96%。

为了顺应我国加入 WTO 和中国—东盟构建自由贸易区后，市场环境和产业发展的变化，宁明县确立了爱店口岸区域发展的功能定位：以进出口贸易（特别是以中草药材、农产品进出口贸易）为主，大力发展中草药材市场及外向型加工企业，适当发展现代仓储业和旅游业，集进出口贸易、产品加工、仓储、旅游观光为一体的综合性、多功能的国家对外开放一类口岸。

调查时间：2011 年 7 月 25 日

调查地点：宁明县环保局、宁明县爱店检验检疫局

调查记录：

A．入境动植物状况

1．入境植物情况

（1）药材：灵芝，大部分为边民挑担买卖，从越南收购，药材大部分转销至广东。

（2）木材：蚬木、红木、酸枝木主要从老挝、柬埔寨收购，目前越南国内的这些珍贵木材已被砍尽，从 1992 年爱店口岸开放至今，没有大量的木材贸易。

（3）荔枝干：1998—2000 年荔枝干贸易较多，当时国内荔枝干价格高，边民将整车荔枝干化整为零，用挑担过关的方式入境，3 000 元人民币以下的货物不用报关，现在中越荔枝干的差价较小，已很少有此项贸易。

2．入境动物情况

入境动物需通过检疫局、海关此类正常渠道的动物贸易几乎没有记录，但边民私下有零星贸易。

（1）猴子：叶尾猴，前 5 年较多，贸易量在 3 000 只左右，主要从越南进入，卖至公园，高档饭店（食猴脑），价格几千至上万元不等

（2）了哥（鹦鹉），价格较高，300～500 元/只，甚至上千元一只，主要从越南进入。

（3）蛇（特别是蟒蛇），原有从越南进入，量极少。

（4）海龙、海马，30 元/对，从越南进入，量不多。

（5）蛤蚧：前些年贸易较多，成箱入境，近些年较少，主要是野生资源已被开发尽。

（6）鳄鱼：700/只幼鳄，卖至动物园或制作皮具，近些年较少，主要是野生资源已被开发殆尽。

B．出境

出境植物（药材）

（1）枸杞、党参：从玉林进货，在口岸转卖。

（2）人参：从东北进货，在口岸转卖。

（3）砂仁：本地药材，子亮乡种植砂仁较多，5 000 亩左右，也成立有专门的砂仁协会进行贸易。

（4）黑灵芝：那楠乡种植 1 000 多亩，种植在八角林下，野灵芝也有分布，村民日采 3.5～4 kg，此野生资源的数量也在日益减少。

在爱店检验检疫局调查座谈

收购的灵芝沿街翻晒

在鳄鱼养殖户家调查座谈

鳄鱼养殖池

案例三：黑叶猴走私事件

2003 年 9 月初，广西靖西龙邦海关缉私分局根据情报获悉，该县湖润镇新兴街一中年男子廖某有多次直接走私和兜售走私国家Ⅰ级保护动物黑叶猴制品的重大嫌疑。10 月 15 日清晨 4 点，廖某与其远房亲戚黄某从中越边境的新兴镇出发，驾驶五菱车行驶到中越边境 57 号界碑后，廖某独自步行越过界碑前往越南人阿海的住所龙菜屯收取了 24 副猴类骨骼。此后，廖某与黄某回到新兴镇，将去年收购的 2 副猴类骨架，加上从一越南妇女处收购来的 2 副骨架，总共 28 副骨架，企图通过广西沿边公路外运销售。在沿边公路 498 km 处，被南宁海关缉私人员当场查获。根据廖某的供述，10 月 26 日，海关缉私人员再次出击，在新兴镇抓获共犯欧阳某。

经有关专家初步鉴定表明，这 28 副骨骼全部都是叶猴类，属于国家Ⅱ级以上保护的野生动物。叶猴类野生动物在民间偏方中称为“乌猿骨”，被认为具有滋补养颜、驱风健骨、强心壮阳、活血之功效。在边境线上每副售价不过 250 元，但在南宁市黑市价格每副高达 3 000 元，而且常常有价无市。审讯人员经过长达七八个小时的政策、法律攻心战，终于使廖某等走私“乌猿骨”的犯罪事实浮出水面。同时，廖某还交代了曾卖过 2 副“乌猿骨”给另一犯罪嫌疑人唐某的事实。10 月 23 日，龙邦海关缉私分局再次出动，在靖西县城将唐某抓获，并在其住处缴获 2 副骨架。

被缴获的叶猴骨架

被缴获的叶猴骨架

案例四：大壁虎过度利用

1．特征及价值

大壁虎，别名蛤蚧（中药名）、蛤蚧蛇（广西梧州等地）、多格、德多、石牙（广西）、仙蟾。生活时背面呈蓝灰或紫灰等色，具砖红色及蓝色花斑。在颈及躯干背面。栖息于石壁洞缝中、树洞中，特别喜欢栖息在有草木生长，高度几米到几十米的石山上。主要生活在热带，分布于中国的广东、广西和云南（赵尔宓等，1998）。

（1）药用价值。其药用功效有：补肺气、益精血，定喘止咳。临床上应用生蛤蚧或其制成的各种成药治喘咳、肾虚、肺结核等症状。由于医用价值较大，目前自然产量已供不应求，所以已经开始人工养殖的实验（赵尔宓等，1998）。

（2）生态价值。主要捕食各种昆虫及其幼虫，如夜蛾科及白蚁等农业害虫。其对维持食物链的稳定、维系整个生态系统的平衡也有重要的意义。

2．丧失过程

虽然早期大壁虎分布地较广，数量也较多，但因20世纪80年代到90年代中期，人们大肆地捕捉用来药用、观赏、贩卖等使其种群数量急剧下降，现已在野外很难觅其踪影。人类活动对环境的破坏造成其栖息地的破坏，使其栖息地严重的破碎化或已丧失。调查期间还发现当地的贩子在偷偷地收购包括大壁虎在内的一些野生动物，用来满足他们的利益需求，这样就更加重了其生存所面临的威胁。

3．丧失原因

近年来的大肆捕捉和贩卖是其数量减少的主要原因；生境进一步遭到破坏，适栖环境逐渐减少，沿边公路及乡镇道路的修建，让已破坏的植被更加片段化；现存的栖息地受人为活动影响较大，这些因素是其资源减少的重要原因。

4．丧失后果

（1）生物多样性的下降。每一种物种资源的丧失都会对整个地区的生物多样性造成极大的影响，尤其是那些处于维持生态平衡起重要作用的物种，如对其不加以保护，致使其灭绝的话，会对整个生物链产生极大的影响。

（2）生态系统服务功能的丧失和面临的生态安全问题。对抑制农田害虫起重要作用的物种，如其遭到毁灭性破坏的话，那将会使整个生态系统的服务功能丧失，同时又会面临一系列的生态安全问题。

（3）物种经济效应的降低。由于经济利益的驱动，使人们试图利用一切可以创造经济效益的“资源”来改善自己的生活，所有的“资源”都被赋予了经济价值，并且依据这些经济价值进行交易。因此，许多物种不幸被列入“可利用资源”的名单，并因此具有了经济价值。大肆、无节制地捕杀，最终会导致生物多样性的丧失。

第 8 章

生物多样性保护管理面临的问题、对策与建议

8.1 保护管理面临的问题

8.1.1 生物多样性本底不清

调查结果表明，与历史资料对比，各县记载物种数量均有增加，包括有大量新物种或中国新分布的发现。以鹤庆县为例，由于多种因素的限制，鹤庆县历史上很少进行过野生动物的调查，现有资料数据较少。在 2010 年野外调查中就在该地发现了云南鸟类的新记录——小天鹅，这也从另一方面证明了该地野生动物资源尚需要进一步调查。资源不清在一定程度上也制约了当地野生动物资源的保护和管理工作。本底资源不清使得野生动物的保护管理缺乏针对性，无法提出科学的保护管理目标。

8.1.2 不合理的活动导致植被破坏严重

市场经济条件下，各种商贩置法律于不顾，盲目进行收购、销售，林区群众为求生计也在盲目砍伐；毁林开荒，种植经济果树在不断的发生。原始森林遭到破坏后，生态环境失去平衡，自然灾害频繁，给野生植物的天然更新带来困难。

大部分的山村，交通不方便，燃料无法送到，只有到附近的山林砍柴，目前人口稠密的地方周围已无法取到薪柴。随着人口的不断增长，农村工副业的发展，特别是近十几年来大力种植烤烟，不断兴建烤烟房，大大增加了薪柴的需要量，能源短缺更加突出。偷砍盗伐屡有发生，在农民心目中根本没有薪炭林、用材林之分，只要能砍到的就砍，大量的林分遭到人为的袭击，千疮百孔，残缺不全，破坏了林分结构，林况下降，病虫害增加，长期以来，给林业工作带来了很大困难，年年造林、天天护林，可森林资源年年在减少。

8.1.3 狩猎和贩卖野生动物的现象依然存在

当地群众对野生动物乱捕滥猎的现象，在各地边远地区普遍存在，对当地野生动物资源构成大的威胁，在市场、酒店和饭店中还有出售的野生动物及其附属产品。在访问调查

的过程中，毗邻马耳山的新窝村仅有 32 户人家，但这个傈僳族聚集的小社区却有 6 个专门以打猎为生的猎手。自制火枪和猎狗是他们主要的狩猎工具，每个猎人都有猎枪和训练有素的猎狗。其中一个猎人仅 2010 年就狩猎了 4 只林麝、一头野猪和一只赤麂。从这个猎人的口中得知，他们村其他猎手的狩猎收获基本和他一样，有的甚至更多；有的猎手还以挖陷阱、插竹签的方式狩猎黑熊。据调查，当地有的猎人驯养有多条猎狗进行狩猎活动，且在马耳山工作期间，就发现多个扣索。另外，以蛇类和其他爬行动物浸泡药酒极为盛行，几乎每家饭店都以蛇类浸泡药酒招徕顾客，其中不乏稀有物种，如毒蛇类等种。

8.1.4 过度旅游开发严重威胁植物的多样性

在旅游业发展过程中，由于缺乏科学的规划和严格的管理，山庄、宾馆、休憩、游乐等旅游基础设施盲目建设，植物多样性受到严重威胁。实施天然林资源保护工程以来，林内生物量逐渐积累，可燃物总量增加，另外古代建筑多为木质结构，随着旅游活动的开展，入山人员增多，在寺庙殿内烧香焚纸、燃烛放炮等行为，极易引发火灾。1969 年的鹤云峰山火和 2007 年的斜阳峰山火，烧毁了大片的森林。

8.1.5 保护区专业保护管理人员缺乏

从事野生动物资源保护与管理需要有一定的专业背景知识与保护理念，虽然相关保护区建立已有一定的历史，然而在现有保护区专业人员还普遍较为缺乏，难以行使有效保护与管理的职责，特别是欲开展动物资源调查与监测等专业性较强的工作。

有些地方不但严重缺乏专业管理人员，而且没有专门的野生动物资源保护管理人员和机构，相关工作多挂靠在有关科室，挂靠人员职能工作太多，使保护工作难免处于从属的地位，也没有开展专门的保护管理工作。

8.2 对策与建议

8.2.1 开展生物多样性的本底调查和编目

生物多样性本底调查是生物多样性保护的一项基础工作。很多发达国家已经完成以经纬度范围、采用拉网式的物种资源普查，如瑞典是以 25 km^2 为一方格，德国是以 100 km^2 为一方格。这种方式不仅能够掌握生物多样性本底，还有利于长期监测。因此，我国需要投入资金，开展以县域为单元的生物多样性本底调查，建立以县域为单元的生物多样性数据库。

在开展生物多样性普查的同时，选择符合条件的样地或样点，作为生物多样性监测的永久样点，进行定期观察，获得动态数据，形成地区乃至全国的生物多样性监测网络体系。

8.2.2　加强生态系统多样性的保护

在生物多样性的 3 个水平中，物种多样性的研究和保护备受重视，生态系统多样性却显得较冷落。而物种多样性和遗传多样性均以生态系统的多样性为依托。生态系统的退化导致系统内物种多样性和遗传多样性的降低；生态系统的毁灭，使其中许多生物失去栖息地而消失。

8.2.3　建立生物多样性保护信息系统

在积极开展本底调查的基础上，包括濒危物种信息系统、遗传资源信息系统、生态信息系统、分类标本收藏信息系统。以 GIS 为基础，建立物种、生境、生态系统和景观状况等相关基础数据与图片的数据库，为生物多样性保护和资源的开发利用提供决策信息，实现保护与开发的动态管理。进行重要野生动植物物种资源学、生物学、生态学、保护学等基础理论研究和野生动植物栖息与保护区生态安全及可持续发展模式与技术等研究，为实现可持续发展提供理论依据和技术支持。

8.2.4　加强执法队伍建设，提高执法人员素质，加大执法监管力度，加强偷猎与乱捕滥猎的打击力度

依据《森林法》《野生动物保护法》《自然保护区条例》《森林和野生动物类型自然保护区管理办法》《野生植物保护条例》等要求，履行对自然保护区的森林、林木、林地和野生动植物的保护管理，切实制止乱砍滥伐、乱捕滥猎、乱采滥挖自然保护区资源和乱占滥用自然保护区土地的行为。加强和充实执法队伍，提高执法人员素质，提高管护人员工资待遇，也是目前最迫切需要解决的问题之一。通过各种方式开展野生动物保护及有关政策法规的宣传教育，加大执法力度，打击偷猎现象，保护现有动植物资源。

8.2.5　加强宣传活动，增强保护意识

第一，县、乡政府要制定管护计划，确定任务和目标；第二，逐级分解任务，层层签订管护责任状；第三，县、乡主要领导和分管领导要亲自抓；第四，突出重点，以点带面；第五，及时研究解决管护中出现的困难问题；第六，定期检查验收，即使通报，严明奖惩。真正做到各负其责、各尽其力、各记其功，鼓励各级领导干部为保护野生植物资源做出贡献。

全县各级各部门要充分利用各种宣传工具和宣传形式，大张旗鼓地宣传保护野生植物的重要性、社会性和紧迫性，使广大干部群众真正懂得林业与国家、林业与环境、林业与农业的密切关系，理解野生植物保护工作的意义和目的，明确任务、目标和各自承担的责任。树立信心克服畏难情绪，从人民整体利益出发，从改善生态环境、保护珍稀物种、发展林业经济的战略高度出发，真正下决心把保护工作抓紧抓好。

8.2.6　统筹兼顾群众利益，促进自然保护区与当地社区和谐相处、协调发展

自然保护区资源既是生态资源，也是当地群众赖以发展的物质资源，因此要根据当地保护区的自身优势，依法利用实验区内的土地、景观、水体和非重点保护野生动植物等资源发展生态农业、生态林业和生态旅游等生态经济。结合保护区当地民俗风情，引导和帮助群众合理利用自然资源，积极发展生态型产业，扩大就业，增加收入，促进社区经济发展，实现资源保护和经济发展“双赢”。

参考文献

[1] 杨永. 我国植物模式标本的馆藏量[J]. 生物多样性，2012，20（4）：512-516.

[2] 朱万泽，范建荣，王玉宽，等. 长江上游生物多样性保护重要性评价——以县域为评价单元[J]. 生态学报，2009，29（5）：2603-2611.

[3] 曲建升，李延梅，王雪梅，等. 生物多样性研究发展态势与挑战[J]. 科学观察，2009，4（6）：1-8.

[4] 于胜祥，等. 滇黔桂喀斯特地区重要植物资源[M]. 北京：科学出版社，2014.

[5] 顾云春. 中国国家重点保护野生植物现状[J]. 中南林业调查规划，2003，22（4）：1-7.

[6] 国家林业局. 中国重点保护野生植物资源调查[M]. 北京：中国林业出版社，2009.

[7] 国家林业局. 中国重点陆生野生动物资源调查[M]. 北京：中国林业出版社，2009. .

[8] 刘瑞玉. 中国海洋物种多样性研究进展[J]. 生物多样性，2011，19（6）：614-626.

[9] 刘旭，郑殿升，董玉琛，等. 中国农作物及其野生近缘植物多样性研究进展[J]. 植物遗传资源学报，2008，9（4）：411-416.

[10] 王述民，李立会，黎裕，等. 中国粮食和农业植物遗传资源状况报告（Ⅰ）[J]. 植物遗传资源学报，2011，12（1）：1-12.

[11] 薛达元.《中国生物多样性保护战略与行动计划》的核心内容与实施战略[J]. 生物多样性，2011，19（4）：387-388.

[12] 吴征镒. 中国植被[M]. 北京：科学出版社，1980.

[13]《中国生物多样性保护战略与行动计划》编写组. 中国生物多样性保护战略与行动计划（2011—2030年）[M]. 北京：中国环境科学出版社，2011.

[14] 刘张璐，赵兰勇，朱秀芹. 中国生物多样性及其保护规划发展研究现状[J]. 中国园林，2010，1：81-83.

[15] 薛达元，包浩生. 我国生物多样性保护研究的若干进展和今后发展领域[J]. 地球科学进展，1997，12（3）：224-229.

[16] 李振龙. 国务院办公厅发布《关于加强生物物种资源保护与管理的通知》. 中国水产，2004，5：22.

[17] 张风春，杨小玲，钦立毅.《中国生物多样性保护战略与行动计划》解读[J]. 环境保护，2010，19：8-10.

[18] 侯向阳，高卫东. 作物野生近缘中的保护和利用[J]. 生物多样性，1999，7（4）：327-331.

[19] 林富荣，顾万春. 植物种质资源设施保存研究进展[J]. 世界林业研究，2004，17（4）：19-23.

[20] 潘会堂，张启翔. 花卉种质资源与遗传育种研究进展[J]. 北京林业大学学报，2000，22（1）：81-86.

[21] Sang WG，Ma KP，Axmacher JC. Securing a Future for China's Wild Plant Resources[J]. BioScience，2011，61（9）：720-725.

[22] Ornellas PD，Milner-Gulland EJ，Nicholson E. The impact of data realities on conservation planning[J]. Biological Conservation，2011，144：1980-1988.

[23] Vellak K，Nele Ingerpuu，Ain Vellak，et al. Vascular plant and bryophytes species representation in the protected areas network on the national scal[J]. Biodvers Conserv，2010，19：1353-1364.